锅炉、节能减排技术问答3000题

下 册

丁明舫　编著

南京开拓环保科技有限公司　组编

中国电力出版社
CHINA ELECTRIC POWER PRESS

内 容 提 要

本书根据作者五十余年在锅炉设备和脱硫脱硝装置安装、调试、运行、检修工作中积累的经验和解决疑难复杂技术问题取得的成果,以及锅炉工作人员必须掌握的相关知识,理论紧密联系实际,兼顾科学性和实用性编著而成。本书采用问答形式,介绍了发电厂、热工理论、仪表、水处理、金属材料、锅炉检验等基本知识,重点介绍了锅炉设备和脱硫脱硝装置的构造、工作原理,以及安装、调试运行和检修中遇到的各种技术问题,使读者花较少的时间很快掌握较多现场工作经验和具备独立分析解决工作中遇到的各种复杂技术问题的能力。

本书深入浅出,含有在国内外专业刊物上发表的七十四篇文章,两篇在世界动力大会上宣读交流的论文,有的文章被国外专业刊物转载,有的成果被中国专利局授予发明专利权,具有较强的可读性和实用性。

本书适于电力、石油、化工、冶金和纺织等企业中从事锅炉和水处理工作的技术人员阅读,也是锅炉和水处理工人培训和自学的理想参考书。

图书在版编目 (CIP) 数据

锅炉、节能减排技术问答 3000 题/丁明舫编著;南京开拓环保科技有限公司组编 .—北京:中国电力出版社,2023.7
ISBN 978 - 7 - 5198 - 7455 - 1

Ⅰ. ①锅… Ⅱ. ①丁…②南… Ⅲ. ①锅炉-节能-问题解答 Ⅳ. ①TK22-44

中国国家版本馆 CIP 数据核字 (2023) 第 029959 号

出版发行:中国电力出版社
地　　址:北京市东城区北京站西街 19 号 (邮政编码 100005)
网　　址:http://www.cepp.sgcc.com.cn
责任编辑:娄雪芳 (010-63412375)　董艳荣
责任校对:黄　蓓　常燕昆　朱丽芳
装帧设计:赵丽媛
责任印制:吴　迪

印　　刷:北京雁林吉兆印刷有限公司
版　　次:2023 年 7 月第一版
印　　次:2023 年 7 月北京第一次印刷
开　　本:787 毫米×1092 毫米　16 开本
印　　张:71.5
字　　数:1777 千字
印　　数:0001—1000 册
定　　价:280.00 元 (全 2 册)

前　　言

由丁明舫等编著、2002 年出版的《锅炉技术问答 1100 题》至今已有 20 年，发电装机容量增加了数倍，新技术、新材料、新设备、新工艺不断出现。煤炭资源紧缺，环境容量越来越小，污染物排放浓度限值日趋严格，火电耗煤量占比超过 40%，特别是为应对全球气候变化，减缓因碳排放量增加、温室效应加剧带来的不利影响，对节能减排提出了更高的要求，锅炉工作者任重而道远。

作者在火力发电厂工作 37 年，退休 20 年来一直从事火电机组和脱硫、脱硝装置的安装调试工作，多次受电厂邀请帮助解决疑难复杂的技术问题，积累了很多经验，现加以总结，与广大读者分享。新版书删去了因技术进步电厂较少采用的设备和使用频率较低的内容，增加了循环流化床锅炉，节能减排，脱硫、脱硝和环境保护方面的内容。

新版书力求透过现象看本质，兼顾科学性和实用性，达到知其然更要知其所以然，提高分析和解决复杂技术问题能力的目的。新版书内容是原书的 3 倍，其广度、深度、技术含量和实用性均有很大提高。

南京开拓环保科技有限公司总经理兼总工程师季学勤审阅了本书，提出了很多完善意见。南京川维阀门有限公司总经理兼总工程师洪福阳审阅了锅炉附件、阀门和空气压缩机章节内容，提出了很多宝贵意见并绘制了大量插图。淄博蓝涂电力科技有限公司总经理蔡元振审阅了循环流化床锅炉和磨损及防磨章节内容，提出很多宝贵意见，并提供了相关防磨施工照片。时静茹、刘后荣、袁爱国、袁嘉瞳、丁怀远、丁震远、丁安舫、丁忠等人帮助整理资料。对以上所有同志深表谢意。

由于作者理论水平和实践经验有限，书中不妥之处在所难免，对读者的批评指正，作者表示欢迎和衷心感谢，并及时在再版时采纳和修正。作者邮箱：dmf420117@qq.com。

丁明舫

2023 年 1 月

目　　录

前言

第六章　热工基础及仪表 ································· 427

第一节　热工基础 ······································ 427

1. 什么是温度？温度的单位有几种？ ·············· 427

2. 什么是压力？常用压力的单位有几种？ ·········· 428

3. 什么是正压、负压，表压力、绝对压力？ ········ 428

4. 什么是密度？什么是比体积？ ·················· 428

5. 什么是汽化？什么是蒸发？什么是沸腾？蒸发与沸腾有何共同点和区别？ ··· 428

6. 什么是汽化潜热？为什么汽化潜热随着压力的升高而降低？ ··· 428

7. 什么是质量比热？什么是容积比热？常用单位是什么？ ··· 429

8. 为什么气体的平均定压比热总是比定容比热大？ ··· 429

9. 什么是焓？ ·································· 429

10. 什么是㶲？ ································· 429

11. 什么叫凝结？什么叫露点？ ·················· 430

12. 什么是饱和温度？为什么饱和温度随着压力的增加而提高？ ··· 430

13. 什么是饱和水蒸气？ ························· 430

14. 什么是干饱和水蒸气、湿饱和水蒸气？什么是饱和水蒸气的干度？ ··· 430

15. 什么是过热蒸汽？什么是过热度？ ············· 431

16. 过热蒸汽的优点有哪些？怎样得到过热蒸汽？ ··· 431

17. 什么是临界压力？ ··························· 431

18. 锅炉爆炸时，锅水和饱和蒸汽能膨胀多少倍？ ··· 431

19. 锅炉爆炸能产生多大的破坏力？ ··············· 432

20. 传热有几种方式？ ··························· 433

21. 什么是辐射传热？ ··························· 433

22. 为什么气体的辐射与气体的容积有关？ ········· 433

23. 为什么炉膛里的传热是以辐射为主？ ··········· 433

24. 什么是对流传热？ ··························· 434

25. 什么是热传导？ ····························· 434

26. 什么是顺流传热？有何优、缺点？ ············· 434

27. 什么是逆流传热？有何优、缺点？ ············· 435

28. 什么是标准状态？ ··························· 435

29. 什么是功？功的常用单位有几种？ ············· 435

30. 什么是热功当量？ ··························· 436

31. 什么是功率？常用单位是什么？ ……………………………………………… 436

32. 什么是泡态沸腾？什么是膜态沸腾？ …………………………………………… 436

33. 为什么直流锅炉的水冷壁管内无法避免第二类膜态沸腾？ …………………… 437

34. 什么是临界干度？为什么压力低于14MPa的自然循环锅炉一般没有膜态沸腾的危险？ …… 437

35. 什么是临界热负荷？ ………………………………………………………………… 438

36. 什么是导热系数？为什么金属的导热系数比非金属大得多？ ………………… 438

37. 什么是导热系数、放热系数、传热系数？三者之间有什么区别？ ……………… 438

38. 什么是导温系数？与导热系数有何不同？ ……………………………………… 439

39. 为什么沿程流动阻力与管内径成反比？ ………………………………………… 439

40. 为什么设计锅炉时，总是使烟气横向冲刷过热器、再热器和省煤器等对流受热面的管束？ … 439

41. 为什么采用管式空气预热器时，煤粉炉空气预热器的空气流速低于烟气流速，而燃油炉空气
预热器的空气流速高于烟气流速？ ……………………………………………… 440

42. 为什么在对流受热面中，管式立置空气预热器的烟速最高，但空气预热器的传热系数却是
最低的？ …………………………………………………………………………… 441

43. 为什么蒸汽和烟气均是气体，但过热器管内蒸汽侧的放热系数是空气预热器管内烟气侧放热
系数的几十倍？ …………………………………………………………………… 442

44. 什么是热力学第一定律？ ………………………………………………………… 442

45. 什么是热力学第二定律？有什么意义？ ………………………………………… 443

46. 什么是空气调节器的能效比？能效比大于1是否违反能量守恒定律？ ……… 443

47. 为什么保温材料的密度都很小？ ………………………………………………… 444

48. 什么是传热面管束的错列布置、顺列布置？各有什么优、缺点？ …………… 444

49. 为什么烟气对错列管束比顺列管束的放热系数高？ …………………………… 445

50. 什么是热力状态参数？ …………………………………………………………… 445

51. 什么是热力系统的内能？ ………………………………………………………… 445

52. 什么是热力过程？有哪几种典型的热力过程？ ………………………………… 445

53. 什么是循环？ ……………………………………………………………………… 446

54. 为什么随着锅炉工作压力的提高，最佳给水温度随之上升？ ………………… 446

55. 锅炉哪些受热面是高温受热面和低温受热面？为什么水冷壁属于高温受热面？ …… 446

56. 什么是烟气纯热力学露点？什么是烟气露点？ ………………………………… 447

57. 为什么烟气中含有 SO_3 后，烟气的露点大大提高？ ………………………… 447

58. 什么是三原子气体？为什么热力计算时要计算三原子气体份额？ …………… 448

59. 为什么烟气横向流过管束时，放热系数随着管外径的下降而增加？ ………… 448

60. 为什么煤的灰分增加，火焰温度下降？ ………………………………………… 449

61. 为什么煤的水分增加，火焰温度下降？ ………………………………………… 449

62. 为什么计算对流受热面烟气侧的放热系数 α，要采用平均烟气流速？ …… 449

63. 为什么对流受热面不采用数量较少的直径较大的管子，而采用数量较多的直径较小的
管子？ ……………………………………………………………………………… 449

64. 为什么沿火焰的行程火焰的黑度是变化的？ …………………………………… 450

65. 为什么煤粉炉火焰黑度沿火焰行程变化较小？ ………………………………… 450

66. 为什么燃油炉火焰黑度沿火焰行程变化较大？ ⋯⋯⋯⋯⋯⋯⋯⋯⋯⋯ 450

67. 什么是动力燃烧？什么是扩散燃烧？ ⋯⋯⋯⋯⋯⋯⋯⋯⋯⋯⋯⋯⋯⋯ 450

68. 什么是流体的黏度？为什么气体的黏度随着温度的上升而迅速增加？ ⋯⋯ 451

69. 为什么液体的黏度随着温度升高而降低？ ⋯⋯⋯⋯⋯⋯⋯⋯⋯⋯⋯⋯ 452

70. 为什么热力计算时，不考虑空气预热器烟气的辐射传热？ ⋯⋯⋯⋯⋯⋯ 452

71. 大气压力是怎样形成的？为什么随着高度的降低，大气压力增加；随着高度的增加，大气
    压力降低？ ⋯⋯⋯⋯⋯⋯⋯⋯⋯⋯⋯⋯⋯⋯⋯⋯⋯⋯⋯⋯⋯⋯⋯⋯⋯ 453

72. 为什么在一个封闭的容器内，气体的温度升高，气体的压力也升高？ ⋯⋯ 453

73. 为什么保温材料和耐火砖的导热系数随着温度升高而增加？ ⋯⋯⋯⋯⋯ 453

74. 为什么气体的导热系数随着温度的升高而增加？ ⋯⋯⋯⋯⋯⋯⋯⋯⋯⋯ 453

75. 为什么金属的导热系数随着温度的升高而降低？ ⋯⋯⋯⋯⋯⋯⋯⋯⋯⋯ 454

76. 为什么导电性能好的金属导热性能也好？ ⋯⋯⋯⋯⋯⋯⋯⋯⋯⋯⋯⋯⋯ 455

77. 为什么氢气的导热系数比空气的导热系数大得多？ ⋯⋯⋯⋯⋯⋯⋯⋯⋯ 455

78. 为什么保温材料随着含水量的增加导热系数增加？ ⋯⋯⋯⋯⋯⋯⋯⋯⋯ 455

79. 为什么高温段省煤器的辐射传热量比低温段省煤器的辐射传热量大？ ⋯⋯ 456

80. 温降和温压有什么区别？ ⋯⋯⋯⋯⋯⋯⋯⋯⋯⋯⋯⋯⋯⋯⋯⋯⋯⋯⋯⋯ 456

81. 什么是有相变对流换热？什么是无相变对流换热？ ⋯⋯⋯⋯⋯⋯⋯⋯⋯ 456

82. 为什么有相变的膜状凝结放热系数明显高于无相变的放热系数？ ⋯⋯⋯ 456

83. 什么是凝结换热？什么是膜状凝结？什么是珠状凝结？ ⋯⋯⋯⋯⋯⋯⋯ 457

84. 为什么有相变的珠状凝结的放热系数是膜状凝结放热系数的十倍以上，而传热计算时要采用
    膜状传热公式？ ⋯⋯⋯⋯⋯⋯⋯⋯⋯⋯⋯⋯⋯⋯⋯⋯⋯⋯⋯⋯⋯⋯⋯ 457

85. 为什么凝汽器、高压加热器和低压加热器均采用卧式布置？ ⋯⋯⋯⋯⋯ 458

86. 为什么水蒸气容易将人烫伤，而高温空气不易将人烫伤？ ⋯⋯⋯⋯⋯⋯ 458

87. 为什么空调的功率比电风扇大得多？ ⋯⋯⋯⋯⋯⋯⋯⋯⋯⋯⋯⋯⋯⋯⋯ 459

88. 为什么夏季从现场巡回检查刚回到集控室感觉很凉爽，过一段时间就没有了凉爽的感觉？ ⋯ 459

89. 为什么燃料燃烧需要空气，而发生森林火灾时消防员用吹风机灭火？ ⋯⋯ 460

第二节 热工仪表 ⋯⋯⋯⋯⋯⋯⋯⋯⋯⋯⋯⋯⋯⋯⋯⋯⋯⋯⋯⋯⋯⋯⋯⋯ 460

90. 什么是仪表的精度等级？ ⋯⋯⋯⋯⋯⋯⋯⋯⋯⋯⋯⋯⋯⋯⋯⋯⋯⋯⋯⋯ 460

91. 如何计算仪表的绝对误差？ ⋯⋯⋯⋯⋯⋯⋯⋯⋯⋯⋯⋯⋯⋯⋯⋯⋯⋯⋯ 461

92. 试述热电偶温度计的工作原理。 ⋯⋯⋯⋯⋯⋯⋯⋯⋯⋯⋯⋯⋯⋯⋯⋯⋯ 461

93. 热电偶补偿导线的作用有哪些？ ⋯⋯⋯⋯⋯⋯⋯⋯⋯⋯⋯⋯⋯⋯⋯⋯⋯ 461

94. 怎样选择仪表的量程？ ⋯⋯⋯⋯⋯⋯⋯⋯⋯⋯⋯⋯⋯⋯⋯⋯⋯⋯⋯⋯⋯ 462

95. 为什么要对热电偶的冷端温度进行补偿？ ⋯⋯⋯⋯⋯⋯⋯⋯⋯⋯⋯⋯⋯ 462

96. 锅炉尾部烟温测点的作用有哪些？ ⋯⋯⋯⋯⋯⋯⋯⋯⋯⋯⋯⋯⋯⋯⋯⋯ 462

97. 为什么热电偶测出的烟气温度比实际温度低？ ⋯⋯⋯⋯⋯⋯⋯⋯⋯⋯⋯ 463

98. 同一个热电偶温度测点，当表出现几个不同温度时，应以哪个温度为准？ ⋯ 464

99. 隐丝式光学高温计的原理及优、缺点有哪些？ ⋯⋯⋯⋯⋯⋯⋯⋯⋯⋯⋯ 464

100. 试述弹簧管压力表的工作原理。 ⋯⋯⋯⋯⋯⋯⋯⋯⋯⋯⋯⋯⋯⋯⋯⋯ 465

101. 为什么要采用倾斜式微压计？ ⋯⋯⋯⋯⋯⋯⋯⋯⋯⋯⋯⋯⋯⋯⋯⋯⋯ 466

102. 为什么给水系统的压力表运行时，指针摆动频率较高，摆动幅度较大，而蒸汽系统的压力表指针较平稳？ ·········· 466

103. 怎样消除压力表指针的摆动及延长压力表的寿命？ ·········· 467

104. 为什么弹簧管压力表之前都装有一个弯管？ ·········· 467

105. 为什么操作盘上的汽包压力表指示的压力比汽包就地压力表高？ ·········· 468

106. 测量水位的平衡容器的工作原理是什么？ ·········· 468

107. 为什么平衡容器要保温？ ·········· 468

108. 为什么一般的低置水位表在升火过程中指示不准？ ·········· 469

109. 为什么锅炉有了各种型式的水位表还要安装机械水位表？ ·········· 469

110. 为什么水位表的刻度是均匀的，而流量表的刻度是不均匀的？ ·········· 469

111. 电触点水位表的工作原理是什么？ ·········· 469

112. 流量孔板测量流量的工作原理是什么？ ·········· 470

113. 为什么一般的蒸汽流量表在升火过程中指示不准，而给水流量表指示较准？ ·········· 471

114. 为什么用氧量表来指导燃烧调整比 CO_2 表更合理？ ·········· 471

115. 氧化锆氧量计的工作原理是什么？ ·········· 472

116. 为什么负压炉的氧量表的测点安装要求非常严密？ ·········· 472

117. 为什么要安装报警装置？ ·········· 472

118. 为什么要安装记录仪表？ ·········· 473

119. 为什么用煤粉、油或可燃气体作燃料的锅炉应装设熄火保护装置，而链条炉不需要装？ ··· 473

120. 什么是交流电不停电电源系统（UPS）？ ·········· 474

121. 为什么仪表电源电中断，热电偶温度表的指示偏低？ ·········· 475

122. 为什么连续排污流量孔板应装在一次阀、二次阀之间？ ·········· 475

123. 为什么烟气连续检测系统的取样管要采用拌热？ ·········· 475

124. 为什么烟气连续检测系统要配备标准气瓶？ ·········· 476

125. 皮托管测量气体流速的工作原理是什么？ ·········· 476

126. 为什么空气和烟气的流量不用孔板测量，而用皮托管测量？ ·········· 477

127. 为什么用皮托管测量烟气、空气流量时必须将管道截面分为若干面积相等的部分，分别测量每个部分的流速？ ·········· 477

第三节　分散控制系统（DCS）·········· 478

128. 什么是 DCS？ ·········· 478

129. DCS 具有哪些功能？ ·········· 478

130. 什么是 DCS 的 I/O 卡件？ ·········· 479

131. 什么是系统冗余？ ·········· 479

132. 什么是通信到 DCS？什么是硬接线到 DCS？ ·········· 479

133. 什么是 AI、AO、DI、DO？ ·········· 479

134. 什么是模拟量？什么是开关量？ ·········· 480

135. 为什么各种变送器输出的标准信号是 4～20mA，而不是 0～20mA？ ·········· 480

136. 为什么流量计和液位计要安装变送器？ ·········· 480

137. 压力表与压力变送器有什么区别？ ·········· 480

138. 什么是一次仪表？什么是二次仪表？ ·· 480

139. 为什么热电偶输出的是毫伏电信号，也需要温度变送器？ ·············· 481

第七章　化学水处理及化学清洗·· 482

第一节　锅外水处理·· 482

1. 什么是碱度？ ·· 482

2. 什么是含盐量？ ··· 482

3. 什么是硬度？ ·· 482

4. 什么是水的 pH 值？ ··· 482

5. 什么是硬水？什么是软水？什么是软化？ ································· 482

6. 软化水与除盐水有何区别？ ·· 483

7. 什么是离子交换剂？为什么有机离子交换剂比无机离子交换剂好？ ·· 483

8. 为什么离子交换树脂都制成球状？ ··· 483

9. 什么是离子交换树脂的交换容量？ ··· 484

10. 为什么原水中的含盐量越多，树脂的工作交换容量越大？ ·········· 484

11. 为什么 H^+ 交换器在 OH^- 交换器之前？ ····························· 484

12. 为什么 H^+ 交换器出口的水呈酸性？ ····································· 484

13. 阳离子交换器出来的水为什么要除去二氧化碳？ ······················· 485

14. 怎样判断 H^+ 交换器是否失效？ ··· 485

15. 怎样判断 OH^- 交换器是否失效？ ··· 485

16. 离子交换树脂为什么要进行再生？ ·· 485

17. 为什么再生剂的实际消耗量远大于理论消耗量？ ······················· 486

18. 离子交换树脂再生前为什么要进行反洗？ ·································· 486

19. 离子交换树脂再生后为什么要进行正洗？ ·································· 487

20. 为什么树脂再生系统中要设中和池？ ··· 487

第二节　锅内水处理··· 487

21. 为什么新安装的锅炉投产前要进行煮锅？ ·································· 487

22. 为什么新建的锅炉投产前应进行酸洗？ ····································· 487

23. 水垢是怎样形成的？对锅炉有什么危害？ ·································· 488

24. 水垢与水渣有什么区别？ ··· 488

25. 受热面管内壁的垢下腐蚀是怎样形成的？ ·································· 488

26. 锅炉为什么要加药？ ··· 489

27. 锅炉为什么要定期排污？ ··· 489

28. 锅水为什么要维持一定的碱度？ ··· 490

29. 锅炉为什么要连续排污？ ··· 490

30. 什么是分段蒸发？有何优点？ ·· 490

31. 什么是外置盐段？有何优点？ ·· 491

32. 蒸汽污染的原因是什么？ ··· 491

33. 为什么高压锅炉、超高压锅炉和亚临界压力锅炉的饱和蒸汽要用给水清洗？ ·· 492

34. 为什么锅炉压力越高，汽水分离越困难，蒸汽越容易带水？ ········ 492

35. 为什么随着锅炉压力的提高，汽水分离难度增加，过热器内盐类沉积的数量反而减少？ … 492

36. 为什么二氧化硅不易在高压和超高压锅炉的过热器中沉积，却会在汽轮机的中、低压缸中
　　大量沉积？ ………………………………………………………………………………… 493

37. 什么是化学临界热负荷？ ………………………………………………………………… 493

38. 什么是易溶盐的隐藏现象？ ……………………………………………………………… 493

39. 过热器为什么要定期反洗？ ……………………………………………………………… 494

40. 为什么给水、锅水和蒸汽的取样要经冷却器冷却后分析？在现场标记不清时，如何区分是
　　哪种样品？ ………………………………………………………………………………… 494

41. 为什么给水、锅水和蒸汽取样导管和冷却器盘管不能采用碳钢管或黄铜管，而应采用
　　不锈钢管或紫铜管？ ……………………………………………………………………… 495

42. 为什么有的取样冷却器的冷却水出口温度比取样出口温度高？ ……………………… 495

43. 为什么胀接的锅炉装有苛性脆化指示器，而焊接的锅炉没有？ ……………………… 496

第三节　锅炉化学清洗 ……………………………………………………………………… 496

44. 什么是化学清洗？ ………………………………………………………………………… 496

45. 为什么新安装的锅炉投产前要进行化学清洗？ ………………………………………… 496

46. 为什么再热器一般不进行化学清洗？ …………………………………………………… 497

47. 为什么锅炉酸洗前要进行碱洗或碱煮？ ………………………………………………… 497

48. 水冷壁管内的铁垢是怎样形成的？有什么危害？ ……………………………………… 497

49. 锅炉为什么要定期酸洗？ ………………………………………………………………… 498

50. 怎样确定锅炉是否需要酸洗？ …………………………………………………………… 498

51. 常用的清洗剂有哪几种？各有什么优、缺点？ ………………………………………… 498

52. 为什么酸洗时水冷壁管要分成几个循环回路？ ………………………………………… 499

53. 为什么酸洗液中要加缓蚀剂？ …………………………………………………………… 499

54. 缓蚀剂的缓蚀机理是什么？ ……………………………………………………………… 499

55. 对缓蚀剂的要求有哪些？ ………………………………………………………………… 500

56. 为什么每个酸洗循环回路都要安装监视管段？ ………………………………………… 501

57. 酸洗腐蚀指示片的作用是什么？ ………………………………………………………… 501

58. 汽包充满酸液并保持一定压力的酸洗方式有什么优、缺点？ ………………………… 501

59. 为什么锅炉酸洗的临时系统中，不得采用含有铜部件的阀门？ ……………………… 501

60. 酸洗过程中为什么要严禁烟火？ ………………………………………………………… 501

61. 怎样确定盐酸酸洗的终点？ ……………………………………………………………… 502

62. 为什么顶酸时必须用给水？ ……………………………………………………………… 502

63. 顶酸以后为什么要用给水进行大流量冲洗？ …………………………………………… 502

64. 冲洗后为什么要进行钝化？ ……………………………………………………………… 502

第四节　离子交换器及树脂再生 …………………………………………………………… 503

65. 什么是原水？为什么原水进行化学处理前要进行净化？ ……………………………… 503

66. 原水采取哪些净化处理？ ………………………………………………………………… 503

67. 什么是水的浊度？ ………………………………………………………………………… 503

68. 什么是一级复床除盐？有什么优、缺点？ ……………………………………………… 503

69. 固定床和连续床离子交换水处理方式各有什么优、缺点？ ·················· 503

70. 为什么离子交换器内的树脂分为三层？ ·················· 504

71. 为什么离子交换器下部填装有石英砂垫层和穹形多孔板？ ·················· 504

72. 什么是顺流再生？有什么优、缺点？ ·················· 505

73. 什么是逆流再生？有什么优、缺点？ ·················· 506

74. 什么是混床除盐？有什么优、缺点？ ·················· 506

75. 为什么混床内阴、阳树脂的体积相差较大？ ·················· 507

76. 为什么混床中，阴、阳树脂的湿真密度差应大于 15%？ ·················· 507

77. 为什么混床离子交换器壳体有上、中、下三个窥视窗？ ·················· 507

78. 什么是锅炉热化学试验？热化学试验的目的是什么？ ·················· 507

79. 什么情况下，需要进行锅炉热化学试验？ ·················· 508

80. 为什么大气式除碳器要连续地鼓入空气？ ·················· 508

81. 什么是反渗透技术？反渗透的原理是什么？ ·················· 508

82. 什么是正溶解系数？什么是负溶解系数？ ·················· 509

83. 为什么电厂锅炉蒸发受热面上水垢的主要成分是氧化铁、铜和硅酸？ ·················· 509

84. 为什么直流锅炉的给水品质要求比自然循环锅炉和强制循环锅炉给水品质要求更高？ ·················· 510

85. 锅炉和汽轮机的汽水损失由哪几部分组成？ ·················· 510

86. 为什么大容量机组凝结水要进行精处理？ ·················· 511

87. 为什么凝结水精处理系统应布置在凝结水泵与低压加热器之间？ ·················· 511

88. 为什么蒸汽和锅水取样管可以不保温？ ·················· 512

89. 什么是电导率？为什么常用电导率表示水中含盐量的多少？ ·················· 512

90. 为什么用电导率表示水中含盐量时要换算成 25℃时的电导率？ ·················· 512

91. 火力发电厂中有哪些不同性质、不同用途的水？ ·················· 513

第八章　能源、燃料及燃烧系统 ·················· 514

　第一节　能源 ·················· 514

1. 什么是能源？ ·················· 514

2. 什么是常规能源？什么是新能源？ ·················· 514

3. 什么是一次能源？什么是二次能源？ ·················· 514

4. 什么是可再生能源和不可再生能源？ ·················· 515

5. 为什么从长远看，人类应限制化石燃料当作能源使用？ ·················· 515

6. 怎样利用海水温差能发电？ ·················· 516

7. 怎样利用地热能发电？ ·················· 516

8. 为什么潮汐能可以用来发电？ ·················· 516

9. 怎样利用海水的波浪能发电？ ·················· 516

10. 为什么煤炭、石油和水能、风能也是太阳能的一部分？ ·················· 517

11. 为什么风力发电有广阔的发展前途？ ·················· 517

12. 为什么太阳能不但数量很大，而且清洁和可以再生，却难以大规模应用？ ·················· 518

13. 什么是能源的当量值和等价值？ ·················· 519

14. 什么是能源的等价折算系数？什么是能源的当量折算系数？ ·················· 519

15. 为什么不应将电能直接转换成热能使用? ⋯⋯⋯⋯⋯⋯⋯ 519

16. 原子能发电和原子弹有什么区别? ⋯⋯⋯⋯⋯⋯ 520

17. 为什么目前只能利用核燃料裂变释放的能量而不能利用聚变释放的能量? ⋯⋯ 520

18. 什么是动能? ⋯⋯⋯⋯⋯⋯⋯⋯⋯⋯⋯⋯⋯⋯⋯⋯⋯ 520

19. 什么是势能? ⋯⋯⋯⋯⋯⋯⋯⋯⋯⋯⋯⋯⋯⋯⋯⋯⋯ 521

20. 什么是机械能? ⋯⋯⋯⋯⋯⋯⋯⋯⋯⋯⋯⋯⋯⋯⋯⋯ 521

21. 什么是化学能? ⋯⋯⋯⋯⋯⋯⋯⋯⋯⋯⋯⋯⋯⋯⋯⋯ 521

22. 什么是热能? ⋯⋯⋯⋯⋯⋯⋯⋯⋯⋯⋯⋯⋯⋯⋯⋯⋯ 521

23. 什么是核能? ⋯⋯⋯⋯⋯⋯⋯⋯⋯⋯⋯⋯⋯⋯⋯⋯⋯ 521

24. 什么是可燃冰? ⋯⋯⋯⋯⋯⋯⋯⋯⋯⋯⋯⋯⋯⋯⋯⋯ 522

25. 为什么西北地区适宜发展光伏发电? ⋯⋯⋯⋯⋯⋯ 522

26. 为什么光伏发电要设置逆变器? ⋯⋯⋯⋯⋯⋯⋯⋯ 522

27. 什么是可再生能源? 可再生能源有哪几种? 可再生能源有什么优、缺点? ⋯⋯ 522

28. 为什么地热能不是来自太阳能,也属于可再生的清洁能源? ⋯⋯⋯⋯⋯ 523

29. 为什么西藏和台湾的地热能资源丰富? ⋯⋯⋯⋯⋯ 523

30. 为什么西北、华北地区风电资源丰富? ⋯⋯⋯⋯⋯ 523

31. 为什么我国水电资源集中在西南地区? ⋯⋯⋯⋯⋯ 524

32. 为什么应尽量使用二次能源? ⋯⋯⋯⋯⋯⋯⋯⋯⋯ 524

33. 为什么热电厂向外供汽的凝结水通常不回收? ⋯⋯ 524

第二节 燃料 ⋯⋯⋯⋯⋯⋯⋯⋯⋯⋯⋯⋯⋯⋯⋯⋯⋯⋯⋯ 525

34. 什么是可燃物? 什么是燃料? ⋯⋯⋯⋯⋯⋯⋯⋯⋯ 525

35. 燃料完全燃烧需要哪些条件? ⋯⋯⋯⋯⋯⋯⋯⋯⋯ 525

36. 燃料如何分类? 怎样评价燃料的优劣? ⋯⋯⋯⋯⋯ 525

37. 什么是燃料的高位发热量、低位发热量? ⋯⋯⋯⋯⋯ 525

38. 怎样确定燃料的发热量? ⋯⋯⋯⋯⋯⋯⋯⋯⋯⋯⋯ 525

39. 什么是标准煤? 有何作用? ⋯⋯⋯⋯⋯⋯⋯⋯⋯⋯ 526

40. 什么是燃料的分析基础? ⋯⋯⋯⋯⋯⋯⋯⋯⋯⋯⋯ 526

41. 为什么各种煤和气体燃料的发热量差别很大,而各种燃油的发热量差别却很小? ⋯⋯ 527

42. 为什么挥发分高的煤易于着火和完全燃烧? ⋯⋯⋯ 528

第三节 煤及制粉系统 ⋯⋯⋯⋯⋯⋯⋯⋯⋯⋯⋯⋯⋯⋯⋯ 529

43. 煤如何分类? ⋯⋯⋯⋯⋯⋯⋯⋯⋯⋯⋯⋯⋯⋯⋯⋯ 529

44. 煤中的灰分有哪几个来源? 对受热面的磨损有什么影响? ⋯⋯⋯⋯ 529

45. 为什么要测定煤中灰分的熔点? ⋯⋯⋯⋯⋯⋯⋯⋯ 529

46. 什么是煤的外在水分、内在水分和全水分? ⋯⋯⋯⋯ 530

47. 为什么要设干煤棚? ⋯⋯⋯⋯⋯⋯⋯⋯⋯⋯⋯⋯⋯ 530

48. 为什么湿煤容易在煤仓下部发生堵塞现象? 可采取哪些措施消除或减轻堵煤现象? ⋯⋯ 531

49. 为什么双曲线煤仓可以防止或减轻堵煤现象? ⋯⋯ 531

50. 为什么要安装磁铁分离器? ⋯⋯⋯⋯⋯⋯⋯⋯⋯⋯ 532

51. 碎煤机的作用是什么? ⋯⋯⋯⋯⋯⋯⋯⋯⋯⋯⋯⋯ 532

52. 为什么链条炉不需要给煤机，而煤粉炉需要给煤机？ ……………………………………… 533

53. 给煤机有哪几种？各有什么优、缺点？ ………………………………………………… 533

54. 什么是低速磨煤机？其工作原理是什么？适于哪些煤种？ …………………………… 535

55. 什么是中速磨煤机？其工作原理是什么？适于哪些煤种？ …………………………… 535

56. 什么是高速磨煤机？其工作原理是什么？适于哪些煤种？ …………………………… 537

57. 什么是煤的可磨性系数？ ………………………………………………………………… 538

58. 筒式钢球磨煤机有何优、缺点？ ………………………………………………………… 538

59. 为什么筒式钢球磨煤机应在满负荷下运行？ …………………………………………… 539

60. 什么是筒式钢球磨煤机的临界转速和最佳转速？ ……………………………………… 539

61. 为什么筒式钢球磨煤机的金属磨损量在各种磨煤机中是最大的，维修工作量却是最小的？ … 540

62. 粗粉分离器的作用及工作原理是什么？ ………………………………………………… 540

63. 旋风分离器的作用及工作原理是什么？ ………………………………………………… 541

64. 锁气器的作用及种类有哪些？ …………………………………………………………… 541

65. 什么是开式制粉系统和闭式制粉系统？ ………………………………………………… 542

66. 储仓式制粉系统有何优点？ ……………………………………………………………… 542

67. 螺旋输粉机的作用有哪些？ ……………………………………………………………… 543

68. 为什么有些制粉系统采用干燥剂送粉、有些制粉系统采用热风送粉？ ……………… 543

69. 什么是负压式制粉系统？什么是正压式制粉系统？各有什么优、缺点？为什么球磨机通常
   采用负压式制粉系统？ ………………………………………………………………… 545

70. 为什么采用风扇式磨煤机时，应选用一次风阻力较小的煤粉燃烧器？ ……………… 545

71. 为什么直吹式制粉系统不宜采用筒式球磨机？ ………………………………………… 545

72. 为什么制粉系统爆炸容易在磨煤机启、停或给煤机中断给煤时发生？ ……………… 546

73. 为什么筒式球磨机内要装有不同直径的钢球？ ………………………………………… 546

74. 为什么有些制粉系统采用部分高温烟气作干燥剂？ …………………………………… 547

75. 为什么筒式球磨机中煤量过小或过大均会使制粉量下降？ …………………………… 547

76. 为什么磨煤机通风量过大或过小均会使单位制粉耗电量增加？ ……………………… 548

77. 为什么燃烧气体燃料时容易发生回火，而燃烧煤粉时不易发生回火？ ……………… 548

78. 煤粉仓为什么要定期降粉？ ……………………………………………………………… 548

79. 为什么储仓式制粉系统运行时，排烟温度升高？ ……………………………………… 549

80. 为什么要设置给粉机？常用的给粉机有几种？各有什么优、缺点？ ………………… 549

81. 为什么要控制磨煤机出口气粉混合物的温度？ ………………………………………… 550

82. 为什么煤粉仓要设消防装置？ …………………………………………………………… 551

83. 为什么煤粉仓采用二氧化碳消防比蒸汽消防好？ ……………………………………… 551

84. 如何表示煤粉的细度？ …………………………………………………………………… 551

85. 什么是煤粉颗粒的均匀度？ ……………………………………………………………… 552

86. 什么是煤粉的经济细度？ ………………………………………………………………… 553

87. 为什么筒式球磨机要定期挑选钢球？ …………………………………………………… 554

88. 为什么制粉系统的旋风分离器下部的筛网容易堵塞？ ………………………………… 554

89. 煤粉炉中一次风和二次风的作用是什么？ ……………………………………………… 554

90. 煤质分析有哪两种? ……………………………………………… 554

91. 为什么挥发分高的煤、煤粉可以磨制得粗些? ………………… 555

92. 煤的可磨性系数 K_{km} 与煤的磨损指数 K_e 有何区别? ………… 555

93. 什么是煤的磨损指数? ………………………………………… 555

94. 为什么有的煤称为烟煤、无烟煤、褐煤和泥煤? ……………… 556

95. 磁铁分离器主要有哪两类? …………………………………… 556

96. 清除磁铁分离器磁铁上的铁质杂物有哪两种方法? …………… 556

97. 球磨机型号数字的含义是什么? ……………………………… 556

98. 为什么同一筒体直径的球磨机有两种筒体长度? ……………… 557

99. 什么是改进型粗粉分离器? …………………………………… 557

100. 为什么在胶带机尾部设加热装置? …………………………… 558

101. 输煤胶带下部为什么要设置托辊? …………………………… 558

102. 为什么采用胶带输煤时要分四段输送? ……………………… 558

103. 为什么各段输煤胶带之间要设电动机联锁装置? …………… 558

104. 为什么输煤胶带机要设置拉紧装置? ………………………… 559

105. 为什么煤粉浓度过大或过小均不会发生爆炸? ……………… 559

106. 为什么无烟煤的制粉系统通常没有爆炸危险? ……………… 559

107. 为什么磨煤机要设置惰性气体置换系统? …………………… 560

108. 为什么大容量煤粉锅炉大多采用直吹式制粉系统? ………… 560

109. 为什么褐煤要采用部分高温烟气作干燥剂? ………………… 560

110. 为什么褐煤制粉系统的高温烟气管道内要衬高温的绝热材料,而外部不保温? … 560

111. 为什么高温烟气管道上不设调节挡板? ……………………… 561

112. 为什么制粉系统要安装 CO 检测系统? ……………………… 561

113. 为什么一次风煤粉管道在安装时要向上冷拉? ……………… 561

114. 为什么一次风煤粉管道要安装节流孔板? …………………… 562

115. 为什么一次风煤粉管道要安装三维膨胀节? ………………… 562

116. 为什么越细的煤粉灰分含量越高? 越粗的煤粉挥发分越高、发热量越高? … 562

117. 为什么煤的水分增加会使磨煤机的出力下降? ……………… 563

118. 为什么输粉机输粉前应开启输粉机上的吸潮门? …………… 563

119. 为什么直吹式通常采用正压式制粉系统,而中储式通常采用负压式制粉系统? … 563

120. 为什么原煤进入球磨机前块径较大的煤要进行破碎? ……… 564

121. 为什么仓储式制粉系统的高温风和低温风混合后的风管道上要设置冷风门? … 564

122. 为什么储仓式制粉系统停运时热风系统应进行切换? ……… 564

123. 什么是开式中间储仓式制粉系统? 有什么优、缺点? ……… 565

124. 为什么开式制粉系统必须要安装布袋除尘器收集煤粉? …… 565

125. 什么是粗粉分离器的容积强度? ……………………………… 565

126. 为什么竖井式磨煤机磨制的煤粉的颗粒均匀度较好? ……… 566

127. 为什么球磨机磨制的煤粉颗粒均匀度较差? ………………… 566

128. 为什么中间储仓式制粉系统的球磨机出力应有 15% 的裕量? … 566

129. 为什么球磨机筒体内壁要衬波浪形钢护板？ …………………………… 567

130. 为什么球磨机的磨煤电耗较高？ …………………………………………… 567

131. 为什么球磨机筒体内沿轴向钢球分布是均匀的，而煤的分布是不均匀的？ …… 567

132. 为什么球磨机入口空心轴内壁为螺旋状？ ……………………………… 568

133. 煤粉仓和螺旋输粉机为什么要安装吸潮管？ …………………………… 568

134. 制粉系统为什么要保温？ ………………………………………………… 569

135. 为什么制粉系统要采用高温风和低温风两种热风？ …………………… 569

136. 排粉机出口的再循环风管有什么作用？ ………………………………… 570

137. 为什么调节粗粉分离器切向挡板开度可以调节煤粉的细度？ ………… 570

138. 为什么可以利用球磨机噪声的大小测量其煤量的多少？ ……………… 570

139. 为什么球磨机空转不宜超过 15min？ …………………………………… 571

140. 为什么球磨机筒身要采取保温降噪措施？ ……………………………… 571

141. 为什么筒式球磨机钢球的硬度应比护板硬度低？ ……………………… 571

142. 为什么随着球磨机筒体直径的增加，转速下降？ ……………………… 572

143. 为什么挥发分高的煤容易发生自燃？ …………………………………… 572

144. 怎样防止储煤场煤自燃？ ………………………………………………… 572

145. 为什么煤粉具有与水类似的流动性？ …………………………………… 573

146. 为什么球磨机应在盘车装置运转的情况下启动？ ……………………… 573

147. 为什么钢板制造的煤粉仓有利于防止煤粉自燃？ ……………………… 573

148. 为什么通风量减少可使煤粉更细？ ……………………………………… 573

149. 为什么球磨机内存煤量过多会导致电动机电流下降？ ………………… 574

150. 为什么断煤超过 10min 应停止球磨机制粉系统？ ……………………… 574

151. 为什么球磨机磨制每吨煤粉的金属磨损量较中速磨煤机高得多？ …… 574

152. 为什么球磨机轴承的轴向长度较大？ …………………………………… 574

153. 为什么煤粉的堆积密度比煤小？ ………………………………………… 575

154. 怎样判断球磨机内的物料量是否处于最佳状态？ ……………………… 575

155. 为什么粉仓降粉时，应关闭吸潮手动门、电动门及联络管电动门？ … 575

156. 为什么筒式球磨机油站要设高压油泵？ ………………………………… 575

157. 为什么同一种煤，煤粉仓内的煤粉比煤仓内的煤更容易发生自燃？ … 576

158. 为什么煤或煤粉自燃总是首先发生在内部？ …………………………… 576

159. 什么是可燃硫和挥发硫？ ………………………………………………… 577

160. 什么是有机硫、黄铁矿硫和硫酸盐硫？ ………………………………… 577

161. 为什么煤的比重越大，含灰量越高，发热量越低？ …………………… 577

162. 为什么煤粉炉采用三分仓回转式空气预热器时，除一次风和二次风外，还要有调温风？ …… 577

163. 什么是双进双出钢球仓磨煤机？有什么优点？ ………………………… 578

第四节　燃油及燃油系统 …………………………………………………… 579

164. 什么是凝固点？ …………………………………………………………… 579

165. 什么是闪点？ ……………………………………………………………… 579

166. 什么是着火点？ …………………………………………………………… 580

167. 什么是自燃温度? ·· 580

168. 燃料重油与渣油有什么区别? ····································· 580

169. 为什么燃料油罐内的油温要控制在 85~90℃范围内? ········· 581

170. 为什么油罐内有了加热器,油泵出口还要有加热器? ········· 581

171. 锅炉常用的燃油加热器有几种? 各有什么优、缺点? ········· 581

172. 怎样避免燃料油罐脱水时带油? ································· 582

173. 如何合理配置输油管线和阀门,防止管线冻凝? ············· 582

174. 假如渣油的凝固点是 40℃,为什么室外温度低于 40℃,渣油也会熔化? ····· 583

175. 蒸汽雾化和机械雾化各有何优、缺点? ······················ 583

176. 机械雾化的工作原理是什么? ··································· 584

177. 机械雾化喷嘴分几种? ·· 584

178. 雾化质量如何评定? ·· 585

179. 什么是雾化角、条件雾化角? ··································· 585

180. 雾化角的大小与雾化质量有何关系? ·························· 586

181. 影响雾化质量的因素有哪些? ··································· 586

182. 为什么雾化片要定期更换? ····································· 586

183. 为什么回油式油枪不允许在回油阀关闭的状态下运行? ······· 586

184. 为什么回油式油枪投入时应先开来油阀后开回油阀,而解列时应先关回油阀后关
来油阀? ·· 586

185. 为什么油枪回油调节负荷,雾化质量不但不降低,反而有所改善? ····· 587

186. 油枪回油调整负荷有何优、缺点? ······························ 587

187. 为什么油枪回油或母管回油的进油罐温度应低于 100℃? ····· 587

188. 降低回油进油罐温度的方法有几种? ·························· 588

189. 为什么冷却回油时用热水比冷水反而效果好? ··············· 588

190. 为什么油枪解列后要迅速打开蒸汽扫线阀? ················· 589

191. 为什么燃烧液体燃料时不会发生回火? ······················ 589

192. 为什么机械雾化不宜用调整进油压力的方式调整负荷? ······· 589

193. 为什么锅炉采用蒸汽雾化油枪时,可以用调节进油压力改变锅炉负荷? ····· 590

194. 为什么大容量燃油锅炉采用蒸汽雾化喷嘴较好? ············· 590

195. 为什么出力相同时,蒸汽雾化喷嘴的喷孔面积比机械雾化喷嘴大很多? ····· 591

196. 为什么机械雾化喷嘴的喷油孔在喷嘴端面的中心,而蒸汽机械雾化喷嘴的喷油孔分布在
与油枪轴线有一定角度的环形截面上? ························ 591

197. 配风器的作用是什么? 配风器应满足哪些要求? ············· 592

198. 配风器有哪几种? ·· 593

199. 为什么旋流式燃烧器比直流式燃烧器点火容易? ············· 594

200. 为什么烧油时特别强调根部配风? ···························· 595

201. 锅炉燃烧器的布置分哪几种? 各有什么优、缺点? ··········· 595

202. 为什么油燃烧器的回流区过大或过小均不好? 如何判断回流区大小是否合适? ····· 596

203. 为什么重油的含硫量较原油的含硫量高? ··················· 597

204. 为什么罐顶部 DN500 的孔不是人孔而是采光孔? ·················· 597

205. 为什么轻油罐不保温外表是银白色,而重油罐需保温外表是深色的? ·········· 597

206. 为什么储油罐燃料油液面上方是最危险的部位? ·················· 597

207. 为什么煤粉炉点火和助燃不采用重油而用柴油? ·················· 598

208. 烧热渣油有什么优点? ·················· 598

209. 为什么烧热渣油在油泵检修后投用时容易抽空?怎样避免? ·········· 599

210. 为什么随着机械雾化喷嘴喷油量的增加,油压也要随之提高? ·········· 599

211. 为什么喷嘴雾化不好,在点炉时,可以看到火星,而正常运行时看不到火星? ···· 599

212. 为什么机械雾化喷嘴的加工精度要求很高?怎样判断精度是否符合要求? ······ 600

213. 为什么大容量火力发电厂很少采用燃油炉? ·················· 600

第五节 气体燃料 ·················· 600

214. 气体燃料有哪几种? ·················· 600

215. 气体燃料有哪些优点和缺点? ·················· 601

216. 什么是气体燃料的火焰传播速度?与哪些因素有关? ·············· 601

217. 什么是无焰燃烧?什么是无焰燃烧器?什么是有焰燃烧?什么是有焰燃烧器? ···· 601

218. 为什么燃烧气体燃料有回火的危险?应怎样避免? ················ 602

219. 什么是气体燃料的爆炸浓度范围? ·················· 602

220. 试述阻火器的工作原理。为什么阻火器中的铜丝网不能用不锈钢丝网代替? ···· 603

221. 为什么煤粉、可燃气或油、气两用的炉子,燃烧气体燃料时采用有焰燃烧? ···· 603

222. 瓦斯加热器的作用是什么? ·················· 604

223. 为什么可燃气体的单位体积发热量随着碳原子数的增加而上升? ·········· 604

224. 什么是天然气?天然气分几种? ·················· 605

225. 天然气的主要成分是什么?为什么要生产液化天然气? ·············· 605

226. 为什么高炉在生产过程中会副产高炉煤气? ·················· 605

227. 为什么高炉煤气的热值较低、主要可燃成分是一氧化碳? ············ 606

228. 为什么高炉煤气的热值是气体燃料中最低的? ·················· 606

229. 为什么高炉煤气通常不单独燃用而要掺烧高热值燃料? ·············· 606

230. 为什么固体燃料和液体燃料的发热量以每千克质量计,而气体燃料的发热量以
     每标准立方米计? ·················· 606

231. 为什么发热量低的气体燃料爆炸的下限和上限浓度均较高,而发热量高的气体燃料爆炸的
     下限和上限浓度均较低? ·················· 607

232. 为什么单独燃烧高炉煤气应采用带燃烧道的无焰燃烧器? ············ 608

233. 为什么燃烧高热值煤气时不宜采用无焰燃烧器而应采用有焰燃烧器? ······ 609

234. 为什么烧液化石油气时,靠近喷嘴的管子外面会出现结霜现象? ········ 609

235. 为什么天然气泄漏易积聚在高处,而液化石油气泄漏易积聚在低洼处? ······ 609

第六节 生物质燃料 ·················· 610

236. 什么是生物质燃料? ·················· 610

237. 生物质燃料主要有哪几种? ·················· 610

238. 为什么生物质燃料含有的能量来自太阳能? ·················· 610

239. 为什么锅炉要采用生物质燃料? ·············· 610

240. 为什么大部分生物质燃料要破碎后燃烧? ·············· 611

241. 生物质燃料有什么优点和缺点? ·············· 611

第九章　锅炉运行 ·············· 612

第一节　漏风试验及烘炉煮锅 ·············· 612

1. 为什么锅炉要进行漏风试验? ·············· 612

2. 锅炉漏风试验通常采用什么方法? ·············· 612

3. 为什么新安装的锅炉要进行烘炉? ·············· 612

4. 为什么烘炉前应开启引风机、送风机挡板和人孔进行自然通风干燥几天? ·············· 613

5. 烘炉可采用什么热源? ·············· 613

6. 为什么通常以炉膛出口烟气温度作为控制烘炉升温速度的依据? ·············· 613

7. 为什么不同型式的炉墙,烘炉所需的时间不同? ·············· 614

8. 为什么烘炉前炉墙要开排湿孔? ·············· 614

9. 为什么新安装的锅炉投产前要进行煮炉? ·············· 614

10. 为什么要在保持一定压力下煮炉? ·············· 614

11. 为什么煮炉前要加氢氧化钠和磷酸三钠? ·············· 614

12. 为什么煮炉过程中锅水要保持一定碱度? 碱度下降要补充氢氧化钠和磷酸三钠? ·············· 615

13. 为什么有条件时,应尽量烘炉和煮炉连续进行? ·············· 615

14. 为什么过热器不参加煮炉? ·············· 615

15. 为什么煮炉结束后要打开水冷壁下联箱手孔检查和清除杂质? ·············· 616

16. 为什么汽包锅炉的工作压力越高,锅炉启动所需的时间越长? ·············· 616

17. 为什么水冷壁下联箱内有蒸汽加热装置的锅炉可以不通过下联箱的放水来促进水循环? ··· 616

18. 为什么控制循环锅炉不需要通过水冷壁下联箱放水来促进水循环? ·············· 617

19. 为什么锅炉点火初期可以通过水冷壁下联箱放水促进水循环? ·············· 617

20. 怎样判断点炉过程中哪个循环回路的水循环不好,需要通过下联箱放水来促进水循环? ··· 617

21. 为什么锅炉点火时应投入下排油枪? ·············· 618

第二节　管道冲洗和吹洗 ·············· 618

22. 为什么新安装的蒸汽管道投用前要进行吹洗? ·············· 618

23. 什么是吹管系数? 为什么被吹系统各处的吹管系数应大于1? ·············· 618

24. 蒸汽管道吹洗的原理是什么? ·············· 619

25. 为什么蒸汽管道吹洗时,吹洗蒸汽的压力仅为锅炉额定工作压力的1/4? ·············· 619

26. 为什么吹洗蒸汽管道前应将流量孔板拆除? ·············· 620

27. 为什么锅炉运行时,在额定流量下蒸汽管道的压差很小,而吹管时蒸汽流量较小,蒸汽管道的压差很大? ·············· 620

28. 为什么给水、减温水管道用水进行冲洗时,冲洗水流量应大于正常运行时的最大流量? ··· 620

29. 怎样检验管道吹洗的效果? 合格的标准是什么? ·············· 621

第三节　点火、升压及并汽 ·············· 621

30. 为什么自然循环锅炉点火前水位应在水位计最低可见处? ·············· 621

31. 为什么锅炉点火前要启动引风机、送风机通风 10～15min? ·············· 621

32. 为什么点火时，如果有气体燃料应尽量用气体燃料点火？ …………………………… 622

33. 为什么锅炉上水时，要规定上水温度和上水所需时间？ ………………………… 622

34. 锅炉上水要求上除过氧的水，水温不超过 90～100℃，而采用热力除氧的给水温度超过 100℃，怎样解决？ ………………………………………………………… 622

35. 在锅炉点火初期，水冷壁内还没有产生蒸汽，水冷壁是怎样得到冷却的？ ………… 622

36. 为什么在锅炉点火升压的过程中，即使炉膛内已有火嘴在燃烧，但再投用火嘴时仍要用火把点燃？ …………………………………………………………… 623

37. 为什么燃用液体或气体燃料的锅炉，在点炉过程中尾部烟道的灰斗会向下淌水？怎样避免或减轻这种现象？ …………………………………………………… 624

38. 燃用液体或气体燃料的锅炉，尾部烟道灰斗淌水时，如何区分是省煤器管泄漏还是烟气中的水蒸气在受热面上凝结造成的？ ……………………………………… 624

39. 为什么用气体燃料点火时，宜尽量推迟启动送风机？ ………………………… 625

40. 为什么锅炉房开工时，应先启动除氧器而后再进行锅炉点火？ …………………… 626

41. 为什么点火时，如果 10s 内点不着，必须切断燃料，重新通风 5min 后才能再点火？ ……… 626

42. 为什么升火过程中，当压力升至 0.3～0.4MPa 时，要对检修过的设备和管道附件进行热紧螺栓工作？ ……………………………………………………… 626

43. 为什么暖管的速度不得随意加快？ …………………………………………… 626

44. 从给水进入锅炉到过热蒸汽离开锅炉，经过哪几个过程？各在锅炉的哪个部分完成？ …… 626

45. 在锅炉点火初期，水冷壁还没有产生蒸汽时，怎样避免过热器管过热烧坏？ ………… 627

46. 为什么不用升温速度而用升压速度来控制锅炉从点炉到并汽的速度？ …………… 627

47. 为什么点火期间，升压速度是不均匀的，而是开始较慢而后较快？ ……………… 627

48. 为什么锅炉上水所需时间与季节有关，而锅炉升压所需时间与季节无关？ ………… 628

49. 为什么锅炉升火时间不能任意缩短？ ………………………………………… 628

50. 什么叫机组的滑参数启动？有何优点？ ……………………………………… 628

51. 锅炉水循环是怎样形成的？ …………………………………………………… 629

52. 怎样减少锅炉在升火过程中的热量损失？ …………………………………… 629

53. 为什么升火期间要定期排污？ ………………………………………………… 630

54. 为什么在升火过程中要记录各膨胀指示器的膨胀量？ ……………………… 630

55. 锅炉暖管并汽的方式主要有哪两种？ ………………………………………… 630

56. 为什么蒸汽管道投用前不疏水或疏水不彻底会产生水击？ ………………… 631

57. 为什么并汽时，并汽炉的压力要比母管压力低一些？ ……………………… 631

第四节　水位调整 …………………………………………………………………… 632

58. 为什么锅炉与母管并汽时，汽包水位要比正常水位稍低一些？ …………… 632

59. 汽包水位过高和过低有什么危害？ …………………………………………… 632

60. 为什么要定期对照水位？ ……………………………………………………… 633

61. 水位计发生泄漏或堵塞对水位的准确性有什么影响？ ……………………… 633

62. 为什么水位计蒸汽侧泄漏会使水位偏高，水侧泄漏会使水位偏低？ ………… 633

63. 为什么正常运行时，水位计的水位是不断上下波动的？ …………………… 634

64. 什么是虚假水位？是怎样形成的？ …………………………………………… 634

15

65. 为什么规定锅炉的汽包中心线以下 150mm 或 200mm 作为水位计的零水位? ………… 635

66. 为什么汽包内的实际水位比水位计指示的水位高? ……………………………… 635

67. 什么是干锅时间? 为什么随着锅炉容量的增加, 干锅时间减少? ………………… 635

68. 为什么负荷骤增, 水位瞬间升高; 负荷骤减, 水位瞬间降低? …………………… 636

69. 为什么安全阀动作时水位迅速升高? ………………………………………………… 637

70. 什么是三冲量给水自动调节? ………………………………………………………… 637

71. 为什么锅炉进行超水压试验时, 应将汽包水位计解列? …………………………… 637

72. 为什么云母水位计的水位观察较困难? ……………………………………………… 638

73. 为什么控制循环锅炉汽包水位过低, 炉水循环泵会激烈振动? …………………… 638

74. 为什么水冷壁管上的渣块脱落会使汽包水位瞬间升高? …………………………… 638

75. 为什么当水位从汽包水位计内消失时, 小型锅炉可以通过校水法判断是严重缺水、满水还是
    轻微缺水、满水, 而大型锅炉不采用校水法, 应立即停炉? ……………………… 639

76. 为什么高压及高压以上锅炉水位计及水联通管应采取保温或伴热措施? ………… 639

第五节　负荷调整 ……………………………………………………………………………… 640

77. 锅炉根据什么来增减燃料以适应外界负荷的变化? ………………………………… 640

78. 汽压变化时, 如何判断是外部因素还是内部因素引起的? ………………………… 640

79. 汽包锅炉负荷调整有何特点? ………………………………………………………… 640

80. 为什么增加负荷时应先增加引风量, 然后增加送风量, 最后增加燃料量; 减负荷时则应先减
    燃料量, 然后减送风量, 最后减引风量? …………………………………………… 641

81. 为什么给粉机由直流电动机带动? …………………………………………………… 641

82. 煤粉炉水冷壁管结渣的原因是什么? ………………………………………………… 641

83. 为什么水冷壁管外壁结渣后反而会过热烧坏? ……………………………………… 642

84. 为什么油枪投入时, 炉膛负压瞬间增大? 怎样避免? ……………………………… 642

85. 为什么锅炉负荷越大, 汽包压力越高? ……………………………………………… 642

86. 为什么烧气体燃料或燃油的锅炉, 当投入热负荷自动调整装置时, 应对燃气或燃油的调节
    阀限位, 使其不能全部关闭? ………………………………………………………… 642

87. 母管制的各台锅炉应如何分配负荷? ………………………………………………… 642

88. 为什么降低供汽压力可以减少供汽量? ……………………………………………… 643

89. 锅炉蓄热能力的大小对负荷调整有什么影响? ……………………………………… 643

90. 锅炉变压运行有什么优点? …………………………………………………………… 644

91. 限制锅炉负荷下限的因素是什么? …………………………………………………… 644

92. 为什么在燃料量不变的情况下, 汽压升高时, 蒸汽流量表指示降低; 而汽压降低时, 蒸汽
    流量表指示增加? ……………………………………………………………………… 644

93. 为什么汽轮机的进汽温度和进汽压力降低时要降低负荷? ………………………… 645

94. 为什么担任调峰任务的火电机组发电成本很高? …………………………………… 646

95. 什么是锅炉的蓄热能力? 为什么容量相同时汽包锅炉的蓄热能力比直流锅炉大? … 646

96. 什么是燃烧设备的热惯性? …………………………………………………………… 647

97. 为什么燃煤燃烧设备的热惯性较燃油燃烧设备的热惯性大? ……………………… 647

98. 为什么直吹式制粉系统燃烧设备的热惯性较中间储仓式制粉系统燃烧设备的热惯性大? … 647

99. 什么是汽轮机跟踪负荷调节方式？ ·· 647

100. 什么是锅炉跟踪负荷调节方式？ ·· 648

101. 什么是汽轮机、锅炉协调调节负荷方式？ ·· 648

102. 什么是内扰？什么是外扰？ ·· 648

103. 为什么定期排污时会产生水击？怎样避免或减轻水击？ ····························· 649

104. 为什么连续排污不会产生水击？ ·· 649

第六节 汽温调整 ··· 649

105. 为什么并汽时，并汽炉的汽温要比额定汽温低几十摄氏度？ ······················ 649

106. 为什么锅炉负荷增加，炉膛出口烟温上升？ ··· 650

107. 为什么过量空气系数增加，汽温升高？ ··· 650

108. 为什么给水温度降低，汽温反而升高？ ··· 651

109. 为什么汽压升高，汽温也升高？ ·· 651

110. 为什么煤粉炉出渣时，汽温升高？ ··· 651

111. 为什么煤粉变粗，过热汽温升高？ ··· 652

112. 为什么炉膛负压增加，汽温升高？ ··· 652

113. 为什么定期排污时，汽温升高？ ·· 652

114. 为什么燃烧气体燃料或重油的锅炉火焰中心较固态排渣的煤粉炉低？ ·········· 652

115. 为什么雾化不良或配风不好，汽温升高？ ·· 653

116. 为什么尾部受热面除灰使得汽温降低？ ··· 653

117. 为什么过热器管过热损坏，大多发生在靠中部的管排？ ······························ 654

118. 为什么过热器管泄漏割除后，附近的过热器管易超温？ ······························ 654

119. 为什么蒸汽侧流量偏差容易造成过热器管超温？ ·· 654

120. 燃煤锅炉改烧油后为什么汽温下降？ ·· 654

121. 烧煤锅炉改烧油以后，汽温偏低怎样解决？ ··· 655

122. 为什么低负荷时汽温波动较大？ ·· 655

123. 为什么高压锅炉的蒸汽温度波动较中压锅炉大？ ·· 655

124. 为什么低负荷时要多投用上层燃烧器？ ··· 656

125. 为什么过热汽温和再热汽温允许正向波动值较小，而允许负向波动值较大？ ··· 657

126. 为什么燃煤水分增加，汽温升高？ ··· 657

127. 为什么安全阀动作时，过热汽温会下降？ ·· 657

128. 为什么采用沸腾式省煤器锅炉的安全阀动作，蒸汽带水更严重？ ················· 658

129. 为什么蒸汽带水或温度急剧下降会引起法兰或阀门泄漏？ ··························· 658

130. 怎样确定过热器和再热器是以对流传热为主还是以辐射传热为主？ ·············· 658

131. 为什么有些超临界和超超临界压力锅炉的再热汽温比过热汽温高，有些超临界和超超临界
     压力锅炉的再热汽温与过热汽温相同？ ·· 659

132. 为什么燃煤炉或燃油炉改烧或掺烧气体燃料时，汽温会升高？ ····················· 659

133. 为什么锅炉掺烧高炉煤气会使汽温明显升高？ ·· 660

134. 为什么一次风量偏大易使过热汽温升高？ ·· 660

135. 为什么过热器吸热量大的管子会导致该管质量流量下降？ ···························· 660

17

136. 为什么汽压降低，汽温也降低？ ……………………………………………………… 661

137. 为什么新安装的锅炉投产初期蒸汽温度会偏低？ ………………………………… 661

138. 为什么有的渣块脱落会使过热汽温和再热汽温升高，有的渣块脱落会使过热汽温和再热汽
温降低？ …………………………………………………………………………… 661

第七节　燃烧调整 …………………………………………………………………………… 662

139. 什么是燃烧？什么是理论燃烧温度？ …………………………………………… 662

140. 什么是火焰中心？ ………………………………………………………………… 662

141. 为什么要监视炉膛出口烟气温度？ ……………………………………………… 663

142. 什么是理论空气量？ ……………………………………………………………… 663

143. 什么是实际空气量？ ……………………………………………………………… 663

144. 什么是过量空气系数？什么是最佳过量空气系数？ …………………………… 664

145. 最佳过量空气系数是怎样确定的？ ……………………………………………… 664

146. 怎样测定炉膛的漏风系数？ ……………………………………………………… 664

147. 为什么负压锅炉各部分的过量空气系数不同？ ………………………………… 665

148. 在没有氧量表或二氧化碳表的情况下，如何判断配风是否良好？ …………… 665

149. 为什么相邻的旋流式燃烧器的气流旋转方向是相反的？ ……………………… 665

150. 为什么要采用大风箱供风系统？ ………………………………………………… 666

151. 为什么链条炉要经常进行拨火工作？ …………………………………………… 666

152. 为什么链条炉燃用的煤中水分过少，含煤末较多时应适当加水？ …………… 667

153. 为什么链条炉的炉膛出口过量空气系数比煤粉炉高？ ………………………… 667

154. 为什么链条炉调节送风量对适应负荷的变化最灵敏？ ………………………… 668

155. 怎样防止链条炉炉排在运行中起拱、跑偏和拉断？ …………………………… 668

156. 怎样确定和保持炉排上合理的煤层厚度？ ……………………………………… 669

157. 为什么链条炉和手烧炉同样采用层燃方式，但链条炉的燃烧方式却比手烧炉合理？ … 669

158. 运行中发现排烟过量空气系数过高，可能是什么原因？ ……………………… 669

159. 怎样判断空气预热器是否漏风？ ………………………………………………… 670

160. 什么是低氧燃烧？有何优点？ …………………………………………………… 670

161. 为什么在正常情况下取样分析，CO_2 数值越低说明空气过量得越多？ ……… 671

162. 为什么锅炉燃用不同的燃料，虽然保持相同的过量空气系数，但 CO_2 值不同？ … 671

163. 锅炉漏风有什么危害？ …………………………………………………………… 671

164. 为什么倒 U 形负压锅炉沿烟气流动方向，在炉膛里负压越来越小，而在尾部烟道负压越来
越大？ ……………………………………………………………………………… 672

165. 为什么炉膛负压表指示为负压，而炉顶向外冒烟？怎样防止？ ……………… 672

166. 为什么烟气流经空气预热器时温度降低的数值小于空气温度升高的数值？ … 672

167. 运行中发现锅炉排烟温度升高，可能有哪些原因？ …………………………… 673

168. 锅炉烟气中的水蒸气是由哪几部分组成的？ …………………………………… 674

169. 什么是烟气的水蒸气分压？ ……………………………………………………… 674

170. 烟气的露点与哪些因素有关？ …………………………………………………… 674

171. 为什么烟气的露点越低越好？ …………………………………………………… 675

172. 为什么燃油炉烟囱冬天排出的烟气有时是白色的？ ⋯⋯⋯⋯⋯⋯⋯⋯⋯⋯⋯ 675

173. 奥氏分析器分析烟气成分有何优、缺点？ ⋯⋯⋯⋯⋯⋯⋯⋯⋯⋯⋯⋯⋯ 675

174. 为什么使用奥氏分析器时要先测 CO_2，后测 O_2？ ⋯⋯⋯⋯⋯⋯⋯⋯⋯⋯ 676

175. 为什么奥氏分析器氢氧化钾溶液和焦性没食子酸溶液吸收瓶里要放入很多细长的玻璃管？ ⋯ 676

176. 为什么焦性没食子酸吸收瓶朝大气的一面要加一层油？ ⋯⋯⋯⋯⋯⋯⋯⋯ 676

177. 为什么旋流式燃烧器通常用于前墙或前后墙布置，而直流式燃烧器大多用于四角布置？ ⋯⋯ 676

178. 为什么随着锅炉容量的增大，燃烧器的数量也随之增加？ ⋯⋯⋯⋯⋯⋯⋯⋯ 677

179. 为什么前墙布置的燃烧器数量较少时，两边的燃烧器应略向炉膛中心倾斜？ ⋯⋯⋯⋯ 677

180. 什么是钝体直流燃烧器？ ⋯⋯⋯⋯⋯⋯⋯⋯⋯⋯⋯⋯⋯⋯⋯⋯⋯⋯ 678

181. 为什么燃烧器采用四角布置不应缺角运行？ ⋯⋯⋯⋯⋯⋯⋯⋯⋯⋯⋯⋯ 678

182. 为什么四角喷燃不采用大风箱结构时，每个角的二次风箱是倒梯形的？ ⋯⋯⋯ 679

183. 为什么直流式燃烧器的一次风、二次风速度较旋流式燃烧器一次风、二次风的速度高？ ⋯⋯ 679

184. 为什么随着煤的挥发分增加，一次风率应提高？ ⋯⋯⋯⋯⋯⋯⋯⋯⋯⋯ 680

185. 为什么二次风的速度总是比一次风速度高？ ⋯⋯⋯⋯⋯⋯⋯⋯⋯⋯⋯⋯ 680

186. 为什么随着煤的挥发分增加，一次风的速度提高？ ⋯⋯⋯⋯⋯⋯⋯⋯⋯⋯ 681

187. 为什么三次风速通常较一次风速和二次风速高？ ⋯⋯⋯⋯⋯⋯⋯⋯⋯⋯ 681

188. 为什么炉膛冷灰斗区域设有周界风系统？ ⋯⋯⋯⋯⋯⋯⋯⋯⋯⋯⋯⋯⋯ 682

189. 为什么链条炉不设火焰检测系统，而煤粉炉要设火焰检测系统？ ⋯⋯⋯⋯⋯⋯ 682

190. 如何判断结渣发生在哪一种辐射受热面上？ ⋯⋯⋯⋯⋯⋯⋯⋯⋯⋯⋯⋯ 682

191. 为什么燃油炉的炉膛出口过量空气系数比煤粉炉低？ ⋯⋯⋯⋯⋯⋯⋯⋯⋯ 683

192. 为什么煤粉炉点火和低负荷助燃不用重油而用柴油？ ⋯⋯⋯⋯⋯⋯⋯⋯⋯ 683

193. 为什么挥发分越低，煤粉经济细度越细？ ⋯⋯⋯⋯⋯⋯⋯⋯⋯⋯⋯⋯⋯ 684

194. 为什么煤粉越细，着火温度越低？ ⋯⋯⋯⋯⋯⋯⋯⋯⋯⋯⋯⋯⋯⋯⋯ 684

195. 什么是烟气再循环富氧燃烧技术？ ⋯⋯⋯⋯⋯⋯⋯⋯⋯⋯⋯⋯⋯⋯⋯ 685

196. 烟气再循环富氧燃烧技术有什么优点？ ⋯⋯⋯⋯⋯⋯⋯⋯⋯⋯⋯⋯⋯ 685

197. 为什么燃烧器投用时，应先开启一次风，然后再启动给粉机，而燃烧器停用时，应先停给

　　粉机，然后再关一次风？ ⋯⋯⋯⋯⋯⋯⋯⋯⋯⋯⋯⋯⋯⋯⋯⋯⋯⋯ 685

198. 为什么高压加热器解列有可能导致炉膛结渣？ ⋯⋯⋯⋯⋯⋯⋯⋯⋯⋯⋯ 685

199. 什么是低压加热器？为什么低压加热器解列对锅炉不会产生影响？ ⋯⋯⋯⋯⋯ 686

200. 为什么下联箱设置蒸汽加热装置可以降低锅炉运行费用？ ⋯⋯⋯⋯⋯⋯⋯⋯ 686

201. 为什么设计专用于气体燃料的锅炉，应采用无焰燃烧？ ⋯⋯⋯⋯⋯⋯⋯⋯ 686

202. 为什么设计气体燃料与煤粉或燃油混的锅炉，气体燃料应采用有焰燃烧？ ⋯⋯⋯ 687

203. 为什么低负荷时，少投用燃烧器，采用较高煤粉浓度；高负荷时，多投用燃烧器，采用较低

　　煤粉浓度？ ⋯⋯⋯⋯⋯⋯⋯⋯⋯⋯⋯⋯⋯⋯⋯⋯⋯⋯⋯⋯⋯⋯ 687

204. 为什么给粉机应在低转速下启动和停止？ ⋯⋯⋯⋯⋯⋯⋯⋯⋯⋯⋯⋯⋯ 687

205. 为什么炉膛负压控制在 $-20\sim-60Pa$ 范围内？ ⋯⋯⋯⋯⋯⋯⋯⋯⋯⋯ 688

206. 为什么炉膛负压总是在不断波动之中？ ⋯⋯⋯⋯⋯⋯⋯⋯⋯⋯⋯⋯⋯ 688

207. 为什么四角燃烧器只投入对角两只燃烧器时，另两只燃烧器只停燃料，不停风？ ⋯⋯ 688

208. 为什么燃烧器四角布置切圆燃烧的一次风煤粉气流会出现偏斜？ ⋯⋯⋯⋯⋯⋯ 688

209. 为什么中储式制粉系统锅炉负荷调节速度比直吹式制粉系统快? ……………………… 689

210. 为什么不同锅炉汽包内的锅水处于不同的热力状态? ……………………………… 689

211. 为什么液态排渣炉一律采用热风送粉? …………………………………………… 690

212. 为什么燃烧器切换时,应先投入备用燃烧器,然后再停被切换的燃烧器? …………… 690

213. 为什么燃烧器停用后一次风和二次风挡板应保持一定开度? ……………………… 690

214. 为什么锅炉漏风增加会使送风机和引风机的耗电量增加? ………………………… 690

215. 为什么过量空气系数增加会使排烟温度上升? …………………………………… 690

216. 为什么炉膛漏风量增加会使空气预热器出口空气温度升高? ……………………… 691

217. 为什么煤粉炉停炉过程中要投入油枪助燃? ……………………………………… 691

218. 为什么停炉过程中要先停上部燃烧器后停下部燃烧器? ………………………… 691

219. 为什么锅炉厂的热力计算书或使用说明书给出的是额定负荷运行时炉膛出口过量空气系数,
     而仪表测出的是炉膛出口氧量? ……………………………………………… 692

220. 怎样根据测出的烟气中的氧量快速计算出过量空气系数? ……………………… 692

221. 为什么锅炉燃用热值不同的煤,所需的总空气量相差不大? …………………… 692

222. 为什么燃用低热值煤时,烟气量会增加? ………………………………………… 692

223. 炉膛和烟道漏风有什么危害? 什么是漏风系数? ……………………………… 693

224. 为什么水冷壁积灰和结渣会使炉膛火焰中心提高? …………………………… 694

225. 为什么燃烧天然气的电厂可以获得淡水资源? ………………………………… 694

226. 什么是热一次风机? 什么是冷一次风机? ……………………………………… 694

227. 为什么一次风流量、二次风流量和烟气流量不采用体积流量而采用质量流量? …… 694

228. 什么是火焰长度? ………………………………………………………………… 695

229. 为什么停炉三天以上必须将粉仓内的煤粉烧空? ……………………………… 695

230. 为什么空气预热器泄漏会使排烟温度降低? …………………………………… 695

231. 为什么不应两个循环回路同时进行定期排污? ………………………………… 696

232. 为什么火焰偏斜会引起水冷壁结渣? …………………………………………… 696

233. 为什么摆动式燃烧器容易变形卡涩? …………………………………………… 696

234. 怎样判断脱落的渣块是来自哪个受热面? ……………………………………… 696

235. 为什么链条炉炉排上未燃尽的部分容易出现在料层的中部? ………………… 697

第八节　锅炉各项热损失及锅炉效率……………………………………………… 697

236. 锅炉有哪几种热损失? ………………………………………………………… 697

237. 什么是排烟热损失 q_2? 是怎样形成的? …………………………………… 697

238. 怎样降低排烟热损失 q_2? …………………………………………………… 698

239. 什么是化学不完全燃烧热损失 q_3? ………………………………………… 698

240. 为什么气体燃料的着火温度很低,易于燃烧,炉膛温度很高,排烟中仍含有可燃气体而形成
     化学不完全燃烧热损失? ……………………………………………………… 698

241. 为什么燃油锅炉的化学不完全燃烧热损失 q_3 较燃煤锅炉高? …………… 699

242. 什么是机械不完全燃烧热损失 q_4? ………………………………………… 699

243. 什么是散热损失 q_5? ……………………………………………………… 699

244. 什么是灰渣物理热损失 q_6? ……………………………………………… 700

245. 为什么固态排渣的煤粉炉的灰渣物理热损失可忽略不计，而链条炉或液态排渣的煤粉炉的
　　　灰渣物理热损失不能忽略不计？ ··· 700

246. 为什么链条炉的热效率通常比煤粉炉低？ ··· 701

247. 什么是锅炉的热效率、净效率和燃烧效率？ ··· 701

248. 为什么锅炉负荷比额定负荷稍低时热效率最高？ ·· 702

249. 什么是正平衡法求锅炉热效率？ ··· 702

250. 什么是反平衡法求锅炉热效率？ ··· 703

251. 为什么常采用反平衡法求锅炉热效率？ ··· 703

252. 给水温度提高对锅炉热效率有何影响？ ··· 703

253. 提高锅炉给水温度有什么意义？ ··· 703

254. 为什么表面式减温器的回水通过省煤器再循环管回至汽包可提高锅炉热效率？ ············· 704

255. 为什么高压炉的热效率不一定比中压炉高？ ··· 705

256. 为什么油中掺水能提高锅炉热效率？ ·· 705

257. 为什么在计算锅炉热效率时采用低位发热量而不采用高位发热量？ ······························ 705

258. 锅炉从冷态启动到稳定状态要额外消耗多少热量？ ·· 706

259. 什么是基准温度？ ·· 706

260. 什么是高位锅炉的热效率和低位锅炉热效率？为什么通常采用锅炉低位热效率？ ··········· 706

261. 什么是绝对黑体？ ·· 707

262. 什么是物体的黑度？ ··· 707

263. 什么是三原子气体辐射减弱系数？为什么进行炉内传热计算时要计算三原子气体辐射减弱
　　　系数？ ··· 707

264. 什么是灰分颗粒和焦炭颗粒的辐射减弱系数？为什么要计算其减弱系数？ ··················· 708

265. 为什么亚临界及以下压力锅炉的水冷壁是蒸发受热面，而超临界和超超临界压力锅炉水冷
　　　壁是辐射式高温省煤器和辐射式低温过热器？ ··· 708

266. 为什么从水成为过热蒸汽，亚临界及以下压力锅炉工质状态有两个分界点，而超临界和
　　　超超临界压力锅炉工质状态只有一个分界点？其分界点在哪里？ ·································· 708

267. 为什么燃用褐煤的锅炉排烟热损失较大？为什么燃用发热量越低的煤，灰渣物理热损失
　　　越大？ ··· 709

268. 为什么电站锅炉是所有燃用矿物燃料炉子中热效率最高的炉子？采取哪些措施提高电站
　　　锅炉热效率？ ·· 709

269. 为什么天然气锅炉的低位热效率与高位热效率相差较大？ ·· 710

270. 为什么在锅炉运行末期会出现排烟温度明显下降的情况？ ·· 710

271. 为什么空气预热器大量漏风，排烟温度明显下降不会使锅炉热效率提高，反而会导致锅炉
　　　净效率下降？ ·· 710

272. 为什么烟道漏风量增加会使锅炉热效率下降？ ··· 711

273. 怎样减少锅炉漏风量？ ·· 711

274. 为什么看火后要及时将看火孔关闭？ ·· 711

275. 为什么燃用烟煤较燃用无烟煤机械不完全燃烧热损失低？ ·· 711

276. 锅炉漏风量增加有什么危害？ ·· 712

21

277. 什么是计算燃料消耗量? ································ 712

278. 怎样计算排烟热损失 q_2? ································ 713

279. 为什么会出现锅炉燃用不同燃煤时,飞灰和炉渣可燃物含量较高的 q_4 较飞灰和炉渣可燃物含量低的 q_4 小? ································ 713

280. 为什么煤的水分增加,排烟热损失 q_2 上升? ································ 714

281. 为什么炉膛漏风量增加会使排烟热损失 q_2 增加? ································ 714

282. 什么是灰渣物理热损失 q_6? ································ 714

283. 什么是锅炉的室内布置? 露天布置? 半露天布置? ································ 714

284. 为什么大、中型锅炉通常采用半露天布置? ································ 715

285. 为什么小型锅炉通常采用室内布置? ································ 715

286. 为什么容量相同时,室内布置的锅炉散热损失较露天、半露天布置的锅炉散热损失小? ································ 715

287. 为什么煤水分增加会使锅炉净效率下降? ································ 715

288. 为什么修正后的排烟温度低于修正前的排烟温度? ································ 716

289. 为什么燃料的发热量下降会导致排烟温度升高? ································ 716

290. 为什么大容量锅炉的排烟温度较低,而小容量锅炉的排烟温度较高? ································ 716

291. 为什么空气预热器漏风,导致排烟温度下降,不会导致排烟热损失下降和锅炉效率提高的不合理现象? ································ 717

292. 什么是折算水分? ································ 717

293. 为什么天然气锅炉的热效率较煤粉炉低? ································ 717

294. 为什么锅炉掺烧高炉煤气,热效率会下降? 为什么天然气锅炉的热效率低于煤粉炉? ································ 718

295. 为什么挥发分较多的煤要计算化学不完全燃烧热损失? ································ 718

296. 为什么灰分较高的煤机械不完全燃烧热损失较高? ································ 718

297. 为什么过量空气系数过大会使机械不完全燃烧热损失增加? ································ 719

298. 为什么煤粉越细机械不完全燃烧热损失越小? ································ 719

299. 为什么燃用挥发分较高煤的煤粉炉机械不完全燃烧热损失较低? ································ 719

300. 锅炉散热过程中的主要传热方式有哪几种? ································ 720

301. 为什么在环境温度相同的情况下,单位面积炉墙水平表面的散热量较垂直表面的散热量大? ································ 720

302. 为什么锅炉负荷低于额定负荷时,散热损失 q_5 上升? ································ 720

303. 怎样减少散热损失? ································ 721

304. 为什么大容量锅炉的散热损失明显低于小容量锅炉? ································ 721

305. 为什么炉墙和管道表面温度升高,散热损失急剧增加? ································ 721

306. 什么是保热系数? 保热系数与散热损失有什么区别和关系? ································ 722

307. 为什么固态排渣煤粉炉的灰渣物理热损失 q_6 大多数情况下可以忽略不计? ································ 722

308. 为什么燃用灰分多的煤,送风量不增加而引风量增加? ································ 722

309. 为什么通常连续排污的热量要回收利用,而定期排污的热量不利用? ································ 723

310. 燃用无烟煤时常采用哪些方法降低机械不完全燃烧热损失? ································ 723

311. 为什么燃油燃气锅炉的化学不完全燃烧热损失较燃煤炉大? ································ 723

第九节 对流受热面的磨损与积灰 ································ 724

312. 对流受热面积灰的原因是什么？有什么危害？ ················· 724

313. 为什么煤粉炉不宜使用含灰量过大的煤？ ················· 724

314. 为什么链条炉尾部受热面的磨损比煤粉炉轻？ ················· 725

315. 空气预热器的什么部位容易磨损？可采取什么措施？ ················· 725

316. 省煤器的什么部位容易磨损？可采取什么措施？ ················· 725

317. 为什么对流受热面管子背面积灰比正面严重？ ················· 726

318. 对流受热面的积灰与磨损是否矛盾？ ················· 726

319. 什么是冲击角？为什么省煤器管磨损最严重的部位不在正面，而在偏离管子正面 $30°\sim50°$ 对称的两处？ ················· 727

320. 为什么省煤器的第二排管子磨损特别严重？ ················· 728

321. 为什么对流受热面中，省煤器的磨损最严重？ ················· 728

322. 为什么烟气流速增加一倍，对流受热面管子的磨损速度增加 7 倍？ ················· 728

323. 为什么漏风系数增加或燃烧不良会使对流受热面的磨损加剧？ ················· 729

324. 什么是经济烟速？ ················· 729

325. 为什么液态排渣炉的尾部受热面积灰特别严重？ ················· 729

326. 为什么燃油锅炉的过热器积灰用水冲洗效果较好？ ················· 730

327. 飞灰有哪几种来源？ ················· 730

328. 为什么煤粉变细对流受热面积灰加剧？ ················· 730

329. 为什么随着管径的降低管子的积灰减少？ ················· 731

330. 为什么错列管束积灰较顺列管束少？ ················· 731

331. 受热面积灰和结渣有什么区别？ ················· 732

332. 为什么水冷壁管磨损很轻？ ················· 732

333. 为什么排烟中一氧化碳含量增加也可以作为对流受热面需要吹灰的依据？ ················· 732

334. 为什么顺列的管束，最大的磨损出现在第五排及以后的管子上？ ················· 732

335. 为什么不用灰分的熔点而用灰分的熔融特性来表示灰分的熔融性能？ ················· 733

336. 为什么灰分的熔融特性测定要在弱还原性气氛中进行？ ················· 733

337. 炉膛结渣有什么危害？ ················· 733

338. 炉膛结渣的原因是什么？ ················· 734

339. 怎样避免和防止炉膛结渣？ ················· 734

340. 为什么炉膛渣块脱落时会引起炉膛负压大幅度波动？ ················· 734

341. 为什么煤粉过粗会造成炉膛出口结渣？ ················· 735

342. 为什么给水温度降低有可能引起炉膛结渣？ ················· 735

343. 为什么投用下层燃烧器有利于消除或减轻炉膛出口结渣？ ················· 736

344. 为什么燃油中的灰分很少，但燃油锅炉对流受热面积灰较固态排渣煤粉炉严重？ ········ 736

345. 为什么一次风管道弯头磨损漏粉后，不应采取贴补，而应采取挖补的方法消除漏粉？ ···· 736

346. 为什么一次风管道弯头外侧容易磨损漏粉？ ················· 736

347. 为什么水冷壁管积灰会使炉膛吸热量大量减少？ ················· 737

348. 什么是烟气走廊？为什么烟气走廊的烟速较高？ ················· 737

349. 什么是水冷壁的灰污系数 ζ，与对流受热面的污染系数 ε 有什么区别？ ················· 738

23

350. 为什么当烟气横向冲刷管子时，顺列管束磨损较轻，而错列管束磨损较严重? ·········· 738

351. 为什么采用膜式省煤器可以减轻磨损? ········· 738

352. 为什么燃煤锅炉机械不完全燃烧热损失增加时，对流受热面的磨损会加剧? ········· 739

353. 为什么过热器仅在迎烟气冲刷的第一排管子安装有防磨盖板，而省煤器在迎烟气冲刷的
第一排和第二排管子均安装防磨盖板? ········· 739

354. 为什么在煤含硫量相同的情况下，链条炉的空气预热器低温腐蚀较煤粉炉严重? ········ 739

355. 为什么煤粉炉的飞灰粒径有可能大于煤粉的粒径? ········· 739

356. 锅炉各受热面为什么要定期进行吹灰? 如何确定合理的吹灰周期和每次吹灰持续的时间? ··· 740

357. 蒸汽吹灰和压缩空气吹灰各有什么优、缺点? ········· 741

358. 为什么煤粉炉对流受热面的积灰较链条炉对流受热面积灰严重? ········· 741

359. 为什么从国外进口的煤灰分较低，发热量较高? ········· 741

360. 怎样降低输灰管道弯头的磨损，延长弯头的寿命? ········· 742

361. 为什么尾部烟道飞灰的浓度随着煤发热量的降低而增加? ········· 742

362. 为什么煤粉炉炉底大渣和炉膛受热面结渣中灰分的熔点较低? ········· 742

363. 为什么固态排渣煤粉炉炉渣的含碳量较飞灰含碳量高? ········· 742

364. 为什么煤粉炉采用室燃，煤粉、焦炭和灰粒随烟气一起流动，但仍然会产生炉渣? ········· 743

365. 为什么轴流式引风机叶片的磨损较离心式引风机叶片的磨损严重? ········· 743

366. 为什么球形弯头的防磨性能较好? ········· 743

367. 为什么煤的灰分含量变化对受热积灰多少没有影响? ········· 744

368. 为什么烟气横向冲刷管子时磨损较大，纵向冲刷管子时磨损较轻? ········· 744

369. 为什么竖井烟道内省煤器管的磨损较水平烟道内的过热器管严重? ········· 744

第十节 停炉、备用及防腐 ········· 745

370. 什么是正常停炉? 故障停炉? 紧急停炉? ········· 745

371. 为什么停炉前应除灰一次? ········· 745

372. 为什么油、气体燃料混烧，停炉时应先停油后停气体燃料? ········· 745

373. 为什么对停炉过程所需的时间不加以规定? ········· 745

374. 为什么停炉关闭主汽门后，要将过热器疏水阀和对空排汽阀开启 30～50min，然后关闭? ··· 746

375. 为什么无论是正常冷却，还是紧急冷却，在停炉的最初 6h 内，均需关闭所有烟、风炉门和
挡板? ········· 746

376. 为什么锅炉从上水、点炉、升压到并汽仅需 6～8h，而从停炉、冷却到放水却需要 18～
24h? ········· 747

377. 为什么有的锅炉规定停炉关闭主汽门后 1h、8h 各定期排污一次? ········· 747

378. 为什么不允许锅炉在汽包与蒸汽母管不切断的情况下长期备用? ········· 748

379. 为什么停炉后一段时间内要继续补水? ········· 748

380. 什么是锅炉的停用腐蚀? 其是怎样产生的? ········· 748

381. 怎样防止或减轻停用腐蚀? ········· 748

382. 正常冷却与紧急冷却有什么区别? ········· 749

383. 为什么规定停炉 18～24h 后，锅水温度降到 70～80℃，才可将锅水全部放掉? ········· 749

384. 为什么停炉以后，已停电的引风机、送风机有时仍会旋转? ········· 749

385. 冷备用与热备用有什么区别? 750

386. 锅炉防冻应重点考虑哪些部位? 750

387. 为什么煤粉炉停炉过程中应先停上排燃烧器,后停下排燃烧器? 750

388. 为什么锅炉熄火后应对炉膛和烟道继续通风5~10min? 751

389. 为什么停炉前应对锅炉进行一次全面检查? 751

390. 阀门或管线为什么会冻裂? 751

391. 为什么停炉后会出现与锅炉正常运行时相反的水循环? 751

392. 为什么大容量锅炉的低温腐蚀较小容量锅炉轻? 752

第十一节　事故处理 752

393. 锅炉常用的安全装置有哪些? 752

394. 锅炉主操监盘时,应重点监视哪些仪表? 753

395. 什么是紧急停炉? 753

396. 什么是爆燃?为什么在锅炉点火时发生的爆燃比运行时发生的爆燃破坏更严重? 754

397. 什么是炉膛的内爆? 755

398. 为什么用煤粉、油或气体作燃料的锅炉,应装有当全部引风机、送风机断电时,自动切断全部送风和燃料供应的联锁装置? 755

399. 为什么校水前必须冲洗水位计? 756

400. 为什么水位下降且从水位计内消失后,关闭水位计汽阀,水位迅速升高是轻微缺水,锅炉可以继续上水,没有水位出现,则是严重缺水,必须立即停炉? 756

401. 为什么当水位从水位计内消失,关闭汽连通管的阀门,如果汽包水位在水连通管以上时,水位计会迅速出现高水位? 757

402. 为什么锅炉发生满水事故时,蒸汽温度下降,含盐量增加? 757

403. 为什么锅炉灭火时水位先下降而后上升? 757

404. 为什么水冷壁管、对流管、过热器管、再热器管和省煤器管泄漏后要尽快停炉? 757

405. 为什么省煤器泄漏时,有时喷出的是汽水混合物? 757

406. 为什么有时只听见蒸汽泄漏的响声,而看不到泄漏的蒸汽? 758

407. 为什么有时会出现省煤器后的烟气温度低于省煤器入口水温的反常现象? 758

408. 为什么锅炉灭火后炉膛负压突然增大? 758

409. 怎样实现不停炉更换锅炉主给水管线? 759

410. 为什么大容量锅炉应配备"四管"泄漏检测系统? 759

411. 为什么锅炉灭火时应立即切断燃料? 760

412. 什么是二次燃烧?为什么燃油炉二次燃烧最容易在停炉后几小时内发生? 760

413. 怎样防止燃油炉产生二次燃烧? 760

414. 为什么烟道发生二次燃烧,调整无效,当排烟温度超过250℃时应立即停炉? 761

415. 为什么发生锅炉缺水事故时蒸汽温度升高? 761

416. 为什么省煤器管泄漏停炉后,不准开启省煤器再循环阀? 761

417. 怎样防止定期排污扩容器振动和排汽管喷水? 761

418. 怎样分析和查明事故原因? 762

419. 怎样用逐项排除法分析查明事故原因? 763

25

420. 举例说明怎样运用逐项排除法分析查明事故原因。 ……………………… 764

421. 锅炉可靠性指标是什么？为什么随着容量增大，锅炉可靠性指标下降？ …… 765

422. 为什么随着锅炉容量增加，锅炉的事故次数上升？ ……………………… 765

423. 为什么锅炉发生事故的比例明显高于汽轮机或发电机？ ………………… 766

424. 为什么炉膛辐射受热面上渣块脱落会导致炉膛负压大幅度波动？ ……… 766

425. 为什么锅炉发生灭火事故时应立即停止制粉系统？ ……………………… 767

426. 为什么粉仓温度升高或着火，应关闭粉仓吸潮管？ ……………………… 767

427. 为什么炉膛结渣大面积脱落会造成炉膛灭火？ …………………………… 767

428. 怎样防止渣块大面积脱落时引起的炉膛灭火？ …………………………… 768

429. 为什么停炉后发生的二次燃烧大多出现在空气预热器上？ ……………… 768

430. 为什么发生二次燃烧时，烟囱会冒黑烟？ ………………………………… 769

431. 为什么发生二次燃烧时，引风机轴承的温度升高？ ……………………… 769

432. 为什么无论哪种炉管爆破均会使引风机电流上升？ ……………………… 769

第十章　循环流化床锅炉 ………………………………………………………… 770
　第一节　循环流化床锅炉工作原理 ……………………………………………… 770

1. 什么是循环流化床锅炉？其工作原理是什么？ …………………………… 770

2. 循环流化床锅炉与鼓泡床锅炉有什么区别？ ……………………………… 770

3. 循环流化床锅炉有什么优点？ ……………………………………………… 771

4. 循环流化床锅炉有什么缺点？ ……………………………………………… 771

5. 什么情况下采用循环流化床锅炉较合理？ ………………………………… 772

6. 怎样从外观迅速、准确地判断火力发电厂采用的是煤粉炉还是循环流化床炉？ …… 772

7. 什么是壁面效应？ …………………………………………………………… 773

8. 壁面效应对循环流化床锅炉有什么影响？ ………………………………… 773

9. 为什么循环流化床锅炉管式空气预热器的管箱分开，一次风和二次风采用单独的进、出口
　 风道？ ………………………………………………………………………… 774

10. 为什么循环流化床锅炉一次风从下部空气预热器管箱流过，二次风从空气预热器上部管箱
　 流过？ ………………………………………………………………………… 774

11. 为什么容量相同时，循环流化床锅炉空气预热器的面积明显小于煤粉炉的空气预热器
　 面积？ ………………………………………………………………………… 774

12. 为什么循环流化床锅炉的空气预热器不与省煤器交叉布置？ …………… 775

13. 为什么循环流化床锅炉通常不采用回转式空气预热器，而大多采用管式空气预热器？ …… 775

14. 为什么容量相同时循环流化床锅炉炉膛比煤粉炉高？ …………………… 775

15. 为什么发热量高的煤循环倍率较高？ ……………………………………… 776

16. 什么是外循环？外循环有什么作用？ ……………………………………… 776

17. 为什么参与外循环物料中 $100\sim600\mu m$ 粒径的比例较高？ …………… 777

18. 什么是外循环物料的有效颗粒？ …………………………………………… 777

19. 什么是物料的内循环？内循环的物料由哪几部分组成？ ………………… 778

20. 物料内循环有什么作用？ …………………………………………………… 778

21. 为什么物料循环量和循环倍率不考虑物料的内部循环？ ………………… 778

22. 循环流化床炉内的物料，按粒径大小分为哪三种？ ·············· 779

23. 为什么循环流化床锅炉底渣的份额比固态排渣煤粉炉高？ ·············· 779

24. 为什么高参数锅炉要在物料循环回路内布置过热器或再热器？ ·············· 779

第二节　布风装置 ·············· 780

25. 布风装置的作用是什么？布风装置由哪几部分组成？ ·············· 780

26. 为什么风室要采用底面向上倾斜的结构？ ·············· 780

27. 布风板有什么作用？ ·············· 781

28. 为什么要采用水冷式布风板？ ·············· 781

29. 为什么作为水冷壁一部分的水平的布风板是安全的？ ·············· 781

30. 布风板上的排渣孔有什么作用？ ·············· 782

31. 布风板为什么要具有一定的阻力？ ·············· 782

32. 怎样使布风板产生一定阻力？ ·············· 782

33. 为什么出风孔要开在风帽的侧面并向下倾斜？ ·············· 783

34. 什么是风帽的小孔开孔率？ ·············· 783

35. 为什么风帽在运行时不易烧坏，而在停炉压火时容易烧坏？ ·············· 783

36. 为什么进行流化试验时当一次风停止后，床料表面不平，说明布风板布风不均匀？ ·············· 784

37. 为什么循环流化床锅炉的送风机要分为一次风机和二次风机？ ·············· 784

38. 为什么一次风机和二次风机入口的风温是相同的，但一次风机出口风温较二次风机高？ ·············· 784

39. 为什么床层压差降低会使一次风量增加？ ·············· 785

40. 什么是临界流化风速？为什么物料的粒径增加，临界流化风速提高？ ·············· 785

41. 为什么循环流化床锅炉二次风口以下密相区横截面积布风板面积最小，向上逐渐增加？ ·············· 785

42. 为什么在冷态下试验确定的临界流化风速在热态下可以确保物料正常流化？ ·············· 786

第三节　返料系统 ·············· 786

43. 返料系统由哪几个部件组成？返料系统有什么作用？ ·············· 786

44. 返料系统中的立管有什么作用？ ·············· 786

45. 为什么返料器要设置布风装置？ ·············· 787

46. 为什么随着旋风分离器的分离效率下降，循环倍率下降？ ·············· 787

47. 为什么物料分离器中心筒偏置可以提高分离效率？ ·············· 788

48. 为什么物料分离器要采用渐缩形入口烟道？ ·············· 788

49. 为什么返料系统也需要流化装置？ ·············· 788

50. 为什么返料器布风板的风要分成松动风和流化风两部分？ ·············· 789

51. 什么是绝热式物料旋风分离器？有什么优点和缺点？ ·············· 789

52. 为什么高温式绝热旋风分离的器壁由耐高温的防磨层和导热系数小的绝热层组成？ ·············· 790

53. 什么是水冷式或汽冷式物料旋风分离器？有什么优点和缺点？ ·············· 790

54. 怎样判断循环流化床锅炉物料分离器的分离效率高低？ ·············· 791

55. 为什么要尽可能地提高物料分离器的分离效率？ ·············· 791

56. 为什么流化速度增加旋风分离器的分离效率提高？ ·············· 791

57. 为什么返料温度会高于高温分离器入口温度？ ·············· 792

58. 为什么大型循环流化床锅炉要配置多台旋风分离器？ ·············· 792

59. 为什么采用水冷式或汽冷式物料分离器较绝热式的散热损失小？ ⋯⋯⋯⋯⋯⋯ 793

60. 为什么采用水冷式或汽冷式物料分离器较绝热式有利于降低密相区的床温？ ⋯⋯⋯⋯ 793

61. 为什么返料系统要安装 U 形阀返料阀？ ⋯⋯⋯⋯⋯⋯⋯⋯⋯⋯⋯⋯⋯⋯⋯ 793

62. 为什么返料装置不采用传统的机械式返料阀，而采用非机械式的 U 形阀？ ⋯⋯⋯ 794

63. 为什么旋风分离器的分离效率随着负荷的降低而下降？ ⋯⋯⋯⋯⋯⋯⋯⋯⋯⋯ 794

64. 为什么随着烟气中物料浓度增加，分离器效率提高？ ⋯⋯⋯⋯⋯⋯⋯⋯⋯⋯⋯ 794

65. 为什么循环流化床锅炉炉膛出口的旋风分离器分离效率比煤粉炉和链条炉空气预热器出口的
    旋风分离器分离效率高？ ⋯⋯⋯⋯⋯⋯⋯⋯⋯⋯⋯⋯⋯⋯⋯⋯⋯⋯⋯⋯⋯⋯ 795

66. 什么是旋风分离器的临界粒径？ ⋯⋯⋯⋯⋯⋯⋯⋯⋯⋯⋯⋯⋯⋯⋯⋯⋯⋯⋯ 795

67. 什么是旋风分离器的分级效率？ ⋯⋯⋯⋯⋯⋯⋯⋯⋯⋯⋯⋯⋯⋯⋯⋯⋯⋯⋯ 796

68. 为什么返料器投入返料前要将部分冷物料放掉？ ⋯⋯⋯⋯⋯⋯⋯⋯⋯⋯⋯⋯⋯ 796

69. 为什么点火前在返料器入口立管内应有一定数量的物料？ ⋯⋯⋯⋯⋯⋯⋯⋯⋯ 796

70. 为什么返料风采用一次风的锅炉，放渣不当会导致返料器堵塞？ ⋯⋯⋯⋯⋯⋯⋯ 797

71. 为什么煤的灰分增加，循环倍率上升？ ⋯⋯⋯⋯⋯⋯⋯⋯⋯⋯⋯⋯⋯⋯⋯⋯⋯ 797

72. 为什么容量稍大的循环流化床锅炉返料装置不采用一次风机出口的风作为流化风，而要安装
    单独的流化风机供给流化风？ ⋯⋯⋯⋯⋯⋯⋯⋯⋯⋯⋯⋯⋯⋯⋯⋯⋯⋯⋯⋯ 797

73. 为什么应先启动一次风机，过一段时间再启动返料风机？ ⋯⋯⋯⋯⋯⋯⋯⋯⋯ 798

第四节　煤的破碎及粒径 ⋯⋯⋯⋯⋯⋯⋯⋯⋯⋯⋯⋯⋯⋯⋯⋯⋯⋯⋯⋯⋯⋯⋯⋯ 798

74. 什么是宽筛分燃料？ ⋯⋯⋯⋯⋯⋯⋯⋯⋯⋯⋯⋯⋯⋯⋯⋯⋯⋯⋯⋯⋯⋯⋯⋯ 798

75. 为什么循环流化床锅炉适宜燃烧宽筛分燃料？ ⋯⋯⋯⋯⋯⋯⋯⋯⋯⋯⋯⋯⋯⋯ 798

76. 什么是煤粒的级配？为什么要满足级配要求？ ⋯⋯⋯⋯⋯⋯⋯⋯⋯⋯⋯⋯⋯⋯ 799

77. 为什么要尽量降低给煤中粒径小于 $50\sim100\mu m$ 煤粒的比例？ ⋯⋯⋯⋯⋯⋯⋯⋯ 799

78. 泥煤和煤泥有什么区别？ ⋯⋯⋯⋯⋯⋯⋯⋯⋯⋯⋯⋯⋯⋯⋯⋯⋯⋯⋯⋯⋯⋯ 799

79. 循环流化床锅炉怎样燃用煤泥？ ⋯⋯⋯⋯⋯⋯⋯⋯⋯⋯⋯⋯⋯⋯⋯⋯⋯⋯⋯ 800

80. 为什么添加重质惰性物料燃用煤泥时，可以采用不排渣运行方式？ ⋯⋯⋯⋯⋯⋯ 800

81. 为什么煤粉炉内煤粉不易破碎，而循环流化床锅炉内的煤粒容易破碎？ ⋯⋯⋯⋯⋯ 800

82. 怎样判断循环流化床锅炉给煤各种粒径煤粒的百分比是否合理？ ⋯⋯⋯⋯⋯⋯⋯ 801

83. 为什么循环流化床锅炉能进行外循环的物料上限粒径约为 1mm，而入炉煤的粒径最大可达
    $10\sim12mm$？ ⋯⋯⋯⋯⋯⋯⋯⋯⋯⋯⋯⋯⋯⋯⋯⋯⋯⋯⋯⋯⋯⋯⋯⋯⋯⋯ 801

84. 为什么煤经过一次破碎级配不符合要求时，应分选后再进行二次破碎？ ⋯⋯⋯⋯⋯ 801

85. 什么是煤粒破碎的指数？ ⋯⋯⋯⋯⋯⋯⋯⋯⋯⋯⋯⋯⋯⋯⋯⋯⋯⋯⋯⋯⋯⋯ 802

86. 为什么挥发分越高的煤在炉膛内越容易破碎？ ⋯⋯⋯⋯⋯⋯⋯⋯⋯⋯⋯⋯⋯⋯ 802

87. 为什么粒径大的煤比粒径小的煤在炉内更容易破碎？ ⋯⋯⋯⋯⋯⋯⋯⋯⋯⋯⋯ 802

88. 为什么随着床温升高，加入密相区的煤更容易破碎？ ⋯⋯⋯⋯⋯⋯⋯⋯⋯⋯⋯ 803

89. 为什么煤粒和床料的破碎和磨损对循环流化床锅炉有利有弊？ ⋯⋯⋯⋯⋯⋯⋯⋯ 803

90. 为什么易破碎和磨损的煤燃烧效率降低？ ⋯⋯⋯⋯⋯⋯⋯⋯⋯⋯⋯⋯⋯⋯⋯⋯ 804

91. 为什么燃烧烟煤时，煤的平均粒径可以较大，而燃烧无烟煤时，煤的平均粒径应较小？ ⋯ 804

92. 为什么煤粒平均直径过大会导致床层高温结焦？ ⋯⋯⋯⋯⋯⋯⋯⋯⋯⋯⋯⋯⋯ 804

93. 什么是石油焦？ ⋯⋯⋯⋯⋯⋯⋯⋯⋯⋯⋯⋯⋯⋯⋯⋯⋯⋯⋯⋯⋯⋯⋯⋯⋯⋯ 805

94. 石油焦有什么特点？ ·· 805

95. 为什么石油焦不宜直接作为链条炉和循环流化床锅炉燃料？ ·············· 805

96. 循环流化床锅炉给煤有哪两种方式？ ································ 806

97. 为什么落煤管上端要设置加煤风？ ································ 806

98. 为什么落煤管的下端要设置播煤风？ ······························ 806

99. 为什么循环流化床锅炉的炉前煤仓容易发生堵煤？ ·················· 806

100. 怎样防止或减轻循环流化床锅炉炉前煤仓堵煤？ ·················· 806

101. 怎样确定吹灰间隔时间？ ·· 807

第五节　燃烧调整 ·· 807

102. 为什么循环流化床锅炉采用床下点火较床上、床内点火好？ ·········· 807

103. 为什么点火时，要使床料处于微流化状态？ ························ 808

104. 为什么点火时床料的高度在 350～500mm 较好？ ···················· 809

105. 怎样降低点火过程中柴油、天然气消耗和缩短点火时间？ ············ 809

106. 为什么循环流化床锅炉点火过程中，初期和末期床温升高较快，中期床温升高较慢？ ····· 809

107. 什么是低温燃烧？其有什么优点和缺点？ ·························· 810

108. 什么是高温燃烧？其有什么优点和缺点？ ·························· 810

109. 为什么循环流化床锅炉要采用低温燃烧？ ·························· 811

110. 循环流化床锅炉是如何实现低温燃烧的？ ·························· 811

111. 为什么煤中细颗粒过多会导致循环物料含碳量增加和返料器结焦？ ······ 812

112. 为什么床温随着煤的发热量提高而上升？ ·························· 812

113. 为什么改用灰分低、发热量高的煤时要掺入炉渣或沙子？ ············ 812

114. 为什么添加的惰性物料要经过筛选？ ······························ 813

115. 什么是第二代循环流化床锅炉低床压运行技术？ ···················· 813

116. 什么是循环倍率？为什么调节一次风量可以改变循环倍率？ ·········· 814

117. 为什么返料系统堵塞会使炉膛压差很快降低？ ······················ 814

118. 为什么返料中断，锅炉产汽量减少？ ······························ 814

119. 为什么返料温度越低，循环倍率越高，床温越低？ ·················· 815

120. 为什么炉膛内物料的流量中心高，随着离中心距离增加，物料流量下降，靠近水冷壁物料
　　 流量为负？ ·· 815

121. 为什么二次风速高达 30～50m/s？ ································ 815

122. 为什么循环流化床锅炉产生的蒸汽主要由稀相区水冷壁完成？ ·········· 816

123. 为什么煤粉炉的炉膛温度梯度很大，而循环流化床锅炉的炉膛温度梯度很小？ ····· 816

124. 怎样合理地调配一次风量和二次风量？ ···························· 816

125. 为什么炉膛出口和空气预热器出口均需安装氧量表？ ················ 817

126. 为什么燃烧调整用的氧量测点布置在过热器后较好？ ················ 817

127. 为什么煤中水分增加，床温和炉膛出口温度下降？ ·················· 817

128. 什么是炉膛差压？为什么要测炉膛差压？ ·························· 818

129. 为什么随着燃料的平均粒径增大，密相区的燃烧份额增加？ ·········· 818

130. 为什么床料流化不良会导致结焦？ ································ 819

131. 为什么床层厚度过薄也会引起结焦? ……………………………………………… 819

132. 为什么排渣时会从冷渣机入口向外喷火星? 怎样避免? ……………………… 819

133. 为什么循环倍率提高, 燃烧效率也随之提高? ………………………………… 819

134. 为什么煤的粒径过大会导致流化不好和密相区结焦? ………………………… 820

135. 什么是后燃现象? ……………………………………………………………… 820

136. 为什么循环流化床锅炉的燃烧效率较高? ……………………………………… 820

137. 什么是循环流化床锅炉鼓泡床运行方式? ……………………………………… 821

138. 为什么煤的挥发分越高, 炉膛出口烟温越高? ………………………………… 821

139. 为什么过热汽温偏低, 可以通过降低煤粒的平均直径来提高汽温? ………… 821

140. 为什么密相区要连续或定期排渣? ……………………………………………… 822

141. 为什么一次风机挡板风门开度不变时, 床层高度增加, 一次风量减少, 放渣后一次风量
自动增加? ……………………………………………………………………… 822

142. 为什么要进行压火? ……………………………………………………………… 822

143. 压火时为什么会出现结焦现象? ………………………………………………… 823

144. 怎样防止压火时床料结焦? ……………………………………………………… 823

145. 为什么要在压火前保持较高的床料高度? ……………………………………… 823

146. 为什么压火前停止给煤机后床温下降, 氧量上升时再迅速停止一次、二次风机和
引风机? ………………………………………………………………………… 823

147. 为什么循环流化床锅炉每吨蒸汽的耗电量较煤粉炉和链条炉高? …………… 824

148. 为什么随着一次风温的提高, 床料流化所需的风量减少? …………………… 824

149. 为什么布风板上床料开始少量结焦时, 应采取增加一次风压和风量的方式解决? … 824

150. 为什么布风板上的床料一旦结焦会迅速发展? ………………………………… 825

151. 为什么循环流化床锅炉空气预热器出口空气温度较煤粉炉低? ……………… 825

152. 为什么二次风要从密相区与稀相区的交界处及其上部送入炉膛? …………… 826

153. 为什么循环流化床锅炉飞灰的可燃物含量较煤粉炉高? ……………………… 826

154. 什么是床层压差? 为什么要测床层压差? ……………………………………… 827

155. 什么是床压? 为什么床压过高会使密相区床温升高、燃烧份额增加, 稀相区燃烧份额
减少? …………………………………………………………………………… 827

156. 为什么循环流化床锅炉负荷变化时, 床温变化不大? ………………………… 827

157. 为什么循环流化床锅炉底渣的含碳量小于飞灰的含碳量? …………………… 828

158. 为什么循环流化床锅炉灰渣的粒径通常总是小于给煤的粒径? ……………… 828

159. 为什么随着负荷率的增加, 密相区的燃烧份额下降, 稀相区的燃烧份额上升? … 829

160. 为什么循环流化床锅炉的灰渣物理热损失较固态排渣煤粉炉高? …………… 829

161. 为什么返料器堵塞不返料, 会使床温升高? …………………………………… 830

162. 为什么采用循环流化床锅炉的发电机组的厂用电率较煤粉炉发电机组厂用电率高? … 830

163. 为什么给煤加入密相区, 从密相区排渣的含碳量很低? ……………………… 830

164. 什么是一级破碎? 什么是二级破碎? …………………………………………… 831

165. 为什么停炉后布风板上床料的颗粒较细? ……………………………………… 831

166. 为什么流化风速提高, 密相区燃烧份额下降? ………………………………… 831

167. 为什么增加一次风的比例可以使床温下降? ····· 831
168. 为什么增加石灰石量可以降低床温? ····· 832
169. 为什么飞灰粒径增加,飞灰的含碳量上升? ····· 832
170. 为什么煤矸石等劣质煤的底渣比例很高,而烟煤、无烟煤等优质煤的底渣比例很低? ····· 833
171. 为什么循环流化床锅炉燃煤的粒径较大,炉膛出口有旋风分离器,但是烟气飞灰的浓度
　　 仍然较大? ····· 833
172. 稀相区物料和烟气对水冷壁的传热有哪几种方式? ····· 834
173. 为什么鼓泡床锅炉密相区要设埋管,而循环流化床锅炉密相区不设埋管? ····· 834
174. 什么是低温结焦?低温结焦是怎样产生的? ····· 834
175. 什么是高温结焦?高温结焦是怎样产生的? ····· 835
176. 为什么循环流化床锅炉的蒸汽大部分是由稀相区的水冷壁产生的? ····· 835
177. 为什么循环流化床锅炉炉膛内的辐射传热的比例较煤粉炉低? ····· 835
178. 循环流化床锅炉炉膛内有哪几种传热方式? ····· 836
179. 为什么流化风速增加,旋风物料分离器的分离效率提高? ····· 836
180. 为什么循环流化床锅炉的散热损失较煤粉炉高? ····· 836
181. 为什么运行较长时间停炉后应将床料放掉? ····· 836

第六节　受热面磨损 ····· 837
182. 为什么循环流化床锅炉受热面磨损较煤粉炉和链条炉严重? ····· 837
183. 什么是煤粒的破碎和磨损? ····· 837
184. 为什么密相区的水冷壁要敷设防磨层? ····· 838
185. 为什么密相区的防磨层要通过抓钉敷设在水冷壁上? ····· 838
186. 为什么稀相区水冷壁不敷设防磨层? ····· 838
187. 稀相区水冷壁的磨损是怎样产生的? ····· 839
188. 为什么循环流化床锅炉稀相区水冷壁下部磨损比上部严重? ····· 839
189. 为什么稀相区下部水冷壁要采用表面喷涂硬质合金的防磨措施? ····· 839
190. 蓝泥裙带加蓝涂料防磨方法的原理及优、缺点是什么? ····· 839
191. 为什么稀相区紧靠密相区防磨层上部交界区域的水冷壁会出现较严重的局部磨损? ····· 840
192. 怎样防止稀相区与密相区防磨层交界区域水冷壁的局部磨损? ····· 841
193. 为什么炉膛稀相区四角水冷壁的磨损较严重? ····· 842
194. 为什么物料分离器要敷设防磨层? ····· 842
195. 为什么循环流化床锅炉水冷壁对接焊缝的上部磨损较下部严重? ····· 842
196. 为什么炉膛顶部靠近炉膛出口的水冷壁要敷设防磨层? ····· 842
197. 为什么循环流化床锅炉水冷壁管鳍片中部的磨损比根部严重? ····· 842
198. 为什么循环流化床锅炉炉膛开孔时要向炉膛外让管? ····· 843
199. 循环流化床锅炉的飞灰是由哪几部分组成的? ····· 843
200. 煤粒的破碎与床料的磨损对循环流化床锅炉运行有什么影响? ····· 843
201. 为什么燃用相同煤种,循环流化床锅炉烟气飞灰的浓度低于煤粉炉? ····· 844
202. 为什么循环流化床锅炉飞灰的比例较煤粉炉低,而尾部受热面的磨损较煤粉炉严重? ····· 844
203. 为什么循环流化床锅炉尾部对流受热面的烟气流速较低? ····· 844

31

204. 为什么锅炉启动和停止速度太快，会导致防磨层脱落? ·········· 845

205. 为什么要对排渣进行冷却? ·· 845

第十一章 脱硫 ··· 846

第一节 二氧化硫的来源和危害 ···································· 846

1. 二氧化硫（SO₂）有什么危害? ··································· 846

2. SO₂ 的主要来源是什么? ··· 846

3. 什么是酸雨? 酸雨是怎样形成的? ······························· 846

4. 酸雨有哪些危害? 怎样减少酸雨的发生? ························· 847

5. 为什么火力发电厂排放的 SOₓ 是人为污染源 SOₓ 中的主要组成部分? ··· 847

6. 什么是脱硫? ·· 847

7. 什么是固硫? ·· 848

8. 煤中的硫以哪几种形态存在? ····································· 848

9. 燃煤中的硫是从哪里来的? ······································· 848

10. 煤炭硫分是如何分级的? ·· 848

11. 什么是折算硫分? 为什么折算硫分指标比硫分更合理? ············ 849

12. 烟气中的 SO₃ 是怎样形成的? 怎样减少 SO₃ 的生成量? ·········· 849

13. 脱硫方法如何分类? ··· 849

14. 什么是干法脱硫、湿法脱硫、半干法脱硫? ······················ 850

15. 炉外湿法脱硫有什么优点和缺点? ······························· 850

16. 为什么很少采用燃煤脱硫，而大多采用烟气脱硫? ················· 850

17. 什么是 FGD? ·· 851

18. 海水烟气脱硫方法有什么优点和缺点? ··························· 851

19. 什么是亨利定律? ··· 851

20. 为什么根据煤的含硫量计算出的 SO₂ 量比实际测出的 SO₂ 量多? ··· 851

21. 采用钙法脱硫时，脱硫剂有哪几种形态? ·························· 852

22. 为什么湿法烟气脱硫后烟尘浓度下降? ··························· 852

23. 为什么石灰石—石膏湿法脱硫装置大多采用动叶可调轴流式增压风机? ··· 852

24. 为什么循环流化床锅炉要优先采用炉内干法脱硫? ················ 853

25. 为什么位于广西壮族自治区、重庆市、四川省和贵州省的火力发电新建锅炉 SO₂ 排放浓度
限值为 200mg/m³，而其他省的 SO₂ 排放浓度限值为 100mg/m³? ······ 853

第二节 半干法脱硫 ·· 854

26. 什么是半干法脱硫? 常用的半干法脱硫有哪两种? ················ 854

27. 半干法脱硫有哪些优、缺点? ···································· 854

28. 为什么半干法脱硫要将 CaO 加水消化成 Ca(OH)₂? ·············· 854

29. 为什么半干法脱硫要控制脱硫塔出口烟气温度? ·················· 855

30. 为什么半干法脱硫脱硫塔出口烟温下降，脱硫效率上升? ·········· 855

31. 为什么半干法脱硫对喷入脱硫塔内的水的雾化质量要求很高? ······ 855

32. 为什么半干法脱硫向脱硫塔的喷水通常采用空气雾化? ············ 856

33. 为什么采用干法或半干法脱硫时，烟尘排放浓度会上升? ·········· 856

34. 为什么采用半干法脱硫时，脱硫灰要经多次循环后再排出？ ·················· 856

35. 为什么要将 1 号电场和 2 号电场除下的灰全部或大部分返回脱硫塔，而将 3 号电场和 4 号
电场除下的灰排至灰库？ ·················· 857

36. 为什么消石灰 Ca(OH)₂ 不宜长期储存？ ·················· 857

37. 为什么流化风要通过流化板对粉仓内的物料进行流化？ ·················· 857

38. 为什么流化风机出口要设置加热器？ ·················· 858

39. 为什么斗式提升机要设置止回器？ ·················· 858

40. 为什么不应采用压缩空气作为粉仓的流化风？ ·················· 858

第三节　干法脱硫 ·················· 859

41. 什么是干法脱硫？有哪两种干法脱硫？ ·················· 859

42. 为什么循环流化床锅炉应优先采用炉内干法脱硫？ ·················· 859

43. 循环流化床锅炉采用炉内脱硫有什么优点和缺点？ ·················· 859

44. 为什么干法脱硫不需要设置增压风机？ ·················· 860

45. 为什么循环倍率越高，炉内脱硫效率越高，钙硫比越低？ ·················· 860

46. 为什么循环流化床锅炉采用炉内脱硫时，Ca/S 比为 2.0～2.5 较合理？ ·················· 860

47. 为什么为了提高干法脱硫效率床温应控制在 850～950℃ 范围内？ ·················· 861

48. 为什么石灰石粒径对脱硫效率影响较大？ ·················· 861

49. 为什么煤粉炉不宜单独采用炉内干法脱硫？ ·················· 862

50. 为什么循环流化床锅炉炉内脱硫的脱硫剂利用率较低？ ·················· 862

51. 为什么采用炉内干法脱硫会使烟气量增加？ ·················· 863

52. 为什么循环流化床锅炉采用炉内干法脱硫时，会出现脱硫效率升高、脱硝效率下降的
现象？ ·················· 863

53. 为什么循环流化床锅炉脱硫剂石灰石的粒径太小反而会使脱硫效率下降，脱硫剂的消耗
增加？ ·················· 863

54. 为什么脱硫剂与煤同一点给入脱硫效率较高？ ·················· 864

55. 为什么炉内干法脱硫有助于避免结焦？ ·················· 864

56. 为什么采用干法脱硫送风量要增加？ ·················· 864

57. 为什么干法脱硫的钙硫比较高、脱硫效率较低？ ·················· 865

58. 什么是脱硫剂转化率？ ·················· 865

59. 什么是脱硫剂的煅烧反应？ ·················· 865

60. 为什么燃用煤泥有利于提高炉内脱硫的效率？ ·················· 865

61. 为什么循环流化床锅炉炉内脱硫的效率比鼓泡床锅炉高？ ·················· 866

62. 为什么循环流化床锅炉炉内脱硫的碳酸钙粉末的粒径不宜小于 100μm？ ·················· 866

第四节　氨法脱硫 ·················· 867

63. 氨法脱硫的原理是什么？ ·················· 867

64. 氨法烟气脱硫有什么优点和缺点？ ·················· 867

65. 为什么氨法脱硫要在塔上部设置填料？ ·················· 867

66. 为什么氨法脱硫要设置氧化风机？ ·················· 868

67. 为什么氨法脱硫效率较高？液气比较低？ ·················· 868

68. 什么是临界温度？ ·· 868

69. 为什么液氨罐安装后第一次进氨前要用氮气进行置换？ ·························· 868

70. 为什么储氨罐不采用排气法置换空气，而采用排水法置换空气？ ·············· 869

71. 为什么采用液氨比采用氮气置换储氨罐内的空气更合理？ ······················ 869

72. 为什么锅炉安全阀前不允许安装阀门，而储氨罐上的安全阀前安装有阀门？ ·· 869

73. 为什么锅炉安全阀动作时的排气不回收，而储氨罐安全阀动作时的排气要回收？ ··· 870

74. 为什么储氨罐不向脱硫塔供气氨，而向脱硫塔供液氨？ ························ 870

75. 为什么在调节阀后的加氨管道表面会结霜，而调节阀前的加氨管道表面不结霜？ ·· 870

76. 为什么脱硫塔内喷氨管的直径和其上众多的喷孔总面积较大？ ·············· 870

77. 为什么加氨系统的法兰密封面要采用缠绕金属垫？ ···························· 871

78. 为什么储氨罐要设遮阳棚和喷淋管？ ··· 871

79. 湿烟囱有什么优点和缺点？ ·· 871

80. 干燥器有什么作用？ ··· 871

81. 为什么干燥器的空气加热器要采用翅片管？ ···································· 872

82. 为什么干燥器要设冷空气旁路？ ··· 872

83. 为什么离心机分离器启动时先启动油泵，后启动主电动机；停止时先停主电动机，后停
油泵？ ·· 872

84. 为什么离心机分离器开机前不一定要先开油箱冷却水？ ······················ 873

85. 为什么离心机进料管和出料管要采用软连接？ ································· 873

86. 为什么离心机启动前要将转鼓上的物料清除干净？ ···························· 873

87. 为什么离心机的转鼓要定期清洗？ ·· 874

88. 为什么离心分离器进料含固量很少，且不均匀时会引起强烈振动？ ·········· 874

第十二章　石灰石—石膏湿法脱硫··· 875

第一节　脱硫塔·· 875

1. 什么是逆流吸收塔？有什么优点和缺点？ ······································· 875

2. 什么是顺流吸收塔？有什么优点和缺点？ ······································· 875

3. 喷淋空塔有什么优点和缺点？填料塔有什么优点和缺点？ ···················· 876

4. 喷淋多孔托盘吸收塔有什么优点和缺点？ ······································· 877

5. 喷淋空塔有什么优点和缺点？ ··· 878

6. 喷淋空塔吸收塔内有哪些部件？ ··· 878

7. 为什么吸收塔内的烟气流速较低而烟道内的烟气流速较高？ ·················· 879

8. 为什么吸收塔顶部要安装排空挡板门？ ··· 879

9. 为什么原烟道和净烟道均要保温，而脱硫塔不保温？ ························· 879

10. 为什么脱硫塔壁钢板的厚度自下而上是逐渐降低的？ ······················ 880

11. 为什么有的吸收塔下部直径比上部大？ ·· 880

12. 为什么吸收塔的溢流管从塔的下部引出？ ···································· 880

13. 为什么从吸收塔下部引出的溢流管，要在溢流管的最高处安装虹吸破坏管？ ··· 880

14. 为什么原烟气烟道与脱硫塔相连的部分是向吸收塔倾斜的？ ················ 881

第二节　增压风机·· 881

15. 为什么湿法脱硫系统要设置增压风机？ ·· 881

16. 为什么脱硫增压风机采用动叶可调式轴流风机较好？ ····················· 881

17. 什么是动叶可调式轴流风机？有什么优点和缺点？ ························ 882

18. 为什么轴流式引风机和增压风机要安装密封冷却风机？ ·················· 882

19. 为什么轴流式两台密封冷却风机出口要设置止回阀？ ···················· 882

20. 为什么轴流式风机采用挠性联轴器？ ·· 883

21. 什么是静叶可调式轴流风机？有什么优点和缺点？ ························ 883

22. 为什么未采用高效除尘器的锅炉不宜采用轴流式引风机？ ··············· 883

23. 为什么轴流式风机和电动机之间要安装中间轴？ ·························· 883

24. 轴流式风机入口收敛器有什么作用？ ·· 884

25. 为什么动叶可调轴流式的动叶采用扭曲叶片？ ····························· 884

26. 为什么动叶根部较宽较厚，沿叶片高度其宽度和厚度逐渐降低？ ······· 885

27. 为什么动叶可调式轴流风机的调节杆与叶柄之间通过保险片连接？ ····· 885

28. 为什么动叶可调式轴流风机的叶柄要装两个滚珠轴承？ ·················· 886

29. 动叶可调式轴流风机的平衡重锤有什么作用？ ····························· 886

30. 动叶出口的导叶有什么作用？ ·· 886

31. 为什么动叶可调式轴流风机出口要设置扩压器？ ·························· 886

32. 什么是轴流式风机的喘振？ ··· 887

33. 为什么轴流式风机要安装喘振报警器？ ·· 887

34. 轴流式风机喘振报警装置的工作原理是什么？ ····························· 887

35. 怎样整定轴流式风机喘振报警装置的报警值？ ····························· 887

第三节 浆液泵及喷淋系统 ··· 888

36. 浆液循环泵有什么作用？ ··· 888

37. 为什么一台循环泵对应一层喷嘴较采用母管制向各层喷嘴供浆好？ ····· 888

38. 为什么浆液循环泵停止后会发生倒转？ ·· 888

39. 为什么浆液循环泵停止入口阀门关闭浆液排空后，出口管内要注水？ ··· 889

40. 为什么吸收塔浆液循环泵出口不设出口阀？ ································· 889

41. 为什么浆液循环泵出口不设止回阀？ ·· 890

42. 为什么浆液要分成 3～4 层喷淋？ ·· 890

43. 为什么浆液循环泵壳体采用衬胶而叶轮采用硬质合金钢防腐防磨较合理？ ··· 890

44. 为什么浆液循环泵和电动机之间要设置减速器？ ·························· 891

45. 为什么浆液循环泵要设置加长联轴器？ ·· 891

46. 为什么浆液循环泵和石膏浆液泵入口要采用圆弧形滤网？ ··············· 892

47. 什么是液下泵？ ·· 892

48. 什么是潜水泵？潜水泵有什么优点？ ·· 892

49. 为什么喷嘴浆液分配管采用变径管？ ·· 893

50. 为什么靠近吸收塔壁处的喷嘴应向塔中心倾斜布置？ ·················· 893

51. 为什么吸收塔内各层喷嘴应该错开布置？ ··································· 893

52. 脱硫系统中喷嘴有哪几种用途？ ··· 894

53. 为什么浆液雾化喷嘴工作压力很低，雾化粒径较大？ ……………………………… 894

54. 什么是实心锥喷嘴和空心锥喷嘴？ ……………………………………………… 895

55. 为什么工艺水采用合金钢喷嘴，而浆液采用陶瓷喷嘴？ ………………………… 895

56. 为什么循环浆液喷淋通常采用切向喷嘴或螺旋喷嘴？ …………………………… 895

57. 什么是喷嘴的自由通径？ ………………………………………………………… 896

第四节　除雾器 …………………………………………………………………………… 896

58. 除雾器有什么作用？ ……………………………………………………………… 896

59. 除雾器的工作原理是什么？ ……………………………………………………… 897

60. 什么是除雾器的临界流速？ ……………………………………………………… 897

61. 为什么要采用二级除雾器？ ……………………………………………………… 898

62. 除雾器的布置方向有哪两种？ …………………………………………………… 898

63. 垂直流除雾器和水平流除雾器各有什么优点和缺点？ …………………………… 898

64. 为什么水平流除雾器允许的烟速较高，而垂直流除雾器允许的烟速较低？ …… 899

65. 为什么要定期对除雾器进行冲洗？ ……………………………………………… 899

66. 为什么第一级除雾器冲洗水压力高于第二级除雾器冲洗水压力？ ……………… 899

67. 为什么除雾器正面冲洗水的压力较背面冲洗水压力高？ ………………………… 900

68. 为什么第一级除雾器正面冲洗的间隔时间较短，冲洗的水量较大，而背面冲洗间隔时间较长，
冲洗水量较小？ …………………………………………………………………… 900

69. 为什么除雾器冲洗水的压力不宜过高和过低？ ………………………………… 901

70. 为什么除雾器不是同时冲洗，而是分组轮流冲洗？ …………………………… 901

71. 为什么除雾器冲洗喷嘴的雾化角应小于或等于 90°？ ………………………… 901

72. 为什么除雾器不应采用带旋涡室的雾化喷嘴，而要采用装有固定阀片的喷嘴？ … 902

73. 为什么上层除雾器只有下部设冲洗喷嘴，而下层除雾器上部及下部均没有冲洗喷嘴？ …… 902

74. 除雾器常用的材质有哪几种？各有什么优点和缺点？ …………………………… 902

75. 为什么第一级除雾器与最上层的浆液喷淋母管应留有一定的间距？ …………… 903

76. 为什么两级除雾器的卡子采用不同颜色？ ……………………………………… 903

77. 为什么垂直流除雾器在安装和维修期间应搭建临时平台和人行通道，而不应在除雾器上
行走？ ……………………………………………………………………………… 903

第五节　氧化风机 ………………………………………………………………………… 904

78. 为什么要设置氧化风机？ ………………………………………………………… 904

79. 为什么石灰石—石膏湿法脱硫采用罗茨风机作为氧化风机？ …………………… 904

80. 罗茨风机的结构和工作原理是什么？罗茨风机有什么优点和缺点？ …………… 904

81. 什么是自然氧化？什么是强制氧化？ …………………………………………… 905

82. 为什么氧化风机出口压力经常会发生变化？ …………………………………… 905

83. 为什么氧化空气母管要布置在吸收塔液位之上，然后从母管向下引出支管，从下部进入
吸收塔？ …………………………………………………………………………… 905

84. 为什么罗茨风机进、出口端安装橡胶弹性接头？ ……………………………… 906

85. 为什么罗茨风机出口管路上要设安全阀？ ……………………………………… 906

86. 为什么罗茨风机出口应设有排空旁路？ ………………………………………… 906

87. 为什么大型罗茨风机的一级缸和二级缸有两个入口和出口? ……………… 907

88. 为什么罗茨风机机壳外壁有许多肋片? ………………………………… 907

89. 为什么罗茨风机要采用两级压缩? ……………………………………… 907

90. 为什么采用两级压缩的罗茨风机一级缸的体积较二级缸大? …………… 907

91. 为什么罗茨风机入口要设置过滤器? …………………………………… 908

92. 为什么要向氧化空气中喷水? …………………………………………… 908

93. 为什么氧化风机的电流随着吸收塔液位的上升而增加? ………………… 908

94. 为什么脱硫塔的搅拌器大多采用侧装式? ……………………………… 908

第六节　旋流器及真空胶带脱水机 ……………………………………………… 909

95. 为什么从石膏泵来的石膏浆液要经水力旋流器浓缩后再送至真空胶带脱水机脱水? … 909

96. 为什么石膏旋流器由众多的旋流子并列组成? ………………………… 910

97. 什么是水力旋流器的顶流和底流? …………………………………… 910

98. 为什么水力旋流器旋流子入口汇流箱要保持一定压力? ………………… 910

99. 为什么石膏排出泵的出口压力比石膏浆液旋流器入口压力高出较多? …… 911

100. 为什么要设置废水旋流器? …………………………………………… 911

101. 为什么要设置真空胶带脱水机? ……………………………………… 911

102. 为什么真空胶带脱水机的主动辊和从动辊表面要覆盖橡胶层? ……… 912

103. 为什么主动辊和从动辊不是圆柱形而是橄榄形? ……………………… 912

104. 为什么真空胶带脱水机的胶带驱动电动机要采用变频调速? ………… 912

105. 为什么真空胶带干燥机启动时, 要等滤布上布满料 3min 后再启动胶带驱动电动机? … 912

106. 为什么水平真空胶带脱水机的滤布要安装多个导向轮? ……………… 912

107. 为什么滤布一面光洁, 另一面粗糙? ………………………………… 913

108. 为什么滤布要设纠偏装置? …………………………………………… 913

109. 为什么氧化空气供给不足时, 会导致真空胶带机脱水困难? ………… 913

110. 为什么要设气液分离器? ……………………………………………… 914

111. 为什么要在胶带下部设摩擦带? ……………………………………… 914

112. 为什么摩擦带与真空室表面之间要有冷却水? ……………………… 914

113. 真空室的升降机构有什么作用? ……………………………………… 914

114. 为什么要设胶带冲洗喷嘴? …………………………………………… 915

115. 为什么滤布要用水冲洗? ……………………………………………… 915

116. 为什么除雾器、滤布、胶带等冲洗喷嘴通常采用轴向喷嘴? ………… 915

117. 为什么滤布冲洗水要安装低水压报警器? …………………………… 915

118. 为什么要连续测量滤饼的厚度? ……………………………………… 915

119. 为什么要对滤饼进行冲洗? …………………………………………… 916

120. 为什么滤饼冲洗水要安装低流量报警器? …………………………… 916

121. 为什么滤饼冲洗喷嘴应安装在胶带有效脱水区的中部靠后位置? …… 916

第七节　GGH ……………………………………………………………………… 917

122. 为什么 GGH 通常不采用管式而采用回转式? ……………………… 917

123. 原烟气通过 GGH 对净烟气加热有什么优点和缺点? ………………… 917

124. 为什么 GGH 下部轴承的温度明显高于上部轴承? ························· 918

125. 为什么 GGH 下部的支承轴承由油站供油,而上部的导向轴承没有通过油站供油? ········ 919

126. 为什么回转式 GGH 不允许反转? ································· 919

127. GGH 有哪几种密封片? ······································ 919

128. 为什么要采用密封片来调整和控制回转式 GGH 的各部分间隙? ············· 920

129. 为什么 GGH 的原烟气向净烟气泄漏难以完全避免? ··················· 920

130. 为什么 GGH 安装后投用初期电动机电流波动较大? ··················· 920

131. 为什么 GGH 换热器元件钢片表面要搪瓷? ······················· 921

132. 为什么 GGH 的边缘传动装置安装布置在净烟气区? ··················· 921

133. 为什么 GGH 转子最外侧要留一组换热元件最后安装? ················· 921

134. 为什么边缘传动的减速装置要设疏水管? ························· 922

135. 怎样判断和掌握 GGH 积灰的程度? ···························· 922

136. 为什么 GGH 吹灰器的压缩空气管和高压水管上分别装有止回阀? ·········· 922

137. 为什么 GGH 的原烟气是自下而上流过,而净烟气是自上而下流过? ········· 922

138. 为什么 GGH 的吹灰器布置在原烟气侧? ························· 922

139. 为什么 GGH 原烟气侧的温降大于净烟气侧的温升? ················· 923

140. 为什么 GGH 原烟气侧向净烟气侧泄漏会导致脱硫效率下降? ············ 923

141. 原烟气通过哪几种途径漏入净烟气? 什么是 GGH 的泄漏率? ············ 923

142. 采取哪些措施降低 GGH 的泄漏率? ·························· 924

143. 为什么 GGH 净烟气出口温度随着锅炉负荷的降低而下降? ············· 924

144. 为什么 GGH 原烟气侧的进、出口压差比净烟气侧压差大? ············· 924

145. 为什么回转式 GGH 因故障而停止时,脱硫系统要停止运行? ············ 925

146. 为什么要测量 GGH 原烟气和净烟气进、出口压差? ················· 925

147. 如何判断驱动 GGH 转子的两个电动机哪个在工作? 哪个在备用? ········· 925

148. 为什么净烟气采用蒸气加热时要使用翅片管? ···················· 926

149. 吹灰器上的风机有什么作用? ······························ 926

150. 为什么密封风机通常采用高速电动机? ························· 926

151. 为什么脱硫系统的 GGH 设上下两个吹灰器? ···················· 926

152. 为什么 GGH 要设高压水清灰? ···························· 927

153. 为什么 GGH 的低压冲洗水要在脱硫装置停运后冲洗? ··············· 927

154. 为什么 GGH 吹灰器要采用步进式吹灰? ························ 927

155. 为什么旋转式 GGH 要安装密封风机? ························· 927

156. 怎样确定步进式吹灰器喷嘴每个部位吹灰的时间? ·················· 928

157. 为什么要用压力较高的空气对 GGH 的传动装置进行密封? ············· 928

第八节 搅拌器 ·· 928

158. 搅拌器有哪些作用? ·································· 928

159. 为什么侧装搅拌器要向下倾斜安装? ························ 928

160. 为什么有些脱硫系统的氧化空气喷嘴布置在侧装搅拌器叶轮的正前方或正下方? ····· 929

161. 为什么搅拌器的转速很低? ··························· 929

162. 为什么搅拌器要通过减速器与电动机连接？ ·· 929

163. 怎样防止或减轻搅拌器桨叶的磨损和腐蚀？ ·· 930

164. 为什么有些搅拌器的轴采用钢管制造？ ·· 930

165. 为什么吸收塔搅拌器的桨叶端部会出现孔洞形磨蚀？ ································ 930

166. 怎样确定搅拌器的正确旋转方向？ ·· 931

第九节　制粉系统··· 931

167. 什么情况下采用自制石灰石粉？什么情况下采用外购石灰石粉？ ············· 931

168. 为什么石灰石制粉系统通常采用筒式球磨机？ ·· 931

169. 为什么用于煤的筒式球磨机的筒身较短，而用于石灰石的筒式球磨机的筒身较长？ 932

170. 为什么球磨机要按规定的转向旋转？ ·· 932

171. 为什么筒式球磨机的油站除润滑油外，还要设置高压油？ ······················ 932

172. 为什么进入筒式球磨机的物料要预先破碎至一定的粒径？ ······················ 932

173. 为什么新安装的球磨机投产前向球磨机内加钢球时要分几批进行？ ········· 933

174. 为什么应在盘车装置运行中启动球磨机？ ·· 933

175. 为什么盘车装置运行状态下，当主电动机启动后盘车装置可以自动脱开？ ·· 933

176. 为什么球磨机盘车装置带有刹车机构？ ·· 933

177. 球磨机运行时筒身温度升高产生的膨胀如何吸收？ ································ 934

178. 为什么球磨机工作时筒身温度明显升高？ ·· 934

179. 为什么要在选粉机下部设置补风门？ ·· 934

180. 为什么从选粉机出来的粗粉要经过两个串联的翻板式挡板进入链式输粉机？ ········· 934

181. 为什么石灰石制粉通常采用负压系统？ ·· 935

182. 为什么制粉系统的斗式提升机、胶带挡边输粉机和链式输粉机的罩壳通过管道与选粉机
相连？ ·· 935

183. 为什么球磨机内物料数量过多会使其出、入口压差增加？ ······················ 935

184. 为什么石灰石制粉系统不采用简单的回粉管而要采用较昂贵的链式输送机或斜槽将选粉机
分离出来的粗粉返回球磨机入口？ ·· 936

185. 为什么石灰石粉仓电动卸料器容易堵塞，导致下粉不畅？ ······················ 936

186. 怎样防止石灰石粉电动卸料器堵塞，确保卸料正常？ ····························· 936

187. 为什么石灰石粉仓顶部要安装布袋式除尘器？ ·· 937

188. 为什么石灰石料仓内要衬不锈钢板？ ·· 937

189. 为什么制粉系统要设置锁气器？ ·· 937

190. 重锤式锁气器与电动锁气器各有什么优点和缺点？ ································ 937

191. 为什么采用重锤式锁气器必须要安装两个串联，而采用电动式锁气器只需安装一个？ 938

192. 选粉机有什么作用？ ·· 938

193. 为什么石灰石粉的流动性较煤粉差？ ·· 938

194. 怎样提高石灰石粉的流动性，防止堵塞？ ·· 938

195. 为什么电厂的制粉系统不设置布袋式收尘器，而脱硫装置的制粉系统要设置布袋式
收尘器？ ·· 939

196. 为什么锅炉的制粉系统仅有气力输送一种方式，而石灰石制粉系统有气力输送和斗式提升

   两种输送方式？ ……………………………………………………………………… 939

  197. 为什么采用球形弯头可以避免或减轻输粉管道弯头的磨损？ ……………………… 939

  198. 什么是粉尘的安息角？ …………………………………………………………… 940

  199. 为什么石灰石粉仓要设置流化风？ ……………………………………………… 940

 第十节 防腐防磨 ……………………………………………………………………… 941

  200. 为什么吸收塔及浆液管道要采取防腐防磨措施？ ……………………………… 941

  201. 为什么塔罐和烟道通常采用玻璃鳞片防腐，而管道通常采用衬胶防腐？ ……… 941

  202. 为什么防腐衬里前要进行喷砂？ ………………………………………………… 941

  203. 为什么阴雨天不宜进行喷砂施工？ ……………………………………………… 941

  204. 为什么第一层玻璃鳞片树脂应添加着色颜料，而第二层不加着色颜料？ ……… 942

  205. 为什么基体金属表面经喷砂处理后应尽快涂刷底涂层？ ……………………… 942

  206. 怎样检测防腐防磨衬里的施工质量？ …………………………………………… 942

  207. 防腐防磨常用的材料有哪几种？ ………………………………………………… 942

  208. 为什么混凝土基体表面经喷砂处理后要在基体表面涂抹环氧树脂胶泥导电找平层？ ……… 943

  209. 为什么 GGH 前的原烟道可以不防腐，而 GGH 后的原烟道需要防腐？ ……… 943

  210. 为什么浆液管道和阀门及泵要衬胶？ …………………………………………… 943

  211. 为什么衬胶管道要设置调整管段？ ……………………………………………… 943

  212. 为什么衬胶管道现合段的一端采用活套法兰？ ………………………………… 944

  213. 为什么连接喷嘴的浆液分配管大多采用玻璃钢材质？ ………………………… 944

  214. 为什么轴向密封板采用不锈钢而不采用碳钢加表面防腐层？ ………………… 944

  215. 什么是湿烟囱？ …………………………………………………………………… 945

  216. 采用湿烟囱有什么优点和缺点？ ………………………………………………… 945

  217. 在哪些情况下采用湿烟囱是合理的？ …………………………………………… 945

  218. 为什么已投产的锅炉采用湿法脱硫系统不宜采用湿烟囱？ …………………… 946

 第十一节 脱硫装置运行 ……………………………………………………………… 946

  219. 什么是气体的物理吸收？什么是气体的化学吸收？ …………………………… 946

  220. 什么是气体吸收过程机理的双膜理论？ ………………………………………… 947

  221. 石灰石-石膏湿法烟气脱硫有什么优点和缺点？ ……………………………… 947

  222. 为什么浆液循环泵启动后脱硫塔液位明显下降？ ……………………………… 948

  223. 为什么要用浆液的静压测量吸收塔的液位？ …………………………………… 948

  224. 什么是液气比？ …………………………………………………………………… 948

  225. 为什么液气比较低时，提高液气比脱硫效率上升较快；液气比较高时，进一步提高液气比
   脱硫效率提高较慢？ ……………………………………………………………… 949

  226. 为什么在喷嘴投入层数相同的情况下，投用上层喷嘴可以明显提高脱硫效率？ ………… 949

  227. 为什么不采用调节阀调节循环浆液量？ ………………………………………… 950

  228. 为什么要测量浆液的 pH 值？ …………………………………………………… 950

  229. 为什么锅炉负荷降低，脱硫效率提高？ ………………………………………… 950

  230. 为什么烟气温度降低，脱硫效率提高？ ………………………………………… 951

  231. 为什么烟气与喷淋的浆液逆向流动？ …………………………………………… 951

232. 什么是钙硫比？为什么实际运行中钙硫比总是大于 1？ ………………………… 952

233. 为什么在满足设计脱硫效率的前提下应尽量降低钙硫比？ …………………… 952

234. 为什么脱硫系统入口烟温超标要停止运行？ ………………………………… 952

235. 为什么 GGH 入口净烟气流量大于原烟气流量？ ………………………………… 952

236. 为什么要设置低泄漏风机？ ……………………………………………………… 953

237. 为什么低泄漏风机不采用空气而采用净烟气作密封介质？ …………………… 953

238. 为什么低泄漏风机在入口和出口挡板开度相同的情况下，冷态运行时电流比正常运行时
     电流大？ ……………………………………………………………………………… 954

239. 为什么采用湿法脱硫时烟囱排出的烟气是白色的？ ………………………… 954

240. 什么是烟羽下洗？有什么危害？ ……………………………………………… 954

241. 怎样避免烟羽出现下洗？ ………………………………………………………… 955

242. 当出现氧化空气量不足时，怎样判断是入口系统造成的还是出口系统造成的？ …… 955

243. 什么是标准状态？ ………………………………………………………………… 955

244. 什么是干烟气？什么是湿烟气？ ……………………………………………… 955

245. 烟气中的水蒸气有哪几种来源？ ……………………………………………… 955

246. 为什么脱硫系统要设置事故浆液池？ ………………………………………… 956

247. 为什么喷淋空塔的液气比较填料塔和托盘塔液气比高？ …………………… 956

248. 什么是喷淋空塔的壁流现象？ ………………………………………………… 957

249. 壁流现象对吸收塔的工作会产生哪些不利影响？ …………………………… 957

250. 怎样消除壁流现象对脱硫效率的不利影响？ ………………………………… 957

251. 什么是浆液固体物停留时间？为什么停留时间不宜过长或过短？ ………… 958

252. 为什么烟道挡板门要采用压力较高的空气进行密封？ ……………………… 958

253. 为什么密封风机出口要设加热器？ …………………………………………… 958

254. 为什么石灰石浆液泵出口要安装返回浆液罐的管道？ ……………………… 959

255. 为什么吸收塔出口至 GGH 之间的净烟道的低点应设疏水管？ …………… 959

256. 为什么在 GGH 出口和净烟道上要设置疏水管路？ ………………………… 960

257. 为什么 GGH 转子会出现向下凹的变形？ …………………………………… 960

258. 为什么湿法脱硫系统具有降低烟尘浓度的作用？ …………………………… 961

259. 为什么烟气中的氧含量增加，脱硫效率提高？ ……………………………… 961

260. 为什么采用气动冲洗水阀较好？ ……………………………………………… 962

261. 为什么浆液系统的泵在备用状态下其入口阀应处于关闭状态？ …………… 962

262. 胶带传动有什么优点？ ………………………………………………………… 962

263. 为什么机泵的传动胶带不宜新旧混用？ ……………………………………… 963

264. 为什么湿法脱硫的副产品石膏的质量大于脱硫剂石灰石的质量？ ………… 963

265. 脱硫副产品石膏有哪些用途？ ………………………………………………… 963

266. 脱硫副产品石膏有哪两种处理方法？ ………………………………………… 963

267. 在什么情况下脱硫系统采用抛弃法是合理的？ ……………………………… 964

268. 为什么脱硫系统采用抛弃法时会导致钙硫比增加？ ………………………… 964

269. 地坑和地坑泵的作用是什么？ ………………………………………………… 964

270. 为什么地沟要采用较大的坡度？ ·················· 964

271. 为什么浆液管道上要设置排空阀和冲洗阀？ ················· 965

272. 为什么石膏浆液和石灰石浆液的管道和泵停用后，要立即进行冲洗？ ········· 965

273. 为什么 FGD 系统大量采用蝶阀？ ·················· 965

274. 为什么水平浆液管道上蝶阀的阀杆应水平安装？ ··············· 966

275. 为什么测量液体中固体含量的取样管和取样阀安装时要向上倾斜？ ·········· 966

276. 为什么湿法脱硫效率较高？脱硫剂消耗较少？ ··············· 967

277. 为什么湿法脱硫 SO_2 的脱除率较高，而 SO_3 的脱除率较低？ ·········· 967

278. 什么是正盐？碱式盐？酸式盐？ ·················· 967

279. 为什么碳酸钙是正盐？其水溶液呈碱性？ ················ 967

280. 为什么碳酸钙可以作为石灰石—石膏湿法脱硫的脱硫剂？ ············ 968

281. 钙法脱硫中脱硫剂的名称及形态是什么？ ················ 968

282. 为什么要测量石灰石浆液和石膏浆液的密度？ ··············· 968

283. 为什么吸收塔内的浆液要保持一定的浓度？ ··············· 969

284. 怎样调节吸收塔内浆液的浓度？ ·················· 969

285. 为什么吸收塔内浆液要保持一定的液位？ ················ 969

286. 向吸收塔补水的途径有哪几种？ ·················· 969

287. 为什么要不断向吸收塔内连续补水？ ················· 970

288. 为什么要安装工艺水泵和冲洗水泵两种水泵？ ··············· 970

289. 为什么大功率机泵轴承通常不采用润滑脂润滑，而采用润滑油润滑？ ········· 970

290. 加热净烟气的常用热源有哪几种？ ·················· 970

291. 采用燃烧液体或气体燃料后的高温烟气对净烟气进行混合加热有什么优、缺点？ ······ 971

292. 采用汽轮机低压抽汽对净烟气加热有什么优点？ ·············· 971

293. 采用热空气对净烟气进行混合加热有什么优、缺点？ ············· 972

第十三章 脱硝 ···································· 973

第一节 氮氧化物（NO_x）的危害及产生 ···················· 973

1. NO_x 有什么危害？ ·························· 973

2. 锅炉氮氧化物（NO_x）是怎样产生的？ ·················· 973

3. 什么是脱硝？ ··························· 974

4. 什么是烟气脱硝？ ·························· 974

5. 脱硝方法分为哪两类？ ························· 975

6. 为什么采用低 NO_x 燃料技术的同时还要采用 SCR 法烟气脱硝技术？ ········· 975

7. 低氮燃烧技术与烟气脱硝技术有何区别？ ················· 975

8. 为什么煤粉炉要同时采用低氮燃烧技术和烟气脱硝技术？ ············ 976

9. 为什么同一地区不同季节的酸雨 pH 值相差较大？ ·············· 976

10. 为什么锅炉排放的 NO_x 中，NO_2 仅占 5％，但是 NO_x 的排放浓度通常以 NO_2 计算？ ····· 976

11. 为什么 NO_x 的排放浓度要进行烟气含氧量的修正？ ············· 977

12. 为什么 NO_x 的排放标准要采用 mg/m^3（标准状态）单位？ ··········· 977

13. 什么是炉内脱硝？ ·························· 977

14. 为什么物料循环倍率增加，NO$_x$排放量减少? ……………………………… 978

15. 为什么循环流化床锅炉 NO$_x$ 排放浓度明显低于煤粉炉? …………………… 978

第二节　选择性催化还原烟气脱硝…………………………………………………… 978

16. 什么是选择性催化还原烟气脱硝方法? ………………………………………… 978

17. 选择性催化还原脱硝技术有什么优点和缺点? ………………………………… 979

18. 为什么 SCR 法的脱硝效率较高? ……………………………………………… 979

19. 为什么 SCR 烟气脱硝系统安装在省煤器与空气预热器之间? ……………… 979

20. SCR 脱硝技术反应器有什么作用? …………………………………………… 980

21. SCR 反应器由哪些部分组成? ………………………………………………… 980

22. 什么是催化剂的垂直气流布置和水平气流布置? 为什么大多采用垂直气流布置? … 981

23. 为什么 SCR 脱硝工艺要设置省煤器旁路? …………………………………… 982

24. 为什么要设置稀释空气风机和氨气空气混合器? ……………………………… 982

25. 喷氨格栅有什么作用? ………………………………………………………… 983

26. 为什么 SO$_2$/SO$_3$ 转化率是 SCR 装置的重要指标? ………………………… 983

27. 为什么 SCR 脱硝技术中 NH$_3$ 与 NO$_x$ 摩尔比应控制在 1.15~1.20 的范围内? … 983

28. 为什么现在脱硫脱硝系统不设置旁路? ………………………………………… 984

29. 什么是氨逃逸率? ……………………………………………………………… 984

30. 为什么要控制氨的逃逸率? …………………………………………………… 985

31. 为什么 SCR 脱硝技术反应器内要安装吹灰系统? …………………………… 985

32. SCR 工艺装置有哪几种布置方式? …………………………………………… 986

33. 为什么煤粉炉采用 SCR 脱硝技术要采取多种措施加强 NH$_3$ 与 NO$_x$ 的混合? … 987

第三节　选择性非催化反应脱硝…………………………………………………… 987

34. 什么是选择性非催化还原烟气脱硝法? 有什么优、缺点? …………………… 987

35. 为什么 SNCR 脱硝技术的脱硝效率较低? …………………………………… 987

36. 为什么 SNCR 脱硝法喷入的是氨水或尿素的水溶液, 而 SCR 脱硝法喷入的是气态氨? …… 988

37. 什么情况下煤粉炉可以单独采用 SNCR 法脱硝? …………………………… 988

38. 为什么煤粉炉的 SNCR 脱硝技术的喷枪要设置自动伸缩装置? …………… 989

39. 为什么采用 SNCR 脱硝技术时, 脱硝剂液体需要雾化后喷入烟气中? …… 989

40. 为什么循环流化床锅炉 NO$_x$ 排放浓度较低? ………………………………… 990

41. 为什么循环流化床锅炉采用 SNCR 脱硝技术较合理? ……………………… 990

42. 为什么循环流化床锅炉采用烟气再循环措施可以降低 NO$_x$ 排放浓度? …… 991

43. 为什么循环流化床锅炉采用 SNCR 脱硝技术时, 脱硝剂液体从物料分离器入口烟道处

　　喷入? …………………………………………………………………………… 991

44. 为什么 SNCR 法脱硝氨水的最佳反应温度低于尿素, 而脱硝效率高于尿素? … 991

45. SCR 和 SNCR 脱硝技术所需的还原剂 NH$_3$ 有哪几种来源? ……………… 992

46. 为什么 SNCR 要与其他低 NO$_x$ 燃烧技术联合运用使 NO$_x$ 达标排放? …… 992

47. 为什么煤粉炉采用 SNCR 脱硝技术要在炉中不同部位安装较多喷嘴? …… 992

48. 为什么煤粉炉同时采用 SNCR 和 SCR 脱硝法较好? ……………………… 993

49. 什么是脱硝温度窗口? ………………………………………………………… 993

第四节 脱硝催化剂 ·· 993

50. 为什么 SCR 要采用催化剂? ··· 993

51. 催化剂如何分类? ··· 994

52. SCR 脱硝技术催化剂有哪些主要成分? 各成分有什么作用? ········ 994

53. 什么是催化剂的活性? ·· 994

54. 为什么 SCR 脱硝技术催化剂要制成板状或蜂窝状? ················· 995

55. 什么是催化剂的选择性? ·· 995

56. 什么是催化剂的比表面积和有效表面积? ······························ 996

57. 什么是催化剂的失活? ·· 996

58. 什么是 SCR 催化剂的 2+1 和 3+1 布置方案? ······················ 996

59. 什么是催化剂的热再生和热还原再生? ································· 997

60. 为什么催化剂再生清洗时应采用除盐水? ······························ 997

61. 为什么催化剂要采用超声波清洗? ······································ 997

62. 为什么催化剂清洗再生后要经过干燥才能投入使用? ················ 998

第五节 氨区及氨系统 ·· 998

63. 为什么氨区系统要采用露天布置? ······································ 998

64. 液氨储罐为什么要设淋水装置? ·· 998

65. 为什么要在氨系统周边安装氨气泄漏检测器? ······················ 998

66. 处理氨气泄漏事故要采取哪些安全措施? ····························· 998

67. 什么是液氨自然气化系统? ·· 999

68. 什么是液氨强制气化系统? ·· 999

69. 氨气缓冲罐有什么作用? ·· 1000

70. 什么情况下需要安装液氨泵? ··· 1000

71. 液氨蒸发器有什么作用? ·· 1000

72. 为什么要安装卸氨泵? ··· 1001

73. 氨气稀释罐有什么作用? ·· 1001

74. 为什么要设置氮气置换和吹扫系统? ··································· 1001

75. 氨气废水池有什么作用? ·· 1001

第十四章 消烟除尘及节能减排 ··· 1002

第一节 烟尘的危害及除尘器分类 ·· 1002

1. 锅炉排烟中有哪些有害物质? ·· 1002

2. 烟尘有哪些危害? ··· 1002

3. 简述除尘器的种类及工作原理。 ··· 1002

4. 为什么火力发电厂锅炉要安装除尘器? ································· 1004

5. 为什么火力发电厂燃煤锅炉必须要安装电除尘器、布袋除尘器或电袋除尘器? ··· 1005

第二节 烟囱 ··· 1006

6. 什么是水平烟道、竖井烟道和尾部受热面? ··························· 1006

7. 烟囱的作用是什么? ·· 1006

8. 为什么烟囱大多是下面粗、上面细? ···································· 1006

9. 烟囱分几种？各有什么优、缺点？ …………………………………………………… 1006

10. 什么是烟囱的几何高度、烟气的动量上升高度、烟气的浮力上升高度、烟囱的有效
    高度？ ………………………………………………………………………………… 1006

11. 为什么可以从烟气离开烟囱后上升的高度大致判断出锅炉或电厂的负荷？ ………… 1007

12. 为什么增加烟囱的高度，可以减轻排烟中有害成分对环境的污染？ ………………… 1007

13. 烟囱的引力是怎样形成的？ ………………………………………………………… 1008

14. 为什么晴天烟气上升的高度比阴雨天高？ ………………………………………… 1008

15. 为什么冬天烟气上升的高度比夏天高？ …………………………………………… 1009

16. 为什么容量较大的锅炉不采用砖砌烟囱或钢质烟囱，而采用钢筋混凝土烟囱？ … 1009

17. 为什么钢筋混凝土烟囱要用砖衬里？ ……………………………………………… 1009

18. 为什么钢筋混凝土烟囱要设保温层？ ……………………………………………… 1009

19. 为什么锅炉停止后，烟囱仍然会有抽力？ ………………………………………… 1010

20. 为什么会看到两个烟囱排烟流动方向相反的情况？ ……………………………… 1010

第三节　旋风除尘器 ………………………………………………………………………… 1010

21. 什么是旋风除尘器？旋风除尘器的工作原理是什么？ …………………………… 1010

22. 旋风除尘器有什么优点和缺点？ …………………………………………………… 1011

23. 为什么水膜式旋风除尘器除尘效率较没有水膜的旋风除尘器高？ ………………… 1011

24. 为什么旋风分离器的内壁应平整、光滑？ ………………………………………… 1011

25. 为什么旋风分离器排气管偏置可以提高分离效率？ ……………………………… 1012

26. 为什么旋风分离器漏风会严重影响分离效率？ …………………………………… 1012

27. 为什么旋风分离器的阻力较大？ …………………………………………………… 1012

28. 为什么旋风除尘器下部为圆锥体？ ………………………………………………… 1012

29. 什么是旋风分离器的外旋气流和内旋气流？ ……………………………………… 1013

30. 为什么旋风除尘器下部要设置灰斗？ ……………………………………………… 1013

31. 为什么旋风式除尘器随着烟气温度的提高，分离效率下降？ …………………… 1013

32. 为什么排气管的进口采用缩口形式？ ……………………………………………… 1013

33. 什么是旋风除尘器的切向进口？有什么优点和缺点？ …………………………… 1014

34. 为什么蜗壳形进口可以提高旋风分离器的分离效率？ …………………………… 1014

35. 为什么旋风分离器进口管的高度大于宽度？ ……………………………………… 1014

第四节　电除尘器 …………………………………………………………………………… 1015

36. 电除尘器的工作原理是什么？ ……………………………………………………… 1015

37. 电除尘器有哪些优点和缺点？ ……………………………………………………… 1015

38. 什么是灰尘的比电阻？为什么比电阻过大或过小均会使电除尘器效率下降？ …… 1016

39. 为什么飞灰中可燃物增加，电除尘器效率下降？ ………………………………… 1017

40. 为什么电除尘器的体积很大，压降很小？ ………………………………………… 1017

41. 什么是除尘器的除尘效率？什么是除尘器的透过率？为什么用透过率来表达除尘器的性能
    更合理？ ……………………………………………………………………………… 1017

42. 为什么除尘器不装在省煤器入口，而装在空气预热器出口？ …………………… 1018

43. 为什么除尘器不能避免烟囱冒黑烟？ ……………………………………………… 1019

44. 怎样消除烟囱冒黑烟? …………………………………………………………… 1019

45. 灰渣泵和碎渣机的作用是什么? ……………………………………………… 1020

46. 什么是林格曼六级烟色评定法? ……………………………………………… 1020

47. 锅炉运行中，烟色是在不断变化的，烟色如何评定? ……………………… 1021

48. 为什么电除尘器必须采用直流电，而不采用交流电? ……………………… 1021

49. 什么是负电晕? 什么是正电晕? …………………………………………… 1022

50. 为什么电除尘器采用负极作为电晕电极? …………………………………… 1022

51. 什么是反电晕? 为什么会出现反电晕? …………………………………… 1022

52. 为什么出现反电晕会使电除尘器效率下降? ………………………………… 1022

53. 电除尘器的电场有哪些作用? ………………………………………………… 1023

54. 为什么阴极线上捕集的粉尘比阳极板上少? ………………………………… 1023

55. 什么是二次扬尘? 产生二次扬尘的原因有哪些? ………………………… 1023

56. 为什么电除尘器的阴极和阳极要定期振打? ………………………………… 1023

57. 为什么电除尘器一电场至四电场阴极、阳极振打的周期依次延长? ……… 1024

58. 为什么电除尘器的绝缘子上要设置电加热装置? …………………………… 1024

59. 为什么灰斗上的振打电动机必须在电动卸灰阀工作的情况下启动? ……… 1024

60. 为什么锅炉点火前 24h 应投入绝缘套管电加热装置? ……………………… 1024

61. 为什么锅炉点火前 24h 应投入灰斗加热装置? ……………………………… 1025

62. 为什么电除尘器灰斗内的灰量既不能过多,也不能过少? 为什么要在灰斗内安装阻流板? … 1025

63. 为什么电除尘器投入时按 4~1 电场顺序进行，而解列时按 1~4 电场顺序进行? ……… 1026

64. 为什么电除尘器的总能耗较旋风式除尘器和布袋式除尘器低? …………… 1026

65. 为什么电除尘器入口要设置烟气均布装置? ………………………………… 1026

66. 为什么要在末级电场出口设置横向槽形极板? ……………………………… 1027

67. 什么是干式电除尘器? 有什么优、缺点? ………………………………… 1027

68. 什么是湿式电除尘器? 为什么大容量机组大多采用干式电除尘器? …… 1028

69. 为什么电晕极采用各种形式的线，而收尘极采用平板? …………………… 1029

70. 为什么每排收尘极不采用整块钢板，而采用多条细长形的钢板组成? …… 1029

71. 为什么阴极振打装置的电瓷转轴要设保温箱? ……………………………… 1030

72. 为什么电除尘器出口烟气中飞灰的粒径较小? ……………………………… 1031

73. 什么是立式电除尘器? 什么是卧式电除尘器? 为什么电厂通常采用卧式电除尘器? …… 1032

74. 为什么飞灰的比电阻随着粒径的降低而增加? ……………………………… 1033

75. 为什么阴极振打的周期较阳极短，振打的时间较阳极长? ………………… 1033

76. 为什么布袋除尘器或电除尘器要保温? ……………………………………… 1034

77. 为什么电除尘器应在锅炉点火油枪停用后再投入? ………………………… 1034

第五节　布袋除尘器 ……………………………………………………………… 1034

78. 布袋式除尘器有什么优点和缺点? …………………………………………… 1034

79. 为什么布袋式除尘器除尘效率很高? ………………………………………… 1035

80. 为什么袋式除尘器安装后投用初期除尘效率较低? ………………………… 1035

81. 确定袋式除尘器喷吹周期方式有哪两种? 各有什么优、缺点? ………… 1035

82. 什么是电袋除尘器？电袋除尘器有什么优点？ ……………………………………… 1036

83. 为什么循环流化床锅炉燃用生物质燃料，在布袋除尘器前加装旋风除尘器较好？ …… 1036

84. 为什么布袋要套在袋笼上？ ………………………………………………………… 1036

85. 弹簧式带笼有什么优点？ …………………………………………………………… 1037

86. 什么是糊袋？为什么糊袋后阻力会明显增加？ …………………………………… 1037

87. 为什么采用布袋除尘时，停炉后引风机、送风机应和布袋喷吹器继续运行一段时间？ …… 1037

88. 为什么布袋除尘器要分隔成多个仓室？ …………………………………………… 1038

89. 为什么布袋除尘器的阻力较大？ …………………………………………………… 1038

90. 为什么布袋式除尘器的阻力选择 1000Pa 左右？ ………………………………… 1039

91. 什么是在线清灰和离线清灰？各有什么优、缺点？ ……………………………… 1039

92. 为什么布袋除尘器要设置旁路烟道？ ……………………………………………… 1040

93. 电磁脉冲阀的作用和优点是什么？ ………………………………………………… 1040

94. 为什么锅炉点火阶段布袋式除尘器应解列？ ……………………………………… 1040

95. 怎样判断是否有布袋破损？ ………………………………………………………… 1041

96. 怎样降低循环流化床锅炉在点火阶段布袋式除尘器解列时的烟尘排放浓度？ …… 1041

97. 布袋式除尘器为什么要定期进行反吹？ …………………………………………… 1041

98. 为什么喷吹清灰的周期应根据布袋式除尘器的阻力变化而调整？ ……………… 1042

99. 为什么要采用脉冲电磁阀控制压缩空气对布袋进行喷吹清灰？ ………………… 1042

100. 气缸入口压缩空气管线上油杯有什么作用？ …………………………………… 1042

第六节　温室效应及温室气体 ……………………………………………………… 1043

101. 什么是温室效应？什么是温室气体？ …………………………………………… 1043

102. 温室效应对人类有哪些影响？ …………………………………………………… 1043

103. 怎样减轻温室效应的影响？ ……………………………………………………… 1044

104. 什么是酸雨？酸雨是怎样形成的？ ……………………………………………… 1045

105. 酸雨有哪些危害？怎样减少酸雨的发生？ ……………………………………… 1045

106. 采用不同能源的电厂对环境影响的程度如何评价？ …………………………… 1046

107. 为什么锅炉要采用两级燃烧？ …………………………………………………… 1046

108. 什么是浓淡煤粉燃烧器？ ………………………………………………………… 1047

109. 电子束烟气处理技术的原理和优点是什么？ …………………………………… 1048

110. 什么是洁净燃煤电厂？ …………………………………………………………… 1048

111. 温室气体主要有哪几种？ ………………………………………………………… 1048

112. 什么是二氧化碳当量？ …………………………………………………………… 1049

113. 为什么 CO_2 气体的温室气体当量是最小的，但却列入了联合国六种温室气体减排的
第一位？ …………………………………………………………………………… 1049

114. 为什么甲烷是第二大温室气体？甲烷有哪些主要来源？ ……………………… 1049

115. 为什么很多三原子、多原子气体均是温室气体，但列入联合国减排的温室气体只有
六种？ ……………………………………………………………………………… 1049

116. 为什么水蒸气也是能产生温室效应的气体，但不在联合国六种温室气体减排名单之中？ … 1050

117. 为什么大气中二氧化碳的增加对人类的生活产生了明显的影响，而大气中氧气的减少并未

对人类产生明显的影响？ $\cdots\cdots$ 1050

118. 为什么温室效应全球气温升高，南极洲的冰盖融化会使海平面上升，淹没很多沿海经济
发达地区，而北极的冰融化不会使海平面上升？ $\cdots\cdots$ 1050

119. 为什么海水温度升高对海平面升高有明显影响？ $\cdots\cdots$ 1051

120. 为什么温室气体排放量增加会导致水灾和旱灾加剧？ $\cdots\cdots$ 1051

121. 为什么氧气、氮气、氢气等气体不是温室气体？ $\cdots\cdots$ 1051

122. 为什么发展核电有利于减轻温室效应？ $\cdots\cdots$ 1052

123. 为什么污泥要进行焚烧处理？ $\cdots\cdots$ 1052

124. 为什么垃圾填埋场会发生爆炸？ $\cdots\cdots$ 1052

125. 为什么在没有冷空气南下的情况下，有雾的天气大多为晴天？ $\cdots\cdots$ 1052

126. 为什么实现碳中和的重点是增加核电、水电、风电和光电，而减少火电？ $\cdots\cdots$ 1052

参考文献 $\cdots\cdots$ 1054

第六章 热工基础及仪表

第一节 热 工 基 础

1. 什么是温度？温度的单位有几种？

答：从宏观上讲，物体冷热的程度称为温度。从微观上讲，分子运动激烈的程度称为温度。温度常用的单位有三种。

（1）摄氏温度（℃）。摄氏温度也称百分温度，是瑞典天文学家摄尔西斯于 1742 年创立的。规定在一个大气压下，纯水的冰点为 0℃，沸点为 100℃。将沸点与冰点之间分为 100 等分，每一等分为一度。摄氏温度的单位为摄氏度，用℃表示。

为统一摄氏温度和开氏温度，国际计量大会在 1960 年对摄氏温度作出了新的规定：摄氏温度由开氏温度导出，摄氏温度的零度等于开氏温度的 273.15K。在这个新定义下，纯水在一个大气压下的冰点和沸点与 0℃和 100℃并不严格相等，但差别不超过百分之一摄氏度。这样差别仅是理论上的，在实际应用中可忽略不计。

由于摄氏温度比较直观，使用方便，所以，我国广泛采用摄氏温度，国际上很多国家也采用摄氏温度。应该指出，摄氏××度的表述方法是不正确的，正确的表述方法是××摄氏度。

（2）华氏温度（℉）。欧美等西方国家广泛采用华氏温度（℉）。华氏温度 t_F 与摄氏温度 t_c 可以互相换算

$$t_F = \frac{9}{5}t_c + 32 \text{ ℉}$$

$$t_c = \frac{5}{9}(t_F - 32)\text{℃}$$

（3）开氏温度（K）（绝对温度）。从微观上讲，分子运动的平均动能为温度。当分子运动完全停止时，则为开氏温度的零度，又称绝对零度。由于分子运动是不可能停止的，所以绝对零度是达不到的。随着科学技术的发展，只能越来越接近于而不能达到绝对零度。开氏温度的每一度与摄氏温度相同。

开氏温度与摄氏温度的换算关系为

$$T_K = t_c + 273.15\text{K}$$

绝对零度为-273.15℃。

开氏温度广泛运用于热工、科研、设计和超导等领域。

由于摄氏温度比较直观，使用方便，摄氏温度在人们头脑中的定量定性概念已长期形成，而且摄氏温度的每一度与开氏温度的每一度相等，所以，在锅炉设备和运行中的金属、烟气、蒸汽、给水等物体或介质温度的表述中常采用摄氏温度。

2. 什么是压力？常用压力的单位有几种？

答：物体单位面积上所受到的垂直的力称为压力。

压力常用的单位有：

工程压力，kgf/cm^2。我国在工程上曾广泛采用这一单位。

对于压力较低的场合则可用毫米汞柱，即 mmHg。

1 工程压力＝735.5mmHg，1 标准大气压＝760mmHg。

测量锅炉烟风系统的压力，以毫米汞柱为单位还嫌太大，可用毫米水柱，即 mmH_2O。

现在统一采用法定计量单位，压力的单位是 Pa（帕斯卡）

$$1Pa = 1N/m^2$$

$1kgf/cm^2＝9.80665×10^4Pa≈0.1MPa$

$1mm\ Hg＝13.6mmH_2O＝133.4Pa$

$1mm\ H_2O＝9.80665\ Pa$

3. 什么是正压、负压，表压力、绝对压力？

答：如果压力高于大气压力，则是正压。如果压力低于大气压力则是负压，见图6-1。

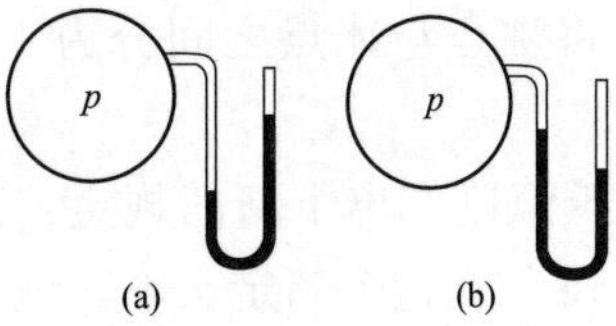

图6-1 正压与负压
(a) 正压，p>大气压力；
(b) 负压，p<大气压力

压力表所指示的压力为表压力（p_b）。表压力与大气压力（p_{da}）之和，则是绝对压力 p_j，即 $p_j = p_{dq} + p_b$。

4. 什么是密度？什么是比体积？

答：单位体积的物体所具有的质量称为密度。常用单位为 g/cm^3、t/m^3、kg/m^3。

单位质量的物体所具有的体积称为比体积。常用单位为 m^3/kg。

密度与比体积互为倒数。

5. 什么是汽化？什么是蒸发？什么是沸腾？蒸发与沸腾有何共同点和区别？

答：液体（因为水是锅炉的主要工质，所以未指明均指水）变成蒸汽的过程称为汽化。

在水的表面进行的汽化过程称为蒸发。

在水的内部产生气泡的剧烈汽化过程称为沸腾。

蒸发和沸腾都是水变成蒸汽的过程，这是两者相同的地方。但是两者又有区别，蒸发和沸腾是汽化的两种不同形式，蒸发是在水表面进行的汽化，在常温下也能发生。而沸腾是在水内部进行的汽化，只能在等于对应压力下的饱和温度下进行。

例如，水冷壁中的水就是在沸腾状态下的汽化，洗完的衣服晾干了，就是蒸发状态下的汽化。

6. 什么是汽化潜热？为什么汽化潜热随着压力的升高而降低？

答：水分子和水蒸气分子在本质上没有区别，只是水分子之间的距离很近，而水蒸气分子之间的距离很大。这就是同样重量的蒸汽比水的体积大得多的原因。水分子必须具有相当大的能量，才能克服其他水分子对它的引力，飞出水面变成蒸汽分子。因此，水分子变成蒸汽分子，必须从外界吸收热量，使水分子的能量增加。在一定的压力下，每千克饱和温度的水变成饱和蒸汽所需的热量称为汽化潜热，单位是 kJ/kg。

汽化潜热随着压力升高而降低。例如压力为 0.1MPa，汽化潜热为 2259kJ/kg；压力为 1MPa 和 10MPa 时汽化潜热分别为 2018kJ/kg 和 1327kJ/kg；当压力升高至临界压力 22.11MPa 时，汽化潜热为 0。

因为随着压力的升高，水的饱和温度升高，水分子的动能相应增加，从外界获得较少的热量，就可以使水分子具有脱离相邻水分子间引力的能量，所以，随着压力的升高，汽化潜热减少。

7. 什么是质量比热？什么是容积比热？ 常用单位是什么？

答：单位质量的物质升高 1℃所需要的热量称为质量比热，常用单位为 kJ/(kg·℃) 和 J/(g·℃)。

单位标准体积的气体升高一度所需要的热量称为容积比热，常用单位为 kJ/(m³·℃)。

物质的比热不是固定不变的，一般随着温度升高而增加。

8. 为什么气体的平均定压比热总是比定容比热大？

答：气体被加热时，如果保持容积不变，则气体的压力升高；如果保持压力不变，则气体容积增大。因此，气体出现了两个比热：定压比热 c_p 和定容比热 c_v。如果查表就会发现，无论是气体的平均定压质量比热，还是平均定压容积比热，总是比气体的平均定容质量比热或平均定容容积比热大。

这是因为对气体加热时，为了保持定压过程，气体必须膨胀对外做功。也就是说，在定压加热过程中，气体吸收的热量一部分用来升高温度，一部分用于膨胀对外做功，因此，气体的定压平均比热较大。在定容过程中，气体吸收的热量全部用来升高温度而不对外膨胀做功。因此，气体的平均定容比热较小。

因为锅炉烟气的压力在整个传热过程中变化很小，可以看成是一个定压过程，所以，在计算时应采用定压平均比热。

9. 什么是焓？

答：单位质量的物质所含有的热量称为焓（h），单位是 kJ/kg。

通常假定物体为 0℃时的焓为 0，如果没有相变，物体温度为 t 时的焓为 $h = c \cdot t$ kJ/kg，c 为 0~t℃的平均比热。

有了焓就给热工计算带来很大方便，单位物质的吸热量或放热量，可以用进出口焓差表示。

10. 什么是㶲？

答：虽然单位质量的物质所含有的热量可以用焓来表示，但是焓只能表示单位质量的物质含有热量的多少，却不能表明热量质量的优劣。例如 1000kg 压力为 10MPa、温度为 510℃的过热蒸汽的焓为 3.4MJ，相当于 1272kg 压力为 0.1MPa、温度为 100℃的饱和蒸汽的焓。虽然这两种蒸汽的焓相同，但两者热量的质量相差极大，前者热量的质量比后者高得多，其做功能力也比后者大得多。

为了衡量热量质量的高低，我们可采用㶲这个参数。在给定的环境条件下（温度为 T_0，压力为 p_0），一已知的热力系可逆地变化到与环境热力学平衡的状态，对外界所能做出的最大机械功，称为该热力系的㶲，用 E_x 表示，单位是 kJ。单位质量物质的㶲称为比㶲，用 e_x 表示，单位是 kJ/kg。㶲是表示单位物质所含热量可用性的状态参数。高温高压蒸汽的㶲值高，因而做功能力强；低温低压蒸汽的㶲值低，因而做功能力低。在水库中同样数量的水，水头越高，水轮机的发电量越多，而位于海平面的水，由于它既无压力，且温度与大气环境相同，所以无论数量多大都没有做功能力。

㶲 e_x 的数学表达式为

$$e_x = h - h_0 - T_0(s - s_0)$$

式中　h——工质在某种状态下的焓，kJ/kg；

　　　h_0——工质在给定环境下的焓，kJ/kg；

　　　T_0——在给定环境下的温度，K；

　　　s——工质在某种状态下的熵，kJ/(kg·k)；

　　　s_0——在给定环境下的熵，kJ/(kg·k)。

知道了蒸汽的压力和温度及环境的压力和温度后，就可以根据上式算出蒸汽的㶲。

㶲虽然是能量的一部分，㶲与能量的单位也相同，但㶲与能量又有很大区别。进出设备的能量必然相等，即能量是守恒的；而进出设备的㶲必然减少，㶲是不守恒的，即能量不灭，但其质量变差。㶲的平衡式为

流入设备的㶲＝流出设备的㶲＋㶲损

$$㶲效率 = \frac{流出㶲}{流入㶲} = 1 - \frac{㶲损}{流入㶲}$$

㶲损越小，㶲效率越高。因此，㶲效率可以看作是热力过程或设备热力学完善程度的衡量指标。

11. 什么叫凝结？什么叫露点？

答：水蒸气凝结成水的过程称为凝结。水蒸气凝结成水的过程中放出潜热，其数值与对应压力下的汽化潜热相等。

水蒸气凝结成水的最高温度称为露点。水蒸气的露点决定于水蒸气的分压力。露点随着水蒸气的分压力提高而升高。当气体中全部是水蒸气时，露点就等于对应压力下的饱和温度。

12. 什么是饱和温度？为什么饱和温度随着压力的增加而提高？

答：水在一定压力下，沸腾时的温度称为饱和温度，饱和温度和压力是一一对应的，饱和温度随压力的增加而提高。

水中的水分子要克服水分子间的引力和外界的压力才能逸出水面。当外界压力越大时，水分子需要较大的动能才能逸出水面，而温度就是分子运动激烈的程度，因此，随着压力的增加，饱和温度提高。

例如，一个大气压力，水的饱和温度是 100℃。中压炉即 4.5MPa 绝对压力对应的饱和温度是 255.5℃；而 11MPa 绝对压力的高压炉，水的饱和温度是 317℃。

13. 什么是饱和水蒸气？

答：在一定的压力下，水沸腾时产生的蒸汽称为饱和水蒸气，或温度等于对应压力下饱和温度的蒸汽称为饱和水蒸气，例如，水冷壁中产生的蒸汽即是饱和水蒸气。一般说来，在平衡状态下，汽水混合物中的水蒸气是饱和水蒸气。

14. 什么是干饱和水蒸气、湿饱和水蒸气？什么是饱和水蒸气的干度？

答：不含水分的饱和水蒸气称为干饱和水蒸气。例如从水冷壁来的汽水混合物经汽包内

的汽水分离装置分离后的蒸汽即可以认为是干饱和蒸汽。

含有水分的饱和水蒸气称为湿饱和水蒸气。例如水冷壁中的汽水混合物即是湿饱和水蒸气。

汽水混合物中蒸汽质量与汽水混合物质量之比称为饱和水蒸气的干度，以 x 表示。

显然 $x=0$ 则是饱和水；$x=1$ 则是干饱和蒸汽；$0<x<1$ 则是湿饱和蒸汽。

在锅炉中，汽包水容积中的水，$x=0$，水冷壁中的汽水混合物 $0<x<1$。

汽水混合物经汽包内的汽水分离装置分离后的蒸汽，可以认为是 $x=1$。

15. 什么是过热蒸汽？什么是过热度？

答：温度高于对应压力下的饱和温度的蒸汽称为过热蒸汽。

蒸汽过热的程度称为过热度。过热度在数值上等于过热蒸汽温度减去对应压力下的饱和蒸汽温度。

以 Y-130/39 锅炉为例：过热蒸汽的绝对压力为 4MPa，饱和温度为 249℃，过热蒸汽温度为 450℃，因此，过热度＝450℃－249℃＝201℃。

16. 过热蒸汽的优点有哪些？怎样得到过热蒸汽？

答：过热蒸汽与饱和蒸汽相比有显著的优点。过热蒸汽的温度比对应压力下的饱和温度高，发电厂锅炉的蒸汽过热度一般在 200℃左右，过热蒸汽的比热约为 2.1kJ/(kg·℃)，这样每千克过热蒸汽的热焓比对应压力下的饱和蒸汽热焓高约 420kJ。由于过热蒸汽的热焓大，㶲值高，做功的能力大，与饱和蒸汽质量相同的过热蒸汽，作为热源用，可使被加热的介质温度升得较高，送入汽轮发电机则可以发出较多的电力。

过热蒸汽的另一个优点是通过管网送给用户的过程中，因为蒸汽管道散热，所以汽温降低的数值远小于蒸汽的过热度，用户得到的仍是过热蒸汽。而不会像饱和蒸汽那样在输送过程中因管道散热而使一部分饱和蒸汽凝结成水。

如果压力不变，对汽水混合物加热，只能使其中的水蒸发成为蒸汽，而不会提高汽水混合物的温度。将饱和蒸汽从汽水混合物中分离出来，送入过热器中加热，使蒸汽温度提高而成为过热蒸汽，是锅炉广泛采用的方法。

17. 什么是临界压力？

答：当压力较低时，饱和蒸汽的比体积比饱和水的比体积大得多。例如，在一个大气压力下，饱和蒸汽的比体积是饱和水的 1700 倍。随着压力的升高，饱和温度提高，蒸汽的比体积减小，而水的比体积增加。例如在 10MPa 压力下，饱和蒸汽的比体积是饱和水比体积的 12.8 倍。如果压力进一步升高，则饱和蒸汽的比体积与饱和水的比体积进一步接近。

当压力升高至 22.1MPa、相应的饱和温度为 374.15℃时，饱和蒸汽的比体积与饱和水的比体积一样，均为 $0.0033m^3/kg$，此时的压力即为临界压力，汽化潜热为 0，温度为临界温度。

18. 锅炉爆炸时，锅水和饱和蒸汽能膨胀多少倍？

答：汽包是锅炉中直径最大的承压部件。由于汽包的材质不合格，结构不合理，焊接和热处理不良或运行管理不当等原因，使某部分因强度不足而产生破裂时，内部工质与大气相通，引起工质剧烈沸腾，破口进一步扩大，从而产生爆炸。

由于爆炸是在瞬间完成的，工质来不及进行热交换，因而可以看成是一个绝热过程。虽然在一个大气压下，饱和蒸汽的比体积是饱和温度锅水的 1700 倍，但理论计算表明，汽包爆炸后，锅水的体积膨胀远低于 1700 倍。饱和蒸汽膨胀的倍数也小于汽包压力与大气压力之比。当然汽包压力高，汽包爆炸后，锅水和饱和蒸汽膨胀的倍数也大，见表 6-1。

表 6-1		锅水与饱和蒸汽爆炸后膨胀的倍数					
绝对压力 p(MPa)		0.9	4.5	8.5	11.0	16.0	20.0	22.56
膨胀倍数	锅水	201	345	391	406	408	384	283
	饱和蒸汽	6.9	30.0	53.7	74.2	117	171	283

19. 锅炉爆炸能产生多大的破坏力？

答：锅炉爆炸主要是指汽包爆炸。锅炉爆炸时，汽包内介质释放出的能量，即产生的破坏力，主要由锅水和饱和蒸汽绝热膨胀能构成。由于汽包爆炸是在瞬间内完成的，介质来不及进行热量交换，因此，汽包爆炸后锅水和饱和蒸汽可释放出的最大能量，等于锅水和饱和蒸汽爆炸前后的内能之差。在各种压力下，单位体积的饱和水和饱和蒸汽爆炸能量如表 6-2 及图 6-2 所示。

表 6-2	单位容积的爆炸能量	J/m^3
绝对压力 p(MPa)	饱和水	饱和蒸汽
0.9	2.73×10^7	0.17×10^7
4.5	9.89×10^7	1.41×10^7
8	13.9×10^7	2.9×10^7
11	16.5×10^7	4.40×10^7
16	19.2×10^7	7.39×10^7
20	19.9×10^7	10.8×10^7
21	19.9×10^7	12.0×10^7
22	19.3×10^7	13.7×10^7
22.56	16.8×10^7	16.8×10^7

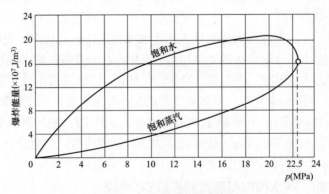

图 6-2　单位容积的爆炸能量

从表 6-2 中可以看出，爆炸能量随着压力的升高而增大。按单位容积计算，饱和水的爆炸能量比饱和蒸汽大，但是随着压力的升高，两者的差别减少，当压力为临界压力时，两者已没有差别。

如果汽包的汽水容积各为 10m³，当压力为 0.9MPa 时，爆炸能最高达 3×10^8 kJ，而当压力为 11MPa 时，爆炸能量可高达 2.1×10^9 kJ。TNT 炸药的爆炸能量为 8.5×10^5 kJ/kg。这样，汽包汽水容积各为 10m³ 的锅炉爆炸时，其破坏能力，对于压力为 0.9MPa 的锅炉与 350kg TNT 炸药相当，对于压力为 11MPa 的锅炉与 2.47t TNT 炸药相当。

由此可见，锅炉发生爆炸时，其破坏威力是非常大的，产生的后果是灾难性的。因此，从设计、制造、安装到使用，都要绝对保证汽包不发生爆炸事故。

20. 传热有几种方式?

答：在日常生活与生产中，经常遇到温度高的物体向温度低的物体传递热量。传递热量的过程尽管是多种多样的，但是无论多么复杂的传热过程，都是由对流、辐射、传导三种传热方式组成的，只是在不同的场合，以其中一种或两种传热方式为主，其他传热方式为辅而已。

以炉膛中的水冷壁传热为例，火焰对水冷壁管外壁的传热以辐射传热为主，对流传热为辅。热量从水冷壁管外壁传至水冷壁管内壁是靠传导。水冷壁管内壁对管内汽水混合物的传热，则是以对流传热为主，热传导为辅。

21. 什么是辐射传热?

答：物体以电磁波的形式向外传递热量，称为辐射传热。任何物体只要温度高于绝对零度，都能向外辐射电磁波，只是温度不同的物体向外辐射的热量大小不一样而已。

物体向外辐射的热量与物体绝对温度的四次方成正比，即物体的绝对温度升高为原来的 2 倍，则物体向外的辐射热量为原来的 2^4 倍，即 16 倍。

锅炉中的水冷壁、过热器、省煤器、空气预热器都存在辐射传热，但是由于烟气在上述几处的温度相差很大，所以辐射传热在整个传热中所占的比例相差很悬殊。在炉膛内，由于火焰中心的温度高达 1600～1700℃，而烟气流速较低，以辐射传热为主，对流传热可忽略不计。而在对流式过热器处，由于烟气温度降低至 900℃ 左右，而烟气速度提高，所以过热器是以对流传热为主，辐射传热为辅，但辐射传热仍占有一定的比例。随着烟气温度的降低，辐射传热所占的比例越来越小，在空气预热器处，则几乎可忽略不计。

22. 为什么气体的辐射与气体的容积有关?

答：固体和液体的密度较大，分子间的距离很小，固体和液体内部分子或原子辐射的热量在到达固体和液体表面之前已全部被吸收。因为外界对固体和液体的热辐射在物体的表面已全部被吸收，所以，不考虑固体和液体的体积对辐射的影响。

气体的密度很小，分子间的距离很大，气体内部的分子和原子的热辐射一部分可以穿过分子间的间隙，向外传播。外界对气体的热辐射同样可以穿过分子间的间隙到达气体的内部。也就是说，气体的辐射和吸收是在气体整个容积中进行的。因此，在计算气体的辐射传热时要考虑容积的大小。显然在其他条件相同时，气体的容积越大，辐射的热量越多（见图 6-3）。

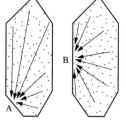

图 6-3　气体对不同地区的辐射

23. 为什么炉膛里的传热是以辐射为主?

答：在炉膛内火焰和烟气的温度很高。炉膛火焰中心温度可达 1600～1700℃，而水冷壁管表面的温度比炉膛温度低得多，因为积灰表面温度约为 900℃，辐射传热与绝对温度的四次方成正比，所以炉内辐射传热非常强烈，可占炉内传热总量的95％。

炉膛的通流截面比尾部大得多，烟气在炉膛内的流速较低，而且烟气是纵向流过水冷壁管的，其对流放热系数较小，因此，水冷壁管的对流传热量很少，不超过总传热量的5％。

24. 什么是对流传热？

答：由于流体（液体或气体）位置的变化而发生的热量传递称为对流传热。如果是由于流体各部分密度不同而造成的对流传热称为自然对流传热。例如，自然循环锅炉中由下降管和水冷壁管组成的循环回路，下降管中是水，密度大；而水冷壁中是蒸汽和水的混合物，密度小，由于两者的密度不同，造成了流动。下降管来的水是靠自然对流吸收了火焰的热量。

如果流体是在外力作用下产生流动的，则是强制对流传热。例如，给水在给水泵的推动下，强制流过省煤器，吸收烟气的热量，即是强制对流传热。

25. 什么是热传导？

答：物体中由于微观粒子（分子、原子或电子）的热运动而传递热量的过程称为热传导。例如，炉膛里的热量由炉墙的内壁以热传导的方式传到炉墙外壁，即是热传导的例子。

26. 什么是顺流传热？有何优、缺点？

答：被加热介质和加热介质流动方向相同的传热方式称为顺流传热。

以过热器传热为例：被加热介质蒸汽的流向为从左至右，加热介质烟气的流动方向也从左至右。蒸汽的进口温度为t'_1，出口温度为t''_1，烟气的入口温度为t'_2，出口温度为t''_2。见图6-4。

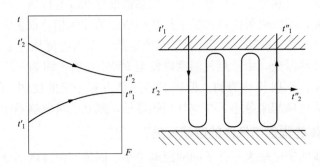

图6-4 顺流传热

在顺流传热时，加热介质进口温度t'_2较高，但被加热介质入口温度t'_1较低，使得管壁温度在入口处不高。在出口，被加热介质的温度t''_1较高，但加热介质的温度t''_2较低，使得管壁温度在出口处也不高。由于顺流传热时，整个管壁温度不高，就可以避免使用昂贵的合金钢，而用一般价廉的碳素钢就能满足要求，所以设备投资可减少。这是顺流传热的优点。

沿着加热介质和被加热介质的流动方向，加热介质的温度不断降低，而被加热介质的温度不断升高，使得传热温差沿介质的流动方向越来越小。因此，顺流传热在传热面积一定的条件下，传热量较小；在传热量一定的情况下，所需要的传热面积较大。

根据顺流传热的特点，顺流传热一般用在被加热介质温度较高而又要想避免使用合金钢或更高级的材质的场合。如高温段过热器，采用顺流传热较多。

27. 什么是逆流传热？有何优、缺点？

答：加热介质和被加热介质流动方向相反的传热方式为逆流传热，见图 6-5。

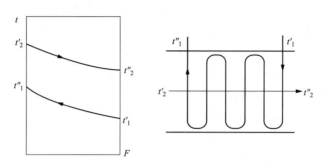

图 6-5　逆流传热

逆流传热时，被加热介质在出口处的温度 t''_1 较高，但此处接触的是温度更高的加热介质 t'_2；加热介质的出口温度 t''_2 较低，但此处的被加热介质 t'_1 更低。在整个逆流传热的过程中，加热介质与被加热介质之间的传热温差始终较大。与顺流传热相比，在加热介质和被加热介质进出口温度相同的情况下，逆流传热所需要的传热面积较小，可以节省设备投资，这是逆流传热的一个主要优点。

逆流传热的另一个优点是可以更有效地提高被加热介质的温度和降低加热介质的温度。顺流传热时，被加热介质的出口温度肯定比加热介质的出口温度低；而逆流传热时，被加热介质出口温度可以高于加热介质的出口温度。因为空气预热器一般是逆流传热，所以空气预热器出口风温比排烟温度高。如采用顺流传热，不但热风温度要比排烟温度低，而且不能将排烟温度降低到较低的水平。

但是逆流传热也有缺点。在逆流传热中，被加热介质在出口处温度较高，而此处的加热介质温度更高，因此，传热面的壁温较高。如果壁温超过碳钢允许的使用温度 480℃，就要使用价格昂贵的合金钢。壁温越高，要求合金钢中的合金元素的含量越多，材料的价格也越贵。一般在被加热介质温度较低、壁温不超过碳钢允许使用温度的情况下，尽量采用逆流传热，以节省设备投资。省煤器就是采用逆流传热的典型例子。

28. 什么是标准状态？

答：气体是可以压缩的，一定质量的气体在不同压力下具有的体积不同，气体的体积还随着温度的变化而变化。也就是说同一质量的气体会因压力和温度的不同，而有不同的体积，这给计算带来不方便。

因此，计算气体的体积时一般都假定是在标准状态下，即气体的压力为一个标准大气压（1.01325×10^5Pa），温度为 0℃（273K）。

29. 什么是功？功的常用单位有几种？

答：作用在物体上的力与物体沿作用力方向移动的距离之积称为功。如果力的单位是 kgf，距离的单位为 m，则功的单位是 kgf·m。如果力的单位是牛顿，距离是米，则功的单位是 N·m，又称为焦耳 J，即

$$1kgf\cdot m = 9.8N\cdot m = 9.8J$$

kW·h 也是功的常用单位。1kW·h 就是我们通常说的 1 度电，1kW·h＝3600kJ。

30. 什么是热功当量？

答：根据能量守恒定律，各种能量之间可以互相转换。热力学主要是研究热与功互相转换的各种问题。热功当量就是热转换为功或功转换成热的换算系数。

$$1kcal = 427kgf·m$$
$$1kgf·m = 1/427kcal$$

$J=427kgf·m/kcal$，称为热的功当量。

$A=1/427kcal/(kgf·m)$，称为功的热当量。

根据 $1kgf·m=9.8J$ 可以得出 $1kW·h=860kcal$。

显然，对国际单位制单位来说，$A=1$。

31. 什么是功率？常用单位是什么？

答：每秒钟所做的功称为功率。

常用的单位是马力（Hp）、W、kW。

$$1 马力 = 75kgf·m/s$$
$$1W = 1J/s$$
$$1kW = 1000J/s$$

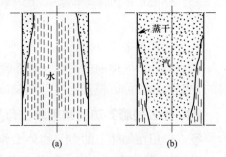

图 6-6 水的泡态沸腾
(a) 低热负荷下的泡态沸腾；
(b) 高热负荷下的泡态沸腾

32. 什么是泡态沸腾？什么是膜态沸腾？

答：在一定的压力下，对水进行加热，水的温度逐渐升高。水温升高至一定程度，在受热面的某些地方开始形成气泡。气泡脱离受热面后，由于密度小而上升，在上升的过程中气泡外的压力不断下降，气泡的体积不断增加，最后气泡破裂放出蒸汽。形成气泡的地方称为汽化核心，因此，这种沸腾产生蒸汽的方式称为泡态沸腾（核态沸腾）。见图 6-6。

在泡态沸腾时，气泡不断产生、扩大、脱离和上升，温度较低的水不断来补充，放热系数很大，蒸发受热面可以得到良好冷却，不会有过热的危险。当热负荷在 $6×10^3 \sim 6×10^6 W/m^2$ 范围内时，水的沸腾一般都是泡态沸腾。自然循环锅炉水冷壁管内水的沸腾通常都是泡态沸腾。

在泡态沸腾的基础上，继续提高热负荷，受热面上产生的气泡越来越多，当气泡形成的速度超过气泡脱离的速度，以致所有的气泡连成一片成为汽膜时，这种沸腾称为第一类膜态沸腾，见图 6-7。

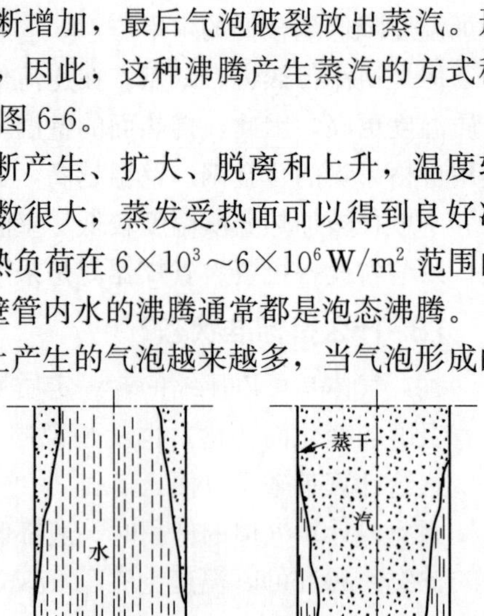

虽然蒸发受热面的热负荷不高，但是，如果由于汽水混合物中蒸汽的含量较高，也使得蒸汽连成一片，这种沸腾称为第二类膜态沸腾，见图 6-7。

无论是热负荷很高形成的第一类膜态沸腾，还是由于汽水混合物中蒸汽含量较高形成的第二类膜态沸腾，均是汽膜将水与受热面隔离。由于汽膜对受热面的冷却能力很低，受热面得不到良好的冷却，

图 6-7 膜态沸腾
(a) 第一类膜态沸腾或传热恶化；
(b) 第二类膜态沸腾或传热恶化

壁温必然升高，蒸发受热面有过热的危险。因此，将第一类膜态沸腾称为第一类传热恶化，将第二类膜态沸腾称为第二类传热恶化。

因此，设计锅炉时，要避免使水冷壁管因热负荷过高而出现第一类膜态沸腾；对于不可避免出现第二类膜态沸腾的直流锅炉，要采取一定的措施来防止水冷壁管超温过热。

33. 为什么直流锅炉的水冷壁管内无法避免第二类膜态沸腾？

答：当水冷壁管内汽水混合物中蒸汽的含量增加到一定程度时，水冷壁管内汽水混合物的流动由环状流动向雾状流动过渡，由于水膜被蒸干或被蒸汽撕破，使管壁直接与蒸汽接触，因蒸汽的冷却能力比汽水混合物小得多，管壁温度迅速上升，称为第二类膜态沸腾。

出现第二类膜态沸腾不是由于水冷壁管的热负荷过高，而是由于水冷壁管中汽水混合物的蒸汽干度过高。出现第二类膜态沸腾的最小干度称为临界干度。

随着压力的提高，锅水的饱和温度也相应提高，水的密度和表面张力都减小，水膜的稳定性降低，即水膜更易被撕破，导致第二类膜态沸腾的临界干度下降，使得第二类传热恶化提前发生。

对于一次通过的直流锅炉来说，作为蒸发受热面的水冷壁管，要完成将锅水全部蒸发的任务。水冷壁管中蒸汽的干度从零变为1，必定从某点开始蒸汽的干度大于或等于临界干度，水冷壁管内开始出现第二类膜态沸腾。从某点开始往后的水冷壁管段一直处于膜态沸腾工况之下，壁温因传热恶化而显著升高。因此，直流锅炉出现第二类膜态沸腾的水冷壁管段，除采用耐高温的合金钢管材外，还采用内螺纹管，使管壁温度低于管材允许使用温度，见图6-8。

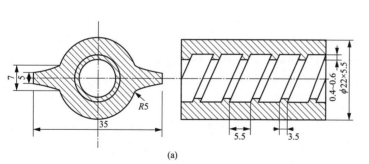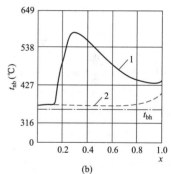

图 6-8　内螺纹水冷壁管

(a) 结构；(b) 降温效果示例

1—光管；2—内螺纹管

水冷壁采用内螺纹管后，汽水混合物的扰动增大，传热得到强化，不但可以推迟膜态沸腾的发生，而且可以使发生膜态沸腾时的管壁温度明显下降。

34. 什么是临界干度？为什么压力低于 14MPa 的自然循环锅炉一般没有膜态沸腾的危险？

答：出现膜态沸腾时，最低的蒸汽干度称为临界干度。

当热负荷为 $7 \times 10^5 \text{W/m}^2$、质量流速小于 $2000 \text{kg/(m}^2 \cdot \text{s)}$、压力小于 14MPa 时，临界干度在 0.25 以上。

对于压力小于 14MPa 的自然循环锅炉，循环倍率一般为 10 左右，水冷壁出口处的蒸汽干度约为 0.1。而且水冷壁管的热负荷比第一类膜态沸腾的热负荷 1.16×10^6 W/m^2 小得多，因此，压力小于 14MPa 的自然循环锅炉没有膜态沸腾的危险。

35. 什么是临界热负荷？

答：出现膜态沸腾时最低的热负荷称为临界热负荷。

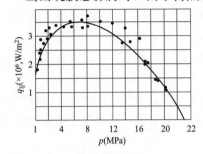

图 6-9　水的临界热负荷
与压力的关系曲线

当出现膜态沸腾时，由于传热恶化，水冷壁管有过热烧坏的危险，所以锅炉设计时要使水冷壁的热负荷小于临界热负荷，或者在可能出现膜态沸腾的部位采取特殊的措施。因此，确定临界热负荷是有很大现实意义的。

临界热负荷与液体的种类有关，对于一定的液体，随着压力的变化而变化。临界热负荷的数值开始随着压力的升高而升高，当达到最大值后，随着压力的升高而下降，当压力升至临界压力时，临界热负荷为零。图6-9所示为水的临界热负荷与压力的关系曲线。由图 6-9 可以看出，在压力为 6～8MPa 时，临界热负荷最高。

36. 什么是导热系数？为什么金属的导热系数比非金属大得多？

答：导热系数是表明某种物质导热能力大小的一个指标，用 λ 表示。λ 在数值上等于面积为 1m^2、厚度为 1m、平壁两侧温差为 1℃时，每小时通过该平壁的热量，单位是 W/(m·℃)。

不同物质的导热系数相差很大，金属材料的导热系数较大，非金属材料及液体的导热系数较小，气体的导热系数最小。

例如，金属中导热系数较大的紫铜，$\lambda = 381$W/(m·℃)，非金属材料的混凝土，$\lambda = 1.33$W/(m·℃)；空气的 $\lambda = 0.026$W/(m·℃)。金属材料的导热系数 λ 之所以较大，是因为金属原子中的电子与原子核的结合力很弱，电子很容易摆脱原子核对它的吸引力，而成为自由电子。自由电子的运动大大增强了导热过程，这也是导电性能好的材料导热性能也好的原因。非金属材料和液体由于没有自由电子，主要依靠原子、分子在平衡位置附近的振动，所以导热能力很差，导热系数很小。气体由于主要靠分子不规则运行时的互相碰撞，所以导热系数更小。

同一种金属材料的导热系数也不是完全一致的，还与金属的纯度有关。当金属中含有杂质时，因为杂质阻碍了电子的运动，所以导热系数下降。合金钢的导热系数就比碳钢低，因为合金钢中的合金元素可以认为是杂质。

37. 什么是导热系数、放热系数、传热系数？三者之间有什么区别？

答：导热系数是表明物质导热能力大小的一个指标，只决定于物质本身的物理特性，而与外部条件没有关系。导热系数用 λ 表示，单位为 W/(m·℃)。

放热系数是表明流体与固体表面对流换热强弱的一个指标，除了与流体本身的物理特性有关外，还与外部条件流体的流速有很大关系。放热系数用 α 表示，单位为 W/(m^2·℃)。

传热系数是表明热量从一种流体穿过壁面，传给另一种流体时总的传热强弱的一个指标。传热系数用 K 表示。传热系数既包括了壁面的导热系数，又包括了壁面两侧流体的放热系数，单位为 W/(m^2·℃)。

假定某换热器的传热系数为 K，作为传热面管子两侧流体的放热系数为 α_1 和 α_2，管子的壁厚为 δ，导热系数为 λ，则

$$K = \cfrac{1}{\cfrac{1}{\alpha_1} + \cfrac{\delta}{\lambda} + \cfrac{1}{\alpha_2}}$$

38. 什么是导温系数？与导热系数有何不同？

答：导温系数是表明当一个物体各部温度不同时，温度趋向一致的能力，即表明一个物体传播温度变化的能力，用 a 表示，则

$$a = \frac{\lambda}{c \cdot r}$$

式中 λ——导热系数，$W/(m \cdot ℃)$；

$\quad c$——比热，$kJ/(kg \cdot ℃)$；

$\quad r$——密度，kg/m。

导热系数与导温系数是两个既有区别又有联系的概念。

导热系数表明了物质的导热能力，而导温系数既表明了物质导热能力的大小，又考虑了物质的比热和密度的影响。大多数情况下，导热系数大的材料，导温系数也大。

在稳定导热的情况下，物体各点的温度不随时间变化，导温系数已没有意义，决定传热量的是导热系数。在不稳定导热中，由于物体各点的温度在变化，决定物体中各点温度分布的是导温系数，而不是导热系数。也就是说导热系数用于稳定导热方面；而导温系数用于不稳定导热方面。

39. 为什么沿程流动阻力与管内径成反比？

答：流体在直管段内流动时会产生阻力，这个阻力称为沿程流动阻力，可由下式计算，即

$$h = \lambda \frac{L}{d} \frac{w^2}{2} \rho$$

式中 λ——摩擦阻力系数；

$\quad L$——管段长度，m；

$\quad w$——流体速度，m/s；

$\quad d$——管子内径，m；

$\quad \rho$——流体的密度，kg/m^3。

沿程流动阻力与 λ、L、ω^2、ρ 成正比容易理解。流体在管内流动时会形成摩擦力，摩擦力来自流体与流体之间和流体与管壁之间。前者的摩擦力很小，常可忽略不计；后者的摩擦力是形成沿程流动阻力的主要原因。

如果流量和流通截面相同时，例如采用一根内径为 200mm 的管子，与采用 4 根内径为 100mm 的管子的流通截面是相同的，后者流体与管内壁形成摩擦力的面积是前者的两倍。即流通截面相同时，管子内表面积与内径成反比，因此，沿程流动阻力与管子内径成反比。

采用大直径下降管可降低下降管的流动阻力，其理论依据就在于此。

40. 为什么设计锅炉时，总是使烟气横向冲刷过热器、再热器和省煤器等对流受热面的管束？

答：以吸收对流传热为主的受热面称为对流受热面，再热器、省煤器和大部分过热器均

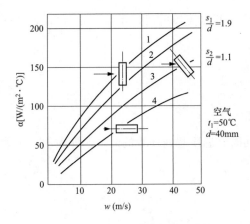

图6-10　流体不同冲刷方式的比较

1—横向冲刷，错列；2—横向冲刷，顺列；

3—斜向冲刷，顺列；4—纵向冲刷

是对流受热面。对流受热面烟气侧的放热系数比管内蒸汽侧或水侧的放热系数小得多，对流受热面的传热热阻主要在烟气侧。为了提高对流受热面的传热系数，应该提高烟气侧的放热系数。烟气侧放热系数的大小主要决定于烟气流速和烟气冲刷受热面管子的方式。

当流体流过管束时，如果流动方向与管子的轴线垂直称为"横向冲刷"；如果流动方向与管束的轴线相平行称为"纵向冲刷"（见图6-10）。

当流体流过壁面时会在壁面上形成层流底层，层流底层的厚度与流体的速度有关。流体速度高时层流底层的厚度小；反之，则厚度大。

在层流底层内，由于各层流体间互相不掺混，沿层流底层厚度方向的热量传递依靠流体的导热。除水银或高温下呈液态的金属外，大多数流体的导热系数很小，所以传递的热量在穿过层流底层时要克服很大的热阻。一旦热量穿过层流底层后，热量很快就被层流底层外的紊流微团传递走。因此，对大多数导热系数小的流体，放热系数的大小决定于层流底层的厚度。

当流体横向冲刷管束时，因为流体流过曲面的前半部，产生的扰动较大，在管束的后半部形成漩涡，管束外的层流底层短而薄，所以热阻较小，放热系数较高（见图6-10）。

当流体纵向冲刷管束时，因为流体的流动方向与管束的轴线相平行，流动截面没有变化，扰动小，也不存在涡流，管束外层流底层长而厚，所以热阻较大，放热系数较低（见图6-10）。通常烟气横向冲刷管束的放热系数约为纵向冲刷的2倍。烟气斜向冲刷管束时，可以分解成横向冲刷和纵向冲刷两部分，因此，斜向冲刷时的放热系数介于横向冲刷和纵向冲刷之间（见图6-10）。

因为横向冲刷管束的放热系数比纵向冲刷的放热系数高约一倍，所以设计锅炉时总是使烟气横向冲刷过热器、再热器和省煤器等对流受热面的管束，以提高烟气侧的放热系数，强化传热，达到节省对流传热面面积的目的。

41. 为什么采用管式空气预热器时，煤粉炉空气预热器的空气流速低于烟气流速，而燃油炉空气预热器的空气流速高于烟气流速？

答：对于没有再热器的中、小型锅炉，大多采用管式空气预热器。煤粉炉的空气预热器通常为立置，烟气在管内流动，而空气在管外流动。

由于管壁的金属热阻很小，空气预热器的传热系数接近于烟气侧放热系数和空气侧放热系数两者中的较小者，当两者的放热系数接近时，空气预热器的传热系数较高。当空气预热器立置时，烟气是纵向流过管子的内壁，其放热系数较小。为了提高烟气侧的放热系数，通常采用提高烟气流速的方法。空气横向流过管外时，其放热系数较大，即使采用较低的空气流速，空气侧的放热系数也较大。如果提高空气流速，虽然可以提高空气侧的放热系数，但由于烟气侧的放热系数较小，空气预热器的传热系数增加很少，送风机的耗电量却因通风阻力增大而增加。所以，通常煤粉炉空气预热器的空气流速比烟气流速低。

由于燃油锅炉空气预热器的低温腐蚀较煤粉炉严重，为了减轻空气预热器的低温腐蚀，通常空气预热器采用卧置，烟气横向流过管子，而空气纵向在管内流过，以提高空气预热器管的壁温。烟气横向流过管子时，烟气侧的放热系数较高；空气纵向流过管内时，空气侧的放热系数较小。为了提高空气侧的放热系数，使之与烟气侧的放热系数接近，以提高空气预热器的传热系数，通常采用提高空气流速的方法。因此，燃油锅炉空气预热器的空气流速高于烟气流速。较低的烟气流速可以降低引风机电耗。

煤粉炉和燃油炉空气预热器的空气流速、空气侧放热系数及烟气流速、烟气侧放热系数见表 6-3。

表 6-3　　煤粉炉和燃油炉空气预热器的空气流速、空气侧放热系数及烟气流速、烟气侧放热系数

炉型	燃料	空气预热器安装方式	空气流速(m/s)	空气侧放热系数[W/(m²·℃)]	烟气流速(m/s)	烟气侧放热系数[W/(m²·℃)]	空气预热器传热系数[W/(m²·℃)]
Y-130/39	重油	卧置	15	50.4	8.3	87.2	25.6
220-100/540	煤	立置	6.37/6.07*	64/69.4	14.1/11.8	47/44.4	23/23

* 分子为高温空气预热器数据，分母为低温空气预热器数据，余同。

42. 为什么在对流受热面中，管式立置空气预热器的烟速最高，但空气预热器的传热系数却是最低的？

答：布置在水平烟道和竖井烟道中的过热器、再热器、省煤器和空气预热器，以对流传热为主，故称为对流受热面。

虽然过热器、再热器和省煤器以对流传热为主，但由于流经过热器和省煤器的烟气温度较高，烟气辐射传热仍占有一定比例。通常将烟气侧辐射放热系数与烟气侧对流放热系数之和称为烟气侧放热系数。由于通常烟气是横向流过过热器管和省煤器管的，烟气侧的对流放热系数较高。因此，虽然过热器和省煤器的烟气流速较低，但烟气侧的放热系数仍较大。

流经空气预热器的烟气温度较低，烟气辐射传热的比例很小，低温空气预热器可忽略不计。煤粉炉大多采用管式立置空气预热器，烟气纵向流过管内，其对流放热系数较小，因此，尽管空气预热器的烟气流速最高，但烟气侧的放热系数是最低的。

因为过热器管蒸汽侧和省煤器管水侧的放热系数很大，其热阻通常不计，仅需要考虑管外灰污层形成的热阻，所以，过热器和省煤器的传热系数较大。

空气预热器空气侧的放热系数较过热器蒸汽侧和省煤器水侧的放热系数小得多，其热阻较大，必须考虑。由于空气预热器管同样存在灰污层形成的热阻，所以，尽管空气预热器的烟气流速是最高的，但其传热系数却是最小的，见表 6-4。

表 6-4　　　　　　　　　　　对流受热面的烟气流速和传热系数

名称	单位	高温过热器	低温过热器	高温省煤器	低温省煤器	高温空气预热器	低温空气预热器
烟气流速	m/s	10.5	11.1	7.05	9.04	14.1	11.8
烟气侧对流放热系数	W/(m²·℃)	71.9	79.2	77.7	92.1	43.1	44.4
烟气侧辐射放热系数	W/(m²·℃)	29.8	20.6	9.6	4.4	3.8	—

续表

名称	单位	高温过热器	低温过热器	高温省煤器	低温省煤器	高温空气预热器	低温空气预热器
烟气侧放热系数	W/(m² · ℃)	101.7	99.8	87.3	96.5	46.9	44.4
传热系数	W/(m² · ℃)	48.2	57.7	64.1	82.6	23	23

虽然为了减轻燃油锅炉空气预热器的低温腐蚀，采用管式卧置空气预热器，烟气的流速有所降低，与过热器和省煤器的烟气流速相近，但空气预热器的传热系数是对流受热面中最低的结论及原因是相同的。

43. 为什么蒸汽和烟气均是气体，但过热器管内蒸汽侧的放热系数是空气预热器管内烟气侧放热系数的几十倍?

答：虽然蒸汽和烟气均是气体，蒸汽在过热器管内和烟气在空气预热器管内均是强制流动，但是过热器蒸汽侧的放热系数高达 $2000 \sim 2500 \text{W}/(\text{m}^2 \cdot ℃)$，而空气预热器烟气侧的放热系数仅为 $50 \sim 60 \text{W}/(\text{m}^2 \cdot ℃)$，前者的放热系数约是后者放热系数的 40 倍。

过热器蒸汽侧的放热系数与空气预热器烟气侧的放热系数之所以差别这样大，是因为除了蒸汽与烟气的物性参数比热 c_p、导热系数 λ 和动力黏度系数 μ 不同外，还由于蒸汽在过热器管内与烟气在空气预热器管内的工况不同造成的。

流体在管内强制流动时对管壁的放热系数可按下式计算，即

$$\alpha = 0.023 \frac{(1000c_p)^{0.4} \lambda^{0.6}}{\mu^{0.4}} \frac{(\rho w)^{0.8}}{d^{0.2}}$$

式中　　α——流体对管内壁的放热系数，$\text{W}/(\text{m}^2 \cdot ℃)$；

c_p——比热，$\text{kJ}/(\text{kg} \cdot ℃)$；

λ——导热系数，$\text{W}/(\text{m} \cdot ℃)$；

μ——动力黏度系数，$\text{kg}/(\text{m} \cdot \text{s})$；

ρ——密度，kg/m^3；

w——流速，m/s；

d——管子内径，m。

由于蒸汽在过热器管内温度不断升高，烟气在空气预热器管内温度不断降低，除管子内径不变外，其物性数据中 c_p、λ、μ、ρ 均是不断变化的，为了简化，可以定性地加以比较和说明。由于过热蒸汽的压力高达 $3.9 \sim 17 \text{MPa}$，其 c_p、λ、ρ 较大，而烟气在空气预热器内是常压，其 c_p、λ、ρ 较小；为了降低过热器管的壁温，尽量采用价格较低的碳钢管或低合金钢管，蒸汽的流速高达 $20 \text{m}/\text{s}$，而烟气在空气预热器管内的流速主要考虑传热合理，不必担心壁温过高，所以，烟速较低，约为 $10 \text{m}/\text{s}$；过热蒸汽的 μ 也较烟气小。

由于上述几个因素的共同影响，使得过热器管内蒸汽侧的放热系数是空气预热器管内烟气侧放热系数的几十倍。

44. 什么是热力学第一定律?

答：热力学第一定律是能量守恒定律在热力学中的具体运用。能量守恒定律是自然界中一个非常重要的普遍规律。在自然界中，任何物体都具有能量，其能量既不能增加也不能减少，只能从一种形式转变为另一种形式，这就是能量守恒定律。

加入热力系统的热量等于热力系统内能的增加和热力系统对外所做的功之和，这就是热力学第一定律。

45. 什么是热力学第二定律？有什么意义？

答：热力学第二定律与热力学第一定律都是自然界最基本、最普遍的定律，经无数事实证明是完全正确的。热力学第二定律有很多表达方式，其实质都是一样的。

热量不可能自动地（即不消耗能量）从低温物体传给高温物体，这是热力学第二定律的一种表达方式。

不可能靠一个物体的温度降低到比周围环境温度还低而对外做功。这是热力学第二定律的第二种叙述方式。

热力学第二定律另一种表达方式更直接明了，热能不能全部转换成机械能，而且已经从理论上得出，热能转换成机械能的效率不可能大于按下列公式求出的效率，即

$$\eta = 1 - \frac{T_2}{T_1}$$

式中 T_1——高温热源的绝对温度，K；

T_2——低温热源的绝对温度，K。

例如，中压发电机组，过热汽温为 450℃，$T_1 = 450 + 273 = 723\text{K}$，汽轮机排汽温度为 35℃，$T_2 = 35 + 273 = 308\text{K}$，$\eta = 1 - \frac{308}{723} = 1 - 0.426 = 57.4\%$，实际上中温中压发电机组的效率不超过 30%。

热力学第二定律的理论价值和实用价值都非常大。热力学第二定律的出现宣告了第二类永动机的破产。第二类永动机有好几种，例如，想用海水不断冷却而对外不断输出机械能。第二类永动机并未违反能量守恒定律，故使得很多人把精力无谓地消耗在根本无法实现的第二类永动机上。热力学第二定律的出现，使这些人放弃了发明第二类永动机的想法。

热力学第二定律指出了提高热能转换成机械能效率的途径，即提高高温热源的温度和降低低温热源的温度。火力发电厂采用高温高压、中间再热机组和提高凝汽器真空的措施来提高机组效率的理论根据就是热力学第二定律。热力学第二定律还指出了热能转换为机械能的极限，以避免劳而无功的努力。

46. 什么是空气调节器的能效比？能效比大于1是否违反能量守恒定律？

答：随着生产的发展，空气调节器（简称空调）大量进入工作场所和家庭，使得人们的工作条件和生活条件明显改善。

夏季，空调用来制冷以降低室内温度；冬季，空调用来制热以提高室内温度。每秒钟空调的制冷量或制热量与空调消耗的功率之比称为空调的能效比。随着科学技术的进步和发展，空调的能效比不断提高，按现有的技术水平，空调的能效比为 3 左右。

能量守恒定律一经提出，经过长期的考验，被证明是正确反映了自然规律的真理。能量守恒定律告诉我们，一种能量可以转换为另一种能量，既不能增加也不能减少。那么空调的能效比大于1是否违反了能量守恒定律呢？

众所周知，燃料的化学能通过锅炉转变为蒸汽的热能；蒸汽的热能通过汽轮机转变为机械能，汽轮机的机械能通过发电机转变为电能。在以上的能量转换过程中，能量会产生损失，但转换后的能量及损失之和与转换前的能量是相等的。空调不是转换能量，而是移动热

量。在夏季，空调将室内的热量移至室外，使室内的温度降低；在冬季，空调将室外的热量移至室内，使室内的温度升高。空调工作时，室内减少或增加的热量与室外增加或减少的热量是相同的。因为空调消耗的能量只是用于实现热量的移动，所以，空调的能效比大于1不但不违反能量守恒定律，而且能效比越大，说明空调移动热量时的效率越高，空调的性能越先进。

热力学第二定律告诉我们热量不可能自动地（即不消耗能量）从低温物体传给高温物体。而空调是消耗了能量实现了在夏季将室内低温物体的热量传至室外高温物体，在冬季将室外低温物体的热量传至室内高温物体。因此，我们可以看出，空调的工作原理是热力学第二定律的具体运用。

47. 为什么保温材料的密度都很小？

答：通常把导热系数小于 $0.23W/(m \cdot C)$ 的材料称为"保温材料"，保温材料的主要性能是导热系数。导热系数小的材料保温性能好，但即使是同一种材料因密度不同，导热系数也不一样。一般随着密度的增加，导热系数升高，见表 6-5。这是因为密度小的保温材料空隙多，由于空隙既多又小，限制了空气的运动，使得空隙中的空气几乎只有导热作用，而空气的导热系数只有 $0.026W/(m \cdot C)$，比一般物体小得多。所以，保温材料的密度都很小。

表 6-5　　　　　　　　　膨胀珍珠岩不同密度在 25℃ 时导热系数

密度 （kg/m³）	导热系数 [W/(m·℃)]	密度 （kg/m³）	导热系数 [W/(m·℃)]
53.5	0.043	120	0.057
90	0.046	260	0.077

我们盖新棉胎的被子比旧棉胎的被子暖和，其道理是一样的。

48. 什么是传热面管束的错列布置、顺列布置？各有什么优、缺点？

答：当烟气流动方向与管束的轴线垂直，即烟气横向流过管束时，管束的排列方式有顺列和错列两种。

（1）传热面管束按图 6-11(a) 布置的称为错列布置。其优点是结构紧凑，体积较小，管外传热介质扰动大，放热系数较高，管外积灰较轻。

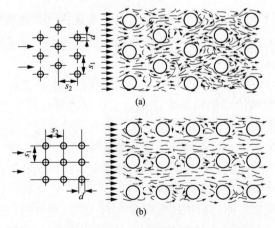

图 6-11　烟气横向流过管束时管束的排列及流动情况

（a）错列；（b）顺列

缺点是流动阻力较大，风机耗电量较多。

（2）传热面管束按图 6-11（b）布置的称为顺列布置。其优点流动阻力小，风机耗电较少。

缺点是结构不紧凑，体积较大，管外传热介质扰动小，放系数较小，管外积灰较严重。

49. 为什么烟气对错列管束比顺列管束的放热系数高？

答：当烟气流动方向与管子的轴线垂直时，其放热系数与管束的排列方式有关。管束的排列方式主要分顺列和错列两种。

管束顺列时，从第二排管子起每排管子的正面处于前排管子涡流区的尾流内，烟气对管子的冲刷较弱。烟气进入顺列管束时如同进入一个走廊，受到管壁的干扰较小，烟气流动比较平稳。

管束错列时，每排管子的正面都得到较强的冲刷，烟气在管间的流动方向和速度不断变化，各部分烟气的混合情况较好。因而烟气对错列管束比顺列管束的放热系数高，只要条件允许，管束尽量采用错列布置，以提高烟气侧的放热系数，减少对流受热面的投资。

50. 什么是热力状态参数？

答：用来描述热力系统状态的宏观量称为热力状态参数，简称参数。例如温度、压力、比体积等都是热力状态参数。知道了足够的参数，就可以确定热力系统的状态；或知道了热力系统的状态，也就确定了它的一切参数。

51. 什么是热力系统的内能？

答：热力系统内，分子、原子所具有的能量，一般指分子或原子的动能、位能，称为热力系统的内能。

52. 什么是热力过程？有哪几种典型的热力过程？

答：热力系统由一种状态变化为另一种状态所经过的途径称为热力过程。例如，水在省煤器中提高温度、在水冷壁内汽化，饱和蒸汽在过热器内过热都是热力过程。

常见典型的热力过程有以下几种：

（1）等温过程。工质在温度不变的条件下，由一种状态变为另一种状态的过程称为等温过程。水在水冷壁管内的汽化过程可以认为是等温加热过程。蒸汽在凝汽器管外凝结可以认为是等温放热过程。因为水在水冷壁管内汽化和蒸汽在凝汽器管外凝结时温度是基本不变的。

（2）等容过程。工质在体积不变的条件下，由一种状态变化为另一种状态的过程称为等容过程。例如，给水在省煤器内吸收热量、提高温度，在未汽化前可以近似地看作是一个等容过程。

（3）等压过程。工质在压力不变的条件下，由一种状态变化为另一种状态的过程称为等压过程。例如，锅水在水冷壁管内汽化，可以近似地看作是一个等压过程。

（4）绝热过程。在热量既不输出又不输入的条件下，工质由一种状态变化为另一种状态的过程称为绝热过程。例如，蒸汽在汽轮机内膨胀做功，散热很小，可以看作是绝热过程。

上述几个典型过程所举的例子只是近似的，而且实际上发生的热力过程不是单纯的一个过程，而是几个过程，只是以某个过程为主而已。

53. 什么是循环？

答：一个热力系统经过一系列的热力变化，最后回到与原来完全相同的状态的过程称为循环。

例如，在火力发电厂中，锅炉向汽轮机送出的过热蒸汽，在汽轮机内膨胀做功后，压力和温度都降低，进入凝汽器，被冷却水冷却成为凝结水，由凝结水泵升压送至锅炉，给水在省煤器、水冷壁内提高水温后汽化，然后由过热器过热成为过热蒸汽，向汽轮机输出。由此可以看出锅炉送出的过热蒸汽，经过在汽轮机和锅炉内的一系列变化后，又变成过热蒸汽，即又回到了与原来完全相同的状态。

54. 为什么随着锅炉工作压力的提高，最佳给水温度随之上升？

答：随着工作压力的提高，给水允许氧含量降低。工作压力 6MPa 以下及以上的锅炉给水允许氧含量分别不大于 15、$7\mu g/L$。

工作压力在 6MPa 以下锅炉，采用大气式热力除氧器给水氧含量即可达标，而工作压力在 6MPa 以上锅炉，要采用高压除氧器才能使给水氧含量达标。大气式除氧器出口水温为 104℃，而高压除氧器出口水温根据压力不同，为 160～190℃。

工作压力在 6MPa 以下的机组，其抽汽压力和温度均较低，为了保持高压给水加热器合理的传热温差，以降低高压加热器的费用，应采取较低的给水温度。工作压力为 10MPa 及以下的机组一般没有再热系统，省煤器入口烟温较高，省煤器吸热量较多而能产生少量蒸汽。为了避免省煤器沸腾度过高，省煤器的阻力增加，导致给水泵的耗电量上升，给水温度不应过高。

随着工作压力提高，机组的高压抽汽压力和温度随之上升，在保持高压加热器合理传热温差基础上，为提高给水温度创造了有利条件。用汽轮机抽汽加热给水提高给水温度是提高电厂循环热效率的有效措施，且抽汽量越大，电厂循环热效率越高。由于大容量机组采用高压除氧器，除氧水温较高，只有提高给水温度才能为汽轮机抽汽加热给水提供一定的空间，保持一定的抽汽量，达到提高电厂循环热效率的目的。所以，随着工作压力的提高，最佳给水温度随之升高。

55. 锅炉哪些受热面是高温受热面和低温受热面？为什么水冷壁属于高温受热面？

答：壁温高的受热面属于高温受热面，壁温低的受热面属于低温受热面。

由于过热蒸汽和再热蒸汽是锅炉温度最高的工质，两者的计算壁温，对流式为工质温度加 50℃，辐射式和半辐射式为工质温度加 100℃，所以，过热器和再热器属于高温受热面。

因为省煤器的工质温度较低，且通常省煤器布置在尾部烟道内，以对流传热为主，其计算壁温为工质温度加 30℃，空气预热器的工质温度也较低，所以，省煤器和空气预热器属于低温受热面。

水冷壁内的工质温度为汽包压力下的饱和温度，虽然工质温度不是很高，但由于水冷壁位于炉膛内，炉膛内火焰中心的温度高达 1600～1700℃，水冷壁吸收辐射传热的比例高达 95%，且辐射传热量与炉膛内绝对温度的四次方成正比，其热负荷很高，计算壁温为饱和温度加 60℃，所以，将水冷壁列为高温受热面。

因此，将发生在过热器和再热器及水冷壁烟气侧的腐蚀称为高温腐蚀，而发生在省煤器和空气预热器烟气侧的腐蚀称为低温腐蚀。

56. 什么是烟气纯热力学露点？什么是烟气露点？

答：由于燃料和空气中含有水分，燃料中的氢组分燃烧后生成水蒸气，使得烟气中含有一定量的水蒸气，形成水蒸气分压。

不考虑硫酸蒸气使烟气露点提高的影响，仅根据烟气中水蒸气分压确定的露点，称为烟气纯热力学露点。

由于天然气和燃油的氢组分较煤高，燃气燃油炉烟气水蒸气分压较燃煤炉高，所以，燃气燃油炉烟气的纯热力学露点较燃煤炉高。

燃料中硫燃烧后成为 SO_2，其中约 3% 成为 SO_3，SO_3 与烟气中的水蒸气生成硫酸蒸气，硫酸蒸气的露点较高，使烟气的露点明显提高。因此，将含有硫酸蒸气的烟气露点，称为烟气露点，又称为酸露点。

因为各种燃料中均含有数量不等的硫，烟气纯热力学露点只是理论上的露点，烟气实际的露点远高于纯热力学露点。由于烟气的纯热力学露点比烟气露点低很多，水蒸气分压对烟气露点影响较小，燃料含硫量对烟气露点影响较大，随着燃料含硫量增加，烟气露点明显上升。

安装暖风器，提高空气预热器入口空气温度，使空气预热器管壁温高于烟气露点是有效和常用的防止空气预热器腐蚀的方法。

57. 为什么烟气中含有 SO_3 后，烟气的露点大大提高？

答：当燃料不含硫，烟气中没有 SO_3 时，因烟气中的 N_2、CO_2 和 O_2 的露点远低于水蒸气，烟气的露点就是水蒸气分压下对应的饱和温度。以燃煤炉烟气中水蒸气分压为 $0.010MPa$ 计算，烟气的露点仅为 $46.65℃$。

燃料中含有硫时，硫燃烧生成 SO_2，约 3% 的 SO_2 转化为 SO_3。当烟气温度降至低于 $200℃$ 时，SO_3 很快与烟气中的水蒸气生成硫酸蒸气。由于硫酸的沸点比水高得多，因此，尽管烟气中硫酸蒸气含量不多，通常不超过 50ppm，仍然会使烟气的露点明显提高，在这种情况下，烟气的露点已经不是水蒸气的露点而是硫酸蒸气的露点。

图 6-12 所示为露点温度与烟气中 SO_3、H_2SO_4 含量的关系。

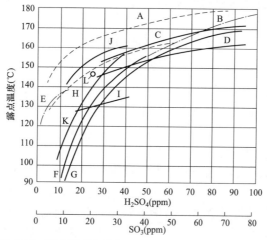

图 6-12　露点温度与烟气中 SO_3、H_2SO_4 含量的关系

A—估算；B～G—试验台数据（F—$H_2O=8.5\%$，G—$H_2O=5.1\%$）；H—B&W 锅炉实测数据；
I—煤粉炉；J—燃油炉；K—燃油试验台（$H_2O=11\%$）；L—抛煤炉平均点
注：A～H 为国外资料；I～L 为国内资料。

58. 什么是三原子气体？为什么热力计算时要计算三原子气体份额？

答：分子由三个原子组成的气体称为三原子气体。烟气是由多种气体组成的，其中双原子气体 N_2、O_2 占的比例较大，而三原子气体 CO_2、H_2O、SO_2 占的比例较少。

气体的辐射是由原子中自由电子的振动引起的。由于双原子气体由两个相同的原子组成，具有对称结构，没有自由电子，其辐射能力很小，通常不考虑其辐射能力。三原子气体是由两种不同原子组成的气体，具有不对称结构，因为有自由电子，易于振动而具有辐射能力。

由于烟气中三原子气体的辐射能力与三原子气体份额有关，随着三原子气体份额增加，其辐射能力上升，所以，热力计算时要计算三原子气体的份额。

59. 为什么烟气横向流过管束时，放热系数随着管外径的下降而增加？

答：当烟气横向流过管束时，烟气与圆管首先接触的部位，即圆管的最前方，层流边界层的厚度最小，放热系数最大。随着烟气沿管子曲面流动，层流边界层的厚度逐渐增大。如果以圆管最前方算作 $0°$，用周边对中心的角度 φ 表示接触部位，随 φ 增大，层流边界层的厚度增加，放热系数降低。当 φ 约为 $82°$ 处，层流边界层达到最大值，其放热系数最小。随后烟气脱离圆管而形成涡流，放热系数逐渐增加（见图 6-13）。

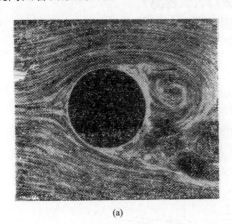 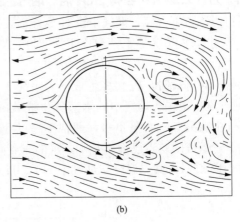

(a)　　　　　　　　　　　　　　　(b)

图 6-13　流体横掠圆管的流动

(a) 照片；(b) 示意图

从图 6-13 中可以看出，烟气横向流过管束时的放热系数，主要由正前方在较小角度范围内的放热系数和管子背面涡流的放热系数组成，管子两侧区域内的放热系数很小，占总放热系数的比例很小。

由于烟气横向流过管束时，管子背面烟气涡流的放热系数占全部放热有较大的比例，管径较小的管子，曲率较大，烟气流过管子时脱离圆管在管子背面形成的涡流产生扰动较大，涡流的放热系数较高，管子背面的传热面积得到充分利用，使得总的放热系数增加。

由于烟气横向流过管束时，放热系数随着管径的下降而增加，因此，在计算或查图时要考虑管径对放热系数的影响。例如，烟气横向流过错列管束的流速为 $8m/s$，管径为 $120mm$ 时的对流放热系数为 $44W/(m^2 \cdot k)$，管径为 $38mm$ 时的对流放热系数为 $67W/(m^2 \cdot k)$，随着管径的下降，放热系数显著提高。

因此，为了提高过热器烟气侧的放热系数，通常采用几根直径较小的管子并列组制成过热器管排，而不是采用直径较大的管子制成过热器管排获得所需要的蒸汽流通面积的主要原因。

60. 为什么煤的灰分增加，火焰温度下降?

答：煤的灰分增加，煤的可燃成分减少，煤的理论燃烧温度降低，见图 6-14。

灰分增加，不但因煤粉中可燃成分和燃烧产生的热量减少，而且一部热量消耗用于加热提高灰分的温度，导致火焰温度下降。火焰温度下降使得炉膛温度降低，不利于煤粉的燃尽，导致机械不完全燃烧热损失 q_4 增加。

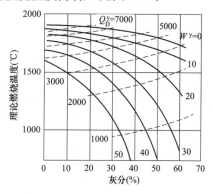

图 6-14　煤的灰分、水分含量对理论
燃烧温度的影响

Q_D^y—应用基低位发热量；W^y—应用基水分

61. 为什么煤的水分增加，火焰温度下降?

答：煤的水分增加，不但可燃成分和其燃烧产生的热量减少，而且部分热量消耗用于加热水分使其汽化和过热上，会使火焰温度下降，见图 6-14。

火焰温度下降会使炉膛温度降低，煤粉燃尽时间延长，不利于煤粉燃尽，会使机械不完全燃烧热损失上升。

由于灰的比热较低，而水的汽化和过热消耗的热量更多，所以，煤的水分对理论燃烧温度的影响比灰分更大，见图 6-14。

62. 为什么计算对流受热面烟气侧的放热系数 α，要采用平均烟气流速?

答：计算对流受热面的传热系数以确定对流受热面的传热面积时，必须要先计算其烟气侧的放热系数 α_1。

烟气侧的放热系数 α_1，约与烟速的 0.8 次方成正比，烟速对烟气侧放热系数 α_1 影响很大。烟气流过对流受热面时因向管内的工质不断传热而使烟温不断下降，体积不断减少。由于对流受热面的烟气流通截面是不变的，烟气流经对流受热面的速度是不断降低的，计算不同烟速时的放热系数不但工作量很大，而且没有必要，采用烟气流经对流受热面进口和出口两者平均温度下的烟气平均流速不但工作计算工作大大简化，而且有足够的计算精度。

63. 为什么对流受热面不采用数量较少的直径较大的管子，而采用数量较多的直径较小的管子?

答：无论是对流式再热器、过热器、省煤器，烟气通过管壁向管内工质传热过程中，传热的热阻主要在烟气侧，提高烟气侧的放热系数，即降低烟气侧的热阻可以显著提高对流受热面的传热系数，增加对流传热量，从而达到减少对流受热面、节约投资的目的。

在烟气流速相同的情况下，烟气侧的放热系数随着管径的减小而增加，即采用小管径可以减少对流受热面的面积。

在体积相同的情况下，对流受热面采用小管径的管子，可以获得更多的传热面积，从而节约烟道和钢架的费用。

采用小管径的管子，因为管径曲率大，管子积灰较轻，所以有利于保持管子清洁，提高传热系数，达到减少对流受热面积的目的。

由于上述三条理由，对流受热面均采用直径较小的管子，即使因小管径管子工质的流通截面较小，不能满足要求时，也不采用管径较大的管子，而是采用几根管径较小的管子并列共同绕制成蛇形管排来增加工质的流通截面。

64. 为什么沿火焰的行程火焰的黑度是变化的？

答：在计算炉膛黑度时，首先要确定火焰的黑度。火焰中具有辐射能力的成分有高温的焦炭粒子、炭黑粒子和灰粒三原子气体和水蒸气。

以上几种具有辐射能力的成分不是固定不变的，而是沿火焰行程不断变化的。在火焰行程的开始阶段，虽然三原子气体 CO_2 和 H_2O 数量较少，但焦炭粒子、炭黑粒子和灰粒数量较多，后者的辐射能力比前者大，因此，黑度较大。在火焰行程末端，虽然三原子气体 CO_2 和 H_2O 数量增加，但由于随着燃料的燃尽，火焰中焦炭粒子和炭黑粒子急剧减少仅剩下飞灰粒子，但因后者辐射能力减少的幅度大于前者辐射能力增加的幅度，使得火焰黑度是逐渐下降的。

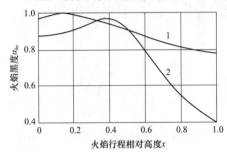

图 6-15　煤粉炉和重油炉中火焰黑度
沿火焰行程的变化
1—液态排渣炉燃用高挥发分煤粉；
2—重油

由于燃料种类的不同，沿火焰行程黑度的变化和下降的速度是不同的。煤粉炉和重油炉中火焰黑度沿火焰行程的变化见图 6-15。

65. 为什么煤粉炉火焰黑度沿火焰行程变化较小？

答：当燃烧煤粉时，火焰中的焦炭粒、灰粒、挥发分燃烧形成的炭黑粒子和燃烧生成的三原子气体 CO_2 和 H_2O 均具有辐射能力。

煤粉燃烧形成火焰的初期，火焰中的焦炭粒和炭黑粒子较多，灰粒、三原子气体 CO_2 和 H_2O 较少。沿火焰的行程，虽然随着煤粉的燃尽焦炭粒子和炭黑粒子逐渐减少，但是灰粒和三原子气体 CO_2、H_2O 逐渐增加。所以，煤粉炉火焰黑度沿火焰行程变化不大，见图 6-15。

66. 为什么燃油炉火焰黑度沿火焰行程变化较大？

答：当燃油时，火焰中在高温下烃类分解形成的炭黑粒子较多，燃烧生成的三原子气体 CO_2 和 H_2O 也较多。因此，油燃烧形成的火焰初期黑度较高。

由于燃油雾化后在炉膛高温烟气辐射和混合加热下着火燃烧迅速，火焰较短，火焰的末端炭黑粒子几乎燃尽，迅速减少，灰粒很少，而三原子气体 CO_2 和 H_2O 变化不大，所以，火焰黑度沿火焰行程变化很大，见图 6-15。

67. 什么是动力燃烧？什么是扩散燃烧？

答：锅炉最常用的燃料是煤，煤进入炉膛在火焰和高温烟气辐射加热及高温烟气混合加热下，温度迅速升高，挥发分析出迅速着火燃尽，剩余的焦炭粒燃尽需要时间较长。燃煤炉机械不完全燃烧热损失 q_4 主要是由飞灰和炉渣中未燃尽的炭造成的。

焦炭粒的燃烧是发光发热激烈的氧化反应，其反应速度随着温度的升高而迅速增加。当温度低于 1000℃ 时，焦炭粒表面的化学反应速度很慢，燃烧所需要的氧量较少，空气中的氧气向焦炭粒表面扩散的速度相对于燃烧速度较快，氧气供给十分充足，提高氧气的扩散速度对燃烧速度影响较小，焦炭粒的燃烧速度主要取决于化学反应的动力因素。因此，将温度低于 1000℃ 的焦炭粒燃烧称为动力燃烧，燃尽所需时间较长。循环流化床锅炉的炉膛温度为 850～950℃，焦炭粒燃烧速度较慢，燃尽所需的时间较长，焦炭粒是靠在炉内多次循环增加燃烧时间而燃尽的。

当温度高于 1400℃ 时，化学反应速度大于空气中氧气向焦炭粒表面扩散的速度，扩散到焦炭粒表面的氧气迅速被耗尽，其表面处氧气的浓度接近于零，提高温度对燃烧速度影响不大。因此，将温度高于 1400℃，燃烧速度取决于氧气向焦炭粒表面扩散速度的燃烧，称为扩散燃烧。煤粉炉燃烧器中心线上方约 2m 处的温度高达 1600～1700℃，属于扩散燃烧。因为炉膛高度有限，焦炭粒在炉膛内停留时间很短，所以为了使焦炭粒燃尽不但要依靠燃烧器前期强化一次二次风与煤粉的混合，还要靠后期火焰对冲或四角喷燃时火焰的旋转混合来提高氧气向焦炭粒表面的扩散速度，达到提高焦炭粒燃烧速度、降低飞灰可燃物的目的。

温度在 1000～1400℃ 范围内属于过渡区燃烧。煤粉炉的炉膛上部温度高于 1000℃、低于 1400℃，属于过渡区燃烧。

68. 什么是流体的黏度？为什么气体的黏度随着温度的上升而迅速增加？

答：流体在力的作用下流动时，在流体分子间所呈现的内摩擦力，即流体流动时，流体间产生的阻力，称为流体的黏度。

气体间分子的距离较大，分子间的万有引力很小，分子是在不断地热运动中。随着温度的上升，气体分子热运动的速度加快，气体在流动时，因为分子碰撞的概率增加，气体分子流动的阻力增加，所以，气体的黏度随着温度的上升而迅速增加。

在标准大气压下，各种气体的运动黏度随温度的变化见表 6-6、表 6-7。

表 6-6 　　　　　　　　**气体的黏度（压力 760mm 汞柱）**

温度 t （℃）	空气	氮 N_2	氧 O_2	二氧化碳 CO_2	水蒸气 H_2O	一氧化碳 CO	氢 H_2	甲烷 CH_4
动力黏度 $\eta \times 10^6 N \cdot s/m^2$ [$kg/(m \cdot s)$]								
0	17.2	16.7	19.4	14.0		16.6		10.4
100	21.8	20.7	24.1	18.2	12.0	20.7	10.3	13.2
200	26.0	24.2	28.5	22.4	15.9	24.4	12.1	15.9
300	29.7	27.6	32.4	26.4	20.0	27.9	13.8	18.3
400	33.0	30.9	36.3	30.2	24.3	31.2	15.4	20.7
500	36.2	33.9	40.0	34.0	28.6	34.4	16.9	23.0
600	39.1	36.8	43.5	37.8	33.2	37.3	18.3	25.2
700	41.8	39.6	47.0	41.1	37.8	40.3	19.7	
800	44.3	42.3	50.2	44.6	42.5	43.2	21.1	
900	46.7	45.0	53.4	48.2	47.5	46.0	22.4	
1000	49.0	47.5	56.5	51.5	52.3	48.7	23.7	
运动黏度 $\nu \times 10^6$ （m^2/s）								
0	13.2	13.3	13.6	7.09		13.3	93.0	14.5
100	23.2	22.5	23.1	12.6	19.4	22.6	157	25.1
200	34.8	33.6	34.6	19.2	30.6	33.9	233	38.2
300	48.2	46.4	47.8	27.3	44.3	47.0	323	53.5

温度 t (℃)	空气	氮 N_2	氧 O_2	二氧化碳 CO_2	水蒸气 H_2O	一氧化碳 CO	氢 H_2	甲烷 CH_4
	运动黏度 $\nu \times 10^6$（m^2/s）							
400	62.9	60.9	62.8	36.7	60.5	61.8	423	71.0
500	79.3	76.9	79.6	47.2	78.8	78.0	534	90.8
600	96.7	94.3	97.8	58.3	99.8	96.0	656	113
700	115	113	117	71.4	122	115	785	
800	135	133	138	85.3	147	135	924	
900	155	154	161	100	174	157	1070	
1000	177	177	184	116	204	180	1230	

表 6-7　　　　　　烟气的运动黏度示例（压力 760mm 汞柱）　　　　$\nu \times 10^6$，m^2/s

t(℃) / 烟气	燃烧烟煤 $\alpha=1.2$	燃烧褐煤 $\alpha=1.2$	燃油 $\alpha=1.05$	$p_{CO_2}=0.13$ $p_{H_2O}=0.11$
0	12.48	12.96	12.52	11.9
100	21.84	23.08	21.99	20.8
200				31.6
300				43.9
400				57.8
500	77.01	85.45	78.40	73.0
600				89.4
700				107
800				128
900				146
1000	174.07	200.83	178.70	167
1100				188
1200				211
1500	297.08	351.20	306.55	282

注　p_{CO_2}、p_{H_2O} 表示 CO_2 和 H_2O 在烟气中的体积比例和分压。

69. 为什么液体的黏度随着温度升高而降低？

答：液体分子间的距离很小，分子间的万有引力较大。因为随着温度升高，液体分子运动加快，体积增加，分子间的距离加大，分子间的万有引力与分子间的距离平方成反比。所以，随着温度升高，液体分子间的万有引力减少，导致液体的黏度下降。

油的黏度随着温度的升高而降低是容易被观察到并广为熟知的，水的黏度随着温度升高而降低不易被观察到，实际上，随着温度升高，水的黏度下降很快。控制循环锅炉的炉水循环泵之所以在冷态时电流较大、热态时电流较小，冷态时锅水温度很低、黏度很大，热态时锅水温度很高、黏度很小是主要原因之一。

虽然水蒸气与水的分子是相同的，但因水蒸气是气体，其黏度随着温度升高是增加的，见表 6-6。

70. 为什么热力计算时，不考虑空气预热器烟气的辐射传热？

答：热力计算时不考虑空气预热器烟气的辐射传热是由于以下两个原因：

（1）流经空气预热器的烟气温度是各种受热面中最低的，辐射传热与烟气的绝对温度四次成正比，因为烟温较低，所以辐射传热量很少。

（2）气体的辐射传热是在整个气体容积中进行的，气体的容积越大，其有效辐射层的厚度越大，气体的辐射能力越强。对于管式空气预热器，管内的烟气容积很小，对于回转式空气预热器传热元件蓄热板间的烟气容积也很小，因为两者的烟气有效辐射层厚均很小，所以辐射传热量很少。

71. 大气压力是怎样形成的？为什么随着高度的降低，大气压力增加；随着高度的增加，大气压力降低？

答：地球表面被一层空气所覆盖。空气中的分子 N_2、O_2、CO_2 等是有质量的，在地球引力的作用产生重力而有重量。因此，大气压力是由于空气的重量形成的。

随着高度的降低，大气层的厚度增加，空气重量形成的压力上升，使得大气压力增加；反之，随着高度的增加，大气层的厚度降低，空气重量形成的压力下降，使得大气压力降低。

72. 为什么在一个封闭的容器内，气体的温度升高，气体的压力也升高？

答：气体的分子在不断运动之中，运动中的气体分子具有动能，气体温度升高，分子运动加快，分子的动能增加。分子运动时对容器壁撞击的合力就形成了压力。

由于气体温度升高，分子运动加快，分子具有的动能增加，对容器壁撞击的合力增加，所以，容器内气体的压力升高。

73. 为什么保温材料和耐火砖的导热系数随着温度升高而增加？

答：习惯上将导热系数小于 $0.23W/(m \cdot ℃)$ 的材料称为保温材料。保温材料通常为多孔结构或间隙较大，孔内和间隙充有空气。耐火砖是由耐火黏土烧结而成，其内部也有少量气孔。

由于空气的导热系数很小，在温度较低时，保温材料和耐火砖的导热主要依靠孔隙周围固体结构的导热，其次是孔隙内气体的导热。

随着温度的提高，保温材料和耐火砖内热量的传递除了孔隙固体结构物质的导热外，不但孔隙内空气的导热系数上升，而且构成孔隙的固体结构物质辐射穿过孔隙内空气传热所占的比例增加。因此，保温材料和耐火砖的导热系数随着温度的升高而增加。

由于保温材料的密度比耐火砖小得多，孔隙率大得多，耐火砖的导热主要靠构成孔隙的固体物质的导热，孔隙内空气的导热和构成孔隙的固体物质的辐射传热的比例较低，而保温材料孔隙率较大，构成孔隙的固体物质的导热占比较少，气体导热和固体物质辐射占比较大。所以，随着温度升高保温材料的导热系数增加的比例较高，而耐火砖导热系数增加的比例较低。

因为保温材料随温度升高导热系数增加较多，在管道和设备保温设计选择保温材料和确定保温层厚度时，要考虑温度升高保温材料导热系数增加、保温性能下降的影响。

74. 为什么气体的导热系数随着温度的升高而增加？

答：气体的导热是由于分子不规则热运动时相互碰撞的结果。气体的温度越高，其分子具有的动能越大。动能较高的分子与动能较低的分子相互碰撞的结果，热量就由温度高的气体传给了温度低的气体。

由于随着气体温度的升高，其分子的热运动速度增加，不但分子具有的动能增加，而且分子间互碰撞的概率也增加，加快了热量从高温气体向低温气体传递速度，所以，气体的导热系数随着温度的升高而增加。

在标准大气压下干空气和烟气与在不同温度下的导热系数见表6-8。

表 6-8	干空气和烟气在不同温度下的导热系数						$\times 10^2$，W/(m·℃)	

导热系数 λ 温度（℃） 气体名称	0	100	200	300	400	500	600	700
空气	2.44	3.21	3.93	4.6	5.21	5.74	6.22	6.71
烟气	2.28	3.13	4.01	4.84	5.70	6.56	7.42	8.27

注 烟气成分：$\gamma_{CO_2}=0.13$；$\gamma_{H_2O}=0.11$；$\gamma_{N_2}=0.76$。

从表6-8中可以看出，随着温度的升高，气体的导热系数明显上升，这也是保温材料的导热系数随着温度升高而增加的主要原因之一。

75. 为什么金属的导热系数随着温度的升高而降低？

答：由于金属的导热主要靠自由电子的运动来完成，当金属的温度较低时，金属的原子、分子在其平衡位置振动的振幅较小，自由电子容易从各原子核与电子之间的空隙中通过，所以，导热系数较高。

随着金属温度的升高，金属的原子、分子在其平衡位置振动的振幅增大，自由电子从各原子核与电子之间的空隙通过的数量减少，使得金属的导热系数下降。金属的导电是在电场作用下，电子的运动完成的，金属的导电性能随着温度的上升而下降与金属的导热系数随着温度升高而降低，其机理是相同的。通常导电性能好的金属导热性能也好。

锅炉常用钢材不同温度的导热系数见表6-9。

表 6-9	锅炉常用钢材不同温度的导热系数					W/(m·K)

导热系数 温度（℃） 钢材种类	100	200	300	400	500	600
20钢	50.6	48.6	46.1	42.3	38.9	35.6
16Mn	51.1	47.7	43.9	39.6	36.0	32.3
12CrMo	50.2	50.2	50.2	48.6	46.9	46.1
15CrMo	44.4	42.8	41.4	38.5	36.0	33.5
12Cr/MoV	35.6	35.6	35.2	33.5	32.2	30.6

由于在烟气向管内的汽或水的传热过程中，因为管壁的厚度较小，钢材的导热系数较高，管壁的热阻很小，通常忽略不计，所以，钢材的导热系数随着温度的升高而降低的特性对传热的影响很小，大多数情况下可忽略不计。但是对壁很厚，如汽包，在计算锅炉上水时汽包内外壁温差和点火升压过程中汽包上半部和下半部温差引起的热应力时，以及计算热负荷很高、宽度较大的鳍片式水冷壁鳍片端部温度时，要考虑温度升高、导热系数下降的影响。

76. 为什么导电性能好的金属导热性能也好？

答：虽然金属的导电性能很好，其电阻率很低，但是各种金属的电阻率差别很大。众所周知，在电场的作用下，电子的移动形成了电流。原子核带正电，电子带负电，原子核对电子的作用力越小，在电场的作用下，电子越容易移动，其电阻率越低，导电性能越好。

金属的导热主要依靠自由电子的运动来完成。因为导电性能越好的金属，其原子核对电子的作用力越小，越容易形成自由电子，在温度场的作用下，电子越容易运动形成热流，所以，导电性能越好的金属导热性能也越好。

77. 为什么氢气的导热系数比空气的导热系数大得多？

答：气体的热传导主要是由于分子的移动和相互碰撞的结果。如果将氢气和空气看成是理想气体，则气体的导热系数与气体分子平均速度二次方成正比。

气体分子运动的平均速度二次方与气体绝对温度的关系可用下式表达，即

$$\frac{m\overline{w}^2}{2} = BT$$

$$\overline{w}^2 = \frac{2BT}{m}$$

式中 m——每个气体分子的质量；

$\quad\overline{w}^2$——气体的平均速度二次方；

$\quad B$——常数；

$\quad T$——气体的绝对温度。

从上式中可以看出，气体的平均二次方速度与每个气体分子质量成反比。由于氢气分子的质量比主要由氮分子和氧分子组成的空气的质量小得多，所以，氢气的导热系数大得多。在温度相同的情况下，氢气的导热系数约为空气导热系数的7倍。

通常随着气体分子量的增加，其导热系数下降。正是由于氢气的分子量很小，其导热系数很高，发电机由空冷改为氢冷，因冷却效果大大提高，同一台发电机的发电功率可提高20%～30%。

78. 为什么保温材料随着含水量的增加导热系数增加？

答：保温材料之所以导热系数很低而具有很好的保温性能，是因为保温材料具有多孔性结构。保温材料中孔隙充满了空气，而空气的导热系数很小。在大气压力下，60℃时空气的导热系数为 $0.029W/(m \cdot ℃)$。

当保温材料含水量增加后，保温材料中部分孔隙被水分填充，而水的导热系数比空气的导热系数大得多，60℃时水的导热系数为 $0.25W/(m \cdot ℃)$。同时，若水分在保温材料中分布不均匀，还要产生水分的迁移，因为形成了热量的迁移，所以保温材料中的水分蒸发吸收热量也使保温性能变差。

由于以上两个原因，保温材料随着含水量的增加，导热系数增加，即保温性能变差，使得被保温物体的散热量增加。

因此，为了提高保温效果，减少被保温物体的散热损失，在保温施工中，除应选择导热系数小的保温材料外，还要在保温施工前保持保温材料干燥，保温材料敷设后，应在工作一段时间等保温材料本身和施工中灰浆的水分充分排除后再进行最外面防水层的施工。同时，

要注意防水层的施工质量，特别是户外的蒸汽管道要加强管理维修，防止防水层破损，雨水浸入后导致散热损失明显增加。

79. 为什么高温段省煤器的辐射传热量比低温段省煤器的辐射传热量大？

答：由于烟气从省煤器的管外流过，烟温较高且管外的烟气层有效厚度较大，因此，要计算烟气对省煤器的辐射传热。

高温段省煤器辐射传热量比低温段省煤器辐射传热量大的原因如下。

（1）流经高温段省煤器的烟温比低温段高。

（2）高温段省煤上部与过热器之间的转向室通常不布置受热面，其上部的烟气有效辐射层厚度很大，而低温段省煤器上部的空间较小，有效辐射厚度较小。

（3）烟气中具有辐射能力的成分是水蒸气、三原子气体和飞灰，三者的份额越大烟气的辐射能力越强。大部分锅炉为负压锅炉，省煤器管穿过炉墙部分和防爆门观察孔及烟道不可避免地存在漏风。漏入的空气均为不具备辐射能力的二原子气体 N_2 和 O_2，同时，漏入的空气使烟气中具有辐射能力的水蒸气、三原子气体和飞灰的份额降低，导致低温段省煤器烟气的辐射传热量减少。

80. 温降和温压有什么区别？

答：同一种高温介质（气体、液体）在向另一种低温介质传递热量时，入口温度与出口温度之差称为温降。例如，烟气流过省煤器对其进行传热过程中，入口烟气温度为625℃，出口烟气温度为486℃，烟气的温降为625℃−486℃＝139℃。

高温介质向低温介质传热过程中，高温介质的温度与低温介质温度之差，称为温压。温压是高温介质向低温介质传热的推动力，传热量与温压成正比。

由此可以看出，虽然温降和温压均是温度之差，其单位也相同，但还是有区别的，温降出现在同一种介质间，温压出现两种介质间。

81. 什么是有相变对流换热？什么是无相变对流换热？

答：当流体与固体表面间有相对运动时的换热称为对流换热。

在对流换热过程中，流体发生相变（液体蒸发成气体或汽凝结成液体）称为有相变的对流换热。例如，水冷壁入口是接近汽包压力下饱和温度的水，向上流动吸收炉膛火焰和高温烟气的辐射热后部分水蒸发为水蒸气，成为汽水混合物；汽轮机的各级抽汽对各级低压加热器和高压加热器管内的水加热，因为水温较低，管子壁温低于抽汽压力下的饱和温度，所以蒸汽在壁面凝结放出潜热凝结成水。

在对流换热过程中，流体没有发生相变，称为无相变对流换热。例如，烟气对过热器管外壁的加热和过热器内壁对蒸汽加热，管外的烟气和管内的蒸汽均没有发生相变，只是烟气温度降低和蒸汽温度升高，仍然是烟气和蒸汽。烟气对非沸腾式省煤器管外壁加热和省煤器管内壁对水加热，烟气和水均没有发生相变，只是烟温降低和给水温度升高。

82. 为什么有相变的膜状凝结放热系数明显高于无相变的放热系数？

答：在有相变的膜状凝结换热过程中，水蒸气遇到温度较低的壁面时，因凝结水能润湿壁面而形成一层完整的水膜。水膜将蒸汽与壁面隔开，蒸汽只能在水膜表面上凝结，蒸汽凝结时放出的潜热必须要通过水膜以导热的方式传给壁面，但由于蒸汽凝结成水放出的潜热很大和相变热阻通常较小，水膜表面的温度非常接近于蒸汽的饱和温度，而且水膜的厚度较小，所以，有相变的膜式凝结的放热系数高达 $4600\sim17000W/(m^2\cdot K)$。

蒸汽流过壁面没有相变时，由于蒸汽与壁面间摩擦力较大，不但靠近壁面的蒸汽流速较低，而且还存在较厚的层流底层，热量通过层流底层以导热的方式传递给壁面，所以，放热系数较低。即使是密度很大的水横向流过管束时，其放热系数也仅有 $1500\sim2000W/(m^2\cdot K)$。

汽轮机的各级抽汽虽然是温度较高的过流蒸汽，由于蒸汽的过热度和比热容均较小，没有相变的过热蒸汽对给水加热的比例较少，主要依靠有相变的饱和蒸汽凝结放出的潜热对给水加热，提高水温。

83. 什么是凝结换热？什么是膜状凝结？什么是珠状凝结？

答：汽轮机的各级抽汽对各级低压加热器和高压加热器管内的水加热时，因为水温较低，管壁温度低于抽汽压力下的饱和温度，蒸汽凝结放出潜热，水温提高，蒸汽凝结成水，所以，是凝结换热。

在凝结换热过程中，凝结水能润湿壁面，凝结水在壁面上会形成一层完整的水膜，这种凝结称为膜状凝结。

在凝结换热过程中，凝结水不能润湿壁面，凝结水在壁面上成为凝结核心的许多点，以一颗颗小水珠的形式依附在壁面。由于凝结水不能润湿壁面，众多水珠不能连成水膜，这种凝结称为珠状凝结。

84. 为什么有相变的珠状凝结的放热系数是膜状凝结放热系数的十倍以上，而传热计算时要采用膜状传热公式？

答：当水蒸气遇到壁面温度低于蒸汽压力下的饱和温度时，水蒸气在壁面上凝结成水。如凝结水不能润湿壁面，凝结水在壁面称为凝结核心的许多点上，形成一颗颗小水珠附着在壁面上。这些水珠并不能连成水膜，但小液珠会逐渐长大，当重力大于水珠的附着力时会沿壁面滚下。滚下的水珠一方面与遇到的水珠合并成为较大的水珠，另一方面又清除了沿途所有的所有水珠。形成的无水珠的表面使水蒸气继续凝结。冷壁面上又会有新的小水珠形成和变大，并重复上述过程。这种凝结方式称为珠状凝结，见图 6-16。

珠状凝结时，大部分冷壁面是直接与蒸汽接触的，蒸汽的凝结主要是直接在冷壁面上进行的，不存在通过凝结水膜导热传热产生的附

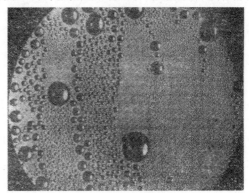

图 6-16 珠状凝结

加热阻，因为热阻大大减少，所以使得珠状凝结的放热系数是膜状凝结放热系数的十倍以上。

因为凝结水对无论是凝汽器的铜管还是高压加热器的钢管表面均能润湿形成水膜，所以只能实现膜状凝结而不能实现珠状凝结。虽然在试验室内采用在钢管或铜管冷却壁面上涂一层薄的油脂可以获得珠状凝结，但是这种试验室内人工方法获得的珠状凝结是不能持久的，不能在实际的工业设备中得到应用，因此，在蒸汽凝结的凝汽器和高压加热器、低压加热器

等换热器的传热计算时只能采用放热系数较小的膜状凝结传热公式。

85. 为什么凝汽器、高压加热器和低压加热器均采用卧式布置?

答:凝汽器是用冷却水将汽轮机低压缸的排汽冷却凝结成水,高压加热器和低压加热器是采用汽轮机的各级抽汽主要是通过蒸汽凝结放出潜热来提高给水和凝结水的温度。虽然凝汽器是冷却,高压加热器和低压加热器是加热,但两者均为水蒸气在管外的膜状凝结放热。

由于膜状凝结放热时在铜管和钢管表面形成完整的凝结水膜,热量要通过水膜导热的方式传递,而水的导热系数比铜和钢小得多,为了降低水膜导热形成的热阻,只有降低水膜的厚度。如果凝汽器、高压加热器和低压加热器采用垂直布置,管子垂直,蒸汽在管壁上凝结的水沿管壁向下流动,水膜较厚,水膜导热的热阻较大,因蒸汽侧的放热系数较小,使得凝汽器和高压加热器、低压加热器的传热系数较低,导致其所需传热面积较大,造价提高,见图 6-17。

如凝汽器、高压加热器、低压加热器采用卧式布置,管子为水平,蒸汽在管外凝结时产的水膜在重力的作用下流动,水膜的厚度较小,蒸汽侧的放热系数因水膜的热阻较小而增大,其传热系数较大,所需传热面积较小,价格降低,见图 6-18。

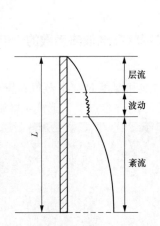 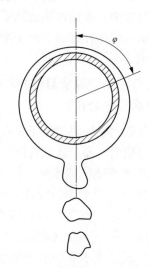

图 6-17　液膜在竖壁上的流动情况　　图 6-18　水平圆管外的膜状凝结

凝汽器和高压加热器、低压加热器采用卧式布置,蒸汽横向流过管束,其传热系数较蒸汽纵向流过立式布置的凝汽器和高压加热器、低压加热器的管束的传热系数高。

由于以上两个原因,虽然凝汽器和高压加热器、低压加热器卧式布置占地较大,但通常均采用卧式布置。

86. 为什么水蒸气容易将人烫伤,而高温空气不易将人烫伤?

答:虽然水蒸气和空气均是气体,但是两者对人体的伤害程度相差很大。所谓烫伤是指皮肤接触高温的固体、液体或气体,温度升高到一定程度而产生的一种伤害。由于皮肤布满了神经末梢,在接触高温物体时具有的自我保护反应的本能而迅速脱离,因此,烫伤是否发生除了决定于物体的温度外,还取决于物体对皮肤的放热系数。

水蒸气触及皮肤时因部分蒸汽凝结而放出潜热,属于凝结放热,其放热系数很高,水蒸气是三原子气体,其辐射放热系数较高,在人体自我保护反应前的短时间内,皮肤因吸收了大量热量而温度迅速升高到发生伤害的程度。高温空气触及皮肤时不会凝结，仅通过导热和对流将热量传给皮肤，因空气的导热系数和对流放热系数均很小，空气是双原子气体，其辐射放热系数也很小，在人体自我保护反应前的短时间内，皮肤因吸热的热量很少而不会使皮肤温度升高到发生伤害的程度，所以，高温空气不易将人烫伤。

因此，运行人员在现场工作时要特别小心，防止被泄漏的蒸汽烫伤。

87. 为什么空调的功率比电风扇大得多？

答：随着生活水平的提高，夏季人们越来越多地选择空调降低室内温度来提高生活质量。

人在新陈代谢过程中会产生热量，只有不断地散热才能保持体温稳定，一年四季人体的散热量大体相等。在冬季由于体温高出气温较多，传热温差较大，为了防止散热太多感觉冷，通常采用多穿衣服，即增加热阻的方法来减少散热量。在夏季由于体温仅比气温高几度，传热温差很小，仅靠散热难以满足维持一定量散热的要求，此时只有通过出汗和汗液的蒸发来增加人体散热量。当出现气温高于体温的高温天气时，环境向人体传热，只有通过大量汗液蒸发来维持人体的散热量，这也是气温越高，人体出汗越多的主要原因。

开空调使人感到舒适的原因有两个：一个是增加体温与气温的温差，使散热量增加；另一个是室内空气湿度降低，使汗液更容易蒸发，从而带走更多的热量。为了达到将室内的热量移至室外；从而达到降低室内温度的目的，空调的压缩机必须将蒸发后压力降低呈气态的制冷剂重新压缩提高压力，并通过室外机散热后将气态制冷剂凝结成液态，重新回到室内机的蒸发器。通常采用最多的风冷压缩式空调有两台风机和一台压缩机。一台风机通过室内机的蒸发器向室内吹冷风，另一台风机通过室外机的散热器向外吹热风。同时，气体压缩后的压力很高，需要消耗较多电能，因此空调的功率很大，常用的分体式空调的功率为 $1.0\sim3kW$。

电风扇并不能降低室内温度和湿度，仅仅是利用具有一定风速的气流吹向人体，加速人体汗液的蒸发吸收气化潜热，使人感到凉快而已。电风扇通常采用轴流式风机，虽然风量较大，但风压很低，所以，电风扇的功率很低，通常为 $40\sim60W$。

由于空调的功率是电风扇的 $25\sim40$ 倍，所以，为了节能在气温不太高时候，可以使用电风扇来帮助人体散发热量，当气温较高，气温与体温相差较小或湿度较大时使用空调机来帮助人体散发热量，为控制室创造良好的工作条件。

88. 为什么夏季从现场巡回检查刚回到集控室感觉很凉爽，过一段时间就没有了凉爽的感觉？

答：发电机组运行时，由于锅炉、汽轮机、发电机及管道的表面温度明显高于大气温度，散热量较大，加之夏季大气温度较高，设备现场的温度较高。运行人员巡回检查过程中出汗较多。身体上的汗毛孔处于张开状态。集控室内的空调可以在降低室内温度的同时降低湿度，当运行人员巡回检查刚回到集控室时，一方面由于湿度较低，汗液迅速蒸发从人体带走较多热量，另一方面因体温与室温存在较大温差，使人体散热量增加。由于运行人员刚进集控室的短时间内，人体散发的热量大于新陈代谢产生的热量，便有很凉爽的感觉。

经过一段时间后，因人体表面的汗液全部蒸发，因为汗液蒸发从人体吸收热量的效应逐渐消失，所以人体散热量大于新陈代谢产生的热量时，人体的温度调节功能自动将汗毛孔关闭或关小，此时，因为主要靠体温高于室温散失热量，与新陈代谢产生的热量相平衡，所以，不再有很凉爽的感觉。

为了防止集控室室内外温差过大引起频繁进出集控室的运行人员感冒，控制室的温度不宜过低，以在室内工作的人不感到热就可以了。通常集控室内温度控制在 24～26℃ 范围较好。

89. 为什么燃料燃烧需要空气，而发生森林火灾时消防员用吹风机灭火？

答：我们经常在电视上看到，发生森林火灾时消防员每人手持一台吹风机对准燃烧部位吹风可将火焰熄灭。

林木和草地燃烧需要空气，鼓风机向炉内鼓风可以使燃烧强化，吹风机却可以扑灭森林火灾。这从表面上看两者似乎是矛盾的，但如果从燃烧的机理来分析，却完全是合理和正常的。

当可燃物已经着火燃烧时，为了使燃烧能持续下去，除了需要不断供给空气和燃料外，维持一定的温度以使火焰或高温烟气能将邻近的可燃物加热到着火温度是必不可少的一个条件。当发生森林火灾时，着火的大多是草地、灌木和树木的表皮或枝叶，因为这些着火部位的温度虽然很高，但是热容量很小，当从吹风机来的大量冷空气吹向着火部位时，其空气量远远超过着火部位正常燃烧所需的空气量，不但将火焰吹离正在燃烧的部位，而且大量冷空气与火焰及高温烟气混合后，混合物的温度迅速降低到草木着火温度以下，从而将火扑灭。

当蜡烛正常燃烧时，如果我们用口少量吹气，蜡烛的火焰发生倾斜，但因为火焰没有脱离灯芯，所以蜡烛没有熄灭。如果我们用口使劲吹气，不但火焰被吹离灯芯，而且大量冷空气与火焰和高温烟气混合后的温度低于蜡烛灯芯的着火温度，所以，蜡烛很快被吹灭。在日常生活中谁都知道，只有使劲吹才能将蜡烛熄灭，划火柴时要避风才能得到保持火焰不熄灭。

对锅炉而言，由于炉膛或层燃炉火床的热容量很大，鼓风机吹进炉膛的空气量与燃料量或热容量相比是较少的，锅炉正常运行时，即使鼓风机挡板全开，送入炉的风量过多也不会使炉膛火焰熄灭。而在锅炉点火时，由于炉膛温度很低，仅一个燃烧器点燃，而且火焰的功率很低，如果操作不当，空气速度过快，供给的空气过多就有可能灭火。

第二节 热 工 仪 表

90. 什么是仪表的精度等级？

答：无论多么精确的仪表，都不是绝对准确的，都存在一定的误差，只是各种仪表的精确程度不同、误差大小不等而已。锅炉上各个测点对精度的要求也是不同的。例如，过热蒸汽温度的测量要求精度较高，而对风压的测量，精度可以降低。一般测量同一参数，精度高的仪表价格高，精度低的仪表便宜。

因此，不考虑投资大小和工艺参数测量的需要，全部采用高精度仪表，从经济上来说是不合理的。不但会增加投资和维护工作量，而且从生产上来说也是不必要的。

根据各个参数在生产中重要的程度，锅炉常采用不同等级的仪表，如过热蒸汽温度表采用0.5级，压力表采用1.5级，风压表采用2.5级。

仪表的精度等级的意义是表示该表的相对误差，即测量中出现的最大绝对误差占全量程的百分数。一般在仪表上都标有精度等级的符号，如 0.5、1.0、1.5 及 2.5。在正常情况下，当测量同一参数的几块表指示不同时，如测点和仪表的位置相同应以精度等级高的仪表指示为准。而且应该定期用精度高的表校对精度等级低的表。例如，用 0.5 级的标准压力表来校对 1.5 级的压力表，0.5 级的压力表则要送到专门的计量机构用更加高级的仪表来校核。

91. 如何计算仪表的绝对误差？

答：在生产中常会遇到测量同一参数的几块仪表，指示的数值不一样。当差值在仪表测量误差范围之内，则是正常的。因此，要掌握计算仪表绝对误差的方法。

仪表的绝对误差＝仪表的量程×精度等级。例如，某块主蒸汽温度记录表，量程为 0～600℃，精度为 0.5 级，则仪表的绝对误差不大于 600℃×0.5％＝3℃。

又例如，某块蒸汽压力表的量程为 0～6MPa，精度为 1.5 级，则压力表的绝对误差不大于 6MPa×1.5％＝0.09MPa。

92. 试述热电偶温度计的工作原理。

答：由两种不同金属组成的闭合电路，如果两端温度不等，就会在电路中产生电势，其电势的大小与两端温度和金属的种类有关。两端的温差越大，电势越大。

如果已知一端温度（大多是冷端），并测出电势就可以测出热端的温度。热电偶的工作端见图 6-19，热电偶的工作原理见图 6-20。

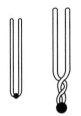
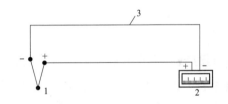

图 6-19　热电偶的工作端　　　　图 6-20 热电偶的工作原理

1—热电偶；2—测量仪表；3—导线

由于冷端温度不是零度，又经常在变化，所以，要采取补偿措施，才能使冷端温度变化时不影响温度测量的准确性。

93. 热电偶补偿导线的作用有哪些？

答：热电偶的热端温度就是我们要测量部位的温度。热电偶通常安装在被测部位，而指示温度的仪表和冷端温度补偿器则安装在离热电偶较远的仪表室内，两者相距达几十米。测量高温用的热电偶通常采用价格昂贵的金属制成。例如，测量炉膛出口温度的热电偶是用铂铑-铂制成的，价格很贵。因为只有被测量的部位温度很高，所以如果全部用铂铑-铂制成的导线将热电偶冷端引到操作室，则会造成很大浪费。

如果用便宜金属制成的导线，将热电偶的冷端引至操作室将会节省很多费用，只要这些便宜金属相配合在有限温度范围内（例如 0～100℃）的热电势与热电偶本体的热电势相同就可以了。适用于各种热电偶的补偿导线与热电偶配套供应，例如，铂铑-铂热电偶就用铜-铜镍合金作补偿导线（见图 6-21）。

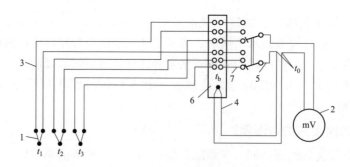

图 6-21　利用补偿热电偶的测量线路

1—热电偶元件；2—二次仪表；3—补偿导线；4—补偿热电偶；5—双极多点转换开关；6—接线盒；7—铜导线

94. 怎样选择仪表的量程？

答：仪表量程选择得合理，不但便于观看，而且误差也小。因为仪表的绝对误差与量程成正比，所以量程选得太大，误差就大。用孔板测量流量，如果没有开方器，量程选得太大，观看不方便，量程选得太小，事故情况下容易超量程，仪表容易损坏。一般使正常运行时的参数在仪表量程的 $\frac{1}{3} \sim \frac{2}{3}$ 比较好。例如，主蒸汽压力正常指示在 3.7～3.9MPa，选用量程为 0～6MPa 的压力表较为合理。压力表的精度为 1.5 级，则测量最大误差为 6MPa× 1.5％＝0.09MPa。

因为安全阀的动作压力约为 4.6MPa，即使是超水压试验，压力也只有 5.5MPa。如果采用量程为 0～10MPa 的压力表，精度为 1.5 级，则测量误差为 0.15MPa。测量误差无形中增加了 0.06MPa。

95. 为什么要对热电偶的冷端温度进行补偿？

答：热电偶是利用热端和冷端温度不同产生热电势来测量热端温度的，热端与冷端间温差越大，热电势越大。热端就是我们要测量的温度，冷端通常就是仪表室内的温度。温度测量仪表是假定热电偶冷端处于 0℃ 且不变的条件下标记刻度的，而仪表室内冷端温度不是 0℃，而是随季节不断发生变化的。这样就会出现虽然热端温度相同，但因冷端温度不同，仪表指示的温度不同的情况。显然这种情况不能满足生产要求。

为了使仪表指示的温度反映热端的真实温度而不受冷端温度波动的影响，应对热电偶的冷端温度进行补偿。冷端温度补偿的方法较多，采用热电偶冷端补偿器是较常用的方法。补偿器与热电偶串联，当冷端温度升高时，补偿器里不平衡电桥会产生一个电压，其方向与热电势相同，使热电偶的总电势增加；当冷端温度降低时，电桥产生的电压方向与热电偶电势相反，使热电偶的总电势减少。当冷端温度为 20℃ 时，电桥产生的电压为零。因此，采用这种冷端补偿器时，温度计的机械零点应调整到 20℃ 的刻度上。

96. 锅炉尾部烟温测点的作用有哪些？

答：中型以上的锅炉尾部烟道都装有左右对称的烟温测点。这些烟温测点对掌握锅炉运行状况有很大帮助。例如，炉膛火焰中心偏向一侧，则炉膛出口两侧烟温或过热器出口两侧烟温必然不一致，可通过调整燃烧来消除。

如果炉膛出口或过热器出口两侧烟温一致，而省煤器出口两侧烟温偏差较大，则温度高的一侧多半是由于省煤器积灰严重。

当过热器管和省煤器管开始泄漏时，烟温测点可以帮助我们及时发现。一般泄漏侧的烟温要比另外一侧低一些。记住各受热面在正常情况下不同负荷时的出口烟温对掌握受热面是否泄漏和清洁有很大帮助。

97. 为什么热电偶测出的烟气温度比实际温度低？

答：如果我们稍加注意就会发现，热电偶测出的炉膛出口烟气温度和过热器出口烟气温度明显低于通过热力计算得到的温度（即实际温度）。是热力计算不准还是仪表测量误差造成的？如果是上述两个原因造成的，则热电偶测出的上述两处温度有可能低于也可能高于通过热力计算得到的温度，而且两者的误差仅约为1%，而实际情况是不但该两处热电偶测出的温度总是低于热力计算得到的温度，而且两者相差约10%。

理论分析和现场试验证明，上述两处热电偶测出的烟气温度比实际温度低是正常的合理的。插入过热器出口处的热电偶的温度比之前的过热器管壁温和之后的省煤器管壁温高，热电偶会以辐射的方式向过热器管和省煤器管传热，使热电偶温度降低。烟气流经热电偶时会以辐射和对流的方式向其传热，使热电偶温度升高。当烟气传给热电偶的热量等于热电偶传给过热器管和省煤器管的热量时达到平衡，热电偶温度将会稳定在某个数值上。显然只有当热电偶的温度低于烟气温度时，烟气才能向热电偶传热以维持热电偶向过热器管和省煤器管传热，从而达到平衡，见图6-22。

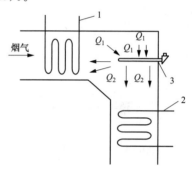

图6-22 热电偶套管热平衡示意
1—过热器；2—省煤器；3—热电偶套管；
Q_1—烟气传给套管的热量；
Q_2—套管传给过热器和省煤器的热量；$Q_1=Q_2$

要使热电偶测出的烟气温度比较准确地接近真实温度，就要采取特殊措施。例如，在套管外面加一套管，不断地将烟气从炉内经过两层套管内抽出，由于热电偶外部的套管起到了遮热罩的作用，套管的温度明显高于过热器管和省煤器管的温度，热电偶与套管间的温差较小，热电偶传给套管的热量较少，同时烟气流经热电偶的速度很高，强化了烟气对热电偶的对流传热，使热电偶温度较接近于烟气实际温度。采用抽气式热电偶可使测得的烟温比裸露式热电偶测得的烟温更加接近烟气的实际温度，某电厂对比试验见表6-10。

表6-10 抽气式热电偶与裸露式热电偶对比试验

抽气式热电偶测得的烟温 t_2（℃）	1177	1051	918
裸露式热电偶测得的烟温 t_1（℃）	1070	960	850
t_2/t_1	1.10	1.095	1.08

从表6-10可看出，烟温越高，裸露式热电偶的测量误差越大。当烟温较高时，仅采用一层套管的抽气式热电偶的测量误差仍然较大，需要采用三层甚至四层遮热套管才能较准确地测出烟气的实际温度。抽气式热电偶结构示意见图6-23。

抽气式热电偶结构较复杂，在日常运行和一般的测量中不常采用，只有在需要精确测定烟温时才采用。比较简单实用的方法是在热电偶的工作端加一个黑度很小而又耐高温的材料制成的遮热套。由于明显减少了热电偶工作端对四周温度较低的受热面管子的辐射传热，且烟气能较好地冲刷热电偶的工作端，所以这种套式热电偶测温的准确性虽然低于抽气式热电偶，但较裸露式热电偶测温的准确性有了明显提高，见图6-24。

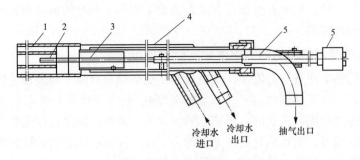

图 6-23　抽气热电偶结构示意

1—遮热罩；2—热电偶；3—刚玉保护管；4—水冷套管；5—耐热钢或碳钢保护管；6—接线盒

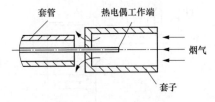

图 6-24　套式热电偶示意

98. 同一个热电偶温度测点，当表出现几个不同温度时，应以哪个温度为准？

答：同一个热电偶温度测点，有时会在温度表上出现几个不同的温度。一般来说，其中温度最高的是正确的。从热电偶的工作原理可知，当冷端温度一定时，热端温度较高，则热电偶产生的电势较大，通常温度表本身就是测量电压的毫伏计，如图 6-25 所示。如果热电偶产生的电势为 $E(t_1, t_0)$，则通过毫伏计线圈的电流为

$$I = \frac{E(t_1, t_0)}{R_1 + R_2 + R_3 + R_4}$$

式中　R_1——热电偶电阻；

　　　R_2——连接导线电阻；

　　　R_3——毫伏计内部的串联电阻（用来调整毫伏计刻度）；

　　　R_4——毫伏计线圈电阻。

毫伏计指针的偏转角度 φ 只与电流 I 成正比。当热电偶的转换开关或回路中出现接触不良时，相当于在热电偶回路中增加了一个附加电阻，造成回路的总电阻增加，通过毫伏计线圈的电流 I 下降，使温度计指示的温度降低。

由此可知，温度较低的指示是由于热电偶测量回路中有接触不良点（大部分在转换开关上）造成的，所以是不准确的。

由于转换开关每次接触不良的程度不同，所以同一个温度测点会出现几个不同的温度。当出现这种情况时，首先应压紧转换开关并找出一个稳定的温度最高的指示记录，然后通知仪表维护人员尽快将故障消除。

99. 隐丝式光学高温计的原理及优、缺点有哪些？

答：测量高温的热电偶要用贵金属铂和铑，其价格较高且容易损

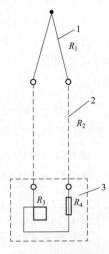

图 6-25　热电偶与毫伏计的连接线路

1—热电偶；2—补偿导线；
3—毫伏计

坏。普通的测量炉膛出口烟温的热电偶，因为热电偶的套管温度远高于周围水冷壁管和过热器管的温度，套管向水冷壁管和过热器管辐射热量使得测出的烟温偏低；热电偶套管沿轴向向外导热也使测出的烟温偏低。采用多层遮热罩的抽气式热电偶虽然可以明显降低测量误差，但由于其结构复杂，价格较高，难以在日常的调试中普遍采用。

物体在较低温度时本身不发光，我们所看到的物体颜色是反射可见光的结果，因此，在完全黑暗的情况下是看不到物体的。当物体温度升高到一定程度时就发出可见光，随着温度的升高，从约520℃开始，物体的颜色从较暗的深红色逐渐变为红色、亮红色、淡红色、白色和亮白色。隐丝式光学高温计（简称光学高温计）是误差较小使用较多的一种光学高温计。灯丝的电阻是固定的，调节灯泡输入的电压就可以使灯丝出现从红色到亮白色各种颜色。当灯丝的颜色与物体的颜色相同，以至灯丝的颜色消失在被测物体颜色背景之中时，灯丝的温度与被测物体的温度相等。如果将测量输入灯泡电压的毫伏计以灯丝的亮度换算为温度刻度，就可以测出高温物体的温度。图6-26所示为光学高温计构造及工作原理。标准灯泡灯丝亮度调整见图6-27。

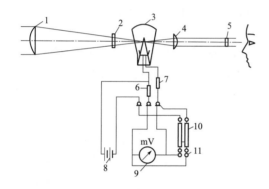

图 6-26 光学高温计构造及工作原理
1—物镜；2—吸收玻璃；3—高温计灯泡；
4—目镜；5—红色滤光片；6、7—附加电阻；
8—干电池（或蓄电池）；9—毫伏计；
10—滑线电阻；11—短路触点

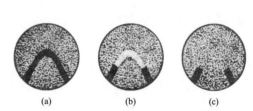

图 6-27 标准灯泡灯丝亮度调整
(a) 灯丝亮度低于热源的亮度；
(b) 灯丝亮度高于热源的亮度；
(c) 灯丝与热源亮度相同

光学高温计的优点是不存在因向冷物体辐射和沿轴向导热形成的测量误差，测温速度快，可以测量700～2000℃范围内的物体温度，便于移动携带以测量不同部位物体的温度，特别适于现场燃烧调整时测量火焰温度。

光学高温计的缺点是只能测量温度较高能发出可见光的高温物体的温度；气体燃料采用无焰燃烧获得的不发光火焰，因缺乏可见光波段的辐射，故不能用光学高温计测量其温度；只能测量不透明的火焰（发光火焰）的温度，而不能测量透明的高温烟气温度。由于各种被测高温物体的黑度小于1，其发射力小于黑体发射力，光学高温计测出的温度低于其真实温度，要经换算才能得到物体的真实温度；在调整灯丝亮度时存在人为观察误差。

100. 试述弹簧管压力表的工作原理。

答：锅炉上压力的测量除了风压以外，弹簧管压力表应用较多见图6-28。弹簧管压力表里有一根扁圆形的管子，弯成圆弧形，一端是自由的，并加以封闭；另一端固定，并与被测量的管路相通。由于弹簧管是扁圆形的，当内部有压力时，弹簧管产生角位移，并通过齿轮

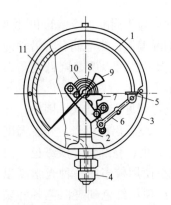

图 6-28　单圈弹簧管压力表
1—弹簧管；2—支座；3—外壳；
4—表接头；5—塞子；6—拉杆；
7—扇形齿；8—小齿轮；9—指针；
10—游丝；11—刻度盘

的带动，压力表指针移动。由于弹簧管的角位移与压力成正比，所以压力表的刻度是均匀的。弹簧管压力表测量的范围很大，从 0～0.06MPa 到 0～1000MPa。

弹簧管压力表构造简单，维修方便，各种精度等级的压力表可满足不同场合测量压力的要求，因此，弹簧管压力表在工业生产上得到了广泛的应用。一般 0～4MPa 以下压力表的弹簧管用有色金属（磷青铜）制作。4MPa 以上压力表的弹簧管用无缝钢管制作。

101. 为什么要采用倾斜式微压计？

答：尽管毫米水柱因不是法定计量单位，已被法定计量单位 Pa 或 kPa 所代替，但是由于以水为工质的 U 形管差压计，构造简单，工作可靠，既可测量正压，又可测量负压和压差，压力测量直观、方便，在现场经常用于测量 0.5kPa 以下的空气或烟气侧的压力和压差，然后可按 1mmH$_2$O 柱等于 9.8Pa 的比例换算成法定计量单位 Pa。

当测量的压力或压差很小，仅有几十帕时，例如，炉膛负压、过热器、省煤器或空气预热器前后烟气压差，因为 U 形管差压计存在读数误差，所以当测量的压差较大时，其误差可忽略不计，而当测量的压差很小时，其误差较大，读数也较困难。

虽然倾斜式微压计与 U 形管差压计同样是利用连通管原理测量压力或压差，但由于倾斜式微压计具有放大功能，可将 U 形管测量的较小的水柱高差放大为倾斜管较长的水柱。所以，倾斜式微压计测量很小的压力或压差时，不但便于读数，而且可以使测量误差降低。

读数的放大倍数为 $\frac{1}{\sin\alpha}$，α 为玻璃管倾角。α 越小，放大的倍数越大，可以测量的压力或压差越小，测量精度也越高，但 α 过小会使玻璃管的液面拉长，使读数困难。通常 $\alpha \geqslant 15°$。

倾斜式微压计工作原理见图 6-29。

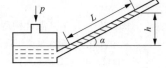

图 6-29　倾斜式微压计工作原理

102. 为什么给水系统的压力表运行时，指针摆动频率较高，摆动幅度较大，而蒸汽系统的压力表指针较平稳？

答：水是几乎不可压缩的物体，水的压力从 0MPa 升高到 200MPa，其体积变化也很小。当外界的各种因素引起扰动时，例如，电网频率的波动使电动给水泵的转速变化，锅炉汽压或给水流量的变化，均会引起给水系统压力的变化。

由于给水压力变化时，水通过体积的膨胀或压缩来减缓压力变化速度的能力很小，所以，给水系统的压力表指针摆动频率较高，摆动幅度较大。

蒸汽是可压缩性气体，其体积与压力成反比，压力增加一倍，体积近似缩小一半。当外界因素如燃料量的变化，负荷与产汽量不平衡时，由于蒸汽的体积可以缩小或膨胀，所以压力变化较缓慢。而且汽包锅炉的锅水和金属受热面储存了很多热量，当汽压降低时，储存的热量可以放出，而汽压升高时，多余的热量又可储存起来，使汽压的变化更趋平缓。所以，蒸汽系统的压力表指针较平稳。

103. 怎样消除压力表指针的摆动及延长压力表的寿命？

答：由于液体分子间的距离很小，所以液体即使承受很大的压力，其体积变化也很小。给水系统上的压力受到各种因素的影响，压力波动幅度大、频率高，不但使得给水系统的压力表观察较困难，而且压力表的寿命较短，有些压力表使用不到一个月就报废。

为了使给水系统上的压力表指示稳定，以提高测量的准确性和延长其寿命，可以在压力表前安装压力表缓冲器，见图 6-30。

缓冲器的外壳用 $\phi 108 \times 4mm$ 的无缝钢管制作，两端封死。上端安装压力表，下端与压力测点的导管相连，内部焊接两块厚度为 $4 \sim 5mm$ 的隔板，两块隔板上均开有直径为 $2 \sim 2.5mm$ 的阻尼孔，阻尼孔的位置要错开。制作时，先从

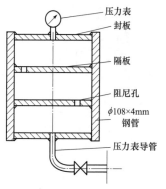

图 6-30　压力表缓冲器的结构示意图

缓冲器外壳的两端分别与隔板满焊，隔板上的阻尼孔要用钻头加工。在焊接缓冲器两端封板前，要将内部的焊渣和铁锈清理干净，以防杂质将阻尼孔堵塞。缓冲器制成以后要进行 1.5 倍工作压力的水压试验，以检验缓冲器的强度和焊缝的严密性。

安装时，先将缓冲器内的水倒净，然后缓冲器的下部与压力测点的导管相连，缓冲器的上部安装压力表，最后开启压力表导管的阀门。阀门开启后，压力表导管和缓冲器内的空气被压缩和储存在缓冲器的上部。

当波动的压力信号经导管传至缓冲器时，受缓冲器内上、下两块隔板上阻尼孔的节流阻尼作用，以及缓冲器上部压缩空气的缓冲作用，压力表接受的压力信号，其波动幅度和频率大幅度下降。压力表的工作条件大大改善，不但便于观察，而且大大地延长了压力表的使用寿命。

104. 为什么弹簧管压力表之前都装有一个弯管？

答：现场安装的弹簧管压力表之前都有一个用压力表管弯制成的 O 形或 U 形弯管，见图 6-31。

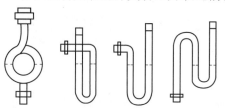

图 6-31　压力表存水弯管形式

因为现场有些被测参数的温度很高，例如，过热蒸汽温度，中压炉为 450℃，高压炉为 510℃，超高压或亚临界压力炉为 540℃，压力表内的弹簧管如果直接与高温蒸汽接触，不但要损坏，而且弹簧管的弹性因温度升高而降低，与制造厂设计校核时的工作条件不一样，而造成指示不准。制造厂也不可能制造不同的压力表以适用于不同温度介质的压力测量。

在压力表之前加一个弯管，因为管内存有凝结水或其他隔离液，进入压力表弹簧管的工质是温度较低而且是变化很小的凝结水或隔离液，与被测介质的温度无关，压力表的使用条件与设计及校核时的条件一样，所以指示就准确。而且同一块压力表可以用来测量不同工质的压力（腐蚀性介质和有特殊要求的介质除外），给制造和使用带来很大方便。另外，弯管还起到缓冲的作用，对延长压力表的使用寿命有一定的作用。

105. 为什么操作盘上的汽包压力表指示的压力比汽包就地压力表高？

答：操作盘上的汽包压力表与汽包就地压力表虽然测点是同一位置，但观察点的标高不同。汽包就地压力表指示的压力是汽包的真实压力。而操作盘上的汽包压力表指示的压力，是汽包压力加上汽包至操作盘上压力表标高差的水柱静压。

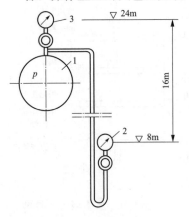

如果汽包真实压力为 4.4MPa，汽包压力测点标高为 24m，操作盘上压力表的标高为 8m，标高差 16m，水柱静压产生的压力为 0.16MPa，所以操作盘上汽包压力表的指示应为 45.6MPa（见图 6-32）。锅炉容量越大，标高差越大，两者的压力差别越大。

图 6-32　汽包压力差别示意
1—汽包；2—操作盘压力表；
3—汽包就地压力表

106. 测量水位的平衡容器的工作原理是什么？

答：各种低读水位表都需要将水位变化的信号测出，经过放大转变成电或气的信号传递到操作盘上的二次仪表上。水位信号的测量一般都用所谓的平衡容器。

平衡容器的构造如图 6-33 所示。它是由一个容器和其中的一个内管组成的。容器的上部与汽包的汽侧相连，内管与汽包的水侧相通。从平衡容器和内管分别引出两根表管。平衡容器内的水位由于蒸汽的凝结而不断升高，但由于内管的溢流作用，容器的水位始终保持不变。内管里的水位与汽包里的水位是一致的，汽包内的水位变化，内管里的水位也随之变化。

由图 6-33 可以看出，从平衡容器引出的两根表管之间的压差 Δp，如果忽略平衡容器内凝结水与内管内锅水的密度差，则

$$\Delta p = L\rho'g - H\rho'g - (L-H)\rho''g = (L-H)(\rho'-\rho'')g$$

式中　Δp——两根表管的压差，Pa；

ρ'——锅水或凝结水的密度，kg/m³；

g——重力加速度，m/s²；

L——水连通管以上平衡容器内水柱高，m；

H——水连通管以上汽包水位高，m；

ρ''——汽包压力下饱和蒸汽密度，kg/m³。

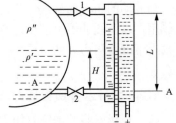

图 6-33　平衡容器的转换原理
1—汽侧阀门；2—水侧阀门

由此可以看出，由于 L、ρ'、ρ'' 和 g 是不变的，Δp 只随 H 变化。当汽包水位升高时 Δp 减少，汽包水位降低时 Δp 增加。因此，只要将此压差信号取出变换、放大，传至操作仪表盘上的二次仪表，即可测出汽包水位的变化。

107. 为什么平衡容器要保温？

答：平衡容器是测量水位的感受件，由于平衡容器的散热作用，平衡容器内凝结水的温度比汽包内锅水温度低，即用平衡容器测出的水位与实际水位不符。而且由于汽温的变化，平衡容器的散热条件不同，使得平衡容器测量的水位误差不是固定不变的。

将平衡容器保温，散热损失大大减少，外界汽温变化对散热的影响较小，平衡容器内凝结水温度较接近于汽包内锅水温度，并且变化较小，因此测量误差减小。

平衡容器保温后,其表面温度大大降低,可以防止运行人员烫伤并减少散热损失。

108. 为什么一般的低置水位表在升火过程中指示不准?

答:从平衡容器的工作原理来看,是两根引出表管之间的压差大小反映了水位的高低。锅炉正常运行时,平衡容器的水温因传热和散热平衡而基本不变,即水的密度基本不变。而在升火过程中,随着压力的逐渐升高,水温也在升高,即密度逐渐降低。在正常运行时蒸汽的密度基本不变,而在升火过程中,随着汽压的升高,蒸汽的密度不断增加。也就是说决定水位高度的三个量(水位、锅水密度、蒸汽密度)在正常运行时只有一个量(水位)是变化的,其余两个量是不变的,而在升火过程中,决定水位的三个量全部是变化的。所以升火时,一般水位表指示是不准的,只有采取特殊措施的水位表,在升火过程中指示才是正确的。

为了在升火过程中,避免发生缺水、满水事故,对于没有采取特殊措施的水位表,应指派专人就地监视汽包水位。

109. 为什么锅炉有了各种型式的水位表还要安装机械水位表?

答:锅炉汽包一般都装有至少两个就地测量水位的水位计,为了便于锅炉主操监视水位,在操作盘上装有电动或气动的水位表。但不管是采用电动表还是气动表,都要装一块机械水位表。

这是因为水位是汽包锅炉运行时最重要的一个控制指标,水位是否正常关系到锅炉能否安全运行、蒸汽质量是否合格的大问题。无论是采用电动的还是采用气动的,一般操作盘上都装有2~3块水位表,以便相互对照。但是当电源或气源中断后,几块表同时失灵,将给锅炉主操监视水位带来极大困难,严重威胁锅炉安全生产。

机械水位表既不需要电源,又不需要气源,它是利用水位的静压差来测量水位的,虽然反应略慢,但构造简单,动作可靠。当电源或气源中断时,锅炉主操可监视机械水位表维持锅炉正常运行,同时查明原因,尽快恢复电源或气源。

110. 为什么水位表的刻度是均匀的,而流量表的刻度是不均匀的?

答:如果我们注意观察水位表和流量表的刻度,就会发现水位表的刻度是均匀的,而流量表的刻度是不均匀的。这是因为水位表和流量表的感受件的特性不同造成的。因为水位表的感受件是平衡容器,其压差与汽包水位成反比,所以水位表的刻度是均匀的。流量表的感受元件是孔板,孔板前后的压差与流量的平方成正比,即流量是原来的2倍,则压差是原来的4倍,因此,流量表的刻度是不均匀的。例如,某台炉的额定蒸发量为120t/h,蒸汽流量表的量程为0~160t/h,流量为120t/h刻度所占的角度(或长度)是流量为60t/h的4倍。

近来为了解决流量表刻度不均匀的问题,便于监视,在压差变送器内增加了开方器,使孔板前后的压降与流量成正比,这样流量表的刻度也是均匀的了。

111. 电触点水位表的工作原理是什么?

答:不少锅炉安装了电触点水位表,因为电触点水位表构造简单,工作可靠,观察水位直观,所以得到了广泛应用。图6-34所示为电触点水位计的工作原理。其工作原理主要是利用蒸汽和锅水的电阻不同制成的。锅水的电阻比蒸汽的电阻小得多。电触点水位表接线原理如下:由图6-34可以看出,沿容器的高度,每隔一定距离(20~30mm)有一个电触点,当水位高度超过该电触点时，由于锅水电阻小，电路接通，指示该水位的灯泡就发光，当水位继续升高，超过第二个电触点后，指示该水位的灯泡又发光，以此类推，第几个灯泡发光就代表了水位有多高。由于蒸汽的电阻很大，没有被锅水浸没的电触点，流过的电流极小，不能使灯泡发光。

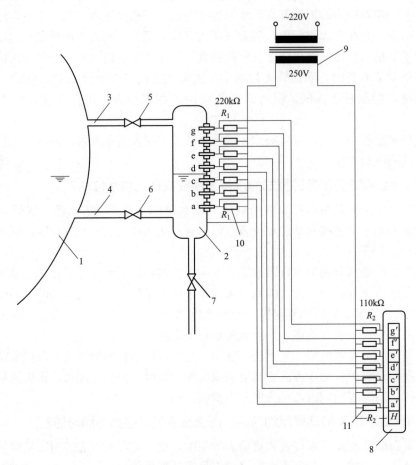

图 6-34　电触点水位计的工作原理

1—汽包；2—旁通容器；3—汽连通管；4—水连通管；5—汽门；6—水门；

7—放水门；8—显示器；9—电源；10—电阻 R_1；11—电阻 R_2

112. 流量孔板测量流量的工作原理是什么？

答：用孔板测量流量在发电厂中被广泛采用。例如，蒸汽、给水、凝结水和循环水流量都是利用孔板来测量的。图 6-35 所示为流量孔板工作原理。

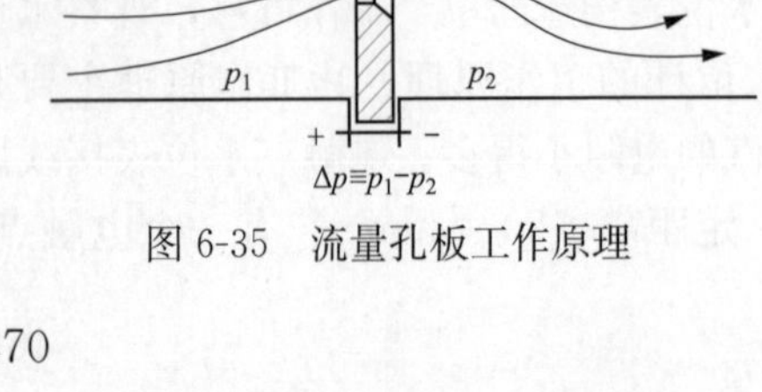

流量孔板的厚度在 3～10mm 范围内。它是经过精加工的一个圆盘，中间的通流孔经过磨床精加工，其入口部分是圆柱形，出口部分是圆锥形。孔板的入口部分是严格的直角，不能有任何毛刺，更不准有倒角。由于孔的直径比管径小，工质流经孔

$$\Delta p = p_1 - p_2$$

图 6-35　流量孔板工作原理

板时被节流，产生压降。压降的大小与流量的平方成正比，所以将孔板前后的压差测出，就能测出流量。

113. 为什么一般的蒸汽流量表在升火过程中指示不准，而给水流量表指示较准？

答：流量表是利用蒸汽或给水流经孔板时节流产生压降来测量流量的。压降的大小，对于某个已定的孔板来说，与流体的黏度、密度及流速有关，而黏度、密度与流体的温度和压力有关。蒸汽是可压缩的，其密度与压力成正比。在升火过程中，蒸汽的压力、温度在不断升高，与设计孔板时给定的蒸汽压力、温度相差很大，因此，蒸汽流量表指示的流量不准。

水是几乎不可压缩的流体，水的压力从零到锅炉额定压力，其密度变化很小，而给水的温度在升火中与正常运行时一样，均为除氧水温度。因为锅炉在升火中给水的温度和密度与正常运行时几乎一样，所以，给水流量表指示的流量是准确的。

如果蒸汽流量表采取特殊的补偿措施，则可以保证在锅炉升火期间指示得准确。

114. 为什么用氧量表来指导燃烧调整比 CO_2 表更合理？

答：燃烧调整的目的是在确保燃料完全燃烧的基础上，维持最低的过量空气系数，从而提高锅炉热效率并减轻尾部受热面的低温腐蚀。为了达到上述目的，燃烧调整过程中离不开烟气分析。由于奥氏分析器是间断取样，手工操作，分析周期较长，难以及时指导锅炉的燃烧调整。过去常采用 CO_2 表来指导燃烧调整。

CO_2 表指示的数值，其物理意义为烟气中 CO_2 体积占整个干烟气体积的百分比。无论是固体燃料、液体燃料还是气体燃料，其可燃成分主要是碳和氢，而只有燃料中的碳燃烧才能生成 CO_2。燃烧不同燃料时，由于燃料的碳氢含量不同，即使维持相同的过量空气系数，CO_2 表指示的数值变化也较大，如表 6-11 所示。

表 6-11 CO_2 表指示与燃料种类的关系

过量空气系数＼燃料种类	木柴	无烟煤	褐煤	重油	天然气	焦炉气
1.2	17.2	16.3	15.5	13.5	10.1	9.1
1.1	18.8	17.6	17	14.8	11	10

如果根据 CO_2 表的指示来调整燃烧，则燃用不同的燃料时，需要控制不同的 CO_2 数值。特别是当几种燃料混烧时，CO_2 表指示的数值将随着各种燃料混烧的比例不同而变化，这给燃烧调整带来很大困难。如果各种燃料混烧的比例变化很频繁，燃烧调整实际上已经无法正常进行，同时，由于 CO_2 表的灵敏度和准确性较差，维护工作量也较大，所以，CO_2 表已逐渐被淘汰。

烟气中的含氧量是未参与燃烧的过剩氧量，因而与燃料的种类和成分无关。烟气中的含氧量在同一过量空气系数下，燃烧不同的燃料变化很小（见图 6-36）。例如，当维持 $\alpha=1.2$ 时，燃用各种不同的燃料时，烟气中的含氧量变化仅为 3.3%～3.7%。由于氧量表的指示与燃料种类和成分无关，氧量与过量空气系数基本上是一一对应的，用于指导燃烧调整非常方便。特别是当几种燃料混烧时，氧量表的这一优点是 CO_2 表无法相比的。另外，因为氧量表的灵敏度和准确性较好，维护工作量也较 CO_2 表小，所以，目前采用氧量表来代替 CO_2 表指导燃烧调整是合理的。

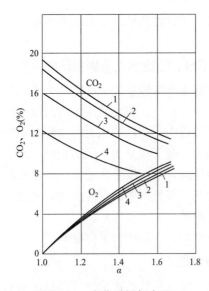

图 6-36 α 变化时烟气中 CO_2
和 O_2 的变化

1—无烟煤；2—烟煤；3—重油；4—天然气

115. 氧化锆氧量计的工作原理是什么？

答：在各种测定烟气中含氧量的方法和仪表中，氧化锆氧量计具有可以连续测量、精度较高和工作较可靠等优点，因此被广泛采用。

以氧化锆为主要成分的耐火材料具有仅让氧离子通过，几乎不让电子和阳离子通过的性质。利用氧化锆的这一特性可制成连续测定烟气中含氧量的氧浓差电池。

以氧化锆为主要成分的特殊陶瓷管的内外表面附上多孔电极，并将其放入电炉中加热至 850℃ 左右。以陶瓷管外面流过的空气作为基准气体，管内则流过所需测定的烟气。因为固体电解质的氧化锆能使氧离子自由通过，所以，两电极间产生了与陶瓷管内外氧气分压之比成正比的电势。如果测出这个电势，便可以知道烟气中氧气的含量（见图 6-37）。

氧化锆氧量计可以对烟气中含氧量从百万分级至百分级广泛范围内进行连续测量，能充分满足烟气含氧量测量的要求，测量精度较高，但是如果烟气中含有可燃成分时则不能使用。

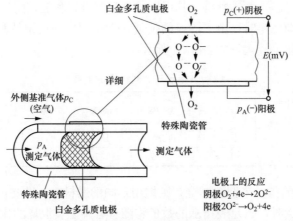

图 6-37 氧化锆式 O_2 测定仪的工作原理

116. 为什么负压炉的氧量表的测点安装要求非常严密？

答：氧量表测量的是烟气中的氧含量，烟气中的氧含量很小，在炉膛出口处，正常情况下为 3%～5%。

在负压锅炉中，如果氧量表的测点安装不严密，则空气将从测点处漏入炉内，因为空气中的氧含量高达 21%，所以漏入空气将使测点处烟气中的氧含量大大提高，使氧量表指示的数值不能真正代表燃烧情况。这是氧量表的不足之处。

因此，为了使氧量表测量准确，测点安装时一定要非常严密。

117. 为什么要安装报警装置？

答：中、小型锅炉的表盘上装有几十块仪表，大型锅炉的仪表超过百块。虽然每块仪表都有它的作用，但是要运行人员时刻监视这么多仪表显然是很疲劳而无法做到的。采用重点监视几块关键性仪表的方法可使运行人员的劳动强度明显降低，但仍难以保证锅炉安全经济运行，运行人员的劳动强度和精神负担仍然较大。因此，对锅炉安全经济运行至关重要的指标安装超限报警和电动机跳闸报警，不但可以大大降低运行人员的劳动强度，而且可为及时调整或为事故处理争取到更多的时间。

例如，锅炉通常装有汽包水位高限、低限报警，汽温低限、高限报警，汽压低限、高限报警，炉膛灭火报警和电动机跳闸报警等。通常仪表盘的所有超限报警共用一个警铃，为了区分警铃报警时是哪项指标超限，仪表盘上设有与报警项目相对应的光字牌。一旦某项指标超限，警铃报警的同时，相应的光字牌出现闪光，运行人员应立即按警铃消声钮，相应的光字牌停止闪光而指示灯亮。运行人员根据光字牌上注明的超限项目立即进行调整，当该项指标恢复到规定的范围内时，相应光字牌的指示灯会自动熄灭。

电动机跳闸大都采用事故喇叭报警，以便与锅炉控制指标超限报警相区别。事故喇叭报警后，运行人员应立即按运行规程进行处理。

安装了报警装置后，虽然对降低运行人员的劳动强度和提高锅炉安全经济运行有显著作用，而受到运行人员的欢迎，但运行人员容易因此而产生依赖和麻痹思想。如果报警装置一旦失灵而未能及时发现，反而对锅炉安全经济运行不利。因此，为了确保报警装置处于完好状态，运行人员应在每次接班前试验一次，发现问题及时请仪表工处理，对一时不能处理或未处理好的报警项目要做到心中有数，在运行时应加强对这些指标的监视和控制。

118. 为什么要安装记录仪表？

答：锅炉很多重要的测量项目，如汽包水位、过热汽温、给水流量、蒸汽流量和蒸汽压力，不但有显示即时值的指示仪表，还有记录上述测量项目的记录仪表。

锅炉发生事故时，上述测量项目均会发生不同的变化。安装了记录仪表就可以通过分析上述测量项目的变化曲线，迅速和准确地查明事故的原因，为制定正确的防范措施和确定事故责任者提供了可靠的依据。

安装了记录仪表后，通过对记录纸上测量项目的变化曲线的分析，可以帮助了解各种自动调节器如水位自动调节器、汽温自动调节器、热负荷自动调节器等的调节性能是否良好，当调节器工作不正常、调节性能不能满足生产需要时，通过对记录曲线的分析可以帮助查明调节性能不良的原因，进而为消除调节器的缺陷提供了很大的方便。

蒸汽流量和给水流量记录表还可以用来统计蒸汽和给水流量，便于经济核算和锅炉热效率测定。

119. 为什么用煤粉、油或可燃气体作燃料的锅炉应装设熄火保护装置，而链条炉不需要装？

答：用煤粉、油或气体作燃料的锅炉均是室燃锅炉。锅炉正常运行的炉膛温度高达1600℃左右，煤粉、油或气体燃料进入炉膛后迅速着火和燃烧。当由于各种原因造成炉膛熄火后，炉膛温度迅速降低，进入炉膛的煤粉、油或气体燃料不能立即着火燃烧，在很短的时间内炉膛里就积聚了大量未能燃烧的燃料。炉膛熄火的短时间内，由于炉墙和金属部件积蓄了很多热量，温度仍然很高，燃料在炉墙和金属部件的辐射加热下，积聚在炉膛内的燃料温度不断升高，当燃料达到着火温度时，大量燃料同时燃烧形成爆燃，使炉膛产生很高的正压，造成炉墙和钢架损坏。特别是大容量锅炉，因为炉膛的容积和炉墙的面积很大，所以当爆燃产生的炉膛正压相同时，大容量锅炉炉墙受到的力比中、小容量锅炉大得多。因此，炉膛发生爆燃，大容量锅炉炉墙和钢架的破坏更为严重。

在室燃锅炉炉膛熄火而未产生爆燃前的短时间内，由于进入炉膛的燃料不能立即燃烧，所以炉膛温度迅速降低，原来由送风量、燃料量和引风量三者之间形成的体积平衡被破坏，炉膛负压迅速增加。当锅炉容量较小时，由于炉墙的表面积较小，炉墙和钢架的强度和刚度相对较大，可以承受炉膛熄火后形成的负压而通常不会造成破坏。当锅炉容量较大时，由于炉墙的表面积很大，炉墙、钢架的强度和刚度相对较小，难以承受炉膛熄火后形成的负压，在大气压力的作用下，炉墙或钢架产生向内的破坏，称为内爆。

锅炉在正常运行中，造成炉膛突然熄火的原因很多，难以及时发现和处理，对用煤粉、油或可燃气体作燃料的锅炉，特别是对大容量锅炉威胁很大。为了确保其安全，《蒸汽锅炉安全监察规程》第167条规定"用煤粉、油或气体作燃料的锅炉必须装设可靠的熄火保护装置"。

熄火保护装置接收到炉膛熄火信号后应立即切断所有燃料，对大容量锅炉同时还应通过减少引风量来维持炉膛适当负压。因此，用煤粉、油或可燃气体作燃料的锅炉安装熄火保护装置后，可以防止炉膛灭火后因内爆和爆燃而造成炉墙和钢架的损坏，是室燃锅炉安全生产的重要保护装置。

因为链条炉采用层燃方式，燃条炉正常运行时，炉排上的大部分区域都有正在燃烧的煤块或焦炭层，不存在炉排或炉膛熄火的可能性，所以，就没有必要设置熄火保护装置。

120. 什么是交流电不停电电源系统（UPS）？

答：发电机组的微机、热工仪表和数字式电液控制系统的电源为交流电。由于交流不能储存，一旦发生事故交流电源失去时，微机、热工仪表和数字式电液控制系统不能工作，发电机组无法正常运行。

交流电不停电电源系统（UPS）可为微机、热工仪表和数字式电液控制系统提供高质量的稳定不间断电源。

UPS 主要由输入隔离变压器、整流器、蓄电池、逆变器、输出隔离变压器和相应的开关及控制系统组成。UPS 有三路电源：400V 交流工作电源、400V 旁路交流电源和蓄电池提供的直流电源。输入的工作交流电通过整流器变为直流电向蓄电池充电，逆变器将蓄电池的直流电通过逆变器变为交流向外输出。

当工作电源的电压和频率在正常范围内时，作为输入，UPS 系统通过整流-逆变输出，向交流不停电母线上的负荷供电。当 UPS 的整流器、充电器和逆变器主路部件发生故障时，可自动切换为旁路交流电源。

当发生事故交流电源全部消失时，则可以自动转换为由蓄电池供电，并通过逆变器输出向交流不停电母线上的负荷供电。

通过 UPS 的蓄电池将交流电间接地储存起来，当发生事故交流电消失时，通过逆变器变成交流电释放出来。有了 UPS 发电机组工作的可靠性得到明显提高，故得到广泛应用。由于 UPS 蓄电池的容量有限，当发生交流电消失的事故时，应尽快查明，消除故障恢复交流电的正常供给。

121. 为什么仪表电源电中断，热电偶温度表的指示偏低？

答：热电偶是由两种不同的金属组成的闭合电路，两端温度不同会产生电势，通过两端温差越大，电势越高的原理来测量热端温度的。由于热电偶两端的温差取决于热端温度和冷端温度，所以为了消除冷端温度变化对两端温差的影响造成热端温度测量的误差，通常采用温度补偿器将冷端温度补偿到 20℃，即冷端温度一年四季无论怎样变化，总是补偿到 20℃，这样测出的热端温度不再受冷端环境温度变化的影响。

热电偶冷端补偿器在仪表电源中断的情况不能工作，此时热电偶的冷端温度就是仪表盘内空气温度，由于仪表盘内空气温度通常高于 20℃，因冷热两端温差下降，产生的电势变小，导致热电偶温度表指示的温度下降。

掌握了热电偶冷端补偿器的工作原理，可以帮助运行人员及时从热电偶温度突然下降判断出发生了仪表电源中断事故，为正确处理事故、防止误操作创造了有利条件。

122. 为什么连续排污流量孔板应装在一次阀、二次阀之间？

答：容量较大的锅炉安装有连续排污流量计。流量计的测量元件通常采用流量孔板。通常根据用户提供被测量流体的密度、温度、压力、流量等数据进行设计计算。确保流体是单相的，不会在测量时因工况变化汽化而形成两相流动是确保测量准确的前提条件。

连续排污的温度通常为汽包压力下的饱和温度。连续排污的一次阀装在紧靠汽包的部位，二次阀装在锅炉运转层附近。通常一次阀全开，而二次阀的开度由锅水监督人员根据锅水控制指标进行调整。因为一次阀是全开的，其阻力很小，锅水流经一次阀时不会因压力降低而汽化。排污水向下流动到二次阀前，因静压的增加值通常大于流动阻力增加值，锅水不会因压力降低而发生汽化出现两相流动的情况。二次阀后是压力很低的连续排污扩容器，因为二次阀前后压差很大，而连续排污流量较小，二次阀的开度较小，所以，二次阀后连续排污水必然会发生汽化而出现汽水两相流的情况。连续排污水的汽化率还会随着二次阀开度的变化而变化。

因此，连续排污流量孔板装在二次阀后因不能保证单相流而导致测量不准确，而装在一次阀和二次阀之间可以确保是单相，确保测量准确。虽然流量孔板装在一次阀前更有利于测量的准确性，但是锅炉运行中流量孔板发生泄漏等故障无法进行维修或更换。所以，连续排污流量孔板装在一次阀和二次阀之间是合理的。

123. 为什么烟气连续检测系统的取样管要采用拌热？

答：烟气连续检测系统的探头通常安装在烟囱或烟道上，而分析烟气各种成分的仪器安装在离采样探头较远的室内。燃料中的水分，燃料中氢组合燃烧生成的水分以及空气中的水分，使得烟气中含有较多的水蒸气，特别是当采用湿法脱硫时，烟气中的水蒸气含量更高。虽然因为排烟温度较高，所以烟气中的水蒸气没有凝结，但是，烟气在取样管内因散热而使温度降低，烟气中的水蒸气会凝结成水。

取样管中生成的凝结水会导致烟气中的一些成分 NO_x 和 SO_x 与水反应生成各种酸，而烟气分析器只能分析气体成分，导致测量产生误差。

凝结水还会黏附烟气中的灰分，导致取样管堵塞和测量误差。

取样管采用具有保温层的电热伴热结构，使烟气保持较高温度，确保烟气中的水蒸气不会凝结，达到准确测量烟气各种成分浓度和避免取样管堵塞的目的。采用压缩空气定期对取样管进行吹扫，可以防止烟气中飞灰沉积导致的取样管堵塞。

124. 为什么烟气连续检测系统要配备标准气瓶？

答：随着烟气中有害成分排放标准日趋严格，容量较大的锅炉出口或脱硫脱硝装置的进出口装有烟气连续检测系统。烟气连续检测系统通常检测烟气中 O_2、SO_2、NO、NO_2 和 CO 五个成分的含量。

由于检测系统较复杂，影响检测数据准确性的因素较多，为了掌握检测系统工作是否正常，分析测量的数据是否准确，必须定期分析测量已知 O_2、SO_2、NO、NO_2 和 CO 浓度的气体。如果检测系统分析测出的浓度与已知成分的浓度相同或误差在允许的范围内，则说明检测系统工作正常，分析测出的成分浓度准确。

通常已知成分浓度的气体由标准气瓶提供。标准气瓶内标准气体是在工厂内经过严格和仔细的配制而成的，容易保证气体浓度的准确。由于空气中氧的浓度为 21% 比较稳定和准确，所以，为了节省投资，烟气连续检测系统不设氧气标准气瓶，而仅设置含有标准浓度的 SO_2、NO、NO_2 和 CO 四种标准气瓶。

125. 皮托管测量气体流速的工作原理是什么？

答：以最常使用的具有半球头的皮托管说明其测量气体流速的工作原理。常用的 $\phi16$ 皮托管结构见图 6-38。

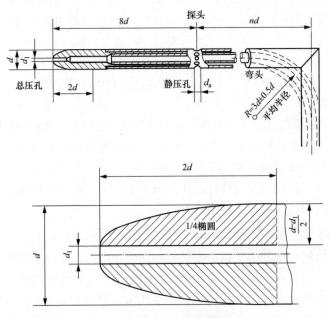

图 6-38　皮托管结构

皮托管是利用气流的动压与流速之间按伯努利方程式所确定的关系

$$p_a = \frac{W^2}{2g}\rho, W = \sqrt{\frac{2g}{\rho}p_a}$$

测量流体流速的。

式中　W——测量点的气流速度，m/s；

　　　p_a——测量点气流的动压，kg/m²；

ρ——气流的密度，kg/m^3；

g——重力加速度，$g=9.8m/s^2$。

皮托管的半球头开有 $\phi5$ 的孔，孔迎着气流，皮托管的水平部分与气流相平行，其轴线与气流的偏斜角度不得超过 $12°$。皮托管的水平部分开有圆周均布 $\phi1.5$ 的 8 个孔。由于半球头上开的孔迎着气流，测出的是气流的全压，全压等于动压与静压之和，而水平部分圆周分布的 8 个孔测出的是气流的静压，动压 p_a＝全压－静压。

由于皮托管可以测出动压，所以，皮托管可测出气流的速度。

126. 为什么空气和烟气的流量不用孔板测量，而用皮托管测量？

答：因为锅炉给水的压力密度很大，蒸汽的压力较高，密度也较大，给水管道和蒸汽管道的直径较小，而且允许产生的一定的压降，所以，给水和蒸汽通常采用孔板测量流量。

锅炉空气和烟气的压力很低，可以认为是与大气压力相近的常压密度很小，其体积流量很大，风道和烟道的截面积较大。制造对精度要求很高的大型孔板不但难度较大，而且成本较高。孔板是利用节流前后产生的压差测量流体的流量，空气和烟气的压力很低，其体积流量很大，产生较大的压差会使送风机、引风机的耗电量大幅度增加。孔板前后风道和烟道的直管段长度也难以满足利用孔板测量流量的要求。因此，通常不采用孔板测量烟气和空气的流量。

在锅炉燃烧调整试验时，通常采用皮托管测出风道和烟道上的平均流速，然后根据风道和烟道的截面积计算出空气和烟气的流量。

127. 为什么用皮托管测量烟气、空气流量时必须将管道截面分为若干面积相等的部分，分别测量每个部分的流速？

答：由于锅炉空气和烟气流量很大，风道和烟道的截面很大，为了节省空间和材料，孔板前后风道和烟道直管段的长度不能满足安装标准节流孔板的条件，所以，在锅炉试验中，通常采用可移动的动压测定管，即皮托管测量空气和烟气流量。

由于空气、烟气在风道或烟道内流动时，靠近壁面的空气或烟气与壁面的摩擦阻力较大，流速较低，而离壁面较远的空气或烟气，空气间或烟气间的摩擦阻力较小，流速较高，即空气或烟气在风道和烟道截面内的流速是不均匀的。

用皮托管测出的只是某一点局部的速度，为了得出烟、风道截面内平均流速，必须将烟、风道截面分为若干个面积相等的部分，并可近似地认为每个部分的流速是均匀的。将各点测出的流速平均后得出烟、风道截面内的平均流速，再根据烟、风道的截面积计算出烟气或空气的流量。

对于圆形的管道截面，通常将圆形管道的截面分成几个面积相等的同心圆环。测点应位于将每个圆环再分成两个面积相等的分界线上，见图 6-39。

分成等面积圆环的数目随着直径的增加而增多，一般不少于表 6-12 所列的数量。

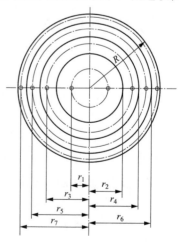

图 6-39　圆形截面测点分布示意图

表6-12   等面积圆环数与测量直径数

管道直径 D(mm)	300	400	600	800	1000	1200	1400	1600	1800	2000
等面积圆环数 n	3	4	5	6	7	8	9	10	11	12
测量直径数	1	1	2	2	2	2	2	2	2	2
测点总数	6	8	20	24	28	32	36	40	44	48

对矩形截面的管道，应用经纬线将截面分成若干面积相等的小矩形。各个小矩形对角线的交点就是皮托管测点的位置，见图6-40。

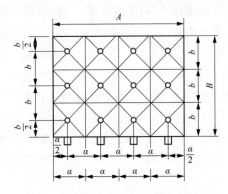

图6-40　矩形截面测点分布示意图

小矩形的数量取决于矩形的高度和宽度，通常不应少于表6-13所列的数值。

表6-13   矩形截面沿边长均匀分布的测点数量

矩形管道截面的边长(mm)	≤500	500~1000	1000~1500	1500~2000	2000~2500	2500
测点排数	3	4	5	6	7	8

第三节　分散控制系统（DCS）

128. 什么是DCS?

答：DCS是分散控制系统英文Distributed Control System的缩写。我国自动控制行业又将DCS称为分布式控制系统或集散式控制系统。

DCS是一个由过程控制级和过程监控级组成的，以通信网络为纽带的多级计算机系统。DCS综合了计算机、通信、显示和控制等4C技术，其基本思路是分散控制、集中监视和操作、分级管理、配置灵活和组态方便。

由于DCS控制系统设计时有系统冗余，其故障率很低，可靠性很高。

129. DCS 具有哪些功能?

答：DCS具有以下几种功能：

（1）数据采集和存储功能：模拟输入信号和开关输入信号扫描处理、历史数据储存（包括调整趋势和历史趋势）的功能。需要时可将储存的历史数据调出来分析参考，掌握和了解设备以往的运行情况。

（2）控制功能：具备完整的设备运行、监测、调节、联锁保护和顺序控制功能。

（3）显示功能：计算机屏幕可以显示的画面包括设备的总貌画面、流程图画面、控制分组画面、调整画面、趋势画面、过程报警画面、系统报警画面、系统状态画面、操作日志画面和历史查询画面等，并具有窗口显示功能。

（4）报警功能：模拟信号输入/输出和开关信号输入/输出报警，仪表停用（校验、停扫描）报警，系统部件（卡件、网络）故障报警等。

（5）报表和屏幕显示拷贝功能：即时报表功能，定时报表功能（含时报、班报、日报、月报和年报），报警汇总记录，操作记录报表，操作或参数修改打印，打印机屏幕拷贝功能。

（6）系统扩展和兼容及与其他机种通信功能：系统扩展方便，新老产品兼容，可与其他机种实现通信。

130. 什么是 DCS 的 I/O 卡件?

答：DCS 中的 I/O 卡件是 DCS 控制系统中建立的信号输入和输出通道。

DCS 中的 I/O 卡件通常是模块化的，一个 I/O 模块上有一个或多个 I/O 通道，用来接受传感器输入的信号和向执行器输出信号。

131. 什么是系统冗余?

答：在 DCS 设计中，系统冗余是重复配置系统中的一些重要部件，当 DCS 系统中部件发生故障时，系统冗余配置的部件可以通过特殊的软件或硬件自动切换到备用部件上，从而保证了系统不间断工作。因此，DCS 有了系统冗余，其故障率大大减少，工作的可靠性大大提高。

通常设计的冗余有 CPU 冗余、网络冗余、电源冗余和 I/O 冗余。

火力发电厂在设计时，对重要的设备设置两套，一用一备。例如，给水非常重要，给水一刻也不能中断，给水泵通常设置为一用一备。运行泵一旦故障停运，给水压力下降到设定值，电触点压力表接通，备用给水泵立即启动，保持向锅炉正常给水。因此，火力发电厂设计时，重要设备设置一用一备，也可以看作是系统冗余，火力发电厂重要设备设计时，有了冗余，其工作可靠性大大提高。

132. 什么是通信到 DCS? 什么是硬接线到 DCS?

答：DCS 与独立的第三方设备之间的数据传输通常采用通信方式。例如，第三方设备空气压缩机，通常会随机带一套 PLC，用于实现自身的控制方案。由于空气压缩机的仪表信号较多，便采用 PLC 的通信卡件通过通信线缆与 DCS 的通信卡件连接，实现了 PLC 与 DCS 间的通信。通信线缆可以是双绞线，也可以是专用电缆或光缆。通过通信，空气压缩机的各种仪表信号就可以在 DCS 上显示出来。

DCS 所显示的仪表信号除了通信方式外，现场的仪表，例如，液位表、流量表、温度表、压力表输出的信号，通过电缆与 DCS 对应的输入卡件相连接，这种连接方式称为硬接线。

133. 什么是 AI、AO、DI、DO?

答：AI 和 AO 是模拟量输入和输出的英文缩写。

DI 和 DO 是开关量输入和输出的英文缩写。

134. 什么是模拟量？什么是开关量？

答：在量程范围内，连续变化的物理量，称为模拟量。

例如，温度、压力、流量、电流等物理量，机组运行时，在量程范围是连续变化的，因此，上述物理量均为模拟量。

只有开和关两种状态，没有中间状态的量，称为开关量。

例如，电磁阀、电动闸阀只有开和关两种状态，因此，上述设备的开和关状态的量均为开关量。

简而言之，开关量用于控制设备启、停，而模拟量用于调节。

135. 为什么各种变送器输出的标准信号是 4～20mA，而不是 0～20mA？

答：以压力变送器输出的标准信号是 4～20mA 为例来说明。如果压力表的量程是 0～10MPa，压力为零时，对应的信号电流是 4mA；压力为 10MPa 时，对应的信号电流是 20mA；压力为 5MPa 时，信号电流是 12mA。

如果变送器输出的标准信号是 0～20mA，0mA 对应的压力为零，但线路中断时，也是 0mA，两者无法区分。变送器输出的标准信号是 4～20mA，则 4mA 时，压力为零；0mA 时，则是线路中断。

流量变送器、液位变送器、温度变送器输出的标准信号均是 4～20mA，其道理是相同的。

136. 为什么流量计和液位计要安装变送器？

答：火力发电厂大多采用孔板流量计，利用流体流过孔板时产生的压差，孔板前后的压差与流量的平方成正比的原理，只要测出孔板前后的压差就可测出流体的流量。

液位计是利用测量压差或液位高度产生的压力来测量液位的。

流量计和液位计的测量元件输出的是压差或压力信号，而不是标准的电信号，不能直接输入 PLC 或 DCS。流量计和液位计的测量元件输出的压差或压力信号，必须通过差压变送器或压力变送器转换成标准信号 4～20mA，才能经缆线输入 PLC 或 DCS。

137. 压力表与压力变送器有什么区别？

答：压力表是利用表内膨胀管感应被测介质压力的变化，并驱动齿轮机构带动指针转动来显示压力的。压力表结构简单，价格低廉，使用方便。压力表的缺点是精度不高，只能就地观察，不能远传。

压力变送器是利用电子感应元件，将压力信号转变为 4～20mA 的标准电流信号，可以方便地被采集和远距离传送至二次仪表、PLC 和 DCS 系统，具有较高的精度。缺点是价格较高，需要有供电装置并配置相应的显示仪表。

138. 什么是一次仪表？什么是二次仪表？

答：将被测参数，例如，温度、压力、流量，转换为可测量的信号或标准信号的仪表，称为一次仪表。

例如，被测参数温度，由热电偶转换为可以测量的毫伏电信号、或热电偶的毫伏电信号再由温度变送器转换为标准信号 4～20mA；被测参数流量，由节流孔板转换为可测量的信号差压，或再由流量变送器转换为标准信号 4～20mA。热电偶和温度变送器、节流孔板和流量变送器称为一次仪表。

一次仪表通常分散安装在现场的被测参数处。为了便于现场观察，有些一次仪表还具有显示被测参数的功能，但多数被测参数转换为可测量的信号或标准信号，输送给显示仪表，由显示仪表进行指示、记录、报警或积算。

显示被测参数的仪表称为二次仪表。二次仪表通常集中安装在控制室的仪表盘上。

139. 为什么热电偶输出的是毫伏电信号，也需要温度变送器？

答：热电偶通常输出的是毫伏电信号，在热电偶接线盒内加装一个温度变送器，才可以将毫伏电信号转换成 4～20mA 的标准电流信号。

因此，热电偶虽然输出的是毫伏电信号，也需要温度变送器。

第七章　化学水处理及化学清洗

第一节　锅外水处理

1. 什么是碱度?

答：水中含有能与强酸作用的物质含量，也就是能与 H^+ 离子相化合的物质含量称为碱度。碱度的单位一般以"mmol/L"表示。

2. 什么是含盐量?

答：水中的各种盐类均以离子的形式存在于水中。因此水中阴、阳离子含量的总和称为含盐量。单位为"mg/L 或 μg/L"。

各地水中，由于来源不同，水中的含盐量往往差别很大。一般来说，地下水（如井水、泉水）的含盐量较大；地面水（如河水、湖水）含盐量较小。

3. 什么是硬度?

答：水中结垢性物质主要是钙盐和镁盐的总含量，称为硬度。单位为"mmol/L"。

水的硬度可以分为碳酸盐硬度和非碳酸盐硬度两种。碳酸盐硬度主要由钙与镁的重碳酸盐 $[Ca(HCO_3)_2$、$Mg(HCO_3)_2]$ 组成，也可能含有少量碳酸盐。当水沸腾时，它们可以分解成 $CaCO_3$、$MgCO_3$ 沉淀而除去，因此，又称为暂时硬度。

非碳酸盐硬度主要是由钙与镁的硫酸盐、硝酸盐及氯化物等形成的硬度。因为它们不能用煮沸的方法去除，所以称为永久硬度。

4. 什么是水的 pH 值?

答：水溶液中氢离子（H^+）含量倒数的对数称为水的 pH 值，即

$$pH = \log \frac{1}{[H^+]}$$

当 pH＝7 时，水溶液为中性；

当 pH＞7 时，水溶液为碱性；

当 pH＜7 时，水溶液为酸性。

为了防止除盐水对设备的腐蚀，要求 pH＞7。

5. 什么是硬水? 什么是软水? 什么是软化?

答：硬度较大的水，即钙、镁离子含量较多的水称为硬水。

硬度较小的水，即钙、镁离子含量较小的水称为软水。

将硬水变成软水的过程称为软化。

6. 软化水与除盐水有何区别？

答：软化水只是将水中的硬度降低到一定程度。水在软化过程中，仅硬度降低，而不能将溶于水中的盐除去。软化水成本较低，设备简单，但因为锅水含盐量较大，锅炉的排污率较高，热量损失较大，所以一般中、小型锅炉采用较多。图 7-1 所示为软化系统流程。

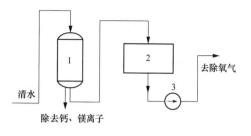

图 7-1　软化系统流程

1—软化器；2—软水箱；3—软水泵

除盐水不但可降低水的硬度，而且还能将溶于水中的盐类降低。锅炉的排污率较低，但设备比较复杂，成本较高。一般对水质要求较高的高压锅炉常采用除盐水。部分中压锅炉为了降低排污率或用给水作为混合式减温器的减温水，也采用除盐水。图 7-2 所示为除盐系统流程。

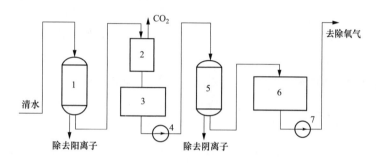

图 7-2　除盐系统流程

1—阳离子交换器；2—除碳器；3—中间水箱；4—中间水泵；5—阴离子交换器；6—除盐水箱；7—除盐水泵

7. 什么是离子交换剂？为什么有机离子交换剂比无机离子交换剂好？

答：凡是具有离子交换能力的物质称为离子交换剂。

无机离子交换剂有天然海绿砂和合成沸石等。由于无机离子交换剂内部结构致密，只有表面有交换能力，交换容量很低，而且只有阳离子交换剂。所以，虽然无机离子交换剂使用历史很长，但现在已很少采用。

有机离子交换剂颗粒较小，结构疏松，孔隙率较大，离子交换反应可在表面和内部同时进行，故交换能力大。

有机交换剂分为碳质和有机合成离子交换剂两种。

碳质离子交换剂主要是磺化煤。它是用煤经发烟硫酸处理后，再经洗涤、干燥和筛分而成。由于磺化煤不耐热、机械强度较低、交换容量不高以及再生剂消耗大等缺点，所以已逐步被有机合成离子交换树脂所代替。

有机合成离子交换剂又称为离子交换树脂，在生产现场中常简称为阳树脂或阴树脂。离子交换树脂具有机械强度高、耐热、不溶和交换容量大一系列优点，是目前性能最好、使用最广泛的一种离子交换剂。

8. 为什么离子交换树脂都制成球状？

答：离子交换树脂根据需要可以制成粉状、不规则的颗粒状或球状。在化学水处理中使用的离子交换树脂均是球状的。

球状的树脂制造较简单，采用悬浮聚合时，可直接制成球状。体积相同时，球状树脂所具有的表面积最大，有利于提高交换能力。

球状树脂填充状态好，阻力较均匀，使得树脂层各处的流量较均匀，而且水通过球状树脂层时的压力损失小，树脂的磨损也较小。

树脂成球状的百分数，通常用圆球率表示，一般要求圆球率在90%以上。

9. 什么是离子交换树脂的交换容量？

答：离子交换树脂的交换容量是指树脂交换能力的大小。其常用表示方法有三种：

（1）全交换容量。离子交换树脂的全交换容量是指树脂交换基中所有可交换离子全部被交换的交换容量，即交换基的总数。其数值可用滴定法测定。常用单位是 mmol/L。

（2）工作交换容量。离子交换树脂的工作交换容量是指在动态工作状态下的交换容量。由于使用条件的不同，工作交换容量的数值也不同。使用时，应按实际工作条件测试确定。常用单位是 mmol/L。

（3）有效交换容量。工作交换容量减去因正洗而损失的交换容量称为有效交换容量。常用单位是 mmol/L。

10. 为什么原水中的含盐量越多，树脂的工作交换容量越大？

答：原水中含盐量越多，水中离子浓度越高，水中离子与树脂接触、扩散和交换的概率越高，从而使树脂工作交换容量越大。

树脂工作交换容量的大小，与制水量的多少是两个不同的概念。原水含盐量高时，树脂的工作交换容量大，但制水量减少，工作周期短。

11. 为什么 H^+ 交换器在 OH^- 交换器之前？

答：在生水除盐过程中一般都是阳离子交换器在前，阴离子交换器在后。这是因为：

（1）阴离子交换树脂在酸性介质中易于交换，而生水通过阳离子交换器以后，出水呈酸性，这对阴离子交换器工作极为有利，可以提高交换效果。

（2）生水首先进入阴离子交换器后，会产生难溶的盐类，使阴离子交换树脂的交换能力降低

$$2R-NOH+CaCl_2 \rightarrow 2R-NCl+Ca(OH)_2 \downarrow$$

（3）阴离子交换树脂抵抗有机物和其他因素污染的能力比阳离子交换树脂差，生水经过阳离子交换器后，杂质较少，可提高阴离子交换树脂的交换容量。

（4）如生水首先进入阴离子交换器，则再生剂的消耗较多。生水中含有大量的碳酸盐，若生水先进入阳离子交换器，出水中的碳酸可以分解为 CO_2 和 H_2O，而 CO_2 可以很容易地经除碳器去除。如生水先进阴离子交换器，水中的碳酸与阴离子交换树脂交换，降低了树脂的交换容量。而且交换生成的碱需阳离子交换器除去，即

$$2R-NOH+Ca(HCO_3)_2 \rightarrow 2R-NHCO_3+Ca(OH)_2$$
$$2R-SO_3H+Ca(OH)_2 \rightarrow (R-SO_3)_2Ca+2H_2O$$

这样会使阳、阴离子交换树脂的再生剂耗量增加。

12. 为什么 H^+ 交换器出口的水呈酸性？

答：生水一般是中性的，当生水经过 H^+ 交换器时，水中的阳离子 Ca^{2+}、Mg^{2+}、Na^+、

K^+ 与阳离子交换树脂交换基团上的 H^+ 进行交换，H^+ 被交换到水中，并与水中的阴离子结合成相应的无机酸，即

$$R-SO_3^-H^+ + \begin{Bmatrix} Na^+ \\ K^+ \\ Ca^{2+} \\ Mg^{2+} \end{Bmatrix} \begin{Bmatrix} SO_4^{2-} \\ Cl^- \\ NO_3^- \\ HCO_3^- \end{Bmatrix} \rightarrow R-SO_3^- \begin{Bmatrix} Na^+ \\ K^+ \\ Ca^{2+} \\ Mg^{2+} \end{Bmatrix} + H \begin{Bmatrix} SO_4^{2-} \\ Cl^- \\ NO_3^- \\ HCO_3^- \end{Bmatrix}$$

因此，生水经过 H^+ 交换器以后，呈酸性。对于一级 H^+ 交换器的出水 pH 值为 2.4～4.5，二级 H^+ 交换器出水的 pH 值为 5～6，生水中阴离子 SO_4^{2-}、Cl^-、NO_3^-、HCO_3^- 含量越多，其 pH 值越小。

13. 阳离子交换器出来的水为什么要除去二氧化碳？

答：因为生水中含有较多的碳酸盐和重碳酸盐，所以生水经阳离子交换器后，出水中含有较多的碳酸。碳酸很不稳定，当 pH<4 时，几乎完全分解为 CO_2 和水。如 CO_2 进入阴离子交换器，CO_2 与阴离子交换树脂进行交换，使阴离子交换工作周期缩短，再生剂和其他物质的耗量增加，制水成本升高。因此，阳离子交换器出来的水要经过脱气塔（又称除气塔）除去 CO_2。

14. 怎样判断 H^+ 交换器是否失效？

答：阳离子交换树脂对于水中常见的金属阳离子的交换能力是不同的。按交换能力的大小，顺序排列如下：$Fe^{3+}>Al^{3+}>Ca^{2+}>Mg^{2+}>K^+>Na^+$。

利用阳离子交换树脂的这一特性可以确定 H^+ 交换器何时失效。生水通过阳离子交换器时，生水中的 Fe^{3+} 首先被树脂吸附，然后按 Al^{3+}、Ca^{2+}、Mg^{2+}、K^+ 顺序被吸附，而 Na^+ 最后被吸附。也就是说只要最难吸附的 Na^+ 能被树脂吸附，阳离子交换树脂就没有失效。因为阳离子失去交换能力，首先表现为不能吸附 Na^+，所以，只要阳离子交换器出水中的 Na^+ 含量超过预先规定的数值，如 $200\mu g/L$，即可认为阳离子交换器失效。

15. 怎样判断 OH^- 交换器是否失效？

答：阴离子交换树脂对于水中酸性阴离子吸附的能力是不同的。按吸附能力的大小，顺序排列如下：$PO_4^{3-}>SO_4^{2-}>NO_3^->Cl^->HCO_3^->HSiO_3^-$。

利用阴离子交换树脂的这一特性可以确定 OH^- 交换器何时失效。当阳离子交换器的出水进入阴离子交换器时，水的 PO_4^{3-} 首先被树脂吸附，然后按 SO_4^{2-}、NO_3^-、Cl^-、HCO_3^- 的顺序被树脂吸附，而 $HSiO_3^-$ 最后被吸附。只要最难吸附的 $HSiO_3^-$ 能被树脂吸附，阴离子交换树脂就没有失去交换能力。因为阴离子交换树脂失去交换能力，首先表现为不能吸附 $HSiO_3^-$。所以，只要阴离子交换器出水中 $HSiO_3^-$ 含量超过预先规定的数值，如 $100\mu g/L$，即可认为阴离子交换器失效。

16. 离子交换树脂为什么要进行再生？

答：在生水除盐的过程中，水中的阳、阴离子分别与阳、阴离子交换树脂中的 H^+ 和 OH^- 进行交换，当阳、阴离子交换树脂中的 H^+、OH^- 交换完以后，树脂失去了继续交换生水中阳、阴离子的能力，树脂的吸附能力已达到饱和状态。此时，离子交换树脂已经失效。如果继续与水中的阳、阴离子进行交换，则出水中阳、阴离子数量就会显著增加，到一

定程度某些离子的含量甚至等于或超过生水中相应离子的含量。

离子交换树脂失效后，如果采用更换树脂的办法，不但会造成物力和人力的大量浪费，而且是不必要的。用酸、碱溶液中的 H^+ 和 OH^- 离子，分别与离子交换树脂中吸附的阳、阴离子进行交换，将树脂吸附的阳、阴离子置换下来，使离子交换树脂恢复原有状态，而具有重新与水中阳、阴离子交换的能力。再生反应式为

$$R(-SO_3)_2Ca + 2HCl \rightarrow 2R(-SO_3)H + CaCl_2$$
$$R-NHCO_3 + NaOH \rightarrow R-NOH + NaHCO_3$$

用酸、碱溶液作再生剂再生树脂，已经很成熟，因此得到广泛应用。

17. 为什么再生剂的实际消耗量远大于理论消耗量？

答：因为离子交换反应是可逆的，树脂从原水中吸附的阳、阴离子，完全可以由再生剂的阳、阴离子来取代。从化学反应式看，所需要的再生剂当量数，只要与该体积树脂所吸附的离子的当量数相等，就可以使树脂完全再生。所以，从化学反应式计算出来的再生剂耗量称为理论耗量。

实践证明，仅用理论耗量的再生剂再生树脂，不能使树脂的交换容量完全恢复。为了达到实际需要的交换容量，一般要消耗数倍于理论再生剂耗量。

再生剂实际耗量大于理论耗量的主要原因如下。

(1) 离子的活性越小，越不易进入树脂，例如，强酸性树脂吸附离子的顺序是：Ca^{2+} > Mg^{2+} > K^+ > Na^+ > H^+；强碱性树脂吸附离子的顺序是：SO_4^{2-} > NO_3^- > Cl^- > OH^-。H^+ 和 OH^- 离子的活性较小，为了能使 H^+ 和 OH^- 离子取代树脂吸附的活性较高的阳、阴离子，只有提高 H^+ 和 OH^- 离子的浓度，因此，再生剂的耗量必然要增加。

(2) 由于交换反应是可逆的，当再生到一定程度后，即达到了动态平衡，从而使再生剂中的 H^+ 和 OH^- 离子不能全部发挥作用。

(3) 由于再生剂在溶液中的离解是可逆的，即有一部分再生剂不能以离子状态存在于水中。

(4) 再生操作不当也是再生剂耗量增加的原因之一。

再生剂的实际耗量为理论耗量的倍数见表 7-1。

表 7-1 再生剂的实际耗量为理论耗量的倍数

交换剂种类	再生剂种类	交换剂在系统中所处的位置	
		一级	二级
H—阳离子	H_2SO_4	2.2~3	2.2~2.5
	HCl	2.5~4.5	2.5~3.5
OH—阴离子	NaOH	2.2~2.5	2.5~5

18. 离子交换树脂再生前为什么要进行反洗？

答：离子交换树脂再生前必须进行反洗，其目的如下。

(1) 在交换过程中，水流自上而下地流过树脂，树脂层被压得很紧，再生前的反洗，可以松动树脂层，使再生剂均匀分布。

(2) 利用反洗将在交换过程中截留和吸附在离子交换树脂中的各种杂质清除，并排除树脂中的气泡，以充分发挥树脂的交换容量。

(3) 利用反洗将树脂层中破碎的树脂冲走，以减少水在树脂层中流动的阻力。

19. 离子交换树脂再生后为什么要进行正洗？

答：离子交换树脂再生后必须进行正洗后方能使用。正洗的目的是洗净树脂层中残余的再生剂及再生产物。

正洗的最初阶段实际上是再生的继续。因为正洗的最初阶段，再生剂被稀释以后继续和树脂接触，因而有继续再生的作用。因此，在正洗的最初阶段，正洗流量应控制得小些，当再生剂基本被洗净后，可再增大正洗流量。当再生剂和再生产物全部被洗净后，正洗结束。

20. 为什么树脂再生系统中要设中和池？

答：阳树脂和阴树脂失效后，为了恢复树脂的交换能力，通常用酸和碱的稀溶液对失效的树脂进行再生。树脂再生过程中排出的废水中，通常都含有一定数量的盐类、废酸和废碱。再生废水的数量与再生液和正、反洗水量有关，通常约等于制水量的10%。

再生过程中排出的废水，一般都有腐蚀性，特别是阳树脂再生过程中排出的酸性废水腐蚀性较强。如果不加以处理直接排放，易造成很大的危害性。排入农田，造成土壤破坏和盐碱化；如果直接排入水体，会影响植物和鱼类的生长，严重时会危及人体的健康；如果渗入地下，则会腐蚀建筑物及构筑物的基础，造成严重后果。

随着人们对保护环境重要性认识的提高，国家对废水排放标准也不断提高。为了使再生废水达到排放标准，必须对再生废水进行适当处理。利用阳树脂排出的酸性再生废水与阴树脂排出的碱性再生废水，进行中和，达到无害程度后再排放，是一种经济、简便易行的方法。由于阳、阴树脂再生时不能做到完全同步，酸、碱再生废水的排放数量比例，很难达到完全中和的要求，而且酸、碱废水的完全中和也需要进行充分的搅拌和一定的时间。为此，在树脂再生系统中设置了中和池，酸、碱废水在中和池中完全中和且呈碱性后排出。

第二节　锅　内　水　处　理

21. 为什么新安装的锅炉投产前要进行煮锅？

答：为了清除锅炉在制造、运输、储存及安装过程中产生的铁锈以及采取防锈的措施所涂抹的防锈剂和管道内的油垢，新安装的锅炉在投产前要进行煮锅。煮锅所用的药品为氢氧化钠和磷酸三钠。按有关规定配制药品的浓度，然后点火升压，使溶液在锅内不断循环而将铁锈和污垢洗掉，并通过定期排污将洗下的杂质排掉。

煮锅清洗铁锈的能力是有限的。新安装的高压及高压以上锅炉投产前以及结有铁垢的旧锅炉需要进行酸洗，为了提高酸洗效果，酸洗之前通常要进行煮锅。

22. 为什么新建的锅炉投产前应进行酸洗？

答：锅炉安装好后，投产前都要进行煮锅，但煮锅通常只能清除锅炉在制造、运输和安装中涂覆的防锈剂和污染的油垢及尘土、保温材料等各种杂质。而在锅炉各部件生产、运输和安装中形成的氧化皮（轧皮）和铁锈，难以通过煮锅将其清除。

氧化皮和铁锈的存在不但会增加受热面热阻，而且容易导致水垢的生成。水垢的生成促使锅炉在运行中形成垢下腐蚀，造成管子变薄、穿孔，引起爆管或泄漏。因为锅炉受热面数量很大，锅炉运行初期大量氧化皮和铁锈脱落形成的碎片和水渣，有可能造成炉管堵塞，引起爆管。锅炉投产前在煮锅后经过酸洗，将管内、联箱内和汽包内的氧化皮和铁锈彻底清除，不但可以避免上述危害，而且可以改善锅炉启动初期的水、汽品质，使水、汽质量很快达到标准。

23. 水垢是怎样形成的？对锅炉有什么危害？

答：物质在水中的溶解能力，决定于它本身的特性和水的温度。在一定温度下，某种物质在水中的溶解量是有一定限度的。

如果水中该物质的含量超过相应温度的溶解度，过剩部分将以固体状态沉淀下来。含有杂质的给水进入锅炉后，由于强烈的蒸发，使杂质的浓度增加，如果其浓度达到了该物质在一定温度下的极限浓度，水溶液中就会产生固态沉淀物。难溶的钙、镁化合物具有负的溶解系数，即溶解度随着水温的升高而降低。对这类物质不但在水蒸发——即浓度增加的过程中会产生沉淀，就是当水温升高到某一温度，即使未达到沸点，也会有固态物质沉淀。因此，不仅在蒸发受热面上会有固态沉淀物生成，在省煤器中也可能生成沉淀物。

固态沉淀物一般是形成晶体，如果晶体不黏结在受热面上，而悬浮在水中，则称为水渣或沉渣。如果沉淀物的结晶过程是在受热面上进行的，并且坚实地黏结在受热面上，则称为水垢。水中的钙、镁离子很多，生成的水垢，常黏结在蒸发受热面上。

水垢的导热性能比钢差得多。即使水垢的厚度很小，也会使金属受热面的温度大大升高。例如：$CaSiO_3$（硅酸钙）水垢的导热系数平均只有 $0.16W/(m \cdot C)$，仅为钢的导热系数的 $1/400$。如果水垢的厚度为 $0.2mm$，水冷壁的热负荷 $q=116 \times 10^3 W/m^2$，则由于水垢的存在，使管壁温度升高 $200℃$，水冷壁管就有过热烧坏的危险。锅炉压力越高，因为饱和温度也随之升高，所以水冷壁结垢引起过热的危险性就越大。

24. 水垢与水渣有什么区别？

答：如果锅炉给水质量不良，经过一段时间的运行，会在受热面与水接触的管壁上，特别是在蒸发受热面管壁上生成一些固态附着物，这种现象称为结垢，生成的附着物称为水垢。因为受热面管壁上水垢形成的速度和数量，在锅水结垢物质含量一定的情况下，决定于受热面热负荷的大小，热负荷大，水垢生成的速度快，水垢数量多。所以，水冷壁管向火侧水垢形成的速度和数量比背火侧大得多。水垢通常较硬且紧密地附着在受热面管内壁上，一般不会自动脱落，只有通过机械清洗或酸洗的方法才能将水垢清除，水垢的热阻是管壁金属热阻的几十倍至几百倍，水垢的存在使金属壁温明显上升，水垢达到一定厚度后，管壁因温度过高而造成爆管。

锅炉运行中，锅水中析出的某些固体物质，有的会呈悬浮状态，有的沉积在汽包或下联箱底部等水流缓慢处，形成沉渣。加入锅炉中的磷酸三钠，会与锅水中残余的钙、镁离子等结垢物质形成沉渣。这些悬浮状态和沉渣状态的物质称为水渣。

水渣通常不附着在受热面上，不会使受热面的热阻增加，而且可以通过连续排污和定期排污将其排掉。但是如果水质太差，或没有按规定进行连续和定期排污，锅水中水渣太多，有可能造成炉管因水渣堵塞而引起爆管。

25. 受热面管内壁的垢下腐蚀是怎样形成的？

答：当管子内壁结垢引起爆管时，将管子割下清除水垢后，就会发现凡是有垢的地方，均出现因腐蚀而形成的不规则凹坑，称这种腐蚀为垢下腐蚀。

大量试验证明，管子的腐蚀与锅水的 pH 值有关，图 7-3 所示为水溶液 pH 值与铁腐蚀速度的关系曲线。从图 7-3 中可以看出，当水溶液的 pH 值为 $10 \sim 12$ 时，腐蚀速度最小，pH 值过低或过高均会使腐蚀速度加快。当 pH$>$13 时，腐蚀速度明显上升的原因是管子内表面的 Fe_3O_4 保护膜因溶于水溶液中而遭到破坏。

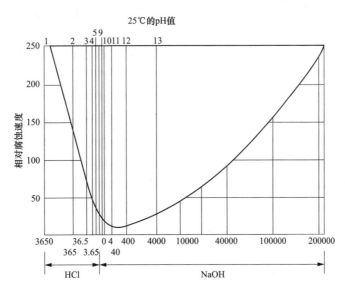

图 7-3　水溶液的 pH 值与铁腐蚀速度的关系曲线

锅炉在正常运行时，锅水的 pH 值控制在 $10 \sim 12$ 范围内，从图 7-3 上看，不应发生腐蚀。但是当管子内部结垢时，由于水垢的热阻很大，水垢下的管壁金属温度明显升高，使渗透到水垢下的锅水急剧蒸发和浓缩。由于水垢的存在，水垢下浓缩的锅水不易和炉管内浓度较低的锅水相混合，导致水垢下锅水浓度很高。在锅水高度浓缩的条件下，其水质会与浓缩前完全不同。例如，在锅水中有游离的 NaOH（不是由于磷酸三钠水解生成的 NaOH）时，会使锅水的 pH$>$13，导致管子发生碱性腐蚀。

26. 锅炉为什么要加药？

答：无论采用何种水处理方式，也不能将水中的硬度完全去除，而只能将水中的硬度降低至一定程度。汽轮机凝汽器铜管泄漏，冷却水漏入凝结水中，使凝结水硬度增加。换言之，给水中还有少量的钙、镁离子（Ca^{2+}、Mg^{2+}），虽然数量很少，但是，随着锅水的强烈蒸发，给水浓缩很快，锅水中钙、镁离子的浓度升高，仍然有可能在蒸发受热面上形成水垢。

向锅内加入某种药剂［常用的是磷酸三钠（Na_3PO_4）］与锅水中的钙、镁离子生成不黏结在受热面上的水渣。水渣沉淀在水冷壁的下联箱内，可以通过定期排污的方式将其排出。为了保证锅水中的钙、镁离子全部生成水渣，锅水中必须维持适当的磷酸根（PO_4^{3-}）裕量。锅水中加入磷酸三钠还可以防止金属的晶间腐蚀（苛性脆化）。

27. 锅炉为什么要定期排污？

答：当水处理设备不完善或工作不正常时，给水的混浊度较大，给水中含有一定的泥沙。给水进入锅炉后，由于蒸发，锅水中的泥沙含量越来越多，如果不定期排出，上升管因堵塞得不到良好冷却，有爆管的危险。加入锅炉的药剂与锅水中的钙、镁离子生成的水渣如不定期排出，同样存在堵塞上升管的危险。

因为泥沙和水渣比水重，所以，定期排污管接在水循环系统的最低点——水冷壁下联箱上。定期排污还有一个作用，就是能迅速调整锅水品质。

实际上锅炉在正常运行时，由于锅水在不断循环，泥沙和水渣并不能完全沉淀下来，而是悬浮在水中与锅水一块循环，定期排污时并不能将泥沙和水渣彻底排除。停炉后，随着锅炉的冷却，水循环逐渐减弱以至停止，锅水中的泥沙和水渣也慢慢沉淀下来，因此，停炉关闭主汽门后 1h 和 8h 各定期排污一次，不但可以有效地将锅水中的泥沙和水渣排除，而且还可以防止定期排污管堵塞。

28. 锅水为什么要维持一定的碱度？

答：当向锅内加入磷酸三钠时，与锅水中的钙、镁离子生成难溶的钙、镁磷酸盐。实践证明磷酸钙仍是一种结垢物质，但是如果锅水的碱度足够高，磷酸钙即可转变为不结垢的碱性磷灰石，它是一种水渣，可以通过定期排污的方式排出锅外。锅水碱度太高，会产生汽水共腾，汽水分离效果不好，蒸汽带水。

碱度也不能保持太低，否则，一方面磷酸钙不能转变为不结垢的碱性磷灰石，另一方面为了维持较低的碱度，连续排污量必然加大，造成给水和热量的损失。因此，锅水的碱度必须控制在一定范围内。

29. 锅炉为什么要连续排污？

答：蒸汽品质的好坏与锅水的含盐量有很大关系。虽然经过除盐的给水中含盐量很小，

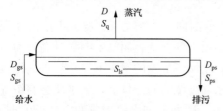

图 7-4　盐平衡示意

D_{gs}—给水流量；S_{gs}—给水含盐量；D—蒸汽流量；
S_q—蒸汽含盐量；S_{ls}—锅水含盐量；
D_{ps}—排污水流量；
S_{ps}—排污水含盐量

但是由于锅水的强烈蒸发，锅水的含盐量比给水大得多。为了保证蒸汽品质，锅水的含盐量不得超过一定的数量。蒸汽的含盐量很小，可以忽略不计。因此，排污水中的总含盐量等于进入锅炉的给水中的总含盐量时，锅水的含盐量可维持在某一水平上保持不变（见图 7-4）。如果锅炉不连续排污，由于锅水的强烈蒸发，锅水的浓度必然越来越大，蒸汽质量必然恶化。连续排污量与蒸发量之比称为排污率。

为了降低排污率，只有降低给水中的含盐量。因为软化水只能降低硬度而不能减少含盐量，而除盐水在降低硬度的同时还使含盐量减少，所以，使用软化水的锅炉排污率较使用除盐水的锅炉高。

30. 什么是分段蒸发？有何优点？

答：蒸汽的品质在很大程度上取决于锅水的含盐量，为了获得品质良好的蒸汽，就必须维持锅水较低的含盐量，这样势必要增大排污率，造成热量和软水的损失。要求获得良好的蒸汽品质与降低排污率，存在一定的矛盾。如果能使大部分蒸汽产生于含盐量较低的锅水中，而在锅水的含盐量最大的地方进行排污，就可以使这一矛盾在很大程度上得到解决。分段蒸发就可以达到上述目的。图 7-5 所示为分段蒸发示意。

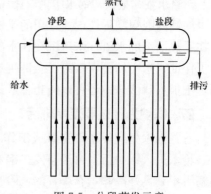

图 7-5　分段蒸发示意

把汽包内部分成两个或两个以上的部分，省煤器来的给水进入第一部分，第一部分的锅水作为第二部分的给水。第二部分的锅水作为第三部分的给水。第一部分称为净段，第二部分称为第一盐段，第三部分称为第二盐段。如只分两部分，则分别称为净段和盐段。净段和盐段都有独立的上升管、下降管组成的循环回路。由于净段的锅水是盐段的给水，可以把盐段的给水量看作是净段的排污量，通常盐段的出力约占整个锅炉出力的 15%，因为净段的排污量比不分段锅炉的排污量大得多，所以，净段的锅水含盐量较低。因为锅炉大部分蒸汽是从净段产生的，所以蒸汽质量较好。由于盐段锅水的含盐量很高，所以从盐段排污，可以降低排污率。虽然从盐段产生的蒸汽品质较差，但是盐段产生的蒸汽所占的比例较小，而且可以在盐段采用效率高的汽水分离设备，如锅外盐段的外置旋风分离器。

由于分段蒸发可在排污率降低的基础上，使蒸汽的品质提高。所以，分段蒸发在大、中型锅炉上得到广泛采用。由于三段蒸发较复杂，而且效果较两段蒸发提高不多，所以三段蒸发采用很少。

31. 什么是外置盐段？有何优点？

答：凡是在汽包以外的盐段均为外置盐段。图 7-6 所示为外置盐段示意，盐段锅水的含盐量较净段大得多，如果盐段的汽水分离效果不佳，蒸汽带水，则严重影响蒸汽品质。汽包内的旋风分离器汽水分离效果较好，但因为受汽包容积的限制，所以要进一步提高汽包内旋风分离器的汽水分离效果是困难的。盐段设在锅外，由独立的下降管、下联箱和上升管组成的循环回路，旋风分离器因不受空间的限制，可以设计得较高，有利于提高盐段的蒸汽品质。由于外置盐段汽水分离效果好，允许在锅水含盐量较高的情况下工作，即提高了排污水的浓度，降低了排污率。采用外置盐段可以防止盐段锅水返回净段，有利于降低净段含盐量，提高分段蒸发的效果。

外置盐段承受着与汽包一样的压力，消耗金属较多，这是外置盐段的缺点。

外置盐段通常为给水质量较差，而外供蒸汽的凝结水不回收的锅炉所采用。

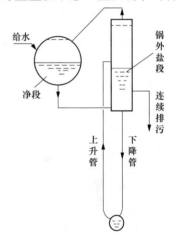

图 7-6 外置盐段示意

随着水处理技术的进步，锅炉广泛采用除盐水作为给水，由于水质的提高，外置盐段的采用有减少的趋势。

32. 蒸汽污染的原因是什么？

答：无论何种汽水分离设备都不能完全避免蒸汽带水。汽水分离效果好，带水少；反之，带水多。由于锅水的含盐量较给水大得多，蒸汽带水，就会使蒸汽的含盐量增加，这是中、低压锅炉蒸汽污染的主要原因。

随着锅炉压力的提高，蒸汽的各种性质逐渐接近锅水，因此，高压和超高压锅炉的蒸汽还具有溶解某些盐类的能力，锅水中的某些盐类，会转移到蒸汽中。对于高压锅炉，主要溶解硅酸盐，对于超高压锅炉，还能溶解一部分氯化钠和氢氧化钠。因此，高压锅炉超高压锅炉和亚临界压力锅炉蒸汽污染的原因除蒸汽带水外，还有蒸汽溶解某些盐类。

33. 为什么高压锅炉、超高压锅炉和亚临界压力锅炉的饱和蒸汽要用给水清洗?

答：随着锅炉压力的提高，蒸汽的各种性质逐渐接近锅水。高压锅炉、超高压锅炉和亚临界压力锅炉的饱和蒸汽具有溶解某些物质的能力，即使汽水分离效果很好，蒸汽中也含有一些溶解的某些物质。高压锅炉饱和蒸汽中主要溶解的是硅酸盐，超高压锅炉还溶解一部分氯化钠和氢氧化钠。降低锅水中这些杂质的含量，固然可以减少这些物质在蒸汽中的含量，但势必要加大排污率，增加除盐水和热量的损失。进一步降低给水中这些杂质的含量，就要增加水处理设备的投资和成本。采用给水清洗蒸汽的方法可以圆满地解决这个问题。

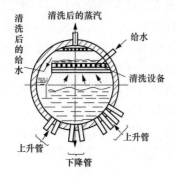

图 7-7　蒸汽清洗工作原理

由于给水中上述物质的含量较锅水小得多，蒸汽与给水接触时，蒸汽中溶解的某些物质，扩散到给水中，使蒸汽中某些物质的含量显著减少（见图 7-7）。为了防止过多的饱和蒸汽凝结成水，加重汽水分离设备的负担，对于非沸腾式省煤器，清洗水一般占锅炉给水的 40% 左右，而对于沸腾式省煤器，清洗水的比例可以增加，甚至全部给水用来清洗。

34. 为什么锅炉压力越高，汽水分离越困难，蒸汽越容易带水?

答：随着锅炉工作压力的提高，不但锅水的饱和温度提高，锅水的分子热运动加强，分子之间的作用力减弱，而且因为蒸汽密度增加，所以使得与水面接触的蒸汽对水分子的引力增大，导致锅水的表面张力降低。其结果是汽包蒸汽空间内的小水滴数量增多。

随着锅炉工作压力的提高，蒸汽的密度增加，而锅水的密度却因饱和温度上升而下降。由于蒸汽和锅水的密度差减小，蒸汽携带水滴的能力增强，依靠蒸汽和锅水密度不同进行的重力分离作用减弱。

由于以上两个原因，使得锅炉工作压力越高，蒸汽与锅水的分离越困难，蒸汽越容易带水。因此，工作压力高的锅炉，为了减少蒸汽带水，汽包内应安装分离效率更高的汽水分离装置。

35. 为什么随着锅炉压力的提高，汽水分离难度增加，过热器内盐类沉积的数量反而减少?

答：虽然随着锅炉压力的提高，锅水表面张力的下降和汽水密度差降低，汽水分离难度增加，蒸汽更容易携带水分进入过热器，但是由于蒸汽的密度增加，蒸汽的性能更加与锅水的性能接近，能溶解在锅水中的盐类，同样可以溶解在蒸汽中。所以，锅炉压力提高，过热器管内积盐数量反而减少。

虽然锅炉工作压力提高，汽水分离难度增加，但由于汽包内采用高效的汽水分离装置，饱和蒸汽携带锅水的数量仍然很少。随着锅炉压力的提高，饱和蒸汽携带盐类的总量，即水滴携带与溶解携带之和，通常小于盐类在过热蒸汽中的溶解度，所以，锅炉压力越高，过热器内越不易积盐。

通常低压和中压锅炉的过热器内沉积的主要盐类是 Na_2SO_4、Na_3PO_4、Na_2CO_3 和 $NaCl$。高压锅炉过热器内沉积的盐类主要是 Na_2SO_4，其他盐类很少。超高压及更高压力的锅炉，因过热蒸汽溶解各种盐类的能力很强，过热器内沉积的盐类数量很少。

36. 为什么二氧化硅不易在高压和超高压锅炉的过热器中沉积，却会在汽轮机的中、低压缸中大量沉积？

答：由于随着锅炉工作压力的提高，蒸汽的密度不断增加，且与水的密度差别越来越小，使得蒸汽的性质越来越接近于锅水，所以，水能溶解的盐类，蒸汽也能溶解。当压力在 $6.0 \sim 14.0MPa$ 之间时，蒸汽中二氧化硅（SiO_2）的溶解系数最大，其他盐类的溶解系数很小，蒸汽中溶解的主要是 SiO_2。

由于 SiO_2 易于溶解在高压蒸汽中，所以，SiO_2 不会沉积在过热器中。蒸汽进入汽轮机后，因不断膨胀做功而使压力不断下降，SiO_2 在蒸汽中的溶解度不断降低，导致蒸汽中的 SiO_2 大量析出，沉积在中低压缸的叶轮、隔板和动、静叶片上。动、静叶片沉积 SiO_2 后，因通流截面减少而导致汽轮机出力下降。因为 SiO_2 难溶于水，所以，难以在不停机状态下采用湿蒸汽清洗掉，严重时只能被迫停机，采用人工或机械清除。

为了减少汽轮机中、低压缸沉积 SiO_2 的速度，延长汽轮机的运行周期，必须要限制和监督蒸汽和给水中 SiO_2 的含量。

37. 什么是化学临界热负荷？

答：限制锅炉负荷的因素很多，例如燃料量、给水量、送风量、引风量不足等，当蒸汽流量太大，蒸汽品质不合格时，也必须限制热负荷。

在一定的锅水含盐量下，能保证蒸汽品质合格的最大负荷称为化学临界热负荷。化学临界热负荷与锅水含盐量有关，当锅水含盐量降低时，化学临界热负荷提高。化学临界热负荷一般通过现场的热化学试验确定。一般化学临界热负荷 D_{lj} 总是比锅炉的额定负荷大 $20\% \sim 30\%$，并在此前提下确定最大的锅水含盐量，以尽量减少热量和工质的损失。蒸汽带水量与锅炉负荷的关系见图 7-8。

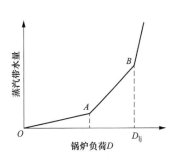

图 7-8 蒸汽带水量与
锅炉负荷的关系

38. 什么是易溶盐的隐藏现象？

答：有些汽包锅炉运行时会出现锅水中某些易溶盐类，如 Na_2SO_4、Na_2SiO_3 和 Na_3PO_4，在负荷增加时，浓度明显降低；而在负荷降低时，这些易溶盐的浓度明显升高的现象。这种现象称为易溶盐类的隐藏现象或称为盐类暂时消失现象。

产生易溶盐类隐藏现象的主要原因是 Na_2SO_4、Na_2SiO_3 和 Na_3PO_4 在水中的溶解度，当水温较低时随着水温的升高而升高，而水温升高到一定程度时，随着水温的升高，其溶解度反而下降。这种现象以 Na_3PO_4 最为明显，当水温超过 200℃时，其溶解度随着水温的升高急剧下降（见图 7-9）。

无论锅炉负荷大小，其过热器出口压力是基本不变的，而汽包的压力则随着负荷的大小而变化。负荷大，过热器压差大，汽包压力高，锅水的饱和温度上升。中压及中压以上锅炉的饱和温度均超过 255℃，已进入随锅水温度升高，上述三种盐类溶解度下降的范围。因此，负荷增加，锅水中某些易溶盐类超过溶解度的部分析出，沉积在蒸发受热面管内壁上，导致锅水中这些盐类的浓度下降。

锅水在锅炉各处含盐量是不同的。因为给水进入汽包，给水的含盐量很小，所以，汽包

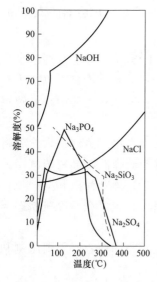

图 7-9　钠盐在水中溶解度
与温度的关系

锅水的含盐量较低。汽包内的锅水进入水冷壁后由于强烈地蒸发，锅水的含盐量较高。当负荷增加时，水冷壁管的产汽量上升，锅水的浓缩加剧，含盐浓度提高，当锅水浓度超过易溶盐的溶解度时，超过部分的易溶盐类就会沉积在水冷壁管内壁上，锅水的取样来自汽包，导致锅水含盐浓度下降。

当锅炉负荷降低时，由于锅水温度降低和水冷壁管内锅水蒸发强度下降，沉积在水冷壁管内壁上的易溶盐类又重新被锅水溶解，使锅水中易溶盐的浓度又重新增加。当停炉时，由于锅水温度很快下降，水冷壁管停止蒸发，锅水浓度上升的现象更加明显。

39. 过热器为什么要定期反洗？

答：虽然汽包内有汽水分离设备，但饱和蒸汽进入过热器时不可避免地要带有少量的水分，水分在过热器内吸收热量后汽化成蒸汽，锅水中含的盐分一部分进入蒸汽，另一部分就沉积在过热器管内壁上。虽然蒸汽携带的水分很少，但是由于锅水中的含盐量较大，运行时间长了，过热器管内壁上还是会有一层盐垢。

如果减温器是表面式的，用给水冷却，当减温器泄漏时，由于给水压力大于蒸汽压力，给水漏入蒸汽侧或喷入混合式减温器的减温水含盐量较大（水处理设备工作不正常或凝汽器的冷却水漏入凝结水时）都会造成过热器管内壁结盐垢。汽水分离不良，蒸汽带水结的盐垢一般在过热器入口，而表面式减温器泄漏或混合式减温器的减温水质量不良结的盐垢，一般在减温器后的高温过热器。

由于盐垢的导热能力很差，结有盐垢的过热器管壁温度会显著上升，所以有过热的危险。由于盐垢一般都溶于水，所以，定期从过热器出口联箱上通入给水进行反冲洗，可将盐垢洗掉。

为了防止反冲洗时有些管子无水通过，反冲洗流量尽可能大些，当取样分析过热器出入口的含盐量相同或接近时，盐垢基本洗掉，反冲洗可结束。

当过热器管结垢较多时，为了保证清洗效果，应进行过热器管单元式冲洗，见图 7-10。

单元式冲洗不但清洗效果好，而且可查明各管内积盐的多少，可以帮助分析管内积盐的原因，制定相应的措施。

用水冲洗过热器管只能除掉溶于水的积盐，当需要清除金属腐蚀产物或其他难溶沉积物时，应在锅炉酸洗的同时对过热器进行清洗。

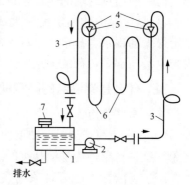

图 7-10　过热器管单元式冲洗示意
1—清洗水箱；2—水泵；3—软管；
4—过热器联箱；5—带橡皮接头的管子；
6—过热器管；7—手孔盖

40. 为什么给水、锅水和蒸汽的取样要经冷却器冷却后分析？在现场标记不清时，如何区分是哪种样品？

答：由于给水、锅水和蒸汽的温度很高，如果不经冷却直接取样，不但会危及化验人员的安全，而且也不便于取样或分析。为了使样品具有代表性，各种样品必须保持连续流动，如果取样不经冷却，锅水，特别是饱和蒸汽和过热蒸汽从取样口流出时，不但噪声很大，而且大量蒸汽污染了环境，人也无法靠近。

如果给水、锅水或蒸汽经取样冷却器冷却后，不但方便了取样和分析，而且消除了噪声和蒸汽对环境的污染。通常通过冷却水量和取样二次阀的调节，控制样品的流量为 20～30kg/h，样品的温度冷却至 25～40℃。

在取样现场标记不清的情况下，可以通过冷却后样品的温度高低来区别取样的种类。因为在冷却水量相同或差别不大的情况下，样品冷却后的温度取决于样品冷却前的热焓。过热蒸汽的热焓最高，饱和蒸汽、锅水和给水的热焓依次降低，因此，冷却后样品的温度从高到低依次排列为过热蒸汽、饱和蒸汽、锅水和给水。掌握了这个规律，在取样现场没有标记或标记不清的情况下，很容易区别取样的种类。

41. 为什么给水、锅水和蒸汽取样导管和冷却器盘管不能采用碳钢管或黄铜管，而应采用不锈钢管或紫铜管？

答：为了掌握给水、锅水和蒸汽的各项指标是否在规定的范围内，必须要定期对给水、锅水和蒸汽进行取样分析。如果取样导管和冷却器盘管采用碳钢管或黄铜管，则其腐蚀产物会对样品产生污染，使采集的样品不能真实地反映给水、锅水和蒸汽的品质，从而失去了取样分析的意义。

由于不锈钢管和紫铜管抗腐蚀性能良好，不会对样品造成污染，所以，取样导管和冷却器盘管要采用不锈钢管或紫铜管。因为不锈钢管强度高，可以承受很高的压力，所以，取样导管和冷却器盘管大多采用不锈钢管。

42. 为什么有的取样冷却器的冷却水出口温度比取样出口温度高？

答：为了提高传热效果，冷却水和取样通常都采用逆流换热，冷却水自下而上流动，而取样是自上而下流动的，见图 7-11(a)。

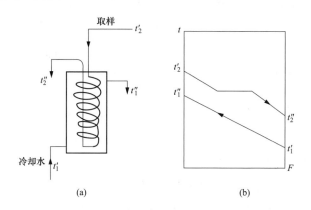

图 7-11　冷却水与过热蒸汽取样逆流换热

(a) 取样冷却器工作示意；(b) 样品与冷却水温度变化

冷却水进入取样冷却器后，由于吸收热量温度不断升高，逆流换热使得冷却水的温升不受取样出口温度的限制，冷却水在出口有可能被加热到较高的温度。取样自上而下进入冷却盘管，在流动过程中被温度越来越低的冷却水冷却到过冷状态，一般取样出口温度为 20～30℃。

当取样是过热蒸汽或饱和蒸汽时，由于过热蒸汽和饱和蒸汽的热熔较高，以高压锅炉为例，分别为3404kJ/kg和2709kJ/kg，要冷至84～125kJ/kg，每千克样品要放出2596～3287kJ的热量，当冷却水流量不是很大时，冷却水出口温度高于样品出口温度是常见的，见图7-11(b)。

当取样是锅水或给水时，因为锅水或给水的焓值较低，在被冷却至所需温度时，放出的热量较少，一般不易出现冷却水出口温度高于取样出口温度的情况。

43. 为什么胀接的锅炉装有苛性脆化指示器，而焊接的锅炉没有？

答：锅炉金属受热面发生苛性脆化必须同时具备三个条件，即金属中存在超过屈服应力的部位；蒸发受热面发生泄漏；由于锅水浓缩，锅水中NaOH的浓度增大。

胀接的锅炉因为用专用的胀管器，使炉管产生塑性变形，直径增大而胀接在汽包或联箱上。由于胀接时，炉管胀接处承受的应力超过了屈服应力而产生了塑性变形，如果胀接处漏泄，锅水蒸发，锅水中的NaOH浓度升高，这样，上述三个条件同时具备，就有发生苛性脆化的危险。

为了防止胀接锅炉胀口处的锅水泄漏蒸发，锅水中的NaOH浓缩发生苛性脆化，除了向炉内加入磷酸三钠维持相对碱度，即游离NaOH量与总含盐量之比小于20%外，还在汽包联箱内或炉外设置苛性脆化指示器。苛性脆化指示器试样承受超过屈服极限的应力，并人为地产生泄漏，造成锅水浓缩的条件。定期检查试样有无产生苛性脆化，用以判断是否要停炉检查锅炉的胀口。

由于焊接的锅炉在正常情况下，不存在超过屈服应力的部位，一般没有产生苛性脆化的可能性，所以，焊接的锅炉一般不设苛性脆化指示器。

第三节 锅 炉 化 学 清 洗

44. 什么是化学清洗？

答：化学清洗是利用化学药品的水溶液，通过碱洗或碱煮和酸洗两个主要过程，清除锅炉汽、水系统内部各种沉积物和附着物[1]，在金属内表面形成良好的保护膜，使受热面管子得到良好冷却，汽、水质量很快达标，从而达到锅炉安全运行和缩短从机组启动到正常运行所需时间的一种方法和措施。

由于化学清洗的效果很好，经济效益显著，已经规定，直流锅炉和过热蒸汽出口压力为9.8MPa及以上的汽包锅炉，投产前必须进行化学清洗；压力小于9.8MPa的汽包锅炉（腐蚀严重者除外），虽然可以不进行酸洗，但必须进行碱煮。

45. 为什么新安装的锅炉投产前要进行化学清洗？

答：锅炉的原材料钢管、钢板在轧制时会形成轧皮，锅炉在制造、储运及安装过程中会形成铁锈、焊渣和为防腐涂覆在钢材上的油质防锈剂，尘土、砂子、水泥、保温材料等杂质也会混入锅炉中。由于随着锅炉容量的增加从钢管、钢板出厂、锅炉制造、储运、安装到最

---

[1] 新安装锅炉是轧皮、铁锈、焊渣、油污、泥沙、尘土、水泥、耐火材料和保温材料等各种杂质，运行后的锅炉主要是沉积的水垢。

终投产所需的时间越来越长，锅炉的焊口越来越多，受热面越来越大，上述的轧皮、铁锈、焊渣、防锈剂和泥沙等各种杂质的总量越来越大。同时，新安装锅炉水循环系统的汽包、水冷壁管、下降管、联箱、对流管和省煤器管不能像过热器管、再热器管及蒸汽管道那样，通过吹洗将轧皮铁锈、焊渣等各种杂质吹洗干净。

因此，如果新安装锅炉投产前不进行化学清洗，汽水系统内各种沉积的和附着的杂质将会造成很多危害：

（1）杂质沉积在水冷壁管的下联箱，引起定期排污管和炉管堵塞，水冷壁管因循环流速下降冷却不足而导致过热爆管。

（2）杂质生成的水垢和附着物使炉管的冷却不足，引起过热爆管。

（3）泥沙等各种杂质含有较多的二氧化硅，使锅水和蒸汽的含硅量长期不合格，造成二氧化硅在汽轮机通流部分大量沉积，使汽轮机不能正常运行。

因此，新安装的直流锅炉和过热蒸汽出口压力为 9.8MPa 及以上的汽包锅炉，在投产前必须进行化学清洗，不仅可以确保锅炉的安全运行，而且可以使汽水质量很快达到标准，从而大大缩短新投产机组从启动到正常运行所需的时间，其产生的经济效益远远超过化学清洗所需的费用。

46. 为什么再热器一般不进行化学清洗？

答：再热器管内正常情况下是不会结垢的。需要再热的蒸汽来自汽轮机的抽汽，而汽轮机通常是不进行化学清洗的，如果再热器要参加化学清洗其系统就很复杂，要接很多临时管线。

因为再热器允许的压降较小，再热蒸汽的流速较低，其流通截面较大，也难以像水冷壁管那样采用分组的方式来提高酸液的流速，再热器通常为立式，其酸液和酸洗下来的各种杂质不易排净，易于沉积在再热器管内。

由于以上几个原因，再热器一般不进行化学清洗。再热器管内各种沉积和附着的杂质，通常与蒸汽管道一起通过吹洗的方式清除。

对于出口压力为 17.4MPa 及以上锅炉的再热器，如果根据实际情况确实需要进行化学清洗，应采取相应的措施，确保再热器管内酸液的流速大于 0.15m/s。

47. 为什么锅炉酸洗前要进行碱洗或碱煮？

答：为了清除新投产的锅炉，在制造、储运、安装过程中，为防止或减轻汽水系统部件内部腐蚀而涂抹的油质防锈剂及黏附的油污，应在锅炉酸洗前进行碱洗，原因是酸洗液对油质防锈剂和油污的清除能力很差。

运行后的锅炉需要酸洗时，先进行碱煮，可以松动和清除部分沉积物，例如，煮炉时，$NaOH$ 能与沉积物中的 SiO_2 生成易溶于水的 Na_2SiO_3。

因此，锅炉酸洗前进行碱洗或碱煮，可以提高化学清洗的效果。

48. 水冷壁管内的铁垢是怎样形成的？有什么危害？

答：虽然对给水的含铁量作了规定，在正常运行时给水中含铁量不大，中压锅炉小于 $50\mu g/L$，高压锅炉 $<30\mu g/L$，但由于蒸发，锅水浓缩后，含铁量大大增加。当给水的 pH 值因控制不当，小于 7 时，给水呈酸性，会对管道和设备产生酸性腐蚀，腐蚀物氧化铁也进入锅水中。凝结水管和给水管都是碳素钢，由于凝汽器汽密性差或除氧器除氧效果不好以

及机组启停等原因，铁锈随给水进入锅炉是难以避免的。尤其是机组停用后再次启动的初期，给水含铁量是较大的。直流锅炉规定启动初期的两次循环冲洗就是为了排除铁锈，降低锅水含铁量。

在锅炉蒸发受热面热负荷较大的部位，如火焰中心处水冷壁的向火面会形成铁垢。铁垢生成速度与热负荷的平方成正比。割开水冷壁管，可以明显地看出水冷壁管的向火侧结的垢比背火侧多。由于铁垢的导热系数较金属小，使水冷壁管表面的温度升高，而导致水冷壁管鼓包、胀粗，以至爆管。另外，在铁垢下面会形成垢下腐蚀，加速水冷壁管的损坏。

49. 锅炉为什么要定期酸洗？

答：由于水处理技术的进步，经锅外水处理和锅内水处理，目前容量稍大的锅炉，可以做到锅炉蒸发受热面基本不结钙、镁水垢。这些锅炉蒸发受热面上所结的垢主要是以氧化铁为主并含有少量铜的铁垢。由于给水中含有铁离子，在水冷壁管内壁结铁垢是不可避免的，进一步降低给水中铁离子的含量，不但要增加设备，给水的成本要提高，而且仍然不能避免水冷壁结铁垢，只是结垢的速度降低而已。国内外的生产实践已经证明，与其增加设备和成本，降低给水中的铁离子含量，不如定期进行酸洗，清除水冷壁上的铁垢更加经济合理。

由于铁垢紧密地结在水冷壁管内壁上，水冷壁管的形状又比较复杂，用机械的方法很难将铁垢完全清除。盐酸和硫酸不但能够溶解铁垢，而且还能使铁垢从水冷壁上脱落下来。所以，现在锅炉定期进行酸洗（3～5年一次）已成为锅炉常规检修项目了。

50. 怎样确定锅炉是否需要酸洗？

答：炉管结垢后，因垢的热阻是炉管金属的几十倍至几百倍，所以管壁温度明显升高。显然垢的厚度越大，壁温越高。因为管内结的垢成分较复杂，各种垢的热阻差别较大，而且垢的厚度也难以准确测量，所以，很难以垢的厚度来确定锅炉是否需要酸洗。

因为热负荷大的部位结垢速度快，垢的数量多，所以，火焰中心处炉管向火侧的部分结垢最多。以单位面积炉管向火侧的结垢数量确定是否需要酸洗比较合理，原因为单位面积的结垢数量既代表了垢的厚度，又比较容易测量。虽然现在还难以严格规定单位面积的结垢数量达到多少时必须进行酸洗，但根据国内外锅炉运行的经验，拟定了炉管向火侧允许结垢的极限数量，见表7-2。结垢超过这个极限就应该酸洗。

表7-2　　　　　　　　　　　　炉管向火侧允许结垢的极限数量

锅炉类型	汽包锅炉				直流锅炉	
工作压力 （MPa）	≤6	10	14	17	亚临界压力	超临界压力
结垢量 （g/m²）	600～800	400～500	300～400	200～300	200～300	150～200

表7-2是以燃煤为主。燃油或燃用高热值气体燃料时，因为容积热强度比燃煤炉高约30%，管内结垢后，壁温比燃煤炉更高，所以，可按表7-2中工作压力高一级的数值考虑。

随着锅炉工作压力的升高，允许结垢的极限数量减少。这是因为随着压力的升高，管内锅水的饱和温度升高，在结垢数量相同的情况下，工作压力高的炉管壁温更高。

51. 常用的清洗剂有哪几种？各有什么优、缺点？

答：常用的清洗剂都是酸类，分为无机酸和有机酸两类。使用较多的是无机酸。适于锅炉化学清洗的无机酸是盐酸和氢氟酸。

采用盐酸作清洗液的优点是清洗能力很强，选择适当的缓蚀剂，清洗液对基体金属的腐蚀速度很低。采用盐酸清洗时，不但能将管内结的垢部分溶解，而且还可使垢从管内壁脱落下来。盐酸另一个突出的优点是价格便宜，货源易于解决，输送简便，酸洗操作容易掌握。

盐酸作清洗剂虽然优点很多，但是也有缺点。因为氯离子能促使奥氏体钢发生应力腐蚀，所以，盐酸不能用来清洗由奥氏体钢制作部件的锅炉，例如亚临界和超临界压力锅炉的过热器及再热器。此外，对以硅酸盐为主要成分的水垢，盐酸清洗的效果较差。

氢氟酸作清洗剂的优点是不但溶解铁氧化物的速度很快，溶解以硅化合物为主要成分的水垢的能力很强，而且在较低的浓度（1%）和较低的温度（30℃）下，它也能获得良好的清洗效果。采用氢氟酸清洗时，清洗液通常是一次流过清洗部件，无需像盐酸清洗那样要进行反复循环。由于金属与清洗液接触的时间很短，清洗液的浓度和温度都较低，只要缓蚀剂选择适当，腐蚀速度很小，可低于 $1g/m^2$。氢氟酸对金属的腐蚀极小，不但可以清洗有奥氏体钢部件的锅炉，而且可以不必拆卸锅炉汽、水系统中的阀门等附件，清洗时的临时装置可大大简化。此外，采用氢氟酸清洗时，水和药品的消耗较少，酸洗后的废液，经过简单处理即可成为无毒、无腐蚀性的液体排放。因为氢氟酸的优点很多，所以，近几年来采用氢氟酸清洗的锅炉越来越多。

52. 为什么酸洗时水冷壁管要分成几个循环回路？

答：由于静置浸泡的酸洗效果较差，所以酸洗时大多采用流动清洗方式。为了保证良好的酸洗效果，酸液的流速应保持在 0.5m/s 左右。如果所有的水冷壁管同时进行流动清洗，即使采用一半水冷壁管进、另一半水冷壁管出的酸洗方式，但由于水冷壁管的数量很多，总流通面积较大，要维持一定的酸洗流速，要求酸洗泵的流量仍较大。例如，130t/h 的锅炉酸洗，酸洗泵的流量要在 $350m^3/h$ 以上；220t/h 的锅炉酸洗，酸洗泵的流量要在 $600m^3/h$ 以上。在生产现场中往往难以找到这么大的耐酸泵。

酸洗后要用给水进行大流量冲洗，冲洗流量比酸洗流量还要大，在生产中往往难以满足这么大流量的冲洗要求。

为了满足酸洗和冲洗时对流速的要求，避免采用过大的耐酸泵和不影响其他炉的正常生产，常将水冷壁管分成几个回路，每次流动酸洗其中一个回路，其余回路处于静置浸泡中。经过一段时间后再切换为其他回路进行流动酸洗。采用分成几个回路的酸洗方案，不但酸洗效果好，而且容易实现。缺点是操作比较麻烦，因要切换系统而工作量增加。图 7-12 所示为酸洗系统。

53. 为什么酸洗液中要加缓蚀剂？

答：锅炉酸洗时，我们希望酸液只将铁垢清洗掉，而对表面没有铁垢覆盖的金属面不腐蚀或腐蚀很小。酸液本身对铁垢或金属表面是没有选择性的，这样在清洗掉铁垢的同时，对完好的金属表面也产生了腐蚀，这实际上使得酸洗根本不能进行。

在酸液中加入缓蚀剂，就可以使酸液具有选择性，只能将铁垢清洗掉，而对完好的金属表面产生的腐蚀很小。常用的缓蚀剂有乌洛托平、水胶及诺丁等。良好的缓蚀剂的缓蚀率可达 98% 以上。

54. 缓蚀剂的缓蚀机理是什么？

答：缓蚀剂之所以能在酸洗过程中起到缓蚀作用是因为：

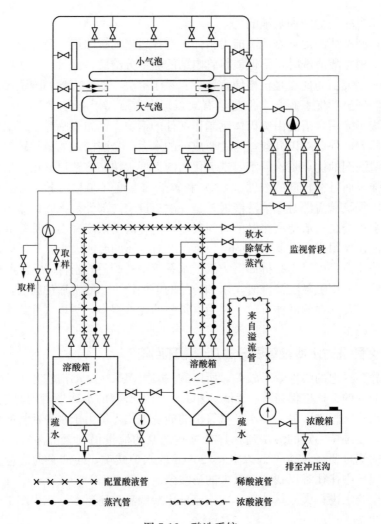

图 7-12 酸洗系统

（1）缓蚀剂分子吸附在金属表面上，形成一层很薄的保护膜，从而抑制了酸液对金属的腐蚀。

（2）缓蚀剂与金属表面或酸液中的其他离子反应，其反应生成物覆盖在金属表面上，从而抑制了腐蚀过程。

缓蚀剂的种类和浓度与酸洗液的种类、浓度、温度和流速有关。缓蚀剂的缓蚀效果通常是随着酸液温度的上升和流速的提高而降低，因此，缓蚀剂的选用及浓度应通过小型试验来确定。

55. 对缓蚀剂的要求有哪些?

答：为了将垢洗掉而尽量减少基体金属的腐蚀，酸洗液中必须要加缓蚀剂。对缓蚀剂的要求有以下几点：

（1）用量少而缓蚀效率高，这样可以降低成本并提高酸洗效果。

（2）不影响酸液对垢的清洗效果。

（3）在酸洗时间内和酸洗液浓度及温度范围内，始终能保持其缓蚀效果。

（4）对基体金属的力学性能和金相组织没有任何不良的影响。

（5）无毒性，使用安全和方便。

（6）酸洗结束排放的废液不会造成污染和公害。

56. 为什么每个酸洗循环回路都要安装监视管段？

答：酸洗时，酸液、缓蚀剂的浓度、温度、流速及酸洗时间等各项酸洗控制指标的确定都是以小型模拟实验的最佳结果为依据的，锅炉在实际酸洗时的工况不可能与小型模拟试验完全一样。在整个酸洗过程中，无法准确判断和检查水冷壁管的酸洗效果。

为了掌握酸洗的真实情况，每个循环回路都设有一个监视管段，见图7-12，并使该管段的酸洗工况与该回路基本一致。在酸洗过程中可将监视管段拆下检查，由于监视管段都是从对应循环回路中的水冷壁管割下的，因此，监视管段的酸洗效果就代表了该回路中各管子的酸洗效果。从而避免了锅炉酸洗不足（未将铁垢清洗干净）或酸洗过度，造成基体金属腐蚀过量。

57. 酸洗腐蚀指示片的作用是什么？

答：为了掌握酸洗时酸液对金属基体腐蚀的速度，以评价缓蚀剂的效果，在循环回路中，要安装腐蚀指示片。事先测出腐蚀指示片的面积，放在烘箱内烘干后称出重量，酸洗前安装在酸洗回路中。酸洗后取出，洗净、烘干，称出重量。腐蚀指示片的材质应和锅炉水循环系统受热面金属的材质相同。因此，腐蚀指示片的腐蚀速度就可以代表锅炉水循环系统金属的腐蚀速度，即

$$腐蚀速度 = \frac{酸洗前后腐蚀指示片重量差}{腐蚀指示片面积 \times 酸洗时数}\left[g/(m^2 \cdot h)\right]$$

评价酸洗的效果，除了要看垢是否洗净外，还要看腐蚀速度是否在规定的指标以内。一般情况下由于腐蚀指示片表面没有垢，根据腐蚀指示片算出的腐蚀速度比锅炉蒸发受热面金属的实际腐蚀速度略大些。

58. 汽包充满酸液并保持一定压力的酸洗方式有什么优、缺点？

答：汽包充满了酸液，并保持一定压力，空气不会漏入。这为酸洗回路的选择提供了很大方便。酸洗回路可以根据需要任意选择和组合，酸洗时可以根据需要调整循环流速，改变循环方向。省去了为防止空气进入的水封装置，而且酸洗时监视汽包压力比监视汽包液位容易。

缺点是对过热器的密封要求较高，要防止酸液进入过热器管。

59. 为什么锅炉酸洗的临时系统中，不得采用含有铜部件的阀门？

答：锅炉的工作压力较高，锅炉汽、水系统的阀门工作压力等级较高，其阀门一般没有铜部件。因为锅炉酸洗时的工作压力较低，其临时系统中所用的阀门工作压力等级较低，有些低压阀门的密封面是铜的或采用铜部件。

酸洗时不但酸液会对阀门的铜密封面或铜部件产生腐蚀，使其密封失效，而且会在汽、水系统金属的内表面产生镀铜现象，促进金属的腐蚀。

所以，锅炉酸洗的临时系统中不得采用含有铜部件的阀门。

60. 酸洗过程中为什么要严禁烟火？

答：因为锅炉结铁垢的速度与热负荷的平方成正比，所以锅炉结铁垢的主要部位是在燃烧器上方2～4m的水冷壁管向火侧，水冷壁的背火侧和离燃烧器较远的部位结铁垢较少。

有些部位如汽包、水冷壁上下联箱、下降管等部位因不受热，所以不结铁垢。当硫酸或盐酸进入锅炉时，在与铁垢作用的同时，也与上述完好的金属起反应产生氢气，而且结铁垢较少的部位，当铁垢被洗掉后，露出的金属表面也会与酸液起反应产生氢气

$$Fe + 2HCl = FeCl_2 + H_2\uparrow$$
$$Fe + H_2SO_4 = FeSO_4 + H_2\uparrow$$

氢气随同酸液回到溶液箱，然后从排氢管排出厂房外，也可能从不严密处漏出。氢气是易燃的，而且空气与氢气按一定的比例混合，遇有明火具有强烈的爆炸性。因此，为了人身和设备安全，酸洗现场严禁烟火。

61. 怎样确定盐酸酸洗的终点？

答：在酸洗过程中要消耗动力和燃料，而且虽然在酸液中加有缓蚀剂，但仍然会对裸露的基体金属产生少量的腐蚀。因此，在垢基本洗净的条件下，适时地中止酸洗是非常必要的。

酸洗前通常要对样管做小型模拟试验，找出最佳酸洗条件。因此，可以根据小型模拟试验确定的所需酸洗时间，到预定时间即中止酸洗。

因为钢材表面的氧化皮或铁垢主要是由 FeO 和 Fe_2O_3 组成的，其中的 Fe_3O_4 可以看成是 FeO 和 Fe_2O_3 的混合物，FeO 与 Fe_2O_3 和 HCl 的反应式为

$$FeO + 2HCl \rightarrow FeCl_2 + H_2O$$
$$Fe_2O_3 + 6HCl \rightarrow 2FeCl_3 + 3H_2O$$

而 $FeCl_3$ 与 Fe 生成 $FeCl_2$，即

$$2FeCl_3 + Fe \rightarrow 3FeCl_2$$

因为在盐酸清洗液中的溶解铁主要以二价铁 Fe^{2+} 形态存在。所以，也可以采样分析，当酸液中的 Fe^{2+} 含量无明显变化时，可以认为是酸洗终点而结束酸洗。

62. 为什么顶酸时必须用给水？

答：监视管段检查全部合格后，即可将酸液排掉。酸洗后，水冷壁管内的铁垢基本被清洗掉，露出的金属表面非常活泼，此时与氧接触很容易被氧化。给水是经过除氧的，用给水顶酸，可以保证酸洗后的金属表面不接触氧，从而不被氧化，提高酸洗质量。

63. 顶酸以后为什么要用给水进行大流量冲洗？

答：水冷壁管经酸液的浸泡和循环后，大部分铁垢被溶解和脱落下来，但仍有一部分铁垢虽然已松软，但仍未脱落。顶酸以后利用给水大流量冲洗，由于水冷壁管内的水流速比酸洗时的循环流速大，可将松软的垢冲刷下来，以提高酸洗的效果。

为了防止酸洗后的金属重新被氧化，大流量冲洗时必须用经过除氧的水。

64. 冲洗后为什么要进行钝化？

答：水冷壁管内壁经酸洗后露出的金属面是非常活泼的，如果不经钝化处理，一接触氧就非常容易被氧化，降低了酸洗效果。

所谓钝化就是利用化学药剂如磷酸三钠（Na_3PO_4）、亚硝酸钠（$NaNO_2$）的水溶液与清洗后的金属表面生成一种稳定的致密的银灰色钝化膜。这层膜非常稳定、致密，可以阻止氧与钝化膜覆盖下的金属发生氧化，从而提高了酸洗效果。因为钝化以后的金属面，可以接触氧，所以为了节能和降低成本，钝化后可以不用除氧水而用工业水或软水冲洗。

第四节 离子交换器及树脂再生

65. 什么是原水？为什么原水进行化学处理前要进行净化？

答：原水是指某个水处理工艺的原料水，不同水处理工艺前的原水是不同的，例如，净化处理的原水是指从水源地获取的原始状态的水；离子交换水处理的原水是指经过沉淀过滤处理后的净化水。

净化工艺的原水中含有各种悬浮杂质和胶体杂质，由于它们不但不能被离子交换树脂除去，而且还会使树脂被污染，降低其交换能力。因此，为了提高树脂的交换能力，降低再生剂的消耗量，提高给水质量，应对从水源地获取的原始状态的水进行净化。

66. 原水采取哪些净化处理？

答：原水的净化处理包括混凝、澄清和过滤。

常用的混凝剂是硫酸铝 $Al_2(SO_4)_3 \cdot 18H_2O$。硫酸铝水解产生的氢氧化铝是带有正电荷的胶粒，使水中带有负电荷的自然胶粒在静电力的吸引下与此胶粒发生混凝。混凝产物具有很大的活性表面，产生很强的吸附作用，逐渐形成大块的絮状物。絮状物在重力作用下下沉，在下沉过程中，其犹如一张过滤网罩，将悬浮杂质携带一起沉淀。因此，混凝过程是一个物理化学过程。除硫酸铝外，还可采用 $FeSO_4 \cdot 7H_2O$ 和 $FeCl_3$ 作为混凝剂。

混凝处理在澄清器中进行。水力循环加速澄清器是目前较新型的澄清器，其澄清效果较好，正常情况下水的浊度在 5~10 之间。

由澄清器集水槽出来的澄清水再进入无阀滤池，进一步除去水中残留的悬浮物和有机物后储存于清水箱，作为一级化学除盐水的进水。

67. 什么是水的浊度？

答：水的浊度是由于水体中存在微小、分散的悬浮颗粒而使其透明度降低的一个指标。

虽然水的浊度与水中悬浮物含量有关，但浊度不等于悬浮物的含量。浊度是一种光学效应，它反映光线透过水体时所发生的阻碍程度。因为水中的胶体物质也影响水的浊度，所以，浊度是衡量水中悬浮物和胶体杂质含量的一个综合指标。

68. 什么是一级复床除盐？有什么优、缺点？

答：水依次通过 H 型和 OH 型离子交换器进行除盐，称为一级复床除盐。复床除盐的特点是，H 型阳树脂和 OH 型阴树脂是分别装在 H 型离子交换器和 OH 型离子交换器内的。

典型的一级除盐系统由强酸性 H 型阳离子交换器（阳床）、除碳器和强碱性 OH 型阴离子交换器（阴床）组成。

复床除盐的优点是工作可靠；树脂再生操作简单，树脂损耗小；再生剂消耗较少；树脂交换容量利用率较高。

复床除盐的缺点是设备较多；交换终点不如混床明显；工作条件变化对出水水质影响较大。

69. 固定床和连续床离子交换水处理方式各有什么优、缺点？

答：固定床离子交换水处理方式的优点是设备少，投资低，操作简单，耗电量少，树脂磨损较小。缺点是交换树脂是分层失效的，为了确保出水质量，通常不能等到交换进行层推移至交换树脂最低层时才停止工作，而必须在树脂层下部留有一定的保护层。当交换进入保护层时，交换器必须停止工作进行再生，不但出水质量不够稳定，交换树脂的利用率低，而且再生剂的耗量大。

连续床离子交换树脂水处理方式的优点是由于树脂工作时处于移动或流动状态，交换塔中不断补充再生后的树脂，出水质量较稳定，交换剂的利用率较高，再生剂的消耗较少。缺点是设备较多，投资较大，树脂磨损较大，耗电较多。

70. 为什么离子交换器内的树脂分为三层？

答：离子交换水处理是在装有一定高度树脂层的离子交换器内进行的。

以装在阳离子交换器内的强酸性 H 型树脂为例，当水自上而下通过树脂层时，水中的阳离子首先与最上层树脂中的 H^+ 进行交换，运行一段时间，最上层的树脂因与水中大量阳离子进行交换很快就失效了，以后水再通过上层树脂时已不能再进行交换，而水中的阳离子只能与下一层树脂中的 H^+ 进行交换。

这样整个树脂层沿高度可以分为三层：最上层的饱和层（也称失效层）、中间的是工作层（也称交换层）、最下部的是未参与交换的树脂层（也称保护层）。交换器在实际运行时，饱和层树脂是自上而下不断移动的过程，当工作层的下缘移动到与整个树脂层下缘重合时，出水中的 Na^+ 浓度会迅速增加，见图 7-13。在实际运行时，为了确保出水水质，当出水中泄漏钠离子时就需要停止运行。因此，在树脂的最低层，有一层尚未失效的树脂起到确保水质合格的作用，称为保护层，见图 7-14。

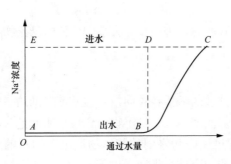

图 7-13　出水水质变化情况

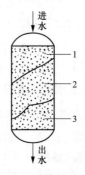

图 7-14　离子交换过程

1—饱和层；2—工作层；3—保护层

71. 为什么离子交换器下部填装有石英砂垫层和穹形多孔板？

答：离子交换器下部填装有五层粒径不同的石英砂垫层，从上到下石英砂的粒径逐渐增加，石英砂下部装有穹形多孔板，见图 7-15。

石英砂垫层有两个作用，一个作用是支撑上部的树脂层，另一个作用是利用石英砂垫层形成的阻力，在水除盐时，使水均匀流过树脂层；在再生时，使再生剂均匀流过树脂层，达到充分利用树脂交换容量和使树脂得到充分再生，节约再生剂的目的。

由于石英砂的湿真密度比树脂的湿真密度大很多，即使在反洗时树脂会膨胀，但始终可以保持石英砂垫层在下部，树脂层在上部。

石英砂垫层之所以由 1～2mm、2～4mm、4～8mm、8～16mm、16～32mm 五种粒径不同的石英砂层组成，是为了使水和再生剂既能均匀地流过树脂层，又可以降低水和再生剂的流动阻力，降低能耗。石英砂垫层下部的穹形多孔板可以使制水和再生时液体更加均匀地流过石英砂垫层和树脂层。

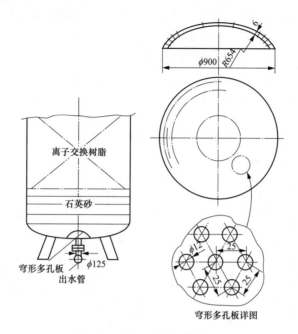

图 7-15　穹型孔板石英砂垫层

72. 什么是顺流再生？有什么优、缺点？

答：运行时水自上而下，再生时再生液也是自上而下流过树脂层的再生方式，称为顺流再生。顺流再生离子交换器的结构见图 7-16。

顺流再生的优点是顺流再生离子交换器的设备结构简单，运行操作方便，工艺容易控制。

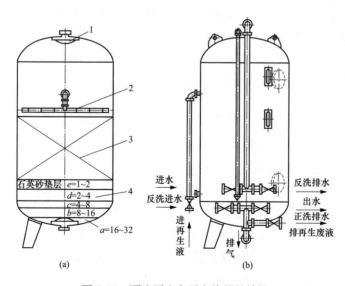

图 7-16　顺流再生离子交换器的结构

（a）内部结构；（b）管路系统

1—进水装置；2—再生液分配装置；3—树脂层；4—排水装置

顺流再生的缺点是因再生液是自上而下流过树脂层,树脂层的上部不断被浓度高的再生液再生,上部树脂再生较完全;而树脂层的下部被浓度较低的再生液再生,下部树脂再生不完全。在运行时,即使在进水端水质已经被处理得很好,当水流至出水端时,又与再生不完全的树脂进行反交换重新使水质下降,出水水质不理想,再生剂比耗较高。

73. 什么是逆流再生? 有什么优、缺点?

答:运行时水自上而下,再生时再生液自下而上流过树脂层的再生方式,称为逆流再生。逆流再生离子交换器结构及中排装置见图7-17。

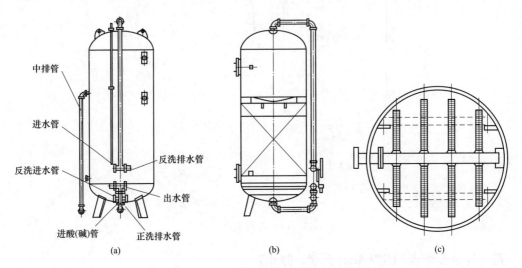

图 7-17 逆流再生离子交换器结构及中排装置
(a) 管路系统;(b) 结构图;(c) 中排装置

逆流再生的优点是逆流再生时,浓度高的再生液先对出水端的树脂进行再生,再生度很高,出水水质好。复床除盐系统采用逆流再生,强酸 H 型阳离子交换器出水 Na^+ 含量在 $20\sim30\mu g/L$,强碱 OH 型阴离子交换器出水 SiO_2 在 $10\sim20\mu g/L$,电导率低于 $2\mu S/cm$。酸碱耗较低,比耗约为 1.5,再生剂用量比顺流再生低约 50%,因此,废酸废碱排放量也随之降低。对水质适应性强,出水水质较稳定。树脂交换容量可提高约 30%,自用水率可降低约 30%。

逆流再生的缺点是逆流再生离子交换器设备和操作较复杂,再生过程控制不好,容易造成再生失败。逆流再生仅限于强型树脂,弱型树脂通常仍采用顺流再生。

74. 什么是混床除盐? 有什么优、缺点?

答:混床除盐就是将阴、阳树脂按一定比例均匀混合地装在同一台离子交换器中,水通过混床时能完成许多级阳、阴离子交换过程。混床离子交换器构造见图7-18。

混床与复床相比,优点是设备少且集中;交换终点明显,混床在运行末期失效前,出水电导率上升很快,有利于运行监督和实现自动控制;出水水质好,由强酸性和强碱性树脂组成的混床,其出水含盐量在 $1.0mg/L$ 以下,电导率在小于 $0.2\mu S/cm$,SiO_2 小于 $20\mu g/L$;出水水质稳定,工作条件变化对出水水质影响不大。

混床与复床相比,缺点是树脂损耗大;再生操作复杂且所需时间较长;树脂交换容量利用率较低；为了确保出水水质，再生剂消耗较多。

75. 为什么混床内阴、阳树脂的体积相差较大？

答：为了使混床内阴、阳树脂交换容量达到最大利用率，阴、阳树脂的比例应是使两种树脂同时失效。

由于不同树脂的工作交换容量不同，混床进水水质和对出水水质要求有差别，因此，应该根据实际情况确定混床中阴、阳树脂的比例。

通常，混床中阳树脂的工作变换容量是阴树脂的2～3倍。因此，如单独采用混床除盐，阴、阳树脂的体积比应为（2～3）：1，如混床在一级复床除盐之后，因其进水的pH值在7～8之间，阳树脂的比例应高些。目前国内采用强酸性阳树脂和强碱性阴树脂的体积比通常为2：1。

76. 为什么混床中，阴、阳树脂的湿真密度差应大于15%？

答：虽然混床中的阴、阳树脂在水除盐时是均匀混合的，但由于阳树脂再生的再生剂是盐酸，而阴树脂再生的再生剂是氢氧化钠。为了使两种截然不同的再生剂

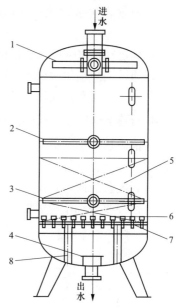

图7-18 混床离子交换器构造
1—进水装置；2—进碱装置；3—中排装置；
4—出水挡板；5—分层后阴树脂；
6—分层后阳树脂；7—多孔板与水帽；
8—支撑管

能分别对同一个罐内的阳树脂和阴树脂进行再生，必须要将阴、阳树脂进行良好的分层。

采用水力筛分法，利用反洗水使原先均匀混合的阴、阳树脂充分膨胀，然后利用阴、阳树脂的湿真密度差对树脂进行分层。通常当阳树脂湿真密度比阴树脂大15%以上时，可以确保反洗树脂充分膨胀后。阴、阳树脂分层良好。

77. 为什么混床离子交换器壳体有上、中、下三个窥视窗？

答：混床离子交换器进行水除盐时，阳离子和阴离子是均匀混合的，而再生时，因为阳离子的再生剂是盐酸或硫酸，而阴离子再生剂是氢氧化钠。所以，利用阳树脂湿真密度比阴树脂大，采用水力筛分法，利用水反洗后使阳树脂处于下层、阴树脂处于上层。下部窥视窗用来观察确认阴、阳树脂分层良好后，再分别用盐酸对阳树脂进行再生，用氢氧化钠对阴树脂进行再生。

中间的窥视窗用来观察交换器中树脂的水平面高度，掌握交换器中树脂的数量。

上部窥视窗用来观察反洗时树脂膨胀的情况，确保再生前阴、阳树脂分层良好和水除盐时阴、阳离子混合均匀。

78. 什么是锅炉热化学试验？热化学试验的目的是什么？

答：锅炉热负荷、汽包内汽水分离装置和运行控制方式对蒸汽品质影响的试验称为锅炉热化学试验。

锅炉热化学试验的主要目的如下。

（1）确定锅炉在各种负荷下，汽包内部汽水分离装置的性能、汽水品质的变化规律，确定在蒸汽品质合格的前提下，锅炉最大负荷。

（2）通过热化学试验，确定在蒸汽品质合格的前提下，锅水的极限含盐量和最佳排污量。

（3）确定在给水溶解氧合格前提下，除氧头排汽阀的最小开度，以达到节能目的。

（4）通过锅炉热化学试验，制定出适应该锅炉的锅水控制指标和操作规程，对锅炉的节能节水和安全运行有较大的帮助和指导作用。

79. 什么情况下，需要进行锅炉热化学试验？

答：锅炉热化学试验工作量较大，并不是需要经常进行的日常试验工作，通常在遇到下列情况之一时需要进行。

（1）新安装的锅炉，投入运行一段时间后。

（2）锅炉改装后，特别是汽包内汽水分离装置、蒸汽清洗装置有改动时。

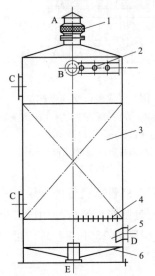

图 7-19　鼓风式除碳器

1—收水器；2—布水装置；

3—填料层；4—格栅；5—进风管；

6—出水锥底；

A—排风口；B—进水口；

C—人孔；D—进风口；E—出水口

（3）锅炉需要长期超额定负荷运行时。

（4）锅炉燃料发生较大变化，如煤改油或油改煤时。

（5）补给水的水处理方式有改变时。

（6）发现过热器和汽轮机通流部分积盐较多，需要查明蒸汽品质不良的原因时。

80. 为什么大气式除碳器要连续地鼓入空气？

答：除碳器可除去阳床出水中溶解的二氧化碳气体，以减轻阴床的交换负担，有利于阴床除碱，提高阴床的周期制水量和出水水质，减少再生用碱量。

阳床出水中二氧化碳的溶解度，根据亨利定律，在一定温度下，气体在液体中的溶解度与液面上该气体的分压成正比。因此，降低水面上二氧化碳的分压，就可以使溶于水中的二氧化碳解析出来。由于空气中的二氧化碳含量很低，仅为 0.03%；二氧化碳气体在空气中的分压很低，仅为空气压力的 0.03%，所以，向大气式除碳器连续鼓入空气，因水面上二氧化碳分压降低有利于溶于水的二氧化碳解析，从而达到除去阳床出水中溶解的二氧化碳的目的。

鼓风式除碳器见图 7-19。

81. 什么是反渗透技术？反渗透的原理是什么？

答：反渗透是一种以压力为推动力，利用半透膜的选择性，将溶液中的溶质和溶剂进行分离的技术。

反渗透装置可以除去水中绝大部分溶解的盐类，其除盐率可高达 98%。反渗透装置加混床，可用于含盐量较高的原水，反渗透装置加一级复床和混床，可用于高含盐量水或苦咸水的水处理系统，可以延长除盐系统的运行周期，大大节约水处理的成本。因为反渗透装置适用原水水质范围广、出水水质稳定、能耗低、占地和排废少等优点，所以被广泛用于火力发电厂锅炉给水处理系统中。

将液位相等的浓溶液和稀溶液分别置于半透膜的两侧，稀溶液侧的水会自动地穿过膜流向浓溶液侧，这种现象称为渗透。渗透使得浓溶液侧液位上升、稀溶液侧水位下降，当两侧液位的高差不再上升后，水通过膜的流量为零，此时，液位差形成的压力差即为渗透压。如果在浓溶液侧施加一个大于渗透压的压力时，水从浓溶液侧流向稀溶液侧，该现象称为反渗透，见图 7-20。

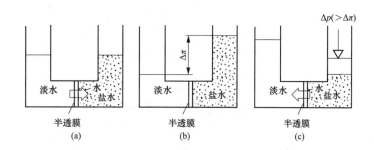

图 7-20 渗透与反渗透现象

(a) 渗透；(b) 渗透平衡；(c) 反渗透

在日常生活中，将盐撒在蔬菜或肉的表面，很快就可以看到从蔬菜和肉表面的膜向外渗出的水，因为膜的内侧盐的浓度低、膜的外侧盐的浓度高，所以水从浓度低的一侧流向浓度高的一侧。

虽然反渗透装置水的除盐率高达 98％，但是出水的含盐量仍不能满足锅炉给水水质的要求，通常与后部一级复床和混床配合使用。

82. 什么是正溶解系数？什么是负溶解系数？

答：在水中的溶解度随着温度升高而增加的物质，具有正的溶解系数。通常易溶于水的物质，例如，$NaCl$、$NaOH$ 等具有正的溶解系数。

在水中的溶解度随着温度的升高而下降的物质，具有负的溶解系数。通常难溶于水的物质，例如，$CaSO_4$、$CaCO_3$、$Ca(OH)_2$、$MgCO_3$、$Mg(OH)_2$ 等钙镁化合物具有负的溶解系数。

由于钙镁化合物难溶于水，具有负的溶解系数，所以水处理不完善时容易在锅内水温升高和蒸发浓缩后产生钙镁水垢。

83. 为什么电厂锅炉蒸发受热面上水垢的主要成分是氧化铁、铜和硅酸？

答：由于水处理技术的进步和完善，电厂普遍采用质量很高的两级除盐水，残余硬度很低，中压锅炉不大于 $5\mu g/L$，高压锅炉、超高压锅炉不大于 $3\mu g/L$，亚临界及以上压力和直流锅炉为零，同时，汽包锅炉还普遍采用炉内的磷酸盐处理，磷酸盐与残余硬度生成水渣通过排污排掉，所以，电厂锅炉蒸发受热面上钙镁水垢已很少出现。

无论是汽包锅炉还是直流锅炉的给水质量标准中，均允许含有少量的铁、铜和二氧化硅（见表 7-3 和表 7-4），因此，蒸发受热面上水垢的主要成分是氧化铁、铜和硅酸盐。

表 7-3　　　　　　　　　　　　　汽包锅炉给水质量标准

项目	压力（MPa）			
	＜6	6～12.7	12.7～15.7	15.7～16.7
硬度（$\mu g/L$）	$\not> 5$	$\not> 3$	$\not> 3$	～0
氧（$\mu g/L$）	$\not> 15$	$\not> 7$	$\not> 7$	$\not> 7$
铁（$\mu g/L$）	$\not> 50$	$\not> 30$	$\not> 20$	$\not> 20$

项目	压力（MPa）			
	<6	6～12.7	12.7～15.7	15.7～16.7
铜(μg/L)	≯20	≯10	≯5	≯5
总二氧化碳(mg/L)	≯6	≯4	≯2	～0
pH	8.5～9.2	8.5～9.2	8.5～9.2	8.5～9.2
联胺(μg/L)	最低≯7.0		20～50	20～50
油(mg/L)	≯1			

表 7-4　　　　　　　　　　　　　直流锅炉的给水质量标准

项目	数值	
	6～15.9MPa	16～17MPa
硬度(μg/L)	～0	～0
钠(μg/L)	≯10	≯10
二氧化硅(μg/L)	≯20	≯20
铜(μg/L)	≯5	≯5
铁(μg/L)	≯20	≯10
氧(μg/L)	≯7	≯7
总二氧化碳(mg/L)	～0	～0
pH	8.5～9.2	8.5～9.2
油(mg/L)	≯1	≯1
联胺(μg/L)	20～50	20～50

84. 为什么直流锅炉的给水品质要求比自然循环锅炉和强制循环锅炉给水品质要求更高？

答：由于自然循环锅炉和强制循环锅炉均有汽包，汽包内较大的水容积为给水带入的盐分提供了积蓄区，采用加药对锅水进行校正处理，通过定期排污将加药使给水中残余硬度形成的水渣排出，通过连续排污将高含盐量的锅水排出。因此，自然循环和强制循环锅炉对给水品质的要求略低，允许有残余硬度。

直流锅炉没有汽包，因为不能为给水带入的盐分提供积蓄区，所以，不能采用加药将残余硬度形成的水渣通过定期排污排出，也不能通过连续排污将高含盐量的锅水排出，使得给水中的盐分和结垢物质沉积在锅炉受热面上或随蒸汽进入汽轮机内。

因此，直流锅炉对给水品质要求很高，不但不允许有残余硬度，而且其他有害物质允许的含量更低。

85. 锅炉和汽轮机的汽水损失由哪几部分组成？

答：蒸汽和水是热力发电厂在进行能量转换时的工质。锅炉和汽轮机设备庞大、管道众多、工艺复杂，在能量转换时产生的汽水损失由以下几部分组成。

（1）定期排污和连续排污。定期排污的水不回收，连续排污除经膨胀器扩容收回部分蒸汽外，其余经定期排污扩容器排出，造成了损失。

（2）除氧器为了确保除氧合格，必须连续地从除氧头上部排出一部分蒸汽，将水中逸出的氧携带出除氧器。

（3）锅炉在起停时，为了冷却过热器和暖管产生的疏水未被回收的部分，为了提高汽温和冷却过热器开启对空排汽导致的蒸汽损失。

（4）汽轮机在启停时暖机暖管经疏水排出的蒸汽，正常运行经轴封信号管排出的蒸汽。

（5）射水射汽抽汽器，在抽出凝汽器中不凝气体的同时，少量蒸汽也被抽出。

（6）汽包就地水位计汽水侧冲洗和安全阀动作造成的汽水损失。

（7）为了防止受热面汽水侧结垢和确保蒸汽质量合格，必须对凝结水、除氧水、给水、锅水、饱和蒸汽和过热蒸汽进行采样分析，为了确保样品的及时性和准确性，上述样品必须保持连续流出导致的汽水损失。

（8）锅炉采用蒸汽对各受热面吹灰和锅炉、汽轮机众多阀门和法兰泄漏产生的汽水损失。

以上是纯凝式电厂产生的汽水损失，对于向外供汽的热电厂，如果凝结水未回收还会产生大量的汽水损失。因此，电厂补给除盐水是必需的。

86. 为什么大容量机组凝结水要进行精处理？

答：由于大容量机组的给水品质要求很高，所以因以下原因凝结水会受到污染而必须进行精处理。

（1）大容量机组凝汽器管子数量巨大，管子通常胀接在管板上，冷却水侧是正压，汽侧是负压，压差较大，即使凝汽器的制造和安装质量较好，在运行中仍可能因工况变动使凝汽器产生机械应力，导致冷却水经胀口漏入凝结水中。由于冷却水中含有较多杂质、胶体和盐类，所以冷却水少量的泄漏会导致凝结水被明显污染。

（2）凝结水系统的设备和管道的材质主要是钢和铜，因各种原因而被腐蚀产生铁和铜的氧化物，它们呈悬浮状和胶态，也会有各种离子。凝结水中腐蚀产物的含量与机组运行状态有关，在机组启动初期和不稳定状态下，杂质和腐蚀产物较多。

（3）由于机组运行时不可避免地产生各种汽水损失，所以必须要补充除盐水。通常采用混床出水进入凝汽器作为锅炉补给水。混床出水要求很高，如果混床出水不合格，就会导致凝结水被污染。

通常直流锅炉机组、亚临界汽包锅炉机组要对凝结水进行精处理。采用苦咸水或海水作冷却水的高压及超高压机组，冷却水含盐量很高，凝结水也要进行精处理。

87. 为什么凝结水精处理系统应布置在凝结水泵与低压加热器之间？

答：凝结水精处理系统见图 7-21。

图 7-21 凝结水精处理系统图

因为混床内的阳树脂和阴树脂工作时的温度不得超过 60℃，而凝汽器的凝结水、低压加热器的疏水和混床来的补给水混合后的温度不会超过 40℃，所以，将凝结水精处理系统布置在凝结水泵和低压加热器之间，可以确保混床树脂的安全。

常用的凝结水处理装置的布置见图 7-22。

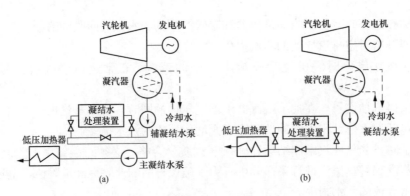

图 7-22　凝结水处理装置的布置
(a) 低压凝结水处理装置的布置；(b) 中压凝结水处理装置的布置

88. 为什么蒸汽和锅水取样管可以不保温？

答：为了确保蒸汽质量和锅炉安全运行，锅炉通常对过热蒸汽、饱和蒸汽、锅水和给水进行连续采样分析。

为了便于采样和分析，通常要将过热蒸汽、饱和蒸汽、锅水和给水的采样经冷却器冷却至 30℃以下，因此，采样管可以不保温。采样管的散热有利于降低采样冷却器的冷却负荷，但是采样管的走向要防止烫伤运行人员。

对于冬季汽温较低的地区，为了防止停炉后结冰冻坏取样管，除取样一次阀应装在取样点的根部和取样管的走向要保持一定坡度防止停炉积水外，取样一次阀应关闭，取样二次阀要保持开启，停炉后也不要关闭。

89. 什么是电导率？为什么常用电导率表示水中含盐量的多少？

答：截面积为 1cm² 、长度为 1cm 水柱的电导值，称为电导率。电导率单位常用 $\mu S/cm$ 表示，电导率与电阻率互为倒数。电导率越高表示电阻越小，导电能力越强。

含盐量用来表示水中各种离子含量的总和，可通过水质全分析，将全部阳离子、阴离子含量相加而得，单位为 mg/L 或 mmol/L。

水中的含盐量以离子状态存在，只要水中含有离子就具有导电能力。通常水温一定时，水中的离子越多说明含盐量越高，其电导率就越大。因此，电导率是水中含盐量多少即水纯净程度的一个重要指标。

由于用电导率表能较方便、较好地判断水质情况，所以，电厂几乎所有的水系统都要设置电导率表监测水的电导率。例如，监测阴离子交换器出水和混合离子交换器出水的电导率，可以判断树脂是否失效，监测凝结水、给水的电导率可以判断水质是否合格，监测凝结水泵出口凝结水的电导率，可很灵敏、很及时地判断凝汽器中是否冷却水漏入凝结水中。

90. 为什么用电导率表示水中含盐量时要换算成 25℃时的电导率？

答：水中的含盐量以离子状态出现，水中离子浓度越大，导电能力越强，导率率越高。电导率除与离子的浓度有关外，还与水温有关，水温越高，离子活动能力越大，电导率越高。

由于受气象条件的影响，一年四季中水温变化较大，为了排除水温变化对电导率的影响。用电导率表示水中含盐量时，要换算成水温为 25℃时的电导率。

91. **火力发电厂中有哪些不同性质、不同用途的水？**

答：火力发电厂中有以下各种性质用途不同的水如下。

（1）原水。电厂水源未经任何处理的水，一般为江河湖泊、水库、深井水或城市自来水。

（2）过滤水。原水经过沉淀过滤后的水。

（3）除盐水。经过阳离子和阴离子交换器除去各种盐的水。

（4）除氧水。除盐水经除氧器除去溶解氧的水。

（5）锅炉给水。除氧水经给水泵升压后进入锅炉的水。

（6）锅水。在锅炉蒸发系统中流动的水。

（7）排污水。连续排污和定期排污扩容后剩余排出的水。

（8）凝结水。汽轮机排汽经凝汽器冷却凝结的水。

（9）疏水。锅炉启动过程中为了冷却过热器和暖管产生的凝结水和汽轮机启动过程中暖管暖机产生的凝结水。

（10）凝汽器冷却水。冷却汽轮机排汽的冷却水，采用直流水冷却系统时为原水，采用循环冷却系统时为循环水。

（11）热用户返回的凝结水。热电厂向热用户供热后回收的蒸汽凝结水。

（12）取样水。给水、饱和蒸汽和过热蒸汽经冷却后供分析的水。

第八章　能源、燃料及燃烧系统

第一节　能　　源

1. 什么是能源?

答：能够通过某种方法和设备提供某种形式能量的自然资源称为能源。

在人类的生活和生产活动中离不开能源。例如，煤炭通过燃烧提供了热能，用于炊事、取暖，或通过锅炉产生蒸汽推动汽轮发电机组发电。

太阳能通过光伏电池可以提供电能，也可以通过太阳能热水器提供热能。

水能通过水力发电机组可以提供电能。

风能通过风力发电机组可以提供电能，也可以通过风车提供机械能。

煤炭、太阳能、水能和风能等自然资源就是能源。

锅炉所燃用的煤、油、可燃气体等燃料只是能源中的一些种类。

2. 什么是常规能源? 什么是新能源?

答：已经有长期使用的历史，能量密度较大，利用成本较低，技术成熟，易于使用，并且在今后相当长的时期内，仍然是主要能源的煤炭、石油、天然气、核裂变燃料和水能称为常规能源。

太阳能、风能、地热能、潮汐能、生物质能、海水动力能、海水波浪能、海水温差能，其能量密度低，开发利用成本高，技术还不成熟，难以大规模利用，还处于研究开发阶段，所以，称为新能源。核聚变能虽然能量密度极大，但由于技术很复杂，利用的难度很高，目前仍处于探索研究阶段，所以，核聚变能也称为新能源。

常规能源中除水能外，均是不可再生能源，其储量有限，越用越少。而新能源是可再生能源，因此，大力研究、开发利用新能源是解决常规能源日渐枯竭和缓解能源紧缺状况的必然趋势。

3. 什么是一次能源? 什么是二次能源?

答：自然界现存的，未经过加工或转换的能源，称为一次能源。

煤炭、石油、天然气、核裂变燃料、太阳能、水能、风能、地热能等均为一次能源。

一次能源经过加工、转换后的能源，称为二次能源。

煤炭经过加工或转换为蒸汽、热水、焦炭、煤气、电力，石油经过加工转换为汽油、煤油、柴油、重油等石油产品，称为二次能源。

在生产过程中排出的各种余热、有压流体、可燃气体也属于二次能源。

随着科学技术的发展，能源紧缺的加剧和保护人类生存环境的呼声日益高涨，在能源消耗结构中，直接使用一次能源的比重不断降低，而使用二次能源的比重日益增加。例如，各家各户采用烧煤做饭和取暖，不但污染严重而且热效低，而采用供热机组集中供热和采用煤气做饭，不但污染减轻，而且热效率明显提高。采用二次能源的电力机车和内燃机车，比采用一次能源的蒸汽机车，不但减轻了污染还节约了能源。

4. 什么是可再生能源和不可再生能源？

答：地热能、潮汐能、太阳能和由太阳能转化而来的水能、风能、生物质能、海水波浪能、海水动力能和海水温差能等能源，因为可以循环再生和重复出现而可以重复利用，所以，称为可再生能源。

煤炭、石油、天然气和核燃料，储量有限，用掉一些就少一些，这些能源是不能再生的，因此，称为不可再生能源。

虽然煤炭、石油和天然气等化石燃料，是古代的动、植物被埋在地壳中，在一定的地质条件下，经过数千万年甚至数亿年的漫长时间形成的，是古代的太阳能转化而来的，但是这种地质条件难以重复出现，而且数千万年甚至数亿年的漫长时间，与人类的历史相比是太长了。因此，将煤炭、石油、天然气称为不可再生能源是合理的。

由于不可再生能源储量有限，是宝贵的化工原料，除核燃料外，其在使用过程中，不但对环境造成污染，而且产生的大量温室气体二氧化碳，加剧了温室效应。所以，应该采取各种措施，尽量减少使用不可再生能源，而大力发展应用不会产生污染和室温效应的可再生能源。

5. 为什么从长远看，人类应限制化石燃料当作能源使用？

答：煤炭、石油和天然气等一次能源属于化石燃料。由于以下几个原因，从长远看人类应限制使用化石燃料。

（1）化石燃料虽然是由古代太阳能转化而来的，但是由于太阳能转化为化石燃料，不但需要具备一定的地质条件，而且需几千万甚至几亿年的漫长时间。与人类数万年的历史相比几乎是长不可及的。因此，通常将化石燃料视为不可再生燃料，越用越少，早晚有资源枯竭之时。如果限制或减少化石燃料的使用量，则可以延长化石燃料的使用时间，以便让人类有足够的时间来寻找和开发替代的能源。

（2）化石燃料是宝贵的化工原料和工业原料。煤炭化工和石油化工是以化石燃料为主要原料的国家支柱产业部门之一。以目前的技术而言，化石燃料还不能通过合成的方法大规模生产，还未找到替代化石燃料的物质。一旦化石燃料资源用尽，将会对人类的生产、生存、生活带来非常不利的影响。如果限制化石燃料作为能源使用，则可延长化石燃料的使用时间，人类可有充足的时间来找到替代化石燃料的其他原料，或生产出不以化石燃料为原料的其他性能更好的产品。

（3）化石燃料几乎均含硫，有些含硫量还很高。化石燃料作燃料使用时，产生的硫化物和氮氧化物是形成酸雨的主要原因。现在酸雨出现的频率越来越高，酸雨的酸度越来越大，主要原因就是化石燃料使用量越来越大。燃料脱硫技术存在很大困难，烟气脱硫脱硝技术虽然已经过关，但庞大的设备投资和运行费用，使其难以广泛采用。虽然循环流化床锅炉大大降低了硫化物和氮氧化物的排放量，但由于种种原因，这种锅炉还难以广泛采用。化石燃料燃烧时产生的二氧化碳虽然不是有毒有害气体，不会对环境造成污染，但是二氧化碳的过量排放是产生温室效应，导致全球气温升高的主要原因。全球气温升高将会导致极地冰山融化，海平面上升，还使一些地区沙漠化，干旱更加严重。全球气温升高虽然也产生一些有利的影响，但总的来看是弊大于利，会导致人类生存环境恶化。为此，联合国环境与发展组织召开专门会议，对今后各国二氧化碳的排放量作出了明确的限制。

6. 怎样利用海水温差能发电？

答：由于太阳光进入水面后衰减较快，所以海洋深处的水温较低，而海洋表面的水在太阳光的照射下温度较高。温度高的海水密度小，不能与海洋深处温度低、密度大的海水进行自然对流，这样沿深度海水形成了温差。

可以利用海洋表面温度较高的海水对沸点很低的工质进行加热产生蒸汽，推动涡轮发电机组发电后的排汽，被海洋深处温度较低的海水冷凝成液体，然后用泵升压送至海水表面，再次被海洋表面温度较高的海水加热产生蒸汽。

由于低沸点工质的价格较高，海洋表面海水与海洋深处海水的温差较小，利用海水温差发电的机组的效率很低，造价很高，所以，目前仅处于试验研究阶段，还没有投入商业运行。

日本投入了较多的人力和财力，对海水温差发电进行试验研究，目前处于领先地位。

7. 怎样利用地热能发电？

答：由于地壳以下是温度很高的物质，所以，地壳以下蕴藏了很多的热量。目前被人们利用的地热能主要是热水和蒸汽两种。

如果地热能以蒸汽的形式出现，则可将蒸汽进行汽水分离，并除去蒸汽中所溶解的各种盐类后，送至汽轮发电机组发电；如果地热能是以热水的形式出现，则热水要经扩容产生蒸汽后才能送至汽轮发电机组发电。

由于地热能产生的是温度和压力均较低的湿饱和蒸汽，所以，利用地热能发电的机组的热效率较低。虽然机组造价较高，但由于省去了占发电成本70％的燃料费用，地热发电机组生产过程中也不会对环境产生污染，所以，利用地热能发电有较大的发展前途。

目前已有很多国家的地热发电机组投入了商业运行，其中有的单机容量已达100MW。我国西藏羊八井地热发电机组已经运行了很多年。

8. 为什么潮汐能可以用来发电？

答：潮汐能是由于地球、太阳和月亮的相对位置发生变化，引起海水涨落而形成的一种能源。潮汐能可以重复出现，而且有规律，属于可再生能源。

在涨潮、落潮水位变化大的地方，设置水流双向流动均可发电的水轮发电机组。当涨潮时，海水正向流过水轮机带动发电机发电；当退潮时，海水反向流过水轮机带动发电机发电。

由于涨潮时的最高水位和退潮后的最低水位差，比水电站大坝前后的水位差低得多，所以，利用潮汐能发电的潮汐电站的每千瓦造价很高，使潮汐发电的应用受到很大限制。

法国是潮汐发电装机总容量最大的国家。20 世纪 80 年代浙江江厦潮汐试验电站 3 台 700kW 灯泡贯流式潮汐发电机组已投入运行。

9. 怎样利用海水的波浪能发电？

答：海水的波浪中蕴藏了较多的能量，波浪能也属于可再生能源。

可以在海面上设置特殊的压缩机,利用波浪推动活塞压缩空气,将压缩后的空气收集起来,推动空气涡轮机带动发电机发电。

由于利用波浪能发电的机组容量较小,造价很高,目前还没有投入商业运行,仅处于试验研究阶段。日本海洋科学技术中心已开发出利用波浪能的发电机组。该发电机组长50m、宽30m,外形酷似一头鲸。当海浪从鲸的口部涌进后,装置内的三个空气室的水面将上升,空气被压缩。压缩空气带动涡轮发电机发电。该发电机组最大输出功率为120kW,按年平均功率为14kW计算,可满足4~5个一般家庭的用电量。虽然波浪能发电是一种不使用燃料的可再生清洁能源,但由于其发电成本是常规发电成本的3~4倍,所以,只有进一步研究降低成本后才具有商业开发价值。

10. 为什么煤炭、石油和水能、风能也是太阳能的一部分?

答:太阳能热水器和太阳能光电池是利用太阳能产生热水或电能的,是比较直观和易于理解的。如果仔细分析煤炭、石油和水能、风能形成机理和过程,其实它们也是太阳能的一部分。

煤炭和石油分别是由古代的植物和生物,因地质变动而被埋于地下或水下,在缺氧的高压条件下,经数千万年甚至数亿年的漫长时间,植物变成为煤炭,生物变成了石油。植物是由于吸收了太阳能,进行了光合作用才发育长大的;生物是由于食用了植物才得以繁殖成长的。所以,煤炭和石油可以看成是由古代的太阳能转变而成遗留下来的,煤炭又称为太阳石。

水面和地面吸收了太阳的辐射热后,水分蒸发成水蒸气。水蒸气的密度比空气小,上升成为云。由于大气环流的作用,主要由水面蒸发生成的云,在陆地上空遇到冷空气凝结为水滴,以下雨的方式落到海拔较高的陆地上,雨水汇集到江河中,水量不断增加。如果在江河的中、上游筑坝蓄水,因为海拔较高的水具有势能,所以安装水力发电机组就可以将水的势能转化为电能。

地球自转的轴以与垂直方向倾斜23.5°的姿态围绕太阳公转,使得地球各处受到的辐射热随着季节、昼夜和纬度的变化而变化。在吸收太阳辐射热多的地区,空气的温度高且水蒸气的含量多,因空气的密度低而形成低气压。在吸收太阳辐射热少的地区,空气温度低且水蒸气的含量少,因空气的密度高而形成高气压。空气从高气压处向低气压处流动就形成了风。如果风速较高,且一年中有风的时间较长就形成了具有开发价值的风能。利用风车就可以将风的动能转换为机械能或电能。

从以上的分析就可以清楚地看出,水能和风能是由现在的太阳能转换而来的。

11. 为什么风力发电有广阔的发展前途?

答:风能是由太阳能转换而来的,属于可再生能源。

风力发电机可建在荒山野岭风速较大的地方,占地较少,且不占用耕地,耗水量很少,机组对地质条件要求不高,选址较易。

风力发电不但不会对环境造成污染,而且很高的风速经过风力发电机组将风能转换为电能后,风速降低,可减轻大风对工农业和人民生活带来的灾害或不利影响。

风力发电经过多年的发展和完善,技术已经比较成熟,兆瓦级的风力发电机组已经大量投入商业运行,更大容量的风力发电机已大量投产使用。

制约风力发电发展的因素是其设备投资较大，每千瓦造价不但超过火电机组，而且还超过水电机组。虽然风力发电不消耗燃料，但是其设备投资的利息和设备折旧、维修费用，已使风力发电每千瓦时的成本明显高于火力发电。随着能源价格的上升和烟尘排放标准的日趋严格，风力发电的成本有可能低于火力发电。目前，国家为鼓励风力发电，采取了减免税收和提高风电收购价格的政策。因此，风力发电有着广阔的发展前途。

12. 为什么太阳能不但数量很大，而且清洁和可以再生，却难以大规模应用？

答：太阳能与各种能源相比，不但是最清洁的，而且每天可以再生，但是到目前为止，太阳能的利用规模和数量均很小，与每天太阳辐射到地球上的热量相比，几乎可以忽略不计。

太阳表面的温度高达 6000K，每时每刻都在向外辐射着大量的热量。虽然投射到地球上的能量仅占太阳全部辐射能量的二十亿分之一，但是其数量仍然十分可观，是全世界能源消耗量的 2 万倍。

如果不考虑大气层对太阳辐射的吸收、反射和散射的影响，与阳光垂直的平面上，每平方米每小时所得到的太阳辐射热量为 4773kJ。而某台燃油锅炉水冷壁的平均热负荷高达 $1076 \times 10^3 kJ/(m^2 \cdot h)$。后者是前者 225 倍。

由于地球上只有位于南北回归线范围内的地区，才有可能在白天短时间内，垂直或近似垂直地接受太阳的辐射热。当阳光与地面的角度为 α 时，太阳对地面的辐射热量要乘以系数 $\sin\alpha$。地球上大部分地区即使在中午太阳辐射的角度也小于 90°，如考虑到大气层对太阳辐射的吸收、反射和散射的影响，即使是中午，太阳对地面每小时每平方米辐射的热量也是很小的。由于太阳能的能量密度很小，所以利用太阳能的设备投资较高，占地较大。

不但夜间没有太阳的辐射，即使是白天地面所得到的太阳辐射能也受气象条件的影响而变化很大，雨天、阴天几乎没有，多云天也减少较多。即使是白天，只有在 10 时～15 时，太阳辐射方向与地面的角度较大，其余时间角度较小。从全年看，夏季太阳的辐射角度较大，冬季辐射的角度很小，春、秋两季的辐射角度在夏、冬之间。地面从太阳吸收的辐射热量，不但在一年四季、一昼夜中，而且在白天，也变化很大。由于不能提供一个稳定的辐射热量来源，更增加了利用太阳能的成本和困难。

采用光电池将太阳能直接转换为电能，是利用太阳能常用的一种方式。早期光电池不但成本高达 40000～50000 元/kW，而且光电转换效率很低，按现有的技术水平，其效率约为 20%。因为发电成本比常规发电高得多，所以，目前在固定场所采用太阳能发电还没有商业价值。因为每千克人造卫星的发射成本很高，不宜使用常规电源，所以采用可以利用再生的太阳能的光电池发电才是合理的。飞机和汽车采用光电池作动力，成本很高和功率较小，目前仅处于试验研究阶段。

在纬度高需要太阳能的地区，太阳能的辐射角度小、能量少；而人口密度较小，大部分是海洋，太阳能需求较少的赤道附近，太阳能的辐射角度大、能量多。如何简便有效地将太阳能从赤道附近输送到纬度高的地区，是大规模利用太阳能的又一个难题。

随着全球不可再生能源储量的减少，能源消耗的增加，能源紧缺的加剧，常规能源价格的上升，光电池价格的降低和效率大幅度的提高，以及人类保护环境呼声的日益高涨，太阳能的利用会逐渐引起人们的重视，应用规模会逐渐扩大。特别是在纬度较低的沙漠、高山等不宜耕种和居住的地区，太阳能发电将会逐渐显现出其商业价值。目前我国每年太阳发电量仅次于火电、水电和风电，位居第四位。

13. 什么是能源的当量值和等价值?

答:能源有很多种,如未经加工原始状态的一次能源有原煤、石油、天然气,经过加工后成为二次能源有电力、蒸汽等。

单位能源含有的热量或发热量,或者该种能源转换成热能所产生的能量,称为该种能源的当量值。例如,原煤的当量值为 20934kJ/kg,电力的当量值为 3600kJ/kW·h。

考虑一次能源转换为二次能源时的效率,获得单位二次能源所消耗的一次能源,称为该种能源的等价值。例如,原煤要经过锅炉、汽轮机和发电机三种设备,经过三次能源转换才能得电力,其总的转换效率,按照我国目前的技术水平,平均为 35%,因此,电力的等价值为 10285kJ/(kW·h)。

由于一次能源未经转换,所以,一次能源的当量值和等价值是完全相同的。一次能源在转换为某些二次能源时由于转换效率很高,某些二次能源的当量值与等价值相同也是相近的。

电力是品质最高的能源,是一次能源经过三次转换得来的,因为转换的平均效率只有约35%,即电力的当量值只有等价值的 35%,所以,采用电炉或电热水器将电力直接转化为热能是非常不合理的,而通过热泵技术空调器可将电力转换成热量的效率提高 2~3 倍。

14. 什么是能源的等价折算系数? 什么是能源的当量折算系数?

答:为了便于计算和统计企业的能源消耗总量,需要将企业消耗的各种形式的能源统一折算为标准煤的消耗量。各种能源,如原煤、蒸汽、电力、汽油等各种能源和耗能工质水、压缩空等消耗量可以通过等价折标系数和当量折算系数,折算成标准煤的消耗量。

各种能源或耗能工质的等价折算系数等于该种能源或耗能工质的等价值除以标准煤的等价值。

各种能源或耗能工质的当量折算系数等于该种能源或耗能工质的当量值除以标准煤的当量值。

有了等价折算系数和当量折算系数,可以很方便地将原煤、蒸汽、电力、汽油等能源和水、压缩空气等耗能工质的实物消耗量折算成标准煤的消耗量。

各种能源和耗能工质的当量值、等价值、等价折算系数和当量折算系数可按国家有关部门制定的标准执行。

15. 为什么不应将电能直接转换成热能使用?

答:世界上除个别国家外,大多数国家的电能大部分是通过热能(含核电)转换来的。按目前的技术水平,由于热能转换成电能时不可避免地产生很大的冷源损失,热能转换为电能的热效率很低,中压机组约为 25%,高压机组约为 30%,超高压机组约为 33%,亚临界机组约为 35%,超临界机组约为 40%,超超临界机组约为 43%,即使采用联合循环发电机组,其效率也仅略超过 50%。电能在变电、输电、配电和转换为热能的过程中还要有约10% 的损失。由于将电能直接转换成热能使用与将燃料燃烧转换成热能相比,其效率是很低的,因此,除试验室用的小型电炉外,特殊行业和特殊工艺不应将电能直接转换为热能使用。

电能是品质最高的二次能源,采用热泵技术消耗少量的电能可将热量从低温物体转移到高温物体,例如,空气源热泵和水源热泵,能效比可达 3~4,即消耗 1kW·h(3600kJ) 的电能可以得到 3~4kW·h(10800~14400kJ) 的热量。

16. 原子能发电和原子弹有什么区别?

答:原子能发电和原子弹虽然均是利用核燃料裂变时产生的巨大能量工作的,但是原子能发电和原子弹还是有明显区别的。

(1)核燃料的丰度很低。以铀235为例,用于核电厂的铀235的丰度仅约为3%,而用于原子弹的铀235的丰度超过90%。核电厂反应堆铀235的链式裂变反应的速度较慢,而原子弹铀235链式裂变反应的速度很快。

(2)核电厂的铀235被封闭在能承受高压的锆合金外壳内,组成燃料棒,核燃料棒被浸没在能够除去各种杂质和盐分的软水中,裂变产生的热量被软水及时带走,核燃料棒因得到充分冷却而不会过热损坏。原子弹快速链裂变反应瞬间释放的大量热量得不到冷却,因温度超过100万℃而产生巨大的破坏力。

(3)核电厂反应堆内有大量能吸收中子,控制核燃料裂变反应产生热量的速度的控制棒,而原子弹没有能吸收中子的控制核燃料裂变反应速度的装置,一旦链式裂变反应产生,以几何级数的增长速度产生裂变反应,短时间内温度急剧升高到超过100万℃,形成巨大的破坏力。

所以,虽然原子能发电厂和原子弹均使用铀235,但由于原子能发电厂使用的铀235丰度低,裂变速度慢且有冷却和控制裂变速度的措施,使原子能平稳、有控制地均匀释放而可以被安全利用,而原子弹使用的铀235丰度高,且没有冷却和控制裂变速度的措施,极短时间内裂变温度急剧升高产生的大量热量无法被作为能源利用,只能产生巨大的破坏力。

17. 为什么目前只能利用核燃料裂变释放的能量而不能利用聚变释放的能量?

答:核电厂反应堆使用的核燃料铀235的丰度很低,只有约3%,铀燃料块密封在能承压约20MPa的锆合金外壳内,组成核燃料棒。核燃料棒在能承压几十兆帕的反应金属外壳内,被深度除去各种杂质和盐类的软水浸没,核燃料棒之间可以插入能吸收中子控制裂变反应速度的控制棒。

由于核电厂的核燃料铀235浓度很低,裂变的速度较慢,同时铀235裂变产生的热量被燃料棒包围的软水及时带走,又有能吸收中子控制裂变速度的控制棒,所以,尽量铀235裂变时产生的能量较大,核裂变仍然是可控的,可以确保核燃料棒锆合金外壳得到足够冷却而不会损坏。

核聚变要在一百多万摄氏度的高温下才能进行,太阳之所以能几十亿年来维持高温发出光和热,就是因为太阳内部的温度高达几百万摄氏度,产生核聚变释放出的大量能量,为太阳提供了燃料。

目前的技术只有在原子弹爆炸时才能产生超过100万℃的高温。氢弹就是在原子弹爆炸产生高温的基础上,为核燃料聚变提供了条件,释放出比裂变更大得多的能量而产生更大的破坏力。由于氢弹产生聚变反应产生的能量是无法控制和利用的,而目前在工程技术上难以较长时间稳定地提供超过百万摄氏度高温的条件,所以,虽然等量核燃料聚变释放的能量比裂变大4~5倍,目前核电厂只能利用核燃料裂变释放的热量发电和供热,利用核燃料聚变释放的能量还在研究和探索之中。

18. 什么是动能?

答:具有一定速度的物质含有的能量称为动能。

大气层中的空气在压差的作用下以一定的速度流动，具有动能。以一定速度流动的空气称为风，因此，流动空气的动能，通常称为风能。

动能与物质的质量和速度的平方成正比，由于空气的密度很低，所以，只有当风的速度较高时其含有的动能才具有利用价值。

19. 什么是势能？

答：势能分为重力势能和弹性势能。

离地面一定高度的物体具有的势能称为重力势能。外力将位于地面的物体提升到离地面一定高度时，外力对物体做的功转变为物体的势能。太阳对地球辐射的热能，将地面和水面中的水蒸发成水蒸气，水蒸气的密度比空气小，因受到空气的浮力而上升到高空。因高空的温度比地面低，水蒸气凝结成水下落成为雨。将降落在地势较高的山区或高原上的雨，采用筑坝形成水库方式将雨水拦蓄起来，由于水库中的水位高于下游的水位，而具有重力势能。通过水轮发电机组就可以将水库内水的势能转换为电能。

弹簧在外力作用下被压缩或拉伸时，弹簧具有的能量就是弹性势能，外力对弹簧做的功转换为弹簧的势能。

20. 什么是机械能？

答：物体具有的动能与势能之和称为机械能。

物体具有的动能和势能可以互相转换。例如，在汽车发动机功率不变的情况下，如果不计阻力，汽车在水平路面上行驶时，速度较快而具有较高的动能，其势能为零，当汽车上坡时，速度降低，其动能减少，即势能增加，如不计阻力，动能减少的数量等于势能增加的数量。当汽车下坡时，其势能减少而动能增加，势能转换为动能。

21. 什么是化学能？

答：物质在化学反应过程中释放出的热能或电能称为化学能。

例如，煤含有的碳，在高温下因与氧发生氧化反应，生成二氧化碳而释放出热能，汽油、煤油、柴油中的碳和氢在高温下因与氧发生化反应，生成二氧化碳和水而释放出热能，因此，通常将煤和石油含有的能量称为化学能。并不是所有物质的化学反应均能产生热能，只有物质的放热反应才能释放出热能。

电池中的阳极和阴极与电解质发生化学反应产生电能，因此，电池中的物质含有化学能。

22. 什么是热能？

答：物质或物体的温度高于环境温度而含有的热量称为热能。

根据热力学第二定律，热量只能自动地从高温物体传递至低温物体。物质或物体的温度只有高于环境温度，其含有的热量才具备自动传递的可能，从而具有被利用的价值。

通常物质或物体的温度越高，与环境温度的温差越大，其含有的热量越多，热能的利用价值越高。

23. 什么是核能？

答：原子核由质子和中子组成，原子核中的质子或中子重新分配时释放出的能量，称为核能，核能又称为原子能。

核能通常分为三类：

（1）裂变能。重元素，例如，铀、钍的原子核发生裂变的过程中释放的能量。

（2）聚变能。轻元素，例如，氘和氚的原子核发生聚变反应过程释放的能量。

（3）原子核衰变过程中发出的放射能。

化学能是靠化学反应过程中原子间的电子交换获得的能量，例如，煤或燃油燃烧时，每个碳原子或氢原子氧化过程中，只能释放几个电子伏能量，而核能则靠核子中的质子或中子重新分配获得能量，由于质子或中子的质量比电子大得多，所以，核能的能量比化学能大得多，每个铀原子核裂变时能释放出 2 亿 eV 的能量。1kg 铀裂变时释放出的核能相当于 2500t 标准煤燃烧时释放的化学能。

等量的核燃料聚变时释放的能量比裂变时释放的能量大 4~5 倍。目前的技术已可以利用核裂变过程中释放的能量产生蒸汽，用于发电或供热，而核聚变能的利用尚处在试验研究之中。原子核衰变过程中释放的放射能的利用比较普遍，如放射电池就是利用钚-238 衰变过程中释放的能量发电。

24. 什么是可燃冰？

答：海底温度低、压力高，以固体形式存在的甲烷，因为与冰相似和可以燃烧，所以称为可燃冰。

可燃冰的储量较大，可燃冰的主要成分是甲烷，是清洁燃料。随着可燃冰开采技术的突破和开采数量的增加，可燃冰有望成为替代传统能源的新能源。

25. 为什么西北地区适宜发展光伏发电？

答：光伏发电是可再生的清洁能源。光伏发电是通过光伏电池将太阳能转化为电能。

由于西北地区干旱少雨，晴天多光照充足，有利于光伏电池多发电。太阳能的能量密度很低，一定功率的光伏发电装置需要数量很多、面积很大的光伏电池，占地较大。西北地区干旱少雨，适宜农作物生长的耕地较少，荒地较多，人烟稀少，地价很低，而光伏发电可以通过输电线路并入电网。

西南地区和中、东部地区，气候湿润，雨量充沛，阴雨天较多，光照相对不足，适宜农作物生长，人口密度大，荒地少，人均占有面积少，地价高，光伏发电成本高。

所以，西北地区适宜发展光伏发电。

26. 为什么光伏发电要设置逆变器？

答：光伏发电池可将太阳能转化为直流电。小型的光伏发电装置可供家庭单位使用，因为家庭或单位的用电设备，如电冰箱、洗衣机、空调、电视机、计算机、打印机、复印机和照明均采用交流电，所以，必须要设置逆变器将光伏发电产生的直流电变成交流电供上述电器使用。家庭小型的光伏发电装置发的直流电除自用外多余的可向蓄电池充电和通过逆变器输入电网。

对于大型的光伏发电装置，发出的直流电除少量自用外要并入电网，经电网输送至用户，而电网输送的是交流电，也需要设置逆变器将直流电变成交流电才能并入电网。

27. 什么是可再生能源？可再生能源有哪几种？可再生能源有什么优、缺点？

答：不需要人为参与，可以无限次重复再生、取之不竭用之不尽循环利用的能源，称为可再生能源。

可再生能源有水能、风能、太阳能、生物质能、地热能、潮汐能、波浪能和海洋温差能等。

可再生能源的优点是清洁，除生物质能外对环境没有污染，利用时不会产生温室气体，可以无限次重复再生利用，取之不竭用之不尽，不存在运输问题，不像化石燃料煤、石油和天然气存在储量有限、资源枯竭和利用时产生有毒有害气体 SO_x、NO_x 和温室气体问题。

可再生能源的缺点是能量密度低、利用难度大、年发电小时数低，每千瓦时投资和发电成本高。风能、太阳能不但一年四季，而且昼夜能量变化大且无法控制，给电网负荷调度带来很大困难，为了充分利用风能和太阳能需要配套建设较多的火电调峰机组满足电力用户需求，进一步增加了利用风能和太阳能的难度和成本。

28. 为什么地热能不是来自太阳能，也属于可再生的清洁能源？

答：地热能与来自太阳能的风能、水能和生物质能等可再生的能源不同，是来自地壳下炽热岩浆或高温岩石含有的热能。虽然岩浆或高温岩石含有的热能是不可再生的，但由于两者含有热能的数量十分巨大，降水沿裂隙渗入其中被加热产生热水或蒸汽沿裂隙流出形成地热能的数量是微不足道的，可以认为地热能是可再生的。

地热能在生产和利用过程中，因为既不产生烟尘，也不产生有害气体 NO_x、SO_x 和温室气体，所以，地热能是可再生的清洁能源。

29. 为什么西藏和台湾的地热能资源丰富？

答：地热能是降水渗入地下被炽热的岩浆或高温岩石加热形成的一种能源。由于岩浆位于地壳以下，地壳的厚度通常在 10km 以上，高温岩石深埋地下，所以，大部分地区是无法利用地热能的。

青藏高原是世界上最高大、最年轻的高原。早在 2 亿多年前青藏地区是浩瀚的海洋，直到近几百万年，因板块移动冲撞，而使地壳大幅度强烈隆起，而且延续至今。因为西藏高原形成的年代新，不但岩浆活动频繁，岩浆或高温岩石离地面较近，而且有较多裂隙，降水易渗入被岩浆或高温岩石加热成蒸汽和热水从裂隙流出形成可用的地热能。所以，西藏的地热能丰富。

我国第一座地热电站羊八井地热电站就位于西藏。

台湾位于环太平洋地震带，地下板块运动较剧烈，地震频发，地壳形成较多裂隙，降水渗入被岩浆或高温岩石加热产生热水和蒸汽，在板块水平运动挤压或地下天然气压力的作用下，沿裂隙流出形成地热能。所以，台湾地热资源丰富，有很多温泉。

30. 为什么西北、华北地区风电资源丰富？

答：风电资源的多少主要取决于常年风速，风速高，风的动能大，发电量多；风速低，发电量少。风速主要取于压差和地面的阻力。

甘肃和新疆属于西北地区，内蒙古属于华北地区。西北和华北地区的南面是世界屋脊青藏高原，这样就形成了风的走廊，一旦在压差作用下形成风，西北地区成为必经之地。

西北和华北地区位于西伯利亚冷高压和蒙古高原冷高压中心的东南方向，当压差较大、西北气流南下时，首先流过西北华北地区。

西北、华北地区地势较平坦，干旱、植被较少，西北气流南下时，因为阻力小，衰减少，风速较高，所以是风电资源丰富的地区。

31. 为什么我国水电资源集中在西南地区？

答：西南地区包括西藏自治区、四川省、云南省、贵州省和重庆市。西南地区属于亚热带季风区，夏季炎热、雨量集中。西南风将印度洋上的水汽带入西南地区，东南风将太平洋上的水汽带入西南地区，由于北面秦岭的阻挡，因此，西南地区降水量较多，河流径流很大。

我国的地形是西高东低，西南地区位于一级二级阶梯的交界处，落差大。因为水电资源主要取决于河流径流的大小和落差的高低，所以，我国水电资源集中在西南地区。

我国已投产、在建和规划中的大型水电厂大多分布在西南地区。

32. 为什么应尽量使用二次能源？

答：由于某些主要一次能源，例如煤，含有灰分和硫分，各家各户直接使用煤做饭采暖，不但效率很低，而且污染很严重。如果经过加工转换成煤气用于做饭，采用热电机组在发电的同时，利用汽轮机抽气采暖，不但效率大大提高，而且电厂通过电除尘和脱硫脱硝对污染物进行集中处理，使环境污染大大降低。

有些能源不宜直接使用，如果直接使用就会降低使用价值和产生污染。例如，无论是汽油内燃机、柴油内燃机还是喷气式飞机的燃气轮机，均不能直接采用原油作燃料，如果直接使用，只能作为锅炉的燃料，使用价值大大降低，非常不合理。原油是由多种沸点不同的碳氢化合物组成的，原油经过加工脱除硫分并转换为汽油、柴油、航空煤油、液化石油气和重油，分别作为汽油机、柴油机、航空发动机、锅炉的燃料，不但满足了不同发动机对燃料性能的要求，提高了能源使用的效率，减轻了对环境的污染，而且经过深加工获得宝贵的化工原料，其价值大大提高。

水能和风能直接利用只能用于抽水、推磨，不但只能就地使用，难以大规模利用，而且能源利用效率较低，如果通过水力发电机组和风力发电机组转换为电能，不但可以大规模利用，便于输送，而且能源利用效率明显提高。

电能是品质最高的二次能源，采用电能的电冰箱、洗衣机、电视机、空调机等家用电器，大大提高了生活品质，是采用一次能源无法做到的。

33. 为什么热电厂向外供汽的凝结水通常不回收？

答：热电厂通常以向外供给蒸汽的形式向外供热。由于热电厂的热用户不但距离较远，而且比较分散，如果要将凝结水回收不但要铺设数量较多总长度很大的疏水管线，为了减少散热损失，疏水管线还要保温，而且还要设立凝结水回收站，采用泵将凝结水升压后送至热电厂，设备和运行管理成本较高。

热用户数量较多，工艺不同使得蒸汽的用途多种多样，蒸汽在使用过程中往往被污染，导致凝结水的质量难以达到回收标准。

有较多热用户是间断用汽，一天中数次用汽和停汽，采暖用户只是在冬季采暖时用汽，非采暖季节停用蒸汽。空气容易进入热用户的用汽设备和疏水管，同时，用汽设备和疏水管道对热用户来讲不是主要设备，不被重视且疏以管理，设备和管道的氧腐蚀较严重，凝结水中铁含量往往严重超标，难以直接回收。

由于热用户的点多面广，凝结水必须经过处理才能回收，导致投资和运行管理成本往往超过采用工业水经化学除盐的成本，所以，热电厂向外供汽的凝结水通常不回收。

对于用汽量较大且连续用汽的热用户，可以在热用户自身范围内，利用凝结水的热量加热温度较低的工业水，以减少用汽量往往是可行的。

第二节　燃　料

34. 什么是可燃物？什么是燃料？

答：凡是可以燃烧的物质均称为可燃物。

价格较低、发热量较大且便于广泛采用的可燃物，称为燃料。例如，棉花和煤均是可燃物，但棉花价格高不宜作燃料，而煤价格低可用作燃料。

因此，可燃物是一个包括范围很广的一个概念和名词，而燃料是一个范围较小的概念和名词。燃料是众多可燃物中为数较少的几个种类。

35. 燃料完全燃烧需要哪些条件？

答：燃料燃烧是一种剧烈的氧化反应。燃料完全燃烧需要一定的温度、充足的空气、充分的时间和空间。

36. 燃料如何分类？怎样评价燃料的优劣？

答：锅炉常用的燃料按形态可分三大类。

（1）固体燃料。包括烟煤、无烟煤、泥煤、页岩、木柴等。

（2）液体燃料。包括原油、燃料油、渣油、柴油等。

（3）气体燃料。包括天然气、炼焦煤气、石油加工尾气、高炉煤气等。

优良的燃料应该具备下列条件：为减少运输量，要求发热量高，水分、灰分及其他杂质含量低。为减少对环境的污染，含硫量要低。为容易着火，低负荷时火焰稳定，要求挥发分含量高。还要便于储存和运输。根据上述几项要求，含硫量低的液体燃料及含硫量低的高热值气体燃料是比较理想的燃料。但是含硫量低的液体燃料和含硫量低的高热值气体燃料价格较昂贵。从降低成本、提高经济效益的角度来看，锅炉不应该燃用优质的液体和气体燃料而应燃用价格低廉、质量较差的固体燃料。锅炉的燃料制备和燃烧设备比较完善，有条件燃用质量较差的固体燃料。

37. 什么是燃料的高位发热量、低位发热量？

答：单位质量燃料的最大可能发热量称为高位发热量，单位是 kJ/kg。

燃料中含有的水分，以及燃料中的氢元素燃烧生成的水分，在温度较高时吸收汽化潜热成为水蒸气，如果受热面管壁温度高于烟气的露点，则烟气中水蒸气的潜热没有被利用。因此，高位发热量减去烟气中水蒸气的潜热，称为低位发热量，单位是 kJ/kg。

为了避免受热面产生低温腐蚀，各种炉子中受热面管壁温度一般都应高于烟气的露点，水蒸气的潜热都没有放出。因此，在计算炉子燃料消耗量时，都用低位发热量。

38. 怎样确定燃料的发热量？

答：固体燃料或液体燃料的发热量，通常采用氧弹测热计直接测定。氧弹测热计见图 8-1。

氧弹是一个由不锈钢制成的容器。把一定量的燃料置于氧弹中，并充以 2.5～3MPa 压

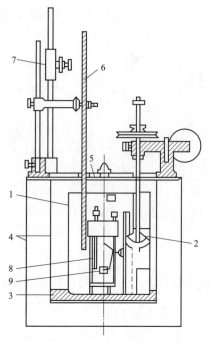

图 8-1　氧弹测热计

1—容器；2—浆式搅拌器；3—绝缘底座；
4—双壁外筒；5—顶盖；6—温度计；
7—温度计照明装置；8—氧弹；9—坩埚

力的氧气，然后使燃料完全燃烧。放出的热量被氧弹外的水所吸收，测出水温的升高值，便可计算出燃料的发热量。采用氧弹测热计测出的燃料发热量称为氧弹发热量。氧弹发热量通常比高位发热量高些。燃料中的硫和氮在氧弹中燃烧时生成了硫酸和硝酸，硫酸和硝酸又溶解于水，它们放出的生成热和溶解热被水吸收。由于这些酸类的形成在炉内燃烧过程中是不会发生的，所以，氧弹发热量减去硫酸和硝酸的生成热和溶解热才是燃料的高位发热量。

因为大多数锅炉使用单位没有氧弹测热计，所以，可以根据燃料的元素分析，采用门捷列夫公式计算固体和液体燃料的发热量。其公式为

$$Q_{ar,net}^{Y} = 339C_{ar} + 1030H_{ar} - 109(O_{ar} - S_{ar})$$
$$- 25M_{ar}(kJ/kg)$$

该式还可用于检验元素分析及发热量测定的准确性。当煤的 $A_d \leqslant 25\%$ 时，发热量测定值与按上式计算的发热量之差不应超过 600kJ/kg。当 $A_d > 25\%$ 时，其差值不应超过 800kJ/kg，否应检查发热量的测定是否准确。若发热量的测定准确，则说明燃料的元素分析误差较大，应重新进行分析。

39. 什么是标准煤？有何作用？

答：发热量为 29300kJ/kg 的煤称为标准煤。

各发电厂锅炉所采用的燃料不同，主要分气体燃料、液体燃料和固体燃料三大类。即使是同一类燃料，也因产地不同、燃料成分不一样，发热量相差很大。为了便于比较各发电厂或不同机组的技术水平是否先进，以及相同机组的运行管理水平，将每发 1kW·h 电能所消耗的不同发热量的燃料都统一折算为标准煤。这样，不同类型机组的技术水平或同类机组的运行管理水平就一目了然了。

因此，标准煤实际上是不存在的，只是为了便于比较和计算而假定的。

40. 什么是燃料的分析基础？

答：燃料是由碳、氢、氧、氮、硫、水分及灰分组成的。由于燃料分析时所处的状态不同，各种成分的分析数据也是不同的。为了理论研究和实际应用的不同需要，通常将燃料分为收到基、干燥基、干燥无灰基和空气干燥分析基四种状态进行成分分析。

将正在用来在炉子中燃烧的燃料，称为应用燃料。如果从应用燃料中取样进行分析，所得到的燃料成分质量百分比，称为燃料的收到基，通常在成分上加角码"ar"表示，即

$$C_{ar} + H_{ar} + O_{ar} + N_{ar} + S_{ar} + M_{ar} + A_{ar} = 100\%$$

除去水分的燃料称为干燥燃料，以此为基础进行分析得到的成分质量百分数，称为燃料的干燥基，通常在成分上加角码"d"表示，即

$$C_d + H_d + O_d + N_d + S_d + A_d = 100\%$$

通常将除去水分和灰分的成分称为可燃成分，以此为基础进行分析得到的成分质量百分数，称为燃料的干燥无灰基，通常在成分上加角码"daf"表示，即

$$C_{daf} + H_{daf} + O_{daf} + N_{daf} + S_{daf} = 100\%$$

由于燃料的外部水分受气象条件的影响较大，在试验分析时常把燃料进行空气自然风干，使其失去外部水分。以此为基础进行分析得到成分质量百分数，称为燃料的空气干燥分析基，通常在成分上加角码"ad"表示，即

$$C_{ad} + H_{ad} + O_{ad} + N_{ad} + S_{ad} + A_{ad} + M_{ad} = 100\%$$

因为气体燃料和液体燃料的水分和灰分含量很少，所以，气体和液体燃料的收到基、干燥基、干燥无灰基和空气干燥分析基相差很小。而煤的水分和灰分含量很多，而且变化较大，因此，煤的收到基、干燥基、干燥无灰基和空气干燥分析基相差较大。

显然，在进行锅炉热力计算时应以收到基燃料成分作为依据。煤的成分及其组成的相互关系见图 8-2。

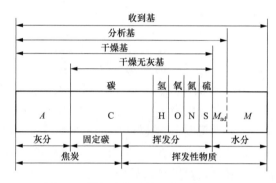

图 8-2　煤的成分及其组成的相互关系

煤的各种基准间的换算关系见表 8-1。

表 8-1　　　　　　　　　　　　　　煤的各种基准间的换算关系

已知煤基	所求煤基			
	收到基	分析基	干燥基	干燥无灰基
收到基	1	$\dfrac{100-M_d}{100-M_{ar}}$	$\dfrac{100}{100-M_{ar}}$	$\dfrac{100}{100-M_{ar}-A_{ar}}$
分析基	$\dfrac{100-M_{ar}}{100-M_{ad}}$	1	$\dfrac{100}{100-M_{ad}}$	$\dfrac{100}{100-M_{ad}-A_{ad}}$
干燥基	$\dfrac{100-M_{ar}}{100}$	$\dfrac{100-M_{ar}}{100}$	1	$\dfrac{100}{100-A_d}$
干燥无灰基	$\dfrac{100-M_{ar}-A_{ar}}{100}$	$\dfrac{100-M_{ad}-A_{ad}}{100}$	$\dfrac{100-A_d}{100}$	1

41. 为什么各种煤和气体燃料的发热量差别很大，而各种燃油的发热量差别却很小？

答：各种气体燃料的发热量差别很大。例如，液化石油气的低位发热量高达 $104700kJ/m^3$，而高炉煤气的低位发热量仅为 $3680kJ/m^3$。其他气体燃料的发热量在液化石油气和高炉煤气之间。液化石油气的发热量是高炉煤气发热量的 28 倍。

气体燃料发热量之所以差别这么大主要有三个原因：第一个原因是各种气体燃料的可燃成分所占的比例差别很大。发热量最高的液化石油气，可燃成分为 100%，而发热量最低的

高炉煤气，可燃成分仅占29％。第二个原因是各种气体燃料中可燃成分的发热量差别很大。液化石油气中的 C_2H_6 和 C_3H_8 发热量高达 $69220kJ/m^3$ 和 $93630kJ/m^3$，而高炉煤气中的 CO 的发热量仅为 $12730kJ/m^3$。第三个原因是气体燃料的发热量是以每立方米计算的，液化石油气的密度是高炉煤气的 $1.4\sim1.5$ 倍。所以，以立方米为单位的气体燃料发热量差别很大。显然，如果以每公斤为单位，气体发热量的差别将会减小。

我国部分气体燃料的特性见表8-2。

表8-2   我国部分气体燃料的特性

气体燃料种类	气体燃料平均成分（体积%）											低位发热量 (kJ/m³)
	C_mH_n					H_2	CO	CO_2	H_2S	N_2	O_2	
	CH_4	C_2H_6	C_3H_8	C_4H_{10}	其他							
气田煤气	97.4	0.94	0.16	0.03	0.06	0.08		0.54	0.03	0.76		35600
油田煤气	83.2		3.23	2.19	6.74			0.83		3.84		38270
液化石油气		50	50									104670
高炉煤气						2	27	11		60		3680
发生炉煤气	1.8				0.4	8.4	30.4	4.2		56.4	0.2	5650

各种煤的发热量差别也较大。例如，河南鹤壁煤的发热量高达 $26670kJ/kg$，而广西合山煤的发热量仅为 $14148kJ/kg$。煤的发热量差别之所以较大，主要是因煤中灰分含量差别较大。例如，河南鹤壁煤的灰分含量仅为17％，而广西合山煤的灰分含量高达49.2％。

燃油的发热量差别很小。其主要原因是燃油中的可燃元素 C 和 H 之和高达97.0％以上，不可燃元素及灰分、水分的含量之和在3％以下。其次是各种锅炉用燃油中 C 和 H 的含量差别很小，几种燃油的元素分析及发热量见表8-3。

表8-3   我国部分燃油特性

成分（%） 油种	C	H	O	N	S	A	M	低位发热量 (kJ/kg)
大庆原油	85.47	12.21	0.74	0.27	0.11	0.01	1.02	41530
大庆重油	86.47	12.47	0.29	0.28	0.21	0.01	0.2	39900
胜利原油	85.31	12.36	1.26	0.24	0.9	0.03	1.4	41710
胜利重油	85.91	11.97	0.62	0.34	1.06	0.04	1.3	41280
胜利渣油	85.33	12.07	0.97	0.59	1.06	0.04	0.1	41170

42. 为什么挥发分高的煤易于着火和完全燃烧？

答：无论是链条炉燃用的煤块，还是煤粉炉燃用的煤粉，在火焰、高温烟气和炉墙的辐射加热下，首先是其中的水分被蒸发，然后是挥发分逸出成为可燃气体。可燃气体的化学活性高，着火温度较低，着火所需的能量少，因此，煤块或煤粉中的挥发分逸出后很快着火燃烧。逸出的挥发分燃烧生成的热量将焦炭加热到着火温度使焦炭着火燃烧。由此可以看出，挥发分越高的煤在火焰、高温烟气和炉墙的辐射加热下，逸出的挥发分越多，越容易着火，产生的热量越多，越容易将焦炭加热到着火温度而使其开始燃烧。这也是燃用挥发分高的煤粉时，煤粉着火容易且即使在较低负荷下炉膛也不易灭火的主要原因。

无论是链条炉燃用的煤块还是煤粉炉燃用的煤粉，挥发分的逸出和燃尽所需的时间很短，而焦炭燃尽所需时间较长。通常是焦炭燃尽所需的时间决定了煤的燃尽时间。煤中的挥发分越多，挥发分逸出后焦炭的孔隙率越高，焦炭与氧气接触的表面积越大，焦炭燃烧的速度越快。

为了确保锅炉在低负荷时炉膛内具有一定的温度，以利于燃料燃烧和缩小锅炉体积，降低造价，炉膛的容积受容积热负荷下限的制约而不能太大。煤粉或炉排上方细小煤粒在炉膛内停留的时间是很短的，如果在炉膛出口处焦炭还不能燃尽，则会造成飞灰含碳量增加，机械不完全燃烧热损失增大。因此，挥发分高的煤因燃烧速度快而易于完全燃烧，而挥发分低的煤因燃烧速度慢而不易完全燃烧。这也是燃用挥发分高的煤时，机械不完全燃烧热损失低，燃用挥发分低的煤时，机械不完全燃烧热损失高的主要原因。

第三节　煤 及 制 粉 系 统

43. 煤如何分类？

答：煤的分类方法很多。按地质年龄的长短不同，煤可以分为泥煤、褐煤、烟煤和无烟煤。随着地质年龄的增长，煤中各种成分和发热量出现各种变化。

随着地质年龄的增加，煤的含碳量增加而含氧量减少。发热量从泥煤到烟煤是逐渐增加的。虽然无烟煤的含碳量较烟煤高，但无烟煤的发热量却比烟煤低，这是因为无烟煤中含氢量较少，而氢的单位质量发热量比碳高得多。

按煤的可燃质挥发分分类，煤可以分为四类。

(1) 褐煤：可燃质挥发分为 40%～60%。

(2) 烟煤：可燃质挥发分为 20%～40%。

(3) 贫煤：可燃质挥发分为 10%～20%。

(4) 无烟煤：可燃质挥发分不大于 10%。

这种分类方法，各种燃料的界限不是很严格的，其间还有过渡性燃料。如介于烟煤和无烟煤之间的煤称为半无烟煤。

44. 煤中的灰分有哪几个来源？对受热面的磨损有什么影响？

答：煤中的灰分一般有三个来源：

(1) 形成煤的植物中原来含有的矿物质称为一次灰。

(2) 植物形成煤的过程中进入煤的矿物质称为二次灰。

(3) 在煤的开采、运输、储存过程中进入的矿物质称为三次灰。

高质量的烟煤和无烟煤所含的灰分大部分是一次灰。这种灰分与燃料的有机质混合得很均匀。一次灰在燃烧后形成大小不同的圆球，对受热面的磨损很轻。

质量较差的褐煤和无烟煤末中，含有的二次灰和三次灰较多。二次灰和三次灰燃烧后所形成的灰粒不但比一次灰大得多，而且灰粒有锐利的棱角，对受热面的磨损非常严重。因此，在煤的开采和储运过程中尽量减少杂质（主要是煤矸石）混入，不但可以提高煤的发热量，减少运输量，而且还可以减轻锅炉对流受热面的磨损。

45. 为什么要测定煤中灰分的熔点？

答：煤中灰分的熔点在设计锅炉时和锅炉运行过程中非常重要。

设计锅炉时，炉膛出口烟温是一个非常重要的数据。炉膛出口烟温的高低决定了炉膛容积热负荷的大小，从而决定了炉膛容积的大小和锅炉各受热面的整体布置。通常灰分的熔点每提高50℃，容积热负荷的上限约可增加15％。为了使烟气中的灰分在炉膛出口处凝为固态，避免灰分呈熔融状态，黏结在炉膛出口处的水冷壁上和过热器管上，通常要求炉膛出口烟气温度低于灰分的变形温度 DT50～100℃。因此，设计锅炉时必须测定和提供设计煤种灰分的熔点。

锅炉耗煤量很大，在实际生产中由于各种原因很难做到完全按设计煤种供煤。有什么煤烧什么煤或什么煤便宜烧什么煤是常有的事。如果替代煤种灰分的熔点明显低于设计煤种，则会出现因炉膛出口水冷壁管和过热器管结渣而被迫降低锅炉负荷的情况，严重时因炉膛严重结渣而被迫停炉清渣。因此，替代煤种灰分的熔点不小于，至少是接近于锅炉设计煤种灰分的熔点是必须做到的，即要测定和提供替代煤种灰分的熔点。

由于煤中的灰分不是由单一成分组成的，而是由多种成分组成的，所以，不像单一成分的物质那样有一个确定的熔化温度。这样就会出现灰分中的某个组分已达到甚至超过熔点，而其他成分还远远没有达到熔点的情况。因此，灰分的熔点不宜用一个温度而常用三个温度来表示。

将灰样用模具压制成底边长 7mm、高 20mm 的直角或等边三角形锥体，放入温度可以调节的，充有适当还原性气体（与炉膛工况相近）的电炉中逐渐加热。随着温度的升高，灰分锥体的形状发生变化。当灰锥顶端开始变圆或弯曲时的温度称为变形温度 DT；当灰锥顶端由于弯曲而触及锥底平面或整个锥体变成球状时的温度称为软化温度 ST；当灰锥完全熔化成液体并能流动时的温度称为熔化温度 FT，见图 8-3。

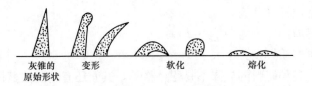

灰锥的 　　变形　　　　软化　　　　熔化
原始形状

图 8-3　测定灰熔点时灰锥的几种状态

46. 什么是煤的外在水分、内在水分和全水分？

答：煤在空气中风干过程中失去的水分称为外在水分 M_w。

煤在风干后仍残留在煤中的水分称为内在水分或固有水分 M_n。内在水分只有在较高温度下才能去除。

外在水分 M_w 和内在水分 M_n 之和称为全水分 M_q。

煤在干煤棚中只能失去外在水分，而不能降低内在水分。

47. 为什么要设干煤棚？

答：煤斗是一个倒四棱截锥体，煤斗通过倒圆截锥体的落煤管向给煤机供煤。大部分煤斗是采用钢筋混凝土浇筑而成的，其内壁的摩擦系数较大。当煤中含水量增加时，煤因附着力增大而容易黏附在煤斗和落煤管的内壁上。采用摩擦系数较小的钢制煤斗时，煤的黏附情况有所好转。但是当煤中含水分过大时，钢制煤斗和落煤管仍有黏附和堵塞现象。为了使给煤不中断，经常要采用人工捅煤或用铁锤敲打落煤管，使运行人员的劳动强度增加。

煤中水分增加降低了燃烧室的温度，影响燃料着火，使火焰拉长，加剧尾部受热面的低温腐蚀和堵灰，烟气容积的增加，使排烟热损失增大。煤中水分增加还易使采用的过滤式除尘器堵塞。

煤中的水分增加使得发热量降低，为了维持锅炉原来的蒸发量就必然燃用更多的煤，造成带入炉内更多的水分，对锅炉产生的不利影响加剧。

如果在煤场设置了干煤棚，不但可以防止下雨下雪使煤的含水量增加，而且干煤棚四周通风良好，煤在干煤棚中得以部分风干，使煤中含水量明显下降，对防止或减轻煤斗和落煤管堵塞，降低运行人员的劳动强度，减少煤中水分对锅炉运行带来的不利影响有显著的作用。

另外，干煤棚对减少因下雨而造成煤的流失、降低煤的储存损耗也有积极作用。

48. 为什么湿煤容易在煤仓下部发生堵塞现象？可采取哪些措施消除或减轻堵煤现象？

答：煤在煤仓中下落的过程可以看成是煤在煤仓内的流动过程。煤向下流动的动力来自煤的重力和与煤仓壁相平行的煤的下滑力，而煤流动时的阻力来自煤与煤和煤与煤仓壁之间的摩擦力。在煤种、煤仓的材质和煤仓壁倾角一定的情况下，摩擦力的大小取决于煤的黏力。

通常煤较干时煤的黏力较小，而在一定的范围内，煤的黏力随着水分的增加而增大。当煤较湿时原煤中的煤末容易黏附在煤仓壁上，使煤仓壁表面更加粗糙，导致煤下流的摩擦力增大；煤与煤之间的摩擦力因煤的黏力增加而增大。当摩擦力大于等于煤的重力和下滑力时，煤仓下部就会出现堵煤现象。

设置干煤棚防止雨雪进入煤中，并使煤自然风干是降低煤中水分的有效措施。在煤仓下部加装机械或风动的振动器，在煤湿发生堵煤时启动，或采用双曲线煤仓对防止或减轻煤仓堵煤均有明显效果。

49. 为什么双曲线煤仓可以防止或减轻堵煤现象？

答：在煤种、煤中含水量和煤仓材质已定的情况下，煤仓壁面的倾角大小决定了堵煤是否容易发生。通常煤仓壁面倾角越大，对减轻堵煤越有利。

过去煤仓大多是倒截方锥体。无论是露天或半露天布置的锅炉，煤仓均布置在室内。由于空间的限制，煤仓的高度有限，煤仓的倾角难以大幅度提高。由于倒截方锥体煤仓面收缩率越向下越大，煤流动阻力增大。因此，采用倒截方锥体的煤仓容易发生堵煤。倒截方锥体煤仓见图8-4。

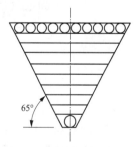

图8-4 倒截方锥体煤仓

如果采用双曲线煤仓，由于其截面收缩率可以保持不变甚至可以变小，煤的流动阻力明显下降。当煤仓的高度相同时，采用双曲线煤仓的煤仓壁任一点切线的倾角比倒方截锥体壁面倾角大（见图8-5），煤向下流动的动力增加。

由于采用双曲线煤仓，煤的流动阻力减少，而煤的流动动力增大，可以避免或减轻堵煤现象，所以为近年来国内外广泛使用。

双曲线煤仓的缺点是形状较复杂，无论是采用钢板制作还是采用钢筋混凝土浇筑难度较大，储煤量也比倒方截锥体煤仓小。

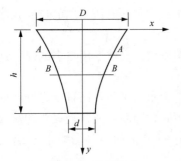

图 8-5　双曲线煤仓

50. 为什么要安装磁铁分离器？

答：煤炭在开采、储存和运输过程中经常会有铁质杂物混入其中，为了防止煤炭中的铁质杂物造成碎煤机、给煤机和链条炉炉排卡住、损坏或影响磨煤机正常工作，通常在碎煤机前设有磁铁分离器。

悬挂式磁铁分离器通常悬挂在输煤皮带的上方。当电流流过线圈时产生磁场，将线圈内部的铁芯磁化，铁芯产生的磁场又将输煤皮带上混在煤中的铁质杂物磁化，因此可以将铁质杂物吸起。运行人员应定期将铁质杂物清除，以保持磁铁分离器具有强大的吸引力。

51. 碎煤机的作用是什么？

答：发电厂通常购进的是原煤，原煤的尺寸主要与开采的方式有关。在燃料分场，对于少量粒径在 200mm 以上的煤块，通常采用人工击碎。

粒径小于 200mm 的原煤如果直接进入原煤仓，容易造成原煤仓下部出煤口堵塞。粒径较大的煤进入给煤机，也容易引起卡塞。粒径较大的煤直接进入磨煤机，不但会因煤的表面积减少，使煤的干燥效果变差，而且制粉能力降低。

粒径小于 200mm 的原煤通常要经碎煤机破碎成粒径小于 30mm 的煤块再送入原煤仓。原煤经碎煤机破碎后，对防止或减轻原煤仓和给煤机的卡塞，提高煤的干燥效果和制粉能力有显著作用。因此，碎煤机是制粉系统不可缺少的设备。

常用的锤击式碎煤机见图 8-6，它和锤击式磨煤机工作原理相似。

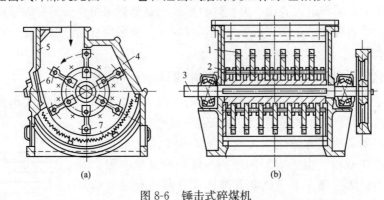

(a)　　　　　　　　　　　(b)

图 8-6　锤击式碎煤机

(a) 正视图；(b) 剖视图

1—锤子；2—销子；3—主轴；4—外壳；5—护板；6—孔；7—筛格

破碎后的煤粒尺寸取决于下部筛格的尺寸。这种碎煤机对于块径较大的煤可以进行多次破碎，直至煤块可以通过筛格为止。这种碎煤机的噪声较大，锤子磨损较快。

图 8-7 所示为辊式碎煤机。一个辊子是固定的，另一个辊子是可动的，两个辊子之间的间隙可由垫块来调整，用以调节煤破碎后的尺寸。可动辊子由弹簧压紧在垫块上，如果遇到金属块或其他硬物，可动辊

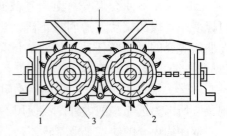

图 8-7　辊式碎煤机

1—固定辊子；2—可动辊子；3—齿

子就移开，两辊子的间隙增大，使金属块或硬物通过而不致损坏设备。

这种碎煤机中原煤是一次通过的，可将块径 200mm 的原煤轧碎至块径 30～40mm。不宜过分调小两辊之间的间隙，否则会引起堵塞。

52. 为什么链条炉不需要给煤机，而煤粉炉需要给煤机？

答：链条炉可通过改变煤闸门的高度来调节炉排上煤层的厚度，通过调节炉排前进速度的方法来改变单位时间内炉膛内煤的燃烧量，以适应负荷的变化，链条炉的炉排实际上起到了一个给煤机的作用。因此，链条炉不需要再设置给煤机。通常煤仓通过落煤管直接向链条炉的煤斗供煤。

采用直吹式制粉系统的煤粉炉，只能通过调节进入磨煤机的给煤量来适应锅炉负荷的变化。

虽然采用储仓式制粉系统的煤粉炉，不是通过调节给煤量，而是通过调节给粉机的给粉量满足负荷的变化，但是制粉系统的制粉量与煤的可磨性系数和煤中的含水量有关。当可磨性系数降低或煤中含水量增加时，制粉量降低；反之，当可磨性系数增加或煤中水分降低时，制粉量增加。磨煤机的给煤量应随着煤的可磨性系数和含水量的变化而改变。

由于通过改变煤斗或落煤管插板开度的方法改变给煤量容易引起煤斗或落煤管下煤堵塞，所以，煤粉炉采用给煤机调节给煤量。

53. 给煤机有哪几种？各有什么优、缺点？

答：常用的给煤机有圆盘式给煤机、皮带式给煤机、刮板式给煤机和电磁振动式给煤机等。

（1）圆盘式给煤机见图 8-8。

圆盘式给煤机虽然可以通过套筒升降和改变圆盘转速来调节给煤量，但经常采用的还是通过改变刮板的位置来调节给煤量。当刮板向圆心移动时，给煤量增加；当刮板向边缘移动时，给煤量减少，见图 8-9。

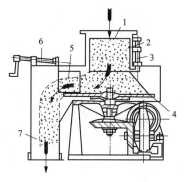
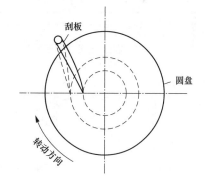

图 8-8　圆盘式给煤机

1—进煤管；2—调节套筒；3—调节套筒的操纵杆；
4—圆盘；5—调节刮板；
6—刮板位置调节杆；7—出煤管

图 8-9　用改变刮板位置的方法调节给煤量

圆盘式给煤机的优点是结构紧凑，占地较少；缺点是当煤较湿时，落煤管易堵塞。

（2）皮带式给煤机见图 8-10。

皮带式给煤机就是一个长度较小的皮带输煤机。通过改变煤斗下部挡板开度，调整输送皮带上煤层厚度或改变皮带前进速度来调节给煤量。

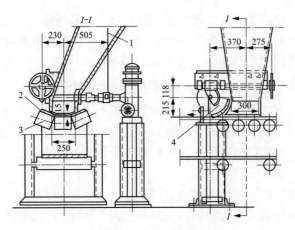

图 8-10 皮带式给煤机
1—下煤管；2—皮带；3—辊子；4—扇形挡板

皮带式给煤机的优点是对煤种适性强，即使煤较湿时，落煤管也不易堵塞；缺点是占地较大，漏风量较大。

(3) 刮板式给煤机见图 8-11。

刮板式给煤机通过改变煤层厚度或链条的前进速度来调节给煤量。

刮板式给煤机的优点是煤不易堵塞，严密性较好；缺点是当煤块过大或煤中有杂物时易卡涩，刮板磨损较严重。

(4) 电磁振动式给煤机见图 8-12。

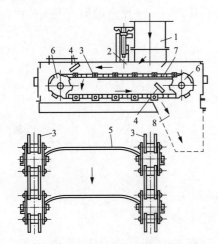

图 8-11 刮板式给煤机
1—进煤管；2—煤层厚度调节板；3—链条；
4—导向板；5—刮板；6—链轮；7—上台板；8—出煤管

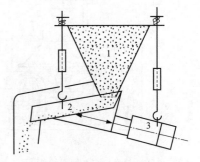

图 8-12 电磁振动式给煤机
1—进煤斗；2—给煤槽；
3—电磁振动器

电磁振动式给煤机主要由进煤斗、给煤槽和振动器组成。通过改变电压或电流调节振动器的振幅来调节给煤量。

电磁振动给煤机的优点是无转动设备，工作可靠，维修工作量少，结构简单，占地少，给煤均匀，调节灵活、方便；缺点是噪声较大。电磁振动给煤机的优点较突出，是应用较广泛的一种给煤机。

54. 什么是低速磨煤机？其工作原理是什么？适于哪些煤种？

答：转速为 16～25r/min 的磨煤机，因为在各种磨煤机中转速是最低的，所以，称为低速磨煤机。筒式球磨机是最常用的低速磨煤机。

筒式球磨机见图 8-13。

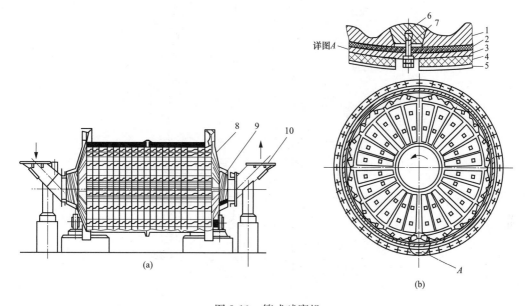

图 8-13 筒式球磨机

（a）纵剖面；（b）横剖面

1—波浪形的护板；2—绝热石棉垫层；3—筒身；4—隔声毛毡层；5—钢板外壳；
6—压紧用的楔形块；7—螺栓；8—封头；9—空心轴颈；10—连接短管

筒式球磨机在电动机通过减速器带动下低速旋转时，钢球和煤被扬起到筒体的上部，在钢球和煤的下落过程中，钢球间和钢球与钢瓦间存在着对煤撞、砸、压、碾、磨等各种方式的磨煤作用。原煤和从粗粉分离器分离出来的粗粉以及干燥剂从筒式球磨机的一端进入，气粉混合物从另一端出来后进入粗粉分离器。

筒式球磨机是各种磨煤机中磨煤方式最全的。虽然参与磨煤的钢球和钢瓦的总重量较其他任何磨煤机大得多，每吨煤粉的金属消耗量较大，但是每个钢球和每块钢瓦的磨损量并不大，因而检修工作量不大，只要定期补充钢球即可。

由于筒式球磨机存在多种磨煤方式，所以，可以适应各种煤种。特别是可磨性系数较低，即煤质较硬而不适于采用中速磨煤机和高速磨煤机的煤，采用筒式球磨机更加可以显现出其优点。

55. 什么是中速磨煤机？其工作原理是什么？适于哪些煤种？

答：转速比低速磨煤机高，比高速磨煤机低，其转速为 60～300r/min 的磨煤机称为中速磨煤机。

中速磨煤机有多种，但无论是球式还是碗式中速磨煤机，其磨煤的主要工作原理均是煤在辊子或钢球的挤压或碾压下被破碎。图 8-14 所示为中速钢球磨煤机。

锅炉、节能减排技术问答3000题

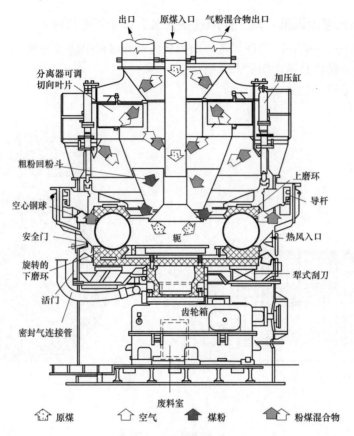

图 8-14 中速钢球磨煤机

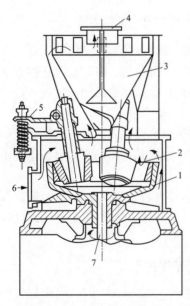

图 8-15 碗式中速磨煤机

1—碗形磨盘；2—辊子；3—粗粉分离器；
4—气粉混合物出口；5—压紧弹簧；
6—热空气进口；7—驱动轴

中速钢球磨煤机主要由上、下磨环和位于中间的钢球组成。下磨环是旋转的，上磨环用弹簧压紧且是固定不动的。钢球位于上、下磨环的槽内，钢球之间有 15～20mm 的间隙。原煤和从粗粉分离器分离出的粗煤粉从磨煤机的中部落下，在离心力的作用下煤被甩至下磨环的外缘，经过钢球时被转动的下磨环和滚动的钢球碾压破碎成煤粉，制成的煤粉被从环形风道进入的空气带走进入粗粉分离器。中速钢球磨煤机的钢球是空心的，数量为 6～16 个，直径为 200～500mm。

图 8-15 所示为碗式中速磨煤机。碗式中速磨煤机主要由碗形磨盘和辊子组成。辊子在弹簧的作用下压在碗壁上。电动机通过减速器带动磨盘旋转，辊子在磨盘的带动下作方向相反的旋转。原煤和从粗粉分离器分离出来的粗煤粉落在磨盘上，被离心力甩至磨盘与辊子之间，在辊子碾压下被磨成煤粉。

为了防止磨盘被磨损，在磨盘的内侧装有轮箍，轮箍磨损后可以更换。

536

由于中速磨煤机的转动部分质量很小，所以制粉耗电较小。

由于中速磨煤机直接与煤接触参与磨煤的金属部件质量很小，虽然每吨煤粉的金属耗量较小，但是磨煤部件的磨损还是较大，所以，中速磨煤机适于磨可磨性系数较大，即较软的煤。

56. 什么是高速磨煤机？其工作原理是什么？适于哪些煤种？

答：转速为 $735\sim1450r/min$ 的磨煤机，因为在各种磨煤机中转速是最高的，所以，称为高速磨煤机。风扇式磨煤机和竖井式磨煤机是最常用的高速磨煤机。

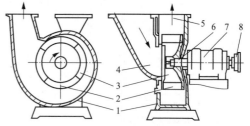

图 8-16 风扇式磨煤机
1—外壳；2—冲击板；3—叶轮；4—风、煤进口；
5—煤粉空气混合物出口（接分离器）；
6—轴；7—轴承箱；8—联轴节（接电动机）

风扇式磨煤机见图 8-16。风扇式磨煤机将磨煤机和排粉机有机地结合起来，同时起到磨煤机和排粉机的作用。风扇式磨煤机和离心式送风机的构造和工作原理相似，只是风扇式磨煤机叶片较厚，外壳装有防磨护板且叶轮和叶片及护板是用耐磨性能好的锰钢制造的。

原煤和从粗粉分离器分离出来的粗煤粉及干燥剂从入口进入风扇式磨煤机，受到高速旋转叶片的撞击并获得很高速度后被甩到机壳的护板上。煤从护板弹起后再次撞在高速旋转的叶片上，煤在风扇式磨煤机的粉碎空间内多次反复撞击而被粉碎成煤粉。风粉混合物进入粗粉分离器，合格的煤粉经燃烧器喷入炉膛，粗煤粉返回磨煤机入口重新粉碎。

由于叶片的旋转速度很高，叶片受到煤的反复高速撞击，所以磨损较严重。通常叶片的使用寿命决定了磨煤机的检修周期。由于风扇式磨煤机兼有磨煤和排粉双重功能，所以，风扇式磨煤机结构较紧凑，制粉系统的造价较低。

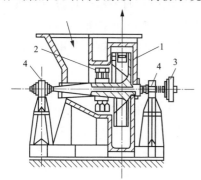

图 8-17 带前置锤的风扇式磨煤机
1—叶轮；2—前置锤；
3—联轴节；4—轴承

为了充分发挥风扇式磨煤机的优点，避免叶片磨损较严重的缺点，风扇式磨煤机适于磨制可磨性系数较高，即较软的煤。也可以在风扇式磨煤机叶轮前加装几排锤子。前置锤不但可以使撞击叶片的煤的粒度减小，而且可以使进入叶轮的煤分布较均匀，从而达到减轻叶片磨损、延长检修周期的目的。带前置锤的风扇式磨煤机见图 8-17。

竖井式磨煤机由外壳和转子组成。竖井式磨煤机由电动机直接带动，燃料由转子的上方进入磨煤机后被高速旋转的锤子击碎，转子对积存在底部煤的碾压和碎煤对外壳的撞击完成了对煤的磨制。热空气从竖井的下部进入，一方面对磨碎的煤粉进行干燥，另一方面起到分离和输送煤粉的作用。竖井式磨煤机通常不设粗粉分离器，而用控制竖井内气流的速度将合格的细煤粉分离出来送入炉膛，而较粗的煤粉则依靠重力下落，再次被磨煤机粉碎。因此，改变竖井内气流的速度可以改变煤粉的细度。当竖井内气流速度为 $1.5\sim2.0m/s$ 时，煤粉的细度 $R_{90}=40\%\sim60\%$。

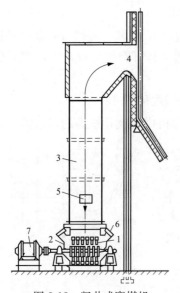

图 8-18　竖井式磨煤机

1—转子；2—外壳；3—竖井；4—喷口；

5—燃料入口；6—热风入口；7—电动机

竖井式磨煤机见图 8-18。

与风扇式磨煤机相比，因为省去了粗粉分离器，结构更紧凑简单，所以制粉系统的投资更少。因为气流的速度低，阻力小，所以制粉电耗更低。

由于锤子的旋转速度很快，煤对锤子的撞击速度很高，而且与制粉量相比，锤子的质量很小，因而锤子的磨损很严重，并且只有当磨煤机停下时才能更换。所以，竖井式磨煤机只适于磨较软的煤。

57. 什么是煤的可磨性系数？

答：虽然各种制粉设备的工作原理不尽相同，但是煤在制粉设备中都受到撞、砸、压、碾、磨多种形式的作用，只是在不同的制粉设备中，各种作用的大小不同而已。将煤制成煤粉，煤的表面积大大增加，为了克服分子间的结合力，产生新的表面，必须要消耗能量。

磨煤机把 1kg 不同的煤磨制成相同细度的煤粉，所消耗的能量是不同的。由于煤的机械性能不同，有的煤容易磨碎，有的煤不易磨碎，为了评价某种煤磨碎的难易，可用煤的可磨性系数表示。

在实际测定中，用相同重量的煤样和标准煤样分别在试验室的磨煤机中磨制，磨制的条件如时间、转速完全相同。两种煤磨制时所消耗的能量是相同的，但所得的煤粉细度不一样。根据两种煤粉的细度可用公式求出可磨性系数。一般标准煤样采用无烟煤屑。

显然煤越软，则可磨性系数越大；煤越硬，则可磨性系数越小。

58. 筒式钢球磨煤机有何优、缺点？

答：筒式钢球磨煤机又称为筒式球磨机，见图 8-13。钢球磨煤机具有很多优点。对煤种的适应性很强，可磨软的煤，也可磨很硬的煤，对煤中的杂质不敏感，工作很可靠，可以连续工作很长时间而不必修理，制粉能力高，特别适用于大型锅炉。因此，国内外电厂广泛采用钢球磨煤机。

钢球磨煤机结构笨重，金属用量大，而且只适宜在满负荷下运行，否则，随着钢球磨煤机的负荷下降，制粉电耗增加。钢球磨煤机的金属消耗量（主要是钢球和硬质合金衬里）较大（特别是在低负荷下运行时），其金属磨损率为 100～300g/t 煤，且占地面积大、初投资高、漏风量较大。

另外，钢球磨煤机运行时，噪声很大，也是它的缺点之一。

我国目前生产的钢球磨煤机型号及规范见表 8-4。

表 8-4　　　　　　　　　我国目前生产的筒式球磨机型号及规范

项目 型号	筒身内径 (mm)	筒身长度 (mm)	圆筒体积 (m³)	钢球最大 载质量(t)	圆筒转数 (r/min)	电动机功率 (kW)
DTM-220/260	2200	2600	9.9	10	22	145
DTM-220/320	2200	3200	12.5	14	22	170
DTM-250/360	2500	3600	17.7	20	20	280

项目 型号	筒身内径 (mm)	筒身长度 (mm)	圆筒体积 (m³)	钢球最大 载质量(t)	圆筒转数 (r/min)	电动机功率 (kW)
DTM-250/390	2500	3900	19.2	25	20	320
DTM-287/410	2870	4100	26.5	30	19	475
DTM-280/470	2870	4700	30.4	35	19	570
DTM-330/470	3300	4700	40.2	45	18	600
DTM-330/550	3300	5500	47.9	55	18	900
DTM-380/650	3800	6500	—	65	19	2×625

59. 为什么筒式钢球磨煤机应在满负荷下运行？

答：筒式钢球磨煤机结构很笨重，其转动部分的质量相当于筒式钢球磨煤机内煤的质量的几十倍。电动机所消耗的功率绝大部分用来带动钢球磨煤机筒体和钢球旋转。因此，筒式钢球磨煤机的给煤量即使大幅度减少，电动机消耗的功率也是基本不变的。这样钢球磨煤机在低负荷下运行时，其制粉电耗必然大大增加。另外，在低负荷下运行时，筒式钢球磨煤机的硬质合金衬里和钢球的磨损较严重。

因此，筒式钢球磨煤机适用于带基本负荷的锅炉使用，或在制粉系统中设置中间储粉仓。有了中间储粉仓，无论锅炉负荷如何变化，磨煤机始终在满负荷下运行。当煤粉仓装满后，磨煤机可停下备用，这样制粉电耗较低。

60. 什么是筒式钢球磨煤机的临界转速和最佳转速？

答：当筒式钢球磨煤机的转速很低时，磨煤机内的钢球和煤随着筒壁上升；当球与煤的倾角等于自然倾角时，钢球和煤将沿着斜面滚下，在这种情况下，不但钢球对煤的磨碎作用很小，而且还由于燃料只堆积在圆筒的下部，干燥介质对煤粉的干燥作用很小，只能将表面的煤粉带出磨煤机，钢球磨煤机的经济指标很低，所以钢球磨煤机设计转速很低是不合理的，见图 8-19(a)。反之，如果钢球磨煤机的转速很高，作用在钢球和燃料上的离心力很大，钢球和燃煤附在筒壁上与球磨机一起旋转。在这种情况下，消耗的能量很大，但是钢球不起砸磨燃料的作用，见图 8-19(c)。

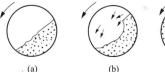

图 8-19 转速对钢球在筒内运动的影响
(a) 转速过慢；(b) 转速适当；(c) 转速过快

钢球和煤产生的离心力刚好与其重力相等，钢球和煤与筒壁一块旋转时的磨煤机转速称为临界转速 n_{lj}(r/min)，如不考虑滑动，则

$$n_{lj} = \frac{30}{\sqrt{R}}$$

式中 R——球磨机内壁的半径，m。

从式中可以看出，n_{lj} 与钢球和煤的质量无关，只与球磨机内壁的半径有关。

显然钢球磨煤机的最佳转速应比临界转速低。当磨煤机内的钢球下落时对筒底部的燃煤产生最大的撞击作用，即钢球产生最大落差时磨煤机的转速为最佳转速 n，见图 8-19(b)。如果不考虑滑动，理论最佳转速 $n=0.76n_{lj}$。由于球磨机内钢球和煤彼此互相撞击，以及钢球和煤对筒壁存在不可避免的滑动，筒内钢球和煤的运动是十分复杂的，实际的最佳转速应通过运行试验才能确定。

61. 为什么筒式钢球磨煤机的金属磨损量在各种磨煤机中是最大的，维修工作量却是最小的？

答：筒式钢球磨煤机的转速为 $16\sim25r/min$，是各种磨煤机中转速最低的，属于低速磨煤机。中速磨煤机的钢球或辊子在工作时通常不与磨盘或钢碗直接接触，而仅对煤进行碾压，由于煤的硬度比钢小得多，所以每吨制粉量的金属磨损量较低。

因为属于高速磨煤机的风扇式磨煤机的叶轮和竖井式磨煤机的锤子在旋转时也不与其他金属部件接触，而仅靠对煤的撞击将其粉碎。所以，虽然每吨煤粉的金属磨损量较中速磨煤机高，但仍然不大。

筒式钢球磨煤机虽然属于低速磨煤机，但由于筒式钢球磨煤机内钢球和筒身的质量是煤质量的十几倍，在磨煤过程中，除钢球与钢球间或钢球与钢瓦间对煤存在着撞、砸、碾、压、磨等各种磨煤方式外，钢球与钢球间或钢球与钢瓦间存在着直接相互撞击的机会。制粉系统启动时，通常是先启动磨煤机，然后再启动给煤机给煤；而停止时先停给煤机，待磨煤机内的煤粉抽尽后才停止磨煤机。在磨煤机启动和停止的过程中有一段时间，磨煤机内没有煤或煤很少，大量的钢球和钢瓦相互直接撞击，导致金属磨损量很大。因此，筒式钢球磨煤机每吨制粉量金属磨损量高达 $100\sim300g$，是各种磨煤机中最高的。

虽然筒式磨煤机单位制粉量的金属磨损量是各种磨煤机中最高的，但由于筒式球磨机制粉部件钢球和钢瓦的总质量比中速磨煤机或高速磨煤机大得多，每个钢球和每块钢瓦的磨损量却比中速磨煤机和高速磨煤机的磨煤部件小得多，而且筒式球磨机工作时对钢球和钢瓦的磨损并不敏感。

钢瓦较厚，运行周期很长，通常厚度磨损 1/3 时才需要更换。筒式球磨机内需要 $30\sim60mm$

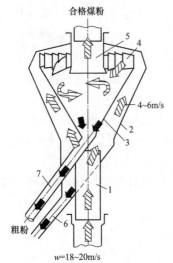

图 8-20　离心式粗粉分离器
1—进口管；2—外圆锥体；
3—内圆锥体；4—百叶窗式调节挡板；
5—出口管；6、7—回粉管

直径不等的钢球。通常筒式球磨机用于储仓式制粉系统，其制粉量大于锅炉耗煤量。利用磨煤机停止的间隙补充直径为 $60mm$ 的钢球即可使筒内保持钢球的直径在要求的范围内。同时由于筒式球磨机转速很低，所以，其维修工作量是最小的。

62. 粗粉分离器的作用及工作原理是什么？

答：为了保证干燥效果和降低制粉电耗，气粉混合物在磨煤机出口应具有一定的速度，这样带出的煤粉中就含有一定数量的颗粒较大的煤粉。如果不把颗粒较大的煤粉从中分离出来，锅炉的机械不完全燃烧损失要增大。为此在制粉系统中设有粗粉分离器，把颗粒较大的煤粉从中分离出来并送回磨煤机中继续磨碎。

离心式粗粉分离器见图 8-20。从球磨机出来的气粉混合物以 $15\sim20m/s$ 的速度自下而上进入粗粉分离器，在内外锥体之间流过。由于截面不断扩大，其速度逐渐降为 $4\sim6m/s$，气粉混合物中的大颗粒煤粉从气流中落下，由外锥体回粉口回至磨煤机。气粉混合物再经百叶窗式调节挡板沿切向进入内锥体。由于离心力的作用，较大颗粒的煤粉被分离出来由内锥体底部的回粉口返回球磨机。气粉混合物由上部引出进入旋风分离器。改变百叶窗式调节挡板的开度，可以调节气粉混合物的旋转程度，借此可以调节粗粉分离器出口煤粉的细度。

在实际运行中，由于煤粉互相撞击的结果，从粗粉分离器上部出来的气粉混合物中含有一定数量的颗粒较大的煤粉，返回球磨机的粗粉中也含有一定数量的细煤粉。这种情况无论是对降低制粉电耗还是降低机械不完全燃烧损失都是不利的。因此，回粉中的细粉含量和出粉中的粗粉含量是评价粗粉分离器工作质量的重要指标。

粗粉分离器百叶窗式调节挡板的最佳开度要根据煤种和燃烧调整试验来确定。

63. 旋风分离器的作用及工作原理是什么？

答：对于没有中间储仓的直吹式制粉系统，从粗粉分离器出来的气粉混合物可直接由排粉机升压后送至锅炉。而对于有中间储仓的制粉系统，必须设法将煤粉从气粉混合物中分离出来送入储粉仓，这项工作一般由旋风分离器来完成。从旋风分离器分离出来的是合格的煤粉，故又称为细粉分离器，见图 8-21。

气粉混合物从粗粉分离器出来后，以 18～22m/s 的速度切向进入外圆筒的上部，一面旋转一面向下流动，由于离心力的作用，煤粉被甩至筒壁，沿外壳落下。当气粉混合物转折进

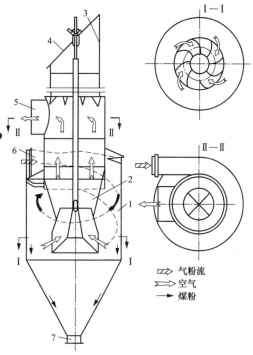

图 8-21 旋风分离器
1—外壳；2—调节器；3—上部管；4—防爆门；
5—空气出口；6—气粉混合物入口；7—煤粉出口

入内圆筒时，煤粉再次被分离。分离器的效率一般可达 85%～90%，即从旋风分离器出来的气体中还含有 10%～15% 的煤粉。但由于在闭式制粉系统中，这部分气体一般经排粉机升压作为输送煤粉的一次风送入炉膛，所以不会污染环境或造成燃料的浪费。

64. 锁气器的作用及种类有哪些？

答：锁气器是只允许煤粉通过而不允许空气流过的设备。常用的锁气器有翻板式和草帽式两种，见图 8-22。

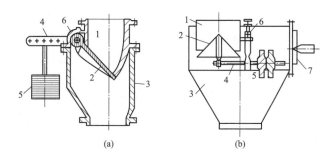

图 8-22 锁气器
(a) 翻板式；(b) 草帽式
1—煤粉管；2—翻板或活门；3—外壳；4—杠杆；5—平衡重锤；6—支点；7—手孔

由于球磨机的进出口转动部分、管道和防爆门等密封较困难，为了避免煤粉漏出污染环境，一般制粉系统大多采用负压式。从粗粉分离器分离出来的粗粉要经回粉管返回球磨机，

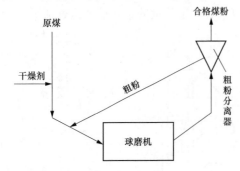

图 8-23　球磨机配粗粉分离器工作示意

见图 8-23。但球磨机内的负压比粗粉分离器负压小，即球磨机内的绝对压力比粗粉分离器高。如果没有锁气器，不但不能正常回粉，气体还会从粗粉分离器的底部上升，使分离器中气体有规则的流动被破坏，造成分离器不能正常工作。

旋风分离器内的负压很大，如果没有锁气器，不但煤粉不能进入储粉仓，而且从大气中漏入的空气将会严重破坏旋风分离器的正常工作，使分离器的分离效率大大降低。

有了锁气器可以使从粗粉分离器分离出来的粗粉和从细粉分离器分离出来的细粉达到一定数量后，依靠粗粉或细粉的自重开启锁气器，使其分别落入球磨机和储粉仓。

为了防止锁气器开启时破坏分离器的正常工作，常将两个锁气器串联使用，轮流开启，保证在任何情况下至少有一个锁气器是在关闭状态。

65. 什么是开式制粉系统和闭式制粉系统？

答：气粉混合物经旋风分离器后，其中绝大部分的煤粉被分离出来送入粉仓储存起来。从分离器上部出来的气体还含有少量的煤粉。如果从旋风分离器上部出来的气粉混合物直接排入大气，则称为开式制粉系统。如果作为输送煤粉的一次风送入炉膛则称为闭式制粉系统。虽然采用结构复杂、分离效率在 98% 以上的高效分离器，从分离器上部出来的气体中还含有少量煤粉，直接排入大气不但造成燃料浪费还污染环境，因此，一般很少采用开式制粉系统。

当燃用的煤很湿（折算水分 M 为 10%～20%），如果采用闭式制粉系统，进入炉膛的水分太多，不但使炉膛温度降低，煤粉着火困难，而且还使排烟温度升高，锅炉热效率降低，在这种情况下，采用开式制粉系统在经济上是有利的。

66. 储仓式制粉系统有何优点？

答：具有储粉仓的制粉系统，当气粉混合物从粗粉分离器出来进入旋风分离器后，绝大部分的煤粉被分离出来，经锁气器进入储粉仓。按锅炉负荷大小来调节给粉机的转速，控制进入锅炉的煤粉量。

当燃用挥发分高的煤种时，由旋风分离器上部出来的含少量煤粉的气粉混合物，由排粉机升压后作为输送煤粉进入炉膛的一次风。当燃用挥发分含量低的煤种时，为了使煤粉容易着火和燃烧稳定，可采用一次风机将空气预热器来的热风升压作为输送煤粉的一次风，而从旋风分离器出来的气粉混合物经排粉机升压后，作为三次风送入炉膛。

虽然制粉系统有了储粉仓，使得系统复杂，投资增加，但是储仓式制粉系统有很多优点。

（1）制粉系统工作安全可靠。储粉仓储存了一定数量的煤粉，即使磨煤机发生故障，储粉仓中的煤粉仍可满足锅炉一定时间的生产需要。而且邻炉的制粉系统中多余的煤粉可以通过螺旋输粉机送至制粉系统发生故障的锅炉的储粉仓中。这样制粉系统发生故障就不至造成被迫停炉，增加了锅炉安全生产的可靠性。

（2）制粉电耗下降。因为有了储粉仓，磨煤机的出力不必随时与锅炉的负荷相适应。换言之，不管锅炉负荷如何变化，磨煤机总是在最佳工况下运行，这为降低制粉电耗、提高锅炉净效率创造了有利条件。

（3）有利于制粉系统的维修保养。由于制系统有一定的裕量和锅炉不总是在满负荷下运行，当储粉仓粉位较高时，磨煤机常可以停运几个小时。这对制粉系统的维修保养是有利的。

（4）改善了排粉机的工作条件。在没有储粉仓的直吹式制粉系统中，全部煤粉通过排粉机，排粉机的磨损比较严重，工作周期短，检修工作量大。而有储粉仓的制粉系统，只有从旋风分离器上部出来的少量煤粉通过排粉机，排粉机的磨损大大减轻，工作周期延长，检修工作量减少，可靠性提高。

（5）易于调节负荷。当锅炉负荷变化时，只需改变给粉机的转速即可。当锅炉的负荷变化较大时，除了改变给粉机的转速外，还可采用投入或解列一台或几台给粉机的方法来迅速改变进入锅炉的煤粉量，调节方便、迅速。

67. 螺旋输粉机的作用有哪些？

答：虽然采用中间储仓式制粉系统时，磨煤机每小时的制粉量大于锅炉每小时的耗煤量，磨煤机在满负荷下运行，每天可以停下一段时间，供检查或作所需时间较短的维修工作，但由于各种原因，例如，煤湿造成下煤不畅甚至堵塞，制粉系统有缺陷，运行操作不当，使得制粉系统出力下降；或者由于煤的发热量降低，锅炉耗煤量增加，制粉系统难以停下或停运时间很短，难以进行维修工作，制粉系统有可能成为限制锅炉负荷的制约因素。

如果在几台锅炉之间设置螺旋输粉机，每台锅炉制粉系统生产的煤粉可以向任何一台需要煤粉的锅炉输粉，则制粉系统的可靠性大大提高。这样由于各种原因引起的制粉系统出力下降，不会成为限制锅炉负荷的制约因素，制粉系统出现大的故障，甚至发生事故时，锅炉也可以维持正常生产。

螺旋输粉机构造和工作原理简单，工作可靠，维修工作量少，设备费用不多。因此，通常采用中间储仓式制粉系统时，均设置螺旋输粉机。

旋风分离器下部有两根落粉管，一根落粉管通向本炉的煤粉仓，另一根落粉管与螺旋输粉机连接，通过切换挡板，可以改变煤粉的流向。螺旋输粉机的螺旋杆通过减速器由电动机带动旋转，将煤粉从一端输往另一端，通过改变电动机的旋转方向，可以改变煤粉输送的方向，这样每台锅炉的煤粉可以输往任何一台需要煤粉的锅炉的粉仓。

螺旋输粉机的结构见图 8-24。

68. 为什么有些制粉系统采用干燥剂送粉、有些制粉系统采用热风送粉？

答：来自空气预热器的热风干燥剂对磨煤机中的煤和煤粉干燥后，不但温度降低，而且干燥剂中的水蒸气增加，氧含量较低。当锅炉燃用挥发分高的煤种时，煤粉着火容易，即使采用排粉机将干燥煤粉后的干燥剂升压作为一次风输送煤粉，也能保证煤粉很快着火和稳定燃烧。因为采用干燥剂送粉不但省掉了一次风机，而且系统简单，所以，燃用挥发分高的煤种时，采用干燥剂送粉是合理的。干燥剂送粉系统见图 8-25（a）。

当燃用挥发分含量低的煤种，如无烟煤、贫煤时，由于煤粉的着火较困难，如果采用温度低、水蒸气含量高、含氧量少的干燥剂作为一次风输送煤粉，着火更加困难，造成火焰拉长，不利于煤粉完全燃烧。如果采用一次风机将空气预热器来的热风升压后作为一次风输送煤粉，则由于一次风温度高，且水蒸气含量低、氧含量高，有利于煤粉着火和稳定燃烧，且可以缩短火焰长度并使燃料完全燃烧。所以，当燃用无烟煤或贫煤等挥发分低的煤种时，选用热风送粉虽然增加了一次风机和相应的管道，但仍然是合理的。热风送粉系统见图 8-25(b)。

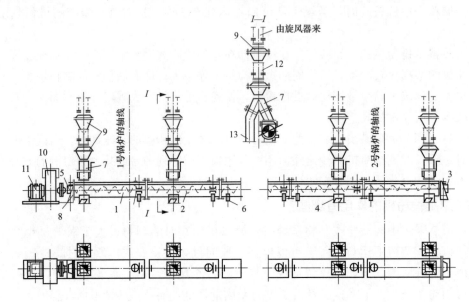

图 8-24　螺旋输粉机的结构

1—外壳；2—转子；3—轴承；4—输粉机至煤粉仓的带有挡板的落粉管；5—推力轴承；
6—支架；7—煤粉落入输粉机的管道；8—端头的支座；9—锁气器；10—减速器；
11—电动机；12—转换通路挡板；13—至煤粉仓的落粉管

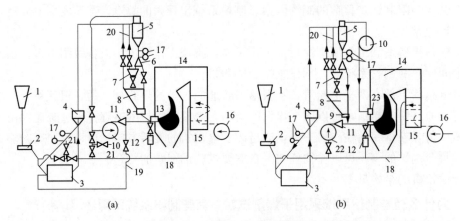

(a)　　　　　　　　　(b)

图 8-25　中间储仓式制粉系统

（a）干燥剂送粉系统；（b）热风送粉系统

1—原煤仓；2—给煤机；3—磨煤机；4—粗粉分离器；5—旋风分离器；6—切换挡板；7—螺旋输粉机；8—煤粉仓；
9—给粉机；10—排粉机；11—一次风箱；12—二次风箱；13—燃烧器；14—锅炉；15—空气预热器；16—送风机；
17—锁气器；18—热风管道；19—再循环管；20—吸潮管；21—冷风门；22—一次风机；23—三次风喷口

采用热风送粉时，从旋风分离器出来的含有 $10\%\sim15\%$ 煤粉的气粉混合物，经排粉机升压后作为三次风喷入炉膛。三次风喷口的位置要合理选择，喷口离主燃烧器太近，会因降低主燃烧器附近烟气的温度而影响主燃烧器的燃烧，太远会因三次风中的煤粉喷入烟温较低的区域而不易完全燃烧。

69. 什么是负压式制粉系统？什么是正压式制粉系统？各有什么优、缺点？为什么球磨机通常采用负压式制粉系统？

答：排粉机在磨煤机之后，使制粉系统在负压下工作的称为负压式制粉系统。

负压式制粉系统的优点是煤粉不会向外泄漏，对制粉系统的严密性要求较低，现场的卫生和工作条件较好。通过排粉机的是温度较低的气粉混合物，轴承的工作条件较好，排粉机的耗电较低。

负压式制粉系统的缺点是直吹式制粉系统的磨煤机生产的煤粉全部通过排粉机，排粉机的磨损较严重，冷空气容易漏入制粉系统。漏入的冷空气作为输送煤粉的一次风进入炉膛，为了保持炉膛出口一定的过量空气系数，必然要减少通过高温和低温空气预热器的空气量。因为空气预热器的传热系数降低，排烟温度升高，所以导致锅炉热效率降低。

排粉机在制粉系统之前，制粉系统在正压下工作的称为正压式制粉系统。

正压式制粉系统的优点是通过排粉机的是不含煤粉的高温空气，不会受到煤粉的磨损，排粉机的寿命较长，检修工作量较少。冷空气不会漏入制粉系统而导致锅炉热效率降低。正压式制粉系统的缺点是通过排粉机的高温空气不但使排粉机的耗电量增大，而且轴承和叶轮的工作条件变差。煤粉易从不严密处泄漏，现场工作环境较差。

由于球磨机的端部转动部分密封很困难，为了防止煤粉泄漏使现场工作条件恶化和避免泄漏的煤粉进入电动机定子的通风槽道，影响定子散热，或因温度升高引起煤粉自燃，球磨机通常采用负压式制粉系统。大、中型锅炉采用中间储仓式制粉系统较多，采用负压式制粉系统时，仅有 10%～15% 的煤粉通过排粉机，排粉机磨损不太严重。

70. 为什么采用风扇式磨煤机时，应选用一次风阻力较小的煤粉燃烧器？

答：风扇式磨煤机同时具备了磨煤机和排粉机的功能，是将磨煤机和排粉机有机地结合起来的一种磨煤机。风扇式磨煤机结构与送风机大体相同，只是叶片较厚，外壳装有护板，叶轮和护板是用耐磨的锰钢制造的。

由于风扇式磨煤机兼有磨煤和排粉两种功能，所以，采用风扇式磨煤机的直吹式制粉系统必然是在正压状态下工作。由于轴承部位密封较困难，为了减少漏粉量，磨煤机中的风压不能太高。通常风扇式磨煤机总压头为 1800～3600Pa，除去克服磨煤机和粗粉分离器的阻力后，能够用于克服煤粉燃烧器一次风阻力的压头仅剩 800～1500Pa。所以，采用风扇式磨煤机时，应选用一次风阻力较小的一次风为直流风的旋流式燃烧器。

71. 为什么直吹式制粉系统不宜采用筒式球磨机？

答：磨煤机磨好的煤粉不是送至煤粉仓储存，而是直接全部送入炉膛燃烧的制粉系统称为直吹式制粉系统。由于直吹式制粉系统简单，设备投资较少，发生爆炸的可能性较小，所以，水分较大的褐煤和挥发分及可磨性系数较高的烟煤采用直吹式制粉系统较多。

从直吹式制粉系统的原理可以看出，任何时候磨煤机的制粉量就是锅炉的燃料消耗量，磨煤机的制粉量应随着锅炉负荷的变化而改变。筒式球磨机运行时，其筒身和钢球的质量比筒内煤的质量大得多，电动机的功率大部分消耗在转动筒身和扬起钢球上，筒式球磨机满负荷运行和低负荷运行时的耗电量相差不大。也就是说，筒式球磨机只有在满负荷下运行才能降低制粉电耗，而低负荷下运行制粉电耗必然增加。

因此，直吹式制粉系统不宜采用筒式球磨机，而通常采用中速或高速磨煤机。

72. 为什么制粉系统爆炸容易在磨煤机启、停或给煤机中断给煤时发生？

答：挥发分较多的煤粉与空气的混合物具有爆炸性。煤粉浓度在 $0.3\sim0.6kg/m^3$ 时爆炸性最强；当浓度大于 $1kg/m^3$ 时爆炸性降低；当浓度小于 $0.1\sim0.3kg/m^3$ 时，通常就没有爆炸性了。具体煤粉爆炸的浓度与煤粉的细度、挥发分和水分的含量有关。通常煤粉的挥发分小于 5% 或空气中氧的浓度小于 15% 时，就没有爆炸危险了。

对于挥发分较大具有爆炸性的煤粉而言，制粉系统爆炸还应具有火源和适当的煤粉浓度及氧气浓度三个条件。

由于设计、安装中的缺陷，制粉系统中存在某些死角或平缓处，如煤粉因某些原因从气流中分离出来，沉积在死角或平缓处，时间长了会因氧化温度升高发生自燃而形成火源。

制粉系统正常运行时，高温空气对进入磨煤机的煤进行加热干燥，煤中所含的水分蒸发后以水蒸气的形式进入气粉混合物，空气中氧的浓度降低，使气粉混合物的爆炸性减小。制粉系统正常运行时，气粉混合物的煤粉浓度通常高于煤粉爆炸的上限浓度。由于上述两个原因，制粉系统不易在正常运行时发生爆炸。

当因煤湿、煤斗落煤管堵塞或给煤机故障而造成给煤中断，但进入磨煤机高温空气的数量没有变化，使制粉系统内各处的煤粉浓度下降，气粉混合物中氧的浓度提高时，如果制粉系统中存在煤粉自燃产生的火源，而煤粉和氧气的浓度也在爆炸的范围内，就会发生爆炸。

磨煤机停止时，首先停止给煤机。给煤停止后，制粉系统内的煤粉浓度逐渐降低，空气中氧的浓度增加。在制粉系统停止过程中可能会出现煤粉浓度和氧气浓度在爆炸范围内的一段时间，如果制粉系统内有火源就可能发生爆炸。

同样，在磨煤机启动后，随着给煤机的给煤进入磨煤机，制粉系统内煤粉的浓度由低到高逐渐增加，氧气的浓度则由高到低逐渐减小。在制粉系统从启动到正常运行的过程中，也可能会出现煤粉浓度和氧气浓度均在爆炸范围内的一段时间，如果制粉系统内有火源就可能发生爆炸。

生产实践表明，制粉系统爆炸大多发生在制粉系统启、停或给煤机中断给煤的情况下，其道理就在于此。

73. 为什么筒式球磨机内要装有不同直径的钢球？

答：由于筒式球磨机内钢球间和钢球与钢瓦间对煤存在撞、砸、碾、压、研等多种磨煤方式，所以，筒式球磨机可适用各种煤种。

当磨较硬的煤时，需要直径较大的钢球，使得钢球下落时具有较大的动能，以利于将较硬的煤击碎。如果磨煤机内全部是直径较大的钢球，在钢球装载量相同的情况下，钢球的数量少，钢球撞击的次数减少，研磨的效果减弱，不利于提高制粉量。如果磨煤机内全部是直径较小的钢球，虽然因研磨的效果增强、钢球撞击次数增加，所以有利于提高制粉量，但对磨制较硬的煤效果较差，而且钢球磨损量增加。

总的来说，当磨制较硬的煤时应选用直径较大的钢球，当磨制较软的煤时应选用直径较小的钢球。由于电厂耗煤量很大，煤种来源多样化，即使是同一产地的煤，其煤的硬度也不完全相同。所以，为了充分发挥筒式球磨机适用各种煤种的优点，选用直径为 $30\sim60mm$

的钢球较好。定期向磨煤机内补充直径为 60mm 的钢球，运行 2000～3000h 后将直径小于 30mm 的钢球剔除，即可使磨煤机的钢球直径在要求范围内。

74. 为什么有些制粉系统采用部分高温烟气作干燥剂？

答：为了使煤粉便于储存、输送和进入炉膛后能迅速着火及稳定燃烧，要求煤粉中的水分较少。由于连续自动测量煤粉中的水分很困难，而煤粉中的水分与磨煤机出口气粉混合物的温度有关，所以，通常用监测和控制磨煤机出口气粉混合物温度的方法来代替监测和控制煤粉中的水分。

由于进入磨煤机的煤中水分比合格煤粉的水分大得多，因此必须要用温度较高的干燥剂将原煤中多余的水分蒸发掉才能生产出水分合格的煤粉。为了提高作为干燥剂的热空气温度，煤粉炉通常采用加大空气预热器传热面积和将高、低温段空气预热器与高、低温段省煤器交叉布置的方式来提高高温预热器出口的空气温度。煤粉炉的空气可以预热到 350～400℃，远高于燃用液体或气体燃料锅炉空气预热到 200℃ 左右的水平。

在大多数情况下，只要原煤的水分不是很高，用高温预热器出口的热空气作干燥剂可以在保证达到磨煤机额定出力的前提下使煤粉的水分合格。当原煤水分较少时，为了防止煤粉被过分干燥而增加爆炸的危险，有时干燥剂中还要掺用一部分温度较低来自低温段预热器的空气。

磨煤机的出力决定于磨煤出力和干燥出力。当燃用水分 $M_{ar} > 30\%$ 的煤时，全部用高温空气作干燥剂仍然不能在磨煤机保持额定出力的情况下将煤粉干燥到所需的程度，这时干燥出力成为磨煤机出力的制约因素。从炉膛抽取 900～1000℃ 的高温烟气与高温空气混合后作干燥剂可提高干燥出力，使之与磨煤出力相适应，从而达到确保或提高磨煤机出力的目的。为了避免一次风中 N_2、CO_2、H_2O 含量太多，使氧含量下降过多，在磨煤机已经达到额定出力的前提下，应尽量减少高温烟气的抽取量。

当燃用挥发分高的煤时，煤粉爆炸的危险性增加。如采用一部分高温烟气作干燥剂，因气粉混合物中氧的含量下降，对防止制粉系统爆炸是有利的。

75. 为什么筒式球磨机中煤量过小或过大均会使制粉量下降？

答：钢球的体积和筒内容积之比称为钢球充满系数。通常情况下钢球充满系数为 0.2～0.3。

当钢球充满系数和钢球的直径确定后，筒内的钢球数量也已确定。当球磨机中的载煤量过少时，钢球间或钢球与钢瓦间的煤减少，钢球间或钢球与钢瓦间的空撞概率增加，使球磨机的磨煤能力不能充分利用，不但制粉量下降，而且钢球和钢瓦的磨损增加。

在运行过程中发现磨煤机出口温度增加，磨煤机入口负压增大，磨煤机进、出口压差减少，钢球撞击声变大和制粉量减少时，即可判断出球磨机中的煤过少，应增加给煤量。

随着给煤量的增加，钢球间和钢球与钢瓦间撞击对煤的粉碎作用逐渐被充分利用，空撞的概率下降，制粉能力逐渐提高。但是当球磨机中的载煤量过大时，钢球从筒体上部下落时因为高度过小，不但钢球撞击的速度降低，而且钢球下落时撞击在较厚的煤层上，钢球下落时具有的动能一部分消耗在煤层的变形上，所以，球磨机的制粉能力反而因煤量过大而下降。

在运行过程中发现磨煤机出口温度降低，磨煤机入口负压变小甚至变为正压，磨煤机进、出口压差增大，钢球撞击声减小，磨煤机、粗粉分离器、旋风分离器出口负压增大，制粉量下降时，很容易判断出球磨机中载煤量过大，应减少给煤量。

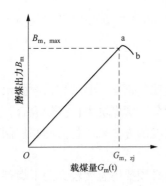

图 8-26 磨煤出力与
载煤量的关系曲线

筒式球磨机的磨煤出力与载煤量的关系曲线见图 8-26。

76. 为什么磨煤机通风量过大或过小均会使单位制粉耗电量增加？

答：为了将磨煤机内的煤粉及时带出送入粗粉分离器，磨煤机内必须保持一定的通风量。

如果通风量过大，则磨煤机内过粗的煤粉也被带出，经粗粉分离器分离后又返回磨煤机内继续进行磨制。虽然在通风量过大的情况下，磨煤机的出力没有下降，单位煤粉磨煤耗电量 E_m 没有增加，但由于单位煤粉通风耗电量 E_{tf} 增加，使得单位制粉耗电量 E 增加。

如果通风量过小，由于风速较低，所以仅能将很细的煤粉带出，而虽然较粗，但合格的煤粉仍留在磨煤机内被磨制成更细的煤粉，使得磨煤机的出力下降。通风量过小时，虽然通风耗电量减少，但因为磨煤机出力下降使单位制粉磨煤机耗电量 E_m 增加的幅度，大于通风耗电量减少使单位制粉通风耗电量 E_{tf} 下降的幅度，所以，单位制粉耗电量 E 上升。

因此，随着磨煤机通风量的增加，单位制粉耗电量 E 先是下降而后上升，E 最小值所对应的通风量，即通风速度 v_{tf} 是最佳通风速度 $v_{tf,zj}$，见图 8-27。

煤种不同，相应的煤粉经济细度也不同。通常挥发分越低的煤，其经济细度越小，对应的最佳通风速度 $v_{tf,zj}$ 也越低。最佳通风速度 $v_{tf,zj}$ 要根据不同的煤种，通过现场试验来测定。

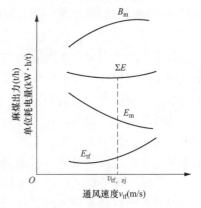

图 8-27 通风速度与单位
耗电量及磨煤出力之间的关系

77. 为什么燃烧气体燃料时容易发生回火，而燃烧煤粉时不易发生回火？

答：由于气体燃料的化学活性高，所以气体燃料的燃烧速度较快。如果采用气体燃料与空气预先混合的无焰燃烧方式，当气体燃料的压力较低，气体燃料与空气的混合物的流速低于火焰传播速度时，就会发生回火。

输送煤粉的一次风管内，虽然也具备了煤粉与空气预先混合的条件，但是由于一次风中煤粉的浓度通常超过火焰可以传播的上限浓度，而且为了防止低负荷时，煤粉从气粉混合物中分离出来沉积在一次风管道内，造成一次风管被煤粉堵塞，一次风速通常大于 15m/s。此流速远高于煤粉与空气混合物燃烧时火焰的传播速度。

由于以上两个原因，煤粉燃烧器及输送煤粉的一次风管通管不会发生回火。

78. 煤粉仓为什么要定期降粉？

答：挥发分含量较高的煤粉，如果积存在粉仓某些部位时间较长，可能因氧化和散热条件不好，温度升高而发生自燃。

煤粉仓的粉位较高时，不能保证煤粉仓里的所有煤粉按顺序进入给粉机，有部分煤粉积存和附着在煤粉仓壁和其他死角处，时间长了有可能发生自燃。如果定期将煤粉仓的粉位降低到能保证安全生产的最低允许粉位，积存和附着在煤粉仓壁的煤粉在重力的作用下脱落下来，经给粉机输出，避免了部分煤粉因在煤粉仓内停留时间过长而自燃。定期降粉可以改善煤粉仓的散热条件，对降低煤粉仓的温度、防止煤粉自燃是有利的。因此，相关规程规定中间储仓式制粉系统的煤粉仓要定期降粉。降粉时磨煤机停止工作，没有煤粉进入煤粉仓。

当煤粉仓粉位降至预定的高度时，启动制粉系统，重新向煤粉仓送粉。

79. 为什么储仓式制粉系统运行时，排烟温度升高？

答：储仓式制粉系统广泛采用筒式球磨机，因其筒体两端密封较困难，为了防止煤粉外漏，污染环境，以及煤粉进入电动机的定子铁芯通风槽，通常采用负压式制粉系统。

通常排粉机位于制粉系统末端，为了使位于制粉系统前端的球磨机处于负压状态，且因位于球磨机之后的粗粉分离器和旋风分离器的阻力较大，排粉机入口的负压很大，制粉系统各处的负压也较大，因此，制粉系统的漏风量较大。

制粉系统运行时，从制粉系统漏入的冷空气作为输送煤粉一次风的一部分送入炉膛。如果维持炉膛出口过量空气系数不变，则制粉系统运行时，通过高温和低温空气预热器送入炉膛有组织的空气量减少。因为空气预热器空气侧的流速降低，放热系数降低，使空气预热器的传热系数下降，空气预热器的吸热量减少，所以导致排烟温度升高。

制粉系统运行时，煤中的水分在高温空气的加热下成为水蒸气随一次风进入炉膛，因烟气总量增加而使排烟温度升高。

当制粉系统停止运行时，锅炉使用储粉仓内的煤粉。从低温段来的热空气经排粉机升压后作为输送煤粉的一次风，不存在制粉系统的漏风问题，输送煤粉的一次风和改善、强化燃烧的二次风全部通过空气预热器，空气的流速提高，空气预热器的传热系数增加，吸热量增加，从而使排烟温度下降。煤粉中的水分比煤中水分低，制粉系统停止运行时，进入烟气中的水蒸气减少，总烟气量减少，使排烟温度降低。

80. 为什么要设置给粉机？常用的给粉机有几种？各有什么优、缺点？

答：虽然煤粉具有一定的流动性，但是无法像燃油那样通过改变油压来调节燃油量，也无法通过改变煤粉仓下部挡板的开度来均匀地调节给粉量。因此，要设置由调速性能良好的直流电动机带动的给粉机，通过改变给粉机的转速来调节给粉量。

常用的给粉机有螺旋式给粉机和叶轮式给粉机两种。

螺旋式给粉机见图 8-28。

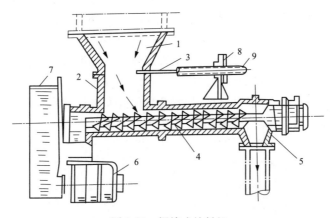

图 8-28　螺旋式给粉机

1—下粉管；2—外壳；3—挡板；4—螺杆；5—给粉管；6—电动机；7—转动装置；8—链轮；9—挡板螺杆

螺旋式给粉机的螺旋输粉杆由直流电动机带动。通过改变螺旋输粉杆的转速来调节给粉量。

螺旋给粉机的优点是结构简单，维修方便；缺点是煤粉仓内的煤粉会出现自流现象，使给粉不均匀。

叶轮式给粉机见图8-29。

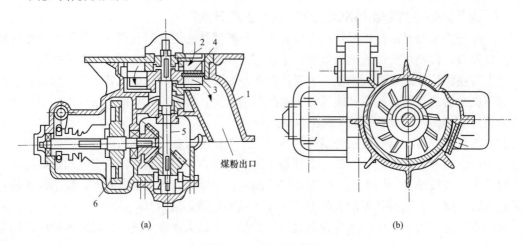

图 8-29　叶轮式给粉机

(a) 剖视图；(b) 俯视图

1—外壳；2、3—叶轮；4—固定盘；5—轴；6—减速齿轮

叶轮式给粉机的上、下两个叶轮由直流电动机带动。通过改变叶轮的转速调节叶轮的拨粉量来调节进入一次风管的给粉量。

叶轮式给粉机的优点是给粉均匀，不易出现煤粉自流现象，调节方便；缺点是结构较复杂，维修工作量较大。由于叶轮式给粉机给粉均匀的优点突出，所以被广泛采用。

81. 为什么要控制磨煤机出口气粉混合物的温度？

答：挥发分含量较高的煤粉与空气混合物的浓度在一定范围内时具有爆炸性。当煤粉的浓度在 $0.3 \sim 0.6 kg/m^3$ 时，爆炸性最强；当煤粉浓度大于 $1 kg/m^3$ 时，爆炸性反而减小，当煤粉的浓度小于 $0.1 \sim 0.3 kg/m^3$ 时，通常就没有爆炸危险了。具体数值与煤粉的细度、挥发分和水分的含量有关。当煤粉的挥发分含量小于 5% 时，就没有爆炸危险了。

对于某种挥发分含量大于 5% 的煤来讲，挥发分的含量已定，煤粉的细度应是经济细度，因而为了减少煤粉与空气混合物的爆炸性，通常要限制煤粉干燥的程度。制粉系统运行时，连续测量煤粉的含水量是非常困难的。然而煤粉的含水量却与磨煤机出口的气粉混合物温度有关，出口温度越高，煤粉的含水量越少；反之，煤粉的含水量越高。因此，在生产中可以很方便地用连续测量磨煤机的出口气粉混合物的温度来代替测量煤粉的含水量，这就是为什么要控制磨煤机出口气粉混合物的温度的主要原因。

虽然，对于挥发分含量小于 5% 的煤粉，因为煤粉与空气的混合物没有爆炸的危险，为了提高炉膛温度，改善燃烧条件，减少不完全燃烧损失，磨煤机出口气粉混合物的温度通常可以不加限制。但考虑要保证磨煤机轴承的正常工作条件，实际运行时，磨煤机出口气粉混合物的温度也不宜太高。各种挥发分含量的煤种，对磨煤机出口气粉混合物温度作了具体的规定，见表8-5。

表 8-5　　　　　　　　　　　　　　　磨煤机出口气粉混合物温度　　　　　　　　　　　　　　　℃

燃料种类	储仓式		直吹式	
	$M_{ar}<25\%$	$M_{ar}\geqslant25\%$	非竖井式	竖井式
油页岩 褐煤 烟煤	70	80	80	80 100 130
贫煤 无烟煤	130 不限制		130 不限制	— —

82. 为什么煤粉仓要设消防装置?

答：与原煤相比，煤粉的水分较低，温度较高，表面积较大且散热条件较差。当燃用挥发分较高的煤种时，如果未能按规定定期降粉，停炉时未能将粉仓内的煤粉用尽，或者煤粉仓内壁较粗糙或存在倾角偏小的部位，煤粉在粉仓内停留时间过长，会因氧化温度升高而导致煤粉自燃。因此，为了防止煤粉因氧化温度升高造成粉仓着火，煤粉仓必须要设蒸汽或二氧化碳消防装置。

通常在煤粉仓内设有温度测点，以便监视和掌握粉仓温度。当粉仓温度超过 70℃ 时，应停止制粉系统，关闭吸潮管并进行降粉工作。当粉位降至 2m 以下时，如粉仓温度低于 70℃，可重新启动制粉系统向粉仓送粉；如温度继续升高且超过 90℃，则应立即打开蒸汽或二氧化碳消防装置进行灭火。

83. 为什么煤粉仓采用二氧化碳消防比蒸汽消防好?

答：蒸汽消防装置在长期处于备用状态下，管线内积存有较多的凝结水，一旦煤粉仓温度超过 90℃ 开启蒸汽阀门进行灭火时，凝结水进入粉仓。即使凝结水排尽，大量蒸汽进入粉仓后，一部分蒸汽温度降低凝结成水进入煤粉，一部分蒸汽直接被含水分很低的煤粉所吸收。煤粉因水分增加而结块，使煤粉的流动性能变差，不利于均匀供粉和锅炉正常运行。

如果采用二氧化碳消防，由于二氧化碳在常温常压下是气态，一旦粉仓着火开启二氧化碳阀门进行灭火时，既不会产生凝结液，二氧化碳也不会被煤粉吸收，煤粉不会因水分增加造成流动性能变差而影响锅炉的正常运行。

虽然粉仓采用二氧化碳消防比蒸汽消防好，但采用二氧化碳消防装置需要设置数量较多的高压钢瓶储存二氧化碳，其设备投资较大。

84. 如何表示煤粉的细度?

答：由于煤粉是由尺寸不同的颗粒组成的，无法用煤粉尺寸来表示煤粉的细度，所以煤粉的细度是用特别的筛子来测定的。

取 25~50g 煤粉试样，在筛子上筛分，如有 a g 留在筛子上，有 b g 经筛孔落下，则筛子上剩余百分量 R 为

$$R = \frac{a}{a+b} \times 100\%$$

显然，留在筛子上的煤粉越多，表示煤粉越粗；反之，表示煤粉越细。

筛子的编号数就是每厘米长度中的孔眼数。例如 30 号筛子，就是每厘米长度内有 30 个孔，这种筛子的孔眼长度为 $200\mu m$。我国常用的试验筛规格见表 8-6。因此，用 30 号筛子筛

分时，筛子上的剩余重量用 R_{200} 表示。例如，某煤粉试样在 30 号筛子上的剩余重量为 30%，则可用 $R_{200}=30\%$ 来表示煤粉试样的细度。发电厂常用 30 号和 70 号两种筛子，换言之，常用 R_{200} 和 R_{90} 表示煤粉的细度。如果只用一个数值来表示煤粉细度，则常用 R_{90}。但是，只用一种筛子来测定煤粉的细度，不能全面反映煤粉颗粒的特性。对于 R_{90} 相同的煤粉，如 R_{200} 不同，则表明两种煤粉试样中的大颗粒煤粉含量不同，R_{200} 较大者，含大颗粒的煤粉比例较大，燃烧时容易形成较大的机械不完全燃烧损失。

表 8-6　　　　　　　　　　　　　　　试验筛规格

筛号	每平方厘米筛孔数(个)	筛孔的内边长(μm)	金属丝直径(μm)
10	100	600	400
30	900	200	130
50	2500	110	80
70	4900	90	55
80	6400	75	50
100	10000	60	40

因此，同时用 R_{90} 和 R_{200} 来表示煤粉细度，不但说明了煤粉的细度，又说明了煤粉颗粒大小的均匀性。对于颗粒较均匀的煤粉，煤粉的经济细度 R_{90} 值较大。煤粉颗粒的均匀性主要决定于制粉设备的型式。

85. 什么是煤粉颗粒的均匀度？

答：煤粉的细度是煤粉的一个重要品质指标。以某种筛号对煤粉进行筛分，留在筛子上的煤粉越多，说明煤粉越粗；反之，煤粉越细。通过筛子的煤粉，其颗粒小于筛孔，而留在筛子上的煤粉，其颗粒大于筛孔。留在筛子上的煤粉颗粒有的仅比筛孔略大，而有的颗粒可能比筛孔大很多。也就是说，煤粉仅有细度这一指标，不能说明煤粉颗粒的均匀度。煤粉燃尽所需时间与煤粉粒径的平方成正比，即煤粉燃尽所需的时间取决于大粒径煤粉燃尽的时间。

虽然用两种筛子筛分并用 R_{90} 和 R_{200} 表示煤粉细度，与用一种筛子筛分相比，在说明了煤粉细度的同时，又定性地说明了煤粉颗粒的均匀度。但为了能定量地说明煤粉颗粒的均匀度，可以采用煤粉颗粒均匀度这个指标，用 n 表示。n 值通常接近于 1，n 值越大，煤粉颗粒的均匀性越好。n 值可由下式计算，即

$$n=\frac{\lg\ln\dfrac{100}{R_{200}}-\lg\ln\dfrac{100}{R_{90}}}{\lg\dfrac{200}{90}}$$

煤粉颗粒均匀度 n，主要取决于采用的磨煤机和粗粉分离器的型式。采用各种不同型式的磨煤机和粗粉分离器时，所制煤粉的 n 值见表 8-7。

表 8-7　　　　　　　　不同磨煤机粗粉分离器所制煤粉的 n 值

磨煤机型式	粗粉分离器型式	n
筒式球磨机	离心式	0.8～1.2
	回转式	0.95～1.1

续表

磨煤机型式	粗粉分离器型式	n
中速磨煤机	离心式	0.86
	回转式	1.2~1.4
风扇磨煤机	惯性式	0.7~0.8
	离心式	0.8~1.3
	回转式	0.8~1.0
竖井磨煤机	重力式	1.12

掌握煤粉的 n 值，对选择煤粉经济细度，有一定的实用价值。当所采用的制粉设备所制煤粉的 n 值较高时，煤粉的经济细度较大；n 值较低时，煤粉的经济细度较小，见图 8-30。

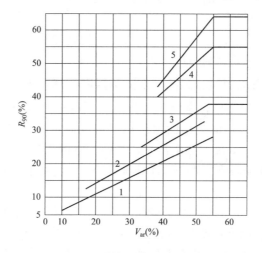

图 8-30　煤粉经济细度的选择

1—无烟煤、贫煤、烟煤，采用筒式球磨机、中速磨煤机（带离心式粗粉分离器）；2—贫煤、烟煤，采用中速磨煤机（带回转式粗粉分离器）；3—烟煤，采用竖井磨煤机，褐煤，采用筒式球磨机、中速磨煤机（带离心式粗粉分离器）；4—褐煤，采用中速磨煤机（带回转式粗粉分离器）；5—褐煤，采用竖井磨煤机

86. 什么是煤粉的经济细度？

答：煤粉越细，由于单位质量煤粉的表面积越大，所以煤粉燃烧越迅速，机械不完全燃烧热损失 q_4 越小，但是煤粉越细，电能 q_N 消耗越多，磨煤机和钢球的磨损等运行消耗 q_m 越大；反之，煤粉越粗，q_N 和 q_m 越小，但 q_4 越大。显然煤粉过粗和过细都是不经济的。

如果将煤粉细度与 q_4 和（q_N+q_m）的关系分别画出曲线，然后将这两条曲线相加得到第三条 $q_4+q_N+q_m$ 之和与煤粉细度的关系曲线，该曲线最低点所对应的煤粉细度即是煤粉的经济细度，见图 8-31。

由于不完全燃烧损失除了与煤粉的细度有关外，还与燃料的挥发分含量和燃烧设备的型式有很大关系。用相同的煤生产相同细度的煤粉，因

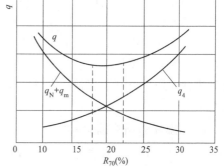

图 8-31　煤粉经济细度的决定

q—q_4、q_N 及 q_m 的总和

为采用不同的制粉设备，磨煤损耗也是不同的，所以，煤粉的经济细度并不是固定不变的，而是取决于煤种、制粉设备、燃烧器的型式和运行工况等多种因素。对于某台锅炉来说，燃用不同煤种时的经济细度一般要通过燃烧调整试验来确定。

对一般煤粉炉而言，根据经验，煤粉的经济细度，无烟煤，$R_{90}=6\%\sim7\%$；烟煤，$R_{90}=10\%\sim14\%$；对于褐煤，$R_{90}=40\%\sim60\%$。即对于挥发分含量高，易于燃烧的煤，煤粉可以磨得较粗；反之，对于挥发分含量低，难以燃烧的煤，煤粉应该磨得较细。

87. 为什么筒式球磨机要定期挑选钢球？

答：球磨机中的钢球在工作中因不断磨损而直径逐渐减小。直径过小的钢球磨制煤粉的能力下降。煤在开采和储运过程中会有金属混入，虽然在磨煤机前装有电磁铁分离器，但仍不能保证将铁件全部除掉，仍有部分铁件进入球磨机。进入球磨机的铁件形状各异，制粉能力很差，白白增加制粉电耗。

因此定期挑选钢球，将直径过小的钢球、形状不规则的铁质碎块和有色金属、非金属零部件挑出，对降低制粉电耗是有利的。

88. 为什么制粉系统的旋风分离器下部的筛网容易堵塞？

答：煤在开采和储运过程中，会混入一些木块。虽然在煤仓和碎煤机的入口有格栅，可以将较大的木块分离出来，但较小的木块仍然可以通过格栅经给煤机随煤一起送入球磨机。一部分木块可由粗粉分离器分离出来，在回粉管的锁气器后取出；另一部分木块在球磨机内被钢球撞击成木质纤维。由于木质纤维很轻，不易被粗粉分离器分离，很容易进入旋风分离器。

为了防止杂质进入粉仓，把给粉机的叶轮卡住，在旋风分离器的下部与煤粉仓接口间装有筛网。混在煤粉中的木质纤维被筛网截留，时间稍长，木质纤维就会将筛网堵死，使煤粉无法进入煤粉仓，旋风分离器也不能正常工作。因此，必须定期清理筛网。

89. 煤粉炉中一次风和二次风的作用是什么？

答：由于一般旋风分离器的效率平均为85%，从旋风分离器出来的气体中还含有15%的煤粉。为了避免燃料损失和污染环境，一般都采用闭式制粉系统。即从旋风分离器出来的气体经排粉机升压后，连同给粉机输出的煤粉一起吹入炉膛。这部分气体一般称为一次风。因此，一次风的主要作用是用来输送煤粉。

为了防止在低负荷时煤粉从气粉混合物中分离出来，一次风应该有足够的速度。由于一次风的温度受磨煤机出口风温的限制，一般为70～130℃，对煤粉燃烧不利。因此，为了使煤粉易于点燃，保证良好的燃烧，一次风量不应过多。挥发分含量低，不易点燃的煤，一次风量的比例为15%～20%。挥发分含量较高的烟煤，一次风量的比例可达30%～45%。

二次风的温度较高，可达350～400℃，有利于煤粉点燃，而且二次风的风速较高，还起到搅拌作用，有利于煤粉和空气的充分混合，对减少过量空气系数，保证煤粉完全燃烧是有利的。

90. 煤质分析有哪两种？

答：煤质分析通常有元素分析和工业分析两种。

元素分析是测量煤中所含的C、H、O、N、S各种元素，水分和灰分的百分含量。通常氧不直接测量，可通过100%减去其他各种成分的百分数得到。由于元素分析方法设备复杂，要求高，电厂难以做到，通常需要委托专业的研究机构进行分析。

工业分析是测定煤中所含的水分、灰分、挥发分、发热量、灰熔点、剩余焦炭的特征和煤的可磨性系数。工业分析较简单，电厂均具备工业分析的能力。

元素分析通常用于锅炉设计时，由电厂提供的设计煤种委托专业机构进行。工业分析通常用于电厂购煤时或对购进的煤种进行分析。工业分析也常用于当锅炉运行不正常时协助查找原因和日常监督及报表之用。

91. 为什么挥发分高的煤、煤粉可以磨制得粗些？

答：煤粉喷入炉膛后在与高温烟气混合加热和火焰辐射加热下，温度迅速增高，首先是煤粉中的水分析出，然后是挥发分析出。挥发分以气态的形式析出，同时挥发大部分是易于着火燃烧的碳氢化合物，因此，挥发分高的煤粉着火较快。

煤粉炉是室燃炉，为了防止炉膛出口结渣，通常要求煤粉在炉膛内燃尽，炉膛出口处不应再有火焰，而只有高温烟气。因此，挥发分高的煤粉因着火快，留给煤粉燃尽的时间较长，较粗的煤粉也可以燃尽。

煤粉中的挥发分析出后，剩余焦粒中形成孔隙，挥发分高的煤，煤粉中的孔隙率高，增加了焦粒与氧气接触氧化的表面积，有利于加快焦粒的燃烧，缩短焦粒燃尽的时间，因此，挥发分高的煤即使采用较粗的煤粉也可以燃尽。

燃用较粗的煤粉可以降低由电费和磨煤机维修费用组成的磨煤机运行费用，因此，燃用挥发分高的煤，采用较粗的煤粉可以降低厂用电率和发电成本。

对于不同挥发分的煤，采用何种煤粉细度应通过现场燃烧调整试验确定。

92. 煤的可磨性系数 K_{km} 与煤的磨损指数 K_e 有何区别？

答：煤的可磨性系数 K_{km} 与煤的磨损指数 K_e 看起来有些相似，但是两者有明显的区别。

将煤破碎磨制成煤粉，必须消耗能量克服分子间的结合力，才能产生新的表面。因此，煤的可磨性系数是指将某种煤磨制成一定细度煤粉难易的程度，不涉及磨制过程中金属部件的磨损程度，K_{km} 的大小主要取决于煤中分子间的结合力。

煤的磨损指数 K_e 是指煤在磨制过程中对金属磨件磨损的程度，不涉及将煤磨制成一定细度所消耗能量的多少，K_e 的大小主要取决于煤中灰分的多少，灰分中矿物杂质的种类、组成、颗粒大小和存在形式。

当然两者有一定的相关性，可磨性系数 K_{km} 小的煤，由于较难磨制，将煤磨制成一定细度的煤粉所消耗的能量较多，所需的时间较长，对金属磨件的磨损也较大，因此，可磨性系数 K_{km} 较小的煤，其磨损指数 K_e 较大。

93. 什么是煤的磨损指数？

答：煤主要是由可燃的碳、氢、硫和不可燃的灰分及水分组成。煤中碳的硬度较小，而组成灰分的各种矿物杂质，如石英、黄铁矿、菱铁矿硬度较高。由于不同地区煤矿生产的煤灰分和灰分的组成差别较大，所以，其煤的硬度差别较大。

在破碎过程中煤所含的硬质颗粒对金属部件表面产生的细微磨削是金属部件磨损的主要原因。制粉系统运行时金属部件的磨损程度除了与硬度较高的矿物杂质含量多少有关外，还与硬质矿物杂质的形状、粒径和存在形成有关。因此，可以用煤的磨损指数 K_e 来表示煤对制粉系统部件的磨损强弱。

可采用冲刷式磨损测试仪测试样煤的磨损指数 K_e。测试方法是将纯铁试片放在高速喷射的煤粒流中接受冲击。测量煤粒从初始状态被研磨至 $R_{90}=25\%$ 所需的时间 $T(\text{min})$ 及纯铁试片的磨损量 $E(\text{mg})$。煤的磨损指数 K_e 的计算公式为

$$K_e = \frac{E}{AT}$$

式中　A——标准煤在单位时间内纯铁试片的磨损量，一般规定 $A=10\text{mg/min}$。

对我国大量煤种测试后，按煤的磨损指数 K_e 大小分为五级：$K_e<1.0$，磨损轻微；$K_e=1.0\sim1.9$，磨损不强；$K_e=2\sim3.5$，磨损较强；$K_e=3.6\sim5.0$，磨损很强；$K_e>5.0$，磨损极强。设计煤种和校核煤种的磨损指数 K_e 对制粉系统的设计有参考价值。

94. 为什么有的煤称为烟煤、无烟煤、褐煤和泥煤？

答：早期的锅炉均采用层燃方式，床上加煤，火床上和炉墙的温度很高，有的煤挥发分很高，加煤后挥发分迅速大量析出，需要大量空气助燃，因为空气量不足和混合不好，导致烟囱冒黑烟，所以，称为烟煤。

有的煤因为挥发分很低，挥发分析出的温度较高，即使采用床上加煤。因为挥发分析出的数量少速度慢，需要增加的助燃空气不多，加煤后不会出现黑烟，所以，称为无烟煤。

烟煤和无烟煤均为黑色，有些煤地质年代较短，挥发分和水分较高，外观呈褐色，称为褐煤。

有的煤因为地质年代很短，水分较多，外形呈泥状，所以称为泥煤、泥炭、草炭。

无烟煤和烟煤地质年代长，煤化程度高，密度大，强度高，又称为硬煤。褐煤地质年代短，煤化程度低，密度小，强度低，又称为软煤。

95. 磁铁分离器主要有哪两类？

答：磁铁分离器主要有电磁铁分离器和永久磁铁分离器两类。

电磁铁分离器的磁场是依靠铁芯外围线圈电流通过时产生的。电磁铁除铁器的优点是磁场强度不会随时间延长而减弱；其缺点是需要安装配电装置，并要消耗一定的电能。

永磁铁分离器的磁场是由含有稀土元素的永磁铁产生的。永磁铁分离器的优点是构造简单，不需要配电装置不消耗电能；其缺点是随着使用年限的增加，磁场强度会逐渐下降。

目前，两类磁铁分离均有采用。

96. 清除磁铁分离器磁铁上的铁质杂物有哪两种方法？

答：清除磁铁分离器磁铁上的铁质杂物分为人工清除和电动清除两种。

早期和容量较小的机组为了节省投资，大多采用人工清除磁铁上的铁质杂物，优点是结构简单，价格较低；缺点是运行人员必须定期到现场清除磁铁上的铁质杂物，劳动强度较大。

现在和大容量机组大多采用电动清除磁铁上的铁质杂物，优点是可以远方操作电动或定期自动清除磁铁上的铁质杂物，降低运行人员的劳动强度，节省劳动力；缺点是价格较高。

97. 球磨机型号数字的含义是什么？

答：球磨机型号通常由两组数字组成，第一组数字为球磨机筒体以钢衬瓦中心线计算的直径，第二组数字为球磨机筒体的长度。直径和长度的单位均为 cm。

通常越难磨制的煤，即可磨性系数越小的煤，筒体长度 L 和直径 D 之比 L/D 越大。球

磨机制造厂家为了满足各电厂燃煤可磨性系数不同对球磨机筒体长度的要求，相同直径的球磨机有不同的筒体长度供选择。

国内球磨机部分产品系列见表8-8。

表8-8　　　　　　　　　　　国内球磨机部分产品系列

| 型号 | 额定出力 (t/h) | 筒身尺寸 | | | 最大装球率 | 最大装球量(t) | 筒体转速 (r/min) | 临界转速比 | 电动机功率 (kW) |
		D(m)	L(m)	V(m³)					
210/260	4	2.1	2.6	9.01	0.227	10	22.82	0.780	145
210/360	6	2.1	3.6	11.43	0.232	13	22.82	0.780	170
250/320	8	2.5	3.2	15.71	0.234	18	20.77	0.774	280
250/390	10	2.5	3.9	19.14	0.234	22	20.77	0.774	320
290/350	12	2.9	3.5	23.12	0.230	26	19.34	0.778	380
290/470	16	2.9	4.7	31.04	0.230	35	19.34	0.778	570
320/470	20	3.2	4.7	37.80	0.238	44	18.42	0.777	650
320/580	25	3.2	5.8	46.65	0.240	55	18.51	0.781	780
350/600	30	3.5	6.0	57.73	0.226	64	17.69	0.781	2×550
350/700	35	3.5	7.0	67.35	0.227	75	17.69	0.781	2×650

98. 为什么同一筒体直径的球磨机有两种筒体长度？

答：各地产的煤可磨性系数不同，可磨性系数大的煤易破碎，在球磨机内经过较短时间的磨制其煤粉粒径即符合要求，可选择筒身较短的球磨机。可磨性系数较小的煤，不易破碎，在球磨机内需要较长时间的磨制其煤粉粒径才能符合需要，应选择筒身较长的球磨机。

挥发分高易着火燃尽的煤，煤粉的经济细度较粗，煤在球磨机内停留磨制的时间较短，可选择筒身较短的球磨机。挥发分低不易着火燃尽的煤，煤粉的经济细度较细，煤在球磨机内停留磨制的时间较长，应选择筒身较长的球磨机。

同一直径、筒身长度不同的球磨机，其额定出力是不同的，直径相同时，筒身较长的额定出力较筒身较短的额定出力大。各种直径不同筒身长度的球磨机及额定出力见表8-8。

因此，在设计制粉系统时应根据设计煤种，选择球磨机的直径和筒身长度。

99. 什么是改进型粗粉分离器？

答：老式的粗粉分离器虽然有重力分离、惯性分离和离心分离三种分离原理，但是由于煤粉相互碰撞的原因，从粗粉分离器上部出来的气粉混合物中仍含有一定数量颗粒较大的煤粉，返回磨煤机的粗粉中仍含有一定数量合格的细粉。合格的煤粉返回磨煤机重新磨制，不但降低了磨煤机的出力，而且还使制粉电耗上升［见图8-32(a)］。

改进型粗粉分离器在内锥体的底部留有一定的间隙，该间隙与外锥体相通。由于气粉混

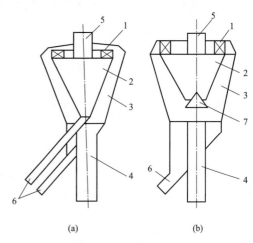

图8-32　粗粉分离器

(a) 原型；(b) 改进型

1—叶片；2—内锥；3—外锥；4—进口管；

5—出口管；6—回粉管；7—圆锥体

合物在内锥体内旋风分离时产生压降，外锥体内的压力高于内锥体压力，内锥体分离出来的粗粉从间隙落入外锥体时，在上升气流的托力作用下，粗粉中合格的细粉随气流带走进入旋风细粉分离器，避免了合格的煤粉返回磨煤机被重新磨制，从而提高了磨煤机的出力，降低了制粉电耗。

由于改进型粗粉分离器增加了一个二次分离的机构，使其性能较老式粗粉分离器提高，所以，老式的粗粉分离器已被改进型粗粉分离器所取代［见图8-32(b)］。

100. 为什么在胶带机尾部设加热装置？

答：胶带机是火力发电厂运用最广泛的输煤设备。电动机通过减速器使主动轮毂旋转，从而带动从动轮毂旋转和胶带向前进。

胶带的中间层是由强力纤维与橡胶交织而成，用以承受胶带的拉力，胶带的表面是耐磨的橡胶层。胶带表面的橡胶层与轮毂保持一定的摩擦力是确保胶带机能正常工作的必要条件。通常是由胶带的张紧装置保持胶带正常工作所需的摩擦力。

在北方冬季气温较低时，胶带表面的橡胶层因变硬使得摩擦力降低，出现胶带在轮毂上打滑，轮毂正常旋转而胶带不前进的现象。为了防止冬季出现胶带打滑现象，可以在胶带机的尾部设置远红外辐射板或辐射管加热装置，提高胶带的温度，以增加其摩擦力，从而使胶带机能正常工作。

101. 输煤胶带下部为什么要设置托辊？

答：输煤胶带下面两边的托辊通常倾斜布置，与水平面有一定角度。在输煤胶带和煤的重力作用下，胶带下面与托辊紧贴，使胶带成为中间低两边高的 U 形，不但可以使胶带输煤量增加，而且胶带上的煤不易向两边撒落。

托辊是一个可以绕轴旋转的部件。胶带下面与托辊之间是滚动摩擦，摩擦系数很小，不但使胶带的磨损大大减轻，使用寿命延长，而且因为胶带前进的摩擦力很小，所以拖动胶带的电动机的功率较小，使输煤耗电量降低。

102. 为什么采用胶带输煤时要分四段输送？

答：大部分火力发电厂的煤用火车运输。火车车厢通过自身的翻车机构或专用的翻车设备，将煤卸入位于地下的煤沟里。

由于煤仓顶部的高度根据锅炉容量的不同为 30～60m，而且为了防止胶带上的煤向下滑落，输煤胶带与地面的倾角不宜过大，因此，输煤胶带的总长度较长。为了将合格的煤顺利送入各炉的煤仓，通常将输煤胶带分为四段，每段胶带承担不同的任务。

第一段输煤胶带与卸煤沟相平行，为水平布置。扒煤机将煤从卸煤沟扒出落在一段胶带上，送至二段胶带的起始端。

第二段输煤胶带为倾斜布置，将煤从地下提升到地面以上的一定高度。在二段胶带末端设有磁力除铁器和碎煤机，将煤中的铁质杂件清除并将块径较大的煤破碎成所需要的块径。

第三段输煤胶带为倾斜布置，将合格的煤提升到煤仓上部的输煤层。

第四段输煤胶带为水平布置，通过配煤机构将煤送入各台炉的煤仓内。

103. 为什么各段输煤胶带之间要设电动机联锁装置？

答：为了防止操作失误，各段输煤胶带未按一定顺序启动和停止，或运行中某段输煤胶带因故障而停运，造成煤的大量堆积，各段输煤胶带之间要设联锁装置。

电动机联锁装置能确保输煤胶带按第四段、第三段、第二段、第一段的先后顺序启动；按第一段、第二段、第三段、第四段的先后顺序停止。如果不按上述顺序启动，则不能启动；如果不按上述顺序停止，则被停止的某段胶带之前的胶带也同时停止。

104. 为什么输煤胶带机要设置拉紧装置？

答：输煤胶带机的电动机通过减速器减速后，将动力传递给主动轮毂，轮毂通过摩擦力将动力传递给胶带，使胶带前进。

由于从储煤沟到煤仓上部的高差很大，通常输煤胶带分为四段，但为了防止煤从胶带上向下滑落，输煤胶带的坡度不能太大，同时，四段输煤胶带中有两段是水平的，因此，每段输煤胶带的长度少则几十米，多则超过百米。

为了保持轮毂与胶带之间有一定的摩擦力，使胶带能正常前进，胶带要保持一定的拉紧力。拉紧力太小，因轮毂与胶带间的摩擦力太小，不足以带动胶带前进，而出现胶带在轮毂上打滑的现象；拉紧力太大，则因摩擦力过大，不但动力消耗增加，而且胶带的磨损较快，而使使用寿命缩短。保持胶带适当的拉紧力是确保胶带正常工作、降低动力消耗和延长使用寿命的一项重要工作。

胶带长期在拉紧力的作用下，除产生弹性变形外，还会产生少量永久变形，使胶带伸长。随着一年季节的变化，气温变化使胶带出现热胀冷缩现象。输煤胶带在轮毂和托辊上滚动前进时，因摩擦温度升高而出现伸长现象。因此，输煤胶带机不但必须要设置拉紧装置，根据需要调整胶带的拉紧力，而且可以保证胶带工作过程中，因各种原因引起胶带伸长和缩短时，保持拉紧力仍然不变，从而使输煤胶带机长周期正常工作。

105. 为什么煤粉浓度过大或过小均不会发生爆炸？

答：所谓煤粉爆炸是指煤粉与空气的混合物，由明火点燃后火焰能迅速传播，使一定空间内气粉混合物短时间内同时燃烧，体积瞬间迅速膨胀产生较大压力的一种现象。

气粉混合物点燃后火焰能迅速传播是发生爆炸的必要条件。当煤粉浓度过大时，由于空气量严重不足，煤粉不能充分燃烧，产生的热量较少，不能将临近的气粉混合物加热到着火温度，因为火焰不能传播，所以，气粉混合物不会发生爆炸。

当煤粉浓度过小时，由于煤粉数量很少，煤粉燃烧产生的热量较少，不能将临近的气粉混合物加热到着火温度，火焰不能传播，所以，气粉混合物不会发生爆炸。

煤粉在较大的浓度范围内具有爆炸危险，具体数值与煤粉的细度、氧气浓度、挥发分和水分等因素有关。通常煤粉越细，挥发分越高，水分越低，氧气浓度越高，煤粉的爆炸浓度范围越大。制粉系统内的煤粉浓度有较多机会在爆炸范围内，因此，制粉系统在设计、制造、安装和运行过程中要特别注意防止煤粉爆炸。

106. 为什么无烟煤的制粉系统通常没有爆炸危险？

答：当煤粉的挥发分小于 10% 时，由于煤粉不易点燃，即使点燃产生的热量也不易将临近的煤粉与空气的混合物加热到着火温度，因为火焰不能传播，所以，不会发生爆炸。

因为无烟煤的可燃基挥发分小于 10%，所以，无烟煤的制粉系统通常无爆炸危险。由于无烟煤不易着火和燃尽，所以通常采用使煤粉更细和降低煤粉的水分，即通过提高磨煤机出口气粉混合物的温度和采用热风送粉等措施来达到有利于无烟煤煤粉着火和燃尽的目的。

107. 为什么磨煤机要设置惰性气体置换系统？

答：煤粉和空气的混合物具有爆炸的特性。煤粉浓度的爆炸范围与煤粉的细度、挥发分多少和气粉混合物的温度及浓度有关。通常煤粉越细、挥发分越多、气粉混合物的温度和氧气浓度越高，越容易爆炸，煤粉浓度的爆炸范围也越大。

煤粉浓度在 $0.3\sim0.6kg/m^3$ 爆炸性最强，当浓度大于 $1.0kg/m^3$ 时爆炸性降低，当浓度低于 $0.1kg/m^3$ 时就没有爆炸性了。磨煤机在正常运行情况，因为煤粉浓度通常大于爆炸范围，所以，磨煤机在正常运行情况下不易发生爆炸。

磨煤机在启动和停止过程中会有一段时间煤粉的浓度在爆炸范围内，如果有明火或金属撞击产生的火花就会发生爆炸。因此，磨煤机设置惰性气体置换系统，在磨煤机启动前和停止前将惰性气体充入磨煤机，通过置换降低磨煤机中氧的浓度，可以达到防止磨煤机启动和停止过程中发生爆炸事故的目的。

惰性气体可以采用水蒸气、氮气或二氧化碳气，可以根据现场的条件选择。

108. 为什么大容量煤粉锅炉大多采用直吹式制粉系统？

答：随着煤粉锅炉容量的增加，燃烧器的层数和给粉机的台数增多，粉仓的体积增大，不但现场布置困难，而且设备投资运行成本和维修工作量均增加。大容量锅炉采用直吹式制粉系统与采用中间储仓式制粉系统相比，省去了粉仓、细粉分离器、给粉机等设备，不但系统简单，现场布置方便，节省了投资，而且运行和维修成本降低。

由于大容量锅炉燃烧器布置多达 $4\sim6$ 层，每套制粉系统向对应的一层燃烧器供应煤粉，在锅炉满负荷下仍可有一套制粉系统和一层燃烧器作备用。同时，由于设备的制造水平和可靠性提高，直吹式制粉系统的工作可靠性和调节负荷的灵活性较高。

由于以上的两个原因，大容量煤粉锅炉大多采用直吹式制粉系统。

109. 为什么褐煤要采用部分高温烟气作干燥剂？

答：褐煤是地质年代较短的煤，其特点是水分和挥发分含量较高。通常煤粉炉高温空气预热器出口的热风温度为 $350\sim400℃$，一方面仅采用高温空气难以将褐煤煤粉干燥到所需要的程度，不利于煤粉着火，同时干燥能力不足也会降低磨煤机的出力；另一方面挥发分高的煤粉具有着火点低和易爆炸的特点，需要采取技术措施，确保制粉系统安全。

采用一部分高温烟气作干燥剂与高温空气混合，不但可以提高磨煤机干燥剂的温度，有利于将褐煤煤粉干燥到所需要的程度和提高磨煤机的出力，而且因为炉膛出口的烟气中的氧含量为 $4\%\sim5\%$，远低于氧含量为 21% 的空气，干燥剂中的氧含量明显降低，可以非常有效地降低褐煤煤粉着火和爆炸的危险性，制粉系统的安全性大大提高。

因此，煤粉炉燃用褐煤时，通常要从炉膛出口抽取部分高温烟气与高温空气预热器出口的空气混合后作为磨煤机的干燥剂，以确保制粉系统的安全和提高其出力。

110. 为什么褐煤制粉系统的高温烟气管道内要衬高温的绝热材料，而外部不保温？

答：为了减少烟气的抽取量，提高混合后的干燥剂温度，通常在炉膛出口过热器之前的部位抽取高温烟气，烟气的温度约为 $1000℃$。

碳钢的允许使用温度通常不超过 $450℃$，高温烟气管道通常采用碳钢材质，为了避免高温烟气管道因超温、强度降低而损坏和减少其散热损失，高温烟气管道内要衬耐高温的绝热材料。

虽然在高温烟气管道外部进行保温也可以降低其散热损失，但是将会使高温烟气管道壁温因接近烟气温度而导致过热损坏，因此，褐煤制粉系统抽取高温烟气的管道通常在管道内壁衬耐高温的绝热材料，而不是在管道外进行保温来减少散热损失。

111. 为什么高温烟气管道上不设调节挡板？

答：为了防止高温烟气与热空气混合后的气体温度过高，导致磨煤机超温损坏和避免煤粉被过度干燥的危险，通常要调节抽取的高温烟气的流量。

由于从炉膛出口抽取的烟气温度高达约 1000℃，即使采用昂贵的高合金钢也难以满足使用要求，所以，高温烟气管道上通常不设调节挡板。

燃用褐煤时通常采用风扇磨煤机，其入口是负压，炉膛出口处的烟气压力较稳定，为 −20～−30Pa，而高温空气的温度为 300～400℃，高温空气管道上装有调节挡板，通过调节挡板的开度可以改变高温空气混入高温烟气的比例，因为风扇磨煤机入口的负压随着高温空气混入的数量改变，所以，改变高温空气的流量就可以调节高温烟气的抽取量，从而达到控制风扇磨煤机出口气粉混合物温度的目的。

112. 为什么制粉系统要安装 CO 检测系统？

答：制粉系统由于各种原因，如设计不合理、管道坡度偏小、系统内有死角、运行操作不当、制粉系统停运前抽粉吹扫不彻底，会导致制粉系统内坡度偏小和少数死角处堆积或残存少量煤粉。

制粉系统少数部位堆积或残存的煤粉会因氧化而温度升高。由于煤粉具有吸附空气的特点，堆积密度较少，散热能力较差，煤粉因温度升高而氧化加剧，特别是在制粉系统停运的情况下，没有气流的冷却，堆积和残存的煤粉有可能因氧化，温度升高至煤粉的燃点时而发生自燃。

由于堆积和残存煤粉的内部散热条件较差，所以温度容易因氧化而达到自燃温度。因为煤粉内部仅靠煤粉吸附的少量空气不足以使内部的煤粉完全燃烧，在空气不足的条件下煤粉不完全燃烧必然会形成 CO。制粉系统通常用热空气作干燥剂，而空气中的 CO 含量极低，在制粉系统内安装 CO 检测系统，一旦显示 CO 含量超过正常标准，就可以及时判断出制粉系统内有煤粉自燃，应立即查明原因予以消除。

煤粉发生自燃产生明火是制粉系统发生爆炸的必要条件之一，因此，安装 CO 检测系统对及时发现煤粉自燃、防止制粉系统爆炸、确保制粉系统安全运行有积极作用。

对于挥发分和水分高，采用部分烟气作干燥剂的制粉系统，因为烟气中的 CO 含量较空气高，所以 CO 检测系统的灵敏度和准确性会降低。

113. 为什么一次风煤粉管道在安装时要向上冷拉？

答：现在大部分煤粉锅炉通过吊杆悬吊在锅炉顶部的大梁上，锅炉运行时固定在炉墙上的燃烧器与炉体一起向下膨胀。随着锅炉容量的增加，炉体的高度也随之增加，炉体的高度通常是其宽度和深度的 3～4 倍，同时，因为燃烧器安装在炉墙的中下部，所以，锅炉运行时燃烧器随炉体向下膨胀的位移量较沿炉体宽度和深度的位移量大得多。

由于仅靠安装在一次风煤粉管道上的三维膨胀节难以完全吸收向下较大的膨胀量，一次风煤粉管道自身还要吸收一部分向下的膨胀量，所以，在一次风煤粉管道安装时要向上冷拉一段距离。一次风煤粉管道向上的冷拉量通常为其运行时因炉体膨胀向下位移量的 1/2。

114. 为什么一次风煤粉管道要安装节流孔板?

答：目前采用燃烧器四角布置的锅炉较多，大容量锅炉通常设置4~6层燃烧器，每一台磨煤机供给一层4只燃烧器运行所需的煤粉。

由于磨煤机出口到四角4只燃烧器之间的一次风煤粉管道长度相差较大，所以弯头数量和角度也不尽相同，即每根一次风煤粉管道的沿程阻力和局部阻力不同。在一次风煤粉管道上安装节流孔板，通过不同孔径的孔板产生的不同局部阻力，使得每层4根一次风煤粉管道的总阻力相同，保持供给每层4只燃烧器的一次风量和煤粉相等，确保火焰不偏斜、火焰分布均匀、充满度良好。

115. 为什么一次风煤粉管道要安装三维膨胀节?

答：随着锅炉容量的增加，磨煤机出口或排粉机出口至锅炉燃烧器的一次风管道长度增加。锅炉运行时不但一次风煤粉管道膨胀量较大，而且悬吊在炉顶的炉体向下的膨胀量也很大。一次风煤粉管道直径较大、壁较薄，难以完全依靠其自然形状的变形来吸收较大的膨胀量。

由于锅炉运行时除向下有较大的膨胀量外，在炉体的宽度和深度方向上也有一定的膨胀量。粗粉分离器或排粉机是固定的，燃烧器是固定在炉墙上随炉体一起膨胀移动的，因此，每根一次风煤粉管道必须要安装能够吸收三个方向膨胀量的三维膨胀节。

三维膨胀节通常采用柔性材料制作，柔性膨胀节可以吸收一次风管道三个方向的膨胀和位移量。

116. 为什么越细的煤粉灰分含量越高? 越粗的煤粉挥发分越高、发热量越高?

答：煤经磨煤机磨制后被气流携带进入粗粉分离器，粒径大的煤粉由于其重力大于气流的托力首先被分离出来，粒径较大的煤粉因其离心力较大也随后被分离出来。通过两种机理被分离出来的不合格的粗煤粉返回磨煤机内继续磨制。

煤中可燃物的比重较低，为1.4~1.5，在粗粉分离器中即使粒径较大的煤粉，因为其重力少于气流的托力和其离心力较小不易被分离出来，作为细度合格的煤粉随气流进入细粉分离器或直接进入燃烧器。所以，粒径较大的煤粉含碳量较高，而含有密度较大的各种矿物质组成的灰分较少。

灰分含量较多的煤粉，由于灰的比重较高，约为2.9，在粗粉分离器内受到的重力和离心力较大，容易经重力分离和离心分离将其从气流中分离出来，返回磨煤机重新磨制。只有当含灰量较大的煤粉粒径较小，难以通过重力分离和离心分离将其从气流中分离出来时，才会随气流离开粗粉分离器，进入细粉分离器或直接进入燃烧器。因此，越细的煤粉，灰分含量越高，见图8-33。

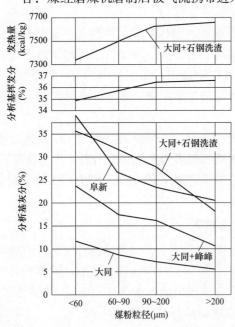

图8-33　煤粉的诸粒径组分的工业分析结果
注：1kcal/kg=4.1868kg/kg。

由于煤中的挥发分为碳氢化合物，其比重较小，含挥发分高、粒径较大的煤粉因质量较小不易通过重力分离和离心分离被分离出来返回磨煤机而成为合格的煤粉，所以越粗的煤粉挥发分越高。因为挥发分高的煤粉可燃物高，灰分少，所以发热量高，见图8-33。因为挥发分高的煤粉易着火易燃尽，所以，挥发分高的煤的煤粉可以较粗。

上述煤粉粒径随着含灰量的增加而减少的特性，对煤粉的完全燃烧、降低机械不完全燃烧热损失是有利的，因为在煤粉燃烧过程中灰分熔化会形成灰壳将碳与氧气隔离，所以使煤粉中的碳不易燃尽。

117. 为什么煤的水分增加会使磨煤机的出力下降？

答：当煤中含有的水分小于煤的分析水分 M_{ad} 时，水分的变化对煤的可磨性系数 K_{Km} 影响不大，但是由于现场实际进入磨煤机的煤的水分大于分析水分 M_{ad}，水分增加使煤的塑性和韧性增加，磨煤机消耗的能量一部分用于使煤发生变形，煤因可磨性系数变小而使磨煤机出力下降。

当煤的水分较大时，干燥剂来不及干燥，部分煤被磨煤机磨成煤泥，不能被干燥剂气流及时带走也会导致干燥能力不足，造成磨煤机出力下降。

煤在露天堆放和运输过程中，下雨下雪是使煤水分增加的主要原因，不但落煤管容易堵塞，而且磨煤机出力还会下降，锅炉热效率降低。因此，有条件时应尽量设置干燥棚，让煤风干、水分降低后再进入磨煤机。磨煤机相对出力与水分的关系见图8-34。

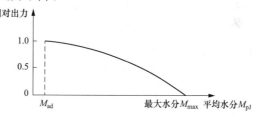

图 8-34 相对出力和水分的关系

118. 为什么输粉机输粉前应开启输粉机上的吸潮门？

答：通常采用中间储仓式制粉系统的锅炉，安装有螺旋输粉机，运行锅炉制粉系统的煤粉可以通过输粉机向邻炉粉仓输送。

运行锅炉的制粉系统生产的煤粉，首先通过细粉分离下部的切换挡板门进入输粉机，然后煤粉进入邻炉的粉仓。制粉系统运行时，煤中的水分蒸发混入干燥剂成为乏气的一部分。煤粉具有吸附空气的特性，使得煤粉吸附了较多的水蒸气。输送前开启吸潮门，可以利用制粉系统较大的负压，将进入输粉机煤粉中吸附的含水蒸气较多的空气解析出来，防止温度较高的煤粉进入邻炉粉仓后因温度降低、煤粉吸附的水蒸气因凝结而引起返潮和结块，使邻炉的煤粉保持干燥，有利于粉仓内的煤粉顺利地进入给粉机。

输粉机输粉前开启其上的吸潮门，还可以保持输粉机内为负压，避免输粉机运行时，煤粉从输粉机不严密处向外泄漏，导致现场工作环境恶化和煤粉的损失。

119. 为什么直吹式通常采用正压式制粉系统，而中储式通常采用负压式制粉系统？

答：由于直吹式制粉系统没有储粉仓，采用正压式可将排粉机布置在磨煤机之前，排粉机流过的是没有煤粉的空气，排粉机不会被磨损，维修工作量小，寿命长。虽然正压式制粉系统存在向外漏粉的问题，但可以通过密封风机产生的高压风对制粉系统可能漏粉处进行密封加以解决。

正压式制粉系统避免了冷风漏入，不但提高了气粉混合物的温度，有利于煤粉的着火，而且流经空气预热器的风量较多，强化了对烟气的冷却，有利于降低排烟温度和提高锅炉热效率。所以，直吹式通常采用正压式制粉系统。

中储式制粉系统有储粉仓，将排粉机布置在制粉系统的末端，90%的煤粉被细粉分离出来后进入储粉仓，仅有约10%的煤粉流经排粉机，排粉机的磨损较小。因为制粉系统为负压，所以不存在煤粉外漏的问题。

由于负压式制粉系统漏风量较大，球磨机停止时没有了温度较低的乏气，为了防止排粉机入口风温过高要采用一部分低温风使流经高温级空气预热器的空气量减少，对烟气的冷却能力降低，排烟温度上升，导致锅炉热效率降低。中储式制粉系统通常采用筒式球磨机，其密封较困难，所以，中储式通常采用负压式制粉系统。

120. 为什么原煤进入球磨机前块径较大的煤要进行破碎？

答：由于火力发电厂的耗煤量很大，通常电厂购进的是未经加工的原煤，其中含有较多块径较大的煤块。

块径较大的煤块表面积较小，不利于热空气对煤的加热和干燥，使磨煤机的干燥出力下降，将块径较大的煤破碎成粒径较小的煤，要消耗能量克服分子间的结合力。碎煤机通常采用撞击和挤压的方式对大块煤进行破碎，且碎煤机转子的质量较小，碎煤机消耗的电能较少。球磨机转动部分包括筒体、衬瓦、钢球和煤，总的质量很大，在球磨机内将大块煤破碎消耗的能量较大。

因此，原煤在进入球磨机前块径较大的煤经碎煤机破碎，不但可以因为表面积增加，干燥能力提高，使球磨机的出力增加，而且可以使制粉电耗下降，所以，制粉系统内通常安装有碎煤机。

121. 为什么仓储式制粉系统的高温风和低温风混合后的风管道上要设置冷风门？

答：仓储式制粉系统的优点是球磨机可以始终保持在最大出力下运行，而不必随锅炉负荷的变化而改变出力。由于设计和选型时，球磨机的额定出力大于锅炉额定负荷下耗煤量，同时，锅炉并不总是在额定负荷下运行，因此，仓储式制粉系统的球磨机每个班次均会在煤粉仓粉位较高时停运一段时间。

制粉系统运行时，高温风和低温风混合后作为干燥剂进入球磨机。当制粉系统停运时，虽然可以将高温风和低温风混合后的管道上的风门关闭，但由于风门是用转动挡板控制启闭的，严密性较差，温度较高的空气漏入制粉系统容易使残存在制粉系统内的煤粉温度升高而发生自燃形成明火，当制粉系统重新启动时引起爆炸。

如果在高温风和低温风混合后的风管上的风门前设置冷风门，当制粉系统停运时将其开启，高温风门和低温风门关闭后泄漏的热空气从冷风门排入大气，从而防止了热空气漏入制粉系统。

当制粉系统停运时，首先停止给煤机，由于球磨机内的煤量越来越少，即使全部使用低温风作干燥剂，球磨机出口气粉混合物仍然会超标。如果在制粉系统停运时开启冷风门，则可以在制粉系统停运过程中控制球磨机出口气粉混合物的温度。

同样的理由，当煤的水分较高，落煤管发生堵塞或下煤不畅时，为了防止在处理过程中球磨机出口气粉混合物温度超标，也要将冷风门开启。落煤管畅通后再将冷风门关闭。

122. 为什么储仓式制粉系统停运时热风系统应进行切换？

答：由于储仓式制粉系统的制粉能力大于锅炉额定负荷下燃煤量，同时，锅炉经常在低于额定负荷下运行，所以，经常会出现储粉仓粉位很高，制粉系统需要停运的情况。

制粉系统运行时，为了使球磨机能正常工作和提高制粉量，球磨机入口应送入温度较高的热风。热风对煤进行加热干燥将煤中的水分蒸发后球磨机出口风粉混合物的温度降低，根据不同煤种出口温度控制在 $70\sim130℃$。如果制粉系统停止时，热风系统不进行切换，球磨机出口的热风温度迅速长高，当温度超过排粉机入口允许风温时，就会危及轴承和排粉机的安全。

制粉系统运行时，热风进入球磨机入口，经粗粉分离器和细粉分离器后进入排粉机入口，其阻力很大，排粉机入口负压很高，风机的耗电量较大。如果制粉系统停运时，将热风切换为直接送至排粉机入口，则送风阻力大大减少，可以明显降低排粉机的耗电量。

123. 什么是开式中间储仓式制粉系统？有什么优、缺点？

答：从细粉分离器出来含有少量煤粉的乏气不是作为输送煤粉的一次风或三次风送入炉膛，而是排入大气的制粉系统，称为开式中间储仓式制粉系统。

开式制粉系统的干燥剂由从炉膛下部抽出的烟气和空气预热器出口的热空气混合而成。从粗粉分离器出来的含有合格煤粉的气粉混合物进入细粉分离器，分离出来的煤粉进入储粉仓储存，而含有少量煤粉的乏气经布袋式除尘器后，因煤粉的含量极低而可以直接排至大气。

由于温度低的水蒸气含量较高的乏气不作为输送煤粉的一次风进入炉膛，有利于提高炉膛温度强化和改善燃烧，同时，可以采用一部分温度较高的烟气作为干燥剂，既提高了制粉系统的干燥出力，又因干燥剂的氧含量降低，对防止制粉系统爆炸、提高其安全性是有利的。

开式制粉系统的缺点是系统较复杂，需要安装收尘能力极高的布袋除尘器，投资较高，阻力较大，耗电量较多。开式制粉系统适于燃用挥发分含量较低、着火困难、煤粉燃尽时间长煤种的锅炉采用。

124. 为什么开式制粉系统必须要安装布袋除尘器收集煤粉？

答：由于开式制粉系统是将干燥剂乏气直接排入大气，而细粉分离器的分离效率约为 90%，从细粉分离器出来的气粉混合物直接排放不但造成燃料浪费，还会严重污染环境。因此，采用开式制粉系统时，必须在细粉分离器之后设置收尘率超过 99.9% 的除尘器，才能将乏气中的煤粉降至允许的标准。

虽然电除尘器对于煤灰的除尘效率可达 99.5% 以上，但由于煤粉的主要成分是碳，而碳的比电阻很低，采用电除尘器收集煤粉，其效率必然很低，难以将乏气中的煤粉降低到允许的浓度。

布袋式除尘器的收尘效率高达 99.9% 以上。而且尘粒的比电阻大小对收尘效率没有影响。因此，开式制粉系统必须在细粉分离器后设置布袋除尘器。

125. 什么是粗粉分离器的容积强度？

答：通过粗粉分离器的干燥剂流量与粗粉分离器的容积之比称为粗粉分离器的容积强度。

虽然粗粉分离器将磨煤机来的气粉混合物中的粗粉分离出来，送回磨煤机继续磨碎的工作原理有重力分离、惯性分离和离心分离三种，但是以重力分离所起的作用最大。来自磨煤机出口的气粉混合物从下部垂直进入粗粉分离器，由于流通截面不断增加，气粉混合物的流速不断降低，当气流的托力小于较粗煤粉的重力时，粗粉下坠，从气流分离出来。如果粗粉分离器的容积强度过高，由于气流的速度较高、托力较大，较粗的煤粉不能从气流中分离出来，而随气流进入旋风分离器，导致煤粗变粗。所以，粗粉分离器的容积强度与煤粉的细度有关，只能根据煤种和磨煤机的种类在一定的范围内调节。通常挥发分高的煤，因为煤粉的经济细度较粗，所以可以适当提高粗粉分离器的容积强度。

126. 为什么竖井式磨煤机磨制的煤粉的颗粒均匀度较好？

答：竖井式磨煤机不设粗粉分离器，竖井就起到粗粉分离器的作用。

燃料从竖井的中部进入，被位于竖井下部的磨煤机锤击磨制后，煤粉被从竖井下部进入的干燥剂携带上升时，较粗煤粉的重力大于上升气流的托力，从上升气流中分离出来落下后继续被磨煤机锤击，而合格的煤粉被上升的干燥剂气流携带进入炉膛燃烧。由于合格的煤粉被从下部进入的干燥剂气流及时带走，不会出现合格的煤粉因不能及时被气流带走而反复磨制的情况，而且控制竖井内干燥剂上升气流的速度，可将粒径大于一定数值的粗煤粉从气流中分离出来继续被磨制，所以，竖井式磨煤机磨制的煤粉的颗粒均匀度较好。

由于竖井式磨煤机磨制的煤粉颗粒较均匀，所以，对于相同煤种，当采用竖井磨煤机时，其经济细度较大。

127. 为什么球磨机磨制的煤粉颗粒均匀度较差？

答：球磨机运行时，较细的煤粉在筒体的下部，较粗的煤粉在筒体的上部，不少煤粉被压在钢球层中。球磨机筒体旋转时并不能将全部的钢球扬起到最高点后落下，一部分钢球会沿筒体壁下滑，筒体旋转时也不能将下部所有合格的煤粉扬起到上部，而干燥剂气流只能将扬起的煤粉和堆积在筒体下部钢球表面的煤粉携带出球磨机，位于筒体下部的合格的煤粉不易被气流带走，部分煤粉因被反复研磨而过细。

由此可以看出，球磨机磨制的煤粉的颗粒均匀度较差是由其磨煤机的工作原理和方式决定的。

由于球磨机磨制的煤粉颗粒均匀度较差，所以，对同一种煤种，当采用球磨机时，煤粉的经济细度较细。这也是球磨机磨煤电耗较高的原因之一。

128. 为什么中间储仓式制粉系统的球磨机出力应有15%的裕量？

答：球磨机的出力有15%的裕量，可以确保锅炉即使在满负荷下运行也有能力通过螺旋输粉机向其他锅炉送粉，也可以使球磨机运行一段时间煤粉仓粉位较高停下，进行检查和维修工作。

当锅炉燃用的煤种发生变化，实际用煤的发热量低于设计煤种，锅炉燃煤的消耗量增加时，球磨机出力有15%的裕量就不会降低锅炉的额定负荷。

当锅炉燃用的煤种发生变化，实际用煤较硬，其可磨性系数 K_{km} 小于设计煤种，球磨机的出力降低时，球磨机出力有15%的裕量就可以使锅炉仍保持额定出力。

当燃用的煤种水分增加，煤的流动性逐渐恶化，会使煤仓、给煤机、落煤管内黏结堵塞，造成下煤不畅甚至中断，对于黏土质灰分和煤末较多的煤种情况尤为严重。煤的水分增加时，不但给制粉系统运行增加了麻烦，运行人员因捅煤、敲打落煤管而使劳动强度增加，而且制粉系统出力下降。因此，球磨机有15%的裕量，当燃煤水分增加时，就不会影响锅炉正常运行。

129. 为什么球磨机筒体内壁要衬波浪形钢护板？

答：球磨机工作时，筒体内壁在钢球的撞击和钢球对煤碾压研磨过程中磨损较快，在筒体内壁衬硬度高的钢护板，不但可以防止筒体磨损导致的损坏，而且可以增加撞击和研磨面积，增强研磨效果，提高球磨机的制粉能力。通过定期更换磨损后的波浪形钢护板，使其保持良好的工作状态。

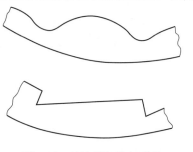

波浪形的钢护板还可以将筒体内的钢球和煤扬起到筒体内的最高点后，依靠自身的重力落下，增强钢球对煤的撞击、碾压和研磨效果，有利于提高球磨机的制粉能力。

图 8-35　波浪形钢护板形状

波浪形钢护板形状见图 8-35。

130. 为什么球磨机的磨煤电耗较高？

答：由于磨煤机将煤磨成煤粉要产生很多新的表面，必须要克服固体分子间的结合力，因此，需要消耗能量。衡量将煤磨成煤粉能量消耗多少的指标为磨煤电耗，其单位为 $kW \cdot h/t$。

在各种磨煤机中，球磨机的磨煤电耗最高，为 $20 \sim 30 kW \cdot h/t$，是其他种类磨煤机磨煤电耗的 $1.5 \sim 2.0$ 倍。球磨机的磨煤电耗之所以较高有以下几个原因。

（1）将煤磨成煤粉主要有撞击、碾压和研磨三种方式。这三种磨煤方式中所消耗的能量不同，其中研磨所消耗的能量最多，其次是撞击，而碾压所消耗的能量最少。球磨机不但兼有这三种磨煤方式，而且因钢球的扬起和滑动，撞击和研磨所占的比例较大，造成磨煤电耗较大。

（2）由于球磨机的筒体、衬板和钢球的总质量很大，每磨制 1t 煤粉所占有的金属重量远远大于其他种类的磨煤机，转动球磨机并将钢球和煤扬起所消耗的能量很大。采用球磨机的制粉系统大多为中间储仓式，球磨机在启动和停运的过程中，有一段时间（约 10min）为空负荷或低负荷运行，但球磨机消耗的能量并未明显减少，导致磨煤电耗较大。

（3）球磨机筒体的钢球充满系数为 $0.2 \sim 0.25$，而部分煤粉被压在筒体的底部或钢球层之间，虽然有一部分煤粉随钢球被扬起，但仍有一部分合格的煤粉因未被扬起而不易被干燥剂气流带走，部分煤粉被反复研磨，不但部分煤粉因被磨得过细而使得煤粉的颗粒均匀度较差，而且还因为球磨机的磨煤能力未能被充分利用而使得磨煤电耗增加。

（4）球磨机消耗的能量大部分用于将钢球扬起，但是众多钢球下落时，并不能使每个钢球撞击在煤粒上，有部分钢球相互空撞不起磨煤作用。因为扬起钢球所消耗的能量未能被全部用于磨煤，所以导致磨煤电耗较高。

（5）球磨机内煤量的分布是不均匀的，从入口至出口煤量的分布是递减的，而钢球在球磨机内分布是均匀的，因为球磨机后半部分的煤少而钢球多，部分钢球被扬起后磨煤作用未能充分发挥，所以导致磨煤电耗上升。

131. 为什么球磨机筒体内沿轴向钢球分布是均匀的，而煤的分布是不均匀的？

答：由于钢球的密度和体积较大，从进口端进入筒体的干燥剂虽然具有一定的速度，但无法使质量较大的钢球沿轴移动，加入筒体的钢球经旋转后沿轴向会均匀分布，见图 8-36。

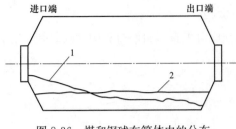

图 8-36　煤和钢球在筒体内的分布
1—煤；2—钢球

从进口端加入的煤经破碎机破碎后由各种粒径的煤粒组成。在进口端粒径较大的煤的比例较高，因为进入筒体的热风干燥剂不能使粒径较大的煤沿轴向移动，只能使加入的煤中粒径较小的煤粒沿轴向移动，所以，筒体内入口端煤的分布较多。

加入筒体的煤在钢球磨制过程中不断产生粒径较小的煤粒，一旦煤粒的质量小到能被干燥剂吹走就会沿轴向向出口移动。沿筒体轴向从进口端到出口端，煤经破碎机破碎的时间和产生能被干燥剂吹走的数量是递增的。加入筒体的煤轴向移动的动力来自干燥剂的动能和煤的高度差形成的势能。所以，煤沿筒体轴向分布是递减的，见图 8-36。

132. 为什么球磨机入口空心轴内壁为螺旋状？

答：球磨机筒体、钢球和煤的质量由两侧呈水平状的空心轴支承。

从给煤机来的煤和粗粉分离器返回的粗粉经落煤管和球磨机入口管及空心轴进入球磨机。落煤管的倾角较大，煤在重力的作用下很容易进入球磨机的空心轴，但是由于空心轴是水平的，如果空心轴内壁是光滑的，则无法产生一个水平方向的推力使煤进入球磨机筒体。由于从原煤仓来的煤颗粒较大，水分较高，热风干燥剂难以将煤吹入球磨机的筒体内，所以煤因堆积在空心轴处而使球磨机无法正常工作。

将球磨机入口空心轴内壁做成螺旋状，螺旋的方向与球磨机旋转方向相配合，使空心轴旋转时产生一个水平推力，将煤源源不断地推入球磨机的筒体内，避免了煤堆积在空心轴处。

通常用扁钢经加工成一定弧度后，竖立焊接在空心轴的内壁上形成螺旋。要注意螺旋的方向与空心轴的旋向相配合。

133. 煤粉仓和螺旋输粉机为什么要安装吸潮管？

答：含水量较高的煤进入球磨机后，在温度较高的热风干燥剂加热下，煤中的水分蒸发，成为球磨机出口干燥剂乏气的一部分。

煤粉的颗粒很小，单位质量煤粉的表面积很大，具有吸附空气的特性。在煤粉进入煤粉仓前，吸附了含有较多的水蒸气的乏气。

由于粗粉分离器、旋风细粉分离器及煤粉管道的散热，乏气离开旋风细粉分离器时的温度，采用中间储仓式系统时，比磨煤机出口气粉混合物的温度低约 10℃。为了避免乏气中水蒸气凝结使得煤粉结块，通常要求乏气温度至少比露点温度高 5℃。虽然进入煤粉仓的煤粉温度高于乏气的露点温度，煤粉吸附的空气中的水蒸气呈过热状态，但煤粉从进入煤粉仓到进入给粉机需要一段时间，由于煤粉仓的散热，所以煤粉温度下降。当煤粉温度降至露点温度时，其吸附的空气中的水蒸气就会凝结，造成煤粉结块。

在煤粉仓和螺旋输粉机上安装吸潮管可以防止煤粉因温度降低而出现返潮和结块现象。吸潮管的下端与煤粉仓和螺旋输粉机相连，上端与旋风分离器入口相接。因为旋风分离器入口负压较大，所以调节吸潮管上挡板的开度，维持煤粉仓适当的负压，含湿量较低的空气漏入后，两种空气存在湿度差，煤粉吸附的空气中的水蒸气会进入漏入的空气中，湿度提高后的空气经吸潮管排至旋风分离器后作为一次风进入炉膛。由于煤粉吸附的空气湿度下降，其露点温度降低，所以，即使煤粉温度下降也不易返潮和结块。

安装吸潮管后，煤粉仓和螺旋输粉机维持负压，还可以避免粉仓和螺旋输粉机输粉时煤粉外漏污染环境和造成损失。

134. 制粉系统为什么要保温？

答：由于储仓式制粉系统优点较多，所以，钢球磨煤机采用较多。储仓式制粉系统通常采用闭式制粉系统，从旋风细粉分离器上部出来的含有约 10％煤粉的干燥剂乏气，经排粉机升压后，作为输送煤粉的一次风进入炉膛。为了防止煤粉被过分干燥，通常要对磨煤机出口的气粉混合物的温度加以限制。磨煤机出口的干燥剂乏气要经粗粉分离器、旋风分离器和排粉机及相应的管道才进入炉膛。如果制粉系统不保温，则散热一次风的温度降低，对煤粉的着火和燃烧稳定不利。

进入磨煤机的煤中的大部分水分，在热风加热干燥下气化成为乏气的一部分。空气的露点温度 t_{ld} 随着空气含湿量 d_k 增加而升高。通常取空气的含湿量 d_k 为 $10g/kg$，煤中的水分蒸发进入乏气后排粉机入口乏气含湿量 d_{pf} 大幅增加，其露点温度明显升高（见表 8-9）。

表 8-9　　　　　　　　　　　　　　露点温度

t_{ld}(℃)	d_{pf}(g/kg)	t_{ld}(℃)	d_{pf}(g/kg)	t_{ld}(℃)	d_{pf}(g/kg)	t_{ld}(℃)	d_{pf}(g/kg)	t_{ld}(℃)	d_{pf}(g/kg)
2	4.38	20	14.75	38	43.76	56	122.0	74	360.8
4	5.05	22	16.74	40	49.11	58	136.7	76	413.1
6	5.82	24	18.96	42	55.09	60	153.4	78	475.9
8	6.68	26	21.44	44	61.76	62	172.3	80	552.0
10	7.66	28	24.22	46	69.19	64	193.7	82	645.9
12	8.76	30	27.32	48	77.51	66	218.2	84	764.5
14	10.01	32	30.78	50	86.80	68	246.4	86	918.0
16	11.41	34	34.65	52	97.21	70	278.8	88	1124
18	12.99	36	38.95	54	108.9	72	316.7	90	1416

如果制粉系统不保温，则因散热，沿着乏气流动方向，乏气温度不断降低，当降至露点温度时，乏气中的水蒸气凝结在器壁或管壁上，煤粉容易黏附其上因造成积粉而引起自燃，进入煤粉仓的煤粉容易结块，影响给粉机均匀供粉。因此，为了避免乏气中的水蒸气凝结，造成煤粉黏附在器壁和管壁上，引起积粉自燃和煤粉结块，制粉系统内乏气温度 t_{fq} 的最低值，对于储仓式系统，应至少高于露点 $t_{ld}5℃$，对于直吹式系统，应至少高出 $2℃$。

制粉系统保温还可以降低锅炉的散热损失。因为制粉系统除热风管道的壁温较高外，其余壁温较低，所以，制粉系统保温，对减少锅炉散热损失影响不是很大，主要出于对前两个因素的考虑。

135. 为什么制粉系统要采用高温风和低温风两种热风？

答：通常将高温空气预热器出口的热风称为高温风，低温空气预热器出口的热风称为低温风。

当煤的水分较高时，干燥煤所需的热量较多，可全部采用高温风或大部分采用高温风、少部分采用低温风作干燥剂；当煤的水分较低时，干燥煤所需的热量较少，可全部采用低温风或大部分采用低温风、少部分采用高温风作干燥剂，这样通过高温风和低温风的合理调配，可以同时满足煤种变化时磨煤机通风量和磨煤机出口气粉混合物温度不超标的要求。

当磨煤机停止运行时，要将原来的乏气送粉切换为热风送粉。为了防止燃烧器喷口烧坏和排粉机的安全，除全部采用低温风外，还要开启排粉机入口的冷风门掺入一部分冷风。如果没有低温风，而只有高温风，则要掺入大量的冷风才能将排粉机入口的风温降至所需温度，使得流过空气预热器的空气量减少，导致排烟温度升高，锅炉热效率降低。

由此可见，制粉系统采用高温和低温两种热风，可以在煤种和运行工况变化时，保持磨煤机较高出力和避免锅炉热效率下降。

采用高温和低温两种热风，通常只适用于中、小容量使用管式空气预热器锅炉的中储式制粉系统。

136. 排粉机出口的再循环风管有什么作用？

答：磨煤机的出力决定于干燥出力和通风出力，只有当两个出力均达到设计出力时，磨煤机才能达到设计出力。

电厂的耗煤量很大，由于价格、运输、天气和供求关系等原因，电厂实际用煤品种变化是经常出现的。当燃用含水量较低的烟煤时，由于干燥所需要的热量较小，为了使磨煤机出口温度不超过70℃，只有减少磨煤机入口的热风量。热风量的减少使磨煤机的通风出力减少，导致磨煤机出力下降。

在排粉机出口和磨煤机入口之间安装一根再循环管，当燃用水分较少的烟煤时，可开启再循环门。磨煤机入口增加了来自排粉机出口的干燥剂乏气，乏气的温度较低，湿度较高，主要不起加热干燥的作用，在磨煤机出口温度不超过70℃的前提下，通风能力增加了。根据不同的煤种和含水量的变化，调节再循环门的开度，可使磨煤机在最大出力下运行。

137. 为什么调节粗粉分离器切向挡板开度可以调节煤粉的细度？

答：粗粉分离器的作用是将磨煤机来的气粉混合物中合格的细粉分离出来送至细粉分离器或炉膛，将不合格的粗粉分离出来返回磨煤机继续磨制。

粗粉分离器首先利用流通截面逐渐增大，气粉混合物流速逐渐降低，通过重力将粗粉分离出来；接着利用气粉混合物从外锥体经切向挡板进入内锥体时旋转产生的离心力，进一步将气粉混合物中粒径较小但仍不合格的粗粉分离出来返回磨煤机继续磨制。

调节切向挡板的开度可以调节气粉混合物进入内锥体旋转强度。切向挡板开度减少，气粉混合物的旋转强度提高，气流中煤粉获得的离心力增加，使得略粗的煤粉被分离出来，进入细粉分离器或炉膛的煤粉较细；反之，切向挡板开度增加，气粉混合物进入内锥体的旋转强度降低，略粗的煤粉不易分离出来，使得进入细粉分离器或炉膛的煤粉较粗。

因此，调节粗粉分离器切向挡板的开度可以调节煤粉的细度。煤粉的经济细度应根据煤种和设备的特性，经现场调试后确定，调节煤粉细度的切向挡板开度经现场调试确定后未经批准不得随便改动。

138. 为什么可以利用球磨机噪声的大小测量其煤量的多少？

答：球磨机的工作原理决定了其噪声很大，是各种磨煤机中噪声最大的磨煤机。球磨机工作时，钢球间和钢球与钢护板间撞击是其噪声的主要来源。

球磨机内煤量偏少时，不但钢球从高点下落的高度较大，而且钢球间和钢球与钢护板间的煤较少，其直接撞击的概率和产生的噪声较大；反之，球磨机内煤量偏大，不但钢球从高点下落的高度较小，而且钢球间和钢球与钢护板间的煤量较多，其直接撞击的概率和产生的噪声较小。

球磨机内煤量偏大和偏少均会使其出力降低，保持球磨机内适当的煤量是提高其出力和降低制粉电耗的关键之一。由于球磨机工作时产生的噪声与其内煤量有密切的关系，因此，可以通过测量球磨机噪声的大小较方便地测量其内煤量的多少，从而达到自动调节给煤机给煤量的目的。球磨机内煤量与噪声之间的关系见图 8-37。

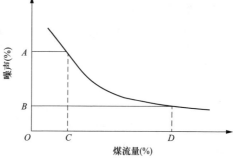

图 8-37 煤流量与噪声之间的关系

139. 为什么球磨机空转不宜超过 15min？

答：从停止给煤机给煤开始，到球磨机停止这段时间称为空转。为了防止因球磨机停运后其内部及制粉系统其他部位积粉引起自燃，通常给煤机停止后球磨机空转 5～10min 即可将球磨机内部及制粉系统其他设备和相应管道内煤粉全部抽净。

如果给煤机停止后球磨机空转超过 15min，制粉系统内设备和管道内的煤粉已经抽尽，继续空转已无任何实际意义；相反，球磨机内已没有煤和煤粉，钢球间和钢球与钢护板间相互撞击不但金属的损耗量很大，而且噪声很大，同时，球磨机空转时的耗电量与正常工作时相差不大，空转时间过长导致制粉耗电量上升。因此，球磨机空转不宜超过 15min。

140. 为什么球磨机筒身要采取保温降噪措施？

答：球磨机通常采用热风作为干燥剂加热煤，使煤中的水分减少，钢球间和钢球与护瓦间相互撞击和研磨消耗的能量一部分也转变成热量，因此，球磨机工作时，筒身温度较高。筒身保温可以减少其散热损失，提高干燥剂的干燥能力。热风、漏风和煤中水分蒸发成水蒸气三者组成了输送煤粉的一次风，筒身保温可以提高一次风的温度，有利于一次风输送的煤粉及时着火。因此，球磨机筒身和护瓦间通常采用石棉板进行保温。

筒式球磨机旋转时，钢球间和钢球与护瓦间的撞击产生巨大的噪声，特别是启动和停止时，因为筒身内煤很少甚至没有煤，所以噪声更大。为降低噪声改善现场工作环境，筒身外部包有毛毡，毛毡外是薄钢板做的外壳。即使采取了降噪措施，球磨机运行时噪声仍然较大。

实际上石棉板和毛毡均可以同时起到保温和降噪的作用。

141. 为什么筒式球磨机钢球的硬度应比护板硬度低？

答：提高筒式球磨机钢球和护板的硬度有利于增加制粉量和降低制粉电耗，可减少金属消耗量，延长钢球和护板寿命。

在制粉过程中，钢球间和钢球与护板间的撞击研磨会导致钢球和护板产生磨损。钢球是消耗品，钢球工作一段时间因磨损而使直径降低后，仍可继续使用，而且可以很方便地通过每天补充直径较大的新钢球来保持大直径钢球占有合理的比例。筒体的护板更换不但工作量大、费用高，而且只有在球磨机大修时进行。

因此，筒式球磨机钢球的硬度低于护板的硬度有利于延长护板的寿命，降低其检修工作量和费用。护板通常用锰钢铸造而成，具有较高的硬度。

142. 为什么随着球磨机筒体直径的增加,转速下降?

答:球磨机旋转时,钢瓦将钢球和煤提升到筒体的顶部后下落,通过撞击、碾压和研磨三种方式将煤磨成粉。

筒体转速提高有利于将钢球和煤提升到筒体的顶部,但筒体转速受到离心力过大、钢球和煤紧贴筒壁不下落与筒体一起旋转制粉能力大幅下降的制约。

钢球与煤随筒体一起旋转时获得的离心力 $F = \dfrac{v^2}{R} m$(m 为钢球和煤质量),与筒体线速度 v 的平方成正比,与筒体的半径 R 成反比,而钢球和煤的线速度与筒体的半径成正比。换言之,相同转速下,钢球和煤获得的离心力随着筒体半径的增加而提高,因此,为了使钢球和煤能被提升到筒体上部下落,而不因离心力过大随筒身一起旋转制粉能力大大下降,随着球磨机筒身直径的增加,转速应下降,见表8-8。

143. 为什么挥发分高的煤容易发生自燃?

答:虽然当温度高于1000℃时,$C+O_2=CO_2$ 的反应几乎瞬间即可结束,但是当温度低于300℃时,$C+O_2=CO_2$ 的反应几乎不能进行。因为无烟煤的挥发分很低,主要成分是碳,所以,通常无烟煤不易发生自燃。

挥发分的主要成分是碳氢化合物,碳氢化合物在较低的温度下即会发生氧化,氧化使温度升高,又促使氧化速度加快,导致温度进一步升高。如果煤堆的体积较大,散热条件较差,储存的时间较长,煤因氧化温度升高而导致着火温度时,则会发生自燃。

各种煤的着火温度见表8-10。

表8-10	各种煤的着火温度	℃

煤种	着火温度
泥煤(风干)	225～280
褐煤(风干)	250～450
烟煤	325～400
无烟煤	440～500

由于挥发分高的煤易于氧化而使其温度升高,同时,挥发分高的煤着火温度低,所以,挥发分高的煤易发生自燃。同样的道理,挥发分高的煤粉也易发生自燃。

144. 怎样防止储煤场煤自燃?

答:由于火力发电厂的耗煤量很大,大型火力发电厂每日耗煤量超过万吨,煤的运输任务很重。由于受价格、质量、运输和气象等因素的影响,为了确保锅炉用煤,储煤场储存一定数量的煤是十分必要的。通常储煤量应能满足电厂7～15天的耗煤量,因此,煤堆的体积较大。为了防止储煤自燃应采取以下几项安全措施。

(1)煤场设煤棚,防止高温季节曝晒,煤堆温度升高。

(2)进煤场的煤应按日期、煤种、发热量分堆储存,并应有明显标记。进煤日期相同或相近时,挥发分高的煤先用;挥发分相近时,储存时间长的先用。

(3)可采用小平堆的堆煤储存法,煤堆高度不要超过2m,以利于煤堆散热。

(4)定期测量煤堆内部温度,温度超过60℃时,要及时安排使用,如不能及时使用应采取倒堆等方法进行冷却。

（5）因各种原因需较长时间储存的煤，应用推土机分层压实后，表面用黄土或惰性材料封严，以隔绝空气，防止煤氧化温度升高。

（6）一旦发现煤堆着火，应立即用 CO_2 或大量消防水灭火。

145. 为什么煤粉具有与水类似的流动性？

答：由于煤粉经过干燥，其含水量较低，其粒径很小，大多为 $20\sim50\mu m$，煤粉具有吸附空气的能力，同时，煤粉主要成分是碳，煤粉间的摩擦系数很小，因而具有与水类似的流动性能。因此，煤粉与空气的混合物可以采用风力管道输送。由于煤粉不像水那样具有表面张力和黏度，很容易流过很小的不严密间隙和孔隙，因此，必须要确保制粉系统和输粉系统的严密性，发现有因磨损形成的孔隙要及时消除，以避免煤粉泄漏。

146. 为什么球磨机应在盘车装置运转的情况下启动？

答：球磨机筒体的直径较大，筒体、钢球、大牙轮、减速器及电动机转子总的质量很大，惯性很大，而交流电动机的启动力矩较小，启动电流很大。如果球磨机在静止状态下启动，由于其惯性很大，电动机的启动电流很大，启动的时间较长。

盘车装置运转时，球磨机缓慢旋转，此时启动球磨机因为惯性显著降低，球磨机启动所需的力矩下降，电动机的启动电流和启动时间明显降低，有利于减轻球磨机启动对配电系统的冲击和延长齿轮及电动机的使用寿命。所以，在盘车装置运转的情况下启动球磨机是合理和有利的。

盘车装置与球磨机减速器之间的离合器具有自动解列功能，一旦球磨机的主电动机启动时，盘车装置自动退出。

147. 为什么钢板制造的煤粉仓有利于防止煤粉自燃？

答：煤粉积存在煤粉仓壁上时间较长，煤粉因氧化温度升高，达到自燃点发生自燃是煤粉在粉仓内自燃的主要原因。

过去煤粉仓大多用钢筋混凝土浇筑而成，虽然在煤粉仓的内壁有抹面层，以降低煤粉仓内壁的粗糙度，但是仍因不够光滑而存在积存煤粉的可能。

用钢板制作煤粉仓施工简单，密封容易，表面光滑，不易积存煤粉，钢板导热性能好，局部温度不易升高，从根本上消除了因煤粉仓积存煤粉引起的煤粉自燃和爆炸。对挥发分高，爆炸危险较大的煤种，采用钢板制作煤粉仓是较合理的选择。

对于已经采用钢筋混凝土结构的煤粉仓，如果燃用挥发分高，爆炸危险性较大的煤种，或者曾经发生过煤粉仓自燃爆炸的事故，可以采用在煤粉仓壁衬钢板的方法来提高其光洁度，防止煤粉仓壁因积存煤粉引起的自燃和爆炸。

148. 为什么通风量减少可使煤粉更细？

答：通风量减少，磨煤机内气流的速度降低，气流只能将较细的煤粉携带出磨煤机，较粗的煤粉留存在磨煤机内继续被磨制。气流携带煤粉垂直向上进入粗粉分离器，因为气流速度较低，所以只有较细的煤粉，因重力小于气流的托力而不会从气流分离出来，继续随气流前进，而较粗的煤粉，因其重力大于气流的托力而从气流中分离出来返回磨煤机继续磨制。

因为通风量减少，气流速度降低，只有较细的煤粉才能被气流携带随气流一起流动，而较粗的煤粉在磨煤机内停留被磨制的时间较长，所以，可以制取更细的煤粉。

通风量减少会导致制粉量下降，制粉电耗上升，同时，并不是煤粉越细越经济。因此，只有在通风量较大，导致煤粉细度大于经济细度时，才可以通过减少通风量使煤粉变细。

149. 为什么球磨机内存煤量过多会导致电动机电流下降？

答：球磨机电动机消耗的功率小部分用来拖动球磨机筒体、钢球和煤一起旋转，大部分用于将球磨机筒体内的钢球和煤扬起到筒体的顶部。

钢球的容积占球磨机容积的 20%～25%。如果球磨机内存煤量过多，球磨机筒体内的空间大部分被钢球和存煤所占有，钢球和煤被扬起的高度降低，将钢球和煤扬起消耗的功率减少较多，而存煤量增加导致的功率上升幅度很小，因此，球磨机内存煤量过多会导致电动机电流下降。

根据上述机理，再结合其他现象，可以用来帮助判断出球磨机是否存煤量过多。通过停止给煤或减少给煤量逐步消化球磨机内过多的存煤量，直至电动机电流恢复正常再恢复正常的给煤量。

150. 为什么断煤超过 10min 应停止球磨机制粉系统？

答：如果给煤机故障或煤潮湿煤斗堵塞导致断煤超过 10min，因为制粉系统内煤粉的浓度较低，所以有可能处于爆炸浓度范围内而有爆炸的危险。

断煤超过 10min 后，球磨机的煤数量较少，不但噪声很大，而且钢球间和钢球与钢衬瓦之间直接撞击概率增加，导致钢球和钢护板磨损加剧。

断煤超过 10min 后，虽然因球磨机内煤量减少，制粉量明显降低，但球磨机的耗电量并没有显著减少，所以导致制粉耗电量增加。

因此，为了制粉系统的安全，减轻钢球钢护板的磨损和降低制粉电耗，如果给煤机故障和堵煤造成断煤超过 10min 仍不能消除时应停止制粉系统运行。

151. 为什么球磨机磨制每吨煤粉的金属磨损量较中速磨煤机高得多？

答：球磨机磨制煤粉的部件是钢球和钢瓦，其总质量和表面积均很大。球磨机磨制煤粉以撞击为主，碾压研磨为辅，钢球在撞击煤的同时，钢球间及钢球与钢瓦间撞击的概率较高，特别是在球磨机启动的初期和停止过程中，因球磨机内煤量很少，其撞击的概率更高，使得球磨机生产煤粉的金属磨损量高达 100～300g/t。

中速磨煤机磨制煤粉的主要部件是钢球或磨辊及上、下磨环或磨碗，共总质量和表面积均很小。中速磨煤机磨制煤粉是通过钢球或磨辊对煤进行碾压研磨实现的，钢球或磨辊与磨环或磨碗不存在撞击，因此，中速磨煤机生产煤粉的金属消耗量仅为 4～20g/t。

将煤磨成煤粉要消耗能量克服分子间结合力。球磨机每吨煤粉的耗电量为中速磨煤机的 3～4 倍。磨煤机消耗的能量一部分用于将煤磨成粉，另一部分转换为热量使煤和磨煤部件温度升高，剩余部分使磨煤部件产生磨损。因此，从能量消耗和平衡角度分析，球磨机每吨煤粉的金属耗量较中速磨煤机高得多。

152. 为什么球磨机轴承的轴向长度较大？

答：由于球磨机的筒体、钢衬瓦、钢球及煤总的质量很大，通常采用承载能力很大的滑动轴承。

虽然滑动摩擦力大于滚动摩擦力，但由于滑动轴承工作时，轴与轴承之间形成的楔形间隙，使轴旋转时，在楔形间隙中产生油压将轴抬起，轴与轴承被有压力的油膜隔开，将轴与轴承间的滑动摩擦转变成润滑油之间摩擦力很小的液体摩擦。

因为轴与轴承间油膜的压力，中间较高、两端较低，所以增加轴承的长度可以提高油膜总的压力，有利于提高轴承的承载能力。

因此，球磨机采用轴向长度较大的滑动轴承是合理和有利的。

153. 为什么煤粉的堆积密度比煤小？

答：虽然煤磨制成煤粉其性质没有变化，只是粒径变小，水分降低，但因为干燥的煤粉具有很强的吸附空气的能力，煤粉之间充满了空气而具有很好的流动性。刚磨制好的煤粉其自然堆积密度仅约为 $700kg/m^3$，粉仓内的煤粉堆放时间长了，煤粉吸附或煤粉间部分空气被挤压排出，其密度根据堆积时间的长短可增加到 $800\sim900kg/m^3$。

煤的水分比煤粉高，同时煤吸附空气的能力很差，所以，煤的堆积密度通常大于 $1000kg/m^3$。

154. 怎样判断球磨机内的物料量是否处于最佳状态？

答：由于球磨机筒体和钢球的质量是物料质量的数倍，电动机输入的机械能大部分用于拖动球磨机旋转和将钢球扬起，只有一小部机械能用于物料扬起将其磨碎。也就是说，球磨机的出力大小对电动机消耗电能多少影响不大。因此，球磨机应尽量在最大出力下运行，以降低每吨粉的耗电量。

球磨机内保持尽可能多的物料是确保其达到最大出力的必要条件。球磨机内物料过少，其出力下降，吨粉耗电量增加，但是煤量过多，超过球磨机的生产能力，会因球磨机内堵塞或钢球下落高度降低，使钢球制粉能力下降，导致球磨机出力减少。

运行人员应该记住球磨机在未进料空转和在额定进料量情况下电动机的电流。球磨机启动后，电动机的电流会随着进料量的增加而上升。在未超过球磨机额定出力下电动机电流的前提下，可以适当增加进料量，直至达到球磨机额定出力下的电流值。如果电动机电流稳定在某个值，说明进料量等于出粉量，球磨机内物料保持不变；如果电动机电流缓慢上升并超过球磨机额定出力下的电流，而且球磨机进、出口压差超过正常值，说明进料量太多，超过球磨机的生产能力，应减少进料量；反之，如果球磨机电流缓慢下降，进、出口压差减少，则应该增加进料量，直至达到球磨机额定出力下的电流值。

155. 为什么粉仓降粉时，应关闭吸潮手动门、电动门及联络管电动门？

答：为了防止因各种原因而导致煤粉仓内部分煤粉停留时间过久引起自燃着火，规定煤粉仓要定期进行降粉。降粉时停止制粉系统，将煤粉仓内的粉位降至最低允许粉位。

由于中间储藏式制粉系统通常采用负压式，排粉机布置在制粉系统的末端，煤粉仓上的吸潮管与制粉系统负压较大的部位相连，吸潮管上的手动门、电动门及联络管电动门开启时，煤仓上部是负压。正常运行时，由于粉仓的粉位较高，煤粉的重力较大，粉仓上部的负压不会影响煤粉进入给粉机。降粉时，由于要将粉位降至最低允许粉位，粉位很低，煤粉的重力较小，关闭粉仓的吸潮手动门、电动门和联络管电动门，可以避免粉仓上部出现负压，使粉位能顺利降至最低允许粉位。

156. 为什么筒式球磨机油站要设高压油泵？

答：由于筒式球磨机的筒体、钢衬瓦、钢球、保温隔声层总的质量很大，属于重载机械，通常采用滑动轴承。滑动轴承只有在正常工作的情况下，油膜产生的压力才能将轴承抬起，使轴颈不与轴瓦乌金层直接接触，形成液体摩擦，达到滑动轴承长周期安全工作的目的。

筒式球磨机在启动达到额定转速前的阶段，转速较低，油膜还没有产生压力或产生的压力很小不足以将轴颈抬起实现液体摩擦，轴颈与轴瓦乌金层之间是固体摩擦或介于固体摩擦和液体摩擦之间的混合摩擦，在这种情况下，因为球磨机的质量很大，产生的摩擦力较大，造成轴瓦乌金层磨损较严重，所以导致轴承的使用寿命缩短。

油站设置高压油泵，在球磨机启动前，先启动高压油泵，利用高压油产生的压力将轴颈抬起，然后启动球磨机，球磨机达到额定转速油膜形成后，停止高压油泵。因为球磨机在启动阶段轴承也实现了液体摩擦，所以使得滑动轴承的工作条件改善，使用寿命延长。

同样的理由，球磨机在停机前应先启动高压油泵，在其转速下降过程中也可实现液体摩擦，球磨机停止后再停止高压油泵。

因此，有时将油站的高压油泵形象地称为顶轴油泵。

157. 为什么同一种煤，煤粉仓内的煤粉比煤仓内的煤更容易发生自燃？

答：煤粉仓内的煤粉和煤仓内的煤因为空气不流通，散热条件较差，储存时间较长，所以容易发生自燃。

煤仓内的煤粒径较大，煤粒间隙较大有利于空气流动和散热，比表面积较小，氧化产生的热量较少，热容较大和含水量较多，氧化产生的热量难以在短时间内将煤加热到自燃温度。只有煤仓内的煤储存时间较长，氧化产生的热量将煤的水分逐渐蒸发后，煤的温度才会逐渐升高，达到自燃温度引起自燃。

煤粉仓内的煤粉粒径很小，煤粉间的间隙很小，空气难以在煤粉堆内流动，散热条件很差，同时，煤粉的热容很小，含水量很低，煤粉的比表面积很大，煤粉吸附的空气更易使其氧化，煤粉堆内部煤粉氧化产生的热量不易散发，容易将煤粉加热到燃点温度而引起自燃。

由于煤粉仓内的煤粉容易自燃，所以，在锅炉运行中通过煤粉仓定期降粉和停炉超过三天应将煤粉仓内的煤粉烧尽等措施，来防止部分煤粉在煤粉仓内停留时间过长引起自燃。而停炉超过十天才要求将煤仓内的煤用尽。

158. 为什么煤或煤粉自燃总是首先发生在内部？

答：挥发分较高的煤储存时间较长后，煤块被空隙间的空气氧化，氧化后煤块温度升高，煤块温度升高后氧化速度加快，使煤块温度进一步升高，直至煤的温度达到燃点而引起自燃。

煤粉虽然粒径很小，煤粉间隙很小但煤粉表面具有吸附空气的特性，煤粉同样会因氧化温度升高，温度升高氧化速度加快直至煤粉的温度达到燃点而引起自燃。

煤堆或煤粉堆表面虽然有更充足的空气，煤和煤粉同样会因氧化而温度升高，但是由于空气流通散热条件好，通过辐射和对流方式将热量传递给周围的空气，煤块和煤粉的温度越高，向空气传递的热量越多，煤堆或煤粉堆表面的煤块或煤粉的温度始终远低于燃点温度而不会引起自燃。

煤堆内部的煤或煤粉堆内部煤粉氧化后外部存煤和煤粉覆盖，散热条件很差，空气也不流通，难以将煤块和煤粉氧化产生的热量通过辐射和对流的方式传递给周围的空气，因温度不断升高达到燃点而引起自燃。

只要注意观察发生自燃的煤堆或煤粉堆就会发现，自燃时产生的烟总是从内部通过间隙向外冒出的。

159. 什么是可燃硫和挥发硫？

答：有机硫和黄铁矿硫均是可以燃烧的，燃烧生成 SO_2，约 3% 的 SO_2 进一步氧化成为 SO_3，所以，合称为可燃硫。

硫酸盐在 $1000℃$ 以上的高温条件下可部分热解生成 SO_3，因此，可燃硫与可热解的硫酸盐硫之和，称为挥发硫。

160. 什么是有机硫、黄铁矿硫和硫酸盐硫？

答：煤的可燃质高分子有机物中的硫分称为有机硫。

黄铁矿（FeS_2）中含有的硫分称为黄铁矿硫。

煤中的硫分以有机硫和黄铁矿硫为主。灰渣中含有的少量硫酸盐中的硫分称为硫酸盐硫。

161. 为什么煤的比重越大，含灰量越高，发热量越低？

答：煤中的可燃成分绝大部分是碳，其次是少量的氢。氢是以碳氢化合物的形式存在的。碳和碳氢化合物的比重较小。煤是由古代的植物被埋在地下，经过漫长时间的地质变化而来的。植物中有较多的孔隙，在植物转化为煤时，这些孔隙中的一部分被保留下来。

煤中来自生成煤的植物中矿物质的灰分称为一次灰。一次灰的含量很少，通常不超过 $2\%\sim3\%$。植物在变成煤的过程中，因地壳变动而使外部泥沙混入到煤层中的矿物质称为二次灰。采煤过程中，煤层周围或顶板底板石块混入煤中矿物质称为三次灰。二次灰和三次灰是煤中灰分的主要来源。灰分的比重约为 2.9，可燃物的比重为 $1.4\sim1.5$。

煤中灰分的主要成分是 SiO_2、Al_2O_3、Fe_2O_3、CaO，此外还有少量的 MgO、TiO_2、KO_2、P_2O_5 等氧化物。根据煤种和开采方式的不同，上述成分在灰分中有不同的比例。煤的比重是指一块煤的比重。由于灰分中主要成分的比重较大且是不能燃烧的，所以，煤的比重越大，灰分越高，发热量越低。这个结论的适用前提是对同一个煤种进行比较。实际上无烟煤在地下埋藏年代最久，碳化程度最深，水分较少，含碳量较高，比重较烟煤大，但发热量可能比烟煤高。

在选择或购煤时，除了可以通过分析掌握煤的各种成分的比例和发热量外，通过肉眼观察和用手掂量煤块的重量也可大致判断煤质的优劣。表面有黑色明亮的光泽，比重较大且较硬的煤通常是无烟煤。表面呈黑灰色，有光泽但没有无烟煤亮，质地较松软的煤通常是烟煤。表面呈灰色，无光泽，比重较大且较硬的通常是煤矸石。煤矸石含量越多的煤，灰分越高，发热量越低，质量越差。因此，同一种煤的煤块，比重大的，灰分高，发热量低。

162. 为什么煤粉炉采用三分仓回转式空气预热器时，除一次风和二次风外，还要有调温风？

答：无论是采用直吹式或储仓式制粉系统，为了防止煤粉被过分干燥增加制粉系统爆炸的风险，要根据煤种控制磨煤机出口气粉混合物的温度，通常烟煤不得超过 $70℃$。

容量较小的锅炉因为没有再热器，所以竖井烟道剩余空间较大，通常采用体积较大的二级管式空气预热器和二级省煤器交叉布置，以获得 $350\sim400℃$ 的热风。制粉系统的干燥和通风，采用高温级空气预热器出口温度高的热风和低温级空气预热器出口温度较低的热风混合后的风。根据煤种含水量和负荷的不同，改变高温风和低温风混合的比例就可以将磨煤机出口温度控制在允许范围内。

容量较大的锅炉因为有再热器，所以竖井烟道剩余的空间较小，通常布置体积小、传热面积大的回转式空气预热器。由于用作制粉系统干燥和通风用的一次风出口温度较高，二次风温度更高，因此，必须要设置调温风将磨煤机出口温度控制在允许范围内。调温风可以采用一次风机出口的冷风，改变热风和冷风的比例即可达到控制磨煤机出口温度的目的。

163. 什么是双进双出钢球磨煤机？有什么优点？

答：双进双出钢球磨煤机筒体的结构和磨制煤粉的原理与单进单出的钢球磨煤机相似，不同的是单进单出的球磨机一端是原煤和干燥剂热风的进口，另一端是含细度合格煤粉与乏气的气粉混合物出口，两端均仅有一个空心轴通道。

双进双出钢球磨煤机两端的空心轴和中心筒形成两个通道。干燥剂热风从中心筒进入球磨机筒体，原煤和粗粉分离器出来的粗粉混合后，从空心轴与中心筒之间形成的环形通道的下部进入筒体，磨制后的煤粉和干燥后的乏气的混合物按与原煤进入球磨机的相反方向，从空心轴与中心筒之间环形通道的上部流出磨煤机，进入粗粉分离器。分离出来的细粉送至燃烧器，分离出来的粗粉与原煤混合后经空心轴进入球磨机进行磨制，见图8-38。

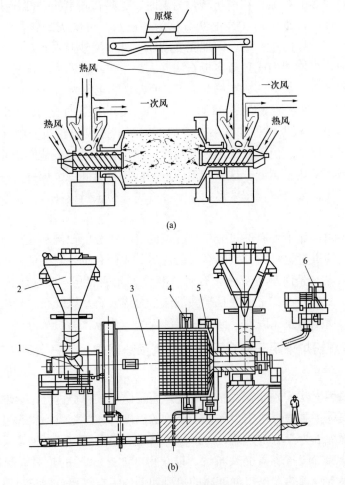

图 8-38　双进双出钢球磨煤机

(a) 双进双出钢球磨煤机风流程示意图；(b) 双进双出钢球磨煤机结构示意图

1—进/出室；2—静止分离器；3—球磨机筒；4—齿轮；5—滑靴轴承；6—射球装置

空心轴是水平的，为了将原煤和粗粉分离器分离出来的粗粉送入球磨机的筒体，中心筒体有螺旋输送装置，用保护链条弹性固定，形成了螺旋给料机，连续地将混合后的原煤和粗粉送入筒体磨制，见图 8-39。

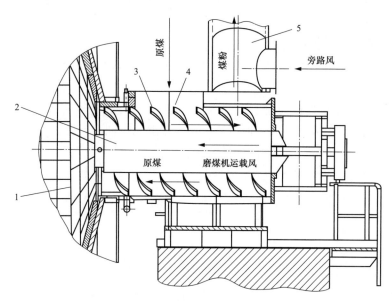

图 8-39　双进双出钢球磨煤机螺旋进煤机结构图
1—研磨空间；2—中心筒；3—进煤螺杆输送机；4—进煤管；5—上升管

双进双出球磨机与单进单出的球磨机相比，在制粉出力相同的情况下，体积越小，占地越少，通风量越大，避免了单进单出球磨机从原煤进口端到气粉混合物出口端筒体内煤量递减，部分煤粉埋在钢球下被过分研磨导致煤粉细度不均匀和出力下降的缺点，煤量在双进双出球磨机筒体内分布较均匀，磨制的煤粉粒径较均匀，制粉出力较高，使得每吨煤粉的耗电量较低。

第四节　燃油及燃油系统

164. 什么是凝固点？

答：燃料油是各种烃的混合物，它不像纯净的单一物质那样具有一定的凝固点，它从液态转变为固态是个逐渐进行的过程。当温度逐渐降低时，它并不立即凝固，而是变得黏度越来越大，直至完全丧失流动性为止。

通常规定当盛油的容器倾斜 45°时，其油表面能在 1min 内保持不变的最高温度称为该油的凝固点。

165. 什么是闪点？

答：在一定的温度下，燃料油挥发出的油气与空气混合物，用明火点之，会发生闪火，而且一闪即灭时燃料油的最低温度称为闪点。

根据试验时盛油的容器是闭口的还是敞口的，分闭口闪点和开口闪点。显然开口闪点高于闭口闪点，通常相差 15～25℃。掌握油品的闪点，对储存燃料油的安全有重要意义。为了保证安全，要求将油温控制在比闪点低 10℃以上。

166. 什么是着火点?

答:在一定的温度下,燃料油挥发出来的油气与空气的混合物用明火点之,能保持连续不断地着火,持续时间不少于5s,这时油品的最低温度称为着火点。显然油品的着火点要比闪点高。

167. 什么是自燃温度?

答:在没有明火接近的条件下,燃料与空气接触能自动着火燃烧的最低温度称为自燃温度。

显然燃料的自燃温度要比着火温度高。特别值得注意的是着火容易的燃料,自燃温度反而高。例如,汽油比重油容易着火,但汽油的自燃温度比重油高,见表8-11。

表8-11　　　　　　　　　　　　　　　燃料的自燃温度　　　　　　　　　　　　　　　℃

燃料	自燃温度	燃料	自燃温度
氢	530～590	重油	300～350
一氧化碳	610～658	渣油	230～270
天然气	530	褐煤	250～450
原油	380～530	长焰煤	400～500
汽油	415～430	贫煤	600～700
轻柴油	250～380	无烟煤	700

重油的自燃温度比轻质油低,主要原因是因为轻质油里一些分子中含碳原子数目比较少的轻碳氢化合物比较稳定,不容易氧化,而在重质油里,一些分子中含碳原子比较多的重碳氢化合物不太稳定,比较容易和氧化合。

168. 燃料重油与渣油有什么区别?

答:燃料重油是一种成品油,按照一定的规格要求,事先调配好后出厂。而渣油是炼油装置如蒸馏或裂化加工后剩下的油,未经调配,黏度等各项指标随着原油品种不同而有较大变化。炼油厂的锅炉直接烧渣油的很多,当渣油黏度较大时,可用黏度较小的油调配。

炼油厂向外供货的一般都是经调配的燃料重油。燃料重油分20、60、100和200四个牌号,号数约等于该种油在50℃时的恩氏黏度,其质量指标见表8-12。一般说来,牌号小的油用于小型喷嘴;牌号大的油,用于大型喷嘴。

表8-12　　　　　　　　　　　　　　　燃料重油的质量指标

质量指标	20号	60号	100号	200号
恩氏黏度不大于(°E80)	5.0	11.0	15.5	—
恩氏黏度不大于(°E100)	—	—	—	5.5～9.5
开口闪点不低于(℃)	80	100	120	130
凝固点不高于(℃)	15	20	25	36
灰分不大于(%)	0.3	0.3	0.3	0.3
水分不大于(%)	1.0	1.5	2.0	2.0
含硫量不大于(%)	1.0	1.5	2.0	3.0
机械杂质不大于(%)	1.5	2.0	2.5	2.5

169. 为什么燃料油罐内的油温要控制在 85～90℃范围内？

答：燃料油罐内油温的规定要考虑两个方面：一个是油温太低，燃油黏度大，流动性差，油泵的耗电急剧增大；另一个是燃油在运输和储存过程中难免有水分混入，燃油进罐后，由于油水比重不同，水分沉淀在油罐底部，如果油温大于 100℃，罐底部的水将会沸腾，造成冒罐事故。油温控制在 85～90℃既可防止油罐冒罐，又可使油泵耗电减少。

由于油枪或母管回油大都回至油罐，回油温度较高，温度高的油比重小，所以油罐上层的油温高、下层的油温低。为了测量和掌握油罐不同高度的油温，一般沿油罐高度装有几个热电偶，在运行中要特别注意，不要使罐下部的油温超过规定范围。对于储存闪点较低的燃油，如原油，则还应使油温较闪点低 10～20℃。

170. 为什么油罐内有了加热器，油泵出口还要有加热器？

答：为了保证良好的机械雾化质量，要求燃料油的黏度在 2～4°E 范围内，相应的油温在 130～160℃范围内。因燃用的油品种类不同，需要的温度不一样。

油罐中的加热器是为了使燃油获得一定的流动性，降低油泵的耗电量而设置的。为了防止油罐底部的水沸腾汽化，控制油温不超过 90℃。温度这样低的油一般不能满足机械雾化的要求。

油泵出口的油几乎不含水，即使油中含水，由于油压很高（一般都在 2.5MPa 以上），油温提高到 160℃也不存在水沸腾汽化的问题。所以油泵出口加热器是为了进一步提高油温以满足良好机械雾化的要求而设置的。

171. 锅炉常用的燃油加热器有几种？各有什么优、缺点？

答：锅炉常用的燃油加热器有两种：

一种是管壳式加热器，见图 8-40。其优点是体积小，占地少，钢材消耗量少。缺点是构造较复杂，施工现场不易制造，燃油流速较低，一般不大于 0.5m/s；对于高黏度和胶质含量高或焦炭颗粒含量多的燃油，易沉积油垢，使传热效率显著下降。

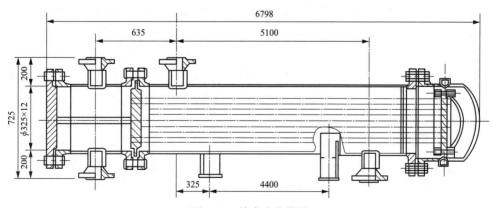

图 8-40 管壳式换热器

另一种是套管式加热器，见图 8-41。其优点是结构简单，施工现场可以制造，且可以根据需要组装成大小不同的传热面积；油在管内的流速较高，可达 1.2～1.5m/s，可消除或减轻油垢的沉积，传热效率较高。缺点是钢材消耗多、体积大、占地多；因为弯头多、流程长，所以压力损失较大。

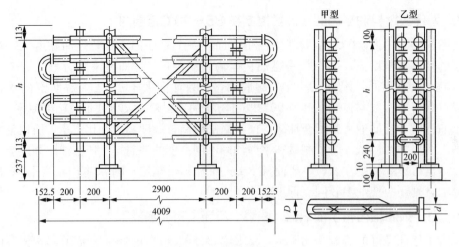

图 8-41　套管式加热器

172. 怎样避免燃料油罐脱水时带油？

答：燃油锅炉通常采用重油为燃料，为降低成本，煤粉锅炉在低负荷时助燃用的油也大多采用柴油或重油。重油在加工、储存、运输和使用过程中难免有水分进入其中。重油的黏度较大，难以在进入燃油泵房油罐前将重油所含的水分全部脱除。重油进入油罐后经过加热和静置，使重油中部分水分得以沉降在罐的底部，通过油罐投入使用前脱水的方法，避免燃油大量带水，造成锅炉灭火事故。

由于油罐底部水的数量无法判断，所以为了避免油罐切换时，燃油大量带水造成锅炉灭火，每次油罐脱水时，均要见脱水大量带油时才能停止脱水。这种脱水方式往往造成脱水大量带油，不但造成了燃油的损失，还严重污染了环境。

为了避免油罐脱水时燃油损失和污染环境，可以采用设置大容量脱水箱，进行二次分离后再脱水的方法加以解决。脱水箱的容积可以根据油罐容积和油中含水量的多少决定，为 $20\sim30m^3$。脱水箱上部应留有足够大的观察窗，并能使操作人员看清脱水时水中带油的情况和脱水箱内的油位。

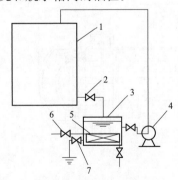

图 8-42　大容量脱水罐
二次脱水方式示意

1—油罐；2——次脱水阀；3—脱水罐；
4—燃油回收泵；5—加热器；
6—加热蒸汽阀；7—二次脱水阀

每次油罐脱水时，看到脱水管大量流油时再关闭脱水阀，以确保油罐脱水彻底。燃油罐多次脱水，脱水罐达到 3/4 油位时，可打开脱水罐内加热器的进汽阀。当脱水罐内的油温达 90℃时，可停止加热。经过充分的静置，油水彻底分离后，打开脱水罐的脱水阀脱水。因为不必等到脱水带油，只要脱水罐留有了足够的空间供油罐脱水用，就可以停止脱水，所以，可以确保脱水罐脱水时不带油。脱水罐内燃油通过油泵打入油罐而得到回收。

采用这种方式脱水，彻底消除了燃油损失和污染环境的难题（见图 8-42）。

173. 如何合理配置输油管线和阀门，防止管线冻凝？

答：当锅炉使用重油作燃料时，因重油的凝点较高，如 100 号重油的凝固点为 25℃，200 号重油的凝固点为 36℃。如果管线和阀门配置得不合理，输油管线就可能发生凝管，影响正常生产。

输油管线正常工作时，伴热线可以补充管线的散热损失，维持油温基本不变，防止因油温降低，黏度上升，阻力增加，使泵的耗能增加。当发生凝管时，配置良好的伴热线可以使油管线很快恢复正常工作。当油管线的直径较小时，采用单线伴热；当油管线的直径较大时，可采用双线伴热，伴热线应置于油管线的底部。

当管架上同时有油管线和蒸汽管线时，尽可能将油线和汽线并列保温在一起，这样不但可以省掉伴热线，而且油线不易冻凝。如果油线和汽线不具备保温在一起的条件，可将油线安排在上方，汽线安排在下方，见图 8-43。

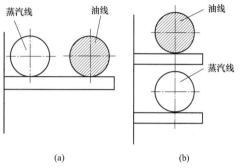

图 8-43 油线、蒸汽线配置示意
(a) 不合理；(b) 合理

当从油母线上接出支线时有两种方式：一种是从母管的上部接出，另一种是从母管的下部接出。见图 8-44。按图 8-44(b) 方式接出支管时，当支管的阀门关闭，用阀后的吹扫阀吹扫支管与母管解列后，阀门与母管间短管内的燃油因散热温度降低而使密度增加，向下流入油母管，油母管内的油始终处于流动状态，温度高密度小，依靠浮力进入阀前的短管内。短管内的油存在冷热上下自然对流的条件，不易凝管。如果按图 8-44 (a) 方式接出支管时，当阀门关闭用阀后的吹扫阀吹扫支管与母管解列后，短管内的油因散热温度降低，密度增大，不可能向上流入油母管，油母管内的热油密度小，也不可能向下流入短管，短管内的冷油不存在与母管内的热油冷热自然对流的条件。短管内的油温最终降至与环境温度相同，如果环境温度低于燃油凝固点，则短管内的油就会凝固。

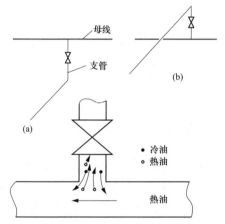

图 8-44 从油母管接出支管的两种方式
(a) 不合理；(b) 合理

从油母管上方接出支管时，阀门与母管间的短管应尽可能短，油母管的热量通过导热传给短管，对维持短管内较高的油温从而防止凝管是有利的。

174. 假如渣油的凝固点是 40℃，为什么室外温度低于 40℃，渣油也会熔化？

答：这种情况一般都发生在太阳光直接照射渣油上时。渣油是黑色的，能大量吸收太阳光的辐射热，渣油的导热性能很差，在凝固状态下而且热油在上，无法进行上下层之间的对流传热，因此，渣油表面的温度很容易升到 40℃以上。室外温度一般是指在没有阳光直接照射的阴凉、通风处的空气温度，比处于阳光照射下的油表面温度要低很多。

175. 蒸汽雾化和机械雾化各有何优、缺点？

答：蒸汽雾化和机械雾化是燃油锅炉采用较多的两种雾化方式。蒸汽雾化的质量较好，颗粒较小，雾化片磨损对雾化质量影响不大，燃油压力不高，并且允许在较大范围内变化，只要燃油压力低于蒸汽压力即可。油泵耗电少,不但锅炉负荷调节幅度大,而且可以用改变喷嘴前油压的方式调节负荷,调节系统简单,也不存在高温回油使油罐内油温超标的问题。但是蒸汽雾化要消耗一定量的蒸汽,而且噪声较大。

机械雾化不用蒸汽,噪声小,但机械雾化要求油压很高,需要高压油泵,耗电较多,雾

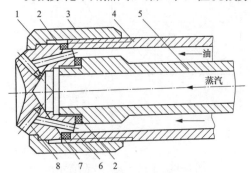

图 8-45　蒸汽雾化 Y 形喷嘴

1—喷嘴头；2—垫圈；3—压紧螺母；

4—外管；5—内管；6—油孔；7—汽孔；8—混合孔

化质量不如蒸汽雾化,而且雾化质量对雾化片的磨损较敏感,为了保证雾化质量需要定期更换雾化片。如采用简单机械雾化喷嘴,负荷调节的范围较小,一般不宜采用改变喷嘴前油压的方式调节负荷。如采用回油式喷嘴,虽然负荷调节性能很好,但系统较复杂,而且高温回油必须采取冷却措施才能避免罐内油温超标。

近年来出现的蒸汽雾化 Y 形喷嘴见图 8-45,属于蒸汽机械雾化,雾化质量较好,蒸汽耗量很少,仅为燃油量的 2%,是一种很有发展前途的雾化方式。

176. 机械雾化的工作原理是什么?

答:燃料油以很高的速度从切向槽切向进入旋涡室,在旋涡室高速旋转,从喷口喷出。高速旋转产生的离心力克服了燃油的黏力,使燃油雾化成小的颗粒。为了获得良好的雾化质量,机械雾化要求燃油压力较高,喷嘴前的油压不低于 2MPa,黏度较低,恩氏黏度为 $2\sim4°E$。

177. 机械雾化喷嘴分几种?

答:机械雾化喷嘴又称为离心式喷嘴,分为不回油式机械雾化喷嘴(又称简单机械雾化喷嘴)和回油式机械雾化喷嘴两大类。

不回油式机械雾化喷嘴有多种形式,其中应用最广泛的是如图 8-46 所示的切向槽式简单机械雾化喷嘴。它由分流片、旋流片和雾化片组成。有的喷嘴旋流片和雾化片是一个整体,这样可以减少一个密封面,但加工比较麻烦。使用不回油式油机械雾化喷嘴,油系统比较简单,工作可靠,但由于负荷调节的范围很小,只适宜负荷不需要经常变动带基本负荷的锅炉采用。采用这种喷嘴的锅炉当负荷大幅度波动时,可用增减油枪的方法调节。

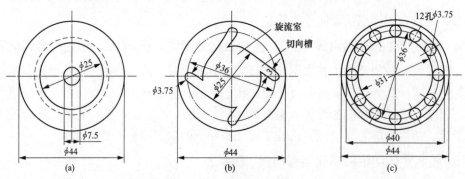

图 8-46　切向槽式简单机械雾化喷嘴(喷油量为 1700~1800kg/h)

(a) 雾化片；(b) 旋流片；(c) 分流片

回油式机械雾化喷嘴分内回油和外回油两种，由于内回油喷嘴优点较多，我国采用较多的是内回油喷嘴，这种喷嘴的结构见图8-47。内回油式喷嘴与不回油喷嘴结构大体相同，所不同的是回油式喷嘴的分流片上开有一个大孔或几个小孔作为回油用。采用内回油喷嘴要增加一套回油系统。内回油喷嘴的负荷调节性能很好，调节范围可达50%，因此，特别适宜经常需要调节负荷的锅炉采用。

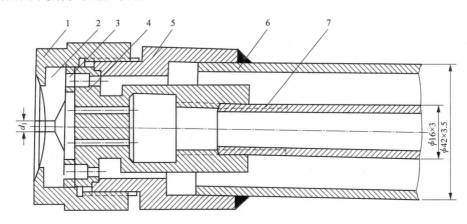

图 8-47　内回油喷嘴

1—螺母；2—雾化片；3—旋流片；4—分油嘴；5—喷嘴座；6—进油管；7—回油管

178. 雾化质量如何评定？

答：雾化质量好坏的主要指标是雾化细度和颗粒均匀度、流量密度。雾化细度是指雾化油粒的大小，它是评定雾化质量的主要指标。颗粒均匀度是指雾化炬中各油粒大小差异的程度。显然，颗粒越小越均匀，燃油表面积越大，与空气混合得越均匀，燃烧越完全，越迅速。

一般机械雾化的油粒直径在 $40\sim400\mu m$ 范围内，平均直径为 $100\sim250\mu m$。通常随着喷嘴出力的增加，雾化后油粒直径也随之增加。

雾化角和射程也是机械雾化的指标之一，但是不能笼统地说，雾化角和射程大好还是小好。在保证良好配风，油雾边缘不打在砖墙和水冷壁管的前提下，雾化角大些是有利的。至于射程则要看炉膛的大小，炉膛大的射程可长些；反之，则应短些。

179. 什么是雾化角、条件雾化角？

答：燃油从喷嘴喷出后形成一个近似空心锥体的油雾，油雾边缘形成的角度称为雾化角。由于油雾的中心是负压，油雾四周的压力高于中心压力，使油雾收缩，所以雾化角不是固定不变的。

常用的雾化角有两种，见图8-48。一种是出口雾化角 α；另一种是条件雾化角 α_x。在离喷嘴一定距离（一般常在 $200\sim250mm$）处作油嘴中心线的垂线，与油雾边缘相交，连接油嘴出口中心与两交点，所夹的角称为条件雾化角。出口雾化角与理论计算的雾化角比较接近，而条件雾化角便于试验和观察。一般条件雾化角较出口雾化角小20℃左右。

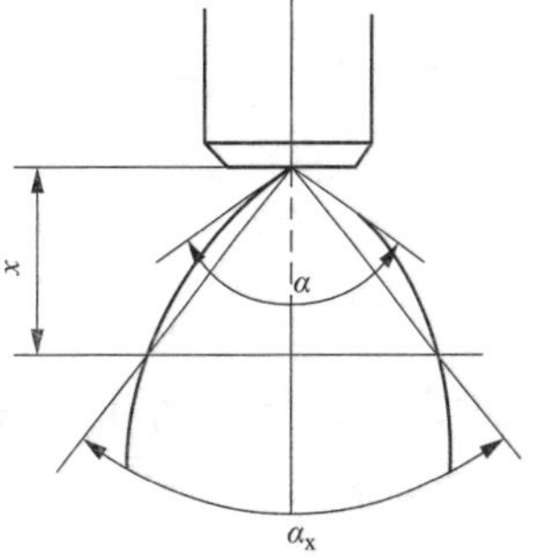

图 8-48　雾化角的定义

180. 雾化角的大小与雾化质量有何关系？

答：燃油从喷嘴喷出后，一边旋转一边前进。如雾化角为 α，燃油切向速度为 ω_q，轴向速度为 ω_z，则 $\tan\dfrac{\alpha}{2}=\dfrac{\omega_q}{\omega_z}$。

机械雾化是利用燃油旋转产生的离心力克服燃油的黏力来实现的。雾化角大说明燃油切向速度高，离心力大，所以雾化质量好。

181. 影响雾化质量的因素有哪些？

答：影响雾化质量的因素很多，主要有以下8项。

（1）旋涡室直径。油高速切向进入旋涡室，旋转产生离心力，旋涡室直径加大，旋转力矩增加，切向速度增大，雾化角增大，油膜变薄，油颗粒变细，并趋向均匀，雾化质量改善。

（2）喷孔直径。喷孔直径增加，阻力减小，喷油量增加，切向速度增加，雾化角变大，但油膜变厚，油颗粒变粗，雾化质量下降。

（3）切向槽总面积。切向槽总面积增加，进入旋涡室的切向速度降低，旋转减弱，雾化角减小，油粒变粗，且分布不均匀，雾化质量下降。

（4）进油压力。进油压力增加，雾化角变小，但雾化质量提高。

（5）回油压力。回油式油嘴回油压力提高，进入切向槽的总油量减少；切向速度降低，雾化角减小，雾化质量下降。回油压力降低，回油量增加，油嘴出力减小，但因总进油量增加，雾化质量反而提高，故回油式喷嘴负荷调节范围大。

（6）燃油黏度。燃油黏度增加，油嘴出力降低，轴向速度和切向速度都下降，雾化角度变化不大。黏度增大，表面张力增大，雾化困难，颗粒变粗。

（7）喷嘴出力。喷嘴出力增加，喷孔直径加大，油膜变厚，颗粒变粗，雾化质量下降。

（8）加工精度。雾化片的加工精度，如同心度、光洁度对雾化质量影响较大，同心度、光洁度差，雾化质量明显下降。

182. 为什么雾化片要定期更换？

答：切向槽、旋涡室和喷孔在油流的高速冲刷下，时间长了就要发生磨损，不但切向槽、旋涡室和喷孔的光洁度下降，而且几何形状也变了，同心度变差，雾化质量显著下降。为了避免出现这种情况，必须定期更换雾化片。

雾化片更换周期与雾化片材质有关，一般硬度高的材料周期长。具体时间应通过摸索实践来确定。

183. 为什么回油式油枪不允许在回油阀关闭的状态下运行？

答：回油式油枪运行时，如果回油阀关闭，油枪回油管内的油处于静止状态，油枪在炉膛火焰的辐射下，油枪端部因得不到冷却，温度急剧升高，使回油管内的油焦化，将回油管堵塞，油枪不再回油，严重时油枪报废。

184. 为什么回油式油枪投入时应先开来油阀后开回油阀，而解列时应先关回油阀后关来油阀？

答：机械雾化是利用燃油在切向槽内获得高速、在旋涡室内高速旋转产生的离心力将燃油雾化的。如果油枪回油线上未装止回阀而油枪投入时先投回油，因为回油是从旋涡室中引出来的，回油从回油母管倒回旋涡室，未经旋转直接从喷孔喷入炉膛，燃油未经雾化，所以燃烧大为恶化。

同样道理，如果解列油枪时先停来油阀，因为回油母管（一般几台炉共用一根回油管）内仍有压力，燃料油继续从回油管倒回油枪，未经雾化进入炉膛，使燃烧大大恶化，所以，回油式油枪投入时必须先开来油阀，解列时必须先关回油阀，后关来油阀。

如果每个油枪的回油线上均装有止回阀，则油枪投入时，先开回油阀，后开来油阀；油枪解列时，先关来油阀，后关回地阀。这样操作锅炉负荷波动较小。

185. 为什么油枪回油调节负荷，雾化质量不但不降低，反而有所改善？

答：当负荷降低，回油调节阀开大时，回油式油枪的回油压力降低，喷入炉膛的燃油量减少，但回油量增加，进入油嘴的总油量还是增加了，见图 8-49。由于是在旋涡室旋转后回油的，总进油量增加使燃油在切向槽向的速度增加，进入旋涡室后旋转强烈，燃油的动量矩增加。切向速度增加，因而雾化角 α 增大，见图 8-50，雾化质量不但不降低，反而有所改善。当回油调节阀开大时，从检查孔可以看出雾化角明显增大。

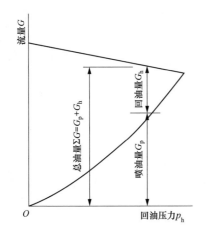

图 8-49　进油压力不变时，回油喷嘴
的调节特性曲线

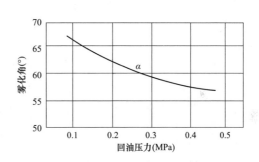

图 8-50　回油压力与雾化角的关系
（进油压力为 1.5MPa）

186. 油枪回油调整负荷有何优、缺点？

答：油枪回油调整负荷与其他形式调整负荷的方式相比有以下几个优点。

（1）调整方便。当负荷变化时，只需调整回油阀的开度即可。

（2）调整回油量时，来油压力基本不变，能在不降低雾化质量的前提下调整负荷，因此，油泵出口压力的富余量较小，油枪的磨损较轻，运行费用较低。

（3）负荷调整的幅度较大，如果油枪全部是回油式的，负荷调整范围可达额定出力的 50%。

由于回油式油枪调整负荷有很多优点，所以被广泛采用。但是回油式油枪调整负荷也有缺点，如系统复杂，回油使油泵耗电增加，回油至油罐，使油温升高。要加强监视，防止罐温超过规定指标，或采取冷却回油的措施，将油温降至 90～95℃后再回油罐。

187. 为什么油枪回油或母管回油的进油罐温度应低于 100℃？

答：采用机械雾化的燃油锅炉调节负荷通常采用油枪回油或炉前母管回油。由于炉前母管回油的性能比油枪回油性能差,所以现在大多采用油枪回油调节锅炉负荷。

为了获得良好的机械雾化质量,要求燃油的黏度为2~4°E,对于不同的燃料油,油温为130~150℃。在加工、运输、储存和使用过程中难免会有水分进入燃油中。燃油进入燃油泵房的油罐后加热至85~90℃,经过一段时间的静置,燃油中的一部分水分沉降在油罐的底部。出于安全方面的考虑并留有一定的余量,油罐内的油温不宜超过90℃。燃油的黏度较大,在有限的静置沉降时间内,燃油中含有的水分难以完全沉降下来,即油罐内的燃油仍含有少量水分。

回油量随着负荷调节幅度的大小变化很大,当采用油枪回油时,最大回油量可以超过喷油量,大多数工况下,回油量约为喷油量的50%。数量较多的高温燃油回至油罐,使罐内的油温迅速提高,不但可能造成燃油中含有的少量水分因汽化而冒罐,而且高温燃油可能使油罐底部的积水汽化发生冒罐,严重时有可能使油泵抽空,造成锅炉灭火的重大事故。

因此,为了确保安全生产,温度较高的回油进入油罐之前应采取冷却的方法,将油温降至100℃以下后再进入油罐。

188. 降低回油进油罐温度的方法有几种?

答:为了确保油罐的安全生产,要求回油进罐温度不超过100℃,因此,要采取措施将炉前温度为130~150℃的回油冷却至100℃以下后再进油罐。冷却回油的方法有以下三种。

(1)在回油管线上安装用水冷却的换热器。为了回收高温回油中含有的热量,可以采用除盐水作冷却介质。为了增强换热效果,除盐水入口的温度为50~60℃较好。

(2)如果锅炉房离油罐较远,可以采取回油管线不保温的方法,利用管线的散热将回油温度降至100℃以下后再回油罐。在冬夏气温差别很大的北方寒冷地区,需经核算,既要使夏季气温很高时,油温能冷至100℃以下,又要使冬季气温很低时,油温不要低于70℃,以免油的黏度太高,流动阻力增加,使得回油压力升高,负荷调节范围下降。

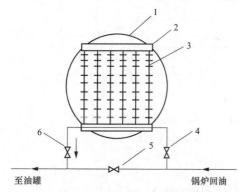

图8-51 热量可回收的空冷式冷油器
1—送风机入口;2—联箱;3—翅片管;
4—入口阀;5—旁路阀;6—出口阀

(3)如果锅炉房离油罐较近,仅靠回油管不保温时的散热,无法在夏季将回油温度降至100℃以下,可以采用翅片管来增加散热量。由于翅片管价格很高,为了增加散热量以减少翅片管的使用量,并回收高温回油中的热量和提高空气温度,可将翅片管并列布置在送风机进风口处,利用风机入口高速空气将回油温度降至100℃以下,见图8-51。

189. 为什么冷却回油时用热水比冷水反而效果好?

答:为了确保高温回油时油罐的安全,一些厂采用了将回油冷却到100℃以下后再回至油罐的方法。采用较多的是用水经冷却器冷却回油。通常冷却介质入口温度降低,在被冷却介质出口温度不变的情况下,因为传热温差增加,所以冷却效果提高。但是实践证明高温重油采用冷水冷却,冷却效果反而不如热水。当重油采用冷水冷却时,在重油侧靠近冷却器管壁的重油,因温度可能低于燃油凝固点而在管子表面凝固,形成一层固态的油膜,由于油膜的导热系数很小，使冷却器的冷却效果明显下降。

即使油温没有低至凝固点，但由于油温较低，燃油的黏度急剧升高，所以会使管子表面层流底层的厚度增加。在层流底层内热量的传递主要靠导热，其热阻很大，必然使冷油器的冷却效果明显下降。

如果采用温度为 $50\sim60℃$ 的热水作为冷却水，不但避免了燃油在管子表面凝固，也大大降低了层流底层的厚度，降低了层流底层的热阻，使冷油器传热系数增加对传热量的影响大于传热温差降低对传热量的影响。因此，使用 $50\sim60℃$ 的热水作冷却水，冷却效果反而提高。但热水温度不宜过高，否则会因传热温差太小而使冷却效果降低。

190. 为什么油枪解列后要迅速打开蒸汽扫线阀？

答：炉膛温度很高，油枪受到炉膛火焰和高温烟气的强烈辐射。但在工作时，因为得到燃油的良好冷却，所以不会烧坏。油枪解列时，首先将回油阀关闭，然后将来油阀关闭，如果不迅速开启扫线阀，将油枪内残存的油扫入炉膛烧掉，此时喷嘴内的油因为不流动，温度迅速升高，而逐渐被焦化，使油枪报废。因此，油枪解列来油阀和回油阀关闭后，应迅速将蒸汽扫线阀开启，清扫和冷却喷嘴。

191. 为什么燃烧液体燃料时不会发生回火？

答：当燃烧气体燃料或煤粉时，如果气体燃料或煤粉预先与空气混合，其浓度在火焰可以传播的范围内，且混合物的流速低于该浓度下火焰的传播速度时就会发生回火。

燃烧液体燃料时，液体燃料不与空气在管道内预先混合，而是与通过喷嘴雾化后的油雾相混合，管道内充满了液体燃料而没有空气，燃油在管道内不具备燃烧的条件，因此，燃烧液体燃料时不会发生回火。

192. 为什么机械雾化不宜用调整进油压力的方式调整负荷？

答：机械雾化是利用燃油切向进入旋涡室高速旋转产生的离心力实现的，为了保证雾化质量，进油压力不能低于规定的压力（视油枪出力大小：出力大的，油压高些；出力小的，油压低些）。低于规定的压力，雾化质量明显下降。油枪的出力与进油压力的平方根成正比，当进油压力由 2.5MPa 增至 3MPa 时，压力提高 20%，而负荷只增加近 10%。用改变进油压力的方法调整负荷的幅度很小。如果炉前油压比设计压力高出不多、压力富余量不大，低负荷时，用降低进油压力减少出油量，油压如低于油枪设计压力，雾化质量将明显下降。

机械雾化喷嘴的喷孔只有一个，且面积较小。为了获得良好的雾化质量，油枪进油压力很高，油在旋流室高速旋转时的阻力很大，形成了很大的压降。调节阀前后的压降较小，而且在调节阀调节时，调节阀前后的压降变化幅度占油枪全部压降的比例很小，因此，燃油量变化不大。只有当调节阀的开度大幅度变化时，燃油量才有比较明显的变化，这使得采用进油调节阀调节锅炉负荷的性能很差。

为了便于说明和理解，可以将旋流室和喷孔看成是一个很大的电阻，而调节阀是个很小的电阻，进油压力与炉膛压力之差为电压，电流变化就是油流量变化。当调节阀开度变化时，就是这个很小的电阻的阻值发生小量变化，而旋流室和喷孔这个很大的电阻的阻值没有变化，电压也基本没有变化，显然回路内的电流变化很小，即燃油量变化很小。

如果油压富余量较大，虽然能在一定范围内满足负荷调整的要求，但油泵耗电量大大增加，调节阀磨损加剧，运行费用提高。因此，改变进油压力调整负荷的方式，一般用在为了简化系统、减少投资的小型锅炉上，而大、中型锅炉则很少采用。

193. 为什么锅炉采用蒸汽雾化油枪时，可以用调节进油压力改变锅炉负荷？

答：纯蒸汽雾化的喷嘴，由于蒸汽消耗量较大，占燃油量的 $30\%\sim60\%$，占锅炉蒸发量的 $3\%\sim5\%$，经济性较差。但是因为这种雾化方式不需要油泵，仅用高位油箱依靠重力将油送入油枪即可，节省了油泵投资和运行费用，简化了系统。所以，少数小型燃油锅炉仍有采用这种雾化方式的，大、中型燃油锅炉一般不采用。

大、中型燃油锅炉大多采用蒸汽、机械双重雾化的喷嘴，简称蒸汽雾化。这种蒸汽雾化的油压为 $0.8\sim1.2MPa$，蒸汽压力比油压高 $0.05\sim0.1MPa$。蒸汽以一定的角度高速撞击燃油并在混合室内充分混合后喷入炉膛，其雾化质量优于机械雾化。燃油和蒸汽混合后的体积比燃油大得多。为了使喷嘴达到一定的喷油量，蒸汽雾化喷嘴的喷孔截面面积是相同出力机械雾化喷嘴喷孔截面面积的 $6\sim8$ 倍。由于蒸汽雾化喷嘴不是依靠燃油在旋流室内高速旋转产生离心力实现的，所以不但阻力小，所需的油压较低，而且油压在较大范围内调节不会影响雾化质量。

由于蒸汽雾化时的油压仅为机械雾化油压的 $1/4\sim1/3$，蒸汽雾化喷嘴的阻力比机械雾化小，采用蒸汽雾化时调节阀压降变化的幅度占调节阀至喷嘴间全部压降的比例比机械雾化大得多，所以负荷调节的灵敏度很高。因为油压在较大范围内变化不影响雾化质量，所以，蒸汽雾化调节来油压力可使锅炉负荷在很大范围内变化。

194. 为什么大容量燃油锅炉采用蒸汽雾化喷嘴较好？

答：随着燃油锅炉容量的增大，燃油消耗量成比例地增加。大容量燃油锅炉除油枪数量增加外，喷嘴的喷油量也大幅度提高。120t/h 锅炉每只油枪的喷油量为 $1200\sim1300kg/h$，230t/h 锅炉每只油枪的喷油量为 $1700\sim1800kg/h$，超高压或亚临界的大型燃油锅炉，每只油枪的喷油量超过 $3000kg/h$。

采用机械雾化喷嘴时，为了保证雾化质量，随着油枪喷油量的增加，油枪入口的油压也应随之提高。出力较小的油枪，入口油压为 $1.5\sim2.0MPa$ 即可获得良好的雾化质量。中等出力的油枪，入口压力要提高至 $2.5\sim3.5MPa$。大容量燃油锅炉的油枪入口油压超过 $5.0MPa$。燃油泵的耗电量与泵出口压力成正比，大容量燃油锅炉采用机械雾化喷嘴，油泵的每吨燃油耗电量大幅度上升。

机械雾化喷嘴的雾化质量比蒸汽雾化质量差，而且机械雾化喷嘴的雾化质量随着喷嘴喷油量的增加而下降。$500\sim1000kg/h$ 小出力的喷嘴，雾化的平均油滴直径为 $70\sim80\mu m$；$1500\sim2000kg/h$ 中等出力的喷嘴，其油滴平均直径为 $100\sim120\mu m$；而 $3000kg/h$ 以上的大出力喷嘴，其油滴平均直径为 $250\sim300\mu m$。

因为采用机械雾化喷嘴时，改变进油压力，负荷调节幅度很小，不能满足锅炉实际生产的要求，所以通常采用调节幅度大的油枪回油调节方式，其回油量约为喷油量的 50%。大容量燃油锅炉采用机械雾化喷嘴，回油量大，不但油泵耗电量增加较多，而且高温回油回至油罐，油温因超过 $100℃$ 而危及安全运行，被迫采取回油冷却措施，不但增加了设备投资和维修工作量，而且还造成了热量的损失。

蒸汽雾化是利用高速汽流冲击油流，将油撞碎撕裂成很细的油雾，不但雾化质量好，油

滴平均直径约为 $50\mu m$，而且喷嘴出力提高后，雾化质量不变。

采用蒸汽雾化时，因为油枪入口油压为 $0.6\sim1.5MPa$，而且不需要回油，所以油泵的耗电量大幅度降低，油泵的维修工作量明显下降。

采用蒸汽雾化时，仅用改变进油压力即可大幅度地调节负荷，不但油枪的结构和管线简化了，而且免去了因高温回油使油罐温度升高所采取的冷却措施，避免了热量损失。

采用蒸汽雾化 Y 形喷嘴，蒸汽耗量仅为燃油量的 $2\%\sim3\%$，而 1t 燃油燃烧后约生成 1t 水蒸气。因此，采用蒸汽雾化后，增加的蒸汽量所产生的影响可忽略不计，能耗的增加也不多。

通过以上分析可以看出，随着锅炉容量的增加、喷嘴出力的提高，蒸汽雾化的优点和机械雾化的缺点变得更加明显和突出。因此，大型燃油锅炉大多采用蒸汽雾化喷嘴。

195. 为什么出力相同时，蒸汽雾化喷嘴的喷孔面积比机械雾化喷嘴大很多？

答：机械雾化喷嘴是利用油流在旋流室内高速旋转所产生的离心力克服燃油的黏性力实现雾化的。油流从喷孔喷出时是液态的，其比体积很小。为了获得良好的雾化效果，机械雾化喷嘴前的油压很高。中、小容量锅炉油枪喷嘴前的油压为 $1.5\sim3MPa$，大容量锅炉油枪喷嘴前的油压高达 $4.5MPa$ 以上。由于以上两个原因，机械雾化喷嘴只需很小的喷孔面积即可获得很大的喷油量。

蒸汽雾化喷嘴是利用高速蒸汽的动能将油流击碎而实现雾化的。为了加强油汽混合，使油汽更加均匀，以提高雾化质量，很多蒸汽雾化喷嘴有混合室。混合室内的油和蒸汽的混合物，按质量计油的比例大，而按体积计则蒸汽的比例大。由于蒸汽雾化喷嘴内的油流不需要高速旋转产生离心力来克服燃油的黏性力，为了降低电力消耗，蒸汽雾化喷嘴前的油压比机械雾化喷嘴前的油压低，为 $0.8\sim1.2MPa$，混合室内油汽混合物的压力更低。为了将压力很低、比体积很大的油汽混合物喷入炉膛使油枪达到一定出力，只有增大混合室端部喷孔的总面积。

通常为了使蒸汽雾化后的油流与燃烧器喷出的空气以一定的角度相交，以提高两者混合的效果，蒸汽雾化喷嘴通常采用 $8\sim10$ 个喷油孔，且布置在与油枪轴线成一定角度的环形截面上，出力相同时，其喷油孔的总面积为机械雾化喷嘴喷油孔面积的 $6\sim8$ 倍。

196. 为什么机械雾化喷嘴的喷油孔在喷嘴端面的中心，而蒸汽机械雾化喷嘴的喷油孔分布在与油枪轴线有一定角度的环形截面上？

答：为了使燃烧器中的空气与喷嘴喷出的油滴充分混合，空气流必须与油流成一定的角度相交。机械雾化喷嘴是利用油流高速旋转产生的离心力克服油的黏性力实现雾化的。高速旋转的油流从喷孔喷出时，在离心力的作用下形成了一个具有一定角度的锥体，而且大部分油滴分布在锥体的外围。如果燃烧器中的空气以合理的角度与油流相交，燃油就可以迅速和充分地与空气混合并完全燃烧。

为了使燃油喷入炉膛后迅速着火燃烧和保持火焰稳定，在喷嘴出口处维持一个回流区，利用回流的高温烟气加热油滴与空气的混合物是十分必要的。由于采用机械雾化时，油滴大部分分布在锥体的外围，锥体内部油滴较少，回流的高温烟气不会造成燃油在缺氧的条件下裂解为难以燃尽的炭黑，所以，机械雾化喷嘴的喷油孔在喷嘴端面的中心就可以确保燃油完全燃烧，见图 8-52。

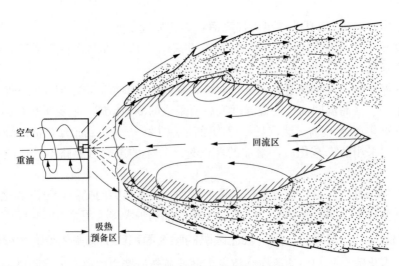

图 8-52　重油雾化旋转气流的燃烧

　　蒸汽机械雾化喷嘴主要是利用高速蒸汽的动能将油流击碎而实现雾化的。由于从蒸汽机械雾化喷嘴混合室喷出的油流不是旋转的，如果蒸汽雾化喷嘴的喷油孔也在喷嘴端面的中心或数个喷油孔与油枪轴线相平行，则喷出的油汽混合物成一根或数根与油枪轴线相平行的直线，不可能形成一个与机械雾化相似的大部油滴在外围的锥体。这样不但油流不能与空气流成一定角度相交，而且因回流区内有大量的油滴，燃油在缺氧的条件下高温裂解产生难以燃尽的炭黑，造成燃料不能完全燃烧。

　　如果将蒸汽雾化喷嘴的数个喷油孔分布在与油枪轴线成一定角度的环形截面上，燃油和蒸汽的混合物喷出时必然就会形成一个油滴主要分布在外围与机械雾化相似的锥体，为油滴与空气充分混合、避免燃油在回流区内因缺氧而裂解为难以燃尽的炭黑，从而为实现燃料完全燃烧创造了良好的条件。因此，所有的蒸汽雾化喷嘴的多个喷油孔均分布在与油枪轴线成一定角度的环形截面上。通过改变环形截面与油枪轴线的角度，可得到所需要的油滴锥体的角度，达到与空气流以合理角度相交的目的，见图 8-53。

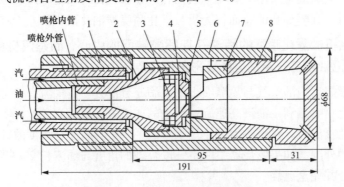

图 8-53　蒸汽机械混合式喷油嘴

1—外连接件；2—中心连接件；3—配油片；4—旋涡片；5—特种螺母；6—外壳；7—蒸汽切向槽；8—混合室

197. 配风器的作用是什么？配风器应满足哪些要求？

　　答：配风器的作用是对燃油供给适量的空气，并使空气与油雾充分均匀混合，保证燃油及时着火和充分燃尽。因此，配风器是决定燃油锅炉燃烧好坏的关键设备之一。

设计良好的配风器应满足以下 4 个要求。

（1）必须有根部配风。为了防止燃油在缺氧的条件下高温裂解产生不易燃尽的炭黑，必须在油还没有着火燃烧之前从火焰的根部供给部分空气。虽然烧油时不像煤粉炉一次风和二次风分得那样清楚，但是也要使一部分空气分流，这部分供给火焰根部的空气也可以看成是一次风。

（2）在配风器出口应有一个离喷嘴一定距离、大小合适的高温烟气回流区，使得既能保持火焰稳定又能避免油雾进入回流区在缺氧的条件下发生裂解。

（3）前期的油气混合要强烈。除根部配风外，其余的空气也应在燃烧器一出口就能和油雾均匀强烈地混合。为了使二次风切入油雾，通常要求气流的扩散角小于雾化角，见图 8-54。

（4）后期油气扩散混合扰动应强烈，以保证炭黑和焦粒能燃尽。

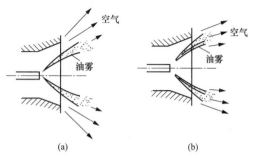

图 8-54　空气和油雾的配合情况
（a）气流扩散角过大；（b）气流扩散角较合适

198. 配风器有哪几种？

答：按照出口气流的流动方式，配风器可以分为旋流式、直流式和平流式三种。

燃油锅炉的配风器虽然不像煤粉炉那样一次风和二次风分得很清楚，但是如果把根部配风看作是一次风，那么其余的空气则是二次风。

如果一次风和二次风都是旋转的，则是旋流式配风器；如果一次风和二次风都不是旋转的则是直流式配风器；如果一次风是旋转的，二次风是直流的，则为平流式配风器。

旋流式配风器根据旋流叶片的结构，可分为轴向叶片式和切向叶片式两种，每种又可分为固定和可动两类。图 8-55 所示为轴向可动叶片旋流式配风器。旋流式配风器的一次风和二次风的旋转方向通常是相同的。

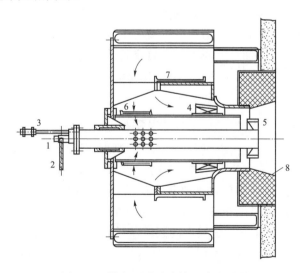

图 8-55　轴向可动叶片旋流式配风器
1—进油；2—回油；3—点火设备；4—叶轮；5—稳焰器；6—空气；7—圆筒形风门；8—风口

燃烧器四角布置的煤粉炉改烧油或煤油混烧时，将油枪插入二次风口就成为直流式配风器，见图8-56。

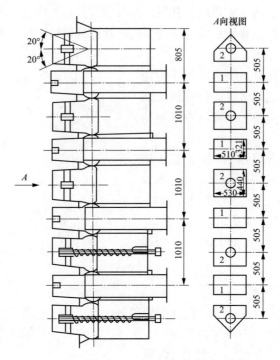

图 8-56 煤粉锅炉采用的直流式燃烧器
1—一次风口；2—二次风口

图 8-57 所示为平流式燃烧器。空气由大风箱经过圆筒形风门进入配风器。大部分空气直流进入炉膛，中间一小部分空气经过出口处的稳焰器产生旋转运动。

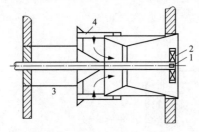

图 8-57 平流式配风器
1—油喷嘴；2—稳焰器；
3—大风箱；4—圆筒形风门

平流式配风器兼有旋流式配风器的空气和燃料混合比较强烈，并能在中心产生一个稳定的内回流区，因而着火和燃烧稳定及直流式配风设备简单，阻力小的优点，是一种良好的很有发展前途的新型配风器。

199. 为什么旋流式燃烧器比直流式燃烧器点火容易？

答：为了保证火焰稳定燃烧，必须将雾化后的燃料油与空气的混合物加热到着火温度。加热的热量有两个来源，一个是炉膛里火焰和高温烟气的辐射热；另一个是高温烟气的回流。就热量所占的比例来说，后者是主要的，前者是次要的。在锅炉点火时，更是这样。点火时炉膛温度很低，火焰和烟气的辐射热很少。空气离开旋流式燃烧器后，一面旋转，一面前进，中间形成较大的回流区，回流区将火炬燃烧生成的高温烟气卷吸进来，把空气与油雾的混合物加热到着火温度，因此，旋流式燃烧器点火容易，火炬燃烧比较稳定。

四角喷燃的煤粉燃烧器是直流式燃烧器。这类锅炉改烧油以后，只是增加一支油枪，配风方式未变，气流不旋转，直喷炉膛。虽然直流式燃烧器也有回流区，但是这个回流区不在火炬的中部，而在火炬的边缘，见图 8-58。点火时炉膛温度很低，从四周卷入的烟气温度也很低，不足以将油雾和空气的混合物加热到着火温度，因此，点火较困难。油枪点着后，油枪附近的火把不能撤离，否则很容易灭火。为了改善直流式燃烧器的点火性能，可加装稳焰器，使一小部分中心气流旋转，在火炬中心产生回流区，使火炬燃烧较稳定，见图 8-59。

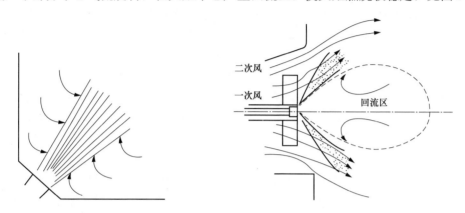

图 8-58　直流式燃烧器出口的烟气回流　图 8-59　平流式配风器出口处的风、油配合和火焰结构

200. 为什么烧油时特别强调根部配风？

答：燃油喷入炉膛后，受到火焰和高温烟气的辐射加热，迅速汽化。当火焰根部有充足的空气时，燃油就可以完全燃烧，即使空气不充足，不能保证燃料完全燃烧，也可以使燃料中的碳氢化合物氧化不致形成炭黑。

如果根部没有空气或空气很少，只靠火焰外部的空气向内扩散，则燃料中的碳氢化合物会分解，产生炭黑。炭黑比气体燃料难以燃烧，如果火焰末端温度较低或空气不足，就容易引起燃烧不完全，造成烟囱冒黑烟。因此，为了燃料完全燃烧，必须强调要从火焰根部配风。

201. 锅炉燃烧器的布置分哪几种？各有什么优、缺点？

答：锅炉燃烧器常采用的布置方式有前墙布置、对冲布置、四角布置和 U 形布置四种，见图 8-60。

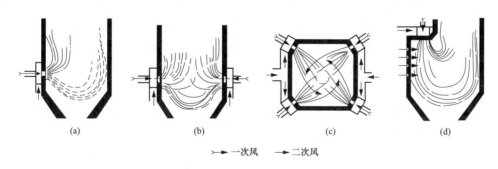

>━━► 一次风　━━► 二次风

图 8-60　燃烧器的布置

（a）前墙布置；（b）对冲布置；（c）四角布置；（d）U 形布置

（1）燃烧器前墙布置的优点是设备简单，燃料和热风管道布置容易，操作和维护方便，各燃烧器的进风阻力相近。通常火焰的长度不能超过炉膛深度，以防火焰冲刷后墙水冷壁，

造成后墙水冷壁管结焦，因此，采用火焰较短的旋流式燃烧器较宜。燃烧器前墙布置的缺点是火焰的充满度较差，水冷壁的热负荷不太均匀，而且火焰的后期混合较弱，要维持较高的过量空气系数才能保证完全燃烧，但仍可满足使用要求，中、小型锅炉采用较多。

（2）燃烧器的对冲布置分前后墙对冲和两侧墙对冲两种。其优点是炉膛火焰充满情况较好，沿炉膛深度水冷壁的热负荷较均匀，燃料与空气的后期混合较好，可以弥补前期混合的不均，为低氧燃烧提供了有利条件。对冲布置的缺点是系统和设备比较复杂，进风管道的长度不等，阻力不同，不易保证燃烧器配风均匀。对冲布置时，燃烧器采用平流式或旋流式均可，但运行实践表明，平流式燃烧器更适用于对冲布置。

随着锅炉容量的增大，燃料量成比例地增加，如果增加每个燃烧器的出力，火焰可能过长而触及后墙水冷壁；如果增加燃烧器的数量，则仅靠前墙布置难以容纳所需要的燃烧器数量。因此，大容量锅炉通常采用前后墙或两侧墙对冲布置燃烧器。为了减少两侧火焰的干扰，通常将两侧燃烧器错开布置。

（3）燃烧器四角布置的优点是火焰在炉膛内呈切圆状旋转上升，气流扰动好，后期混合强烈，各个燃烧器可以互相引燃，燃烧稳定而且安全，火焰的充满情况较好，水冷壁的热负荷较均匀。四角布置的缺点是燃料管道和风管道的布置比较复杂，火焰偏斜时易冲刷侧墙水冷壁，造成结焦。四角布置常采用直流式燃烧器，直流式燃烧器的回流区很不明显，因而点火较困难，点火时火把不能离开而且稍不注意容易造成灭火。大、中型锅炉的燃烧器采用四角布置的较多。

（4）燃烧器U形布置的优点是火焰行程增加，火焰和烟气在炉膛内停留的时间延长，有利于燃料完全燃烧，降低机械不完全燃烧热损失。当煤种为无烟煤或挥发分含量低的煤时，采用燃烧器U形布置比较合理。燃烧器U形布置的缺点是管道较长，燃烧器位置较高，操作不方便。

202. 为什么油燃烧器的回流区过大或过小均不好？如何判断回流区大小是否合适？

答：燃油经雾化喷入炉膛与空气混合后，被加热到着火温度才能燃烧。加热油气混合物的热量主要来自高温烟气的回流，其次是炉膛高温火焰和烟气的辐射热。

为了形成回流区，有的燃烧器采用一次风旋流，二次风直流；有的燃烧器采用一次风直流，二次风旋流。如果旋流风的旋流强度较弱，因为回流区较小，回流区离喷嘴较远，高温烟气回流的热量较少，所以使得油气混合物着火的时间延长，火焰的长度增加。如果旋流风的旋流强度过强，回流区不但较大，而且回流区紧靠喷嘴，回流烟气中的氧气很少，燃油喷入缺氧的回流区内，则会分解成难以完全燃烧的炭黑，不但火焰拉长而且容易因燃烧不完全引起烟囱冒黑烟。

如果旋流风的旋流强度合适，回流区离喷嘴有一定距离，回流区与喷嘴之间有较厚的空气层，燃油喷入其中和空气混合，避免了燃油在高温缺氧下分解产生炭黑。因为回流区大小合适，高温烟气回流的数量较多，可很快与燃油和空气混合，使之较快达到着火温度，因而不但着火较快而且容易使燃料完全燃烧，火焰较短，明亮而不耀眼，火焰呈麦黄色，轮廓清晰。

在生产现场观察，如果火焰离喷嘴太近，甚至喷嘴的喷口周围出现结焦现象，则说明旋流强度过强，回流区过大；如果火焰离喷嘴过远，火焰拉长，则说明旋流风旋流强度不够，回流区太小，且离喷嘴较远。

可以通过改变旋流风的旋流强度或调整轴向风的数量来改变或调整回流区的大小和远近。

203. 为什么重油的含硫量较原油的含硫量高？

答：原油经过炼制加工提取汽油、煤油、柴油等轻质油品和产生部分可燃气体后，剩余的渣油经过调配掺入其他重质油品，各项指标符合要求后，作为重油出厂。

由于原油加工过程中进入汽油、煤油、柴油及可燃气体中的硫分较少，大部分硫残留在重油中，所以，通常重油的含硫量较原油含硫量高。

204. 为什么罐顶部 DN500 的孔不是人孔而是采光孔？

答：罐顶部通常安装有 DN500 的孔，习惯将之称为人孔，实际上这种称呼与用途是不相符的。因为罐顶部离罐底部较高，不搭脚手架根本无法从罐顶部的孔进入罐内，而在罐体下部其中心离罐底约 750mm，DN500～DN700 的孔才是人孔，不用搭任何脚手架可以从该孔很方便地进入罐内进行检查和检修。罐顶部 DN500 的孔应该称为采光孔。罐通常用钢板卷制焊接而成，如果顶部没有采光孔，而仅靠人孔采光，罐内的采光不足，必须要设置照明才能满足进罐内检查和检修对光线的要求。罐顶部安装采光孔后，只要将其打开，从该孔进入的光线即可满足进罐检查和检修对光线的要求。

通常罐的容积为 1000m³ 及以下时，罐顶部安装一个采光孔，当罐的容积超过 1000m³ 时，罐顶部安装两个采光孔。当罐顶部安装一个采光孔时，采光孔与人孔对称布置，即两孔方位相差 180°。

采光孔也可以作为通风孔使用，将人孔和采光孔同时打开，空气可以形成对流，用罐外清洁的空气置换罐内有异味的气体。通常采光孔的中心距罐壁约 1m。

205. 为什么轻油罐不保温外表是银白色，而重油罐需保温外表是深色的？

答：轻油罐储存的轻油其凝点和闪点较低，在大气温度下即使不加热也具有良好的流动性。轻油的闪点较低，为了降低轻油储存挥发造成的损失和储存的安全，要尽量降低轻油的温度。因此，轻油罐不但不需要保温，而且外表用银粉漆漆成银白色，以降低太阳光对罐体的辐射传热。在高温季节还需通过罐顶部的淋水装置对罐体淋水，冷却罐顶和罐壁，以降低罐内油温。

重油的凝点和闪点较高，油罐内必须安装蒸汽加热器对重油加热，以降低重油黏度，从而保持良好的流动性能。从防止油罐内水汽化造成冒罐事故和油温应低于闪点 10～20℃考虑，油温控制在 85～90℃较好。为了减少油罐散热损失以降低加热蒸汽消耗，重油罐必须保温。重油罐保温层外通常漆成深灰色或黑色，这样可以多吸收太阳光的辐射传热以降低加热蒸汽消耗。

轻油罐漆成银白色，重油罐漆成深色，与人们夏季穿浅色衣服和冬季穿深色衣服的理由相似。

206. 为什么储油罐燃料油液面上方是最危险的部位？

答：储油罐下方的燃油，明火或电火花进入的可能性很小，即使有明火或电火花进入，由于没有氧气以及燃油的热容较大，冷却能力较强，燃油也不会燃烧。

储油罐内燃料油挥发的油气全部集中在油罐的上方，油罐上方混合物中油气的浓度容易达到着火浓度。同时，油罐上方的空间较大，一旦有明火或电火花，油气和空气的混合物着火，火焰迅速传播，产生爆燃。因此，储油罐上方是最危险的部位。

为了保证储油罐的安全，储油罐应有良好的防雷电和接地措施，防止雷击和静电产生的火花点燃油罐上方的油气和空气的混合物。凡是与油罐上部空间相连接的管道和部位，在定期检修和日常维修中需要进行火焊或电焊作业时，必须要采用盲板将管道与油罐可靠地隔绝。对于无法加盲板与油罐上部空间相隔绝的部位进行焊接作业时，要采取各种措施确保油罐上部油气与空气混合物的浓度低于着火浓度。

在油罐上方呼吸阀前安装阻火器，防止电火花和明火进入油罐上部空间，也是确保油罐安全常用的措施。

207. 为什么煤粉炉点火和助燃不采用重油而用柴油？

答：煤粉炉早期用于点火和低负荷助燃的马弗炉，因为占地较大现场卫生状况差和操作人员劳动强度大等原因已被淘汰。锅炉点火和低负荷助燃大多采用燃油。

虽然大、中型燃油锅炉，为了降低成本均燃用重油。但是煤粉炉点火和低负荷助燃用油通常采用柴油。

由于重油黏度很大，为了使重油的黏度降低使其具有良好的流动性能和降低油泵耗电量，通常要在重油罐内设置加热器，维持油温在 $85 \sim 90℃$ 范围内。为了获得良好的雾化效果，进入油枪的燃油黏度应为恩氏黏度 $2 \sim 4°E(1°E = 10^{-6} m^2/s)$，相应重油的温度为 $130 \sim 150℃$。为此要在燃油泵的出口设置加热器。煤粉炉通常平均三个月点火一次，而低负荷时为了稳定燃烧防止炉膛灭火需要燃油助燃的情况较少。如果采用重油，不但系统复杂、投资较大、占地面积较大，而且为了使重油处于随时可以使用的状态，应设专人保持油罐内的加热器和油泵出口的加热器及油泵处于工作状态，其运行和检修费用很高。因此，煤粉炉在点火和助燃用油很少的情况下，采用重油在经济上是不合理的。

柴油在常温下具有良好的流动性，不需加热即可满足良好雾化的黏度要求。采用柴油不设专人，可以在不需加热、油泵停止的状态下随时启动，满足锅炉点火和低负荷助燃的要求。

虽然柴油的价格约为重油的两倍，但由于煤粉炉点火和助燃用油量很少，而且柴油系统简单，设备投资低，占地少，其运行、检修费用很低，所以，煤粉炉采用柴油作为点火和助燃用油在经济上是合理的选择。

208. 烧热渣油有什么优点？

答：石化企业以外的燃油锅炉通常用燃用预先调配好的商品油，而石化企业的锅炉通常燃用常压渣油或减压渣油。常压渣油的黏度比减压渣油小。

渣油的温度很高，例如，减压渣油出减压塔时高达550℃。为了回收渣油所含有的显热，以降低炼油装置的能耗，通常采用多个表面式换热器来预热原油。当渣油温度降至 $130 \sim 140℃$ 时，为了安全再用冷却水将其冷却到约90℃后送至渣油罐储存起来，然后通过油泵送至本厂内的各个用户。

锅炉油泵房的油罐内通常有加热器，用以防止渣油在储存静置脱水过程中油温降低、黏度增加，给输送带来困难。为了获得良好的雾化质量，油泵出口要设置加热器将油温加热至 $130 \sim 140℃$ 后送至锅炉。

如果炼油装置将 $130 \sim 140℃$ 的热油直接送至油泵房的油罐，不但节省了炼油装置的冷却水和能源消耗，也节省了油泵房加热渣油所需要的蒸汽，燃油黏度下降也使油泵的耗电量减少。因此，烧热渣油是一举两得的措施，节能效果很显著。

烧热渣油对运行管理和操作水平要求较高，操作不当易引起油泵抽空。

209. 为什么烧热渣油在油泵检修后投用时容易抽空？怎样避免？

答：油泵在检修前要用蒸汽进行吹扫。油泵检修后投用也要用蒸汽进行吹扫和预热。因此，在油泵充油排空前，油泵和相应的进出口管线连接处存有凝结水。在燃用约 90℃ 的冷渣油时，在油泵充油排空过程中，凝结水遇到冷渣油不会汽化造成油泵抽空。

在燃用 130～140℃ 的热渣油时，在油泵充油排空过程中，凝结水遇到热渣油就会发生汽化，由于油泵房通常采用母管制，如果操作不当，充油排空不彻底或油泵进出口管线布置不当，汽化的蒸汽就会沿着入口母管进入运行油泵，造成运行油泵抽空，出口油压急剧下降，启动热备用油泵也同样抽空。某厂就发生过一起烧热渣油，因泵检修后充油操作不当而造成运行和备用油泵全部抽空，导致炼油全厂停工的重大事故。

要在系统上消除油泵和进出口管线积存凝结水的死角，要在适当位置引出一根专用的排空管线，其末端排油处要在运行人员观察监督下。充油排空要缓慢而充分，直至排油口排出的油中不含蒸汽，充油排空工作才能结束。经采取上述措施后，该厂烧热渣油再也未发生充油排空引起的油泵抽空事故。

210. 为什么随着机械雾化喷嘴喷油量的增加，油压也要随之提高？

答：机械雾化喷嘴的喷油量，与喷口直径的平方和喷嘴入口油压的平方根成正比，虽然增加喷口直径可以非常有效地增加喷油量，但是因为油离开喷嘴后立即扩散成一个伞形油膜，而油膜厚度随着喷口直径的增加而增加，所以导致油滴的平均直径增加。

由于随着喷嘴喷油量的增加，油滴平均直径增加不可避免，为了不使大容量喷嘴的雾化质量下降太多，可以通过提高油压来改善雾化质量。油压越高，油喷出的速度越快，紊流脉动越强烈，油流与空气、烟气之间的相对速度越大，雾化质量越好。

喷嘴出口的压力与大气压力相等，喷嘴入口油压越高，消耗在喷嘴上的压降越大，即油在切向槽内的速度越高，油在旋流室内的旋转越强烈，油流的离心力越大，喷口处气体旋涡直径越大，使油膜厚度下降，油滴的平均直径下降。

因此，随着机械雾化喷嘴喷油量的增加，通常油压也要随之提高。例如，喷油量小于 1600kg/h 的喷嘴，油压为 2.5MPa 已可满足要求；而喷油量为 2000～2500kg/h 的喷嘴，油压应不低于 3.5～4.0MPa；喷油量为 3600kg/h 的喷嘴，其油压高达 6.0MPa。

由于喷嘴的喷油量仅与油压的平方根成正比，所以，仅靠提高油压来增加喷嘴油量是有限的，通常大容量喷嘴采用同时增加喷嘴直径和油压的方法来增加喷油量。由于过高的油压不但电耗增加，而且造成燃油系统的制造和运行维护的困难加大，用提高油压的方法来改善雾化质量是有一定限度，所以，通常大容量喷嘴的雾化质量要比中、小容量喷嘴差。这也是机械雾化的缺点之一和大容量燃油锅炉不采用机械雾化，而采用蒸汽雾化的主要原因。

211. 为什么喷嘴雾化不好，在点炉时，可以看到火星，而正常运行时看不到火星？

答：由于各种原因造成喷嘴雾化不好时，有部分油滴直径较大。锅炉点火初期，通常仅投用一支油枪，炉膛温度较低，油滴仅靠该根油枪的火炬产生的热量气化后燃烧。较小的油滴气化所需的热量和时间较少，依靠火炬自身的热量可以实现气化后燃烧，而较大的油滴气化所需的热量和时间较多，仅靠火炬自身的热量难以将其全部气化，而以油滴的形式燃烧，同时，锅炉点火时炉膛温度较低，炉膛内较暗，所以，喷嘴雾化不好，在点炉时可以看到火星。

锅炉正常运行时，投入的油枪较多，炉膛温度很高，即使喷嘴雾化不好，部分较大的油滴在火焰和高温烟气的强烈加热下，通常可以气化后燃烧，而且炉膛充满火焰，亮度较高，即使有少量火星也不易看到。除非是雾化质量很差，个别油滴很大，在正常运行时才可看到火星。

因此，为了判断喷嘴雾化是否良好，可在锅炉点火时观察火炬是否有火星出现，火星越多越大，雾化质量越差。

212. 为什么机械雾化喷嘴的加工精度要求很高？怎样判断精度是否符合要求？

答：机械雾化喷嘴大多由分流片、旋流片、雾化片三部分组成，也有旋流片和雾化片合二为一的，但加工难度较大。分流片、旋流片和雾化片三片间有两个密封面。为了使燃油获得良好雾化，从分流片来的油必须全部进入切向槽提高速度后，切向进入旋涡室高速旋转获得离心力后才能进入雾化片。为了防止燃油短路，燃油不经切向槽而直接进入旋涡室或雾化片，分流片、旋流片和雾化片之间的两个密封面不得有任何垫片。

由于分流片、旋流片和雾化片之间的密封完全依靠自身的光洁度来实现的，所以，对其加工精度要求很高。

在锅炉生产实践中，可以通过以下几个方法来判断喷嘴的加工精度是否符合要求。

（1）目测分流片、旋流片、雾化片的密封面必须经精密磨床加工后光洁、平整，不应看到刀具加工留下的痕迹。

（2）如果加工精度符合要求，将分流片、旋流片和雾化片叠加在一起时，由于两片之间的距离极小，其相互间的万有引力大于其重力，可以将另一片吸起不分离。

（3）在用油点火时，如果采用新的喷嘴，油压和油温也符合要求，如果在炉膛内看不到因油滴过大而出现的雪花和火星，则喷嘴的加工精度符合要求。

213. 为什么大容量火力发电厂很少采用燃油炉？

答：电厂燃油锅炉通常燃用重油，重油的发热量约为动力煤发热量的两倍，而重油的价格约为动力煤的4倍。火力发电厂发电成本的70%是燃料费用。

虽然燃油锅炉燃料系统较简单，没有系统较复杂、占地面积较大、投资较高、耗电较多的制粉系统，其容积热负较高、锅炉体积较小、价格较低，因为磨损很轻，所以检修费用也较少。但因为电厂大容量锅炉燃料消耗量很大，燃料费用很高，燃油锅炉燃油增加的费用远远超过基建投资和运行检修降低的费用，所以，除炼油厂和油田的自备热电厂部分采用燃油炉外，大容量火力发电厂通常采用燃煤炉，很少采用燃油炉。

20世纪60年代因电力紧缺，安装投产了一批大容量燃油炉，虽然对缓解电力紧缺起到一定作用，但很快因发电成本太高而被迫拆除，改为燃煤炉。

第五节 气 体 燃 料

214. 气体燃料有哪几种？

答：气体燃料主要有以下几种。

（1）天然气。从气田或油田中直接开采得到。

（2）炼油装置加工尾气。重质油在裂解生产轻质油时产生的沸点低的可燃气体。

（3）炼焦炉煤气。对炼焦煤进行干馏，生产焦炭时产生的一种可燃气体。

（4）高炉煤气。炼铁炉生产时产生的一种含 CO 的低热质煤气。

（5）水煤气。水蒸气与炽热的炭接触产生的一种可燃气体，$C+H_2O=CO+H_2$。

（1）～（3）是高热值煤气，（4）和（5）是低热值煤气。

215. 气体燃料有哪些优点和缺点？

答：气体燃料与固体燃料和液体燃料相比有如下一些优点。

（1）输送方便。气体燃料的黏度低，输送中不需要加热，长距离输送时只要提高压力即可。短距离输送更方便，利用原有气体压力即可向用户输送。

（2）燃料系统简单。既不像烧煤粉那样需要庞大复杂的制粉设备，也不像烧油那样需要建立油罐、油泵及加热器等一系列辅助设备，投资较省。

（3）燃烧组织容易。用较简单的燃烧器就可保证气体燃料完全燃烧。烟气中几乎不含灰分，对尾部受热面的磨损极少，可以选用较高的烟气流速，强化对流传热，减少尾部受热面。

气体燃料的缺点是能量密度很小，大量储存比较困难，当需要长距离输送时，要用压缩机提高其压力，耗能较多。

216. 什么是气体燃料的火焰传播速度？与哪些因素有关？

答：气体燃料的燃烧速度又称为火焰传播速度。火焰传播速度是指火焰沿着火焰上某点表面垂直方向，向未燃烧气传播的速度，见图 8-61。气体燃料的燃烧速度与可燃气体的浓度、可燃气体的种类、温度和压力有关。可燃气体浓度太低时火焰发热量小，不容易将邻近的未燃气体加热到着火温度，燃烧速度低。可燃气体浓度太大，火焰燃烧不完全时发热量也低，燃烧速度同样不高。根据试验，在过量空气系数接近 1 的情况下，燃烧速度最快，见图 8-62。

图 8-61　火焰传播过程

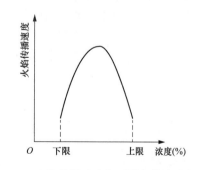

图 8-62　火焰传播速度与可燃气体浓度的关系

反应能力强、温度高、压力高的气体；燃烧速度快，反之，反应能力弱、温度低、压力低的气体，燃烧速度慢。

217. 什么是无焰燃烧？什么是无焰燃烧器？什么是有焰燃烧？什么是有焰燃烧器？

答：简单地说，不发光的火焰称为无焰燃烧，发光的火焰称为有焰燃烧。一般说来，可燃气体与空气预先混合后再燃烧属于无焰燃烧。例如，家用液化气炉，就是燃料与空气预先混合再燃烧的，火焰为浅蓝色，属不发光火焰。锅炉的气体燃料燃烧器，气体燃料着火前未预先与空气混合，得到的是发光火焰，火焰为浅黄色。

由于煤粉燃烧和燃油燃烧均是有焰燃烧，所以，只有气体燃料才存在无焰燃烧和有焰燃烧两种燃烧方式。

气体燃料与空气预先混合后再燃烧，得到不发光火焰的燃烧器称为无焰燃烧器，见图 8-63。

气体燃料与空气不预先混合，而在炉内混合后再燃烧，得到发光火焰的燃烧器称为有焰燃烧器，见图 8-64。

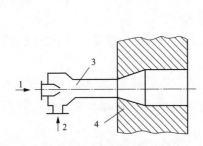 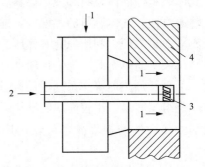

图 8-63　无焰燃烧器工作原理示意
1—气体燃料；2—空气；3—混合室；4—炉墙

图 8-64　有焰燃烧器工作原理示意
1—空气；2—气体燃烧；3—喷嘴；4—炉墙

发光火焰的辐射能力较不发光火焰强。为了提高炉膛火焰的辐射能力，强化水冷壁的传热，锅炉一般都采取有焰燃烧。

218. 为什么燃烧气体燃料有回火的危险？应怎样避免？

答：气体燃料燃烧时有一定的速度，当气体燃料在空气中的浓度处于燃烧极限浓度范围内，而且可燃气体在管道内的流速低于燃烧速度时，火焰就会向燃料来源的方向传播而产生回火。

为了避免回火，应使燃料的流速大于燃料的燃烧速度。由于燃料速度测量比较困难，气体燃料的速度是由压力转换来的，因此，在生产实践中，可控制气体燃料的压力不低于规定的数值来防止气体燃料回火。同时，燃烧气体燃料时要在管道上装阻火器。当燃料压力低于规定值时，应停止燃烧；当燃料压力低于规定值而未能及时发现时，阻火器可使火焰自动熄灭，见图 8-65。

无焰燃烧是气体燃料与空气预先混合后再燃烧，气体燃料与空气的混合物一般都在燃烧极限浓度范围内，当气体燃料的压力较低时很容易发生回火。有焰燃烧是气体燃料在着火前未与空气预先混合，即使气体燃料压力较低也不易发生回火，因此，应尽可能选用不易发生回火的有焰燃烧器。

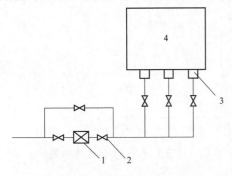

图 8-65　阻火器安装位置示意
1—阻火器；2—截止阀；3—燃烧器；4—炉膛

219. 什么是气体燃料的爆炸浓度范围？

答：当气体燃料在空气中的浓度低于某个数值时，即使用明火接近，由于气体燃料的发热量低，也不足以将邻近的燃料加热到着火温度；当气体燃料在空气中的浓度高于某个数值时，由于空气不足，燃烧不完全，发热量低，同样不足以将邻近的燃料加热到着火温度。在这两种情况下，燃烧只能局限在点火火源附近而不能向周围传播，也就是说火焰传播存在下限浓度和上限浓度。

当气体燃料在空气中的浓度在下限浓度和上限浓度之间时，燃料燃烧产生的热量可以把邻近的燃料加热到着火温度，火焰可以向四周传播下去，由于火焰传播的速度较快，大量的燃料在短时间内同时燃烧，会造成火灾和爆炸。所以火焰传播的浓度范围又称为着火浓度范围或爆炸浓度范围。表 8-13 给出了某些气体燃料的爆炸浓度范围。

表 8-13　　　　　　　气体燃料的爆炸浓度范围（在空气中的容积百分比）　　　　　　　%

燃料	爆炸浓度范围		燃料	爆炸浓度范围	
	下限	上限		下限	上限
甲烷	2.0	15.0	丙烯	2.0	11.1
乙烷	3.22	12.45	丁烯	1.7	9.0
丙烷	2.37	9.5	汽油气	1.0	6.0
丁烷	1.86	8.41	煤油气	1.4	7.5
戊烷	1.4	8.0	天然气	5.0	16.0
己烷	1.25	6.9	一氧化碳	12.5	74.2
庚烷	1.0	6.0	氢	4.0	74.2
乙烯	3.0	34.0	大庆原油气	1.71	11.26

油罐、炉膛、气柜或燃气管道检修需要动火时，必须采取通风吹扫置换加盲板等措施，将可燃气体的浓度降低到远离爆炸浓度下限，并经测爆仪测量，确认安全时方可用火。

220. 试述阻火器的工作原理。为什么阻火器中的铜丝网不能用不锈钢丝网代替？

答：为了维持稳定的燃烧，火焰必须有足够的热量，将邻近的燃料加热到着火的温度。阻火器内装有多层铜丝网，当发生回火，火焰到达铜丝网时，由于铜丝网的导热性能很好，所以火焰的热量迅速被铜丝网和阻火器外壳吸收，使得火焰温度很快降低，不能维持正常燃烧而熄灭。

阻火器见图 8-66。注意不能因为铜丝不耐腐蚀而用不锈钢丝网或其他耐腐蚀的材料来代替。因为不锈钢等材料的导热性能远不如铜，例如 1Cr18Ni9Ti 的导热系数，只有铜的 1/7，当发生回火时，不锈钢丝网不能迅速吸收火焰的热量而将火焰熄灭。

221. 为什么煤粉、可燃气或油、气两用的炉子，燃烧气体燃料时采用有焰燃烧？

答：锅炉燃用煤粉或油时，火焰的辐射能力较强，炉膛出口烟温较低，过热器的传热温差较小。按烧煤粉或烧油来设计的过热器传热面积较大。气体燃料燃烧时，如果气体燃料与空气预先没有混合，则为有焰燃烧，其火焰的辐射能力虽

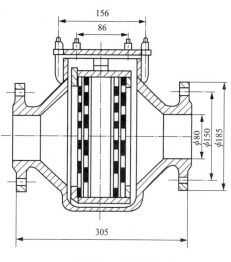

图 8-66　阻火器

然比煤粉和油的火焰略低，但相差不是很大。当锅炉切换为气体燃料时，虽然汽温稍有升高，因为减温器减温能力有一定的裕量，所以仍可维持正常汽温。

如果气体燃料采用与空气预先混合的无焰燃烧，则由于无焰燃烧的火焰辐射能力较弱，炉膛吸收的热量较少，过热器吸热量增加较多，引起过热蒸汽温度大幅度上升，当超过减温器的减温能力时，汽温就无法控制在正常的范围之内。

因此，煤粉、可燃气或油、气两用的炉子，或煤粉、油掺烧气体燃料的炉子，气体燃料采用有焰燃烧可以确保过热气温在额定范围内。

222. 瓦斯加热器的作用是什么？

答：炼油厂锅炉烧的瓦斯是各个加工装置生产过程中产生的尾气，其成分比较复杂，有些成分沸点较高，当温度较高时是气态，当温度降低时凝结成液态，称为凝析油。瓦斯从加工装置出来时，因温度较高而呈气态。瓦斯管道通常是不保温的，瓦斯在输送过程中，因为管道散热，瓦斯温度逐渐降低，所以瓦斯中某些沸点较高的成分便会凝析成油。当冬季气温很低时，瓦斯在输送过程中产生的凝析油数量较多。加工装置生产不正常时，瓦斯离开装置时就带油。

炼油厂锅炉的燃烧器大多是燃油、瓦斯两用的。燃烧器的瓦斯喷嘴和燃油喷嘴是分开的，瓦斯喷嘴是单为烧瓦斯设计的。因为瓦斯的密度只有燃油密度的几百分之一，为了使燃烧器在烧瓦斯时与烧油时具有相同的出力，瓦斯喷嘴的流通截面积是燃油喷嘴的几十至几百倍。当瓦斯中含有凝析油时，喷入炉膛的燃料量大大增加，燃烧器的配风量不足以保证其完全燃烧，使得燃烧严重恶化，烟囱冒黑烟，导致锅炉尾部受热面积灰和环境污染，严重时会产生二次燃烧。由于瓦斯中含油量变化大，使炉膛负压波动大，汽压和汽温不稳。

如果在瓦斯送入锅炉之前安装瓦斯加热器，瓦斯中的凝析油在加热器中重新气化为瓦斯，这样送入锅炉的是不含油的瓦斯，可以使瓦斯燃烧器正常工作，避免了燃烧恶化和炉膛负压，汽温、汽压的波动。虽然瓦斯加热器要消耗一部分蒸汽，但其中一部分热量因传给了瓦斯而得到回收，另一部分疏水也可以设法回收。

对于即使在冬季也不会有凝析油产生的气体燃料，就不需要设置加热器。

223. 为什么可燃气体的单位体积发热量随着碳原子数的增加而上升？

答：各种可燃气体中，除 H_2 和 CO 可燃成分外，大部分可燃成分是碳氢化合物，简称为烃，分子式为 C_nH_m。当 m 等于 $2n+2$ 时，称为烷烃，当 m 等于 $2n$ 时，称为烯烃。例如，甲烷 CH_4、乙烷 C_2H_6、丙烷 C_3H_8、丁烷 C_4H_{10}、乙烯 C_2H_4、丙烯 C_3H_6、丁烯 C_4H_8。

随着碳氢化合物中碳原子数的增加，其发热量急剧上升，见表 8-14。

表 8-14 碳氢化合物气体发热量（kJ/m³，标准状态）

可燃气体种类	甲烷	乙烷	丙烷	丁烷	乙烯	丙烯	丁烯
分子式	CH_4	C_2H_6	C_3H_8	C_4H_{10}	C_2H_4	C_3H_6	C_4H_8
低位发热量 （kJ/m³，标准状态）	35818	63748	91251	118645	59063	86001	113508

1mol 的任何物质含有的分子数或原子数均为 6.02×10^{23} 个，该数就是阿伏伽德罗常数。不同气体燃料由于分子量不同 1mol 的质量也不同。例如，1mol 甲烷的质量是 16g，

而 1moL 丁烷的质量是 58g。

根据阿伏伽德罗定律，在标准状态下，任何 1moL 气体的体积均为 22.4L，但由于各气体分子量的不同，其质量是不等的。1moL 气体的质量在数量上与其分子量相同，例如，1moL 甲烷的质量为 16g，1kmoL 甲烷的质量为 16kg，体积为 $22.4m^3$，即 1moL 的可燃气，虽然体积是相同的，但因分子量不同，其质量是不等的。为了便于计量气体燃料通常以体积为单位，常用单位为 m^3，因此，气体燃料的低位发热量以 m^3 计时，随着碳原子数的增加而急剧上升，当气体燃料的低位发热量以千克为单位计时，不同碳原子数的可燃气体的发热量相差较小。

224. 什么是天然气？天然气分几种？

答：与通过人为加工生产的可燃气体，如水煤气、高炉煤气、焦炉煤气、石油加工中产生的不凝气体等相比，天然气是未经加工天然生成的一种可燃气体。

天然气分为三种。

第一种是古代植物生成煤的过程中形成的可燃气体，称为煤田天然气。

第二种是古代生物生成石油的过程中形成的可燃气体，称为油田天然气。

第三种是不与煤或石油伴生的，而是单独生成的可燃气体，称为气田天然气。

225. 天然气的主要成分是什么？为什么要生产液化天然气？

答：天然气的主要成分是甲烷 CH_4。

人工生产的各种煤气，通常离使用这些煤气单位不远，经常生产煤气的单位和使用煤气的单位同属一个厂。城市煤气向居民输送的距离通常为十几公里，最多不超过几十公里。由于各种煤气输送的距离较短，所以通常生产单位直接以气态向用户供气。

无论是煤田天然气、油田天然气还是气田天然气，其产地通常是远离用户，相距几千公里甚至超过一万公里是常有的事情。虽然天然气的发热量较高，但是与油或煤相比，其能量密度很小，仅为油或煤的千分之一。用管道远距离输送，其设备投资和运行费用均较高，而且用管道输送天然气适宜在陆地上使用，例如，我国西部的天然气向东部地区输送就是采用管道输送。

天然气管道输气的投资和运行费用随着输气距离的增加而增加，当输气距离过远时，因为输气成本过高，用户承受不起，所以与其他各种燃料的竞争力下降。海上用管道输送天然气因技术难度很大、成本太高而较少采用。如果将天然气温度降至 $-162℃$，在常压下即可将其液化，称为液化天然气，国际上通用的英文缩写是"LNG"。天然气液化后能量密度提高几百倍，采用专用的液化天然气运输船运送，可以方便地通过海运，运往任何一个港口。

虽然由于液化天然气的成本较高，液化天然气运输船的技术很复杂、造价很高，所以液化天然气的输送成本也较高，但远距离输送的费用仍低于管道。液化天然气几乎不含硫，是一种优质的清洁燃料，在保护环境的呼声日益高涨、烟尘排放标准日趋严格和污染治理费用不断增加的情况下，液化天然气越来越受到欢迎。

226. 为什么高炉在生产过程中会副产高炉煤气？

答：高炉又称为炼铁炉，是钢铁厂最重要的设备。高炉的作用是通过焦炭燃烧产生的热量将铁矿石熔化，利用密度差去除铁矿石中的杂质，并将氧化铁还原成铁。

焦炭不完全燃烧产生的一氧化碳与熔化的铁矿石中的氧化铁产生还原反应，将氧化铁还原成铁。因此，为了将铁矿石中的氧化铁还原成铁，必须使部分焦炭产生不完全燃烧，生成一氧化碳，一氧化碳是还原剂，炉气中的一氧化碳使炉气保持还原气氛，实现了将氧化铁还原成铁的目的。

由于高炉的排气中含有较多的可燃气体一氧化碳，而一氧化碳是焦炭不完全燃烧产物，所以，通常将高炉的排气称为高炉煤气。

227. 为什么高炉煤气的热值较低、主要可燃成分是一氧化碳？

答：高炉是利用燃料（主要是焦炭）燃烧产生的热量将铁矿石熔化，利用矿渣和铁的比重不同将铁从熔化的矿石中分离出来。

铁矿石是铁的氧化物，高炉内铁矿石熔化后，为了将氧化铁还原成铁需要在高炉内形成还原气氛。焦炭燃烧不但产生热量将矿石熔化而且还是还原剂，为了防止烟气中的氧将铁水氧化成氧化铁，烟气中氧含量应为零，因为焦炭不完全燃烧形成的一氧化碳是还原剂，所以达到了在高炉内保持还原气氛将氧化铁还原成铁的目的。

因此，高炉煤气是焦炭不完全燃烧的产物，主要成分是 N_2，其余是 CO、CO_2 和少量的 H_2。某高炉煤气的体积成分百分比 N_2 为 60%、CO 为 27%、CO_2 为 11%、H_2 为 2%。由于高炉煤气仅含可燃成分 CO 和少量的 H_2，且 CO 的热值较低，所以，高炉煤气热值较低。

由于高炉煤气的热值较低，通常低于 $4000\mathrm{kJ/m^3}$，不宜作为燃料长距离输送向外出售，所以仅作为钢铁厂自备电厂锅炉掺烧使用。

228. 为什么高炉煤气的热值是气体燃料中最低的？

答：高炉煤气由于原料和操作方法的差制，各高炉煤气的成分略有不同，但差别不大。高炉煤气的平均体积成分百分比为 H_2：2%；CO：27%；CO_2：11%；N_2：6%。

从以上高炉煤气的平均成分可以看出，不但高炉煤气的可燃成分种类较少，只有 H_2 和 CO 两种，可燃成分的比例较少，只有 29%，而且主要的可燃成分 CO 中的可燃元素 C 的含量较少，其发热量很低，仅为 $12730\mathrm{kJ/m^3}$。而高热值气体燃料，如液化石油气中的可燃成分 C_2H_6、C_3H_8 中可燃元素含量很高，其发热量分别高达 $69220\mathrm{kJ/m^3}$ 和 $93630\mathrm{kJ/m^3}$。

因此，高炉煤气的热值是气体燃料中最低的，属于低热值煤气，其热值仅为 $3680\mathrm{kJ/m^3}$。

229. 为什么高炉煤气通常不单独燃用而要掺烧高热值燃料？

答：燃料的理论燃烧温度随着可燃成分和发热量的增加而提高。高炉煤气可燃成分的比例较低，平均为 29%，不可燃成分高达 71%，主要可燃成分 CO 的发热量很低，仅为 $12730\mathrm{kJ/m^3}$。因此，高炉煤气的理论燃烧温度较低。

由于 CO 的着火温度较高，而高炉煤气的理论燃烧温度较低，单独燃烧高炉煤气难以维持炉膛较高温度使 CO 稳定燃烧。所以，通常高炉煤气不单独燃用。

为了使高炉煤气中的 CO 能稳定和充分燃烧，除了采用专用的燃烧室，燃烧室不布置受热面或在受热面上敷设绝热耐火材料等措施外，还要掺烧燃油、煤粉或高热值的气体燃料，保持炉膛较高的温度，使高炉煤气中的 CO 稳定地着火和完全燃烧。

230. 为什么固体燃料和液体燃料的发热量以每千克质量计，而气体燃料的发热量以每标准立方米计？

答：因为固体燃料和液体燃料在生产、储运、交易和使用过程中，其体积的测量较困难，且误差较大，而质量的测量较容易且误差较小，所以，固体燃料和液体燃料的发热量以每千克计。

由于气体燃料在生产、储运、交易和使用过程中，其质量的测量较困难且误差较大，而体积的测量较容易且误差较小，同时，由于气体的密度受温度和压力的变化影响很大，所以，为了排除温度和压力对气体发热量的影响，气体燃料的发热量以每标准立方米计。

231. 为什么发热量低的气体燃料爆炸的下限和上限浓度均较高，而发热量高的气体燃料爆炸的下限和上限浓度均较低？

答：气体燃料与空气混合物的着火浓度范围又称为火焰传播浓度范围或爆炸浓度范围。

发热量低的气体燃料，只有当其在空气中达到较高的浓度时，才具有一定的发热量，从而遇到明火可以着火，并且着火的热量可以将邻近的一层可燃气体混合物加热到着火温度，使火焰可以传播开来从而引起爆炸。因为发热量低的可燃气体完全燃烧所需要的空气量较少，即使当可燃气体在空气中的浓度较高时，也能着火燃烧，并且产生的热量可以将邻近的一层可燃气加热到着火温度，使火焰可以传播开来从而引起爆炸，所以，发热量低的可燃气体在空气中爆炸的下限浓度和上限浓度均较高（见表 8-15）。

表 8-15　　　　　　　　　　　　　　　一般可燃气体的着火温度

名称	低位发热量（标准状态，kJ/m^3）	在空气中的着火极限，按体积含量（%）	
		下限	上限
氢 H_2	10798	4.0	74.2
一氧化碳 CO	12635	12.5	75.0
硫化氢 H_2S	23383	4.3	45.5
甲烷 CH_4	35828	5.0	15.0
乙烷 C_2H_6	63748	3.0	12.5
丙烷 C_3H_8	91234	2.1	10.1
正丁烷 C_4H_{10} 异丁烷 C_4H_{10}	118068	1.86 1.80	8.41 8.44
戊烷 C_5H_{12}	146077	1.32	9.16
乙烯 C_2H_4	58967	2.75	28.6
丙烯 C_3H_6	86001	2.0	11.1
丁烯 C_4H_8	113508	1.98	9.65
乙炔 C_2H_2	56052	2.5	81
高炉煤气	3680	35	75
焦炉煤气		7	21
发生炉煤气	5650	20.7	73.7
城市煤气		5.3	31
天然气	3720	4.5	13.5

发热量高的气体燃料，即使在空气中的浓度很低时仍具有一定发热量，遇到明火时可以

着火，并且火焰可以传播开来从而引起爆炸。因发热量高的气体燃料完全燃烧需要的空气量较多，如果其在空气中的浓度较高时，因严重燃烧还完全，发热量太低，遇到明火时不能着火，火焰也不能传播并引起爆炸。只有当发热量高的可燃气体在空气中的浓度较低时，虽然仍不能完全燃烧，但燃烧产生的热量已可以将邻近的一层可燃气体混合物加热到着火温度，从而使火焰可以传播并引起爆炸，所以，发热量高的可燃气体在空气中爆炸的下限浓度和上限浓度均较低，见表 8-15。

从表 8-15 中可以看出，随着气体燃料发热量的增加，其在空气中着火爆炸的下限浓度和上限浓度均下降。上述规律在生产实践中有重要指导意义，对低热值气体燃料要着重防止在高浓度下的着火爆炸，在输气管线投用前排除空气一定要彻底，而对高热值的气体燃料要着重防止在低浓度下的着火爆炸，在点火前要采用大风量对炉膛进行彻底通风，防止点火时炉膛爆炸。

232. 为什么单独燃烧高炉煤气应采用带燃烧道的无焰燃烧器？

答：高炉煤气是高炉生产过程中的副产品，因其含不可燃的成分 N_2、CO_2 很高，而含可燃成分 CO 和 H_2 较少，发热量很低，约为 $4000kJ/m^3$（标准状态），属于低热值煤气中发热量最低的煤气。

由于高炉煤气的发热量低，所以当喷口的煤气速度较高时容易灭火。为使锅炉达到一定的蒸发量，当采用高炉煤气时，煤气量很大，为了防止煤气速度较高而灭火就要设置很多个喷口，占用炉墙很大面积，甚至整个一面炉墙都不够，给燃烧器的布置带来很大困难。

高炉煤气发热量低，如果在炉膛内混合后再燃烧，因为炉膛温度较低且煤气与空气不能很快充分混合，所以煤气不易完全燃烧。如果将高炉煤气和空气在进入炉膛前预先均匀混合，且进入用耐火砖砌成的燃烧道，因为燃烧道在炉墙内，几乎是绝热的，所以燃烧道内温度很高，接近混合气体的理论燃烧温度。燃烧道中高温的耐火砖隔墙将预混合气体分成多股，高温耐火砖隔墙起到了点燃和稳燃的作用，不但使预混气流很快着火，而且在燃烧道出口煤气已基本燃尽。

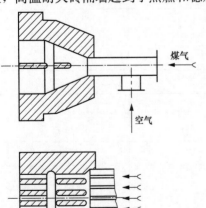

图 8-67　无焰燃烧器

由于高炉煤气在燃烧道内已基本燃尽，再加上炉膛提供的进一步燃尽的空间，单独燃烧高炉煤气的锅炉安装无焰燃烧器，总的容积热负荷可达 $3000 \times 10^3 kJ/(m^3 \cdot h)$。而采用其他型式的煤气燃烧器，容积热负荷仅为 $800 \times 10^3 kJ/(m^3 \cdot h)$，因此，燃烧高炉煤气采用无焰燃烧器可减少炉膛体积，从而降低锅炉成本。

燃烧高炉煤气的无焰燃烧器见图 8-67。

虽然带有燃烧道的无焰燃烧存在回火的可能性和燃烧道耐火砖温度过高的问题，但由于高炉煤气热值较低，其中的可燃成分 CO 火焰传播速度较低，且混合气体的速度较高，一般不易发生回火，耐火砖的温度较低不易烧坏。所以，单独烧高炉煤气的锅炉应采用带燃烧道的无焰燃烧器。

233. 为什么燃烧高热值煤气时不宜采用无焰燃烧器而应采用有焰燃烧器？

答：因为天然气、炼焦煤气或石油加工煤气中的不可燃成分较少，可燃成分较多且热值较高，所以，以上几种煤气的热值通常大于 $16000kJ/m^3$（标准状态），统称为高热值煤气。

因为高热值煤气与空气混合后的气体发热量较高，且可燃成分的化学活性较高，火焰传播速度较快，如果采用无焰燃烧器，不但燃烧器产生回火的可能性较大，而且无焰燃烧器中燃烧道的耐火砖因温度过高而易损坏，或被迫采用高等级的耐火材料。所以，燃烧高热值煤气时不宜采用无焰燃烧器。

高热值煤气与空气混合后的气体发热量较高，即使不预先混合，而在燃烧器出口混合，也易于着火和保持火焰稳定。由于高热值煤气不与空气预先混合，不存在回火的危险，所以安全性很好。虽然采用有焰燃烧器时，煤气是在燃烧器出口或炉膛内与空气混合，煤气与空气混合的均匀性不及无焰燃烧，而且火焰的长度也较长，但是生产实践证明，只要采取加强煤气与空气混合的措施，例如，提高空气的速度并与煤气流垂直相交，或者使煤气或空气流旋转，仍可使火焰较短且燃料完全燃烧。

当锅炉燃用多种燃料，煤掺烧煤气或油掺烧煤气时，采用有焰燃烧器，可得到发光火焰，炉膛的黑度不会因掺烧煤气而明显下降，对保持过热汽温稳定，不因燃料品种变化而影响锅炉正常运行有利。

234. 为什么烧液化石油气时，靠近喷嘴的管子外面会出现结霜现象？

答：石化企业可能因为液化石油气过剩而作为锅炉燃料使用。液化石油气能量密度大、含硫低，便于输送，不需加热，黏度小，易于气化，不需要雾化，是一种优质燃料。

液化石油气的主要成分是碳3和碳4的碳氢化合物，在常温下，不到1MPa的压力即可将碳3和碳4组分液化。从液化石油气球罐向锅炉输送时，开始阶段由于压力较高，液化石油气仍是液态，随着输送距离的增加，液化石油气的压力降低，因为碳3和碳4组分的沸点很低，所以一部分液化石油气开始气化，其温度不断降低。当液化石油气接近喷嘴时，一方面因其温度已经较低，另一方面因压力进一步降低，气化量更大，所以使其和管壁温度降低到零度以下。因为管壁温度低于水的冰点，所以，空气中的水蒸气在管壁上结霜。

当某个喷嘴停烧液化石油气时，因为其不再气化，温度很快升高，结霜化掉。所以，在现场常可根据管子是否结霜，很容易判断出某个喷嘴是否在烧液化石油气。

235. 为什么天然气泄漏易积聚在高处，而液化石油气泄漏易积聚在低洼处？

答：天然气和液化石油气是使用较广泛的高热值气体燃料。由于各种原因，在生产、储运和使用过程中导致天然气和液化石油气泄漏是难以完全避免的。这两种气体泄漏在空气中达到一定浓度产生的危害一是遇明火产生爆燃，二是使人窒息。因此，这两种气体泄漏后怎样判断会积聚在什么部位，对防止爆燃和人员窒息事故有实用价值。

根据阿伏加德定律，任何1kg分子的气体在标准状态下具有相同的体积22.4m³。天然气的主要成分是 CH_4，分子式是16，其密度为 $16kg/22.4m^3=0.714kg/m^3$；液化石油气的主要成分是含3个或4个碳原子的碳氢化合物，其分子量较大，密度较大，而空气中氧含量为21%，氮含量为78%，其平均分子量为29，平均密度是 $1.29kg/m^3$。

由于天然气的平均密度比空气低，而液化石油气的平均密度比空气高，所以，天然气泄漏容易积聚在高处,而液化石油气泄漏容易积聚在低洼处。同理,任何其他气体泄漏,其平均分子量高于空气的,会积聚在低处;其分子量低于空气的,会积聚在高处。

第六节 生 物 质 燃 料

236. 什么是生物质燃料?

答:生物包括动物和植物。由于动物数量较少,寿命较长,其肉是人类优质的蛋白质主要来源,很多野生动物受到国家保护,所以,动物不属于生物质燃料。

植物包括草本植物、灌木和乔木。植物利用光合作用,将大气中的二氧化碳转换为植物中固态的碳。因此,植物是生物质燃料。

237. 生物质燃料主要有哪几种?

答:生物质燃料主要有以下几种。

(1)农作物的秸秆。主要农作物水稻、小麦、玉米、棉花、小米、油菜、黄豆的秸秆。

(2)农作物加工后的副产品。稻谷加工后的稻壳,玉米棒加工后的玉米芯,甘蔗加工后的甘蔗渣,甜菜制糖产生甜菜渣。

(3)木材加工业的废弃物。原木加工成板材或家具时产生的树皮、边角余料、木屑等废弃物。

(4)林场的废弃物。林场在育林过程中剪枝抛弃的树枝,伐木时残留的树根。

(5)利用陈粮大米、玉米生产的甲醇、乙醇等生物燃料。

(6)利用餐馆抛弃形成的地沟油生产的生物柴油。

238. 为什么生物质燃料含有的能量来自太阳能?

答:生物质燃料含有的能量主要是来自碳含量。种子发芽后叶子中的叶绿素在阳光的照射下进行光合作用,将空气中的二氧化碳转换为固态碳。

因为光合作用只有在阳光下进行,所以,生物质中含有的能量来自太阳能。

239. 为什么锅炉要采用生物质燃料?

答:随着生活水平的提高,农民普遍采用天然气、液化石油气燃料或电力用于炊事和采暖,农作物水稻、小麦、玉米、棉花秸秆和农产品加工后的副产品稻壳、玉米芯和甘蔗渣已很少被农民用于炊事和采暖。

上述各种生物质虽然通过各种途径被利用,但由于利用成本较高,所以仍有较多生物质没有被利用。秸秆还田虽然是一种较好的利用方式,但由于秸秆必须要破碎和需要增加一次耕地,将秸秆埋入土中才能使秸秆腐烂达到还田的目的,因为成本较高,没有政府财政补贴,所以难以被农民广泛采用。

秸秆焚烧虽然简便易行,成本低,还可以消灭害虫卵和细菌,秸秆中的钾是很好的肥料,可以中和酸性土地,但焚烧是在露天下进行,难以获得良好和完全的燃烧,产生的烟雾严重污染了大气,燃烧产生的热量也没有得到利用,造成了资源的浪费。在保护环境日益得到重视的情况下,政府已明令禁止秸秆焚烧。

在能源日益紧缺,传统的煤炭、天然气和石油等矿物燃料价格高涨的情况下,生物质作为燃料其价格有较强的竞争力。锅炉有完善的燃烧设备,特别是循环流化床锅炉,可以使生物质完全燃烧，产生的热量得到充分利用，不但避免了生物质露天焚烧对大气环境的严重污染，而且因为替代了一部矿物燃料，所以有利于减少温室气体的排放。

240. 为什么大部分生物质燃料要破碎后燃烧？

答：除稻壳外，大部分生物质燃料，例如稻草、麦秆、棉秆、玉米秆等长度较长或体积较大，只有经过破碎才便于通过输送胶带或螺旋给料机输送和向炉内给料。

生物质燃料只有被破碎到一定程度，物料才能被正常流化和形成循环，循环流化床锅炉才能正常运行。

因此，大部分生物质燃料入炉前必须经过破碎，根据生物质燃料的种类选择不同型式的破碎设备和破碎后的尺寸。

241. 生物质燃料有什么优点和缺点？

答：生物质燃料的第一个优点是可以再生。生物质燃料含有的能量是植物通过光合作用由太阳能转化而来的，因为阳光是每天可以重复出现的，所以，生物质燃料是可以再生的。生物质已实现了碳循环，燃用生物质不增加碳排放。

生物质燃料的第二个优点是含硫较低。煤在数亿年的形成过程中，除形成煤的植物中含有的硫分外，还有通过各种途径进入煤中的硫化物，使煤的含硫量较高。燃料量含硫量较低，可以降低烟气的露点，避免或减轻空气预热器的低温腐蚀，有利于选择较低的排烟温度，提高锅炉热效率，减少锅炉的维修费用。

生物质燃料的第三个优点是减少对矿物燃料的依赖，延长矿物燃料使用的年限，为人类寻找新的能源争取时间，减轻了矿物燃料消耗导致的温室效应对人类的不利影响，避免了露天焚烧对环境的污染。

生物质燃料的第一个缺点是能量密度小，无论是生物质燃料的储存和运输，还是锅炉的上料系统，成本均较高。

生物质燃料的第二个缺点是来源较分散，收集较困难，成本较高。生物质燃料的品种较多，外形相差较大，为生物质燃料的加工、输送和燃烧带来一定困难。生物质燃料含有熔点较低的钾和钠等物质，容易黏附在高温受热面上，受热面的积灰较严重。

第九章 锅 炉 运 行

第一节 漏风试验及烘炉煮锅

1. 为什么锅炉要进行漏风试验？

答：除少数正压锅炉或循环流化床锅炉密相区等部位为正压外，大多数锅炉的炉膛为负压。

虽然采用膜式水冷壁的锅炉其炉膛密封性较好，风道通常是钢制的，但由于焊缝很多、很长，而且对这些焊缝的质量要求较低，也不进行探伤检测，漏焊或焊缝缺陷引起泄漏是常见的。众多水冷壁管、过热器进出口管穿越炉墙，众多省煤器进出口管和再热器管穿越烟道，穿越处密封较困难，容易出现泄漏。

通过外观检查上述焊缝和密封部位是否严密，不但工作量大而效果较差。对锅炉进行漏风试验检查焊缝和密封部位的严密性简单、方便、直观。

对负压锅炉而言，炉膛和烟道不严密，冷风漏入不但会使引风机耗电量增加，而且会因排烟温度升高导致锅炉热效率降低。对正压锅炉而言，烟气向外泄漏会恶化现场工作条件和危及运行人员安全。风道焊缝不严密会使空气向外泄漏，风压降低，风机耗电量增加。因此，新安装或大修后的锅炉应进行漏风试验。

2. 锅炉漏风试验通常采用什么方法？

答：锅炉漏风试验通常采用正压法和负压法。

（1）正压法。解列引风机、送风机联锁，单独启动送风机，引风机入口导叶关闭，保持炉膛和烟道较高正压，将石灰粉从送风机入口加入，检查炉膛、烟道和风道的焊缝和炉管穿墙处，凡是有石灰粉沉积的部位均为泄漏处。试验结束后可采取相应措施予以消除。

（2）负压法。单独启动引风机，送风机入口导叶关闭，保持炉膛、烟道和风道较高负压。将蜡烛火焰靠近焊缝和其他需要检测泄漏的部位，凡是火焰向炉膛、烟道、风道倾斜的部位，均是泄漏点。在查出的泄漏点处作出明显的标记，以便将泄漏点消除。

漏风试验结束将泄漏点消除后，如果有必要可以再次进行试验检测。为了便于在漏风试验中查找泄漏点和消除泄漏，应在漏风试验合格后再进行保温。

3. 为什么新安装的锅炉要进行烘炉？

答：炉墙组成了炉膛和烟道。为了避免循环流化床锅炉水冷壁和物料分离器的水冷、汽冷管磨损，在部分水冷壁管及全部水冷管或汽冷管表面敷设了防磨层。

轻型炉墙由耐火砖、保温砖和保温材料组成，重型炉墙由耐火砖和普通砖组成，即使膜式水冷壁炉膛采用敷管式炉墙，但垂直烟道的炉墙仍然由耐火砖和保温墙组成。

炉墙在砌筑和防磨层在敷设过程中，其黏合剂中有较多的水分，通过烘炉缓慢升温使黏合剂中的水分在湿度梯度的作用下慢慢向表面移动和蒸发，避免在高温下黏合剂中的水分迅速汽化形成压力，蒸汽从产生的裂纹中大量逸出，导致炉墙的严密性变差，防磨层破裂、脱落。

循环流化床锅炉部分受热面上敷设的防磨层，需要通过高温烘炉对防磨层的材料烧结，使成分发生变化，提高防磨层的防磨性能。

因此，新安装的锅炉和炉墙重新砌筑的锅炉，在投产前必须要进行烘炉。

4. 为什么烘炉前应开启引风机、送风机挡板和人孔进行自然通风干燥几天？

答：炉墙砌筑和防磨层敷设结束后，由于其含水量较高，而空气的相对湿度总是低于100％，开启引风机、送风机挡板和人孔进行自然通风，炉墙和防磨层表面的水分向空气内扩散，其内部的水分在湿度梯度的作用下，逐渐向表面移动，使炉墙得到缓慢的干燥。

夏天空气湿度较高，但气温较高；冬季气温较低，但湿度较低，因此，无论夏天还是冬天，采用自然通风对炉墙和防磨层进行自然干燥均可取得较好的效果。

采用自然通风干燥因气温较低，炉墙和防磨层水分的蒸发缓慢且均匀，不但不会产生裂纹，有利于提高质量，而且可以节省烘炉所需的燃料。因此，在工期允许的条件下，应尽可能地在烘炉前开启引风机、送风机挡板和所有人孔，对炉墙和防磨层进行几天自然干燥。

5. 烘炉可采用什么热源？

答：烘炉可以根据现场的具体情况采用下列不同的热源：

(1) 蒸汽。当锅炉水冷壁下联箱内有蒸汽加热装置，同时可以从公用系统获得低压蒸汽时，可采用蒸汽作为烘炉初期的热源，烘炉末期仍要采用部分燃料进行烘炉。

(2) 热风。与邻炉有热风联络风道时，可以采用邻炉的热风作为烘炉初期的热源。烘炉末期仍然要采用部分燃料进行烘炉。

(3) 木柴。如果没有采用蒸汽和热风烘炉的条件时，可以采用木柴烘炉。木柴烘炉时，温度比较容易控制，但木柴消耗量较大，对木柴价格较高的地区，成本较高，劳动强度较高。煤粉炉、燃油炉等室燃锅炉采用木柴烘炉时，要设置临时炉排。

(4) 气体燃料。气体燃料化学活性高，易点燃，火焰稳定，操作方便，烘炉温度易于控制，劳动强度低，各种炉型均可采用。气体燃料价格较低，是烘炉首选的燃料，但采用气体燃料烘炉要配置泄漏、灭火等保护装置。

(5) 煤。对采用层燃的固定炉排或链条炉排，初期可采用木柴烘炉，后期可采用煤烘炉。

(6) 柴油。因柴油价格较高，火焰温度较高，当采用蒸汽、热风或木柴烘炉时可作为烘炉末期的燃料。

6. 为什么通常以炉膛出口烟气温度作为控制烘炉升温速度的依据？

答：除循环流化床锅炉外，炉膛内没有温度测点，而锅炉出口通常均有温度测点，采用炉膛出口烟气温度作为控制烘炉升温速度比较方便。

烘炉时过热器内通常没有蒸汽流过，或仅有少量蒸汽流过，过热器基本上处于没有蒸汽冷却的干烧状态。以炉膛出口烟气温度作为烘炉升温速度的依据时，应控制炉膛出口烟温不超过热器钢材的许用温度，可以确保过热器不会超温过热损坏。

7. 为什么不同型式的炉墙，烘炉所需的时间不同？

答：炉墙主要分为敷管炉墙、轻型炉墙和重型炉墙3种。

敷管炉墙通常在膜式水冷壁外表面敷设保温材料，仅在垂直烟道由耐火砖和保温材料组成炉墙。由于炉墙较薄水分较少，水分易于排出，所以，烘炉所需时间最短。

轻型炉墙通常由耐火砖层、保温层组成。由于炉墙较厚、水分较多，水分排出所需的时间较长，所以，轻型炉墙烘炉所需的时间要多于敷管式炉墙。

重型炉墙通常由耐火砖层和红砖层组成。由于炉墙最厚，水分最多，水分的排出最困难，水分排出所需的时间最长，所以，重型炉墙烘炉所需的时间最长。

各种型式炉墙烘炉所需的时间，烘炉规程均有明确的规定，为了确保烘炉的质量应严格遵守。

8. 为什么烘炉前炉墙要开排湿孔？

答：炉墙在砌筑时，通过黏合剂耐火泥将耐火砖、保温砖和红砖黏合起来，黏合剂中有较多的水分。

虽然烘炉过程中缓慢升温，炉墙的温度仍然较高，水分必然要汽化。炉膛和烟道内表面炉墙中的水分可以向炉膛和烟道扩散，而炉墙深处的水分难以全部在温度梯度的作用下向炉墙表面扩散。在炉墙的不同部分开排湿孔，可以及时将炉墙水分汽化产生的水蒸气排出，避免炉墙内部因水分汽化，水蒸气形成压力，水蒸气冲出产生裂纹，导致炉墙的严密性和强度下降。

炉墙开排湿孔有利于形成的水蒸气及时排出，在确保质量的同时，还可以提高烘炉的速度，降低烘炉所需的时间。

9. 为什么新安装的锅炉投产前要进行煮炉？

答：为了清除制造锅炉的钢管、钢板、阀门及锅炉制造和储运安装过程中，承压受热面内部存在的油垢、铁锈、焊渣、泥沙等杂质，确保承压受热内部清洁，使其获得良好冷却，蒸汽质量尽快合格，新安装的锅炉投产前要进行煮炉。

为了提高酸洗效果，锅炉酸洗前也要进行煮炉。

10. 为什么要在保持一定压力下煮炉？

答：提高清洗液的温度可以提高煮炉清洗油垢铁锈等杂质的效果。由于锅炉水容积部分没有安装温度测点，而安装了压力测点，饱和压力和饱和温度是一一对应的关系，因此，保持在一定压力下煮炉就是保持在一定温度下煮炉。

为了进一步提高煮炉清洗油垢和铁锈等杂质的效果，要求清洗液具有一定流速。煮炉过程中过热器联箱上的疏水阀是开启的，保持在一定压力下煮炉，锅炉有一定的排汽量，循环回路内有一定的循环流速，可以获得较好的清洗效果。

因此，为了获得良好的煮炉效果，要按煮炉升压曲线保持在一定压力下煮炉。

11. 为什么煮炉前要加氢氧化钠和磷酸三钠？

答：为了清除锅炉及阀门在制造、储存、运输和安装中承压受热面内部产生的油垢和铁锈等各种杂质，必须要采用清洗剂。氢氧化钠是碱性很强清洗效果很好的清洗剂，磷酸三钠不但是清洗剂，而且可以防止氢氧化钠溶液在应力较大部位因泄漏浓缩导致的苛性脆化。

通常将氢氧化钠和磷酸三钠在溶药箱内用除盐水溶解后，用泵加入锅炉水容积内。每立方米水容积的加药量见表 9-1。

表 9-1　　　　　　　　　　　　每立方米水容积的加药量

药品名称	加药量（kg/m³)		
	第一类锅炉	第二类锅炉	第三类锅炉
氢氧化钠（NaOH）	2～3	3～4	5～6
磷酸三钠（Na$_3$PO$_4$·12H$_2$O）	2～3	2～3	5～6

由于过热器不参加煮炉，煮炉时汽包保持正常水位，所以，要以锅炉运行时的水容积计算煮炉所需的加药量。

第一类锅炉：新锅炉从制造出厂到安装完毕不超过 10 个月，且只有较薄的铁锈。

第二类锅炉：新锅炉安装前长时间存放在露天仓库，有较厚的铁锈。

第三类锅炉：拆迁锅炉，除铁锈外尚有水垢。

12. 为什么煮炉过程中锅水要保持一定碱度？碱度下降要补充氢氧化钠和磷酸三钠？

答：煮炉过程中锅水保持一定碱度是为了确保对油垢、铁锈等杂质的清洗能力，获得良好的清洗效果。

在煮炉清洗油垢、铁锈等杂质的过程中，氢氧化钠和磷酸三钠不断消耗而使锅水的碱度下降。为了确保清洗效果，当锅水碱度下降到 130（德国度）以下时，必须要补充加入氢氧化钠和磷酸三钠。当锅水的碱度保持稳定不再下降时，判断油垢、铁锈等杂质已清洗干净，可以结束煮炉。

之所以不在煮炉前一次加入较多的氢氧化钠和磷酸三钠，而要在煮炉过程中根据化验锅水的碱度低于下限时补充加药，是为了避免锅水碱度过高，产生汽水共腾，锅水进入过热器，导致过热器内结垢，也可避免因炉内油垢、铁锈杂质较少导致药剂浪费。

13. 为什么有条件时，应尽量烘炉和煮炉连续进行？

答：新安装的锅炉投产前必须进行烘炉和煮炉工作。烘炉末期炉膛出口烟气温度与煮炉初期炉膛出口烟气温度是相同的，因此，烘炉与煮炉连续进行不但是可行的，而且可以节省燃料和时间。

由于烘炉采用的热源通常为邻炉的热风、蒸汽或采用木柴和气体燃料，通常不需要启动引风机、送风机和燃料燃烧系统，对锅炉安装的进度要求较低，即在引风机、送风机和燃料燃烧系统安装未结束的情况下进行。煮炉对锅炉安装的进度要求较高，通常要求引风机、送风机、燃料系统和燃烧系统安装和调试结束的情况才能进行煮炉。

由于煮炉对锅炉应具备的条件要求较高，所以，当准备烘炉与煮炉连续进行时，在烘炉前至少在烘炉结束前锅炉应具备煮炉的条件。

14. 为什么过热器不参加煮炉？

答：大多数锅炉采用立式过热器，如果过热器内充满清洗液参加煮炉，当在汽包正常水位下进行煮炉时，被流经过热器的烟气加热，过热器管内的清洗液中的水分蒸发，而清洗液中的氢氧化钠和磷酸三钠会沉积在管内壁上。沉积物使过热器的热阻增加和流通截面减少，前者会导致过热器管超温过热损坏，后者会使过热器的压降增加。

当采用汽包充满水过热器管内的清洗液参与循环的方式进行煮炉时，要接较多临时管线和阀门，还要安装大流量泵，系统复杂，安装工作量较大，运行操作也较麻烦。因此，通常过热器不参加煮炉。

虽然过热器不参加煮炉，但是过热器管内油垢、铁锈等各种杂质，可以在参加蒸汽管道吹洗时被清除。吹洗时过热器管内的蒸汽流速高达 $15\sim20m/s$，可以确保过热器管内的清洁，满足长期安全生产的要求。

15. 为什么煮炉结束后要打开水冷壁下联箱手孔检查和清除杂质？

答：锅炉在制造、储存、运输和安装过程中不可避免地产生油垢、铁锈、焊渣、泥沙等各种杂质。这些杂质在煮炉过程中通过水循环和煮炉结束后的换水、放水，最终沉积在水冷壁的下联箱内。

虽然通过水冷壁下联箱上的定期排污阀可以排除部分粒径较小的杂质，但粒径较大的杂质难以通过排污阀排除。因此，煮炉结束通过换水和放水后，要打开水冷壁下联箱上的手孔，检查煮炉效果和清除沉积在下联箱内的杂质。

16. 为什么汽包锅炉的工作压力越高，锅炉启动所需的时间越长？

答：通常随着锅炉容量的增大，其工作压力随之提高。虽然汽包直径没有与锅炉的容量成正比，但是锅炉容量增加，汽包的直径还是略有增加。因此，锅炉的工作压力越高，汽包的壁越厚。

锅炉在启动过程中汽包会形成两种温差，一种是汽包内外壁温差，另一种是汽包上、下半部壁温差。汽包内外壁温差和汽包上、下半部壁温差均会使汽包产生热应力，热应力与汽包的壁厚和温差成正比。为了使汽包的热应力不超过允许值，在汽包厚度确定的情况下，只有降低允许的温差。

锅炉启动升压过程实质是一个升温过程。饱和温度和饱和压力有一一对应的关系。为了降低汽包内外壁温差和上、下半部壁温差，只有降低升压速度，同时，锅炉的工作压力越高，从零压力升至工作压力所需的时间越长，因此，锅炉工作压力越高，锅炉启动所需的时间越长。

各种压力等级汽包锅炉启动所需的时间与锅炉的具体结构和启动时状态有关。例如，有水冷壁下联箱加热系统、有炉水循环泵或汽包内有夹层的锅炉，启动所需时间可以缩短，同时，热态启动、温态启动也较冷态启动时间短，滑参数启动也可缩短启动时间。但是在相同的情况下，锅炉工作压力越高，启动所需时间越长的结论是不会改变的。

17. 为什么水冷壁下联箱内有蒸汽加热装置的锅炉可以不通过下联箱的放水来促进水循环？

答：通常在锅炉点火前启动各个水冷壁下联箱内的蒸汽加热装置，当汽包壁温约为120℃时才停止加热。

由于每个水冷壁下联箱内均有蒸汽加热装置，所以只要操作正确，不会出现各个循环回路内锅水温度和产汽量明显的不均，同时，当各个循环回路内已产生蒸汽，水循环已建立的情况下才会停止蒸汽加热。

由于各个循环回路内均有蒸汽加热产生的蒸汽，汽包内的锅水温度较均匀，锅水对汽包下半部壁面的扰动和加热较强，蒸汽对汽包上半部壁面和锅水对汽包下半部壁面放热系数的差距缩小，有利于降低汽包上、下半部壁温差。因此，只要操作正确不需要通过下联箱放水来促进水循环。

18. 为什么控制循环锅炉不需要通过水冷壁下联箱放水来促进水循环？

答：控制循环锅炉水冷壁下联箱连成一个矩形，呈矩形的联箱内没有隔板，没有像自然循环锅炉那样由四周众多的下联箱组成多个循环回路，而只有一个大的循环回路。

控制循环锅炉循环回路的循环动力，在正常运行时，炉水循环泵提供约 3/4 的压头，下降管内锅水与水冷壁内汽水混合物密度差提供约 1/4 的压头。在锅炉点火的初期，水冷壁内还未产生蒸汽或产生的蒸汽数量很少，循环回路的阻力绝大部分由锅水循环泵克服。

虽然控制循环锅炉同样存在点火初期因油枪投入数量较少、水冷壁吸热量不均的问题，但由于炉水循环量很大，不但受热弱的水冷壁管仍可保持较大的循环流速，而且受热较强水冷壁管内温度较高的锅水和受热较弱水冷壁管内温度较低的锅水，在汽包内得到较充分的混合，并经炉水循环泵和环形下联箱的进一步的混合，锅水的温度较高和较均匀。

因此，控制循环锅炉不需要通过水冷壁下联箱的放水，提高受热弱的水冷壁管内锅水的温度来促进水循环。

19. 为什么锅炉点火初期可以通过水冷壁下联箱放水促进水循环？

答：锅炉点火初期，为了防止过热器没有蒸汽冷却或蒸汽冷却不足，以及汽包上、下半部壁温差超过 50℃，进入炉膛的燃料量很少，通常投入 1～2 个油枪。

由于锅炉点火初期投入的油枪很少，而炉膛很大，水冷壁的吸热很不均匀。离火焰较近的水冷壁吸热量较多，水温升高较快，能较早地产生蒸汽建立起水循环，而离火焰较远的水冷壁因吸热量少，水温升高较慢，迟迟不能产生蒸汽，水循环很慢甚至停滞，循环回路内下降管、水冷壁管、下联箱内充满了温度较低的锅水。

在锅炉点火初期虽然因各循环回路水冷壁受热不均，各循环回路水冷壁管内锅水温度相差较大，受热较强的水冷壁水循环较好，温度较高的锅水或汽水混合物进入汽包与汽包内温度较低的锅水混合，汽包内的锅水温度不但比较均匀，而且温度较高。因此，通过受热较弱水循环不好的循环回路水冷壁下联箱上的定期排污阀的放水，将循环回路下降管和水冷壁管内温度较低的锅水排掉，更换为汽包内温度较高的锅水，相当于增加了受热较弱循环回路水冷壁的吸热量，可以促进该循环回路较快建立起水循环。

对于水冷壁下联箱内有蒸汽加热装置的锅炉，由于各循环回路水冷壁管的锅水被蒸汽加热，水温较均匀，不需要通过下联箱放水来促进水循环。

20. 怎样判断点炉过程中哪个循环回路的水循环不好，需要通过下联箱放水来促进水循环？

答：虽然难以直接判断点炉过程中哪个循环回路的水循环不好，但是可以通过水循环的工作原理和水冷壁管壁温与膨胀量关系的分析，间接判断出哪个循环回路的水循环不好，需要通过放水来促进水循环。

从时间上判断，通常因为锅炉点火初期进入炉内的燃料量较少，炉膛较大，容易因受热不均而使离火焰较远，位于炉膛 4 个角的水冷壁吸热量较少，所以导致水循环不好。在正常运行的情况下，虽然也存在水冷壁的吸热量不均的问题，但吸热量较少的水冷壁的吸热量仍足以建立正常的水循环，其水冷壁管的温度无论吸热多少均是相差很小的。

从循环回路的位置判断。通常离火焰较远，位于炉膛四个角的水冷壁因为吸热量较少，所以容易出现水循环不好。

从水冷壁下联箱上的膨胀指示器判断，现在大部分锅炉采用悬吊结构，通过吊杆将锅炉各部件悬吊在锅炉顶部的大钢梁上，锅炉工作时因水冷壁管较长和温度较高而产生较大的向下膨胀量。在水冷壁下联箱的端部装有膨胀量指示器，凡向下膨胀量较少的循环回路的水循环较差。

从炉型上判断，通常在自然循环锅炉上会出现因受热不均而导致的少数循环回路循环不好，而控制循环锅炉，因为水冷壁环形下联箱中间没有隔板，而且水循环主要由炉水循环泵提供的压头实现的，离火焰较远受热弱的水冷壁也会建立起正常的水循环。

21. 为什么锅炉点火时应投入下排油枪？

答：从锅炉点火开始约 1h 后才能产生少量蒸汽。也就是说，在约 1h 内过热器管内处于没有蒸汽冷却的干烧状态。即使在约 1h 后锅炉开始产生少量蒸汽，由于过热器管的蒸汽流速很低，过热器管不能获得良好的冷却。因此，为了防止锅炉点火初期过热器管过热损坏，通常采用降低锅炉点火初期的燃料消耗量的方法，使过热器入口的烟气温度低于管材允许的工作温度。这样即使过热器管内处于没有蒸汽流过的干烧状态，过热器管也不会因过热而损坏。

锅炉点火时投入下排油枪可以降低火焰中心在炉膛内的高度，通过增加炉膛吸热量的方法使过热器入口的烟气温度降低，从而确保过热器管的安全。

锅炉点火进入后期时，过热器管内已有一定量的蒸汽冷却，这时为了提高升压速度和提高汽温，往往需要投入上排燃烧器。由于下排燃烧器已经点燃，其火焰和高温烟气向上流动，上排燃烧器即使不用火把，也很容易被点燃。

第二节　管道冲洗和吹洗

22. 为什么新安装的蒸汽管道投用前要进行吹洗？

答：蒸汽管道是由一定长度的钢管焊接而成的。钢管在制造、储存、运输和安装过程中会形成和混进很多铁锈、泥沙、焊渣和焊条头等杂物。在正常运行时，管道内的蒸汽流速高达每秒几十米。如果蒸汽管道投用前不进行吹洗，不将上述杂物彻底清除，管道投用后高速蒸汽携带的杂物具有很大的动能，容易使阀门的密封面损坏，汽轮机的叶片出现大量麻点，较大的杂物撞击叶片还有可能使叶片断裂，造成严重的事故。

混进蒸汽管道中的泥沙的主要成分是硅酸盐。高温高压蒸汽具有溶解硅酸盐的能力，管道中存在泥沙使蒸汽中的硅酸盐含量超标，导致蒸汽质量不合格。蒸汽流经汽轮机的各级叶片后压力逐渐降低，溶解度也随之降低，原来溶解在蒸汽中的硅酸盐又析出并沉积在汽轮机中、低压缸的动静叶片上，汽轮机因叶片通流面积减少而出力下降。

因此，为了使新投产机组的蒸汽尽快合格并确保汽轮机等用汽设备的安全，新安装的蒸汽管道在投用前必须进行吹洗。

23. 什么是吹管系数？为什么被吹系统各处的吹管系数应大于1？

答：　　　　吹管系数 $K = \dfrac{吹管蒸汽流量^2 \times 吹管时蒸汽比体积}{额定负荷蒸汽流量^2 \times 额定负荷时蒸汽比体积}$

在稳定的额定负荷下，蒸汽的流量是不变的，如果忽略很小的压降和温降，其蒸汽的比体积也是不变的。在稳定的吹洗工况下，虽然蒸汽的流量也是不变的，但是吹洗蒸汽的比体积却因压力下降较多而增加较大。因此，管道吹洗时的吹管系数各处是不同的，而是沿着蒸汽流动的方向 K 越来越大，即蒸汽在吹洗管道内是个加速过程，其速度越来越快。

管道吹洗时，应使被吹洗系统各处的吹管系数 $K>1$。如果该项吹洗条件得到满足，则表明在额定负荷流量下能被蒸汽携带起来的杂质，在管道吹洗过程中已被吹洗干净；因为质量较大，在管道吹洗过程中不能被蒸汽携带吹出管外的杂质，则在额定负荷流量下也不会被蒸汽携带起来，所以也不会危及汽轮机等用汽设备的安全。

24. 蒸汽管道吹洗的原理是什么？

答：蒸汽管道内需要吹除的杂质按形态分为两类：一类是散落在管道底部的泥沙、铁锈、焊渣和焊条头；另一类是附着于管内壁的铁锈和焊渣。对前一类杂质，只要使吹管系数 $K>1$，就可将杂质吹出管外。对后一类杂质仅靠高速蒸汽难以将其吹净，而要利用蒸汽管道金属的膨胀系数大于杂质的膨胀系数这一特性，使杂质因胀差而从管壁上脱落下来，然后再将其吹净。

每次吹洗后，当管壁温度降至 80~100℃ 时，即可达到使焊渣和铁锈从管道内壁脱落的目的，可进行下一次吹洗。当蒸汽管道未保温前进行吹洗，因为每次吹洗后管道冷却较快，铁锈和焊渣从管道内壁上脱落的效果较好。因此，最好在管道保温前进行蒸汽吹洗。为了防止管道上的阀门和法兰等厚壁部件因冷却太快而产生较大的热应力，可仅对上述部件进行保温后再吹洗。对于已经保温的蒸汽管道，每次吹洗的时间不宜超过 15~20min，以避免因吹洗时间过长而使保温层内积蓄较多热量，管壁温度难以在短时间内降至 80~100℃，影响下一次吹洗的效果。

在吹洗过程中，至少应有一次停炉冷却 12h 以上，冷却过热器、再热器及其管线，以提高吹洗效果。

25. 为什么蒸汽管道吹洗时，吹洗蒸汽的压力仅为锅炉额定工作压力的 1/4？

答：为了要达到管道吹洗的目的，必须要保证被吹洗系统各处的吹管系数 $K>1$。

如果吹洗蒸汽的压力为锅炉额定压力，为了保证被吹洗系统各处的吹管系数 $K>1$，吹洗蒸汽的流量必须要大于锅炉额定蒸汽流量，不但锅炉难以产生这样多的蒸汽量，而且也造成了蒸汽的浪费。

如果降低吹洗蒸汽的压力，则由于蒸汽的比体积增加，所以可在保证吹管系数大于 1 的前提下，降低吹洗蒸汽的流量，达到节约蒸汽的目的。

蒸汽管道上的蒸汽流量孔板，只有当蒸汽的压力和温度为孔板设计工况时，流量表指示的流量才是正确的。当采用降低蒸汽压力进行管道吹洗时，因为蒸汽压力和温度远低于孔板设计工况下的蒸汽压力和温度，此时流量表指示的流量误差很大，没有什么参考价值。同时，管道吹洗前应将流量孔板拆除，实际操作时，没有蒸汽流量指示。

为了便于实际操作，在保证排汽管直径大于或等于被吹洗管直径和吹洗控制阀全开两个条件下，通过计算，控制过热器出口压力达到表 9-2 的数值时，通常可以满足被吹洗系统各处吹管系数 $K>1$ 的要求。因为虽然吹洗蒸汽的流量仅为锅炉额定蒸发量的 60%~70%，但由于吹洗蒸汽的压力仅为额定压力的 1/4，其比体积为额定压力下蒸汽比体积的 3~4 倍，所以，可以保证吹管系数 $K>1$。

表9-2 吹洗时蒸汽应达到的压力数值

锅炉参数（MPa/℃）	过热器出口压力（MPa）
3.82/450	1.0
9.8/540	2.4
13.7/540	3.4
16.67/545	4.25
25/550	6.25

26. 为什么吹洗蒸汽管道前应将流量孔板拆除？

答：由于流量孔板的内径小于蒸汽管道的内径，如果蒸汽管道吹洗前不拆除流量孔板，则孔板前蒸汽管道内的各种杂质中的一部分将会沉积在孔板附近，所以不利于将管道内的杂质在较短的时间内吹洗干净。

流量孔板的加工精度很高，其入口侧是锐利的直角，如果管道吹洗时流量孔板不拆除，速度很高的各种杂质撞击孔板，使孔板入口锐利的直角被破坏，影响蒸汽流量的测量精度。

因为只有当蒸汽的压力和温度与孔板设计工况相同时，流量表指示的流量才是正确的，而蒸汽管道吹洗时，蒸汽压力和温度均远低于孔板设计工况下的蒸汽压力和温度，此时流量表指示的蒸汽流量误差很大，通常偏大，没有什么参考价值。

所以，在蒸汽管道安装时，流量孔板可以先不安装，等管道吹洗合格后再安装。如果流量孔板已经安装，则应在管道吹洗前拆除，等吹洗合格后恢复。

27. 为什么锅炉运行时，在额定流量下蒸汽管道的压差很小，而吹管时蒸汽流量较小，蒸汽管道的压差很大？

答：锅炉运行时，在额定流量下，过热器出口至蒸汽母管或至汽轮机入口的蒸汽管道的压差很小，包括蒸汽流量孔板，压差为0.2～0.4MPa。蒸汽在管道内流动的压差主要由沿程阻力和局部阻力组成，因此，其压差很小。

蒸汽管道在投用前吹管时，尽管吹管时的蒸汽流量仅为额定流量的60%～70%，但蒸汽管道的压差却很大，约为锅炉额定压力的25%。在吹管时，管道的蒸汽直接排入大气，由于蒸汽管道入口的压力较高，而管道出口压力很低，蒸汽在管道内流动时因压力不断降低，蒸汽比体积不断增加，所以蒸汽因不断加速而使蒸汽流速不断提高。吹管时蒸汽在管道内流动不但有沿程阻力和局部阻力，而且还因为蒸汽加速所形成的阻力和一部分压力能转换为速度能，所以，吹管时，尽管流量孔板拆除，吹管蒸汽流量小于额定流量，蒸汽管道的压差却很大。

28. 为什么给水、减温水管道用水进行冲洗时，冲洗水流量应大于正常运行时的最大流量？

答：为了将给水、减温水管道在制造、储存、运输和安装过程中形成的铁锈、泥沙、污垢和焊渣等杂质清除干净，应在管道投入使用前用水进行冲洗。

蒸汽管道吹洗时，采用较低的蒸汽压力，且因蒸汽压力不断降低，蒸汽比体积不断增大，流速不断提高，即使吹洗蒸汽的流量低于额定负荷时的流量，仍然可以保证被吹洗系统各处的吹管系数大于1。

因为水是几乎不可压缩的，用水冲洗管道时，不存在压力降低时水的比体积增大、水流速提高的有利条件。因此，只有使冲洗时的水流量大于正常运行时的最大流量，才能满足用水冲洗管道时冲管系数大于1的要求，从而将管道内的杂质冲洗干净。

用水进行冲洗时，应采用除盐水或软化水，当出水澄清、出口水质和入口水质相接近时，即认为冲洗合格。

29. 怎样检验管道吹洗的效果？合格的标准是什么？

答：为了检验管道吹洗的效果，管道经几次吹洗后可用安装铝靶的方法进行测试。铝靶安装的位置有两种：一种是利用固定支架安装在排汽口外，离排汽口0.35~0.5m处（见图9-1）；另一种是安装在靠近排汽管出口的管道内（见图9-2）。

铝靶的宽度约为排汽管内径的8%，长度为排汽管的内径。因为铝靶的强度较低，难以承受高速汽流的冲击，所以，铝靶的背面要用铁板加固。铝靶要平整并用砂布磨光。

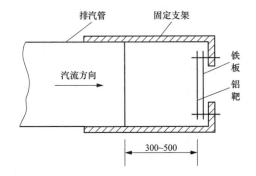
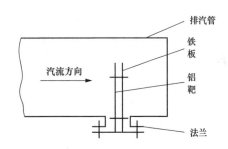

图 9-1　铝靶安装在排汽管出口的管外　　图 9-2　铝靶安装在靠近排汽管出口的管内

在确保被吹系统各处吹管系数大于1的前提下，经几次吹洗后可装铝靶检验。如果连续两次更换铝靶检查，铝靶上冲击斑痕粒径不大于0.8mm，且斑痕不多于8点即认为管道吹洗合格。

管道吹洗结束后，应对数据进行整理，办理签证存档和向生产单位移交。

第三节　点火、升压及并汽

30. 为什么自然循环锅炉点火前水位应在水位计最低可见处？

答：锅炉点火后，锅水温度逐渐升高，体积逐渐膨胀，水位逐渐升高。当水冷壁开始产生蒸汽时，蒸汽所占的体积较大，将水冷壁管内的水排挤到汽包，使水位进一步升高。从锅炉点火起在较长的一段时间内，即使已开始排汽，锅炉仍然不需要补水就是这个道理。

如果点火时水位不在最低可见水位，那么随着锅水温度的升高和开始产生蒸汽，汽包的水位必然上升到必须开启事故放水阀排水的地步。这样不但造成了除盐水的损失，而且还造成了热量的浪费。

31. 为什么锅炉点火前要启动引风机、送风机通风10~15min？

答：为了防止上次停炉后，在炉膛里残存有可燃气体或煤粉，也可能由于停炉期间因燃料系统不严密，可燃气体或煤粉漏入炉膛，点火时，一旦火把插入炉膛时，如果可燃气体或煤粉的浓度在爆炸极限范围内而引起炉膛爆炸，损坏炉墙，甚至造成人身伤亡。所以，在点火前要启动引、送风机，保持额定风量的 $10\%\sim15\%$，通风 $10\sim15min$。

虽然大风量的通风并不能将残存或漏入炉膛的可燃气体或煤粉全部排除干净，但却可以将炉膛内可燃气体或煤粉的浓度稀释到远小于爆炸极限的下限，从而保证锅炉点火时设备和人身安全。通风结束后要尽快进行点火，以避免燃料系统泄漏，造成炉膛内可燃气体或煤粉的浓度重新升高到爆炸范围之内。

32. 为什么点火时，如果有气体燃料应尽量用气体燃料点火？

答：点火时，由于炉膛温度低，所以喷入炉膛的燃料如燃油或煤粉，必须用火焰点燃才能燃烧。燃油和煤粉的化学活性不如气体燃料，进入炉膛的燃料因炉膛温度低燃烧不良而容易形成不完全燃烧损失，造成冒黑烟，污染尾部受热面，如果火把燃烧不旺还容易灭火。

由于气体燃料的化学活性高，即使在炉膛温度很低的情况下也能燃烧得比较好，可以做到烟囱不冒黑烟，而且用火把点着气体燃料后，即使移开火把，也能维持稳定燃烧。所以只要有条件，点火时应尽量用气体燃料。由于液体燃料的活性比煤粉高，所以煤粉炉点火时，如果没有气体燃料，可先用火把点燃轻质燃油，然后再用轻质燃油的火焰点燃煤粉。

33. 为什么锅炉上水时，要规定上水温度和上水所需时间？

答：锅炉运行规程对上水温度和上水时间都有明确规定，这主要是考虑汽包的安全。

冷炉上水时，汽包壁温等于周围空气温度，当给水经省煤器进入汽包时，汽包内壁温度迅速升高，而外壁温度要随着热量从内壁传至外壁而慢慢上升。由于汽包壁较厚（中压锅炉为 $45\sim50mm$，高压锅炉为 $90\sim100mm$），外壁温度上升得较慢。汽包内壁温度高有膨胀的趋势，而外壁温度低，阻止汽包内壁膨胀，使汽包内壁产生压应力，而外壁承受拉伸应力，这样汽包就产生了热应力。热应力的大小决定于内外壁温差的大小和汽包壁的厚度，而内外壁温差又决定于上水温度和上水速度。上水的温度高，上水速度快，则热应力大；反之，则热应力小。只要热应力不大于某一数值是允许的。

因此，必须规定上水的温度和上水的速度，才能保证汽包的安全。在相同的条件下，因为锅炉压力越高，汽包壁越厚，产生的热应力越大，所以，锅炉压力越高，上水所需的时间越长。

34. 锅炉上水要求上除过氧的水，水温不超过 $90\sim100℃$，而采用热力除氧的给水温度超过 $100℃$，怎样解决？

答：锅炉上的水要求是除过氧的，水温不超过 $90\sim100℃$，这对采用热力式除氧器的系统来说是不易做到的，但是在现场可以采取适当措施解决这个矛盾。限制锅炉上水温度的关键是汽包壁较厚，冷炉上水温度较高，内外壁易形成较大的温差，造成热应力较大，因此，只要使进入汽包的给水温度较低即可解决这个问题。

通过省煤器上水，省煤器是冷的，省煤器蛇形管很长，给水进入省煤器后，由于省煤器管吸热，水温很快降低，给水进入汽包时温度已经显著降低。省煤器管和联箱壁较薄，给水温度略高些，热应力不会很大。因此，只要控制开始上水的速度较慢，随着汽包温度逐渐升高，而后适当加快上水速度，即可同时满足对上水温度和速度及上水应经除氧的要求，汽包的热应力也较小。

35. 在锅炉点火初期，水冷壁内还没有产生蒸汽，水冷壁是怎样得到冷却的？

答：当锅水温度降至与室温相同时，在点火初期相当长时间内（一般都在 1h 以上），锅水温度低于100℃。在这段时间内，虽然水冷壁内没有产生蒸汽，但是在水冷壁管内存在一种温水循环。温水循环分两种情况。

一种情况是上升管进入汽包的位置高于汽包水位，这种情况属于内部温水循环。水冷壁管的向火面热负荷高，水温上升得快，而背火面热负荷低，水温上升得慢。温度高的水密度小，上升；温度低的水密度大，下降。因此，在水冷壁管内部沿高度方向形成了内部温水循环，见图9-3。

另一种情况是上升管进入汽包的位置在汽包水位以下。当水冷壁吸收炉膛火焰的辐射热量后，水温升高、密度减小，上升，下降管中的水没有吸热，密度大而下降，这样在水冷壁管和下降管间形成了外部温水循环，见图9-4。

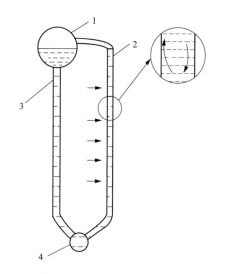
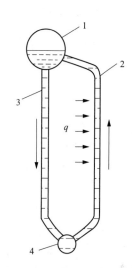

图9-3　水冷壁内部温水循环　　　　图9-4　水冷壁外部温水循环
1—汽包；2—水冷壁管；　　　　　　1—汽包；2—水冷壁管；
3—下降管；4—下联箱　　　　　　　3—下降管；4—下联箱

由此可以看出，锅炉在点火初期相当长的一段时间内，虽然没有蒸汽产生，但是由于水冷壁管内存在内部温水循环或外部温水循环，所以，水冷壁管仍然可以获得良好冷却。

36. 为什么在锅炉点火升压的过程中，即使炉膛内已有火嘴在燃烧，但再投用火嘴时仍要用火把点燃？

答：锅炉在正常运行时，火嘴附近的炉膛温度高达1400～1600℃。当要增加火嘴投入时，只要将燃油或瓦斯的阀门开启并配好风量即可。燃料和空气的混合物喷入炉膛后，一方面受到高温火焰和烟气的辐射加热；另一方面回流区的存在，使大量高温烟气进入回流区与燃料和空气混合后，使得燃料与空气的混合物温度迅速升高到着火温度而着火燃烧。因此，锅炉正常运行时投入火嘴时是不需要用火把点燃的。

在锅炉点火升压过程中，通常采用限制进入炉膛燃料量的方法，来防止汽包产生过大的热应力和过热器管超温。在锅炉点火升压过程中，不但进入炉膛的燃料量少，空气温度低，而且一部分燃料用于提高炉墙、水冷壁管金属和管内锅水的温度，使得炉膛内不但温度低而且很不均匀。有火嘴投入的炉膛区域温度较高，而没有火嘴投入的区域温度较低。在这种情况下投用火嘴时，如果不用火把点燃，则喷入炉膛的燃料和空气混合物不能很快被加热到着

623

火温度,较多的燃料积存在炉膛内,当炉膛内燃料积存到一定数量,并扩散被邻近火嘴的火焰点燃时,炉膛就会发生爆燃,造成炉墙损坏和人身伤害事故。

除了在锅炉点火升压过程中,投用火嘴未用火把点燃会造成爆燃事故外,在生产现场中更多的是投用火嘴时虽然用火把点燃,但由于各种原因,如火把燃烧不旺,风速过高,燃油温度低、雾化不良,燃料中带水过多等,造成火把熄灭而未能及时发现,造成炉膛爆燃。

充分认识到在锅炉点火升压过程中,投入火嘴时用火把点燃的必要性,加强对投用火嘴和火把燃烧的监视,发现火嘴熄灭,立即切断燃料是防止在锅炉点火升压过程中炉膛发生爆燃的有效措施。

37. 为什么燃用液体或气体燃料的锅炉,在点炉过程中尾部烟道的灰斗会向下淌水?怎样避免或减轻这种现象?

答:液体燃料中的氢含量约为 11%,燃用石油加工过程中产生的气体燃料中的氢含量高达 25% 以上。燃料中的氢组分燃烧生成水,根据计算,燃烧 1t 液体燃料约生成 1t 水,而燃烧 1t 石油加工尾气可生成 2.2t 水。燃料中氢组分燃烧生成的水,当温度较高时为气态,当温度较低时为液态。

在点炉过程中,炉墙和金属受热面的温度很低。为了防止锅炉升温太快汽包产生过大的热应力和过热器因冷却不足而烧坏,点炉初期炉膛的热负荷很低,这使得流经尾部受热面的烟气温度很低。由于热负荷很低,所以使得省煤器和空气预热器管的壁温较低。当壁温低于烟气露点时,烟气中的水蒸气凝结在省煤器和空气预热器管壁上。当管子上的凝结水膜达到一定厚度时,在重力的作用下向下流淌。

点炉初期,炉膛温度很低,为了燃烧稳定和燃烧完全,在有气体燃料的情况下总是使用气体燃料点火和升压。气体燃料的氢含量很高,燃烧生成的水蒸气是燃油的 2.2 倍,使得更加容易出现在点炉过程中竖井烟道灰斗向下淌水的情况。由于锅炉燃用的液体燃料和气体燃料通常均含有一定数量的硫,硫燃烧生成的 SO_2 一部分转化为 SO_3,SO_3 与水蒸气生成酸雾,使烟气的露点比烟气由水蒸气分压决定的纯热力学露点高 70~80℃。所以,燃用液体或气体燃料的锅炉在点炉过程中很容易出现灰斗向下淌水的情况。

为了避免或减轻燃油和燃气锅炉点炉过程中灰斗向下淌水的情况出现,可在点火前将备用锅炉省煤器内的冷水放掉,补充除过氧的热水以提高省煤器管的壁温。如用气体燃料点火,因为气体燃料的活性高,所以不需要启动送风机维持燃烧器较高的风压,仅靠引风机保持炉膛一定负压即可保证气体燃料良好燃烧,空气预热器管在没有空气冷却的情况下壁温较高,烟气中的水蒸气不易在其上凝结。等点炉末期或并炉后投入油枪,需要燃烧器保持较高风压时,再启动送风机进行强制送风,此时因燃料增加和炉墙温度升高,烟温和空气预热器管的壁温也随之提高,烟气中的水蒸气不易在管壁上凝结。

因为煤中的氢组分含量很低,而且烟气中的飞灰具有吸附烟气中酸雾和水蒸气的能力,烟气的露点较低,所以,煤粉炉和链条炉一般不会出现在点炉过程中灰斗向下淌水的现象。

38. 燃用液体或气体燃料的锅炉,尾部烟道灰斗淌水时,如何区分是省煤器管泄漏还是烟气中的水蒸气在受热面上凝结造成的?

答:燃用液体或气体燃料的锅炉经常会出现在点炉过程中竖井烟道灰斗向下淌水的情况。出现这种情况通常有两种可能:一种是由于省煤器管发生泄漏;另一种是烟气中的水蒸气在尾部受热面上大量凝结造成的。判断是哪种情况引起的，是关系到是否需要停炉处理的大问题。如果溏水是因省煤器管泄漏而引起的，为了防止泄漏的水流将邻近的管子冲刷坏，造成管子损坏的数量和检修工作量增加，应尽快安排停炉处理；如果溏水是由于烟气中水蒸气在受热面上大量凝结造成的，只要随着锅炉负荷的增加，尾部受热面壁温的提高，灰斗溏水的现象就会自然消失，没有必要停炉。

省煤器管泄漏时通常会出现下列情况：省煤器后的烟温降低，对于左右两侧均有烟温测点的大、中型锅炉会出现泄漏侧的烟温比不泄漏侧的烟温低；给水流量与蒸汽流量的差值增大；从竖井烟道上的检查孔用手电筒照射可以看到向下流溏的水流；泄漏的水沿一定的途径向下流溏，原有管子上的积灰被泄漏水流冲刷掉后，溏出的水流比较干净；取样用试纸分析，水流的 pH 值相对较高；泄漏可在锅炉运行的任何阶段出现，而且一旦泄漏，灰斗溏水量会越来越大，发展很快。

如果灰斗溏水是由于烟气中蒸汽大量凝结造成的，则有以下特点：泄漏通常在锅炉点火过程中或并汽初期，而且是用含氢量高的气体燃料点炉时发生，锅炉正常运行情况下不会出现；由于烟气中水蒸气的凝结是在大多数省煤器管和空气预热器管上均匀发生的，溏出的水流不但较脏、含灰量较大，而且水流中因含有凝结的硫酸而 pH 值较低，不但不会出现省煤器后烟温下降和水汽流量差增大的现象，而且随着锅炉负荷的增加，尾部受热面壁温的升高，灰斗溏水量会越来越小，直至完全停止。

根据上述两种竖井烟道灰斗向下溏水的不同特点，很容易区分溏水是哪种原因引起的。如果灰斗溏水初期，因上述特点还不十分明显而难以下结论时，则可以观察一段时间，待其特点越来越明显时，即可作出准确的判断。

燃煤中氢含量少，飞灰具有吸附酸雾和水蒸气的能力，烟气露点较低，水蒸气通常不易在尾部受热面上大量凝结，因此，燃煤锅炉一旦出现灰斗向下溏水的现象，通常是省煤器管出现泄漏引起的，应尽快停炉处理。

39. 为什么用气体燃料点火时，宜尽量推迟启动送风机？

答：在石油、化工企业中，常有多余的气体燃料可供锅炉使用。因为气体燃料所需的点火能量很小，在炉膛温度很低的情况下也能很容易地保持稳定燃烧。所以，在条件许可时锅炉应尽量用气体燃料点火。

石油、化工企业中的气体燃料大多含有一定硫。在点火初期，因为炉膛温度很低，空气预热器处的烟温更低。如果点火的同时，启动送风机，空气预热器管在冷空气的强烈冷却下，壁温远低于烟气露点，烟气中的酸雾大量凝结在空气预热器管壁上，造成空气预热器管严重腐蚀。因为点炉时气体燃料可在较低风压、较少风量的情况下维持良好燃烧。所以，点火初期仅启动引风机，维持炉膛一定负压，即可保持气体燃料良好燃烧。因为没有启动送风机，空气预热器管内没有空气冷却，所以，空气预热器管壁温接近于烟气温度。因为壁温提高，所以其腐蚀大大减轻。

在点火后期以及在并汽后，因为炉膛温度和空气预热器处的烟温较高，此时为了投用油枪或煤粉，启动送风机，空气预热器的腐蚀大大减轻。

无论是层燃炉，还是室燃的燃油炉或煤粉炉，都需要较高的风压才能保持正常燃烧，在点火时必须启动送风机。因此，从减轻空气预热器腐蚀的角度考虑，在有气体燃料的情况下，应尽量采用气体燃料点火。

40. 为什么锅炉房开工时，应先启动除氧器而后再进行锅炉点火？

答：有些厂有几个锅炉房，每个锅炉房的锅炉台数较少，有时根据生产或检修的需要，整个锅炉房全部停工。当锅炉房重新开工时，经常是先启动锅炉，当锅炉正常供汽后，再启动除氧器。

这样操作是不妥的。一方面，锅炉上没有除过氧的水，将会引起省煤器产生氧腐蚀，缩短省煤器寿命；另一方面，省煤器管内放热系数很高，壁温仅比水温高约 10℃，因为壁温太低，在点火过程中，烟气中水蒸气和酸雾大量凝结在省煤器管外壁，不但造成省煤器管严重的硫酸腐蚀，而且还使烟灰大量黏附在管壁上，所以使省煤器管传热恶化。

如果锅炉点火时，先启动除氧器，不但避免了省煤器管的氧腐蚀，而且还因给水温度达到 104℃，可避免或大大减轻省煤器的酸腐蚀。

41. 为什么点火时，如果 10s 内点不着，必须切断燃料，重新通风 5min 后才能再点火？

答：点火时，由于各种原因，如油温太低、炉膛负压太大、油中带水、雾化不良或火把燃烧不旺等原因，造成点火时火嘴不着火。时间稍长大量未燃烧的燃料聚集在炉膛里，一旦火嘴突然着火，聚集在炉膛里的燃料瞬间燃烧，会发生爆燃，严重时损坏炉墙，造成人身伤亡事故。

10s 内点不着火，炉膛里积存的燃料不多，即使火嘴突然着火，也只是造成炉膛瞬间正压而已，不会发生损坏炉墙或造成设备和人身事故。

42. 为什么升火过程中，当压力升至 0.3~0.4MPa 时，要对检修过的设备和管道附件进行热紧螺栓工作？

答：设备检修一般是在室温下进行的。在室温下虽然已将螺栓拧紧，但是在升火过程中，随着压力的升高，螺栓因为温度慢慢升高而伸长，产生热松弛，对法兰等密封面的压紧力减小，所以可能造成密封面泄漏。如果能在温度升高时及时进行热紧螺栓工作，就可以有效地防止法兰等密封面的泄漏。

为了安全，不允许在压力较高的情况下热紧螺栓。中压锅炉或高压锅炉在 0.3~0.4MPa 压力下热紧螺栓可避免密封面的泄漏，保证检修人员的安全。

43. 为什么暖管的速度不得随意加快？

答：蒸汽管道的厚度与管道上的法兰和阀门相比要小得多。如果暖管的速度太快，法兰和阀门就会因受热不均而产生巨大的热应力，轻则造成变形或泄漏，严重时会造成焊口损坏。特别是对于没有保温的法兰和阀门，暖管时产生的热应力更大。

因此，为了保证管道的安全，新安装的锅炉在进行管道吹洗时，如管道还未保温，至少要对管道上的法兰或阀门都要进行保温，暖管的速度应控制在不超过 4~5℃/min。

44. 从给水进入锅炉到过热蒸汽离开锅炉，经过哪几个过程？各在锅炉的哪个部分完成？

答：第一步是未到饱和温度的给水变成饱和温度的水。给水温度总是低于锅炉工作压力下的饱和温度。给水进入省煤器后首先提高温度，如果是非沸腾式省煤器，则省煤器出口水温低于相应压力下的饱和温度 10~20℃；如果是沸腾式省煤器，则出口水温为相应压力下的饱和温度，并能产生额定蒸发量 10%~20% 的蒸汽。

第二步是从汽包来的饱和温度的锅水，经下降管进入水冷壁，吸收热量变成饱和蒸汽。有对流管的锅炉，对流管中也产生部分蒸汽。

第三步是从汽包内汽水分离装置出来的饱和蒸汽进入过热器，进一步加热成为过热蒸汽。

45. 在锅炉点火初期，水冷壁还没有产生蒸汽时，怎样避免过热器管过热烧坏？

答：在锅炉点火初期，特别是锅水温度较低时，在较长一段时间内，水冷壁管没有产生蒸汽或即使产生少量蒸汽，因为立式过热器管内存有凝结水，所以形成水塞，大部分过热器管没有蒸汽流过，处于干烧状态。点火初期这种情况是无法避免的。

为了避免点火初期过热器管被烧坏，可以控制升火初期进入炉膛的燃料量。当进入炉膛的燃料较少时，炉膛出口的烟气温度较低，烟气量也较少，过热器的吸热量较少。如果过热器入口的烟气温度低于管材允许的使用温度，那么，即使点火初期过热器管内没有蒸汽冷却，也不会过热烧坏。这也是点火速度不能任意加快的主要原因之一。

46. 为什么不用升温速度而用升压速度来控制锅炉从点炉到并汽的速度？

答：为了防止点炉初期，锅炉还没有产生蒸汽前，过热器因没有蒸汽冷却而过热损坏和汽包因上、下壁温差过大形成较大的热应力，通常要限制从点火到并汽的速度。

锅炉从点火到并汽其实质是一个升温过程。过热器管的过热和汽包的热应力均与温度有关，但为什么不以升温速度而用升压速度来控制锅炉从点火到并汽的速度呢？

因为，如果用过热蒸汽温升速度来控制锅炉从点火到并汽的速度，一方面锅炉在点火初期还没有产生蒸汽，即使到中、后期，虽然过热器管内已有蒸汽流过，但由于蒸汽流量和烟气流量均很小，蒸汽侧和烟气侧的流量偏差较大，所以使得蒸汽温度偏差较大而不具有代表性；另一方面过热蒸汽的升温速度与汽包热应力的大小缺乏有机的联系，两者相关不紧密。

如果用锅水饱和温度的升温速度来控制锅炉从点火到并汽的速度，则由于在点火初期投入的燃烧器较少，水冷壁受热不均匀，且水循环较弱，锅水温度因不均匀而缺乏代表性。如果用饱和蒸汽升温速度来控制其速度，虽然饱和蒸汽的温度较均匀，而且与汽包热应力的大小关系较密切，但是饱和蒸汽温度的测点在锅炉平常运行时，没有什么用处，徒然增加投资和泄漏点及维修费用。

如果用蒸汽的升压速度来控制锅炉从点火到并汽的速度，因为饱和温度与压力是一一对应的关系，控制了升压速度就等于控制了升温速度。压力表是锅炉运行中必不可少的仪表，因此，通过对压力表的监视，用控制升压速度来控制锅炉从点火到并汽的速度是合理的。

47. 为什么点火期间，升压速度是不均匀的，而是开始较慢而后较快？

答：每台锅炉的运行规程中，都对各个阶段的升压速度作了具体的明确规定。一般规律是升压初期速度较慢，而后期较快。后期的升压速度往往是前期的3～4倍，见图9-5。这除了是因为在升火初期为避免过热器烧坏而控制燃烧强度外，还有一个原因是锅炉升压过程实质上是一个升温过程。虽然

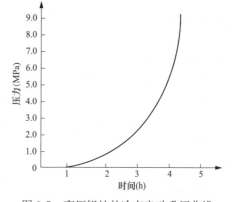

图9-5 高压锅炉的冷态启动升压曲线

压力和饱和温度是一一对应的关系,但是饱和温度不是与压力成正比,而是随压力的增长,饱和温度开始增长很快,而后越来越慢。压力从 0.1MPa 升至 0.5MPa,饱和温度从 99℃ 增至 151℃,增加 52℃;压力从 1.5MPa 升至 2MPa,饱和温度从 197℃ 增至 211℃,增加 14℃;压力从 3MPa 升至 3.5MPa,饱和温度从 233℃ 增至 241℃,增加 8℃;压力从 9MPa 升至 9.5MPa,饱和温度从 302℃ 增至 306℃,增加 4℃。

虽然点火中、后期升压速度越来越快,但升温速度 1.0~1.5℃/min 基本保持不变。因此,掌握锅炉升压升温规律,对在保证锅炉安全的基础上,提高锅炉中、后期升压速度,缩短锅炉升火时间,节省燃料是很有意义的。

48. 为什么锅炉上水所需时间与季节有关,而锅炉升压所需时间与季节无关?

答:操作规程对锅炉上水所需要的时间做了明确规定,中低压锅炉,夏季为 1h,冬季为 2h;高压锅炉夏季为 2h,冬季为 4h。限制锅炉上水速度的主要原因是汽包壁较厚,上水速度太快会导致汽包内外壁温差增大,从而产生较大的热应力。

锅炉要求上除过氧的水,而采用热力除氧的水温最低为 104℃,虽然采用控制初期上水速度的方法,使初期进入汽包的水温降低,但是进入汽包的水温在上水的短时间后,无论是夏季还是冬季差别不大。汽包的初始温度,冬夏差别是较大的,最大可达 30℃ 以上。汽包内外壁温差不但决定于上水的速度,而且还与汽包的初始温度有关。显然为了控制汽包的热应力不超过允许的数值,在冬季必然要延长上水时间。

限制升压速度的主要原因是汽包上、下壁温差太大会形成过大的热应力、点火初期在没有产生蒸汽之前过热器的冷却问题,这两个问题与季节无关。为了确保汽包的热应力在允许的范围内和防止点火初期过热器因无蒸汽冷却而过热损坏,只有控制点火初期进入炉膛的燃料量。

49. 为什么锅炉升火时间不能任意缩短?

答:从锅炉开始点火到并汽,这段时间称为升火时间。操作规程对升火时间有明确规定,中压锅炉为 2~4h,高压锅炉为 4~5h。限制升火速度的主要原因有两个。

一个原因是蒸汽和锅水对汽包上下壁的放热系数不同。蒸汽属于凝结放热,其放热系数为锅水的 3~4 倍,造成升火过程中汽包的上壁温度较下壁温度高。如果升火速度太快,汽包上下壁的温差有可能超过允许的 50℃,而产生过大的热应力。

另一个原因是点火后,在水冷壁未产生蒸汽的较长一段时间内,过热器内没有蒸汽冷却,处于干烧状态。虽然过热器蛇形管内存有一部分凝结水,但由于这部分凝结水处于静止状态,所以过热器管仍然得不到冷却。过热器管在得不到冷却的情况下,温度上升很快,如果超过钢材允许的使用温度,过热器管将很快烧坏。为了避免升火初期,过热器管因无蒸汽冷却而烧坏,可以控制进入过热器的烟气温度。只要烟气温度不超过过热器管所允许的温度,就可以避免过热器烧坏。

为了使进入过热器的烟气温度不超过过热器管允许的温度,只有控制燃烧强度,即控制进入炉膛的燃料量。因此,升火初期进入炉膛的燃料量要很少,即不得在升火初期用加大燃料量来缩短升火时间。

50. 什么叫机组的滑参数启动? 有何优点?

答:锅炉与汽轮发电机组同时启动,锅炉点火升压的同时,汽轮机利用锅炉的低参数过热蒸汽进行暖机升速、带负荷。由于汽轮发电机组是在汽温、汽压等参数不断变化的情况下启动、暖机、升速、并网和承接少量负荷的,故称为滑参数启动,又称为成套或单元启动。其优点如下。

（1）与机炉分别单独启动相比,从启动到机组带满负荷,所需的时间大大减少。机炉分别启动所需的时间,为锅炉与汽轮机单独启动所需时间之和。而滑参数启动所需的时间与汽轮机单独启动所需时间大致相等,甚至更短些。

（2）由于锅炉启动初期过热器出口的低参数排汽被用来暖机升速和带部分负荷,排汽造成的热量和工质损失得到回收。

（3）用温度和压力较低的蒸汽进行暖管暖机,产生的热应力比用温度和压力较高的蒸汽暖管暖机小得多。

（4）单独启动时,升火初期,过热器内没有蒸汽冷却,为了防止过热器烧坏,必须限制进入锅炉的燃料量。而滑参数启动,利用凝汽器内的真空启动,过热器内很快就有蒸汽冷却,升火速度可以显著加快。在低压时,过热器内的蒸汽容积流量很大,过热器管不会像单独启动时那样因排汽流量很小（占额定蒸发量的15%～20%）,流量不均而产生热偏差。

（5）滑参数启动时,锅炉的启动要满足汽轮机暖机升速的要求,因为汽轮机启动所需的时间对锅炉来说是足够的。锅炉可用调节燃烧强度（即控制进炉燃料量）来控制启动工况。滑参数启动时,因为蒸汽的容积流量大,所以对改善水循环和减少汽包上下壁温差有利。

51. 锅炉水循环是怎样形成的?

答:汽包、下降管、下联箱和上升管组成循环回路,见图9-6。饱和温度或接近饱和温度的锅水从汽包进入下降管,通过下联箱进入上升管。上升管吸收炉膛火焰的辐射热,上升管内的水温升至饱和温度,一部分水汽化,在上升管中形成汽水混合物。按重量计算,蒸汽的重量只占汽水混合物重量的0.5%～10%。但蒸汽的比体积比水大得多,按体积计算,蒸汽的体积占汽水混合物体积的40%～60%。也就是说,上升管内汽水混合物的密度只有下降管内锅水密度的1/3～2/3。由于下降管内的锅水与上升管内的汽水混合物密度不同,所以形成了流动压头。下降管内的锅水与上升管内的汽水混合物在此流动压头的推动下,在回路内不断循环。

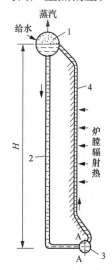

图9-6 锅炉水循环原理
1—汽包;2—下降管;
3—下联箱;4—上升管

由于循环是利用下降管内的锅水与上升管内的汽水混合物密度不同造成的,而不是靠外力推动的,所以称为自然循环。

52. 怎样减少锅炉在升火过程中的热量损失?

答:锅炉升火过程中,炉墙、金属构架、受热面和锅水的蓄热是不可能避免的,但是却可以采取一些措施减少和回收一部分热量。

例如,停炉作热备用的锅炉,要紧闭一切炉门挡板,尽量减少冷风漏入,锅炉各部维持较高温度,使再次点火时,锅炉各部的蓄热量减少。对于停炉检修或较长时间不启动的炉子,在停炉初期,可通过回收过热器的排汽,利用一部分锅炉在升火期间各部分储存的热量。例如，停炉后利用锅炉冷却过热器的蒸汽通过减温减压器送至热网，直至锅炉压力降至稍高于管网压力时，停止排汽。

实践证明，回收排汽热量与不回收排汽热量只紧闭炉门挡板相比，锅炉冷却的速度大体相同。前者回收了热量，而后者通过冷空气漏入炉膛，将热量散至大气。排汽回收热量时要控制排汽量不要太大使汽包压力下降太快，要监视汽包上、下壁温差不得超过 50℃。

在升火过程中利用点火管路或减温减压器，将冷却过热器的锅炉排汽送入压力较低的蒸汽管网，可使升火过程中锅炉排汽损失大大减少。在升火过程中，过量空气系数 α 不要过大，调整燃烧不冒黑烟，减少各项热损失，也是在升火过程减少锅炉热量损失的措施之一。

53. 为什么升火期间要定期排污？

答：操作规程规定，当压力升至 0.3MPa 时，水冷壁下联箱要定期排污一次。其作用有 3 个。

第一个作用是排除沉淀在下联箱里的杂质。

第二个作用是使联箱内的水温均匀。升火过程中由于水冷壁受热不均匀，各水冷壁管内的循环流速不等，甚至有的停滞不动，所以使得下联箱内各处的水温不同，使联箱受热膨胀不均。定期排污可消除受热不均，使同一个联箱上水冷壁管内的循环流速大致相等。

第三个作用是检查定期排污管是否畅通，如果排污管堵塞，经处理无效，就要停炉处理。

54. 为什么在升火过程中要记录各膨胀指示器的膨胀量？

答：锅炉的承压部件温度升高后要膨胀，为了不使膨胀受阻，在承压部件内产生过大的热应力，承压部件总是采取各种各样的热膨胀补偿措施。例如，蒸汽管道上常用的 ∩ 形和 Ω 形补偿器就是一个例子。还有一种常采用的补偿方式是一端固定，另一端受热后可以自由膨胀，汽包和水冷壁管常采用这种方式。

锅炉的水冷壁上端固定在汽包上，由于水冷壁弯曲较小、膨胀量较大，本身补偿膨胀的能力较小，故下端是可以自由膨胀的。水冷壁向下的膨胀量可事先根据温度和材质及高度计算出来。如果升火过程中水冷壁向下的膨胀值与设计不符，可能是向下膨胀受阻或水冷壁受热不均，应设法消除，否则会在水冷壁管内产生过大的热应力。

联箱沿轴向两端的膨胀如果不均匀，则说明联箱内工质的温度不均匀。水冷壁的下联箱常会出现这种现象。可用加强联箱放水的方法，促使水循环较差的水冷壁管得到改善，从而消除下联箱的膨胀不均。过热器和省煤器由于本身蛇形管有很多弯头，足以补偿温度升高后产生的膨胀，所以不必考虑采取另外的膨胀补偿措施。

55. 锅炉暖管并汽的方式主要有哪两种？

答：锅炉主蒸汽管常用的暖管方式主要有两种：正暖和反暖。正暖是利用锅炉点火升压过程中产生的蒸汽，沿正常供汽时蒸汽的流动方向暖管，见图 9-7(a)。这种暖管方式，在点火前除与蒸汽母管连接的隔离阀关闭外，其余的阀门，如电动主汽阀和管线上的所有直接疏水阀全部开启。由于蒸汽的压力和温度在点火过程中是逐渐升高的，所以蒸汽管道的温升比较平稳。锅炉在点火升压过程中产生的蒸汽，因压力和温度低而不稳，一般不能直接利用，如用来暖管，可以减少汽水和热量的损失。当隔离阀前的汽压和汽温接近母管的压力和温度时可以并汽。并汽时先开隔离阀的旁路阀，如汽温没有显著变化，可以逐渐开启隔离阀。为防止疏水不彻底，造成并汽时汽温急剧下降，开启隔离阀时要缓慢。隔离阀全开后，关闭其旁路阀，最后关闭蒸汽管道上的所有疏水阀。

反暖是利用蒸汽母管的蒸汽对点火炉的主蒸汽管进行暖管，见图9-7(b)。这种暖管方法是利用并汽炉过热器集汽联箱出口电动主汽阀并汽。点火前电动主汽阀和旁路阀应严密关闭，将电动主汽阀和母管隔离阀之间蒸汽管道上的所有疏水阀开启，然后将隔离阀的旁路阀稍开。母管内蒸汽的压力和温度很高，旁路阀要缓慢开启，以防主蒸汽管道升温太快。当电动主汽阀两边的压力和温度接近时，全开隔离阀，然后开启电动主汽阀的旁路阀并汽，汽温平稳后，将电动主汽阀逐渐全部开启，最后将隔离阀和电动主汽阀的旁路阀及主蒸汽管道上的所有疏水阀关闭。由于是用电动主汽阀并汽的，所以并汽时操作和控制比较方便。这种暖管并汽方式要损失部分新蒸汽，而且暖管的速度不易控制，因此，采用不及正暖普遍。

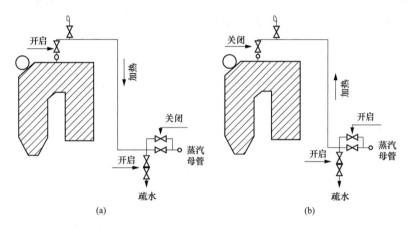

图 9-7　锅炉和蒸汽母管之间的连通蒸汽管的暖管系统
(a) 由锅炉侧暖管；(b) 由蒸汽母管侧暖管

56. 为什么蒸汽管道投用前不疏水或疏水不彻底会产生水击？

答：蒸汽管道停用后，随着温度的逐渐降低，管道中的蒸汽凝结成水。当再次启用蒸汽管道时，如果不疏水或疏水不彻底，温度很高的蒸汽遇到温度很低的管壁和凝结水，因蒸汽急剧冷却凝结成水，蒸汽的体积骤然缩小，在蒸汽管道内的局部地区形成真空，管道中的凝结水迅速冲向真空区而产生水击。

避免蒸汽管道产生水击的方法是暖管速度不要太快，并将管道内的凝结水彻底疏尽。

57. 为什么并汽时，并汽炉的压力要比母管压力低一些？

答：并汽时并汽炉的压力要比母管压力略低一些（6MPa 以下，比母管压力低 0.05～0.1MPa；6MPa 以上，比母管低 0.2～0.3MPa）。这样并汽时，母管压力比并汽炉压力高，母管的蒸汽倒回并汽炉，使并汽炉的负荷为零。并汽后，随着并汽炉压力的升高，并汽炉的负荷才逐渐增长，使并汽炉保持平稳。如果并汽炉的压力比母管压力高，则在并汽时，并汽炉的大量蒸汽流向母管，并汽炉的压力突然降低，锅水汽化，容易造成汽水共腾，蒸汽带水，蒸汽含盐量增加，汽温急剧下降。

从理论上讲，并汽炉压力和母管压力相同即可，但是由于压力测点标高不同，仪表存在误差，以及为了便于控制，并留有一定的裕量，所以，要求并汽炉压力比母管压力低一些。由于高压炉的压力高，仪表的绝对误差大，所以，要求高压炉并汽压力比母管压力低得多些。

因为超高压及以上压力的大容量锅炉大多采用单元制，所以，不存在锅炉并汽的问题。

第四节　水　位　调　整

58. 为什么锅炉与母管并汽时，汽包水位要比正常水位稍低一些？

答：中、小容量的发电机组采用母管制的较多，因此，采用母管制发电机组的锅炉在点炉升压后有一个与蒸汽母管并汽的操作。

锅炉通常在点火 1~1.5h 后即开始产生蒸汽，随着压力的升高，锅炉的产汽量不断上升。锅炉在开始产生蒸汽和与母管并汽前的一段时间内，锅炉产生蒸汽的压力和温度在不断变化，这部分蒸汽除少数电厂通过减温减压器加以回收利用外，大多数电厂不予回收，通过对空排汽管排入大气。为了减少点炉升压过程中的汽、水损失，在满足过热器管获得足够冷却的前提下尽量减少排汽量。通常在点炉末期，锅炉与母管并汽前的排汽量为额定产汽量的20%~30%，此时，水冷壁管内汽水混合物中的蒸汽含量较少。一旦锅炉与母管并汽完成后很快就要增加燃料，锅炉的产汽量迅速增加，水冷壁管内汽水混合物中的蒸汽含量随之迅速上升，将水冷壁管内的水排挤至汽包，即使在给水量不增加的情况下，汽包水位也会很快上升。

因此，在锅炉与母管并汽时，控制汽包水位比正常水位稍低一些，就可以利用预留的汽包的下限水位与正常水位之间的容积，容纳因水冷壁管内蒸汽含量增加而排挤至汽包的那一部水，使汽包的水位保持在规定的范围之内。

因为汽包下限水位与正常水位之间的容积有限，所以，锅炉并汽后增加负荷时要缓慢，否则会使汽包水位超过正常水位，甚至超过上限水位。

59. 汽包水位过高和过低有什么危害？

答：为了使汽包内有足够的蒸汽空间，保证良好的汽水分离效果，以获得品质良好的蒸汽，一般规定汽包中心线以下 150mm 为零水位。正常上下波动范围为±50mm，最大波动范围不超过±75mm。汽包水位过高，则由于蒸汽空间太小，会造成汽水分离效果不好，蒸汽品质不合格。

汽包水位太低会危及水循环的安全。对于安装了沸腾式省煤器的锅炉来讲，汽包中的水呈饱和状态，汽包里的水进入下降管时，截面突然缩小，产生局部阻力损失。锅水在汽包内流速很低，进入下降管时流速突然升高，一部分静压能转变为动压能。因此，水从汽包进入下降管时压力要降低。如果汽包的水位不低于允许的最低水位，汽包液面至下降管入口处的静压超过水进入下降管造成的压力降低值，则进入下降管的锅水不会汽化。如果水位过低，其静压小于锅水进入下降管的压降，进入下降管的锅水就可能汽化，因而危及水循环的安全。

汽包水位过低还有可能使锅水进入下降管时形成漏斗，汽包内的蒸汽从漏斗进入下降管，因而危及水循环的安全。

因此，为了获得良好的蒸汽品质，保证水循环的安全，汽包水位必须保持在规定的范围内。

60. 为什么要定期对照水位?

答:水位计是安装在汽包上的,对于较大的锅炉,操作人员在运转平台上直接监视汽包水位计是很困难的,甚至是不可能的。因此,较大的锅炉都有将水位信号通过机械或电气变换引至操作盘上的所谓远传水位表。如锅炉常用的机械水位表、电感水位表、电子水位表和电触点水位表等。这些水位表的构造和工作原理较就地的汽包水位计复杂得多,因此,出现故障的机会也多。

汽包上的水位计因为其构造和工作原理简单,所以工作非常可靠,就是偶尔发生故障也易于发现和排除。对汽包锅炉来说,水位是最重要的调节指标,操作人员应随时监视和调整水位。为了使操作盘上的水位表指示保持准确,规定每班要三次以汽包水位计为标准,核对操作盘上水位表指示的准确性。发现水位表指示水位与汽包水位计水位不符,要立即通过仪表工处理。

因此,定期对照水位是保证锅炉安全运行的有效措施。

61. 水位计发生泄漏或堵塞对水位的准确性有什么影响?

答:水位计汽、水连通管阀门泄漏对水位的影响有两种:一是蒸汽侧泄漏,造成水位偏高;二是水侧泄漏,造成水位偏低。

水位计汽、水连通管和阀门无论汽侧还是水侧堵塞,都使水位升高。掌握水位计的这些特点,在观察和对照水位时,可以避免误判断。

62. 为什么水位计蒸汽侧泄漏会使水位偏高,水侧泄漏会使水位偏低?

答:水位计是利用连通器原理指示水位的。水位计汽侧的压力与汽包内的汽压相等是水位计正常指示水位的前提。

由水位计和汽包组成的连通器的底部中间 A 点的压力为 p_A,汽包汽压力为 p,如果忽略汽包内水和水位计内水的重度差,当水位计不泄漏时,汽包内水位 H_1 与水位计内位水 H_2 相等,$H_1=H_2=H$,水的重度为 γ,A 点左边的压力 p_{AZ} 等于右边的压力 p_{AY},即 $p_{AZ}=p_{AY}=p+H\gamma$。

当水位计汽侧泄漏时,汽包内的蒸汽通过汽连通管来补充。补充蒸汽在流经汽连通管时要产生压降 Δp,使水位计汽侧的压力下降。此时,A 点右边的压力 $p_{AY}=p-\Delta p+H_2\gamma$,而 A 点左边的压力 $p_{AZ}=p+H_1\gamma$。因为不管水位计是否泄漏,$p_{AY}=p_{AZ}$,即 $p-\Delta p+H_2\gamma=p+H_1\gamma$,移项后得

$$H_2\gamma-H_1\gamma=\Delta p$$

式中　H_2——水位计内的水位高度,m;

　　　H_1——汽包内水位高度,m。

通过上式可以看出,水位计汽侧泄漏越严重,汽包补充的蒸汽量越多,蒸汽流经汽连通管的压降越大,水位计内水位升高得越多,其水位上升增加的静压等于来自汽包补充蒸汽产生的压降,见图9-8。

当水位计水侧泄漏时,汽包内的水通过水连通管来补充。补充水流经水连通管时产生压降 Δp,使 A 点左边的压力 p_{AZ} 降低,即

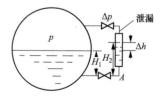

图9-8　水位计汽侧
泄漏水位偏高原理

$$p_{AZ} = p - \Delta p + H_1 \gamma$$

A 点右边的压力 $p_{AY} = p + H_2 \gamma$。

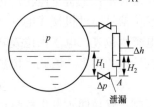

图 9-9　水位计水侧
泄漏水位偏低原理

因为 $p_{AZ} = p_{AY}$，即 $p - \Delta p + H_1 \gamma = p + H_2 \gamma$，移项后得

$$H_1 \gamma - H_2 \gamma = \Delta p$$

显然水位计水侧泄漏越严重，补充水流经水连通管产生的压降越大，水位计内水位降低得越多，其水位降低减少的静压等于补充水流经水连通管产生的压降，见图 9-9。

虽然水位计汽侧或水侧泄漏时，来自汽包的补充蒸汽或补充水，流经汽连通管或水连通管产生的压降很小，但由于仅 0.001MPa 的压降即相当于 100mm 水柱的静压，对于正常水位波动范围为 ±50mm，最大不超过 ±75mm 的水位计来说，水位计汽侧或水侧泄漏对水位的影响还是很大的。因此，水位计出现泄漏应尽快予以消除。

63. 为什么正常运行时，水位计的水位是不断上下波动的？

答：锅炉在正常运行时，蒸汽压力反映了外界用汽量与锅炉产汽量之间的动态平衡关系。当锅炉产汽量与外界用汽量完全相等时，汽压不变，否则汽压就要变化。平衡是相对的，变化是绝对的。用汽量和锅炉产汽量实际上是在不断变化的。当压力升高时，说明锅炉产汽量大于外界用汽量，锅水的饱和温度提高，送入炉膛的燃料有一部分用来提高锅水和蒸发受热面金属的温度，剩余的部分用来产生蒸汽，由于水冷壁中产汽量减少，汽水混合物中蒸汽所占的体积减小，汽包里的锅水补充这一减少的体积，因而水位下降；反之，当压力降低时，水位升高。因此，造成水位在水位计内上下不断波动。燃料量和给水量的波动使水冷壁管内含汽量发生变化，也会造成水位波动。

在运行中发现水位计水位静止不动，则可能是水位计水连通管堵塞，应立即冲洗水位计，使之恢复正常。

64. 什么是虚假水位？是怎样形成的？

答：汽包水位反映了给水量与蒸发量之间的动态平衡。在稳定工况下，当给水量等于蒸发量时，水位不变。当给水量大于蒸发量（包括连续排污、汽水损失）时，水位升高；反之，水位下降。不符合上述规律造成的水位变化，称为虚假水位。虚假水位分为 3 种情况。

（1）水位计泄漏。汽侧漏，水位偏高；水侧漏，水位偏低。

（2）水位计堵塞。无论汽侧堵塞还是水侧堵塞，水位均偏高，水位计水侧堵塞时，水位停止波动。

（3）当负荷骤增，汽压下降时，水位短时间增高。负荷骤增，压力下降，说明锅炉蒸发量小于外界负荷。因为饱和温度下降，锅水自身汽化，使水冷壁内汽水混合物中蒸汽所占的体积增加，将水冷壁中的水排挤到汽包中，使水位升高；反之，当负荷骤减，压力升高时，水位短时间降低。

掌握负荷骤增、骤减时所形成的虚假水位，对调整水位，平稳操作有很大帮助。当运行中出现此种虚假水位时，不要立即调整，而要等到水位逐渐与给水量、蒸发量之间平衡关系变化一致时再调整。具体地讲，当负荷骤增、压力下降、水位突然升高时，不要减少给水量，而要等到水位开始下降时，再增加给水量。负荷骤减、压力升高、水位突然降低时，不要增加给水量，而要等水位开始上升时，再减少给水量。

65. 为什么规定锅炉的汽包中心线以下 150mm 或 200mm 作为水位计的零水位？

答：从安全角度看，汽包水位高些，多储存些水，对安全生产及防止锅水进入下降管时汽化是有利的。但是为了获得品质合格的蒸汽，进入汽包的汽水混合物必须得到良好的汽水分离。只有当汽包内有足够的蒸汽空间时，才能使汽包内的汽水分离装置工作正常，分离效果才能比较理想。

由于水位计的散热，水位计内水的温度较低，密度较大，而汽包内的锅水温度较高，密度较小。有些锅炉的汽水混合物从水位以下进入汽包，使得汽包内的锅水密度更小，这使得汽包的实际水位更加明显高于水位计指示的水位。因此，为了确保足够的蒸汽空间，大多数中压锅炉和高压锅炉规定汽包中心线以下150mm 作为水位计的零水位，见图9-10。

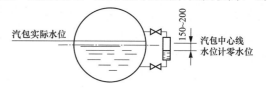

图 9-10 汽包中心线与水位计零水位的关系

由于超高压和亚临界压力锅炉的汽水密度更加接近，汽水分离比较困难，而且超高压和亚临界压力锅炉汽包内的锅水温度与水位计内的水温之差更大，为了确保良好的汽水分离效果，需要更大的蒸汽空间。所以，超高压和亚临界压力锅炉规定汽包中心线以下 200mm 为水位计零水位。

66. 为什么汽包内的实际水位比水位计指示的水位高？

答：由于水位计本身散热，水位计内的水温较汽包里的锅水温度低，水位计内水的密度较大，使汽包内的实际水位比水位计指示的水位要高 10%～50%。随着锅炉压力的升高，汽包内的锅水温度升高，水位计散热增加，水温的差值增加，水位差值增大，见图9-11。

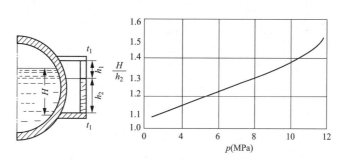

图 9-11 汽包水位高度与水位计水位高度

对于汽水混合物从汽包水位以下进入的锅炉，由于汽包水容积内含有气泡，所以锅水的密度减小。当锅水含盐量增加时，汽包水容积内的气泡上升缓慢，也使汽包内水的密度减小，汽包的实际水位比水位计水位更高。汽水混合物从汽包蒸汽空间进入，有利于减小汽包实际水位与水位计水位的差值。对于压力较高的锅炉，为了减小水位差值，可采取将水位计保温或加蒸汽夹套以减少水位计散热的措施。

67. 什么是干锅时间？为什么随着锅炉容量的增加，干锅时间减少？

答：锅炉在额定蒸发量下，全部中断给水，汽包水位从正常水位（0 水位）降低到最低允许水位（－75mm）所需的时间，称为干锅时间。

由于汽包的相对水容积（每吨蒸发量所占有的汽包水容积）随着锅炉容量的增大而减小，所以锅炉容量越大，干锅时间越短，因而对汽包水位调整的要求也越高。

68. 为什么负荷骤增，水位瞬间升高；负荷骤减，水位瞬间降低？

答：在稳定负荷下，水冷壁管内蒸汽所占的体积不变，给水量等于蒸发量，汽包水位稳定，见图 9-12(a)。负荷骤增分两种情况。

一种情况是进入炉膛的燃料量没有发生变化，而外界负荷骤增。在这种情况下，汽压必然下降。由于相应的饱和温度下降，储存在金属和锅水中的热量，主要以水冷壁内锅水汽化的形式释放出来。锅水汽化使水冷壁管内蒸汽所占有的体积增加，而将多余的锅水排入汽包。此时给水量还未增加，由于物料不平衡引起的水位降低要经过一段时间才能反映出来，所以其宏观表现为水位瞬间上升。经过一段时间后，当水冷壁管内的蒸汽体积不再增加达到平衡，而物料不平衡对水位产生明显影响时，水位逐渐恢复正常。如不及时增加给水量，则会出现负水位。

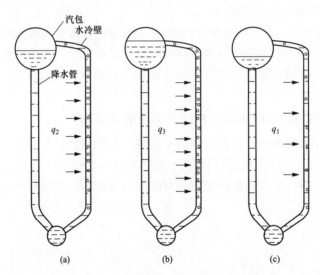

图 9-12　负荷骤增骤减汽包水位变化示意
(a) 负荷稳定；(b) 负荷骤增；(c) 负荷骤减

另一种情况是由于锅炉的燃料增加太快，使锅炉的蒸发量骤增。在这种情况下，由于水冷壁的吸热量骤增。水冷壁管内产生的蒸汽增多，蒸汽所占的体积增加，将水冷壁管内的锅水迅速排挤至汽包，使水位瞬间升高。

由此可以看出，无论属于何种情况，负荷骤增水位必然瞬间升高，见图 9-12(b)。

同样的道理，负荷骤减时，由于蒸汽压力升高，相应的饱和温度提高，进入锅炉的燃料，一部分用来提高锅水和金属的温度，剩余的部分才用来产生蒸汽。由于蒸汽所占的体积减小，汽包里的锅水迅速补充这部分减少的体积，物料不平衡对水位的影响较慢，所以瞬间水位降低，见图 9-12(c)。

由此可以看出，负荷骤增骤减时，不但给水流量和蒸汽流量不平衡会引起汽包水位变化，而且水冷壁管内汽水混合物体积的变化也会引起汽包水位变化。负荷骤增时，汽水量不平衡水位的变化、锅水体积膨胀水位的变化及汽包最终的水位变化见图9-13。为了防止汽包水位大幅度波动，负荷增减要缓慢，要勤调整。

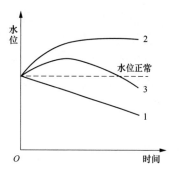

图 9-13　锅炉负荷骤增
汽包水位的变化
1—汽水量不平衡水位的变化；
2—锅水体积膨胀水位的变化；
3—汽包最终的水位变化

69. 为什么安全阀动作时水位迅速升高?

答：安全阀动作前汽压较高，因锅水和金属温度较高而储存了较多热量，安全阀动作时，由于排汽量较大，汽压迅速降低，相应饱和温度降低，所以储存在锅水和金属中的热量，以锅水汽化的方式释放出来。水冷壁中水蒸气所占的体积因而增大，将水冷壁中的锅水排挤进汽包，而使汽包水位迅速升高。

安全阀动作的原因是因为汽压升高，而汽压升高的原因通常是锅炉负荷骤降造成的。安全阀动作时，大量蒸汽排空，对锅炉来说，相当于负荷急剧增加。因此，安全阀动作时，水位的变化规律与锅炉骤增是相同的。

因为安全阀动作时引起的水位升高是虚假水位，所以，此时不应该减少给水量，而是当安全阀复位后查明安全阀动作的原因，根据锅炉实际的蒸汽流量来调节给水量，避免汽包水位大幅度波动，确保汽包水位在规定范围内。

70. 什么是三冲量给水自动调节?

答：汽包水位是锅炉最重要的控制项目之一。汽包水位过高，轻则使蒸汽带水而品质下降，重则危及汽轮机的安全；汽包水位过低，将危及水循环安全，严重缺水会造成大批水冷壁管烧坏。随着锅炉容量的增大，汽包相对水容积减小，干锅时间缩短，对汽包水位调节的要求提高。手动调节不但劳动强度大而且汽包水位波动较大，一般锅炉都装有各种形式的给水自动调节器，大、中型锅炉大多采用三冲量给水自动调节。

所谓三冲量给水自动调节，是指给水自动调节器根据汽包水位脉冲、蒸汽流量脉冲和给水流量脉冲三个脉冲信号进行汽包水位调节的。因为给水自动调节的对象是汽包水位，所以汽包水位是主脉冲信号。汽包水位反映了蒸汽流量和给水流量之间的平衡关系，通常是蒸汽流量因锅炉负荷变化而改变时，在给水流量未改变之前，因平衡破坏而引起汽包水位变化的，即蒸汽流量变化在前，汽包水位变化在后，因此，蒸汽流量脉冲称为导前脉冲。调节器接受导前脉冲或主脉冲信号后，发出改变给水调节阀开度的信号，给水流量改变的脉冲又送至调节器，因此，给水流量脉冲称为反馈脉冲。

因为三冲量给水调节器不但有主脉冲，而且有导前脉冲和反馈脉冲，所以，不但调节灵敏，而且调节质量好，汽包水位波动很小，因而被大、中型锅炉广泛采用。三冲量给水调节系统见图9-14。

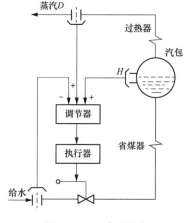

图 9-14　三冲量给水
自动调节系统

71. 为什么锅炉进行超水压试验时，应将汽包水位计解列?

答：锅炉充满水开始升压时，汽包水位计已没有监视的必要。

因为锅炉运行时,一旦承压受热面发生爆破或泄漏,通常要停炉才能处理,往往造成很大的直接或间接损失,所以,在什么情况下锅炉应进行超水压试验,相关规程作了明确规定。汽包水位计的玻璃板、石英玻璃管或云母片是薄弱环节,出厂时不像承压部件作过1.5~2.0倍工作压力的超水压试验,其强度裕量相对较小。水位计玻璃板、石英玻璃管经常是由于热应力过大或遭高温碱性锅水侵蚀而损坏的,而云母片往往是因受到锅水侵蚀,在水位不易观察时才更换。

规定汽包应设置不少于两个就地水位计,即使锅炉运行中一个就地水位计损坏解列,也不需停炉处理。因此,超水压试验时将汽包水位计解列是合理的。

为了检验汽包水位计各密封点是否严密无泄漏,汽包水位计应参加工作压力的水压试验,以便发现泄漏处并及时消除。

72. 为什么云母水位计的水位观察较困难?

答:云母的透光度低于玻璃。为了降低热应力而将云母分成很多薄片的方法,使得光线在多层云母片之间产生反射。这两个原因使得云母水位计的透光性能比玻璃板或石英玻璃管差得多。

为了降低云母片的弯曲变形,以降低应力,在采取增加云母片数量的同时,还采取缩小云母片宽度的措施。仅有3~5mm宽的水位计观察缝使得云母水位计的水位观察更加困难。

为了改善云母水位计水位的观察性能,与玻璃板水位计一面是玻璃板,另一面是金属底板的结构不同,云母水位计采用两面均是云母的结构。同时,在云母水位计的背面安装强光照明装置,但仍要仔细观察才能看清水位。云母水位计工作时间长了,即使云母片未发生破裂或泄漏,只要锅水侧的云母片因结垢或侵蚀而导致透光能力明显下降,水位观察困难时就要更换云母片。

73. 为什么控制循环锅炉汽包水位过低,炉水循环泵会激烈振动?

答:炉水循环泵安装在集中下降管的中下部,汽包水位与炉水循环泵入口的高差较小,汽包内的锅水处于饱和状态。汽包内的锅水进入集中下降管,一部分静压转换为动压,产生局部阻力损失,锅水沿下降管流入循环泵会产生沿程阻力和局部阻力损失,锅水在经叶轮升压前会因与叶轮摩擦而温度升高。如果锅水温度低于循环泵入口锅水压力相应的饱和温度,锅水就不会汽化,循环泵就可以正常工作。

如果汽包水位过低,循环泵入口锅水的静压较小,锅水的温度高于循环泵入口压力相应的饱和温度,锅水汽化,导致循环泵因抽空而产生激烈振动。

汽包水位过低,锅水进入集中下降管时也会因为部分静压转换为动压和局部阻力损失,因锅水温度高于锅水压力相应的饱和温度而汽化;汽包水位过低还可能使部分蒸汽随集中下降管入口锅水形成的漏斗进入下降管。这两种情况均有可能因循环泵入口锅水中会有蒸汽抽空而产生激烈振动。

因此,防止炉水循环泵内因含有蒸汽抽空而产生激烈振动最好的方法,是维持汽包正常水位。

74. 为什么水冷壁管上的渣块脱落会使汽包水位瞬间升高?

答:水冷壁管由于各种原因经常会出现结渣。结渣后因水冷壁表面被渣块覆盖,渣块的热阻很大,渣块的表面温度较高,呈熔化状态的灰分因不能被冷却至固态而黏结在渣块的表面，因此，水冷壁管一旦出现结渣会使结渣加剧，渣块的面积和厚度会较快增加。一旦渣块的重力大于渣块与水冷壁管的黏附力时，渣块脱落。

由于渣块的热阻很大，被渣块覆盖的水冷壁管吸热量大大减少，这部分水冷壁管产生的蒸汽量很少，管内汽水混合物中蒸汽所占的体积较少。一旦渣块脱落，因为热阻迅速减少，水冷壁管的吸热量突然增大，管内产生的蒸汽量增多，汽水混合物中蒸汽所占的体积迅速增加，所以将水冷壁管内的水排挤至汽包内。一旦水冷壁管上的渣块脱落，上述过程很快，因为产汽量大于给水量物料不平衡引起的水位下降还未来得及出现，所以，水冷壁管上渣块脱落的瞬间会使汽包水位上升。

水冷壁管上渣块脱落，汽包水位上升的幅度与渣块的面积、厚度和结渣的部位有关。通常渣块的面积越大越厚、结渣部位的水冷壁管热负荷越大、渣块脱落导致汽包水位瞬间上升的现象越明显，水位上升的幅度也越大。运行人员也可从水位瞬间升高判断出有渣块从水冷壁上脱落。

75. 为什么当水位从汽包水位计内消失时，小型锅炉可以通过校水法判断是严重缺水、满水还是轻微缺水、满水，而大型锅炉不采用校水法，应立即停炉？

答：由于小型锅炉的相对水容积较大，每吨蒸发量所拥有的汽包运行水容积较大，当水位从汽包水位计内消失时，可以通过校水法判断。如果水位是在水联通管之上或在汽联通管之下，则是属于轻微缺水或轻微满水，可以通过加强上水或放水使汽包水位恢复正常，维持锅炉继续运行。同时，因为小型锅炉的高度较小，所以运行人员从控制室到汽包所需的时间较少，有时间通过校水法判断汽包缺水或满水的程度。

大容量锅的相对水容积较小，每吨蒸发量所拥有的汽包运行水容积较小，同时，大容量锅炉很高，即使大容量锅通常均配有电梯，运行人员从控制室到汽包所需要的时间也较长，一旦汽包水位从水位计消失，来不及通过校水法判断锅炉是严重缺水或严重满水还是轻微缺水或轻微满水，而应立即停炉。

76. 为什么高压及高压以上锅炉水位计及水联通管应采取保温或伴热措施？

答：汽包水位计是利用联通管原理工作的。虽然水位计的构造很简单，工作很可靠，但是水位计指示的水位明显低于汽包内的实际水位。

水位计指示的水位之所以与汽包实际水位存在较大差别，除了汽包水容积内有少量蒸汽使得体积膨胀，其密度较低外，汽包和水容积热容量很大，汽包有很好的保温，锅炉的循环倍率较大，汽包内锅水的温度很高，通常是汽包压力下的饱和温度，其密度较低。水位计内的水，虽然有水位计上部和汽联通管因冷却而产生的凝结水的补充和更新，但因水位计和水联通管的强烈散热，水位计内的水温较低，处于过冷状态，密度较大，所以导致水位计指示的水位明显低于汽包实时水位。

随着锅炉工作压力的提高，饱和温度随之上升，水位计和水联通管散热量增加，汽包内锅水与水位计内锅水的温差加大，因两者的密度差增加而导致水位差更加明显。对高压及高压以上锅炉水位计和水联通管进行保温或伴热，就可以降低汽包内锅水和水位计内锅水的温差和密度差，达到水位计水位接近汽包实际水位的目的。

水位计上半部和汽联通管不采取保温后伴热措施，可以增加温度较高的凝结水量，更换水位计内温度较低的锅水，有利于提高水位计内锅水的温度。

第五节 负 荷 调 整

77. 锅炉根据什么来增减燃料以适应外界负荷的变化?

答:外界的负荷是在不断变化的,锅炉要经常调整燃料量以适应外界负荷的变化。调整燃料量的根据是主蒸汽压力。汽压反映了锅炉蒸发量与负荷的平衡关系。当锅炉蒸发量大于外界负荷时,汽压必然升高,此时应减少燃料量,使蒸发量减少到与外界负荷相等时,汽压才能保持不变。

当锅炉蒸发量小于外界负荷时,汽压必然要降低,此时应增加燃料量,使锅炉蒸发量增加到与外界负荷相等时,汽压才能稳定。

78. 汽压变化时,如何判断是外部因素还是内部因素引起的?

答:汽压是否稳定是锅炉产汽量与负荷是否平衡的一个标志。如果两者相等,则压力不变。如果产汽量小于负荷,则汽压下降;反之,则汽压上升。平衡是相对的、暂时的,变化和不平衡是绝对的,产汽量和负荷时刻都在变化。

负荷变化引起的压力波动可以看成是外部因素,而锅炉产汽量的变化(指不是人为调整引起的)可以看成是内部因素。压力波动时,分清是外部因素还是内部因素引起的对负荷调整和减少压力波动是必要的。

如汽压和蒸汽流量两个变量同时增加或同时减少,则说明汽压的变化是由内部因素引起的;如汽压和蒸汽流量两个变量一个增加,另一个减少,则说明汽压变化是由外部因素引起的。例如,汽压升高,蒸汽流量减少;或汽压降低,蒸汽流量增加,则说明是外部因素即负荷变化引起的;当汽压升高,蒸汽流量增加;或汽压降低,蒸汽流量减少,则说明是内部因素引起的。

外部因素引起的压力波动比较好处理,只要适当地增减燃料和引风量、送风量即可使汽压恢复正常。而内部因素引起的压力变化,情况比较复杂。例如,燃料量及燃料发热量变化、煤粉细度变化、燃油雾化不良或燃油带水、配风不良、风机故障、水冷壁或过热器爆管等内部因素都可引起压力变化。因此,要作具体的分析,查明原因,采取针对性的措施才能使汽压恢复正常。

79. 汽包锅炉负荷调整有何特点?

答:由于汽包锅炉的金属消耗量比直流锅炉大 $10\%\sim15\%$,水容积比较大,所以汽包锅炉的蓄热能力较高,而且汽包的蒸汽空间可以储存一定数量的蒸汽。当燃料量不变、负荷变化时,锅炉汽压变化比较缓慢。

负荷增加,未进行调整前,因为燃料量不变,产汽量小于用汽量,所以汽压必然下降。锅水的饱和温度也要随之下降,储存在锅水和金属中的一部分热量使部分锅水汽化,产生少量蒸汽以弥补负荷的增加。储存在汽包空间的蒸汽在汽压下降时要膨胀,因而使燃料未增加前压力下降的速度减慢;反之,当产汽量大于负荷时,一方面多余的蒸汽以压缩的形式储存在汽包蒸汽空间内,另一方面多余的热量以提高锅水饱和温度和金属温度的形式储存起来,从而减慢了汽压上升的速度。汽包锅炉蓄热能力较高,使之自动适应负荷变化的能力较强,是其有利的一面。

当汽压变化进行主动调整时，由于同样的道理，汽压恢复正常的速度也较慢，这是不利的一面。掌握汽包锅炉的这一特点，对正确调整负荷，保持汽压稳定是很有用的。例如，手动调整汽压时，如发现汽压下降，说明锅炉产汽量小于负荷，要及时增加燃料。如汽压停止下降，说明产汽量与负荷在新的基础上达到了平衡。要恢复到原有的汽压，还需要再增加燃料。同样的道理，当汽压上升时，要及时减少燃料，直至汽压停止上升并恢复正常。

由于汽包锅炉的蓄热能力较高，燃料增减后，汽压变化较慢，所以汽压变化时要及时进行调整，而不要等压力超出规定的上下限时再进行调整，这样才能保持锅炉汽压比较平稳。

80. 为什么增加负荷时应先增加引风量，然后增加送风量，最后增加燃料量；减负荷时则应先减燃料量，然后减送风量，最后减引风量？

答：负荷增加时，应先增加引风量，然后增加送风量，最后增加燃料量；减负荷时应先减燃料量，然后减送风量，最后减引风量。这是因为负压锅炉运行时，必须保证不冒黑烟，必须随时保持炉膛负压，确保炉膛不向外冒烟。如果按照上述步骤操作，即可保证做到这一点；否则，就会造成冒黑烟或炉膛变正压向外喷烟喷火。例如，增加负荷时，先增燃料量，然后增送风量，最后增引风量，则当燃料增加而送风量没增加时，锅炉因风量不足必然冒黑烟，当燃料量和送风量增加而引风量还未增加时，炉膛可能变为正压，而向外喷火喷烟，不但影响人身安全，而且也污染了环境。

根据同样的道理，减负荷时应遵循同样的原则进行操作。

81. 为什么给粉机由直流电动机带动？

答：煤粉炉每台给粉机的出力占锅炉额定蒸发量的 10% 左右。如果单靠用启停给粉机的方法来调整负荷，不但调节幅度波动太大，会造成汽压不稳，而且容易使炉膛内的温度不均，两侧烟气温度容易产生较大的偏差。

煤粉炉运行时应尽可能让全部给粉机投入使用，当负荷发生变化时，用平行控制器平行地调整所有给粉机转速来调整给粉量，从而达到调整锅炉负荷的目的。这种连续调节方式不但调节平稳，而且调节幅度大，汽温、汽压稳定，燃烧室内温度比较均匀，两侧烟气温度偏差较小。

因为一般交流感应电动机几乎不能调整转速，而直流电动机的调速性能非常好。因此，虽然直流电动机与交流电动机相比价格高，维护工作量大，但煤粉炉的给粉机都用直流电动机带动。只有当负荷大幅度波动时，为了使汽压尽快恢复正常才用启停给粉机的方法调整负荷。随着变频技术的进步和普及，现在已普遍采用变频电动机调节给粉量。

82. 煤粉炉水冷壁管结渣的原因是什么？

答：洁净的水冷壁管外的灰污有可能是飞灰的沉积，也可能是易熔灰分（熔化温度为 $800 \sim 900℃$）的蒸汽凝结在管壁上形成的。

煤粉炉的炉膛内，火焰温度比这些灰分的气化温度高，这部分灰分在炉膛中呈气态。但在接近和接触温度较低的水冷壁管时，原来是气态的灰分因温度降低而凝结在水冷壁管上，形成紧密的灰污层。由于灰污层的导热系数很小，使水冷壁管灰污层的表面温度显著升高，导致接近它的炽热灰粒冷却减慢，灰分中熔点低的成分不易冷却到固体状态，很容易黏结在水冷壁管上，使水冷壁管结渣。火焰偏斜，空气动力场不均，也会导致水冷壁管结渣。灰分熔点偏低和容积热负荷偏高是水冷壁管结渣的常见原因。

上述过程会重复和加剧发生，造成结渣越来越严重，严重时会造成降负荷运行或被迫停炉。选用灰分熔点较高的煤种，降低锅炉负荷，即降低容积热负荷是防止水冷壁管结渣常用的和有效的方法。

83. 为什么水冷壁管外壁结渣后反而会过热烧坏？

答：从表面上看，水冷壁管外壁结渣后，好像水冷壁管被灰渣包围，炉膛火焰对其辐射传热减少，壁温降低，应该更安全些。其实正好相反，水冷壁管结渣后反而会因灰渣大大减少了火焰和高温烟气对水冷壁的辐射传热，灰渣的导热系数又很低，使其吸热量减少，导致水循环不良，冷却不足而过热损坏。

因为水冷壁管结渣后，水冷壁管从炉膛吸收的辐射热量显著减少，水冷壁管内汽水混合物中的蒸汽含量减少，循环回路的循环压头减少，使水冷壁管内的循环流速降低，严重时发生循环停滞或出现自由水位。由于结渣是局部的，同一根水冷壁管未结渣的部位所受到的火焰辐射热量并未减少，却因循环流速降低或出现循环停滞和自由水位，得不到良好的冷却而过热，导致金属强度降低，最后发生损坏。

84. 为什么油枪投入时，炉膛负压瞬间增大？怎样避免？

答：油枪投入前，油枪及连接管线内是空的；投油枪时，如果阀门开启过快，由于对阀门后的空管线和油枪充油，使得本炉油母管的油压瞬时明显下降，进入炉膛的燃料骤减。所以，炉膛负压瞬间增大。待油管线和油枪充满油以后，油压恢复正常，负压也恢复正常。

为了减小炉膛负压波动，投油枪时，开启阀门一定要缓慢，开始只能稍许开启，待管线和油枪充满油以后再全开阀门。

85. 为什么锅炉负荷越大，汽包压力越高？

答：作为锅炉产品主要质量指标之一的过热蒸汽压力，无论锅炉负荷大小都要保证在规定的范围内。而汽包压力在不超过允许的最高压力的前提下是不作规定的。

汽包的压力只决定于过热蒸汽压力和负荷。汽包压力等于过热器出口压力加上过热器进、出口压差。而过热器出、入口压差与锅炉负荷的平方成正比。负荷越大，压差越大。由于要求过热蒸汽压力不变，所以，负荷越大，汽包压力越高。

86. 为什么烧气体燃料或燃油的锅炉，当投入热负荷自动调整装置时，应对燃气或燃油的调节阀限位，使其不能全部关闭？

答：锅炉烧气体燃料或燃油投入热负荷自动调整装置时，为了防止由于某些原因，如调节器的开关触点粘住未及时发现或由于负荷骤减时调节阀全部关死以及当调节器调节质量不良、动作不灵敏，压力稍稍升高时不动作，压力升高较多时将调节阀全部关闭，造成锅炉灭火，应将燃气或燃油的调节阀限位，即保留一定的最小开度，例如，10％～20％。当调节阀关闭到仅剩10％～20％时，会自动停止。由于燃料没有中断，避免了锅炉灭火，发现调节阀失灵后，可以较快恢复正常生产。

87. 母管制的各台锅炉应如何分配负荷？

答：单元制机组的锅炉负荷决定于发电机的负荷，是不能任意改变的。母管制的各台锅炉运行时，存在如何分配各台锅炉负荷的问题。最简单的方法是其中几台锅炉带固定负荷，只有一台锅炉的负荷随外界负荷变化而变化，以保持蒸汽母管的压力在规定的范围内。这种分配负荷的方法虽然最简单，但由于没有考虑各台锅炉在什么负荷下热效率最高的问题，因而经济性往往很差。

理论分析证明，要使锅炉负荷分配最经济，应使参加并列运行的每台锅炉的燃料消耗微增率相等。等微增率分配负荷的方法是建立在并列运行的每台炉都是调压炉的基础之上的，即总负荷变化时，每台炉的负荷不能随便改变，而都要按等微增率变化。要做到这一点实际上是很困难的，要做大量的基础工作。在现场要预先制定出表格，明确地列出某个总负荷下，各台炉应带的负荷。如果总负荷变化很频繁且幅度不大，每台炉的负荷都要作相应的变化。由于燃烧调整上的困难，难于维持在稳定运行条件下的锅炉效率。锅炉燃烧频繁地调整必然要伴随燃料的过度消耗，如果这种过度消耗大于按等微增率分配负荷所节约的燃料，那么这种理论上正确的运行方式将会失去意义。因此，等微增率分配负荷的方法虽然在理论上是先进和可行的，但是在实际运行中很少采用。

如果将并列运行的几台锅炉，选择一台效率较高、效率随负荷变化的曲线较平坦且效率最高时负荷较低的锅炉作为调压炉，而将其余的锅炉全部置于最高效率时的负荷下运行。虽然这种分配负荷方法的经济性比按等微增率分配负荷的方法略微差一些，但经济性仍然较高，而且基础工作量显著减少，不但容易实现而且现场运行比较方便，因此采用较多。

88. 为什么降低供汽压力可以减少供汽量？

答：在冬季供热高峰时，用汽量较大，经常会出现锅炉超过额定负荷的情况。在这种情况下，为了减少外界用汽量或避免锅炉超负荷，可以采用适当降低供汽压力的方法进行调整。

很多抽汽式和背压式汽轮机的排汽压力为 $0.8\sim1.3MPa$，如果将排汽压力控制在上述范围的下限，则供汽量将会明显减少。这是因为蒸汽管网在用户的进汽阀门和排汽阀门开度一定的情况下，降低供汽压力就会使各用户的用汽量减少，从而使总供汽量减少。因为供汽压力适当下降，对大多数热用户不会有什么影响，对汽轮机或往复泵来说可能因压力降低而减少出力。所以，在满足生产要求的前提下，适当降低供汽压力，以减少供汽量，从而避免锅炉超负荷是可行的。

89. 锅炉蓄热能力的大小对负荷调整有什么影响？

答：锅炉蓄热能力大，当负荷变化时，锅炉自动适应的能力较强，使手动和自动调节有比较充足的时间进行调整，因而汽压波动较小，这是有利的一面。但是锅炉蓄热能力大，对负荷调整也有不利的一面。当主动调整锅炉蒸发量以满足负荷的变化时，汽压恢复较慢。

例如，负荷增加、汽压下降时，为了增加锅炉的蒸发量以主动适应负荷的增加，使汽压提高到原有的水平，需要增加燃料量。但增加的燃料，一部分要用来提高锅水的饱和温度，另一部分用来提高受热面金属的温度，其余的部分才能用来产生蒸汽。只有当锅炉压力不再升高，锅炉停止蓄热时，增加的燃料才能全部用来产生蒸汽。反之，当负荷下降、汽压上升时，主动减少燃料量，企图降低锅炉蒸发量，使汽压降低到正常水平，但在压力下降的过程中，积蓄在锅水和受热面金属中的热量以产生附加蒸汽的形式释放出来，只有当汽压稳定不再下降时，减少的燃料量才能使锅炉的蒸发量相应减少。

由于小型锅炉的相对水容积较大，小型锅炉的工作压力较低，压力变化时饱和温度变化较大，即小型锅炉的蓄热能力比大、中型锅炉大，所以，负荷变化时，小型锅炉的压力波动比大、中型锅炉小。

90. 锅炉变压运行有什么优点?

答:定压运行就是在各种负荷下,保持锅炉出口的蒸汽压力和温度不变,而依靠改变汽轮机调速汽门的开度以适应发电机的功率变化,这是目前大多数机组采用的运行方式。母管制锅炉只能采取定压运行;单元制机组则既可采取定压运行,也可采取变压运行。

所谓变压运行,就是汽轮机的调速汽门全开,发电机负荷在半负荷到满负荷幅度内变化时汽温基本维持不变,用改变锅炉的汽压来调节。对于负荷变化较大、启动频繁的单元制机组,采用变压运行有很多优点。首先是改善了汽轮机的工作条件。定压运行时,无论是喷嘴调节还是节流调节,汽轮机第一级后的蒸汽温度随负荷变化的幅度较大。当负荷降低时,高压缸排汽温度以及中低压缸的进汽温度下降很多,不但机组效率降低,而且伴随很大的热应力和热变形,使汽轮机负荷变化的速度受到限制。而变压运行时,由于在各种负荷下,汽轮机各级温度的变化较小,有利于快速启动和迅速调整负荷。

锅炉采用变压运行,可以在低负荷时显著降低给水泵的耗电量。定压运行锅炉负荷降低时,给水泵的耗电量只是由于给水流量的减少而降低;变压运行时,给水泵的耗电量还由于水泵出口压头的降低而进一步减少。以50%锅炉额定负荷为例,变压运行时给水泵的耗电量仅是定压运行的55%。给水泵耗电量为发电机发电量的2%~3%,超临界压力机组可达3%~5%。由于直流锅炉的给水泵耗电量更多,采用变压运行的节电效果更加显著。虽然采用变压运行在低负荷时,因降低了进汽压力而使机组效率稍有下降,但因节流的减少和给水泵耗电量的降低而机组总的效率仍然是提高的。

91. 限制锅炉负荷下限的因素是什么?

答:通常在比额定负荷稍低时运行的锅炉热效率最高。但由于客观的需要,锅炉经常被迫在较低的负荷下运行。那么限制锅炉负荷下限的因素是什么呢?从水循环的安全角度来看,锅炉在50%额定负荷下运行是不会有问题的。但随着锅炉负荷的降低、炉膛温度下降、燃烧工况恶化,机械不完全燃烧损失增加。对于燃用挥发分含量低的煤粉炉,炉膛温度降低,燃烧不稳,如果不采取燃油助燃措施,炉膛有灭火的危险。对于采用以对流式过热器为主的中、高压锅炉,负荷太低时,即使停用减温器,也可能维持不住额定汽温。往往为了保证额定汽温,被迫保持较大的过量空气系数,使风机耗电量增加,锅炉热效率降低。

由于锅炉燃用液体或气体燃料时,机械不完全燃烧损失常可忽略不计,而且也不存在炉膛温度降低时的灭火问题,所以,只要能保持汽温在规定范围内,在50%额定负荷下运行是不会有什么问题的。对于煤粉炉,特别是煤粉的挥发分含量较低时,为了不使锅炉的热效率下降太多和保持炉膛燃烧稳定,防止锅炉灭火,通常不宜在70%额定负荷以下运行。

对于采用层燃方式的链条炉,由于炉排上有较多正在燃烧的燃料,炉排上积蓄了很多热量,即使锅炉负荷降低到额定负荷的50%以下,也不存在锅炉灭火的问题。所以,限制链条炉下限负荷的主要因素是能否维持额定蒸汽温度。对于没有过热器的小型链条炉,对锅炉负荷的下限就没有什么限制了。

92. 为什么在燃料量不变的情况下,汽压升高时,蒸汽流量表指示降低;而汽压降低时,蒸汽流量表指示增加?

答:锅炉的汽压变化反映了锅炉产汽量与负荷不平衡。当汽压升高时,说明锅炉产汽量大于负荷。在燃料量不变的情况下,汽压升高,饱和温度提高,一部分热量储存在锅水和金属受热面之中，用于产生蒸汽的热量减少，使蒸发量下降；另一方面，测量蒸汽流量是用流量孔板，要使汽压保持在孔板设计工况下，才能保证流量测量准确。当汽压高于设计工况时，因蒸汽流量是以每小时流过的蒸汽质量计算的，汽压升高，蒸汽密度提高，比体积下降使蒸汽流速下降，孔板前后的压差与蒸汽流速的平方和密度的一次方成正式，所以，测出的流量偏低；反之，偏高。即同样的流量，汽压高时仪表指示的流量较汽压低时少。因此，在燃料不变的情况下汽压升高蒸汽流量表指示的流量下降。

当汽压下降时，说明负荷大于产汽量。由于饱和温度下降，储存在锅水和金属受热面中的热量释放出来，锅水自身汽化，产生一部分蒸汽。同时由于汽压下降，流量表的指示因蒸汽密度下降、流速提高而增加。因此，汽压下降时，即使燃料量不变，蒸汽流量表指示的流量必然增加。

由于自然循环锅炉的金属用量和水容积比直流锅炉大，其蓄热能力是直流锅炉的 2～3 倍。所以，当汽压变化时，自然循环锅炉的蒸汽流量变化比直流锅炉更明显。

93. 为什么汽轮机的进汽温度和进汽压力降低时要降低负荷?

答：对于一定工作压力的汽轮机，只要进汽温度在允许的范围内，汽轮机的排汽湿度也会在允许的范围之内。如果锅炉由于各种原因使得蒸汽温度低于允许温度的下限时，汽轮机仍在额定负荷下运行，则由于汽轮机的排汽湿度增加，汽轮机的相对内效率下降。

进汽温度降低，使蒸汽在汽轮机内的焓降减少，造成汽轮机功率下降，效率降低。

进汽温度降低，蒸汽比体积减小，在调速汽门开度不变的情况下，蒸汽流量增加，引起各级过负荷，特别是造成汽轮机末级叶片和隔板应力增大。进汽温度降低还会引起轴向推力增加。

为了使汽温低于下限时确保汽轮机的安全和减少效率降低的影响，又避免停机，给锅炉主操一个调整汽温的时间，当汽温低于下限时，汽轮机主操可以根据汽温降低的程度，相应降低汽轮机的负荷，同时要求锅炉主操尽快提高汽温。

当进汽压力降低时，由于蒸汽在汽轮机内的焓降减少，机组的热效率下降。若仍保持机组功率不变，必然要开大调速汽门增加进汽量，使末级叶片的应力和转子的轴向推力增加，所以，进汽压力低于下限时，要根据汽压降低的程度降低负荷。表 9-3 是 54-25-1 型汽轮机进汽温度和压力降低时的减负荷表。

表 9-3　　　　　主蒸汽压力低于 8.4MPa、汽温低于 470℃ ，减负荷表

负荷 (MW) 汽压(表压)(MPa) / 汽温(℃)	8.4	8.2	8.0	7.8	7.6	7.4	7.2	7.0	6.8	6.6	6.4	6.2	6.0	5.9
470	25	23	21	19	17	15	13	11	9	7	5	3	1	0
468	23	21	19	17	15	13	11	9	7	5	3	1	0	
466	21	19	17	15	13	11	9	7	5	3	1	0		
464	19	17	15	13	11	9	7	5	3	1	0			
462	17	15	13	11	9	7	5	3	1	0				
460	15	13	11	9	7	5	3	1	0					
458	13	11	9	7	5	3	1	0						
456	11	9	7	5	3	1	0							
454	9	7	5	3	1	0								

续表

负荷(MW) 汽压(表压)(MPa) 汽温(℃)	8.4	8.2	8.0	7.8	7.6	7.4	7.2	7.0	6.8	6.6	6.4	6.2	6.0	5.9
452	7	5	3	1	0									
450	5	3	1	0										
448	3	1	0											
446	1	0												
445	0													

94. 为什么担任调峰任务的火电机组发电成本很高？

答：由于生活水平的提高，生活用电和商业用电所占的比例增加，电网峰荷与谷荷差距越来越大，所以越来越多的火电机组被迫担任调峰任务。由于下列原因使得担任调峰任务的火电机组发电成本很高。

（1）担任调峰任务的火电机组仅在电网出现峰荷时投入运行或满负荷运行，机组的设备利用率比担任基本负荷的机组的利用率低得多，设备的折旧和人员的工资费用相对提高。

（2）调峰机组备用期间会产生散热损失，从启动到并网发电的一段时间内将会产生除盐水、燃料和电力的额外消耗和设备的额外损耗。

（3）火电机组频繁启停产生的交变热应力和频繁的热胀冷缩，不但降低了机组的寿命，而且各密封点泄漏增加导致维修费用和工作量增加。

（4）调峰机组运行时，为了满足电网调峰的任务，负荷变化较大，难以经常在机组热效率最高的负荷下稳定运行。为了防止低负荷时煤粉炉灭火或燃烧不稳，需要投油助燃，这使得调峰机组燃料成本提高。

95. 什么是锅炉的蓄热能力？为什么容量相同时汽包锅炉的蓄热能力比直流锅炉大？

答：（1）锅炉运行时，除小型锅炉外，锅水温度为接近汽包压力下的饱和温度。汽包、下降管、上升管和上、下联箱的金属温度与锅水温度相近。

由于锅炉运行时，汽包、下降管上升管和上、下联箱及其内的锅水储蓄了较多的热量，其蓄热数量的大小称为锅炉的蓄热能力。

虽然锅水的比热容为钢材比热容的8～9倍，但由于汽包、下降管、上升管、上、下联箱金属的质量是其内锅水数倍，所以，锅炉运行时的蓄热量主要由锅水和汽水系统的金属两部分蓄热量组成。

（2）锅炉运行时，锅炉的热量储蓄在锅水、蒸汽、承压部件金属、钢架和炉墙中。汽包锅炉与直流锅炉的炉墙和钢架蓄热能力差别很小，可忽略不计，而锅水、蒸汽和承压部件金属的蓄热能力差别较大。

锅水、蒸汽和承压部件金属蓄热能力的大小主要取决于锅炉水容积、蒸汽容积和金属量的多少。虽然汽包锅炉与直流锅炉的过热器、再热器、省煤器的水容积和金属总量基本相等，但由于汽包锅炉有汽包，水冷壁直径较大、壁较厚，不但使汽包锅炉的水容积和汽容积比直流锅炉大，而且金属总量也较大。因此，容量相同时，汽包锅炉的蓄热能力较直流锅炉的大。

96. 什么是燃烧设备的热惯性?

答:燃烧设备的热惯性是指从燃料量开始变化到锅炉产生与燃料量相对应的蒸汽量所需的时间。燃烧设备热惯性大,当负荷变化燃料量调节时,锅炉产汽量的变化慢,汽压波动大,汽压恢复正常的速度较慢;反之,燃烧设备的热惯性小,汽压波动小,恢复汽压的速度较快。

采用热惯性小的燃烧设备有利于提高燃烧调节的性能和降低汽压波动的幅度。

燃烧设备的热惯性大小取决于燃料种类和制粉系统的形式。燃煤比燃油的燃烧设备热惯性大,燃煤时直吹式制粉系统比中间储仓式制粉系统燃烧设备的热惯性大。

97. 为什么燃煤燃烧设备的热惯性较燃油燃烧设备的热惯性大?

答:以采用热惯性较小的中间储仓式制粉的燃烧设备为例,当负荷变化从调节给粉机的转速改变煤粉量起,因为给粉机到燃烧器之间一次风管的长度较长;煤粉经一次风管和燃烧器需要一定时间,该时间的长短取决于一次风管道的长度和一次风速度,为2~3s;煤粉喷入炉膛后着火和燃尽所需的时间较长。所以,燃煤燃烧设备的热惯性较大。

因为燃油是液体,几乎不可压缩,当负荷变化,改变调节阀的开度时,燃油的压力瞬间就发生变化,经油枪喷嘴喷入炉膛的燃油量立即发生改变。燃油的着火和燃尽所需的时间较短,所以,燃油燃烧设备的热惯性较小。

98. 为什么直吹式制粉系统燃烧设备的热惯性较中间储仓式制粉系统燃烧设备的热惯性大?

答:中间储仓式制粉系统将制好的煤粉储存在粉仓内,改变给粉机的转速,煤粉量立即变化,给粉机与燃烧器之间仅有长度较短的一次风管道,且一次风速较大,燃烧器喷入炉膛的煤粉量变化较快,因此,中间储仓式制粉燃烧设备的热惯性较小。

直吹式制粉系统生产的煤粉全部喷入炉膛,要改变进入炉膛的煤粉量首先要改变给煤机的给煤量,给煤量的变化到制粉量的变化均需一定时间。给煤机到燃烧器之间除一次风管道外,还有体积较大的磨煤机和粗粉分离器,不但总的流程和长度较长,而且气粉混合物在磨煤机和粗粉分离器内的流速较低,因为从给煤机的给煤量变化到经燃烧器喷入炉膛煤粉量的变化所需的时间较长,所以,直吹式制粉系统燃烧设备的热惯性较大。

99. 什么是汽轮机跟踪负荷调节方式?

答:当外界负荷发生变化时,发电机组的目标负荷指令首先发送至锅炉的主控制系统,锅炉按给定的负荷变化率调节燃料量、风量、给水量、改变产汽量。在汽轮机调节汽门开度未改变前,因为锅炉的产汽量与汽轮机的用汽量不平衡,汽轮机前的汽压发生变化,汽轮机根据压力的变化改变调节汽门的开度,使压力恢复到正常范围。因此,外界负荷变化时,锅炉先调节产汽量,汽轮机后调节进汽量的调节方式,称为汽轮机跟踪负荷调节方式。

由于锅炉具有一定的蓄热能力和燃烧设备具有一定的热惯性,因此,该种调节方式负荷的适应性较差,负荷调节速度较慢。由于汽轮机调节汽门开度变化后,汽轮机的进汽量很快变化,其调节惯性很小,锅炉的产汽量与汽轮机的进汽量很快建立起新的平衡,因此,该种调节负荷的方式汽压波动较小,适用于机组带基本负荷时采用。

例如,当外界负荷增加时,锅炉首先增加风量和燃料量,由于燃烧设备具有热惯性,到锅炉产汽量增加压力上升需要一定时间，汽压上升时，相应的饱和温度提高，增加的燃料一部分用于增加产汽量，一部分以锅水和金属温度升高的方式储存起来，汽压升高较慢，而汽轮机根据机前汽压的升高，才开始增加调节汽门的开度，因此，负荷增加速度较慢。因为汽轮机前汽压升高，调节汽门开度增加，进汽量很快增加，其惯性很小，汽压很快恢复正常，所以，汽压波动较小。

当发电机组的出力受锅炉限制时，通常采用汽轮机跟踪负荷调节方式。

100. 什么是锅炉跟踪负荷调节方式？

答：当外界负荷变化时，发电机组目标负荷指令首先发送给汽轮机主控系统，汽轮机主控系统按给定的负荷变化率将同步器置于目标负荷相对应的开度，汽轮机调速汽门开度改变引起进汽量变化，发电机的负荷改变以满足外界负荷的需要。汽轮机进汽量的变化引起汽压变化，而锅炉根据汽压的变化，调节燃料、风量和给水量，改变锅炉的产汽量，以达到恢复汽压的目的。

因此，将外界负荷变化时汽轮机先调节进汽量，然后锅炉根据汽压变化调节产汽量恢复汽压的负荷调节方式，称为锅炉跟踪负荷调节方式。该种负荷调节方式的优点是负荷适应性好，外界负荷变化时，利用锅炉的蓄热能力迅速改变进汽量满足外界负荷变化的要求，其缺点是汽压变化锅炉调节产汽量时，因锅炉的蓄热能力产生的热惯性使汽压恢复较慢，导致汽压波动较大。

当发电机组出力受到汽轮机限制时，通常采用锅炉跟踪负荷调节方式。

101. 什么是汽轮机、锅炉协调调节负荷方式？

答：对于采用定压运行的单元发电机组，当外界负荷发生变化时，发电机组目标负荷指令同时发送至锅炉和汽轮机的主控制系统，锅炉调节燃料量和汽轮机调节进汽量同时进行。这种调节负荷的方式称为汽轮机、锅炉协调调节负荷方式。

该种调节方式既有锅炉跟踪调节负荷方式负荷适应性好、负荷调节速度快，又有汽轮机跟踪调节负荷方式汽压波动小的优点。在锅炉和汽轮机均没有限制出力的情况下，应优选采用汽轮机、锅炉协调方式调节发电机组的负荷。

102. 什么是内扰？什么是外扰？

答：锅炉产汽量与外界负荷相等时，汽压保持稳定。当由于锅炉内部因素引起产汽量变化而外界负荷没有改变，导致汽压变动，称为内扰，也可称为内部因素。

锅炉是由汽水系统、烟风系统、燃烧系统和燃料系统等组成的较复杂的设备，因为任何一个系统出现变化均可引起锅炉产汽量的变化，形成内扰，所以，产生内扰的因素较多。当判断汽压变化是由内扰引起时，应根据现场的各种现象和数据，找出确切的原因采取有针对性的措施予以解决和消除。

当锅炉运行正常产汽量没有变化，因外部因素使外界负荷变化而引起汽压变动时，称为外扰，也可称为外部因素。

外扰引起的汽压改变相对较简单，最常见的是外界用汽量出现变化。例如，机组负荷的增减或甩负荷、高压加热器投入或解列引起的给水温度变化等。

当汽压波动超出范围时，首先要判断出是内扰还是外扰引起的，然后再根据具体情况调整锅炉的产汽量使汽压恢复正常。

103. 为什么定期排污时会产生水击？怎样避免或减轻水击？

答：定期排污管通常接在水冷壁的下联箱底部，定期排污时排出的是温度接近汽包压力下饱和温度的锅水。因为定期排污通常排至定期排污扩容器，所以，锅水通过定期排污阀后压力急剧降低，部分锅水汽化产生少量蒸汽。由于各个水冷壁下联箱上的定期排污管是接在定期排污总管上的，在未定期排污前，排污总管至定期排污扩容器之间的管段是冷的，蒸汽凝结形成真空，管内存有的锅水和凝结水，快速流向真空区域，所以，定期排污时产生的少量蒸汽流经温度很低的定期排污总管时会产生水击。

由于定期排污是逐个进行，所以，在开启第一个定期排污时不但要缓慢，而且要在开度较小的情况下对排污总管进行暖管，等排污总管的温度升高和管内的存水排尽后再逐渐全开定期排污阀，可以避免或减轻水击。

104. 为什么连续排污不会产生水击？

答：蒸汽管道产生水击是因为管道是冷的，管道内有残存的凝结水，蒸汽管道投用时如果疏水未排尽，蒸汽遇到冷的管道温度降低和凝结形成真空，凝结水快速冲向真空区域造成的。

连续排污从汽包水面稍低处排出，经调节阀排至连续排污扩容器。虽然汽包压力下饱和温度的锅水经过调节阀后因压力降低部分锅水汽化产生少量蒸汽，但由于锅炉运行时连续排污阀始终是开启的，连续排污阀至连续排污扩容器的管道一直有温度较高的汽水混合物流过，管道始终保持较高的温度，蒸汽不会凝结形成真空，所以不会产生水击。

如果是锅炉正常运行后才投入连续排污，在投入前要进行暖管和疏水，以防止产生水击。

第六节　汽　温　调　整

105. 为什么并汽时，并汽炉的汽温要比额定汽温低几十摄氏度？

答：并汽前，过热器靠疏水或对空排汽冷却，排汽量一般为额定负荷的 $15\%\sim20\%$。投入的燃烧器较少，沿烟道宽度容易产生烟温偏差。由于流经过热器的蒸汽量少，过热器各蛇形管的阻力不尽相同，所以使得沿过热器的宽度在蒸汽侧产生热偏差。虽然为了消除烟气侧和蒸汽侧热偏差对汽温的影响，采取了一次或两次蒸汽左右交叉、混合、对称投入燃烧器等措施，但是仍然不能完全消除沿过热器管宽度的汽温偏差。

由于排汽量较小，所以过热器管内的蒸汽流速只有额定负荷时的 $\frac{1}{6}\sim\frac{1}{5}$，蒸汽对过热管的冷却效果较差，管壁温度大大高于蒸汽温度，其温差可达 $100℃$ 以上，而在额定负荷时其温差只有 $20\sim30℃$。在集汽联箱测得的是蒸汽混合后的温度，某些支管的汽温要高于混合温度。

因此，为了在升火期间，避免个别蛇形管壁温过高，要求并汽时，中压锅炉汽温较额定汽温低 $30\sim40℃$，高压锅炉汽温较额定汽温低 $50\sim60℃$。对于以对流传热为主的对流式过热器，随着负荷的增加，汽温升高。因此，并汽时汽温低些，并汽后随着负荷的增加，汽温很快达到额定汽温。并汽时，比额定汽温低几十度对保证安全生产、防止过热器管壁超温、保证汽温平稳是必要的。

106. 为什么锅炉负荷增加，炉膛出口烟温上升？

答：增加锅炉负荷是靠增加进入炉膛的燃料量和风量来实现的，而且锅炉的负荷基本上正比于进入炉膛的燃料量。进入炉膛的燃料量增加时，虽然水冷壁的辐射受热面未变化，但由于炉膛温度升高，火焰向水冷壁的辐射传热增加，水冷壁因吸热量增多、管内产生的蒸汽量增加而使锅炉产汽量提高。

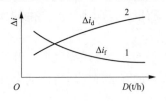

图 9-15　工质吸热量与
锅炉负荷的关系
1—辐射受热面吸热；
2—对流受热面吸热

炉膛内火焰的温度不是与燃料量的增加成正比的。大量试验和生产实践证明，锅炉从 50% 额定负荷到满负荷，炉膛内火焰的温度升高不超过 200℃，炉膛内辐射传热量的增加最大不超过 80%。进入炉膛的燃料增加一倍，而炉膛内水冷壁的辐射吸热量增加不到一倍。虽然负荷增加对流受热面的吸热量增加，但由于水冷壁的辐射吸热量占全部吸热量的 95%，对流吸热量仅占 5%，所以负荷增加，水冷壁的吸热量所占的比例下降，见图 9-15。

由于随着锅炉负荷的增加进入炉膛的燃料量成比例地增加，而炉膛水冷壁的吸热量增加的幅度小于燃料量增加的幅度，所以必然导致炉膛出口烟温上升，见图 9-16。

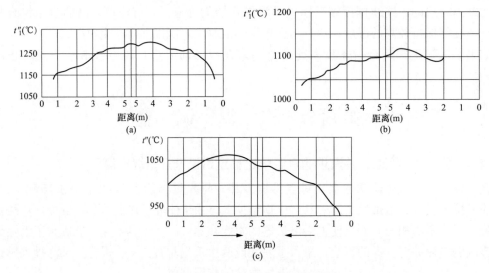

图 9-16　炉膛出口温度随负荷的变化
（a）额定负荷 D_0（$D_0=475\text{t/h}$）；（b）$0.75D_0$；（c）$0.5D_0$

107. 为什么过量空气系数增加，汽温升高？

答：过量空气系数增加（假定原先是最佳过量空气系数），炉膛内的温度下降，使水冷壁吸收的辐射热量减少，炉膛出口的烟气温度略有下降。由于烟气量增加，烟速提高，使传热系数增加的幅度大于传热温差减少的幅度，因此，使过热器的吸热量增加。由于排烟温度和烟气量增加，q_2 增加，锅炉效率降低，在燃料量不变的情况下，蒸发量减少，因此，汽温升高。一般说来，过量空气系数每增加 0.1，汽温升高 8~10℃，见图 9-17。

炉膛的过量空气系数已经较高时，则过量空气系数进一步增加，汽温升高的幅度下降。如果过量空气系数太大，可能会因为炉膛温度和炉膛出口烟气温度大大降低，过热器因传热温差下降太多而使汽温下降，这种情况只有在很恶劣的燃烧工况下才会出现。

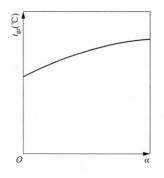

图 9-17　过量空气系数
对汽温的影响

108. 为什么给水温度降低，汽温反而升高？

答：为了提高整个电厂的热效率，发电厂的锅炉都装有给水加热器，在给水泵以前的加热器称为低压加热器，在给水泵以后的加热器称为高压加热器。给水经高压加热器后，给水温度大大提高。例如，中压锅炉给水温度大都加热到 172℃，高压锅炉一般加热到 215℃，超高压锅炉给水加热到 240℃，亚临界压力锅炉给水加热到 260℃。

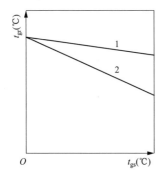

图 9-18　给水温度变化对汽温的影响
1—燃料消耗量不变；
2—锅炉蒸发量不变

在运行中由于高压加热器泄漏等原因，高压加热器解列时给水经旁路向锅炉供水。锅炉的给水温度降低后，燃料中的一部分热量要用来提高给水温度。假如蒸发量维持不变，则燃料量必然增加，炉膛出口烟气温度和烟气流速都要提高，过热器的吸热量增加，蒸汽温度必然升高。给水温度降低后，假定燃料量不变，则由于燃料中的一部分热量用来提高给水温度，用于蒸发产生蒸汽的热量减少，而此时燃烧工况不变，炉膛出口的烟气温度和烟气速度不变，过热器的吸热量没有减少。但蒸发量减少，蒸汽温度必然升高。所以给水温度降低，蒸汽温度必然升高，见图 9-18。

109. 为什么汽压升高，汽温也升高？

答：锅炉在运行时，汽压反映了锅炉产汽量与外界用汽量之间的平衡关系。当两者相平衡时，汽压不变。

当汽压升高时，则说明锅炉产汽量大于外界用汽量。锅炉汽压升高，锅水的饱和温度也随之升高。在锅炉燃料量不变的情况下，外界负荷减少，多余的热量就储存在锅水和金属受热面中，一部分蒸汽因压力升高被压缩储存在汽包的蒸汽空间和水冷壁管内。由于此时燃烧工况未变，过热器入口的烟气温度和烟气流速均未变，即过热器的吸热量未变，而过热器入口的饱和蒸汽温度因汽压升高而增加，蒸汽流量因外界负荷减少而降低。所以，汽压升高，汽温升高。

110. 为什么煤粉炉出渣时，汽温升高？

答：煤粉喷入炉膛燃烧后，煤粉中约 90% 的灰分进入烟气成为飞灰，约 10% 的灰分经水冷壁管的下部冷灰斗冷却后结成大块的灰渣。烟气中的飞灰通常由除尘器除去，而大块的灰渣则是通过定期放渣的方式排出炉外的，经碎渣机粉碎后由灰渣泵送至储灰场。

由于炉膛的烟囱效应，所以炉膛下部的烟气负压比炉膛上部大。当需要放渣时，将炉膛下部灰斗的放渣门开启，因为灰渣的体积较大，为了使灰渣顺利排出，放渣门开得较大；为了操作人员的安全，出渣时炉膛要维持一定的负压。所以，放渣时大量冷空气从放渣门进入炉膛是不可避免的。大量冷空气从炉膛下部进入炉膛，不但使火焰中心上移，炉膛吸热量减少，而且还使炉膛出口的过量空气系数 α_1 增加。过热器吸热量的增加必然导致过热汽温上升。

为了减少放渣时对汽温上升的影响，可在放渣过程中略减少送风量。从放渣门漏入空气中的一部分也可参与燃烧，这样可以减少炉膛出口过量空气系数增加的幅度，从而降低汽温上升的幅度。

111. 为什么煤粉变粗，过热汽温升高？

答：煤粉喷入炉膛后燃尽所需的时间与煤粉粒径的平方成正比。设计和运行正常的锅炉，靠近炉膛出口的上部炉膛不应该有火焰而应是透明的烟气。在其他条件相同的情况下，火焰的长度决定于煤粉的粗细。煤粉变粗，煤粉燃尽所需时间增加，火焰必然拉长。由于炉膛容积热负荷的限制，炉膛的容积和高度有限，煤粉在炉膛内停留的时间很短，煤粉变粗将会导致火焰延长到炉膛出口，甚至过热器。

火焰延长到炉膛出口，因为炉膛出口烟温提高，不但过热器辐射吸热量增加，而且过热器的传热温差增加，使得过热器的对流吸热量也随之增加。而进入过热器的蒸汽流量因燃料量没有变化而没有改变，所以，煤粉变粗必然导致过热汽温升高。

112. 为什么炉膛负压增加，汽温升高？

答：炉膛负压增加是指炉膛负压的绝对值增加。这使得从人孔、检查孔、炉管穿墙等处炉膛不严密的地方漏入的冷空气增多，与过量空气系数增加对汽温的影响相类似。所不同的是前者送入炉膛的是通过预热器的有组织的热风，后者是未流经预热器的冷风。

炉膛负压增加，尾部受热面负压也同时增大，漏入尾部的冷风使排烟温度和排烟量进一步增加，锅炉热效率降低，蒸发量减少。因此，漏入炉膛同样多的空气量，即假若同样使炉膛出口过量空气系数增加 0.1，则炉膛负压增大使汽温升高的幅度大于送风量增大使汽温升高的幅度。

113. 为什么定期排污时，汽温升高？

答：定期排污时，排出的是汽包压力下的饱和温度的锅水，如中压锅炉饱和水温为256℃，高压锅炉为317℃。为了维持正常水位，必然要加大给水量。由于给水温度较锅水温度低，如中压锅炉，高压加热器投入运行时为172℃，不投入运行时为104℃，高压锅炉高压加热器投入运行时为215℃，不投入运行时为168℃。

定期排污过程中，排出的是达到饱和温度的锅水，而补充的是温度较低的给水。为了维持蒸发量不变，就必须增加燃料量，炉膛出口的烟气温度和烟气流速增加，汽温升高。如果燃料量不变，则由于一部分燃料用来提高给水温度，用于蒸发产生蒸汽的热量减少，因为蒸汽量减少，而炉膛出口的烟温和烟气流速都未变，所以汽温升高。

给水温度越低，则因定期排污而引起的汽温升高的幅度越大。如果注意观察汽温记录表，当定期排污时，可以明显看到汽温升高，定期排污结束后，汽温恢复到原来的水平。

114. 为什么燃烧气体燃料或重油的锅炉火焰中心较固态排渣的煤粉炉低？

答：由于气体燃料的化学活性高，着火快，燃烧迅速，在很短的时间内大部分燃料已经燃尽，所以，燃烧气体燃料的锅炉的火焰中心较低。

重油喷入炉膛后，在炉膛火焰辐射和高温回流烟气的加热下，90％以上的重油气化和裂解为各种碳氢化合物气体，剩余的不到 10％ 成为焦炭粒子。在不缺氧的情况下，气体碳氢化合物不会分解产生炭黑。也就是说燃油主要是以气体状态燃烧的，少量的是以焦炭粒子状态燃烧的。与气体燃料相比，虽然有加热、气化和裂解的过程，但这个过程的时间很短，绝大部分重油在气态下很快燃尽了，只有焦粒燃尽时间较长。因此，燃烧重油时，只要雾化和配风良好，其火焰仅比燃烧气体燃料略长，但仍然较短。

由于气体燃料和重油的着火和燃烧迅速，火焰较短，所以，火焰中心较低。以上、下两排燃烧器的锅炉为例，燃烧气体燃料或重油时，火焰中心约在上、下两排燃烧器中心线附近。

煤粉喷入炉膛后，在炉膛火焰辐射和高温回流烟气的加热下，煤粉中挥发分析出，以气体状态燃烧，而剩余的大部分是以焦粒状态燃烧的。由于煤中的灰分全部在焦粒中，煤中的灰分比重油大得多，灰壳将碳裹住，所以，煤粉焦粒的燃尽时间比重油焦粒要长。

由于煤粉着火和燃烧相对较慢，燃尽时间较长，煤粉炉的火焰较长，所以，煤粉炉的火焰中心较高。煤粉炉火焰中心高度与煤中的挥发分含量和煤粉的细度有关。通常挥发分含量高，煤粉细度小，则火焰中心低；反之，则高。仍以上、下两排燃烧器的锅炉为例，根据挥发分含量和煤粉细度的不同，煤粉炉的火焰中心在上排燃烧器中心线之上 1.5～2.5m 处。

115. 为什么雾化不良或配风不好，汽温升高？

答：雾化和配风良好时，火焰刚性较好，轮廓清楚，火焰呈麦黄色，没有火星或雪花，火焰末端没有黑烟，在燃烧器上方 2m 左右燃料已全部燃尽，只剩下透明的烟气。

如果雾化和配风不良，则火焰的刚性不好，轮廓不清楚，火焰发红，火焰末端有黑烟，燃烧器上方的烟气浑浊，从看火孔看不到水冷壁管，炉膛里有火星和雪花，火焰拉长，燃烧过程后延，甚至在炉膛出口附近还可以看到火焰。这时由于炉膛出口烟气温度升高，过热器的传热温差增加，使汽温升高。因此，有时汽温变化还可以帮助判断雾化和配风是否良好。

116. 为什么尾部受热面除灰使得汽温降低？

答：为了保持受热面的清洁，降低排烟温度以提高锅炉热效率，受热面，主要是对流受热面要定期除灰。锅炉热效率提高，如维持锅炉蒸发量不变，送入炉膛的燃料量减少，炉膛出口的烟气温度和烟速降低，过热器的吸热量因传热温差和烟气侧的放热系数降低而减少，造成过热汽温下降。如保持燃料量不变，则炉膛出口烟气温度和烟速不变，由于蒸汽流量增加，单位质量蒸汽的吸热量减少，使过热器出口汽温下降。所以，对流受热面除灰，无论是维持蒸发量不变还是保持燃料量不变，均使汽温下降。

省煤器除灰的结果是因受热面清洁而使省煤器吸热量增加，对于沸腾式省煤器来说是沸腾度提高，对于非沸腾式省煤器来讲，进入汽包的给水温度提高了。其影响与提高给水温度对汽温的影响相类似。

预热器除灰的结果是预热器出口的风温升高，炉膛温度提高，辐射传热增加，炉膛出口烟温下降，使过热器的吸热量减少，汽温降低。

过热器除灰时，一方面由于过热器管清洁了，过热器吸热增多使汽温上升；另一方面，由于锅炉热效率提高，燃料量减少又使汽温降低。因此，过热器除灰对汽温的影响不如省煤器和预热器除灰对汽温的影响那样明显。

117. 为什么过热器管过热损坏，大多发生在靠中部的管排？

答：由于炉膛两侧水冷壁强烈的冷却作用，烟气离开炉膛进入过热器时，在水平方向上温度的差别是较大的。中部与两侧的烟气温差最高可达150℃。烟气温度高，不但使过热器管的传热温差增加，而且使烟气向过热器的辐射传热增加，使中部过热器管内的蒸汽温度升高。热负荷的增加，使管壁和蒸汽的温差升高。

在过热器管内清洁和蒸汽流速相同的情况下，管壁温度决定于管内的蒸汽温度和热负荷的大小。因此，过热器管发生超温过热损坏大多发生在靠中部的管排。

118. 为什么过热器管泄漏割除后，附近的过热器管易超温？

答：过热器管焊口泄漏或过热器管因过热损坏而泄漏，除特殊情况外，由于无法补焊或整根更换工作量很大，所以通常都采取将损坏的过热器管两头割断封死的处理方法。损坏的过热器管由于没有蒸汽冷却，很快就会因严重过热而断裂脱落，这样在相邻的两根过热器管排之间形成了一个流通截面较大的烟气走廊。烟气走廊的流动阻力较小，烟气流速较高，使烟气侧的对流放热系数提高；烟气走廊的存在使烟气辐射层厚度增加，辐射放热系数提高。由于过热器管传热的主要热阻在烟气侧，所以烟气侧放热系数的提高必然使烟气走廊两侧的过热器管吸热量增加。过热器管吸热量的增加，不但使汽温升高而且管壁与蒸汽的温差增大，使得烟气走廊两侧的过热器管壁温度明显升高。

由于两侧水冷壁的吸热，所以使得进入过热器的烟气温度在水平方向上是两侧低、中间高。过热器管的过热损坏大都发生在烟气温度较高的靠近中间的管排，两侧过热器的损坏较少发生（焊口泄漏的情况除外）。由于烟气走廊处的烟气温度较高，所以使烟气走廊两侧的过热器管壁温度更易升高。在生产中，时常遇到烟气走廊两侧的过热器管因超温而发红的情况。

119. 为什么蒸汽侧流量偏差容易造成过热器管超温？

答：虽然过热器管并列在汽包与联箱或两个联箱之间，但由于过热器进、出口联箱的连接方式不同，各根过热器管的长度不等，形状不完全相同，都会引起每根过热器管的流量不均匀。在过热器的传热过程中，主要热阻在烟气侧，约占全部热阻的60%，而蒸汽侧的热阻很小，仅占全部热阻的3%。由于过热器的传热温差较大，可达350～650℃，各根过热器管温度的差别对传热温差的影响很小，因此，可以认为流量较小的过热器管的吸热量并不减少，这些过热器管内的蒸汽温度必然要上升。

蒸汽流量小的过热器管，因为蒸汽流速降低，蒸汽侧的放热系数下降，过热器管与蒸汽的温差增大。在过热器管内清洁的情况下，过热器管的壁温决定于蒸汽温度和蒸汽与过热器管的温差。所以，蒸汽流量偏差最易使流量偏少的过热器管超温。

低温段过热器，由于蒸汽入口温度为饱和温度，最高不会超过临界温度374.15℃，出口温度通常在400℃以下，过热器管的材质为20钢，允许使用温度不超过480℃，过热器管的安全裕量较大，蒸汽流量偏差造成的超温危险较小。高温段过热器由于出口汽温较高，为了节省投资，过热器管材质的安全裕量较小，因此蒸汽流量偏差造成的过热器管超温的危险相对来讲较大。

120. 燃煤锅炉改烧油后为什么汽温下降？

答：我国20世纪50年代和60年代初期安装的电站锅炉几乎全是燃煤的。20世纪60年代末和 70 年代初，由于石油工业的发展和对能源情况估计得不足，将不少燃煤锅炉改为烧油。燃煤炉改为烧油后普遍存在的问题是蒸汽温度下降。国外烧煤锅炉改烧油后同样存在这个问题。

这是因为燃料油燃烧迅速、火焰短、火焰中心低，使炉膛出口的烟气温度降低，过热器的传热温差降低。

燃油时所需的过量空气系数较小，炉膛出口的过量空气系数一般为 1.1～1.15，设计良好的燃烧器调整得当可使过量空气系数保持在 1.05，甚至低到 1.03。而烧煤时，炉膛出口过量空气系数为 1.2～1.25。锅炉改烧油以后，烟气量减少，烟速降低，过热器的吸热减少。烧煤时煤粉中的灰分进入过热器已呈固态，过热器在飞灰的冲刷下，受热面比较清洁，热阻较小。而改烧油后，因为油中灰分很少，烟气中的飞灰不但颗粒小，而且数量也少得多，几乎不具备冲刷、清洁受热面的能力，过热器管的污染较严重，热阻增加，所以使得过热器吸热量减少。

由于上述三个因素，使得燃煤锅炉改烧油以后汽温偏低 20～40℃。

121. 烧煤锅炉改烧油以后，汽温偏低怎样解决?

答：燃煤的锅炉改烧油以后，汽温偏低是普遍规律。要解决这个问题，从设备上可以采取下面几个办法。

（1）增加过热器的传热面积。此法可以从根本上解决问题，而且还可以提高锅炉热效率。但是要消耗大量的人力和钢材，施工也较困难。

（2）在炉膛敷设绝热层，减少水冷壁的吸热量，提高炉膛出口烟气温度。此法施工容易，人力和物力的消耗较少，但绝热层容易损坏，维护工作量较大，锅炉热效率略为降低。

（3）提高燃烧器的标高，使火焰中心位置升高，从而提高炉膛出口的烟气温度。此法能从根本上解决问题，但工作量很大，人力和物力消耗很大，只有当需要将煤粉燃烧器拆除改成烧油燃烧器时，才可以考虑采用。

（4）在炉膛上部装设调温燃烧器。此法工作量较大，运行操作也不方便。在运行操作方面也可以采取一些措施来提高汽温，如降低给水温度、保持较大的过量空气系数、适当加大炉膛负压、多投上层或后墙燃烧器、调节燃烧器的旋流强度，使火焰变得细长，以提高炉膛出口烟气温度等。虽然采取这些措施会降低设备的经济性，但由于这些方法简单、易行，往往在生产实践中经常被采用。

122. 为什么低负荷时汽温波动较大?

答：低负荷时，送入炉膛的燃料量少，炉膛容积热负荷下降，炉膛温度较低，燃烧不稳定，炉膛出口的烟气温度容易波动，而汽温不论负荷大小，要求基本上不变。因此，低负荷时烟气温度与蒸汽温度之差较小，即过热器的传热温差减小。

当各种扰动引起炉膛出口烟气温度同样幅度的变化时，低负荷下过热器的传热温差变化幅度比高负荷下过热器的传热温差变化幅度大。由于以上两个原因，使得低负荷时的汽温波动较大。

123. 为什么高压锅炉的蒸汽温度波动较中压锅炉大?

答：随着锅炉压力的提高，燃料中用于过热蒸汽的热量随之增加，表 9-4 列举了某中压锅炉和某高压锅炉蒸汽参数对比值。

表 9-4 　　　　　　　　某中压锅炉和某高压锅炉蒸汽参数对比值

参数	某中压锅炉	某高压锅炉
饱和蒸汽压力（MPa）	4.4	11
过热蒸汽压力（MPa）	3.9	10
蒸汽温度（℃）	450	510
过热蒸汽入口焓（kJ/kg）	2800	2709
过热蒸汽出口焓（kJ/kg）	3333	3404
焓增量（kJ/kg）	533	695

　　高压锅炉每吨蒸发量所拥有的过热器面积较中压锅炉大。例如，某台高压锅炉蒸发量为230t/h，过热器面积为2040m²，每吨蒸发量所拥有的过热器面积为8.87m²/t。某台中压锅炉的蒸发量为120t/h，过热器面积为946m²，每吨蒸发量所拥有的过热器面积为7.8m²/t。

　　由于高压锅炉过热的吸热量占燃料发热量的比例比中压锅炉大，所以，在条件相同的情况下（燃料种类、过热器前烟气温度、过量空气系数及过热器清洁程度等），高压锅炉过热器后的烟气温度比中压锅炉的低。例如，某台高压锅炉过热器入口烟气温度为1059℃，出口烟气温度为575℃；某台中压锅炉的过热器入口烟气温度为1086℃，出口烟气温度为739℃。同时，高压锅炉过热器入口汽温为317℃，出口汽温为510℃；中压炉过热器入口汽温为256℃，出口汽温为450℃。从以上数据很容易看出高压锅炉过热器的传热温差明显小于中压锅炉。如果某些因素的扰动使过热器前的烟温变化相同的幅度，则高压锅炉过热器传热温差变动的幅度大于中压锅炉。由于高压锅炉过热器吸热量的变化幅度大于中压锅炉，必然使得高压锅炉的汽温波动大于中压锅炉。

　　由以上分析可以明显看出，高压锅炉蒸汽温度对内、外部各种因素的扰动较中压锅炉敏感，也即高压锅炉的汽温波动的幅度和频率均大于中压锅炉。某发电厂有高压和中压两种锅炉，锅炉主操普遍反映高压锅炉的汽温波动大，汽温调节频繁，其道理就在于此。

124. 为什么低负荷时要多投用上层燃烧器？

　　答：大多数中、高压锅炉的过热器是以对流传热为主。对流式过热器的汽温特性是随着负荷降低，蒸汽温度下降。当锅炉负荷较低时，有可能出现减温水调节阀完全关闭，汽温仍然低于下限的情况。虽然可以采取增大炉膛出口过量空气系数或增大炉膛负压的方法来提高汽温，但这些方法因为排烟温度提高，排烟的过量空气系数增加，造成排烟热损失上升，所以导致锅炉热效率下降。

　　如果尽量停用下层燃烧器，而多投用上层燃烧器，则炉膛火焰中心上移，炉膛吸热量减少，炉膛出口的烟温上升。过热器因为辐射吸热量和传热温差增大，过热器总的吸热量增加，所以使得汽温上升。这种调节汽温的方法经济性较好，在因负荷较低而导致汽温偏低时，是应首先采用的方法，见图9-19。

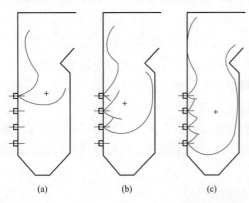

图 9-19 　通过改变火焰中心调整汽温
(a) 低负荷；(b) 中负荷；(c) 高负荷

125. 为什么过热汽温和再热汽温允许正向波动值较小，而允许负向波动值较大？

答：由于引起过热汽温和再热汽温波动的因素非常多，例如，负荷、煤种、煤粉细度、过量空气系数、炉膛负压、水冷壁和辐射式及半辐射式过热器结渣与脱落、汽压、火焰中心的高度等因素的变化均会使过热汽温和再热汽温发生变化。虽然过热汽温和再热汽温均有调节手段，但是要保持过热汽温和再热汽温不变显然是不可能的，将两者的汽温波动控制在一定范围是切实可行和通常的作法。

通常过热汽温和再热汽温有一个正常值，允许正向波动值上限为5℃，负向波动值下限为−10℃。提高过热汽温和再热汽温可以提高机组的热效率，但汽温的提高受钢材性能的限制。随着钢材许用温度的提高，钢材中的合金元素的比例增加，价格也随之上升。为了充分利用钢材耐高温的性能，又留有一定的裕量，通常过热汽温和再热汽温较正常值正向波动上限为5℃，正向波动超过5℃就会使机组安全构成威胁，寿命缩短。过热汽温和再热汽温下降会导致机组热效率降低，但不会对机组运行的安全构成威胁，因此，过热汽温和再热汽温较正常值负向波动的下限为−10℃。

过热汽温和再热汽温控制在正常值+5℃和−10℃的范围内，在确保机组的安全和使用寿命的基础上，保证了机组的经济性，也为机组的运行调整提供了合理和较宽松的条件。

126. 为什么燃煤水分增加，汽温升高？

答：煤在开采和储运过程中，由于采用水力采煤或喷水降尘和下雨下雪等原因造成水分变化较大。当煤的水分增加时，因为发热量下降，为了保持锅炉负荷不变，耗煤量需增加，使进入炉膛的水分进一步增加，所以导致炉膛温度下降。虽然由于炉膛中水蒸气分压提高，炉膛黑度增加，使水冷壁吸收的辐射热量增加，但是由于水冷壁辐射吸热量与炉膛黑度的一次方成正比，而与炉膛平均绝对温度的四次方成比，所以，燃煤水分增加总的结果是水冷壁吸热量减少，炉膛出口烟气焓增加。

由于燃煤水分增加，使流经对流式过热器的烟速提高，烟气的辐射能力增加，烟气对过热器的传热增强，而蒸汽量没变，所以对流式过热器的汽温升高。通常煤的水分增加1%，过热汽温约增加1℃。

由于大多数锅炉均是以对流式过热器为主，所以煤的水分增加，过热汽温升高。对于布置有辐射式过热器的大型锅炉，因煤的水分增加而使炉膛平均温度降低，因辐射吸热量减少而使辐射过热器出口汽温降低，至于锅炉出口过热汽温是升还是降，要看辐射过热器吸热量占过热器全部吸热量的比例。显然，对于布置有辐射式过热器的锅炉，燃煤水分增加时，过热汽温变化幅度较小。

127. 为什么安全阀动作时，过热汽温会下降？

答：安全阀动作前汽压和饱和温度较高，蒸汽量较少，汽温较高安全阀开启后因为大量排汽，汽压迅速降低，所以饱和温度随之下降，储存在锅水和蒸发受热面金属中的热量以产生附加蒸汽的形式释放出来。因水冷壁管内和汽包内部分锅水汽化而使汽包水位迅速升高，汽包蒸汽空间减少，汽包内的锅水部分汽化未经旋风分离器分离，汽水分离效果变差，蒸汽因带水而导致汽温下降。

安全阀动作时，无论是自动控制还是手动控制，均会较大幅度地减少燃料量，炉膛出口温度降低导致过热汽温下降。

因此，安全阀动作时除要加强汽包水位监视和调整外，还要注意过热汽温的监视和调整。

128. 为什么采用沸腾式省煤器锅炉的安全阀动作，蒸汽带水更严重？

答：由于采用沸腾式省煤器的锅炉汽包内的锅水是饱和状态，安全阀动作前压力较高锅水温度也较高，安全阀动作后压力降低锅水温度也随之降低，两者的焓差全部用于自身汽化产生蒸汽，产生的蒸汽量较多，汽包水位上升较多，同时，汽包内锅水汽化产生的蒸汽未经旋风分离导致带水较严重。

采用非沸腾式省煤器的锅炉，汽包内的锅水温度低于汽包压力下的饱和温度处于非饱和状态。安全阀动作，压力下降的初期因锅水温度仍为非饱和状态不会产生蒸汽，只有压力进一步下降到低于锅水温度对应的饱和压力时才会产生蒸汽，因为汽包内锅水汽化产生的蒸汽较少，汽包水位上升较少，所以蒸汽带水不太严重。

129. 为什么蒸汽带水或温度急剧下降会引起法兰或阀门泄漏？

答：通常管道上法兰的厚度远大于管壁的厚度。在正常稳定的工况下，法兰各点的温度比较均匀，法兰的变形很小，依靠螺栓产生的对法兰垫片的压力，可以确保法兰密封面严密不漏。

当锅炉汽包水位过高或出现汽水共腾时，由于蒸汽带水，锅水在过热器内蒸发吸收大量热量，所以导致汽温急剧下降。由于法兰厚度和直径较大，当汽温急剧下降时，靠近管壁的法兰部位温度下降较快；远离管壁的法兰部位，因热阻的存在而使温度下降较慢，法兰因各部位温度不均匀形成热应力而产生变形，同时，法兰的收缩量大于螺栓的收缩量，使得螺栓对法兰垫片的压紧力下降，导致其密封面泄漏。

由于调节不当使汽温下降幅度较大时，因同样的理由也会导致法兰泄漏，泄漏的程度较蒸汽带水时小。

当蒸汽压力较低，阀门采用法兰与管道连接时，汽温急剧下降会引起法兰和阀门盖泄漏。

蒸汽温度越高，法兰直径越大、越厚，汽温急剧下降的幅度越大，法兰泄漏的程度越严重。因汽温急剧下降而引起的法兰泄漏通常不需要处理，当汽温恢复正常后，法兰的泄漏会自动消除。

法兰突然泄漏也常常用来提醒运行人员可能出现了汽温急剧下降的事故，应及时处理。

130. 怎样确定过热器和再热器是以对流传热为主还是以辐射传热为主？

答：我国125MW及以上的火力发电机组的锅炉均装有再热器。由于大容量锅炉蒸汽过热和再热所吸收的热量占工质全部吸热量的比例较高，仅靠布置在水平烟道和竖井烟道内的对流受热面难以将蒸汽过热和再热到所需的温度，需要在炉膛出口或炉膛内布置半辐射式和辐射式过热器及再热器。

通常过热器和再热器由对流受热面、半辐射式受热面和辐射式受热面组成。要想确定某台锅炉的过热器和再热器是以对流传热为主还是以辐射传热为主，除了可以通过查阅锅炉制造厂提供的热力计算书外，在现场还有一个简单可行的方法。该方法的理论根据是，对流式过热器和再热器的汽温特性是随着锅炉负荷增加过热汽温和再热汽温升高，辐射式过热器和再热器的汽温特性随着负荷增加，过热汽温和再热汽温下降。

因此，通过现场实验和观察，如果过热汽温或再热汽温随着锅炉负荷增加而增加，则该炉的过热器或再热器是以对流传热为主，属于以对流传热为主的过热器和再热器；反之，则属于以辐射式传热为主的过热器和再热器。如果锅炉负荷增加，过热汽温和再热汽温变化不大，则属于辐射吸热量和对流吸热比例大体相当。

为了确保实验的准确性，负荷变化时不要改变燃烧器投入的个数，仅改变各个燃烧器的出力。

131. 为什么有些超临界和超超临界压力锅炉的再热汽温比过热汽温高，有些超临界和超超临界压力锅炉的再热汽温与过热汽温相同？

答：超高压和亚临界压力锅炉再热器出口压力较低，为 $3.3\sim3.8MPa$，尽管过热汽温较低，约为 $540℃$，再热蒸汽采用与过热蒸汽相同的温度，汽轮机末级叶片的湿度较小，因此，通常超高压和亚临界压力锅炉的过热汽温和再热汽温相同。

超临界压力和超超临界压力锅炉再热器出口压力较高，为 $5\sim5.2MPa$。由于早期的超临界和超超临界压力锅炉，当时受钢材高温性能的限制，过热汽温较低，为 $550\sim570℃$，如果再热汽温与过热汽温相同，汽轮机末级叶片的湿度仍然较大，所以，为了降低末级叶片的湿度，再热汽温比过热汽温高。

随着新研制的耐高温的新钢种不断出现，新钢种耐高温的性能不断提高，为超临界和超超临界压力锅炉提高过热汽温提供了物质基础。近年来生产的超临界和超超临界压力锅炉的过热汽温已提高到 $600\sim610℃$，再热汽温与过热汽温相同已能满足汽轮机末级叶片对蒸汽湿度的要求，所以，再热汽温与过热汽温相同，甚至出现再热汽温略低于过热汽温的情况。

132. 为什么燃煤炉或燃油炉改烧或掺烧气体燃料时，汽温会升高？

答：由于气体燃料含灰极少，不需要考虑炉膛出口结渣和炉底出渣问题，其燃料系统及燃烧器结构均较简单，所以，任何一台燃煤或燃油锅炉均可很方便地改烧或掺烧气体燃料。钢铁企业高炉产生的高炉煤气和石化企业产生的石油尾气是其锅炉主要掺烧的气体燃料。

由于煤粉炉火焰中除具有辐射能力的三原子气体 CO_2 和 H_2O 外，炭黑粒子、焦炭粒子和飞灰粒子均具有较强的辐射能力，所以，煤粉火焰的辐射能力最强。燃油炉火焰中除具有辐射能力的三原子气体 CO_2 和 H_2O 外，还有烃类分解所产生的较多炭黑粒子，因此，燃油炉火焰的辐射能力虽然低于煤粉炉火焰，但仍具有较强的辐射能力。而高炉煤气中的主要可燃成分是 CO 和 H_2，因此，高炉煤气火焰中除具有辐射能力的三原子气体 CO_2 和 H_2O 外，没有其他具有辐射能力的成分，其火焰的辐射能力最小。石油尾气火焰中除具有辐射能力的三原子气体 CO_2 和 H_2O 外，还有一定量的烃类分解产生的炭黑粒子，其数量低于燃油火焰，因此，其火焰的辐射能力虽高于高炉煤气火焰，但仍低于燃油火焰。

火焰的辐射能力低，水冷壁的吸热量就减少，以吸收对流传热为主的过热器吸热量就增加，导致汽温升高。高炉煤气和石化企业催化裂化装置再生器产生的再生烟气中，可燃成分较少，含有大量的 N_2，其发热量很低。掺烧这类煤气不但使火焰的辐射能力降低，而且还因炉膛平均温度降低，使水冷壁的吸热量进一步减少，同时，烟气量大量增加，导致过热汽温进一步升高。

由于高炉煤气和再生烟气的可燃成分少、发热量低，所以通常不会全部替代煤粉或燃油，而仅仅用于掺烧，掺烧的数量以汽温不超过上限为准。高热值的石油加工尾气的可燃成分较多，发热量较高，通常可以全部替代煤粉或燃油。虽然因火焰的辐射能力较低，导致汽温升高，但是通过调整，将减温器的减温水量调至最大，多投用下层燃烧器，减少水冷壁的积灰，仍可维持锅炉正常运行。

133. 为什么锅炉掺烧高炉煤气会使汽温明显升高？

答：由于焦炭在高炉内除提供热量熔化铁矿石外，还将铁矿石中的氧化铁还原成铁，所以，高炉在生产中会产生较多的主要可燃成分为一氧化碳、具有还原作用的高炉煤气。很多钢铁厂安装有可以利用高炉煤气的锅炉。

由于高炉煤气中仅有约27%的一氧化碳和约2%的氢是可燃的，其余是不可燃的氮气和二氧化碳，其发热量很低，仅为 $3000\sim4000kJ/m^3$（标准状态），同时，为了在没有高炉煤气的情况也能正常工作，钢铁厂的锅炉通常以常规燃料为主，掺烧一部分高炉煤气。

锅炉掺烧高炉煤气后，因为其热值很低和不可燃的组成很多，所以导致炉膛温度下降，水冷壁吸收的辐射热减少，炉膛出口烟气温度的变化要视掺烧高炉煤气的数量而定。即使炉膛出口烟温下降，过热器传热温差下降幅度也小于因为烟速提高、传热系数增加的幅度，所以，锅炉掺数高炉煤气一般气温明显升高。如果气温升高的幅度超过减温器的调整幅度，就要减少掺烧高炉煤气的数量。

134. 为什么一次风量偏大易使过热汽温升高？

答：一次风起到输送煤粉和为煤粉燃烧提供一部空气的作用。大多数情况下采用制粉系统的乏气作为一次风，其温度较低，约为70℃。由于一次风温度较低，会推迟气粉混合物着火时间，所以，在满足一次风管不堵塞和煤粉挥发分燃烧的条件，一次风量占全部风量的比例应较低，根据不同煤种，采用乏气送粉时为 $20\%\sim35\%$，采用热风送粉时为 $20\%\sim40\%$。

一次风携带煤粉喷入炉膛后，一方面依靠卷吸部分高温烟气混合加热，另一方面受到火焰和高温烟气的辐射加热将气粉混合物加热到着火温度而开始燃烧。如果一次风量偏大，由于煤粉浓度降低和热容量增加，将其加热到着火温度所需的热量增加，着火推迟，使得炉膛火焰中心上移，水冷壁吸热量减少。

由于过热器通常布置在炉膛上部和水平烟道内，因此，火焰中心上移会造成过热汽温升高。上述一次风量对过热汽温影响机理在锅炉运行中有一定实用价值。当过热汽温经减温器减温后仍偏高时，可在合理的范围内适当减少一次风量；反之，可在合理的范围内适当增加一次风量。

135. 为什么过热器吸热量大的管子会导致该管质量流量下降？

答：过热器由众多并列在进、出口联箱上的蛇形管组成，锅炉运行时每根并列的蛇形管进、出口具有相同的压差。

当由于各种原因，例如，管子的积灰、结渣、烟速、间隙不同，使得个别管子吸热量大于过热器管的平均吸热量时，管内蒸汽温度较高，蒸汽的比体积较大，蒸汽的流速较高，过热器进、出口压差与蒸汽流速的平方成正比，与蒸汽的密度成正比。吸热量大的过热器管只有自动减少质量流量，才能保持与其他吸热量较小的管子具有相同的压差。

由此可以看出，并列在过热器进、出口联箱上吸热量大的管子，同时因为质量流量减少，两个因素叠加导致该管出口汽温和壁温明显高于其余各个管子。如果个别管子吸热量超过平均吸热量较多，就有可能因管子壁温超过材质许用温度而超温过热，导致损坏。所以，在设计、制造、安装、检修和运行各个环节要避免过热器个别管子吸热量过大。

136. 为什么汽压降低，汽温也降低？

答：汽压降低，说明外部用汽量大于锅炉产汽量。汽压降低，锅水的饱和温度下降，储存在锅水和金属中的热量以部分锅水汽化，产生部分附加蒸汽的形式释放出来。

由于此时燃烧工况未变，过热器入口的烟气温度和烟气流速未变，即过热器的吸热量未变，而过热器入口的饱和蒸汽温度因汽压降低而下降，蒸汽流量因附加蒸汽而增加，所以，汽压降低，汽温也降低。

137. 为什么新安装的锅炉投产初期蒸汽温度会偏低？

答：无论是燃煤还是燃油锅炉，各种受热面积灰是不可避免的。受热面积灰因热阻增加，传热系数降低而导致传热量减少，所需的传热面积增加。锅炉在设计过程中，对于不同燃料和不同种类的受热面采用灰污系数的方法考虑积灰对受热面吸热的影响。燃用不同燃料水冷壁的灰污系数见表 9-5。

表 9-5　　　　　　　　　　　　　　水冷壁的灰污系数

水冷壁型式	燃料	灰污系数
光管、鳍片管、贴墙	煤气	0.65
	重油	0.55
	煤粉	0.45
	煤层燃	0.60

锅炉受热面积灰是个渐进的过程。新安装的锅炉投产后各受热面积灰逐渐增加，当积灰超过一定厚度，在重力作用下脱落，受热面上的积灰达到动态平衡而保持一定的厚度。表 9-5 中各种燃料和各种受热面上的灰污系数就是积灰达到动态平衡下的数据。灰污系数越小，表明积灰越严重，从表 9-5 中可以看出煤粉炉水冷壁积灰是较多的。

新安装的锅炉投产初期，水冷壁的积灰较少，水冷壁的辐射吸热量很大，使得安装在炉膛上部的屏式过热器、再热器和水平及垂直烟道内的过热器和再热器，因炉膛出口烟气温度较低，传热温差减少，吸热量降低而导致过热汽温和再热汽温偏低。虽然新安装的锅炉投产初期，因过热器和再热器积灰较少，热阻较小会导致过热汽温和再热汽温偏高，但由于水冷壁的热负荷明显高于过热器和再热器，积灰对水冷壁传热的影响大于对过热器和再热器的影响。

新安装的锅炉因各受热面的积灰较少，排烟温度较低，锅炉热效率较高，相同负荷时进入炉膛的燃料量减少，使得炉膛出口温度降低也是导致过热汽温和再热汽温偏低的原因之一。

通过以上分析可以看出，新安装的锅炉投产初期过热汽温和再热汽温偏低是正常的，通过燃烧和减温水量的调整，可以将过热汽温和再热汽温控制在规定的范围内。经过一段时间的运行，锅炉各受热面上的积灰达到动态平衡后，过热汽温和再热汽温可以达到设计值。

138. 为什么有的渣块脱落会使过热汽温和再热汽温升高，有的渣块脱落会使过热汽温和再热汽温降低？

答：煤粉炉由于各种原因炉膛内的受热面结渣是难以避免的。当渣块的重力大于渣块与炉膛受热面的附着力时渣块脱落。

炉膛内的受热面是水冷壁、墙式辐射过热器和再热器、屏式半辐射过热器和再热器，以上三种受热面均有可能结渣。

如果是水冷壁渣块脱落，由于水冷壁吸热量增加，炉膛和炉膛出口温度下降，辐射式和半辐射式过热器及再热器及两者的对流部分吸热量均减少，所以使得过热汽温和再热汽温均下降。

如果是墙式辐射过热器和再热器渣块脱落，由于两者的吸热量增加而使得过热汽温和再热汽温升高，但炉膛出口温度降低，两者对流部分的吸热量因传热温差减少而降低，使得汽温下降，因前者对过热汽温和再热汽温的影响大于后者对汽温的影响，总体而言导致过热汽温和再热汽温上升。

第七节 燃 烧 调 整

139. 什么是燃烧？什么是理论燃烧温度？

答：燃料迅速地与氧化合，发出光和热的现象称为燃烧。无论是固体、液体或气体燃料，可燃元素主要是由 C 和 H 组成的，只是不同的燃料，C 和 H 的比例不同而已。因此，各种燃料完全燃烧，C 和 H 分别生成 CO_2 和 H_2O。

假设 0℃的燃料，采用 0℃的空气和理论空气量在绝热的情况下，完全燃烧时，火焰的温度称为理论燃烧温度。

因为实际燃烧时散热是不可避免的，为了完全燃烧，实际送入的空气量要大于理论空气量，以及火焰在高温时，部分燃烧产物 CO_2 和 H_2O 分解成 CO、H_2 和 O_2 时要吸热。所以，实际燃烧温度总是低于理论燃烧温度。

理论燃烧温度随着燃料发热量的增加略有上升，但影响不明显。这是因为燃料的发热量增大，所需的理论空气量也随之增加。燃料发热量大，燃烧时产生的热量多，但由于理论空气量的增加使得燃烧生成物也增加。

燃烧温度受过量空气系数的影响很大。这是因为在燃料发热量一定的情况下，燃料燃烧生成的热量是一定的，由于一部分热量用来加热过量空气，所以使得燃烧温度明显下降。空气过量得越多，空气温度越低，实际燃烧温度下降越大。这一规律对指导燃烧调整有重要意义。为了提高炉膛温度，在保证燃料完全燃烧的前提下，应尽量降低过量空气系数，尽可能地减少冷空气漏入炉膛。

140. 什么是火焰中心？

答：燃料进入炉膛后，一方面，由于燃料的燃烧而产生热量，使火焰温度不断升高；另一方面，由于水冷壁的吸热，使火焰温度降低。当燃料燃烧产生的热量大于水冷壁的吸热量时，火焰温度升高；当燃料燃烧产生的热量等于水冷壁的吸热量时，火焰温度达到最高。炉膛中温度最高的地方称为火焰中心，见图 9-20。

火焰中心的高度不是固定不变的，而是随着锅炉运行工况的变

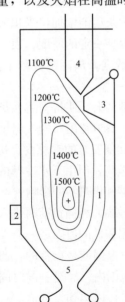

图 9-20 固态排渣锅炉炉膛的形状及温度分布
1—等温线；2—燃烧器；
3—折焰角；4—屏式过热器；
5—冷灰斗

化而改变。例如，当燃烧器分成两排，上排投得多时，则火焰中心上移；反之，则下移。

同一台锅炉燃用不同的燃料，火焰中心的高度也是不同的。一般来讲，燃用液体或气体燃料时，由于燃料燃烧迅速，火焰中心较低。而燃用煤粉时，由于煤粉燃烧不及燃油和气体燃料迅速，火焰较长，故火焰中心较高。一般火焰中心的高度根据燃料的不同在燃烧器上方 1.0～2.5m 处。

141. 为什么要监视炉膛出口烟气温度？

答：容量稍大的锅炉均装有监视炉膛出口烟气温度的热电偶，容量在 120t/h 及以上的锅炉，因为炉膛较宽，可能会引起炉膛出口两侧烟气温度发生较大的偏差，所以通常装有左、右两个测温热电偶。

炉膛出口烟气温度通常随着负荷的增加而提高。正常情况下，某个负荷大体上对应一定的炉膛出口温度。如果燃油锅炉的油枪雾化不良，配风不合理，通常会使燃烧后延，造成炉膛出口烟气温度升高。如果煤粉锅炉的煤粉较粗或配风不合理，同样也会使燃烧后延，造成炉膛出口烟气温度升高。无论是燃油炉还是煤粉炉，当燃烧器燃烧良好时，由于火焰较短，炉膛火焰中心较低，炉膛吸收火焰的辐射热量较多，所以使得炉膛出口烟气温度较低。换言之，如果在负荷相同的情况下，炉膛出口烟气温度明显升高，则有可能是油枪雾化不良，煤粉较粗或配风不合理，引起燃烧不良造成的，运行人员应对燃烧情况进行检查和调整，直至炉膛出口烟气温度恢复正常。

如果炉膛出口烟气温度升高，而燃烧良好，则可能是由于炉膛积灰或结渣，使水冷壁管的传热热阻增大，水冷壁管吸热量减少而引起的。只有采取吹灰或清渣措施，才能使炉膛出口烟气温度恢复正常。

当锅炉容量较大、炉膛较宽时，如果燃烧器投入的数量不对称或配风不合理，则可能是因为燃烧中心偏斜而引起炉膛出口两侧烟气温度偏差较大，应采取相应的调整措施，使两侧烟温偏差降至允许的范围内。

由此可以看出，通过监视炉膛出口烟气温度，就能掌握锅炉的燃烧工况、水冷壁管的清洁状况以及火焰中心是否偏斜，为运行人员及时进行调整提供帮助。

142. 什么是理论空气量？

答：各种燃料都是由碳、氢、氧、氮、硫五种元素和灰分、水分组成的。只是不同的燃料各元素和灰分、水分所占的比例不同而已。但是这五种元素只有碳和氢是可以燃烧的（硫也可以燃烧，但燃料中含硫量很少，可忽略不计）。

$$C+O_2 \Longrightarrow CO_2$$
$$2H_2+O_2 \Longrightarrow 2H_2O$$

根据燃料中碳和氢元素的含量和化学方程式，计算出来的 1kg 燃料完全燃烧所需要的标准状况下的干空气，称为理论干空气量 V_{gk}^0，其单位对固体和液体燃料来说为 m^3/kg，对气体燃料则是 m^3/m^3。

考虑空气中经常含有一定量的水蒸气，一般都假定 1kg 空气中含 10g 水蒸气，因此，燃烧所需要的理论空气量 V_k^0 为 $1.016\ V_{gk}^0\ m^3/kg$。

143. 什么是实际空气量？

答：理论空气量是在完全理想的情况下，即燃烧时间足够长，燃料与空气充分混合的情况下所需的空气量。但是在实际燃烧过程中，炉膛较大，难免出现死角，燃料和空气也不能混合得非常均匀。由于炉膛的体积是一定的，燃料在炉膛内停留的时间是有限的。显然，如果只送给理论空气量，则肯定在炉膛里会出现有的地方空气不足，有的地方空气过剩。在空气不足的地方就会造成燃料燃烧不完全，浪费燃料，污染受热面和环境。

为了保证燃料在炉膛内充分燃烧，在炉膛里宁可让空气稍有过剩，而不让空气不足。为此，必须要送入比理论空气量稍多的空气。为了保证燃料完全燃烧，按每千克或每标准立方米燃料实际送入炉内标准状况下的空气量，称为实际空气量。单位是 m^3/kg 或 m^3/m^3。

144. 什么是过量空气系数？什么是最佳过量空气系数？

答：实际空气量与理论空气量之比称为过量空气系数。

过量空气系数过小，将造成燃料燃烧不完全，使锅炉热效率降低，同时还污染受热面和环境。过量空气系数过大，则送风机、引风机的耗电量增加，锅炉的排烟热损失增加，锅炉热效率也降低。

当锅炉的各项热损失之和为最小，即锅炉效率最高时的过量空气系数称为最佳过量空气系数。

145. 最佳过量空气系数是怎样确定的？

答：最佳过量空气系数与很多因素有关，目前还不能从理论上确定在各种负荷下的最佳过量空气系数。一般都是通过现场的热力试验来确定。

测定步骤大致如下：保持负荷、汽温、汽压稳定，调整燃烧，测定在各种过量空气系数下，锅炉的各项热损失，画出各项热损失与过量空气系数 α 的关系曲线，将各条曲线相加得到一条各项热损失之和与过量空气系数的关系曲线。

由于散热损失与灰渣物理热损失与过量空气系数无关，故可不画出该两项损失与过量空气系数的关系曲线。该曲线最低点即是各项热损失之和为最小者，该最低点所对应的过量空气系数即为该负荷下的最佳过量空气系数，见图9-21。然后再选定一个负荷，仍然保持汽温、汽压稳定，重复上述步骤，即可确定该负荷下的最佳过量空气系数。以此类推，可确定各种负荷下的最佳过量空气系数。

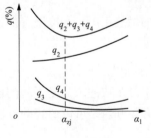

图 9-21 最佳过量空气系数的确定

最佳过量空气系数的设计值与试验值并不一定相同，应以试验值为准。

在不同负荷下，最佳过量空气系数不同，通常随着负荷的降低而略有升高，但在 $75\%\sim100\%$ 负荷范围内，最佳过量空气系数基本相同。

146. 怎样测定炉膛的漏风系数？

答：我国投产的锅炉绝大部分是负压锅炉，锅炉运行时炉膛及出口烟道均是负压。锅炉烟道内各受热面的漏风系数比较容易测定，因为漏入烟道的空气不参与燃烧，只要测出各受热面前后烟气的过量空气系数 α' 和 α''，α'' 与 α' 之差就是该级受热面的漏风系数。

因为炉膛内，下部负压大，上部负压小，而且漏入炉膛的空气一部分能参与燃烧。所以，不能采用上述方法测定炉膛的漏风系数。

测定炉膛漏风系数的方法有几种，其中比较适宜锅炉运行现场采用的是锅炉正压法。维持炉膛正常负压，测出炉膛出口的过量空气系数 α''_{L1}，然后将炉膛维持正压，在没有空气漏入炉膛的情况下，测出炉膛出口的过量空气系数 α''_{L2}，α''_{L1} 与 α''_{L2} 之差即为炉膛的漏风系数。

因为炉膛负压测点在炉膛大约 2/3 高度处，而炉膛下部的负压最大，炉膛上部的负压最小，为了确保整个炉膛均为正压，以防空气从炉膛下部漏入，应保持炉膛负压表指示较大的正压，如为 100～150Pa。因为漏入炉膛的空气一部分能参与燃烧，为了防止炉膛保持正压时，因空气量不够而造成燃烧恶化，所以试验前可适当维持炉膛出口较大的过量空气系数。

炉膛从保持负压变为保持正压，在送风机调节挡板不动的情况下，因为阻力增加而送风量有可能略为减少。因此，采用炉膛正压法测出的炉膛漏风系数略为偏大，但误差不大，可以满足现场测量要求，特别适宜检修前后炉膛漏风系数对比之用。

147. 为什么负压锅炉各部分的过量空气系数不同？

答：负压锅炉运行时，绝大部分处于负压状态。在炉膛里负压沿烟气流动方向越来越小，在水平烟道和竖井烟道里沿烟气流动方向负压越来越大。因此，空气就会从人孔、防爆门、炉墙、检查孔及炉管穿墙部分等不严密处漏入炉膛和烟道。由于负压锅炉从不严密处漏入空气是不可避免的，因此《电力工业技术管理法规规定》锅炉各部分因漏入空气而增加的过量空气系数不应超过下列标准：

(1) 锅炉本体和过热器：0.10；

(2) 蛇形管省煤器每一级：0.02；

(3) 管式空气预热器每一级：0.05。

炉膛出口处的取样比较困难，习惯上用过热器后过量空气系数代替炉膛出口处的过量空气系数。

由于锅炉各部分的过量空气系数不同，因此，在说明过量空气系数时要注明部位，如炉膛出口处或空气预热器后等。图 9-22 所示为某130t/h锅炉炉膛及烟道漏风情况示意。

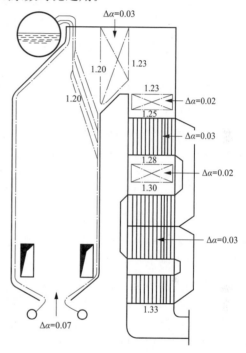

图 9-22　某 130t/h 锅炉炉膛及烟道漏风情况示意

（图中各处数字为过量空气系数及漏风系数）

148. 在没有氧量表或二氧化碳表的情况下，如何判断配风是否良好？

答：锅炉安装了氧量表或二氧化碳表，判断配风是否良好是比较容易的。如果锅炉没有氧量表和二氧化碳表或是虽有但失灵时，用目测的方法也可判断配风是否良好。

火焰发亮白色说明风量过大，应减少配风量；火焰发暗发红甚至出现黑烟，说明风量不足。当配风良好时，火焰呈麦黄色，火焰轮廓清楚。当配风不良时，火焰轮廓不清楚，火焰回卷，并有黑烟出现。

149. 为什么相邻的旋流式燃烧器的气流旋转方向是相反的？

答：旋流式燃烧器的出口空气流是旋转的，其早期燃料与空气混合比较强烈。气流进入炉膛后，由于动能迅速消失，其后期的混合性能较差，所以不利于燃料与空气的充分混合。

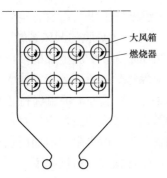

图 9-23　旋流式燃烧器
气流旋转旋向

采用相邻旋流式燃烧器的气流旋转方向相反的布置方式，可以加强燃料与空气在炉膛里的后期混合，达到保持较低的过量空气系数就能保证燃料完全燃烧的目的。

相邻两个燃烧器气流旋转方向相反可以防止炉内火焰偏斜，使炉内各受热面的热负荷比较均匀。

一般旋流式燃烧器的气流旋转方向，左、右、上、下都是相反的。某台锅炉前墙配有 8 只旋流式燃烧器，其气流旋转方向见图 9-23。

150. 为什么要采用大风箱供风系统？

答：较早制造的锅炉，空气预热器出口的热风经热风管道分别供给各个燃烧器。通常一根热风管道供给一只燃烧器，或一根热风管道供给两只燃烧器。

当采用热风管道单独向一只或两只燃烧器供风时，由于每根风管道的长度和走向难以完全相同，从而引起每根热风管道的流动阻力不同，使得每只燃烧器入口的风压难以完全相同。当一根热风管道向两只燃烧器供风时，由于位于前面燃烧器的热风道内热风的流速比位于后面燃烧器热风道内热风流速高约一倍，位于前面的燃烧器入口的动压较高而静压较低，位于后面的燃烧器入口动压较低而静压较高，造成同一根热风管道上两只燃烧器入口风压不同的情况。

由于每只燃烧器入口风压不同，每只燃烧器都要进行单独的调整风挡板的开度才能使燃烧处于最佳工况，负荷变化时给配风调整带来很多麻烦，增加了很多工作量，难以满足低氧燃烧时的配风调整要求。

如果采用大风箱供风系统，将锅炉的所有燃烧器全部置于大风箱内，空气预热器出口的热风经对称的两侧风道与大风箱连接。大风箱相对于热风管道而言，流通截面大得多，大风箱内热空气的流速很低，流动阻力和动压很小，使得每只燃烧器入口的风压差别小到可以忽略不计的程度，只要燃烧器风门挡板的开度相同，进入每只燃烧器的风量就是相同的，这给燃烧调整带来了很大方便。当负荷变化时，不必对每个燃烧器的配风单独进行调整，只要调整风机入口导叶的开度或风机的转速，改变送风机出口的风压即可使大风箱内每只燃烧器的配风量得到同步均匀的变化，易于满足低氧燃烧时对燃烧器配风量调整的要求。

当然根据需要，也可以对大风箱内的任何一只燃烧器单独进行配风调整。由于大风箱供风系统有明显的优点，所以，目前制造的大、中型锅炉大多采用大风箱供风系统，见图 9-23。

151. 为什么链条炉要经常进行拨火工作？

答：链条炉对燃料的尺寸要求较高，理论上燃料应进行分选，在实际生产中往往难以做到。在燃用未经分选的统煤时，$0 \sim 6mm$ 的煤粉末可达 $50\% \sim 60\%$。统煤经煤闸门进入炉排后，燃料在炉排上难以均匀，使得炉排通风阻力不均。粉末因颗粒小，粉末间的间隙也小，所以通风阻力大。为保持一定的风量，风压提高，炉排下的送风容易将阻力较小处的煤末吹起，使得煤末吹起处的通风阻力进一步下降。因为风量明显增加，所以使得该处燃料的燃烧速度加快，其特征是喷火和发红，称为火孔。

炉排上形成火孔后，不但使燃料燃烧不均匀，而且也造成通风不均匀。火孔处的煤先行燃尽后，不再需要送风或只需少量送风，但因阻力小，而从已燃尽或接近燃尽的火孔处进入的风量却很多，这部分空气大部分不能参与燃烧，使得炉膛内的过量空气系数增加，锅炉热效率降低。为了消除炉排上形成火孔后的不利影响，锅炉主操应该经常检查煤层的燃烧情况。发现出现了火孔，应该通过拨火的方法，及时用煤将火孔盖住，使煤层各处的通风阻力尽可能相同，燃烧速度尽可能均匀。

链条炉的燃料是单面引燃的，着火条件较差，在整个燃烧过程中，燃料层与炉排相对静止，并随炉排缓慢移动，本身没有扰动作用；而大部分煤均有不同程度的黏结性，煤进入炉排后，受到炉内高温火焰和烟气的辐射加热，火床表面形成板状结焦。空气只能使板状结焦的表面进行燃烧，不但空气不能深入到焦块内部，内部的燃料无法燃烧，而且还因通风阻力增大，使燃烧困难。只有通过拨火将板状焦块破碎，不但使内部的燃料与空气因接触而进行燃烧，而且还因通风阻力降低而使燃烧条件得到改善，燃烧速度加快，为燃料在有限的时间内燃尽创造了有利条件。

因此，拨火是链条炉运行中必不可少的一项重要操作。

152. 为什么链条炉燃用的煤中水分过少，含煤末较多时应适当加水？

答：通常燃料中的水分会使燃料层着火延迟，对整个燃烧过程不利。燃烧中含有的水分使烟气容积增多，造成排烟热损失增加。但是当燃料中水分过少，特别是煤中粉末较多时，炉排上的煤末容易被炉排下的送风吹走，或从炉排片的缝隙漏入灰斗，使机械不完全燃烧损失增加；煤中水分过少，煤进入炉排后容易过早燃烧，可能会烧毁煤闸门。

在干煤中加水以后，煤粉末黏结成团，既不易被风吹走，也不易漏入灰斗，从而使机械不完全燃烧热损失减少。煤中的水分蒸发后，能疏松煤层，使煤层的孔隙增多，空气容易渗透进煤层的各个部分，有利于提高燃烧速度并使燃料完全燃烧。

对黏结性较强的煤，适当加水，可减轻煤层结焦的程度，对减少拨火工作量和改善燃烧是有利的。

适当加水能防止煤层升温过快，可控制煤中挥发分析出的速度，有利于减少化学不完全燃烧热损失。

但是煤中的水分会增加锅炉的排烟热损失。因此，不但水要加得均匀，并应给予一定的渗透时间，使水分渗透到煤的内部，以充分发挥加水带来的优点，而且要控制加水数量，使得加水后机械不完全燃烧热损失与化学不完全燃烧热损失减少的数量，超过排烟热损失增加的数量。

153. 为什么链条炉的炉膛出口过量空气系数比煤粉炉高？

答：由于燃料在炉膛内燃烧的时间有限，空气和燃料不能做到完全和充分的混合，为了尽量保证燃料完全燃烧，将化学不完全燃烧热损失q_3和机械不完全燃烧热损失q_4降低到可以接受的水平，炉膛出口的过量空气系数α_1根据不同的燃烧方式和煤种，在$1.2 \sim 1.5$的范围内。

由于煤粉炉的炉膛容积热负荷q_V约是链条炉的$1/2$，煤粉在炉膛内燃烧的时间较长。由于煤粉粒径很小，不论是前、后墙布置的旋流式燃烧器，还是四角布置可在炉膛内形成切圆燃烧的直流式燃烧器，煤粉和可燃气体与空气的混合比较强烈和充分，在保持炉膛出口过量空气系数α_1较低的情况下，即可将q_3和q_4降低到很低的水平。煤粉炉根据煤种的不同，炉膛出口过量空气系数 α_1 为 1.15~1.25。

链条炉采用层燃方式，大部分燃料在炉排上燃烧，少量粒径较小的煤粒被吹起在炉膛空间内燃烧。被吹起的煤粒直径大部分比煤粉大，而且链条炉的炉膛容积热负荷较高，炉膛容积较小，煤粒在炉膛内停留的时间较短，为了减少飞灰中的机械不完全燃烧热损失，需要维持炉膛出口较高的过量空气系数。虽然链条炉采用层燃方式，但是煤中的挥发分因温度升高而气化成气体燃料和燃料层中产生的一氧化碳是在炉排上方的炉膛空间燃烧的。由于链条炉所需的空气大部分是从炉排下方送入的，虽然有些链条炉的炉排上方送入少量高速的用以加强燃料与空气混合的二次风，但燃料与空气混合的强度和均匀程度不如煤粉炉。由于链条炉的燃料在燃烧时的不利因素，为了降低化学不完全燃烧热损失 q_3，所以只有维持链条炉炉膛出口较高的过量空气系数。通常链条炉炉膛出口的过量空气系数 α_1，根据煤种的不同，在 1.35~1.5 的范围内。即使维持链条炉炉膛出口较高的过量空气系数，链条炉的化学不完全燃烧热损失 q_3 仍比煤粉炉高。但进一步提高链条炉炉膛出口过量空气系数 α_1，将会受到排烟热损失 q_2 增加和炉膛温度降低的制约。

154. 为什么链条炉调节送风量对适应负荷的变化最灵敏？

答：调节链条炉的产汽量可用调节燃料层厚度、炉排速度和送风量来实现。

调节锅炉产汽量以适应负荷变化的实质，是调节在单位时间内燃料燃烧的数量。因为炉排的速度很慢，用改变煤闸门的开度来调节煤层的厚度或改变炉排的速度，均难以在短时间内较大幅度地改变单位时间内燃料燃烧的数量，所以，产汽量的变化较慢。

由于链条炉炉排上积蓄的燃料很多，通常为锅炉 1h 所需的燃料量，火床上的燃烧温度很高，燃烧反应的速度决定于空气的供应量。因此，增加送风量，炉排下的风压增加，风速提高就能使燃烧迅速加快，单位时间内燃烧的燃料量随之迅速增多，使得锅炉产汽量立即增大。反之，减少送风量，产汽量立即下降。

为了使燃烧正常且持续进行，送风量的调节必须与燃料量的调节很好地配合。通常情况下，当锅炉负荷变化时，总是先调节引风量、送风量，使锅炉的产汽量很快适应负荷变化，让汽压的变化幅度尽量减小。送风量变化后，炉排上燃料燃尽所需的时间也随之发生了变化，这时应该随即调节炉排的速度与其配合。即负荷增加，首先增加引风量、送风量，因为燃料燃烧速度加快，所以燃料燃尽时间缩短，随即加快炉排速度，在加快燃料进入炉内速度的同时，煤渣排除的速度也同时加快。这样锅炉负荷、引风量、送风量、燃煤量、产汽量、炉排速度、排渣量之间就建立起了新的平衡。

155. 怎样防止链条炉炉排在运行中起拱、跑偏和拉断？

答：链条炉炉排在正常运行时，炉排两侧的主动链环应与链轮良好啮合，炉排面平整，炉排不跑偏，炉排运行平稳且没有异常响声。因此，在安装时要使两侧链轮的平面垂直于传动轴，并使两侧轮链平面到轴中心的距离相等，其误差不应超过 2mm，同一轴上链轮齿尖前后错位不应超过 3mm，以确保炉排运行时，炉排片同步稳定行走。

确保装有链轮的前轴中心线与后滚筒中心线相平行，保持两侧链轮前面的拉紧螺栓的拉紧程度相同，是防止炉排起拱、跑偏和拉断的关键之一。由于测量前轴中心线与后滚筒中心线是否相平行较困难，在现场安装、检修时可用测量炉排面的对角线是否相等来判断。对角线长度相差不得超过 10mm；否则，应进行调整。

156. 怎样确定和保持炉排上合理的煤层厚度？

答：炉排上煤层的厚度是通过改变煤闸门的开度来调节的，应根据煤种、含水量、煤质和颗粒度来确定合理的煤层厚度。

煤层过薄，煤末容易被风吹起，使火床工作不稳定和不均匀。煤层过薄还会导致火床储热量过小，不易保持燃烧的燃料层高温，对稳定着火和燃烧不利。

煤层过厚则会使通风阻力增加，燃尽阶段煤粒裹灰严重，使各个燃烧阶段偏离正常位置，造成燃烧工况不正常，机械不完全燃烧热损失q_4增大。

根据运行经验，对于黏结性烟煤，煤层厚度一般为 60～120mm，不黏性烟煤为 80～140mm，无烟煤和贫煤为 100～160mm，比较合理。对于易着火挥发分含量高的煤，因燃烧速度快，炉排的速度要快些，而煤层要薄些，这样可以减少燃料层上方气体成分沿炉排长度的不均匀性，拨火的工作量也可以减少。

对于高水分的劣质煤，当灰熔点不太低时，则应保持较厚的煤层而适当降低炉排速度。这样可以保持炉排前部着火稳定，因为燃料在炉排上停留时间增加，所以有利于燃料燃尽，减少炉排后部跑火，降低了机械不完全燃烧热损失。

当煤末含量较多时，煤层应稍薄，否则通风阻力过大，炉排下部风压过高，容易将炉排上通风阻力较小处的煤末吹起形成火孔，使燃料燃烧不均，增加拨火工作量。

具体的煤层合理厚度，应根据燃料的种类、品质，特别是水分和颗粒度，通过在现场调试确定后，一般不宜多变动。

157. 为什么链条炉和手烧炉同样采用层燃方式，但链条炉的燃烧方式却比手烧炉合理？

答：链条炉和手烧炉虽然采用相同的层燃方式，但由于链条炉和手烧炉的加煤方式不同，使得两种炉子的燃烧工况有较大的差别。

手烧炉采用手工向火床上加煤，由于火床温度很高，各种煤均能很快着火。煤加在火床上后，煤的下部被炽热的焦炭或灼热的灰渣和高温烟气加热，煤的上部被高温火焰和烟气及炉墙辐射加热，煤中的水分很快被烘干，紧接着挥发分大量析出燃烧。在加煤的初期煤层较厚，火床的通风阻力较大，而大量挥发分析出燃烧需要大量的空气，因此，加煤的初期，因空气量严重不足而形成化学不完全燃烧热损失，烟囱冒黑烟是手烧炉难以避免的缺点。加煤的后期，煤中的挥发分已全部析出，仅剩下部分焦炭燃烧时，所需的空气量减少，而此时因床层变薄，通风阻力下降，供给的空气却增加，造成过量空气系数增加。同时手工加煤时要打开炉门，大量冷空气漏入炉膛，不但使从炉排下部的供风量减少，燃烧恶化，而且还使排烟热损失增加，锅炉热效率降低。这种在加煤初期空气量不足而冒黑烟和加煤后期空气量过剩的周期性变化，是手烧炉在燃烧方面的主要缺点。

链条炉的加煤方式与手烧炉不同，煤不是加在炽热的火床上，而是从温度较低的炉排前部加煤。随着炉排的缓慢移动，新加的煤逐渐在火焰、高温烟气和炉墙的辐射加热下，缓慢且均匀地逐渐将煤中的水分和挥发分析出。由于链条炉是连续均匀地加煤，并且采用分仓送风，配风合理，通风阻力比较均匀，并且避免了手烧炉加煤时炉门开启，冷风大量漏入的缺点，而且为根据需要分仓合理配风，燃料完全燃烧，减少过量空气系数，避免烟囱冒黑烟对环境的污染，降低不完全燃烧热损失和排烟热损失，提高锅炉热效率创造了有利条件。

158. 运行中发现排烟过量空气系数过高，可能是什么原因？

答：即使排烟温度不变，排烟过量空气系数增加，排烟热损失也增加。排烟过量空气系数过高，还使风机耗电量增加，因此，运行中发现排烟过量空气系数过高，一定要找出原因，设法消除。

排烟过量空气系数 α_p 过高的原因有下列几种：

（1）送风量太大。表现为炉膛出口过量空气系数和送风机、引风机电流较大。

（2）炉膛漏风较大。负压锅炉的炉膛内是负压，而且炉膛下部的负压比操作盘上的炉膛负压表指示值要大得多。因此，空气从炉膛的人孔、检查孔、炉管穿墙处漏入炉膛，都会使炉膛出口过量空气系数增大。

（3）尾部受热面漏风较大。由于锅炉尾部的负压较大，空气容易从尾部竖井的人孔、检查孔及省煤器管穿墙处漏入。在这种情况下，送风机电流不大，排烟的过量空气系数与炉膛出口的过量空气系数之差超过允许值较多，引风机的电流较大。

（4）空气预热器管泄漏。空气预热器由于低温腐蚀和磨损，易发生穿孔、泄漏。在这种情况下，引风机、送风机电流显著增加，空气预热器出口风压降低，严重时会限制锅炉负荷。空气预热器前后的过量空气系数差值显著增大。

（5）炉膛负压过大。当不严密处的泄漏面积一定时，炉膛负压增加，由于空气侧与烟气侧的压差增大，必然使漏风量增加，所以造成 α_p 增大。

对正压锅炉来讲，由于炉膛和尾部烟道的大部分均是正压，冷空气通常不会漏入炉膛和烟道，所以，α_p 过大，主要是由于送风量太大或空气预热器管腐蚀、磨损后泄漏造成的。

159. 怎样判断空气预热器是否漏风？

答：由于低温腐蚀和磨损，空气预热器管容易穿孔，使空气漏入烟气。除停炉后对预热器进行外观检查外，锅炉在运行时也可发现空气预热器漏风。空气预热器漏风的现象为：

（1）空气预热器后的过量空气系数超过正常标准。

（2）送风机电流增加，空气预热器出、入口风压降低。

（3）引风机电流增加，原因为引风机负荷增加。

（4）漏风严重时，送风机入口挡板全开，风量仍不足，锅炉达不到额定负荷。

（5）大量冷空气漏入烟气，使排烟温度下降。

160. 什么是低氧燃烧？有何优点？

答：为了使进入炉膛的燃料完全燃烧，避免和减少化学及机械不完全燃烧热损失，送入炉膛的空气量总是比理论空气量多，也即炉膛内有过剩的氧气。例如，当炉膛出口过量空气系数 $\alpha=1.31$ 时，烟气中的含氧量为 5%；当 $\alpha=1.16$ 时，含氧量为 3%。根据现有的技术水平，如果炉膛出口的烟气中氧含量能控制在 1%（对应的过量空气系数 α 为 1.05）或以下，而且能保证燃料完全燃烧，则是属于低氧燃烧。

低氧燃烧有很多优点。首先可以有效地防止和减轻空气预热器的低温腐蚀。低温腐蚀是由于燃料中的硫燃烧生成 SO_2，SO_2 在催化剂的作用下，进一步氧化成 SO_3，SO_3 与烟气中的水蒸气生成硫酸蒸气，烟气的露点大大提高，使硫酸蒸气凝结在空气预热器管壁的烟气侧，造成空气预热器的硫酸腐蚀。SO_3 的含量对空气预热器的腐蚀速度影响很大。SO_3 的生成量不但与燃料的含硫量有关，而且还与烟气中的含氧量有很大的关系。低氧燃烧使烟气中的含氧量显著降低，大大减少了 SO_2 氧化成 SO_3 的数量，降低了烟气露点，可以有效地减轻空气预热器的腐蚀。低氧燃烧，使烟气量减少，不但可降低排烟温度、提高锅炉热效率，而且送风机、引风机的耗电量也下降。

由于低氧燃烧有很多优点，所以国内外对发展低氧燃烧很重视。油、气炉现在已能达到在过量空气系数 $\alpha=1.03\sim1.05$，相应含氧量为 $0.6\%\sim1.0\%$ 的情况下，保证燃烧良好。要达到低氧燃烧，要求设计良好的燃烧器，合理的配风，完善的燃烧自动调整装置及高超的运行技术水平。

161. 为什么在正常情况下取样分析，CO_2 数值越低说明空气过量得越多？

答：对于不同的燃料，含碳量是不同的，但一定的燃料所能生成的最多的 CO_2 是固定的。CO_2 数值是表明烟气中 CO_2 含量占全部干烟气量的体积百分比。当燃料已经完全燃烧时，再增加空气量，CO_2 绝对数量不会再增加，烟气量却增加了，因而 CO_2 占整个烟气的体积百分比下降。因此，在正常取样分析时，CO_2 数值越低，空气过量得越多。

在不正常的情况下，当空气严重不足或配风不当时，燃料中的一部分碳燃烧生成 CO，也会使烟气中的 CO_2 数量降低。

162. 为什么锅炉燃用不同的燃料，虽然保持相同的过量空气系数，但 CO_2 值不同？

答：这是因为各种燃料可燃元素的组成比例不同。各种燃料的可燃元素虽然一样，主要是碳，其次是氢，但各种燃料的碳氢比不同。例如，无烟煤的碳氢比为 30，烟煤为 15，褐煤为 13，重油为 8.5。

碳燃烧时生成二氧化碳，即

$$C+O_2 =\!=\!=CO_2$$

而氢燃烧生成水蒸气，即

$$2H_2+O_2 =\!=\!=2H_2O$$

由于只有碳燃烧才能生成 CO_2，所以碳氢比高的燃料，如无烟煤，烟气中的 CO_2 含量高；碳氢比低的燃料，如重油，烟气中的 CO_2 含量就低。

对于不同的燃料燃烧后，生成的 CO_2 值差别是很大的。例如，在过量空气系数 $\alpha=1.2$ 的条件下，燃用不同燃料的 CO_2 值分别如下：焦炉煤气为 9，重油为 13.5，无烟煤为 16.3，木柴为 17.2。

163. 锅炉漏风有什么危害？

答：炉膛漏风，会降低炉膛温度，使燃烧恶化。漏风还使排烟温度升高，排烟量增加，排烟热损失增加，锅炉热效率降低。

漏风分两种情况，一种情况是从锅炉的人孔、检查孔、防爆门、炉膛及水冷壁、过热器、省煤器穿过炉墙处漏入的冷空气；另一种是由于空气预热器的腐蚀穿孔，空气从正压侧漏入负压烟气侧。前一种漏风只使引风机的耗电量增加，而后一种漏风还同时使送风机的耗电量增加，严重时，还因空气量不足而限制锅炉出力。锅炉漏风使对流烟道里的烟速提高，造成燃煤锅炉特别是煤粉炉的对流受热面磨损加剧。由此可以看出，锅炉漏风只有害而没有利，因此应尽量减少。

对于负压锅炉来说，漏风是不可避免的，应该做的是使漏风系数降低到允许的范围以内。

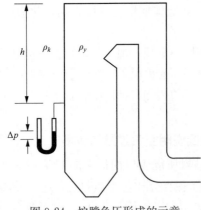

图 9-24　炉膛负压形成的示意

164. 为什么倒 U 形负压锅炉沿烟气流动方向，在炉膛里负压越来越小，而在尾部烟道负压越来越大？

答：由于平衡通风的优点较多，国内、外大多数锅炉为负压锅炉，其炉膛负压通常为 $-40\sim-60\text{Pa}$。

炉膛负压就是炉膛内的烟气压力与相同高度处的大气压力之差。大气压力是空气重量产生的。如果炉膛外空气的平均温度为 30℃，其密度约为 1.2kg/m^3。炉膛内的烟气平均温度约为 1000℃，其密度约为 0.25kg/m^3。炉膛内某点至炉顶的烟气平均密度与大气密度之差乘以该点至炉膛顶部的高度，即为该点的炉膛负压 p，见图 9-24。

$$p = hg(\bar{\rho}_y - \rho_k)$$

式中　h——炉膛内某点至炉顶的距离，m；

　　　g——重力加速度，m/s^2；

　　　$\bar{\rho}_y$——烟气平均密度，kg/m^3；

　　　ρ_k——空气密度，kg/m^3。

在炉膛内，沿烟气流动方向，不但烟气的平均温度不断下降，烟气的平均密度不断增加，而且至炉顶的高度也逐渐降低，而炉外空气的密度不变，使得烟气、空气的密度差与到炉顶高度之积越来越小。

炉膛截面积较大，烟气在炉膛里流速较低，烟气在炉膛里流动时产生的压力降可忽略不计。因此，在炉膛里沿烟气流动方向负压越来越小。

在尾部烟道，沿烟气流动方向，越向下，不但因烟气温度高于外部空气的温度而产生的烟气与空气重量之差越大，而且布置在尾部烟道内的传热面，如省煤器、空气预热器是以对流传热为主。为了提高对流传热系数，减少传热面，烟气流速一般都较高，烟气在尾部烟道内的压力降较大，因此，在尾部烟道，沿烟气流动方向，烟气负压越来越大。例如，省煤器入口的烟气负压为 $-100\sim-150\text{Pa}$，而空气预热器出口处的烟气负压可达 $-1500\sim-2000\text{Pa}$。

165. 为什么炉膛负压表指示为负压，而炉顶向外冒烟？怎样防止？

答：炉膛负压表的测点，一般装在炉膛的中上部，在炉膛顶部以下 $5\sim7\text{m}$。负压表测出的是炉膛测点处的负压，炉膛负压沿炉膛高度是越来越小的。锅炉运行时由于烟气的平均密度是 0.25kg/m^3，空气的平均密度是 1.2kg/m^3，高度每增加 1m，负压约减少 9.5Pa。如炉膛负压控制在 $-30\sim-40\text{Pa}$，这样炉顶就可能是正压，烟气就会从炉膛顶部穿墙管等不严密处冒出来。当燃烧良好时，由于烟气是无色的，顶部向外冒烟是不易察觉的；当燃烧不良，烟色发黑时，很容易看到这一现象。炉顶积灰就是因炉顶为正压向外冒烟造成的。

为了防止炉顶正压向外冒烟，一个办法是将炉膛负压测点上移至炉膛顶部下方 $1\sim2\text{m}$。如果测点不移，则可采取提高炉膛负压至 $-70\sim-80\text{Pa}$ 的办法，使炉膛顶部保持 0 压或微负压。

166. 为什么烟气流经空气预热器时温度降低的数值小于空气温度升高的数值？

答：因为空气预热器空气进口温度通常是大气温度，远低于热力除氧后的给水温度。所以，在省煤器后布置空气预热器可以有效地降低排烟温度，提高锅炉热效率。

无论是在锅炉的热力计算书上，还是在锅炉实际运行时，也无论是煤粉锅炉还是燃油锅炉，烟气流经空气预热器时温度降低的数值总是小于空气流经空气预热器时温度升高的数值，见表9-6。

表 9-6   空气预热器烟气、空气进口和出口温度   ℃

炉型	介质	烟气温度			空气温度		
		进口	出口	温降	进口	出口	温升
煤粉炉：220t/h	低温段	265	118	147	30	220	190
	高温段	422	340	82	220	320	100
燃油炉：130t/h		295	159	136	30	200	170

燃料燃烧生成的烟气不但包括经空气预热器加热的全部空气，还包括燃料。我国绝大多数锅炉是负压锅炉，冷空气从炉膛、水平烟道和竖井烟道漏入烟气中。这两个因素使得流经空气预热器的烟气量比流经空气预热器的空气量增加 20%～30%。

空气的主要成分是氮气和氧气。因为氮气和氧气的比热较小，所以，空气的比热较小，约为 $1.30kJ/(m^3 \cdot ℃)$。烟气中的主要成分是氮气、二氧化碳、水蒸气和少量氧气。因二氧化碳和水蒸气的比热较大，因此，烟气的比热较高，约为 $1.4kJ/(m^3 \cdot ℃)$。

由于流经空气预热器的烟气数量比空气多，比热比空气大，也即烟气的热容比空气大，所以，尽管烟气流经空气预热器时放出的热量等于空气吸收的热量，烟温降低的数值必然小于空气温度升高的数值。空气的温升约是烟气温降的 1.3 倍。

167. 运行中发现锅炉排烟温度升高，可能有哪些原因？

答：因为排烟热损失是锅炉各项热损失中最大的一项，一般为送入炉膛热量的 6% 左右，排烟温度每增加 12～15℃，排烟热损失增加 0.5%。所以排烟温度是锅炉运行最重要的指标之一，必须重点监视。下列几个因素有可能使锅炉的排烟温度升高。

(1) 受热面结渣、积灰。无论是炉膛的水冷壁结渣积灰，还是过热器、对流管束、省煤器和空气预热器积灰都会因烟气侧的放热热阻增大，传热恶化而使烟气的冷却效果变差，导致排烟温度升高。

(2) 过量空气系数过大。正常情况下，随着炉膛出口过量空气系数的增加，排烟温度升高。过量空气系数增加后，虽然烟气量增加，烟速提高，对流放热加强，但传热量增加的程度不及烟气量增加的多。可以理解为烟速提高后，烟气来不及把热量传给工质就离开了受热面。

(3) 漏风系数过大。负压锅炉的炉膛和尾部竖井烟道漏风是不可避免的，并规定了某一受热面所允许的漏风系数。当漏风系数增加时，对排烟温度的影响与过量空气系数增加相类似。而且漏风处离炉膛越近，对排烟温度升高的影响就越大。

(4) 给水温度。当汽轮机负荷太低或高压加热器解列时都会使锅炉给水温度降低。一般，当给水温度升高时，如果维持燃料量不变，省煤器的传热温差降低，省煤器的吸热量降低，使排烟温度升高。

(5) 燃料中的水分。燃料中水分的增加使烟气量增加，因此，排烟温度升高。

(6) 锅炉负荷。虽然锅炉负荷增加，烟气量、蒸汽量、给水量、空气量成比例地增加，但是由于炉膛出口烟气温度增加，所以使排烟温度升高。负荷增加后炉膛出口温度增加。其后的对流受热面传热温差增大，吸热量增多，因此，对流受热面越多，锅炉负荷变化对排烟温度的影响越小。

(7) 燃料品种。当燃用低热值煤气时,由于炉膛温度降低,炉腔内辐射传热减少,低热值煤气中的非可燃成分,主要是 N_2、CO_2、H_2O 较多,使烟气量增加,所以排烟温度升高。煤粉炉改烧油以后,虽然烧油时炉膛出口过量空气系数较烧煤时低,但由于燃料油中灰分很少,更没有颗粒较大的灰粒,不存在烟气中较大灰粒对受热面的清洁作用,对流受热面污染较严重。因此燃烧不好,经常冒黑烟的锅炉排烟温度升高。当尾部有钢珠除灰装置时,由于尾部较清洁,排烟温度比烧煤时略低。

(8) 制粉系统运行方式。对闭式的有储粉仓的制粉系统,当制粉系统运行时,燃料中的一部分水分进入炉膛,炉膛温度降低和烟气量增加,制粉系统运行时漏入的冷空气作为一次风进入炉膛,流经空气预热器的空气量减少,使排烟温度升高;反之,当制粉系统停运时排烟温度降低。

168. 锅炉烟气中的水蒸气是由哪几部分组成的?

答:锅炉烟气中的水蒸气是由下列几部分组成的:

(1) 燃料中含有的水分生成的水蒸气;

(2) 燃料中的氢元素燃烧生成的水蒸气;

(3) 进入锅炉的空气中含有的水蒸气;

(4) 燃油的雾化蒸汽,油枪停用后的扫线和冷却蒸汽;

(5) 用蒸汽吹灰时进入锅炉的水蒸气。

169. 什么是烟气的水蒸气分压?

答:烟气是由各种气体组成的混合物。锅炉烟气一般主要由氮气、二氧化碳、水蒸气、氧气、一氧化碳及微量的其他几种气体组成。所谓烟气中水蒸气分压是指水蒸气单独存在时产生的压力。显然,烟气的压力是组成烟气的各种气体的分压之和。各气体组分的分压等于该种气体占烟气的体积比例与混合气体的总压力之积。

由于在绝大多数情况下,锅炉烟气的压力等于一个大气压,所以,烟气中各气体组分的分压力就等于该种气体体积占烟气体积的比例。例如,烟气中水蒸气体积的比例为 0.1,则烟气中水蒸气分压为 0.1 大气压。

170. 烟气的露点与哪些因素有关?

答:烟气中水蒸气开始凝结的温度称为露点,露点的高低与很多因素有关。烟气中的水蒸气含量多即水蒸气分压高,则露点高。但由水蒸气分压决定的热力学露点是较低的。

燃料中的含硫量高,则露点也高。燃料中硫燃烧时生成二氧化硫,二氧化硫进一步氧化成三氧化硫。三氧化硫与烟气中的水蒸气生成硫酸蒸气,硫酸蒸气的存在,使露点大为提高。例如,硫酸蒸气的浓度为 10% 时,露点高达 190℃。燃料中的含硫量高,则燃烧后生成的 SO_2 越多,过量空气系数 α 越大,则 SO_2 转化成 SO_3 的数量越多。不同的燃烧方式、不同的燃料,即使燃料含硫量相同,露点也不同。煤粉炉在正常情况下,煤中灰分的 90% 以飞灰的形式存在于烟气中。烟气中的飞灰具有吸附中和硫酸蒸气的作用,因为煤粉炉烟气中的硫酸蒸气浓度减小,所以,烟气露点显著降低。燃油中灰分含量很少,烟气中灰分吸附中和硫酸蒸气的能力很弱。因此,即使含硫量相同,燃油时的烟气露点明显高于燃煤,因而燃油锅炉尾部受热面的低温腐蚀比燃煤严重得多。

171. 为什么烟气的露点越低越好？

答：为了防止锅炉尾部受热面的腐蚀和积灰，在设计锅炉时，要使低温空气预热器管壁温度高于烟气露点，并留有一定的裕量。如果烟气的露点高，则锅炉的排烟温度一定要设计得高些，这样排烟损失必然增大，锅炉的热效率降低。如果烟气的露点低，则排烟温度可设计得低些，可使锅炉热效率提高。

当然设计锅炉时，排烟温度的选择除了考虑防止尾部受热面的低温腐蚀外，还要考虑燃料与钢材的价格等因素。

172. 为什么燃油炉烟囱冬天排出的烟气有时是白色的？

答：无论是燃煤或燃油，完全燃烧时，烟气中的主要成分是 N_2、CO_2、O_2 和 H_2O，这些气体都是无色的。烟气中的水蒸气来源有五个：空气中含有的水蒸气、燃料中的氢组分燃烧生成的水蒸气、燃料中含有的水分生成的水蒸气、管线吹扫及冷却油枪和采用蒸汽吹灰时进入炉膛的水蒸气。

燃油的含氢量较高，一般约为 11%，每燃烧 1t 油大约可以生成 1t 水蒸气。燃油时烟气中的水蒸气含量较燃煤时高，燃油炉烟气中的水蒸气主要是燃油中氢组分燃烧生成的。当气温较高时，排烟中的水蒸气未凝结因而是无色的，而当冬天汽温较低时，烟气离开烟囱后，水蒸气冷凝成小水珠，而呈白色。这与夏天呼气看不到颜色，而冬天呼气时可看到白色水汽，其道理是相同的。

173. 奥氏分析器分析烟气成分有何优、缺点？

答：奥氏分析器的结构和原理都比较简单，因此工作可靠，不易出故障，分析结果准确，而且每次取样可以同时分析 CO_2 含量和 O_2 含量。但奥氏分析器采用人工操作，从采样分析到取得结果需要较长时间，而且只能间断工作而不能连续采样分析。用于指导燃烧调整不如 O_2 表或 CO_2 表方便。图 9-25 所示为奥氏分析器示意。

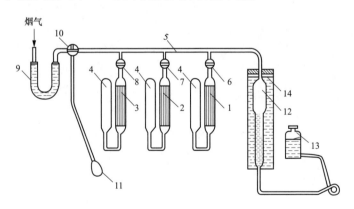

图 9-25 奥氏分析器示意

1、2、3—吸收瓶；4—缓冲瓶；5—梳形管；6、7、8—旋塞；9—过滤器；
10—三通旋塞；11—橡皮球；12—量管；13—水准瓶；14—水套管

在做锅炉反平衡热效率试验时，为了保证数据准确，常采用奥氏分析器。在现场也常用奥氏分析器采样分析来校对 CO_2 表和 O_2 表的准确性。

174. 为什么使用奥氏分析器时要先测 CO_2,后测 O_2?

答：奥氏分析器是利用氢氧化钾溶液来吸收烟气中的 CO_2，用焦性没食子酸来吸收烟气中的 O_2。因为焦性没食子酸也能吸收烟气中的 CO_2，如果先分析烟气中的氧含量，则由于烟气中的 CO_2 和 O_2 同时被焦性没食子酸溶液吸收而使测出的 O_2 比实际烟气中含 O_2 大得多。而氢氧化钾溶液不能吸收 O_2，所以先测量 CO_2 后测量 O_2，可以保证测量结果的准确性。

175. 为什么奥氏分析器氢氧化钾溶液和焦性没食子酸溶液吸收瓶里要放入很多细长的玻璃管?

答：奥氏分析器氢氧化钾溶液和焦性没食子酸溶液吸收瓶里放入很多细长的玻璃管，是为了增加烟气和氢氧化钾溶液、焦性没食子酸溶液的接触面积，尽快将烟气中的 CO_2 和 O_2 全部吸收，可大大缩短分析的时间。

176. 为什么焦性没食子酸吸收瓶朝大气的一面要加一层油?

答：奥氏分析器的吸收瓶呈 U 形，一端与烟气接触，另一端与大气相连。因为大气中的含氧量高达 21%，为了防止吸收瓶里的焦性没食子酸与大气中的氧接触，过早失效，所以在焦性没食子酸吸收瓶与大气相连的一端加入少量的油或液体石蜡，使之与空气隔绝。

177. 为什么旋流式燃烧器通常用于前墙或前后墙布置，而直流式燃烧器大多用于四角布置?

答：旋流式燃烧器的气流是旋转的，其射程较短，而为了在前墙或前后墙上能布置较多的燃烧器，通常炉膛的宽度大于深度。因此，前墙或前后墙布置燃烧器时，采用旋流式燃烧器可以避免火焰末端触及水冷壁，造成水冷壁结渣或结焦和燃烧条件恶化。

虽然旋流式燃烧器因旋转气流衰减较快而使得后期混合条件较差，但是因为前期混合较好，且回流区较大，着火条件较好，可在较短的距离内使燃料完全燃烧，后期靠火焰对冲进行混合，所以后期混合较差的缺点对其影响不大。

直流式燃烧器的一、二次风均不旋转，其射程较远，采用四角布置时，火焰不易触及水冷壁。虽然直流式燃烧器的回流区较小，但由于相邻燃烧器的火焰可以相互点燃，仍可保持较好的点火条件和火焰的稳定燃烧。由于燃烧器的轴线与炉膛中心假想圆相切，火焰和气流旋转上升，所以一次风、二次风和燃料的后期混合条件较好，有利于燃料完全燃烧。

也可以将四角布置的直流式燃烧器看成是一个布置在炉膛底部的巨型旋流式燃烧器，见图 9-26。

虽然直流燃烧器的火焰在炉膛内旋转扩散上升，使火焰在炉膛内的充满度较好，热负荷较均匀，延长了燃料在炉膛内燃烧的时间，有利于燃料充分燃尽，但四角切圆燃烧也存在强烈旋

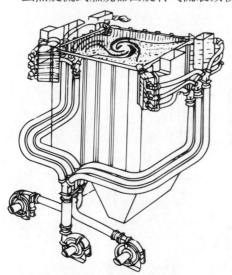

图 9-26 切圆燃烧旋转火焰

转气流至炉膛出口仍有较大的旋转惯性，使得水平烟道两侧烟气的速度场和温度场分布不均，造成过热器和再热器产生汽温偏差的缺点。随着锅炉容量增加，汽温偏差也增大，见图9-27。炉膛上部的屏式过热器和再热器可以减弱气流旋转导致两侧汽温偏差的不利影响。

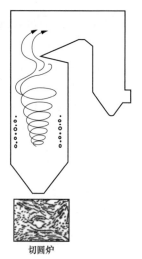

切圆炉

图9-27 炉内的旋转气流

178. 为什么随着锅炉容量的增大，燃烧器的数量也随之增加？

答：虽然随着锅炉容量的增大，容积热负荷q_V有所降低，但是炉膛的深度或宽度增加的比例仍然远远小于锅炉容量增加的比例。

燃烧器火焰的长度随着燃烧功率的提高而增加，其增加的比例大于炉膛深度或宽度增加的比例。如果锅炉容量增大，燃烧器的数量不增加，则有可能因燃烧器出力增加，火焰长度增加而使火焰的末端触及后墙或侧墙水冷壁，造成水冷壁结渣或磨损。

随着燃烧器功率的增加，其喷口直径也增加。为了在运行中避免水冷壁结渣，燃烧器与相邻近的侧面炉墙和冷灰斗的上沿应留有一定距离。为了使每只燃烧器的火焰正常燃烧而不相互干扰，相邻两个燃烧器之间应有一定距离。如果锅炉容量增加，燃烧器的数量不相应增加则难以满足上述要求。

因此，随着锅炉容量的增加，通过相应增加燃烧器的数量，采用双层、多层和两侧墙、前后墙或多层四角布置的方式，来达到火焰不触及炉墙，避免结渣和相邻两只燃烧互不干扰的目的。

对于四角布置形成切圆燃烧的燃烧器，燃料与空气后期的混合非常重要。为了使燃料与空气能良好混合，通常要求同层的四只燃烧器同时投入或同时解列，不得缺角运行。随着锅炉容量的增大，每只燃烧器所承担的负荷增加，如果燃烧器数量少，同层4只燃烧器同时投入或解列，负荷波动较大，不利于发电机组和电网的平稳运行。

大容量锅炉不采用占空间大、设备和投资多的中间储仓式制粉系统，而采用占空间小、设备和投资少的直吹式制粉系统。通常每台磨煤机供应一层燃烧器，为了防止因一台磨煤机故障停运而使锅炉不能在额定负荷下运行，通常大容量锅炉采用直吹式制粉系统时，在额定负荷下运行，有一台磨煤机和相对应的一层燃烧器作备用。这也是随着锅炉容量增大，燃烧器数量增加的原因之一。

179. 为什么前墙布置的燃烧器数量较少时，两边的燃烧器应略向炉膛中心倾斜？

答：通常随着锅炉容量的增大，燃烧器的数量也随之增多。燃烧器数量较多的锅炉，每只燃烧器负荷所占的比例较小，当锅炉负荷降低需要停用一只燃烧器时，不会对炉膛温度沿宽度的均匀性产生明显的影响。因此，当锅炉的燃烧器数量较多时，燃烧器的中心线通常垂直于炉墙。

容量较小的锅炉燃烧器的数量较少。如果锅炉的燃烧器只有2～3只，则由于每只燃烧的负荷所占的比例较大，当锅炉负荷较低需要停用一只燃烧器时，会使炉膛内的温度沿宽度出现明显的不均匀。为了不使停用一只燃烧器造成炉膛温度沿宽度明显不均匀，当锅炉前墙只有两只燃烧器时，燃烧器中心线向炉膛中心倾斜10°，当锅炉前墙装有3只燃烧器时，两侧燃烧器中心线向炉膛中心倾斜6°。

180. 什么是钝体直流燃烧器？

答：直流燃烧器的气粉混合物喷入炉膛后，由火焰和高温烟气的辐射加热及高温烟气回流的混合加热，将气粉混合物加热到着火温度。后者提供了主要的加热热量。

当燃用低挥发分煤或劣质煤时，因为其着火温度较高，着火较困难，同时，直流燃烧器的气粉混合物不旋转而直接喷入炉膛，没有内回流区，仅依靠射流的外缘烟气的回流进入加热，然后热量才能逐渐传至射流内部，所以，更增加了直流燃烧器燃用低挥发分煤或劣质煤着火和燃烧的困难。

燃烧器安装了钝体后，气粉混合物流过钝体时可在钝体后形成一个压力较低的内回流旋涡区，将高温烟气卷吸进旋涡区与气粉混合物进行混合加热，可将钝体后的混合物温度提高到 900℃以上，因超过低挥发分煤和劣质煤的着火温度而可迅速着火。由此可以看出，钝体直流燃烧器是利用钝体在气粉混合物不旋转的情况下，在钝体后形成一个压力较低的内回流旋涡区，增加了高温烟气对煤粉气流混合加热的热量和强化了高温烟气与煤粉气流的混合，有利于煤粉的着火和稳定燃烧，对降低低挥发分煤和劣质煤的不完全燃烧热损失，提高锅炉热效率有较明显的效果。

钝体锥角的大小对提高混合后的温度，改善煤粉气流的着火和稳燃条件很重要。锥角偏小时，内回流区较小，高温烟气回流量少，难以将煤粉气流较快地加热到着火温度，锥角偏大，不但会明显增加阻力和造成煤粉气流贴水冷壁导致结渣，而且会出现钝体后回流区不闭合的情况。合理的钝体锥角应根据具体的煤质和燃烧设备通过试验来确定，其推荐值为 50°～60°。

钝体直流燃烧器见图 9-28，钝体稳燃原理见图 9-29。

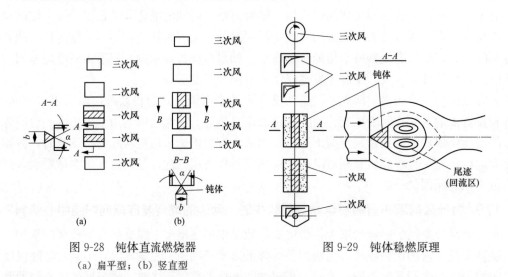

图 9-28　钝体直流燃烧器
（a）扁平型；（b）竖直型

图 9-29　钝体稳燃原理

181. 为什么燃烧器采用四角布置不应缺角运行？

答：采用四角布置的燃烧器通常为直流式燃烧器。直流式燃烧器前期的气粉混合的条件不如旋流式燃烧器，但四角布置的直流式燃烧器气粉混合物喷入炉膛形成切圆，在炉膛内旋转上升，后期的混合条件较好，有利于煤粉与空气的充分混合和燃料的完全燃烧。可以将四角布置的燃烧器形成的切圆旋转混合燃烧，看成是布置在炉膛底部的一个大的旋流式燃烧器。

四角布置的燃烧器如果缺角运行，则不能形成完整封闭的切圆燃烧，气粉后期混合的条件变差，因为煤粉与空气不能充分均匀混合，所以不利于煤粉完全燃烧。同时，燃烧器缺角运行还可能导致火焰偏斜。

因此，燃烧器四角布置的锅炉运行时，应通过其他层燃烧器出力的调整，尽可能让每层的燃烧器不要缺角运行。如果由于条件限制或实际需要不能保持一层的 4 个燃烧器同时投入运行时，可以停止对角的两只燃烧，保持剩余的两只燃烧器仍为对角运行，而停止的燃烧器可只停燃料而不停风，以冷却燃烧器和保持煤粉气流仍为切圆旋转混合燃烧。

182. 为什么四角喷燃不采用大风箱结构时，每个角的二次风箱是倒梯形的？

答：当锅炉采用四角喷燃时，如果二次风不是通过大风箱而是通过风道自上而下供给，例如，135MW 机组 SG-440/137-M771 锅炉，由于每个角有 4 根一次风管向 4 只燃烧器供给一次风和煤粉，如果每个角采用长方体二次风箱自上而下向四个燃烧器供给二次风，因长方体风箱上方风速最高，静压最低，自上而下风速越来越低、静压越来越大而使得最上层燃烧器入口二次风静压最低，而最下层燃烧器入口二次风静压最高，导致每只角 4 个燃烧器自上而下风量不均，不利于燃烧调整。

如果每只角的二次风箱采用倒梯形结构，当二次风从上而下进入二次风箱时，因为上部风箱的截面积大、风速较低，自上而下虽然二次风量越来越少，但截面积也随之减少，所以可以维持风速不变。将二次风自上而下流过二次风箱穿过一次风管产生的阻力考虑在内，可以确保二次风箱内自上而下 4 个燃烧器入口二次风的静压基本相等，使得 4 只燃烧器的二次风量均匀，有利于锅炉的燃烧调整，为降低过量空气系数，降低不完全燃烧热损失，提高锅炉热效率创造了条件。

183. 为什么直流式燃烧器的一次风、二次风速度较旋流式燃烧器一次风、二次风的速度高？

答：一次风携带煤粉喷入炉膛后，依靠卷入高温烟气的混合加热和火焰及高温烟气的辐射加热温度升高到着火温度而着火燃烧。以加热热量比例计，混合加热的热量比例高于辐射加热的热量，即气粉混合物喷入炉膛后主要依靠火焰和高温烟气混合提供的热量着火燃烧。

由于旋流式燃烧器一次风、二次风是旋转的，即使风速较低，因旋转气流形成的负压区而使高温烟气也容易卷入对气流进行混合加热。直流式燃烧器的一次风、二次风均是直流的，没有旋流式燃烧气流旋转产生负压区的有利条件，只有依靠提高一次风、二次风的速度，在气流的边界形成负压区卷吸高温烟气对气粉混合物进行加热。

旋流式燃烧器主要靠前期气流的旋转实现空气与燃料的强烈混合，后期靠对冲的混合较弱，一次风和二次风速度均较低。直流式燃烧器采用切圆燃烧，布置在炉膛四角的直流式燃烧器的火焰末端在炉膛中心形成一个切圆，依靠后期火焰的旋转达到空气与燃料强烈混合的目的。直流式燃烧器只有采用较高的一次风和二次风速度才能确保后期空气与燃料强烈和充分混合。

因此，无论哪种煤，在煤种相同的情况下，直流式燃烧器的一次风、二次风的速度总是比旋流式燃烧器一次风、二次风的速度高，见表 9-7 和表 9-8。

表 9-7   旋流式燃烧器的一、二次风速   m/s

风次 \ 煤种	无烟煤	贫煤	烟煤	褐煤
一次风	12～16	16～20	20～26	20～26
二次风	15～22	20～25	30～40	25～35

表 9-8   直流式燃烧器的一、二风速   m/s

风次 \ 煤种	无烟煤、贫煤	烟煤、褐煤
一次风	20～25	25～35
二次风	45～55	35～45

184. 为什么随着煤的挥发分增加，一次风率应提高？

答：一次风携带煤粉喷入炉膛后，在卷吸烟气的混合加热和火焰及高温烟气的辐射加热下，温度迅速升高，首先是煤粉中的水分蒸发，接着是挥发分析出。挥发分主要是碳氢化合物并且以气体的形式出现在气粉混合气流中。

由于气态碳氢化合物的化学活性很高，着火温度较低，因此，气粉混合物喷入炉膛后首先是析出的挥发分着火和燃烧。因为碳氢化合物燃烧速度很快，所以必须要及时提供足够的空气才能确保完全燃烧。碳氢化合物燃烧所需要的空气主要由一次风供给。

随着煤的挥发分增加，煤粉喷入炉膛吸热后析出的碳氢化合物气体增多，其完全燃烧所需要的一次风量也随之增加。如果一次风量不足，煤粉析出呈气态的碳氢化合物在缺氧的条件下会形成难以燃烧的炭黑，导致烟囱冒黑烟和不完全燃烧热损失增加。因此，随着煤的挥发分增加，一次风率应随之提高。

一次风率推荐值见表 9-9。

表 9-9   一次风率推荐值   %

制粉系统 \ 煤种	无烟煤	贫煤	烟煤		褐煤
			$V_{daf} \leqslant 30$	$V_{daf} > 30$	
乏气送粉	—	20～25	25～30	25～35	20～45
热风送风	20～25	20～30	25～40	—	—

185. 为什么二次风的速度总是比一次风速度高？

答：一次风的作用是输送煤粉和为煤粉中挥发分着火燃烧提供空气。一次风的速度要满足煤粉不从气粉混合物中分离出来的要求，但是因为一次风温度较低，所以其速度不宜过高；否则，会延迟煤粉的着火时间，减少煤粉燃尽的时间，不利于煤粉完全燃烧。一次风速度也不宜过低，否则，会使煤粉从气流中分离出来和煤粉着火离燃烧器喷口太近易造成喷口烧坏和结渣。兼顾煤粉不从气流中分离和着火距离适中所需的一次风速度较低，根据煤种的不同为 15～25m/s。

二次风要满足煤粉挥发分析出后焦炭燃烧和燃尽的需要。煤粉着火后被燃烧产物所包围，二次风必须要将煤粉周围的燃烧产物赶走，氧气才能靠近焦炭使其继续燃烧和燃尽。

由于一次风量所占总风量的比例较少，煤粉在燃烧初期形成一些气体不完全燃烧产物，这些气体可燃物离燃烧器较远且深入到炉膛中分布在较大的范围内。因此，二次风速度必须高于一次风速度，使二次风与一次风形成相对速度，二次风才能赶走掉焦炭周围的燃烧产物靠近焦炭，使其继续燃烧和燃尽，二次风才能深入到炉膛的深处，起到充分搅拌和混合的作用，有利于气体可燃物和焦炭的燃烧和燃尽。

对于为了减少 NO_x 生成量的分级燃烧器，一次风量和二次风量不能使煤粉完全燃烧，要在燃烧的上部供给三次风（燃尽风）。由于相同的道理，三次风的速度必须要高于二次风的速度才能达到目的。

对于挥发分含量低，不易着火和燃尽的无烟煤和贫煤，也要在燃烧器一次风和二次风的上方供给比一次风和二次风速度高的三次风。

不同煤种和燃烧器一次、二次和三次风速度推荐范围见表 9-10。

表 9-10 　　　　　　　　　一次、二次和三次风速度推荐范围　　　　　　　　　　m/s

燃烧器型式	煤种	无烟煤	贫煤	烟煤	褐煤
旋流式燃烧器	一次风	12～16	16～20	20～25	20～26
	二次风	15～22	20～25	30～40	25～35
直流式燃烧器	一次风	20～25	20～25	20～35	18～30
	二次风	45～55	45～55	40～45	40～46
三次风		50～60	50～60	—	—

186. 为什么随着煤的挥发分增加，一次风的速度提高？

答：煤粉随一次风进入炉膛后，在卷吸高温烟气的混合加热和火焰及高温烟气的辐射加热下，温度迅速升高，煤中的挥发分首先析出气体成可燃气体。

挥发分高的煤，不但挥发分总量较多而且挥发分析出的初始温度较低，即挥发分高的煤容易着火，着火快。因此，挥发分高的煤采用较高的一次风速度因热容量较大而可以适当推迟煤粉气流的着火时间，防止着火点离燃烧器喷口太近将喷口烧坏和造成喷口结焦。

挥发分低的煤，不但挥发分总量较少，而且挥发分析出的初始温度较高，即挥发分着火慢，不易着火。因此，挥发分低的煤除采用较低的一次风率外，还采用较低的一次风速度。因热容量较小，防止煤粉着火太迟，给煤粉燃尽留下的时间太短，从而有利于煤粉的完全燃烧。通常按挥发分含量高低排列的煤种为褐煤、烟煤、贫煤和无烟煤。

不同煤种一次风速的推荐范围见表 9-11。

表 9-11 　　　　　　　　　　　一次风速的推荐范围　　　　　　　　　　　　m/s

燃烧器型式	煤种	无烟煤	贫煤	烟煤	褐煤
旋流式燃烧器一次风速		12～16	16～20	20～25	20～26
直流式燃烧器一次风速		20～25	20～25	20～35	20～35

187. 为什么三次风速通常较一次风速和二次风速高？

答：当燃用无烟煤或液态排渣炉采用储仓式制粉系统时，为了提高燃烧器区域炉膛的温度强化燃烧时，通常采用热风送粉，制粉系统含有少量煤粉的乏气作为三次风送入炉膛。

为了降低燃烧温度，减少 NO_x 的生成量常采用分段燃烧，即使采用直吹制粉系统，也要送入不含煤粉的三次风，称为燃尽风。

上述两种三次风均是在最上层二次风的上方送入炉膛。送入三次风部位的炉膛，煤粉已大部分燃尽，仅剩下少量未燃尽的煤粉和焦炭粒分布在炉膛内。

由于炉膛的深度和宽度均较大，同时，烟气的黏度随着温度的提高而增加，为了使三次风具有穿透高温烟气的能力，深入到炉膛中对未燃尽的煤粉和焦炭粒进行强烈的搅拌和混合，以利于其燃尽，必须采用比一次风速和二次风速高的三次风。通常三次风速高达 50～60m/s。

188. 为什么炉膛冷灰斗区域设有周界风系统？

答：煤粉喷入炉膛迅速燃烧温度升高，在炉膛火焰中心区域温度高达 1600℃以上，高于煤粉中灰分的熔点。由于混合和碰撞的原因，部分未燃尽的煤粉颗粒黏结在一起，当黏结在一起的未燃尽的煤粉粒径较大，其重力大于烟气的托力时，从烟气中分离出来向下落入冷灰斗。

在炉膛冷灰斗区域设置周界风可以使下部水冷壁表面形成空气冷却层，一方面可以使落入冷灰斗未燃尽的颗粒提供燃尽所需的空气；另一方面可以冷却炉渣，维持氧化氛围，提高灰分的熔点，防止冷灰斗结渣。

炉膛冷灰斗的周界风中剩余的氧气向上流动参与煤粉的燃烧，为煤粉燃烧提供一部分空气。调节周界风空气喷口的开度还可以调整炉膛中氧的分布，有利于在较低的过剩空气系数下降低机械和化学不完全燃烧热损失。

189. 为什么链条炉不设火焰检测系统，而煤粉炉要设火焰检测系统？

答：由于链条炉煤的燃烧主要是在炉排上进行的，少量的挥发分和粒径很小的煤粒是在炉膛的空间燃烧的，链条炉在运行状态下不存在炉膛灭火问题，所以，没有必要设火焰检测系统。

煤粉炉没有炉排，全部煤粉是在炉膛空间燃烧的。由于各种原因，如负荷过低、煤质差、挥发分低，煤粉较粗和操作不当，均有可能导致炉膛熄火。虽然炉膛熄火可以通过炉膛负压、水位、汽温、汽压和蒸汽流量等运行参数的变化中判断出来，但运行人员从发现参数的变化到判断出事故的性质并作出相应的反应和处理需要一定的时间，往往在发生炉膛熄火事故时，难以及时切断全部煤粉，炉膛爆燃事故难以避免。

煤粉炉安装火焰检测系统后，通过火焰检测探头可以实时观察炉膛内火焰的情况。通常炉膛内温度越高，火焰越明亮；温度越低，火焰越暗，炉膛熄火，炉膛发黑。炉膛从正常燃烧到熄火之间有个燃烧不稳、火焰亮度变化较大的阶段。由于锅炉安装了多个火焰检测探头，所以能够及时准确地帮助运行人员判断炉膛内燃烧状况。火焰检测系统不但能在炉膛燃烧不稳时发出报警信号，提醒运行人员调整或投油助燃，而且具有炉膛熄火时可以联动切断全部燃料的功能。煤粉炉安装火焰检测系统后，不但减轻了运行人员的劳动强度，而且运行的可靠性和安全性大大提高，可以有效地避免炉膛爆燃事故的发生。所以，煤粉炉通常均安装有火焰检测系统。

190. 如何判断结渣发生在哪一种辐射受热面上？

答：由于烟气几乎垂直流过屏式过热器、屏式再热器和防渣管，所以，当烟气温度高于灰分的变形温度时，灰灰容易黏附在上述部位，引起结渣。除了可以通过观察孔仔细观察结渣发生的具体部位，还可以通过观察和分析运行数据判断结渣发生的部位。

如果结渣主要发生在水冷壁，则由于炉膛水冷壁吸热量减少，炉膛出口烟气温度升高，将会导致过热汽温升高；如果结渣主要发生在屏式过热器或屏式再热器，则由于其热阻增加，吸热量减少，将会导致过热汽温和再热汽温降低；如果炉膛出口烟气温度升高，而过热汽温或再热汽温降低，则水冷壁、过热器和再热器均存在结渣。

水冷壁上渣块脱落时，由于水冷壁的热阻突然降低，水冷壁渣块脱落的部位吸热量迅速增加，管内的蒸汽份额提高，将水冷壁管内的水排挤至汽包内，使得汽包水位上升，而屏式过热器或屏式再热器上渣块脱落对水位不会有影响，仅会使过热汽温和再热汽温升高。

191. 为什么燃油炉的炉膛出口过量空气系数比煤粉炉低？

答：燃油雾化后喷入炉膛，在火焰和高温烟气的辐射加热及回流的高温烟气混合加热下，绝大部分燃油气化和裂解为可燃气体，以气态的形式燃烧，只有燃油气化后剩余少量的焦粒以固态的形式燃烧。

煤粉喷入炉膛后，在火焰和高温烟气的辐射加热及回流的高温烟气混合加热下，煤粉中的挥发分逸出以气态的形式燃烧，剩余的大部分焦粒以固态形式燃烧。

无论是四角布置的直流式燃烧器还是前后墙布置的旋流式燃烧器，由于燃烧器出口的空气流速较高，燃油或煤粉喷入炉膛的初期与空气的混合比较强烈和充分，后期由于燃料与空气间的相对速度降低，其混合明显减弱。由于燃油大部分在初期以气态形式燃烧，初期可燃气体与空气的混合较强烈，很容易在较短的时间内完全燃烧，火焰中心的温度较高，使得少量焦粒易于较快燃尽，燃油时的火焰较短，炉膛上部已没有火焰而全部是透明的高温烟气，所以，燃油炉的炉膛出口保持较低的过量空气系数即可确保燃料完全燃烧。通常燃油炉的炉膛出口过量空气系数 α_L'' 为 1.1～1.15。

由于煤粉的燃烧以焦粒为主，而焦粒的燃烧速度较可燃气体慢，煤粉炉火焰中心的温度较燃油炉低，所以，焦粒燃尽所需的时间较长，火焰较长，在炉膛上部仍可见到火焰。因为后期焦粒与空气的混合较弱，为了使焦粒在炉膛出口之前燃尽机械不完全燃烧热损失降至较低水平，炉膛内要保持较多的过量空气，所以，煤粉炉的炉膛出口需要保持较高的过量空气系数。通常煤粉炉的炉膛出口过量空气系数 α_L'' 为 1.2～1.25。

192. 为什么煤粉炉点火和低负荷助燃不用重油而用柴油？

答：由于锅炉点火时炉膛温度很低，喷入炉膛的煤粉不能及时着火和保持稳定的燃烧，要采用油枪点火。由于燃油容易着火，化学活性高，在炉膛温度很低的情况下也能保持稳定的燃烧，所以，通常采用油枪稳定燃烧产生的热量点燃煤粉或在低负荷和煤质较差时稳定煤粉的燃烧。

虽然采用重油可以用于点火或低负荷和煤质较差时助燃，且重油的发热量与柴油相近而价格不到柴油的1/2，但是由于重油凝点高，黏度大，必须分两次分别在油罐内和油泵出口采用蒸汽加热到90℃和130℃，才能满足良好流动性和油枪喷嘴良好雾化对重油黏度的要求。为了使重油能随时投用助燃，重油的蒸汽加热系统必须一直保持着工作状态。由此可以看出，采用重油点火或助燃，虽然重油价格较低，但由于重油系统复杂，设备多，维护工作量大，能耗高，反而使总的成本上升。

柴油黏度较低，可以根据不同地区选用不同凝点的柴油，通常不设加热器，设备少，系统简单，维护工作量少，能耗低。需要点火或助燃时，启动油泵即可，操作简单、方便。因此，虽然柴油价格较高，但总的使用成本较低。

193. 为什么挥发分越低，煤粉经济细度越细？

答：煤粉喷入炉膛后，在卷吸的高温烟气混合加热和火焰及高温烟气的辐射加热下，首

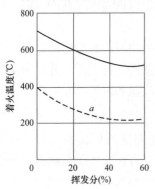

图 9-30 湍流空气-煤粉混合物
的着火温度与挥发分含量的关系
a—堆积煤粉的阴燃温度

先是其中的水分被蒸发，然后是挥发分逸出成为可燃气体而迅速着火燃烧。由于可燃气体的化学活性高，着火温度低，所以，挥发分低的煤粉着火温度高（见图 9-30）

挥发分燃烧产生的热量将焦炭加热到着火温，使焦炭开始燃烧。挥发分低的煤粉着火较晚，而且挥发分逸出后焦炭的孔隙率较低，焦炭与氧气接触的表面积较少，煤粉燃尽所需的时间较长。由于挥发分逸出和燃尽所需的时间较短，焦炭燃尽所需的时间较长，通常焦炭燃尽所需的时间决定了煤粉燃尽的时间。因此，挥发分低的煤粉燃尽所需时间较长。

虽然在燃烧器高度的四周水冷壁上敷设卫燃带，通过减少水冷壁吸热量提高炉膛温度的方法，可以改善挥发分低的煤粉着火条件，使其提前着火和在低负荷时燃烧稳定，但对煤粉燃

尽所需时间减少并不明显。煤粉在炉膛内停留的时间较短，如果在炉膛出口还不能燃尽，进入水平烟道和尾部烟道后，因温度降低不能燃烧而形成机械不完全燃烧损失。通常飞灰可燃物含量随着煤粉挥发分的增加而降低，见图 9-31。

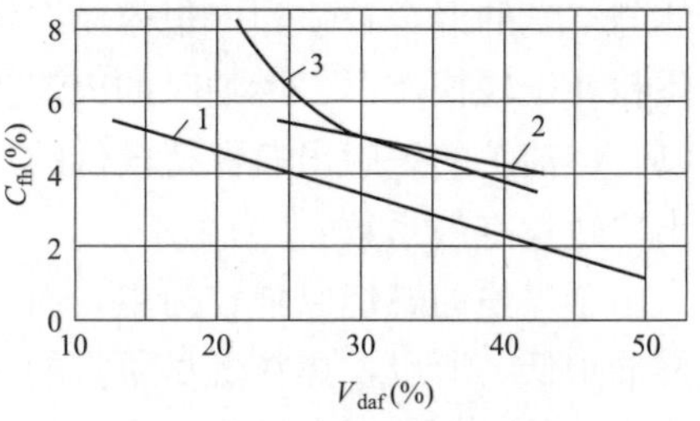

因为挥发分低的煤粉着火温度高、着火慢，燃尽所需时间长，所以只有降低煤粉粒径，降低着火温度和燃尽所需要的时间才能减少灰渣含碳量，降低机械不完全燃烧热损失。

194. 为什么煤粉越细，着火温度越低？

答：一次风与煤粉的混合物喷入炉膛后，受到火焰、高温烟气的辐射加热和高温烟气回流的混合加热，煤粉越细，其比表面积越大。在火焰和高温

图 9-31 锅炉飞灰可燃物 C_{fh}
与燃煤挥发分 V_{daf} 的关系

烟气温度一定的情况下，煤粉越细，其传热面积越大，煤粉的吸热量越多。

煤粉越细，其粒径越小。如将煤粉视为近似球体，则每粒煤粉的体积与其粒径的三次方成正比。煤粉越细，其体积和热容越小，煤粉的温度升高越快。因此，较细的煤粉，即使在较低的温度下，煤粉也较容易被加热到挥发分逸出的温度而着火。煤粉越细，着火温度越

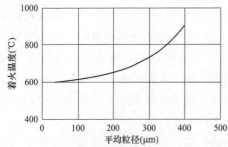

图 9-32 煤粉的着火温度与
其研磨细度的关系

低，如图 9-32 所示。

煤粉气流的着火温度与很多因素有关，如煤粉的细度、挥发分、浓度等，难以给出一个准确的数字。紊流条件下的煤粉气流，褐煤的着火温度为 400～500℃，烟煤的着火温度为 500～600℃，贫煤和无烟煤的着火温度为 700～800℃。

着火温度越高，越不容易着火。在决定煤粉气流着火温度的诸因素中，挥发分的影响最明显。贫煤和无烟煤的挥发分很低，着火最困难，如果

不采取措施，则着火推迟，q_4 增大，导致锅炉热效率下降。因此，燃用贫煤或无烟煤时，为了避免因着火推迟而导致 q_4 增加，锅炉燃用较细的煤粉是合理的和常用的方法。

195. 什么是烟气再循环富氧燃烧技术？

答：目前普遍采用的是空气燃烧技术。空气中的氧约为 21%，氮气约为 78%，剩余的约 1% 为其他气体。空气中作为氧化剂参与燃烧的是占 21% 的氧气，氮气和其余气体不参与燃烧。

采用纯氧和部分排烟混合后的气体代替空气的一种燃烧技术称为烟气再循环富氧燃烧技术。混合气体中氧气的体积比例为 30%，二氧化碳及其他气体的体积比例为 70%。

烟气再循环富氧燃烧技术的实质是采用纯氧代替了空气中的氧气，采用了 CO_2 气体代替了空气中部分惰性气体 N_2。因此，烟气再循环富氧燃烧技术又称为 O_2/CO_2 燃烧技术。

196. 烟气再循环富氧燃烧技术有什么优点？

答：烟气再循环富氧燃烧技术采用纯氧与部分排烟相混合，其中氧气与烟气的体积比例分别为 30% 和 70%。因为大部分排烟通过再循环回到了炉膛，所以使排烟量减少了约 70%。排烟热损失与排烟量成正比，排烟热损失是煤粉炉、燃油炉和燃气炉最大的一项热损失，该技术可使锅炉排烟热损失减少约 80%，锅炉热效率可提高约 5%。

烟气再循环富氧燃烧技术可将目前普遍采用的空气燃烧技术烟气中 CO_2 的含量提高，有利于为了降低温室效应将 CO_2 液化后封存的成本。同时，在液化 CO_2 时，SO_2 也被液化，节省了烟气脱硫设备的投资和运行费用。

烟气再循环富氧燃烧技术因混合气体中的氧气为 30%，超过空气中氧含量为 21%，使燃料更容易着火，炉膛温度提高，有利于燃料完全燃烧，减少不完全燃烧热损失。

CO_2 是三原子气体，具有较强的辐射能力，烟气再循环富氧燃烧技术使烟气中的 CO_2 含量大幅度提高，烟气的辐射能力增强，有利于强化炉内的辐射传热，节省传热面积。

大部分排烟通过循环回到锅炉，提高了空气预热器的入口混合气体温度，有利于避免和减轻空气预热器的低温腐蚀。

由于通常采用将空气液化后，利用氧与氮沸点不同进行气体分离制取氧气，成本较高，使烟气再循环富氧燃烧技术普遍推广受到较大限制。烟气再循环富氧燃烧技术带来的收益超过采用纯氧增加的成本时，烟气再循环富氧燃烧技术才具备推广价值。

197. 为什么燃烧器投用时，应先开启一次风，然后再启动给粉机，而燃烧器停用时，应先停给粉机，然后再关一次风？

答：燃烧器投用前先开启一次风是为了对一次风管进行吹扫，将可能残存在一次风管内的煤粉吹入炉膛，然后启动给粉机给粉，可以防止煤粉在一次风管内堆积，造成一次风管堵塞。

燃烧器停用前先停止给粉机，然后再关闭一次风，可以将残存在一次风管内的煤粉吹扫干净，避免煤粉沉积，造成一次风管堵塞。

198. 为什么高压加热器解列有可能导致炉膛结渣？

答：由于各种原因会解列一台或数台高压加热器。高压加热器解列后会使给水温度降低，水冷壁的省煤段高度增加，进入炉膛的燃料用于提高水温至沸腾温度的数量增加，用于蒸发产生蒸汽的数量减少。为了维持锅炉蒸发量不变，必然要增加进入炉膛的燃料量。

由于炉膛容积是固定不变的，进入炉膛的燃料量增加，因炉膛容积热负荷提高而使炉膛出口烟气温度升高。所以如果炉膛出口烟气温度不能满足低于灰分变形温度100℃的要求，有可能导致炉膛结渣。

对于燃用灰分熔点较高的煤种，在满足炉膛出口烟气温度低于灰分变形温度100℃的前提下，在高压加热器解列时，可以通过增加燃料量来维持锅炉在额定蒸发量工况下运行。如果炉膛已经出现轻微结渣或不能满足炉膛出口烟气温度低于灰分变形温度100℃的要求，则高压加热器解列时，应相应降低锅炉蒸发量，保持炉膛出口烟气温度不变。

199. 什么是低压加热器？为什么低压加热器解列对锅炉不会产生影响？

答：为了提高电厂的循环热效率，通常在除氧器前设置几台凝结水加热器，由于采用凝结水泵克服加热器的阻力后进入除氧器除氧，凝结水泵出口压力远低于给水泵出口压力，所以，将除氧器前的凝结水加热器称为低压加热器。

由于各种原因将低压加热器解列时，只是凝结水进入除氧器的温度降低，除氧器消耗的蒸汽量增加，而为了保证给水氧含量达标，除氧器出口的水温是不变的。

由于除氧器出口水温和高压加热器投入的数量不变，锅炉的给水温度没有变化，锅炉各种负荷下消耗的燃料量、容积热负荷和炉膛出口烟气温度没有变化。所以，低压加热器解列通常不会对锅炉的汽温、排烟温度、热效率和炉膛结渣产生影响。

虽然低压加热器解列对锅炉不会产生影响，但由于用于加热凝结水的汽轮机低压抽汽量减少，而用于除氧器的压力较高的汽轮机抽汽量增加，因为发电量减少，所以会导致电厂的循环热效率下降。

200. 为什么下联箱设置蒸汽加热装置可以降低锅炉运行费用？

答：锅炉点火初期，因为炉膛温度很低，煤粉难以点燃和正常燃烧，同时，因为空气预热器出口风温很低，制粉系统无法投入运行，所以，锅炉通常用柴油点火。当空气预热器出口风温大于150℃才可启动制粉系统。

冷炉点火时，锅水温度约为环境温度，如果水冷壁下联箱内没有蒸汽加热装置，就要消耗柴油将水冷壁管、下降管、联箱、汽包内的锅水和上述部件的金属加热到约120℃。

如果采用水蒸气通过水冷壁下联箱内的加热装置将锅水和金属加热到120℃，就可以节省很多柴油。每吨柴油的价格为煤的7～8倍，考虑柴油的发热量约为煤的2倍，按每兆焦热量计，柴油的价格是煤的3～4倍。通常水冷壁下联箱加热蒸汽为0.8～1.3MPa的汽轮机抽汽。通常用煤产生蒸汽成本较低，利用发过电的汽轮机的抽汽作为加热蒸汽成本更低。

通常当汽包壁温达到110～120℃时，加热蒸汽可以停止，采用柴油继续升压。由于大容量锅炉水冷壁和汽包的水容积及相应金属部件的热容较大，点火消耗的柴油数量很大，费用很高，因此，在水冷壁下联箱设置蒸汽加热装置，用廉价的汽轮机抽汽代替价昂的柴油可以大大降低锅炉的运行费用。

201. 为什么设计专用于气体燃料的锅炉，应采用无焰燃烧？

答：气体燃料与空气预先混合后再燃烧的方式称为无焰燃烧。由于气体燃料与空气在燃烧前进行了充分的混合，燃烧迅速，火焰短，火焰不会触及水冷壁，可以提高炉膛的容积热负荷，达到缩小炉膛体积，降低锅炉制造成本的目的。

虽然采用无焰燃烧，得到的是不发光的火焰，因为火焰的辐射传热能力较差，所以炉膛水冷壁的吸热量下降，导致炉膛出口烟温提高，但由于气体燃料几乎没有灰分，不用担心炉膛出口烟温升高导致的结渣问题。炉膛出口烟温升高，对流受热面的传热温差提高，可以减少其传热面积，降低锅炉制造成本。

由于气体燃料几乎不含灰，所以不用担心受热面积灰和磨损，可以采用较高的烟气流速，提高受热面的传热系数，即使采用无焰燃烧，导致炉膛出口烟气温度上升，但仍可保持较低的排烟温度。

因为采用无焰燃烧时，气体燃料与空气在燃烧前已经充分混合，所以有利于降低化学不完全燃烧热损失。

因此，设计专用于气体燃料的锅炉，应采用无焰燃烧。

202. 为什么设计气体燃料与煤粉或燃油混烧的锅炉，气体燃料应采用有焰燃烧？

答：由于煤粉和燃油燃烧时均产生发光火焰，火焰的辐射传热能力较强，水冷壁吸热量较多，所以可使炉膛出口温度低于灰分变形温度 $100℃$，过热蒸汽温度在正常范围内。

气体燃料与空气没有在燃烧前预先混合，而是在燃烧器出口和炉膛内混合的燃烧方式，产生的是发光火焰，称为有焰燃烧。虽然气体采用有焰燃烧，其火焰的辐射传热能力仍略低于煤粉和燃油火焰的辐射传热能力，但与气体燃料采用无焰燃烧相比，已是最大可能地接近煤粉和燃油火焰的辐射传热能力。

当停用部分煤粉或燃油，掺烧部分气体燃料时，因为气体燃料采用有焰燃烧获得发光火焰的辐射传热能力与煤粉和燃油火焰接近，对锅炉的正常运行影响较小，所以可以避免因炉膛火焰辐射传热能力下降而导致炉膛出口温度升高、炉膛出口结渣和过热汽温超过正常范围的问题。

203. 为什么低负荷时，少投用燃烧器，采用较高煤粉浓度；高负荷时，多投用燃烧器，采用较低煤粉浓度？

答：低负荷时，炉膛温度较低，少投用燃烧器，采用较高的煤粉浓度，可以提高每个投用燃烧器的功率，有利于保持火焰的稳定和防止炉膛灭火。

高负荷时，炉膛温度较高，即使燃烧器采用较低的煤粉浓度，火焰也很稳定，不存在炉膛灭火的问题，多投用燃烧器可以使炉膛火焰充满度较好，使炉膛受热面吸热较均，有利于降低炉膛出口烟温偏差，使对流受热面各管排吸热量较均匀。

对于采用四角布置燃烧器的锅炉，减少燃烧器数量时，应分层或对角停用燃烧器，不应缺角运行，以保持煤粉与空气良好的搅拌和混合，有利于煤粉的燃尽。

204. 为什么给粉机应在低转速下启动和停止？

答：给粉量与给粉机的转速成正比，调节给粉机的转速就可以调节给粉机的给粉量，从而达到调节锅炉负荷的目的。因此，给粉机通常采用调速性能好的直流电动机或变频交流电动机拖动。

给粉机在低转速下启动，根据负荷调节的需要逐渐增加给粉机的转速、增加给粉量，可以平稳地增加负荷，避免突然增加较多的给粉量导致锅炉水位、炉膛负压、汽温和汽温产生较大的波动。

同样的理由，在低转速下停止给粉机，可以平稳地降低负荷，避免突然减少较多的给粉量引起锅炉各项控制指标产生较大的波动。

205. 为什么炉膛负压控制在－20～－60Pa 范围内？

答：由于负压锅炉的优点较多，大部分锅炉采用平衡通风，炉膛负压控制在－20～－60Pa范围内。

通常炉膛负压测点布置在炉膛中上部，在炉膛顶部以下5～7m。负压表测出的是炉膛测点处的负压。由于沿炉膛高度炉膛负压越来越小，所以炉膛顶部的负压最小，而炉膛的底部负压最大。

虽然采用膜式水冷壁后炉膛的密封性能显著提高，但由于炉膛顶部有较多穿墙管存在间隙，炉膛下部密封较困难易于漏风，同时，各膜式水冷壁之间有较多的现场焊接的密封焊缝，所以在运行中因焊缝缺陷和膨胀不均匀焊缝破裂而引起泄漏。

炉膛负压控制在－20～－60Pa，基本上可以将炉膛顶部的压力保持在零压，避免了含飞灰的烟气向外泄漏，导致现场工作环境恶化；又可以避免炉膛底部的负压过高，冷风漏入量过多，使得炉膛温度降低，导致燃烧条件恶化。

206. 为什么炉膛负压总是在不断波动之中？

答：锅炉通常采用平衡通风，由送风机克服空气侧的阻力，由引风机克服烟气侧的阻力，炉膛负压通常控制在－20～－60Pa 范围内。

炉膛负压是引风量、送风量和入炉燃料量三者之间平衡的结果，任何一个量发生变化均会打破平衡，引起炉膛负压波动。只要炉膛负压在－20～－60Pa 范围内波动均是正常的，如果炉膛负压不波动反而是不正常的。引起炉膛负压波动的原因有以下几点：

(1) 电网的频率总是在不断波动中，引风机和送风机的转速随之波动，引风机、送风机的风量与转速成正比，引风机、送风机的额定转速不等，频率波动对引风机、送风量的影响程度并不完全相同，引起炉膛负压波动。

(2) 引风机、送风机采用入口导向挡板调节时，因为导叶的转动机构存在间隙，所以在气流的作用下导向挡板的开度会出现摆动，使引风机、送风量变化，引起炉膛负压波动。

(3) 煤粉炉的给粉机因粉仓的煤粉流动不均匀而导致给粉量发生变化，引起炉膛波动。燃油炉的燃油泵因频率变化而引起燃油量改变也会引起炉膛负压波动。

(4) 煤粉和燃油发热量的变化，也会引起炉膛负压波动。

(5) 煤粉炉的炉膛内受热面渣块脱落时，也会引起炉膛负压波动。

207. 为什么四角燃烧器只投入对角两只燃烧时，另两只燃烧器只停燃料，不停风？

答：在燃烧调整时，尽量使每一层的4只燃烧器全部投入，在炉膛内形成切圆燃烧，使燃料与空气充分搅拌，均匀的混合，减少燃料不完全燃烧损失。

当燃烧调整需要一层燃烧只投入两只燃烧器时，应投入对角两只燃烧器，另外对角的两只燃烧器只停燃料，但风不要停。这样的运行方式，一方面可以使停用的燃烧器获得冷却，避免燃坏；另一方面，有利于在停用两只对角燃烧器的情况仍可保持切圆燃烧，使燃料与空气仍能充分搅拌，均匀地混合，有利于燃料完全燃烧，减少燃料不完全燃烧损失。

208. 为什么燃烧器四角布置切圆燃烧的一次风煤粉气流会出现偏斜？

答：因燃烧器四角布置切圆燃烧后期的混合较强烈而被广泛采用。

从四角燃烧器喷出的风粉气流并不能保持沿喷口几何轴线方向前进，而是会出现向邻近水冷壁方向的偏斜，实际气流形成的切圆直径总是大于设计的假想切圆直径。导致气流发生偏斜的主要原因如下。

（1）上游邻角燃烧器气流对下游邻角气流产生的横向推力，迫使下游气流向邻近水冷壁偏斜。

（2）风粉气流喷入炉膛后很快着火燃烧，火焰面向炉膛中心的一侧，因火焰猛烈的燃烧，温度较高而膨胀；火焰面向水冷壁的一侧，因水冷壁的强烈冷却，温度较低而收缩，使得气流向邻近水冷壁偏斜。

一次风煤粉气流的偏斜见图 9-33。

由于采用切圆燃烧发生气流偏斜是不可避免的，因此，在锅炉设计和制造阶段要考虑到气流偏斜造成的影响。在锅炉运行中如果没有发现因气流偏斜而出现邻近水冷壁管结渣、磨损和高温硫腐蚀，采用切圆燃烧时出现气流偏斜对锅炉正常运行不会有明显影响。

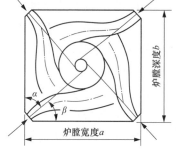

图 9-33　一次风煤粉气流的偏斜

209. 为什么中储式制粉系统锅炉负荷调节速度比直吹式制粉系统快？

答：采用中储式制粉系统时，磨煤机磨制的煤粉经粗粉分离器将粗粉分离出来返回磨煤机继续磨制，合格的煤粉由细粉分离器从气粉混合物中分离出来进入粉仓，粉仓内的煤粉经给粉机进入炉膛。由于粉仓内的煤粉数量足够多，给粉机紧靠粉仓，只要改变给粉机的转速就可立即改变进入炉膛的煤粉量，而无论给粉机采用直流电动机调节还是采用变频调节，给粉机转速的调节均是很快的，因此，采用中储式制粉系统锅炉负荷的调节速度较快。

采用直吹式制粉时，磨煤机磨制的煤粉经粗粉分离器将粗粉分离出来后，合格的煤粉直接进入炉膛。要改变进入炉膛的煤粉量，必须要改变给煤机的给煤量，由于从给煤机到粗粉分离器出口之间有磨煤机和粗粉分离器，不但两者的空间较大，而且流程较长，从改变给煤机的给煤量到粗粉分离器出口的煤粉量的变化需要的时间较长，所以，采用直吹式制粉系统锅炉的负荷调节速度较慢。

210. 为什么不同锅炉汽包内的锅水处于不同的热力状态？

答：水冷壁管进入汽包的汽水混合物，经旋风分离后的锅水是饱和温度，采用沸腾式省煤器的锅炉，进入汽包的给水是汽水混合物。因此，采用沸腾式省煤器的锅炉，汽包内的锅水为饱和状态，其温度为汽包压力下的饱和温度。

采用非沸腾式省煤器的锅炉，虽然水冷壁管进入汽包是汽水混合物，但由于省煤器进入汽包的给水温度低于汽包压力下的饱和温度，所以，汽包内的锅水为非饱和状态，其温度低于汽包压力下的饱和温度。

对于没有再热器的中、小型锅炉，因为省煤器的吸热量较多，所以即使采用非沸腾式省煤器，其出口水温也较高，很接近饱和温度。同时，中、小型锅炉的循环倍率较高，大量饱和温度的汽水混合进入汽包与来自省煤器水温较高的给水混合后，汽包内的锅水温度很接近饱和温度。

对于有再热器的大型锅炉，因为省煤器的吸热量较少，省煤器出口水温欠热较多，同时，大型锅炉的循环倍率较低，所以，汽包内的锅水低于汽包压力下的饱和温度，并有一定程度的欠热。

中、小型锅炉因汽包内的锅水为饱和温度或非常接近饱和温度，汽包水位较低时，锅水进入下降管时易于发生汽化，而大型锅炉因汽包内的锅水温度有一定程度的欠热，汽包水位较低，锅水进入下降管时不易汽化。

211. 为什么液态排渣炉一律采用热风送粉？

答：为了确保熔渣段内高温，使液态灰渣的黏度较低达到顺利排渣的目的，无论燃用什么煤种，应一律采用热风进风。因为热风送粉可以有效提高熔渣段的温度，所以，热风温度设计得很高。

对于无烟煤、贫煤和劣质烟煤，热风温度为 $380 \sim 420℃$；对于一般烟煤，热风温度为 $350℃$。制粉系统的乏气作为三次风，同时，三次风与上二次风口之间应留有足够的距离，以达到不影响主气流燃烧过程和不降低熔渣段炉温的目的。

212. 为什么燃烧器切换时，应先投入备用燃烧器，然后再停被切换的燃烧器？

答：由于各种原因，燃烧器经常需要切换。燃烧器切换时，如先停用被切换的燃烧器，则炉膛火焰充满度变差，炉膛温度下降，不利于备用燃烧器的煤粉及时着火和燃烧稳定。

燃烧器切换时，先投入备用燃烧器，有利于提高炉膛火焰的充满度和炉膛温度，有利于备用燃烧器投入时的煤粉及时着火和稳定燃烧。

先投入备用燃烧器，再停用被切换的燃烧器，相当于在较短的时间增加了一个燃烧器，由于锅炉有较强的蓄热能力，所以不会对汽压产生明显的影响。

213. 为什么燃烧器停用后一次风和二次风挡板应保持一定开度？

答：燃烧器位于炉膛温度较高的区域，其一次风和二次风口受到炉膛火焰和高温烟气强烈的辐射，燃烧器投用时，有一次风和二次风的冷却，其风口不会被烧坏。

燃烧器停用后，虽然炉膛火焰和高温烟气对该燃烧器的辐射有所降低，但仍然较高，一次风和二次风挡板必须保持一定开度，使风口得到冷却，避免被烧坏。

214. 为什么锅炉漏风增加会使送风机和引风机的耗电量增加？

答：对于占绝大多数的负压锅炉而言，锅炉漏风是不可避免的。锅炉漏风主要有两个原因，一个是外部空气从锅炉不严密处漏入炉内；另一个是管式空气预热器焊缝不严密和低温腐蚀管子穿孔，正压侧的空气漏入负压侧的烟气，迴转式空气预热器则是经径向、轴向和周向三处密封部位正压侧的空气漏入负压侧的烟气。

在过量空气系数一定的情况下，进入炉膛内的空气量与负荷成正比，虽然从外部漏入锅炉的空气量增加不会使送风量增加，但是经空气预热器漏入烟气侧的空气量增加，为了保持负荷不变，必须要增加送风量，导致送风机的耗电量增加。

无论是从外部漏入锅炉的空气，还是经空气预热器漏入烟气侧的空气，均会使烟气量增加，为了将全部烟气量从锅炉抽出排入烟囱，维持炉膛负压在规定的范围内，必须增加引风量，因此，漏风量增加会使引风机的耗电量增加。

215. 为什么过量空气系数增加会使排烟温度上升？

答：锅炉实际运行中，因过量空气系数偏小会导致烟囱冒黑烟而被及时发现和纠正，因此，很少出现过量空气系数偏小的工况，而过量空气系数增加（超过最佳值或设计值）是经常出现的工况。

虽然进入炉膛的是温度较高的热空气，但与炉膛温度相比仍然是很低的，因此，过量空气系数增加一方面因炉膛温度下降，另一方面因炉膛烟气具有辐射能力，三原子气体份额和飞灰浓度下降，使得炉膛辐射传热量减少，炉膛出口烟气的体积和含有的热量增加。

由于烟气中三原子气体的份额下降，烟道中辐射传热量下降，虽然烟气流速随着过量空气系数的增加而提高，对流传热系数上升，但对流传热量仅与烟气流速的 0.8 次方成正比，因为烟道受热面吸热量增加的幅度低于炉膛内辐射传热量减少的幅度，所以使得排烟温度上升，被烟气带走的热量增加。

由此可以看出，锅炉运行中在确保燃料完全燃烧的前提下，尽量保持炉膛出口过量空气系数在最佳值或设计值，对降低排烟热损失、提高锅炉热效率有显著效果。

216. 为什么炉膛漏风量增加会使空气预热器出口空气温度升高？

答：对于普遍采用的负压锅炉，因为水冷壁下联箱和上联箱均在炉膛外，众多水冷壁管要穿过炉墙与上、下联箱连接，同时，炉膛上有众多的检查孔和人孔，所以外部的冷空气经上述不严密处漏入炉膛是难以完全避免的。

如果由于锅炉运行时间较长且又维修质量较差，炉膛的漏风量很有可能超过设计值。虽然从炉膛不严密处漏入的冷空气也可以参与燃烧，但由于这部分空气不是有组织地从燃烧器喷入炉膛的，所以与燃料的混合效果较差，导致炉膛出口过量空气系数上升。由于烟气量增加，烟气流速提高，空气预热器的传热量增加，而流经空气预热器的空气量减少，所以使得空气预热器出口的空气温度升高。空气温度升高的幅度与炉膛漏风量大小有关，炉膛漏风量越大，空气温度升高的幅度越大。

217. 为什么煤粉炉停炉过程中要投入油枪助燃？

答：停炉过程中，随着煤粉燃烧器的逐个解列，进入炉膛内的燃料逐渐减少，炉膛的容积热负荷随之降低，炉膛温度下降，煤粉着火和燃烧的条件变差，燃烧不稳，化学和机械不完全燃烧热损失增加，甚至会出现炉膛熄火和爆燃事故。

由于柴油的化学活性高，所以在炉膛热负荷和温度很低的条件下，柴油也能维持较稳定和完全燃烧。同时，柴油的发热量很高，在停炉过程中及时投入油枪助燃，不但可以维持炉膛较高的温度，而且稳定的火焰非常有利于煤粉的着火和燃烧，避免了炉膛熄火和爆燃事故的发生，而且也有利于降低煤粉的化学和机械不完全燃烧热损失和避免煤粉不完全燃烧产物沉积在受热面上带来的隐患。

218. 为什么停炉过程中要先停上部燃烧器后停下部燃烧器？

答：停炉过程中随着燃烧器的逐个解列，进入炉膛的煤粉逐渐减少，炉膛容积热负荷和温度随之降低，虽然停炉过程中投入油枪助燃，但是炉膛温度仍然低于锅炉正常时的水平，煤粉的着火和燃烧条件变差，煤粉不易燃尽，化学和机械不完全燃烧热损失增加。

停炉过程中先停上部燃烧器，可增加从下部燃烧器喷入炉膛的煤粉在炉膛停留的时间，有利于煤粉的燃尽，从而减少化学和机械不完全燃烧热损失。

停炉过程中，随着燃烧器的逐个解列，进入炉膛的燃料量减少，锅炉的产汽量减少，过热器内的蒸汽流速降低，因为蒸汽侧的放热系数下降，蒸汽对管壁的冷却能力降低，所以管壁温度上升。停炉过程中先停上部燃烧器，可使炉膛的火焰中心降低，增加炉膛内受热面的吸热量，使炉膛出口烟气温度保持较低水平，因为过热器的热负荷较低，所以有利于降低过热器的管壁温度和避免其超温。

219. 为什么锅炉厂的热力计算书或使用说明书给出的是额定负荷运行时炉膛出口过量空气系数， 而仪表测出的是炉膛出口氧量?

答：锅炉厂的热力计算书或使用说明书给出的是额定负荷运行时的炉膛出口过量空气系数，该过量空气系数可以确保锅炉各项损失之和最小，锅炉热效率最高。

如果要用仪表测出炉膛出口过量空气系数，首先要测出各送风机送入炉内的送风量、制粉系统和炉膛的漏风量，然后根据测出进入炉内的燃料量和燃料的元素分析，计算出所需的理论空气量，两者之比才能得到过量空气系数。送风量和漏风量均难以准确测量。

由于进入炉内的燃料量难以准确计量，随着燃料品种的变化，燃料的元素分析结果不同，即使是燃用同一种燃料，其元素分析也不尽相同。目前燃料的元素分析是在试验室内人工进行，要实现在线燃料自动元素分析难度很大。所以，难以用仪表直接测出炉膛出口过量空气系数。

空气中的氧含量 21% 是固定不变的，烟气中氧量的多少代表了过量空气系数的大小，两者密切相关。目前，用氧化锆氧量表测量烟气中氧量的技术比较成熟，准确度较高。因此，可以根据测出烟气中的氧量通过计算得出过量空气系数。

220. 怎样根据测出的烟气中的氧量快速计算出过量空气系数?

答：锅炉厂通常会给出炉膛出口（常用过热器出口代替）和空气预热器出口额定负荷下的过量空气系数，前者主要用于燃烧调整和合理配风，后者主要用于判断和掌握尾部烟道和空气预热器的漏风量的多少。

锅炉没有安装能直接测量过量空气系数的仪表，而过量空气系数的大小与烟气中的氧量密切相关，通常在过热器后和空气预热器后安装氧量表测量烟气中的氧量。因此，根据测出烟气中的氧量快速计算出过量空气系数，与锅炉厂给出的锅炉正常运行时上述部位的过量空气系数相比较有较强的实用价值。

当燃料完全燃烧时，过量空气系数 $\alpha = \dfrac{21}{21 - O_2}$。由于煤粉炉和循环流化床锅炉的燃烧效率很高，化学不完全燃烧热损失和机械不完全燃烧热损失较小，根据测出烟气中的氧量采用上式计算过量空气系数误差较小，有较高的准确度。

由于链条炉的燃烧效率较低，化学和机械不完全燃烧热损失较高，采用上式计算过量空气系数误差较大，但仍有一定参考价值。

221. 为什么锅炉燃用热值不同的煤，所需的总空气量相差不大?

答：煤中的主要可燃成分是碳和氢，对于同一台锅炉，在额定负荷下所需煤燃烧产生的热量是大体相同的。热值低的煤，可燃成分少，消耗的煤较多；热值高的煤，可燃成分多，消耗的煤较少。锅炉燃用不同热值的煤时，需要总的可燃成分是相近的，而锅炉所需空气总量取决于总的可燃成分的数量。

因此，如果忽略燃用不同热值的煤种时，因各项热损失少许变化而使锅炉热效率少量改变导致燃煤量和炉膛出口过量空气系数少量增减的因素外，锅炉燃用不同热值的煤所需总的空气量相差不大。

222. 为什么燃用低热值煤时，烟气量会增加?

答：水分和灰分高，可燃成分低，是煤热值低的主要原因。煤中的水分在炉内吸热后首先蒸发为水蒸气，成为烟气的组分之一。

假定各种热值煤的水分相同，燃用低热值煤时，为了保持锅炉的负荷，必须要增加给煤量，随煤进入炉内的水分增加，因烟气中的水蒸气增多而导致烟气量增加。

223. 炉膛和烟道漏风有什么危害？什么是漏风系数？

答：绝大多数锅炉采用平衡通风，由送风机克服空气侧阻力，引风机克服烟气侧阻力，炉膛及烟道均为负压。由于炉膛和烟道均有很多炉管进出，炉膛和烟道的焊缝因各种缺陷而存缝隙，因此，炉膛和烟道存在漏风是不可避免的。漏风会导致排烟热损失增加，而且烟道的漏风处越接近炉膛，其影响越大。通常炉膛漏风系数每增加 0.1，排烟温度上升 3～8℃，而排烟热损失增加 0.2%～0.4%。

炉膛漏风，因炉膛温度降低、燃烧恶化、灰渣含碳量增加而导致机械不完全燃烧热损失上升。炉膛漏风，因炉膛温度降低、辐射传热量减少和烟气量增加而使得过热器因吸热量增加而导致过热蒸汽超温。漏风使烟气量增加，烟速提高，阻力增加，导致耗电量上升。

漏风因烟气量增加，烟速提高，尾部对流受热面管子的磨损与烟速的三次方成正比，导致其磨损加剧，维修费用上升和使用寿命降低。

因此，要提高安装和检修质量，消除漏风缺陷，测量烟道各区段的漏风系数，确保其在正常范围之内。

锅炉烟道各区段的漏风量，通常用该区段进、出口烟气的过量空气系数的增量 $\Delta \alpha$ 来表示，即

$$\Delta \alpha = \alpha'' - \alpha'$$

式中 α'、α''——该区段烟道入口和出口的过量空气系数。

因锅炉不同负荷下，烟道各区段的漏风系数并不相同，为便于比较，通常采用锅炉额定负荷下的漏风系数 $\Delta \alpha^e$；否则，应予注明。

锅炉炉膛及烟道各区段在运行中允许的漏风系数极限值应根据制造厂的规定或参考表 9-12。

表 9-12　　　　　锅炉炉膛及烟道各区段在运行中允许的漏风系数极限值

设备及结构型式			漏风系数 $\Delta \alpha^e$
炉膛	光管水冷壁的煤粉炉和链条炉		0.10
	膜式水冷壁的煤粉炉；液态排渣炉；燃油炉		0.05
	防渣排管、屏式过热器		0
	炉膛出口水平烟道		0.03
垂直烟道内的过热器及省煤器	蛇形钢管式	做成一级的	0.03
		做成二级的，每一级	0.02
	铸铁肋片管省煤器		0.10
空气预热器	管式，每一级		0.05
	板式，每一级		0.07
	铸铁肋片管式，每一级		0.1
	回转式		0.2
除尘器	静电式		0.1
	多管式、水膜式、百叶窗式		0.05
烟道	钢板烟道，每 10m		0.01
	砖砌烟道，每 10m		0.05

224. 为什么水冷壁积灰和结渣会使炉膛火焰中心提高?

答:通常将炉膛内温度最高的区域称为火焰中心。燃料喷入炉膛后燃烧形成火焰,温度不断升高,同时,火焰向水冷壁的辐射传热使火焰温度逐渐降低。燃料燃烧需要一定时间,当燃料燃烧产生的热量大于水冷壁的吸热量时,火焰的温度上升。随着燃料的燃尽,燃料燃烧产生的热量减少,同时,火焰温度的升高,使得水冷壁的吸热量增加。当燃料燃烧产生的热量等于水冷壁的吸热量时,火焰温度达到最高值不再上升,形成火焰中心。

通常炉膛的火焰中心,根据燃料的不同,在燃烧器中心线的上方2~3m处。挥发分高、易着火的煤,火焰中心较低;反之,挥发分低,不易着火的煤,火焰中心较高。

水冷壁积灰和结渣后,因吸热量减少,而燃料燃烧的工况没有变化,燃料燃烧产生的热量大于水冷壁吸热量的时间延长而导致炉膛火焰中心提高。

由此可以看出,水冷壁积灰和结渣,不但由于热阻增加而导致水冷壁吸热减少,而且因炉膛火焰中心提高而使水冷壁吸热量减少。水冷壁结灰和结渣会使炉膛出口温度明显升高,导致锅炉热效率因排烟温度上升而降低,如果炉膛出口温度超过灰分变形温度还可能导致炉膛出口结渣。因此,水冷壁要定期吹灰,加强燃烧调整,防止其结渣。

225. 为什么燃烧天然气的电厂可以获得淡水资源?

答:由于天然气的主要成分是甲烷,其氢含量高达25%,1kg甲烷燃烧可以生成2.25kg的水蒸气。

由于电厂使用的天然气经过脱硫,其硫含量极低,不用担心低温硫腐蚀,所以空气预热器可以采用较多的传热面积,降低排烟温度,或采用冷却器使烟气中的水蒸气凝结成水后加以回收。因为天然气几乎不含灰分,而且回收的是凝结水,所以水的品质较好。

中东是天然气储量和开采量较高的地区,也是干旱缺水的地区,因此,在中东等干旱缺水的地区,火力发电厂采用天然气作燃料,不但可以避免或大大减轻对环境的污染,而且还可获得宝贵的淡水资源。

226. 什么是热一次风机?什么是冷一次风机?

答:当采用直吹式制粉系统时,由于一次风系统的阻力和二次风系统的阻力不同,通常是一次风阻力大于二次风阻力,才需要将风机分为一次风机和二次风机。

当一次风机布置在空气预热器前时,进入一次风机的是环境温度的空气,称为冷一次风机;当一次风机布置在空气预热器之后时,进入一次风机的是高温的空气,称为热一次风机。

当采用冷一次风机时,因为进入风机的是冷空气,所以风机的工作条件较好。当锅炉采用回转式空气预热器时,因为可以将转子分为烟气区、一次风区和二次风区三个仓,所以,通常采用冷一次风机。

当锅炉采用管式空气预热器时,由于将其分为烟气区、一次风区和二次风区较困难,所以,通常采用热一次风机。

227. 为什么一次风流量、二次风流量和烟气流量不采用体积流量而采用质量流量?

答:虽然一次风、二次风和烟气均是气体,但是一次风、二次风和烟气在锅炉不同的部位温度相差很大。例如,冷一次风机和二次风机入口的空气温度是环境温度,而空气预热器出口的空气温度通常超过300℃,炉膛出口的烟气温度超过1000℃,而空气预热器出口的烟气温度,即排烟温度,仅为130~160℃。

烟气的体积随着温度的升高而增加，随着压力的提高而减少，即使锅炉各部位的空气和烟气的压力变化较小，可以忽略压力对空气和烟气体积的影响，但是锅炉各部位空气和烟气的温度相差很大，同样质量的空气和烟气在锅炉各个部位温度不同，体积变化很大，在计算时每次均将不同温度的空气和烟气换算为标准状态和体积比较麻烦，增加了计算工作量。

因为空气和烟气的质量不受温度和压力的影响，所以，一次风流量、二次风流量和烟气流量采用质量流量而不采用体积流量，就可以不考虑压力和温度的变化对流量的影响，计算方便，减少了计算的工作量。因此，一次风、二次风和烟气的体积流量逐渐被质量流量所取代。

228. 什么是火焰长度？

答：所谓火焰长度，是指火焰的假想长度。由于通常要求燃料在炉膛出口之前燃尽，炉膛出口之后不应再有火焰，所以，火焰长度应从燃烧器出口计算到炉膛出口凝渣管的中点为止。

火焰长度的计算方法是沿燃烧器中心线，从燃烧器出口量至炉膛的垂直中心线，然后沿着炉膛垂直中心线从布置燃烧器的中心线平面量至锅炉出口的凝渣管的中点。从炉膛侧面引出烟气时，则从炉膛垂直中心线量至管束相遇处。

当燃烧器为多排布置时，应从上面一排燃烧器的中心线量起。

229. 为什么停炉三天以上必须将粉仓内的煤粉烧空？

答：煤粉具有吸附空气的特性，同时，煤粉的堆积密度较小，散热条件较差。煤粉在储存过程中因氧化而温度升高，温度升高又会使煤粉的氧化加剧，使煤粉的温度进一步升高。当煤粉的温度升至燃点就会发生自燃。

锅炉运行时，粉仓下部的煤粉由给粉机送入炉膛，制粉系统生产的煤粉进入粉仓的上部，虽然煤粉也会氧化使温度升高，但因为煤粉在粉仓内停留的时间不到一天，煤粉氧化产生的热量较少，不足以使煤粉的温度升高到自燃的温度，所以，锅炉正常运行时，只要坚持定期降粉，粉仓内的煤粉不会发生自燃。

如果锅炉停运3天以上，因为煤粉在粉仓内停留的时间较长，粉仓保温较好，散热能力较差，煤粉有可能因氧化而使温度升至自燃温度发生自燃，所以，为了防止粉仓内的煤粉自燃，预计停炉3天以上时，应将粉仓内的煤粉烧空。

煤仓内的煤也存在因氧化温度升高发生自燃的可能性。因煤的粒径较大，吸附空气的能力较差，散热条件较好，煤仓内的煤因为氧化温度升高至自燃温度需要的时间较长，所以，停炉7天以上才需要将煤仓内的煤烧空。

230. 为什么空气预热器泄漏会使排烟温度降低？

答：当煤或燃油的含硫较高时，低温段空气预热管壁温因低于烟气露点而产生低温腐蚀。当空气预热器管壁被腐蚀穿孔时，因烟气侧的负压较大，空气侧的风压较高，大量温度很低的冷空气漏入烟气中，而使烟气温度降低。排烟温度的热电偶测点就在低温段空气预热器后不远处，因此，低温空气预热器因低温腐蚀穿孔而发生大量泄漏时，会使排烟温度降低。

通常在锅炉运行末期，因为各受热面积灰较多和空气预热器前烟道漏风量增加，所以排烟温度应该是上升的。因此，在锅炉运行末期，排烟温度不但不增加，反而明显下降，则低温空气预热器腐蚀穿孔大量泄漏的可能性很大，再结合参考其他指标，如排烟含氧量明显上升和送风机、引风机电流明显增加，就很容易作出判断。

231. 为什么不应两个循环回路同时进行定期排污?

答:虽然定期排污的阀门和管道直径较小,但由于阀门前是汽包压力加上汽包与阀门之间锅水的静压,而阀后是压力接近常压的定期排污扩容器,压差很大,同时,为了将循环回路下联箱内的水渣或其他固态杂质排除,要求定期排污时阀门缓慢开启并全开半分钟后再关闭,因此,定期排污过程中不但锅水的流量很大,而且流量的变化也很大。

定期排污过程中,排出的是汽包压力下饱和温度的锅水,为了保持汽包水位,增加的是温度较低的给水。因为燃料量和烟气量未变,而蒸汽量减少,所以定期排污时会引起汽温升高。定期排污过程中排污量变化较大,同时,定期排污的循环回路中含汽量变化较大,导致汽包水位波动。定期排污时只进行一个循环回路的排污,上一个循环回路定期排污结束后再进行下一个回路定期排污,可以将定期排污过程中对汽温和水位影响降低到最低限度,有利于锅炉稳定运行。

定期排污的热量通常不回收,通过定期排污扩容器扩容产生的蒸汽,从引至锅炉上部的排汽管排空。锅水扩容时产生的蒸汽量较多,蒸汽从排汽管排出时由于反作用力常会引起排汽管和定排扩容器振动,每次只进行一个循环回路的定期排污可以减少排汽量和减轻排汽管和定期排污扩容器的振动。

232. 为什么火焰偏斜会引起水冷壁结渣?

答:煤粉炉的火焰温度较高,在大多数情况下其温度高于灰分的熔点,火焰中的焦炭燃尽后的灰分呈熔化状态。随着火焰向上流动,因强烈的辐射传热而使火焰和高温烟气的温度逐渐降低,如果其温度在炉膛出口处低于灰分的变形,通常不会结渣。

在燃烧正常的情况下,因为火焰不会冲刷或触及水冷壁,尽管火焰中的灰分呈熔化状态,灰分也不会黏附在水冷壁上而引起结渣。如果由于设计不合理或运行操作不当,火焰冲刷或触及水冷壁,则火焰中呈熔化状态的灰分来不及冷却成固态就有可能黏附在水冷壁引起结渣。所以,对于前墙布置的燃烧器要防止火焰过长触及后墙水冷壁引起结渣,对于四角布置的燃烧器要防止火焰偏斜过大触及水冷壁引起结渣。

233. 为什么摆动式燃烧器容易变形卡涩?

答:由于再热汽温采用喷水调节会降低发电机组的经济性,所以,燃烧器四角布置的大容量锅炉除采用烟气挡板调节再热汽温外,还采用摆动式燃烧器调节再热汽温。摆动式燃烧器通过绕轴上下摆动改变火焰中心,改变辐射传热和对流传热的比例来调节再热汽温。

由于四角布置的摆动式燃烧器体积较大,重量较重,且内部受到高温火焰的辐射,虽然有一次风和二次风冷却,但温度仍然较高,容易因膨胀不均而产生变形,在高温下转动轴也难以获得良好的润滑。所以,摆动式燃烧器容易出现卡涩。平时要多加检查维护,定期进行上下摆动活动,发现卡涩及时处理。

234. 怎样判断脱落的渣块是来自哪个受热面?

答:当锅炉超负荷运行和燃烧调整不当或燃用的煤种灰分熔点低于设计煤种时,位于炉膛上部的水冷壁、辐射式或半辐射式过热器和再热器均有可能结渣。

锅炉负荷降低或渣块较大其重力大于附着力时,渣块会从上述三种受热面上脱落。由于结渣的部位在炉膛上部且焦块的脱落时间难以预测,所以运行人员难以通过观察炉膛上部的受热面判断渣块脱落来自哪个受热面。

运行人员可以从 DCS 显示屏上显示的各种数据较容易地判断脱落的渣块来自哪个受热面。如果脱落的渣块来自水冷壁，则会出现汽包水位瞬间上升和炉膛出口烟温下降；如果脱落的渣块来自过热器，则会出现过热汽温上升和炉膛出口烟温下降；如果脱落的渣块来自再热器，则会出现再热汽温上升和炉膛出口烟温下降。

炉膛出口烟温下降是三种受热面上焦块脱落共同的，再根据水位、过热汽温和再热汽温的变化，可以较容易判断出脱落的渣块来自哪个受热面。脱落的渣块越大，水位、过热汽温、再热汽温变化越明显，越容易作出判断。

235. 为什么链条炉炉排上未燃尽的部分容易出现在料层的中部？

答：燃煤经煤闸门加到炉排上，随着炉排的向前移动，燃料层的上部受到炉墙、火焰和高温烟气的辐射加热后，首先是水分蒸发，然后是挥发分逸出和燃烧，接着是自上而下地进行焦炭的燃烧。

燃烧所需的空气是从炉排下部自下而上地流过燃料层，靠近炉排的燃料首先燃烧，燃料层的燃烧自下而上进行。

由于链条炉炉排上的燃料，上部是自上而下地燃烧，下部是自下而上地燃烧，所以，炉排上的燃料未燃尽的部分容易出现在料层的中部。加强拨火和对燃料层的扰动，可以增加料层中部燃料燃尽的机会，减少燃料的不完全燃烧损失。

第八节 锅炉各项热损失及锅炉效率

236. 锅炉有哪几种热损失？

答：无论什么类型的锅炉，其热损失都由下列各项组成。

（1）排烟热损失 q_2；

（2）化学不完全燃烧热损失 q_3；

（3）机械不完全燃烧热损失 q_4；

（4）散热损失 q_5；

（5）灰渣物理热损失 q_6。

各种锅炉燃用的燃料不同，燃烧方式和排渣方式不同，上述各项热损失所占的比例不一样。

例如，燃油燃气锅炉，因为油、气中的灰分很少，所以其灰渣物理热损失 q_6 通常忽略不计。

237. 什么是排烟热损失 q_2？是怎样形成的？

答：烟气离开最后一级传热面——空气预热器时，温度为 $120\sim160℃$。含有大量的热量，这部分热量未被利用而从烟囱排出。这部分热量损失占输入热量的百分率称为排烟热损失，用 q_2 表示。

燃烧所需要的空气是送风机送入的冷风，如果没有暖风器，则风温为室温。如果是负压锅炉，则从炉膛和尾部烟道漏入的也是冷风。

从冷空气变为 $120\sim160℃$ 的排烟，必然要消耗一部分燃料，因此，形成了排烟热损失。

很显然，排烟温度越高，空气预热器后的过量空气系数越大，排烟热损失越大。

238. 怎样降低排烟热损失q_2?

答：从设计制造方面来讲，可以增大空气预热器的传热面积，以降低排烟温度。但是降低排烟温度有个限度，一方面，当排烟温度比较低时，随着烟气温度的进一步降低，与空气的温差减少，即空气预热器的传热面积增加很多，烟气温度却降低很少；另一方面，当排烟温度降低、空气预热器管的壁温低于烟气露点时，会发生低温腐蚀，运行一、二年就要更换空气预热器，严重时半年就要更换。因此，在设计时，锅炉排烟温度不能太低。

从运行方面来讲，保证锅炉燃烧良好，防止冒黑烟；定期除灰；保持受热面清洁；降低过量空气系数，减少漏风；降低燃煤水分，都可以有效地降低排烟热损失q_2。

239. 什么是化学不完全燃烧热损失q_3?

答：排烟中含有可燃气体，如CO、H_2、CH_4，C_mH_n等，由此而形成的热损失占输入热量的百分率称为化学不完全燃烧热损失，用q_3表示。因为可燃气体中含有的化学能未被利用，随烟气带走，所以称为化学不完全燃烧热损失。煤粉炉q_3较小，一般不超过0.5％，当锅炉燃用液体或气体燃料时q_3较大，一般在1％～5％范围内。

240. 为什么气体燃料的着火温度很低，易于燃烧，炉膛温度很高，排烟中仍含有可燃气体而形成化学不完全燃烧热损失?

答：气体燃料的化学活性很高，即使在常温下，也可用一根火柴，甚至一个火花将气体燃料与空气的混合物点燃。气体燃料易于燃烧，且燃烧速度很快。炉膛温度高达1400～1600℃，在排烟中仍含有可燃气体而形成化学不完全燃烧热损失的原因如下。

(1) 煤粉喷入炉膛后，在火焰和高温烟气的加热下，首先是水分析出，紧接着是挥发分析出，成为可燃气体。挥发分是以气态的形式燃烧的。在挥发分析出气化的过程中，会形成对空气的排挤作用，造成局部地区空气不足。由于受炉膛容积热负荷下限的制约，炉膛的体积有限，所以燃料在炉膛内停留的时间很短，仅有几秒钟。虽然炉膛内总的空气量是过剩的，但气体燃料仍然难以在这样短的时间内与空气充分均匀地混合，达到完全燃烧，所以，炉膛出口烟气中常含有少量可燃气体，不可避免地导致产生化学不完全燃烧热损失。

(2) 烟气进入水平烟道和竖井烟道后，由于温度降低和可燃气体的浓度很低，烟气中的少量可燃气体难以再进行燃烧，因而形成化学不完全燃烧热损失。

(3) 通常煤的挥发分含量越高，挥发分析出的速度也越快，煤粉中以气体燃料形成燃烧的比例越多，挥发分气化对空气的排挤作用越明显，排烟中不完全燃烧的可燃气体越多。由于煤的挥发分主要是重碳氢化合物，而重碳氢化合物在高温和空气不足的情况下，大部分分解为CO和H_2，所以，排烟中的可燃气体主要是CO和H_2。

(4) 当煤粉炉燃用挥发分较高的煤（$V_{daf}>25％$）时，排烟中的可燃气体形成的化学不完全燃烧热损失q_3约为0.5％。当煤粉炉燃用无烟煤或半无烟煤时，因为挥发分含量很少，q_3很小，所以可以忽略不计。

(5) 链条炉虽然是层燃炉，但是煤中挥发分析出气化后，仍然是在燃料层上方的炉膛空间燃烧的。由于链条炉炉膛内可燃气体与空气混合的条件比煤粉炉差，所以其化学不完全燃烧热损失比煤粉炉大，q_3约为1％。

241. 为什么燃油锅炉的化学不完全燃烧热损失q_3较燃煤锅炉高?

答:燃油雾化喷入炉膛后,在火焰和高温烟气的加热下,绝大部分裂解气化成可燃气体,以气体的形式燃烧,燃油中仅有很少的一部分残炭是在焦粒状态下进行燃烧的。由于燃油中裂解气化成气体燃料的比例比煤中挥发分气化成气体燃料的比例大3~4倍,且燃油裂解气化成气体燃料的速度比煤更快,过程比煤更短,因此,燃油裂解气化为气体燃料的过程中,对空气的排挤作用更明显。

由于燃油时火焰短,燃烧迅速,燃油炉的容积热负荷比煤粉高约30%,即锅炉容量相同时,燃油炉的炉膛体积比煤粉炉小约30%,因此,燃料在燃油炉内停留的时间比煤粉炉更短。

由于燃油炉中以气态形式燃烧的燃料比例比煤粉炉高,与空气充分混合更困难,在炉膛内停留时间更短,所以,燃油炉的化学不完全燃烧损失q_3较煤粉炉高。通常燃油炉的q_3为1.0%~1.5%,而煤粉炉的q_3不大于0.5%。当燃用无烟煤或半无烟煤等挥发分低的煤种时,q_3可以忽略不计。

242. 什么是机械不完全燃烧热损失q_4?

答:燃料中固体可燃物未完全燃烧形成的热损失占输入热量的百分率称为机械不完全燃烧热损失,用q_4表示。

机械不完全燃烧热损失由三部分组成。

(1)从炉排漏入灰坑的煤;

(2)灰渣中的可燃物;

(3)随烟气排出炉外飞灰中的可燃物。

q_4通常是仅次于排烟热损失q_2的一项热损失。当链条炉燃用的煤质很差或操作不当时,其q_4有可能超过q_2。

燃煤炉因燃用的煤质和燃烧方式不同,q_4的变化幅度较大,为0.5%~8%。通常液态排渣煤粉炉的q_4最低,链条炉的q_4最大,固态排渣的煤粉炉的q_4在两者之间。

燃用液体或气体燃料的锅炉,不存在炉排漏煤的问题,灰渣和飞灰的数量极少,烟气中仅含数量极少的炭黑,燃油炉可能有少量焦粒,因此,q_4很小,正常情况下可以忽略不计。

243. 什么是散热损失q_5?

答:当锅炉运行时,炉墙、钢架、管道和某些部件的温度总是高于周围空气温度,由于锅炉向空气散热而形成的热量损失占输入热量的百分率称为散热损失,用q_5表示。

影响散热损失的因素有炉墙的砌筑质量、水冷壁敷设的多少、金属部件保温层的材料性能及厚度、锅炉结构是否紧凑、周围空气温度及流动情况。

在上述各项因素相同的情况下,q_5随着锅炉容量的增加而减小。因为锅炉的外表面积不是与锅炉容量成正比地增加,而是小于锅炉容量的增加,即锅炉容量增加一倍,其表面积增加不到一倍。各种容量的锅炉在额定负荷下的散热损失q_5见图9-34,q_5还与负荷有关,q_5随着负荷的减少而增加。

露天或半露天布置的锅炉,由于周围空气温度较低和空气流动较快,所以其散热损失q_5较室内布置的锅炉大。

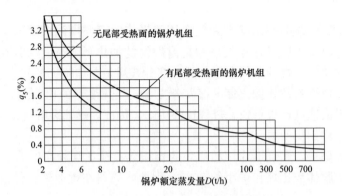

图 9-34　锅炉在额定蒸发量下的散热损失

244. 什么是灰渣物理热损失q_6?

答：因灰渣排出炉外时的温度比进入炉子的燃煤温度高而带走的热量占输入热量的百分率称为灰渣物理热损失，用q_6表示。

q_6与燃料中灰分含量的多少和排渣方式有关。

灰分含量多、排渣温度高的燃料q_6大。由于液态排渣炉灰渣的温度和排渣量比固态排渣高得多，所以液态排渣炉q_6较大。

燃用液体或气体燃料的锅炉，因为燃料中灰分很少，所以q_6可忽略不计。

固态排渣的煤粉炉在大多数情况下，q_6可以忽略不计。因链条炉的排渣量较大，q_6通常要加以计算。

245. 为什么固态排渣的煤粉炉的灰渣物理热损失可忽略不计，而链条炉或液态排渣的煤粉炉的灰渣物理热损失不能忽略不计?

答：由于炉渣和飞灰的温度高于燃料入炉温度，由此所造成的热损失称为灰渣物理热损失。

虽然固态排渣的煤粉炉，煤中灰分的90%进入烟气成为飞灰，但是由于排出炉外的飞灰温度约等于排烟温度，而大、中型锅炉的排烟温度通常为130～160℃，且飞灰的比热仅为0.82kJ/(kg·℃)，所以，飞灰的物理热损失通常小于千分之一，忽略不计。

固态排渣的煤粉炉的炉渣温度不测量，通常取炉渣温度为800℃。炉渣温度较低，且由于煤中的灰分只约10%成为炉渣，炉渣排出炉外造成的物理热损失比飞灰的物理热损失还要小，大多数情况下可以忽略固态排渣煤粉炉的灰渣物理热损失q_6。只有当燃料中的折算灰分$A_{zs} = \dfrac{4186 A_{ar}}{Q_{ar,net}} > 10\%$时，$Q_{ar,net}$为燃料的收到基低位发热量，才应计算$q_6$。

液态排渣的煤粉炉，由于炉膛的捕渣率可达30%～40%，煤中灰分只有60%～70%进入烟气成为飞灰，所以，飞灰的物理热损失很小，可忽略不计。但为了使液态排渣炉的炉渣流动性较好，炉渣的温度要求比灰分的熔点FT高100℃。这样炉渣的温度通常超过1500℃。在熔化状态下的炉渣除含有显热外，还含有熔解热，这使得液态的炉渣含有更多的热量。同时，液态排渣的煤粉炉的炉渣数量是固态排渣煤粉炉的3～4倍，使得液态排渣煤粉炉的炉渣物理热损失是固态排渣煤粉炉的10倍左右。因此，液态排渣煤粉炉飞灰的物理热损失可以忽略不计，但炉渣的物理热损失不能忽略不计。

虽然链条炉的炉渣温度也约为800℃，但由于煤中灰分的80%成为炉渣，而且炉渣中还含有一定数量未燃尽的炭，使得链条炉灰渣物理热损失的数量是固态排渣煤粉炉炉渣的8倍以上，所以，链条炉的炉渣物理热损失不能忽略不计。

246. 为什么链条炉的热效率通常比煤粉炉低？

答：链条炉属于层燃方式，是设备最完善的层燃炉，也是众多小型热电厂采用最广泛的炉型。为了便于比较两种炉型的热效率，假定两种炉型的容量、传热面积和所燃用的煤种是相同的。

锅炉热效率的高低主要取决于各项热损失的大小。两种炉型的容量相同，受热面的布置方式一样，则炉墙的外表面积大体相同；如果炉墙的结构相同，则两种炉型的散热损失q_5基本相同。

虽然两种炉型的传热面积相同，排烟温度相近，但由于链条炉炉膛出口的过量空气系数α_1比煤粉炉高，在两种炉型的竖井烟道和空气预热器漏风量相同的情况下，链条炉的排烟热损失q_2比煤粉炉高。

由于链条炉采用层燃方式，煤中的挥发分和燃料层中产生的可燃气体在炉排上方的炉膛空间燃烧时，可燃气体与空气的混合条件不如煤粉炉充分。所以，链条炉的化学不完全燃烧热损失q_3比煤粉炉大，根据不同的煤种q_3为0.5%～1.5%。煤炉粉是室燃方式，炉膛内可燃气体与空气的混合较链条炉充分，所以，煤粉炉的化学不完全燃烧热损失q_3较小，q_3通常不超过0.5%。

链条炉的机械不完全燃烧热损失q_4由三部分组成：因炉排漏煤而造成的q_4损失、因飞灰中含有未燃尽的焦炭而造成的q_4损失、因煤渣中含有未燃尽的焦炭而造成的q_4损失。链条炉的飞灰中有部分颗粒较大，在炉膛停留的有限时间内难以完全燃尽。当煤的灰分较高，特别是灰分的熔点较低时，熔化的灰分将未燃尽的焦炭包围起来，焦炭难以与空气接触，使煤渣中可燃物的含量明显增大。因此，链条炉的机械不完全燃烧热损失q_4较高。根据不同煤种，链条炉的q_4为6%～15%。煤粉炉采用室燃方式，通常不考虑漏煤造成的q_4损失。煤中灰分的10%成为大块的灰渣，灰渣中的可燃物很少，通常忽略不计。虽然煤中灰分的90%成为飞灰，但由于煤粉的粒径很小，在炉膛停留的有限时间内绝大部分可以燃尽。所以，煤粉炉的机械不完全燃烧热损失q_4较低，根据不同的煤种q_4为1%～5%。

固态排渣的煤粉炉的排渣量仅为煤中灰分的10%，而且灰渣的温度较低。占煤中灰分90%的飞灰与烟气一起排出炉外，飞灰的温度与排烟温度相近。因此，大多数情况下，煤粉炉的灰渣物理热损失q_6可忽略不计。链条炉的灰渣占煤中灰分的70%～80%，是煤粉炉的7～8倍，因此，链条炉的灰渣物理热损失q_6较大，必须考虑。

综上所述，由于链条炉仅q_5与煤粉炉大体相当，而q_2、q_3、q_4和q_6均比煤粉炉高，所以，即使两种炉型的容量和燃用的煤相同，链条炉的热效率通常明显低于煤粉炉。

由于链条炉通常不设燃料制备系统，而煤粉炉有庞大和复杂的制粉系统，其碎煤机、给煤机、磨煤机和排粉机的耗电量较大。如果考虑这个因素，煤粉炉和链条炉的净效率之差显然要明显低于两者的热效率之差。这也是在煤粉炉日趋完善的现状下，链条炉仍然不被淘汰而且被众多小型热电厂广泛采用的主要原因之一。

247. 什么是锅炉的热效率、净效率和燃烧效率？

答：锅炉输出的热量与输入的热量之比称为锅炉的热效率。热效率表明了锅炉利用热量的有效程度。

锅炉各辅机,如送风机、引风机、燃油泵、输煤机、磨煤机、排粉机、给粉机、碎煤机、灰浆泵和给水泵等所消耗电能的多与少不影响锅炉的热效率。因此,为了比较锅炉在完成将燃料的化学能转换为蒸汽热能过程中消耗电能的多少,制定了锅炉净效率这一指标。

锅炉的热效率减去锅炉各辅机所消耗的电能折算成的热损失称为净效率 η_j,即

$$\eta_j = \eta - \frac{\Sigma Nb}{BQ_r} \times 2930\%$$

式中 η_j——锅炉净效率,%;

η——锅炉热效率,%;

ΣN——锅炉各辅机所消耗的电能,$kW \cdot h/h$;

b——电厂平均标准煤耗,$kg/(kW \cdot h)$;

B——燃料消耗量,t/h;

Q_r——输入热量,一般情况下为燃料低位发热量,kJ/kg。

为了说明燃烧系统的完善程度和燃料在炉膛内完全燃烧的程度,制定了燃烧效率这一指标 η_{rs},即

$$\eta_{rs} = 100 - (q_3 + q_4)\%$$

248. 为什么锅炉负荷比额定负荷稍低时热效率最高?

答:对于一台已经投产的锅炉,散热损失所占的比例比较少,且随负荷变化不大。除液态排渣炉外,锅炉的灰渣物理热损失 q_6 很小,可忽略不计。因此,锅炉热效率主要决定于排烟热损失 q_2、化学不完全燃烧热损失 q_3 和机械不完全燃烧热损失 q_4。

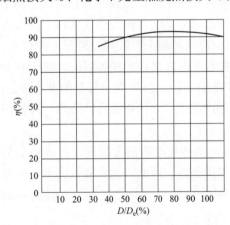

图9-35 锅炉效率随负荷的变化

D—锅炉蒸发量;D_e—锅炉额定蒸发量

排烟热损失 q_2 决定于排烟温度和过量空气系数,过量空气系数随负荷变化很小,而排烟温度则随负荷的增加而增大。q_3 和 q_4 在额定负荷和稍低于额定负荷时基本没有变化。如果负荷再进一步降低,则由于炉膛温度降低,q_3 和 q_4 将会增加,如果 q_3 和 q_4 增加的幅度大于 q_2 减少的幅度,则锅炉热效率降低。如果负荷稍高于额定负荷,则 q_3 和 q_4 基本不变,而 q_2 增加,锅炉热效率必然降低。如果负荷高于额定负荷较多,则由于燃料在炉膛内停留的时间显著减少,而导致 q_2、q_3 和 q_4 增大,锅炉热效率将显著下降。因此,锅炉负荷在稍低于额定负荷时效率最高。

锅炉热效率随负荷的变化见图9-35。

249. 什么是正平衡法求锅炉热效率?

答:用锅炉有效利用热量与送入锅炉的热量之比的方法求出锅炉热效率的方法称为正平衡法。

如果忽略燃料带入的物理热和雾化蒸汽的热量,并且锅炉没有再热器,则锅炉热效率 η 为

$$\eta = \frac{(i_q - i_s)D_q + (i_p - i_s)D_p + (i_z - i_s)D_z}{BQ_{ar,net}} \times 100\%$$

式中　i_z、i_q——自用蒸汽焓和过热蒸汽焓，kJ/kg；

D_q、D_z、D_p——过热蒸汽流量、自用汽流量、排污水流量，kg/h；

i_p、i_s——排污水和给水的焓，kJ/kg；

　　B——燃料消耗量，kg/h；

$Q_{ar,net}$——燃料的低位发热量，kJ/kg。

250. 什么是反平衡法求锅炉热效率？

答：用测出的锅炉各项热损失（q_2、q_3、q_4、q_5和q_6）的方法求得锅炉热效率的方法称为反平衡法，即

$$\eta = q_1 = 100\% - q_2 - q_3 - q_4 - q_5 - q_6$$

式中　q_1——有效利用热量占送入锅炉总热量的百分数；

q_2——排烟热损失占送入锅炉总热量的百分数；

q_3——化学不完全燃烧热损失占送入锅炉总热量的百分数；

q_4——机械不完全燃烧热损失占送入锅炉总热量的百分数；

q_5——散热损失占送入锅炉总热量的百分数；

q_6——灰渣物理热损失占送入锅炉总热量的百分数。

251. 为什么常采用反平衡法求锅炉热效率？

答：如果采用正平衡法求锅炉热效率，则需要求得单位时间内锅炉消耗的燃料量。而燃料量，特别是燃煤量的测定较困难，且不易准确，使求得的锅炉热效率误差较大。

锅炉各项热损失的测量容易比较准确，而且测出锅炉各项热损失后，可以掌握锅炉检修或运行中存在的问题，为解决这些问题，提高锅炉热效率指明了方向。因此，反平衡法求锅炉热效率被广泛采用。

252. 给水温度提高对锅炉热效率有何影响？

答：给水温度提高对锅炉热效率的影响可以分为两种情况来讨论。

第一种情况是假定锅炉蒸发量不变。当给水温度提高时，省煤器因传热温差降低吸热量减少，省煤器出口的烟温提高，空气预热器的温压提高，传热量增加，热空气温度略有提高。排烟温度升高，使得锅炉热效率降低。但给水温度提高后，用于蒸发的热量增大，使蒸发量提高。为了维持蒸发量不变，必然要减少燃料量，这使得排烟温度降低，锅炉热效率提高。由于这两个因素对锅炉效率的影响大体相当，因此，当保持锅炉蒸发量不变时，给水温度提高，锅炉热效率基本不变。

第二种是假定燃料量不变。当给水温度提高后，省煤器的传热温差降低，省煤器出口烟气温度升高，空气预热器吸热量增加，排烟温度升高，锅炉热效率降低。由于热风温度提高，炉膛温度上升，水冷壁吸热量增加。给水温度提高后，用于提高水温的热量减少而用于蒸发的热量增加，所以，给水温度提高，如果燃料量不变则蒸发量增加，但锅炉热效率降低。

253. 提高锅炉给水温度有什么意义？

答：提高给水温度无论是蒸发量保持不变还是燃料量保持不变，都不能提高锅炉热效

率。但提高给水温度可以提高发电厂的循环热效率，从而降低发电煤耗。

发电厂热效率等于锅炉效率、汽轮机效率、管道效率及发电机效率四者之积。汽轮机的热效率很低，一般为30％～45％，这是因为汽轮机将蒸汽的热能转变为机械能时不可避免地要产生冷源损失。温度和压力很高的蒸汽在汽轮机内膨胀做功后，从末级叶片出来的蒸汽温度和压力都很低，为了使蒸汽能充分膨胀，凝汽器内应维持很高的真空度，同时为了使膨胀做功后的蒸汽回到锅炉中去，必须将汽轮机的排汽凝结成水，用水泵打入锅炉形成热力循环。汽轮机的排汽进入凝汽器，由冷却水将排汽凝结成水，并将排汽的潜热带走，这部分热量约占主蒸汽含热量的50%以上。这部分热量对凝汽式电厂来说不但不可避免，而且也无法利用。这就使得发电厂循环热效率只有30%左右，采用单一介质循环的世界上效率最高的机组也仅略超过40%。

如果将在汽轮机中膨胀做了一部分功的蒸汽抽出来加热给水，蒸汽的潜热得到完全利用。由于这部分蒸汽既发了电，又避免了冷源损失，发电厂循环热效率显著提高，所以几乎所有的发电机组都有利用汽轮机抽汽加热的给水加热器用来提高水温。当给水温度较低时，提高给水温度，发电机组的效率提高较多；当给水温度较高时，再提高给水温度，发电机组效率提高不多，而设备投资和检修费用却大大增加。根据计算，不同参数机组最经济合理的给水温度是不同的，如表9-13所示。

表 9-13 不同参数机组的最合理给水温度

工作压力（MPa）	3.9	10.0	14	17	22.5
给水温度（℃）	150	215	230	235	240

254. 为什么表面式减温器的回水通过省煤器再循环管回至汽包可提高锅炉热效率？

答：目前仍有一定数量的锅炉采用表面式减温器。表面式减温器的回水通常通过混合器与给水混合后进入省煤器。减温器的调温幅度为20～40℃，蒸汽的比热约为给水的一半，因此，减温器回水回至省煤器入口使省煤器入口水温提高10～20℃。传热温差减少，使省煤器出口烟温略有升高，虽然空气预热器因传热温差增加而使吸热量略有增加，但最终排烟温度仍略有上升，锅炉热效率略有下降。

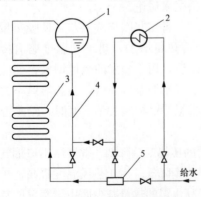

图 9-36 减温器回水通过再循环回至汽包示意
1—汽包；2—减温器；3—省煤器；
4—再循环；5—混合器

通常采用沸腾式省煤器的锅炉均设有省煤器再循环管。如果将表面式减温器的回水通过再循环管回至汽包，则由于省煤器入口水温下降10～20℃，省煤器因传热温差增大吸热量增加，省煤器出口烟温下降。虽然空气预热器因传热温差减少，吸热量略有减少，但最终排烟温度仍略有下降，锅炉热效率略有上升。对于仅有省煤器而没有空气预热器的一些废热锅炉，例如，很多炼油厂使用的利用催化裂化装置再生烟气余热的 WGZ65/39-6 锅炉，仅有省煤器而没有空气预热器。减温器回水通过再循环管回至汽包后，现场实测排烟温度下降约10℃，锅炉热效率约提高 0.4%，见图 9-36。

应当指出，当燃料的含硫量较高，且没有高压给水加热器，低温段省煤器管的壁温低于烟气露点时，减温器回水不宜回至汽包，回水仍应回至省煤器入口，以防止或减轻省煤器管产生低温腐蚀。

255. 为什么高压炉的热效率不一定比中压炉高？

答：锅炉热效率的高低主要决定于各项热损失的大小。锅炉的汽压高低，主要与锅炉的汽水系统即锅的部分有关，而与燃烧系统即炉的部分无关。如果中压炉、高压炉的型式相同，炉墙的结构也一样，则散热损失 q_5，高压炉要略低一些。因为高压炉一般容量都较大，而炉墙的相对面积较小。q_3、q_4 两项热损失与采用高压炉还是中压炉没有什么关系，而与燃料种类、燃烧器的结构和燃烧方式有关。q_2 的大小主要决定于过量空气系数 α 和排烟温度 t_p。α、t_p 的大小与锅炉压力无关，如果操作水平相同，α 大小决定于燃料种类和燃烧器的结构及燃烧方式，t_p 主要决定于预热器的受热面大小和燃料含硫量的多少。对于含硫量高的燃料，为了防止空气预热器低温腐蚀，t_p 高些；对于含硫低的燃料，低温腐蚀较轻，为了提高锅炉效率，t_p 可低些。

由此看来，锅炉热效率高低并不决定于锅炉压力的高低，而主要决定于燃料的种类。例如，燃用液体和气体燃料的中压锅炉，锅炉热效率可达 $91\% \sim 92\%$，而燃用无烟煤或挥发分含量低的煤的高压锅炉，热效率往往只有 $88\% \sim 89\%$。

但是在燃料相同的情况下，由于高压炉的容量较大，燃烧系统和监视仪表较完善，自动化控制和调整水平高，散热损失较小，通常高压炉的热效率比中压炉略高。

高压炉的主蒸汽温度比中压炉高，在排汽温度相同的情况下，提高主蒸汽的压力和温度可以提高整个发电机组将燃料的化学能转换为电能的效率。这就是为什么要采用高压锅炉的根本原因。

256. 为什么油中掺水能提高锅炉热效率？

答：油中掺水后，油呈乳化状态，油包在水滴外面，喷入炉膛后，油滴中的水因压力降低和温度升高而汽化，将油滴进一步雾化成更小的颗粒。掺入油中的水一般是连续排污水，由于排污水温度较高，掺入油中后可提高油温，使油的黏度降低，而有利于油的雾化。

由于油的颗粒变小，燃烧条件得到改善，化学和机械不完全燃烧热损失降低。

油中掺水还可使火炬根部配风得到改善，当火炬根部配风不稳定时，掺水可以防止炭黑生成，而炭黑是比较难以燃烧的。当然，油中掺水提高锅炉热效率的程度对不同的锅炉是不同的。对于原来雾化质量较差、配风不合理锅炉，掺水后锅炉热效率提高较多；而对于雾化质量较好，配风比较合理的锅炉，掺水后锅炉热效率提高甚微。

掺水时，水一定要与油充分混合、乳化，否则易造成燃烧不稳，甚至灭火。掺水量要适当，掺水后虽然能降低 q_3、q_4，但掺水后，要在炉膛内吸收汽化潜热，而且烟气量增加，使 q_2 增加。

只有当降低的 q_3 与 q_4 之和大于 q_2 的增加时，掺水才是有利的，见图 9-37。具体的掺水量，对每台炉要通过试验才能确定。

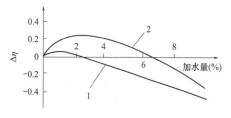

图 9-37　掺水量对锅炉热效率的影响
1—过量空气系数不变；
2—过量空气系数适当降低

257. 为什么在计算锅炉热效率时采用低位发热量而不采用高位发热量？

答：低位发热量与高位发热量的区别在于低位发热量没有计入燃料燃烧产物中的水蒸气

潜热，而高位发热量计入了燃料燃烧产物中的水蒸气潜热。

设计锅炉时，为了防止空气预热器被腐蚀，要使空气预热器的管壁温度高于露点，也即排烟中的水蒸气没有凝结放出潜热。所以计算锅炉热效率时应采用低位发热量。

258. 锅炉从冷态启动到稳定状态要额外消耗多少热量？

答：锅炉从冷态启动达到稳定状态要消耗额外的热量。从点火开始到向外供汽这段时间内，送入炉内的燃料被用来加热金属部件、受热面、锅水、炉墙和金属的构架，产生冷却过热器的排汽，以及锅炉在此期间产生的各项热损失 q_2、q_3、q_4、q_5（q_2 为排烟热损失；q_3 为化学不完全燃烧热损失；q_4 为机械不完全燃烧热损失；q_5 为散热损失）。完全冷却的锅炉，要达到稳定状态，即锅炉各部分不再储存热量为止，要 2～3d 的时间。因为锅炉的钢架、炉墙和保温层，达到不再储存热量的稳定状态需要较长时间。

一般锅炉从完全冷却的状态到稳定的供汽状态，储存了约每小时额定耗热量的 50%。其中承压受热面占 25%、水占 10%、炉墙占 12%，钢架及保温层占 3%。升火过程的各项损失约占锅炉每小时额定耗热量的 37%，其中排烟热损失 q_2 占 9%，化学、机械不完全燃烧热损失 q_3、q_4 占 1%，散热损失 q_5 占 1%，排汽损失占 26%。

由此可以看出，锅炉从完全冷却的状态，达到完全稳定的不再蓄热状态，要额外消耗的热量（即燃料）为锅炉每小时额定负荷下燃料消耗的 87%，这是一个不小的数字。因此，提高检修质量，提高运行人员的技术水平，以减少停炉的次数具有很重要的经济意义。

259. 什么是基准温度？

答：计算进入锅炉系统的燃料、空气和脱硫剂等物质显热及热损失的起点温度称为基准温度。我国的国家标准基准温度为 25℃。

我国的国土面积较大，不但一年四季从南到北环境温度相差较大，而且同一地点一年四季环境温度相差也很大，而通常认为进入锅炉系统的燃料、空气和脱硫剂等物质的温度与环境温度相同。

进入锅炉系统的燃料、空气和脱硫剂等物质的显热以及锅炉的各项热损失与其温度密切相关，为了便于计算不同季节不同地点进入锅炉系统燃料、空气和脱硫剂等物质的显热及锅炉各项热损失，使计算结果有可比性，需要统一确定计算的起点温度，即基准温度。

260. 什么是高位锅炉的热效率和低位锅炉热效率？为什么通常采用锅炉低位热效率？

答：按燃料高位发热量计算的锅炉热效率称为高位锅炉热效率。按燃料低位发热量计算的锅炉热效率称为低位锅炉热效率。

锅炉热效率等于每小时输出热量与每小时输入热量之比。由于高位发热量是燃料最大发热量，而低位发热量是高位发热量减去燃料燃烧生成的水蒸气潜热，高位发热量总是大于低位发热量，所以，高位锅炉热效率总是比低位锅炉热效率低。低位锅炉热效率与高位锅炉热效率的差额随着燃料水分和氢组分的增加而上升。

某电厂 SG-1025/17.73-M868 型锅炉，设计煤种收到基水分为 7.8%，收到基氢为 3.02%。按燃料高位发热量计算的高位锅炉热效率为 88.14%，按燃料低位发热量计算的低位锅炉热效率为 92.15%。

为了防止空气预热器产生低温腐蚀，要求其壁温高于烟气的露点，即烟气中水蒸气未凝结，其潜热未被利用，因此，通常采用低位锅炉热效率。

261. 什么是绝对黑体？

答：当热辐射的能量 Q 投射到物体表面上时，其中一部分进入表面后被吸收的能量为 Q_x，另一部分被反射的能量为 Q_f，剩余的部分透过物体的能量为 Q_t。根据能量守恒 $Q=Q_x+Q_f+Q_t$。

对于固体和液体辐射能不能透过，$Q=Q_x+Q_f$，由此可见，吸收能力大的物体，反射能力小；反之，吸收能力小的物体，反射能力大。辐射能投射到气体上的，才会部分吸收、部分反射和部分穿透。通常将能够全部吸收各种波长辐射能的物体称为绝对黑度，简称为黑体。

虽然在自然界中并不存在黑体，就如同并不存在标准煤（发热量为 29309kJ/kg 或 7000kcal/kg）一样，只是为了便于计算和比较而假设的，但是采用人工的方法可以制造出十分接近于黑体的模型。可以在表面上开有小孔的空腔体制成为黑体，空腔壁面应保持均匀的温度，见图 9-38。

图 9-38　黑体模型

当辐射能经小孔射进空腔时，在空腔内经多次吸收和反射，每经过一次吸收，辐射能就被吸收减弱一次，经过多次吸收，最终能离开小孔的辐射能极少，可以认为辐射能被空腔内壁全部吸收，小孔就成为黑体的表面一样。当小孔的面积为腔体内壁面积不足 0.6% ，内壁的吸收率为 0.6 时，小孔的吸收率可大于 0.996，已非常接近吸收率为 1.0 的黑体了。

262. 什么是物体的黑度？

答：只要物体的温度高于绝对零度 $-273.15℃$，就具有辐射能力，因为绝对零度尚不能到达而只能无限接近，所以，任何物体均具有辐射能力，只是物体温度不同其辐射能力有差别而已，其辐射力与物体的绝对温度四次方成正比。

由于黑体的辐射力最大，而自然界并没有黑体，其辐射力均小于黑体。实际物体的辐射力和同温度下黑体的辐射力之比称为实际物体的黑度。实际物体的黑度可以理解为其在相同温度下辐射力接近黑体辐射力的程度。有了物体的黑度只要从表中查到其黑度，根据其绝对温度就可很方便地计算出辐射力。锅炉常用材料钢材和耐火材料的黑度为 0.8~0.9。

263. 什么是三原子气体辐射减弱系数？为什么进行炉内传热计算时要计算三原子气体辐射减弱系数？

答：对于分子结构对称的双原子气体，如氧、氮、氢等气体，在锅炉工作温度范围内没有发射和吸收辐射能的能力，可以看成是热辐射的透明体，即反射率和吸收率均为零，而透过率为 1。而三原子气体 CO_2、H_2O 和二氧化硫 SO_2 具有较大的吸收和辐射能力。炉膛内火焰和高温烟气的辐射能要穿过烟气层才能到达水冷壁表面被其吸收，因此，火焰和高温烟气的辐射能在向水冷壁传递过程中，因烟气中三原子气体吸收而使辐射减弱的程度，称为三原子气体减弱系数。

因为三原子气体辐射减弱对炉内辐射传热影响较大，所以，要计算三原子气体辐射减弱系数。当辐射能通过含三原子烟气层时，因沿途被气体吸收而被减弱，其减弱的程度取决于辐射强度及途中所遇到的三原子气体分子数量，而分子数量又与射线行程长度及气体的密度有关。因此，计算三原子气体减弱系数时要计算烟气层的厚度和三原子气体的分压。

264. 什么是灰分颗粒和焦炭颗粒的辐射减弱系数？为什么要计算其减弱系数？

答：炉膛内火焰和高温烟气辐射能穿过烟气层遇到焦炭颗粒和灰分颗粒时，因辐射能会产生反射、折射和绕射而使辐射能对水冷壁的辐射强度减弱的程度，称为焦炭颗粒和灰分颗粒的减弱系数。

由于电厂通常采用煤粉炉，煤粉炉采用室燃，煤粉喷入炉膛着火后，边燃烧边随烟气向上流动。在煤粉着火燃烧的初期，焦炭颗粒占比较多，灰分颗粒占比较少，到炉膛出口处煤粉已燃尽，焦炭全部成为灰粒。因为烟气中焦炭颗粒和灰分颗粒浓度较大，火焰和高温烟气向水冷壁辐射传热时对辐射强度影响较大，所以，要计算两者的辐射减弱系数。

因为辐射能对水冷壁传热过程中，遇到的焦炭颗粒和灰分颗粒数量越多，辐射强度减弱越明显，焦炭颗粒和灰分颗粒的平均直径对辐射能反射、折射和绕射也产生影响，所以，不但要计算烟气中灰分颗粒的质量浓度（kg/kg）、烟气中焦炭颗粒标准状态下的容积浓度（g/m³），还要根据煤种确定焦炭颗粒的平均直径，根据磨煤机的型式和煤种确定灰分颗粒的平均直径。

265. 为什么亚临界及以下压力锅炉的水冷壁是蒸发受热面，而超临界和超超临界压力锅炉水冷壁是辐射式高温省煤器和辐射式低温过热器？

答：亚临界及以下压力锅炉，因为压力低于临界压力，省煤器出口水进入水冷壁后需要吸收汽化潜热才能成饱和蒸汽，其循环倍率为3～4，水冷壁入口水欠热很少，出口是汽水混合物，所以，亚临界及以下压力锅炉水冷壁是蒸发受热面。

超临界和超超临界压力锅炉，压力超过临界压力，汽化潜热为零，不需要吸收热量使水蒸发，当工质温度超过临界温度374.15℃时即为过热蒸汽。因为水冷壁入口水欠热较多，需要吸收较多热量，用于提高从省煤器来的水温至临界温度，水冷壁吸收的剩余热量用于蒸汽过热，所以，可以将超临界和超超临界压力锅炉的水冷壁看成是辐射式高温段省煤器和辐射式低温段过热器。

266. 为什么从水成为过热蒸汽，亚临界及以下压力锅炉工质状态有两个分界点，而超临界和超超临界压力锅炉工质状态只有一个分界点？其分界点在哪里？

答：亚临界及以下压力汽包锅炉工质单相的水在水冷壁内吸热后部分汽化成为两相的汽水混合物。汽水混合物进入汽包经汽水分离成为单相的干饱和蒸汽后进入过热器过热成为过热蒸汽。单相的水和两相的汽水混合物的分界点在水冷壁下部省煤段与蒸发段的交界处，两相的汽水混合物成为单相的干饱和蒸汽及干饱和蒸汽成为过热蒸汽的分界点均在汽包出口。前一个分界点是随水温度和负荷变化而变动的，后一个分界点固定在汽包出口。

亚临界及以下压力的直流锅炉，因为水蒸发需要吸收汽化潜热，所以，工质状态也有两个分界点。单相水成为两相的汽水混合物的分界点也在水冷壁下部省煤段与蒸发段的交界处，两相的汽水混合物继续吸收热量成为干饱和蒸汽后进一步吸收热量成为过热蒸汽，其分界点在水冷壁的上部蒸发段和过热段交界处。这两个分界点在水冷壁的位置不是固定不变的，而是随着给水温度和负荷变化而变动的。

超临界和超超临界压力锅炉，因为水的汽化潜热为零，工质在临界温度374.15℃以下是水，超过374.15℃即成为过热蒸汽，所以，工质只有一个分界点。该分界点的位置不是固定不变的，而是随着给水温度和负荷的变化而变动的，分界点的位置约在水冷壁上部折焰角附近。

267. 为什么燃用褐煤的锅炉排烟热损失较大？为什么燃用发热量越低的煤，灰渣物理热损失越大？

答：褐煤是一种地质年代较短的煤，含水量较大，发热量较低。在锅炉负荷一定的情况下，耗煤量与煤的发热量成反比。

当锅炉燃用褐煤时，耗煤量较大，随燃煤进入炉膛的水分较多。褐煤中的水分吸收热量后汽化为水蒸气，并过热为过热蒸汽，成为烟气的一部分，导致烟气量较大。因为排烟热损失与烟气量成正比，所以，在排烟温度相同的情况下，燃用褐煤的锅炉排烟热损失较大。

除地质年代较短的煤，如泥煤和褐煤因水分高而发热量较低外，通常发热量低的煤主要是因为灰分高、可燃成分含量低。

各种锅炉灰渣的温度是一定的，灰渣物理热损失与灰渣量成正比。燃用发热量低的煤不但因灰分高产生的灰渣量多，而且在锅炉负荷一定的情况，所需的燃煤量较多，产生的灰渣量进一步增加。因此，燃用发热量越低的煤，灰渣物理热损失越大。

由于煤粉炉的炉渣温度较低和煤中的灰分仅约 10% 形成炉渣，燃用发热量低的煤，灰渣物理热损失增加的幅度较小。循环流化床锅炉不但炉渣温度较高，而且煤中灰分 30%～40% 形成炉渣，所以，燃用灰分高的煤，灰渣物理损失增加的幅度较大。

268. 为什么电站锅炉是所有燃用矿物燃料炉子中热效率最高的炉子？采取哪些措施提高电站锅炉热效率？

答：很多行业均需要燃用矿物燃料的炉子，例如，冶金企业的高炉、加热炉、熔炼炉，石化企业的加热炉，机械行业的加热炉和热处理炉，建材行业的窑炉，纺织行业和食品企业的小型锅炉，火力发电厂的大、中型锅炉等。

由于除火力发电厂以外的各行业中炉子均不属于最主要的设备，其燃料成本占产品全部成本的比例很小，为了提高炉子热效率采用将煤磨制成煤粉、布置较多的空气预热器受热面等措施，所节约的燃料费用占产品全部成本的比例更小，而设备投资和检修运行费用却明显增加，所以，这些行业通常采用热效率较低，为 70%～80%，但投资较少、工作可靠，易于管理和检修费用较少的炉子。

火力发电厂生产成本的 70% 是燃料费用，而且火力发电厂每天燃料的消耗量十分巨大，大型电厂每天耗煤量超过万吨，因此，锅炉不但是电厂主要设备，三大主机之一，而且采用热效率高的锅炉对降低发电成本，提高电厂的经济效益起到十分巨大的作用。

电厂锅炉提高锅炉热效率的主要措施有以下几种。

（1）将煤磨成煤粉，以降低机械不完全燃烧热损失。

（2）布置大量的尾部受热面省煤器和空气预热器，降低排烟温度，减少炉膛和烟道漏风量，以减少排烟热损失。

（3）采用膜式水冷壁和性能优良的绝热材料，降低炉墙表面温度，减少散热损失。

（4）采用性能优良的燃烧器，并配备完善的燃烧控制和检测系统，降低化学和机械不完全燃烧热损失。

虽然为了提高电厂锅炉热效率，增加了设备投资和检修费用，但是，由于电厂锅炉的燃料消耗量很大和燃料费用占发电成本的70%，增加的设备投资和检修费用很快可以从节约的燃料费用中得到回收，所以，电站锅炉是燃用矿物燃料各种炉子中热效率最高的炉子。大容量锅炉的热效率可达92%～93%。

269. 为什么天然气锅炉的低位热效率与高位热效率相差较大？

答：天然气的主要成分是甲烷 CH_4，氢含量高达25%，是除氢气以外含氢量最高的燃料。

CH_4 燃烧后生成 CO_2 和 H_2O，即

$$CH_4 + 2O_2 = CO_2 + 2H_2O$$

由于天然气是燃烧生成水蒸气比例最高的燃料，其高位发热量和低位发热量相差较大，所以，以低位发热量计算的低位热效率和以高位发热量计算的高位热效率相差较大。

因为计算锅炉热效率通常采用低位发热量，所以，锅炉燃用清洁燃料天然气虽然对环境污染较小，但锅炉热效率较低。

270. 为什么在锅炉运行末期会出现排烟温度明显下降的情况？

答：锅炉的大修周期为1.5～2年。锅炉运行末期，由于受热面积灰、堵塞和漏风增加，通常排烟温度会升高，但是有时会出现排烟温度明显下降的情况。

烟气通过管式空气预热器或回转式空气预热器将热量传递给空气，达到提高空气温度、改善燃烧、降低烟气温度、提高锅炉热效率的目的。空气预热器的烟气侧是较大的负压，而空气侧是较高的正压，锅炉运行末期由于磨损和低温磨蚀，管式空气预热器的管子会出现穿孔，引起大量冷空气漏入烟气，回转式空气预热器由于密封片磨损和密封间隙变大引起大量冷空气漏入烟气。

由于冷空气的温度比烟气温度低很多，大量冷空气漏入烟气会使混合后的烟气温度明显下降，导致锅炉排烟温度明显下降。所以，锅炉运行末期排烟温度明显下降并非是排烟温度热电偶测点有问题。

空气预热器大量漏风会使得送风机和引风机电流增加，风压降低。因此，如果排烟温度明显下降，同时出现送风机、引风机电流增加和风压降低，锅炉不能满负荷运行，则可以判断出空气预热器出现了较大的漏风。

271. 为什么空气预热器大量漏风，排烟温度明显下降不会使锅炉热效率提高，反而会导致锅炉净效率下降？

答：排烟热损失是锅炉各项热损失最大的，排烟热损失与排烟温度和送风机入口风温之差及烟气量成正比。虽然空气预热器大量漏风，排烟温度明显下降，但由于空气漏入烟气中使烟气量明显增加，所以，空气预热器大量漏风排烟温度明显下降，不会使锅炉热效率提高。

锅炉的净效率为锅炉热效率扣除锅炉自用电能折算的热损失之后的效率。由于空气预热器大量漏风，一部分空气漏入烟气中，剩余的部分用于燃烧，在相同的负荷下送风量必然增加，所以导致送风机耗电量增加。引风机为了维持炉膛负压，烟气量因漏风量上升而增加必然导致引风机的耗电量增加。

由于送风机和引风机耗电量占锅炉自用电量的比例较大，所以，空气预热器大量漏风，排烟温度明显下降，不但不会使锅炉热效率提高，而且会使锅炉净效率下降。

272. 为什么烟道漏风量增加会使锅炉热效率下降？

答：由于我国绝大部分为负压锅炉，水平烟道和竖井烟道内布置了很多对流受热面，很多管子穿过烟道，因锅炉启停而产生的热胀冷缩，管子与烟道存在间隙，冷空气漏入烟道内是难以避免的，所要做的是将漏风量控制在允许的标准内。

漏风量增加使烟气量随之上升，烟速成正比地提高，而对流传热量仅与烟速的0.8次方成正比，因为对流传热量增加的幅度低于漏风量增加的幅度，排烟温度上升；烟道漏风量增加还使烟气量增多，所以，烟道漏风量增加会使锅炉热效率下降。

273. 怎样减少锅炉漏风量？

答：(1) 采用微正压型锅炉，炉膛为正压，并利用炉膛的正压克服烟气侧的全部流动阻力，可避免冷风漏入锅炉。锅炉体积庞大，因为焊接质量不良或因膨胀不均产生裂纹和众多炉管穿过炉膛和烟道，所以密封难度大，制造和维修工作量大费用高，煤粉炉较少采用，燃油和燃气炉可以考虑采用微正压炉。

(2) 采用膜式水冷壁和敷管炉墙，淘汰了传统的重型和轻型炉墙，炉膛漏风量明显减少。锅炉采用悬吊结构，全部重量通过吊杆悬吊在锅炉上部的钢板梁上，锅炉运行时炉膛可以自由向下膨胀，炉膛下部采用水封结构可以显著减少炉膛漏风。

(3) 将省煤器的进、出口联箱布置在烟道内，大大减少穿过烟道的管子数量，可明显减少烟道漏风量。

(4) 将炉膛压力控制在−20～−40Pa范围内，避免炉膛负压过大导致漏风量增加。提高检修质量，锅炉大修后应进行严密性试验。在送风机入口加入白色粉末，保持炉膛和烟道正压，对有白色粉末沉积的不严密处进行处理，以减少漏风量。

(5) 炉膛和尾部烟道上的各个观察孔在观察后及时关闭。

(6) 人孔用耐火砖砌筑封闭，需要进入炉膛烟道检查时拆除。

274. 为什么看火后要及时将看火孔关闭？

答：无论是层燃炉还是室燃炉，为了观察燃料在炉膛的燃烧情况，在每个燃烧器及炉膛的上部不同高度设有多个看火孔。看火孔还兼有点火、清焦、拨火的作用。

由于炉膛内温度很高，看火孔开启后，炉内火焰或高温烟气会以辐射的方式向炉外散失热量，所以造成热量损失。

由于绝大多数锅炉采用平衡通风，炉膛为负压，看火孔开启后冷空气会漏入炉膛，所以导致锅炉热效率降低。

虽然看火孔面积较小，短时间开启看火对锅炉热效率可忽略不计，但是如果为了贪图方便，看火孔常年开启不关闭，根据计算每个看火孔每年将会浪费3～4t标准煤。因此，运行人员应该养成良好习惯，每次看火、清焦或拨火后应及时关闭看火孔。

275. 为什么燃用烟煤较燃用无烟煤机械不完全燃烧热损失低？

答：烟煤挥发分高，煤粉喷入炉膛后在火焰和高温烟气的辐射和混合加热下，温度快速升高，挥发分大量析出，迅速着火。由于烟煤煤粉着火快，留给煤粉燃尽的时间多，所以煤粉易完全燃烧。

煤粉的挥发分析出后的焦粒残骸出现较多孔隙，不但有更多的表面积与空气接触进行燃烧，而且含有较多孔隙焦粒残骸在相互碰撞和摩擦中成为粒径更小的焦炭粒，为煤粉的燃尽提供了良好的条件。因此，燃用烟煤的固态除渣煤粉炉机械不完全燃烧热损较低，通常为0.5%～1.0%。

无烟煤挥发分低，煤粉喷入炉膛后挥发分析出的时间晚、数量少，着火慢，留给煤粉燃尽的时间少，煤粉不易燃尽。挥发分少，析出后焦粒残骸形成孔隙数量少，不但参与燃烧的焦粒表面积少，而且不易磨损为粒径更小的焦炭粒，不利于煤粉的燃尽。因此，燃用无烟煤的固态排渣煤粉炉机械不完全燃烧热损较高，通常为3%～4%。

为了解决固态排渣煤粉炉燃用无烟煤机械不完全燃烧损失较大的问题，除采用更细的煤粉，还可采用液态排渣炉，提高炉膛温度和提高捕渣率，来降低飞灰含碳量，减少机械不完全燃烧热损失。

276. 锅炉漏风量增加有什么危害？

答：由于绝大部分采用负压锅炉，所以炉膛和尾部烟道均为负压，有较多炉管穿过炉膛和烟道，因热胀冷缩而存在缝隙。虽采取减少漏风的措施，但仍然会有冷风从不严密处漏入炉膛和烟道。在设计锅炉进行热力计算时允许并考虑到漏风对锅炉的影响。如果漏风量超过允许值将会对锅炉带来危害。

烟道漏风会使排烟温度上升和排烟过量空气系数增加，因排烟热损失q_2上升而导致锅炉热效率下降。

烟道漏风因为烟气量增加，不但使引风机耗电量上升，而且烟速提高，磨损与烟速的三次方成正比，所以导致尾部受热面磨损加剧。

虽然炉膛的漏风量可以参加燃烧，减少了进风量，但漏入炉膛的冷空气没有像速度较高的一次风和二次风那样与燃料充分混合，不利于燃料的燃尽，使炉膛出口过量空气系数增加。同时，炉膛漏风减少了流过空气预热器的空气量，因空气预热器的传热量减少而致排烟温度上升，锅炉热效率下降。炉膛漏入的冷风使炉膛温度下降，不利于燃料燃尽。

因此，锅炉炉膛和烟道漏风有百害无一益，应加强维护和提高检修质量，尽量减少漏风量。

277. 什么是计算燃料消耗量？

答：设计锅炉需要对客户提供的煤种进行热力计算时，根据每小时消耗的燃料量计算出所需的空气量和产生的烟气量，再依据烟速计算对流受热面烟气侧的放热系数，从而确定引风机、送风机的出力和对流受热面的传热面积。

由于锅炉存在因漏煤、飞灰和炉渣中含有可燃物产生的机械不完全燃烧热损失q_4，进入锅炉的燃料中有少量未参与燃烧，未参与燃烧的入炉燃料不需要空气也不产生烟气。

因此，将实际入炉燃料总消耗量减去因q_4未参与燃烧的燃料而真正燃烧掉的燃料量称为计算燃料消耗量。计算燃料消耗量B_j（kg/h）可按下式计算，即

$$B_j = B \frac{100 - q_4}{100}$$

式中　B——进入锅炉的总燃料消耗量，kg/h；

　　　q_4——机械不完全燃烧热损失，%。

计算燃料消耗量主要是针对燃煤锅炉，燃油和燃气锅炉因为通常没有机械不完全燃烧热损失q_4，所以入炉燃料量和计算燃料消耗量是相同的。

278. 怎样计算排烟热损失q_2？

答：通常排烟热损失q_2是锅炉各项热损失中最大的一项热损失，q_2对锅炉热效率高低影响很大。

精确计算q_2涉及燃料的灰分、水分、燃料发热量、烟气的平均比热、空气的平均比热和排烟温度，较麻烦。如果对q_2计算的精度要求不是很高，仅用于锅炉日常运行的估算，或大修前后和对某台锅炉进行相对比较时，可采用下式计算，即

$$q_2 = (K_1\alpha_{py} + K_2)\frac{\alpha_{py} - t_{sF}}{100} + q_{wh}\%$$

式中　K_1，K_2——与燃料种类有关的值，见表9-14；

　　　α_{py}——空气预热器后排烟的过量空气系数；

　　　t_{sF}——送风机出口风温，℃；

　　　q_{wh}——雾化蒸汽的蒸汽热损失百分率，燃煤锅炉不存在该项热损失。

由于K_1和K_2可以从表9-14中选定，α_{py}可从空气预热器后的氧量表测得的氧量值通过$\alpha_{py}=\frac{21}{21-O_2}$计算得到，所以，用该式计算$q_2$误差较小，而且不用考虑燃料的发热量及成分分析，非常适于现场采用。

表 9-14　　　　　　　　　　　　　　K_1、K_2选定值

煤种	K_1	K_2
无烟煤及烟煤	3.55	0.44
$M>15\%$的洗中煤及长焰煤	3.57	0.62
褐煤	3.62	0.9
燃料油	3.55	0.32

飞灰虽然随烟气一起排出炉外且其温度与排烟温度相同，但飞灰携带的热量不计入排烟热损失中，而计入灰渣物理热损失中。

279. 为什么会出现锅炉燃用不同燃煤时，飞灰和炉渣可燃物含量较高的q_4较飞灰和炉渣可燃物含量低的q_4小？

答：在煤种的灰分相差不大的情况下，通常飞灰和炉渣可燃物含量高的q_4较飞灰和炉渣可燃物含量低的q_4大。

在煤种灰分相差较大的情况下，有可能出现飞灰和炉渣可燃物含量较高的q_4较飞灰和炉渣可燃物含量低的q_4小的情况。之所以会出现这种反常现象是因为飞灰和炉渣可燃物含量是以可燃物占飞灰和炉渣总量的百分比表达的。如果燃用煤的灰分很高，虽然飞灰和炉渣可燃物的含量较低，但可燃物的绝对量较高，同时，灰分很高的煤，其发热量较低，因q_4与煤的灰分成正比，与煤的发热量成反比而导致q_4较大。如果燃用煤的灰分很低，虽然飞灰和炉渣可燃物的含量较高，但可燃物的绝对量较低，同时，灰分很低的煤，其发热量较高，导致q_4较小。

因此，燃用不同煤种时，应根据煤的灰分、发热量和飞灰、炉渣可燃物的含量通过计算

确定q_4。

280. 为什么煤的水分增加，排烟热损失q_2上升？

答：煤中的水分一部分在制粉系统干燥剂的加热下汽化和过热成过热蒸汽，随输送煤粉的一次风进入炉膛成为烟气的组成部分。煤粉喷入炉膛后，煤粉中剩余的水分吸收热量汽化过热成过热蒸汽，同样成为烟气的成分。

煤的水分增加，炉膛温度降低，水冷壁吸收的辐射热减少，同时，烟气量增多，烟速提高。由于对流传热与烟速的0.8次方成正比，煤水分增加、烟速提高的幅度大于传热量增加的幅度，所以导致排烟度上升。

因为煤的水分增加，不但使排烟温度上升，而且使烟量增加，所以，导致排烟热损失q_2上升。

281. 为什么炉膛漏风量增加会使排烟热损失q_2增加？

答：负压锅炉运行时，炉膛为负压，冷风从炉膛不严密处漏入炉膛是难以完全避免的。由于从炉膛不严密处漏入的冷风不能像一次风和二次风及三次风那样具有较高的速度能与燃料充分地混合和搅拌，漏入的冷风会使炉膛出口过量空气系数增加，导致排烟过量空气系数上升。

漏入炉膛的冷风一部分会参与炉膛内燃料的燃烧，使得流经空气预热器的空气量减少，空气流速降低，空气冷却烟气的能力下降，导致排烟温度上升。

由于炉膛漏风量增加使得排烟过量空气系数增加和排烟温度上升，所以排烟热损失增加。

由于负压锅炉冷风漏入炉膛是不可避免的，在设计锅炉进行热力计算时已经考虑并允许炉膛有一定的漏风量，所以要从检修和运行两方面着手使炉膛漏风量不要超过允许的漏风量。

282. 什么是灰渣物理热损失q_6？

答：入炉煤的温度为环境温度，与送风机入口风温相同，而随烟气排出炉外的飞灰温度与排烟温度相同，因高于环境温度而带走了热量，炉渣的温度高于环境温度，排出时也带走了热量。因此，飞灰和炉渣排出锅炉时所带走的显热占输入热量的百分比称为灰渣物理热损失，用q_6表示。

q_6与燃料灰分的多少和排渣方式有关。对于折算灰分小于10%的固态排渣煤粉炉，虽然炉渣排出温度为800℃，但因为炉渣占灰分的比例仅为10%，所以炉渣的物理热损失可忽略不计。虽然飞灰占灰分的比例为90%，但因为飞灰的温度很低，与排烟温度相同，为130~150℃，所以飞灰的物理热损失也可忽略不计。

链条炉和液态排渣煤粉炉，因为飞灰占灰分的比例均较低，所以可忽略不计飞灰的物理热损失，但因为两者炉渣的温度和占灰分的比例均较高，所以其炉渣的物理热损失不能忽略不计。

液体和气体燃料的灰分很低，其灰渣物理热损失忽略不计。

283. 什么是锅炉的室内布置？露天布置？半露天布置？

答：有锅炉房，锅炉布置在锅炉房内的称为室内布置，小型锅炉采用室内布置较多。在高寒地区，大、中容量锅炉也采用室内布置。

没有锅炉房，锅炉布置在室外的称为露天布置。

没有锅炉房，但锅炉上部有顶棚和司水小室的称为半露天布置。由于增加顶棚和司水小室费用增加较少，可以减少散热损失，给运行和检修带来方便，所以，大、中型锅炉采用较多。

284. 为什么大、中型锅炉通常采用半露天布置？

答：（1）大、中型锅炉普遍采用膜式水冷壁和附管炉墙，炉墙表面温度显著降低，即使没有锅炉房采用室外布置，因为传热温差较小，所以通过对流和辐射传热散失的热量较少。

（2）大、中型锅炉的体积较大，锅炉房的造价较高，采用室外布置可以大幅地降低投资。

（3）炉顶设置顶棚和司水小室增加费用很少，不但可以方便检修和运行，还可以降低散热损失。疏放水管线和仪表管线采用拌热可防冻。

由于以上三个原因，除高寒地区外，在部分大、中型锅炉没有锅炉房，采用半露天布置。

285. 为什么小型锅炉通常采用室内布置？

答：（1）小型锅炉采用光管水冷壁，炉墙为耐火砖加保温砖和红砖，炉墙外表面温度较高，采用室内布置因为传热温差较小和风速很小，所以可以显著降低以对流和辐射传热散失的热量。

（2）小型锅炉采用重型炉墙，室内布置可以避免雨雪天气红砖大量吸收水分后水分蒸发，吸收潜热，导致散热损失明显增加。

（3）小型锅炉的体积较小，锅炉房的造价较低，室内布置增加费用较少。

由于以上三个原因，小型锅炉通常采用室内布置。

286. 为什么容量相同时，室内布置的锅炉散热损失较露天、半露天布置的锅炉散热损失小？

答：（1）锅炉本体及相应的管道表面温度高于周围空气或物体的温度，以对流和辐射传热的方式散失热量，形成了散热损失。

（2）对流传热量与传热温差和传热系数成正比。室内布置的锅炉，由于锅炉房内的空气温度较高，其传热温差较小，锅炉房内风速几乎为零，自然对流的传热系数较小，使锅炉本体和管道通过对流传热散失的热量较少。由于锅炉房墙壁内表面的温度高于外部空气温度，所以使锅炉通过辐射传热散失的热量也较少。

（3）露天、半露天布置的锅炉因为没有锅炉房，不但周围空气的温度较低，锅炉本体和管道表面与空气的传热温差较大，而且有一定的风速，对流传热系数较高，使两者通过对流和辐射传热散失的热量较多。在风速较高和雨雪天气下，露天和半露天锅炉的散热损失会进一步增大。

（4）由于以上原因，容量相同时，室内布置的锅炉的散热损失比露天和半露天布置的锅炉散热损失小。

287. 为什么煤水分增加会使锅炉净效率下降？

答：煤的水分增加使得煤的发热量降低，在一定的负荷下需要增加燃煤量，进入炉膛的水分进一步增加。水分增加，炉膛温度降低，会使机械不完全燃烧热损失上升。

（1）煤中的水分吸热、蒸发成水蒸气，成为烟气的一部分，水分增加，烟气量成正比例地增加，但尾部对流受热面的对流传热量与烟速的 0.8 次成正比，即水分增加烟气对流传热量增加比例低于烟气量增加的比例，因排烟温度和排烟量上升而导致排烟热损失上升。

（2）烟气量增加，使引风机的耗电量上升。

（3）煤的水分增加，煤的消耗量增加，输煤制粉系统的耗电量上升。

（4）由于以上几个原因，煤的水分增加会使锅炉净效率下降。

煤的水分增加对锅炉会产生较多不利的影响，因此，在采购和储运阶段要尽量减少煤的水分，设置干煤棚可以较有效地降低入炉煤的水分。要合理利用干煤棚的空间，煤的堆放要有利于煤的风干，优先燃用水分低的煤，使水分高的煤有更多风干的时间。

288. 为什么修正后的排烟温度低于修正前的排烟温度？

答：通过锅炉热力计算得到的空气预热器出口烟气温度称为排烟温度。由于修正前的排烟温度未考虑烟道和空气预热器泄漏，冷空气漏入烟气导致排烟温度下降的影响，所以，修正前的排烟温度较高。

由于空气预热器区烟气侧的负压和其空气侧的压差较大，冷空气从烟道和空气预热器空气侧漏入烟气侧是难以完全避免的。排烟温度的测点在空气预热器之后，考虑冷风漏入烟气对排烟温度的影响，对排烟温度进行修正，因此，修正后的排烟温度低于修正前的排烟温度。

例如，SG-1025/17.73 型锅炉修正前的排烟温度为 135℃，而修正后的排烟温度为 129℃。

289. 为什么燃料的发热量下降会导致排烟温度升高？

答：煤、可燃气体和重油是锅炉采用最多的燃料。煤和可燃气体的发热量随着成分的不同差别较大，重油的成分变化较小，发热量差别不大。

对应一定的负荷，当燃料的发热量下降时，消耗的燃料增加，燃煤时煤中含有一定比例的水分，随煤进入炉膛的水分增加，因烟气中的水蒸气含量提高而导致烟气量上升，燃气时，发热量下降，随气体燃料进入炉膛的不可燃气体成分增加，使得烟气量增加。

虽然燃料的发热量下降使得烟气量增加，烟速提高，对流传热系数上升，但对流传热系数与烟速的 0.8 次方成正比，即对流传热系数增加的幅度低于烟气量增加的幅度，导致排烟温度升高。

290. 为什么大容量锅炉的排烟温度较低，而小容量锅炉的排烟温度较高？

答：大容量锅炉每小时的耗煤量很大，例如，与 300MW 发电机组配套的 1000t/h 锅炉，每小时耗煤量高达一百多吨，按每年运行 7000h 计算，年耗煤量高达近百万吨。大容量锅炉通常为煤粉锅炉，而排烟热损失是煤粉锅炉各项热损失中最大的。排烟温度每降低 20℃，约可使排烟热损失降低 1%，即锅炉热效率提高约 1%，1000t/h 的锅炉每年可节省约 1 万吨煤。火力发电厂的发电成本中燃料费用占 70%，降低排烟温度对提高锅炉热效率，降低发电成本效果非常明显。

虽然降低排烟温度必然要增加尾部传热面，特别是空气预热器的面积，而且因为空气预热器的传热系数和传热温差均较小，为了将排烟温度降低到较低的水平，空气预热器的传热面积增加较多，同时引风机、送风机耗电量增加，但是由于大容量锅炉每吨蒸发量造价相对较低，因传热面积增加而增加的费用可在较短的年限内，通过节约的燃料费用得以回收，同时，因为大容量锅炉采用回转式空气预热器，引风机、送风机耗电量较低，所以，大容量锅炉的排烟温度较低。

小容量锅炉每小时的耗煤量很少，6t/h 及以下的锅炉每小时耗煤量不到 1t。小型锅炉大多采用链条炉，每吨蒸发量锅炉造价较高，为了降低排烟温度而增加的受热面费用相对较高，而锅炉效率提高节省的燃料费用较少。同时，小型锅炉大多为生产其他产品用的辅助设备，其全部燃料费用占产品全部费用的比例很低，提高锅炉热效率节约的费用所占的比例更微不足道，因此，为了节省造价，小型锅炉的排烟温度通常较高。通常随着锅炉容量的增加，因为排烟温度降低、热效率提高节约的燃料量也随之增加，所以，随着锅炉容量增加，排烟温度下降。

小型锅炉的排烟温度为 160～180℃，中型锅炉的排烟温度为 140～160℃，大型锅炉的排烟温度为 130～140℃。

291. 为什么空气预热器漏风，导致排烟温度下降，不会导致排烟热损失下降和锅炉效率提高的不合理现象？

答：（1）由于排烟温度高于送风机入口空气温度，带走了一部分燃料燃烧产生的热量，所以形成了排烟热损失。

（2）排烟温度越高，烟气含有热量越多，排烟中的过量空气系数越高，烟气量越大，排烟热损失越高。

（3）排烟温度热电偶测点在空气预热器之后一段距离。由于排烟温度测点处的负压较大，冷空气不可避免地漏入，导致排烟温度下降。空气预热器空气侧的压力远高于烟气侧的压力，冷空气不可避免地漏入烟气，特别是管式空气预热器，由于低温端空气预热器管的壁温较低，常因低温腐蚀穿孔大量冷空气漏入烟气而导致排烟温度降低。

（4）虽然由于空气预热器泄漏，冷空气漏入烟气侧，使得排烟温度下降，但由于空气漏入烟气，使得排烟的过量空气系数增加，排烟量增加，烟气带走的热量并没有减少，所以，不会出现空气预热器空气泄漏量越大，排烟温度越低，排烟热损越小，锅炉热效率越高的不合理现象。

292. 什么是折算水分？

答：同一种煤，当煤较干燥、含水量较少时，煤的发热量较高，锅炉维持一定的蒸发量所需的燃煤量较少。煤在储运过程中因雨雪而会使煤中的水分明显上升，发热量明显下降，锅炉为了维持相同的蒸发量，就需要燃用更多的煤，这样，在煤的水分增加和燃煤量增加的双重影响下，进入炉膛水分增加的比例更大。

对于不同的煤种，虽然水分相近，但由于发热量相差较大，锅炉维持一定蒸发量，当燃用发热量较高的煤时，因为需要的燃煤量较少，所以进入炉膛的水分较少；而燃用发热量较低的煤时，因为需要的燃煤较多，所以进入炉膛的水分较多。

由于煤的水分对锅炉运行的影响会随着煤的发热量的变化而改变，如果用折算水分，即燃料每进入炉膛 4187kJ（1000kcal）的热量所带入的水分，则排除了煤的发热量变化带来的影响，因此，采用折算水分分析对锅炉运行的影响更加方便和合理。

293. 为什么天然气锅炉的热效率较煤粉炉低？

答：天然气锅炉与煤粉炉均为室燃炉。天然气是优质燃料，天然气锅炉没有机械不完全燃烧热损失和灰渣物理热损失，化学不完全燃烧热损失和散热损失与煤粉炉相近。

煤粉的主要可燃成分是碳，其次是少量的氢。碳燃烧生成二氧化碳，氢燃烧生成水蒸气。天然气的主要成分是甲烷（CH_4），甲烷燃烧生成二氧化碳和水蒸气。燃烧相同发热量的煤粉和天然气，甲烷氢碳比比煤高很多。燃烧煤粉产生的烟气量比燃烧天然气产生的烟气量少很多。

排烟热损失是室燃炉各项热损失中最大的一项热损失。排烟热损失与烟气量成正比，因为容量相同时，天然气锅炉产生的烟气量明显多于煤粉炉的烟气量，所以，即使天然气锅炉没有机械不完全燃烧热损失，并且排烟温度降至100℃，比煤粉炉的排烟温度低30～40℃，天然气锅炉的排烟热损失仍然明显高于煤粉炉的排烟热损失，导致天然气锅炉的热效率低于煤粉炉热效率。天然气锅炉的热效率仅为85％～86％，而煤粉炉的热效率可达90％～92％。

294. 为什么锅炉掺烧高炉煤气，热效率会下降？为什么天然气锅炉的热效率低于煤粉炉？

答：由于高炉煤气的发热量很低，不可燃的成分氮气和二氧化碳很高，掺烧高炉煤气后因炉膛温度降低，导致水冷壁吸收的辐射热量减少，炉膛出口烟气总含热量增加。虽然，炉膛出口以后的对流受热面因烟速提高，对流吸热量增加，但增加的幅度一般低于因炉膛温度降低，辐射传热量减少的幅度，即锅炉掺烧高炉煤气后排烟热损失增加。

根据生产实践经验，锅炉掺烧高炉煤气或其他低热值煤气，排烟温度通常是升高的，同时，由于排烟的体积增加，导致锅炉排烟热损失明显增加，燃油锅炉掺烧高炉煤气时其他热损失变化不大，而掺烧锅炉可能因炉膛温度下降和烟速提高，燃料在炉膛内停留时间缩短，导致机械和化学不完全燃烧热损失增加。因此，锅炉掺烧高炉煤气热效率会下降。

295. 为什么挥发分较多的煤要计算化学不完全燃烧热损失？

答：排烟中含有可燃气体造成了化学不完全燃烧热损失。煤粉喷入炉膛在卷吸烟气混合加热和火焰辐射加热下，温度升高，挥发分析出并气化，挥发分以气体的形态着火燃烧，剩余的焦粒以固体状态继续燃烧。如果局部空气量不足或混合不好，焦粒周围氧气不足则会产生碳的不完全燃烧产物一氧化碳。

当煤的挥发分较少时，因为以气态形式燃烧的比例较少，所以，挥发分含量少的煤烟气中含有的可燃气体主要是少量的一氧化碳，使得化学不完全燃烧热损失很小。当煤的挥发分较高时，以气态形式燃烧的比例较大，因此，烟气中含有的可燃气体除少量的一氧化碳外，还含有一定数量的各种碳氢化合物，导致化学不完全燃烧热损失较大。

在锅炉的热力计算中，燃用挥发分较高的煤，煤粉炉和链条炉的化学不完全燃烧热损失分别为0.5％和1％，燃用挥发分较低的煤，煤粉炉和链条炉均不计化学不完全燃烧热损失。

296. 为什么灰分较高的煤机械不完全燃烧热损失较高？

答：灰分较高的煤发热量较低，在负荷一定的情况下，火焰温度较低，喷入炉膛煤粉的数量较多，煤粉的热容量较高，在烟气混合加热和火焰辐射加热下达到着火温度需要的时间较长。碳在被灰分包裹的情况下，碳的燃烧也会推迟。由于灰分高的煤粉着火较晚，留给焦粒燃尽的时间缩短，所以不利于焦粒的燃尽，使飞灰中碳的含量增加。

灰分高的煤粉着火燃烧后会在焦粒外形成灰壳，阻止了氧气接近灰壳内的碳，使碳不能充分燃烧，导致飞灰中碳的含量增加。

由于以上两个原因，灰分较高的煤，机械不完全燃烧热损失较高。从降低不完全燃烧热损失的角度考虑，应尽量采购燃用灰分较低的煤。

297. 为什么过量空气系数过大会使机械不完全燃烧热损失增加？

答：锅炉运行时通常会按由热效率试验制定的燃烧卡片，控制在各种负荷下应保持的过量空气系数。有些运行人员有时为了贪图方便，保持较高的过量空气系数，锅炉负荷变化时，仅增减燃料量而不相应调整风量，这样就会出现锅炉负荷较低时，炉膛出口过量空气系数过大的情况。

机械不完全燃烧热损失由飞灰不完全燃烧热损失q_4^{fh}、炉渣不完全燃烧热损失q_4^{lz}和漏煤不完全燃烧热损失q_4^{lm}三项组成。对于煤粉炉，没有漏煤这一项，q_4^{lz}也很小，通常忽略不计，仅计算q_4^{fh}一项。

煤粉燃尽所需的时间主要由焦炭粒燃尽所需时间决定。如果炉膛出口过量空气过大，不但炉膛温度下降，煤粉的着火推迟，焦炭粒燃尽所需时间延长，而且还因烟气量增大，烟速提高，焦炭粒在炉膛内停留的时间缩短而使焦炭粒在离开炉膛时仍未完全燃尽，造成q_4^{fh}增加。因此，锅炉负荷变化时，引风量、送风量应该随着燃料的增减而同步增减，使炉膛出口的过量空气系数保持在最佳数值。

298. 为什么煤粉越细机械不完全燃烧热损失越小？

答：煤粉越细，单位质量的煤粉的表面积越大。煤粉喷入炉膛后因体积的热容小、表面积大，在卷吸烟气混合加热和火焰辐射加热下到达着火温度所需的时间较短。因着火迅速，留给煤粉燃尽的时间增加。

煤粉越细，与氧接触产生反应的表面积越大，燃烧速度越快，留给煤粉燃尽的时间越长。

煤粉的体积与其粒径的三次方成正比，随着煤粉变细，煤粉的体积明显降低，煤粉燃尽所需的时间缩短，煤粉有较充足的时间燃尽。

煤粉越细，煤粉燃烧在焦粒外形成灰壳，使焦粒不易燃尽的不利影响越小。

因此，煤粉越细，机械不完全燃烧热损失越小。

由于煤粉越细，制粉电耗和设备损耗越高，所以，煤粉不是越细越好。当制粉电耗和设备损耗与机械不完全燃烧热损失折算的总费用最低的煤粉细度才是最合理、最经济的细度，称为经济细度。不同的煤种和制粉设备，其经济细度是不同的，通常煤粉的经济细度要通过现场试验确定。

299. 为什么燃用挥发分较高煤的煤粉炉机械不完全燃烧热损失较低？

答：由于煤粉喷入炉膛后在卷吸的高温烟气混合加热和火焰及高温烟气的辐射加热下，温度升高，挥发分迅速析出气化，以气态的形式燃烧。挥发分高的煤粉着火速度快，留给煤粉燃尽的时间长，有利于煤粉的燃尽。

挥发分较高的煤粉挥发分析出着火后，剩余焦粒内部出现较多空隙，形成更多的表面积，有利于氧气向焦粒内部扩散，碳与氧反应的表面积增加，焦粒表面和内部同时进行燃烧，飞灰的燃尽程度提高，飞灰中碳的含量降低。

因此，挥发分较高的煤，机械不完全燃烧热损失较小，见表9-15。

表 9-15　　　　　　燃用不同煤煤粉炉的机械不完全燃烧热损失　　　　　　　　%

煤种	无烟煤	半无烟煤	贫煤	烟煤挥发分≤25	烟煤挥发分＞25	褐煤
机械不完全燃烧热损失	4	3	2	2	1.5	0.5

从表中可以看出，对于煤粉炉，挥发分最低的无烟煤，机械不完全燃烧热损失高达4%；而挥发分最高的褐煤，机械不完全燃烧热损失仅为 0.5%。

300. 锅炉散热过程中的主要传热方式有哪几种？

答：由于空气的导热系数很小，所以，锅炉通过空气的导热散失的热量很少，锅炉的散热主要是通过对流和辐射将热量传递给周围的空气和透过空气传递给四周温度较低的物体。

对于室内布置的锅炉，由于空气的流速很低，对流散热主要通过自然对流的方式完成。对于室外布置的锅炉，在无风或风速很低的情况下，对流散热的主要方式仍然是自然对流，但在风速较大的情况下，强制对流是对流散热的主要方式。

当下雨或下雪时，虽然露天布置的锅炉上部有顶棚，但仍有部分雨雪落到炉墙及所属管道的保温层上，雨水和雪水的蒸发带走的热量占露天布置锅炉全部散热量较大的比例。

301. 为什么在环境温度相同的情况下，单位面积炉墙水平表面的散热量较垂直表面的散热量大？

答：炉墙是通过自然对流和辐射的方式向周围温度较低的环境空气散热的。

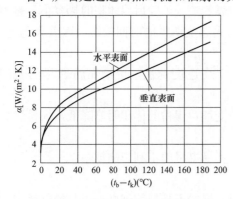

图 9-39　自然对流条件下的炉墙
放热系数 α

t_b—炉墙壁温；t_k—空气温度

单位面积炉墙水平表面的散热量之所以比垂直表面的散热量大主要是以下两个原因：

（1）自然对流条件下炉墙水平表面的放热系数较垂直表面大，见图 9-39。

（2）温度低的空气被炉墙水平表面加热后，因温度升高密度下降在浮力的作用下上升，温度较低的空气下降补充，炉墙表面与空气间传热温差较大，炉墙的散热量较多。温度低的空气被炉墙垂直表面加热后，虽然同样因为温度升高、密度下降，在浮力作用下上升，但温度升高后的空气沿垂直表面上升，炉墙表面与空气间的传热温差较小，炉墙的散热量较少。

302. 为什么锅炉负荷低于额定负荷时，散热损失 q_5 上升？

答：锅炉散热损失 q_5 是指锅炉炉墙、钢架、制粉系统及锅炉范围内的烟风道、汽水管道、联箱因表面的温度高于周围环境温度而向周围环境散失的热量占总输入热量的百分比。

q_5 大小主要取决于上述各散热面的面积的多少、表面温度和环境温度的高低。锅炉在各种负荷下其表面温度和总散热量是基本不变的，而锅炉总输入热量是与锅炉负荷成正比的，因此，锅炉负荷低于额定负荷，散热损失上升。

通常锅炉在低于额定负荷下运转时，q_5 应采用下式进行修正，即

$$q_5 = q_5^e \frac{D_e}{D}$$

式中　q_5^e——锅炉额定负荷时的散热损失，%；

　　　　D_e——锅炉额定负荷，t/h；

　　　　D——锅炉实际负荷，t/h。

303. 怎样减少散热损失？

答：虽然大、中型锅炉的散热损失通常小于0.5%，但是，由于大、中型锅炉每小时消耗的燃料量很多，降低散热损失带来的经济效益仍然较可观。

减少散热损失应从锅炉设计、制造、安装、检修和运行各个环节着手。设计、制造环节，应采用膜式水冷壁，选用导热系数小、保温性能好的材料作附管炉墙和汽、水、烟、风等管道保温层。室内布置锅炉时，应将送风机入口风道开口布置在锅炉顶部，以回收锅炉散失的部分热量。

安装环节主要是提高炉墙和汽、水、烟、风等管道保温层的施工质量，减少保温材料间的缝隙，灰浆应饱满，使炉墙及保温层的导热系数尽可能地接近保温材料的导热系数。阀体和法兰采用可拆卸的保温结构。

检修环节主要是定期检修和提高检修质量，及时更换破损的耐火砖、保温材料，使更换部分的炉墙及保温层的导热系数接近保温材料的导热系数。

由于散热损失与锅炉的负荷成反比，所以，尽量保持满负荷运行，避免低负荷运行也可以有效降低锅炉散热损失。

304. 为什么大容量锅炉的散热损失明显低于小容量锅炉？

答：由于大容量锅炉均采用膜式水冷壁，所以炉墙的材料不再受到火焰和高温烟气的辐射传热，在膜式水冷壁的保护下，温度大大降低，不超过膜式水冷壁的壁温，根据锅炉工作压力即锅水饱和温度的不同，为400～450℃，不但可以避免采用导热系数大、保温性能差的耐火材料，而且还为采用价格低、保温性能好的保温材料创造了条件，有效地降低了炉墙表面的温度。

炉膛的体积大体上与锅炉的额定蒸发量成正比，而造成散热损失的炉墙、汽包、钢架、管道和联箱等的表面积增加的幅度小于锅炉容量增加的幅度，即大容量锅炉每吨蒸发量所占有散热表面积较小。

由于大容量锅炉炉墙的表面温度较低，造成散热损失的各种面积较小，所以，大容量锅炉的散热损失较小。例如，某台300MW机组锅炉的散热损失仅为0.17%。

由于小容量锅炉采用光管水冷壁，炉墙的耐火材料直接受到火焰和高温烟气的强烈辐射，不但耐火材料的表面温度超过1000℃，而且耐火材料的导热系数较高，即使在耐火材料外面再增加保温材料，炉墙的表面温度仍然较高。小容量锅炉每吨蒸发量所占有的散热面积较大。所以，小容量锅炉的散热损失较大。例如，某台6.5t/h的锅炉，散热损失超过1.5%。

305. 为什么炉墙和管道表面温度升高，散热损失急剧增加？

答：炉墙和管道表面温度高于环境温度，向周围的空气或物体传热损失的热量称为散热损失。

炉墙和管道向周围空气和物体传热的方式主要有对流传热和辐射传热两种。通过对流传热损失的热量与炉墙、管道表面温度和周围空气、物体温度之差成正比。例如，炉墙和管道表面温度为50℃，周围空气和物体的温度为30℃，传热温差为20℃，当其表面温度增加一倍为100℃时，传热温差为70℃，是表面温度为50℃的2.3倍。

炉墙和管道通过辐射散失的热量与其绝对温度的四次方成正比，其表面温度升高，辐射散失的热量急剧增加。

由于以上两个原因，随着炉墙和管道表面温度的升高，锅炉的散热损失急剧升高，因此，应采取各种措施，例如，采用保温性能好的保温材料，增加保温层厚度，提高保温层施工质量，降低其表面温度，可以大幅度地降低散热损失。

306. 什么是保热系数？保热系数与散热损失有什么区别和关系？

答：输入锅炉的总热量减去炉墙、金属结构及锅炉范围内的烟风道、汽水管道和联箱等向周围环境散失的热量后占输入锅炉总热量的比例，称为保热系数 φ。

散热损失是锅炉散失的热量占输入锅炉总热量的百分数，而保热系数是输入锅炉总热量减去锅炉散失的热量后剩余的热量占输入锅炉总热量的百分比。

虽然两者的定义和概念有明显区别，但是两者有密切的联系，两者是从不同角度来衡量锅炉散热量的大小或锅炉保温材料性能及施工工艺优劣的指标。通常锅炉容量越小，保温材料的性能及施工工艺越差，散热损失 q_5 越大，保热系数 φ 越小。保热系数 φ 与散热损失 q_5 可以互相换算：$\varphi = 1 - \dfrac{q_5}{100}, q_5 = 100 - 100\varphi$。

307. 为什么固态排渣煤粉炉的灰渣物理热损失 q_6 大多数情况下可以忽略不计？

答：灰渣物理热损失是由炉渣、飞灰和沉降在烟道中的灰从锅炉排出时带走的热量造成的。

固态排渣煤粉炉的排渣温度约为800℃，煤中灰分仅约10%以炉渣形式排出，灰渣的比热很小，仅为 $0.9kJ/(kg \cdot k)$，炉渣排出带走的热量较少。

虽然煤中灰分约90%成为飞灰，扣除从烟道排出的沉降灰，随排烟离开锅炉的飞灰比例略有减少，但因飞灰在烟道中与烟气一样将热量传给各种受热面，飞灰的排出温度与排烟温度相同，飞灰排出带走的热量较少。

从烟道排出的沉降灰数量较少，大部分沉降灰是从省煤器和空气预热器之间的烟道处排出的，其温度为省煤器出口烟气温度，约为350℃，从烟道排出的沉降灰带走的热量也较少。

由于上述原因，固态排渣煤粉炉的灰渣物理热损失通常忽略不计，只有当煤的折算灰分大于10%时才计算灰渣物理热损失。

除煤矿附近的坑口电厂锅炉燃用煤矸石外，绝大部分锅炉燃煤的折算灰分小于10%。

308. 为什么燃用灰分多的煤，送风量不增加而引风量增加？

答：由于灰分是不能燃烧的，在锅炉负荷和热效率一定的情况下，燃用灰分多的煤，燃煤量必然增加，使得煤中可燃成分碳和氢的总量保持不变。因为只有可燃成分碳和氢燃烧时需要空气，所以，虽然燃煤量增加了，但送风量不需要增加。

由于灰分增加，燃煤量增多，随煤进入炉膛的水分总量上升，水分吸收热量蒸发成水蒸气，使烟气量增多。为了将增加的烟气量排出锅炉维持炉膛正常的负压水平，必然要增加引风量。

309. 为什么通常连续排污的热量要回收利用，而定期排污的热量不利用？

答：由于连续排污的流量较稳定，连续排污的总量较大，连续排出的锅水中含有较多的热量，有较高的回收价值。连续排污的锅水通常从汽包水容积的上部排出，相较于从水冷壁下联箱定期排污的锅水，其杂质较少，有利其热量的回收利用。

在电厂的热力系统中，压力高的蒸汽用途广、价值高，压力低的蒸汽用途少、价值低，因此，除中压锅炉的连续排污采用一级扩容产生低压蒸汽送至大气式除氧器外，高压及以上锅炉的连续排污通常采用二级扩容，一级扩容器产生压力较高的蒸汽送至高压除氧器，二级扩容器产生的压力较低的蒸汽作为大气式除氧器的热源或作为低温热源用于加热温度较低的介质。

由于水处理技术的进步，二级除盐水的普遍采用，给水质量明显提高，锅内水处理加入的磷酸三钠产生的泥渣较少，24h进行一次定期排污即可满足生产要求。每个循环回路水冷壁下联箱上的定期排污不允许同时进行，只可以逐个进行定期排污。每个排污阀从逐渐开启到逐渐关闭通常不超过1min。因为定期排污排出的锅水总量很少，其中还含有较多的杂质，所以，定期排污的热量不回收利用。

定期排污的锅水送至定排扩容器扩容，产生的蒸汽从上部排空管排出，扩容后的锅水经喷水混合降温后排至地沟。

310. 燃用无烟煤时常采用哪些方法降低机械不完全燃烧热损失？

答：由于无烟煤的挥发分小于10%，煤粉喷入炉膛后着火慢，挥发分逸出后焦炭粒形成的孔隙较少，不易燃尽，飞灰可燃物含量较高，机械不完全燃烧热损失较高，所以导致锅炉热效率较低。

燃用无烟煤常采用以下几种方法降低机械不完全燃烧热损失。

(1) 在燃烧器标高处的水冷壁表面敷设一定高度的卫燃带，通过减少水冷壁吸热量的方法提高该区域的炉膛温度，加快煤粉中挥发分的逸出和着火，为煤粉燃尽提供较多的时间。

(2) 将煤粉磨得更细，增加煤粉的表面积使其更加容易着火和降低煤粉颗粒的体积，减少煤粉燃尽所需的时间。

(3) 采用热风送粉，提高气粉混合物的温度，使其被高温烟气混合加热和被火焰及高温烟气辐射加热后更快达到着火温度，为煤粉燃尽提供更多时间。

(4) 采用液态排渣炉。液态排渣炉因炉膛温度高，可以提高煤粉燃烧速度而使煤粉燃尽程度上升。液态排渣炉捕渣率较高，飞灰减少，而液态排渣的温度很高，液态排渣中可燃物很少。

311. 为什么燃油燃气锅炉的化学不完全燃烧热损失较燃煤炉大？

答：气体燃料全部以气态的形式燃烧。为了增强火焰辐射传热的能力，提高炉膛的辐射传热量，大部分气体燃料采用有焰燃烧方式，即气体燃烧不与空气预先混合，而是在炉膛内混合后再燃烧。由于气体燃料和空气的速度较快，在炉膛内停留的时间有限，炉膛较大，同时为了防止炉膛温度降低和排烟热损失增加，炉膛出口的过量空气系数不宜过大，所以，因气体燃料与空气混合不充分、不均匀而导致部分气体燃料未完全燃烧是难以完全避免的。

正常情况下，气体燃料的机械不完全燃烧热损失为零，气体燃料的不完全燃烧就是化学不完全燃烧热损失。因此，气体燃料的化学不完全燃烧热损失较大是正常和可以理解的，通常为1.5%。

燃油经雾化后喷入炉膛，在卷吸高温烟气混合加热和火焰辐射加热下，油滴气化，大部分成为可燃气体，以气态形式燃烧，只有少量的残炭以固体的形式燃烧。正常情况下，燃油炉的机械不完全燃烧热损也为零。与气体燃料相同的理由，燃油炉的化学不完全燃烧热损失较大是正常和可以理解的，通常为 1.5%。

煤中仅挥发分以气态的形式燃烧，而煤中的挥发分含量较低，根据不同煤种为 10%～30%。大部分可燃质炭是以固态形式燃烧的，所以，燃煤炉的化学不完全燃烧热损失很小，挥发分小于或等于 25% 的煤通常为零，挥发分大于 25% 的煤仅约为 0.5%。

第九节　对流受热面的磨损与积灰

312. 对流受热面积灰的原因是什么？有什么危害？

答：锅炉的对流受热面一般指对流式过热器、对流式再热器、对流管束、省煤器和空气预热器。因为这些受热面的烟气侧放热是以对流放热为主，所以称为对流受热面。

锅炉运行时，对流受热面的积灰是无法避免的。仔细观察就会发现，对流受热面积的灰都是颗粒很小的灰。当灰粒的当量直径小于 $3\mu m$ 时，灰粒与金属间和灰粒间的万有引力超过灰粒本身的重量。因此，当灰粒接触金属表面时，灰粒将会黏附在金属表面上不掉下来。

烟气流动时，因烟气中灰粒的电阻较大而会发生静电感应。虽然对流受热面的材料是良好的导体，但是当对流受热面积灰后，其表面就变成绝缘体，很容易将因静电感应而产生异种电荷的灰粒吸附在其表面上。实践证明，对流受热面积的灰大多是当量直径小于 $10\mu m$ 的灰粒。

对流受热面的积灰一开始较快，但很快会达到动态平衡，一方面，积灰继续发生；另一方面，在烟气中颗粒较大的灰粒冲击下使对流受热面上的积灰脱落。由于管子正面受到较大灰粒的冲击，所以管子的正面积灰较少，而管子的背面积灰较多。

由于灰粒的导热系数很小，对流受热面积灰，使得热阻显著增加，传热恶化，烟气得不到充分冷却，排烟温度升高，导致锅炉热效率降低，甚至影响锅炉出力。积灰还使烟气流通截面减小，烟气流动阻力增加，使引风机的耗电量增加。因此，采取各种措施保持对流受热面的清洁对提高锅炉热效率，节约引风机的耗电量是很有必要的。

313. 为什么煤粉炉不宜使用含灰量过大的煤？

答：由于煤粉炉燃烧的是颗粒极细的煤粉，锅炉的机械不完全燃烧热损失 q_4 较小。现代化大、中型煤粉炉的燃烧设备较完善，自动化调整水平较高，锅炉热效率大多在 90% 左右。因此，锅炉的负荷一定时，燃煤量主要决定于煤的发热量。由于煤中的含氢量较少，而且含量差别不大，所以，当燃料的含水量相同时，煤的发热量主要决定于含灰量。含灰量大，发热量低；反之，则高。燃用含灰量大的煤必然要导致锅炉单位时间内的燃煤量增加。制粉耗电量很大，是采用煤粉炉的火力发电厂厂用电率较高的主要原因之一。燃用含灰量大的煤使得制粉耗电量增加，生产成本提高。

由于煤粉炉采用室燃方式，煤中灰分的 90% 成为飞灰，与烟气一起流经对流受热面。燃用含灰量大的煤使烟气中的飞灰浓度提高，燃用含灰量大的煤因发热量降低而使燃煤量增加，造成烟气中的飞灰浓度进一步提高。锅炉尾部受热面管子的磨损速度与烟气中飞灰的浓度成正比，燃用含灰量大的煤必然导致受热面管子磨损速度加快、对流受热面的寿命缩短、检修费用增加。

通常劣质煤的含灰量高，发热量低，但价格也低。因此，要权衡和比较燃料费用降低和制粉费用、检修费用增加两者哪个对降低发电成本影响更大。决定燃煤价格的因素除了含灰量外，还有其他因素，因此，在燃料价格相同或相近时，尽量选择含灰量低的煤是有利于煤粉炉降低生产成本的。

314. 为什么链条炉尾部受热面的磨损比煤粉炉轻？

答：容量较大的链条炉与煤粉炉一样，均在竖井烟道内布置有省煤器和空气预热器尾部受热面。在其他条件，如燃煤的种类、含灰量、烟气流速、过量空气系数等相同的情况下，链条炉尾部受热面的磨损比煤粉炉轻。

之所以链条炉尾部受热面的磨损比煤粉炉轻，是因为链条炉和煤粉炉的燃烧方式不同造成的。链条炉采用层燃方式，燃煤和灰渣与炉排是相对静止的，燃煤和灰渣仅随着炉排一起作缓慢的水平移动，燃烧所需的空气从燃煤及灰渣颗粒间的隙缝通过，只有燃煤和灰渣中很小的颗粒被空气吹起，随烟气流过尾部受热面。因为链条炉使用的燃料中，粒径很小的能被空气吹起的燃料比例和煤燃烧过程中形成的能被烟气所携带的灰粒比例均较少，所以，链条炉烟气中飞灰的比例较小，仅为20%～30%。

煤粉炉采用室燃方式，燃煤被磨制成粒径很小的煤粉，煤粉被空气送入炉膛燃烧后，其灰分的85%～95%随烟气一起流经尾部受热面。由于链条炉烟气中灰分的浓度仅为煤粉炉的1/4～1/3，而锅炉尾部受热面的磨损与烟气中灰分的浓度成正比，所以，链条炉尾部受热面的磨损比煤粉炉轻。

315. 空气预热器的什么部位容易磨损？可采取什么措施？

答：烟气在立置管式空气预热器中的流动属于纵向冲刷，对管壁的磨损比烟气对省煤器管的横向冲刷大为减轻。

烟气从省煤器蛇形管排出来进入空气预热器前在空烟道内的流速较低，当进入空气预热器管时，由于流通截面突然减少，烟气流束先行收缩，然后扩张，并逐渐趋于正常。烟气流束在扩张时对空气预热器管内壁产生磨损，磨损的部位在离管口2～3倍管径处，见图9-40(a)。

为了保护空气预热器管，可在管子进口处加装防磨内套管，检修时只需更换受到磨损的内套管就可以了。立置管式空气预热器入口管防磨装置，见图9-40(b)。

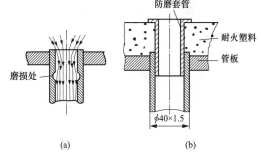

图 9-40 立置管式空气预热器的防磨装置
(a) 空气预热器管入口磨损处；
(b) 空气预热器入口管防磨装置

316. 省煤器的什么部位容易磨损？可采取什么措施？

答：由于煤中的灰分是燃油灰分的十几倍至几十倍，所以，燃煤炉的受热面磨损比燃油炉严重得多。省煤器是对流受热面中磨损最严重的，省煤器的磨损是不均匀的，在某几个特定的部位磨损较严重。

省煤器蛇形管通常是错列布置的，当烟气从空烟道进入第二排管子后因为截面收缩，速度突然提高，所以第二、三排管子磨损较以下各排管子严重。

省煤器管的弯头与竖井烟道两侧墙之间的间隙形成了烟气走廊，因阻力较小，烟速较高，所以弯头处磨损也比较严重。

对于倒 U 形锅炉，烟气自水平烟道转弯进入竖井烟道时，由于离心力的原因，烟气中的大部分灰粒集中在竖井烟道的后墙，所以靠后墙的几排蛇形管磨损比较严重。为了避免每根蛇形管被磨损，省煤器蛇形管排通常采取平行于前后墙的布置方式，使磨损集中在后几排管子上。为防止管子磨损，可在这几排管子上加装防磨护板。

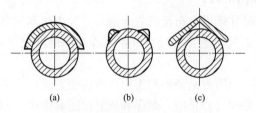

图 9-41　省煤器管的防磨装置

（a）盖板；（b）焊圆钢；（c）盖角钢

在省煤器从上至下的头几排管子上点焊半圆形防磨套管或角铁可以有效地减轻管子的磨损。但由于套管和角铁与管子之间有间隙，对传热影响较大。可在管子磨损严重的部位焊接圆钢，不但用料省而且对传热的影响较小。省煤器管的防磨装置见图 9-41。

减小蛇形管弯头与侧墙的间隙，在弯头处安装护瓦和护帘是减轻弯头磨损的有效措施，见图 9-42。

317. 为什么对流受热面管子背面积灰比正面严重？

答：当烟气横向流过过热器管、再热器对流管或省煤器管时，总会在这些管子的背面形成旋涡。旋涡运动要消耗流体的能量，使得旋涡区中心的压力比旋涡区外的压力低，因此，灰粒容易在对流受热面管子的背面积存起来，见图 9-43。

烟气中较大的灰粒之间的距离较大，因为灰粒间的万有引力和静电吸引力小于灰粒的重量，所以大灰粒不会沉积在管壁上。因为大灰粒具有较大的动能，对管子的正面和侧面的积灰有清洁作用，所以当烟气流速大于 $8\sim10\mathrm{m/s}$

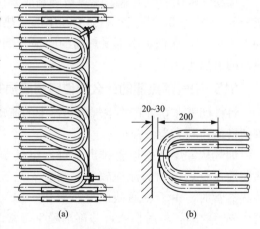

图 9-42　省煤器常用的防磨装置

（a）弯头处的护瓦和护帘；（b）弯头护瓦

时，管子的正面和侧面一般不易积灰。只有当管子背面的积灰达到一定厚度时，大灰粒对管子背面的积灰才有清洁作用，使管子背面的积灰维持一定的厚度不再增加，达到所谓的动态平衡。烟气流速高，大灰粒的冲刷作用提高，可以较早地达到动态平衡，亦即管子背再积灰较少；反之，则积灰较多，见图 9-44。当烟气流速较低时，在管子的正面也会积灰，而且流速越低，积灰越多。

318. 对流受热面的积灰与磨损是否矛盾？

答：对流受热面的积灰与磨损表面上看起来是矛盾的，似乎积灰就不会磨损。实际上对流受热面的积灰与磨损是同时存在的。

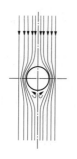

图 9-43　流体绕过管子
时的流动情况

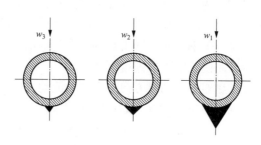

图 9-44　干松灰的沉积

注：$\omega_3 > \omega_2 > \omega_1$。

过热器、再热器、对流管和省煤器的积灰最严重的部位在管子的背面，当烟速较低时，管子的正面也会有少量积灰。对流受热面管子的磨损，对第一排管子集中在与正前方成 30°～40°对称的两侧，对以后各排管子，错列布置时磨损集中在与正前方成 25°～30°的对称两侧；顺列布置的管子，磨损集中在与正前方成 60°的对称两侧，见图 9-45。

管式立置空气预热器，积灰最严重的部位在低温空气预热器管箱第一个流程的下部，而空气预热器磨损最严重的部位是在烟气侧管子的入口处。

由此可以看出，由于对流受热面的积灰与磨损的部位不同，所以积灰和磨损可同时存在。

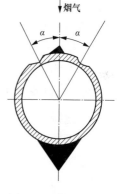

图 9-45　管子积灰与
磨损部位

319. 什么是冲击角？为什么省煤器管磨损最严重的部位不在正面，而在偏离管子正面 30°～50°对称的两处？

答：烟气流动方向与管子表面切线方向之间的夹角称为冲击角。当冲击角成 90°时为垂直冲击，冲击角小于 90°时为斜向冲击，见图 9-46。因为不同对流受热面均为直径不等的管子，所以，烟气对受热面的冲击除管子的正面局部是垂直冲击外，大部分是斜向冲击，见图 9-47。

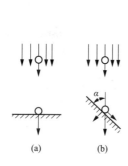

图 9-46　固体颗粒对表面的冲击
（a）垂直冲击；（b）斜向冲击

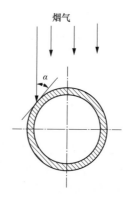

图 9-47　烟气对管子的冲击

垂直冲击时，烟气中的灰粒仅产生冲击磨损。斜向冲击时，冲击力可以分为沿管子表面法线方向和切线方向两个分量。法线分量产生冲击磨损，而切线分量产生摩擦磨损。因此，在斜向冲击时，表面同时受到冲击磨损和摩擦磨损两种磨损的作用。

试验证明，对于碳钢表面，冲击角为30°～50°时磨损最严重。当冲击角进一步增大时，由于摩擦磨损减轻而使总的磨损速度下降。

省煤器管和过热器管的轴线方向与烟气的流动方向通常是垂直的，烟气为垂直冲刷。管子的正面局部区域因冲击角为90°或接近90°，烟气中的灰粒只产生冲击磨损，不产生摩擦磨损或摩擦磨损很小，因此，管子正面局部区域的磨损较轻。而在偏离管子中心30°～50°对称的两侧，正好相当于冲击角为30°～50°，是磨损最严重的部位。

320. 为什么省煤器的第二排管子磨损特别严重？

答：运行实践和理论分析表明，省煤器的磨损比过热器或空气预热器严重，而且省煤器的第二排管子的磨损比其他各排管子严重得多。

省煤器管通常是错列布置的，省煤器的第一排管子受到较低烟速即进入省煤器前的空烟道内烟速的冲刷。烟气通过第一排管子以后，由于烟气流通截面减小，烟速显著升高，因此，第二排管子受到烟气中灰粒较大的冲击。因为烟气中的灰粒冲击第二排管子以后反弹回来，动能大部分消失，所以第二排管子以后的各排管子的磨损减轻。

321. 为什么对流受热面中，省煤器的磨损最严重？

答：运行实践表明，在锅炉的过热器、再热器、省煤器和空气预热器四种主要对流受热面中，省煤器的磨损最严重。

为了防止结渣和便于支吊，过热器蛇形管通常都是顺列布置的。顺列布置的管束，从第二排起以后的各排管子处于烟气流的阴影区域，磨损通常比错列布置的轻。因为过热器处的烟气温度较高，烟气中灰粒相对较软，所以过热器管的磨损并不严重。

燃煤锅炉的管式空气预热器通常是立置的，烟气在管内的流动属于纵向冲刷，除在管子进口2～3倍管径处局部磨损较严重外，管子的其余部分磨损是较轻的。

省煤器管通常都是错列的，烟气对错列管束的冲刷比较强烈，磨损比顺列严重得多，而且省煤器处的烟气温度较低，烟气中灰粒相对较硬。这两个因素使得省煤器的磨损比过热器和空气预热器严重得多。因此，要对省煤器管采取有效的防磨措施，而过热器管一般不采取防磨措施，立置管式空气预热器仅在管子的入口处采用加内套管的局部防磨措施。

322. 为什么烟气流速增加一倍，对流受热面管子的磨损速度增加7倍？

答：在燃料的种类和烟气冲刷受热面方式相同的情况下，对流受热面管子磨损的速度，即管子金属被磨去的数量与冲击管子表面飞灰颗粒的动能和冲击次数成正比。飞灰颗粒动能越大，冲击次数越多，则对流受热面管子的磨损速度越快。

因为烟气中飞灰的流速是与烟气相同的，飞灰的动能大小和冲击受热面管子的次数决定于烟气的流速，而且飞灰的动能与其速度的平方成正比，飞灰冲击次数与烟速的一次方成正比。也就是说，对流受热面管子磨损速度与烟气流速的三次方成正比，即烟气流速增加一倍，则对流受热面管子的磨损速度增加7倍。

如果在锅炉检查中发现对流受热面中最易磨损的省煤器管出现较严重的磨损，则应消除使局部烟速明显提高的烟气走廊，或通过技术改造适当降低烟气流速，是减轻省煤器管磨损最常用和最有效的措施。

323. 为什么漏风系数增加或燃烧不良会使对流受热面的磨损加剧？

答：管子金属被磨损的数量与灰粒冲击管子表面的动能和冲击次数成正比。灰粒动能越大，冲击次数越多，则管子的磨损越大。灰粒的动能与烟速的平方成正比，灰粒冲击的次数与烟速成正比，因此，管子的磨损与烟速的三次方成正比。

炉膛或烟道漏风系数增加，使对流烟道内的烟气流速提高。因为漏入炉膛和烟道内的空气使烟气中灰粒的浓度成比例地下降，所以，漏风系数增加，使管子的磨损与烟速的平方成正比。

燃煤锅炉运行中由于某种原因造成燃烧不良时，飞灰中的含碳量增加，因焦炭粒比灰粒硬而使对流受热面的磨损加剧。

因此，加强锅炉的维修，保持适当的炉膛负压，以减少锅炉漏风和加强燃烧调整，减少飞灰中的含碳量，除了可以提高锅炉热效率外，对减轻对流受热面的磨损也具有积极意义。

324. 什么是经济烟速？

答：因为炉膛内烟气流速很低，温度很高，炉膛内的辐射传热所占比例高达95%，而对流传热仅占5%，所以，锅炉内的烟气流速是指过热器、再热器、省煤器和预热器处的烟速。经济烟速与很多因素有关，而且这些因素常常是互相制约的。

为避免和减轻对流受热面积灰，锅炉最低负荷时，烟速不应低于$2.5\sim3.0ms$，因此，额定负荷时的烟速应该在$5\sim6m/s$以上。由于过热器和省煤器管内汽水工质的放热系数很高，在传热温差一定的情况下，传热量决定于烟气侧的放热系数。烟气流速提高，对流放热系数增大，不但可以减少受热面的投资，而且还节省了锅炉钢架、炉墙和厂房的费用，相应的维修费和折旧费也降低。但是烟速提高，流动阻力增加，引风机的投资和电费增加。烟速提高，对流受热面的磨损加剧，受热面的折旧费和维修费也要增加。

受热面及相应的钢架、炉墙、厂房的总投资与运行费用之和为最小时的烟气流速称为经济烟速。经济烟速不是固定不变的，而是与燃料种类、钢材和电能的价格、风机效率、锅炉年运行小时数和投资回收年限等因素有关。不同的国家各种费用的价格和投资回收年限不同，经济烟速的选择要根据具体情况来考虑。一般来讲，钢材价格高，燃用灰分很少的液体和气体燃料，电能较便宜，年运行小时数较少时，经济烟速较高；反之，则较低。经济烟速的选择是个很复杂的技术经济问题。根据我国具体情况，推荐采用下列数据：省煤器为$9\sim12ms$，过热器为$11\sim15ms$，管式空气预热器为$11\sim15m/s$。

325. 为什么液态排渣炉的尾部受热面积灰特别严重？

答：运行实践表明，液态排渣炉的尾部受热面积灰特别严重。液态排渣炉比固态排渣炉的炉膛温度高，不但机械不完全燃烧损失大大减少，而且炉膛的捕渣率很高。在额定负荷下，开式炉膛的捕渣率为35%～40%，半开式炉膛可达45%。固态排渣炉炉膛的捕渣率通常只有10%。

液态排渣炉炉膛出口烟气中，不但飞灰的数量比固态排渣炉少，而且烟气中的飞灰大都是颗粒很小的细灰，颗粒较大的粗灰很少。细灰之间的距离很小，其万有引力和静电吸引力大于细灰的重量，细灰很容易沉积在管壁上。烟气中的粗灰很少，粗灰对受热面的清洁作用很小。

液态排渣炉炉膛内的温度很高，某些熔点较低的灰分在炉膛内呈气态，离开炉膛后，随着烟气温度的降低,这些灰分凝结在受热面上,这种灰往往比较坚硬。因此,液态排渣炉尾部受热面不但积灰特别严重,而且积灰比较坚硬,用常规的蒸汽或压缩空气吹灰效果很差,要用钢珠除灰才能奏效。

326. 为什么燃油锅炉的过热器积灰用水冲洗效果较好?

答:由于煤粉锅炉所烧煤中灰分的90%成为飞灰进入烟气,而且有的飞灰粒径较大。大粒径飞灰对过热器冲刷有防止或减轻其积灰的作用,所以,煤粉锅炉过热器的积灰并不严重,即使不进行过热器吹灰,一般也不会因过热器积灰严重而使汽温低于下限温度。

燃油中含灰量很少,而且灰的颗粒很小,烟气中飞灰对过热器的冲刷清扫作用很弱。因此,尽管燃油中的灰分比煤低得多,但燃油锅炉对流受热面的积灰比煤粉炉严重。

虽然燃油锅炉通常装有钢珠除灰装置,但只能除掉布置在竖井烟道内的省煤器和空气预热器上的积灰,而不能除掉布置在水平烟道内的过热器上的积灰。

蒸汽吹灰装置只能在水平方向移动,而不能在垂直方向上移动,过热器蛇形管排较高,而且过热器管大多采用顺列布置。蒸汽从吹灰器高速喷出后速度和动能很快下降,只能将吹灰器喷嘴附近有限范围内的过热器管正面的积灰除去,对离吹灰器喷嘴较远或管子背面积灰的吹灰效果很差。燃油锅炉过热器积灰严重时,即使减温器停用,汽温仍然达不到下限温度。因为过热器蛇形管排列很密,所以停炉后采用人工除灰的方法也难以将积灰彻底清除干净。

水的密度较高,水从喷嘴喷出后不但射程较远,而且动能消失较慢。采用人工喷水冲洗,调整水流的角度,不但可以将管子的正面和背面的积灰全部冲掉,而且水从管子的上部向下流动时,可将下部管子的积灰冲掉,冲灰效果十分理想。

因为燃油锅炉过热器的积灰中含有较多的酸性物质,其水溶液呈现出很强的酸性。为了减轻酸液对过热器和下部水冷壁管的腐蚀,应采用在疏水箱内配制成的碱水或在水中加缓蚀剂进行冲洗,而且冲洗后应采取措施尽快将炉内烘干。最好在锅炉检修结束准备点炉前进行过热器的冲灰工作,冲灰结束后紧接着进行烘炉和点炉,可将酸液对过热器和水冷壁的腐蚀降低到最低限度。

327. 飞灰有哪几种来源?

答:固态排渣的煤粉炉,煤中约90%的灰分随烟气一起流动成为飞灰。形成飞灰的来源有以下几种:

(1)形成煤的植物中含有的灰分,在煤粉中的可燃成分燃烧后剩下的残骸。

(2)植物在形成煤的过程中混入的不可燃杂质。

(3)煤在开采、储存和运输送过程中混入的不可燃杂质,其本身是不可燃和单独存在的,直接成为飞灰。

(4)煤中熔点较低的矿物质,在炉膛内高温下呈气态,随着烟气的流程不断传热,当温度降至冷凝温度时,形成结晶或非结晶的微粒。

(5)少量未燃尽的煤粉形成的焦炭粒子。

328. 为什么煤粉变细对流受热面积灰加剧?

答:煤粉燃尽后成为飞灰,大部分飞灰的粒径小于煤粉的粒径。煤粉变细,飞灰的粒径减少,其飞灰与受热面和飞灰之间的万有引力增加,当万有引力大于重力时,飞灰就会沉积在对流受热面上。粒径较大的飞灰因万有引力小于其重力，而不会沉积在对流受热面上。在垂直的墙壁上沉积的均是粒径很小的灰尘，而粒径较大的灰尘是不会沉积其上的。

飞灰的动能与其质量成正比，而飞灰的质量与其粒径的3次方成正比，煤粉变细，飞灰粒径减小，飞灰的质量和动能急剧减少，飞灰对受热面上积灰的冲刷清洁作用减弱，导致对流受热面上积灰加剧。

由于以上两个原因，煤粉变细，对流受热面积灰加剧。

当煤种发生变化，需要燃用较细的煤粉时，要加强对流受热面的吹灰，减轻积灰对传热的不利影响。

329. 为什么随着管径的降低管子的积灰减少？

答：随着管径的降低，管子背面旋涡区缩小，同时，随着管径降低，管子的曲率增加，旋涡区内气流扰动加大速度上升，使得管子背面积灰较少。

通常管子采用错列，当管径较小时，烟气流过第二列及以后的管束不断改变流向的过程中，容易对管子背面的积灰产生冲击，使管子的背面不易沉积较多的灰。错列管束管子直径对沾污系数的影响，见图9-48。

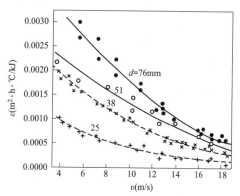

图 9-48　错列管束管子直径对
沾污系数的影响（错列管束）

从图9-48中可以看出，随着管子直径的下降，沾污系数明显下降。因此，在条件允许时，受热面尽量采用管径较小的管子，以减轻管子的积灰，降低热阻，提高传热系数。这也是过热器、再热器和省煤器管内工质截面积较大时，不采用直径较大的管子而采用多根直径较小的管子并排绕制成蛇形管排的主要原因之一。

330. 为什么错列管束积灰较顺列管束少？

答：在顺列管束中，从第二列开始，管子的正面和背面均处于旋涡流动区。在旋涡区内烟气压力和流速较低，飞灰在管子的正面和背面均容易发生飞灰的沉积，同时，烟气中粒径较大的飞灰难以对管子的正面和背面的积灰产生冲击。所以，顺列管束积灰较多。

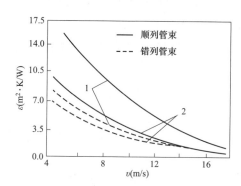

图 9-49　顺列管束和错列管束
污染系数随烟速的变化
注：$d=38mm$，$s_1/d=s_2/d=2$。
1—$R_{30}=24.5\%$；2—$R_{30}=52.5\%$

在错列管束中，从第二排管子起烟气流向不断改变，不但旋涡区范围较小，而且管子正面和背面的积灰均容易受到粒径较大飞灰的冲击，难以沉积较多的飞灰。因此，错列管束积灰较少。

图9-49所示为顺列管束和错列管束污染系数随烟速的变化。

从图9-49中可以明显看出，错列管束积灰较顺列管束少。同时，错列管束的放热系数较顺列管束大，因此，只要条件允许，受热面管束尽量采用错列。例如，省煤器和管式空气预热器的管束均采用错列。

331. 受热面积灰和结渣有什么区别？

答：锅炉各受热面上积灰和结渣是难以完全避免的。虽然积灰和结渣均使受热面的热阻增加，传热系数下降，因吸热量减少而导致锅炉热效率降低，但是积灰和结渣是有区别的。

所谓积灰，是指温度低于灰分变形温度时飞灰沉积在受热面上的现象。而结渣是指温度高于灰分变形温度时，呈软化熔化状态的灰分黏附在受热面上的现象。

因为对流烟道内的烟温通常低于灰分的变形温度，所以，对流受热面上一般不会出现结渣而只会出现积灰。因为炉膛内的温度高于灰分变形温度，所以，水冷壁、辐射式过热器和辐射式再热器等辐射受热面有可能发生结渣。

炉膛内温度很高，灰分呈熔化状态，部分熔点低的灰分有可能呈气态，当呈熔化状态和气态的灰分在接近辐射受热面时，因冷却呈固态或凝结成固体而沉积在辐射受热面上。烟气流经辐射受热面时存在摩擦力，靠近管壁的烟速很低，高温的灰粒冷却后也会沉积在管子表面。辐射受热面管子表面积灰后，热阻较大，积灰表面的温度升高，灰分因不能被冷却到低于灰分变形温度而黏附其上形成结渣。因此，定期对辐射受热面进行吹灰，不但可以减少其积灰，还可防止其结渣。

332. 为什么水冷壁管磨损很轻？

答：虽然炉膛的流通面积较大，但由于炉膛内烟气平均温度很高，其体积很大，烟气的流速仍然较高。水冷壁管磨损很轻是由于以下几个原因：

（1）烟气平行流过水冷壁管，由于烟气与水冷壁管间存在较大摩擦力，所以烟气流经水冷壁管表面的流速较低。

（2）烟气平行流过水冷壁管烟气流动方向与水冷壁管表面的夹角为零，不存在冲击磨损和切削磨损。

（3）炉膛内烟气平均温度很高，部分灰分呈熔融状态，即使靠近水冷壁管表面灰分冷为固态颗粒，因为灰粒温度较高，所以其硬度较低。

运行实践表明水冷壁管除局部因设计不合理受到烟气较大角度冲刷，磨损较大外，绝大部分磨损很轻。水冷壁管损坏通常不是磨损而是因给水品质不良管内结垢或水循环不正常得不到充分冷却而过热损坏。高温腐蚀也是导致水冷壁管减薄损坏的常见原因。

333. 为什么排烟中一氧化碳含量增加也可以作为对流受热面需要吹灰的依据？

答：排烟温度升高说明对流受热面积灰较多，需要吹灰。

排烟中一氧化碳含量增加之所以也可作为对流受热积灰较多需要吹灰的依据，是因为积灰中含有少量的碳，在一定温度下也会氧化，由于温度较低和烟气中的氧含量较少，碳氧化产生一氧化碳，使烟气一氧化碳含量上升。在飞灰含碳量一定的情况下，对流受热面积灰越多，碳氧化生成一氧化碳数量较多，其在烟气中浓度较高。

采用烟气中一氧化碳含量增加作为吹灰依据，要求运行人员对不同煤种的特性和在不同积灰程度时烟气一氧化碳浓度变化幅度较熟悉。

334. 为什么顺列的管束，最大的磨损出现在第五排及以后的管子上？

答：当烟气从没有管束的空烟道进入顺利管束时，因流通截面突然变小，烟气流束先缩小然后扩大，烟束扩大的部位通常在第五排及以后的管子。

烟束扩大时烟气以一定的角度冲刷管子，导致管子磨损较严重。

335. 为什么不用灰分的熔点而用灰分的熔融特性来表示灰分的熔融性能？

答：通常单一物质有较确定的熔点，而灰分不是由一种物质组成，而是由各种化合物的混合物组成。灰分各种成分的熔点见表 9-16。

表 9-16　　　　　　　　　　　　　　灰分各种成分的熔点

成分	SiO_2	Al_2O_3	CaO	MgO	Fe_2O_3	FeO	Na_2O	K_2O
熔点($^\circ$C)	2230	2050	2570	2800	1550	1420	800～1000	800～1000

因为灰分的熔点并不是各组分熔点的算术平均值，而且灰分中各组分在高温下发生反应产生新的化合物，使灰分的熔点发生变化，所以，灰分并没有明确的熔点。随着灰分温度的升高，熔点高的组分还没有熔化，而熔点低的组分已经熔化，使灰分变软发黏。变软发黏的灰分有可能黏附在高温受热面上出现结渣。由于灰分变软发黏的温度与避免受热面结渣，确保锅炉正常运行比熔点更重要，所以不用灰分的熔点而用灰分的熔融特性来表示灰分的熔融性能。

灰分的熔融特性通常用变形温度 DT、软化温度 ST 和熔化温度 FT 表示。

336. 为什么灰分的熔融特性测定要在弱还原性气氛中进行？

答：由于煤粒在炉膛内燃烧时，氧气的扩散速度低于煤粒的燃烧速度，在形成灰渣的区域常存在弱还原性气氛。弱还原性气氛是指灰渣周围有还原性气体 CO、H_2、CH_4。

在弱还原性气氛中，灰分中的铁为 FeO 状态，熔点为 1420℃；而在氧化性气氛中铁为 Fe_2O_3 状态，熔点为 1550℃。因此，灰分在弱还原性气氛中测定得到的熔融特性 DT、DS、FT 不但符合实际情况，而且比在氧化性气氛中测得的低，用以分析锅炉受热面是否会结渣更安全、可靠。

为了使采用角锥法测量灰分熔融特性的炉内保持弱还原性气氛，通常采用在炉内放入一定量的石墨粉或通入一定量的氢和二氧化碳的混合物气体来达到。

337. 炉膛结渣有什么危害？

答：炉膛辐射受热面局部少量结渣对锅炉正常运行影响不大，如果大面积结渣或渣块较大时将会严重影响锅炉安全经济运行。炉膛结渣会产生以下危害。

（1）炉膛结渣使锅炉热效率降低。炉膛受热面结渣，热阻增加，炉膛吸热量减少，炉膛出口烟气温度升高，因排烟温度升高而导致锅炉热效率下降。

（2）炉膛结渣会使通风阻力增加，严重时会迫使锅炉降负荷运行。炉膛结渣大多发生在炉膛上部和炉膛出口处，一旦发生结渣没有清除或自行脱落，辐射受热面的热阻增加，对烟气的冷却效果变差，炉膛出口烟气温度进一步升高，呈软化状态的灰分更容易黏附在炉膛出口处的受热面上，使烟气流动截面减少，导致引风机因烟气阻力增加而耗电量上升，结渣严重时烟气阻力很大，为了维持炉膛负压，被迫降低送风量，导致锅炉被迫降低负荷。

（3）水冷壁结渣，因炉膛吸热量减少而会导致过热汽温和再热汽温升高，如果结渣严重，超出过热汽温和再热汽温的调节范围，锅炉被迫降负荷运行。如果辐射式过热器、辐射式再热器或屏式过热器、屏式再热器结渣，会导致过热汽温和再热汽温下降；如果超出过热汽温和再热汽温的调节幅度，锅炉也要被迫降负荷运行。

（4）大的渣块脱落时，大容量锅炉的炉膛很高，渣块具有很大的势能，渣块自由落体下落到达冷灰斗时具有很高的动能，有可能因损坏冷灰斗而引起泄漏，被迫停炉。

（5）当大面积渣块同时脱落时，有可能引起熄火保护动作，因全部切断燃料而导致炉膛灭火。

338. 炉膛结渣的原因是什么？

答：炉膛内火焰中心的温度约为1600℃，通常高于煤中灰分的熔点，灰分呈熔化液体状态，因此，火焰偏斜冲刷水冷壁是导致水冷壁结渣的常见原因。

随着火焰和高温烟气向上流动，燃烧产生的热量逐渐减少和对辐射受热面的传热、烟温逐渐降低。设计合理正确、运行正常的锅炉，炉膛出口的烟气温度通常应低于灰分的变形温度100℃而不会在炉膛出口处的屏式过热器、屏式再热器和防渣管上结渣。

如果由于各种原因导致炉膛出口烟气温度高于灰分变形温度，由于烟气几乎垂直流过屏式过热器、屏式再热器和防渣管，灰分会黏附其上而引起结渣。

引起炉膛出口烟气温度高于灰分变形温度的常见原因如下。

（1）水冷壁积灰未能及时清除，水冷壁因热阻增加吸热量减少，导致炉膛出口烟气温度升高。

（2）煤粉较粗或燃烧调整不当，火焰延长至炉膛出口，导致炉膛出口烟气温度升高。

（3）水冷壁结渣未能及时清除，水冷壁吸热量减少导致炉膛出口烟气温度升高。

（4）煤种变化，燃煤灰分的熔点低于设计煤种的灰分熔点。

（5）高压加热器故障解列，给水温度降低，未能相应降低锅炉负荷，因炉膛容积热负荷高于锅炉设计的容积热负荷而导致炉膛出口烟气温度升高。

339. 怎样避免和防止炉膛结渣？

答：针对引起炉膛结渣的原因，采取以下措施可以避免和防止炉膛结渣。

（1）定期对水冷壁屏式过热器、屏式再热器进行吹灰，保持其清洁，使火焰和高温烟气得到良好冷却，确保炉膛出口烟气温度低于灰分变形温度100℃。

（2）水冷壁、辐射式过热器、辐射式再热器、屏式过热器、屏式再热器上的结渣应及时清除，防止上述辐射受热面结渣一旦形成，对烟气冷却效果变差，结渣进一步发展形成恶性循环。

（3）调整制粉系统，将煤粉的粒径降低，使火焰变短，防止火焰延伸到炉膛出口。

（4）将全部高压加热器投入运行，使给水达到额定的温度，当高压加热器解列，给水温度降低时，适当降低锅炉负荷。

（5）当燃用灰分熔点较低的煤种时，可以掺烧部分灰分熔点较高的煤种，或适当降低锅炉负荷，使炉膛出口烟气温度低于灰分变形温度100℃。

（6）加强配风调整，使风粉混合良好，适当缩短火焰长度。

（7）尽量投用下层燃烧器，降低炉膛火焰中心高度，提高水冷壁的吸热量，降低炉膛出口烟气温度。

（8）加强燃烧调整，防止因火焰偏斜冲刷水冷壁，呈熔化状态的灰分黏附在水冷壁而引起结渣。

340. 为什么炉膛渣块脱落时会引起炉膛负压大幅度波动？

答：由于引起炉膛结渣的因素很多，煤粉炉炉膛结渣是难以完全避免的。炉膛较容易结渣的部位是上部水冷壁、防渣管、辐射式过热器和辐射式再热器、屏式过热器和屏式再热器。当结渣发展到一定程度，渣块的重力超过渣块与受热面的黏结力时，渣块脱落，掉入灰斗。

渣块的温度根据结渣的部位和渣块的大小为 $850\sim900℃$，相对于炉内的火焰和高温烟气的温度还是较低的。正常情况下，煤粉随一次风进入炉膛后，在火焰的辐射加热和高温烟气回流混合加热下，温度迅速升高到着火温度而燃烧。当渣块脱落经过燃烧器时，由于渣块温度较低，喷入炉膛的气粉混合物受到的辐射加热量和烟气回流的加热量减少，不能及时着火燃烧，使炉膛负压加大，当渣块掉下后，炉膛火焰和高温烟气对气粉混合物的加热恢复正常，先前进入炉膛未能及时燃烧的煤粉和现在进入炉膛的煤粉同时燃烧，导致炉膛出现较大的正压。

渣块脱落属于自由落体，速度越来越快，因引风的阻力增加，引风量减少，而送风量变化不大，导致炉膛瞬间出现正压。

渣块落入灰斗使灰斗中的水分蒸发，产生水蒸气，也是渣块脱落时炉膛出现正压的原因之一。

通常脱落的渣块越大，炉膛的负压波动越大。

341. 为什么煤粉过粗会造成炉膛出口结渣？

答：由于烟气从正面垂直流过屏式过热器或由后墙构成的凝渣管，为了防止结渣通常要求炉膛出口烟气温度比灰分变形温度低 $100℃$。

如果煤粉过粗，因煤粉燃尽时间增加，火焰拉长，火焰中心的位置较高而且温度较低，炉膛辐射吸热量减少，如炉膛出口烟气温度超过灰分变形温度就会造成炉膛出口结渣。

煤粉粗与细是相对的，对于挥发分高易着火、燃尽时间短的煤种，在机械不完全燃烧热损失不超标、炉膛出口不结渣的前提下，可以燃用较粗的煤粉，以降低制粉电耗；反之，则应燃用较细的煤粉，以避免机械不完全燃烧热损失超标和炉膛出口结渣。

342. 为什么给水温度降低有可能引起炉膛结渣？

答：为了提高发电机组的循环热效率，降低发电煤耗，广泛采用回热循环，即将发过一部电的蒸汽从汽轮机各级抽出，分别对各级加热器进行加热。通常在给水泵之前的加热器因压力很低而称为低压加热器，给水泵之后的加热器因压力很高而称为高压加热器。

由于高压加热器的工作压力很高，所以因各种原因导致高压加热器解列的情况经常出现。任何一级高压加热器解列均会导致给水温度降低，使水冷壁的省煤段高度增加，燃料中的一部分热量用于提高给水温度，如果维持锅炉额定蒸发量不变，进入炉膛的燃煤必然要增加。通常是按额定给水温度确定燃煤量和炉膛容积热负荷，炉膛的体积是不变的，给水温度降低，蒸发量不变必然导致炉膛容积热负荷增加，因为炉膛内的辐射受热面不能将烟气冷却到低于灰分变形温度 $100℃$，所以将会导致因炉膛出口烟气升高而引起炉膛结渣。

如果锅炉燃用煤种灰分的变形温度较高，并有一定裕量，高压加热器解列给水温度降低时，锅炉仍可维持额定负荷运行；否则，为了防止给水温度降低，引起炉膛结渣，锅炉应降低负荷运行。锅炉负荷降低的幅度随着给水温度下降幅度的增加而增加。

由于锅炉实际燃用的煤种变化较大，煤种的熔点只有通过试验才能测定，现场难以随时掌握，因此，给水温度降低，锅炉是否应降负荷或降多少负荷，应主要以炉膛不结渣为原则。

343. 为什么投用下层燃烧器有利于消除或减轻炉膛出口结渣？

答：大容量煤粉炉通常安装有 4～6 层燃烧器，其中一层燃烧器备用，其余燃烧器可以满足额定负荷的需要。

炉膛出口烟气温度高于灰分变形温度是炉膛出口结渣的主要原因。炉膛火焰中心根据煤种的不同在燃烧器中心线以 2～3m，挥发分高、易燃的煤，如烟煤，火焰中心较低；而挥发分低不易燃的煤，如无烟煤，火焰中心较高。投用下层燃烧器可以降低炉膛火焰中心的位置，使炉膛辐射吸热量增加，从而使炉膛出口烟气温度低于灰分变形温度，达到防止炉膛出口结渣的目的。

344. 为什么燃油中的灰分很少，但燃油锅炉对流受热面积灰较固态排渣煤粉炉严重？

答：由于柴油的价格明显高于重油，而柴油和重油的发热量相差很少，所以，除小型燃油炉外，大部分燃油炉燃用的是重油。

虽然重油的灰分很低，商品重油的灰分小于 0.3%，但是重油燃烧时灰分绝大部分形成粒径很小的飞灰，配风不好、燃烧不良时会产生粒径很小的不完全燃烧产物炭黑。因为飞灰和炭黑的粒径很小，分子间万有引力和静电吸引力通常大于其重力，所以很容易沉积在对流受热面管子上。

由于燃油炉的飞灰和炭黑粒径很小，不具备冲刷和清洁受热面管子上积灰的能力，所以，虽然燃油的灰分很低，但由于燃油量较大和烟气中飞灰和炭黑大部分沉积在受热面管子上，使得燃油炉对流受热面的积灰较固态排渣煤粉炉积灰更严重。

燃油炉对流受热面管子上的积灰不像固态排渣煤粉炉积灰那样干松，其附着力较强，采用常规的蒸汽吹灰和压缩空气吹灰的效果较差，往往要在锅炉垂直烟道的顶部设置钢珠除灰器，才能较有效地将尾部受热面管子的积灰清除。

345. 为什么一次风管道弯头磨损漏粉后，不应采取贴补，而应采取挖补的方法消除漏粉？

答：为了防止或减轻一次风管道弯头外侧磨损引起漏粉，可在弯头外侧的内壁衬以耐磨的钢材或铸石。但是，这种措施只能延长弯头的使用寿命，不能完全消除弯头外侧磨损引起的漏粉。

一旦发现一次风管弯头外侧漏粉应及时处理，不应采取在弯头外侧漏粉处贴补的方法消除漏粉，原因是贴补的钢材与弯头外侧的钢材难以完全紧密相贴，两者之间总会存在间隙，煤粉有可能积存在间隙中引起自燃。正确的方法是将弯头漏粉处挖去，挖去的范围应适当扩大，然后将制作的曲率相同的钢材填补挖去的钢材。采取挖补的方法因为不存在间隙，所以，不会因积粉，引起自燃。

346. 为什么一次风管道弯头外侧容易磨损漏粉？

答：通常将排粉机出口输送煤粉至燃烧器的管道称为一次风管道。

由于中储式制粉系统一次风管道内的煤粉 80%～90% 来自给粉机供给的煤粉，10%～20% 来自旋风分离器乏气中所含的煤粉，直吹式制粉系统的煤粉全部来自粗粉分离器，一次风量仅占送入炉膛全部风量的 20%～30%，所以，一次风管道中煤粉的浓度较高。为了防止煤粉从一次风中分离出来积存在一次风管道底部，通常一次风速大于 15m/s。因为排粉机出口至燃烧器有一定距离且标高不同，所以，一次风管道上总有几个弯头。

当携带煤粉的一次风流经弯头时，由于离心力的作用，气流中的大部分煤粉被甩至弯头外侧的内壁，使贴近弯头外侧内壁气流的煤粉浓度大大提高，所以，一次风管道弯头外侧容易磨损，引起漏粉。

由于离心力与弯头的半径成反比，所以，一次风管磨损引起的漏粉总是首先出现在半径较小的弯头外侧。

347. 为什么水冷壁管积灰会使炉膛吸热量大量减少？

答：水冷壁管上积的灰，一部分是煤粉燃烧后形成的飞灰的沉积，另一部分是灰分中低熔点氧化物在炉膛高温区域呈气态，遇到较冷的水冷壁管时冷凝形成的。当燃料灰分熔点较低，而炉膛出口温度较高时，作为后墙水冷壁管一部分的防渣管也会黏结一部分呈软化状的灰分。新投产的锅炉或清扫后的锅炉，投入运行 10～15h 后，灰污层的厚度就趋于稳定。由于灰污层主要是由平均直径 1～1.5μm 的灰粒组成，且灰粒之间很松散，其导热系数很小，为 0.023～0.033kJ/(m·℃)，灰污层厚度为 1～2mm，水冷壁管的热负荷很高，所以，灰污层表面的温度高达 900～1000℃。

水冷壁管如果没有积灰，由于管内汽水混合物对管壁的放热系数很高，其外壁温度较接近锅炉工作压力下的饱和温度，通常不会超过 450℃，同时，清洁钢管表面的黑度较高，所以，管壁的自身辐射和对火焰反辐射几乎可以忽略不计。水冷壁管积灰后，不但由于灰污表面的温度升高到 900～1000℃，而且积灰的黑度较小，使水冷壁管的自身辐射和对火焰的反辐射明显增加，两者相加可以达到火焰向炉墙和水冷壁辐射热量的 50%～70%。

通常水冷壁的吸热量约占锅炉各受热面总吸热量的 50%，因此，水冷壁管积灰必然造成吸热量大量减少。由于锅炉运行时，水冷壁管的积灰是不可避免的，在设计锅炉时，根据实践积累的经验，将燃用各种燃料时积灰的多少对水冷壁吸热量的影响用灰污系数 ζ 来表示。

灰污系数 ζ 可用下式表达，即

$$\zeta = 1 - \left(\frac{T_b}{T_x}\right)^4$$

式中　T_b——水冷壁管灰污层表面温度，K；

T_x——火焰辐射平均有效温度，K。

从 ζ 表达式中可以看出，积灰层越厚，灰污层表面温度越高，灰污系数 ζ 越小。水冷壁的灰污系数见表 9-5。

348. 什么是烟气走廊？为什么烟气走廊的烟速较高？

答：省煤器和对流式过热器及再热器通常均是由并列的蛇形管排组成，烟气从蛇形管排的间隙流过。如果由于安装不当，造成一些管排间隙，或两边的管排与炉墙的间隙明显大于设计的平均间隙，使得烟气以较高速度流过时，管排较大的间隙称为烟气走廊。

由并列的蛇形管排组成的传热面，当管排间隙或管排与两侧炉墙间隙均匀时，烟气流过各间隙的阻力是相同的，由于各管排入口和出口之间的烟气压差是相同的，所以，烟气流过各排管间隙的速度是均匀的。当管排存在烟气走廊时，管排入口和出口之间的烟气压差仍然

是相同的，但是，因为烟气走廊的阻力与间隙的平方成反比，烟气只有以较高的速度通过烟气走廊才能与其他管排形成相同的压差。所以，烟气通过烟气走廊时烟速必然较高。

由于飞灰对受热面的磨损与烟速的三次方成正比，烟气走廊的存在常是造成对流受热面磨损严重，引起爆管的主要原因之一，所以，安装时确保管排间隙均匀，避免出现烟气走廊是减轻管子磨损、防止其爆管的有效措施。

349. 什么是水冷壁的灰污系数 ζ，与对流受热面的污染系数 ε 有什么区别？

答：由于煤中有较多的灰分，即使是新安装第一次投入运行的锅炉，水冷壁管很快就会积灰，经过 $10\sim15h$ 后，灰污层的厚度趋于稳定。灰污层由平均直径 $1.1\sim1.4\mu m$ 的灰粒组成，厚度为 $1\sim2mm$。由于灰污层中灰粒很松散，其导热系数很小，为 $0.023\sim0.035W/(m\cdot℃)$，因此，灰污层的热阻很大。

由于炉膛内的平均温度很高，辐射传热极为强烈，水冷壁的吸热量约占锅炉全部受热面吸热量的 50%，而水冷壁的传热面积不到锅炉全部传热面积 $1/10$，水冷壁的热负荷远远高于其他受热面，所以，即使水冷壁的灰污层厚度仅为 $1\sim2mm$，灰污层表面的温度仍很高，使灰污表面对火焰的自身辐射增加。水冷壁管积灰后的黑度小于清洁钢管的黑度，使水冷壁管对火焰的反辐射增加。因此，用水冷壁管的灰污系数 ζ 表示，由于积灰导致温度升高和黑度减小而使水冷壁管吸热能力下降的一个系数。

水冷壁管的灰污系数 ζ 和对流受热面的污染系数 ε 均是代表由于积灰而使吸热量减少的一个系数，但是两者有明显的差别。水冷壁管的灰污系数 ζ 用于辐射受热面，它是表明因积灰而导致火焰辐射的热量只有一部分被吸收，即打了一个折扣，是没有单位的，ζ 永远小于1，而且水冷壁管积灰越多，ζ 越小。

对流受热面的污染系数 ε 用于对流受热面，它将积灰看成是对流受热面在传热过程中增加了一个串联的热阻，从而使传热量减少。灰污层越厚，ε 越大。

350. 为什么当烟气横向冲刷管子时，顺列管束磨损较轻，而错列管束磨损较严重？

答：当烟气横向流过顺列管束时，烟气以在空烟道内较低的流速冲刷第一排管子，因为烟气流速较低，所以第一排管子磨损并不很严重。烟气中撞击第一排管子后的飞灰速度降低，功能减少，烟气中未撞击第一排管子的飞灰从两排管子间的间隙流过，第二排及以后的管子受到前面管子的遮挡，处于前排管子的尾流之中，飞灰撞击、磨削管壁的概率较低，所以，顺流管束的磨损较轻。

当烟气横向流过错列管束时，第一排管子的磨损状况与顺列管束第一排管子的磨损状况相似，也不严重。当烟气进入第二排管子时，因为流通截面减少，烟气流速提高，所以第二排管子的磨损很严重。烟气流经第二排以后的管子过程中不断地改变流向，绕过前面的管子，因为烟气的绕流作用，烟气的扰动强烈，飞灰撞击和磨削管壁的概率增加，所以，不但第二排管子的磨损很严重，而且第二排以后的管子磨损也较严重。

351. 为什么采用膜式省煤器可以减轻磨损？

答：在烟气通过省煤器管向水传热的过程中，烟气侧的放热系数远低于水侧的放热系数，热阻主要在烟气侧。

采用膜式省煤器通过增加烟气侧传热面积的方法来降低烟气侧的热阻，达到提高省煤器传热系数的目的。在烟道截面不变的情况下，采用膜式省煤器，其传热系数提高，所需的传热面积较少，可以减少省煤器的管排数，降低烟气流速。

由于省煤器的磨损与烟速的三次方成正比，所以，采用膜式省煤器可以减轻磨损。

352. 为什么燃煤锅炉机械不完全燃烧热损失增加时，对流受热面的磨损会加剧？

答：燃煤锅炉烟气中的飞灰是对流受热面磨损的主要原因。在烟气流速和飞灰的粒径及成分相同的情况下，对流受热面磨损的速度与飞灰的浓度成正比。

当燃煤锅炉由于各种原因造成机械不完全燃烧热损失增加时，一方面，烟气中飞灰的浓度和飞灰的粒径因可燃物增加而增加，飞灰浓度增加使得飞灰碰撞和磨损对流受热面的概率增加，飞灰粒径的增加使其功能增加，导致对流受热面磨损加剧；另一方面，因为机械不完全燃烧热损失增加形成的焦炭不但有较尖锐的棱角，而且硬度较高。所以，燃煤锅炉机械不完全燃烧热损失增加，会导致对流受热面磨损加剧。

由于燃煤锅炉机械不完全燃烧热损失增加不但使得锅炉热效率降低，而且还会导致对流受热面磨损加剧，所以，应根据不同的煤种采用合理的煤粉细度，加强燃烧调整，降低机械不完全燃烧热损失。

353. 为什么过热器仅在迎烟气冲刷的第一排管子安装有防磨盖板，而省煤器在迎烟气冲刷的第一排和第二排管子均安装防磨盖板？

答：因为过热器管通常采用顺列，仅第一排管子的正面受到烟气冲刷，使其产生较大的磨损，第二排及以后的管子在前面管子的遮挡下，烟气对管子的磨损较轻。所以，过热器管仅在迎烟气冲刷的第一排管子安装有防磨盖板。

由于省煤器管通常采用错列布置，不但第一排管子正面受到烟气冲刷，而且第二排管子的正面因烟气流通截面突然缩小，烟速提高，产生更严重的磨损。所以，省煤器管在迎烟气冲刷的第一排、第二排管子均安装有防磨盖板。

354. 为什么在煤含硫量相同的情况下，链条炉的空气预热器低温腐蚀较煤粉炉严重？

答：煤中的硫在燃烧后生成 SO_2，在催化剂的作用下，$3\%\sim5\%$ 的 SO_2 氧化为 SO_3，SO_3 与烟气中的水蒸气生成 H_2SO_4 蒸汽。烟气中的 H_2SO_4 蒸汽使烟气的露点较烟气中水蒸气分压确定的纯热力学露点大大提高。当空气预热器管的壁温低于烟气露点时，硫酸蒸气凝结为硫酸，使空气预热器管产生低温腐蚀。

烟气中的飞灰含水量很低且具有多孔结构，飞灰的表面积很大，$1m^3$ 烟气中飞灰的表面积高达几平方米，因此，飞灰对硫酸蒸气有较强的吸附作用，使烟气的露点降低。飞灰中的含钙化合物和其他碱性化合物可以部分吸收中和烟气中的硫酸蒸气。使烟气露点降低。

煤粉炉的飞灰份额为 90%，炉渣的份额为 10%；而链条炉飞灰的份额仅为 20%，炉渣的份额为 80%。由于链条炉烟气中飞灰的浓度远远低于煤粉炉，飞灰对烟气中硫酸蒸气的吸附中和作用较小，烟气中的硫酸蒸气浓度较大，烟气的露点较高，导致空气预热器的低温腐蚀较煤粉炉严重。

355. 为什么煤粉炉的飞灰粒径有可能大于煤粉的粒径？

答：虽然大部分煤粉喷入炉膛后因水分和挥发分逸出，煤粉中碳的燃烧及飞灰冲刷受热面导致的磨损，大部分飞灰的粒径小于煤粉的粒径，但是，由于炉膛内温度很高，大部分区域的温度高于飞灰的熔点，部分呈熔化状态的飞灰有可能相互碰撞粘在一起，形成粒径较大的飞灰。粒径较大呈熔化状态的飞灰与其他飞灰碰撞黏合的概率提高，有可能形成粒径更大的灰粒。

当黏合的灰粒的重力大于上行烟气的托力时，灰粒从烟气中分离出来，下落至灰斗成为大渣。部分熔化状态的飞灰黏合成的灰粒直径虽然较煤粉粒径大，但其重力小于烟气的托力，仍然可以被烟气携带，与烟气一起流动，形成飞灰。虽然部分粒径较大的飞灰在横向流过对流受热面时，因撞击和磨损而使粒径减少，但仍有部分飞灰的粒径大于煤粉的粒径。

356. 锅炉各受热面为什么要定期进行吹灰？如何确定合理的吹灰周期和每次吹灰持续的时间？

答：我国煤炭资源较丰富，而石油资源较少。电厂发电成本的70%为燃料费用，为了降低发电成本，通常燃用含灰量较高、发热量较低、价格较便宜的煤，同时，电厂锅炉有完善的制粉系统和燃烧设备，有条件和能力燃用多灰、低热值煤。

煤在炉内燃烧产生热量和对受热面传热是个复杂的化学物理过程，受热面上的结渣和积灰是难以避免的。

渣和灰的导热系数很小，受热面上的结渣和积灰热阻很大，使传热系数明显降低，导致锅炉热效率下降。辐射受热面上积灰，不能将炉膛出口烟气温度降至灰分变形温度以下是其表面结渣的主要原因。

为了强化对流受热面的传热，水平烟道和尾部烟道的烟速较高，管排间隙较小，对流受热面积灰因烟气流通面积减少而使得通风阻力增加，导致通风电耗上升。

因此，定期对各受面进行吹灰，保持其清洁不但可以提高传热系数，防止辐射受热面结渣，提高锅炉热效率，而且可以减少通风阻力，降低通风耗电量，为锅炉长周期安全运行创造条件。

大容量锅炉的水冷壁、过热器、再热器、省煤器和空气预热通常装有几十台吹灰器，吹灰器成为锅炉不可缺少的重要附件。

锅炉运行时各受热面积灰是不可避免的。由于灰的导热系数很小，受热面积灰因热阻增加，传热系数下降，使得排烟温度和引风机耗电上升，导致锅炉净效率下降。因此，为了保持锅炉达到设计的热效率，各受热面应定期进行吹灰。

受热面吹灰的周期太短，吹灰持续的时间太长，虽然受热面较清洁，锅炉热效率较高，但是吹灰消耗的蒸汽或压缩空气较多，炉管的磨损增加，使得吹灰和维修费用增加。反之，受热面吹灰的周期太长，吹灰持续的时间太短，虽然吹灰和维修费用减少，但锅炉因净效率较低，使得燃料费用和引风机电耗增加。

确定合理的吹灰周期和每次吹灰持续的时间是一个与很多因素有关的复杂问题。例如，炉型、燃料种类、燃烧方式、受热面布置方式、燃煤的灰分含量和灰分特性、吹灰和维修费用等因素均会对确定合理的吹灰周期和吹灰持续的时间有影响。

为了使问题简化，可以将通过吹灰后排烟温度降低，热效率提高，燃料费用和引风机耗电节省取得的经济效益为正，将每次吹灰所需的费用为负。当两者的代数和为最大的正值时的吹灰周期和吹灰持续时间，为合理的吹灰周期和每次吹灰持续的时间。

由于每台锅炉的炉型、燃烧方式、燃料种类、燃煤的灰分含量和灰分特性和吹灰费用不尽相同，因此，合理的吹灰周期和每次吹灰持续的时间，应通过现场测试后确定。

357. 蒸汽吹灰和压缩空气吹灰各有什么优、缺点?

答：吹灰器是煤粉锅炉必不可少的部件。常用的吹灰工质是蒸汽和压缩空气。

蒸汽吹灰的优点是可以利用汽轮机的抽汽，除吹灰器外不需要另外的专用设备，设备投资较少，蒸汽的压力可以根据需要选择，蒸汽的温度较高对温度较高的受热面管子吹灰不会因其冷却而产生不良影响。

蒸汽吹灰的缺点是需要增加锅炉的补给水量，蒸汽吹灰增加了烟气中的水蒸气份额，使空气预热器冷端的堵灰更趋严重。对蒸汽吹灰系统的蒸汽管道、吹灰器元件、控制阀、减压阀和疏水阀要考虑保温和热膨胀补偿措施，使得蒸汽吹灰系统的维护费用较高。蒸汽吹灰前要对系统进行暖管、疏水，操作较麻烦。

压缩空气吹灰的优点是不需要增加锅炉的补给水量，不会因烟气中的水蒸气份额增加而导致空气预热器冷端堵灰加剧。因为压缩空气温度较低，不需要保温和膨胀补偿措施，所以维护费用较低。吹灰前不需要暖管、疏水，操作简单。

压缩空气吹灰的缺点是需要配置压缩机及相应的设备，投资费用较高。压缩空气的温度较低，吹灰时对受热面管子冷却，引起壁温波动。

由于大容量锅炉是亚临界压力或超临界压力锅炉，对补给水质要求很高，同时，大容量锅炉的设备费用较高，压缩机系统占总投资的比例降低，维护费用减少对降低运行成本有利，通过技术经济比较，大容量锅炉采用压缩空气吹灰更为有利和合理。因此，大容量锅炉趋向于采用压缩空气吹灰系统，见图 9-50。

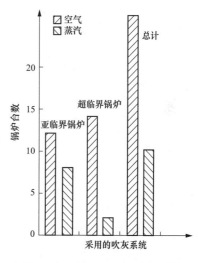

图 9-50 美国 500MW 以上燃煤机组吹灰系统统计

358. 为什么煤粉炉对流受热面的积灰较链条炉对流受热面积灰严重?

答：由于煤粉炉飞灰占燃煤灰分总量的 90%，烟气飞灰的浓度较大，同时，煤粉炉飞灰的平均粒径较小，不但因飞灰的重力小于静电吸引力和万有引力而沉积在受热面上的比例较高，而且因为飞灰的动能较小，对受热面冲刷清洁的功能较弱。所以，煤粉炉对流受热面的积灰较严重。

因为链条炉飞灰仅占燃煤灰分总量的 20%，烟气飞灰的浓度较小，同时，链条炉飞灰的平均粒径较大，不但因飞灰的重力小于静电吸引力和万有引力而沉积在受热面上的比例较小，而且，因为飞灰的动能较大，对受热面冲刷清洁的功能较强。所以，链条炉对流受热面的积灰较煤粉炉轻。

359. 为什么从国外进口的煤灰分较低，发热量较高?

答：由于煤在世界各国的储量、产量和对煤的需求量差别很大，因此，煤是国际贸易的大宗商品之一。

煤的输出国和输入国往往距离较远，通常采用海运。煤的价值较低，运输成本较高，煤的价格主要取决于发热量和运输费用。进口灰分低、发热量高的煤可以降低运输成本，达到降低煤成本的目的。

进口灰分高、发热量低的煤，相当于一部分运费用于运输无用的灰分，对出口国和进口国均是不利的，因此，从国外进口的煤通常是灰分较低、发热量较高的优质煤。

360. 怎样降低输灰管道弯头的磨损，延长弯头的寿命？

答：通常采用以下几种方法降低输灰管道弯头的磨损，延长弯头的寿命。

（1）在能确保正常输灰的情况下，适当降低压缩空气的压力和增加输灰管径，使气灰混合物的流速降低。

（2）增加输灰管弯头的半径，降低灰在弯头处的离心力。

（3）采用衬陶瓷和铸石的弯头或采用硬质合金厚壁弯头。

（4）循环流化床锅炉提高高温物料分离器的分离效率，降低飞灰量和飞灰的粒径。

（5）采用球形弯头，又称球形分配器代替弯头。

361. 为什么尾部烟道飞灰的浓度随着煤发热量的降低而增加？

答：煤中的灰分，对煤粉炉而言，约 90% 成为飞灰；对循环流化床锅炉而言，因煤种和循环倍率的不同，40%～60% 成为飞灰。

锅炉燃用不同发热量的煤时，除因水蒸气含量变化会对总烟气量产生少量影响外，通常总的烟气量变化不大。

除水分较大的煤种外，发热量低的煤通常是灰分高、负荷相同时，燃用发热量低的煤耗煤量增加，进入炉内总灰量增多，因此，尾部烟道飞灰的浓度随着煤发热量的降低而增加。由于尾部受热面的磨损速度与飞灰浓度一次方和烟气流速的三次方成正比，因此，为了降低其磨损速度，燃用灰分高的煤时，应采用较低的烟气流速。

362. 为什么煤粉炉炉底大渣和炉膛受热面结渣中灰分的熔点较低？

答：灰分是由多种化合物混合而成，不同化合物的熔点，相差较大。煤粉在炉膛内燃烧过程中，灰分中熔点较低的组分容易因碰撞黏结在一起，形成体积较大的渣粒，当渣粒的重力大于烟气对其托力时，渣粒落入灰斗形成大渣。

在炉膛的高温部分，灰分中熔点很低的组分有可能气化，随着烟气向上流动和辐射传热，烟气温度降低，烟气中气化的灰分会凝结在辐射受热面上。灰分中熔点较低的组分有可能因呈软化状态具有一定黏度而黏结在辐射受热面上；而灰分中熔点较高的组分不易软化，更不易因气化而黏结在辐射受热面上。

由于以上两个原因，使得煤粉炉炉底大渣中和炉膛辐射受热面结渣中灰分的熔点较低。

363. 为什么固态排渣煤粉炉炉渣的含碳量较飞灰含碳量高？

答：电厂燃煤锅炉绝大部分是固态排渣的煤粉炉。煤粉炉采用室燃，煤粉喷入炉膛着火后，边燃烧边随烟气向炉膛上部流动。因煤粉粒径很小，炉膛温度很高，煤粉在炉膛内燃烧时间较长，到炉膛出口煤粉已基本燃尽，飞灰的含碳量很低，仅约为 2%。

虽然大部分煤粉燃尽后成为飞灰，但由于炉膛火焰中心温度高达 1600～1700℃，高于灰分的熔点，熔化状态含有飞灰的焦炭颗粒相互碰撞有可能黏结成直径较大的颗粒，因其重力大于烟气的携带能力而从烟气中分离出来落入冷灰斗，因相互粘连而形成粒径较大的炉渣。

由于火焰中心不但离冷灰斗距离较近，而且炉膛下部特别是冷灰斗处温度较低，呈熔化状态从火焰中心分离出来含碳量较高、粒径较大的颗粒，在下部水冷壁强烈冷却下温度下降较快，因燃烧速度很慢、燃烧时间很短，在含有的焦炭大部分未燃尽的情况落入冷灰斗下部的水槽中，使得炉渣中含碳较飞灰含碳高。固态排渣煤粉炉的炉渣份额仅为煤灰分的10%，虽然炉渣的含碳量较飞灰高，但对锅炉机械不完全燃烧热损失q_4的影响低于飞灰含碳量。

364. 为什么煤粉炉采用室燃，煤粉、焦炭和灰粒随烟气一起流动，但仍然会产生炉渣？

答：煤粉的粒径很小，大多粒径为$20\sim50\mu m$，其燃烧的中间产物焦炭粒和燃尽的产物灰粒更小，三者均随烟气一起流动，因此，煤粉炉又称为室燃炉。

由于煤粉的粒径很小，燃烧迅速，炉膛火焰中心区域的温度高达$1600\sim1700℃$，高于灰分的熔点，灰分在该区域处于熔化状态。在该区域的灰分相互碰撞有可能熔合形成体积较大的灰粒团，当灰粒团的重力大于烟气对其的托举力时，灰粒团在重力的作用下，从烟气中分离出来向下经过冷灰斗的冷却落入灰斗形成炉渣，又称为大渣。所以，煤粉炉虽然采用室燃，仍然会有10%的灰分成为炉渣。

煤粉炉产生炉渣有利有弊。有利的是10%的灰分形成炉渣，降低了烟气灰分的浓度，可以减轻对流受热面的磨损；产生的炉渣需要增加出渣、破碎和输渣系统的设备投资和运行费用，炉渣的含碳量通常高于飞灰含碳量，使机械不完全燃烧热损q_4增加。

365. 为什么轴流式引风机叶片的磨损较离心式引风机叶片的磨损严重？

答：叶片磨损主要是因为气流中的尘粒对其表面撞击产生疲劳和切削两种不同作用，使材质表面脱落造成的。叶片磨损以疲劳为主还是切削为主，取决于材质的性能和尘粒撞击的角度。对硬度较高的脆性材料，当撞击角大时，磨损以表面疲劳脱落为主，角度越接近$90°$，磨损越严重。对硬度较低的塑性材料，当撞击角较小时，磨损以切削为主，磨损最严重的撞击角为$15°\sim30°$范围。

为了获得良好的焊接性能以确保焊接质量，叶轮和叶片通常采用含碳量和硬度较低的A3钢和低合金钢16Mn材料，由于这两种钢材均属塑性材料。离心式引风机的叶片是直的，而轴流式引风机的叶片是弯曲的，飞灰流过离心式引风机叶片的角度很小，而流过轴流式风机叶片的角度有部分处于磨损较大的范围内，所以，轴流式引风机叶片的磨损较离心式引风机叶片严重。

366. 为什么球形弯头的防磨性能较好？

答：两根成$90°$的输灰管道不是通过$90°$弯头而是通过球形弯头连接起来，见图9-51。球形弯头之所以防磨性能较好是由于以下几个原因：

（1）球的截面积比输灰管的截面积大得多，灰在球形弯头内的流速很低。

（2）灰在球形弯头内没有因转弯而产生离心力，不会使灰集中一侧加剧对器壁的磨损。

（3）球形弯头工作状态下充满了较多的灰，灰从入口管进入球形弯头时并不直接冲刷球形弯头的器壁，器壁得到存灰的保护。

（4）球形弯头使用时间较长，一旦发生漏灰，在外部补焊很容易，补焊后可继续使用较长时间。

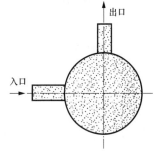

图9-51 球形弯头防磨示意

367. 为什么煤的灰分含量变化对受热积灰多少没有影响？

答：飞灰粒径少于 $3\sim5\mu m$ 时，因分子间的万有引力大于自身重量而被吸附在受热面上。烟气中的飞灰有可能被感应带有电荷，当飞灰的粒径小于 $10\mu m$ 时，静电吸引力大于自身重量而吸附在受热面上。粒径较大的飞灰因其自身的重量大于分子间的万有引力和静电吸引力，而不易被吸附在受热面上成为积灰。受热面上积灰的粒径通常小于 $10\mu m$，就说明上述受热面积灰的原因分析是符合实际情况的。

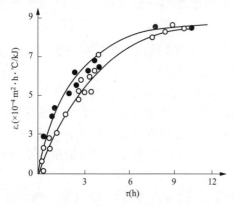

图 9-52　烟气中灰粒子浓度对灰污系数的影响
○— $\mu=7g/m^3$（标准状态下）；
●— $\mu=21g/m^3$（标准状态下）

引起受热面上积灰脱落的是烟气中粒径较大飞灰的冲刷，随着积灰增多，积灰的重力大于分子间的万有引力和静电力时，积灰也会脱落。因此，积灰和脱落达到动态平衡时，受热面的积灰保持一定数量。积灰达到动态平衡与烟气流速和飞灰的粒径有关，烟气流速高和飞灰粒径大，积灰量少；反之，则积灰量多。而烟气中飞灰的浓度影响不大，飞灰的浓度只会影响受热面上积灰达到动态平衡的快慢，见图 9-52。

由于受热面上积灰达到动平衡的时间较短，所以，即使燃用灰分低的燃料，定期吹灰与燃用灰分高的燃料同样重要。

368. 为什么烟气横向冲刷管子时磨损较大，纵向冲刷管子时磨损较轻？

答：烟气中灰分对管子的磨损分为冲击磨损和磨削磨损。当灰分垂直流过受热面时产生冲击磨损，而灰分以小于 90°角度流过受热面时产生磨削磨损。生产实践和试验均表明，灰分以小于 90°的斜向流过受热面时产生的磨损较大，同时，受热面磨损的大小随着冲击角的变化而改变，当冲击角为 30°～50°时，受热面磨损最严重。

当烟气横向冲刷管子时，偏离管子中心线 30°～50°对称的两侧的部位正好相当于冲击角为 30°～50°，因而是磨损最严重的部位。因此，烟气横向冲刷管子产生的磨损较大。

当烟气纵向冲刷管子时，灰分平行地流过受热面，相当于灰分的冲击角为 0°，同时由于层流底层的存在，靠近管壁的烟气流速很低，因此，烟气纵向冲刷管子时磨损较轻。

例如，省煤器管为烟气横向冲刷，因而管子磨损较大，而立置管式空气预热器为烟气纵向冲刷，除管口因气流先收缩后扩张而产生局部磨损外，其他部位的磨损很轻。因此，管式空气预热器通常不是因磨损而损坏，而是因低位腐蚀而损坏。

369. 为什么竖井烟道内省煤器管的磨损较水平烟道内的过热器管严重？

答：虽然省煤器和水平烟道内过热器的烟速大体相等，但由于过热器的烟气温度较高，飞灰的硬度较低，烟气携带飞灰一起水平流动，飞灰的速度与烟速接近，而省煤器的烟气温度较低、飞灰的硬度较高，烟气携带飞灰自上而下流动，飞灰在重力作用下加速，使得飞灰的速度高于烟速。所以，省煤器管的磨损较水平烟道内的过热器管严重。

第十节　停炉、备用及防腐

370. 什么是正常停炉？故障停炉？紧急停炉？

答：锅炉停炉分正常停炉、故障停炉和紧急停炉三种，这三种停炉是有区别的。

锅炉计划内大、小修停炉和由于总负荷降低为了避免大多数锅炉低负荷运行，而将其中一台锅炉停下转入备用，均属于正常停炉。

锅炉有缺陷必须停炉才能处理，但由于种种原因又不允许立即停炉，而要等备用锅炉投入运行或负荷降低后才能停炉的称为故障停炉。省煤器管泄漏但仍可维持正常水位，等待负荷安排好再停炉处理就是故障停炉的典型例子。

锅炉出现无法维持运行的严重缺陷，如水冷壁管爆破、锅炉灭火或省煤器管爆破无法维持锅炉水位、安全阀全部失效、炉墙倒塌或钢架被烧红、所有水位计损坏、严重缺水满水等，不停炉就会造成严重后果，不需请示有关领导，应立即停炉的称为紧急停炉。

应该说明紧急停炉与紧急冷却或正常停炉与正常冷却是两回事，两者之间并无必然的联系。即紧急停炉也可以采取正常冷却；正常停炉也可采取紧急冷却。当检修工期较长，紧急停炉也可以采用正常冷却；当检修工期很短，甚至需要抢修时，为了争取时间，正常停炉也可以采用紧急冷却。

紧急冷却虽然是规程所允许的，但对锅炉寿命有不利影响，因此，只要时间允许尽量不要采用紧急冷却。

371. 为什么停炉前应除灰一次？

答：锅炉在运行状态下受热面上积的灰比较疏松，容易在除灰时被清除。停炉以后随着温度降低，冷空气进入，烟气中水蒸气的凝结，积灰吸附空气中的水分以后变得难以清除。停炉前除灰不但减轻和改善了扫炉工作条件，而且为检修创造了一个较好的工作条件。

在停炉过程中，随着燃料的减少，炉膛温度逐渐降低，燃烧工况恶化，机械不完全燃烧损失增加，容易产生二次燃烧。特别是燃油锅炉，由于尾部受热面积有相当数量的可燃物，在停炉后几小时内发生二次燃烧的可能性较煤粉炉更大。因此，相关规程规定停炉前除灰一次，对保持受热面清洁，防止发生二次燃烧，改善工作条件是很有必要的。

372. 为什么油、气体燃料混烧，停炉时应先停油后停气体燃料？

答：停炉过程中，随着锅炉负荷的降低，进入炉膛的燃料逐渐减少，炉内温度也随之下降。如果先停气体燃料，则进入炉膛的燃油会因炉膛温度降低而燃烧不完全，尤其是油管线向炉内扫线时，即使插入火把，也燃烧得很差，严重时，未燃烧的油雾被抽入尾部，黏附在受热面上，使受热面受到污染，轻则影响传热，严重时会造成尾部二次燃烧。

如果后停气体燃料，则由于气体燃料的活性较高，负荷低时也容易完全燃烧。在气体燃料正常燃烧的情况下，可以确保扫入炉膛内的油管线的油正常燃烧，当油管线内的油扫清燃尽后再停止气体燃料。这样操作可使锅炉停下后，炉膛和尾部都比较干净，不但可以避免尾部二次燃烧，而且便于进行检查和检修。

373. 为什么对停炉过程所需的时间不加以规定？

答：锅炉运行规程对从点火到并汽所需的时间作了严格和明确的规定。但对于停炉所需的时间一般都不作规定，即使是汽包或联箱有缺陷需要缓慢冷却的锅炉也不例外。

从锅炉开始降负荷到锅炉熄火的这段时间，因为一直在向外供汽，蒸汽的温度和压力仍应在规定的范围内，汽包和联箱的温度与满负荷时几乎相等，所以延长停炉时间是没有意义的。停炉所需的时间一般由完成停炉各项操作所需的时间来决定。

汽包和联箱，特别是汽包产生过大的热应力主要是由于停炉后锅炉冷却太快造成的。所以，为了防止汽包产生过大的热应力，锅炉运行规程对停炉后的冷却作了详细而明确的规定。对于汽包和联箱有缺陷的锅炉，可以采取缓慢冷却的办法来解决。

374. 为什么停炉关闭主汽门后，要将过热器疏水阀和对空排汽阀开启 30～50min，然后关闭？

答：停炉关闭主汽门后，锅炉停止向外供汽，过热器内不再有蒸汽流过。停炉以后的短时间内炉墙和烟气温度还很高，过热器管在炉墙和烟气加热下，温度会超过金属允许的使用温度，如果过热器管得不到冷却，容易过热烧坏，至少是降低过热器的寿命。关闭主汽门后开启过热器疏水和对空排汽阀，利用锅炉的余汽冷却过热器管，不使其过热损坏。30～50min 后炉墙温度已降低到对过热器管没有危险的程度，就可以停止疏水和排汽。

如果不及时关闭疏水阀和对空排汽阀，由于锅炉压力急剧下降，饱和蒸汽和锅水温度下降迅速，锅炉冷却太快，汽包会产生较大的热应力，降低锅炉寿命。

375. 为什么无论是正常冷却，还是紧急冷却，在停炉的最初 6h 内，均需关闭所有烟、风炉门和挡板？

答：停炉后的正常冷却和紧急冷却，在停炉后的最初 6h 内是完全相同的，均需关闭所有烟、风炉门和挡板。两者的区别在于正常冷却时，可在停炉 6h 后开启引风机、送风机的挡板进行自然通风，而紧急冷却时，允许在停炉 6h 后启动引风机通风和加强上水、放水来加速冷却。

制约停炉冷却速度的主要因素是停炉后汽包不得产生过大的热应力。与点火升压时蒸汽和锅水对汽包加热相反，停炉后因汽包外部有保温层，汽包壁温下降的速度比蒸汽和锅水的饱和温度下降速度慢，是上部的蒸汽和下部的锅水对汽包壁进行冷却。因锅水对汽包壁的放热系数较大，汽包下半部的壁温下降较快，而饱和蒸汽在汽包上半部的加热下成为过热蒸汽。过热蒸汽不但导热系数很小，而且因为其温度比饱和蒸汽温度高，密度比饱和蒸汽小，无法与饱和蒸汽进行自然对流。所以，蒸汽对汽包上半部的放热系数很小，汽包上半部的温度下降较慢。汽包上、下半部因出现温差产生向上的香蕉变形而形成热应力。

在停炉初期汽包形成较大热应力时，汽包的压力还较高，两者叠加所产生的折算应力较大。因此，停炉初期过大的热应力会危及汽包的安全。

由于汽包热应力的大小主要取决于蒸汽和锅水饱和温度下降的速度。所以，降低汽包热应力的最有效方法是延缓汽包压力下降的速度。停炉后的最初 6h 内，关闭所有烟、风炉门和挡板是防止汽包压力下降过快的最好、最简单易行的方法。

停炉 6h 内，因为炉墙散热和烟囱仍然存在引风能力，冷空气从烟、风炉门、挡板及炉管穿墙等不严密处漏入炉膛，吸收热量成为热空气后从排囱排出。所以，即使是关闭所有烟、风炉门挡板，汽包压力仍然是在慢慢下降。停炉 6h 后，汽包压力已降至很低水平，即使启动引风机通风和加强上水、放水加快冷却，汽包的热应力也较小，而且此时汽包压力很低，其两者叠加的折算应力也较小，已不会对汽包的安全构成威胁。

376. 为什么锅炉从上水、点炉、升压到并汽仅需6~8h，而从停炉、冷却到放水却需要18~24h？

答：锅炉从上水、点炉、升压到并汽是从温度为室温、压力为大气压，加热升温升压到额定工作压力和温度，而停炉是锅炉从额定压力和温度冷却降至大气压力和温度不超过80℃。前者的压力升高幅度与后者压力的降低幅度是相同的，而前者温度升高的幅度远大于后者降低的幅度，前者仅需6~8h，而后者却需18~24h的原因如下。

锅炉上水所需时间受汽包热应力不应过大的制约，中压炉夏季为1h，冬季为2h；高压炉夏季2h，冬季为4h。锅炉升压速度同样受汽包热应力不应过大，即汽包上半部与下半部壁温差不得超过50℃的制约。锅炉升压过程的实质是升温过程。由于在压力较低时，随压力升高饱和温度升高较快，所以，汽包热应力容易在锅炉升压初期出现最大值，这也是为什么锅炉升压初期所需时间较长的主要原因之一。由于汽包出现热应力最大值时，汽包的压力较低，汽包压力和热应力叠加所产生的折算应力较低。随着锅炉压力的升高，饱和温度升高的幅度下降，蒸汽对汽包上半部的放热系数和锅水对汽包下半部的放热系数的差别明显降低，汽包的热应力显著减小，汽包压力和热应力叠加所产生的折算应力仍然较低。所以，锅炉从点火、升压到并汽所需时间较短，中压锅炉约为3h，高压锅炉约为5h。对于有胀口的锅炉，在上水和升压过程中，因为管子的热容比汽包孔桥的热容小，管子升温速度快于孔桥，管子的膨胀量大于管孔的膨胀量，管子与管孔更加紧密地连接在一起。因此，胀口不会成为制约锅炉上水和升压速度的因素。

停炉后，因为汽包上半部对汽包内的饱和蒸汽加热，在汽包上半部有一层过热蒸汽。过热蒸汽不能与下面温度较低的饱和蒸汽进行自然对流，汽包上半部只能靠导热将热量传给过热蒸汽，其冷却速度比与水接触的汽包下半部要慢得多。所以，停炉后的初期也会因汽包上、下半部存在温差形成热应力。因为停炉后汽包热应力的最大值出现在汽包压力较高时，两者叠加使汽包的折算应力较高。为了防止汽包产生较大的应力，停炉的最初6h以内，要紧闭一切炉门和挡板，防止冷却太快，以减缓压力下降的速度。对于有胀口的锅炉，胀口通常位于汽包的水空间。当胀口浸没在锅水中时，管子和孔桥的温度大体相等。当锅水放掉后，因管子的热容小于孔桥的热容，管子的冷却速度比孔桥快，管子的温度低，收缩量大，管孔的温度高，收缩量小，结果在胀口出现环形间隙，导致胀口泄漏。所以，为了防止胀口泄漏，要求停炉18~24h后，如果锅水温度不超过80℃，才可将锅水放掉。

对于没有胀口，全部采用焊接的大、中型锅炉，停炉18~24h后，锅水温度不超过80℃才可以将锅水放掉。适当提前放水，因管子和汽包冷却速度的差别而形成的少量热应力，通常不会导致焊口泄漏。因为早期的锅炉的炉管通常均采用胀接，为了防止胀口泄漏，规定停炉18~24h，锅水温度不超过80℃才可将锅水放掉是非常正确的。显然，对于全部采用焊接的大、中型锅炉，采用这条规定对降低焊口的热应力，防止因疲劳热应力引起焊口泄漏和延长锅炉寿命是有利的。

377. 为什么有的锅炉规定停炉关闭主汽门后1h、8h各定期排污一次？

答：有些锅炉的给水质量较差，各种杂质较多，给水中的残余硬度与加入锅炉的磷酸三钠生成水渣，都必须定期地排掉，才能保证锅炉安全运行。锅炉正常运行时，由于锅水在不断循环，锅水中的杂质并未完全沉淀下来，而是与锅水一起在循环运动，特别是颗粒比较小的杂质和水渣更是这样。运行中的定期排污并不能将这些颗粒较小的杂质和水渣有效地排出。

停炉关闭主汽门后，随着炉膛渐渐冷却，水循环逐渐减弱以至停止，其中颗粒较小的杂质和水渣也慢慢沉淀下来。停炉关闭主汽门后 1h 和 8h 分别定期排污一次，不但能有效地排出运行时不易排出的颗粒较小的杂质和水渣，而且也可以防止杂质和水渣大量沉淀下来，将定期排污管道堵塞。有些锅炉运行时定期排污畅通，停炉后再启动，定期排污管却堵塞了，就是因为停炉关闭主汽门后未及时排污引起的。

378. 为什么不允许锅炉在汽包与蒸汽母管不切断的情况下长期备用？

答：锅炉在长时期备用时，锅水因锅炉散热，温度逐渐降至室温。汽包的下半部接触的是温度较低的锅水，如果汽包在与蒸汽母管不切断的情况下备用，则汽包的上半部在蒸汽的加热下，温度很高，而与锅水接触的汽包下半部温度较低，汽包的上半部与下半部温差很大，必然形成香蕉变形，产生很大的热应力。

因此，为了汽包的安全，不允许锅炉在汽包与蒸汽母管不切断的情况下长期备用。

379. 为什么停炉后一段时间内要继续补水？

答：停炉关闭主汽门后虽然不再向外供汽，但是为了冷却过热器，对空排汽或过热器疏水阀要开启 $30\sim50$min。为了维持汽包水位，要补充一部分水。

炉膛灭火后，随着锅炉的冷却，水冷壁管内的含汽量逐渐减少，原来蒸汽所占据的体积必然要由汽包内的锅水补充，使汽包内的水位下降。虽然随着锅炉进一步冷却，水冷壁管内不再含有蒸汽，但是随着水温的降低，水的体积减小，也会使汽包的水位下降。

如果停炉后不及时补水，造成汽包内没有水，不但对汽包冷却不利，而且汽包与省煤器之间的再循环不能正常进行，省煤器得不到良好的冷却。对于有对流管束的锅炉，汽包内没有水，对流管因壁薄，冷却快而温度低，汽包因壁厚冷却慢而温度高，在胀口处因对流管和汽包壁出现胀差而造成胀口泄漏。

因此，停炉以后一段时间内要继续向锅炉补水，维持汽包一定水位。为了方便，可以间断向锅炉进水，并允许维持较高的水位，以减少补水的次数。

380. 什么是锅炉的停用腐蚀？其是怎样产生的？

答：锅炉在冷备用、热备用或检修期间所发生的腐蚀损坏称为停用腐蚀。锅炉产生停用腐蚀，主要是因为停炉期间金属内表面没有完全干燥以及大气中的氧气不断漏入造成的。虽然停炉期间锅炉受热面的内部和外部同时发生腐蚀，但内部腐蚀比外部腐蚀要严重，所以停用腐蚀主要指受热面的内部腐蚀。

停炉以后，随着压力、温度的降低，锅炉中的水蒸气凝结成水，锅炉内都会出现真空，外部空气漏入炉内，氧气在有水分和水蒸气的情况下，很容易对金属产生腐蚀。由于锅炉结构上的原因，例如采用立式过热器，是无法把过热器内的存水排尽的。所以不采取一定的措施，停用腐蚀是不可避免的。当金属受热面内部结有水溶性盐垢，它吸收水分时会形成浓度很高的盐溶液，使停用腐蚀加剧，并会形成溃疡内腐蚀。这种情况在过热器入口处是经常存在的。因为分离后的饱和蒸汽在进入过热器时总是带有少量锅水，饱和蒸汽进入过热器后吸收热量，锅水蒸发变成蒸汽，而锅水中含的盐分沉积在过热器入口管内壁上。

381. 怎样防止或减轻停用腐蚀？

答：为了防止或减轻停用腐蚀，应采用停炉保护措施。停炉保护的方法很多，主要分两类：湿法保护和干法保护。湿法保护常用于停用时间较短的情况，例如一个月以内。湿法保护常用的方法是将炉内充满除过氧的水或含碱的水溶液，保持 0.3～0.5MPa 的压力，以防止空气漏入。

如果停炉时间较长或天气较冷，为防止冻坏设备，应采用干法保护。方法是停炉后，水温降到 70～80℃时，将锅水全部放掉，利用锅炉的余热将受热面内的水全部蒸发干，并用压缩空气将炉内没有烘干的水汽全部吹掉，然后在汽包内放置盛放无水氯化钙的容器。按 1m³ 水容积 0.5～1.0L 的比例放入氯化钙（如用生石灰可按 2kg/m³ 计算），然后将人孔封闭，定期检查，发现干燥剂成粉状时要更换。

也可充氨气或充氮气进行保护，其准备工作与用干燥剂一样。因为氨气比空气轻，所以充氨保护时，应从上部进氨气，从下部排空气。氮气比空气略轻，也可以从上部进氮气，从下部排空气。为防止空气漏入，应保持 0.3～0.5MPa 压力，压力降低时应及时补充氨气或氮气。

382. 正常冷却与紧急冷却有什么区别？

答：锅炉进行计划检修，如大修或中、小修，停炉以后一般采用正常冷却。如果锅炉出现重大缺陷，不能维持正常运行，被迫事故停炉，而且又没有备用锅炉可以投入使用，为了抢修锅炉使之尽快投入运行，尽量减少停炉造成的损失，停炉后可采用紧急冷却。

正常冷却与紧急冷却在停炉后的最初 6h 内是没有区别的，都应该紧闭炉门和烟风道挡板，以免锅炉急剧冷却。如果是正常冷却，在 6h 后，打开烟风道挡板进行自然通风冷却，并进行锅炉必要的换水。8～10h 后，可再换水一次。有加速冷却必要时，可启动引风机通风冷却并再换水一次。

对于中、低压锅炉，若是紧急冷却，则允许停炉 6h 后启动引风机加强冷却，并加强锅炉的放水与进水。

对于高压锅炉，由于汽包壁较厚，为了防止停炉冷却过程中汽包产生过大的热应力，应控制汽包上下壁温差不超过 50℃。因此，高压锅炉的冷却速度要以此为限。

虽然紧急冷却对锅炉来说是允许的，但对延长锅炉寿命不利，因此，正常情况下不宜经常采用。

383. 为什么规定停炉 18～24h 后，锅水温度降到 70～80℃，才可将锅水全部放掉？

答：停炉后 6h 内紧闭一切炉门检查孔和烟道挡板，如果是正常冷却，6h 后可以打开烟风道挡板自然通风冷却，如果是紧急冷却还允许启动引风机加强冷却。因为水冷壁管和对流管壁较薄，管外没有保温层，锅炉通风冷却时，水冷壁管和对流管的冷却速度比壁厚且外面还有保温层的汽包快得多。如果停炉时间较短或锅水温度在 80℃ 以上就把锅水全部放掉，则由于汽包壁及保温层内还积蓄较多的热量冷却较慢，汽包壁温度高，而水冷壁管冷却快，温度低，阻止汽包膨胀，结果是汽包上的水冷壁管的焊口产生热应力。如果多次发生这种情况，会因疲劳热应力造成焊口泄漏。

汽包上的对流管胀口也会因汽包和对流管的冷却速度相差较大，出现环形间隙而产生泄漏。因此，停炉 18h，锅水温度降到 80℃ 以下时再放净锅水，对缩小汽包与水冷壁管、对流管冷却速度的差别，避免焊口或胀口泄漏是很有必要的。

384. 为什么停炉以后，已停电的引风机、送风机有时仍会旋转？

答：停炉以后，引风机、送风机的开关置于停电位置，但有时引风机、送风机仍然会继续旋转一段时间。

停炉后的短时间内，炉膛和烟囱的温度都比较高，能产生较大的抽力。若引风机、送风机的入口导向挡板和锅炉不严密时，冷空气漏入经炉膛和引风机入口导向挡板不严密处进入烟囱，排入大气。如从送风机和锅炉各处漏入的空气较多，有可能维持引风机、送风机缓慢旋转。

随着停炉时间的延长，炉膛和烟囱的温度逐渐降低，抽力逐渐减小，漏入的冷风随之减少，当不足以克服风机叶轮旋转产生的阻力时风机停止转动。

385. 冷备用与热备用有什么区别？

答：由于负荷降低，所以锅炉停炉或锅炉检修后较长时间不需要投入运行，在这种情况下，锅炉可转入冷备用。如果备用的时间较短，可以不采取防腐措施，只需将锅水全部放掉。如果停炉时间较长，则应根据停炉时间的长短，采取相应的防腐措施。

对于担任电网调峰任务的机组，由于机组开停频繁，每昼夜至少开停一次。为了缩短升压时间，减少燃料消耗，停炉后，所有炉门检查孔和烟风道挡板都要严密关闭，尽量减少热量损失，保持锅炉水位。在接到点火的通知后，能在很短的时间内接带负荷，这种备用方式称为热备用。

无论处于冷备用还是热备用的锅炉，未经有关电网调度人员的同意，不得随意退出备用状态。备用机组一般不允许进行工期长的检修工作，但经批准可以检修工作量不大且当天可以完成的项目。

386. 锅炉防冻应重点考虑哪些部位？

答：为了防止冻坏管线和阀门，在冬季要考虑锅炉的防冻问题。对于室内布置的锅炉来说，只要不是锅炉全部停用，一般不会发生冻坏管线和阀门的问题。对于露天或半露天布置的锅炉，如果当地最低气温低于0℃，要考虑冬季防冻问题。

由于停用的锅炉本身不再产生热量，而且管线内的水处于静止状态，当气温低于0℃时，管线和阀门容易冻坏。最易冻坏的部位是水冷壁下联箱定期排污管至一次阀前的一段管线以及各联箱至疏水一次阀前的管线和压力表管。因为这些管线细，管内的水较少，热容量小，所以气温低于0℃时，首先结冰。

为了防止冬季冻坏上述管线和阀门，应将所有疏放水阀门开启，把锅水和仪表管路内的存水全部放掉，并防止有死角积水的存在。因为立式过热器管内的凝结水无法排掉，冬季长时间停用的锅炉，要采取特殊的防冻措施，防止过热器管冻裂。对于运行锅炉的上述易冻管线，要采取伴热措施。

387. 为什么煤粉炉停炉过程中应先停上排燃烧器，后停下排燃烧器？

答：在停炉过程中，随着负荷的逐渐降低，燃烧器投入数量的减少，炉膛温度也随之逐渐下降，煤粉燃烧的条件变差，煤粉不易燃尽。煤粉炉停过程中，先停止上排燃烧器，可使下排燃烧器的煤粉燃烧时间延长，有利于煤粉燃尽和减少不完全燃烧热损失。

在停炉过程后期，随着负荷进一步降低、燃烧器解列数量的增多，炉膛温度明显下降，煤粉燃烧条件显著恶化，需要投入助燃油枪，保持炉膛较高温度。先停上排燃烧器，后停下排燃烧器，因为助燃油枪通常在下排燃烧器的上方，所以下排燃烧器因炉膛温度较低而未燃尽的煤粉，在穿过上方柴油助燃火焰时被进一步燃烧，有利于下排燃烧器的煤粉燃尽，降低因停炉过程中炉膛温度下降而导致的燃料不完全燃烧热损失。

随着锅炉负荷降低,过热蒸汽和再热蒸汽流量减少,蒸汽流速下降,对过热器和再热器的冷却效果差,两者的壁温上升。停炉过程中先停上排燃烧器、后停下排燃烧器,可以增加炉膛吸热量,降低炉膛出口烟气温度,有利于防止过热器和再热器管超温。

388. 为什么锅炉熄火后应对炉膛和烟道继续通风 5~10min?

答:在停炉过程中,随着负荷的降低,煤粉燃烧器逐个解列,炉膛温度随之降低,为了防止燃烧不稳需要投入油枪助燃。即使投入油枪助燃,在停炉末期因炉膛温度降幅较大,煤粉和燃油燃烧条件较差,难以充分完全燃烧。当锅炉熄火后,炉膛和烟道内有可能残存煤粉和因不完全燃烧形成的可燃气体。

残存的煤粉因氧化而温度升高,停炉后烟气不再流动,散热条件较差,煤粉的氧化因温度升高而进一步加剧,有可能产生二次燃烧。残存的可燃气体也使炉膛和烟道存在爆燃的可能性。

因此,在锅炉熄火后,应利用引风机、送风机,保持不少于额定负荷 30% 的通风量,对炉膛和烟道继续通风 5~10min,尽可能将停炉后残存的煤粉和可燃气体排出炉外,或将其降至安全的浓度后,再停止引风机、送风机,可有效地防止二次燃烧和爆燃事故的发生。

对于采用回转式空气预热器的大容量锅炉,停炉后继续保持引风机、送风机运行 5~10min,等空气预热器入口烟气温度降至 200℃ 以下再停止引风机、送风机。

389. 为什么停炉前应对锅炉进行一次全面检查?

答:锅炉运行约半年应进行一次小修,锅炉在运行时出现较大威胁锅炉安全经济运行且必须停炉才能消除的缺陷,需要临时停炉进行临检消缺。

无论是小修还是临检消缺,除对主要缺陷进行检修消除外,对于其他必须停炉才能处理的小缺陷也应趁停炉的机会予以消除。

停炉前对锅炉进行一次全面检查,除将已知的漏汽、漏水、漏风、漏烟和漏煤粉等缺陷统计记录并将上述泄漏点作出标记外,还应将通过停炉前最后一次全面检查发现的新缺陷列入临检消缺计划之中,对防止缺陷漏项,确保锅炉长期安全经济运行至关重要。

390. 阀门或管线为什么会冻裂?

答:水在高于 4℃ 时与大多数物体一样具有热胀冷缩的特性,水在 4℃ 时的密度达到最大,低于 4℃ 时,随着温度降低,密度下降,体积增加。

水的温度低于 0℃ 时,水会结冰。如果处于低位的阀门或管线内有残存的积水没有排掉,当水温低于 0℃ 时,因水结冰、体积膨胀而产生的应力超过材质的强度时,阀门和管线就会破裂。

由于铸铁的强度较低,韧性差,铸铁阀门比铸钢阀门更容易冻裂。

主蒸汽主给水管道的直径较大,其上均安装有疏水或排水阀门,其管道内通常不会充满水,即使管道内有残存的水结冰也不会破裂。疏水阀排水阀及其管道位置较低,口径较小,一旦操作不当水未排尽,阀门及管线内容易充满水,水结冰体积膨胀就会冻裂。

391. 为什么停炉后会出现与锅炉正常运行时相反的水循环?

答:锅炉正常运行时,锅水及汽水混合物在上升管与下降管内的密度差形成的压头推动下,实现了从汽包经下降管到上升管再回到汽包的正常水循环。

停炉后虽然关闭所有炉门及烟风挡板，但由于停炉后烟囱仍然存在自身引力和炉门烟风挡板不严密，冷空气会漏入炉膛。由于水冷壁管是裸露的，特别是采用膜式水冷壁后，膜式水冷壁后的炉墙温度大大降低，保温材料炉墙取代了耐火砖炉墙，炉墙的蓄热量大大降低，水冷壁管内的锅水冷却更快，水温较低，密度较大。而炉膛外汽包和下降管内的锅水因其外部有较厚的保温层，冷却较慢，水温较高，密度较小。由于停炉后在循环回路内上升管内锅水与下降管内锅水密度差形成的压头推动下，出现了锅水从汽包经水冷壁管到下降管回到汽包的反向水循环。

只有水冷壁管进入汽包水空间的循环回路才会出现停炉后的反向水循环，水冷壁管进入汽包汽空间的循环回路，停炉后不会出现反向水循环。停炉后出现的反向水循环不会对锅炉的安全产生不利影响，反而有利于加快锅炉的冷却速度，为锅炉抢修或正常检修赢得时间。停炉后提高汽包水位，使更多的水冷壁管被汽包内的锅水浸没，有利于加快锅炉的冷却速度。

392. 为什么大容量锅炉的低温腐蚀较小容量锅炉轻？

答：大容量锅炉与小容量锅炉相比，其仪表更齐全完善，自动化控制水平更高，燃烧器的性能更好，可以现实低氧燃烧，使得大容量锅炉的炉膛出口过量空气系数较低。同时，大容量锅炉采用分段燃烧和容积热负荷较小，使得其火焰温度和炉膛温度较低。以上两个因素使得在燃煤含硫相同的情况下，大容量锅炉烟气中 SO_2 转变成 SO_3 的比例较小容量锅炉低，导致大容量锅炉烟气中 SO_3 的含量和烟气露点较小容量锅炉低。

大容量锅炉通常用于发电厂，采用汽轮机的低压抽汽通过暖风器对冷空气进行加热，提高空气预热器的壁温，不但可以避免或显著减轻空气预热器的低温腐蚀，而且不降低，甚至可以略微提高发电机组的发电效率。

大容量锅炉因为体积很大的再热器占有了较多的尾部烟道的空间，所以通常采用体积较小的回转式空气预热器，其壁温较高，低温腐蚀较轻。

小容量锅炉较少采用暖风器加热冷空气提高空气预热器的壁温，同时，小容量锅炉没有再热器，通常采用价格较低但体积较大的管式空气预热器，其壁温较低，低温腐蚀较严重。

第十一节 事 故 处 理

393. 锅炉常用的安全装置有哪些？

答：现代化动力锅炉是一种高温高压、构造比较复杂的设备，对主要运行参数的控制很严。例如，汽温只允许在±5℃范围内波动。水位如果监视不当，发生缺水或满水事故，将会产生极严重的后果。为了保证锅炉安全生产，除了提高运行人员的技术水平、加强工作责任心外，锅炉有多种安全保护装置。其中有些是当主要运行参数接近上、下限时发出警报，提醒运行人员及时调整处理，防止超限造成事故。如高低水位警报器和汽温、汽压高低警报器等。

有些安全装置是当出现危及锅炉安全生产的情况或误操作时，自动动作，防止或减轻事故造成的损失。属于这类的安全装置有安全阀，防爆门，引风机、送风机联锁，电磁速断阀，低水压和低油压联动。

对空排汽阀在点炉过程中开启，可以加强过热器的冷却，当锅炉压力超过上限时，为了避免安全阀动作，可以通过开启对空排汽阀排汽来使压力恢复正常。

当锅炉出现满水事故时，开启事故放水阀可以使汽包水位迅速恢复正常。在巡回检查中，发现机泵出现危及设备或人身安全的情况时，可立即用安装在机泵附近的事故按钮，将机泵停止运行。因此，对空排汽阀、事故放水阀和事故按钮也可以看成是锅炉的安全装置。

大型锅炉安装的熄火保护装置，对防止炉膛爆燃和炉墙发生内爆事故，起到了明显作用。

大型锅炉安装的承压受热面泄漏检测仪，对及时发现受热面管子泄漏，防止事故扩大起到了积极作用。

394. 锅炉主操监盘时，应重点监视哪些仪表？

答：中型锅炉的操作盘上有几十块仪表，大型锅炉的操作盘上有上百块仪表。

一般，越是重要的仪表，越是放在醒目的位置。锅炉有烟风、燃料及燃烧、汽水三大系统。一方面，缺水和满水是锅炉的恶性事故，会造成严重的后果；另一方面，汽包水位反映了汽水系统的工作状况、水位平稳正常，一般，汽水系统工作是正常的。汽水系统中发生的事故一般都能使水位发生变化。如水冷壁、过热器、省煤器发生泄漏，水位会降低；负荷骤增、骤减，炉膛灭火，水位也要发生较大波动。

炉膛负压反映了燃烧系统、烟风系统的工作状况。如果炉膛负压正常，则燃料部分、引风机、送风机工作是正常的。换言之，燃料及燃烧系统、引风机、送风机发生事故，必然在负压表上反映出来。如燃料中断，炉膛负压向负的方向增大；送风机跳闸，炉膛负压增大；引风机跳闸，炉膛变正压等。由此可以看出，只要水位、炉膛负压正常，锅炉运行基本上是正常的。因此，水位表和炉膛负压表是时刻需要监视的。

汽温、汽压是锅炉产品——蒸汽的质量指标，但由于汽温、汽压的变化相对来说是比较慢的，所以只要经常加以监视就行了。其余的表计所指示的参数不是关键的，只是帮助具体确定问题发生的部位、性质及原因的，从而能较快地消除故障。例如，省煤器后的烟温升高，负压增大，如果省煤器后左侧比右侧烟温高，则可能是左侧积灰严重。如省煤器泄漏，则会出现省煤器后烟温降低等。

395. 什么是紧急停炉？

答：锅炉在运行时随时可能因为设备故障或误操作，使锅炉出现异常情况。有些故障，例如，阀门泄漏，并不影响锅炉安全生产，可以等到小修时停炉处理；有些故障，例如受热面泄漏，通常允许等备用锅炉并汽带上负荷或生产安排好以后再停炉。

锅炉运行中有时会出现非常紧急的情况，不立即停炉就会发生重大的设备或人身事故，此时操作人员可以不经请示，立即停止锅炉运行。我们称这种停炉为紧急停炉。

各种锅炉运行规程均对出现何种情况应紧急停炉做了明确的规定。劳动部 1996 年颁发的《蒸汽锅炉安全技术监察规程》194 条规定，锅炉运行中遇有下列情况之一者应立即停炉：

（1）锅炉水位低于水位表下部可见边缘时；

（2）不断加大给水及采取其他措施，但水位继续下降时；

（3）锅炉满水，超过汽包水位计上部可见水位，经放水仍不能看见水位时；

（4）燃烧设备损坏，炉墙发生裂纹而有倒塌危险或炉架横梁烧红等，严重威胁锅炉安全运行时；

（5）锅炉元件损坏且危及运行人员安全时；

（6）水位计或安全阀全部失效时；

（7）给水泵全部失效或给水系统故障，不能向锅炉进水时：

（8）设置在汽空间的压力表全部失效时；

（9）其他异常情况，危及锅炉安全运行时。

396. 什么是爆燃？为什么在锅炉点火时发生的爆燃比运行时发生的爆燃破坏更严重？

答：正常情况下，负压锅炉进入炉膛的燃料和空气能够及时燃烧，产生的烟气被引风机抽走，这样送风量、燃料量与引风量三者之间形成了动态平衡，炉膛维持微负压。

如果由于各种原因使得炉膛灭火，进入炉膛的燃料不能及时燃烧，当积存在炉膛内的大量燃料突然瞬间着火时，由于引风机来不及将形成的大量烟气及时排出，原有的平衡被破坏，炉膛形成较大的正压称为爆燃。

根据燃料在炉内积存的多少，爆燃时对炉膛的影响或破坏的程度相差很大。轻微的爆燃仅使炉膛上部的防爆门动作，不会造成炉膛破坏，严重的爆燃可使炉膛外部的钢护板和钢梁严重变形。

爆燃严重的程度主要取决于炉膛内积存燃料的数量。爆燃发生时炉膛内积存的燃料多，炉膛内形成的正压高，造成的破坏就大；积存的燃料少，爆燃造成的破坏就小。

锅炉点火时，由于各种原因，例如，前次停炉时由于操作不当，炉膛内积存了较多燃料，而点火前未能进行大风量通风；点火过程中火把熄灭未能及时发现和立即切断燃料，重新点火时又未能进行大风量通风；虽然点火前进行了大风量通风，但由于燃料系统的阀门泄漏，均可能在炉膛内积存较多的燃料。由于锅炉点火时，炉膛内温度很低，空气预热器出口的空气温度也很低，这样，燃料与空气混合物的温度很低，混合物的密度较大，其容积发热量较大。或者可以理解为在相同的炉膛容积下，炉膛内可以积存更多的燃料与空气的混合物。所以，锅炉点火时一旦发生爆燃炉膛产生的破坏较严重。

锅炉运行时，由于各种原因，例如，燃油泵因停电而停止，炉前油压到零，炉膛灭火而又未及时切断燃料，电源恢复，油泵恢复供油；煤粉炉因负荷较低，煤质较差而又没有投油助燃，导致炉膛熄火而又未及时发现和切断燃料，均有可能在炉膛内积存较多燃料。锅炉正常运行中，由于各种原因引起炉膛熄火时，炉膛内的温度仍然较高，空气预热器出口的空气温度仍然与炉膛熄火前相近，这样，燃料与空气混合物的温度较高，混合物的密度较小，其容积发热量较小。锅炉运行中突然熄火时，炉膛温度仍较高，燃料在炉墙和烟气辐射加热下，在短时间内即被加热到着火温度而发生爆燃，因炉膛内积存的燃料量较少，或者可以理解为在相同的炉膛容积下，炉膛内可以积存的燃料与空气混合物的数量较少。所以，发生爆燃炉膛产生的破坏较轻。

锅炉点火时由于各种原因造成炉膛内燃料积存时，因为炉膛温度低，不会自燃，必须要用火把点燃才能着火产生爆燃，所以，炉膛内积存燃料的时间有可能持续较长，这也是锅炉点火操作不当时，炉膛内有可能积存更多燃料，发生爆燃时形成的破坏更严重的另一个主要原因。而锅炉运行中，由于各种原因引起炉膛熄火时，炉膛内的温度仍然较高，即使未及时发现和立即切断燃料，燃料在炉膛高温的烘烤下很快达到着火温度，未等炉膛内积存更多的燃料，爆燃已经发生。这也是锅炉运行时发生爆燃炉膛破坏较轻的另一个主要原因。

因此，我们应该特别注意防止锅炉点火时发生爆燃。锅炉点火时，在插入火把点火之前一定要进行大风量通风，而且大风量通风后应立即插入火把点火，这是防止锅炉点火产生爆燃的最有效措施。

397. 什么是炉膛的内爆？

答：锅炉运行过程中，由于各种原因引起的炉膛负压过大，在大气压力的作用下，使炉墙结构产生向炉膛内方向的破坏，称为内爆。

只有引风机而没有送风机的通风方式，只适用于小型锅炉。小型锅炉的炉墙面积很小，炉墙的强度和刚度相对较大，而且小型引风机的压头很低，所以，只有引风机而没有送风机的小型锅炉通常不会出现内爆。

利用送风机克服空气侧和烟气侧全部流动阻力的微正压锅炉，因为炉膛压力不会出现低于大气压力的情况，所以，微正压锅炉也不会产生内爆。

采用送风机克服空气预热器和燃烧器的阻力，将空气送入炉膛，用引风机克服烟气流经受热面时的阻力，将烟气排出炉外的所谓平衡通风的锅炉才有可能产生内爆。

采用平衡通风的锅炉运行中，由送风量、燃料量和引风量三者之间建立的平衡，使炉膛保持-40～-60Pa的压力。当送风机突然停机时，不但没有大量空气进入炉膛，而且燃料在没有配风的情况下燃烧严重恶化，因燃料燃烧不完全、炉膛温度下降而使烟气的体积缩小，烟气的流动阻力下降，造成炉膛负压急剧增加。当各种原因引起炉膛灭火时，虽然引风机、送风机挡板开度没有发生变化，但是由于炉膛温度急剧下降，烟气体积急剧缩小，烟气的流动阻力下降也会使炉膛负压迅速升高。如果由于操作调整不当或误操作，使送风量过小、引风量过大均有可能使炉膛出现较大负压。比较而言，送风机突然停机时形成的炉膛负压最大，炉膛灭火次之，调整操作不当负压增加较小。

采用平衡通风的中、小型锅炉，由于炉墙的表面积较小，炉墙结构的强度和刚度相对较大，而且没有再热器，烟气阻力较小，引风机的压头较低，无论是送风机突然停止还是炉膛灭火，通常不会出现内爆。随着锅炉容量的增加，炉墙的表面积随之增大，炉墙结构的强度和刚度相对降低。大容量锅炉因为受热面多，对流烟道内有再热器，烟气侧的阻力增大，引风机的压头高，所以，大容量锅炉产生内爆的可能性较大。

通常在设计中，要求炉膛压力为±5000Pa时炉墙钢结构不产生永久变形。虽然采用增加炉墙结构的强度可以防止出现内爆，但由于大容量锅炉的炉墙结构强度达到可以避免出现内爆的水平，投资增加过多而不宜采用。因此，大容量锅炉通常采用炉膛负压超限报警和自动调整装置。例如，当炉膛负压低于-700Pa时，发出报警信号；如炉膛负压超过-1000Pa时，引风机的入口挡板应关小；如炉膛负压超过1250Pa时，应迅速关闭引风机入口挡板；当炉膛负压达到3800Pa时，引风机应立即停止。通过自动调节装置来控制炉膛负压不超过预先规定的数值，不但简便易行和可靠，而且投资较少，是防止大容量锅炉炉膛出现内爆的较合理的方式，因此被广泛采用。

398. 为什么用煤粉、油或气体作燃料的锅炉，应装有当全部引风机、送风机断电时，自动切断全部送风和燃料供应的联锁装置？

答：锅炉正常运行时，由送风量、燃料量和引风量三者之间建立的平衡，使得炉膛保持一定的负压。如果全部引风机断电时，平衡被破坏，原先由引风机克服的各受热面的烟气流动阻力，要由送风机来克服，炉膛必然要产生很高的正压，火焰和大量高温烟气从检查孔、人孔和炉管穿墙部分向外喷出，不但危及人身安全，而且还可能使锅炉的护板和钢梁烧坏。因此，必须装有引风机与送风机的联锁装置，当全部引风机断电时，使全部送风机立即停止运行，防止炉膛产生正压。

全部送风机停止运行后，如果不立即切断燃料，大量的煤粉、油或气体燃料进入炉膛，在没有配风的情况下，燃烧严重恶化，不但严重冒黑烟，对环境造成了污染，而且燃料的不完全燃烧产物大量沉积在受热面上使传热热阻增大，排烟温度升高，锅炉热效率降低。不完全燃烧产物大量沉积在受热面上，也是形成尾部二次燃烧事故的主要原因。

由于全部送风机停止运行时，如果跳闸报警失灵不易及时发现，也难以通过手工操作，将煤粉、油或气体燃料及时切断。因此，必须装有燃料与送风机电源的联锁装置，一旦全部送风机停电信号发生后，联锁装置即可自动将燃料及时切断。

大型锅炉通常配备有两台送风机和两台引风机，避免一台送风机或引风机故障停机后，锅炉被迫停炉，以提高设备的利用率。通常一台送风机或一台引风机停机后联锁不动作；只有两台送风机或两台引风机全部停机后，联锁才动作。

399. 为什么校水前必须冲洗水位计？

答：当锅炉发生缺水、满水或水位不明事故时，要进行校水工作，以确定是轻微缺水还是严重缺水，或是轻微满水还是严重满水。当水位计的汽水连通管堵塞时，会造成假水位。例如，汽连通管堵塞造成水位偏高，水连通管堵塞也会造成水位偏高。为了防止汽水连通管堵塞形成假水位，造成误判断，在校水前必须将水位计放水门打开，使水位计的汽水连通管得到冲洗。

冲洗水位计的另一个目的是将水位计水连通管内可能积存的水排掉，防止缺水校水时存水进入水位计，造成误判断。

400. 为什么水位下降且从水位计内消失后，关闭水位计汽阀，水位迅速升高是轻微缺水，锅炉可以继续上水，没有水位出现，则是严重缺水，必须立即停炉？

答：如果由于监视不当，水位下降并从水位计内消失时，为了确定汽包内的水位情况，首先冲洗水位计，然后关闭水位计的汽阀。由于散热，水位计上部的蒸汽凝结，压力迅速降低，如果水位在水位计的水连通管以上，则汽包里的水在汽包压力的推动下进入水位计，使水位迅速升高。因为只有汽包水位在水位计水连通管以上，关闭水位计汽阀，水才能进入水位计，使水位迅速升高，所以是轻微缺水，可以继续上水，见图9-53(a)。

如果关闭水位计的汽阀后，水位计内仍然没有水位出现，则说明汽包水位在水位计水连通管以下，见图9-53(b)，所以是严重缺水。

严重缺水时，水位有可能刚好在水连通管以下一点点，即汽包内还有一定量的水。也可能汽包里一点水也没有。由于此时无法判断汽包里的确切水位，所以，为了保证锅炉安全，只能认为汽包内没有水，必须立即停炉。

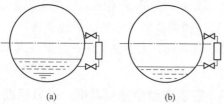

图9-53 轻微缺水和严重缺水示意
(a) 轻微缺水；(b) 严重缺水

401. 为什么当水位从水位计内消失，关闭汽连通管的阀门，如果汽包水位在水连通管以上时，水位计会迅速出现高水位？

答：正常情况下，水位计汽侧的压力与汽包的汽压是相同的，根据连通器原理，水位计的水位与汽包水位相同。

当水位从水位计内消失，进行校水关闭汽连通管阀门后，由于水位计和汽连通管的散热，水位计汽侧的蒸汽迅速凝结而使汽侧的压力快速下降，如果汽包内的水位在水连通管之上，汽包内的水在汽包压力作用下，通过水连通管迅速涌入水位计，造成水位计迅速出现高水位。

402. 为什么锅炉发生满水事故时，蒸汽温度下降，含盐量增加？

答：当汽包就地水位计的水位超过水位计上部最高可见水位时，出现了满水事故。

发生满水事故时，汽包内水位明显升高，蒸汽空间减少，汽包内的汽水分离设备不能正常工作，汽水分离效果变差，蒸汽带水量增加。带水的蒸汽进入过热器后，过热器从烟气吸收的一部分热量用于蒸发蒸汽携带的锅水，使烟气用于过热蒸汽的热量减少，因此，使过热器出口蒸汽温度下降。蒸汽温度下降的程度决定于蒸汽带水的多少，而蒸汽带水的多少取决于汽包满水的程度。因此，在生产中可以从汽温下降的程度大致估计汽包满水的程度。

锅水的含盐量比蒸汽大得多，蒸汽携带的锅水在过热器内吸收热量后，全部变为蒸汽，锅水中的含盐量一部分沉积在过热器管内，一部分进入蒸汽，使得蒸汽的含盐量明显增加。

403. 为什么锅炉灭火时水位先下降而后上升？

答：锅炉在正常运行时，水冷壁吸收火焰辐射热量而产生大量蒸汽，按重量计，水冷壁内约 90% 是水，而按体积计，则 40%～60% 是蒸汽。锅炉一旦灭火，水冷壁因吸热量大大减少，产生的蒸汽迅速减少，水冷壁管内原先由蒸汽占据的空间迅速由汽包内的锅水经下降管补充，所以瞬间水位下降。当原先水冷壁里由蒸汽占据的空间已经被锅水补充后，由于蒸发量迅速减少，而给水量还未来得及减少，所以，水位又上升。

锅炉灭火时水位下降与负荷骤减时相似，只是比负荷骤减时水位下降得更迅速。

当水位调整没有投入自动时，由于人的反应较慢，而上述过程又是在很短的时间内完成的，所以，炉膛灭火时水位先下降而后上升的现象较水位投入自动调整时明显。

404. 为什么水冷壁管、对流管、过热器管、再热器管和省煤器管泄漏后要尽快停炉？

答：水冷壁管、对流管、过热器管、再热器管和省煤器管泄漏后，如果能够维持汽包水位，可以不立即停炉，等其他锅炉增加负荷或备用炉投入运行后再停炉。但从发现管子泄漏到停炉，时间不能长。炉管内的压力很高，锅水或蒸汽从炉管泄漏处以很高的速度喷出，其动能很大。特别是对流管、再热器管、过热器管和省煤器管排列很紧密，如果不及时停炉，高速喷出的锅水或蒸汽极易将邻近的管子损坏，新损坏的管子喷出的水或汽又将其邻近的管子损坏，造成多根管子损坏，检修工作量增加。

由于对流管、再热器管、过热器管和省煤器管排列很紧密，一旦损坏后，不能采用补焊或局部更换管段的处理方法，常常被迫采取将整个管排切除、两端盲死的处理方法，造成传热面积减少。所以，发现管子泄漏要尽快停炉。

405. 为什么省煤器泄漏时，有时喷出的是汽水混合物？

答：如果没有高压给水加热器，省煤器入口水温即为除氧器水温。对于大气式除氧器来说，水温为104℃，如果省煤器前有高压给水加热器，则中压锅炉的水温可达170℃，高压锅炉的水温为215℃，压力越高的锅炉省煤器入口水温越高。给水经省煤器加热后水温进一步提高，沸腾式省煤器出口水温可升高至省煤器出口压力下的饱和温度。

当省煤器泄漏时，给水从泄漏处喷出后，压力迅速消失，使泄漏出的给水压力降至与大气压力一致。由于大气压力下对应的饱和温度约为100℃，温度较高的给水必然要汽化，产生一部分蒸汽，使水温降低到与大气压力相对应的温度。所以，从泄漏处看到的是汽水混合物。

406. 为什么有时只听见蒸汽泄漏的响声，而看不到泄漏的蒸汽？

答：在现场有时只听到蒸汽泄漏的响声，而看不到泄漏的蒸汽。这种情况大都在过热蒸汽管道泄漏时出现。过热蒸汽或饱和蒸汽均是无色的，过热蒸汽的过热度一般在200℃左右。主蒸汽泄漏出来后，虽然由于散热和体积突然膨胀，蒸汽温度降低，但仍然高于大气压力下的饱和温度，即仍然是无色的过热蒸汽或饱和蒸汽，所以看不见向外泄漏的蒸汽。饱和蒸汽和过热度较低的过热蒸汽向外泄漏时，由于空气温度较低和体积突然膨胀，温度降低，蒸汽有可能凝结成细小的水珠，而看起来呈白色，这种情况在冬天较为常见。夏天由于温度高我们看不到口中呼出的气，而在冬天由于呼气中水蒸气凝结成小水珠，而呈白色。

对于只能听到响声而看不见蒸汽的泄漏，要查明漏处，可顺着响声查找。对怀疑的泄漏点，可手持一长条物体探测，凭感觉很容易查明泄漏点的确切位置。检查泄漏点时，一定要注意安全，防止烫伤。

407. 为什么有时会出现省煤器后的烟气温度低于省煤器入口水温的反常现象？

答：锅炉运行中，通常省煤器的烟温高于省煤器入口水温，但是有时会出现省煤器后的烟气温度低于省煤器入口水温的异常现象。如果温度测点工作正常，好像是不可理解。实际上在某些特殊情况下，出现这种情况是可能的，也是可以解释的。

烟气温度测点的热电偶在伸入烟道时，外面是一个金属套管，如果省煤器泄漏喷出的水正好溅落在金属套管上，由于烟气中的水蒸气处于未饱和状态，尾部烟道中的烟气流速较快，溅落在金属套管上的水迅速蒸发，水蒸发时要吸收热量，套管的温度就会降低到比省煤器入口水温还要低的程度。

当锅炉运行中出现这种情况时，应首先检查省煤器是否泄漏。当然也不应该排除温度测点出现故障的可能性。

408. 为什么锅炉灭火后炉膛负压突然增大？

答：在采用平衡通风的锅炉中，通常是用送风机克服空气侧的阻力并维持燃烧器内一定的风压，以达到良好配风和燃料完全燃烧的目的，用引风机克服烟气侧的流动阻力。为了防止火焰和高温烟气喷出伤人，避免环境污染，锅炉正常运行时，炉膛通常保持负压-40～-60Pa。过大的负压会因漏入冷风增加，造成排烟温度升高，锅炉热效率降低。

锅炉正常运行时，引风机将送入炉膛的空气、燃料和漏入的空气排至烟囱，保持一定的平衡，炉膛负压基本不变。锅炉灭火后的瞬间，虽然送入炉膛的空气量、燃料、漏入的空气量没有减少，但由于炉膛灭火后，温度迅速降低，烟气的体积突然缩小几倍，烟气的流动阻力大大降低，而空气的流动阻力下降较少，原来存在于引风机、送风机间的平衡关系被破坏，而导致炉膛负压突然增大。锅炉灭火时，通常炉膛负压表的指针指到负压最大量程。操作员也常用负压表的指示判断炉膛是否灭火。

409. 怎样实现不停炉更换锅炉主给水管线?

答:锅炉主给水管线有时会因内外腐蚀而引起泄漏,当采用常规的打管卡或高压密封胶方法堵漏时,常常因管线外壁凹凸不平或减薄较严重而难以成功。由于给水压力很高,泄漏发展很快,严重威胁人身和设备安全。如果停炉处理不但正常的生产被打乱,而且还会因减产造成很大的经济损失,锅炉启停还要额外消耗一定的燃料、电力和除盐水。

给水是锅炉的命脉,大、中型锅炉通常连续给水,给水是一刻也不能停止的。如果锅炉采用的是表面式减温器,且泄漏点在主给水管线止回阀之前,则可以通过接临时管线实现不停炉更换锅炉主给水管线。

具体的实施步骤如下:

(1)采取降低汽温的措施。降低锅炉负荷,解列上层燃烧器,尽量投用下层燃烧器,适当地降低炉膛负压和过量空气系数,直至将减温器解列。

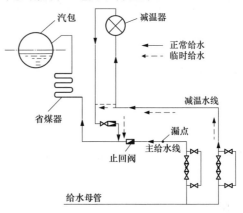

图 9-54 临时给水管线连接示意

(2)按图 9-54 接一根临时管线。临时管线的接法应根据具体的给水系统来确定,其原则是,临时管线要尽量短,便于施工。

(3)由主给水管线供水切换为临时管线供水。

(4)更换主给水管线,经水压试验合格后,恢复由主给水管线供水。

(5)拆除临时管线,经水压试验合格后,减温器恢复正常工作。

410. 为什么大容量锅炉应配备 "四管" 泄漏检测系统?

答:水冷壁管、过热器管、再热器管和省煤器管简称为"四管"。随着锅炉容量的迅速增加,"四管"的传热面积和长度几乎是成比例地增加。由于每根管子出厂时的长度是一定的,所以,大容量锅炉不但"四管"的制造焊口数量增加,而且安装焊口也增加。这样,大容量锅炉因腐蚀、磨损、材质不合格、焊接质量不良、超温过热损坏而引起泄漏的可能性增加。

"四管"中除水冷壁管外,其余三种管子的管排间距很小。一旦某根管子发生泄漏,因大容量锅炉的工作压力很高,泄漏出的给水或蒸汽具有很高的动能,必然会对相邻的管子产生严重的冲刷。第一根管子发生泄漏的初期,往往泄漏量不大,给水流量与蒸汽流量的差值无明显变化;烟气温度的变化也不明显。省煤器发生泄漏时,漏出的水量很快被庞大的受热面蒸发,难以在灰斗底部见到有水流出;泄漏产生的声音,因锅炉体积增大,在巨大噪声的掩盖下而很难用听的方法及时发现。也就是说,大容量锅炉很难用常规的人工方法来及时发现"四管"初期发生的泄漏。往往要等泄漏量明显增加,甚至泄漏的水流或汽流将邻近的管子冲刷减薄,因强度不够而引起爆管,泄漏量突然明显增大,各种现象非常明显时才能发现。

除水冷壁管外的三种管子,因排列密集,一旦发生泄漏,或引发邻近管排泄漏,通常是难以用补焊或局部更换管段的方法加以消除的,更换整个管排的工作量很大,工期很长,往往采用管排在两端联箱管头处盲死,将管排切除的方法处理。这种不得已的处理方法,使得传热面积减少,特别是一处管子泄漏未能及时发现,引发邻近管子泄漏时,传热面积减少更多。虽然切除几排管子,对锅炉热效率的影响很小,但由于大容量锅炉的燃料消耗量很大,其增加的绝对消耗量还是相当可观的。

当"四管"发生泄漏时，能及时发现以减少损失，随着锅炉容量增大，其必要性越来越大。"四管"泄漏检测系统就可以及时发现"四管"发生的早期泄漏。

虽然"四管"泄漏初期产生的噪声，比烟气流过受热面时产生的噪声和送风机、引风机运行时振动产生的噪声小，但由于后者产生的噪声的频率是相对固定的，而"四管"泄漏产生的噪声频率与后者的频率明显不同，采用频谱分析的方法很容易将两者区分开来。

为了能在"四管"出现微小泄漏时被及时发现，可在每3～5m的距离安装一个检测探头，二次表装在仪表盘上。平时二次表上显示的是锅炉正常运行时产生的频率相对固定的噪声。一旦"四管"发生泄漏，高速喷出的给水或蒸汽与空气摩擦和撞击在邻近的管子上，产生的噪声频率，因与锅炉正常运行时固有的噪声频率有明显的区别而被及时发现。

安装"四管"泄漏检测系统后，运行人员由巡回检查中的听觉来发现和查找泄漏点，变为看仪表显示来发现泄漏点，不但工作强度降低，而且泄漏点发现及时。从已经安装的几十套"四管"泄漏检测系统的工作情况来看，没有发生一次漏报和错报，其可靠性和实用性已被广大用户所认可。

411. 为什么锅炉灭火时应立即切断燃料？

答：锅炉正常运行时，炉膛温度很高，火焰中心处的温度可达1600～1700℃，进入炉膛的燃料立即燃烧。当锅炉灭火时，如果不立即切断一切燃料，由于炉膛温度迅速降低，进入炉膛的燃料不能立即燃烧，很短时间内炉膛里就积聚了大量燃料，在炉墙和水冷壁的辐射传热下，当燃料温度被加热到着火温度时，积聚在炉膛的大量燃料突然着火，大量的燃料同时燃烧，形成爆燃，使炉膛产生很高的正压，造成炉墙和钢架破坏。

因此，锅炉灭火时，必须立即切断燃料，待查明原因后，再重新点火。

412. 什么是二次燃烧？为什么燃油炉二次燃烧最容易在停炉后几小时内发生？

答：在正常情况下，燃料离开炉膛时已完全燃尽，不应再有火焰。如果由于炉膛温度低，燃料的颗粒较大，配风不良，烟气离开炉膛后，烟气中的可燃物继续在水平烟道和垂直烟道内燃烧，或者积存在尾部受热面上的可燃物质因氧化，温度逐渐升高而自燃，称为二次燃烧。前一种情况在煤粉炉上较常见，后一种情况在燃油炉上较常见。

燃油时，如果雾化质量不好，油粒较大，或配风不良，燃烧恶化，生成的炭黑大量积存在尾部受热面上，因其氧化，温度逐渐升高。在正常运行时，由于烟气的速度较高，可燃物氧化产生的热量被烟气带走，管内有介质冷却，温度不易达到着火点，而且烟气中的含氧量较少，故不容易产生二次燃烧。停炉后几小时内，紧闭一切炉门挡板，尾部烟道的温度较高，可燃物因氧化而温度升高，氧化加剧，使温度进一步升高。因为此时散热条件很差，温度很容易升高到着火温度，而且停炉以后，空气很容易从不严密处漏入尾部，所以有条件产生二次燃烧。

停炉几小时内如果不发生二次燃烧，时间长了，随着炉墙的冷却、散热条件的改善，可燃物氧化后温度不易升高到着火温度，二次燃烧的可能性就很小了。因此，在停炉后的最初几小时内要加强对尾部受热面各温度测点的监视，发现尾部烟道的烟温不正常升高时，要及时开启蒸汽消防阀灭火。

413. 怎样防止燃油炉产生二次燃烧？

答：尾部受热面上积有可燃物是发生二次燃烧的物质条件。因此，提高雾化质量，合理配风，避免冒黑烟是防止产生二次燃烧的关键。定期除灰，特别是停炉之前彻底除灰，保持对流受热面清洁是防止二次燃烧的有效措施。

锅炉运行时过量空气系数不要过大，停炉几小时内加强尾部检查，在尾部安装蒸汽消防装置，对防止二次燃烧是行之有效的措施。

414. 为什么烟道发生二次燃烧，调整无效，当排烟温度超过250℃时应立即停炉？

答：锅炉正常运行时，燃料在炉膛出口已全部燃尽，烟道内不应该有火焰，而应该是透明的烟气。燃料在炉膛出口后的烟道内燃烧称为二次燃烧。煤粉炉和燃油炉都有可能发生二次燃烧事故，但燃油炉发生二次燃烧的可能性比煤粉炉大。

当发现有二次燃烧现象时，应立即进行调整，如果调整无效，排烟温度超过250℃时，应立即停炉，这不是因为尾部受热面空气预热器的钢材不能承受250℃以上的温度，而是因为高温烟气的热量通过引风机的叶轮和轴，传递到风壳外的轴承处，使轴承的温度升高到不能正常工作的程度。同时，烟气温度升高后，引风机叶轮的强度降低，因不能承受巨大离心力的作用而损坏。某厂一台燃油炉发生二次燃烧，调整无效，排烟温度超过250℃后，未能及时停炉，因引风机叶轮强度降低而发生严重变形，最后导致叶轮从轴上脱落，飞入烟道，造成巨大损失。

415. 为什么发生锅炉缺水事故时蒸汽温度升高？

答：锅炉发生缺水事故时的一个现象是汽温升高。有人认为，发生缺水事故时，因水位降低，汽包蒸汽空间增大，汽水分离条件改善，蒸汽携带的水分减少，使汽温升高。这种观点显然是不对的。因为锅炉在正常水位范围内，汽包内的汽水分离设备可使分离效率达到99.9%以上，进入过热器的蒸汽携带的水分很少。这部分水量对汽温的影响可忽略不计，况且，从正常水位降至下限水位对汽水分离效率没有什么影响。

锅炉发生缺水事故的常见原因，是因各种原因引起的给水压力降低，使给水流量减少造成的。锅炉正常运行时，减温器处于工作状态，即减温器保持一定的减温水量。当给水压力降低时，在减温水调节阀开度不变的情况下，减温水量将会减少，从而使汽温升高。

416. 为什么省煤器管泄漏停炉后，不准开启省煤器再循环阀？

答：停炉后一段时间内因为炉墙的温度还比较高，当锅炉不上水时，省煤器内没有水流动，为了保护省煤器，防止过热，应将省煤器再循环阀开启。但是如果省煤器泄漏，则停炉后不上水时不准开启再循环阀，防止汽包里的水经再循环管，从省煤器漏掉。

按规定停炉24h后，如果水温不超过80℃，才可将锅水放掉。如果当锅水温度较高时，汽包里的水过早地从省煤器管漏完，因对流管或水冷壁管壁比汽包壁薄得多，管壁热容小，冷却快，汽包壁热容大，冷却慢，容易引起汽包胀口泄漏，或管子焊口出现较大的热应力。

为了保护省煤器，停炉后可采取降低补给水流量，延长上水时间的方法使省煤器得到冷却。

417. 怎样防止定期排污扩容器振动和排汽管喷水？

答：定期排污时排出的是汽包压力下饱和温度的锅水，虽然温度很高，含有较多的热量，但因为每24h才定期排污一次，而且排污量波动较大，所以，多数厂不回收这部分热量。

为了防止高温的锅水损坏排水系统和造成热污染，锅水在定期排污扩容器内扩容，温度降至约 100℃，再经喷入冷却水，与其混合温度降至 30～50℃后排入地沟。为了防止排污水扩容时产生的蒸汽经扩容器下部的排水管进入地沟，排水经 U 形管水封后再排入地沟。冷却水是未经软化处理的工业水，经高温的排污水加热后，水中的结垢物质不断沉积在定期排污扩容器内壁上。定期排污扩容器是间断工作的，排污时，器壁温度很高，不工作时器壁温度逐渐降至常温。在温度多次交变的过程中，金属的膨胀系数远大于水垢，当水垢沉积到一定厚度时，水垢从器壁脱落。脱落的水垢将 U 形管水封和定排扩容器下部的排水管口堵塞，使扩容后的锅水和冷却水不能畅通地排入地沟，定期排污扩容器内的水位不断上升，严重时水从上部排汽管喷出。当定期排污扩容器充满水后，高温的排污水进入扩容器内扩容时会发出较大的响声并引起振动。定期排污时各排污阀逐次进行，排污量变化很大，从定排扩容器排汽管喷出的汽水混合物数量也是不断变化的，必然会产生一个与汽水混合物喷出方向相反的、大小不断变化的反作用力，从而加剧定期排污扩容器的振动，见图 9-55。

从以上分析可以看出，防止定期排污扩容器排水管口和 U 形管水封堵塞，是防止其振动的根本措施。为此，将排水管口伸入扩容器底部 100～150mm。这样即使有水垢大量脱落也不易使排水管口堵塞，只要每隔 1～2 年利用锅炉大修时，从人孔进入扩容器，将脱落的水垢清除即可。将容易引起堵塞的 U 形管水封去掉，改为直管，并将直管插入水井一定深度，用不易堵塞的直管水封代替容易堵塞的 U 形管水封，见图 9-56。

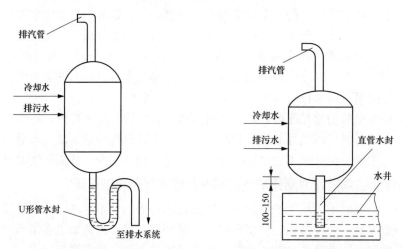

图 9-55　定期排污扩容器 U 形管水封原理　图 9-56　定期排污扩容器直管式水封原理

经上述两项改进后，彻底消除了定期排污扩容器的振动和排汽管喷水的问题。

418. 怎样分析和查明事故原因？

答：锅炉各受热面和承压部件在各种严酷的条件下工作，受热面管外承受高温火焰或烟气的加热且面临着高温或低温腐蚀，管内受到氧或蒸汽腐蚀，水处理不良会使管内结垢，引起管壁超温，导致爆管。承压部件还可能因疲劳热应力而产生裂纹，高温受热面还面临蠕胀的威胁。磨损是对流受热面管子爆破的主要原因之一。

大、中型锅炉是技术含量较高的大型产品，设计、制造、安装、维修和运行各个环节存在的不合理或错误均会导致锅炉发生事故。在锅炉使用寿命期间，其事故是难以完全避免的。

事故发生后要及时召开事故分析会。先由当事人介绍事故经过，情况较复杂时当事人应提交书面材料。通常当事故发生当事人处理正确而没有责任时，当事人介绍的事故经过或提供的书面材料均真实可靠；如当事人处理不当而有责任时，出于利害关系的考虑，为了推卸或减轻责任，其真实可靠性较差，往往会隐瞒事故真相，甚至有伪造事故现场的事情发生。例如，由于设备原因发生事故，当事人处理正确，事故原因很快容易查清，而由于操作不当或错误发生的事故，往往一次事故分析会难以查明事故原因。对于后一种情况，先不要轻易下结论，可会后作进一步调查了解情况后再次开会。一般情况下，只要事故原因不涉及外单位，事故的原因又不很复杂，开二次，最多三次分析会，事故原因通常都可以查清。

重大事故要成立事故调查组。有些事故损失很大，事故原因不仅复杂而且涉及外单位，仅由事故发生单位召开几次分析会难以查明原因，这时应成立由行政领导、技术人员和安全员组成的事故调查组。首先要将事故发生时的仪表记录纸全部取下复印交有关人员每人一份。记录纸客观准确、连续地记录了事故过程中各重要工艺参数的变化，对分析查明事故原因帮助很大。调查人员将当事人提供的情况与记录纸上参数变化和现场情况相互对照，如能相互吻合，则表明当事人提供的情况真实可信。如不吻合调查人员应向当事人指出其隐瞒事故真相的事实，只要调查人员有理有据地指出问题，打消其侥幸心理，当事人往往会很快说出事故的真实情况，事故原因也就很快查明。

通过现场试验查明事故原因。有些事故是由于设备有缺陷引起的，而运行人员操作处理并没有错误；有些事故是设备有缺陷，而运行人员操作处理不当引起的；有些事故完全是由于运行人员操作处理错误造成的。为了查明事故原因，分清责任，必要时可以通过现场试验来确定。

对于因纯技术原因造成的事故可采取逐项排除法分析查明事故原因。对由于设计不合理、制造安装缺陷或材质不合格等纯技术原因造成的事故，由于事故的原因较复杂，要从众多可能的原因中分析查明事故的确切原因，可以采取将可能的原因全部列出，然后逐项进行分析排除，最后剩下的一个或几个原因就是事故的真正原因。

419. 怎样用逐项排除法分析查明事故原因？

答：大、中型锅炉是一种技术含量较高，结构较复杂，运行条件较严酷的大型设备，锅炉在运行中经常会发生一些纯技术原因引起的事故，最常见的事故是炉管爆破。

设计、制造、安装、维修或运行各个环节出现的缺陷或错误均可能造成炉管爆破。炉管爆破的具体原因很多，如磨损管壁减薄；管内外各种原因的腐蚀使管壁减薄或穿孔；水循环不正常引起的水冷壁管超温过热；水质不合格，管内结垢引起的水冷壁管鼓包、胀粗；炉管堵塞造成的炉管冷却不足引起的超温过热；错用碳钢管代替合金钢管，错用低合金钢管代替高合金钢管，钢材的许用温度低于工作温度；炉管本身有重皮夹渣或机械损坏等缺陷。以上每个原因中又有很多具体不同的原因。

炉管爆破有的原因比较显而易见，根据炉管爆破的外观特征和部位比较容易确定。例如，磨损减薄引起的炉管爆破通常发生在省煤器管子的正面，位于烟气走廊处，爆口处管子光滑；低温腐蚀引起的爆管总是发生在省煤器低温段，爆口处管子外表凹凸不平且明显减薄。但是有些炉管的爆破原因比较复杂，一时难以确定，甚至难以理解，现有的文献资料上也查不到，众说纷纭，各种解释和理由争论不休。例如，某厂一台燃油锅炉新换的高温段省煤器爆管，管材质量合格，管子也没有任何磨损、腐蚀减薄，管内也无任何水垢；某厂一台运行多年的锅炉突然发生斜顶棚水冷壁管爆破，管子缺陷、水循环回路设计不合理，管内结垢，管子堵塞等原因全部排除。对于这种原因复杂的炉管爆破事故可以采用逐项排除法来分析查明事故的真正原因。首先将可能引起炉管爆破的各种原因全部列出，然后逐项进行分析。对每个可能的原因，只要找出一点与公知公认的规律和常识相矛盾之处，即可将该项原因排除。对最后剩下的原因，不但找不出任何与公认公知的知识和常识相矛盾之处，而且可以十分圆满地解释事故现场出现的各种现象和存在的各种事实，那么这个原因必然是引起炉管爆破的真正原因。

长期的生产实践证明，采用逐项排除法分析查明事故原因非常有效。但是由于很多引起事故的技术原因很复杂，要在众多可能的原因中查明确切的原因，需要熟练掌握较多的相关专业知识，例如，传热学、流体力学、金属学、锅炉原理、材料力学、物理、化学等学科的知识。所以，参加事故分析的工程技术人员，不但要具备较深厚的专业理论基础、较宽的知识面，而且应对设备的构造和工作原理较为熟悉，且有较丰富的生产实践经验。因此，能否尽快分析查明事故原因是衡量一个工程技术人员能力和水平的重要标志之一。

420. 举例说明怎样运用逐项排除法分析查明事故原因。

答：某厂一台 WGZ65/39-6 型锅炉因水冷壁管泄漏而被迫停炉。经检查泄漏是由于炉膛上部标高为 17.2m 的防爆门下方约 200mm 的一根水冷壁管爆破引起的，因为引起水冷壁管爆破的原因很多，而且在炉膛上部温度较低的部位出现水冷壁管爆是很罕见的，所以，水冷壁管爆破到底是设计问题、材质问题、制造问题、运输问题、安装问题，还是操作问题，几次开会意见不能统一。爆管原因不查明，无法制定今后的防范措施，类似事故就难以完全避免，采用逐项排除法很快就查明了事故原因。

因为爆口处上下管段外观没有出现变色，胀粗、鼓包或纵向裂纹等通常超温引起的过热现象，而且爆口的管段不在热负荷最大的炉膛中部，而在热负荷较低的炉膛上部，所以，因水质不好引起管内结垢，或因设计不合理水循环不正常以及燃油炉局部热负荷过高，造成管子因冷却不良而过热损坏的可能性可以排除。

管子外观检查光滑，无重皮夹渣和机械损伤，因此，爆管不是由于管材缺陷或在制造、运输、安装、运行过程中受到外力作用引起的。

炉膛中的烟气流速较低，燃油炉烟气中灰分很少，而且其他管子均正常，因此，爆管也不是磨损减薄造成的。

水冷壁下联箱手孔打开检查，内部很干净，因此，因水冷壁管下部堵塞而引起冷却不良造成爆管的理由是不成立的。

爆口处附近没有焊口，而且管子的损坏形式不是裂纹，所以爆管与焊接质量无关。

检查中发现管子爆口处有水流经过时留下的凹坑，凹坑为弯曲的长条形，与水流的形状相似。爆口位于长条形凹坑的中下部。进一步检查中发现水封式防爆门与炉膛连接的烟道内的积灰是湿的，再向上检查发现湿灰是由于水封式防爆门水箱漏水造成的。因为该厂燃油的含硫量为 1% 以上，烟灰中含有和吸附的硫化物较多，防爆门水箱泄漏水流流经烟道中的积灰时，成为含硫酸的酸性水流。虽然水中的硫酸浓度很低，但漏水向下流经水冷壁管表面时，受到管内锅水和管外火焰的加热而蒸发浓缩，酸的浓度大大提高，腐蚀加剧。最后管壁腐蚀减薄到一定程度后，因强度不够而爆破。将烟道内的积灰取样加水后用试纸测试，pH 值为 2，呈现出较强的酸性。

上述因酸性水流造成管子腐蚀导致爆管的原因，不但可以圆满解释现场中看到的各种现象，而且找不出任何与公认公知的客观规律相矛盾之处，所以是完全正确的，是引起事故的真正原因。

当终于查明水冷壁管爆破是由于水封式防爆门筒体因腐蚀漏水造成的后，针对水封式防爆门筒体产生泄漏的机理，采用不锈钢制成了双层筒体的水封式防爆门，并加强了对焊接质量的检查后，彻底消除了水封式防爆门漏水的可能性。从此再也没有出现因水封式防爆门腐蚀漏水引起的水冷壁管爆破事故。因为对引起该次水冷壁管爆破的原因分析得很准确，因而采取的防范措施必然有针对性和非常有效。

421. 锅炉可靠性指标是什么？为什么随着容量增大，锅炉可靠性指标下降？

答：为了衡量锅炉工作的可靠性程度，可以用以下三个指标来判断。

（1）连续工作小时数。锅炉运行中不出现须停炉才能处理的故障或缺陷连续工作的小时数，也即相邻两次锅炉小修或消缺间隔的小时数。

（2）事故率。即

$$事故率 = \frac{总事故停用小时数}{总事故停用小时数 + 总运行小时数}$$

（3）可用率。即

$$可用率 = \frac{总运行小时数 + 总备用小时数}{统计期间总小时数}$$

随着锅炉容量增大，蒸汽压力和温度提高，受热面增加，焊口增多，因材质不合格、高、低温腐蚀、磨损而引起泄漏，造成停炉的可能性增加，导致锅炉连续工作小时数减少和事故率上升。

随着锅炉容量增大，不但各受热面增加，而且各种自动调节系统和安全系统也随之增多，检修工期增加，导致锅炉的可用率下降。

422. 为什么随着锅炉容量增加，锅炉的事故次数上升？

答：锅炉各承压受热面的管子和联箱的总长度、联箱上开孔的数量、管接头数量和焊口的数量随着锅炉的容量增加而增多。数量庞大的承压受热面的管子和焊口中，只要其中一个因存在缺陷出现泄漏，就必须停炉处理。由于随着锅炉容量增加，焊口增多发生泄漏的概率上升，导致锅炉事故次数上升。

随着锅炉容量的增加，其锅水的饱和温度，过热汽温和再热汽温也随之上升，水冷壁管的壁温和过热器、再热器的壁温也同时升高，发生高温腐蚀损坏的可能性增加，是使锅炉事故次数上升的原因之一。

为了提高汽轮发电机组的循环热效率，降低发电煤耗率，超临界压力机组和超超临界压力机组占全部发电机组的比例逐渐增加，其过热汽温和再热汽温已超过600℃，对材质的性能要求越来越高。通常合金元素的含量越多，材质的许用温度越高，管子的价格越贵。为了充分利用材质的耐温性能，提高机组的循环热效率，材质许用温度与工作温度间的裕量较小，过热器管和再热器管超温过热损坏的可能性增加，也是使锅炉事故次数上升的原因之一。

对管材和焊口采用更加严格的检验检测手段，确保每根管子和焊口质量合格，提高锅炉自动化控制水平，防止过热器和再热器超温，可以有效降低大容量锅炉的事故次数。

423. 为什么锅炉发生事故的比例明显高于汽轮机或发电机？

答：锅炉、汽轮机和发电机是火力发电厂的三大主机，锅炉发生事故的比例不是与汽轮机和发电机大致相等，而是明显高于汽轮机和发电机。据统计，锅炉发生事故的比例约为电厂全部事故的50%。

锅炉发生事故的比例之所以明显高于汽轮机和发电机，是因为锅炉的承压部件和受热面在十分严酷和恶劣的条件下工作，设备庞大，焊口多和需要调节的量较多。

锅炉各承压受热面的面积很大，受热面是由众多的钢管经焊接后弯制而成，承压部件和承压受热面的焊口少则几百道，多则超过万道，任何一道焊口泄漏均会导致发生停炉事故。

高温受热面水冷壁和过热器管外受到高温火焰或烟气的加热，面临着高温腐蚀和低温受热面省煤器、空气预热器受到低温腐蚀的威胁，对流受热面管子还受到烟气中飞灰的冲刷磨损减薄造成的爆管威胁，省煤器管内受到给水中氧的腐蚀，过热器和再热器管内有可能受到蒸汽腐蚀，水冷壁管内面临着结垢引起的垢下腐蚀和管壁超温过热造成的鼓包，胀粗引起的爆管。

过热器管的壁温较高，即使在正常运行的情况下也存在蠕胀的威胁，当点炉、停炉过程中和正常运行中操作不当，过热器管因冷却不足超温而会使蠕变速度加快引起爆管。点炉、停炉和运行中操作不当还会引起胀口泄漏和承压部件汽包、联箱因疲劳热应力而形成的裂纹。

锅炉运行中需要控制的指标和调节的量较多，而且各种控制指标和调节的量又相互影响。例如，通常调节给水流量控制汽包水位，但水位又受蒸汽流量和燃料量的影响；炉膛负压由调节引风量、送风量来控制，但炉膛负压又受燃料量的影响；影响汽温的因素多达十几种。因此，运行中如调节控制不当容易造成事故。

锅炉燃用烟煤时，操作不当会引起制粉系统爆炸。锅炉燃用无烟煤时，虽然制粉系统没有爆炸的危险，但是锅炉却面临灭火事故和处理不当引起炉膛爆燃的事故。

随着锅炉容量的增大，锅炉的各项参数越来越高，承压受热面积越来越大，焊口越来越多，对金属材料的性能要求越来越严格，技术复杂程度和管理难度越来越大。因此，不但火力发电厂中锅炉发生事故的比例较大，而且随着机组容量的增加，锅炉发生事故的比例也有增加的趋势。

424. 为什么炉膛辐射受热面上渣块脱落会导致炉膛负压大幅度波动？

答：绝大部分锅炉采用平衡通风，由送风机克服空气侧的阻力，由引风机克服烟气侧的阻力，保持炉膛负压为 $-20\sim-60$Pa，由于各种原因炉膛负压在 $-20\sim-60$Pa 范围内波动是正常的。

炉膛辐射受热面有水冷壁、墙式过热器和再热器、屏式过热器和再热器。辐射受热面上易于结渣，当渣块大到一定程度，其重力大于渣块与辐射受热面的黏结力而脱落是经常发生的。渣块脱落后以自由落体的方式，不断加速落入落渣槽中。渣块不断加速下落时对炉膛内烟气正常平衡流动产生了干扰，引风阻力不断增加，使炉膛负压变小。渣块温度较低，渣块下落时因渣块吸热和渣块脱落的辐射受热面吸热量增加使炉膛温度降低，炉膛负压增大。炉膛温度降低和部分煤粉喷在渣块上，使得喷入炉膛内的部分煤粉不能及时和充分燃烧，炉膛温度进一步降低，因烟气体积缩小而导致炉膛负压进一步增大。

当渣块下落到冷灰斗时，炉膛燃烧恢复正常，原先没有燃尽的煤粉得以充分燃烧，同时渣块落入下部落渣槽中时产生大量蒸汽，两者均使炉膛负压变成正压。因此，渣块下落过程中，炉膛负压经历从正常到负压增大，再到炉膛变正压，最终恢复正常的变化过程。

炉膛辐射受热面渣块脱落时炉膛负压波动的幅度取决于渣块的大小，脱落的渣块越大，炉膛负压波动的幅度越大。炉膛负压突然出现较大波动，可以提醒和帮助运行人员判断辐射受热面上有渣块脱落。

425. 为什么锅炉发生灭火事故时应立即停止制粉系统？

答：对于采用直吹式制粉系统的锅炉，发生灭火事故时，为了防止发生爆燃或燃料损失，应立即停止制粉系统的理由是很好理解的。采用储仓式制粉系统的锅炉，虽然制粉系统制成的煤粉不是直接进入锅炉，而是进入储粉仓，制粉和用粉是两条线，但是由于旋风分离器的分离效率约为90%，仍有10%的煤粉随作为一次风的乏气进入炉膛，有发生爆燃的危险。即使因水冷壁爆管而造成的灭火事故，煤粉继续进入炉膛不会发生爆燃事故，但是仍会造成燃料损失和环境污染。

锅炉发生灭火事故后，作为制粉系统干燥剂的空气预热器出口的热风温度大幅度降低，制粉系统难以正常工作。

因此，无论采用哪种制粉系统，锅炉发生灭火事故时，应立即停止制粉系统。

426. 为什么粉仓温度升高或着火，应关闭粉仓吸潮管？

答：粉仓上部的吸潮管与细粉分离器的入口连接，使粉仓保持负压，可以防止制粉系统运行时粉仓内的煤粉外泄，污染环境，而且还可以将煤粉吸附的水蒸气释放出来，防止煤粉温度降低后水蒸气凝结，导致煤粉返潮板结，下粉不畅。

粉仓温度升高是因为煤粉在粉仓内停留时间较长，因氧化温度升高而造成的，煤粉温度高到一定程度就会着火。关闭吸潮管后粉仓内不再是负压，避免了外部空气漏入粉仓使粉仓着火的事故扩大，有利于开启蒸汽或二氧化碳消防及时将火扑灭。

427. 为什么炉膛结渣大面积脱落会造成炉膛灭火？

答：发电厂煤粉锅炉为了防止炉膛灭火未能及时发现并迅速切断全部燃料造成炉膛爆燃事故，通常装有火焰检测系统和炉膛灭火保护装置。

锅炉正常运行时，煤粉燃烧的火焰呈麦黄色，炉膛一旦灭火，温度迅速降低，炉膛颜色发暗，火焰检测系统正是利用这个原理判断炉膛内是正常燃烧还是出现灭火。一旦火焰检测系统发出炉膛灭火信号，灭火保护装置立即动作，切断全部煤粉，避免发生炉膛爆燃事故。

炉膛辐射受热面上渣块的表面温度，根据结渣的部位不同在850～950℃。渣块通常有一定的厚度，渣块的温度也是不均匀的，与辐射受热面黏附的部分因受到介质的冷却温度较低，而渣块的热阻较大，渣块表面的温度较高。

一旦渣块的体积增加，其重力超过渣块与受热面的黏附力时，渣块从受热面上脱落，掉入灰斗。

由于结渣的部位通常在炉膛的上部，脱落的渣块要经过装在燃烧器内的火焰检查系统的探头，渣块的温度与火焰温度相比是很低的，虽然渣块呈自由落体下落经过炉膛高温区时被火焰加热，但因时间很短和渣块体积较大，渣块的温度仍然较低而呈现暗红色甚至黑色，如果脱落的渣块体积较大或数量较多，则火焰检测系统的探头测到的是与火焰灭火相似的信号，灭火保护装置动作将煤粉全部切断，而使炉膛灭火。

从以上分析可以看出，渣块大面积脱落引起的炉膛灭火与因锅炉负荷低、煤质差，煤粉粗未投油助燃，炉膛温度低、燃烧不稳灭火性质不一样。前者不是炉膛温度低引起的灭火，而是因火焰检测系统探头不能区分渣块大面积脱落而引起的炉膛发暗和因炉膛温度低而导致的炉膛发暗，切断全部煤粉导致的炉膛灭火，后者并不是因为切断煤粉，而是因为炉膛温度低、煤粉不能正常燃烧引起的灭火。

虽然因渣块大面积脱落而引起的炉膛灭火与因锅炉负荷低、煤质差，煤粉粗未投油助燃炉膛温度低而引起的灭火机理不同，但最终引起炉膛灭火的结果是相同的，均会对锅炉的安全经济运行产生不利的影响。

428. 怎样防止渣块大面积脱落时引起的炉膛灭火？

答：加强运行调整，合理组织燃烧，根据给水温度和煤种的变化及时调整锅炉负荷，防止火焰冲刷水冷壁和控制炉膛出口烟气温度低于灰分变形温度100℃，避免炉膛辐射受热面结渣。一旦出现结渣，及时清除或通过调整，防止结渣进一步加剧，是防止渣块大面积脱落，引起炉膛灭火较主动的方法。

由于引起炉膛结渣的因素很多，要完全避免难以做到。由于渣块脱落是自由落体，经火焰检测系统探头的时间很短，可以通过调整从探头测出炉膛发暗的信号延迟发出切断煤粉指令的时间，使其超过渣块下落经过探头所需的时间，即可避免因渣块大面积脱落，火焰检测探头误判引起的炉膛灭火。

从防止因渣块大面积脱落，火焰检测探头误判引起炉膛灭火的要求看，炉膛灭火保护装置延迟动作的时间增加，可利于避免渣块脱落引起的炉膛灭火，但延迟动作时间增加不利于因锅炉负荷低、煤质差、炉膛温度低而引起的灭火，防止炉膛发生爆燃的要求。兼顾两者不同机理引起的炉膛灭火和不同的保护要求，从火焰检测系统探头测得炉膛发暗信号，延迟3~4s灭火保护装置动作，切断煤粉较为合理。

429. 为什么停炉后发生的二次燃烧大多出现在空气预热器上？

答：在锅炉启动停止的过程中，即使投入油枪助燃，但仍因为炉膛温度较低，煤粉和柴油燃烧不完全，所以可燃物沉积在各种受热面上。

由于水冷壁、过热器、再热器在锅炉运行时表面温度较高，锅炉启动和上一次停炉过程中因煤粉和柴油不完全燃烧沉积在表面的可燃物，大多在锅炉正常运行中被烧掉，只有本次停炉时沉积的少量可燃物。同时，停炉后的水冷壁内充满锅水，过热器和再热器内存有凝结水，其表面沉积的少量可燃物氧化产生的热量在管内锅水和凝结水的冷却下，不易达到着火温度而燃烧，因此，停炉后发生的二次燃烧不会出现在水冷壁、过热器和再热器上。

锅炉运行时，省煤器管的表面温度较低，不易将沉积在表面的可燃物烧掉，锅炉多次启停，有可能在省煤器管表面沉积较多的可燃物。由于停炉后省煤器再循环阀开启，省煤器管内充满锅水，在锅水的冷却下，可燃物氧化产生的热量不足以使温度升高到着火温度，所以，停炉后发生的二次燃烧不会出现在省煤器上。

锅炉运行时，空气预热器传热面的壁温较低，由于结构的原因，无论是管式空气预热器还是回转式空气预热器，均容易在管板上和传热面表面沉积较多的可燃物。可燃物氧化温度升高时，因为空气的冷却能力很差，不能将可燃物氧化产生的热量及时带走或散失，不能阻止温度升高，氧化加剧，温度进一步升高，直到达到燃点而发生着火。所以，停炉后发生的二次燃烧大多在空气预热器上出现。

相对于煤粉炉而言，燃烧重油的锅炉，因重油雾化不良，或因锅炉启动、停止过程中，炉膛温度低，重油不完全燃烧，所以在空气预热上沉积可燃物的数量更多，空气预热器产生二次燃烧的可能性更大。国内已有多台燃油锅炉，出现空气预热器因发生二次燃烧而全部烧毁化为铁水的重大事故。

430. 为什么发生二次燃烧时，烟囱会冒黑烟？

答：发生二次燃烧通常有两种情况，一种情况是煤粉颗粒太粗，在离开炉膛前未能燃尽而在烟道内继续燃烧，另一种情况是点炉、停炉过程中炉膛温度低，燃料不易燃尽，可燃物沉积在空气预热器受热面上，氧化温度升高，温度升高又使氧化加快，最终因达到燃点而发生二次燃烧。后一种原因导致的二次燃烧比例较高，产生的危害也较大。

正常情况下，燃料在炉膛内燃烧时，由于配风良好和存在过量空气，燃料易于完全燃烧而不会使烟囱冒黑烟。锅炉运行时发生的二次燃烧，烟道内烟气的含氧量较低，燃料难以完全燃烧，停炉后发生的二次燃烧，虽然烟道内烟气含氧量较高，但因为空气与燃料的混合条件很差，沉积在空气预热器受热面上可燃物难以完全燃烧。所以，发生二次燃烧时，烟囱会冒黑烟。

当锅炉出现各种异常现象，怀疑锅炉可能发生二次燃烧事故时，结合烟囱冒黑烟现象可以帮助运行人员迅速作出正确的判断，为及时处理事故，减少事故损失赢得了宝贵的时间。

431. 为什么发生二次燃烧时，引风机轴承的温度升高？

答：二次燃烧通常发生在空气预热器部位。沉积在空气预热器上的可燃物着火燃烧时，因为其后面已没有受热面，所以使得排烟温度迅速升高。

温度升高后的排烟经过引风机时，烟气通过叶轮和轴向轴承传递的热量增加，导致轴承温度升高。

因此，发生二次燃烧时，引风机轴承温度升高不但是必然的，而且引风机轴承温度突然升高，可以帮助和提醒运行人员及时发现二次燃烧事故，为正确和迅速处理二次燃烧事故争取了时间。

432. 为什么无论哪种炉管爆破均会使引风机电流上升？

答：水冷壁管、过热器管、再热器管和省煤器管，通常称为锅炉四管，中、小型锅炉没有再热器管，小型锅炉没有再热器管和过热器管。

绝大多数锅炉采用平衡通风，采用送风机克服空气侧的空气预热器、风道和燃烧器的阻力，采用引风机克服烟气侧过热器、再热器、省煤器、空气预热器、除尘器及烟道的阻力，保持炉膛-20~-60Pa的压力。当炉管爆破时，由于炉管内水或蒸汽的压力很高，大量的锅水或蒸汽从爆破口喷出进入烟气，使烟气量增加，为了将增加的烟气量排入烟囱，必须将引风机入口导叶开度加大或引风机的转速提高以增加引风量。因引风量和烟速提高而阻力增加，电动机的功率增加，导致电动机的电流上升。

炉管爆破后引风机电流上升的幅度，除取决于炉管爆破口的大小外，还取决于炉管爆破的种类。由于锅水和炉膛的温度较高，水冷壁管爆破锅水喷出，吸收炉膛热量后较多锅水蒸发成蒸汽，使烟气量增加较多，引风机电流上升的幅度较大。省煤器管爆破给水喷出后，因给水温度和烟气温度较低，给水吸收烟气热量产生的蒸汽量较少，引风机电流上升的幅度较小。

因过热蒸汽的压力和密度较再热蒸汽大，过热器管爆破蒸汽喷出的数量明显多于再热蒸汽，所以，过热器爆破引风机电流上升的幅度明显高于再热器管爆破。

第十章 循环流化床锅炉

第一节 循环流化床锅炉工作原理

1. 什么是循环流化床锅炉？其工作原理是什么？

答：煤在流化状态下，粒径较大的煤在密相区内燃烧，粒径较小的煤被烟气携带进入稀相区燃烧后，被物料分离器分离出来返回炉膛密相区内继续重复燃烧的锅炉，称为循环流化床锅炉。

碎煤机将原煤破碎后，由最大粒径不超过 12mm 和各种粒径组成的煤，经称重皮带给煤机加入密相区，被从布风板上众多风帽小孔高速流出的一次风流化后，粒径较大的煤因重力大于烟气对其的托力而下落返回密相区，在流化状态下继续燃烧。粒径较小的煤粒被烟气携带进入稀相区继续燃烧，二次风喷入稀相区对焦炭粒进行搅拌混合和提供其燃尽所需的空气。烟气携带含有焦炭粒的物料向上流动进入高温物料分离器被分离出来，经由返料系统返回密相区后，再次被烟气携带进入稀相区重复进行燃烧。不能被物料分离器分离出来粒径很小的物料成为飞灰，随烟气进入尾部烟道向省煤器和空气预热器传热后排出炉外，粒径较大的煤粒燃尽后，由排渣管排出经冷渣器冷却后送至渣库。

2. 循环流化床锅炉与鼓泡床锅炉有什么区别？

答：虽然循环流化床锅炉与鼓泡床锅炉同属于流化状态下燃烧，但是两种锅炉还是有区别的。

(1) 循环流化床锅炉的流化速度较高，流化速度是鼓泡床锅炉的 2～3 倍。

(2) 由于循环流化床锅炉的流化速度较高，固体颗粒充满整个上升空间，物料没有像鼓泡床锅炉那样有清晰的界面，只有下部物料浓度较高的密相区和上部物料浓度较低的稀相区。

(3) 循环流化床炉膛出口设置了分离效率很高的物料旋风分离器，将粒径较大没有完全燃尽的燃料和物料分离下来后，返回密相区继续燃烧，降低了燃料的不完全燃烧热损失，提高了锅炉热效率，而鼓泡床锅炉一般没有旋风物料分离器，燃料的不完全燃烧热损失较高，锅炉热效率较低。

(4) 循环流化床锅炉密相区的燃烧份额较低，为 50%～60%，同时将分离器分离出来的物料返回炉内密相区，在密相区不布置埋管的情况下，可将密相区的物料温度控制在 850～950℃，而鼓泡床锅炉因为流化床内燃料燃烧的份额高达 80%，又没有温度较低的物料回流，所以床内温度较高，需要在流化床内布置埋管受热面，将温度控制在 850～950℃，埋管的磨损较严重。

循环流化床锅炉是针对鼓泡床锅炉燃烧效率较低，埋管磨损较严重等缺点，进行改进、开发出来的新型流化床锅炉。

3. 循环流化床锅炉有什么优点？

答：循环流化床锅炉是技术进步的产品，经过几十年的不断发展和完善，其技术已经成熟，具有以下优点：

(1) 不需要占地较大、设备较复杂、投资和耗电较多的制粉系统，仅需将煤破碎至粒径不超过 $10\sim12mm$ 的颗粒，即可获得 $98\%\sim99\%$ 的燃烧效率。

(2) 由于循环流化床锅炉采用低温燃烧，炉膛温度仅为 $850\sim950℃$，几乎不产生热力型的氮氧化物，仅有煤中含氮量产生的燃料型氮氧化物，同时，密相区空气量不足，燃料未完全燃烧，密相区是还原区，可抑制 NO_x 生成和使部分 NO_x 还原，烟气中的氮氧化物浓度较低，有利于降低烟气脱硝的设备投资和运行费用。

(3) 炉膛温度为 $850\sim950℃$，是脱硫剂碳酸钙最佳的煅烧分解温度，也是碳酸钙分解生成的氧化钙与二氧化硫最佳的脱硫反应温度，同时，脱硫剂的多次循环，为提高脱硫剂的浓度，降低钙硫比，提高脱硫效率创造了良好条件，循环流化床锅炉采用炉内脱硫，在钙硫比为 $2\sim2.5$ 的情况，脱硫效率可达 $80\%\sim85\%$，也有利于降低烟气露点，减轻空气预热器的低温腐蚀。

(4) 燃料适应性广。由于密相区保持有大量温度为 $850\sim950℃$ 物料形成的热容很大的高温物料池，各种灰分高、水分大、热值低的劣质燃料，如高灰煤、煤矸石、煤泥、泥煤、油页岩、稻壳、农作物秸秆、树皮、木材加工废弃物均可燃用。因为可以采用炉内脱硫，所以不适于煤粉炉和链条炉燃用的高硫煤，也可采用。高热值、灰分低的石油焦和煤通过添加惰性物料，仍可使锅炉正常运行。燃用高灰分、低热值的燃料更利于控制床温和满负荷稳定运行。

(5) 燃烧效率高。虽然循环流化床锅炉燃用各种燃料时，燃料的粒径较大，并采用低温燃烧，炉膛温度仅为 $850\sim950℃$，但由于通过内循环和外循环，燃料在炉内停留时间较长，可以在炉膛内获得多次重复燃烧的机会，为燃料燃尽创造了良好条件，燃烧效率可高达 $98\%\sim99\%$，与煤粉炉接近，远高于各种链条炉。

(6) 负荷调节范围大。不必像煤粉炉那样担心因负荷低、炉膛温度低而会有灭火的危险，锅炉的负荷通常不能低于额定负荷的 70%。循环流化床锅炉密相区有大量高温物料形成的高温物料池，不存在灭火的可能性，而且负荷降低时，一次风量减少，被烟气携带进入稀相区的燃料减少，留在密相区的燃料比例增加，密相区仍可保持较高温度，仍可为燃料燃烧创造良好条件，锅炉在 25% 额定负荷时，仍可正常运行。

由于循环流化床锅炉优点较多，特别是可以燃用各种劣质燃料和各种生物质燃料，已逐渐取代链条炉和部分煤粉炉而获得较大市场份额。

4. 循环流化床锅炉有什么缺点？

答：虽然循环流化床锅炉具有很多优点，是随着锅炉技术进步新开发出来的经过不断改进和完善很成熟的炉型，但是循环流化床锅炉也有以下缺点。

(1) 构造较复杂，锅炉造价较高。增加了由布风板、风帽和风室组成的布风装置，由旋风分离器、U 形阀组成的物料分离和返料系统，由排渣管和冷渣机组成的冷渣系统。锅炉较高，水冷壁面积较大，导致锅炉成本较高。

（2）流化风速较高，烟气中物料浓度很高，受热面的磨损较严重。密相区的全部水冷壁、稀相区下部的水冷壁和炉膛出口处的水冷壁敷设了防磨层，增加了投资，未敷设防磨层的水冷壁部分仍然存在较大磨损，检修维护费用较高。为了降低尾部受热面的磨损，通常采用降低烟气流速的方法解决，因为传热系数降低，受热面的面积和烟道的面积均增加，所以导致锅炉成本上升。

（3）为了使物料流化和循环，一次风机和二次风机的总功率较大。由于设置了炉膛出口的物料旋风分离器，增加了烟气侧的阻力，引风机的功率增加，导致设备投资和运行费用上升，厂用电率较高。

（4）循环流化床锅炉特有的物料分离和返料系统使其运行较复杂，由于各种原因引起的分离系统和返料故障导致不能正常返料，均会造成锅炉不能正常运行。

（5）虽然循环流化床锅炉的热效率明显高于链条炉，但散热损失和机械不完全燃烧热损失比煤粉炉高，仍然低于煤粉炉。

由于循环流化床锅炉存在上述缺点，目前还不能完全取代链条炉和煤粉炉。通常要根据锅炉容量、燃料品种和特性，投资检修和运行费用进行详细的技术经济比较才能确定采用循环流化床锅炉是否合理。一般，燃用发热量高、灰分低的煤，采用煤粉炉较好；燃用发热量低、灰分高的煤，采用循环流化床炉较好。

5. 什么情况下采用循环流化床锅炉较合理？

答：由于循环流化床锅炉的优点和缺点均较明显，并不是任何情况下采用循环流化床锅炉均是合理的，通常在下列情况下可以考虑采用循环流化床锅炉。

（1）煤的发热量在16000kJ/kg以下，灰分在30%以上。发热量低、灰分高的煤采用煤粉炉时，制粉系统的投资和运行检修费用较高，尾部受热面的磨损较严重，煤粉炉的优势不明显。

（2）锅炉容量在35～400t/h范围内时。锅炉容量过小时，循环流化床锅炉的投资比链条炉高出较多；锅炉容量较大时，采用煤粉炉锅炉热效率较高，产生的经济效益较可观。

（3）煤的含硫量较高时。燃用含硫量较高的煤时，空气预热器的低温腐蚀较严重，煤粉炉采用炉内干法脱硫，脱硫剂消耗较大，脱硫效率较低，采用炉外湿法脱硫虽然脱硫效率很高，但投资和运行成本很高，而且还不能解决尾部受热面的低温腐蚀问题。循环流化床锅炉采用炉内干法脱硫，不但投资和运行费用均较低，脱硫效率可达80%，而且可以避免或减轻尾部受热面的低温腐蚀。

（4）采用生物质燃料或生物质与煤混合燃料时。生物质燃料种类较多，变化较大，生物质与煤的性质相差较大，而循环流化床锅炉对燃料变化的适应性较强。

6. 怎样从外观迅速、准确地判断火力发电厂采用的是煤粉炉还是循环流化床炉？

答：随着锅炉技术的进步，链条炉已逐渐被煤粉炉和循环流化床炉淘汰，燃煤火力发电厂主要采用的是煤粉炉或循环流化床炉。从外观的特征，很容易判断电厂采用的是哪种炉型。

远看，循环流化床炉的炉体瘦高，即炉膛的横截面积较小，炉体很高。煤粉炉的炉体矮胖，即炉膛的横截面积较大，炉体较低。煤粉炉厂房上部布置有粗粉分离器和细粉分离器，而循环流化床炉没有。

近看，循环流化床炉有物料分炉器和冷渣器，煤粉炉没有。煤粉炉有包含碎煤机的制粉系统，而循环流化床炉没有，仅有碎煤机。

7. 什么是壁面效应？

答：循环流化床锅炉布风板上的床料被从风帽侧面小孔吹出的高速一次风流化后，随着床料的上升，因密相区的截面积增加，气流速度降低，当粒径较大、物料的重力大于气流的托力时，物料在密相区内即下落。

粒径较小的物料，其重力小于气流的托力，被气流携带离开密相区进入稀相区，大部分被气流携带的物料上升进入物料分离器。因为炉膛四周水冷壁与上升气流之间存在较大的摩擦力，所以靠近水冷壁的气流速度明显低于远离水冷壁的气流速度。因靠近水冷壁面气流对物料的托力小于其重力而使部分被烟气携带进入稀相区的物料沿水冷壁壁面下落的现象，称为壁面效应，见图 10-1。因为颗粒存在横向运动，所以沿壁面下流的物料较多。

由于存在壁面效应，固体颗粒流率在炉膛中部最大，而在靠近水冷壁表面的固体颗粒的流率是负的，见图 10-2。

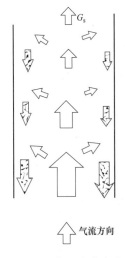

图 10-1　快速流化床内
颗粒流动示意图

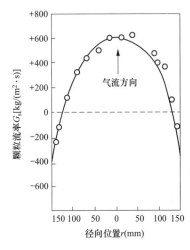

图 10-2　循环流化床径向
固体颗粒分布特征

8. 壁面效应对循环流化床锅炉有什么影响？

答：壁面效应是循环流化床锅炉特有的一种现象，对循环流化床锅炉有利、有弊。

循环流化床锅炉的炉膛从下部的密相区到上部的稀相区，其温度较均匀，在 850～950℃范围内，比链条炉和煤粉炉的炉膛温度 1100～1700℃低很多。辐射传热与绝对温度的四次方成正比，循环流化床锅炉的炉膛辐射传热比例较低。

壁面效应的存在，使得被烟气携带粒径为 $100～500\mu m$、从密相区进入稀相区的大量高温物料中，有部分物料沿水冷壁自上而下流动，通过对流和导热将热量传递给水冷壁。由于沿水冷壁向下流动的物料量较多、流速较快且不断更新，使得水冷壁表面很清洁和物料与水冷壁间的传热温差较大，热阻较小，物料通过对流和导热对水冷壁的传热量比例较高。正是由于壁温效应的存在，使循环流化床锅炉在低温燃烧炉膛温较低、水冷壁面积与煤粉炉链条炉大体相等的条件下产汽量相近。可以说，没有壁面效应就没有循环流化床锅炉。

虽然壁面效应对循环流化床锅炉有非常有利的正面影响，但也存在不利的负面影响。大量物料沿稀相区水冷壁表面以较高速度向下流动对水冷壁传热的同时，也对水冷壁产生了较严重的磨损，降低了循环流化床锅炉运行周期和增加了检修费用。随着技术进步和运行水平的提高及防磨技术的成熟，循环流化床锅炉水冷壁的磨损已减轻，运行周期已明显延长。

9. 为什么循环流化床锅炉管式空气预热器的管箱分开，一次风和二次风采用单独的进、出口风道？

答：由于循环流化床锅炉的一次风压力较高，二次风压力较低，为了节省送风机的耗电量，分别设置一次风机和二次风机来分别满足床料流化和强化风与燃料的混合使燃料燃尽的要求。因此，必须将管式空气预热器的管箱分开，采用单独的一次风和二次风进、出口的风道才能达到上述目的。

循环流化床锅炉不需要像煤粉炉那样将空气预热到350～400℃，达到对制粉系统内煤进行干燥和强化煤粉燃烧的目的。循环流化床锅炉的燃料经破碎后不需干燥直接进入热容很大、温度高达850～950℃的密相区，迅速完成加热、干燥、挥发分逸出、着火燃烧的一系列过程，对一次风和二次风的温度要求不高。因此，管式空气预热的管箱分开，一次风和二次风采用单独的进、出口风道，同时，空气预热器的入口烟温较低，使得一次风和二次风预热后的温度仅约为150℃。循环流化床锅炉采用低温燃烧，不需要将空气预热到很高的温度，较低的一次风和二次风温度不但可以满足燃料完全燃烧的要求，而且有利于降低炉膛温度，实现低温燃烧。

10. 为什么循环流化床锅炉一次风从下部空气预热器管箱流过，二次风从空气预热器上部管箱流过？

答：由于循环流化床锅炉一次风的风压明显高于二次风的风压，通常采用一次风机和二次风机供给一次风和二次风，分别流过空气预热器管箱。

由于煤中含硫使烟气露点明显上升，只有当空气预热器管的壁温高于烟气露点才能避免其低温腐蚀。空气预热器管的壁温接近于烟气温度和空气温度的平均温度。因空气预热器下部管箱的烟气温度较低，容易出现壁温低于烟气露点的工况。

由于一次风机的风压较高，空气被一次风机压缩后，内能明显增加，风温明显升高，一次风从空气预热器下部管箱流过，因壁温较高，有利于减轻下部管箱的低温腐蚀。虽然二次风压力较低，二次风机出口的风温较低，但流经空气预热器上部管箱的烟气温度较高，其壁温因高于烟气露点而不易出现低温腐蚀。

因此，循环流化床锅炉一次风从空气预热器下部管箱流过、二次风从上部管箱流过有利于减轻其低温腐蚀。

11. 为什么容量相同时，循环流化床锅炉空气预热器的面积明显小于煤粉炉的空气预热器面积？

答：空气预热器的主要作用是提高空气温度、强化燃烧，降低排烟温度，提高锅炉热效率。循环流化床锅炉空气预热器面积明显小于煤粉炉空气预热器的面积，主要有以下两个原因。

（1）循环流化床锅炉密相区有大量温度为850～950℃，处于流化状态的高温物料，任何热值低、挥发分低、难燃的煤加入密相区均能迅速着火燃烧，不像煤粉炉那样需要约

350℃的高温空气对制粉系统的煤和煤粉进行干燥，提高炉膛温度使煤粉在离开炉膛前完全燃尽。循环流化床锅炉采用较低的热空气温度有利于降低床温，防止床料结焦，其煤的完全燃烧主要依靠物料的多次循环，延长煤在炉膛内停留的时间，达到完全燃烧的目的。

（2）煤粉炉的炉膛出口烟温较高，约为1100℃，为了回收烟气中的热量将排烟温度降至140℃左右，尾部需要布置较多的对流受热面。循环流化床锅炉的炉膛出口温度仅约为850℃，尾部需要布置的对流受热面较少，空气预热器的传热系数较省煤器低，采用增加省煤器面积降低烟气温度回收烟气热量比增加空气预热器面积更经济合理。

通常煤粉炉空气预热器出口空气的温度约为350℃，循环流化床锅炉空气预热器出口空气的温度仅约为150℃，而空气预热器入口空气的温度是相同的，因此，容量相同时，循环流化床锅炉空气预热器的面积仅约为煤粉空气预热器面积的1/3。

12. 为什么循环流化床锅炉的空气预热器不与省煤器交叉布置？

答：循环流化床锅炉的燃煤仅需破碎到一定粒度即可，不需要高温的空气对其进行干燥。

循环流化床锅炉的密相区有数量较多、温度为850～950℃的物料处于流化状态，发热量较低或挥发分很少难燃的煤均可获得充分和良好的燃烧，不需要像煤粉炉那样通过提高二次风温度和采用热风送粉来提高炉膛温度强化燃烧。

由于循环流化床锅炉不需要高温空气对燃料进行干燥和提高炉膛温度强化燃烧，所以，不需要将空气预热器与省煤器交叉布置来获得较高的空气温度。空气预热器全部布置在省煤器之后，不但简化了系统、降低了阻力，而且减少了设备投资和运行费用。

13. 为什么循环流化床锅炉通常不采用回转式空气预热器，而大多采用管式空气预热器？

答：当采用循环流化床炉时，为了使床料流化，一次风的压力高达15000Pa以上。回转式空气预热器的受热面是转动的，空气侧与烟气侧之间有径向、轴向、周向3个间隙，虽然采用了密封片对3个间隙进行密封，由于转动受热面的温度不均匀会产生蘑菇形变形，间隙仍不可避免地存在高压的一次风侧向负压的烟气侧和压力较低的二次风侧泄漏。泄漏量与压差的平方根成正比。由于一次风侧与烟气侧和二次风侧的压差较大，漏风量较大，导致引风机、送机耗电量增加。回转式空气预热器投资较高，维护工作量较大。

管式空气预热器的管子全部焊接在管板上，易于密封，泄漏量很小。循环流化床炉采用管式空气预热器可以显著降低漏风量，减少引风机、送风机的耗电量。

虽然回转式空气预热器传热面出现低温腐蚀时，烟气和空气轮流通过传热面，对漏风量影响较小，管式空气预热器的管子一旦因低温腐蚀而穿孔时，漏风量迅速增加，但由于循环流化床锅炉可以采用炉内干法脱硫，脱硫效率可达85%，管式空气预热器的低温腐蚀较轻，所以管子腐蚀穿孔可能性较小，漏风量较少。管式空气预热器投资较低，维护工作量很少。

由于上述原因，循环流化床炉通常不采用回转式空气预热器，而大多采用管式空气预热器。

14. 为什么容量相同时循环流化床锅炉炉膛比煤粉炉高？

答：只要蒸汽的压力、温度、再热汽温等参数相同，提高水温、锅水蒸发、蒸汽过热和再热吸收热量所占的比例是相同的。无论是循环流化床锅炉还是煤粉炉，绝大部分水蒸气均是由水冷壁管产生的。

由于煤粉炉炉膛内的平均温度较高，水冷壁吸收的辐射传热比例高达95%，而辐射传热量与炉膛绝对温度的四次方成正比，同时，除液态排渣炉或燃用无烟煤的煤粉炉在燃烧器附近有减少水冷壁吸热、提高炉膛温度的卫燃带外，绝大部分煤粉炉的水冷壁是裸露的。所以，煤粉炉水冷壁的面积相对较小。为了防止火焰冲刷水冷壁不利于燃料完全燃烧和导致水冷壁管磨损，炉膛的宽度和深度较大，同时，煤粉的粒径较小，易于燃尽，炉膛温度较高，烟气体积较大，因此，煤粉炉炉膛横截面积较大，而炉膛的高度较低。

循环流化床锅炉采用低温燃烧，炉膛温度仅为850～950℃，虽然由于密相区和稀相区物料的浓度很高，水冷壁的热负荷仍然较低，同时，为了防止水冷壁磨损，密相区和部分稀相区的水冷壁表面敷设了防磨层，使水冷壁的热负荷进一步降低。由于循环流化床锅炉省煤器面积较小，其出口水温较低、所需水冷壁面积较多。因此，循环流化床锅炉水冷壁的面积较大。

循环流化床锅炉为了使布风板上的物料流化和稀相区的烟气具有携带物料的能力，要保持烟气较高的流速，同时，循环流化床锅炉炉膛内烟气平均温度仅约为850℃，烟气的体积较小，只有降低炉膛的横截面积才能保持烟气较高的流速。

循环流化床锅炉炉膛出口的旋风分离器、立管和返料阀组成了返料系统。为了获得较高的分离效率，旋风分离器应具有一定高度。为了建立有效料封，防止密相区烟气短路和为返料提供足够的动力，需要旋风分离器下部的立管具有较高的高度。返料通常进入炉膛密相区，返料口距布风板有一定距离。因此，只有保持炉膛较高的高度才能满足布置返料系统的要求。

给煤中和煤一级、二级破碎时有粒径50μm以下的煤粒，因为循环流化床锅炉炉膛的平均温度明显低于煤粉炉，所以燃料燃烧速度较慢，燃尽所需时间较长，同时炉膛出口的旋风分离器因烟温较高和直径较大，50μm以下的物料不易被分离下来，没有循环重复燃烧的机会，一次性通过炉膛，增加炉膛高度可延长其在炉膛内停留的时间，提高50μm以下煤粒的燃尽程度，达到降低机械不完全燃烧热损失，提高燃烧效率的目的。

由于以上原因，容量相同时，循环流化床锅炉的高度比煤粉炉高30%～40%。容量较大时，锅炉高度相差较小；容量较小时，锅炉的高度相差较大。

15. 为什么发热量高的煤循环倍率较高？

答：发热量高的煤理论燃烧温度高，为了防止密相区床料温度过高导致结焦和脱硫效率下降，可以采用提高流化风速，使循环倍率提高更多的燃料被吹离密相区进入稀相区燃烧的方法，将床温控制在850～950℃范围内。

因此，在设计循环流化床锅炉时，如果设计煤种发热量较高，应采用较高的循环倍率，在锅炉运行时，如果改用发热量较高的煤，为了防止密相区超温，应提高流化风速，使循环倍率提高，通过降低密相区的燃烧份额的方法，防止密相区超温。

16. 什么是外循环？外循环有什么作用？

答：粒径较小的物料被气流携带离开密相区，经稀相区和炉膛出口进入高温旋风分离器，绝大部分物料被分离出来后通过返料系统返回密相区。由于物料的循环是通过炉膛外的物料分离器和返料器完成的，因此，称为外循环。

外循环是循环流化床锅炉与鼓泡床锅炉的主要区别之一。外循环主要有以下几个作用。

（1）保持密相区有数量较多、温度较高的床料，为新加入的燃料提供迅速着火、稳定燃烧和炉内石灰石脱硫创造有利条件。循环流化床锅炉的流化风速较高，气流携带数量较多的物料离开密相区和稀相区，如果没有外循环使其返回密相区，密相区的物料越来越少，不能保持为燃料迅速着火、稳定燃烧和炉内脱硫提供必要的条件。

（2）由于加入炉内的燃料和脱硫剂颗粒因外循环得到多次燃烧和与 SO_2 反应的机会，所以提高了燃烧效率和脱硫剂的利用率。

（3）炉膛出口烟气携带的大量物料中绝大部分被高温旋风分离器分离出来返回密相区，进入对流烟道的烟气中飞灰浓度大大降低，有利于降低对流受热面的磨损，延长其寿命。

（4）通过控制外循环物料的数量和温度，控制密相区温度在 $850\sim950℃$ 范围内，达到既稳定燃烧又不结焦和获得较高炉内脱硫效率的目的。

（5）被烟气携带进入稀相区物料中的一部分，因壁面效应没有进入物料分离器，而是沿水冷壁表面向下流动，通过对流和导热的方式向水冷壁传热。只有保持较大的外循环物料量，才能获得较多物料因壁面效应而对水冷壁的传热量。外循环量不足是锅炉带不上负荷常见的原因。

（6）通过外循环，大量物料进入稀相区继续燃烧，不但有利于燃料燃尽，而且维持了稀相区与密相区大体相同的温度。稀相区水冷壁的面积不但比密相区大得多，而且水冷壁表面没有防磨层，热阻很小，传热量较大，锅炉蒸汽绝大部分是稀相区水冷壁产生的。

17. 为什么参与外循环物料中 100～600μm 粒径的比例较高？

答：粒径较大的物料不能被烟气携带进入稀相区和高温旋风分离器，而通过内循环回到密相区。

粒径很小的物料虽然能被烟气携带进入稀相区和高温旋风分离器，但由于粒径很小的物料不易被分离器分离出来通过返料器返回密相区重新参与物料循环，而是成为飞灰随烟气进入尾部烟道后排出锅炉。

粒径为 $100\sim600\mu m$ 的物料既能被烟气携带进入稀相区和高温旋风分离器，又能被分离出来通过返料器返回密相区重新进行外循环。

因此，参与物料外循环的物料中 $100\sim600\mu m$ 粒径的比例较高，见图 10-3。

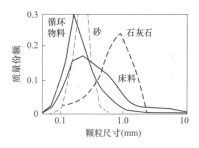

图 10-3 循环流化床内的
颗粒尺寸分布

18. 什么是外循环物料的有效颗粒？

答：物料的内循环和外循环是循环流化床锅炉与链条炉和煤粉炉的主要区别之一。物料的外循环正常是循环流化床锅炉密相区避免超温、炉膛温度均匀和能满负荷运行的必备条件。

循环流化床锅炉通常要求入炉煤粒的最大直径不超过 $10\sim12mm$，且各种粒径的煤要占有一定比例，炉内的物料由粒径不同的煤粒、焦炭粒和灰粒组成。能参与外循环的物料必须要具备两个条件，一个条件是粒径不能太大，要能被烟气携带从密相出来进入稀相区，另一个条件是粒径不能太小，要能被物料分离器分离出来，通过返料机构返回密相区。粒径太小的物料不能被分离器分离出成为飞灰，不能参与外循环。

因此，将同时符合以上两个条件，能参与外循环的物料颗粒，称为外循环物料的有效颗粒。循环物料有效颗粒的粒径随着物料种类和密度不同而不等，见图10-3。

外循环物料有效颗粒的来源有以下几种。

（1）煤破碎时形成的。

（2）粒径较大的煤入炉后由于一级破碎和二级破碎形成的。

（3）燃用高热值煤时掺入砂子中符合条件的砂粒。

（4）炉内脱硫时加入的碳酸钙粉末符合条件的颗粒。

（5）粒径较大的焦炭和床料在密相区内流化内循环过程中因磨损粒径降低而形成的。

19. 什么是物料的内循环？内循环的物料由哪几部分组成？

答：粒径较大的床料流化后没有被烟气携带进入稀相区和物料分离器被分离出来，通过返料器返回密相区，而是依靠自身的重力重新回到密相区形成的物料循环，称为物料的内循环。

内循环的物料量很大，对炉膛内的传热和锅炉的运行影响很大。由于形成物料内循环原因很复杂，目前还难以计算参与内循环的物料量。

形成内循环的物料由以下几部分组成。

（1）粒径较大的物料流化后，没有被烟气携带进入稀相区，依靠自身的重力回到密相区的物料。

（2）粒径较小的物料流化后，虽然被烟气携带进入稀相区，但因碰到障碍物而物料的动能消失，回到密相区的物料。

（3）粒径较小的物料流化后，虽然被烟气携带进入稀相区，也没有碰到障碍物，但由于壁面效应，物料沿水冷壁壁面向下流动回到密相区的物料。

20. 物料内循环有什么作用？

答：布风板上的物料流化后，部分物料通过内循环回到了密相区。

物料内循环可以使密相区保持有较多温度为850～950℃的物料，形成温度较高和热容较大的流化床料，可为任何发热量和挥发分低的劣质燃料提供良好的加热着火条件。

物料内循环可以确保密相区一定的燃烧份额，使密相区的大量床料维持较高的温度。

粒径较小、被烟气携带进入稀相区的物料中的一部分，由于壁面效应而沿稀相区水冷壁的表面向下流动，因物料与水冷壁存在较大温差而向水冷壁传热，是物料向稀相区水冷壁主要的传热方式。

参与外循环的物料经多次循环，由于碰撞磨损和破裂，物粒的粒径不断减小，当粒径减小到不能被分离器分离下来，就不能返回密相区参与外循环，而成为飞灰被排出炉外。密相区较大粒径的物料在内循环过程中，经过多次摩擦、碰撞和破裂，当磨损粒径减小到可被一次风吹离密相区而被气流携带进入稀相区和分离器时，成为可以进行外循环的物料，补充不能被分离器分离成为飞灰而减少的外循环物料，以维持所需的循环倍率。

由此可以看出，大量物料的内循环是维持循环流化床锅炉正常运行的必要条件。

21. 为什么物料循环量和循环倍率不考虑物料的内部循环？

答：循环流化床锅炉，特别是高风速的循环流化床锅炉，大量物料被烟气携带从密相区进入稀相区。由于壁面效应或碰到炉膛内的构件，物料的动能消失，以及粒径较大的物料下落而形成物料的内部循环。

虽然内部循环的物料量和对稀相区的传热影响均很大，但由于内部循环的物料量与很多因素有关，难以计算和计量，所以，物料的循环量和循环倍率不考虑物料的内部循环量，仅考虑物料的外部循环。

22. 循环流化床炉内的物料，按粒径大小分为哪三种？

答：循环流化床炉的物料，按粒径大小分为三种。

第一种是粒径较大的物料。因为粒径较大的物料只能被一次风流化，不能被烟气携带离开密相区进入稀相区，在重力的作用下又落下留在密相区，所以形成了物料的内循环。

第二种是粒径适中的物料。粒径适中的物料被流化后，不但可以被烟气携带离开密相区进入稀相区，而且可以被旋风分离器分离出来，通过返料系统返回密相区，形成了物料的外循环。

第三种是粒径很小的物料。粒径很小的物料虽然可以被烟气携带进入稀相区，但由于不能被旋风分离器分离出来，所以随烟气进入尾部烟道成为飞灰。

23. 为什么循环流化床锅炉底渣的份额比固态排渣煤粉炉高？

答：煤粉炉采用室燃，煤粉的粒径为几微米至几十微米，煤粉和燃尽后的灰分随烟气一起流动。从理论上讲煤粉炉不应该产生底渣，但由于煤粉炉炉膛火焰中心的温度高达 $1600 \sim 1700$℃，灰分呈熔化状态，部分呈熔化状态的灰分因碰撞而黏合在一起，当黏合灰分的重力大于向上气流对其的托力时，黏合的灰渣就会落入炉膛下部的灰斗，成为底渣。

由于呈熔化状态的灰分碰撞黏合成较大熔渣，下落至灰斗的概率不大，所以，固态排渣煤粉炉底渣的份额通常仅为 10%。

循环流化床锅炉采用流化燃烧，燃料的粒径较大，通常不大于 $10 \sim 12mm$。粒径较大的燃料通过内循环始终在密相区内燃烧。虽然粒径较小的燃料，包括因析出挥发分导致的燃料破裂和碰撞磨损、粒径减小的燃料，被一次风吹起进入稀相区内悬浮燃烧，但由于炉膛出口安装有旋风分离器，大部分床料被分离出来，通过返料装置返回密相区重复燃烧，只有少量粒径很小，不能被旋风分离器从烟气中分离出来的物料成为飞灰，随烟气进入对流烟道。

为了保持循环流化床锅炉合理的床层高度，在确保较高燃烧效率的前提下，降低风机的电耗，需要定期地从密相区底部排出底渣，因此，循环流化床锅炉底渣的份额较高。旋风分离器的分离效率越高，底渣的份额越大，通常为 30%～60%。

24. 为什么高参数锅炉要在物料循环回路内布置过热器或再热器？

答：大多数循环流化床锅炉采用高温旋风分离器，因此，旋风分离器入口温度就是炉膛出口温度。

煤粉炉的炉膛出口温度较高，为 $1100 \sim 1150$℃，烟气含有较多热量，在水平烟道和垂直烟道内可以布置较多的过热器和再热器受热面。循环流化床锅炉炉膛出口温度较低，为 $850 \sim 950$℃，烟气含有的热量较少，仅在水平烟道和垂直烟道内布置过热器和再热器。难以满足过热汽温和再热汽温的要求。特别是高参数循环流化床锅炉，蒸汽过热和再热占全部吸热量的比例较高，过热蒸汽和再热蒸汽与烟气的传热温差较小，更需要在物料循环回路内布置过热器和再热器受热面。

因此，高参数循环流化床锅炉必须在物料循环回路内布置过热器和再热器受热面。通常采用在炉内布置屏式或采用在外循环回路内布置过热器和再热器。

第二节 布 风 装 置

25. 布风装置的作用是什么？布风装置由哪几部分组成？

答：布风装置的主要作用是均匀地分配空气，使空气沿炉膛底部截面均匀地进入炉内，确保燃料与脱硫剂颗粒均匀流化，在锅炉启动前和停炉后静止的状态下起到支撑物料的作用。

布风装置主要由花板、风帽、隔热层和风室组成，见图10-4，通常将花板和风帽合称为布风板。

早期的花板是由厚度为20～35mm的钢板或铸铁板制作成的多孔平板，它用来固定风帽，并按一定方式排列，以达到均匀布风的目的。现在的布风板通常由前墙的膜式水冷壁组成，风帽布置在鳍片上，见图10-5。布风板上开有灰渣排放孔，经穿过风室的排渣管连续或定期地将底渣排出，保持密相区合理的料层高度。

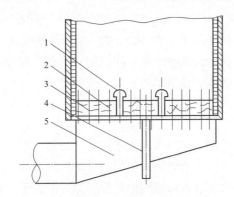
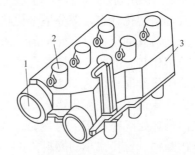

图10-4　风帽式布风装置结构　　　　　图10-5　有定向风帽的水冷布风板结构
1—风帽；2—隔热层；3—花板；4—冷渣管；5—风室　　　1—水冷管；2—定向风帽；3—耐火层

风帽是一种弹头状的圆柱体，其上端封闭，下端敞开，制成插头，垂直地插在花板的开孔中，风帽的上端侧面开有一圈6～8个孔径为$\phi 6～\phi 8$的水平或略向下倾斜的小孔。风帽的开孔率，即风帽小孔的总面积与布风板面积之比为2.2%～2.8%，使小孔的风速保持在35～45m/s的范围内，达到物料能正常流化的目的。

风室是进风管和布风板之间的空气均衡装置，其底部有一个倾斜的底面，使风室内沿深度保持静压不变，从而提高流化风分配的均匀性。

26. 为什么风室要采用底面向上倾斜的结构？

答：进风管的截面积总是远小于布风板的面积，如果风室底面不采用向上倾斜的结构，由于风的全压是由动压和静压两部分组成，在靠近进风管的布风板下方因为要供给全部流化空气，空气流速较高，其动压较高，静压较低，而离进风管较远的布风板下方的空气因仅要供给部分流化空气，空气的流速较低，其动压较低，而静压较高。沿风室深度的阻力很小，其压降很小，可忽略不计。决定布风板上风帽小孔风速的是入口的静压，因此，风室采用底面水平的结构，就会使布风板下部沿深度静压逐渐增大，导致流化风速不均的现象出现。

如果风室采用底面向上倾斜的结构，则由于沿布风板下方深度方向虽然风量逐渐减少，但流通面积也逐渐下降，可保持风速不变，因为动压相同，其静压也相等，所以达到了使风帽小孔喷出的风速均匀的目的。

因此，将底面向上倾斜的风室，称为等压风室，见图 10-6。

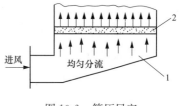

图 10-6　等压风室
1—风室；2—布风板

实践证明，为了保持风室内气流稳定，在风室斜底留出一稳定段是必要的，稳定段的高度不应小于 500mm。风室进口的风速不应超过 10m/s，风室进口直段的长度不应小于当量直径的 1~3 倍。

由于底面向上倾斜的风室结构简单、压降较小、静压分布较均匀，所以采用较多。

27. 布风板有什么作用？

答：布风板是循环流化床锅炉重要的部件，主要有三个作用。

（1）锅炉点火前和停炉后，用来支承静止的物料层。锅炉点火前和停炉后，物料没有流化处于静止状态，物料的重量由布风板承受。

（2）使一次风流过时，保持布风板一定的阻力，防止流化风短路，均匀气流速度，为物料能正常流化创造良好的条件。

（3）通过运行中布风板产生一定的阻力，使物料因各种原因而阻力不均时，仍能保持物料层的正常流化，维持流化床层的稳定，抑制流化床层的不稳定性。

28. 为什么要采用水冷式布风板？

答：早期的循环流化床锅炉采用床上点火，布风板上面敷设的耐火层和绝热层，可防止锅炉运行时其超温过热损坏，布风板上的风帽在一次风的冷却下也不会烧坏。由于床上点火缺点较多，被加热均匀、床料升温快，加热效率高，柴油消耗较少的床下点火取代。

采用床下点火时，如果不采用水冷式布风板，柴油燃烧产生的高温烟气通过风帽和其上的小孔，对布风板上的物料在微流化的状态下加热，即使风帽采用耐热合金钢也难以避免过热损坏。由前墙膜式水冷壁的一部分构成水冷式布风板，风帽布置在水冷壁管之间的鳍片上。

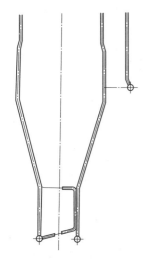

图 10-7　前墙水冷壁
下部构成布风板

采用水冷布风板后，降低了布风板的温度和膨胀量，防止膨胀受阻产生的变形，也避免了在点火过程中风帽过热损坏。正常运行时，虽然密相区的物料温度高达 850~900℃，但由于风帽被温度较低、速度很高的一次风冷却，也可避免过热损坏。

水冷式布风板为床下点火创造了条件。

29. 为什么作为水冷壁一部分的水平的布风板是安全的？

答：目前循环流化床锅炉普遍采用前墙水冷壁的下部作为水冷式布风板，见图 10-7。

通常水冷壁是主要的蒸发受热面，为了防止水冷壁管内的汽、水分层，导致其过热损坏，水冷壁管是不允许水平布置的。

由于循环流化床锅炉省煤器的面积较少，其出口水温较低，同时，循环流化床锅炉的炉膛较高，水冷壁存在较高的省煤段高度，水冷壁入口水温欠热较多。布风板被防磨层和保温层覆盖，因其热阻很大，水冷壁管吸热量很少，不足以产生蒸汽。即使产生少量蒸汽，也因为水循环回路较高，循环压头较大，布风板水冷壁管内水的流速较高，冷却较好，所以布风板是安全的，不会有过热损坏的危险。

30. 布风板上的排渣孔有什么作用?

答：煤从给煤口加入密相区流化燃烧后，经一级、二级破碎粒径较小的焦粒和床料随烟气上行进入旋风分离器分离，其中粒径较大的床料被分离出来，通过返料机构进入密相区继续流化燃烧，粒径很小、未被旋风分离器分离出来的物料成为飞灰，随烟气进入尾部烟道。粒径较大的焦粒和渣粒因不能被烟气携带上行而留在密相区。

通常煤中灰分 30%～40% 成为底渣、60%～70% 成为飞灰。如果不及时将布风板上的底渣排出，底渣的数量越来越多，阻力越来越大，床料难以正常流化或流化消耗的能量越来越多，同时，煤占床料的比例越来越低，煤燃烧产生的热量减少，难以维持正常的床温。

因此，为了维持床料的正常流化和床层温度，必须连续或定期地将布风板上的底渣排出。布风板上的排渣孔就是用于排出底渣。

由于底渣的温度高达约 850℃，为了回收底渣的物理热，所以通常底渣通过冷渣机回收部分热量后再排出。通常布风板开有 3～4 个渣孔，其中一个为事故排渣孔。当冷渣机出现故障不能正常排渣时，可以从事故排渣孔不经冷渣机直接排出底渣。也可以不设事故排渣孔，在冷渣机入口高温排渣阀前设置旁路排渣管和挡板，当冷渣机故障不能工作时，通过旁路管和挡板排渣。

31. 布风板为什么要具有一定的阻力?

答：一次风从布风板下部的风室进入时，由于截面的剧烈变化和气流的转向，所以各风帽入口的静压分布不是很均匀。通过布风板产生一定的阻力，可以降低风帽入口静压分布不均导致流化气流不均匀的影响，使气流速度在经过布板后分布变得较为均匀。

布风板上有呈流化状态的床料，即使布风板上气流速度分布是均匀的，但是布风板上初始的气流只能在密相区床料不高的距离内发挥作用。由于密相区床料内存在气泡和床层起伏以及床料颗粒粗细不同分布不均匀，所以使得床层的阻力分布不均匀。如果布风板的阻力很小，气流就会大量通过床层上颗粒较疏、阻力较小的区域，将这个区域的床料大量吹起，使得该区域的床料更稀疏，阻力更加小，最终导致该区域的床料被吹空，大量气流被短路，从阻力很小的区域通过，其他区域的床料层因为阻力较大，流过的气流较少，所以床料不能被流化。

通过布风板产生一定的阻力，当床层局部区域阻力较小，气流速度稍有增加时，该区域对应的布板上的压降会因气流速度增加而提高，弥补了该床层阻力的减少，从而达到了抑制气流速度进一步增大、床料进一步变疏的恶性循环形成的床料不稳定性，确保床料正常流化的目的。

根据大量实际运行经验，布风板阻力占布风板阻力和料层阻力形成的料层总阻力的 25%～30%，可以维持床层的稳定运行。

32. 怎样使布风板产生一定阻力?

答：布风板产生一定阻力，使其阻力达到由布风板阻力和料层阻力形成的床层总阻力的 25%～30%，是维持床层稳定流化的必要条件。

密孔板式布分板虽然结构简单，但容易漏煤。烧结式布风板虽然气流分布均匀，流化质量较好，但因为阻力较大，所以动力消耗较大。因此，这两种布风板采用较少。

风帽式布风板阻力不大，风孔在风帽的侧面，不易漏煤，气流分布较均匀，风帽磨损后更换较方便，因此，风帽式布风板被广泛采用，见图 10-4 和图 10-5。

由于风帽式布风板的风孔在风帽的侧面，孔径较小，通常孔径为 4～6mm。一次风从风帽下部进入，经 90°的转弯从小孔高速喷出，气流不但经过二次截面的剧烈变化，而且小孔的气流速度高达 35～40m/s，所以，风帽式布风板形成了一定的阻力。

33. 为什么出风孔要开在风帽的侧面并向下倾斜？

答：使床料流化的一次风是通过风帽上部圆周分布的小孔送入料层的。

出风孔开在风帽的侧面，既可以防止停炉后床料经小孔进入风室和将小孔堵塞，又可以使风帽之间较粗的床料被扰动和流化。小孔的中心线可以水平，也可向下倾斜 15°。

为了使风帽之间的床料被充分流化，避免粗床料沉淀，使更多的床料参与流化和燃烧，可以将风帽侧面的出风孔略微向下倾斜 15°较好。

风帽的出风孔见图 10-8。

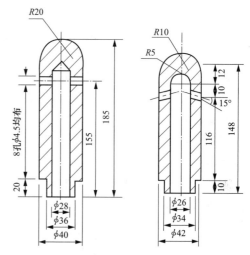

图 10-8　风帽的出风孔

34. 什么是风帽的小孔开孔率？

答：各风帽小孔的总面积与花板的有效面积之比的百分率称为风帽小孔的开孔率。

开孔率可按下式计算，即

$$\eta = \frac{nm\pi d^2}{4A_b} \times 100\%$$

式中　η——开孔率，100%；

　　　n——风帽数量；

　　　m——每个风帽的小孔数量；

　　　d——小孔直径，m；

　　　A_b——花板的有效面积，m^2。

循环流化床锅炉的流化风速较高，开孔率为 3% 左右。对设计煤种的真实密度大，粗颗粒份额较多者，开孔率较低；反之，对真实密度小，粗颗粒份额较少的煤种，开孔率较大。

35. 为什么风帽在运行时不易烧坏，而在停炉压火时容易烧坏？

答：虽然在锅炉运行时，密相区的床温最高可达 950℃，但是由于在相对温度较低（约 160℃）的一次风强烈冷却下，风帽的温度低于材质的允许工作温度，所以，锅炉运行时，风帽不易烧坏。

停炉压火时，虽然床料的温度较运行时低，但是为了锅炉能较快启动，床料仍然要保持较高温度，同时，温度较高的床料与风帽紧密接触并埋在床料之中，风帽得不到冷却，散热条件也很差，风帽的温度接近于床料的温度。如果床料温度高于风帽材质的允许工作温度，风帽就容易烧坏。

因此，为了防止风帽在停炉压火时被烧坏，要选择耐高温的风帽并要控制床料温度低于风帽材质的允许工作温度。

36. 为什么进行流化试验时当一次风停止后，床料表面不平，说明布风板布风不均匀？

答：进行流化试验前，在布风板上加入约400mm高粒径满足要求的床料，并使床料平整。启动引风机和一次风机，逐渐增加风量使物料正常流化一段时间后，突然停止引风机，通过联锁停止一次风机。

如果布风板布风均匀，床料被均匀地吹起进入流化状态，床料通过内循环均匀地下落。当引风机和一次风机突然停止后，床料在重力作用下，很快降落在布风板上，因此，停止一次风机后床料平整，说明布风板布风均匀。

如果布风板布风不均，风量大的区域床料全部被吹起进入流化状态，风量小的区域，粒径大的床粒不能被吹起进入流化状态，只有料径较小的床料被吹起进入流化状态。流化床内物料存在横向运动，通过内循环下落的床料，落在风量大的区域较少或落下的物料又被吹起，而落在风量小的区域较多，且物料不易被吹起。因此，停止一次风机后，风量小的区域床料较高，而风量大的区域床料较低。

通过流化试验发现床料高度不均匀，应将床料通过排渣管排出后对布风板和风帽进行仔细检查，查明原因并消除后再进行流化试验，直至合格为止。

37. 为什么循环流化床锅炉的送风机要分为一次风机和二次风机？

答：由于循环流化床锅炉一次风和二次风承担着不同的任务，一次风要克服布风装置和床料的阻力并使布风板上的物料流化，为燃料在密相区内燃烧和气化提供部分空气，所需的压力较高。

二次风主要用于对稀相区物料进行搅拌，使风与燃料充分均匀混合，达到充分燃烧的目的，所需的压力较低。

如果只采用一个压头较高、风量较大的风机作为送风机，提供一次风和节流压力降低后作为二次风，则因为二次风存在节流损失而导致送风机的功率和价格均较高，耗电量较多。如果采用压头较高的一次风机提供流化风，采用压头较低的二次风机提供燃尽风，因为没有节流损失，所以所需总功率和投资较低，耗电量较少。

由于一次风和二次风的压头相差较大，所以，为了节省投资和耗电量，无论循环流化床锅炉容量大小，送风机均由一次风机和二次风机组成。

38. 为什么一次风机和二次风机入口的风温是相同的，但一次风机出口风温较二次风机高？

答：一次风机和二次风机入口的风温与环境温度是相同的，但由于一次风机为了使床料正常流化，其压头较高，一次风机出口风的压力较高，风机的功率较高，风被压缩时消耗的电能较多，风的内能增加较多，使得一次风机出口风温较高。

二次风机不承担使物料流化的任务，仅对稀相区的物料进行搅拌使二次风与稀相区未燃尽的燃料进行充分混合和燃烧的作用，所需的压力显著低于一次风压力。二次风机的压头较小，出口风压较低，风机的功率较小，风被压缩时消耗的电能较少，风的内能增加不多，使得二次风机出口风温较低。

39. 为什么床层压差降低会使一次风量增加？

答：由于锅炉运行中床层的高度难以直接测量，通常采用测量床层压差的方法来间接测量床层的高度。床层压差降低，说明床层的高度较低，床层的阻力减少。

一次风压力较高，一次风机通常采用离心式风机。离心式风机的特性是随着出口阻力的降低，风量增加，因此，床层压差降低，一次风量增加。

由于不同厂家和不同燃料的循环流化床锅炉一次风和二次风比例是不同的，所以运行中要根据床层压差的变化及时调整一次风量，使一次风确保床料正常流化和床温在规定范围内。

40. 什么是临界流化风速？为什么物料的粒径增加，临界流化风速提高？

答：物料由静止状态转变为流化状态时的最低风速称为临界流化风速。

气流自下而上流过物料时，物料受到气流向上的托力和摩擦力。当气流托力和摩擦力大于物料的重力时，物料被流化。由于气流对物料的托力随着流速的提高而增加，气流对物料的托力与物料的投影面积成正比，物料的投影面积与其粒径的平方成正比，而物料的重力与其粒径的三次方成正比，所以，物料的粒径增加，临界流化风速提高。

循环流化床锅炉运行时应按照锅炉厂的使用说明要求，将购买的煤破碎到一定程度，其中最大的粒径应不超过允许的上限粒径，以避免粒径过大的煤粒因不能流化而导致密相区结焦。

41. 为什么循环流化床锅炉二次风口以下密相区横截面积布风板面积最小，向上逐渐增加？

答：循环流化床锅炉的一、二次风是从锅炉的不同高度送入炉膛的。通常一次风作为流化风是从布风板下部送入的，而二次风是从密相区与稀相区交界处送入的。一次风和二次风的比例通常为5：5或6：4。

由于密相区内只有一次风，风量较少，为了保持一定的流化风速，使二次风口以下的密相区内的床料正常流化，特别是在低负荷下防止床料停止流化，二次风口以下的区域总是采用较小的横截面积。二次风口以上，由于二次风的送入，总风量增加，即使采用较大的横截面积，也能保持一定的流化风速。所以，二次风口以下密相区的模截面积通常总是小于二次风口以上稀相区的横截面积。

由于从风帽小孔喷出的热空气温度仅约为150℃，黏度较低，体积较小，为了使物料流化，布风板的面积最小，布风板向上在密相区内横截面积逐渐增加。因为煤燃烧后空气变成烟气，温度高达850～900℃，不但烟气的体积是空气的3倍，而且烟气的黏度增加，即使截面逐渐增加也可确保床料中的大粒径物料正常流化，小粒径物料可被烟气携带离开密相区进入稀相区和物料分离器。所以，密相区内布风板面积最小，向上截面积逐渐增加，见图10-9。

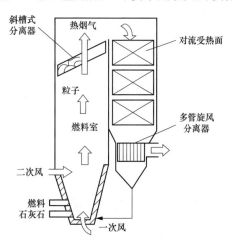

图10-9 密相区布风板横截面积最小

42. 为什么在冷态下试验确定的临界流化风速在热态下可以确保物料正常流化?

答:为了确保锅炉运行时物料正常流化,需要在冷态下试验确定临界流化风速。当气流达到一定流速对物料的托力和摩擦力大于物料的重力时,物料即可被流化。

气流对物料的托力和摩擦力随着速度和黏度的增加而提高。冷态试验时,由于空气温度很低,为环境温度,体积和黏度均很小,空气对物料的托力和摩擦力均很小,需要较大的风速物料才能流化。锅炉运行时,从空气预热器来的进入风帽的空气温度约为150℃,煤在密相区燃烧后,150℃的空气成为850~900℃的烟气,不但烟气的体积是空气的3倍,而且黏度也增加了几倍。由于气流的速度和黏度均增加了几倍,气流对物料的托力和摩擦力显著增加,虽然气流温度升高因密度下降而使气流对物料的托力和摩擦力降低,但后者的影响小于前者,最终的结果是气流温度升高,在冷风量相同的情况下,物料更容易被流化。

通常一次风流量测量装置布置在一次风机出口与空气预热器入口之间,测出的是冷空气流量。因此,在冷态下试验确定的临界风速在热态下可以确保物料正常流化。

第三节 返料系统

43. 返料系统由哪几个部件组成? 返料系统有什么作用?

答:返料系统由物料分离器、立管、返料阀、返料风机和向立管提供松动风,向返料阀提供流化风的布风装置组成。

返料系统有以下几个作用。

(1) 返料系统将来自稀相区未燃尽的物料中的99%分离下来,通过返料系统返回密相区,继续在密相区和稀相区内燃烧,为燃料燃尽、提高燃烧效率、降低飞灰可燃物含量创造条件。

(2) 将大量的高温物料分离出来返回密相区,保持密相区有较多物料形成的热容很大、温度很高的高温物料池,为发热量低、难燃的煤提供良好的着火燃烧的条件。

(3) 大量可燃物含量较低的物料返回密相区,虽然煤是加入密相区的,仍可使密相区物料可燃物的含量仅为2%~3%,为防止密相区超温结焦创造了条件。

(4) 正常情况下,返料温度低于密相区温度,温度较低的返料与密相区温度较高的物料混合后,不但降低了密相区的温度,而且再次进入稀相区时将密相区的部分热量转移至稀相区,有利于提高稀相区的温度,为燃料燃尽创造条件。

(5) 大量返料返回密相区后,重新进入密相区和稀相区继续重复燃烧,不但有利于煤的燃尽和确保稀相区的燃烧份额,锅炉可以满负荷运行,而且可以使密相区和稀相区的温度趋于均匀。

因此,返料系统非常重要,一旦返料中断,密相区温度迅速升高,稀相区温度迅速降低,锅炉负荷很快下降。

44. 返料系统中的立管有什么作用?

答:位于上部的旋风分离器和下部的返料阀之间的立管有三个作用。

(1) 物料输送。烟气携带大量的物料进入旋风分离器,分离出来的物料通过立管进入返料器后返回炉膛密相区。

（2）密封。防止密相区的床料和烟气窜入旋风分离器。密相区是正压，而旋风分离器下部是负压，利用立管内维持一定高度的物料产生的压力，大于密相区与旋风分离器下部之间的压差，防止密相区的床料和烟气窜入旋风分离器，确保旋风分离器正常工作，获得较高的分离效率，使物料的循环倍率达到设计要求。

（3）为物料返回密相区提供动力。旋风分离器分离出来的物料返回密相区，要克服密相区与旋风分离器之间的压差和物料流动的阻力。密相区与旋风分离器之间的压差较大，立管和返料阀内表面均敷设有耐高温的防腐层，表面较粗糙，物料流动时的摩擦阻力较大。通过保持立管内一定物料高度产生的势能克服压差和流动阻力，使物料顺利返回密相区。

45. 为什么返料器要设置布风装置？

答：虽然通过旋风分离器与返料器之间设置较高的立管，立管内充满物料产生的静压来克服密相区与旋风分离器下部的压差和物料流动的阻力，但由于为了提高物料的密封效果和控制返料的流量，立管内的物料不是直接返回密相区，而是通过 U 形阀进入密相区，物料的温度高达 800～900℃，返料装置内均敷设了耐高温的防磨层，物料与防磨层间的摩擦阻力较大，仅依靠立管内物料的重力仍难以克服全部压差和流动阻力，顺利返回密相区。

在返料系统内安装返料器，在返料器内设置布风装置，布风装置由布风板、风帽和下部的风室组成。

布风板上的风帽分为两部分。立管正下方风帽的风孔数量较少，提供使立管下部物料松动的松动风；另一部分风帽的风孔数量较多，提供流化风，使物料流化并克服物料在 U 形阀向上流动的阻力，使物料像流体一样通过返料装置的料腿顺利返回密相区。

虽然一次风的压力可以满足返料装置所需的流化风压力，但由于一次风压力随锅炉负荷波动较大，为了给返料器提供稳定的流化风，通常安装专用的返料流化风机，并有在返料风机故障时可以采用一次风作为返料器流化风的备用管道。

46. 为什么随着旋风分离器的分离效率下降，循环倍率下降？

答：只有被旋风分离器分离出来通过返料器返回密相区的物料才能参与外循环，不能被旋风分离器分离出来粒径很小的物料，成为飞灰随烟气被排出炉外而不参与物料循环。

旋风分离器的分离效率越高，被分离出来返回密相区的物料越多，循环倍率越高。旋风分离器的分离效率从 99％降至 95％，从表面上看，被分离出来的物料相差不大，但是未被分离出来随烟气排出炉外的飞灰数量增加了 4 倍。由于物料完成每次外循环时间仅为几十秒或几分钟，1h内物料要完成很多次循环，很多物料成为飞灰，不能参与外循环，所以，随着旋风分离器的分离效率下降，循环倍率下降，见图 10-10。

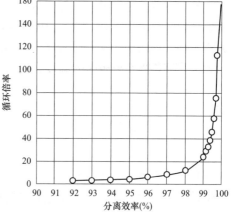

图 10-10 分离效率和循环倍率的关系

从图 10-10 中可以看出，物料分离器分离效率提高时，更多的物料被分离下来继续参与循环，循环倍率随之提高。分离器分离效率较低时，分离效率提高，循环倍率提高较慢，而分离器分离效率较高时，分离效率提高，循环倍率提高较快。要使循环倍率达到20，分离器的分离效率要大于99%。

循环倍率提高，更多的小焦炭粒被分离器分离下来返回密相区，获得再次燃烧的机会，有利于降低飞灰的可燃物，减少机械不完全燃烧热损失q_4。采用炉内干法脱硫时，循环倍率提高，更多的脱硫剂氧化钙被分离下来返回密相区，因炉膛内氧化钙的浓度增加而有利于提高脱硫效率和降低脱硫剂的消耗量。

虽然提高循环倍率，锅炉热效率和炉内干法脱硫效率提高了，但是循环倍率提高，物料循环量增加，引风机、送风机的耗电量和水冷壁的磨损也会增加。因此，要合理选择循环倍率。

47. 为什么物料分离器中心筒偏置可以提高分离效率？

答：中心筒是物料分离器的出口烟道。由于烟气携带大量物料在分离器内高速旋转消耗较多能量，使得分离器入口烟道和中心筒入口之间存在约1000Pa的压差。

虽然采用较大高宽比的入口烟道，使烟气流较窄，但由于烟气流刚进入物料分离器时还没有充分旋转，产生的离心力较小，同时，入口烟气与中心筒入口之间存在较大压差，入口烟气中粒径较小的物料有可能短路被吸入中心筒，所以导致物料分离器分离效率下降。

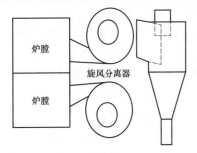

图 10-11　中心筒偏置的旋风
分离器布置

中心筒偏置就可以增加物料分离器入口烟气流与中心筒入口的距离，减少小粒径物料短路被吸入中心筒的数量，使其分离效率提高。中心筒偏置使烟气沿中心筒旋转时流通截面积减少，烟气流变窄，因烟气中的物料经过较短的径向距离达到物料分离器的壁面而易于被从烟气中分离出来，有利于提高物料分离器的分离效率。

中心筒偏置的旋风分离器布置见图10-11。

48. 为什么物料分离器要采用渐缩形入口烟道？

答：循环流化床锅炉炉膛内的烟气流速为5～7m/s。为了使物料分离器获得较高的分离效率，绝大部分物料能从烟气中分离出来，物料分离器入口的烟速通常为20～25m/s。

提高物料分离器入口的烟速，因离心力与速度的平方成正比，所以可以有效提高分离器的分离效率。但因阻力也与流速的平方成正比，所以分离器的阻力也随之增加。

炉膛截面积较大，而物料分离器入口烟道截面积较小，烟气从截面积较大的炉膛流入截面积较小的烟道时，因截面积突然变小而会产生局部阻力损失。局部阻力损失随着截面积变化率的增加而上升。物料分离器采用渐缩形入口烟道，既可以增加炉膛出口的面积，降低烟气流速和截面变化率，使局部阻力损失减少，又可以保持物料分离器入口较高的烟气流速，使其获得较高的分离效率。

物料分离器采用渐缩形入口烟道，见图10-11。

49. 为什么返料系统也需要流化装置？

答：返料系统既要确保旋风分离器分离出来的物料能顺利返回密相区，又要防止因旋风分离器内是负压，密相区烟气携带的物料短路，通常采用U形回料阀。

由于旋风分离器分离出来的物料与防磨层之间的摩擦系数较大，仅依靠U形回料阀入口立管内物料高度形成的重力难以克服物料的流动阻力顺利返回密相区，因此，在 U 形阀的下部设置流化装置，使物料流化能像液体一样流动。回料系统有了流化装置，流动阻力显著降低，在 U 形阀入口立管内物料高度形成的重力作用下，物料可以顺利返回密相区。

50. 为什么返料器布风板的风要分成松动风和流化风两部分？

答：返料器普遍采用的非机械式 U 形返料阀见图 10-12。

返料阀的舌板将布风板分成两部分，布风板右边正对立管的部分提供松动风，使立管下部的物料松动，在立管上部物料形成的压力作用下，物料向下流动并经舌板进入左边的布风板。左边的布风板提供流化风，使物料流化和向上流动，经料腿返回密相区。

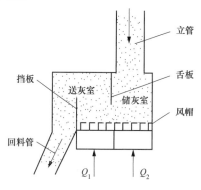

图 10-12　U 形返料阀结构示意图

为了仅使立管内下部的物料松动，立管内的物料为向下的移动床，而避免立管内的物料为流化床，使空气穿过料层进入旋风分离器导致其分离效率降低，同时，立管内物料松动后，物料膨胀密度降低，会使立管内相同高度的物料产生的压力下降，为物料流动提供的动力减少，因此，布风板右边提供的松动风的风量较少。

立管内的物料通过舌板进入左边的布风板后，为了使物料流化并向上流动经料腿返回密相区，左边的布风板要提供较多的风量。

由于返料器布风板要提供两种用途不同、数量不等的风量，所以，布风板要分成两部分。对于容量在 75t/h 及以下的锅炉通常通过提供松动风的风帽风孔数量较少，提供流化风的风帽风孔数量较多的方式，达到松动风量较少和流化风量较大的目的。对于容量较大的锅炉，布风板下面的风室分隔成两部分，返料风机的风通过两个调节阀分别调节所需的松动风量和流化风量。

51. 什么是绝热式物料旋风分离器？有什么优点和缺点？

答：物料分离器外壳是由耐高温的防磨层和导热系数小的保温层及钢板组成的称为绝热式物料旋风分离器。

绝热式物料旋风分离器的优点：

（1）结构简单，制作容易，成本较低。

（2）本体钢材消耗少。

（3）不需要与汽水系统连接，系统简单。

绝热式物料旋风分离器的缺点：

（1）防磨层和保温层的厚度较大，防磨材料和保温材料消耗较多，重量较大，支吊负荷较高，支吊架的钢材消耗较多。

（2）防磨层的内外温差较大，热应力较高，为了避免防磨层热应力过大、破裂损坏、脱落，锅炉启、停时间较长，锅炉负荷允许变动速度较小。外表面的面积较大、温度较高，散热损失较大，维修工作量较多。

（3）燃用挥发分低、着火困难的煤种出现后燃现象时，分离器和返料器有可能结焦。

绝热式高温物料分离器见图 10-13。

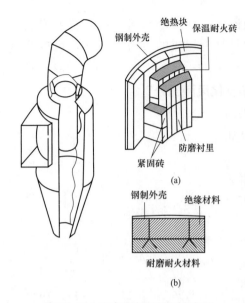

图 10-13　绝热式高温物料分离器
（a）耐火砖内砌式；（b）高温耐火材料浇灌式

52. 为什么高温式绝热旋风分离的器壁由耐高温的防磨层和导热系数小的绝热层组成？

答：由于炉膛出口进入高温绝热式旋风分离器的烟气和物料的温度及物料的浓度很高，为了获得较高的分离效率，旋风分离器入口的烟气和物料的速度很高，会对器壁产生严重的磨损。为了减轻物料对器壁的磨损，减少维修工作量和延长寿命，与高温高速物料接触的器壁必须采用耐高温的防磨层。防磨层通常采用硬度高、耐高温的筑炉材料。

耐高温的防磨层虽然防磨性能较好，但由于其密度较大，导热系数较高，所以保温性能较差。如果采用增加防磨层的厚度来减少散热量，因为耐高温的防磨材料价格高、重量大，所以会导致旋风分离器本体及钢架的成本升高。

绝热式旋风分离器壁由防磨层和绝热层及钢外壳组成，减少了防磨层的厚度，采用价格低、导热系数小，绝热性能好的保温材料构成绝热层，可以减少价格高、重量大的耐高温防磨材料的使用量，降低表面温度，达到降低造价和减少散热损失的目的。

53. 什么是水冷式或汽冷式物料旋风分离器？有什么优点和缺点？

答：物料旋风分离器的外壳是由膜式水冷壁管或膜式过热器组成的，称为水冷式或汽冷式物料旋风分离器，见图 10-14。

水冷式或汽冷式物料旋风分离器的优点：

（1）由于外壳受到汽水混合物或过热蒸汽的冷却，外壳内壁所需的耐磨绝热衬里厚度大大降低，仅为 50～70mm，而无冷却的绝热式旋风分离器内部的防磨和绝热衬里厚度高达 350～450mm。节约了大量耐高温防磨衬里材料。外壳外壁敷设保温层，外表面的面积和温度较低，散热损失较小。

（2）因质量减轻而可以节省支吊旋风分离器钢架的钢材。

（3）因为热阻大的防磨层的厚度降低，内外层的温差减少，冷态启动速度较快，所以与煤粉炉的启动时间接近，远低于绝热式旋风分离器所需的启动时间。适于变负荷运行，负荷较大变动时，防磨层不会因温差过大而导致脱落。

（4）由于水冷壁管或过热器管的吸热冷却作用，物料在旋风分离器内出现后燃现象温度也不容易上升，甚至略有下降，较合理地解决了因物料后燃温度升高而导致的返料系统结焦问题。

水冷式或汽冷式物料分离器的缺点：采用膜式水冷壁管或膜式过热器管制造外形较复杂

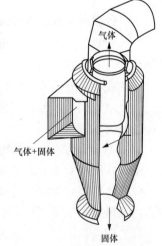

图 10-14　水冷式或汽冷式物料旋风分离器

的分离器外壳，其壁面还要数量众多的抓钉，钢材消耗较多，制造难度较大，成本较高，与汽、水系统连接较复杂，由于防磨衬里热阻较大，水冷壁或过热器的吸热量较少，所以钢材利用率不高。

54．怎样判断循环流化床锅炉物料分离器的分离效率高低？

答：物料分离器是循环流化床锅炉特有的部件，物料分离器具有较高的分离效率是确保循环流化床锅炉正常运行的必备条件。目前，尚不能通过理论计算得到物料分离器准确的分离效率，因为循环的物料数量巨大，温度高达 $850 \sim 900℃$，所以也难以通过现场试验来确定其分离效率。

在现场可以采用以下间接的方法来判断物料分离器的效率高低，有下列现象的物料分离器分离效率低。

（1）飞灰量大，飞灰中可燃物高。

（2）返料量少，密相区床温高，稀相区温度低、差压小。

（3）飞灰颗粒大且粒径大的飞灰占比较高。

（4）锅炉因床温高不能满负荷运行。

换言之，只要飞灰可燃物含量低，飞灰的粒径较小，密相区床温在 $850 \sim 900℃$ 范围内可以满负荷运行，密相区、稀相区温度差别较小，则物料分离器的分离效率较高，可以满足循环流化床锅炉正常运行的要求。

以上方法判断物料分离器效率，简单、实用和可行。

55．为什么要尽可能地提高物料分离器的分离效率？

答：循环流化床锅炉具有的物料分离器，是与煤粉炉和链条炉区别的主要特征之一。物料分离器是循环流化床锅炉关键部件之一。较高的物料分离器分离效率是确保循环流化床锅炉正常运行的必要条件。

提高物料分离器的分离效率有以下几点好处：

（1）更多粒径较小的焦炭粒被分离下来返回密相区继续燃烧，降低了飞灰中的可燃物，提高了锅炉热效率。

（2）更多粒径较小的物料被分离下来，降低了飞灰的份额，使尾部烟气的飞灰浓度降低、粒径变小，尾部受热面的磨损和积灰减轻。

（3）更多的物料被分离下来返回密相区，将密相区更多的热量随物料带到稀相区，可降低密相区的温度，有利于避免密相区物料结焦。

（4）能进入物料分离器和被其分离下来的物料，是能形成外循环的宝贵物料，有利于提高小粒径物料的循环量和增加稀相区的吸热量。

（5）由于更多粒径较小的物料被分离下来，锅炉可以在密相区物料较少、床压较低和烟速较低的情况下正常运行，为低床压运行降低一次风机耗电量创造了有利条件。

因此，应该采取各种措施，尽可能地提高物料分离器的分离效率。

56．为什么流化速度增加旋风分离器的分离效率提高？

答：流化速度增加，密相区中更多粒径较大的床料被吹起进入稀相区，随烟气进入分离器的物料不但数量增加，而且粒径较大的物料比例上升。由于物料浓度增加和粒径较大的物料具有较大的离心力，物料更容易被从烟气中分离出来，所以，流化速度增加，旋风分离器

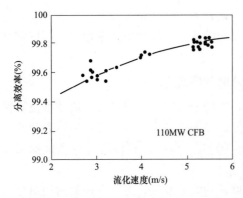

图 10-15 风速对旋风分离器分离效率的影响

的分离效率提高，见图 10-15。

57. 为什么返料温度会高于高温分离器入口温度？

答：由于循环流化床锅炉的流化风速较高，所以密相区内粒径较大的物料有可能被吹起进入稀相区。虽然与煤粉炉相比，稀相区的高度较高，但粒径较大，炉膛温度较低，物料在稀相区内难以完全燃尽，进入高温分离器的物料含碳量较高，同时，给煤进入密相区，而密相区的一次风率仅约为 50%，密相区内空气相对不足，是还原区，产生一定数量的一氧化碳，二次风从密相区与稀相区交界处送入，虽然二次风速高达 30～50m/s，仍难以将从密相区来的一氧化碳全部燃尽，进入分离器的烟气中仍含有少量一氧化碳。

因为分离器入口温度较高，同时，分离器入口的过量空气系数约为 1.25，所以未燃尽含碳物料和一氧化碳会在分离器内继续燃烧。

采用绝热式高温物料分离器，当焦炭和一氧化碳燃烧产生的热量大于其散热量时，返料温度有可能高于高温物料分离器入口温度。

当燃用挥发分含量低的煤时，因煤粒着火迟和不易燃尽或燃烧调整不当而使进入旋风分离器的物料中可燃物含量较高，物料中的可燃物在分离器和返料器内燃烧，产生的热量较多，有可能出现返料温度高于旋风分离器入口温度的情况。

随着负荷的增加，流化风速提高，炉膛温度上升，二次风速提高，与烟气的混合搅拌更充分，燃烧条件改善，物料中的含碳量和烟气中的一氧化碳均减少，使得分离器内含碳物料和一氧化碳燃烧产生的热量份额下降，会使返料温度与分离器入口温度间的温差降低，见图 10-16。

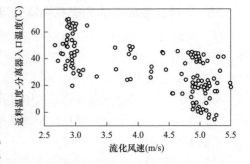

图 10-16 不同风速下分离器入口温度与返料温度之间的差异

当燃用挥发分高、易燃尽的煤和采用水冷式或汽冷式的高温物料分离器时，由于物料中焦炭含量较少和其吸热量较多，一般不易出现返料温度高于其入口温度的情况。

58. 为什么大型循环流化床锅炉要配置多台旋风分离器？

答：旋风分离器将炉膛出口烟气含有未燃尽的焦炭粒和脱硫剂颗粒的大量物料分离出来，返回炉膛，不但可以提高燃料的燃烧效率和脱硫剂的利用率，降低尾部烟道中飞灰浓度，从而减轻对流受热面的磨损，而且可以防止床温超标，确保锅炉满负荷运行。因此，提高旋风分离器的分离效率对提高循环流化床锅炉性能至关重要。

由于气体的黏度随着温度的升高而增加，旋风分离器的效率下降，布置在炉膛出口的旋风分离器的入口烟温比布置在空气预热器出口的旋风分离器入口烟温高很多。

大型循环流化床锅炉的高温旋风分离器入口烟温很高，其体积流量很大，如果只用一台旋风分离器，加上保温层和防磨层，其直径可能比炉膛还要大，布置比较困难，同时，物料获得的离心力与旋风分离器的直径成反比，即旋风分离器效率随着直径的增加而下降。

因此，为了提高大型循环流化床锅炉旋风分离器的分离效率，降低分离器的直径，通常配置多台旋风分离器，见图 10-17。

59. 为什么采用水冷式或汽冷式物料分离器较绝热式的散热损失小？

答：容量稍大的循环流化床锅炉有两个物料分离器，大容量的循环流化床锅炉有 4 个物料分离器。由于物料分离器的体积很大，其表面积也很大。循环流化床锅炉通常采用高温物料分离器，烟气携带高温物料从稀相区进入物料分离器。

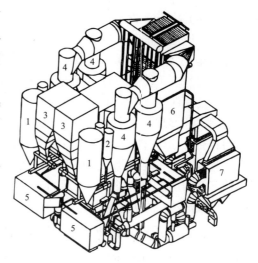

图 10-17　普罗旺斯电厂的 250MW 循环流化床锅炉
1—煤仓；2—石灰石仓；3—炉膛；4—旋风分离器；
5—外置换热器；6—尾部烟道；7—除尘器

$850 \sim 950℃$ 的高温物料进入分离器时，水冷式分离器采用膜式水冷壁，汽冷式采用膜式过热器，虽然两者表面均敷设了密度高的防磨层，因为其导热系数较密度低的保温层大，所以水冷壁和过热器的冷却效果较明显。物料分离器的膜式水冷壁和膜式过热器外表面的壁温，如果忽略不计管壁内外的温差，为水冷壁管内水的饱和温度和管内低温级过热器的蒸汽温度。水的饱和温度和蒸汽温度为 $260 \sim 350℃$，远低于高温物料的温度。

虽然绝热式高温物料分离器的器壁，由防磨层、保温层和金属层组成。由于防磨层和金属层材料的导热系数较大，仅靠保温层绝热，物料分离器表面的温度仍然较高。水冷式或汽冷式分离器，因水温和汽温较低，仅采用保温层即可将表面温度保持在较低的水平。

由于物料分离器的表面积较大，散热损失随着壁温升高呈指数式升高，所以，采用水冷式或汽冷式高温物料分离器可明显降低锅炉的散热损失。

60. 为什么采用水冷式或汽冷式物料分离器较绝热式有利于降低密相区的床温？

答：烟气携带高温物料进入物料分离器时，虽然水冷式或汽冷式物料分离的水冷壁或过热器表面敷设了防磨层，但由于防磨层材料密度大，导热系数较保温材料高，高温物料的热量通过防磨层向水冷壁或过热器传热后温度降低。温度降低后的大量物料通过返料器返回温度较高的密相区，有利于降低密相区的床温。

烟气携带高温物料进入绝热式物料分离器时，由于没有水冷壁或过热器的冷却，仅靠敷设了防磨层和保温层物料分离器的散热，物料温度下降的幅度较小。所以，大量温度较高的物料返回密相区，不利于降低密相区的温度。

由于各种原因，循环流化床锅炉密相区床温偏高的情况较常见，因此，采用水冷式或汽冷式物料分离器较绝热式分离器有利于降低密相区的床温，为防止密相区结焦和锅炉满负荷运行提供了较好的条件。返料温度越低，循环倍率越高，床温越低，见图 10-18。

61. 为什么返料系统要安装 U 形阀返料阀？

答：烟气携带的大量物料被旋风分离器分离出来后必须返回密相区，密相区保持一定的床料，循环流化床锅炉才能维持正常运行。

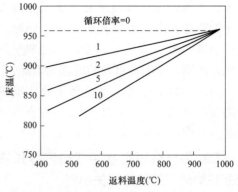

图 10-18 返料温度对床温的影响

密相区通常是正压，为了获得较高的分离效率，分离器入口烟速较高，分离器的阻力较大，分离器下部的负压较大。防止密相区的烟气进入分离器，是确保其能正常工作，获得较高分离效率的关键。分离出来的物料经 U 形阀返回密相区，物料在 U 形阀内形成了良好的密封。当物料在立管内达到一定高度，其重力超过密相区与分离器下部的压差和物料的流动阻力时，物料经流化可以像流体一样返回密相区。

62. 为什么返料装置不采用传统的机械式返料阀，而采用非机械式的 U 形阀？

答：返料温度高达 850～900℃，机械式返料阀即使采用耐高温的合金钢也难以在如此高的温度长期安全工作。返料量根据锅炉容量的大小，每小时少则十几吨，多则几百吨，这么多数量的高温返料对机械式返料阀的金属磨损很严重，在高温下工作的金属返料阀容易因变形而出现卡涩，因此，返料装置不采用传统的机械式返料阀。

非机械式返料阀与物料接触的内表面敷设有耐高温、耐磨损的防磨层，可以长期在高温下工作。非机械式返料阀没有转动部件，不会出现卡涩现象。虽然非机械式返料阀有风帽金属部件，但风帽是由耐高温、耐磨损的金属铸造而成，风帽在返料风的冷却下可以长期安全工作。

非机械式返料阀入口立管内物料高度形成的势能，不但能为物料从旋风分离器下部负压区返回正压的密相区提供动力，而且可以根据立管内物料的高度自动调节返料量。

由于非机械式返料阀具有投资少、工作可靠和可以自动调节返料量等优点，所以，被循环流化床锅炉广泛采用。

63. 为什么旋风分离器的分离效率随着负荷的降低而下降？

答：随着锅炉负荷降低，一次风量减少，流化风速下降，物料循环量减少，稀相区的物料浓度降低，随烟气进入旋风分离器的物料浓度和粒径下降，导致旋风分离器的分离效率降低。

随着锅炉负荷降低，烟气量几乎成比例地减少，使旋风分离器入口的烟速下降，因飞灰的离心力变小而使旋风分离器的分离效率下降。

由于以上两个原因，使旋风分离器的分离效率随着锅炉负荷的降低而下降，见图 10-19。

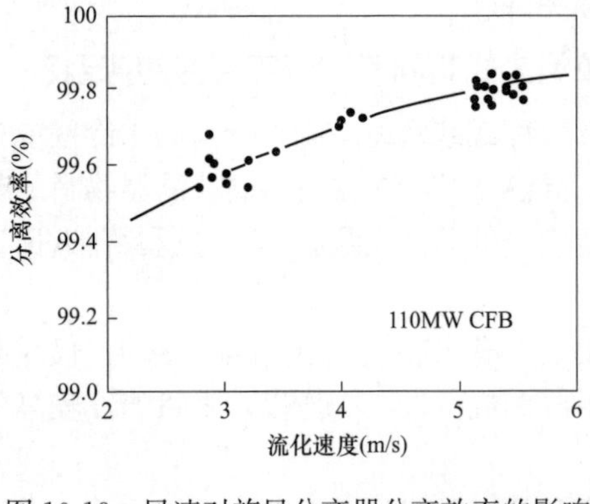

图 10-19 风速对旋风分离器分离效率的影响

64. 为什么随着烟气中物料浓度增加，分离器效率提高？

答：随着烟气中物料浓度增加，粉尘的凝聚与团聚性能提高，使粒径较小的粉尘凝聚在一起而易于被捕集。

物料浓度增加，烟气中大粒径物料对小粒径粉尘携带的概率增多，原来粒径较小、离心力较小不易被捕集的粉尘被分离。

烟气中物料的浓度随着负荷的增加而提高，烟速提高，离心力增加，更多物料被分离出来。

由于以上原因，随着烟气中物料浓度增加，分离器的分离效率提高，见图 10-20。

65. 为什么循环流化床锅炉炉膛出口的旋风分离器分离效率比煤粉炉和链条炉空气预热器出口的旋风分离器分离效率高？

答：循环流化床锅炉炉膛出口的烟气温度高达 850～950℃，烟气的黏度随着温度升高而增加，旋风分离器的直径较大，离心力较小，两者均会导致旋风分离器的分离效率下降。循环流化床锅炉炉膛出口的旋风分离器之所以在烟温高、直径大的情况

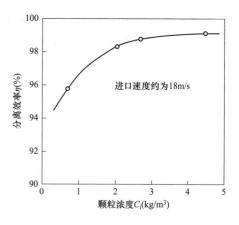

图 10-20　颗粒浓度对分离效率的影响

下，其分离效率高达 98%～99%，是因为以下几个原因。

（1）旋风分离器入口烟气中，大粒径物料的比例很大，物料的质量与其粒径的 3 次方成正比，大粒径物料因离心力很大而易于被分离出来，其总质量很大，不易被分离出来的小粒径物料总质量很小。

（2）循环流化床锅炉炉膛出口烟气中物料浓度很大，因粉尘凝聚在一起而易于被捕集分离出来。

（3）烟气中物料的浓度增加，大粒径物料对小粒径物料携带的概率增加，原来粒径很小、离心力很小、不易被捕集的物料被分离出来。

煤粉炉和链条炉空气预热器出口的旋风分离器，虽然其直径较小，烟气温度仅约为 150℃，有利于提高其分离效率，但由于飞灰的粒径均很小，其质量很小，获得的离心力较小，同时，烟气中飞灰的浓度很低，所以，旋风分离器的分离效率仅为 85%～90%。

66. 什么是旋风分离器的临界粒径？

答：能被旋风分离器分离出来的最小粉尘的直径称为临界粒径。

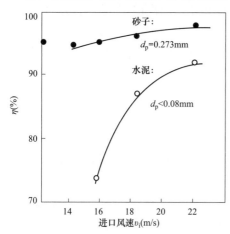

图 10-21　不同粒径的颗粒在不同
进口风速时的分离效率
d_p—直径

粉尘的直径越小，在旋风分离器内旋转获得的离心力越小，越不容易被分离出来，因此，临界直径越小，旋风分离器的性能越好，分离效率越高。

对同一台旋风分离器，因为不同的物料密度不一样、同样粒径的粉尘质量不等、不同的进口速度、在旋风分离器内旋转产生的离心力不同，所以，旋风分离器的临界粒径与物料的种类和进口速度有关。

由于直径小的物料不易被分离出来，直径大的物料易被分离出来，所以，同一台旋风分离器在不同进口风速和分离不同物料时的效率是不同的，见图 10-21。

由于物料进入旋风分离器后，物料间相互碰撞、细小微粒的凝聚、携带及静电和分子引力的作

用等因素，少部分小于临界粒径的物料也会被分离出来。

67. 什么是旋风分离器的分级效率？

答：颗粒的质量与其直径的 3 次方成正比，直径大的颗粒质量大，旋转时产生的离心力高，颗粒易于克服烟气的阻力到达器壁而被分离出来。直径小的颗粒质量小，产生的离心力小，不易克服烟气的阻力到达器壁，而随烟气从旋风分离器的中心筒流出。因此，旋风分离器对不同直径颗粒的分离效率是不同的。

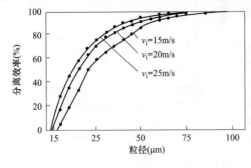

图 10-22　分级效率曲线

旋风分离器对某一直径颗粒的分离效率称为旋风分离器的分级效率。图 10-22 所示为循环流化床锅炉高温旋风分离器典型的分级效率曲线。

从图 10-22 中可以看出，对粒径大于 $50\mu m$ 的颗粒，分离效率大于 90%；而对粒径大于 $100\mu m$ 的颗粒，分离效率接近 100%；对粒径小于 $50\mu m$ 的颗粒，分离效率较低。相同粒径的颗粒随着分离器入口气流速度提高，分离效率上升。循环流化床锅炉旋风分离器的分离效率之所以高达 99%，是因为物料粒径大于 $100\mu m$ 的比例较高。

68. 为什么返料器投入返料前要将部分冷物料放掉？

答：返料从密相区进入炉膛，密相区是正压，而返料器立管上部与旋风分离器的部分是较高的负压，为了防止密相区的烟气和物料反窜入旋风分离器内，导致旋风分离器分离效率下降，通常在锅炉启动过程中和运行初期，立管内的料封还没有建立前，返料器是不投入的。

当锅炉正常运行后，随着锅炉负荷的增加，进入密相区的燃料增多，密相区的温度上升。为了将密相区的温度控制在 $850\sim950℃$ 的范围内，需要投入返料器，通过返料防止密相区超温。

通常在点火前，为了防止烟气和物料反窜入旋风分离器，前次停炉时返料器内要保留一部分物料，如果没有物料要添加部分物料形成料封。从锅炉启动到投入返料器返料需要几个小时，返料器和立管内的物料温度较低。为了防止返料器投入时，低温物料进入密相区使得密相区温度急剧降低，导致燃烧工况恶化，锅炉负荷下降，在确保不破坏料封的前提下，将温度较低的部分物料放掉，尽量减轻返料器投入时对床温的影响。

69. 为什么点火前在返料器入口立管内应有一定数量的物料？

答：如果点火前返料器入口立管内没有一定数量的物料，密相区的烟气和床料将会短路，不经旋风分离器分离直接从旋风分离器顶部的排烟管进入竖井烟道，烟气短路还会使旋风分离器的分离效率降低，因烟气中含有大量物料而导致对流受热面严重磨损。

由于烟气短路，旋风分离器分离效率降低，物料被分离出来返回密相区的数量较少，导致密相区的床料越来越少，不能维持循环流化床锅炉正常运行。

床料与烟气短路后，不但稀相区的燃烧份额很少，而且会因燃料不完全燃烧导致锅炉热效率大幅度降低。

因此，点火前返料器入口立管内应有一定数量的物料，可以起到密封，防止烟气短路，确保旋风分离器正常工作，尽快形成物料循环的作用。

70. 为什么返料风采用一次风的锅炉，放渣不当会导致返料器堵塞？

答：容量较小的循环流化床锅炉，为了节省投资，不设返料风机，常采用一次风作为返料风。

锅炉放渣不当，过量放渣使得床料高度降低，因为流化阻力减少，一次风量增加，所以吹离密相区进入稀相区参与外循环进入旋风分离器的物料增多。过量放渣一方面因一次风压降低，导致返料风压力下降；另一方面被旋风分离器分离出来的物料增加，返料风减少，返料因不能被松动和流化而导致返料器堵塞。

因此，对于采用一次风作为返料风的小型循环流化床锅炉放渣时，要避免过量放渣导致返料器堵塞。

71. 为什么煤的灰分增加，循环倍率上升？

答：煤含有的水分在炉膛高温下变成水蒸气，成为烟气的一部分。煤含有的氢燃烧时变成水蒸气，煤含有的可燃硫燃烧时约95％生成SO_2，约3％生成SO_3，煤含有的碳燃烧生成CO_2，上述煤中的可燃成分燃烧后均成为气体，成为烟气的一部分被排出炉外，是不可能参与物料循环的。

煤中的灰分不能燃烧，粒径较大的灰分成为底渣通过布风板上的排渣孔排出，粒径较小的灰粒进入物料分离器。灰分中粒径很小不能被旋风分离器分离出来的成为飞灰随烟气排至炉外，中等粒径的灰分被旋风分离器分离出来，通过返料器返回密相区。

由于只有少量的焦炭粒和大量的灰粒参与物料外循环，所以，燃料的灰分增加，循环倍率提高。随着分离器分离效率提高，更多的灰粒可以被分离下来返回密相区继续参与物料外循环，燃料灰分增加，循环倍率提高更快，见图10-23。

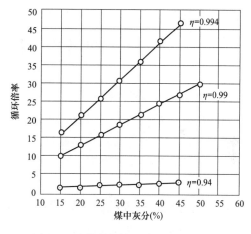

图10-23 燃料灰分对循环倍率的影响

维持一定的循环倍率，保持有较多的物料被分离下来参与外循环，是确保密相区不超温和满负荷运行的必要条件。这也是循环流化床锅炉适宜燃用灰分高的煤和燃用高热值煤要掺入沙子的主要原因。

72. 为什么容量稍大的循环流化床锅炉返料装置不采用一次风机出口的风作为流化风，而要安装单独的流化风机供给流化风？

答：为了使返料装置能顺利返料，返料装置下部有布风板和风帽组成的布风装置。

虽然返料装置所需流化风的压力与一次风机出口压力大体相当，返料装置流化风的流量很小，约为锅炉总风量的1％，但是由于返料装置要求流化风的压力和流量比较稳定，而且可以根据需要进行调整，而一次风的压力会因锅炉的负荷、床料的高度、煤的粒度大小、挥发分的多少，进行调整，导致一次风的压力变化较大、较频繁，不利于返料装置正常返料。因此，容量稍大的循环流化床锅炉通常返料装置单独安装返料风机，返料风机可以采用罗茨风机，也可以采用压力较高的离心风机。

为了增加锅炉运行的可靠性和灵活性，有些锅炉安装了一根从一次风机出口至流化风机出口的备用管道，当流化风机故障不能工作时，利用一次风机出口的风作为返料装置的流化风。

73. 为什么应先启动一次风机，过一段时间再启动返料风机？

答：停炉后立管内可能没有物料或物料很少，如果一次风机启动后接着启动返料风机供给松动风和流化风，因密相区是正压，旋风分离器内是负压，返料风有可能使立管内残存的少量物料流化，返料风穿透物料进入旋风分离器，同时，因立管内的料封没有形成而会使密相区的烟气和物料通过返料器和立管进入旋风分离器，旋风分离器分离效率显著下降，使得旋风分离器分离出来的物料很少，料封始终不能形成。

旋风分离器分离效率较低，进入尾部烟道的烟气飞灰浓度较高，不但尾部烟道内的对流受热面磨损较严重，而且使除尘器和输灰系统超负荷工作。

如果一次风机启动后物料正常流化，旋风分离器分离出来的物料逐渐在立管内储存，使立管内物料逐渐增加形成料封后再启动流化风机，既可确保旋风分离器正常工作，分离出较多物料，又可以防止来自密相区的烟气和返料风透过立管内的物料进入旋风分离器，确保返料器正常返料。

第四节　煤的破碎及粒径

74. 什么是宽筛分燃料？

答：由不同粒径的燃料组成，各种粒径的燃料占有一定比例，且最大允许粒径与最小粒径相差很大的燃料，称为宽筛分燃料。

由于液体燃料和气体燃料不存在粒径的问题，因此，宽筛分燃料主要是指固体燃料，如煤或生物质。

75. 为什么循环流化床锅炉适宜燃烧宽筛分燃料？

答：无论是采用层燃的链条炉还是采用室燃的煤粉炉，为了能组织好燃烧，获得较高的燃烧效率，对燃煤粒径的大小和粒径均匀度均有明确的要求，其允许的最大粒径燃煤与最小粒径燃煤之比较小。

循环流化床锅炉工作原理与链条炉和煤粉炉有明显的区别，既不是像链条炉那样空气穿过固定的燃煤层，也不是像煤粉炉那样空气或烟气携带煤粉一起流动，而是燃煤在高速空气的流化下，一部分粒径较大的燃煤通过内循环回到下部的密相区燃烧，另一部分粒径较小的燃煤被烟气携带到上部的稀相区燃烧后进入高温物料分离器，分离出来的物料通过外循环由返料系统返回密相区继续燃烧，只有少量粒径很小的燃煤与煤粉炉的煤粉粒径相近，因不能被物料分离器分离出来而成为飞灰进入对流受热面，虽然燃尽程度较差，但因为数量很少，所以，可获得较高的燃烧效率。

由于循环流化床锅炉需要不同粒径的燃煤来实现物料的内循环和外循环，达到维持密相区和稀相区各自燃烧份额的目的，因此，循环流化床锅炉不但适宜而且必须采用宽筛分燃煤。循环流化床锅炉适宜采用宽筛分燃煤降低了对燃煤制备系统的要求和能耗，是其优点之一。

76. 什么是煤粒的级配？为什么要满足级配要求？

答：不同粒径的煤粒按一定比例混合成的煤称为煤的级配。

链条炉采用层燃，燃煤与炉排没有相对运动，燃煤相对于炉排是固定的。虽然链条炉对煤的粒径有一定要求，如煤块的最大尺寸不超过40mm，0~6mm的煤末不超过50%，显然链条炉对煤的粒径要求是较宽松的，最大粒径的要求是为了保证燃尽，煤末比例的要求是为了减少炉排漏煤和燃料层出现火孔，确保供风和燃烧均匀。

煤粉炉采用室燃，煤粉炉没有炉排，煤粉被烟气携带一起流动，对煤粉的粒径要求同样较宽松，通常用煤粉的细度来表示对煤粉粒径的要求。煤在制粉系统磨制过程中，经粗粉分离器分离，较粗的煤粉返回磨煤机内继续磨制，合格的细粉喷入炉内或进入粉仓，其粒径只要确保煤粉在炉内燃尽和煤粉不从气流中分离出来即可。

循环流化床锅炉是界于层燃炉和室燃炉之间的一种新型锅炉。既要保证煤粒流化，一部分粒径较大的煤粒通过内循环留在密相区燃烧，又要保证另一部分粒径较小的煤在稀相区内燃烧，并随烟气一起流动，通过外循环返回密相区。为了确保密相区和稀相区的燃烧份额，要通过不同粒径的煤实现物料的内循环和外循环来达到。因此，循环流化床锅炉要根据煤种确定煤的级配。

锅炉厂会根据用户提供的设计煤种，在使用说明书中提供煤的级配曲线。为了使锅炉达到设计性能，用户要选择合理的破碎方式，满足煤的级配要求。

77. 为什么要尽量降低给煤中粒径小于50~100μm煤粒的比例？

答：加入密相区的煤中粒径小于50~100μm的煤粒，在热容很大、温度较高的床料混合加热下，很快完成干燥、挥发分逸出和着火燃烧，并被一次风吹离密相区进入稀相区继续燃烧。

虽然50~100μm的煤粒在密相区和稀相区内均能燃烧，但由于密相区和稀相区的温度比煤粉炉和链条炉的平均炉膛温度1400~1600℃低得多，仅为850~950℃，燃烧速度较慢，同时，粒径比煤粉的粒径10~20μm大很多，煤粒一次通过密相区和稀相区难以燃尽。煤粒经一级破碎、二级破碎和部分燃烧后，体积缩小，随烟气进入高温物料分离器时，因获得的离心力较小而往往不能被分离出来通过返料装置返回密相区后继续重复燃烧，而是随烟气进入尾部烟道成为飞灰的一部分被排出炉外，因飞灰可燃物含量多、机械不完全燃烧热损失高而导致锅炉热效率降低。

如发现飞灰可燃物含量较多时，可以取样分析给煤中粒径小于50~100μm的煤粒是否偏多。煤在破碎过程中产生粒径小于50~100μm的煤粒是难以完全避免的，因此，在床温不超过950℃，锅炉可以满负荷运行的条件下，煤不应过分破碎，可适当提高煤的上限粒径和大粒径煤粒的比例。

78. 泥煤和煤泥有什么区别？

答：泥煤和煤泥虽然两个字相同，只是顺序不同，但泥煤和煤泥是有区别的。

泥煤是地质年代最短的煤，是煤的一个品种，由于泥煤的地质年代短，具有大量水分，矿藏中泥煤水分高达80%~85%，经空气干燥后仍达40%~50%。由于泥煤水分大、含碳量低，所以经空气干燥后的泥煤发热量仅为8400~10000kJ/kg。

泥煤的挥发分很高，V_{daf}可达70%。因此，泥煤容易着火，且燃烧迅速，储存时容易自燃。

煤泥是煤洗选后的副产品，采用水力采煤时也会产生煤泥。煤泥的成分取决于被洗选煤或水力采煤的成分，其成分变化较大。因煤经洗选后的煤泥灰分和水分很高，其发热量很低，且难以储运，适于坑口电厂和循环流化床锅炉采用。

79. 循环流化床锅炉怎样燃用煤泥？

答：煤泥是选煤后的副产物下脚料，因为水分和灰分高、运输困难，成本高，所以其价格很低。发电成本的70%是燃料费用，如果电厂离煤矿较近，燃用煤泥可显著降低发电成本。

煤泥水分高，循环流化床锅炉燃用煤泥时，煤泥在密相区内流化时会结成团，当团的直径较大、重力较大时，因不能被一次风流化而沉积在布风板上，导致床温升高结焦而不能正常运行。

为了使循环流化床锅炉能燃用煤泥，可以采取以下两个措施。

（1）从炉膛顶部加煤，利用炉膛的高温烟气对自上而下的煤泥进行加热干燥，降低煤泥的水分，减少煤泥结团的可能性。

（2）添加重质惰性物料，如石英砂。因物料流化后具有流体的性能，结团的煤泥因密度低于石英砂流化后的密度而浮在密相区床粒的上部，避免了结团煤泥因重力较大沉积在布风极上而不能流化的问题。结团的煤泥在不断流化的过程中，被干燥和破裂成不同粒径较小的煤粒，其中粒径较大的留在密相区内燃烧，粒径较小的被烟气携带进入稀相区内燃烧。

80. 为什么添加重质惰性物料燃用煤泥时，可以采用不排渣运行方式？

答：采用添加重质惰性物料燃用煤泥时，结团的煤泥密度较小浮在重质物料上，不断流化过程中，在因水分和挥发分形成的内压力作用下而破裂和在碰撞摩擦中粒径不断变小。当粒径小到可以被烟气携带离开密相区进入稀相区时，就可以参与物料的外循环。经过多次外循环，当磨损到粒径小到不能被旋风物料分离器分离下来时，随烟气进入尾部烟道成为飞灰被排出炉外。

煤泥是由细小的煤粒组成的，只要在密相区内经过多次流化碰撞，最终均会燃尽成为能被烟气携带离开密相区的小灰粒。采用不排渣运行方式不会像正常燃煤时，因密相区床料太多、床压高而导致一次风机耗电量增加，同时，重质物料密度大、硬度高不易磨损，不排渣可以减少其消耗量，降低运行成本。

因此，添加重质惰性物料燃用煤泥时，采用不排渣运行方式，不但可以确保循环流化床锅炉正常运行，有利于煤泥燃尽，而且可以减少重质惰性物料的消耗量，降低运行成本。

81. 为什么煤粉炉内煤粉不易破碎，而循环流化床锅炉内的煤粒容易破碎？

答：由于煤粉炉的制粉系统内有粗粉分离器，将粗粉分离出来后送回磨煤机继续磨制，进入煤粉炉的煤粉粒径很小，通常为十几微米至几十微米。

煤粉粒径小，每粒煤粉含有的挥发分总量少，煤粉喷入炉膛吸收热量温度升高后析出的挥发分容易透过粉粒的壁面析出，不易在煤粉的内部形成较大的压力。因为煤粉粒径小，煤粉表面和内部的温差很小，也不易产生较大的热应力。所以，煤粉炉内的煤粉不易破碎。

循环流化床锅炉没有制粉系统，只是采用破碎机将煤破碎成不大于10~12mm的煤粒。

虽然破碎机生产的是宽筛分的煤料，但粒径较大的煤粒占有较大的比例。

粒径较大的煤粒，每颗煤粒含有的挥发分总量较多，煤粉加入密相区温度升高后挥发分难以透过表面很快逸出，在内部形成较大的压力。经破碎机破碎的煤粒的外形是不规则的，煤粒在被加热过程中，因其表面和中心会产生较大的温差而形成热应力。煤粒在内部压力和因温度不均匀产生的热应力共同作用下而发生破碎。

随着煤的粒径和挥发分增加，挥发分形成的内部压力和内外温差形成的热应力越大，煤粒越容易发生破碎。

82. 怎样判断循环流化床锅炉给煤各种粒径煤粒的百分比是否合理？

答：循环流化床锅炉的给煤应该由粒径不同的各种煤粒按一定的百分比组成。粒径大的煤不会被烟气携带离开密相区进入稀相区，而留在密相区燃烧，确保密相区有一定的燃烧份额和维持一定数量的床料及温度。粒径较小的煤和由一级破碎、二级破碎形成的粒径较小的焦炭粒，可以被烟气携带离开密相区进入稀相区燃烧，以保证稀相区有一定的燃烧份额和温度。

因此，循环流化床锅炉的给煤应由不同粒径的煤粒按一定百分比组成。锅炉厂根据用户提供的煤种设计制造锅炉，在使用说明书上给出入炉煤不同粒径煤粒百分比曲线，从曲线中可以查到各种粒径煤粒的百分数。

在实际运行中很难完全按照曲线的要求提供各种粒径占比的给煤，燃用的煤种经常变化，入炉后一级破碎和二级破碎的程度和产生小粒径焦炭的数量难以控制和预测。可参照曲线的要求提供近似的各种粒径占比的煤，只要密相区、稀相区床温正常，飞灰可燃物含量低，锅炉能满负荷运行，各种粒径煤占比就是合理的。如果密相区温度偏高，则大粒径煤占比偏多或煤的粒径过大；如果飞灰可燃物偏高，则说明煤粒径太小或小粒径煤占比偏高。

83. 为什么循环流化床锅炉能进行外循环的物料上限粒径约为 1mm，而入炉煤的粒径最大可达 10~12mm？

答：在计算循环倍率时，通常只考虑外循环的物料量，而内循环的物料量因难以计算而不予考虑。

能进行外循环物料的上限粒径通常约为 1mm，大部分外循环物料的粒径为 0.2~0.5mm。

为了维持煤在密相区一定的燃烧比例（通常为 50%）和一定的床料量，需要一部分粒径较大的煤不参与外循环，而流化后通过内循环留在密相区燃烧。粒径较大的煤加入炉内后，在挥发分析出过程中产生的内部压力和煤粒内外温差形成的热应力共同作用下破碎成很多粒径较小的煤，挥发分析出后焦炭残骸因烧断和撞击磨损也会使粒径进一步降低。粒径很小的物料因不能分离出来而成为飞灰，粒径较小的物料参与外循环；粒径较大的物料只能进行内循环，留在密相区内，通过排渣排出炉外。因此，将入炉煤的最大粒径控制在 10~12mm，既满足了密相区一定的燃烧份额和一定的循环倍率，又可以降低煤破碎消耗的电力的要求。

84. 为什么煤经过一次破碎级配不符合要求时，应分选后再进行二次破碎？

答：由于循环流化床锅炉特殊的燃烧方式，要求燃煤的制备系统提供宽筛分符合级配要求的煤。煤经过一次破碎如不能满足对煤的级配要求，往往要进行二次破碎。

一次破碎后的煤经过筛分，仅对粒径较大的煤进行二次破碎，不但可以避免煤的过分破碎导致粒径小的煤的比例超标，又可以减少煤的破碎量，达到节约设备投资和耗电量的目的。

85. 什么是煤粒破碎的指数？

答：煤粒加入密相区后，在炽热的床料强烈加热下，在挥发分气化形成的内部压力和因内外部温差而形成的热应力共同作用下，煤粒的破碎是不可避免的。

不同的煤种因挥发分含量和机械强度不同，其破碎程度不一样。采用破碎指数是为了定量地分析煤的破碎特性和各种因素对煤粒破碎的影响。

破碎指数既考虑了煤粒破碎后的粒数，又考虑了煤粒破碎后粒度的分布。破碎后的粒数越多，破碎后的粒度越细，破碎指数越大，表示煤的破碎程度越严重。因此，破碎指数大小可以用来判断煤的破碎特性。

对于破碎指数大的煤，可以适当提高煤的上限粒径和较大粒径煤的比例，可以在确保循环流化床锅炉正常运行的情况下，降低煤破碎的能耗。

由于煤的破碎指数与煤的特性、入炉煤的粒度和床温等多种因素有关，入炉煤合理的粒度分布要根据煤种通过现场调试来确定。

86. 为什么挥发分越高的煤在炉膛内越容易破碎？

答：煤是古代的植物因地质变动被深埋地下，在隔绝氧气的情况下，经过漫长的地质年代而形成的。

随着地质年龄的增加依次形成泥煤、褐煤、烟煤和无烟煤。地质年龄越短的煤挥发分越高，煤的机械强度越低。

煤粒加入密相区后被大量的炽热床料强烈加热，温度迅速升高，挥发分很快析出。挥发分越高的煤在煤内部挥发分形成的压力越高，加之挥发分高的煤机械强度较低，同时，挥发分高的煤，挥发分析出后产生的气孔形成的焦炭残骸骨架，容易被烧断或因碰撞、摩擦而易于断裂导致破碎。由于以上几个原因，挥发分越高的煤，在炉膛内越容易破碎，见图10-24。

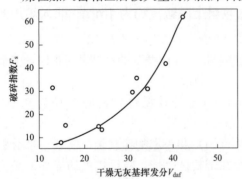

图 10-24 不同煤种间破碎特性比较

由于挥发分越高的煤在炉膛内越容易破碎，所以燃用挥发分高的煤时，粒径较大的煤的比例可较高；反之，燃用挥发分低的煤时，粒径较大的煤的比例应较低。应根据煤的挥发分，确定碎煤机将煤破碎的程度，这样既可降低碎煤机的耗电量，又可确保密相区和稀相区合理的燃烧份额。

87. 为什么粒径大的煤比粒径小的煤在炉内更容易破碎？

答：循环流化床锅炉燃用宽筛分煤，煤的最大的粒径可达 $10 \sim 12mm$，最小粒径只有几微米。

可以认为挥发分在煤中是均匀分布的，粒径大的煤被加热后，煤内部挥发分析出阻力较大，煤内部挥发分形成的压力较大。

煤加入密相区后在大量高温床料的加热下，表面温度迅速升高，热量通过导热传至煤的内部，因煤的导热系数较小，煤内部温度上升较慢，煤粒因内外存在较大温差而产生热应力。

显然煤的粒径越大，挥发分析出时内部压力越高，因内外温差大而形成的热应力也大，煤越容易破碎。破碎指数随粒度变化的曲线见图10-25。粒径较小的煤，因为挥发分析出的阻力较小和煤粒内外因温差而形成的热应力也较小，所以一般不容易产生破碎。

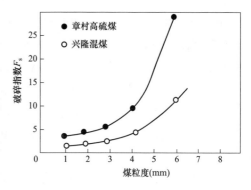

图 10-25　破碎指数随粒度变化的曲线

88. 为什么随着床温升高，加入密相区的煤更容易破碎？

答：加入密相区的煤为常温，床温升高，床料与煤的传热温差增大，传热量的增加使煤粒的升温速度更快。

煤粒温度升高速度加快，一方面，使煤粒中挥发分析出的速度提高，而挥发分析出的阻力基本没有变化，挥发分气化在煤内部形成的压力增加；另一方面，煤粒表面的温度升高速度提高，虽然因煤的表面温度提高，与煤内部的传热温差增大，煤内部温度升高的速度加快，但因煤的导热系数较小，煤内部温度升高的速度低于煤表面温度升高速度，使煤的内外部温差加大，煤粒的热应力加大。

床温升高，煤粒因内部压力和热应力均增加而导致煤粒更容易破碎。床温对煤粒破碎指数的影响见图10-26。

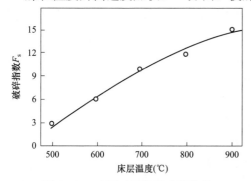

图 10-26　床温对煤粒破碎指数的
影响（大同煤）

89. 为什么煤粒和床料的破碎和磨损对循环流化床锅炉有利有弊？

答：煤粒和床料在循环流化床锅炉中破碎和磨损是不可避免的。

煤粒的破碎和磨损使其粒径变小，可以提高入炉煤粒的上限粒径，降低破碎机的负荷和能耗，加快燃烧速度。煤粒燃烧在表面形成的灰壳和脱硫剂表面形成硫酸钙因磨损而被磨掉，露出新的表面，有利于煤粒燃尽和降低脱硫剂消耗，提高脱硫效率。

能形成外循环物料的大部分粒径范围为 0.1～0.8mm，粒径小于 0.1mm 的物料由于不易被分离器分离出来成为飞灰，而不参与外循环。粒径较大的物料不能被烟气携带进入稀相区，也不参与外循环。煤粒和床料的破碎和磨损可以使较大粒径的煤粒和床料不断变小，成为可以形成外循环的物料，以维持物料的循环倍率，使循环流化床锅炉正常运行。

煤粒和床料破碎和磨损过程中形成粒径很小的颗粒，因不能被分离器分离出来返回炉膛内成为飞灰，不但使机械不完全燃烧热损失增加，锅炉燃烧热效率降低，脱硫剂消耗量增加，脱硫效率下降，而且因飞灰量增加而导致尾部受热面磨损加剧，输灰系统能耗上升。

煤粒和床料对防磨层和稀相区水冷壁的磨损，增加了锅炉维修的费用和工作量。

由此可以看出，煤粒和床料的破碎对循环流化床锅炉既有利，也有弊。

90. 为什么易破碎和磨损的煤燃烧效率降低？

答：由于循环流化床锅炉炉膛内的温度较低，通常为 $850\sim950℃$，焦粒的燃烧速度较慢，需要通过多次循环延长其在炉膛内停留的时间，来达到其燃尽的目的。

易破碎和磨损的煤，易于在破碎和磨损的过程中形成较多不能被分离器分离出来的小颗粒焦粒。小颗粒焦粒成为飞灰排出炉外，因机械不完全燃烧热损失增加，导致燃烧热效率降低。

因此，在购煤时要考虑煤的破碎和磨损性能对燃烧效率的影响，避免购买易破碎和磨损的煤。

91. 为什么燃烧烟煤时，煤的平均粒径可以较大，而燃烧无烟煤时，煤的平均粒径应较小？

答：为了使床料能正常流化，密相区与稀相区有合理的燃烧份额，循环流化床锅炉燃用的煤，经碎煤机破碎后各种粒径的比例要符合锅炉厂使用说明书的要求。

烟煤的挥发分较高，煤粒加入密相区后在炽热的床料加热下温度迅速升高，煤粒内外温差较大，挥发分气化时在煤粒内形成较大的压力。煤粒在温差形成的热应力和挥发分形成的内部压力作用下，产生一级破碎，较大的煤粒破碎成较多粒径较小的煤粒。粒径较大的煤因内外温差形成的热应力和挥发分形成的内部压力较大，更容易形成一级破碎。

烟煤颗粒中的挥发分析出后形成的焦炭残骸，其强度较低，在物料的内部循环和外部循环过程中更容易因相互碰撞、摩擦而产生二级破碎，形成粒径较小的床料。

因此，燃烧烟煤时采用较大的平均直径，既可以满足床料流化，密相区与稀相区合理燃烧份额的要求，避免不能被旋风物料分离器分离出来，成为飞灰的数量增多，导致机械不完全燃烧热损失增加，又可以节省碎煤机的耗电量。燃用烟煤时，煤的上限粒径不大于 $12mm$。

无烟煤挥发分少，一级破碎和二级破碎的作用明显小于烟煤，着火时间和燃尽时间较长，为了确保床料的正常流化、密相区和稀相区合理的燃烧份额，降低机械不完全燃烧热损失，燃烧无烟煤时，应采用较小的平均粒径。燃用无烟煤时，煤的粒径上限不大于 $8mm$。合理的烟煤粒径和无烟煤粒径应通过燃烧调整来确定。

92. 为什么煤粒平均直径过大会导致床层高温结焦？

答：循环流化床锅炉的燃煤是由不同粒径的煤组成，平均粒径过大，表示煤中粒径较大的煤的比例较高。

粒径较大的煤被一次风吹起流化后，其重力大于气流的托力，通过内循环又回到密相区继续燃烧。煤粒的平均直径过大，密相区的燃烧份额就会增加。密相区的高度较小，同时，为了防止密相区的水冷壁磨损，密相区的水冷壁的表面敷设了防磨层，防磨层的热阻较大，水冷壁的吸热量较少。因此，煤粒的平均直径过大，会因密相区的燃烧份额增加，床温升高而导致床料结焦。

在实际运行中，出现密相区温度过高，除采用增加一次风量外，还可以通过降低煤粒的平均直径减少密相区燃烧份额的方法来降低床温，达到避免床层高温结焦的目的。

93. 什么是石油焦？

答：石油是各种碳氢化合物的混合物，石油经过简单加工，利用各种碳氢化合物的沸点不同，提炼出汽油、煤油和柴油等主要轻质油品，分别作为汽油发动机、喷气式发动机和柴油发动机的燃料。

通过物理的方法，利用沸点不同提炼出来的汽油、煤油和柴油等轻质油品数量较少，不能满足国民经济各部门对轻质油品日益增长的需求，剩余的重质油品数量较多，直接作为锅炉的燃料使用是资源的浪费，十分可惜。

将利用沸点不同对石油进行简单加工的蒸馏装置生产过程中剩余的重质油品渣油，送至延迟焦化装置进行深度加工。渣油在高温下裂解为轻质油品，剩余的不能裂解的部分在焦炭塔内生成焦炭。因为焦炭塔内生成的焦炭的原料来自石油，为了区别用煤生产的焦炭，称为石油焦。所谓延迟焦化，是指渣油在加热炉内被加热到高温下裂解，渣油中残炭的焦化不是在加热炉内，而是延迟到焦炭塔内出现焦化。

焦炭塔内生成的石油焦通过物理的方法，如用铣头或高压水切割的方法将焦炭塔内石油焦破碎后排出，作为商品出售。

94. 石油焦有什么特点？

答：石油焦的特点之一是灰分少，发热量高。由于石油的灰分和机械杂质含量极少，通常两者总共不超过 0.1%，所以，虽然经过深度加工，石油中的灰分和机械杂质大部分残留在石油焦中，但是石油焦中的灰分和机械杂质仍然很少。因为石油焦中大部分是碳，其次是挥发分和少量的水分，可燃质含量很高，所以发热量高达 29300～33500kJ/kg，明显高于煤的发热量。

石油焦的第二个特点是含硫量较高。石油在加工过程中，石油中的硫分少量进入汽油、煤油、柴油等轻质油品中和石油加工过程中产生的气体燃料中，石油中大部分的硫分残存在石油焦中，使得石油焦的含硫量较高。石油焦中的硫含量与石油的硫含量密切相关，随着石油含硫的增加而提高。由于石油焦的生产有富集硫分的作用，所以会出现石油焦的含硫量超过石油含硫量的现象。

石油焦含硫量较高，石油焦作为锅炉燃料，硫分约 95% 生成 SO_2，约 3% 生成 SO_3，造成环境污染和尾部受热面腐蚀，给烟气脱硫和尾部受热面防腐、检修造成很大负担。

95. 为什么石油焦不宜直接作为链条炉和循环流化床锅炉燃料？

答：由于石油焦灰分很少，在炉排上形成的灰渣层很薄，同时，石油焦的发热量很高，床层温度很高，炉排得不到良好冷却而过热烧坏。所以，石油焦不宜直接作为链条炉的燃料。如果必须要采用石油焦作为燃料时，可预先在石油焦内混入一定量的炉渣，使混合后的燃料含有一定量的灰分，一方面，因降低了燃料的发热量，床层温度降低；另一方面，因炉排面上有一定厚度的灰渣层的保护，可以防止炉排烧坏。

循环流化床锅炉要维持一定的循环倍率，稀相区内要有较多的物料流过，才能使稀相区的水冷壁获得足够的传热量，产生较多蒸汽，因石油焦的灰分很少，而循环的物料中大部分是灰分，锅炉难以达到设计的循环倍率，稀相区难以保持较多的物料流过，稀相区的传热量较少，产生的蒸汽也较少。所以，石油焦不宜单独作为循环流化床锅炉燃料。

如果必须要采用石油焦作为循环流化床锅炉的燃料时，应掺入部分炉渣或惰性物料，保持设计的循环倍率，确保稀相区有足够的传热量，使锅炉能达到额定负荷。

96. 循环流化床锅炉给煤有哪两种方式？

答：由于循环流化床锅炉通常要求煤的粒径不大于 10～12mm，购入的煤要经过碎煤机破碎后进入炉前煤仓，然后通过给煤机进入密相区。常用的给煤机有螺旋给煤机和皮带给煤机两种，两种给煤机各有优、缺点。

螺旋给煤机的优点是密封性能较好，投资较低，防火性能较好，炉膛出现正压火焰或高温烟气喷出时不易烧坏；缺点是采用的电动给料机会出现卡涩导致给煤不均，螺旋给煤机的叶片容易磨损，轴承的工作条件较差，给煤计量较困难。

皮带给煤机的优点是不易卡涩，给煤均匀，工作较可靠，便于安装皮带称对给煤进行计量；缺点是投资较高，防火性能较差，炉膛出现正压，火焰或高温烟气喷出时，皮带有可能着火燃烧。

以上两种给煤机均有采用，随着对给煤可靠性和对给煤计量要求的提高，现在皮带给煤机采用得较多，通常采用止回挡板来防止炉膛正压导致皮带着火烧坏。

97. 为什么落煤管上端要设置加煤风？

答：给煤机通过落煤管将煤加入密相区，密相区是正压，落煤管内也是正压。由于落煤管不是垂直的而是倾斜的，煤经落煤管下落时不是自由落体，而是沿一定坡度下落，同时，落煤管上粘有煤屑，摩擦力较大，煤下落时动力不足，阻力较大。

为了使煤能顺利地经落煤管加入密相区，在落煤管的上端设置加煤风，利用加煤风的动能提高煤下落的动力。由于冷一次风的压力较高和密度较大，通常采用一次风机出口的冷一次风作为加煤风。

落煤管的煤加入密相区，因为密相区是正压，所以设置加煤风可以防止密相区高温烟气进入落煤管。

98. 为什么落煤管的下端要设置播煤风？

答：通常落煤管布置在前后墙上，落煤管的间距和炉膛深度均较大，在落煤管的下端设置扁平状的播煤风口，播煤风可以使落煤管下落的煤沿炉膛的宽度和深度均匀地加入密相区，不但可以使加入的煤均匀、快速地被密相区的床料加热，迅速完成煤中水分、挥发分逸出和着火的过程，为煤燃尽提供较多的时间，而且可以使床层温度均匀。

由于冷一次风的压力较高和密度较大，为了提高播煤风均匀播煤的效果，通常采用一次风机出口的冷一次风作为播煤风。

99. 为什么循环流化床锅炉的炉前煤仓容易发生堵煤？

答：循环流化床锅炉的炉前煤仓与煤粉炉的炉前煤仓不同，虽然两种锅炉上煤系统均安装了碎煤机，但煤粉炉碎煤机出口煤的粒度约不大于 100mm，而循环流化床锅炉碎煤机出口煤的粒度不大于 12mm，其中含有较多粒度很小的煤末。

由于循环流化床锅炉炉前煤仓内的煤粒度较小，如煤中的外在含水量较高，形成煤泥，流动性较差，在煤仓壁产生的侧压力作用下，容易因搭桥而导致下煤不畅，发生堵煤。

100. 怎样防止或减轻循环流化床锅炉炉前煤仓堵煤？

答：由于循环流化床锅炉要求煤的粒度小于 12mm，如煤粒的外在水分较高，其炉前煤仓容易发生堵煤，所以，采取措施防止煤仓堵煤很重要。常用的防止煤仓堵煤的措施有以下几种。

（1）降低煤的外在水分。充分利用干煤棚通风自然干燥的能力，尽量使用在干煤棚内存放时间较长、经自然风干、外在水分较低的煤。

（2）当采用钢筋混凝土煤仓时，内壁衬摩擦系数较小的塑料板，降低煤与仓壁的摩擦力。

（3）当采用钢板制作煤仓时，安装电动振打器，利用仓壁的振动，使搭桥的煤塌落。

（4）尽可能地提高煤仓的倾角，降低仓壁对煤的侧压力，防止或减轻煤仓下部搭桥。

（5）适当提高煤仓出口的面积，原因为煤仓下部煤搭桥的跨度越大，搭桥的煤越容易塌落。

（6）安装煤仓疏通装置，防止煤在煤仓内搭桥。

101. 怎样确定吹灰间隔时间？

答：由于循环流化床锅炉通常燃用发热量较低、灰分较高的煤和尾部烟气流速较低、受热面的积灰较多。所以为了使过热汽温达标并有一定调节余地和使排烟温度在允许的范围内，对各受热面进行吹灰是必不可少的。通常循环流化床锅炉安装有多个吹灰器。

除过热汽温必须保证外，排烟温度的高低与锅炉热效率密切相关。吹灰间隔时间短，受热面较清洁，排烟温度较低，锅炉热效率较高，但无论是压缩空气吹灰还是蒸汽吹灰，其吹灰是需要费用的。因此，需在吹灰成本和吹灰后锅炉效率提高、燃料费用降低之间进行比较，决定吹灰间隔时间。根据吹灰所需的费用低于排烟温度降低锅炉效率提高节省的燃料费用，确定的吹灰间隔时间是合理的。

第五节 燃 烧 调 整

102. 为什么循环流化床锅炉采用床下点火较床上、床内点火好？

答：点火时，循环流化床锅炉通常采用气体燃料或柴油燃烧器，对布风板上温度很低的床料进行加热升温，直至床料温度达到550℃以上，能使床料点燃给煤后，解列气体或柴油燃烧器。

当采用床上、床内点火时，气体或柴油燃烧器产生的火焰和高温烟气在床料之上和之中，一次风对床料进行微流化，火焰和高温烟气中仅有30%～40%的热量被用于加热床料，使气体燃料或柴油的消耗量较大。因为气体燃料或柴油是高品质燃料，其价格较高，所以采用床上点火会导致运行成本上升。

当采用床下点火时，气体或柴油燃烧器布置在布风板之下的燃烧室内，产生的火焰和高温烟气与空气混合后不超过800℃，通过风帽对床料进行加热，因为风帽在床料的底部，从风帽出来的高温烟气对其上部的全部床料进行加热，高温烟气中的热量用于加热床料的比例显著提高，不但床料的温度较均匀，而且温度上升较快，所以可以节省价格较高的气体燃料或柴油，使运行成本下降。

因此，除早期循环流化床锅炉采用气体燃料、柴油或木柴进行床上点火外，目前已普遍采用气体燃料或柴油进行床下点火。

水冷布风板和水冷燃烧室的采用，为循环流化床锅炉采用床下点火创造了条件。床上、床内和床下点火方式示意见图10-27。

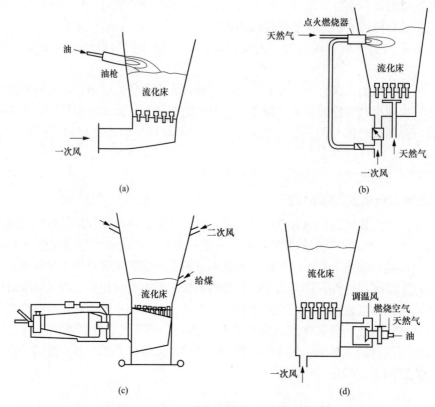

图10-27　床上、床内和床下点火方式示意
(a) 床上油枪点火；(b) 床内天然气点火；(c) 床下热风点火；(d) 床下油气预燃室点火

103. 为什么点火时，要使床料处于微流化状态？

答：现在循环流化床锅炉点火除少数有条件采用气体燃料外，大多数采用轻柴油床下点火，利用轻柴油点火产生的高温烟气加热布风板上的床料。点火采用较少的一次风量，床料处于微流化状态，达到绝大部分床料在密相区内，充分利用高温烟气的热量加热床料，使床料温度较均匀、较快地升高到所需要温度和节省柴油的目的。

锅炉点火时，炉膛温度很低，柴油的燃烧难以很充分，同时，柴油中的含氢量较高，氢燃烧后生成水蒸气，因为点火时排烟温度很低，所以烟气中的水蒸气易凝结成水。为了防止柴油未完全燃烧产物和凝结水黏附在布袋式除尘器的布袋上或电除尘器的电极上，降低布袋或电极的寿命和导致布袋除尘器及电除尘器不能正常工作，通常在点火阶段，采用布袋式除尘器时，烟气不经过布袋而经旁路排至烟囱；采用电除尘器时，不送电。因为点火阶段布袋除尘器或电除尘器处于解列不能正常除尘的状态，使床料处于微流化状态，可以减少烟气中飞灰的浓度，降低循环流化床锅炉点火阶段对环境的污染。

一旦点火阶段结束，柴油停用，排烟温度升高，烟气中的水蒸气不能凝结时，应及时将布袋除尘器或电除尘器投入使用。

104. 为什么点火时床料的高度在 350～500mm 较好？

答：点火时床料的高度过高，易加热不均匀，热容量大，升温时间长，柴油或天然气消耗多，一次风压高，耗电量多。

点火时床料过低，床料阻力小，容易因部分流化风短路而引起流化不均匀，部分未流化的床料易结焦。

为了兼顾上述两方面的要求，点火时，床料的高度在 350～500mm 范围内较好，容量较小的锅炉，可取下限，容量较大的锅炉，可取上限。

105. 怎样降低点火过程中柴油、天然气消耗和缩短点火时间？

答：由于床下点火具有床料加热均匀和柴油、天然气消耗较少等优点，已被广泛取代早期的床下点火。

为了进一步节约点火时优质价格高的柴油或天然气的消耗量，缩短点火时间，可以在惰性床料中掺入少量的优质煤，使床料具有一定的热值。点火过程中不但柴油或天然气产生的高温烟气对床料进行加热，而且床料中的优质煤被点燃后，其燃烧产生的热量也可以加热床料，使其温度升高，达到了节约柴油或天然气的目的。

随着惰性床料中掺入可燃物数量的增加，床料的热值提高，料层升温速度加快，点火时间缩短，见图 10-28。

因为点火时采用微流化，床料和掺入的优质煤粒径不宜超过 6mm，应能满足微流化的

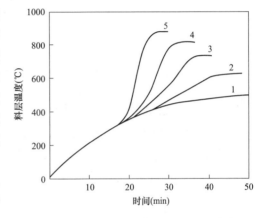

图 10-28 底料热值对点火升温过程的影响
底料热值：1—0kJ/kg；2—1000kJ/kg；
3—2000kJ/kg；4—4000kJ/kg；5—6000kJ/kg

要求。配好的床料热值控制在 3000～5000kJ/kg，过高易结焦；过低不易点燃，易熄火。循环流化床锅炉通常采用热值较低、灰分较高的煤，着火温度较高，因此，可以准备少量热值和挥发分高、灰分低、易着火的优质煤，在床料温度达到 600℃时，即可加入优质煤，稳定着火燃烧后可停止柴油或天然气。

106. 为什么循环流化床锅炉点火过程中，初期和末期床温升高较快，中期床温升高较慢？

答：点火初期床温很低，近似于室温，床下点火柴油或可燃气燃烧产生的高温烟气与床料的温差很大，烟气对床料的传热量很大，大部分热量留在了密相区对微流化的床料进行加热，离开密相区的烟气温度较低，因此，床温升高较快。

点火的中期由于床料和床温较高，床下点火产生的烟气温度与床料的温差降低，烟气对床料的传热量降低，离开密相区的烟气温度较高，带走的热量较多，留在密相区加热床料的热量减少。

随着密相区床料温度的升高，床料通过辐射、对流和导热对密相区和稀相区水冷壁的传热量增加，使床料温升的速度下降。

点火末期，床料被加热到 550℃以上时，可加入优质烟煤，煤被引燃着火后床温升高较

快。随着给煤量的增加和床温升高，应减少最终停止昂贵的柴油量，以降低成本。因此，循环流化床锅炉点火过程中，初期和末期床温升高较快，中期床温升高较慢，见图 10-29。

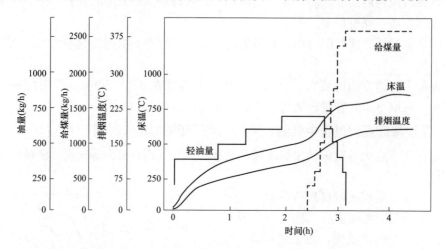

图 10-29　循环流化床典型的启动升温曲线

107. 什么是低温燃烧？其有什么优点和缺点？

答：燃料在炉膛内最高温度低于灰分变形温度的工况下燃烧称为低温燃烧。

循环流化床锅炉炉膛内的最高温度通常小于 950℃，低于灰分变形温度，因此，循环流化床锅炉属于低温燃烧。为了防止结焦并留有余量，通常循环流化床锅炉炉膛内的最高温度应低于灰分变形温度 100℃。

低温燃烧的优点：

(1) 不会产生或显著降低热力型的 NO_x，有利于降低 NO_x 的排放浓度，降低脱硝负荷，减轻对环境的污染。

(2) 由于燃料颗粒表面不会有灰分形成的灰壳，有利于焦炭燃尽，降低机械不完全燃烧热损失。

(3) 炉膛温度控制在 850～900℃，是脱硫剂 $CaCO_3$ 最佳的煅烧和脱硫反应温度，可以获得较高的炉内脱硫效率。

低温燃烧的缺点：

(1) 给煤中粒径很小的煤粒因为不能被物料分离器分离下来，温度较低不易燃尽，所以飞灰可燃物较高。

(2) 由于燃烧温度较低、焦炭燃烧速度较慢、燃尽所需时间较长，需要通过循环流化床的方式延长焦炭在炉膛内停留的时间，达到提高燃烧效率的目的。增加了物料分离和返料系统，增加了设备投资和运行难度。

(3) 床料流化循环增加了送风机的耗电量，分离系统增加了引风机的耗电量，使风机的耗电量增加，厂用电率较高。

(4) 由于物料的循环量较大，受热面的磨损较大。

108. 什么是高温燃烧？其有什么优点和缺点？

答：燃料在炉膛最高温度高于灰分熔点的工况下燃烧称为高温燃烧。

煤粉炉炉膛内火焰中心的温度超过 1600℃，明显高于灰分熔点，链条炉炉排上温度最高的区域也超过灰分熔点，因此，煤粉炉和链条炉属于高温燃烧。

高温燃烧的优点是燃料燃烧迅速，焦炭燃尽所需时间较短，有利于燃料燃尽，降低机械不完全燃烧热损失。燃料在离开炉膛前已基本燃尽，不需要安装分离和返料系统，通过多次循环来延长燃料在炉膛内的时间，达到提高燃烧效率的目的，设备简单、投资少，运行难度低，受热面的磨损较轻，送风机、引风机的耗电量较少，厂用电率较低。

高温燃烧的缺点是高温下空气中的 N_2 和 O_2 在高温下会产生热力型的 NO_x，增加了 NO_x 的排放浓度，提高了脱硝负荷和费用。高温燃烧会使燃料颗粒表面形成灰壳，使得灰壳内的焦炭不能继续燃烧，机械不完全燃烧热损失增加。

由于煤粉的粒径很小，颗粒表面形成的灰壳对焦炭燃尽影响较小。链条炉燃料的粒径较大，颗粒表面形成的灰壳对燃料燃尽影响很大。这也是煤粉炉机械不完全燃烧热损失较小、链条炉机械不完全燃烧热损失较大的主要原因。

109. 为什么循环流化床锅炉要采用低温燃烧？

答：循环流化床锅炉密相区和稀相区的温度为 850～950℃，明显低于室燃的煤粉炉和层燃的链条炉的炉膛温度 1400～1600℃。燃料在循环流化床锅炉内以较低的温度下着火、燃烧和燃尽，因此，称为低温燃烧。

循环流化床锅炉之所以采用低温燃烧有以下几个原因。

（1）燃料在循环流化床锅炉要获得良好的流化和实现物料在炉膛内和旋风分离器之间的外部循环，物料的温度必须要低于燃料中灰分的变形温度 100℃ 以上，灰分的变形温度通常为 1150～1200℃。物料温度控制在 850～950℃ 可以有效地防止物料在布风板上和旋风分离器内结焦，使循环流化床锅炉正常运行。

（2）循环流化床锅炉通常采用以碳酸钙为脱硫剂的炉内干法脱硫，850～950℃ 是炉内碳酸钙煅烧和脱硫反应最佳的温度范围，可以在钙硫比为 2～2.5 的工况下获得约 80% 的脱硫效率。

（3）热力型氮氧化物 NO_x 易在高温下形成，采用低温燃烧可以抑制热力型 NO_x 的产生，降低烟气排放 NO_x 的浓度。

110. 循环流化床锅炉是如何实现低温燃烧的？

答：循环流化床锅炉能实现低温燃烧有以下几个原因：

（1）采用灰分较高、发热量较低的煤，因为煤的理论燃烧温度较低，所以可使密相区的温度较低。

（2）虽然煤是加入密相区的，但是密相区内绝大部分物料是惰性不可燃的灰分，密相区可燃物含量仅占全部物料的 1%～3%，相当于发热量很低、灰分很高的煤在密相区内燃烧。

（3）送入密相区用于物料流化和煤燃烧的一次风量，仅占煤完全燃烧所需空气量的 1/2，燃料未完全燃烧，少量粒径很小的煤粒被烟气携带离开密相区，进入稀相区燃烧。

（4）大量温度较低的物料返回密相区，温度提高后进入稀相区，降低了密相区的温度。

（5）在密相区内燃烧的煤粒径较大、燃烧速度较慢、燃尽所需时间较长，因此，密相区周围的水冷壁敷设了热阻很大的防磨层，密相区的温度也不高，通常为 850～950℃。

（6）虽然送入稀相区的二次风使炉膛出口过量空气系数达到 1.25，但由于进入稀相区物料中可燃物的含量同样很低，可燃物的粒径虽较小但仍比煤粉大很多，燃烧速度较慢、燃尽所需时间较长，二次风的温度仅约为150℃，远低于煤粉炉的约350℃，同时，稀相区的水冷壁均是裸露的，吸热量较多，所以，稀相区的温度同样不高，通常比密相区温度略低。

111. 为什么煤中细颗粒过多会导致循环物料含碳量增加和返料器结焦？

答：循环流化床锅炉的燃煤是由各种粒径的煤组成，最大煤粒直径通常不超过10～12mm。粒径较大的煤粒因其重力大于烟气对其的托力而通过内循环回到密相区继续燃烧。粒径较小的煤因其重力小于烟气对其托力而随烟气一起流动，进入旋风分离器。凡是能被旋风分离器分离出来的物料的粒径相对较大，如果燃煤中细颗粒过多，随烟气进入旋风分离器的数量较大，而细煤粒在炉膛内有限的高度和较短的时间内难以燃尽，导致被旋风分离器分离出来参加循环的物料含碳量增加。

由于进入旋风分离器的烟气中氧含量约为4%，旋风分离器内有防磨层和保温层，温度较高、含碳量较高的物料有可能继续燃烧而使其温度升高。高温物料经立管进入返料器后，通过布风板送入的松动风和流化风使高温含碳量较高的物料进一步燃烧，温度继续升高，物料温度达到或超过灰分的软化温度，就会使返料器结焦。

运行中发现返料器物料温度偏高有结焦现象，可以通过改变燃煤粒径、降低细煤粒比例的方法来降低返料温度，避免返料器结焦。

112. 为什么床温随着煤的发热量提高而上升？

答：通常煤的发热量越高，其可燃成分碳和氢的比例越高，水分和灰分不可燃的比例越低，水分蒸发和加热灰分所需的热量越少，煤的理论燃烧温度也越高。

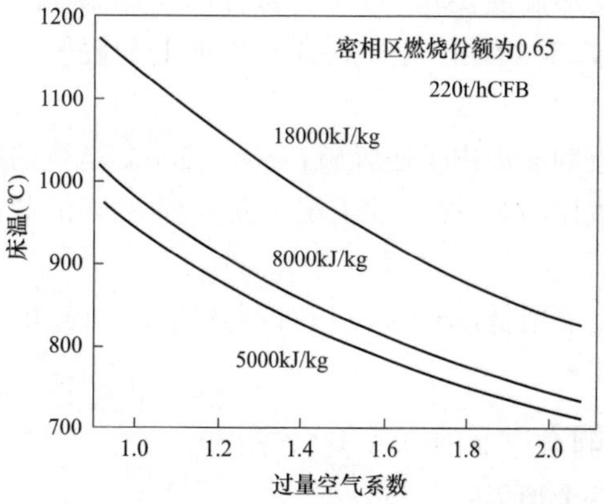

图 10-30　煤的发热量对运行床温的影响

煤的灰分少，可以实现外循环的物料少，其循环倍率较低，通过物料外循环将密相区的热量携带进入稀相区的数量较少，导致床温升高，见图 10-30。

当改用发热量高的煤床温超标时，可以采用掺入部分惰性物料的方法加以解决。掺入惰性物料相当于降低了煤的发热量和增加了煤的灰分，不但降低了煤的理论燃烧温度，而且可以提高循环倍率，通过外循环的物料将更多的热量携带进入稀相区，达到降低床温的目的。

113. 为什么改用灰分低、发热量高的煤时要掺入炉渣或沙子？

答：循环流化床锅炉燃用的是宽筛分煤，煤的粒径从几微米至12000μm。煤燃尽后粒径很小的灰粒因不能被旋风分离器分离出来而成为飞灰随烟气排出炉外，粒径较大的灰粒因不能被气流携带进入稀相区和旋风分离器参与外循环，而只能通过排渣的方式排出炉外，通常100～500μm粒径的灰分可以参与外循环。

物料达到设计的循环倍率，才能保持物料的循环量。物料对稀相区水冷壁的传热量一部分来自煤在稀相区的燃烧份额，另一部分来自物料通过外循环在密相区获得的热量，当改用灰分少、发热量高的煤时，因循环物料量较少，从密相区获得和进入稀相区的热量减少，就会出现密相区床温过高、稀相区温度过低的情况。为了防止密相区床料超温结焦，被迫减少加煤量，导致锅炉负荷下降。

因此，改用灰分少、发热量高的煤时，在煤中掺入炉渣或沙子，就相当于增加了煤的灰分和降低了煤的发热量，可以确保有较多的物料循环量，既避免了密相区床温超标导致的结焦，又因物料从密相区携带较多热量进入稀相区，而使稀相区的传热量增加，锅炉可以满负荷运行。

燃用灰分少、发热量高的煤掺入炉渣或沙子是不得已的方法，不但增加工作量，而且低灰分、高发热量的煤价格较高，导致生产成本上升。因此，尽量燃用与设计煤种灰分和发热量相近的煤才是合理的。当必须燃用高热值、低灰分的煤时，也可以掺烧部分低热值、高灰分的煤确保锅炉正常运行。

114. 为什么添加的惰性物料要经过筛选？

答：添加惰性物料的目的是为了使有较多的物料进行外循环，防止密相区超温和增加稀相区传热量，达到锅炉可以满负荷运行的目的。

由于粒径较大的物料不能被烟气携带经稀相区进入物料分离器，实现外循环，而粒径太小的物料，虽然可以被烟气携带经稀相区进入物料分离器，但因不能被分离出来通过返料系统返回密相区，而成为飞灰排出炉外，同样不能实现物料的外循环。

因此，添加的惰性物料应该能够实现物料的外循环，才能达到添加惰性物料的目的。通常能实现外循环的物料粒径范围为 $100\sim500\mu m$，考虑物料在外循环中的磨损，补充物料的粒径在 $200\sim600\mu m$ 范围内较好。

由于天然的惰性物料难以完全满足对粒径的要求，因此，添加的惰性物料要经过筛选，除去粒径过大和过小的物料，使筛选后的惰性物料大部分在要求的粒径范围内，成为能实现外循环的有效颗粒。这样既达到了提高锅炉负荷的目的，又避免了排渣量过大，造成热损失增加；飞灰量过大，造成尾部受热面磨损增加的问题。

因添加的惰性物料的种类不同，其密度不一样，补充的物料合理的粒径范围要通过试验确定。

115. 什么是第二代循环流化床锅炉低床压运行技术？

答：比传统的第一代循环流化床锅炉床压低约40%，使锅炉热效率提高和厂用电率下降的技术，称为第二代循环流化床锅炉低床压运行技术。

由于一次风机除了要克服空气预热器、进出口风道和布风装置的阻力外，还要克服布风板上物料产生的静压并使物料流化，所以，一次风机的压头较高，是导致采用循环流化床锅炉电厂的厂用电率较采用煤粉炉电厂高的主要原因。

由于空气预热器及进出口风道的阻力是由结构和传热需要所决定的，难以进一步降低。为了使布风均匀，布风装置必须保持一定的阻力，其阻力也难以进一步降低。因此，减少布风板上物料的数量是降低一次风压的主要途径。

传统的第一代 $75\sim130t/h$ 循环流化床锅炉的床压为 $8000\sim9000Pa$ 才能维持其正常运行，而低床压技术可以使床压降至 $5000Pa$ 的情况维持锅炉正常运行。一次风机的耗电量与风压成正比，一次风压大幅度降低，使厂用电率明显下降。

低床压运行是建立在物料分离器分离效率较高的基础上的。物料分离器分离效率高，可以使更多粒径较小的物料被分离下来返回密相区，获得多次再燃烧的机会，可以降低飞灰可燃物含量，提高锅炉热效率。

116. 什么是循环倍率？为什么调节一次风量可以改变循环倍率？

答：循环倍率有多种计算方法，但较常用的是将外循环的物料量与加煤量之比，称为循环倍率。

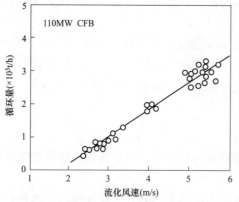

图 10-31　流化风速与物料循环量的关系

一次风量增加，密相区的烟速提高，被烟气携带离开密相区进入稀相区的物料量增加，进入物料分离器被分离出来返回密相区的物料量增多，循环倍率上升；反之，一次风量降低，密相区的烟速下降，被烟气携带离开密相区进入稀相区经物料分离器分离出来返回密相区的物料量减少，循环倍率下降。

由于调节一次风量可以在燃料量不变的情况下改变进入物料分离器的物料量，所以，可以改变循环倍率，见图 10-31。

117. 为什么返料系统堵塞会使炉膛压差很快降低？

答：在一定的一次风量下，密相区中只有粒径较小的物料才能被吹起进入稀相区，被烟气携带向上流动进入旋风分离器，分离出来的物料经返料系统返回密相区。也就是说，参与循环的物料均是粒径较小且能被分离器分离下来的物料。

一旦返料系统堵塞，被旋风分离器分离出来的粒径较小的物料不能返回密相区，而密相区内粒径较大的物料又不能被一次风吹起进入稀相区，使得稀相区内能被烟气携带参与循环的粒径较小的物料越来越少。物料的浓度越低，烟气携带物料向上流动的阻力越小，消耗的能量越来越少，导致炉膛压差很快降低。

上述因果关系有较高的实用价值，在循环流化床实际运行时，如果发现炉膛压差很快降低，可以迅速判断出返料系统出现了堵塞现象，应立即采取措施消除导致返料系统堵塞的各种因素，使返料恢复正常。

118. 为什么返料中断，锅炉产汽量减少？

答：凡是能够参与外循环的物料必须具备能被一次风吹离密相区由烟气携带进入物料分离器，并能被物料分离器分离下来的两个条件。物料粒径过大不能被一次风吹离密相区由烟气携带进入物料分离器，粒径过小的物料因不能被物料分离器分离下来而成为飞灰，能同时满足上述两个条件物料的粒径为 $100 \sim 500 \mu m$。因此，只有部分物料能参与外循环。

正常运行时，被分离器分离下来的物料通过返料系统返回密相区，实现了物料的外循环。外循环的物料因破碎、碰撞和磨损导致物料粒径减小到不能被分离器分离下来时而成为飞灰，而密相区粒径较大的物料由于破碎、碰撞和磨损，粒径下降到 $100 \sim 500 \mu m$ 时即可参与外循环，补充部分物料成为飞灰而减少的外循环物料。上述机制可以维持外循环的物料量基本稳定。

正常运行时，稀相区的物料数量较多，温度较高，一方面物料和烟气的辐射传热量较大；另一方面由于壁面效应，较多高温物料沿水冷壁表面下流，将热量传给水冷壁，维持锅炉产汽量。

一旦返料中断，稀相区的物料突然大幅度减少，稀相区的温度明显下降，因稀相区物料的辐射传热量和物料沿水冷壁下流对水冷壁的传热量均明显下降而导致锅炉产汽量减少。

因此，返料量对锅炉产汽量的影响，可以帮助判断返料是否正常。

119. 为什么返料温度越低，循环倍率越高，床温越低?

答：通常返料温度和含碳量均低于床料，当返料返回密相区时，返料与床料混合起到了对床料的冷却作用。返料温度越低，返料与床料混合后对床料的冷却越强，床料温度越低。

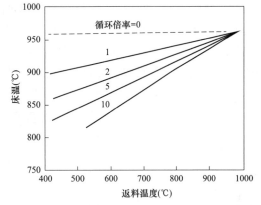

循环倍率越高，返料量越多，温度较低的返料与床料混合后对床料的冷却作用越强，混合后的床料温度越低。

循环倍率越高，从密相区进入稀相区的物料越多，稀相区的燃烧份额越多，密相区的燃烧份额越少，导致床温越低。

返料温度和循环倍率对床温的影响，见图10-32。

图10-32　返料温度和循环倍率对床温的影响

120. 为什么炉膛内物料的流量中心高，随着离中心距离增加，物料流量下降，靠近水冷壁物料流量为负?

答：炉膛内的物料在气流的托力和摩擦力的作用下，当气流达到一定速度时，物料流化并随气流一起向上流动。气流的速度越高，气流能携带物料的粒径越大，携带物料的数量越多。

炉膛中心的气流向上流动时与周围气流的摩擦阻力较小，气流速度较高，气流能携带物料的粒径较大，携带物料的数量较多。

离炉膛中心较远、靠近水冷壁的气流向上流动时，与水冷壁的摩擦阻力较大，气流速度较低，不但不能携带物料向上流动，而且由于壁面效应和横向运动的物料到达壁面后不能随靠近壁面的气流携带向上流动，所以在重力的作用向下流动，物料的流量为负。

炉膛中心至水冷壁的气流速度是递减的，气流携带物料的数量也随之递减。

121. 为什么二次风速高达 30～50m/s?

答：循环流化床锅炉的一次风从布风板下部风室进入，通过布风板上的风帽喷入密相区，二次风从密相区与稀相区交界处及以上喷入稀相区。不同炉型一次风和二次风的比例不尽相同，通常各约占50%。

由于给煤进入密相区，虽然有部分粒径较小的煤被一次风吹起进入稀相区燃烧，但密相区内仍因空气量相对不足而属于还原区，密相区内有较多的一氧化碳。稀相区内有较多被一次风吹起的颗粒较小的床料，床料中含有少量粒径较小的燃料。为了使送入的二次风具有较强的穿透力，能与烟气和床料充分的搅拌和混合，达到一氧化碳和碳粒充分燃烧的目的，二次风的风速高达30～50m/s。

通常随着循环流化床容量增大，炉膛的宽度和深度增加，二次风需要穿透的深度提高，应采用上限二次风速；反之，则可采用下限二次风速。

122. 为什么循环流化床锅炉产生的蒸汽主要由稀相区水冷壁完成？

答：虽然循环流化床锅炉密相区的温度略高于稀相区，但由于密相区床料浓度很高，为了防止床料对密相区水冷壁的磨损，其表面敷设了约50mm的防磨层，热阻很大，床料对密相区水冷壁的传热量很小。

稀相区物料的浓度较低，不但绝大部分水冷壁表面没有敷设防磨层，因壁面效应，表面很清洁，热阻很小，物料通过对流和导热对稀相区水冷壁的传热量很大，稀相区水冷壁的面积是密相区水冷壁面积的十多倍，同时，循环流化床锅炉省煤器面积较少，出口水温较低，炉体较高，水冷壁入口静压较高，密相区水冷壁入口水温低于其压力下的饱和温度，存在较高的热水段高度，其吸收的热量一部分用于提高水温至饱和温度。

由于以上几个原因，循环流化床锅炉产生的蒸汽主要是由稀相区水冷壁完成。

123. 为什么煤粉炉的炉膛温度梯度很大，而循环流化床锅炉的炉膛温度梯度很小？

答：由于煤粉的粒径大部分为几微米至几十微米，着火和燃烧速度快，燃尽时间短，大量煤粉迅速燃烧，在燃烧器中心线以上1.5～2.0m处形成温度高达1600～1700℃的火焰中心。随着煤粉的逐渐燃尽和火焰对水冷壁的强烈辐射传热，火焰和烟气的温度逐渐降低，到炉膛出口处煤粉已燃尽，已没有火焰，只有温度约为1100℃的高温烟气。为了使落入灰斗的灰渣凝固，固态排渣的煤粉炉的燃烧器离灰斗较高，同时，前后墙下部水冷壁向中心倾斜形成冷灰斗，炉膛下部的温度较炉膛上部低很多。

因此，煤粉炉的炉膛温度梯度很大。

虽然循环流化床锅炉的给煤是加入密相区，但由于密相区有大量惰性物料，其可燃物仅为1%～3%，煤的粒径较大，燃烧速度较慢，粒径较小的煤被烟气携带进入稀相区燃烧，同时，因送入密相区的空气量仅为50%，燃料不完全燃烧，所以，密相区的温度不高，约为900℃。虽然高温烟气携带粒径较小的焦粒进入稀相区继续燃烧，同时，二次风送入稀相区燃尽所需的全部空气，但进入稀相区焦炭粒径仍较大，燃烧速度较慢，稀相区的水冷壁是裸露的，因壁面效应，下流的物料对水冷壁的传热量较大，而使得稀相区的温度不高，同时，烟气携带大量高温惰性物料，其热容很大，水冷壁表面被下流的物料覆盖，辐射传热量不大，稀相区的温度不低，通常与密相区相差约50℃。

由于以上原因，循环流化床锅炉的炉膛温度梯度很小。

124. 怎样合理地调配一次风量和二次风量？

答：循环流化床锅炉燃料的燃烧主要是在密相区和稀相区内完成的，燃料在旋风分离器内燃烧的份额很少，可忽略不计。虽然返料器流化风随同物料和播煤风随煤一起进入密相区，但因两者的风量占全部风量的比例很小，对锅炉配风的影响也不大。因此，循环流化床锅炉燃烧合理的配风主要是指一次风量和二次风量的调配。

一次风量要确保床料正常流化，控制密相区燃烧份额和床层温度在合理的范围内。因为一次风量占全部风量的40%～60%，所以，二次风量控制总的燃烧风量，将炉膛出口的过量空气系数控制在1.2～1.25的范围内，确保不能被旋风分离器分离的粒径很小成为飞灰，随烟气进入尾部烟道的煤粒燃尽，以提高燃烧效率，降低化学和机械不完全燃烧损失。

由于不同炉型和不同燃料的一次风、二次风比例不同，因此，要根据具体的炉型和燃料的性质，按照上述原则合理地调配一次风量和二次风量。一次风的压力很高，一次风机的耗电量较大，因此，在确保物料正常流化，密相区温度不超标和飞灰可燃物含量较低的前提下，可以适当减少一次风量，增加二次风量，以达到降低一次、二次风机总耗电量的目的。

125. 为什么炉膛出口和空气预热器出口均需安装氧量表？

答：为了确保燃料在炉膛内完全燃烧，送风量应大于根据化学反应式计算得出的理论空气量。为了避免送风量过大导致引风机、送风机耗电量和排烟热损失增加，送风量也不能过大。根据现有的技术水平，燃煤锅炉炉膛出口的过量空气系数在 $1.20\sim1.25$ 的范围内。液体燃料和气体燃料易于燃尽，其炉膛出口的过量空气系数在 $1.10\sim1.15$ 范围内。

由于直接测量过量空气系数较困难和不易准确，测量烟气中氧量不但易于实现和准确，而且氧量与过量空气系数密切相关，所以，炉膛出口安装氧量表可以很方便地指导配风和燃烧调整，使炉膛出口的过量空气系数控制在锅炉厂要求的范围内。

大部分锅炉采用平衡通风，用送风机克服空气侧的阻力，用引风机克服烟气侧的阻力，烟道是负压，冷空气会从不严密处外漏入烟道。空气预热器的空气侧是正压，烟气侧是负压，空气易于从不严密处和因低温腐蚀而导致空气预热器管子穿孔处漏入烟气侧。漏风是不可避免的，只要在正常范围内是允许的，如果超出正常范围，则会导致烟气量增加，烟速提高，尾部受热面磨损加剧，引风耗电量和排烟热损失增加。

由于难以直接测量烟道和空气预热器的漏风量，而测量烟气中的氧量可以较方便、准确地间接测出漏风量，所以，空气预热器出口也需要安装氧量表，用于判断尾部烟道和空气预热器的漏风量是否在正常范围内。

126. 为什么燃烧调整用的氧量测点布置在过热器后较好？

答：因为测烟气中的氧量计算过量空气系数不受燃料品种变化的影响，比测量烟气中的二氧化碳含量计算过量空气系数更合理和准确，所以，现在二氧化碳表已被氧量表所淘汰。

测量炉膛出口烟气中的氧量用于燃烧配风调节，控制炉膛内的过量空气系数。通常炉膛出口处的烟气压力为 0 或微负压，冷空气漏入量很小，炉膛出口处的氧量即代表了炉内的氧量。由于炉膛出口处烟温很高，对氧量测点材质要求和成本很高，过热器区域烟气的负压很小，漏风量很小，而过热器后的烟温较低，氧量测点材质的要求和成本较低，所以，普遍采用将氧量测点布置在过热器后，用于监测和控制炉内的燃烧。

如将氧量测点布置在省煤器后或空气预热器后，由于省煤器穿墙炉管处检查孔、人孔、防爆门因负压较大而不可避免地存在漏风，空气预热器的焊缝、膨胀节存在泄漏，特别是低温腐蚀导致管子穿孔时，因空气与烟气间的巨大压差导致漏风量很大，同时，随着锅炉临近检修期，漏风量越来越大。因此，将氧量表测点布置在省煤器后或空气预热器后用来指导燃烧调整显然是不合理的。

当过热器后已有氧量测点时，在空气预热器后布置氧量测点可以掌握尾部受热面的漏风量，同时可用于对烟尘和有害气体排放浓度进行修正。

127. 为什么煤中水分增加，床温和炉膛出口温度下降？

答：煤中水分增加，加入密相区的煤被炽热的床料强烈加热，首先水分析出蒸发，完成干燥过程。由于水的汽化潜热在常压下高达 2256kJ/kg，水分蒸发吸收较多的汽化潜热，所以导致床温明显下降。因为稀相区的水冷壁面积较大和其表面没有防磨层，热阻较小，稀相区的吸热量很大，所以，虽然送入稀相区的二次风使物料的可燃物继续燃烧，但稀相区的温

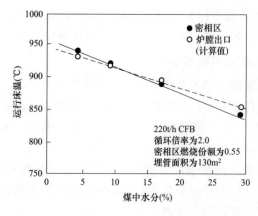

图 10-33　煤中水分对运行床温的影响

度一般略低于密相区的温度，因此，煤中水分增加，不但床温下降，炉膛出口温度也下降，见图 10-33。

煤中水分增加，吸收汽化潜热和排烟量增多，排烟热损失增大，但水分析出有利于焦炭粒燃尽，有利于降低飞灰可燃物，减少机械不完全燃烧热损失。总体而言，煤中水分少量增加对锅炉热效率影响不大。如果床温超温幅度不大，煤中的水分较少，可以通过适当加水的方法降低床温。需要注意，煤中水分超过 12％时，煤的黏度较大，易造成煤斗、碎煤机和给煤机堵塞。

128. 什么是炉膛差压？为什么要测炉膛差压？

答：密相区与稀相区交界处的炉膛压力与炉膛出口压力之差称为炉膛差压。炉膛差压就是炉膛稀相区的差压。

稀相区物料浓度与稀相区水冷壁的吸热量和物料的循环倍率密切相关。稀相区的物料浓度高，其温度也高，热容也大，稀相区水冷壁的吸热量多，物料的循环倍率高；反之，则吸热量少，物料的循环倍率低。通常随着锅炉负荷增加，稀相区的物料浓度提高。返料器因各种原因导致不返料或返料很少时，稀相区物料的浓度和锅炉负荷很快下降。稀相区物料的浓度高低与锅炉运行工况密切相关，运行人员要随时掌握稀相区物料的浓度。

由于测量稀相区物料的浓度很困难，而炉膛压差随着稀相区物料浓度的增加而提高。测量炉膛差压易于实现，只要分别测出密相区与稀相区交界处的压力和炉膛出口压力，就可以测出炉膛差压。所以，运行人员只要通过监视炉膛差压就可以掌握稀相区物料的浓度、物料的循环倍率和返料器返料是否正常。

129. 为什么随着燃料的平均粒径增大，密相区的燃烧份额增加？

答：随着加入密相区燃料平均粒径的增大，能被一次风吹离密相区进入稀相区的燃料数量减少，粒径较大的燃料流化后依靠自身的重力，通过内循环回到密相区燃烧，使密相区的燃烧份额增加，见图 10-34。

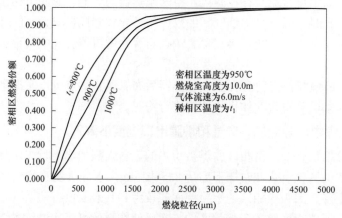

图 10-34　密相区燃烧份额与稀相区温度及燃料粒径的关系

在运行时，如果由于密相区的燃烧份额较大，导致密相区的温度超标，可以通过降低燃料平均粒径、减少燃料在密相区份额的方法来降低密相区的温度；反之，当密相区的温度偏低时，可以通过增加燃料的平均粒径提高燃料在密相区燃烧份额的方法来提高密相区的温度。

130. 为什么床料流化不良会导致结焦？

答：床料流化正常时，床料中的可燃物燃烧生成的热量被一次风和烟气带走，粒径较小的燃料被吹离密相区进入稀相区燃烧，床料的温度难以升得很高，运行时可以通过调节一次风量来将床温控制在 850～950℃的范围内。

当床料流化不良或不能被流化时，床料中可燃物燃烧产生的热量能被一次风或烟气带走的数量较少，粒径较小的燃料不能被吹离密相区，留在密相区燃烧导致床料的温度升高。当床料的温度达到和超过灰分的变形温度时就会导致床料结焦。

因此，在锅炉点火前和运行中应检查床料的流化情况，发现床料流化不良时，应及时查明原因，采取有针对性的措施，确保床料正常流化，防止床料结焦。

131. 为什么床层厚度过薄也会引起结焦？

答：当床层厚度过薄时，床层的阻力较小，一次风容易从床层阻力较小处吹穿，大量一次风从穿透处短路，床层阻力较大处因一次风量不足，不能正常流化，燃料燃烧产生的热量大部分不能被一次风带走，因局部温度很高而导致结焦。

保持合理的床层厚度，形成较高的床层阻力，是确保床料正常流化，防止床料局部结焦的有效方法之一。

132. 为什么排渣时会从冷渣机入口向外喷火星？怎样避免？

答：由于锅炉的炉膛通常是采用吊杆悬吊在顶部的大板梁上，锅炉运行时炉膛向下膨胀，所以其膨胀量较大。因为炉渣的温度与密相区的温度相同，为了回收炉渣的显热，避免炉渣中残留的硫和氮在炉外释放出 SO_x、NO_x 污染环境和能采用胶带运输机输送炉渣，采用冷渣机冷却炉渣。

排渣管插入冷渣机的入口管，为了不妨碍炉膛膨胀，排渣管和入口管之间有间隙。由于密相区是正压，所以排渣时会有粒径较小的炉渣从间隙中向外喷出火星。

可以在排渣管和冷渣机入口管之间采用石棉盘根进行密封，其密封结构与阀门的阀杆阀盖之间的盘根密封结构相似。也可采用在排渣管出口和冷渣器入口之间安装耐高温波形膨胀节的方法加以解决。

133. 为什么循环倍率提高，燃烧效率也随之提高？

答：循环倍率提高，要求旋风分离器的分离效率提高，因为粒径较小的燃料更多地被分离器分离出来，通过返料机构送回密相区继续燃烧，延长了燃料在炉内燃烧的时间，粒径较小的燃料经过多次循环有较充分的机会燃尽，所以，燃烧效率提高。

循环倍率与燃烧效率的关系见图 10-35。

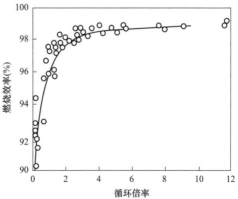

图 10-35　循环倍率与燃烧效率的关系

图 10-35 表明，燃烧效率随着循环倍率的增加明显提高，特别是循环倍率在 0～4 的范围内效果特别明显。

因为提升物料在炉膛和分离器之间循环所需的能量是由拖动引风机、送风机的电动机消耗的电能提供的，风机消耗的能量随着循环倍率增加而提高，而只有在循环倍率较低时，提高循环倍率因燃烧效率提高较明显才是合理的。因此，锅炉存在一个合理的循环倍率，超过合理的循环倍率，再提高循环倍率是得不偿失的。

134. 为什么煤的粒径过大会导致流化不好和密相区结焦?

答：煤的粒径越大，临界流化风速越高，保持物料正常流化所需要的风速也越高。对于不同的循环流化床锅炉，因设计的流化风速不同，要求煤粒的最大粒径和粒度的分布不一样，因此，对于某台已经投产的锅炉，必须要满足煤粒最大粒径和粒度分布的要求。

如果粒径较大的煤比例较高，除个别粒径超标较多的煤不能被流化外，其余粒径较大的煤虽然可以被流化，但不能被气流吹离密相区进入稀相区，而通过内循环回到密相区，因密相区燃烧份额较高，密相区的水冷壁敷设有防磨层，吸热量较少，使密相区温度较高，如果温度超过或接近灰分的变形温度，就会导致密相区的物料结焦。

因此，为了确保循环流化床锅炉正常运行，防止密相区结焦，除煤的最大粒径不得超过要求外，煤的粒度分布也要符合要求。

由于较大的煤粒进入炉内后温度迅速升高，煤粒会因内外温差而形成热应力，煤中挥发分因气化而在内部产生压力。煤粒在热应力和压力的作用下会产生一级破碎，形成较多小煤粒。不同的煤产生一级破碎的程度不一样，因此，应根据密相区的温度来调节入炉煤的粒径。密相区的温度超标，应降低煤粒上限粒径和大粒径煤的比例。

135. 什么是后燃现象?

答：当燃用挥发分低、难以着火、燃尽时间长的煤种时，例如无烟煤，燃煤在炉膛内有限的时间和空间内难以燃尽。进入旋风分离器的物料中含碳量较高，炉膛出口的过量空气系数通常为 1.2～1.25，烟气中有过量的氧气，旋风分离器入口温度约为 850℃，同时，旋风分离器内部衬有耐高温的防磨层，即使是水冷式或汽空式旋风分离器，因为其热阻很大，表面温度较高，物料中的焦炭会在旋风分离器内继续燃烧，所以导致物料温度显著升高。

为了使旋风分离器分离出来的物料顺利返回炉膛密相区，返料器通常采用 U 形非机械式返料阀。返料器有布风板，返料阀在旋风分离器下部立管的正下方送入松动风，在料腿前送入流化风。高温含碳量较高的物料在松动风和流化风的助燃下温度进一步升高。

因此，将物料在旋风分离器和返料阀内继续燃烧，温度升高的现象，称为后燃现象。

后燃现象在循环流化床锅炉上不同程度地普遍存在。轻微的后燃和温度稍许上升是正常的，因为物料的温度仍明显低于灰分的变形温度，不会导致结焦，所以是允许的。但是严重的后燃使物料温度大幅度升高，达到或超过灰分的变形温度，导致结焦则是不允许和必须避免的。

136. 为什么循环流化床锅炉的燃烧效率较高?

答：循环流化床锅炉燃烧效率较高的原因有以下几点。

(1) 与链条炉相比，煤的粒径较小，通过内循环和外循环，煤粒经过挥发分析出过程中形成的一次破碎和焦炭残骸烧断、碰撞、摩擦形成的二次破碎，煤的粒径进一步降低，有利于煤的燃尽。

（2）由于采用低温燃烧，物料的温度为 $850 \sim 950℃$，低于灰分的变形温度，不会像链条炉那样因为床温高，灰分熔化形成灰壳，导致内部的碳因没有氧气无法燃烧形成机械不完全燃烧损失。

（3）大部分燃煤在炉内停留的时间远高于链条炉和煤粉炉燃煤在炉内停留的时间。燃煤在炉内期间，大粒径的煤通过多次内循环在密相区内燃烧，小料径的煤通过多次外循环主要在稀相区，少量在分离返料系统内燃烧，燃煤有充分的时间燃尽，仅有粒径很小，不能被旋风分离器分离出来的焦粉，在一次通过炉膛时未燃尽形成机械不完全燃烧损失。

（4）燃煤与一次风、二次风混合及搅动较剧烈、充分，为燃煤燃尽提供了较好的条件。

由于煤粒在循环流化床锅炉内良好的燃烧条件，其燃烧效率可高达 $98\% \sim 99\%$，远高于链条炉，与煤粉炉接近。

137. 什么是循环流化床锅炉鼓泡床运行方式？

答：当循环流化床锅炉的一次风量较小，仅能维持床料微流化时，床料很少被吹离密相区进入稀相区，密相区与稀相区有明显的分界面、循环倍率很小的运行状态，称为鼓泡床运行方式。

锅炉通常采用柴油点火，为了节约价格高的柴油消耗量，使柴油燃烧产生的热量尽可能多地用于加热床料，点火过程中一次风量较小，仅使物料微流化，处于鼓泡床运行方式。

柴油含氢量较高，燃烧生成的水蒸气较多，点火初期炉膛温度和排烟温度均较低，为了防止水蒸气凝结的水和未完全燃烧产物黏附在布袋上或电极上，烟气从布袋式除尘器的旁路通过或电除尘器不送电，保持较低的烟尘浓度，也是点火过程中采用鼓泡床运行方式的原因之一。

锅炉在低负荷下运行时，由于进入密相区的煤量较小，为了防止床温降低，需采用减少一次风量，维持在鼓泡床下运行，使更多的煤在密相区内燃烧，维持床温在正常范围内，确保加入的煤粒及时着火和燃尽。

138. 为什么煤的挥发分越高，炉膛出口烟温越高？

答：煤加入密相区后，煤的粒径较小，密相区的温度和热容量均很高，煤粒在炽热的床料强烈加热下，温度迅速升高，首先是水分逸出，随后是挥发分析出和燃烧。

由于挥发分是以气态的形式燃烧的，挥发分在密相区燃烧的份额较少，而在稀相区内燃烧的份额较大，导致炉膛出口烟温升高。

挥发分高的煤粒加入密相区被加热温度升高后，挥发分析出过程中在内部产生压力，煤在加热过程中煤粒表面和中心部位存在温差，因煤粒的形状不规则，煤粒的挥发分析出过程中会形成不均的热应力。煤粒的挥发分析出过程中，在内部压力和不均匀的热应力作用下出现破碎，形成数量较多、粒径较小的煤粒或焦炭粒，原来粒径较大不能被一次风吹出密相区的煤粒，因破碎成粒径较小的焦炭粒而有可能被一次风吹离密相区，进入稀相区燃烧。稀相区燃烧份额增加会导致炉膛出口烟温升高。

煤的挥发分越高，煤粒在炉内破碎率越高，形成的小颗粒焦炭数量越多，稀相区燃烧的份额越大，使得炉膛出口烟温越高。

139. 为什么过热汽温偏低，可以通过降低煤粒的平均直径来提高汽温？

答：由于设计的原因，过热器传热面积偏小，或由于给水温度较高和煤种发生变化，导致在减温水调节阀全关的情况下，过热汽温仍然偏低时，可以通过降低煤粒的平均直径来提高汽温。

煤粒的平均直径降低，表明粒径较小的煤粒比例较高。燃煤加入密相区后，被一次风吹起流化，粒径较小的煤的重力小于气流的托力，被吹离密相区进入稀相区燃烧。煤粒的平均直径降低，被一次风吹离密相区进入稀相区燃烧的份额增加，密相区燃烧份额减少，炉膛出口烟气温度升高，过热器因传热温差和辐射传热量提高而使过热汽温升高。

密相区燃烧份额与燃料粒径的关系见图10-34。

140. 为什么密相区要连续或定期排渣？

答：由于循环流化床锅炉燃用的是宽筛分燃料，其中较多粒径较大的燃料虽然可以被一次风流化，但不能被烟气携带进入旋风分离器，只能通过内循环留在密相区继续燃烧。粒径中等的燃料和物料被烟气携带进入旋风分离器被分离出来后，通过返料器返回密相区。

只有粒径很小的燃料和物料随烟气进入旋风分离器，因不能被旋风分离器分离出来成为飞灰而随烟气进入尾部受热面。

燃料中的灰分，一部分粒径很小，不能被旋风分离器分离出来的灰成为飞灰，随烟气排出炉外，而其余粒径较大不能参与外循环，或虽参与外循环但能被旋风分离器分离出来通过返料器返回密相区的灰粒，使密相区的料层高度增加，料层的压差增大，一次风阻力增加，一次风量减少，床料的正常流化受到影响，床温升高，床料有结焦的可能。为了使物料正常流化，一次风压提高，一次风机耗电量上升。

燃料燃尽后，燃料中的灰分最终成为飞灰和炉渣，灰与渣的比例取决于燃料的品种和炉型。飞灰的数量总是小于煤中的灰量，因此，必须通过定期或连续排渣的方式，保持床层合理的高度，降低一次风机耗电量，使床料能正常流化和防止床层超温结焦。

141. 为什么一次风机挡板风门开度不变时，床层高度增加，一次风量减少，放渣后一次风量自动增加？

答：一次风机通常采用离心式风机，其流量和压头的特性曲线是风量随着风机的压头增加而下降。风机的压头取决于风机特性曲线与阻力特性曲线的交点。床层高度增加，一次风的阻力上升，风机特性曲线与阻力特性曲线的交点，即风机的工作点沿特性曲线向左移动，对应的风量减少。

当布风板放渣后，床料减少，床层高度降低，一次风的阻力下降，风机的工作点沿特性曲线向右移动，对应的风量增加。

因此，运行时要根据床层高度的变化和放渣后床层高度的降低，及时调整一次风机挡板的开度，确保一次风量满足床料流化和密相区温度的要求。

142. 为什么要进行压火？

答：当负荷降低，需要某台锅炉暂时停炉退出运行，或锅炉、汽轮机、发电机出现较小缺陷需要临时停炉消缺时，锅炉可以进行压火操作。

虽然循环流化床锅炉正常运行时物料处于流化和循环状态，但是当一次风机停运后，物料静止地堆积在布风板上，如果将布风板看作是炉排，则循环流化床锅炉与层燃炉一样是可以进行压火操作的。

循环流化床锅炉正常运行时，物料的温度为850～950℃，含有大量的物理热。停炉压火时，没有一次风流过，密相区的水冷壁表面敷设有防磨层，热阻较大，物料散热较慢，保温条件较好，可以在较长时间内保持物料较高温度。

一旦负荷增加或缺陷消除后需要锅炉重新启动时，如停炉时间较短、床温超过600℃，可以启动一次风机后直接加煤，提高床温至正常温度；如果停炉时间较长，床温较低，低于500℃，则需要投入柴油提高床温，消耗的柴油量也很少。

因此，短时间临时停炉进行压火操作不但可以减少热量损失和柴油的消耗量，而且可以缩短锅炉启动时间。

143. 压火时为什么会出现结焦现象？

答：循环流化床锅炉因各种原因需要短时间停炉时，可以进行压火，当锅炉重新启动时，床料温度较高，可以节省柴油和启动时间。

压火时物料停止流化，静止地停留在布风板上。虽然压火时一次风和二次风均停止，但由于炉膛和烟囱仍保持较高的温度，一次风机的入口导向挡板不严密，在自身引力的作用下，仍有少量空气从布内板下面向上流动穿过床料层。床料的温度较高，床料中的残余可燃物在有空气流过的情况下缓慢燃烧，虽然燃烧产生的热量较少，但由于床料没有流化处于静止状态，密相区的水冷壁敷设有防磨层，热阻很大，热量难以散发，所以床料的温度升高。当物料温度达到或超过灰分的变形温度时，就可能会出现物料结焦现象。

144. 怎样防止压火时床料结焦？

答：压火时床料结焦主要是因为床料中含有残存可燃物和锅炉从布风板下漏入床料中的空气量较多。因此，防止压火时床料结焦的主要措施是降低床料中的可燃物含量和减少锅炉漏风。

停炉时停止进煤后继续运行一段时间，等床料中的可燃物燃尽或减至很小，床温降低，氧量显著升高后再停止一次风机，可以降低床料中可燃物的含量。

停炉后关闭一切炉门挡板，防止或减少空气从布风板漏入床料中，尽量避免空气漏入使床料中残余的可燃物燃烧，导致床料温度升高，是防止压火时床料结焦的有效措施。

145. 为什么要在压火前保持较高的床料高度？

答：为了防止压火过程中床料温度升高导致结焦，通常要求停止给煤几分钟燃料基本燃尽后再停止一次、二次风机和引风机。

压火过程中已没有燃料燃烧提供的热量，而床料仍然通过导热向水冷布风板、密相区的水冷壁管传热和通过辐射向稀相区的水冷壁传热，使床料温度下降。

虽然压火过程中所有风机均停止，但因烟囱仍具有的引风能力和烟风挡板不严密，仍会有少量冷风漏入经床料后排至烟囱，而使床料温度下降。

压火前保持较高的床料高度，一方面可以使床料储存较多的热量；另一方面可以增加流动阻力，减少漏风量带走的热量，在较长的时间内维持床料较高的温度，达到在不需要投入或少投入柴油的情况即可给煤、提高床温、恢复正常运行的目的。

如果压火时间较长，床温低于600℃时，可以启动引风机和一次风机使床料流化加煤，提高床温后重新压火。

146. 为什么压火前停止给煤机后床温下降，氧量上升时再迅速停止一次、二次风机和引风机？

答：当蒸汽负荷下降，需要循环流化床锅炉暂时退出运行，在蒸汽负荷增加需要锅炉重新投入生产时，可以采用压火的方法解决。

压火时一次、二次风机和引风机均停止运行，床料处于静止状态堆积在布风板上，因风机挡板不严密仍有少量漏风。为了防止床料内有未燃尽的燃料在压火过程继续燃烧，床料温度升高导致结焦，通常要求停止给煤后再继续运行几分钟。床温下降和氧量上升是床料中燃料燃尽的主要判断依据。

之所以在停止给煤几分钟后，床温下降和氧量上升时要迅速停止一次、二次风机和引风机，是因为在床料中的燃料燃尽后，为了尽可能保持床料较高的温度，防止一次风和二次风对高温床料冷却将热量带走，在锅炉重新恢复运行时因床温较高，可以使给煤着火燃烧，而不必投入昂贵的柴油来提高床温，既节省了运行成本又可以尽快使锅炉投入正常运行。

147. 为什么循环流化床锅炉每吨蒸汽的耗电量较煤粉炉和链条炉高？

答：链条炉采用层燃，燃料与炉排之间没有相对运动，炉排和燃料层的阻力较小，送风机的风压较低，同时，链条炉不需要设置破碎机对煤进行破碎，因此，链条炉耗电量很小。

煤粉炉采用室燃，煤粉粒径很小，煤粉和飞灰可以随气流一起流动，为了使煤粉与空气充分混合有利于煤粉燃尽，需要保持较高的一次和二次风速，同时，制粉设备需要消耗较多的电能，所以，煤粉炉的耗电量高于链条炉。

循环流化床锅炉采用介于层燃和室燃之间的流化燃烧。燃料的粒径通常不大于 12mm，要设置破碎机对煤进行破碎才能达到要求。为了克服布风板的阻力并使床料流化，一次风机的风压高达 15000Pa 以上，为了使空气能穿透稀相区的大量物料并与之搅拌和混合，二次风机的风压也较高。为了将炉膛出口烟气携带的大量物料分离出来，通过返料器返回密相区，需要设置高效的旋风分离器和压力较高的返料风机。旋风分离器很大的阻力通常由引风机克服，使引风机的耗电量增加。

由于循环流化床锅炉大量物料的内循环和外循环的动力来自一次风机、二次风机、引风机和返料风机，其风机的耗电量远高于煤粉炉和链条炉风机的耗电量，因此，虽然循环流化床锅炉不需要制粉设备，但每吨蒸汽的耗电量仍然比煤粉炉和链条炉高，这也是循环流化床锅炉的缺点之一。

148. 为什么随着一次风温的提高，床料流化所需的风量减少？

答：当一次风对床料的托力和摩擦力大于床料的重力时，床料就可以流化。

一次风随着温度升高，体积增加，与标准状态相比，风温每增加 273℃，体积增加一倍，密度成比例地下降。一次风对床料的托力与风速的平方成正比，与密度成正比，因此，随着一次风温度的升高，换算到标准状态下所需的流化风量减少。

空气随着温度升高，其黏度也随之增加，对床料的托力和摩擦力提高，也是随着一次风温度升高，所需流化量减少的原因之一。

由于一次风流量的测点布置在空气预热器前，在冷态下测得的临界流化风量，在热态下可以确保物料正常流化。

149. 为什么布风板上床料开始少量结焦时，应采取增加一次风压和风量的方式解决？

答：经常由于风帽部分堵塞，给煤中有部分粒径超标，床料高度过高，因部分床料不能被正常流化，床料中可燃物燃烧产生的热量不能被带走，所以导致局部温度升高而结焦。

床料开始结焦时焦块较小，开大一次风机入口的导叶，增加一次风压和风量，有可能消除风帽的部分堵塞，强化一次风对床料的流化，克服焦块的阻力，使焦块被吹散和吹起重新被流化。焦块被吹散吹起流化后，燃烧产生的热量被一次风带走，温度有可能下降。焦块被流化后，在上下和横向运动过程中因与其他床料碰撞、摩擦而变小，使少量的结焦被消除，重新恢复正常流化状态。

如果增加一次风压和风量仍然不能使结焦的床料重新流化，表明焦块较大。为了防止结焦迅速发展，应及时停炉处理。

150. 为什么布风板上的床料一旦结焦会迅速发展？

答：由于各种原因导致布风板上的床料结焦后，这部分床料因不能被一次风吹起而流化，床料中的可燃部分燃烧产生的热量不能被一次风携带起入稀相区，密相区四周的水冷壁被防磨层覆盖，热阻很大，水冷壁的吸热量较少，使得结焦部分的床料温度升高。

密相区的床料除了上下运动外，还有横向运动。向上运动和横向运动的床料在下落时有可能堆积在已结焦的床料上，这部分床料中可燃物燃烧时产生的热量也不易被一次风带走，使床料温度升高。

一旦部分床料因温度升高超过灰分变形温度结焦后，因燃料燃烧产生的热量不能被一次风带走而使得温度进一步上升至灰分熔点，上下运动和横向运动的床料落在高温的焦块上因不能流化，使得结焦迅速发展。

一旦发现布风板上的床料部分结焦，经采取加大一次风压和风量等措施不能消除结焦时，应及时停炉处理。

151. 为什么循环流化床锅炉空气预热器出口空气温度较煤粉炉低？

答：循环流化床锅炉空气预热器出口空气温度较煤粉炉低主要有以下 4 个原因。

（1）由于循环流化床锅炉炉膛出口烟气温度较低，为 $850\sim900℃$，明显低于煤粉炉炉膛出口烟气温度 $1100\sim1150℃$。相同容量锅炉在过热蒸汽温度和压力相同的情况下，其吸热量是相同的。虽然循环流化床锅炉采用非沸腾式省煤器，其吸热量较煤粉炉少，但空气预热器入口烟气温度仍然较低，在排烟温度大体相同的情况下，空气预热器吸热量较少，使得其出口空气温度较低。

（2）煤粉炉需要较高温度的热空气对制粉系统的煤和煤粉进行干燥，同时，因为煤粉是一次性通过炉膛，为了使煤粉喷入炉膛后尽快着火燃烧和在离开炉膛前燃尽，要采用温度较高的二次风以提高炉膛温度。通常煤粉炉空气预热器出口空气温度高达 $350\sim400℃$。循环流化床锅炉密相区保持有大量温度为 $850\sim950℃$ 的床料，任何难燃的煤加入密相区后在大量高温床料的强烈混合加热下，均可迅速着火燃烧，同时，除粒径很小不能被旋风分离器分离出来的煤未燃尽成为飞灰外，大部分煤粒均有多次循环被重复燃烧的机会，不需要通过提高热空气温度来提高炉膛温度达到降低机械不完全燃烧热损失的目的。

（3）循环流化床锅炉采用低温燃烧，炉内温度在 $850\sim950℃$，不但可以防止密相区床料超温结焦，确保锅炉正常运行，有利于采用碳酸钙炉内脱硫时，碳酸钙的煅烧和氧化钙与 SO_x 的反应提高脱硫效率，而且可以避免热力型 NO_x 的产生，降低烟气 NO_x 浓度，实现达标排放或减轻烟气脱硝的负担和费用。

（4）由于省煤器的传热系数较空气预热器高，降低相同烟气温度，增加省煤器的面积，减少空气预热器的面积更经济合理。

因此，容量相同时，循环流化床锅炉空气预热器的面积仅约为煤粉炉空气预热器面积的20%，循环流化床炉空气预热器一次风、二次风的出口温度仅为150～160℃，明显低于煤粉炉350～400℃的空气预热器出口风温。

152. 为什么二次风要从密相区与稀相区的交界处及其上部送入炉膛？

答：煤从密相区加入炉膛，而一次风占全部风量的比例为50%～60%，煤在密相区内未完全燃烧，密相区内是还原性气氛，密相区上部除煤未燃尽外还有未燃尽的可燃气体。

从密相区下部送入的一次风完成了对布风板床料的流化和部分煤的燃烧任务后，沿密相区倒方截锥体上行时，因流通截面不断扩大，流体速度逐渐降低，空气与煤粒和可燃气体的混合搅拌作用减弱。从密相区上部送入风速较高的二次风可对未燃尽的煤粒和可燃气体进行混合和搅拌，有利于燃料的完全燃烧。

一次风要克服布风板和床层的阻力对床料进行流化，一次风的压力较高，一次风机的功率与其风压成正比，一次风机的耗电量较大。为了确保床料的充分流化，密相区是倒方截锥体，随着烟气向上流动，截面积扩大、流速降低，如果不补充风量就会使除粒径很小的物料外较多床料通过内循环继续留在密相区内燃烧，密相区因燃烧份额过高而导致其床温超标，稀相区因床料太少，燃烧份额太低而锅炉出力不足。

如果床料的流化向稀相区输送物料和煤完全燃烧全部由高压的一次风来完成，不但搅拌混合不充分，而且风机的耗电太大，显得不合理。在倒方截锥体的中上部送入二次风，可使其沿炉膛高度始终保持较高烟气速度。因为二次风没有流化床料的任务，只起到补充风量和对床料及可燃气体混合搅拌的作用，所以其风压较低，耗电量较少。

一次风量占全部风量的50%～60%，二次风量占40%～50%，实际上从不同高度送入一次风和二次风上起到了分段送风二级燃烧的作用。密相区的燃料不能完全燃烧，床温较低，有利于减少热力型NO_x的生成量，二次风从密相区上部送入强化了空气对燃料的混合搅拌作用，有利于燃料燃尽，提高燃烧效率。虽然稀相区内空气量充足，但物料可燃物较少，稀相区温度仍然不高。

因此，所有循环流化床锅炉均是将全部风量分为一次风和二次风从不同高度送入炉膛，只是不同的锅炉一次风和二次风的比例不同而已。

153. 为什么循环流化床锅炉飞灰的可燃物含量较煤粉炉高？

答：循环流化床锅炉燃用宽筛分燃煤，煤通常要经过破碎才能达到最大粒径小于10～12mm的要求。煤经碎煤机破碎过程中会产生一定数量粒径小于$50\mu m$的煤粒。

循环流化床锅炉旋风分离器的分离效率之所以能高达98%～99%，是因为其入口烟气中会有大量粒径为$100～1000\mu m$的物料。通常旋风分离器对$100\mu m$粒径以上的物料可100%分离出来，其总质量很大，而旋风分离器对粒径小于$50\mu m$的物料捕集率较低，但其总质量很小，所以，尽管循环流化床锅炉旋风分离器的分离效率很高，但由于烟温较高，烟气黏度较大，其直径较大，离心力较小，粒径小于$50\mu m$的物料不易被分离出来而成为飞灰。

粒径很小的煤粒除在煤破碎过程中产生外，粒径较大的煤在一级破碎和二级破碎中也会成为粒径很小的焦粒。由于循环流化床锅炉炉膛的温度仅为850～950℃，远低于煤粉炉炉膛1400～1500℃的平均温度。虽然循环流化床锅炉采用增加炉膛高度，但由于烟速较高和烟温较低，在离开炉膛前难以燃尽，因粒径又很小，不能被旋风分离器分离下来，没有机会返回炉膛重复燃烧而一次通过炉膛，未燃尽的焦粒成为飞灰，导致循环流化床锅炉飞灰中可燃物含量较煤粉炉高。

154. 什么是床层压差？为什么要测床层压差？

答：密相区底部的压力与密相区顶部的压力之差称为床层压差。也有将风室的压力与密相区顶部的压力之差称为床层压差，该压差含有了布风装置的压差。

由于床层的厚度与锅炉运行是否正常关系密切，床层厚度过大，有可能流化不好，导致结焦或一次风机耗电较多，床层厚度过小，有可能使床温升高或物料流化不均匀。通过排渣量可以控制床层的厚度。

直接测量床层的厚度很困难，而床层压差与床层厚度密切相关，床层的压差与床层的厚度成正比，床层的压差易于测量，因此，测出和控制了床层的压差，就测出和控制了床层的厚度。锅炉运行时根据床层的压差的大小，调节排渣量，使床层厚度控制在合理的范围内。

通常采用差压变送器将测得的床层压差的信号传至 DCS，运行人员可以从屏幕上看到床层压差。

155. 什么是床压？为什么床压过高会使密相区床温升高、燃烧份额增加，稀相区燃烧份额减少？

答：密相区底部的压力称为床压。也有将密相区底部压力与密相上部压力之差称为床压。

床压过高，说明密相区床料过多，对于一次风机而言是系统阻力增加，一次风机通常采用离心风机，根据风机的风压与风量特性曲线，一次风量减少，流化风速降低，只有粒径较小的床料才能被吹起离开密相区进入稀相区。没有被一次风吹离密相区的床料留在了密相区，使得密相区的床温升高，燃烧份额增加，见图 10-36。

循环流化床锅炉燃料燃烧主要在密相区和稀相区进行，密相区床温升高，燃烧份额增加，必然会导致稀相区温度和燃烧份额降低，见图 10-37。

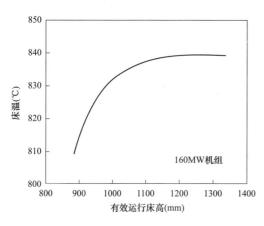

图 10-36 床层高度对运行床温的影响

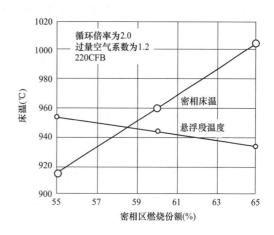

图 10-37 密相区燃烧份额对运行床温的影响

156. 为什么循环流化床锅炉负荷变化时，床温变化不大？

答：当循环流化床锅炉负荷增加时，虽然加入密相区的煤增加，但由于一次风量增加，流化风速提高，更多的燃料被吹离密相区进入稀相区燃烧，所以，床温变化不大。

当循环流化床锅炉负荷降低时，虽然加入密相区的燃料减少了，但由于一次风量减少，流化风速降低，能被一次风吹离密相区进入稀相区燃烧的燃料减少，更多的燃烧在密相区燃烧，所以，床温变化不大。

煤粉炉采用室燃，煤粉和飞灰与烟气一起流动，当锅炉负荷增加时，喷入炉膛的煤粉增加，炉膛温度必然升高，锅炉负荷减少时，喷入炉膛的煤粉减少，炉膛温度必然下降。

循环流化床锅炉负荷变化时，可以通过流化风速的变化，改变燃料在密相区和稀相区的燃烧份额，维持床温自动稳定在 $850\sim950℃$ 范围内，既避免了低负荷时，因床温较低燃料燃烧条件恶化而不易燃尽，又避免了高负荷时，因床温过高而导致结焦和炉内脱硫效率下降。因此，循环流化床锅炉负荷变化时，床温变化不大是其特点和优点之一。

157. 为什么循环流化床锅炉底渣的含碳量小于飞灰的含碳量？

答：进入密相区的给煤是粒径不大于 12mm 的各种粒径煤粒的组合，在流化状态下燃烧。粒径最大的煤粒由于质量较大，容易通过内循环回到密相区继续燃烧，粒径较大的煤粒虽然随上升烟气进入旋风分离器，但由于质量较大容易被分离出来，通过返料机构回到密相区继续燃烧。粒径很小的煤粒不但容易随烟气进入旋风分离器，而且不易被分离出来，直接随烟气进入对流烟道成为飞灰。

由于循环流化床锅炉飞灰的平均粒径比煤粉炉飞灰的平均粒径大，而且给煤中粒径很小的煤粒一次通过炉膛成为飞灰，没有机会被旋风分离器分离出来返回密相区重复燃烧，同时炉膛温度较低，仅为 $850\sim950℃$。所以，循环流化床锅炉飞灰的含碳量较高，约为 3%。

粒径较大的煤粒在炉内有反复循环得到多次重复燃烧的机会，其中碳得到充分的燃烧，最后成为粒径较大的炉渣留在密相区。由于排渣孔位于密封区底部的布风板上，同时，床料中煤的比例仅为 1%～3%，煤的密度较小，在密相区的上部分布较多，所以，从排渣孔排出的底渣含碳量小于 0.5%，低于飞灰的含碳量。

158. 为什么循环流化床锅炉灰渣的粒径通常总是小于给煤的粒径？

答：通常循环流化床炉给煤的粒径为不大于 $10\sim12mm$，煤粒进入炉膛温度迅速升高，首先是水分析出，然后是挥发分逸出，煤粒在内部水分和挥发分气化形成的压力及热应力作用下破裂，形成粒径更小的煤粒。煤粒中的碳燃尽后形成的灰粒直径进一步缩小。

由于循环流化床，炉属于低温燃烧，炉膛温度为 $850\sim950℃$，通常明显低于煤灰分的变形温度，在正常运行情况下，灰渣不存在因撞击黏合而导致灰渣粒径增大的可能性。

循环流化床锅炉烟气中物料的浓度很大，物料在炉内多次内外循环过程中，物料相互与防磨层、受热面碰撞摩擦的概率很高，使得灰渣的粒径进一步下降。

灰渣中粒径较小、未能被物料分离器分离出来的灰分成为飞灰，随烟气流经对流受热面后排出炉外，被物料分离器分离出来的粒径较大的灰分成为炉渣，经布风板上的排渣孔排出炉外。

从上述分析可以看出，除运行不正常密相区床料结焦外，循环流化床炉灰渣的粒径通常总是小于给煤的粒径（见图 10-38），不会像煤粉炉那样因炉膛温度高于灰分熔点，灰分碰撞黏合而导致部分飞灰粒径大于煤粉粒径和形成大块炉渣的情况。

从图 10-38 中可以看出，煤的粒径最大，底渣的粒径略小于煤粒，飞灰的粒径最小，床料的料径小于炉渣，大于飞灰。

159. 为什么随着负荷率的增加，密相区的燃烧份额下降，稀相区的燃烧份额上升？

答：锅炉负荷与锅炉额定负荷之比称为负荷率。

负荷率增加，总风量成比例地增加，如果一次风率不变，一次风量增加，流化风速提高，有更多粒径较大的燃料被吹离密相区进入稀相区燃烧，使密相区的燃烧份额下降，稀相区的燃烧份额增加。

负荷率增加时，加入密相区的燃料增加，为了防止密相区床温超标，一次风率增加，一次风量增加较多，进一步使密相区的燃烧份额下降和稀相区的燃烧份额上升。因此，调节一次风量可以调节密相区的床温。

稀相区的燃烧份额与锅炉负荷率的关系见图 10-39。

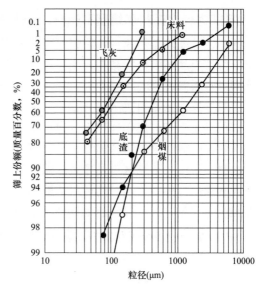

图 10-38 烟煤给煤粒径和床料、飞灰、底渣粒径

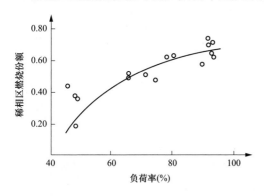

图 10-39 稀相区的燃烧份额与锅炉负荷率的关系

160. 为什么循环流化床锅炉的灰渣物理热损失较固态排渣煤粉炉高？

答：循环流化床锅炉适宜燃用灰分较高、发热量较低的煤，使得其灰渣量较高。循环流化床锅炉可以采用较简单的炉内石灰石干法脱硫获得 80%～85% 的脱硫效率。由于炉内干法脱硫是气态的 SO_x 与固态的 CaO 之间的反应，其反应速度较慢，虽然脱硫剂石灰石颗粒在炉膛与物料分离器之间多次循环，但 Ca/S 比仍然要达到 2～2.5 才能获得 80%～85% 的脱硫效率。采用炉内干法脱硫更增加了循环流化床锅炉的灰渣量。

煤粉炉的灰渣比通常为 9：1，而循环流化床锅炉的灰渣比较低，根据循环倍率的不同，为（3～4）：（7～6）。循环流化床锅炉的渣量为煤粉炉的 3～4 倍，如果计入未脱硫的 CaO 和脱硫产物 $CaSO_4$ 颗粒，循环流化床炉的渣量更多。

固态排渣煤粉炉的渣量较少，大渣在水冷壁冷灰斗的辐射冷却下温度较低，约为 800℃。循环流化床的炉渣是从密相区内排出的，温度较高，为 850～950℃。

通过以上比较可以看出，因循环流化床锅炉的渣量和渣温均较固态排渣煤粉炉高，所以，循环流化床锅炉的灰渣物理热损失较固态排渣煤粉炉高。

由于循环流化床锅炉的炉渣温度较高，渣量较大，含有较多物理热，所以，现在大多采用冷渣器回收炉渣的物理热加热除盐水。

161. 为什么返料器堵塞不返料，会使床温升高？

答：返料器堵塞不返料，物料循环量急剧减少，稀相区物料减少，燃烧份额降低，稀相区水冷壁产生的蒸汽份额减少，为了维持蒸发量不变，需要增加燃煤量，因密相的燃煤量增加而导致床温升高。

返料器返回的物料进入密相区，返料器堵塞不返料，密相区的床料减少，其热容量下降，即使进入密相区煤燃烧产生的热量不变，也会使床温升高。

返料温度通常低于床料温度，返料减少，返料对床料的冷却作用降低，返料不能将密相区的热量携带进入稀相区也是导致床温升高的原因之一。

在实际运行中，床温升高可以帮助判断返料器是否堵塞不返料，再结合床压降低和炉膛压差减少的现象，就可以判断出返料器出现了不返料的故障。

162. 为什么采用循环流化床锅炉的发电机组的厂用电率较煤粉炉发电机组厂用电率高？

答：采用循环流化床锅炉的发电机组与采用煤粉炉的发电机组，两者除锅炉不同外，汽轮机、发电机和水处理是相同的。因此，比较两者的厂用电率只需比较循环流化床锅炉和煤粉炉的厂用电率。

为了将循环流化床锅炉布风板上的物料流化，一次风机的风压很高，为了将绝大部分循环的物料从旋风物料分离器分离出来，返回密相区继续燃烧和降低进入对流烟道中烟气的飞灰浓度，以提高燃烧效率和减轻对流受热面的磨损，旋风物料分离器入口烟速很高，其阻力很大，引风机耗电量较大。循环流化床锅炉内大量物料循环所需的动力全部来自送风机、引风机，使得引风机、送风机耗电量很大。

煤粉炉的煤粉一次通过锅炉，煤粉的粒径很小，炉膛与对流烟道间不需要旋风分离器，采用四电场电除尘器即可使烟尘浓度达标排放，因此，煤粉炉的送风机、引风机的耗电量明显低于循环流化床锅炉。

虽然煤粉炉的煤粉粒径为十几至几十微米，循环流化床锅炉的燃料粒径在 12mm 以下，煤粉炉制粉系统的耗电量较多，但增加的幅度低于循环流化床锅炉送风机、引风机耗电量增加的幅度。因此，采用循环流化床锅炉的发电机组的厂用电率高达 9%～11%，而采用煤粉炉发电机组的厂用电率仅为 5%～8%。循环流化床锅炉耗电量较大是其缺点之一。

163. 为什么给煤加入密相区，从密相区排渣的含碳量很低？

答：循环流化床锅炉为了使床料能正常流化，要求给煤经破碎机破碎后最大粒径不大于 10～12mm，给煤中有较多粒径较大的煤粒。给煤加入密相区，在温度很高、热容量很大的流化床料的混合加热下温度迅速升高，首先是水分逸出，然后是挥发分析出燃烧，最后是焦炭粒的燃烧。

给煤中粒径较小的煤粒以及因煤中水分挥发分析出过程中煤粒内部压力增大而破碎成粒径较小的焦炭粒，被一次风吹出密相区在稀相区内燃烧，只有粒径较大的煤粒或焦炭粒因不能被一次风吹离密相区，而通过内循环留在密相区内在流化状态下燃烧。含灰量少，焦炭含量高、燃尽程度低的煤粒，因密度低而容易被一次风吹起，即使没有吹离密相区，也大多分布在密相区的上部。含灰量多、焦炭含量低、燃尽程度高的床料，因密度高而即使被一次风吹起，也容易通过回流回到密相区的下部，即密相区的下部物料焦炭的含量较低。

虽然给煤连续加入密相区，但是煤占床料的比例仅为 $1\%\sim3\%$，而炉渣是从密相区的底部排出的，因此，从密相区排出的炉渣中含碳量很低，通常约为 1%。

164. 什么是一级破碎？什么是二级破碎？

答：挥发分通常是均匀分布在煤中的，当煤的粒径较大时，加入密相区的煤粒在床料的强烈加热下温度迅速升高，其中水分和挥发分逸出过程中因受到煤粒壁厚的限制而产生压力，同时，煤粒形状不规则，表面和内部因存在温差而形成热应力。因此，将较大粒径的煤粒在被加热温度升高，水分和挥发分逸出过程中，内部产生的压力和热应力的共同作用下产生的破碎，称为一级破碎。

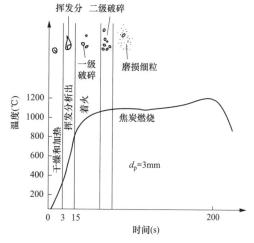

图 10-40 煤粒燃烧所经历的几个过程

煤粒经过一级破碎后，剩余由焦炭和灰分形成不规则骨架残骸；当焦炭残骸的薄弱部分被烧断或因碰撞、摩擦、断裂形成的破碎，称为二级破碎，见图 10-40。

随着煤的粒径增加，在挥发分逸出过程中产生的压力梯度和温度不均匀产生的热应力均增大，煤粒更容易破碎。试验证明，循环流化床锅炉煤粒的破碎以一级破碎为主。

165. 为什么停炉后布风板上床料的颗粒较细？

答：循环流化床锅炉正常运行时，粒径较大的床料因不能被一次风吹离密相区，而通过内循环留在密相区流化燃烧，粒径较小的床料则被一次风吹离密相区，进入稀相区随烟气上行进入旋风分离器。被分离器分离出来的粒径较小的床料，通过返料机构返回密相区，因此，参与外循环的主要是粒径小的床料。

通过布风板上的排渣口以连续或定期排渣方式将密相区底部粒径较大的炉渣排出，以保持密相区料层的压差在规定的范围内。当锅炉停止后，稀相区内和旋风分离器内颗粒较细的床料回落到布风板上，因此，停炉后布风板上床料除下部少量颗粒较粗外，大部分床料的颗粒较细。

166. 为什么流化风速提高，密相区燃烧份额下降？

答：随着流化风速提高，更多的颗粒被吹起离开密相区随烟气进入稀相区燃烧，使密相区的燃烧份额下降。当床料粒径较小时，流化风速提高，密相区燃烧份额下降较多；而当床料粒径较大时，因为流化风速提高仍不能将较大粒径的床料吹离密相区进入稀相区燃烧，所以密相区燃烧份额变化不大，见图 10-41。

锅炉运行时，因为密相区燃烧份额增加温床升高，所以，可以通过改变一次风量来调节床温。增加一次风量，可以降低床温；而降低一次风量，可以提高床温。

167. 为什么增加一次风的比例可以使床温下降？

答：一次风量增加，流化风速提高，使得加入密相区的煤中更多的颗粒被吹出密相区进入稀相区燃烧，密相区燃烧份额减少，导致床温下降。

一次风量增加，流化风速提高，更多颗粒较大、温度较高的床料被吹出密相区随烟气上行进入稀相区，将部分热量传递给稀相区的水冷壁温度降低后进入旋风分离器。因为较大颗粒的物料绝大部分能被分离下来返回密相区，返料温度低于密相区床温，返料有冷却密相区的作用，返料温度升高后再次离开密相区将部分密相区的热量带到稀相区，使密相区床温降低。

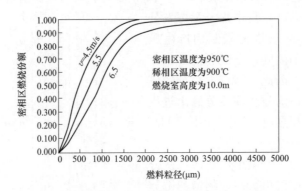

图 10-41　密相区燃烧份额与流化风速及燃料粒径的关系

虽然一次风占全部风量的比例约为 50%，密相区内的燃料是处于不完全燃烧状态，增加一次风量密相区燃料燃烧产生的热量增多使床温升高，但由于密相区内燃料的比例仅占床料比例的 1%～3%，所以增加一次风量瞬间会使密相区床温升高，但因更多燃料被吹离密相区进入稀相区燃烧而使密相区的燃料减少，导致床温降低。

在实际运行中，如果床温偏高，可以通过增加一次风比例的方法来降低床温，如果床温偏低，也可以通过降低一次风的比例来提高床温。

168. 为什么增加石灰石量可以降低床温？

答：石灰石加入炉内的方法有两种，一种是随煤一起加入密相区，另一种是随二次风喷入稀相区。

加入炉内的石灰石温度为环境温度，远低于床温。石灰石不但不能燃烧产生热量，而且石灰石在高温下煅烧吸收热量分解为 CaO 和 CO_2，因此，无论石灰石用何种方式加入炉内，均使床温下降。

当石灰石从密相区加入时，石灰石温度升高和分解吸收的热量对床温下降的影响要比从稀相区加入时大。当炉内脱硫剂数量较少，脱硫效率较低，而床温较高时，可以通过增加石灰石加入量的方法降低床温。

169. 为什么飞灰粒径增加，飞灰的含碳量上升？

答：烟气携带进入物料分离器的物料，不能被分离下来成为飞灰。物料分离器的分离效率越高，飞灰的粒径越小。

燃料的体积与粒径的三次方成正比，粒径越大，燃尽所需的时间越长。一旦进入物料分离器的物料不能被分离下来成为飞灰，就失去了获得继续燃烧的机会。由于粒径小的燃料燃尽所需的时间较少，粒径大的燃料燃尽所需时间较长，所以，随着飞灰粒径增加，飞灰的含碳量上升，见图 10-42。

要降低飞灰含碳量应提高物料分离器的分离效率，使更多粒径较小的物料被分离下来。通过返料系统返回密相区获得继续燃烧的机会，只有粒径很小的物料不能被分离下来成为飞灰，其燃尽所需的时间较短，易于燃尽。因此，物料分离器的分离效率越高，飞灰的粒径越小，飞灰含碳量越低。

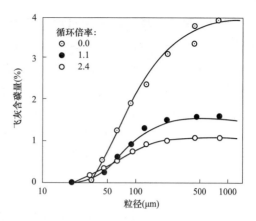

图 10-42　不同粒径的飞灰颗粒含碳量分布

170. 为什么煤矸石等劣质煤的底渣比例很高，而烟煤、无烟煤等优质煤的底渣比例很低？

答：煤矸石等劣质燃料的发热量很低，挥发分、固定碳很少，煤粒在挥发分逸出过程中，因内部压力和热应力而导致的一级破碎形成的细颗粒较少。挥发分逸出后焦炭残骸骨架被烧断和床料循环过程中因碰撞、磨损二级破碎形成的细颗粒也较少。

煤矸石等劣质燃料的灰分高，灰分主要是各种矿物质，密度较高。颗粒较大和密度较高的床料，因离心力较大而易于被旋风分离器分离出来，经返料机构送回密相区，最终以底渣的形式被排出，其底渣的比例高达 60%～80%。

烟煤、无烟煤等优质燃料的发热量很高，挥发分或固定碳很高。煤粒在挥发分逸出过程中因内部压力和热应力而导致的一级破碎形成的细颗粒较多，挥发分逸出后焦炭残骸骨架被烧断和床料循环过程因碰撞、磨损而导致的二级破碎形成的细颗粒也较多。

烟煤和无烟煤等优质燃料的灰分较少，床料的密度较小。燃尽后物料的颗粒较细、密度较小的床料，因离心力较小而不易被旋风分离器分离出来，容易随烟气进入对流受热面成为飞灰，因此，其底渣的比例仅为 25%～30%。

171. 为什么循环流化床锅炉燃煤的粒径较大，炉膛出口有旋风分离器，但是烟气飞灰的浓度仍然较大？

答：循环流化床锅炉要求破碎后煤的最大粒径不大于 10～12mm，其平均粒径远大于煤粉炉制粉系统产生的煤粉的平均粒径。

虽然循环流化床锅炉燃煤的平均粒度较大，但由于以下原因仍然会产生较多的细颗粒床料。

（1）煤在破碎过程中产生的部分细煤粒。

（2）煤粒在水分和挥发分逸出过程中在内部压力和温度梯度形成的热应力作用下一级破碎形成的细颗粒。

（3）在流化燃烧过程中因挥发分逸出后焦炭残骸骨架被烧断和床料多次循环过程中因碰撞和磨损二级破碎而形成的细颗粒。

（4）循环流化床锅炉通常燃用热值低、灰分高的煤，入炉煤灰分总量很大。

虽然循环流化床锅炉炉膛出口装有旋风分离器，但旋风分离器的直径较大，床料产生的离心力较小，入口烟气的温度较高，烟气黏度较大，烟气中的细颗粒不易被分离出，同时，旋风分离器入口烟气中物料的浓度很高，即使旋风分离器因入口烟气中含有较多粗颗粒物料而易被分离出来，分离效率很高，但仍有较多细颗粒物料未能被分离出来，使得进入对流受热面的飞灰的浓度仍较大。

172. 稀相区物料和烟气对水冷壁的传热有哪几种方式？

答：由于稀相区的水冷壁面积所占的比例很大，而且其水冷壁未敷设防磨层，稀相区的温度与密相区相差不大，所以，循环流化床锅炉的蒸汽主要是由稀相区的水冷壁产生的。

稀相区的物料和烟气通过以下三种方式对水冷壁进行传热。

（1）烟气向上平行于水冷壁管子流动时，通过对流传热方式向管子传热。由于贴近水冷壁的烟气流速较低和纵向流过管子，所以其传热系数较低，传热量较少。

（2）烟气携带物料向上流动时，部分粒径较大的物料因壁面效应而沿管壁向下流动，物料通过对流和导热的传热方式向管子传热。因为物料的质量流量和密度及导热系数远高于烟气，所以，物料对流传热系数和传热量远高于烟气。

（3）物料和烟气通过辐射传热的方式向水冷壁管传热。

173. 为什么鼓泡床锅炉密相区要设埋管，而循环流化床锅炉密相区不设埋管？

答：鼓泡床锅炉流化风速较低，加入密相区的煤流化后大部分依靠重力又回落留在了密相区，只有少量粒径很小的煤粉被烟气携带离开密相区，即煤大部分在密相区内燃烧。

密相区内物料浓度很高，为了防止密相区四周的水冷壁磨损，水冷壁表面敷设了较厚的耐高温防磨层，其热阻较大。由于鼓泡床锅炉密相区的燃烧份额很高，密相区水冷壁的热阻很大，为了防止密相区的床温越过 950℃，导致床料结焦，只有在密相区内设置埋管，通过埋管的吸热冷却床料，将床温控制在不超过 950℃。

循环流化床锅炉流化风速较高，加入密相区的煤只有粒径较大的通过内循环留在了密相区燃烧，其燃烧份额通常约为 50%，其余粒径较小的煤粒被一次风吹离密相区，由烟气携带进入稀相区燃烧。

虽然循环流化床锅炉密相区水冷壁也敷设了耐高温的防磨层，热阻很大，但由于仅约有 50% 的煤在密相区燃烧，同时，有大量温度较低的物料被物料分离器分离出来返回密相区，密相区床料中可燃物的含量仅为 1%~3%，热容很大，即使不设埋管也可以将密相区的床温控制在 950℃ 以下。

埋管浸没在密相区高浓度流化的床料中，磨损很严重，寿命较短，维修工作量很大。鼓泡床锅炉是早期的流化床锅炉，随着技术进步，鼓泡床锅炉已逐渐被燃烧效率更高、不需要埋管的循环流化床锅炉所取代。

174. 什么是低温结焦？低温结焦是怎样产生的？

答：物料结焦的直接和根本原因是局部或整体温度超过灰熔点或烧结温度。

通常将床层整体温度低于灰分变形温度而由于出现局部超温或低温烧结而引起的结焦称为低温结焦。低温结焦之所以经常出现在锅炉启动过程或压火时的床层内，是因为启动过程中为了节省价格昂贵的柴油，使柴油燃烧产生的热量尽可能多地用于加热床料和为了防止在炉膛温度较低的情况下，不完全燃烧产物和水分黏附在布袋式除尘器的布袋上或电除尘器的电极上，烟气由旁路排入烟囱时，烟尘浓度过高，床料处于微流化状态，局部床料没有流化，处于烧结状态；压火时床料处于静止状态，也处于烧结状态，因烧结温度通常低于灰分熔点而导致结焦。

低温结焦之所以也会出现在启动过程高温旋风分离器的灰斗内，是因为启动过程中炉膛温度较低，进入旋风分离器物料的含碳量较高，物料在旋风分离器内继续燃烧，导致物料因超温而引起结焦。

碱金属钾、钠的熔点较低，灰分的钾、钠含量较高时，容易产生低温结焦。防止低温结焦最好的方法是确保物料流化良好，颗粒混合充分，温度均匀，避免物料处于静止的烧结状态。

175. 什么是高温结焦？高温结焦是怎样产生的？

答：床料流化正常，床层整体温度水平较高时产生的结焦，称为高温结焦。

密相区四周的水冷壁被防磨层覆盖，热阻较大，水冷壁的吸热量较少，当密相区的物料含碳量高，燃烧份额较大，返料中断或减少时，均有可能导致整体床层温度较高。

燃煤粒径较大，一次风量较小，加入密相区的煤中被一次风吹离密相区的煤粒较少，留在密相区的煤粒较多，容易因密相区的燃烧份额增加而导致床层温度超标。

燃用高热值的煤，灰分少，理论燃烧温度高，没有添加惰性物料，也是引起床温升高的原因之一。

因此，分析引起床温升高的具体原因，采取有针对性的措施，是防止床层温度超标，避免高温结焦的最有效方法。

176. 为什么循环流化床锅炉的蒸汽大部分是由稀相区的水冷壁产生的？

答：通常以下层的二次风为界，二次风口以下的炉膛称为密相区，二次风口以上的炉膛称为稀相区。

为了获得较高的流化风速，确保床料正常流化，密相区为下小上大的斗形，同时，密相区的高度远小于稀相区的高度，使得密相区的体积远小于稀相区体积。因此，稀相区的水冷壁面积远大于密相区的水冷壁面积。

密相区的床料颗粒大，床料浓度高，为了防止密相区水冷壁的磨损，密相区水冷壁的表面敷设有耐高温的防磨层。由于防磨层较厚和导热系数较低，所以其热阻很大，而稀相区床料的粒径较小，浓度较低，床料对稀相区水冷壁的磨损较轻，绝大部分不敷设防磨层，热阻很小。

正常情况下，密相区的温度和稀相区的温度相差不大，由于稀相区水冷壁面积大、热阻小，而密相区水冷壁的面积小，热阻大，所以，循环流化床锅炉大部分蒸汽是由稀相区水冷壁产生的。

177. 为什么循环流化床锅炉炉膛内的辐射传热的比例较煤粉炉低？

答：辐射传热与物体的绝对温度四次方和黑度成正比。由于煤粉颗粒很细，煤粉喷入炉膛后着火快、燃烧迅速，火焰中心的温度高达 1600℃，炉膛出口烟温约为 1100℃，炉膛的平均温度较高；炉膛烟气中固体颗粒（飞灰和焦炭）的浓度较低，烟气和固体颗粒的辐射受到的阻挡较少，炉膛的黑度较大，所以，煤粉炉炉膛内的传热以辐射为主，辐射传热的比例高达 95%。

循环流化床锅炉为了防止床料结焦，不能正常流化，床温要比灰分的变形温度低 100℃并留有一定余量，仅为 850～950℃，明显低于煤粉炉的炉膛平均温度。循环流化床锅炉的循环倍率通常为 10～20，烟气中物料的浓度很高，烟气和床料颗粒的热辐射受到阻挡较多，辐射能达到水冷壁表面的数量较少，炉膛的黑度较小。

由于壁面效应，进入稀相区物料中的一部分沿水冷壁表面向下流动，炉膛内的热辐射被水冷壁表面覆盖的物料所遮挡，导致辐射传热量减少。

由于上述原因，循环流化床锅炉炉膛内辐射的比例明显低于煤粉炉。

178. 循环流化床锅炉炉膛内有哪几种传热方式？

答：循环流化床锅炉炉膛内有以下三种传热方式。

（1）烟气平行流过水冷壁表面时，通过对流向水冷壁传热。

（2）较细的床料被烟气携带进入稀相区后，由于壁面效应，一部分颗粒沿水冷壁表面向下流动，颗粒通过对流和导热向水冷壁传热。

（3）高温烟气和床料通过辐射向水冷壁传热。

由于烟气的密度很小和烟气纵向流过水冷壁表面时，摩擦力较大，烟气流速很低，烟气通过对流向水冷壁的传热量的比例很小。炉膛内以颗粒对流导热传热和辐射传热为主。

179. 为什么流化风速增加，旋风物料分离器的分离效率提高？

答：随着流化风速的增加，更多的物料吹离密相区被烟气携带进入稀相区和旋风物料分离器。随着流化风速增加，不但稀相区和旋风物料分离入口物料颗粒的浓度增加，而且粒径较大的物料占比提高，使得物料外循环量增加。

随着流化风速增加，一方面，因进入旋风物料分离器物料的速度和浓度增加，使得分离效率提高；另一方面，进入物料分离器的物料中较大粒径物料的比例增加，因大粒径物料的质量大获得的离心力大而易于被分离下来，使旋风物料分离器的分离效率提高。

180. 为什么循环流化床锅炉的散热损失较煤粉炉高？

答：容量相同时，循环流化床锅炉的炉膛容积与煤粉炉大体相同。由于循环流化床锅炉的横截面积较小，高度较高，为了减轻尾部受热面的磨损，烟速较低，使得其炉墙表面积较煤粉炉大。

虽然循环流化床锅炉采用低温燃烧，炉膛平均温度较低，仅为850～950℃，煤粉炉采用室燃，炉膛平均温度较高，为1400～1450℃，但由于现在循环流化床锅炉和煤粉炉均采用膜式水冷壁和由保温材料构成的敷管式炉墙，炉墙的表面温度大体相等。

循环流化床锅炉与煤粉炉相比增加了体积和表面积均很大的高温物料分离器和返料装置，导致散热损失较大，特别是采用绝热式高温分离器时，其表面温度较高，散热损失更大。

虽然煤粉炉有制粉系统，但制粉系统内工质温度较低，其表面温度很低，散热损失很小，特别是当采用直吹式制粉系统时，表面积较小，散热损失更小。

由于上述原因，容量相同时，循环流化床锅炉的散热损失较煤粉炉高。采用水冷式或汽冷式高温物料分离器，其表面温度降低，可以降低循环流化床锅炉的散热损失。

181. 为什么运行较长时间停炉后应将床料放掉？

答：虽然风帽采用耐高温、耐磨损的材料铸造而成，但风帽在高温和被床料强烈磨损的工况下工作，风帽仍然容易损坏而不能正常工作。风帽的孔堵塞也会影响床料的正常流化。

风帽一旦损坏，流化风的风速降低，流向改变，不但该风帽区域的床料不能正常流化，而且流化风短路，布风板压降下降，容易造成床料流化不均，部分区域的床料因压力较低，流化风速较小不能流化而产生结焦。风帽小孔堵塞也会因床料流化不好而结焦。停炉后风帽埋没在床料中，必须将床料放掉后才能对风帽进行全面仔细的检查，发现风帽有烧坏和严重磨损时应及时更换。风帽小孔被堵塞要进行清理。

因此，锅炉连续运行时间较长，停炉后应将床料放掉以便对风帽进行全面检查，对于临时停炉消缺，运行时间不长的锅炉，停炉后可以根据实际情况不将床料放掉。

第六节 受热面磨损

182. 为什么循环流化床锅炉受热面磨损较煤粉炉和链条炉严重？

答：煤粉炉采用室燃，煤粉和飞灰的粒径很小，大部分为十几微米至几十微米。煤粉和飞灰粒径很小，不存在壁面效应，即使烟气流速较低，也能携带煤粉和飞灰一次性通过炉膛，焦粒和飞灰的浓度很低，且纵向流过水冷壁，水冷壁的磨损很轻。虽然煤粉炉进入尾部烟道的飞灰浓度较高，但因为飞灰粒径较小和焦粒含量很少，所以，尾部受热面磨损较轻。

循环流化床锅炉的循环倍率通常为十几倍至几十倍，大量的物料在炉膛与物料分离系统之间循环，不但烟气中物料的浓度很高，而且物料的粒径大多为 $100\sim600\mu m$，因存在壁面效应而使大量物料沿水冷壁表面向下流动，在物料向水冷壁传热的同时，也导致其磨损。壁面效应沿水冷壁高度均存在，自上而下物料量的累加和加速作用，使得稀相区水冷壁自上而下磨损越来越严重。虽然循环流化床锅炉飞灰份额低于煤粉炉，但由于其燃用的煤灰分通常较高，粒径较大和含有的焦粒较多，使得尾部受热面磨损较严重。

循环流化床锅炉为了使烟气能携带物料循环和获得较高的分离效率，烟气的流速较高，不但物料分离器入口的水冷壁磨损较严重，而且因烟气转弯进入物料分离器产生的离心力使顶部的部分水冷壁产生磨损。

由于链条炉采用层燃，飞灰份额很少，其受热面磨损较轻，所以，循环流化床锅炉受热面磨损较煤粉炉和链条炉严重。

183. 什么是煤粒的破碎和磨损？

答：煤粒加入炉内后在炽热床料的强烈加热下，温度迅速升高，在水分和挥发分析出过程中煤粒内部形成的压力和煤粒内外部温差形成的热应力共同作用下，煤粒出现破碎。煤粒的挥发分析出后形成的焦炭残骸因受到其他床料的撞出，出现破碎。燃烧也会使煤粒变小。

煤粒的破碎通常发生在加入炉内的初期，破碎发生在煤粒的内部，其过程很迅速，破碎后小颗粒形状也是不规则的，见图 10-43。

煤粒和床料的磨损是由于其相互碰撞、摩擦和其与密相区防磨层、分离返料系统防磨层及稀相区水冷壁碰撞和摩擦形成的。磨损通常发生在煤粒和床料的表面，在粒径小到不能被物料分离器分离出来成为飞灰之前，磨损是很慢和始终存在的。煤粒和床料的棱角首先被磨损，其被磨损后表面较圆滑。

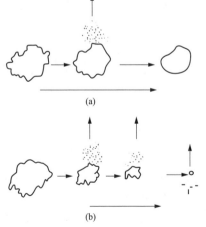

图 10-43 磨损机理图
(a) 纯机械磨损；(b) 有燃烧的磨损

虽然煤粒和床料的破碎和磨损产生的机理是不同的，但两者其实很难区别，只是不同的煤种破碎和磨损所占的比例不同而已。

184. 为什么密相区的水冷壁要敷设防磨层？

答：为了使布风板上粒径较大的物料也能正常流化，密相区烟速较高，因此，密相区为倒四方截锥体。

由于布风板上粒径较大的床料数量较多，煤加入密相区，煤中有较多粒径较大的煤粒，同时，被物料分离器分离出来的物料经返料器返回密相区，因此，密相区床料的浓度很高且粒径较大的床料较多，烟速较高。密相区内粒径较大的床料依靠重力下落，较多床料因壁面效应而沿水冷壁表面下流，同时，存在物料的横向运动，使得密相区的水冷壁磨损很严重。虽然给煤加入密相区，但由于密相区不可燃的惰性物料较多，且给煤中粒径较小煤粒和因一级破碎和二级破碎产生小粒径焦炭粒而被一次风吹离密相区，密相区床料中的可燃物仅为1%～3%，同时，送入密相区的一次风量约占总风量的50%，可燃物处于不完全燃烧状态。为了维持密相区较高的温度，以利于加入的煤着火和燃烧，密相区敷设的防磨层在防止水冷壁磨损的同时，其热阻较大，还可以明显减少密相区水冷壁的吸热量，达到维持密相区较高温度的目的。

因此，循环流化床锅炉密相区水冷壁敷设防磨层，具有防止水冷壁磨损和减少水冷壁吸热量、维持密相区较高温度的双重作用。

185. 为什么密相区的防磨层要通过抓钉敷设在水冷壁上？

答：由于密相区内物料的浓度很高，其流速也较高，所以为了防止密相区水冷壁的磨损，其上必须要敷设防磨层。

由于水冷壁表面较光滑，防磨层通常为耐火材料，其膨胀系数显著小于水冷壁钢材的膨胀系数。为了防止锅炉多次启动、停止、运行中因两者膨胀系数相差较大，导致防磨层从水冷壁管表面脱落，在密相区水冷壁管表面焊接众多由耐热钢材制作的 Y 形抓钉，防磨层通过抓钉敷设在水冷壁管表面，抓钉托住了防磨层，大大增加了防磨层在水冷壁管上的附着力，即使防磨层破裂或与水冷壁表面有间隙也不会脱落。

防磨层在密相区吸收的部分热量可以通过抓钉的导热传给水冷壁，抓钉的导热系数比防磨层高得多，可以增加密相区水冷壁的吸热量，降低防磨层和密相区的温度，有利于延长防磨层的工作寿命，降低维修费用。

186. 为什么稀相区水冷壁不敷设防磨层？

答：只有粒径为不大于 0.5mm 的床料被一次风吹离密相区，进入稀相区，因此，稀相区不但物料的浓度较低，而且物料的粒径较小。

进入稀相区的物料大部分被烟气携带进入物料分离器，只有小部分物料因壁面效应而沿水冷壁向下流动。虽然水冷壁从上到下均存在因壁面效应而使物料沿水冷壁下流的情况，但上部水冷壁下流的物料较小，流速较低，下部的水冷壁因下流物料的累加和加速作用而仅使下部水冷壁的磨损较大。

稀相区物料横向流动较弱，因壁面效应而向下流动的物料是纵向流过水冷壁，大部分磨损较轻，仅下部水冷壁磨损较大。由于密相区水冷壁面积较小和表面敷设了防磨层，吸热量和产生的蒸汽量较少，锅炉大部分蒸汽是由稀相区的水冷壁产生的。所以，稀相区除了在物料分离器入口和炉顶部局部水冷壁敷设防磨层外，其余水冷壁不敷设防磨层。

对稀相区水冷壁下部磨损较严重的部位，通常采用定期喷涂硬合金防磨层或采用沿水冷壁高度设置多道水平的耐高温和耐磨损蓝泥裙带加蓝涂料的方法来防止水冷壁磨损。

随着技术进步，物料分离器分离效率的提高和运行水平的进步，可以采用较低一次风速和较低的循环倍率，稀相区水冷壁下部磨损明显减轻。

187. 稀相区水冷壁的磨损是怎样产生的？

答：由于稀相区的水冷壁表面没有敷设防磨层，炉内物料的浓度远高于煤粉炉，所以，稀相区的水冷壁不可避免地存在磨损。

由于烟气与水冷壁表面的摩擦力较大，流过水冷壁表面的烟速很低，所以烟气不能携带床料沿水冷壁向上流动。而正是因流过水冷壁表面的烟速很低而产生的壁面效应，使得进入稀相区床料中的一部分沿水冷壁表面向下流动，导致稀相区的水冷壁磨损。

虽然稀相区的部分床料因壁面效应而纵向沿水冷壁表面向下流动，因为物料与水冷壁相平行，所以磨损较横向流过管子轻，但向下流动的床料数量较多，速度较快，运行时间长了仍会产生显著的磨损。

188. 为什么循环流化床锅炉稀相区水冷壁下部磨损比上部严重？

答：由于壁面效应，烟气携带物料从稀相区流过时，较多的物料会沿稀相区水冷壁表面自上而下流动。

壁面效应沿稀相区水冷壁不同高度均存在。由于因壁面效应而沿稀相区水冷壁下流的物料接近于自由落体，其速度越来越快，且因累加作用而使自上而下流动物料的数量越来越多。因为水冷壁的磨损速度与物料流速的三次方和物料的浓度成正比，所以，稀相区水冷壁下部磨损比上部严重。锅炉大修时，仅对稀相区下部的水冷壁采取防磨措施。

密相区的水冷壁因敷设了防磨层而不会被磨损。

189. 为什么稀相区下部水冷壁要采用表面喷涂硬质合金的防磨措施？

答：烟气携带粒径较小的物料向上流过稀相区时，因壁面效应而使部分物料沿水冷壁向下流动，是稀相区水冷壁磨损的主要原因。

由于密相区物料的浓度很高，已经采取了敷设非金属防磨层避免水冷壁磨损。防磨层的热阻很大，密相区水冷壁产生的水蒸气份额很少，大部分水蒸气是由稀相区的水冷壁产生的。

由于非金属防磨层材质的导热系数较小，同时，非金属防磨材料的热膨胀系数小于钢材的热膨胀系数，为了防止胀差导致非金属防磨层脱落，除了在水冷壁表面焊接抓钉外，还要使防磨层的厚度不低于 30~50mm，并且防磨层与水冷壁表面存在间隙，非金属防磨层的热阻较大。因此，稀相区的水冷壁不应大面积采用非金属防磨层。

硬质合金的导热系数较高，采用高温喷涂可使液态的硬质合金牢固无缝隙地附着在水冷壁表面，其厚度很小，同时，硬质合金的硬度很高，耐磨性能较好。因此，稀相区水冷壁下部喷涂硬质合金同时解决了防磨和传热问题。

由于壁面效应形成的沿水冷壁下流的物料有累计和加速的现象，下部水冷壁磨损较严重，上部水冷壁磨损较轻。因此，可根据对稀相区水冷壁测厚的数据，确定硬质合金喷涂的高度和厚度。每次锅炉大修时应检查硬质合金防磨层的磨损情况，以确定是否需要重新喷涂硬质合金防磨层。

190. 蓝泥裙带加蓝涂料防磨方法的原理及优、缺点是什么？

答：循环流化床锅炉稀相区水冷壁下部磨损较严重的主要原因是因壁面效应而使稀相区

的部分物料沿水冷壁向下流量累加和加速作用造成的。稀相区部分物料沿水冷壁向下流动是循环流化床锅炉工作原理决定的。稀相区高温物料沿水冷壁向下流动过程中,通过对流和导热将热量传递给水冷壁,是稀相区水冷壁主要的传热方式之一,是有益和必需的。因此,必采取防磨措施。

采用蓝泥裙带加蓝涂料的防磨方法,防磨效果较好。采用耐磨耐高温和导热性能较好的蓝泥,沿稀相区四周水冷壁高度设置多道水平裙带,裙带的厚度为1~2cm,高度为6~8cm。有了裙带的重重拦截,可以避免因壁面效应而使稀相区的物料沿水冷壁向下流动过程中物料量累加和加速作用。相邻两道裙带间物料下流的量和流速均降低,使水冷壁下部的磨损明显减轻。为了防止设置多道水平裙带后,物料向下流动时遇到裙带的拦截,因流动方向改变产生的离心力和涡流而导致裙带上沿与水冷壁交界的局部磨损,可在该部位涂刷耐高温的防磨蓝涂料,见图10-44。

蓝涂料有两种,一种是JWBP-11普通型,另一种是JWBP-12强化传热型。强化传热型的防磨和传热性能较普通型更好。蓝泥裙带的寿命可达6~8年,蓝涂料的寿命可达6~8个月。采用蓝泥裙带加蓝涂料防磨方法的优点是施工简单,费用较低,防磨蓝涂料运行人员即可涂刷,见图10-45。缺点是蓝泥防磨裙带和蓝涂料均是非金属材料,其导热性能较喷涂硬质合金差,但裙带的面积较小,防磨蓝涂料的厚度较薄,循环流化床锅炉水冷壁面积裕量较大,对水冷壁的吸热量影响较小,锅炉出力不会降低。

图 10-44　蓝泥裙带和蓝涂料　　　图 10-45　运行人员涂刷蓝涂料

蓝泥防磨裙带加蓝涂料的防磨方法,因性价比较高,防磨效果较好而受到广大用户的欢迎和好评。

191. 为什么稀相区紧靠密相区防磨层上部交界区域的水冷壁会出现较严重的局部磨损?

答:由于密相区物料的浓度很高和物料的粒径较大,不但较多物料被气流携带进入稀相区,而且物料存在较多的横向运动和较多物料通过内循环回到密相区的下部,为了防止密相区的水冷壁被磨损,密相区四面水冷壁均敷设了防磨层。

因为稀相区的水冷壁磨损较轻,同时防磨层的热阻很大,所以,稀相区的水冷壁不敷设防磨层。在运行中发现稀相区紧靠密相区防磨层上部交界区域的水冷壁出现较严重的磨损，见图 10-46。

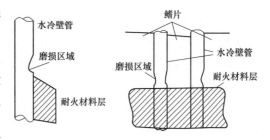

由于壁面效应，壁面的摩擦力较大，靠近壁面的气流速度较低，被气流携带进入稀相区的物料沿壁面下流。到密相区防磨层上部时，防磨层存在一定厚度，物料要改变方向才能落入密相区。物料在改变方向转弯时产生离心力和涡流，导致物料对紧靠密相区防磨层上部的稀相区水冷壁产生较严重的局部磨损。

图 10-46 水冷壁管防磨层过渡区域的磨损

在防磨层上部因为壁面效应，沿壁面下流的物料与炉内向上运动的物料运动方向相反，在防磨层上部局部区域产生了涡流，所以导致了水冷壁局部磨损，见图 10-47。

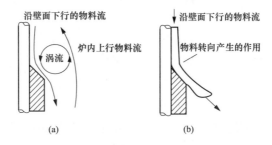

图 10-47 循环床锅炉炉膛防磨层与水冷壁管交界区域的磨损机理

(a) 局部产生涡旋流；(b) 流动方向改变

192. 怎样防止稀相区与密相区防磨层交界区域水冷壁的局部磨损？

答：密相区水冷壁敷设防磨层是必须的，因壁面效应而使稀相区的物料沿水冷壁下流是不可避免的。如果不改变密相区水冷壁的形状，无论将密相区上部防磨层设计成任何形状，因为物料必须改变流向才能落入密相区，所以物料流向改变产生的离心力对交界处水冷壁的磨损是无法避免的，见图 10-48。

改变密相区水冷壁管的形状，使其向外弯曲，敷设的耐火防磨层与稀相区的水冷壁表面在一个平面内，稀相区物料向下流动时因不改变流向不会产生离心力和涡流而避免了稀相区与密相区防磨层交界处水冷壁的局部磨损，见图 10-49。

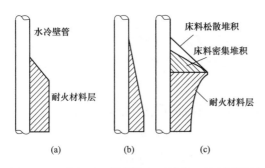

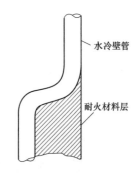

图 10-48 浓相区卫燃带终止区域的三种不同设计

(a) 初始设计；(b) 改进设计一；(c) 改进设计二

图 10-49 水冷壁弯管结合耐火材料实现防磨

由于该种防磨措施简单，防磨效果好，已被广泛采用。新生产的循环流化床锅炉密相区水冷壁均采用向外弯曲的结构。

193. 为什么炉膛稀相区四角水冷壁的磨损较严重？

答：稀相区内的烟气携带物料向上流动时，由于烟气与水冷壁存在较大的摩擦力，贴近水冷壁面的烟气流速较低，不但不能携带物料向上流动，而且因为物料存在横向流动，所以物料会沿着水冷壁表面向下流动。

由于炉膛稀相区四角的烟气向上流动时，烟气与相邻的两面水冷壁同时存在摩擦力，摩擦力较大，烟气流速更低，更多横向流动的物料沿着四角的水冷壁向下流动，所以导致稀相区四角的水冷壁磨损较严重。

194. 为什么物料分离器要敷设防磨层？

答：物料分离器是循环流化床锅炉的关键设备之一，其分离效率要达到 $98\% \sim 99\%$，锅炉才能稳定满负荷运行。

循环流化床锅炉大多采用高温旋风物料分离器。由于高温烟气的黏度较大、分离器的直径较大，离心力与其半径成反比，所以为了提高物料分离的分离效率，其入口的烟速较高。

进入物料分离器的烟气携带的物料不但数量很大，而且粒径较大，烟气携带大量物料在分离器内高速旋转时，会对分离器产生严重磨损。因此，物料分离器必须要敷设防磨层。

195. 为什么循环流化床锅炉水冷壁对接焊缝的上部磨损较下部严重？

答：由于循环流化床锅炉的炉膛高度较高，其高度超过钢铁厂出厂管子的长度，所以水冷壁管存在很多对接焊缝。

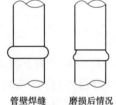

管壁焊缝　　磨损后情况

图 10-50　对接水冷壁焊缝的局部磨损

为了避免焊缝因存在的各种缺陷而导致强度降低，确保焊缝有足够的强度，通常焊缝的高度比管子外壁高 $2 \sim 3mm$。由于壁面效应而使大量物料沿稀相区水冷壁管自上而下流动，物料流经焊缝上部时，因其突出部分的阻挡，物料转弯改变流向产生离心力而导致焊缝上部的根部产生较大的磨损，见图 10-50。

196. 为什么炉膛顶部靠近炉膛出口的水冷壁要敷设防磨层？

答：循环流化床锅炉炉膛出口烟气中含有大量物料，根据循环倍率的不同，烟气中物料的浓度约为每立方米几千克至十几千克。炉膛内的烟气经 $90°$ 的转弯进入旋风分离器，烟气中的物料在离心力的作用下被甩至炉膛顶部，对炉膛顶部的水冷壁产生较严重的磨损。

虽然采取了抬高顶部水冷壁的高度，增加了顶部水冷壁与旋风分离器入口中心线的距离，但仍然存在较大的磨损。因此，为了防止顶部水冷壁的磨损，在靠近炉膛出口的顶部水冷壁区域敷设了防磨层。

197. 为什么循环流化床锅炉水冷壁管鳍片中部的磨损比根部严重？

答：循环流化床锅炉运行时，烟气携带大量物料向上流动进入稀相区，由于壁面效应，所以大量物料沿水冷壁管的表面和鳍片向下流动，在向水冷壁管传热的同时，也对其产生了磨损。

循环流化床锅炉与其他锅炉一样广泛采用了膜式水冷壁。为了节约成本，目前膜式水冷壁大多采用钢带通过焊接将相邻的两根水冷壁管连接在一起。

鳍片吸收的热量，经过鳍片导热传递给水冷壁管后被管内的汽水混合物吸收。鳍片的中部离水冷壁管壁的距离最大，因鳍片的热负荷很高和鳍片存在热阻，鳍片的中部与根部存在较大温差，即鳍片中部的温度最高。

由于钢材随着温度的提高，其硬度下降，在条件相同的情况下，随着硬度下降，钢材的磨损加剧。所以，循环流化床锅炉水冷壁管鳍片中部的磨损比根部严重。

198. 为什么循环流化床锅炉炉膛开孔时要向炉膛外让管？

答：根据循环流化床锅炉的工作特点，炉膛上除开有与其他锅炉相同的防爆门、人孔门和观察孔外，还开有加煤孔、返料孔和二次风孔。

循环流化床锅炉的炉膛由四面水冷壁构成，上述各种开孔必须穿过水冷壁，水冷壁管必须让管才能形成所需要的各种孔。由于循环流化床锅炉普遍采用较高的循环倍率，即使稀相区的物料浓度仍然比煤粉炉高得多，物料对水冷壁管的磨损较严重，特别是向炉膛内突出的水冷壁管磨损特别严重，所以，为了减轻磨损，与煤粉炉开孔处水冷壁向内让管不同，循环流化床锅炉炉膛开孔处的水冷壁必须向炉膛外让管，确保炉膛内的水冷壁管平整没有向炉膛内突出的部分。

即使开孔处的水冷壁向外让管，开孔下部的弯管仍磨损较严重，见图10-51。

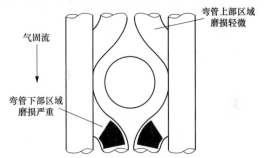

图10-51 炉墙开孔处弯管的磨损区域

199. 循环流化床锅炉的飞灰是由哪几部分组成的？

答：进入旋风物料分离器的物料中粒径较大的粗颗粒被分离出来返回炉膛内继续燃烧，粒径很小的细颗粒煤燃尽的灰粒因不能分离出来而成为飞灰。

粒径很小的细颗粒物料由以下几部分组成。

（1）购进煤中含有的细颗粒煤。

（2）煤经破碎机破碎产生的细颗粒煤。

（3）煤在挥发分析出形成的内部压力和因煤粒内外存在温差而产生的热应力作用下破碎产生的细颗粒，物料在密相区流化和外循环中碰撞及在分离器内旋转磨损产生的细颗粒。

（4）煤的挥发分析出形成的焦炭残骸由于烧断和碰撞、断裂形成的细颗粒，物料在流化、沿水冷壁向下流动及在物料分离器旋转磨损产生的细颗粒。

（5）焦粒中碳燃尽成灰形成的细颗粒。

（6）采用炉内干法脱硫时，氧化钙因碰撞和磨损而形成的细颗粒。

由于循环流化床锅炉循环倍率较高，煤的燃烧效率较高，飞灰中的可燃物焦粒含量较低，飞灰的主要成分是灰分。为了降低飞灰中的可燃物含量，煤不宜破得过碎，以免较多细颗粒煤不能被分离器分离下来，仅获得一次燃烧机会还未燃尽就成为飞灰。

200. 煤粒的破碎与床料的磨损对循环流化床锅炉运行有什么影响？

答：煤粒加入密相区被炽热的床料加热后，在挥发分析出过程中产生的内部压力和内外部温差形成的热力作用下产生的一级破碎，煤粒挥发分析出后焦炭残骸因撞击断裂，形成的二级破碎是煤粒破碎的主要原因。

破裂的焦炭和焦炭燃尽后的灰粒因撞击和摩擦是床料磨损的主要原因。

当煤粒破碎和床料磨损产生颗粒直径小于能被物料分离器分离出来的粒径时，成为飞灰随烟气排出炉外。维持大量床料的外部循环是循环流化床锅炉正常运行的必要条件。煤粒的破碎和床料的磨损及因此产生的部分飞灰，是循环流化床锅炉运行时不可避免的。

飞灰的产生使可循环的物料减少，能形成外循环的床料粒径范围为 $100\sim500\mu m$，煤粒的破碎和床料的磨损不断产生直径为 $100\sim500\mu m$ 的颗粒，补充了因产生飞灰减少而可以外循环的颗粒数量，维持了大量物料的外循环，因此，正是煤粒的破碎和床料的磨损确保了循环流化床锅炉的正常运行。

201. 为什么燃用相同煤种，循环流化床锅炉烟气飞灰的浓度低于煤粉炉？

答：烟气中的飞灰绝大部分来自煤中的灰分，少量来自未燃尽的焦粒。煤粉的粒径很小，煤粉炉采用室燃，煤粉燃尽后的灰分随烟气一起流动成为飞灰。煤粉的料径很小和炉膛温度高达 $1400\sim1600℃$，煤粉的燃尽程度较高，飞灰中未燃尽的焦粒很少。虽然煤粉炉的炉膛温度很高，灰分在炉膛温度较高的区域呈熔化状态，部分呈熔化状态的灰分因碰撞而黏合成粒径较大的液态灰滴，其重力超过烟气对其的托力和摩擦力，液态灰滴落入灰斗成为炉渣，但煤粉炉炉渣的比例仅占煤灰分的10%，90%的灰分成为飞灰。

循环流化床锅炉燃用宽筛分煤，只有原煤中和破碎后的煤中粒径很小燃尽后不能被旋风分离器分离出来，以及因一级破碎和二级破碎产生的不能被旋风分离器分离出来粒径很小的物料成为飞灰。粒径较大的煤粒和物料因不能被烟气携带参与外循环而只能参与内循环，其煤中的部分灰分是以炉渣的形式排出。

虽然循环流化床锅炉因为炉膛温度较低，只有 $850\sim950℃$，对于煤中粒径很小不能被旋风分离器分离出来一次通过炉膛的煤粒的燃尽程度略低，飞灰中焦炭的比例略高，但因循环流化床锅炉煤中灰分以炉渣的形式排出的比例为30%～40%，远高于煤粉炉，所以，燃用相同煤种循环流化床锅炉烟气飞灰浓度较煤粉炉低。

202. 为什么循环流化床锅炉飞灰的比例较煤粉炉低，而尾部受热面的磨损较煤粉炉严重？

答：循环流化床锅炉飞灰的份额为 $0.6\sim0.65$，明显低于煤粉炉 0.9 的飞灰份额。之所以循环流化床锅炉尾部受热面的磨损较煤粉炉严重，有以下几个原因。

（1）循环流化床锅炉通常燃用灰分较高的煤，不但可以降低购煤费用，而且有利于充分发挥其性能，即使燃用灰分较低的煤，为了保持一定的循环倍率需要掺入惰性物料，虽然飞灰份额不高，但烟气飞灰的浓度较高。

（2）由于燃煤中粒径很小，不能被物料分离器分离出来返回密相区重复燃烧一次性通过炉膛的煤粒，因炉膛温度较低，只有 $850\sim950℃$，不易燃尽形成焦炭粒，不但增加了飞灰的数量，而且焦炭粒硬度高且具有棱角，对受热面的磨损较严重。

（3）飞灰的粒径主要取决于物料分离器的分离效率，即使分离器的分离较高，不能被分离出来的飞灰平均粒径仍然大于煤粉炉飞灰的平均料径，随着飞灰平均粒径的增加，飞灰的动能增大，磨损加剧。

203. 为什么循环流化床锅炉尾部对流受热面的烟气流速较低？

答：由于循环流化床锅炉通常燃用灰分较高的煤，有大量的物料在炉膛与旋风分离器之间进行外循环，旋风分离器入口烟气中物料的浓度高达每立方米十几公斤到几十公斤，虽然旋风分离器的分离效率高达 98%～99%，其出口烟气中飞灰的浓度仍然较高。

循环流化床锅炉飞灰的可燃物含量较高，飞灰中可燃物主要是焦炭，其硬度较大。凡是不能被物料分离器分离出的物料均成为飞灰，飞灰的料径较大，导致尾部受热面磨损较严重。

对流受热面的磨损与烟气流速的三次方成正比，在飞灰浓度难以降低的情况下，降低烟气流速可以非常有效地降低对流受热面的磨损。通常循环流化床锅炉尾部受热面的烟气流速比煤粉炉低 30%～40%。

204. 为什么锅炉启动和停止速度太快，会导致防磨层脱落？

答：循环流化床锅炉的循环倍率较高，有大量的床料在炉膛与旋风分离器和返料器内循环。为了防止床料对水冷壁、旋风分离器和返料器产生磨损，在密相区的水冷壁、旋风分离器和返料器均敷设了较厚的耐高温的防磨层。

防磨层虽然硬度较高，防止床料磨损的性能较好，但是防磨层的导热能力较差，热阻较大，传热较慢。如果锅炉启动速度太快，防磨层与火焰、高温烟气和床料接触的表面温度迅速升高，而不与火焰、高温烟气和床料接触的背面温度升高较慢，防磨层因存在较大的温差和膨胀差而形成较大的热应力。防磨层抗磨抗压性能较好，而抗拉性能较差。防磨层温度高的部位膨胀量大，但受到防磨层温度低的部位膨胀量小的约束，其膨胀受到限制，结果温度高的防磨层受到压应力，而温度低的防磨层背面受到拉应力。当防磨层因温差较大而产生较大的热应力，形成的拉应力超过防磨层允许的拉应力时，防磨层将会因产生裂纹而破裂。这与冬季将热水倒入壁较厚的玻璃杯，导致玻璃破裂损坏的情况非常相似。

停炉的情况相反，防磨层内表面的温度下降较快，而外表面的温度下降较慢，如停炉速度太快，防磨层也会因过大的热应力而破裂。

防磨层的膨胀系数与钢材相差较大，如果锅炉启动和停止速度太快，也会因为存在较大的膨胀差而脱落。

虽然防磨层通过抓钉敷设在水冷壁、旋风分离器和返料器表面，偶然一次锅炉启动和停止速度太快，不会导致防磨层脱落，但是锅炉多次启动和停止速度太快，防磨层，特别是垂直的防磨层因破裂而脱落是难以避免的。

205. 为什么要对排渣进行冷却？

答：循环流化床锅炉的燃烧方式介于煤粉炉的室燃和链条炉的层燃之间，其燃料和脱硫剂的粒径比煤粉粒径大，从炉底排出的灰渣量较煤粉炉多。循环流化床锅炉排放的炉渣，不像煤粉炉那样炉膛下部有冷灰斗冷却，其排渣的温度高达 850～950℃。如果高温灰渣不经冷却直接排放，不但灰渣中残留的硫和氮仍会在炉外释放二氧化硫和氮氧化物等有害气体，造成环境污染，而且会形成较大的灰渣物理热损失，对于灰分大于 30% 的中低热值煤种，灰渣物理热损失可达 2% 以上。

灰渣处理和运输的机械可以承受温度的上限大多在 150～300℃ 之间，如果灰渣不经冷却直接排放，将会给灰渣的处理和运输带来很大的困难，不利于机械化操作，采用人工操作，不但劳动条件很差，而且劳动强度很大、效率很低，需要的人员较多。

因此，采用冷渣机对循环流化床锅炉排出的灰渣进行冷却，不但可以回收灰渣物理热损失，提高锅炉热效率，而且可以减轻对环境的污染，便于机械化操作，达到改善劳动条件，减轻劳动强度，减少人员的目的。

第十一章　脱　　硫

第一节　二氧化硫的来源和危害

1. 二氧化硫（SO₂）有什么危害？

答：SO_2 是有毒有害气体。SO_2 在大气中的浓度达到 $0.01 \sim 0.1ppm$，即可使大气的透明度降低；SO_2 浓度达到 $0.1 \sim 1.0ppm$，植物和建筑物遭到损害；浓度达到 $1.0 \sim 5.0ppm$，人就可感觉到刺激作用；浓度达到 $20ppm$，人受到刺激，引起咳嗽。SO_2 被飘尘吸附进入肺部后，毒性增加 $3 \sim 4$ 倍。SO_2 在光照下，飘尘中的 Fe_2O_3 等物质可将 SO_2 催化转化成 SO_3，与水蒸气生成硫酸雾被飘尘吸附进入肺部后，滞留在肺壁上对人体危害更大，可引起肺纤维性病变和肺气肿。近年来的统计，肺癌已成为发病率最高的肿瘤，SO_2 在大气中的浓度增加使大气污染加剧是原因之一。

SO_2 和 SO_3 生成的亚硫酸和硫酸形成的酸雨对国民经济的影响更严重。

2. SO₂ 的主要来源是什么？

答：大气中 SO_2 的主要来源由天然污染源和人为污染源两部分组成。SO_2 排入大气后，在光照和催化剂作用下部分生成 SO_3，SO_2 和 SO_3 用 SO_x 表示。

天然污染源产生的 SO_2，主要有海洋硫酸盐盐雾、细菌分解的有机化合物、火山喷发和森林火灾等几部分组成。

人为污染源产生的 SO_2，主要有化石燃料煤、石油产品、可燃气体燃烧，如火力发电、金属冶炼、石油加工、化工生产、交通和炊事采暖等几部分组成。

虽然天然污染源排放的 SO_2 比例达到 $1/3$，但由于分布在全球广阔的人烟稀少的地区，排放浓度低，易于稀释和被净化，一般不会形成酸雨，对人类的影响很小。

人为污染源产生的 SO_2 主要集中在占地球表面积不到 $1‰$ 的城市和工业区上空，浓度高，易生成酸雨。人口密度大，建筑物、交通工具和工厂多的经济发达地区，SO_2 和酸雨产生的危害更大。

3. 什么是酸雨？酸雨是怎样形成的？

答：通常认为当雨水的 pH 值低于 5.6 时，就称为酸雨。

燃煤和燃油时产生的 SO_2、SO_3、NO 和 NO_2 与大气中的水结合，形成了硫酸和硝酸。当硫酸与硝酸溶于雨水中就形成了酸雨。

随着工业的发展和生活水平的提高，人均能源和电力消耗量不断增长，煤和油的消耗量越来越大。因此，多年来排入大气中的 SO_x 和 NO_x 一直呈不断增长之势，酸雨发生的频率和酸度越来越高。过去酸雨仅发生在少雨的季节，而现在即使在多雨的季节也经常出现酸雨。

4. 酸雨有哪些危害？怎样减少酸雨的发生？

答：酸雨使得河流湖泊中的鱼类减少甚至死亡。实验证明，当水的 pH 值为 6 时，已不适合鱼类生存；当水的 pH≤5 时，鱼类已无法生存。酸雨使得人类重要的食物资源鱼类的生存和利用受到威胁。

酸雨使大批森林减产甚至死亡。据 1986—1995 年的统计，在我国酸雨危害较严重的苏、浙、皖等 11 个南方省区，因森林木材积蓄量减少而造成的直接经济损失就达 40 亿元。由于木材的价值仅占森林全部价值的 10%，而森林的生态价值占森林全部价值的 90%。所以，因森林的破坏导致水土流失和温室效应加剧所造成的损失 9 倍于木材减产的损失才，是最严重的损失。

酸雨使得建筑物的腐蚀加剧，导致建筑物的寿命降低和维修费用增加。

酸雨使得露天的钢结构件，如桥梁、铁塔、钢架、换热器、管线等和钢铁制品，如汽车、轮船、火车、自行车等的腐蚀加剧，寿命降低，维修费用增加。

20 世纪 90 年代初，我国酸雨面积已达 280 万 km^2，近年来已发展到约占国土面积的 40%，成为继欧洲和北美之后的世界第三大酸雨区。虽然我国单位面积消耗的矿物燃料远低于欧、美地区，但由于我国环保技术相对落后，环保资金投入不足，使得我国酸雨面积增加的速度高于欧、美地区。因此，减少酸的生成量以降低酸雨发生的频率和提高雨水的 pH 值，已成为刻不容缓的课题。

提高能源利用率，如采用热电联产集中供热，淘汰大批低效的小型锅炉；采用可以大幅度提高热效率的联合循环发电技术；采用和推广高效率的用能设备；若能源利用率达到或接近日、美水平，则可使形成酸雨的 SO_x 和 NO_x 排放量大幅度减少。

对已投产或新建的大容量锅炉安装烟气脱硫脱硝设备；积极采用洁净煤技术，逐步采用在燃烧阶段即可脱硫 90% 和减少 NO_x 生成量 3/4 的循环流化床锅炉，代替现有的煤粉炉或链条炉；采用脱硫的气体燃料用以炊事等，是降低 SO_x 和 NO_x 排放量的有效措施。

大力发展水电、风电，在酸雨严重和缺煤的地区适当发展核电，以减少矿物燃料的消耗量是减少酸雨发生频率的切实可行的方法。

5. 为什么火力发电厂排放的 SO_x 是人为污染源 SO_x 中的主要组成部分？

答：由于我国能源结构中，矿石燃料煤、石油制品和气体燃料占比约为 70%，而火力发电厂消耗的矿石燃料占比超过 40%，因矿石燃料均含有不同数量的硫，硫燃烧绝大部分生成 SO_2，约 3% 成为 SO_3，因此，火力发电厂节能减排任重道远。

虽然火力发电厂是污染气体 SO_x 的主要排放源，但由于火力发电厂锅炉容量大，燃料消耗多，便于采取集中处理的方式使 SO_x 达标排放。

节能减排，一方面是提高锅炉热效率和火力发电厂循环热效率，减少矿石燃料消耗量，达到减排污染环境的 SO_x 的目的，对矿石燃料在燃烧过程中产生的 SO_x 污染气体进行集中和有效治理，使其达标排放；另一方面是各行各业应采取新技术、新工艺、新材料，降低用能设备的耗能，大力发展水能、风能和光能等可再生的清洁能源，减少矿石燃料的消耗量，达到减排的目的。因此，节能减排是全民的责任，其中从事火力发电厂锅炉的工作员工责任尤其重大。

6. 什么是脱硫？

答：由于硫不是以单质而是以化合物的形态存在煤中，所以，无论是燃烧前燃料脱硫、燃烧过程中的脱硫，还是燃烧后的烟气脱硫，并不是脱除单独存在单质的硫，而是脱除硫的化合物，以减轻硫的化合物对环境和设备、建筑物等带来的危害。

因此，脱除燃烧前煤中的硫化物或燃烧中、燃烧后烟气中的硫化物 SO_x，简称为脱硫。

7. 什么是固硫？

答：燃料中的硫主要以化合物的形式存在，在开采和储运过程中不会对环境产生污染，但燃料燃烧后绝大部分生成 SO_2，其中约 3‰ 生成 SO_3，两者统称 SO_x，成为烟气的组成部分，排入大气对环境产生了污染。

采用脱硫剂，例如运用最多的石灰石 $CaCO_3$ 脱硫剂，在循环流化床锅炉炉膛内，$CaCO_3$ 在 850～950℃ 温度下煅烧分解为 CaO 与 CO_2，CaO 与 SO_x 反应化成 $CaSO_4$；在煤粉炉的炉外，采用石灰石-石膏湿法脱硫，$CaCO_3$ 与 SO_x 反应生成 $CaSO_4$。这两种脱硫方法均是将 SO_x 气体固定在固体无害的 $CaSO_4$ 中，使其不再对环境产生污染，称为固硫。

8. 煤中的硫以哪几种形态存在？

答：煤中的硫有有机硫 So、黄铁矿硫 Sp、硫酸盐硫 Ss 和单质硫 S_{el} 四种形态。

有机硫与煤中的主要元素 C、H 和 O 结合成复杂的有机化合物，均匀地分布在燃煤中。黄铁矿硫最常见的形成是 FeS_2。硫酸盐硫主要以 $CaSO_4$、$MgSO_4$ 和 $FeSO_4$ 的形态存在。前两种硫和单质硫可以燃烧，称为可燃硫。硫酸盐硫 $CaSO_4$、$MgSO_4$ 和 $FeSO_4$ 是不可燃的，不参与燃烧，不会生成 SO_2，因此，硫酸盐硫通常被归并到灰分里。

虽然有机硫和黄铁矿硫是可以燃烧的，但发热量较小，仅约为碳发热量的 1/3.5，同时，煤中的含硫最多仅为百分之几，煤中的硫燃烧时生成的 SO_2 和 SO_3，当受热面温度低于烟气露点时，硫酸蒸气在其上凝结成硫酸，对锅炉低温受热面产生严重的腐蚀。因含硫多的煤会使金属的硫含量超标而导致金属的性能下降，故含硫多的煤不能用于金属冶炼。因此，煤中的硫被认为是有害元素。含硫低是优质煤的主要指标之一，往往价格较高。而含硫高的煤价格通常较低。

9. 燃煤中的硫是从哪里来的？

答：由于煤是古代植物主要是树木经地质变动深埋地下，在缺氧的条件经过漫长的年代转变而来的，原有树木中含有的硫成为煤中硫分的第一个来源。

在树木转变成煤的漫长过程中，各种硫的化合物通过各种途径进入煤中，成为煤中硫分的第二个来源。

煤在开采、运输和储存过程中进入的各种硫化物，则是煤的第三个硫分的来源。

10. 煤炭硫分是如何分级的？

答：GB/T 15224.2—2021《煤炭质量分级 第2部分：硫分》规定了煤炭干燥基硫分（$S_{t.d}$）范围分级及命名。

煤炭硫分分级见表 11-1。

表 11-1 　　　　　　　　煤 炭 硫 分 分 级

序号	级别名称	代号	硫分（$S_{t.d}$）范围（%）
1	特低硫分煤	SLS	≤0.50
2	低硫分煤	LS	0.51～1.00

续表

序号	级别名称	代号	硫分（$S_{t,d}$）范围（%）
3	低中硫分煤	LMS	1.01～1.50
4	中硫分煤	MS	1.51～2.00
5	中高硫分煤	MHS	2.01～3.00
6	高硫分煤	HS	>3.00

11. 什么是折算硫分？为什么折算硫分指标比硫分更合理？

答：对应每 4187kJ（1000kcal）低位发热量的硫分 S_{ar} 称为折算硫分 S_{zs}，即

$$S_{zs} = \frac{4187S_{ar}}{Q_{net,ar}}$$

式中　S_{zs}——折算硫分，%；

　　　S_{ar}——应用基硫分，%；

　　　$Q_{net,ar}$——收到基低位发热量，kJ。

硫是燃料中的有害成分，硫分越高对环境的污染和尾部受热面的低温腐蚀越严重。在锅炉容量和热效率相同的情况下，消耗的燃料量与其发热量成反比。虽然有的燃料硫分较低，但因为发热量较低，锅炉消耗的燃料量较多，所以导致烟气中 SO_2 的浓度较高。而有的燃料虽然含硫量较高，但因为发热量较高，锅炉消耗的燃料量较少，所以导致烟气中 SO_2 浓度较低。由此看来，仅考虑硫分，而不考虑发热量，不能真实客观地反映燃料中硫分产生的危害。折算硫分既考虑了燃料中的硫分，又考虑了燃料发热量，因而可以更真实、客观地反映燃料中的硫对环境污染和尾部受热面腐蚀的影响。因此，折算硫分指标比硫分指标更合理。

12. 烟气中的 SO_3 是怎样形成的？怎样减少 SO_3 的生成量？

答：燃料中的硫在燃烧过程中形成 SO_2，在一定的条件下，其中少量 SO_2 转化形成 SO_3。SO_3 形成主要有以下两个原因。

（1）在高温下被分解的自由氧原子 [O] 与 SO_2 反应形成 SO_3，即
$$SO_2 + [O] = SO_3$$
原子氧的形成主要来自氧分子在高温下的离解、在受热面表面催化下离解、在燃烧过程中产生三种方式。

火焰温度越高，氧分子离解生成的 [O] 越多。过量空气系数 α 越大，氧分子越多，在高温下离解生成的 [O] 越多。因此，降低炉膛温度和过量空气系数，可以减少 SO_2 转化为 SO_3 的数量。

（2）高温烟气流经过热器和再热器受热面时，在管子外部积灰中的 V_2O_5 和 Fe_2O_3 的催化作用下，使烟气中的 SO_2 转化为 SO_3。催化作用的主要温度范围为 425～625℃，在 550℃时达到最大值，对流式过热器和再热器的积灰温度正好处于该温度范围内。加强过热器和再热器的吹灰，减少积灰的催化作用，降低炉膛出口过量空气系数和减少过热器和再热器区域的漏风可以降低积灰催化生成 SO_3 的数量。

13. 脱硫方法如何分类？

答：脱硫方法很多，目前已经研究开发出百余种脱硫方法，但真正商业化运用的脱硫方法仅约有十几种。

按脱硫剂的名称或有效成分可以分为钙法、镁法、钠法、氨法。

按脱硫剂在脱硫过程中的状态可以分为湿法、干法和半干法。

按脱硫的阶段可以分为燃料燃烧前的燃料脱硫、燃烧中的炉内脱硫和燃烧后的烟气脱硫。

按脱硫副产品是否回收可分为回收法、抛弃法。

按脱硫原理可分为吸收法、吸附法、电子束氨法。

14. 什么是干法脱硫、湿法脱硫、半干法脱硫？

答：通常以脱硫过程中脱硫剂的形态将脱硫方法分为干法脱硫、湿法脱硫和半干法脱硫。

脱硫过程中，脱硫剂始终为固态的，称为干法脱硫。例如，循环流化床锅炉普遍采用石灰石粉末作为脱硫剂在炉内进行脱硫，因为脱硫剂始终是固态，所以，属于干法脱硫。

脱硫过程中，脱硫剂始终为浆液态的，称为湿法脱硫。例如，煤粉炉采用较多的石灰石—石膏湿法脱硫，脱硫剂是石灰石与水混合成的浆液，脱硫剂始终是液态，因此，属于湿法脱硫。

脱硫过程中，脱硫剂开始是浆液态，后来是固态的，称为半干法脱硫。例如，有的锅炉在脱硫塔内喷入氢氧化钙浆液，脱硫剂在开始阶段是浆液态，脱硫过程中在烟气的加热下，浆液中的水分蒸发后成为固态，因此，属于半干法脱硫。

15. 炉外湿法脱硫有什么优点和缺点？

答：炉外脱硫大多采用湿法脱硫，其优点为如下：

（1）脱硫效率高，即使燃用含硫量高的煤，仅采用湿法脱硫即可使 SO_2 浓度达标排放。

（2）脱硫剂消耗量较少，以石灰石—石膏湿法脱硫为例，Ca/S 比为 $1.05\sim1.1$ 即可达到 95% 以上的脱硫效率。

（3）飞灰的浓度下降，不会增加尾部受热面的磨损和仓泵的输灰工作量。

（4）当采用钠法或氨法脱硫时，可以使烟尘浓度的排放浓度进一步明显降低。

炉外湿法脱硫存在以下缺点：

（1）系统复杂，设备多，投资高，占地较多。

（2）运行费用和能耗较高。

（3）不能避免或减轻空气预热器的低温腐蚀。

（4）设备腐蚀和磨损较严重，维修工作量较大。

（5）会产生一些废液需要处理后才能排放。

因为煤粉炉采用炉内干法脱硫的效率较低，不能使 SO_2 达标排放，同时，煤粉炉容量较大，可以使单位千瓦的脱硫系统投资降低，所以采用湿法脱硫较合理。循环流化床锅炉燃用含硫量较高的煤，仅采用炉内干法脱硫不能使 SO_2 达标排放时，应采用炉外湿法脱硫。

16. 为什么很少采用燃煤脱硫，而大多采用烟气脱硫？

答：由于煤中的硫不是以单质的形态存在，而是以各种复杂的硫的化合物形态均匀地分布在煤中，很难找到用一种方法或用一种溶剂，将煤中各种硫化物全部除去。同时，很多硫化物均匀地分布在煤中，要脱除这些硫化物，首先要将煤粉碎，采取多种方法或溶剂将各种硫化物脱除后，还要将煤从中分离出来干燥后才能便于运输和储存，其难度很大，成本很高，所以，很少采用燃煤脱硫。

虽然硫以各种化合物的形态存在煤中，但是除硫酸盐硫不能燃烧外，各种有机硫和黄铁矿硫均可燃烧生成 SO_2，其中约 3% 转化为 SO_3，而且煤通常磨成煤粉后燃烧，煤粉燃烧很完全，煤中的可燃硫全部燃烧生成 SO_2 和 SO_3。由于脱除 SO_2 和 SO_3 的对象是相同的，因此，比较容易找到各种技术可行、费用较低的脱除 SO_2 和 SO_3 的方法。

虽然硫酸盐硫 $CaSO_4$、$MgSO_4$ 不能燃烧生成 SO_2 或 SO_3，但硫酸盐硫比较稳定，不会对环境形成污染。因此，目前国内外很少采用燃煤脱硫，而几乎全部采用烟气脱硫。

17. 什么是FGD?

答：FGD 是烟气脱硫（Flue Gas Desulfarization）的英文简称。是当今世界上唯一已经大规模商业化应用的脱硫方式。

18. 海水烟气脱硫方法有什么优点和缺点?

答：海水烟气脱硫方法的优点：以海水中的碱性物质作为脱硫剂，当海水中的碱性物质能满足脱硫效率要求时，不需要另外添加脱硫剂。因为系统较简单，所以工程投资较低。因为设备折旧、维修费用、厂用电和脱硫剂费用低，运行费用较低，所以通常比石灰石—石膏湿法烟气脱硫法低 40%。由于海水脱硫系统中没有固体颗粒产生，磨损较轻，不会产生结垢和堵塞问题，可以采用提高气液接触面积的填料塔或托盘塔，有利于降低吸收塔的高度和减少喷淋层数，从而降低吸收塔的投资，提高了系统的可靠性和利用率。脱硫效率较高，可达 90%～95%。无废渣排放。

海水烟气脱硫法的缺点：因为喷淋脱硫的海水量很大，不宜长距离输送，所以只适用靠近海边的电厂采用，而离海边较远的内陆电厂难于采用；占地面积较大。当燃煤中重金属元素，特别是毒性较强的重金属元素较高时，或电厂处于海洋生态保护区、鱼类保护区及风景名胜区等要求较严格的海域时，不宜采用该方法。

我国海岸线较长，沿海经济发达，沿海火力发电厂的新建、改造和扩建工程较多，同时，沿海人口稠密，对环境保护要求严格，因此，海水烟气脱硫有较广阔的应用市场。

19. 什么是亨利定律?

答：气体在液体中的溶解度与该气体在气液界面上的分压力成正比的规律，称为亨利定律，因此，亨利定律又称为气体溶解定律。

因为脱硫过程就是 SO_2 被浆液溶解的过程，所以，掌握和应用亨利定律对采取各种有效措施提高脱硫效率非常重要。

20. 为什么根据煤的含硫量计算出的 SO_2 量比实际测出的 SO_2 量多?

答：煤中的硫以各种形态存在，将煤中各种形态硫的总和称为全硫 S_t。

$$S_t = S_s + S_p + S_{el} + S_o$$

式中　S_s——硫酸盐硫；

　　　S_p——硫铁矿硫；

　　　S_{el}——单质硫；

　　　S_o——有机硫。

由于以下三个原因，根据煤的含硫量计算出的 SO_2 量比实际测出的 SO_2 量多。

（1）根据煤的含硫量计算出的 SO_2 量是基于煤中的硫全部燃烧，且全部生成 SO_2，但硫酸盐是不可燃的。

（2）可燃硫在燃烧生成 SO_2 时，会有少量的 SO_2 生成 SO_3，SO_3 与烟气中的水蒸气生成 H_2SO_4 蒸汽。无论 H_2SO_4 蒸汽是否在尾部受热面上凝结，均会使 SO_2 量减少。

（3）飞灰和炉渣中含有少量未燃尽的煤，这部分煤中含有的硫未全部燃烧生成 SO_2。飞灰中含有 CaO 钙等碱性化合物且为多孔结构，具有吸附中和部分 SO_2 的特性。

由于根据实际情况计算 SO_2 量较困难较麻烦，所以在设计脱硫装置时，通常认为煤中的硫全部燃烧且全部为 SO_2，这样设计可以使脱硫装置有一定的余量，有利于 SO_2 浓度达标排放。

21. 采用钙法脱硫时，脱硫剂有哪几种形态？

答：由于石灰石储量多价廉和无毒，是采用最多的脱硫剂，钙法脱硫是采用最多的脱硫方法。不同的钙法脱硫，脱硫剂有不同的形态。

炉内干法脱硫和石灰石—石膏湿法脱硫，通常采用石灰石（$CaCO_3$）作为脱硫剂。半干法通常采用氧化钙（CaO，又称生石灰）和氢气化钙 [$Ca(OH)_2$，又称熟石灰] 作为脱硫剂。

22. 为什么湿法烟气脱硫后烟尘浓度下降？

答：电厂通常采用煤粉炉燃煤的含灰量为 $20\%\sim30\%$，由于煤中的灰分 90% 成为飞灰，烟尘浓度很高，即使安装四电场的电除尘器或布袋除尘器，除尘效率可超 99%，电除尘器或布袋除尘器出口的烟尘浓度仍高于 GB 13223—2011《火电厂大气污染物排放标准》锅炉烟尘最高允许排放浓度 $30mg/m^3$ 的标准。

采用石灰石—石膏湿法脱硫时，原烟气进入吸收塔后自下而上与自上而下喷淋的浆液进行传质传热的同时，烟气中的部分飞灰被浆液捕获黏附，成为浆液的一部分落入浆液池。虽然有少量的石膏浆液未能地被两级除雾器除去，随净烟气进入 GGH（原烟气净烟气换热器），但是石膏浆液在 GGH 换热元件的加热下，水分蒸发，浆液中的部分石膏颗粒沉积在 GGH 的换热元件表面，只有少量的石膏颗粒进入净烟气成为烟尘。

因为 GGH 的吹灰器安装在原烟气区，吹灰时从换热元件表面吹下的石膏结垢随原烟气进入吸收塔，重新被喷淋的浆液捕获黏附，所以，烟气脱硫后烟尘浓度下降。通常烟气脱硫后烟尘浓度可少于 $30mg/m^3$ 的国家标准，这也是湿法脱硫的优点之一。

如果采用钠法、氨法或海水法脱硫，由于脱硫液是溶液而不是浆液，脱硫液洗涤烟气中飞灰，降低烟气飞灰浓度的效果更加明显。

如果石灰石—石膏湿法脱硫不设置 GGH，采用湿烟气排放，少量未被二级除雾器捕获的石膏浆液随净烟气从烟囱排出，则烟尘浓度下降的效果降低。

23. 为什么石灰石—石膏湿法脱硫装置大多采用动叶可调轴流式增压风机？

答：我国的脱硫装置大多不是与发电机组同时设计、同时施工、同时投产的，而是发电机组投产后再建脱硫装置。脱硫装置系统复杂、设备多、占地大，而现场面积有限，如采用离心式风机因占有空间大而布置比较困难。离心式风机虽然结构简单、工作可靠，但离心式风机效率较高的工作范围较小，随着偏离额定负荷幅度增加，风机的效率明显下降。

我国 220t/h 以上锅炉通常装有两套引风机、送风机，当锅炉负荷低于 70% 时，仅运行一套引风机、送风机，而脱硫装置，对于机组容量小于等于 135MW 时，通常采用两炉一塔，设一台增压风机，机组容量为 300MW，采用一炉一塔时，设一台增压风机，采用两炉一塔时，设两台增压风机。对于两炉一塔仅装有一台增压风机的脱硫装置，一台锅炉停运，另一台锅炉即使满负荷运行，增压风机的负荷也只有 50%，如果该台锅炉低负荷运行，则增压风机的负荷更低。对于一炉一塔的脱硫装置，当锅炉负荷较低时，可以通过运行一套引风机、送风机的方式，保持引风机、送风机在较高效率工况下运行，而增压风机的负荷仅约为 70%。因此，如果采用离心式或动叶不可调的轴硫式风机，则会因经常在低负荷工况下运行而导致增压风机效率明显降低，耗电量明显增加。

如果采用动叶可调的轴流式增压风机，其体积小，仅与烟道体积相近，而且进、出烟道与机壳在同一条轴线上，占地小，布置方便。同时，运行时可以通过改变动叶的角度，使其在各种负荷下均可保持较高的效率，从而达到节电的目的。

虽然动叶可调的轴流式风机结构较复杂，价格较高，维修费用和工作量较大，但是随着生活水平的提高，民用电和商业用电的比例增大，电负荷的峰谷差加大，增压风机的负荷变化也随之增大。同时，随着脱硫机组容量增加，增压风机的容量也随之增加，因此，采用动叶可调的轴流式增压风机节电效果非常明显，节约的电费明显超过购置和维修增加的费用。

24. 为什么循环流化床锅炉要优先采用炉内干法脱硫？

答：由于燃烧前燃料脱硫难度大、成本高，燃料中的硫燃烧后全部成为 SO_2 和 SO_3，而烟气脱硫技术成熟，脱硫效率高，成本较低，所以，目前普遍采用烟气脱硫。

烟气脱硫的分类方法很多，按脱硫剂的形态分类，可以分为干法脱硫、湿法脱硫和介于两者之间的半干法脱硫。

湿法脱硫的效率较高，可达 95% 以上，但是湿法脱硫系统复杂，防腐要求高，设备多，投资大，运行费用和能耗较高，还会产生二次污染。

由于煤粉炉和链条炉不适于采用干法脱硫，所以通常采用湿法脱硫。

干法脱硫通常采用碳酸钙作为脱硫剂，碳酸钙加热后分解为氧化钙和二氧化碳，氧化钙与 SO_2 和 SO_3 生成 $CaSO_3$ 和 $CaSO_4$。虽然干法脱硫是固态的氧化钙与气态的 SO_2 和 SO_3 之间的反应，反应速度较慢，但由于脱硫剂在循环流化床锅炉炉膛与物料分离器之间多次反复循环，氧化钙有较多的时间和机会与 SO_2 和 SO_3 反应，在 Ca/S 比为 2～2.5 的情况下，脱硫效率可达到 80%～85%。干法脱硫只需将 $CaCO_3$ 粉末喷入炉内即可，系统简单，设备少，系统不需要防腐，投资少，运行费用和能耗较低，也不会产生二次污染，同时，炉内干法脱硫使流经尾部受热面的烟气中 SO_2 和 SO_3 含量减少，有利于防止或减轻省煤器和空气预热器的低温腐蚀。循环流化床锅炉炉膛内温度不但均匀而且在 850～900℃ 范围内，是碳酸钙煅烧分解和脱硫反应的最佳温度范围。因此，循环流化床锅炉应优先选用炉内干法脱硫。

25. 为什么位于广西壮族自治区、重庆市、四川省和贵州省的火力发电新建锅炉 SO_2 排放浓度限值为 200mg/m³，而其他省的 SO_2 排放浓度限值为 100mg/m³？

答：虽然石灰石—石膏湿法脱硫技术已很成熟，脱硫效率很高，可达 95% 以上，但原烟气中 SO_2 的浓度与燃煤含硫量成正比，燃用含硫量为 1%～4% 的煤，标准状态下烟气中 SO_2 含量为 3143～10000mg/m³，如燃用高硫煤，即使采用石灰石—石膏湿法脱硫，SO_2 排放浓度仍然较高。

我国地域广大、煤炭储量丰富，产量很高，各省均有较多的煤储量。各地煤硫含量差别很大，含硫高的煤大多分布在四川省、广西壮族自治区、重庆市和贵州省。由于火力发电厂锅炉年耗煤量十分巨大，为了减轻运输压力，充分利用当地煤炭资源，只有从实际情况出发，对燃用上述省和自治区开采的高硫煤的火力发电厂，放宽 SO_2 排放浓度限值，新建锅炉为 $200mg/m^3$，而其他省为 $100mg/m^3$，现有锅炉则分别 $400mg/m^3$ 和 $200mg/m^3$。

第二节 半 干 法 脱 硫

26. 什么是半干法脱硫？常用的半干法脱硫有哪两种？

答：脱硫过程中，脱硫剂在脱硫塔内初期和中期是浆液或颗粒表面保持有水膜，而在末期，在烟气加热下，浆液中的水分和颗粒表面的水分蒸发，离开脱硫塔时，脱硫产物和少量脱硫剂为干燥颗粒的脱硫方法，称为半干法脱硫。

常用的半干法脱硫有以下两种。

（1）氢氧化钙浆液经雾化后在脱硫塔内与 SO_2 反应，生成 $CaSO_3$ 和 $CaSO_4$，将 SO_2 脱除。

（2）氢氧化钙粉末和 1 号电场 2 号电场返回的脱硫灰，进入脱硫塔后与雾化的水滴混合，使颗粒表面维持一层水膜，烟气中的 SO_2 溶于水膜中形成 H_2SO_3，与氢氧化钙生成 $CaSO_3$ 和 $CaSO_4$，将 SO_2 脱除。

27. 半干法脱硫有哪些优、缺点？

答：半干法脱硫是介于湿法脱硫和干法脱硫之间的一种脱硫方法。既保留了湿法脱硫效率高和脱硫剂耗消低的优点，又保留了干法脱硫设备较简单、投资较少、能耗较低、不需要进行污水处理和腐蚀较轻的优点。

半干法脱硫的脱硫剂仅在脱硫塔的中部和下部保持表面有一层水膜，SO_2 溶于水中生成 H_2SO_3，实现离子反应，脱硫效率只是比干法脱硫高，但仍低于湿法的脱硫效率。半干法脱硫不是在炉膛内进行，而是在脱硫塔内进行，需要采用价格较高的 $Ca(OH)_2$ 脱硫剂粉，或采用专用设备将 CaO 消化成 $Ca(OH)_2$ 粉，同时，还需要设置水雾化系统和脱硫灰的返料系统，其投资仍比干法脱硫高。

当燃料含硫较低，采用半干法脱硫 SO_2 浓度排放能达到环保要求时，可以考虑采用半干法脱硫。

28. 为什么半干法脱硫要将 CaO 加水消化成 Ca(OH)₂？

答：$Ca(OH)_2$ 的活性比 CaO 的活性强，干的 $Ca(OH)_2$ 粉末比干的 CaO 粉末更容易与 SO_2 反应生成 $CaSO_3$。$Ca(OH)_2$ 与 SO_2 反应生成 $CaSO_3$ 和水，生成的 H_2O 在 $CaSO_3$ 的表面有利于烟气中的 SO_2 溶于水中形成离子，有利于提高脱硫效率。

仅仅依靠部分 $Ca(OH)_2$ 与 SO_2 反应生成的水分难以在 $Ca(OH)_2$ 粉末表面形成完整和稳定的水膜。为了提高脱硫效率，通常在脱硫塔的下部喷入一定量经过雾化的水分，使 $Ca(OH)_2$ 表面在一定阶段内形成完整和稳定的水膜，从而实现离子反应，提高脱硫效率。

如果采用 CaO 粉末作脱硫剂，在脱硫塔有限的空间和时间内，既要使喷入的水分与 CaO 充分反应生成 $Ca(OH)_2$，又要使粉末表面形成完整和稳定的水膜，从而实现离子反应较困难。同时，CaO 与 H_2O 生成 $Ca(OH)_2$ 是放热反应，不利于吸收 SO_2。

如果预先将 CaO 消化成 $Ca(OH)_2$ 粉末，不但喷入脱硫塔的水容易使 $Ca(OH)_2$ 粉末表面在一定的距离或时间内形成完整和稳定的水膜，从而实现离子反应，同时，因为喷入的水分不会与 $Ca(OH)_2$ 反应产生热量，所以有利于提高脱硫效率。

因此，采用消化器，预先将 CaO 消化成 $Ca(OH)_2$ 后喷入脱硫塔，不但有利于提高脱硫效率，而且易于操作和控制。

29. 为什么半干法脱硫要控制脱硫塔出口烟气温度？

答：半干法脱硫时，通过向脱硫塔喷入经过雾化的水，使脱硫剂 $Ca(OH)_2$ 颗粒表面保持有一层水膜，使 SO_2 与水生成 H_2SO_3，从而实现离子反应，缩短反应时间，提高脱硫效率。

喷水量多有利于更多的 $Ca(OH)_2$ 颗粒表面保持有水膜和因水膜厚度增加保持离子反应的时间延长，但是喷水量多有可能因塔内的脱硫剂和飞灰含水量增加而黏附在脱硫塔内壁，因流通截面减少而导致脱硫塔阻力增加。同时，喷水量多，烟气的一部分热量用于使水蒸发，脱硫塔出口烟气温度下降较多，可能造成电除尘器、烟道及引风机黏附飞灰和脱硫剂引起低温腐蚀和布袋除尘器糊袋。

喷水量少，虽然有利于提高脱硫塔出口烟气温度，避免或减轻脱硫剂和飞灰黏附在塔内壁和电除尘器、烟道及引风机上，导致低温腐蚀，但是喷水量少，会因脱硫剂颗粒表面保持有水膜的概率减少，颗粒表面水膜的厚度降低，维持离子反应的时间缩短，导致脱硫效率下降。

因此，要兼顾保持较高脱硫效率，避免设备产生积灰和低温腐蚀两方面的要求，必须要控制喷入脱硫塔内的水量。以确保脱硫剂和灰分在脱硫塔的下部和中部是湿的，到了上部是干的。由于直接测量脱硫剂和灰分的含水量较困难，因此，控制脱硫塔出口烟温比烟气露点高约 20℃，可以确保脱硫剂和灰分在离开脱硫塔时是干燥的。

30. 为什么半干法脱硫脱硫塔出口烟温下降，脱硫效率上升？

答：在脱硫塔入口烟温一定的情况下，脱硫塔出口温度下降，通常是由于喷水量增加引起的，喷水量越大，烟温下降的幅度越大。烟温下降时，由于一方面烟气的湿度加大；另一方面烟气与脱硫剂间的传热温差降低，脱硫剂颗粒表面的水膜蒸发速度减慢，脱硫剂颗粒表面维持有水膜的时间延长，从而在较长的时间内维持离子反应。因离子反应速度大于气相 SO_2 与固相脱硫剂之间的反应速度而使脱硫效率上升。

如果喷水量没有变化，脱硫塔出口烟温下降是由于锅炉负荷降低引起的，同样因为烟气温度下降和传热温差减小，脱硫剂表面水膜的蒸发速度减慢，维持离子反应的时间延长，使脱硫效率上升。

31. 为什么半干法脱硫对喷入脱硫塔内的水的雾化质量要求很高？

答：为了充分利用脱硫剂，降低脱硫剂的消耗和保持脱硫塔内很高的脱硫剂浓度，增加脱硫剂与 SO_2 接触反应的概率，脱硫塔出口烟气中未反应的由脱硫剂、脱硫灰和煤灰组成的飞灰，经电除尘器收集后大部分返回脱硫塔。脱硫塔飞灰的浓度高达 $1000\sim2000g/m^3$（标准状态），是脱硫塔入口烟气飞灰浓度的几十倍。

由于受脱硫塔出口烟气温度不得低于 $70\sim80℃$ 的限制，所以喷入脱硫塔的水量是有限的。可以认为脱硫剂是均匀分布在脱硫塔的飞灰中，为了使尽可能多的脱硫剂颗粒表面保持一层水膜，避免部分飞灰因水分过多而黏附在塔壁上，而部分飞灰表面没有水膜，应该尽可能地提高水的雾化质量，使喷入脱硫塔内的水形成尽可能多的雾滴，从而使尽可能多的飞灰有机会与水的雾滴混合接触而在表面保持有水膜。

为了提高水的雾化质量，常采用雾化质量高的空气雾化喷嘴。

32. 为什么半干法脱硫向脱硫塔的喷水通常采用空气雾化？

答：尽可能多的使脱硫剂 $Ca(OH)_2$ 颗粒表面保持有一层水膜，是提高半干法脱硫效率的关键。由于 $Ca(OH)_2$ 颗粒不但粒径小而且数量多，受脱硫塔出口烟气温度不得低于 $70 \sim 80$ ℃的制约，喷水量受到限制。为了使喷入脱硫塔内有限的水量尽可能均匀地与 $Ca(OH)_2$ 颗粒混合，必须提高水的雾化质量，降低水滴的直径，形成尽可能多的水滴。

如果采用机械雾化，不但要安装高压水泵，增加设备费用和运行电耗较高，而且雾化质量较差，水滴直径较大，不利于使更多的 $Ca(OH)_2$ 颗粒表面保持水膜。同时，机械雾化调节喷水量的性能较差，调节系统也较复杂。

空气雾化不但雾化质量好，水滴直径小，可使更多的 $Ca(OH)_2$ 颗粒表面保持水膜，而且喷水量的调节性能好，调节系统非常简单。因为电厂通常有压缩空气管网，管网供给雾化空气不但方便和系统简单，而且可以节省投资。所以，半干法脱硫的喷水采用空气雾化有利于提高脱硫效率和降低投资。

33. 为什么采用干法或半干法脱硫时，烟尘排放浓度会上升？

答：当采用干法或半干法脱硫时，由于脱硫剂与烟气中的 SO_2 之间是气相与固相或气相与短时间内液相反应，脱硫剂吸收 SO_2 的条件明显比湿法脱硫差。为了充分利用脱硫剂，降低脱硫剂的消耗和增加烟气中脱硫剂的浓度，从而增加 SO_2 与脱硫剂反应的概率，将电除尘器除下的含有脱硫剂的脱硫灰，大部分通过输送斜槽重新返回脱硫塔，使脱硫塔出口烟尘的浓度高达 $1000 \sim 2000 g/m^3$（标准状态）。

在电除尘器的除尘效率不变的条件下，电除尘器入口烟尘浓度增加将会最终导致排放的烟尘浓度上升，这也是干法或半干法脱硫的缺点之一。

通常煤粉炉采用四电场电除尘器，烟尘排放浓度即可达到要求，而有些采用干法脱硫的大型循环流化床锅炉，因采用 $CaCO_3$ 粉末作脱硫剂而使烟尘浓度上升，通过采用五电场电除尘器，提高总的电除尘器效率的方法使烟尘浓度达到排放标准。

34. 为什么采用半干法脱硫时，脱硫灰要经多次循环后再排出？

答：虽然采用半干法脱硫工艺时，通过喷水雾化使脱硫剂表面保持一层水膜，SO_2 与水生成 H_2SO_3，从而实现离子反应提高脱硫效率，但是由于为了防止脱硫剂、脱硫灰和飞灰黏附在脱硫塔壁上和烟气温度低于露点，导致烟道和设备腐蚀，喷入脱硫塔内水的数量有限，并不能确保每个脱硫剂颗粒表面均保持有一层水膜实现离子反应。即使部分脱硫剂颗粒表面有一层水膜，水膜的厚度很小，在烟气的加热下很快蒸发，其表面保持有水膜的时间较短，相当长的时间内大部分脱硫剂与 SO_2 之间是气固两相反应，同时，脱硫剂与烟气是同向流动，相对速度较低，在脱硫塔内短时间难以相互充分混合和反应，脱硫塔出口烟气中含有较多未反应的脱硫剂。

如果脱硫塔出口烟气中含有较多的脱硫剂直接排掉，脱硫剂消耗太大，脱硫成本升高，同时，因脱硫塔内脱硫剂的浓度较低而使脱硫效率较低。将脱硫塔出口烟气中的飞灰经电除尘器收集后大部分返回塔内，多次反复循环，不但可以保持脱硫塔内脱硫剂很高的浓度，增

加其与 SO_2 混合接触和反应的概率，大大提高脱硫效率，而且可以明显降低脱硫剂的消耗，从而降低脱硫成本。通常脱硫剂要经过多次循环后再排出。

35. 为什么要将 1 号电场和 2 号电场除下的灰全部或大部分返回脱硫塔，而将 3 号电场和 4 号电场除下的灰排至灰库？

答：由于生石灰在消化器内消化成为消石灰粉的生产过程中，没有粗粉分离工序，消石灰中粒径较大的粉占有较大比例。脱硫剂进入脱硫塔后，虽然不同粒径的脱硫剂与 SO_2 混合、接触和反应的概率是相同的，但粒径小的脱硫剂因体积小，一旦与 SO_2 反应容易全部或大部生成 $CaSO_3$ 或 $CaSO_4$，而粒径大的脱硫剂，体积与粒径的三次方成正比，只有部分与 SO_2 反应生成 $CaSO_3$ 或 $CaSO_4$，需要多次循环才能全部或大部分与 SO_2 反应成为脱硫灰。

煤粉炉通常安装有四电场的电除尘器，含尘烟气依次流过 1～4 号电场除尘器。为了使烟气在电除尘器内停留时延长，以利于尘粒荷电在电场力的作用下被阴极和阳极捕获，以及减轻二次扬尘对脱硫效率的影响，烟气在电除尘器内的流速很低，因此，烟气中粒径较大的飞灰依靠重力在 1 号和 2 号电场中从烟气中分离落入灰斗的比例较高。煤粉磨制过程经过粗粉分离工序，煤粉的粒径很小，煤粉燃尽后成为飞灰的粒径也较小，依靠重力在 1 号、2 号电场中分离的比例较小。也就是说，1 号电场和 2 号电场除下的灰中含有的脱硫剂的数量较多，而 3 号电场和 4 号电场除下的灰中脱硫剂含量较少。现场取样分析也验证了上述分析是符合实际情况的。

因此，将含脱硫剂较多的 1 号和 2 号电场除下的灰全部或大部分返回脱硫塔，而将含脱硫剂较少的 3 号和 4 号电场除下的灰全部排至灰库是合理的。

36. 为什么消石灰 $Ca(OH)_2$ 不宜长期储存？

答：当采用消石灰 $Ca(OH)_2$ 作脱硫剂并喷水的半干法脱硫时，要将生石灰 CaO 通过消化器生产出粉末状的 $Ca(OH)_2$ 储存在消石灰中间仓内，再通过仓泵输送系统输送至脱硫塔附近的消石灰仓内。

消石灰在储存和输送过程中与空气接触，空气中的二氧化碳与消石灰反应生成碳酸钙和水，即 $Ca(OH)_2+CO_2=CaCO_3+H_2O$。碳酸钙不但活性不如氢氧化钙，导致脱硫剂消耗量增加，脱硫效率降低，而且反应生成的水会使氢氧化钙返潮、板结，流动性变差，造成氢氧化钙输送困难，甚至管道堵塞。

因此，应该通过合理安排，消石灰应该边生产边使用，保持其良好的脱硫活性，避免消石灰在仓内储存过久。当脱硫装置较长时间停用时，应将消石灰仓内的消石灰用尽，再停止脱硫装置的运行。

37. 为什么流化风要通过流化板对粉仓内的物料进行流化？

答：为了防止粉仓内物料返潮、板结和搭桥，导致电动卸料器不能正常供粉，常在粉仓的中部和下部粉仓的壁面上设置多个流化风进口。

如果流化风通过管道直接进入粉仓，则由于管口的截面较小，只能对很小范围的物料进行流化，物料的流化效果较差。一旦流化风停止，粉仓内的物料有可能进入流化风管道，导致其堵塞。

流化板常采用具有众多小孔隙的陶瓷板或帆布制成。由于流化板的面积较大，且具有较大的阻力，流化风通过流化板均匀进入粉仓，可使仓内较大范围内的物料得到流化，物料流化和干燥的效果较好。同时，因为流化板的孔隙直径小于物料的粒径，即使流化风停止，物料也不会将流化板和管道堵塞。所以，流化风应该通过流化板对粉仓内的物料进行流化。

38. 为什么流化风机出口要设置加热器？

答：送入粉仓中、下部的流化风，除了流化粉仓内的粉外，还有一个对粉进行加热，防止粉返潮、板结、搭桥的作用。虽然空气经罗茨风机压缩后出口温度升高，但由于罗茨风机的压缩比较小，其出口气温仅为 40～50℃，对粉的加热作用较弱，不能有效地解决粉的返潮板结和搭桥的问题，其粉的流化效果也受到影响。

因此，在罗茨风机的出口设置空气加热器，对从罗茨风机来的空气进一步加热至约100℃后再送至粉仓。由于流化风的温度较高，对粉的加热作用较强，可以防止粉吸附的水蒸气凝结、返潮和搭桥，粉的流化效果明显提高，确保了给粉机的正常工作。

由于电加热器不但体积小，而且便于自动控制，所以，广泛采用电加热器提高流化空气的温度。

39. 为什么斗式提升机要设置止回器？

答：脱硫装置的制粉系统广泛采用斗式提升机提升物料。斗式提升机的斗通过其上的链条或胶带组成一个封闭的环，工作时约一半的斗装有物料上升，另外一半的斗因所载的物料卸掉而下降。当正常停止斗提机时，通常在给料装置停止给料后空转一段时间，将斗内的物料卸净后再停止斗提机。

当电动机突然停电时，由于有物料上升侧的斗的总质量大于没有物料下降侧的斗总质量，如果不采取任何措施，在两侧重力差的作用下，斗提机出现倒转，有物料侧的斗必然会下降，没有物料侧的斗则上升，导致斗内的物料倾倒在斗提机的下部，给重新开机带来困难。

因此，为了防止停电后斗提机倒转，斗提机必须设置止回器。斗提机上的止回器与管道上只允许流体一个方向流动，而不允许倒流的止回阀的作用相似。

40. 为什么不应采用压缩空气作为粉仓的流化风？

答：干法脱硫和石灰石—石膏湿法脱硫采用 $CaCO_3$ 粉末作脱硫剂，而半干法采用$Ca(OH)_2$ 粉末作脱硫剂。为了防止 $CaCO_3$ 粉仓和 $Ca(OH)_2$ 粉仓因温度降低，粉末吸附的水蒸气凝结，导致粉返潮、结块、搭桥，下粉不畅，通常粉仓壁中部和下部装有流化风板。

流化风兼有对粉进行加热和流化的作用，通常采用罗茨风作为流化风机，为了提高流化风的温度，罗茨风机出口的空气由电加热器提高温度后经流化风机送入粉仓内。有些设计为了简化系统、减少投资，采用压缩空气作为流化风是不合理的。

压缩空气压力较高，要节流降压后经流化风板送入粉仓，一方面，压缩机要消耗较多电能，才能将空气压力提高，压缩空气经节流降压后使用造成了能量的损失；另一方面，压缩空气节流降压后温度降低，如直接经流化板进入粉仓，不但不能起到对粉加热和干燥的作用，反而降低了粉仓温度，不利于防止粉返潮、结块和搭桥，如果由电加热器加热后经流化板送入粉仓，则增加了能源消耗。

第三节　干　法　脱　硫

41. 什么是干法脱硫？有哪两种干法脱硫？

答：脱硫过程中，脱硫剂始终是干燥的颗粒状态的脱硫方法，称为干法脱硫。

煤粉炉的炉膛喷入 $CaCO_3$ 粉，在 $850 \sim 950℃$ 温度区域，$CaCO_3$ 分解为 $CaO+CO_2$，CaO 与 SO_2 反应生成 $CaSO_3$。由于煤粉炉不但炉膛温度较高，而且温度梯度较大，适于 $CaCO_3$ 分解和与 SO_2 反应的区域较小，脱硫效率较低，仅为 $30\% \sim 40\%$，脱硫剂消耗较大，因为 SO_2 浓度不能达标排放，所以现在已很少单独采用。但是因为飞灰中有较多脱硫剂，可以设置活化反应器，向反应器喷入雾化水，使脱硫剂和飞灰增湿具有脱硫能力，两者结合可以获得较高脱硫效率，但设备较多，投资较高。

循环流化床锅炉的炉膛不但温度较低，为 $850 \sim 950℃$，而且温度较均匀，温度梯度很小，是 $CaCO_3$ 分解和 CaO 和 SO_2 反应的最佳温度范围。虽然脱硫是 CaO 固体和 SO_2 气体之间的分子反应，反应速度较慢，同时，反应产物 $CaSO_4$ 会将 CaO 孔隙堵塞，阻碍脱硫反应的进一步进行，但由于脱硫剂颗粒可以在炉内经过多次循环，脱硫剂浓度较高，同时，脱硫剂颗粒在多次循环中因碰撞和磨损不断露出新的表面，使脱硫可以继续进行。所以，循环流化床锅炉非常适宜采用 $CaCO_3$ 脱硫剂的干法脱硫。

42. 为什么循环流化床锅炉应优先采用炉内干法脱硫？

答：由于硫以各种化合物的形态均匀地分布在煤中，煤燃烧前脱硫难度大，费用高。煤中的各种流化物燃烧后绝大部分生成 SO_2，$3\% \sim 5\%$ 进一步氧化成为 SO_3，因此，燃煤锅炉通常采用烟气脱硫。

烟气脱硫主要分为湿法、干法和半干法三种。湿法和半干法脱硫虽然具有脱硫效率较高的优点，但存在系统复杂、设备多，需要设置专用的脱硫塔，投资和运行费用高，还会产生二次污染等缺点。

采用石灰石粉在炉膛内进行干法脱硫时，石灰石在高温下分解为 CaO 和 CO_2。脱硫剂 CaO 与 SO_2 之间的脱硫反应是固相和气相之间的反应，不但反应速度慢，而且要求温度在 $850 \sim 950℃$ 范围内，而煤粉炉和链条炉采用干法脱硫因脱硫剂不能循环重复使用，脱硫效率低，脱硫剂消耗量大，同时，炉内只有很小区域内的温度在 $850 \sim 950℃$ 范围内，脱硫效率仅为 $30\% \sim 40\%$，因此，煤粉炉和链条炉通常采用湿法或半干法脱硫。

循环流化床锅炉采用干法脱硫，不需要设置专用的脱硫塔，较高的炉膛就可以起到脱硫塔的作用。石灰石在高温下分解为 CaO 和 CO_2 后，CaO 颗粒成为床料的一部分，通过内循环和外循环多次反复地与 SO_2 充分混合和反应，不但脱硫剂得到较充分的利用，脱硫剂消耗较少，而且炉膛和物料分离器内的温度在脱硫效率较高的 $850 \sim 950℃$ 范围内，在 Ca/S 比为 $2 \sim 2.5$ 的工况下可以获得 $80\% \sim 85\%$ 的脱硫效率。

由于循环流化床锅炉采用炉内干法脱硫系统简单，设备少，投资和运行费用低，脱硫效率较高，不会产生二次污染，所以，循环流化床锅炉应优先采用炉内干法脱硫。

43. 循环流化床锅炉采用炉内脱硫有什么优点和缺点？

答：炉内脱硫通常采用喷入或加入碳酸钙粉，碳酸钙粉在高温下煅烧分解为氧化钙和二氧化碳，氧化钙与二氧化硫生成硫酸钙达到脱除二氧化硫的目的。

炉内脱硫的优点：

（1）在炉膛内进行脱硫，不需要安装体积庞大、结构复杂、价格昂贵的脱硫塔，占地小，锅炉出口烟道和烟囱不需防腐，投资少。

（2）不需要制浆系统和防止浆液中颗粒物沉淀的各种搅拌器，也不需要将脱硫产物将从浆液中分离出来的一级、二级分离器，防止烟气携带浆液的除雾器和提高脱硫后净烟气温度的加热器，系统简单，设备少，操作容易。

（3）阻力小，不需要安装脱硫增压风机，能耗低。

（4）可以降低烟气露点，避免或减轻空气预热器的低温腐蚀。

炉内脱硫的缺点：

（1）Ca/S比高达到 $2.0\sim2.5$，不但脱硫剂消耗量较大，而且增加了输灰系统的容量和耗电量。

（2）飞灰浓度增加，尾部受热面的积灰和磨损加剧。

（3）干法脱硫是气态的 SO_2 和固体的 CaO 之间的反应，其反应速度慢，适于反应温度的范围小，脱硫效率较低，在 Ca/S 比为 $2.0\sim2.5$ 的情况下，脱硫效仅为 80%。在燃煤含硫较高的情况下，仅采用干法脱硫，SO_2 难以达标排放。

44. 为什么干法脱硫不需要设置增压风机？

答：干法脱硫是将脱硫剂 $CaCO_3$ 颗粒加入炉内，在炉膛进行分解和脱硫。烟气中的 SO_2 大部分被脱除，$CaCO_3$ 煅烧分解时产生 CO_2，烟气量基本上没有变化，同时，干法脱硫既不需要克服脱硫塔内自上而下浆液喷淋的阻力和二级除雾器的阻力，也不需要克服烟气加热器的阻力。脱硫剂数量与燃料量相比很小，对烟气的阻力可忽略不计。

因为干法脱硫时，烟气量和烟气流动阻力均没有变化，所以，不需要设置增压风机。这也是干法脱硫的优点之一。

45. 为什么循环倍率越高，炉内脱硫效率越高，钙硫比越低？

答：循环流化床锅炉通常采用石灰石作为炉内脱硫的脱硫剂。石灰石颗粒在高温下分解为氧化钙和二氧化碳，即 $CaCO_3=CaO+CO_2\uparrow$，氧化钙与二氧化硫生成亚硫酸钙，即 $CaO+SO_2=CaSO_3$，亚硫酸钙进一步氧化成为硫酸钙，即 $2CaSO_3+O_2=2CaSO_4$。

由于循环流化床锅炉采用石灰石脱硫剂在炉内脱硫属于干法脱硫，是固态的 CaO 与气态的 SO_2 之间反应，其反应速度较慢。循环倍率越高，脱硫剂被旋风分离器分离出来返回密相区的数量越多，在炉内时间越长，不但与 SO_2 反应的 CaO 数量越多，而且 CaO 与 SO_2 反应的概率越高，因更多的 CaO 与 SO_2 反应而使脱硫效率提高。因为脱硫剂被多次循环利用，所以可使获得一定脱硫效率所需的钙硫比下降。

循环倍率越高，氧化钙在炉内循环的次数越多，在循环过程中，由于相互碰撞、摩擦和与物料分离器壁面剧烈摩擦，不断将氧化钙颗粒表面生成的硫酸钙、亚硫酸钙产物磨去，产生新的氧化钙表面，使脱硫效率提高和钙硫比下降。

循环倍率对脱硫效率的影响见图 11-1。

46. 为什么循环流化床锅炉采用炉内脱硫时，Ca/S 比为 2.0～2.5 较合理？

答：由于 Cao 的体积比烟气体积小得多，CaO 与 SO_x 的反应速度较慢和 CaO 与 SO_x 在炉膛内难以充分均匀地混合，为了获得较高的脱硫效率，钙硫比必须较高。

循环流化床锅炉运行实践表明，随着炉内钙硫比的增加，脱硫效率明显上升，但是当钙硫比达到2.5时，继续增加钙硫比，脱硫效率增加较少，见图11-2。

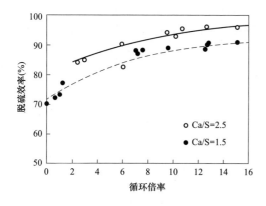

图 11-1　循环倍率对脱硫效率的影响　　　　图 11-2　脱硫效率随 Ca/S 比的变化

钙硫比超过2.5时，脱硫效率增加不多，但是脱硫剂耗量较大，灰渣量增加使灰渣物理热损失增大，飞灰量增加使输灰系统的耗能增加，导致锅炉运行成本上升。多余的 CaO 还会使 NO_x 排放浓度提高和尾部受热面积灰、磨损增加。

因此，为了获得较高的脱硫效率，降低锅炉运行成本，Ca/S 比控制在 2.0～2.5 较合理。

47. 为什么为了提高干法脱硫效率床温应控制在 850～950℃ 范围内？

答：干法脱硫通常采用石灰石颗粒作为脱硫剂。由于脱硫反应是烟气中的 SO_x 与 CaO 之间的反应，因此，石灰石必须在适宜的温度下煅烧生成 CaO。

温度偏低，石灰石不能煅烧充分、分解生成 CaO，温度偏高，石灰石过烧会因烧结 CaO 的气孔减少，CaO 与 SO_x 反应的表面积减少而不利于提高脱硫效率。床温控制在 850～950℃，既可以使石灰石获得充分煅烧生成 CaO，又避免了 CaO 烧结保持较多气孔、获得较大的反应表面积。

实践证明床温在 850～950℃ 范围内，CaO 与 SO_x 间的脱硫反应进行得较充分，有利于提高脱硫效率。

实际上石灰石的煅烧和脱硫反应的最佳温度为 900℃，但由于床温受多种因素的影响，难以长期和精确地将床温控制在 900℃，只要将床温控制在 850～950℃，仍可获得较高的脱硫效率，见图11-3。

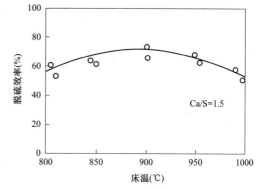

图 11-3　床温对脱硫效率的影响

48. 为什么石灰石粒径对脱硫效率影响较大？

答：循环流化床锅炉采用干法脱硫的脱硫剂是石灰石颗粒。石灰石颗粒在 850～950℃ 温度下煅烧分解为氧化钙和二氧化碳 $CaCO_3 = CaO + CO_2 \uparrow$，烟气中的二氧化硫与 CaO 反应

生成 $CaSO_3$ 和 $CaSO_4$，将二氧化硫脱除。

由于干法脱硫是固态的 CaO 和气态的 SO_x 之间的反应，没有湿法脱硫 SO_x 溶于水生成 H_2SO_x 的有利条件，脱硫反应较慢。所以为了提高干法脱硫的效率除了要保持 850~950℃ 的床温和增加钙硫比为 2.0~2.5 外，还要确保脱硫剂粒径在合理的范围内。

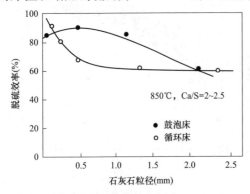

图 11-4　石灰石粒径对脱硫效率的影响

石灰石粒径小，表面积大，有利于提高脱硫效率，但粒径小于 $100\mu m$，加之在流化循环过程中相互碰撞、摩擦产生的磨损导致粒径减小，不能被物料分离器分离出来返回炉内继续脱硫成为飞灰。石灰石粒径大，虽然易于被分离器分离下来返回炉内断续脱硫，因在炉内停留时间长和脱硫剂浓度高而有利于提高脱硫效率，但因表面积小而不利于提高脱硫效率。石灰石粒径对脱硫效率的影响见图 11-4。

因此，石灰石粒径对脱硫效率影响较大，既要考虑保持石灰石有较大的表面积，又要兼顾石灰石颗粒在循环过程中磨损，粒径减小，仍能被物料分离器分离下来，石灰石的平均粒径在 100~200μm 较好。

49. 为什么煤粉炉不宜单独采用炉内干法脱硫？

答：采用石灰石粉在炉内脱硫时，碳酸钙煅烧分解效率最高和脱硫效率最高的温度范围为 850~950℃，而煤粉炉炉膛内各处的温度均远高于 950℃，锅炉内温度为 850~950℃ 区域很小，煤粉炉采用石灰石干法脱硫的效果较差。

煤中的硫燃烧后均生成 SO_2，其中 3%~5% 转化为 SO_3。由于 SO_2 和 SO_3 气体与石灰石粉加热后分解为 CaO 固体的化学反应速度很慢，而煤粉炉采用室燃，CaO 粉末随烟气一起流动，CaO 粉末在炉内停留的时间仅有几秒，在炉内有效脱硫温度范围停留的时间很短，而且 CaO 粉末与烟气中的 SO_2 和 SO_3 同向流动，相对速度很小，使得炉内的 CaO 粉末来不及与 SO_2 和 SO_3 充分反应，即被排出炉外。

在 Ca/S 比为 3 的情况下，采用石灰石粉末的脱硫效率仅为 30%~40%；在 Ca/S 比为 2 的条件，采用氢氧化钙粉末的脱硫效率仅为 50%。

由于煤粉炉采用干法脱硫不但效率低，脱硫剂消耗大，脱硫后烟气中的 SO_2 浓度仍然远超过国家允许的排放标准，而且煤粉炉的除尘器布置在空气预热器后，喷入炉内的石灰石或氢氧化钙粉末会因进入对流烟道内的烟气飞灰浓度增加而导致对流受热面磨损和积灰加剧。所以，煤粉炉不宜采用炉内干法脱硫，而应采用炉外湿法或半干法脱硫。

50. 为什么循环流化床锅炉炉内脱硫的脱硫剂利用率较低？

答：循环流化床锅炉炉内脱硫通常采用 $CaCO_3$ 作为脱硫剂，$CaCO_3$ 不能与 SO_2 直接反应，$CaCO_3$ 进入密相区被加热后分解为 CaO 和 CO_2。CaO 与 SO_2 反应生成 $CaSO_3$。

虽然 CaO 具有多孔结构，但由于 CaO 和 SO_2 固气之间的反应速度明显低于高温下 C 与 O 的氧化反应速度，同时，CaO 与 SO_2 和 O_2 反应生成 $CaSO_4$ 后，质量、体积均明显增加。经测试，1mol CaO 的体积为 $16.9cm^3$，质量为 56g，密度为 $3.31g/cm^3$，1mol $CaSO_4$ 的体

积为 $46cm^3$，质量为 $136g$，密度为 $2.95g/cm^3$。

由于 CaO 与 SO_2 反应生成 $CaSO_4$ 后，体积增加，使得 CaO 内的孔隙被堵塞，CaO 不能全部与 SO_2 反应生成 $CaSO_4$，形成具有未与 SO_2 反应的 CaO 内核，所以，虽然循环流化床锅炉属于低温燃烧，在最佳煅烧和脱硫温度 $850\sim950℃$ 范围的区域较大，脱硫剂在炉内停留的时间较长，与 SO_2 混合搅拌也很激烈和充分，但脱硫剂的利用率仍然较低。通常在脱硫效率为 $80\%\sim85\%$ 的情况下，脱硫剂的利用率仅为 $40\%\sim50\%$。

51. 为什么采用炉内干法脱硫会使烟气量增加？

答：炉内干法脱硫通常采用碳酸钙粉末作为脱硫剂。

碳酸钙含有水分，碳酸钙粉末加入密相区温度升高后，水分蒸发成水蒸气，成为烟气的一部分，使烟气量增加。

碳酸钙在高温下分解为氧化钙和二氧化碳，二氧化碳使烟气量增加。虽然氧化钙与二氧化硫生成亚硫酸钙，使烟气量减少，但由于干法脱硫是气态的二氧化硫和固态的氧化钙之间的反应，其反应速度较慢，氧化钙是可以通过内循环和外循环重复利用的，但二氧化硫是不参与循环的，为了在有限的时间和空间内有更多的二氧化硫与氧化钙反应生成亚硫酸钙，获得较高的脱硫效率，通常钙硫比为 $2\sim2.5$，因二氧化碳产生的数量比二氧化硫减少的数量多而使烟气量增加。

52. 为什么循环流化床锅炉采用炉内干法脱硫时，会出现脱硫效率升高、脱硝效率下降的现象？

答：由于循环流化床锅炉密相区和稀相区的温度均在 $850\sim950℃$ 范围内，该温度范围是 $CaCO_3$ 分解为 CaO 和 CO_2，也是 CaO 与 SO_x 反应生成 $CaSO_4$ 脱硫的最佳温度，所以，循环流化床锅炉普遍采用 $CaCO_3$ 进行干法脱硫。

炉内干法脱硫的钙硫比为 $2.0\sim2.5$。为了获得较高的脱硫效率，通常采用较高的钙硫比，炉内 CaO 的数量较多，而 CaO 对生成 NO_x 有催化作用，导致出现脱硫效率提高、脱硝效率下降的现象。

因此，循环流化床锅炉采用干法脱硫时，要对脱硫效率和脱硝效率统筹考虑，根据煤种脱硝方法和当地环保部门对 SO_x 和 NO_x 排放浓度的监管要求制定对策，使两者均能达标排放。

53. 为什么循环流化床锅炉脱硫剂石灰石的粒径太小反而会使脱硫效率下降，脱硫剂的消耗增加？

答：石灰石粉末进入密相区吸收热量后分解为 CaO 和 CO_2，CaO 与 SO_2 反应生成 $CaSO_3$，降低 SO_2 浓度，达到脱硫目的。

由于 CaO 与 SO_2 之间属于气固反应，其反应速度较慢，需要通过延长 CaO 在炉内停留时间，使 CaO 在炉内多次反复循环，提高 CaO 在炉内的浓度，增加 CaO 与 SO_2 反应的概率来达到提高脱硫效率、降低脱硫剂消耗的目的。

虽然脱硫剂粉末的粒径下降，其单位质量的表面积增加，有利于提高 CaO 与 SO_2 反应的概率，但是粒径太小的脱硫剂容易被一次风吹起脱离密相区，进入稀相区随烟气离开炉膛。循环流化床锅炉大多采用高温旋风物料分离器，不但分离器的直径较大，物料的离心力较小，而且高温烟气的黏度较大，使得粒径很小的脱硫剂不易被分离出来，通过返料机构返回密相区。循环流化床锅炉高温旋风物料分离器的效率之所以很高，是由于进入旋风分离器的烟气中含有大量粒径较大的易于被分离出来的物料。粒径太小的脱硫剂因不能被分离出来而随烟气进入对流烟道后排出炉外，导致脱硫效率下降和脱硫剂消耗上升。

粒径较大的脱硫剂虽然比表面积较小，但易于被分离器多次分离出来返回密相区，脱硫剂在炉内停留的时间较长，经历几十次循环，大大增加了 CaO 与 SO_2 接触和反应的概率，使脱硫效率提高和脱硫剂消耗下降。

因此，在确定脱硫剂粒径时，在能被旋风分离器分离出来的前提下，采用粒径较小的脱硫剂可以兼顾增大比表面积和延长脱硫剂在炉内停留时间两方面的要求。考虑脱硫剂在炉内多次循环过程中的磨损，采用粒径为 0～2mm、平均直径为 100～200μm 的脱硫剂，可以获得较高的脱硫效率和较低的脱硫剂消耗。

54. 为什么脱硫剂与煤同一点给入脱硫效率较高？

答：循环流化床锅炉炉内干法脱硫的脱硫剂通常采用碳酸钙粉末。脱硫剂和煤加入密相区后，在密相区大量 850～950℃ 的高温床料形成的炽热物料加热下，碳酸钙粉末很快分解为氧化钙和二氧化碳，煤粒很快着火燃烧，其中硫分燃烧成为二氧化硫。

氧化钙粉末与气态的二氧化硫之间的反应速度较慢，虽然氧化钙粉末通过多次循环延长在炉内停留的时间，增加了与二氧化硫反应的机会，但由于二氧化硫形成后一次通过炉膛，没有与氧化钙反应的二氧化硫就被排出炉外。

碳酸钙粉末和煤粒同一点加入，浓度较大的二氧化硫和浓度较大新产生的氧化钙出现在同一空间，有利于增加氧化钙和二氧化硫反应的概率，提高脱硫效率。

55. 为什么炉内干法脱硫有助于避免结焦？

答：炉内干法脱硫的脱硫剂为碳酸钙（石灰石）。炉内床料结焦的主要原因是整体床温或局部床温超标。

环境温度的碳酸钙粉末加入密相区要吸收密相区的热量，升高到约 850℃ 后，分解为氧化钙和二氧化碳，该分解反应为吸热反应，其所需热量大部分来自密相区。除粒径很小的碳酸钙粉末、氧化钙粉末和硫酸钙粉末不能被旋风物料分离器分离出来，成为飞灰被排出锅炉外，大部分留在了炉内，密相区的物料增多，床料的热容增加。加入脱硫剂使物量循环量增加，更多物料吸收密相区的热量后进入稀相区。以上三个原因有助于降低密相区的床温，避免结焦。

虽然氧化钙与二氧化硫化合生成亚硫酸钙，进一步氧化生成硫酸钙是放热反应，但因该反应大部分发生在稀相区，不会导致密相区温度明显升高。

氧化钙的熔点较高，为 2570℃，远高于灰分熔点，密相区的床料中含有氧化钙有助于避免结焦。

56. 为什么采用干法脱硫送风量要增加？

答：干法脱硫通常采用碳酸钙作为脱硫剂。碳酸钙在高温下分解为氧化钙和二氧化碳。

燃料中的硫在燃烧过程中约 95% 成为二氧化硫，仅约 3% 的二氧化硫进一步氧化生成三氧化硫。三氧化硫与氧化钙反应直接生成硫酸钙，而二氧化硫与氧化钙生成亚硫酸钙，亚硫酸钙要进一步氧化才能成为硫酸钙，湿法脱硫时由专用的氧化风机提供氧化所需的空气，干法脱硫亚硫酸钙氧化所需要的氧来自烟气中过剩的氧，因此，要增加送风量，使亚硫酸钙氧化成硫酸钙。

循环流化床锅炉的送风量由一次风机和二次风机提供，由于一次风机的压头和耗电量比二次风机大，应通过增加二次风量来满足亚硫酸钙氧化成硫酸钙对氧量的需求。

57. 为什么干法脱硫的钙硫比较高、脱硫效率较低？

答：虽然循环流化床锅炉优先采用干法脱硫，脱硫剂通过外循环回到密相区，使脱硫剂在炉内保持较高的浓度，但由于干法脱硫是气态的 SO_x 与固态的 CaO 之间的反应，其反应速度较慢，烟气流速较高，SO_x 在炉内停留的时间较短，SO_x 与 CaO 之间的反应是放热反应，炉内干法脱硫的温度高达 $850\sim900℃$，不利于 SO_x 与 CaO 之间的反应，所以，干法脱硫效率较低。

石灰石粉末加入炉内后经高温煅烧生成多孔的 CaO 和 CO_2。由于 $CaSO_4$ 的摩尔体积较 CaO 大，生成的 $CaSO_4$ 使 CaO 孔隙堵塞，阻止了 SO_x 与 CaO 的反应，即使没有完全堵的孔隙，SO_x 要透过生成的 $CaSO_4$ 层才能与 CaO 反应、导致反应速度较慢。CaO 与 SO_x 同向流动，相对速度较低，混合较差。

采用干法脱硫时，脱硫剂是 $CaCO_3$ 粉末，粒径小于 $50\mu m$ 的粉末不易被高温物料分离器分离出来返回密相区，一次性通过随烟气排出炉外。粒径大于 $50\mu m$ 的脱硫剂粉末在炉内煅烧分解成 CaO 和 CO_2 时，部分 CaO 的粒径小于 $50\mu m$、料径较大的 CaO 在炉内多次循环中因碰撞和磨损而使粒径小于 $50\mu m$，因不易被分离器分离下来而成为飞灰排出炉外。

为了使在炉内停留时较短的 SO_x 与 CaO 尽可能地充分反应，获得较高的脱硫效率，只有增加脱硫剂的消耗量，维持较高的钙硫比。因此，干法脱硫的钙硫比较高，通常为 $2.0\sim2.5$ 的情况下，脱硫效率仍较低，仅为 $80\%\sim85\%$。

58. 什么是脱硫剂转化率？

答：进入锅炉的脱硫剂只有经过煅烧反应生成的 CaO 和 MgO 才具有脱硫的能力。由于温度、粒度、旋风分离器分离效率等原因，进入锅炉的脱硫剂只有部分发生煅烧反应。因此，将经过煅烧反应分解为 CaO、MgO 和 CO_2 的脱硫剂与进入炉内总的脱硫剂之比，称为脱硫剂的转化率。

脱硫剂的转化率总是小于 1，提高脱硫剂的转化率可以提高脱硫效率和降低脱硫剂的消耗量。

为了提高脱硫剂的转换率，应将床温控制在 $850\sim950℃$ 范围内。

59. 什么是脱硫剂的煅烧反应？

答：炉内干法脱硫通常采用石灰石粉末作为脱硫剂。石灰石的主要成分是 $CaCO_3$，同时含有少量的 $MgCO_3$、杂质和水分。炉内的 $CaCO_3$ 不能与烟气中的 SO_2 和 SO_3 反应生成 $CaSO_4$，达到脱硫的目的。

$CaCO_3$ 和 $MgCO_3$ 必须在高温下产生分解反应，生成 CaO、MgO 和 CO_2，其中的 CaO 和 MgO 才能与 SO_2 和 SO_3 反应生成 $CaSO_4$，才能达到脱硫的目的。

因此，将脱硫剂石灰石在高温下分解为 CaO 和 CO_2 的反应称为煅烧反应或分解反应。

60. 为什么燃用煤泥有利于提高炉内脱硫的效率？

答：碳酸钙进入炉内后在 $850\sim950℃$ 下煅烧分解为氧化钙和二氧化碳。氧化钙与二氧化硫的反应速度较慢。

碳酸钙粒径的选择存在两难，粒径小、表面积大有利于 CaO 与 SO_2 的反应速度，但粒径过小的氧化钙颗粒不能被旋风物料分离器分离出来返回炉膛继续脱硫成为飞灰，仅靠氧化钙颗粒一次性通过炉内，一方面这部分氧化钙颗粒因在炉内停留时间短而不能与二氧化硫充分反应；另一方面因炉内氧化钙浓度降低而使脱硫效率下降。

粒径较大的碳酸钙在炉内煅烧后产生的氧化钙颗粒也较大，容易被旋风物料分离器分离出来返回炉内继续脱硫。虽然氧化钙在炉内停留的时间增加，炉内氧化钙的浓度增加，有利于提高脱硫效率，但是因氧化钙的表面积减少，氧化钙与二氧化硫反应生成的硫酸钙体积较大，将碳酸钙分解形成的氧化钙中的气孔堵塞，阻止了其进一步反应，导致脱硫效率降低和脱硫剂消耗量增加。

将粒径较小的碳酸钙粉末与煤泥均匀混合，利用煤泥在炉内聚团的特性，既增加了氧化钙的表面积，又增加了其在炉内停留的时间，使氧化钙与二氧化硫得以充分反应，达到了提高脱硫效率、降低脱硫剂消耗量的目的。

61. 为什么循环流化床锅炉炉内脱硫的效率比鼓泡床锅炉高？

答：由于循环流化床有物料分离和返料系统，不但可以采用粒径较小的 $0.1 \sim 0.3\,mm$ 碳酸钙脱硫剂，增加与 SO_2 反应的表面积，而且增加了脱硫剂在炉内停留的时间，提高了脱硫剂在炉内的浓度，所以，循环流化床锅炉采用炉内脱硫，可以获得较高的脱硫效率。

鼓泡床锅炉没有物料分离和返料系统，脱硫剂中的细颗粒被烟气携带一次性离开炉膛，其在炉膛停留的时间很短，只有几秒钟，这部分细颗粒脱硫剂利用率较低。

为了防止细颗粒脱硫剂被烟气携带一次性离开炉膛，导致脱硫剂消耗量增加，被迫采用粒径为 $0.5 \sim 1.0\,mm$ 的脱硫剂。因降低了与 SO_2 反应的表面积而使脱硫效率降低。虽然采用粒径较大的脱硫剂，可以防止被烟气携带离开炉膛，延长其在炉膛内停留的时间，但碳酸钙在炉内煅烧分解为氧化钙和二氧化碳后，在碳酸钙内形成较多气孔，脱硫反应生成的硫酸钙体积较氧化钙体积大，硫酸钙将气孔堵塞。阻止了氧化钙与二氧化硫进一步反应，形成了未完全反应的氧化钙内核。未反应的氧化钙内核随着粒径的增加而增大。

由于以上两个原因，使得循环流化床锅炉的炉内脱硫效率较鼓泡床锅炉高。

62. 为什么循环流化床锅炉炉内脱硫的碳酸钙粉末的粒径不宜小于 100μm？

答：虽然碳酸钙粉末进入炉内后较快煅烧分解为氧化钙和二氧化碳，但氧化钙与 SO_x 反应生成硫酸钙的反应速度较慢，需要的时间较长。循环流化床锅炉设置的物料分离器将没有充分与 SO_x 反应的氧化钙分离出来返回炉膛内，延长了氧化钙在炉内的停留时间，为降低 Ca/S 比和提高脱硫效益创造了有利条件。

由于循环流化床锅炉通常采用高温物料分离器，不但其直径较大，而且入口烟气温度较高，烟气的黏度较大，对小粒径物料的分离能力较差。如果采用粒径小于 $100\mu m$ 的碳酸钙粉末，其分解后会有气孔的氧化钙粉末在高浓度物料的内、外循环过程中，因碰撞和摩擦而产生磨损，使其粒径变小，不易被物料分离器分离下来返回炉膛内而成飞灰，随烟气排出炉外，其在炉内停留时间较短，碳酸钙的利用率较低，导致脱硫剂消耗量增加和脱硫效率降低。

采用不小于 $100\mu m$、平均粒径为 $100 \sim 200\mu m$ 的碳酸钙粉末，即使在物料内、外循环过程中存在磨损，但只有经过多次循环和磨损才能使其粒径降至不能被物料分离器分离出来成为飞灰，达到了延长其在炉内停留时间、降低脱硫剂消耗量和提高脱硫效率的目的。

第四节 氨 法 脱 硫

63. 氨法脱硫的原理是什么？

答：SO_2 是酸性气体，易溶于水，生成亚硫酸，即 $SO_2 + H_2O = H_2SO_3$；H_2SO_3 离解，即 $H_2SO_3 \rightarrow HSO_3^- + H^+$，如果溶液 pH 值较高，还产生二级离解，即 $HSO_3^- \rightarrow SO_3^{-2} + H^+$。溶液中因有较多 H^+ 离子而呈酸性。

氨溶于水生成氨水，即 $NH_3 + H_2O = NH_4OH$，氨水离解，即 $NH_4OH \rightarrow NH_4^+ + OH^-$，氨水呈碱性。

$SO_3^{-2} + 2NH_4^+ = (NH_4)_2SO_3$ 反应生成的亚硫酸铵被氧化风机送入的空气氧化成硫酸铵，即 $2(NH_4)_2SO_3 + O_2 = 2(NH_4)_2SO_4$。

溶液中的硫酸铵超过一定浓度就会结晶，生成固态的硫酸铵。含有结晶硫酸铵的溶液，首先采用水力旋流器将硫酸铵固体含量提高至 50%，然后经离心分离机进一步将溶液中的硫酸铵含量提高到约 90%，再通过干燥器将硫酸铵的含水量降至不超过 1%，最后由包装机包装后入库堆放。

64. 氨法烟气脱硫有什么优点和缺点？

答：氨法烟气脱硫法是以氨水为脱硫剂，可以采用液氨气化后溶于水生成氨水或利用化肥厂的废氨水作为脱硫剂。优点是由于氨水的活性高，同时吸收过程中不会产生固体颗粒，因此，可以采用增加气液接触面积的填料塔，吸收效率高，液气比较低，可以降低脱硫剂、循环泵和吸收塔的投资。无废渣排放，废液排放少，副产品是硫酸铵，可以作为商品化肥出售，降低运行成本。

氨法烟气脱硫的缺点是当采用液氨气化产生氨水时，成本较高，不但液氨储罐是压力容器，其设备费用较高，而且运行管理安全、技术要求较高；氨系统泄漏不但严重污染环境，而且氨气与空气的混合物在较大的氨气浓度范围内具有爆炸危险；为了堆放脱硫副产品硫酸铵，首先要采用旋流器将浓度较高、结晶的硫酸铵进行浓缩，然后通过离心分离机将浆液中的硫酸铵分离出来，因分离得到的硫酸铵含水率约为 10%，没有达到产品包装和质量要求，要采用干燥器将硫酸铵的含水率降至 1% 以下，然后采用包装机包装，同时，还要建设一定规模的库房作为产品堆放周转之用，使得后期处理工艺较复杂、设备较多。塔、罐、泵、阀门和管道要采取防腐措施，导致投资较高。

要在对脱硫剂和副产品进行市场和成本分析的基础上决定是否采用氨法烟气脱硫。因为废氨水的成本很低，又不需要液氨储罐，所以，氨法烟气脱硫非常适宜有废氨水的化肥厂采用。

65. 为什么氨法脱硫要在塔上部设置填料？

答：氨法脱硫过程中生成的亚硫酸铵和硫酸铵均易溶于水，不易结垢。脱硫塔上部设置填料后与空塔相比每立方米体积拥有的表面积大大增加。氨法脱硫的填料通常由具有凹凸面的塑料片组成，质量轻、耐腐蚀性能好。

溶液循环泵从塔的下部溶液池中抽取溶液升压后送至塔填料上部喷淋装置，溶液喷淋后向下流经填料时，填料的塑料凹凸面被溶液浸润、覆盖，大大增加了气液接触反应面积，有利于溶液吸收溶解 SO_2 和 NH_3，提高 H_2SO_3 与 NH_4OH 的反应速度。

氨法脱硫上部设置填料后，可以降低液气比，在溶液循环量较低和脱硫塔直径较小的情况下获得很高的脱硫效率。氨法脱硫塔上部设置填料后，虽然增加了填料及支撑结构的费用，引风机因阻力增加而需要增加功率和耗电量，但总体而言是利大于弊，节约的费用超过增加的费用，所以，氨法脱硫塔上部通常设置填料。

66. 为什么氨法脱硫要设置氧化风机？

答：氨法脱硫是湿法脱硫，烟气中的 SO_2 溶于水中，生成 H_2SO_3，即 $SO_2+H_2O=H_2SO_3$。氨溶于水生成 NH_4OH，即 $NH_3+H_2O=NH_4OH$。

溶于水中生成的 H_2SO_3 与溶于水中的 NH_4OH 进行化学反应生成 $(NH_4)_2SO_3$。由于化肥是 $(NH_4)_2SO_4$，所以，要将 $(NH_4)_2SO_3$ 氧化生成 $(NH_4)_2SO_4$，即 $2(NH_4)_2SO_3+O_2=2(NH_4)_2SO_4$。

通常采用罗茨风机或往复式压缩机将空气压缩提高压力后送入脱硫塔下的溶液池，压缩空气克服溶液的静压并以一定的速度喷入溶液中，将 $(NH_4)_2SO_3$ 氧化成 $(NH_4)_2SO_4$。

亚硫酸铵结晶颗粒细，悬浮在溶液中黏度较大，脱水较困难，容易因在离心脱水机中布料不均匀而引起离心机振动加大。亚硫酸铵氧化后生成的硫酸铵结晶颗粒较大，不但在离心脱水机布料均匀，而且脱水性能好，可将硫酸铵脱水至含水量不超过 10%，为下一步干燥装置将硫酸铵干燥至含水量在 1% 以下创造了良好的条件。

因此，氨法脱硫必须要设置氧化风机。

67. 为什么氨法脱硫效率较高？液气比较低？

答：SO_2 易溶于水生成 H_2SO_3，H_2SO_3 离解为 $H^++HSO_3^-$，HSO_3^- 进一步离解为 $H^++SO_3^{-2}$。氨溶于水生成的 NH_4OH 离解为 $NH_4^++OH^-$。

$$2NH_4^++SO_3^{-2}=(NH_4)_2SO_3$$
$$2(NH_4)_2SO_3+O_2=2(NH_4)_2SO_4$$

由于氨法脱硫是酸溶液和碱溶液间的离子反应，反应迅速和充分，所以，脱硫效率较高，可超过 95%。

同时，在脱硫塔上部的吸收区，亚硫酸溶液和氨水溶液不含固体颗粒，不用担心结垢堵塞，可以设置显著增加液气接触面积的填料，因此，在液气比较低的情况下获得较高的脱硫效率。

68. 什么是临界温度？

答：当气体的温度高于某个温度时，无论施加多大的压力均不能将其液化，只有当气体的温度等于或低于某个温度时，才能将气体液化。因此，能将气体液化的最高温度称为该种气体的临界温度。

不同的气体有不同的临界温度，氨气的临界温度为 $132.5℃$，是比较容易液化的气体。

69. 为什么液氨罐安装后第一次进氨前要用氮气进行置换？

答：氨气是无色、具有刺激性恶臭的气体，空气中的浓度在 $15.7\%\sim27.4\%$ 范围内，具有爆炸性；当浓度为 22.5% 时，爆炸力达到最大。

液氨罐安装结束时，罐内充满了空气，如果不采取置换措施，液氨直接进入罐内，罐内空气的压力为大气压力，液氨因压力降低而气化成氨气，有可能使氨气在空气中的浓度处于爆炸范围之内，遇有明火或火花就会发生爆炸，造成重大的设备和人身事故。因此，液氨罐在进氨前要用惰性气体对罐内的空气进行置换。

从安全角度考虑，任何与氨气的混合物没有爆炸性的惰性气体均可用于置换罐内的空气。

由于氮气是制氧过程中的副产品，具有价格较低，对钢材没有腐蚀和易于液化等优点，所以，通常用氮气置换储氨罐内的空气。

70. 为什么储氨罐不采用排气法置换空气，而采用排水法置换空气？

答：由于氮气的密度略小于空气的密度，即使从储氨罐的上部进氮气，从储氨罐的下部排出空气，因氮气与空气的密度非常接近，氮气从储氨罐的上部进入后与罐内的空气很容易混合，从储氨罐下部排出的不完全是空气，而是空气和氮气的混合物。因此，采用排气法置换储氨罐的空气，不但所需的时间长，而且消耗的氮气很多，增加了置换的成本。

氮气的密度比水的密度小得多，而且氮气在水中的溶解度很小。当储氨罐充满水之后，罐内的空气被全部排出，氮气从储氨罐的上部进入，从储氨罐的下部排水，当罐内的水排尽，从排水管排出氮气时，可以认为罐内充满了氮气。为了防止空气进入储氨罐，可使罐内的氮气保持 $0.05\sim0.1MPa$ 的表压力。

通常储氨罐安装结束使用前要进行水压试验，因此，在储氨罐水压合格后进行充氮、排水置换可以节省时间和水。

71. 为什么采用液氮比采用氮气置换储氨罐内的空气更合理？

答：由于氮气的密度很小，而储氨罐的容积很大，如果采用氮气置换储氨罐内的空气，则需要数量很多的氮气瓶提供氮气，不但成本较高，而且每个氮气瓶内氮气数量较少，需要频繁地拆装，导致工作量很大，置换时间较长。

液氮的密度比氮气大得多，如果采用液氮置换储氨罐内空气，则仅需少量的液氮罐即可完成置换工作，不但因按质量计，液氮的价格明显低于氮气，可以节省费用；而且还因拆装工作量大大减少而降低了劳动强度和置换时间。

为了防止采用液氮置换时，因液氮压力降低，气体吸收热量，导致结冰，一方面，要控制置换的速度不要太快；另一方面，要采用工业水对液氮罐的外壁进行加热，防止罐壁结霜或结冰。

因此，在用氮气置换储氨罐内的空气时，如果条件允许，应尽量选用液氮。

72. 为什么锅炉安全阀前不允许安装阀门，而储氨罐上的安全阀前安装有阀门？

答：为了防止锅炉突然失去负荷，导致蒸汽压力超过允许值，锅炉必须安装安全阀。为了防止误操作，没有将安全阀前的阀门开启，或阀门故障不能开启，导致锅炉在安全阀不能正常工作的工况运行，法规规定锅炉安全阀前不得安装阀门。

由于安全阀的密封压力是开启压力与正常工作压力之差，比一般阀门的密封压力低得多，密封条件很差，对制造、安装和检修质量要求很高，即使这样，安全阀仍然较容易泄漏，特别是安全阀动作以后，更易泄漏。由于水蒸气是无毒、无害气体，即使安全阀发生泄漏也不会污染环境，所以，锅炉安全阀之前不安装阀门是正确的。

由于氨气不但是有毒、有害气体，而且与空气混合有爆炸危险。一旦储氨罐上的安全阀发生泄漏时，储氨罐内的液氨经安全阀泄漏后，因压力降低而气化成氨气，不但严重污染环境，造成人员中毒，而且氨气与空气的混合物有爆炸危险。所以，为了安全，储氨罐上的安全阀前要安装阀门。一旦安全阀发生泄漏，将阀门关闭后对安全阀进行检修，消除泄漏后再开启，但要采取可靠措施确保安全阀检修期间储氨罐不超压。

73. 为什么锅炉安全阀动作时的排气不回收，而储氨罐安全阀动作时的排气要回收？

答：由于锅炉安全阀动作时排出的水蒸气，是无毒、无味无害的气体，而且水蒸气是空气中的成分之一，所以，锅炉安全阀动作时的排气不回收，只是要求安全阀的排气消声不损伤人员和设备即可。

储氨罐安全阀动作时排出的氨气，是有毒、有害、具有强烈刺激性的恶臭气体，为了避免污染环境，储氨罐安全阀的排气不能排至大气，必须加以回收。

通常储氨罐安全阀的排气送至氨水罐，被罐内的水吸收生成氨水。

74. 为什么储氨罐不向脱硫塔供气氨，而向脱硫塔供液氨？

答：进入脱硫塔内的氨是以气态的形式喷出，与自上而下喷出雾化的水生成 NH_4OH，吸收烟气中的 SO_2，生成亚硫酸铵和亚硫酸氢铵。

通常储氨罐的上部是气氨，下部是液氨。如果从储氨罐的上部向脱硫塔供给气氨，则由于气氨的密度很小，储氨罐离脱硫塔较远，不但氨气管的直径很大，导致氨管线和调节阀的费用很高，而且氨气调节阀的调节性能较差。

由于液氨的密度很高，从储氨罐的下部向脱硫塔供给液氨，则因氨管的直径大大降低，不但可以节省氨管线和调节阀的费用，而调节阀的调节性能很好。所以，通常从储氨罐的下部引出直径很小的管子向脱硫塔供给液氨。在调节阀前压力较高，管内的氨是液态，经过调节阀后压力降低，一部分液氨气化，调节阀后管内是液氨和气氨的混合物。

75. 为什么在调节阀后的加氨管道表面会结霜，而调节阀前的加氨管道表面不结霜？

答：在氨管道调节阀前至储氨罐之间，因为压力较高，氨为液态，没有发生气化，不需要气化潜热，所以，调节阀前至储氨罐之间的氨管道表面不会结霜。

由于调节阀的开度较小，吸收塔内为常压，液氨经调节阀节流后，压力降低，部分液氨气化，吸收大量的气化潜热，氨管道表面低于零度，导致氨管周围空气中的水蒸气直接凝结在管壁上，出现结霜。

在现场可以很清楚地看出，以调节阀为界限，调节阀前的氨管道上一点霜也没有，而调节阀及以后的氨管道表面均结有霜。通过调节阀后氨管道表面是否结有霜，可以很容易判断出氨管道内是否有氨流过。

76. 为什么脱硫塔内喷氨管的直径和其上众多的喷孔总面积较大？

答：从储氨罐下部液相引出至脱硫塔的氨管道内，在调节阀前因压力较高全部是液氨，在调节阀后因压力降低，一部分液氨气化，是液氨和氨气的混合物，所以，氨输送管道的直径较小。

为了能使进入脱硫塔内的氨能及时地气化，并且均匀地与从上部喷嘴雾化的工艺水混合，塔内喷管的直径较大。管内容积和喷氨管上开有很多孔的总面积均较大，使得压力较高的液氨进入塔内喷氨管后因压力突然降低而及时全部气化。因液氨全部气化后体积增加几百倍，为了减少阻力和使喷出的氨气均匀地与自上而下的雾化工艺水均匀混合，喷氨管上的孔不但数量很多，而且总面积较大。

77. 为什么加氨系统的法兰密封面要采用缠绕金属垫？

答：由于加氨系统，特别是调节阀之前的液氨部分压力较高，而且氨不但是有毒、有害气体，而且氨气与一定比例的空气混合物具有爆炸危险，一旦法兰密封面出现泄漏，不但造成经济损失，严重污染环境，而且对人身和设备的安全产生严重威胁。特别是阀门前法兰的密封面的垫片损坏引起泄漏，因难以处理，造成的经济损失和产生的危害更大。

为防止加氨系统法兰密封面因垫片损坏而引起泄漏，对垫片的性能要求很高，不能采用橡胶石棉垫，而要采用由波浪形不锈钢带缠绕成的金属垫片。该种垫片不仅具有良好的耐腐蚀性能，因弹性大、密封圈数多，可以承受很大的法兰螺栓的紧力，而具有很好的密封性能，而且可以承受很高的工质压力，不易因垫片损坏而引起泄漏。

通常采用高强度的法兰螺栓，增加螺栓的紧力来进一步提高金属缠绕垫片的密封性能。

78. 为什么储氨罐要设遮阳棚和喷淋管？

答：由于氨的沸点很低，当压力为 0.1MPa，沸点为 $-33.6℃$，同时氨蒸气压力是与温度相对应的，随着温度的提高，氨蒸气压力随之上升，见表 11-2。

表 11-2 氨温度与蒸气压力

温度（℃）	蒸气压（MPa）
-33.6	0.1
4.7	0.5
25.7	1
50.1	2

从表 11-2 中可以看出，随着氨的温度升高，其蒸气压力急剧上升。储氨罐内的压力与罐内液氨的数量多少没有关系，只决定于氨的温度。通常储氨罐为露天布置。储氨罐的遮阳棚可以防止阳光直接照射，因罐内氨的温度升高而导致储氨罐超压。储氨罐顶部设置喷淋管，可以通过喷淋冷却水冷却罐体，避免因环境温度较高而导致储氨罐超压。

79. 湿烟囱有什么优点和缺点？

答：脱硫系统采用湿烟囱的优点：可以省去价格昂贵的采用原烟气为热源的烟气加热器投资和维修费用，当采用蒸汽为热源时，还可以节省大量的蒸汽。同时，不设置烟气加热器，因为烟气流动阻力下降，所以可以节省增压风机或引风机的耗电量。

脱硫系统采用湿烟囱的缺点：净烟气还含有少量的 SO_2 和 SO_3，其凝结水呈酸性，具有较强的腐蚀性，烟囱必须要采取防腐蚀措施。例如，钢筋混凝土烟囱内壁衬耐酸瓷砖或其他防腐材料，或采用双层烟囱，外部是钢筋混凝土烟囱，内部是钢烟囱，钢烟囱采用钢和钛复合钢板制作，外部钢筋混凝土烟囱起到支撑和保温的作用。烟囱出口净烟气的温度较低，排入大气后因热浮力较小，烟气浮力上升高度较低而导致烟囱的有效高度降低，不利于烟气中的有害成分在更大的范围内扩散；烟气中的凝结水下落也会对电厂周围的环境形成污染。

由于采用湿烟囱有利有弊，因此，脱硫系统是否采用湿烟囱，应结合当地的各种具体情况，经详细的技术和经济比较才能确定。

80. 干燥器有什么作用？

答：从水力旋流器来的浆液中固体硫酸铵的含量为 $40\% \sim 50\%$，进入离心分离器分离后，硫酸铵的含水量约为10％。如果不经进一步干燥，含水量约10％的硫酸铵不但流动性较差，容易在输送包装过程中的管道和料斗中引起堵塞、黏附和搭桥，给硫酸铵的输送和包装带来困难。

含水量约为10％的硫酸铵不但增加运输量，而且容易在包装袋内板结，给装卸和使用带来困难。合格的硫酸铵含水量应小于1％。

因此，应采用干燥器对从离心机来含水约为10％的硫酸铵进行进一步干燥，使其含水量小于1％。

81. 为什么干燥器的空气加热器要采用翅片管？

答：干燥器的空气加热器采用蒸汽作热源，蒸汽为管程，空气为壳程。管内的加热蒸汽在管外空气冷却下，温度降低并凝结放出潜热，属于凝结放热，其放热系数很高，而管外的空气在蒸汽加热下没有相变，且空气的密度很低，管壁对空气的放热系数很低。由于管壁金属的导热系数较高且管壁较薄，所以管壁的热阻可以忽略不计。

在蒸汽通过管子对空气进行加热的过程中，存在三个串联的热阻，即蒸汽对管内壁放热热阻、管内壁向管外壁导热的热阻和管外壁对空气放热的热阻。放热系数的倒数为热阻。由于管壁的热阻可以忽略不计，而蒸汽侧换热系数很大，其热阻很小，空气侧放热系数很小，其热阻很大。因此，如果空气加热器采用光管，则由于空气侧的热阻很大，传热系数很小，所以为了将空气加热到所需的温度需要很大的传热面积，不但设备投资增加，而且体积庞大，运输和现场布置困难。

采用翅片管可以大大增加管子外表面的传热面积，使管外空气侧的传热热阻大大降低，因此，空气加热器采用翅片管在保证将空气加热到所需的温度的条件下，可以大大缩小体积和降低成本，也便于运输和现场布置。

82. 为什么干燥器要设冷空气旁路？

答：干燥器大多采用蒸汽作热源，通过翅片管式空气加热器将空气加热至150℃。热空气从下部进入干燥床，从离心分离机来的含水量约为10％的硫酸铵分布在干燥床的上部，被从干燥床下部来的热空气加热干燥。为了提高干燥效果，沿干燥床的长度方向的上部安装有蛇形管蒸汽加热器。

从离心分离机来的含水量约为10％的硫酸铵在热空气和蛇形管蒸汽加热器的加热下，水分被逐渐蒸发的同时其温度也不断升高。为了防止干燥器出口硫酸铵的温度过高，将塑料包装袋损坏，在干燥床的末端设有一个隔仓，从翅片管空气加热器之前安装一根旁路冷空气管，将冷空气送入隔仓，对干燥合格、温度偏高的硫酸铵在离开干燥器之前进行冷却，将其温度降至塑料包装袋可以承受的温度。

因此，干燥器正常工作时，冷空气旁路管上的挡板要稍许开启，确保部分冷空气对干燥后温度偏高硫酸铵适当冷却。

83. 为什么离心机分离器启动时先启动油泵，后启动主电动机；停止时先停主电动机，后停油泵？

答：离心机分离器安装有两台电动机，一台电动机用于拖动分离用的转鼓，称为主电动机，另一台拖动油泵，称为油泵电动机。

油泵的作用是向转鼓的轴承供给润滑油和向推动转鼓前进、后退的活塞提供动力油。转鼓必须在轴承有润滑油润滑的条件启动，因此，离心机启动时，必须先启动油泵电动机，当压油正常后，再启动主电动机。

停机时，由于主电动机拖动的转鼓的负载很轻，转鼓要空转几分钟才能停止。因为转鼓在未停止前必须向其轴承供给润滑油，所以，停机时必须先停主电动机，等转鼓停止后才能停止油泵电动机。

为了防止误操作造成设备损坏，控制柜内的电路对主电动机和油泵电动机启动顺序设置了联锁。启动时只有按先启动油泵电动机，后启动主电动机的顺序才能正常启动，如果误操作，先启动主电动机，则无法启动；停机时，如果按先停主电动机后停油泵电动机的顺序，可以正常停机。如果误操作先停油泵，则联锁可以确保主电动机立即停止。由于主电动机停机后要空转几分钟，操作人员发现停机误操作后应立即重新启动油泵电动机，以避免转鼓轴承因无油润滑而损坏。

84. 为什么离心机分离器开机前不一定要先开油箱冷却水？

答：离心机分离器安装有油泵，油泵从油箱抽出机油升压后，一部分作为动力油通过活塞推动分离转鼓前进和后退，另一部分用于轴承的润滑。

当油箱内的油温偏低时，油的黏度较大，不但油泵的耗电量增加，而且活塞换向使分离转鼓由向前变为后退时，油压的波动较大。当油箱内的油温保持在 $50\sim60℃$ 范围时，油泵的耗电量因油的黏度较低而下降，活塞换向时，油压波动较小，轴承也能得到良好的润滑和冷却。

如果离心机分离器开启时，油箱上的温度计指示的温低于 $40℃$ 时，可以不用开启油箱冷却器的冷却水，当运行一段时间，油温升至接近 $50℃$ 时再开启冷却水，这样不但可以节约冷却水，而且可以降低油泵电耗和油压的波动。

当离心机分离器长期停用在气温较低的季节启动时，因为油箱内的油温太低，所以还要通过加热提高油温后才能启动。

85. 为什么离心机进料管和出料管要采用软连接？

答：离心机工作时，由于制造和安装精度的原因和转鼓上物料分布难以很均匀，产生振动是难以避免的，只要振动在允许的范围内就是正常的。

离心机的进料管和出料管采用软连接，可以将离心机产生的振动阻断，避免使振动传递到与离心机相连的管道，引起管道振动，导致损坏，同时软连接还可以降低因振动而产生的噪声。

86. 为什么离心机启动前要将转鼓上的物料清除干净？

答：离心机工作时，被过滤分离出来的物料在离心力的作用下紧贴在转鼓内壁上，离心机停机后，随着转鼓转速的降低，离心力逐渐减小，当物料的离心力和附着力之和小于物料的重力时，物料会从转鼓内壁上脱落。由于停止进料时会导致转鼓内壁上物料的厚度不均，同时物料的附着力也不完全相同，使得离心机停机后物料从转鼓内壁上脱离的数量很不均匀，有些部位物料已全部脱离，有些部位物料部分脱离，而有些部位物料没有脱离。

如果离心机重新启动前，不将残存在转鼓上的物料全部清除干净，就会因转鼓的质量分布不均匀而引起离心机强烈振动。因此，离心机启动前要将转鼓上的物料用木质工具清除干净。

87. 为什么离心机的转鼓要定期清洗?

答：离心机转鼓上沿轴向分布的条形缝隙起到了滤网的作用，将浆液中粒径大于缝隙宽度的固体物料截留分离出来，而液体和浆液中粒径小于缝隙宽度的固体物料一起从缝隙流出。

离心机工作一段时间后，转鼓的条形缝隙有可能被粒径与缝隙宽度相近的固体物料部分堵塞，分离效果变差，导致物料的含水量增加。

因此，通常每工作 8h，至少要对转鼓内外用水进行冲洗一次，将积存在条形缝隙中的固体物料清除干净，确保滤网畅通，滤液及时流出，使分离出的固体物料含水量在允许的范围之内。

88. 为什么离心分离器进料含固量很少，且不均匀时会引起强烈振动?

答：含有固体的液体进入离心机的分配器，在离心力的作用下被甩至转鼓壁，液体从转鼓壁上的缝隙流出，而固体因粒径大于缝隙的宽度而被截留在转鼓上，然后被每分钟移动约 60 次的活塞推出离心机外。

由于进料是连续的，而活塞的移动是有周期的，因此，在正常进料情况下，转鼓内壁上有一层厚度较均匀的分离出的物料，物料厚度取决于液体中的含固量和活塞移动的周期。

当进料含固量很少时，通常会出现含固量波动较大的情况，使转鼓内壁上分离出的物料厚度不均匀，同时因为含固量很少，转鼓壁上的物料不能被及时推出，导致转鼓因质量不均匀而引起强烈振动。

因此，在操作中发现进料液体含固量很少时，应及时将离心机进料阀关闭，查明原因且消除后再恢复进料。如果已经出现振动超标的情况，应立即停止离心机，将转鼓上的物料清除干净后才能重新启动。

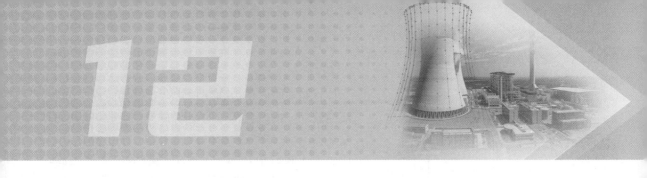

第十二章　石灰石—石膏湿法脱硫

第一节　脱　硫　塔

1. 什么是逆流吸收塔？有什么优点和缺点？

答：脱硫浆液与烟气逆向流动的吸收塔称为逆流吸收塔，在逆流吸收塔中，烟气与喷淋浆液逆向流动。在吸收塔吸收区的下部，浆液因吸收了烟气中的 SO_2，浆液中的 $CaCO_3$ 含量和 pH 值降低，浆液的活性和吸收 SO_2 的能力降低，但是接触的是 SO_2 含量最高的烟气；在吸收塔吸收区的上部，虽然烟气中的 SO_2 含量最低，但是接触的是 $CaCO_3$ 含量和 pH 值较高、吸收能力较强的新鲜浆液，不但使浆液与烟气中的 SO_2 之间保持较大的平均吸收推动力，而且可以将离开吸收塔的烟气中 SO_2 浓度降至最低程度，有利于提高脱硫效率。这与逆流传热不但可以维持较大传热温差，而且可以将被冷却介质温度降低至最低程度十分相似。

由于烟气自下而上流动，吸收浆液自上而下流动，烟气与浆液的相对流速较高，加剧了气液两相间的扰动，不但气液膜层的厚度降低，而且气液界面更新加快，从而降低了扩散阻力，提高了吸收 SO_2 的速度。

由于自下而上流动的烟气对自上而下流动的喷淋浆液具有托举作用，减缓了浆液下落的速度，延长了浆液在吸收区停留的时间，增加了吸收区的持液量和浆液的表面积，有利于在较小的液气比下获得较高的脱硫效率。

自下而上流动的烟气在对自上而下流动的浆液形成托举作用，增加吸收区持液量的同时，烟气对直径较小的浆液液滴具有携带作用。为了防止烟气流速过高，携带浆液透过除雾器的数量增多，使除雾器除雾效率下降，GGH 积垢速度加快，GGH 因热阻增加传热系数降低而导致 GGH 净烟气出口温度降低，必须对逆流吸收塔内烟气的流速加以限制，通常逆流吸收塔内烟气流速应小于 5m/s。由于逆流吸收塔内的烟气流速较低，必然要加大吸收塔的直径，所以导致设备和土建费用增加。因逆流吸收塔的持液量较大，吸收塔内烟气压降较高，增压风机所需的压头提高，所以导致其耗电量上升。

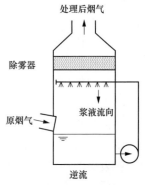

图 12-1　逆流吸收塔

总体而言，因为逆流吸收塔优点较明显，所以采用较多，见图 12-1。

2. 什么是顺流吸收塔？有什么优点和缺点？

答：脱硫浆液与烟气流动方向相同的吸收塔称为顺流吸收塔，见图 12-2。

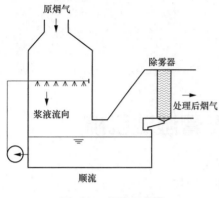

图 12-2 顺流吸收塔

在顺流吸收塔内烟气与喷淋浆液同时向下朝浆液池流动，然后急转弯向上朝布置在吸收塔出口的除雾器流动。烟气携带的液滴大部分由于离心力作用而落入浆液池，因此，顺流吸收塔内烟速较高，可达 6m/s。较高的烟速可以降低吸收塔的直径，减少设备的土建费用。因为浆液对烟气的阻力较小，所以吸收塔压降较低。

在顺流吸收塔内，虽然在吸收塔入口因烟气中 SO_2 浓度、浆液中 $CaCO_3$ 和 pH 值均较高，所以浆液吸收 SO_2 的推动力较大，但在吸收塔下部，因为烟气中 SO_2 浓度、浆液中 $CaCO_3$ 含量和 pH 值均较低，浆液吸收 SO_2 的推动力较小，所以其平均吸收推动力小于逆流吸收塔。

烟气和喷淋浆液同向流动，其相对速度较低，气液两相间的扰动较弱，使得气液界面的更新较慢，膜层厚度较大，扩散阻力增加，吸收速度降低。同时，同向流动的烟气推动浆液加快向下流动，浆液在吸收塔内停留的时间减少，吸收区持液量较少，因浆液的表面积较少而导致脱硫效率低于逆流塔。

由于顺流吸收塔的缺点较明显，所以，采用较少。

3. 喷淋空塔有什么优点和缺点？填料塔有什么优点和缺点？

答：喷淋空塔的优点是因为没有填料层或多孔托盘，结构简单，不易结垢和堵塞，维修工作量少，烟气流动阻力小，增压风机的耗电较小。

喷淋空塔的缺点是由于烟气流动阻力小，径向向下倾斜流入吸收塔的原烟气由于惯性，在转而向上的过程中易出现气流分布不均匀，不利于烟气与喷淋浆液的均匀、充分混合和吸收。因为没有填料层和多孔托盘，只有依靠浆液经喷嘴雾化形成液滴的表面积与烟气进行传质和传热，所以，液气比较高，浆液循环泵的耗电量多，对雾化喷嘴的制造精度、耐磨和耐蚀性能要求较高。

喷淋空塔虽然存在一些缺点，但因为优点更加突出，所以，喷淋空塔是采用较多的吸收塔。

由于单位体积填料的表面积很大，根据填料的种类为 $35 \sim 140 m^2/m^3$，远远高于喷淋空塔吸收区单位体积中液滴具有的 $10 \sim 15 m^2/m^3$ 表面积，填料吸收塔依靠浆液湿化填料表面增加吸收 SO_2 的液体表面积，因此，填料吸收塔气液接触面积大，吸收效果好，与喷淋空塔相比可以在降低吸收塔高度和浆液循环量的情况获得较高的脱硫效率。填料塔液体表面积的增加也有利于烟气中的氧气溶解在浆液中，有利于提高吸收区亚硫酸盐的氧化率，降低浆液池中强制氧化负荷。

由于填料层形成的阻力可以使烟气在吸收塔内均匀分布和流动，所以有利于降低循环浆液量，提高脱硫效率。

由于填料塔主要不是靠喷嘴雾化浆液来增加液体表面积，而是靠湿化具有很高比表面积的填料表面增加液体表面积，所以，吸收塔顶部喷淋管和喷嘴的数量大大减少，喷嘴的工作压力较低，压力为 0.01MPa 即可满足使用要求，浆液循环泵的扬程可以降低，不但节省了工程费用，还降低了运行费用。

填料以及为了支撑填料的构件，使得塔内结构复杂，成本和维护工作量增加，填料层的压降使增压风机的耗电量增加，浆液中固体颗粒和结垢在填料中的沉积和形成，容易使填料层出现堵塞，导致浆液表面积减少和烟气流动阻力增加。由于填料的形状较复杂和填料层较高，所以冲洗效果不理想。

随着喷淋空塔技术的不断完善和成熟，填料吸收塔采用逐渐减少，而逐渐被喷淋空塔所取代。

对于吸收液中不含固体颗粒和结垢物的氨法脱硫和海水脱硫，采用填料吸收塔则可以充分发挥其优点而避免其缺点，因而是合理的选择。

4. 喷淋多孔托盘吸收塔有什么优点和缺点？

答：喷淋多孔托盘吸收塔是在传统的喷淋空塔吸收区的下部安装一个多孔托盘。托盘上的孔径通常为 $25\sim40mm$，开孔面积比例为 $25\%\sim50\%$，托盘厚度为 6mm，托盘上方用高约 30mm 的隔板将托盘分隔成多个小盒子，见图 12-3。

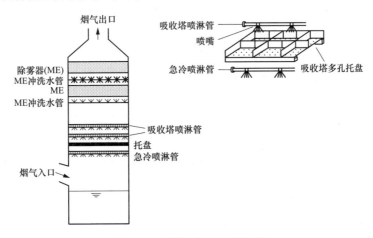

图 12-3　喷淋多孔托盘吸收塔

由于烟气流过托盘上的孔时速度较高，对浆液产生托举作用，塔盘上会形成一定高度的浆液层，烟气穿过浆液层时与浆液充分地接触和剧烈地混合。托盘上浆液层的高度随着烟气量增加自动提高，有利于提高脱硫效率。托盘的脱硫效果与 $1\sim1.5$ 个喷淋层相当。增加一个托盘可以节省一个喷淋层，降低了吸收塔的高度，而且因为液气比降低，所以循环浆液泵的台数可以减少，虽然安装托盘后烟气阻力增加，但增压风机增加的耗电量小于循环泵节省的耗电量，总耗电量是降低的，见表 12-1。

表 12-1　　　　　　　　采用托盘与不采用托盘逆流喷淋塔设计参数比较

比较项目	采用托盘	不采用托盘
化学计量比（即 Ca/S 比）	1.1	1.1
液气比 $L/G(L/m^3)$（标准状态）	14.5	20
压损（Pa）	1240	870
循环泵功率（kW）	2760	3750
FGD 增压风机功率（kW）	6860	6580
总功率（kW）	9620	10330

喷淋空塔存在壁流现象，为了减少喷淋浆液形成的壁流，靠近塔壁的喷嘴倾斜安装，靠近塔壁的喷淋浆液的密度较低，烟气存在短路现象，靠近塔壁流过的烟气脱硫效果较差，只

有靠增加液气比，提高吸收塔中部浆液的脱硫率来保持总体的脱硫效率。托盘靠近塔壁的部分没有开孔，迫使烟气从中部流过，避免了因壁流现象烟气短路而造成的脱硫效率降低。

由于托盘和其上浆液的总质量较高，不但使得塔盘和支撑塔盘的构件复杂，而且费用较高，托盘的孔径较小，所以增加了堵塞和结垢的可能性。当锅炉负荷降低，烟气量减少时，因烟速下降，烟气对浆液的托举作用降低，托盘上浆液层的高度降低，甚至形成不了浆液层，烟气与浆液充分接触和剧烈混合，以及使烟气流动均匀的优点不能充分发挥。

5. 喷淋空塔有什么优点和缺点？

答：喷淋空塔内既没有填料也没有多孔托盘，塔内结构简单，工作可靠，不易结垢和堵塞，维修工作量少，烟气压降小，增压风机耗电量较低，工程费用较低。

由于喷淋空塔没有采用填料或多孔托盘来增加浆液的表面积，一方面要采用雾化喷嘴，将浆液雾化成粒径较小的液滴；另一方面通过增加循环浆液量，提高液气比来增加浆液的表面积，因浆液循环泵的扬程和流量增加而导致浆液循环泵的耗电量增加。

因浆液雾化的粒径较小，一方面使得烟气携带小粒径浆液的数量增加；另一方面粒径小的浆液不易被除雾器除去，使得除雾较困难。喷嘴工作压力流量和雾化质量的提高，对喷嘴的制造和安装精度以及耐磨性能要求较高。

原烟气从吸收塔吸收区下部径向流入，由于吸收塔内没有填料层或多孔托盘上浆液形成的阻力对烟气气流起到分布均匀的作用，原烟气因惯性和涡流而造成分布不均匀，不利于烟气与浆液充分、均匀地接触，只有通过提高液气比来加以弥补，提高脱硫效率。所以，喷淋空塔为达到同样的脱硫效率，往往液气比较高。

虽然喷淋空塔存在一些缺点，但其优点较突出，因此，至今喷淋空塔被广泛采用。

6. 喷淋空塔吸收塔内有哪些部件？

答：喷淋空塔吸收塔优点较多，是湿法烟气脱硫采用最多的，其结构见图12-4。

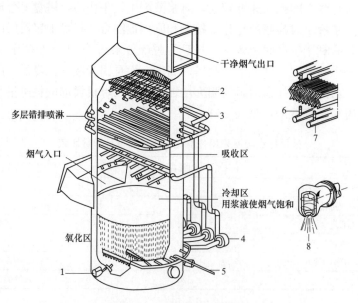

图12-4 喷淋吸收塔的结构

1—搅拌器；2—除雾器；3—错排喷淋管；4—循环泵；5—氧化空气集管；6—水清洗喷嘴；7—除雾器；8—碳化硅浆液喷嘴

喷淋空塔内有较多实现各种功能的部件。自上而下的部件有两级除雾器（2），除去烟气中携带的浆液雾滴；除雾器上、下有保持其清洁的水清洗喷嘴（6）；除雾器下面有四层错排的浆液喷淋管（3）和其下部的碳化硅浆液喷嘴（8），喷嘴将浆液雾化成小液滴增加吸收 SO_2 的表面积；为了将反应生成的 $CaSO_3$ 氧化成 $CaSO_4$，在氧化区的下部设有氧化空气集管（5）；为了防止浆液中的 $CaSO_3$ 和 $CaSO_4$ 沉淀和提高氧化效果，在吸收塔壁上安装有多台向塔底倾斜的搅拌器（1）。原烟气从最下层喷淋管和浆液池液面之间的吸收区的倾斜烟道进入吸收塔，脱硫后干净的烟气从吸收塔顶部流出。

7. 为什么吸收塔内的烟气流速较低而烟道内的烟气流速较高？

答：吸收塔内雾化后的浆液自上而下与自下而上的烟气进行传热传质，吸收烟气中的 SO_2。吸收塔内采用较低的烟气流速，可以延长烟气在吸收塔内的时间，为浆液充分吸收烟气中的 SO_2 创造条件，有利于提高脱硫效率。吸收塔上部布置有二级除雾器，除去烟气携带的浆液。为了避免因烟气流速过高剥离除雾器板上的液膜，造成二次带液，导致除雾器效率降低。因此，烟气在吸收塔内的速度较低，为 3～4m/s，除去除雾器支撑结构和冲洗水管占用约 15％的流通面积，也可以满足除雾器入口烟速不超过 4～5m/s 的要求。吸收塔内较低的烟气流速也有利于降低其流动阻力，从而降低增压风机的电耗。

虽然采用较高烟气流速可以通过增加吸收塔高度来增加烟气在吸收塔内的时间，但难以满足除雾器入口烟速的要求，而且因浆液循环泵的扬程和吸收塔的阻力增加而导致循环泵和增压风机耗电增加。同时，吸收塔高度增加后相应浆液管道和烟道的长度增加，导致费用上升，因此，吸收塔不宜采用较高的烟气流速。

原烟道和净烟道内通常没有设备和部件，提高烟气流速，阻力增加不多，但却可以节省钢材和防腐及保温费用。因此，烟道内烟气流速较高，为 10～15m/s。

8. 为什么吸收塔顶部要安装排空挡板门？

答：当脱硫系统停运，增压风机停止，原烟气和净烟挡板关闭后，为了使吸收塔浆液池中的 $CaSO_3$ 全部氧化成 $CaSO_4 \cdot 2H_2O$，氧化风机要继续运行一段时间。氧化空气中未与 $CaSO_3$ 反应的氧气及氮气会从浆液中逸出，为了防止脱硫系统停运后吸收塔内压力升高，应将吸收塔顶部的排空挡板门开启。

脱硫系统停运后将吸收塔顶部的挡板门开启，还可以防止氧化风机停止后，因塔内水蒸气凝结而使吸收塔形成负压。

该挡板门还可用于吸收塔停运后进行检查和检修时通风和采光。

9. 为什么原烟道和净烟道均要保温，而脱硫塔不保温？

答：原烟道保温是为了减少散热损失，保持原烟气较高温，提高 GGH 的传热温差，将净烟气加热到较高温度。

净烟道保温也是为了减少散热损失，一方面，可以减少因净烟气散热，温度降低产生酸性凝结水的数量，减轻对净烟道和烟囱的腐蚀；另一方面，保持较高的净烟气温度可以使其因离开烟囱后获得较大的热浮力而上升到较高的高度，因烟气中剩余的有害成分扩散到更大的范围而降低了地面有害气体的浓度。

原烟气在 GGH 内被净烟气冷却后温度降至约 100℃，因为原烟气对浆液进行加热时，一部分热量用于使浆液中的水分蒸发，所以，浆液的温度仅约为 50℃，吸收塔不保温可降低浆液和塔内原烟气的温度，有利于浆液吸收烟气中的 SO_2，提高脱硫效率。

10. 为什么脱硫塔壁钢板的厚度自下而上是逐渐降低的？

答：脱硫塔的高度为几十米，脱硫塔是用钢板卷制成的多个钢卷逐一叠加焊接而成的。

由于脱硫塔的下部是浆液池且浆液的液位较高，脱硫塔的下部为了能承受浆液产生的较大静压而不变形，必须采用较厚的钢板。同时，脱硫塔壁越往下，承受的脱硫塔自身重量及各种管道、钢梁、喷嘴除雾器等重量越大，所以，脱硫塔壁钢板的厚度自下而上是逐渐降低的。

脱硫塔壁钢板的厚度自下而上逐渐降低，不但在满足其强度要求的同时，而且还可以节省钢材和降低脱硫塔自身重量，减轻基础的负载。

11. 为什么有的吸收塔下部直径比上部大？

答：烟气中的 SO_2 被浆液吸收后生成 $CaSO_3$。为了使浆液中的 $CaSO_3$ 有充足的时间被送入浆液中的空气氧化成为 $CaSO_4$，浆液必须在脱硫塔下部的浆液池中停留足够的时间。因此，脱硫塔浆液池的液位通常高达 $8\sim10m$。

为了使进入脱硫塔内的原烟气与自上而下喷淋的浆液有较充足的接触时间，以确保烟气中的 SO_2 被浆液充分吸收，达到较高的脱硫效率，浆液池的液位与喷嘴之间要有足够的距离。为了同时满足上述两个条件，脱硫塔必须有足够的高度。

由于烟气的行程和浆液池的容积难以进一步降低，而浆液池的容积与塔的直径平方成正比，因此脱硫塔下部采用较大直径，可以在确保浆液池所需容积和烟气所需停留时间的前提下，有效地降低脱硫塔的高度，从而达到降低烟道、各种管道、电缆和楼梯费用的目的。

12. 为什么吸收塔的溢流管从塔的下部引出？

答：为了确保吸收塔内液位不超过允许的上限，使脱硫装置能正常工作，吸收塔要安装溢流管，当吸收塔液位超过上限时，自动将多余的浆液排出。

将溢流管从吸收塔最高允许液位处引出是最简单的方法，但是如果增压风机安装在吸收塔之前，吸收塔内是正压，如果增压风机安装在吸收塔之后，吸收塔内是负压。因为溢流管在正常运行情况下是不溢流的，只有在液位超过上限时，才将多余的浆液溢出，因此，溢流管从吸收塔从上部引出，将会导致塔内烟气从溢流管向外泄漏或空气从溢流管漏入吸收塔内，无论是哪种情况均会给脱硫装置的正常运行带来不利的影响，因而是不允许的。

如果溢流管从吸收塔的下部引出，并设置液封管，液封管的高度与吸收塔浆液允许的上限液位高度相等，则既可满足吸收塔液位超过上限时，可以及时将多余浆液溢出，又可避免出现吸收塔液位正常时，烟气向外泄漏或空气漏入吸收塔的问题。

溢流管从吸收塔下部引出，同时满足了吸收塔溢流和防止了烟气向外泄漏或空气漏入塔内，因而得到较多采用。

13. 为什么从吸收塔下部引出的溢流管，要在溢流管的最高处安装虹吸破坏管？

答：虽然溢流管从吸收塔的下部引出，同时满足了溢流和防止正常情况下烟气向外泄漏或空气向塔内泄漏的要求，但是溢流管通常是不装阀门的，一旦吸收塔内液位超过上限溢流管溢流时，即使吸收塔内的液位降至正常时，由于虹吸现象的存在，吸收塔内的浆液会不断地从溢流管排出，直至吸收塔的液位降至低于溢流管在吸收塔上的开口高度才会停止，造成物料的大量损失和环境的严重污染。

因此，为了避免从吸收塔下部引出的溢流管发生溢流时，产生虹吸现象出现的问题，在溢流管的最高处安装虹吸破坏管，该管上不装阀门，上部直接与大气相通。一旦吸收塔内液位超过上限，溢流管将吸收塔内超过正常液位多余的浆液排出后，溢流管顶部出现真空时，大气中的空气从虹吸破坏管进入溢流管，溢流管内的真空被破坏，虹吸现象产生的基础不存在了，虹吸现象自然不会出现，吸收塔内超过正常液位多余的浆液排出，降至正常液位时，溢流自动停止。

因此，从吸收塔下部引出溢流管，必须在溢流管的最高处安装虹吸破坏管，虹吸破坏管简称破虹管。

14. 为什么原烟气烟道与脱硫塔相连的部分是向吸收塔倾斜的？

答：吸收塔上部通常布置3～4层喷嘴。浆液从喷嘴喷出时呈伞形，一部分浆液沿吸收塔壁向下流淌时会进入原烟气进塔烟道，另一部分浆液从喷嘴喷出后会直接进入原烟气进塔烟道。原烟气进入吸收塔的烟道向吸收塔倾斜可以及时将进入原烟道的浆液返回脱硫塔内，避免了浆液积存在原烟道中引起的结垢和腐蚀。

原烟道与吸收塔连接的部分向吸收塔倾斜还可以增加原烟气在吸收塔内的行程和停留时间，从而有利于浆液吸收烟气中的 SO_2，提高脱硫效率。

第二节 增 压 风 机

15. 为什么湿法脱硫系统要设置增压风机？

答：绝大部分锅炉采用平衡通风，即由送风机克服空气侧的阻力，由引风机克服烟气侧的阻力，维持炉膛压力为 $-20 \sim -60Pa$。

虽然引风机的风量和风压分别有约 10% 的裕量作为储备，当锅炉运行末期因空气预热器泄漏和积灰增加而导致引风量和烟气侧阻力增加时，能维持满负荷运行。

脱硫系统的阻力由吸收塔、除雾器、烟气再热器、烟道和挡板等的阻力组成，总阻力较大，约为 $2500Pa$。因此，除新建的发电机组与脱硫系统同时设计，脱硫系统的阻力也由锅炉引风机承担外，老机组增加脱硫系统必须设置增压风机克服脱硫系统的阻力。

锅炉烟气不脱硫时排烟温度为 $125 \sim 150℃$，由于烟气的温度比大气温度高很多，烟气密度比空气小，空气与烟气的密度差及烟囱的高度产生较大的自身引力，可以帮助克服烟气侧的一部分阻力，降低引风机的风压。当锅炉烟气脱硫时，如净烟气经烟气再热器加热，烟气温度约为 $80℃$，如净烟气不加热，则烟温仅约为 $40℃$，烟气脱硫时虽然因烟气中水蒸气含量增加而使其密度减小，但减小的幅度不及因烟温下降而密度增加的幅度大，导致烟囱自身引力下降，减少的这部分压头要由增压风机承担，同时，原烟气加热浆液，浆液中的水分蒸发成水蒸气，使烟气量增加，这也是脱硫系统要设置增压风机的原因之一。

16. 为什么脱硫增压风机采用动叶可调式轴流风机较好？

答：当烟气脱硫系统与锅炉烟风系统不是同时设计时，因为锅炉的引风机的压头仅考虑了克服锅炉烟气侧的阻力，未计入脱硫系统的阻力，所以，要设置增压风机用于克服脱硫系统的阻力。

当脱硫系统与锅炉烟风系统不是同时设计且未预留脱硫系统场地时，场地较紧张，动叶可调式轴流风机不但体积较离心式风机小，而且入口烟道是垂直的，出口烟道是水平的，便于布置和连接。

为了节省投资和场地，通常两台炉共用一个烟囱、一个脱硫塔和一台增压风机。当一台炉计划检修或因故障停炉时，增压风机的负荷减少50%。离心式风机在额定负荷时效率较高；偏离额定负荷时，效率明显下降；当负荷降低较多时，效率急剧下降。动叶可调式轴流风机动叶的角度可以根据负荷大小，在运行中进行调节，确保叶片在最佳角度下运行，可以在各种负荷下风机均可获得较高效率，从而达到节约风机耗电量的目的。

17. 什么是动叶可调式轴流风机？有什么优点和缺点？

答：叶轮上叶片的角度在运行中可以根据风压和风量的要求进行调节的轴流式风机称为动叶可调式轴流风机。

动叶可调式轴流风机的优点是动叶的角度可以根据负荷的大小，在运行中进行调节，使叶片在最佳的角度下运行，从而在各种负荷下均可获得较高效率，达到降低风机耗电量的目的。

动叶可调式轴流风机的缺点是构造复杂，要设立专用的油站，造价很高，维修通常交由制造厂进行，其工作量和费用均较大。

因此，风量较大、风机功率较高，且风机的负荷变化较大时，选用动叶可调的轴流式风机，设备投资和维修增加的费用，可以从运行节约的电费中得到回收。

脱硫系统采用两炉一塔且只设一台增压风机时，选用动叶可调的轴流式风机是非常合理的。

18. 为什么轴流式引风机和增压风机要安装密封冷却风机？

答：当轴流式风机用作引风机或增压风机时，因为烟气温度较高和烟气中含有少量飞灰，为了防止烟气对轴承加热，导致轴承温度升高和避免轴承积灰，虽然采取将轴承箱用钢板封闭的方法与烟气隔绝，但烟气仍然会通过密封罩向轴承传热，轴承温度仍然较高，同时烟气中的飞灰仍然会通过不严密处漏入，导致轴承积灰。

因此，轴流式引风机和轴流式增压风机安装有密封冷却风机。风机从大气中抽取空气后从轴承密封腔的下部送入，从上部排出。由于轴承箱密封罩内空气压力高于外部的烟气压力，含有飞灰温度较高的烟气不会进入密封罩内，避免了轴承被烟气加热和积灰，同时，温度较低的空气还可以起到对轴承冷却的作用。

轴流式送风机，因为空气温度较低且较清洁，不存在轴承箱积灰和被加热的问题，所以，不设密封冷却风机。

19. 为什么轴流式两台密封冷却风机出口要设置止回阀？

答：轴流式引风机和轴流式增压风机的密封冷却风机对确保轴流式风机的正常运行是非常重要的，在正常工作时是不允许停止的，因此，轴流式风机通常设置两台密封冷却风机，一用一备。

为了简化系统和减少设备费用，密封冷却风机出、入口均不安装挡板，一旦运行风机故障停止，备用风机可以立即投入使用。为了防止一台密封风机运行时，风机出口压力较高的空气从备用风机的出口经叶轮由入口排出，不但造成密封冷却空气压力和风量降低，而且因备用风机叶轮倒转，一旦运行风机故障停止，备用风机难以正常启动。

因此，在两台密封冷却风机的出口均设置止回阀，任意一台风机运行时，另一台备用风机出口的止回阀处于关闭状态，从而防止了密封冷却空气短路从备用风机流出，确保密封冷却空气有足够的压力和风量，需要时，备用风机可以顺利启动。

20. 为什么轴流式风机采用挠性联轴器？

答：由于轴流式风机与电动机之间安装有尺寸很大的进气箱，通常采用中间轴将两者的轴连接起来。

由于电动机轴、中间轴和轴流风机轴三者总长度较大，轴向膨胀量较大，特别是轴流式风机作为锅炉引风机和脱硫增压风机使用时，烟气温度为 $130\sim150℃$，其轴向膨胀量更大，同时，中间轴较长，因轴的重力而产生挠度，会引起运行时产生振动。

挠性联轴器的弹簧片由特种高级弹簧钢制作，弹簧片成对配置，可使挠性联轴器在空间 X、Y、Z 三个方向自由移动，不但可以吸收轴系的轴向膨胀，轴系的挠度也不会使电动机和轴流风机产生振动，而且可以补偿轴系不对中和因挠度而产生的瓢偏，挠性联轴器不需润滑。因此，轴流式风机采用挠性联轴器不但便于安装，而且有利于安全运行。

21. 什么是静叶可调式轴流风机？有什么优点和缺点？

答：叶轮上的叶片角度是固定的，仅静止的入口导叶的角度可以根据需要进行调节风量的轴流式风机，称为静叶可调式轴流风机。其优点是与离心式风机相比，体积小，进口和出口烟道与风机在同一条轴线上，便于布置；与动叶可调式轴流风机相比，构造简单、维修工作量小和价格低。

静叶可调式轴流风机的缺点：因为叶轮上叶片角度是固定不能调节的，所以只能在额定负荷变化较小的范围内保持较高的效率，当负荷偏离额定负荷较大时，风机的效率较低。

因此，当风量变化不大，为了节省投资和减少维修费用，可以考虑采用静叶可调式轴流风机。

脱硫系统的容量较小，两炉一塔采用两台增压风机时，采用静叶可调式轴流风机也比较合理。

22. 为什么未采用高效除尘器的锅炉不宜采用轴流式引风机？

答：为了提高轴流式引风机的效率，轴流式引风机的叶片呈扭曲形状，叶片根部的安装角较大，沿叶片高度的安装角逐渐减少。烟气沿轴向流过叶片时，烟气中的飞灰与轴流式引风机扭曲叶片撞击的角度有一部分在磨损较大的范围内，使得叶片磨损较严重。

对于未采用电除尘器和布袋式除尘器的中、小容量燃煤锅炉，无论采用哪种除尘器，其除尘效率通常不超过 90%，引风机入口飞灰浓度较高，根据煤的含灰量的不同，为 $2\sim4g/m^3$，如果采用轴流式引风机，将会使叶片磨损较严重，风机的可靠性下降，维修费用和维修工作量较大，因此，未采用高效除尘器的锅炉不宜采用轴流式引风机，而应采用离心式引风机。

23. 为什么轴流式风机和电动机之间要安装中间轴？

答：轴流式风机的轴和电动机的轴通常通过中间轴连接起来，见图 12-5。

轴流式风机的进口烟风道由垂直转向水平，气体流量很大，进气箱的轴向尺寸很大，电动机的轴要穿过进气箱才能与轴流风机的轴相连。由于电动机的轴和轴流式风机的轴较短，无法直接相连接。如果订货时加长电动机的轴和轴流式风机的轴，使之能够直接相接，不但给电动机和轴流式风机运输带来困难，而且给安装和维修带来困难。

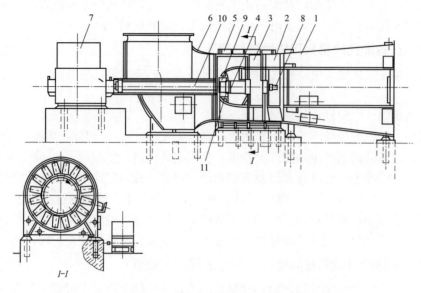

图 12-5 动叶可调轴流式风机结构

1—扩压器；2—导叶；3—动叶片；4—主轴承；5—外壳；6—进气箱；
7—电动机；8—动叶调节控制头；9—联轴器；10—中间轴；11—主轴

采用中间轴将轴流式风机和电动机连接起来，不但避免了轴流式风机和电动机因轴加长而带来的运输困难，而且可以在不动进气箱的情况下对轴流式风机和电动机进行拆装，大大方便了安装和检修。

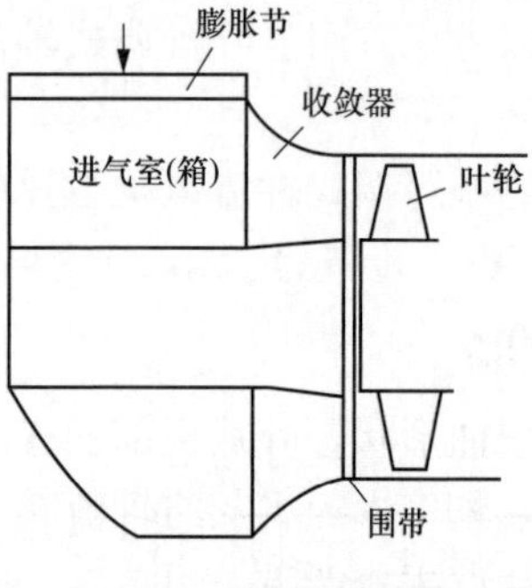

24. 轴流式风机入口收敛器有什么作用？

答：轴流式风机入口的收敛器又称为进气室。

由于结构的原因，气体通常是以垂直于轴的方向进入轴流式风机，气体要经 90°的转弯后才能沿轴向进入叶片。气流在急剧转弯时因分布不均而产生撞击和涡流。为了降低气流在轴流式风机入口的损失和使气流平稳、均匀地进入叶轮，在轴流式风机入口水平方向上设置了收敛器。收敛器应为流线型，见图 12-6。

图 12-6 轴流式风机的
进气室及收敛器

25. 为什么动叶可调轴流式的动叶采用扭曲叶片？

答：轴流式风机的气流是从轴向沿整个叶片的高度流出，由于气流的风压与气流至轴中心的半径平方成正比，叶片具有一定高度，沿叶片不同高度的气流因半径不同而出现压力不同。气流会从叶片压力高的上部流向压力低的下部产生涡流现象，导致能量损失。

将叶片制造成扭曲形状，叶片根部的安装角较大，沿叶片的高度安装角逐渐减小，风压随着安装角的增大而提高，因此，扭曲叶片可以消除沿叶片高度因风压不同而形成的涡流，避免了涡流导致的能量损失。扭曲动叶片见图 12-7。

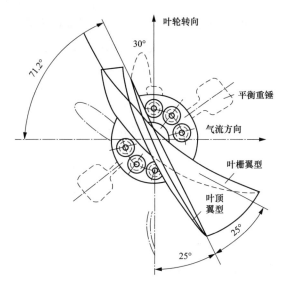

图 12-7 扭曲动叶片

26. 为什么动叶根部较宽较厚，沿叶片高度其宽度和厚度逐渐降低？

答：由于动叶离轴中心线距离较大，所以叶轮旋转时产生的离心力较大。为了减少动叶产生的离心力，不使叶柄和推力轴承受过大的离心力，动叶采用根部较宽较厚，沿叶片高度其宽度和厚度逐渐降低的形状。动叶采用这种形状既减少了叶片的质量，降低了叶片产生的离心力，又确保了叶片有足够的强度。

27. 为什么动叶可调式轴流风机的调节杆与叶柄之间通过保险片连接？

答：轴流式风机的动叶调节机构有机械式和液压式两种。由于液压式调节机构优点较多而被广泛采用。

在液压式调节机构中，调节杆与液压缸相连，而动叶与叶柄相连。为了防止因锈蚀、积灰和各部件安装间隙变化引起叶片或叶柄卡涩，液压缸产生的巨大液压力将调节杆、叶柄或叶片损坏，在调节杆与叶柄之间通过保险片连接，见图 12-8。

保险环和保险片组成了保险装置。由于保险片的截面较小，强度较低，当叶片或叶柄由于各种原因引起卡涩，使转动阻力增加到超过保险片的强度时，保险片断裂，从而达到了保护叶片和叶柄，防止其损坏的目的。通过检修消除了卡涩故障，重新更换保险片后恢复正常工作。保险片结构简单，价格低廉，因此，调节杆和叶柄之间的保险片起到减少损失和检修工作量的目的，其作用与电路中的熔丝类似。

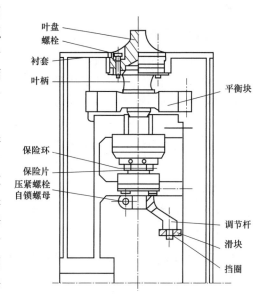

图 12-8 叶轮结构

28. 为什么动叶可调式轴流风机的叶柄要装两个滚珠轴承？

答：动叶可调式轴流风机的动叶穿过轮毂通过内六角螺栓与叶柄上部相连接，叶柄的下部与调节杆连接，叶柄装有上、下两个滚珠轴承，见图12-9。

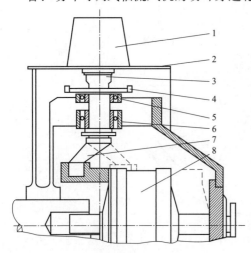

图 12-9　轴流式风机叶轮结构示意图
1—动叶片；2—轮毂；3—叶柄；
4—平衡重锤；5—支承轴承；
6—导向轴承；7—调节杆；8—液压缸

上部轴承为推力轴承，用于平衡动叶、平衡重锤和叶柄等部件旋转时产生的离心力。由于动叶和叶柄的高度较大，下部的导向轴承与上部轴承共同保持叶柄垂直不偏斜，防止动叶根部与轮毂因间隙不均匀而出现卡涩，并使得叶片转动灵活。

为了保持密封及润滑，在推力轴承、导向轴承及叶片根部穿过轮毂处的环形间隙内注有耐较高温度的润滑脂。

29. 动叶可调式轴流风机的平衡重锤有什么作用？

答：动叶可调式轴流风机工作时，叶片的压力面在气流压力作用下产生较大的使叶片关闭的顺时针力矩，装在叶柄上的平衡重锤的中心线与动叶的翼形平面几乎垂直，它可以产生一个阻止叶片关闭的补偿力矩。

由于阻止叶片关闭的补偿力矩平衡了使叶片关闭的力矩，使得调节动叶角度时所需的力矩较小，在旋转状态下动叶可以轻快灵活地转动。

平衡重锤又称平衡块，只有动叶可调式轴流式风机装有平衡重锤，而静叶可调式轴流风机没有平衡重锤。

30. 动叶出口的导叶有什么作用？

答：从轴流式风机叶片流出的气流旋转沿轴向流动，可将这个气流分解为轴向流动和周围方向流动。气流沿轴向流动能量损失较小，而沿圆周方向流动的气流能量损失较大，为了回收圆周方向流动气流的能量，减少能量损失，通常在动叶出口侧设置导叶，使从动叶流出的旋转气流变成轴向流动气流，同时使旋转气流的能量转换为压力能。

为了减少涡流损失，动叶是扭曲的，从动叶沿叶片高度流出的气流角度也是变化的，因此，为了减少气流进入导叶时产生的撞击和涡流损失，提高轴流式风机效率，轴流式风机出口侧导叶沿高度也是扭曲的，其安装角与动叶一样，也是沿高度逐渐减小的。

从以上的分析可以看出，动叶出口侧的导叶可以将从动叶流出的旋转气流整流为轴向气流，因此，可以将导叶看成是整流器。

31. 为什么动叶可调式轴流风机出口要设置扩压器？

答：气体通过叶轮的旋转获得了能量后离开叶轮作螺旋形的轴向运动，经导叶整流后作轴向运动。由于轴向流速较高，压力较低，无论是沿程阻力还是局部阻力均与气体流速的平方成正比。

在动叶可调式轴流风机出口设置扩压器，由于扩压器的流通截面积逐渐扩大，流速逐渐降低，气体的动能转化为压力能。流速降低，流动阻力减少，能量损失减小。同样的理由，静叶可调式轴流风机和离心式风机出口均设置扩压器。

32. 什么是轴流式风机的喘振？

答：轴流式风机正常运行时，气流是单向流动的，即气流从入口流入，经轴流风机升压后从出口流出。但是当轴流式风机在不稳定工况区运行时，气流不是单向流动，而是出现气往复流动，反复出现气流从入口流向出口和从出口倒流至入口，同时发生流量、风压和电流大幅度波动，轴流风机和风道或烟道产生强烈振动，噪声明显增加的现象。

由于人在喘气时呼气和吸气，气流在肺部和呼吸道内往复流动，所以，将轴流式风机在不稳定工况区运行时出现的气流往复流动，流量、气压和电流大幅度波动、轴流式风机和烟风道产生强烈的振动，形象地称为喘振。

33. 为什么轴流式风机要安装喘振报警器？

答：由于轴流式风机的流量-风压特性曲线为驼峰状，当轴流式风机的流量较低，在特性曲线左端喘振区域工作时会发生喘振，出现气流往复流动，流量、风压和电流大幅度波动，烟道或风道强烈振动，噪声明显增加的现象，不但风机不能正常工作，而且风机和烟道风道有损坏的危险。所以，轴流式风机要安装喘振报警装置。

当轴流式风机出现喘振，喘振报警装置发出报警时，运行人员应立即进行调整，使轴流风机进入特性曲线右端区域工作，不但使风机恢复正常工作，而且避免了风机和烟风道的损坏，确保了设备的安全。

34. 轴流式风机喘振报警装置的工作原理是什么？

答：轴流式风机无论是作为锅炉的送风机、引风机或脱硫系统的增压风机使用，在正常情况下，轴流式风机入口均为负压，而轴流式风机发生喘振时，由于气流在烟风道和风机之间往复流动，当气流从压力较高的烟风道内倒流回风机时，风机的入口会出现正压，因此，当风机入口出现正压时，可以认为风机发生了喘振。喘振报警装置就是利用这个原理工作的。

轴流式风机喘振报警装置在风机叶轮前安装有测量叶轮前压力的皮托管，当风机进入喘振工作区发生喘振时，由于叶轮前的压力大幅度波动并出现正压，皮托管发生的正压讯号，通过压力开关使电接触器动作发生报警信号。喘振报警装置见图 12-10。

35. 怎样整定轴流式风机喘振报警装置的报警值？

答：在轴流式风机的轮毂上找到标有动叶开度的标计，将动叶置于最小角度位置（-30°），用 U 形管压力计测出风机叶轮前的压力，

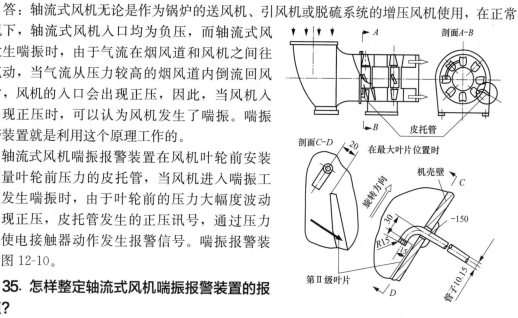

图 12-10 喘振报警装置

然后加上 2000Pa（200mm 水柱）作为风机喘振的报警值。

当轴流式风机进入喘振工作区发生喘振，风机入口压力超过报警值时，发出声光报警信号，提醒运行人员要立即调整，使风机脱离喘振工作区，恢复正常运行。

第三节　浆液泵及喷淋系统

36. 浆液循环泵有什么作用?

答：浆液循环泵的作用是将吸收塔下部浆液池中的浆液提高压力后送至吸收塔上部的浆液分配管，浆液分配管上的喷嘴将浆液雾化成很小的液滴自上而下喷淋，与自下而上的烟气逆向流动，将烟气中的 SO_2 脱除。

由于喷淋层的高度较高而产生较大的静压和喷嘴雾化需要的压力及管道产生的阻力，全部由浆液循环泵克服。

由于液气比为 $14\sim15L/m^3$，烟气量较大，浆液循环泵的流量很大，其耗电量约脱硫装置全部耗电量的 1/3。

37. 为什么一台循环泵对应一层喷嘴较采用母管制向各层喷嘴供浆好?

答：通常喷淋空塔安装有 4 层喷嘴，相邻两层喷嘴的高度差约为 2.5m。如果采用各台循环泵通过母管向各层喷嘴供应浆液，各台循环泵的扬程是相同的，并且所有循环泵的扬程应满足克服最高层喷嘴产生的静压和工作压力的要求，一方面，因下层喷嘴的标高较低，产生的静压较小，喷嘴因工作压力较高而喷淋量较大，上层喷嘴因标高较高而产生的静压较大，喷嘴因工作压力较低而喷淋量较小，造成各层喷嘴的喷淋量不同；另一方面，因循环泵的扬程较高，虽然相邻喷嘴的高差约为 2.5m，但因为每台循环浆液泵的流量很大，少则每小时几千吨，多则每小时超过万吨，泵的耗电量与扬程成正比，所以导致循环泵的耗电量增加。

由于各个喷淋层入口管不设调节阀，如果锅炉负荷或燃煤的含硫量变化，只有通过改变循环浆液泵运行的台数来调节浆液量，所以造成各喷淋层喷嘴压力波动。

如果一台循环泵对应一层喷嘴，则每台循环浆液泵可根据各层喷嘴的不同标高采用不同的扬程，因扬程降低而使循环泵的耗电量降低。当锅炉负荷或燃煤的含硫量变化时，只要通过改变投入喷嘴的层数即可满足调节要求，可使各层喷嘴在设计的工作压力和流量下工作。

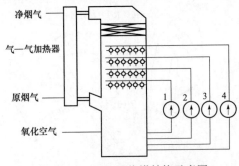

图 12-11　FGD 吸收塔结构示意图

虽然采用一台浆液循环泵对应一层喷嘴因管道数量增加和采用不同变速比的变速器而使循环泵产生不同的扬程，导致设备费用增加，但因为调节灵活、方便，调节性能好，循环浆液泵耗电量很大，约占脱硫系统耗电量的 1/3，节电效果显著，所以，大多数脱硫系统不采用母管制供浆，而采用一台循环泵向对应的喷嘴层供浆，见图 12-11。

38. 为什么浆液循环泵停止后会发生倒转?

答：浆液循环泵通常布置在比地面稍高的位置，而喷嘴布置在吸收塔的上部，离塔内液位有一定距离。运行时，泵出口管道和向众多喷嘴供给浆液的分配管内充满浆液，分配管的浆液与吸收塔液位存在静压差。因为泵出口管直径较大，分配管数量较多，所以两者中的浆液存在较大的势能。

为了节省投资和简化系统，浆液循环泵出口通常不装出口阀和止回阀，仅在泵入口安装进口阀。因此，当循环泵停运时，虽然立即关闭泵入口阀，但因阀门带有减速装置，关闭阀门所需时间较长。在阀门关闭的过程中，泵出口管道和分配管内的浆液必然会经循环泵倒流回吸收塔内，其浆液具有的势能推动循环泵反转。

虽然泵通常是不允许反转的，但由于停泵时泵的叶轮和电动机的转子转速较高，质量较大，具有一定的动能，泵出口管道和分配管内浆液的势能一部分消耗在使泵停止转动所需要的能量上。同时，泵出口管道和分配管内浆液的数量是有限的，并且随着浆液倒流回脱硫塔内，其与塔内浆流的静压差迅速降低，势能也迅速减少，当泵出口管内的浆液高度与吸收塔内液位高度差减少和入口阀关闭时，其势能降至零。因此，循环泵短时间内缓慢地反转不会造成其损坏。

为了防止泵停运后，其出口管道内浆液中的石膏颗粒沉淀在管道下部造成堵塞，通常循环泵停止后要开启出口管下部的排空阀，将浆液排净后用水冲洗。因此，泵出口管和分配管内的浆液在泵停止后大部分倒回至吸收塔内，对减少浆液排放至地坑内的数量是有利的。

39. 为什么浆液循环泵停止入口阀门关闭浆液排空后，出口管内要注水？

答：吸收塔内浆液的含固体颗粒为 20%～30%，为了防止浆液循环泵停止，关闭入口阀门后，泵体内和出口管道内浆液中的固体颗粒沉淀，堵塞叶轮和出口管，导致循环泵无法启动，必须要将泵体和出口管道内的浆液排空后用水冲洗干净。

浆液循环泵入口的电动或气动阀门很难关闭严密，而入口吸收塔内浆液的液位较高、静压较大，浆液有可能慢慢漏入泵体和出口管，因颗粒物沉淀而使循环泵无法启动。

泵停止，入口阀关闭，浆液排空后，将水注入泵体和出口管内，出口管较高，利用水在出口管内产生的静压大于吸收塔内浆液的静压，就可以防止浆液漏入泵体和出口管内，浆液循环泵需要投入运行时就可以正常启动。

因浆液循环泵出口没有安装出口阀，不能在出口阀关闭的情况启动泵，实现无负荷启动以降低电动机的启动电流。出口管内注水，利用水的静压产生的阻力可以降低电动机的启动电流。

40. 为什么吸收塔浆液循环泵出口不设出口阀？

答：通常泵均装有出口阀，泵启动前出口阀关闭，泵启动后再将出口阀开启。之所以要这样操作是因为感应电动机的启动力矩较小，启动电流较大，为了使泵在尽可能低的负荷下启动，以降低启动力矩和启动电流。

循环浆液泵的流量很大，300MW 发电机组吸收塔的每台浆液泵的流量为 $4890\text{m}^3/\text{h}$，浆液管的直径为 DN600。如果吸收塔浆液泵设置出口阀，为了防腐和防磨要采用衬胶阀，还要配置气动或电动执行机构和相应的气动或电动冲洗系统，吸收塔通常设置 3～4 台浆液泵，其投资很高。

浆液循环泵流量很大，扬程很低，是高比转数泵，可以在出口阀门全开或没有出口阀门的情况下正常启动。同时，浆液循环泵启动前开启入口阀门时，吸收塔内的浆液在静压作用下，流入泵体和出口管，出口管内浆液产生的静压有利于降低启动电流。

因此，吸收塔浆液循环泵出口可以不设出口阀门。

41. 为什么浆液循环泵出口不设止回阀？

答：通常在以下两种情况下泵出口要设止回阀。

一种是两台泵通过出入口母管并列，一用一备，为了使备用泵在运行泵故障停运时立即投入运行，备用泵的出入口阀均处于开启状态，为了防止运行泵出口的工质短路经备用泵出口母管和泵体返回入口母管，两台泵出口均设置止回阀。

另一种是即使仅有一台泵，但由于泵出口向具有压力的容器提供工质，例如，锅炉给水泵或卸氨泵，为了防止泵因故障停运，具有压力的工质倒回泵体，不但因泵倒转而导致损坏，而且压力较高的工质倒回至泵的入口造成事故，泵出口要设止回阀。

浆液循环泵通常设置 4 台，虽然入口是通过吸收塔下部并联在一起的，但出口是分开的，每台循环泵仅向对应层的喷嘴供给浆液，不存在运行泵的浆液通过出口母管经备用泵短路返回吸收塔内的问题。浆液循环泵出口管径很大，衬胶止回阀的价格很高，而且设置止回阀后，为了防止泵停运后出口管内浆液中的固体颗粒沉淀，在止回阀之后的出口管上要设自动排空和冲洗管路，导致费用增加，因此，循环泵出口管路上通常不设止回阀。

虽然浆液循环泵出口管路不设止回阀，当泵停运时出口管道内浆液具有的势能倒流引起泵反转，但因吸收塔浆液池的液位较高，泵出口管道内浆液具有的势能有限，同时，浆液循环泵停运时叶轮和电动机转子具有较大的惯性，泵出口管道内浆液倒流具有的势能一部分消耗在叶轮和电动机转子的惯性上，剩余的能量引起浆液循环泵反转的转速较低，持续的时间较短，通常不会危及其安全。

42. 为什么浆液要分成 3～4 层喷淋？

答：如果浆液不分层喷淋，仅采用一层喷淋，当锅炉负荷变化或燃料含硫量变化需要浆液量改变时，只有通过调节阀改变浆液量。设置调节阀不但增加了设备投资，而且调节阀前后的压差增加了浆液循环泵的扬程，因浆液循环泵的流量很大而导致其耗电量上升。如果采用一层喷淋，由于喷嘴之间有距离，浆液喷淋不能实现多层覆盖，烟气不能与浆液充分接触，存在局部短路的情况，在液气比相同的情况下，脱硫效率较低。

如果浆液采用 3～4 喷淋，不需要设置调节阀，可以通过改变浆液循环泵投入的台数和对应的喷淋层数来改变浆液量，浆液泵的扬程降低，其耗电量下降。

当浆液分成 3～4 层喷淋时，将几层的喷嘴错开布置，可以使浆液多层覆盖，减少烟气短路的可能性，因为烟气与浆液充分接触，所以在液气比相同的情况下，脱硫效率较高。

43. 为什么浆液循环泵壳体采用衬胶而叶轮采用硬质合金钢防腐防磨较合理？

答：由于浆液的 pH 值正常情况下为 $5.6～5.8$，而当调节不及时有可能低至 4，浆液的浓度约为 20%，因此，浆液循环泵的过流部分必须采取防腐、防磨措施，以确保其较长的使用寿命。

由于泵壳是静止的，泵壳不承受离心力，泵壳内表面承受压应力，浆液流过泵壳的速度较低，泵壳的形状较复杂，因此，泵壳采用衬胶可以满足防腐、防磨的要求。

浆液循环泵的流量很大，少则每小时数千吨，多则每小时超过万吨，即使其采用较低的转速，因叶轮直径较大，叶轮外缘的线速度较高而产生较大的离心力，同时，叶轮与浆液的相对速度较高，如叶轮采用碳钢衬胶防腐防磨，则因衬胶的强度较低，难于承受离心力产生的拉应力，衬胶与钢材的黏附力较小，在离心力的作用下易剥落，同时衬胶的耐磨性能不是很好，采用碳钢衬胶叶轮使用寿命较低，维修工作量较大。因此，采用防腐、防磨性能好的硬质合金钢铸造叶轮可以提高使用寿命，降低检修工作量。

虽然防腐、防磨性能良好的硬质合金钢价格较高，因为叶轮的质量较小，且可以采用铸造而成，所以成本增加不是很多。

因为浆液循环泵的流量很大，泵壳的体积较大，无论是泵壳全部采用硬质合金钢还是泵壳采用硬质合金钢衬里，均会使泵的价格大大增加。所以，全部采用硬质合金钢制造的浆液循环泵采用较少，而泵壳采用衬胶、叶轮采用硬质合金钢的浆液循环泵因具有较高的性价比而被较多采用。

44. 为什么浆液循环泵和电动机之间要设置减速器？

答：由于浆液固体含量高达 $20\%\sim30\%$，为了减轻浆液泵的磨损和满足较低扬程的要求，浆液泵的转速较低，见表 12-2。

表 12-2　　　　600MW 机组脱硫装置浆液循环泵的技术参数

类型	离心式	数量	4 台
额定流量	10710m³/h	额定扬程	24m/26.5m/29m/31.5m
效率	87%/88%/89%/89%	额定泵轴转速	450r/min/465r/min/485r/min/495r/min
电动机功率	1120kW/1120kW/1250kW/1400kW	电动机额定电压	6000V
出口直径	φ800mm	密封形式	机械密封
叶轮	合金（A49）	蜗壳	内合金衬套、外碳钢护套
联轴器类型	膜片式	单台重量	12t（不计电动机、减速机）

电动机的转速与其极对数成反比，采用极对数多的电动机，不但体积质量大，而且价格高。同时，石灰石—石膏湿法脱硫采用 4 台浆液泵，每台浆液向对应的喷淋层供浆，因相邻两层喷嘴的间距为 2.5m，每台浆液泵的扬程不同，使得浆液泵的额定转速不同，见表 12-2。难以采购到与各台浆液泵转速完全相匹配的电动机。

如果电动机通过减速器拖动浆液泵，不但可以采用价格较低、质量较轻、转速高的电动机，而且可以通过选择减速比，使减速器输出的转速与浆液泵的额定转速完全相匹配，不但达到每台浆液泵转速和扬程的要求，还可以降低电动机的功率和电耗。

虽然设置了减速器，增加了设备费用和功率消耗，但是可以从降低电动机的费用和泵的扬程精确满足设计要求节省的电费中得到充分补偿和有较多节余。

45. 为什么浆液循环泵要设置加长联轴器？

答：浆液循环泵的流量很大，300MW 和 600MW 机组脱硫装置的浆液循环泵的流量分别为 4890、10710m³/h。浆液循环泵的体积和进、出口管道的直径均很大，检修时拆装工作量很大。为了便于拆装，减少检修工作量，大多数循环浆液泵采用叶轮后抽式结构。

因循环浆液泵为单级悬臂泵，采用后抽式结构可以在泵体和进、出口管道不动的情况下将泵轴组件和叶轮从电动机侧抽出来，大大方便了泵的检查和检修。为了能使泵轴和叶轮后抽得以实现，必须在浆液循环泵与电动机之间留有后抽的空间。通常在泵与电动机之间设置加长联轴器，浆液循环泵检修需要拆装时，先将加长联轴器拆除即可将泵轴和叶轮抽出，见图 12-12。

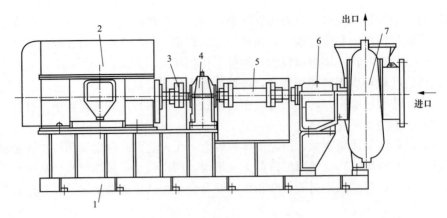

图 12-12　浆液循环泵系统结构

1—底座；2—电动机；3—联轴器；4—减速机；5—加长的联轴器；6—轴承箱；7—泵体

46. 为什么浆液循环泵和石膏浆液泵入口要采用圆弧形滤网？

答：当浆液的 pH 值过高时，会形成石膏垢。块状石膏垢和脱落的防腐层一方面可能会使管道堵塞，另一方面进入泵体内会导致叶轮或壳体防腐衬里损坏，因此，在吸收塔内浆液循环泵和石膏浆液泵入口要设置滤网。如果仅在泵入口管设置滤网，因滤网面积很小而很容易造成入口滤网堵塞，导致泵的流量和压力下降。

采用高度较高的圆弧形滤网可以大大增加滤网的面积，即使部分滤网堵塞也不会影响浆液循环泵和石膏浆液泵的正常运行，保持泵入口较大的流通面积还可以降低阻力，降低泵的耗电量，确保流量和出口压力满足要求。

47. 什么是液下泵？

答：液下泵是介于安装在液面之上的泵和潜水泵之间的一种泵。液下泵的泵安装在液面之下，而电动机安装在液面之上。

当液面位于地面较深时，如果泵采用真空吸上的安装方式，有可能面临大气压力不足以将水压入水泵内和产生汽蚀的问题。潜水泵虽然移动使用方便，但因电动机和接线盒的密封要求较高，且电动机在水中易被腐蚀，特别是水的 pH 值较低时腐蚀更加严重，只适宜临时排除地坑中的积水之用。

液下泵的泵体在液面之下，具有倒灌状态下不需要底阀，不用充水排空和不易产生汽蚀等一系列优点，而电动机在地面之上，可以采用普通电动机，运行检查和维护较方便，电动机也不会被液体腐蚀。

因为液下泵的泵与电动机通过较长的轴相连，所以价格较高。

脱硫系统中的地坑泵和地下事故浆液池的事故浆液泵，因为浆液低于地面，且浆液的 pH 值为 5.6~5.8，具有较强的腐蚀性，所以，均采用液下泵。

48. 什么是潜水泵？潜水泵有什么优点？

答：潜水泵就是水泵和电动机成为一个整体，可以潜入水中工作的泵。

潜水泵不需要安装和配管，放入水中即可工作，泵出口通常采用胶皮管将水排至地面。由于潜水泵潜入水中，处于倒灌状态，不需要安装底阀，启动前也不需要注水排除空气，移动和使用非常方便，但对电动机和接线盒的密封要求很高，不得有水漏入其中。对于有腐蚀性的液体潜水泵要采用耐腐蚀合金钢制造。

潜水泵适宜临时排除地坑中积水之用。

49. 为什么喷嘴浆液分配管采用变径管?

答：从浆液循环泵来的浆液通过浆液分配总管和支管向众多的螺旋喷嘴供给浆液。

浆液分配总管内各处浆液的静压为全压减去动压，动压与浆液流速的平方成正比，决定各个喷嘴流量的是喷嘴入口的静压。为了使各个喷嘴的流量均匀，必须确保喷嘴入口浆液的静压一致。分配总管入口处的浆液流量最大，随着浆液不断流入支管，总管的流量不断下降，在总管的末端流量达到最小。为了使总管内各处的静压相等或相近，总管内各处浆液的流速应该相等或相近，因此，只有采用变径管，沿浆液的流向分配管的直径逐渐减小，才能使总管内各处浆液的静压相等或相近，从而确保各支管入口的压力一致。

同样的道理，只有采用沿浆液流向直径不断减小的变径分配支管，才能使支管内各处浆液的压力相等或相近，从而确保喷嘴入口压力和流量均匀，见图 12-13。

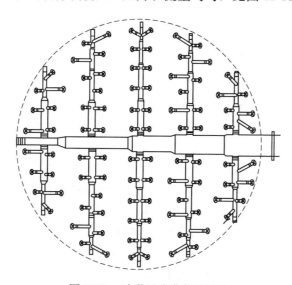

图 12-13　喷淋层喷嘴布置示意

浆液分配总管和支管采用变径管还可以降低材料消耗，减轻总管和支管自身及管内浆液的重量，降低其支撑梁和吸收塔的负载。

50. 为什么靠近吸收塔壁处的喷嘴应向塔中心倾斜布置?

答：为了使雾化浆液液滴达到 $200\% \sim 300\%$ 的覆盖率，防止烟气短路，使烟气中的 SO_2 得到充分的吸收，每层喷淋管上均安装了数量较多的喷嘴。

沿吸收塔壁向下流动的浆液，一方面其表面积明显小于相同数量液滴总表面积，使得这部分浆液吸收 SO_2 的能力没有充分利用；另一方面会加剧吸收塔壁的冲刷磨损。因此，靠近吸收塔壁处的喷嘴应向塔中心倾斜布置，以减少沿塔壁向下流淌的浆液量，见图 12-13。

51. 为什么吸收塔内各层喷嘴应该错开布置?

答：由于吸收塔的截面很大，螺旋喷嘴喷出的雾化浆液覆盖的面积较小，所以，吸收塔布置了很多喷嘴。喷嘴的层数为 2～6 层，采用较多的是喷嘴分 4 层布置。

由于每个喷嘴喷出的雾化浆液不但覆盖的面积较小，而且浆液的分布是不均匀的，通常呈伞状分布的浆液外围密度较大，中间密度较小，见图12-14。

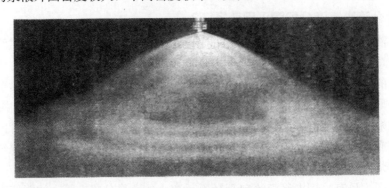

图12-14　喷嘴效果示意

各层喷嘴错开布置，可以相互覆盖，使浆液在吸收塔的截面上分布较均匀，避免因浆液分布不均而引起烟气短路，有利于烟气与浆液充分而均匀地混合和接触，从而提高脱硫效率。通常要求浆液的覆盖率超过200%，喷嘴分层错开布置有利于提高浆液的覆盖率，达到降低液气比和提高脱硫效率的目的。

52. 脱硫系统中喷嘴有哪几种用途？

答：脱硫系统中喷嘴主要有两种用途。

一种用途是液体经喷嘴雾化后，成为粒径很小的雾状液滴，大大增加液体的表面积，提高传质和传热的速度。例如，循环浆液经喷嘴雾化后因表面积大大增加，有利于在较短的时间和有限的空间内将烟气中绝大部分二氧化硫吸收，可以在降低吸收塔的高度和直径的条件达到所需要的脱硫效率；吸收塔原烟气烟道入口安装的喷嘴，在因故障而导致原烟气温度超标时喷入工艺水，工艺水雾化后因传热面积大大增加而使工艺水很快蒸发，原烟气温度很快降至允许范围内，避免了非金属塔内件和吸收塔防腐层损坏。

另一种用途是采用实心锥喷嘴将工艺水雾化后，形成具有较大截面的圆形水流，在喷嘴数量较少的情况下，将面积较大的除雾器叶片和滤布、胶带冲洗干净。

53. 为什么浆液雾化喷嘴工作压力很低，雾化粒径较大？

答：锅炉点火用的柴油喷嘴和燃油炉采用的重油喷嘴，采用机械雾化时，其工作压力根据出力大小，为2~4MPa，雾化粒径为80~200μm。采用蒸汽雾化时，其工作压力为0.6~1.0MPa，雾化粒径约为50μm。

湿法脱硫的浆液喷嘴的工作压力仅为0.05~0.1MPa，其雾化粒径高达1300~3000μm。浆液喷嘴的工作压力之所以很低，是因为以下三个原因。

（1）浆液流量很大，喷嘴工作压力很低可以大幅度降低浆液泵的扬程，减少其功率和耗电量，达到节约投资和运行费用的目的。

（2）浆液的含固量高达约20%，采用高压力、高速旋转、产生较大离心力、获得雾化、粒径较小的浆液，会导致喷嘴严重磨损，寿命降低，维修费用增加。

（3）浆液的雾化粒径过小，会使烟气携带的浆液数量增加，导致除雾器除浆液的负荷和除雾后烟气携带的浆液数量增加。

因此，低压力喷嘴采用增加喷淋层数和喷嘴的数量及液气比来增加浆液喷淋的表面积，比采用高压力喷嘴更经济合理。

54. 什么是实心锥喷嘴和空心锥喷嘴？

答：喷嘴的喷口通常是圆形的，液体进入喷嘴经过旋转后喷出，液体在离心力的作用下边前进边旋转，形成圆锥形流体，其垂直于喷口轴线的截面是圆形。

液滴在圆形截面内是均匀分布的喷嘴称为实心锥喷嘴。液滴在圆形截内的分布是不均匀的，而是大部分集中分布在圆形截面的边缘的喷嘴称为空心喷嘴。介于两者之间，液滴在圆形截面内集中分布在几个同心圆环内，称为螺旋喷嘴。喷嘴形状和流形图见图 12-15。

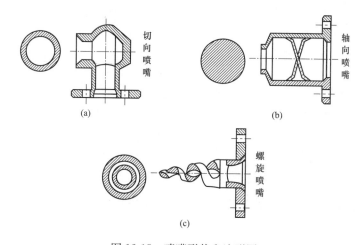

图 12-15　喷嘴形状和流形图
（a）空心锥流型；（b）实心锥流型；（c）同心环流型

55. 为什么工艺水采用合金钢喷嘴，而浆液采用陶瓷喷嘴？

答：必须使液体以较高的速度旋转产生离心力克服其黏力，才能实现将液体雾化成小液滴，达到增加液体表面积，提高传质传热速度的目的。因此，喷嘴会产生磨损。

由于工艺水较干净，固体颗粒物含量很少，喷嘴的磨损较轻，采用硬度较高的合金钢可以同时满足防腐、耐磨的要求，具有较长的使用寿命。合金钢强度较高，安装和维修时不易损坏。合金钢的防腐性能应与安装喷嘴部位的其他金属材料相同或提高一个等级。

吸收塔内浆液的固体颗粒物含量高达 20％～30％，浆液中固体颗粒主要是石膏，另外还有少量的石灰石和烟气中的飞灰。煤中的灰分经锅炉高温烧结后成为硬度较高的飞灰。因此，浆液除了具有较强的腐蚀性外，还会使喷嘴产生严重的磨损。即使采用硬度较高的合金钢，其使用寿命也很短，维修工作量和费用较大。因为烧结的碳化硅或烧结的氧化铝陶瓷喷嘴具有良好的耐磨和耐腐性能，所以，被广泛用于作为浆液的喷嘴。陶瓷喷嘴的缺点是很脆，在安装、维修和清理堵塞时，稍不小心容易损坏。为了防止安装和维修时损坏，不采用螺栓连接，而采用粘接。

56. 为什么循环浆液喷淋通常采用切向喷嘴或螺旋喷嘴？

答：由于切向喷嘴和螺旋喷嘴内部没有旋流片，喷嘴的压降较小，浆液循环泵所需的扬程可以降低。浆液循环泵的流量很大，少则每小时几千立方米，多则超过每小时几万立方米，浆液循环泵消耗的功率与扬程成正比，因此，浆液喷淋采用切向喷嘴或螺旋喷嘴可以显著降低浆液循环泵的耗电量。

虽然浆液中石膏或石灰石粒径很小，但是当吸收塔壁防腐层脱落和进、出口管道壁结的亚硫酸钙或硫酸钙垢脱落时，垢块较大，容易造成喷嘴堵塞。同时，吸收塔、浆液泵、进出管道的防腐防磨衬里脱落，其碎片较大也会造成喷嘴堵塞。另外，在制造、安装和维修过程中残留在上述部位的各种杂物，也是引起喷嘴堵塞的原因之一。

虽然在浆液循环泵的入口吸收塔内安装有过滤装置，其滤孔直径较大，垢块或各种杂物仍有可能造成喷嘴堵塞。同时，过滤装置仅对吸收塔内的垢块和杂物有过滤作用，而对循环泵和进出管道内脱落的垢块、防腐防磨碎片和残留的杂物过滤器不起作用，仍会造成喷嘴堵塞。

由于切向喷嘴和螺旋喷嘴内部没有旋流片，其自由通径（能够通过喷嘴的最大颗粒直径）较大，对于切向喷嘴约等于出入口直径，因此，循环浆液采用切向喷嘴或螺旋喷嘴不易堵塞，有利于增加浆液喷淋量，从而提高脱硫效率。浆液在喷嘴内流速较低，磨损较轻。

虽然切向喷嘴形成的空心锥流形，螺旋喷嘴形成的是介于空心锥和实心锥之间的多层环形流形，浆液在锥形圆截面上分布不均，但是由于浆液喷出后在下落过程中会趋于均匀分布，浆液喷淋的覆盖率为200%～300%，也会使浆液的分布均匀。

57. 什么是喷嘴的自由通径？

答：能够通过喷嘴的浆液中最大颗粒直径称为喷嘴的自由通径。喷嘴的自由通径约等于喷嘴入口或出口两者中较小者的直径。

虽然浆液中脱硫剂的粒径很小，但由于调节控制不当，浆液中有可能形成粒径较大的石膏垢块，设备和管道在制造、储运和安装形成的杂质、衬胶或玻璃鳞片的脱落等原因均有可能造成喷嘴堵塞。所以，自由通径是浆液喷嘴很重要的参数。为了避免浆液喷嘴堵塞，在满足浆液雾化粒径要求的前提下，尽量选用自由通径大的喷嘴。

切向喷嘴的内部没有部件，其自由通径等于喷嘴入口直径；螺旋喷嘴内部也没有部件，其出口直径小于入口直径，因此，出口直径为自由通径，由于切向喷嘴和螺旋喷嘴内部均没有部件，自由通径较大，不易堵塞，浆液雾化通常采用切向喷嘴和螺旋喷嘴。

第四节 除 雾 器

58. 除雾器有什么作用？

答：在吸收塔内浆液自上而下喷淋，与自下而上的原烟气进行传热传质过程中，向上流动具有一定速度的烟气具有一定的托力，粒径大的浆液其重力大于烟气托力而分离出来，回到浆液池，而粒径小的浆液其重力小于烟气托力而被烟气携带向上流动。因此，烟气向上流动过程不可避免地携带一定数量粒径较小的浆液。

如果不采取措施将烟气中携带的浆液分离出来直接进入GGH，不但因浆液中的水分蒸发吸收热量使净烟气的出口温度降低，而且浆液中的石膏沉积在GGH的传热面上，因热阻增加而使传热系数下降，其后果是原烟气出口温度上升，不利于脱硫效率提高，而净烟气温度降低使其热浮力降低，不利于净烟气出烟囱后扩散在更大的范围。烟气携带的浆液量减少，可以减少 GGH 的积灰量，降低原烟气和净烟气的阻力，减少脱硫增压风机的耗电量。

在吸收塔的上部安装上下两层除雾器，可以将净烟气携带的绝大部分浆液除去。设计良好、安装正确的除雾器，可以将烟气中携带的浆液除去 99% 以上，烟气浆液含量不超过 $100mg/m^3$。

安装两层除雾器后，可以确保 GGH 正常工作，保持较高的传热系数。因此，除雾器已成为湿法脱硫必须配置的重要部件。

59. 除雾器的工作原理是什么？

答：除雾器由多片折流板并列组装而成，见图 12-16、图 12-17。

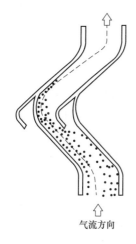

气流方向

图 12-16　除雾器工作原理

图 12-17　FGD 除雾器系统

烟气中粒径较大的液滴利用自身的重力下落返回吸收塔浆液池，粒径较小的液滴被烟气携带进入除雾器。当烟气进入折流板时流向改变，液滴的离心力远大于烟气的离心力，液滴被分离出来甩至折流板的凹部，当折流板上液膜超过一定的厚度时，在重力的作用下返回吸收塔浆液池，见图 12-16。

折流板表面保持有一层浆液液膜，烟气流经折流板时烟气中携带的液滴被液膜黏附而被从烟气中分离出来。

因此，除雾器是通过上述两种方式将液滴从烟气中分离出来返回吸收塔浆液池。因为粒径较小的液滴通常称为雾滴，所以，将除去烟气中粒径较小液滴的部件称为除雾器。

60. 什么是除雾器的临界流速？

答：流过除雾器折流板片的烟气流太低，烟气在折流板间的通道内转弯变向时产生的离心力太小，不能使烟气中携带的液滴穿过烟气层到达折流板而黏附分离出来，使除雾器的分离效率较低。随着烟气流速的提高，液滴获得的离心力加大，穿过烟气层到达折流板片被黏附分离出来的数量增多，除雾器的分离效率随之提高。继续提高烟气流速，当烟气具有的动能将折流板附着的液膜破坏时，重新产生的液滴被烟气带走，使烟气中携带的液滴突然增多，形成二次带液，导致除雾器的分离效率明显下降。

因此，将流过除雾器折流板不产生二次带液的最高烟气流速称为临界烟气流器。

由于存在除雾器冲洗水管及支撑架占用一定的烟气流通面积，烟气流分布不均和除雾器积灰、结垢不均匀导致局部流速提高等因素，因此，流过除雾器折流板的烟气流速不但要低于临界流速,还要考虑上述因素留有一定裕量。

除雾器的临界流速是除雾器重要的性能参数,是吸收塔烟气设计流速的重要依据之一。除雾器的临界流速与除雾器的结构、布置方式、烟气流向和烟气携带的浆液量有关。

61. 为什么要采用二级除雾器?

答:由于受临界流速的制约,一级除雾器的分离效率难以达到很高,而烟气携带的浆液不但数量较多,而且液滴直径大小的范围较大,直径小的仅为几微米,而直径大的可达几千微米,因此,采用一级除雾器难以将烟气携带的浆液降至所需要的数量。净烟气携带浆液的数量增多,不但会因 GGH 传热量的一部分用于蒸发浆液中的水分,而且积灰增多,导致原烟气出口温度升高和净烟气出口温度降低,不利于提高脱硫效率和烟气离开烟囱在更大的范围内扩散,而且会使石膏沉积在 GGH 的传热元件上,导致其传热系数下降和通风阻力增加。

采用两级除雾器串联,第一级除雾器采用较大的折流板间距,可将烟气中携带的粒径较大的浆液除去,同时也便于将折流板上的结垢冲洗干净;第二级除雾器采用较小的折流板间距,有利于除去烟气中粒径较小的液滴,由于第二级除雾器除去的浆液比第一级少得多,结垢数量较少,冲洗条件较差,影响不大。因此,采用二级除雾器不但除雾效果明显提高,而且便于冲洗和保持折流板的清洁。

通常第一级除雾器的折流板间距为 30~75mm,第二级除雾器为 20~30mm。两级除雾器串联可将除雾器出口烟气携带的浆液量降至不大于 $100mg/m^3$(标准状态)。

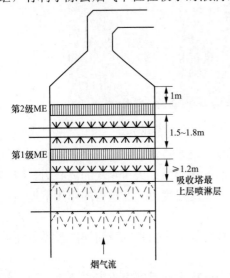

图 12-18 垂直流除雾器

62. 除雾器的布置方向有哪两种?

答:按照习惯,除雾器的布置方向不是以其安装位置决定的,而是根据烟气流过除雾器截面的方向决定的。因此,当烟气垂直流过除雾器时称为垂直流除雾器,见图 12-18。而当烟气水平流过除雾器时称为水平流除雾器,见图 12-19。

通常垂直流除雾器布置在吸收塔内的顶部,而水平流除雾器布置在吸收塔之外的水平烟道内。从图 12-18、图 12-19 中可以看出,垂直流除雾器的流通截面是水平的,而水平流除雾器的流通截面是垂直的。

也有第一级垂直流除雾器布置在吸收塔内,第二级水平流除雾器布置在吸收塔外的水平烟道内。

63. 垂直流除雾器和水平流除雾器各有什么优点和缺点?

答:垂直流除雾器的优点是烟气流速较低,为 $3\sim5m/s$,除雾器的压降较小,当烟速为 3.5m/s 时,约为 75Pa,可以降低增压风机的风压

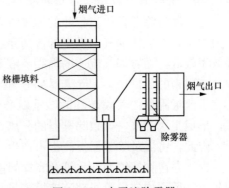

图 12-19 水平流除雾器

和功率，减少其运行耗电量。同时，垂直流除雾器的检查和更换比较方便。

垂直流除雾器的缺点是因烟气流速较低，烟气在折流板间变向时产生的离心力较小，同时自下而上的烟气易于携带粒径较小的液滴，难以进一步提高除雾性能。由于垂直流除雾器的烟气流速较低、流通截面较大，使得其消耗的材料较多。吸收塔通常是圆柱形，垂直流除雾器是由多个独立的除雾器框架组成，因此，除雾器框架规格形状多种多样。垂直流除雾器框架是水平放置，跨度较大、当烟气温度超标时容易产生塌落现象，导致烟气短路，除雾效果下降。

水平流除雾器的优点是烟气流速较高，为 6～8m/s，烟气在折流板间变向时产生的离心力较大，同时，烟气流向与流滴下落的方向垂直，烟气不易携带液滴，除雾性能较好。水平流除雾器允许的流速较高，除雾器的流通截面较小，可以降低除雾器的材料消耗。水平流除雾器安装在吸收塔出口的水平矩形烟道内，除雾器组件的规格形状单一，安装和维修方便。水平流除雾器组件是垂直安装，不易因烟温偏高而出现塌落，可以在水平烟道顶部设置吊具吊装除雾器组件，安装较方便。

水平流除雾器的缺点是烟气流速较高、除雾器的压降较大。当烟气流速为 6m/s 时，压降约为 250Pa，增压风机的风压和功率较高，运行的耗电量增加。由于水平流除雾器的组件是垂直安装且高度较高，不便于检查和维修。

64. 为什么水平流除雾器允许的烟速较高，而垂直流除雾器允许的烟速较低？

答：当烟气水平流过除雾器时，从烟气中除掉的浆液沿折流板片的凹面垂直于烟气流向往下流，板片上浆液液膜的厚度较小，因为浆液液滴和烟气剥离板片上浆液形成的二次带液的可能性降低，所以，水平流除雾器允许的流速较高。通常水平流除雾器的设计烟气流速约为 6m/s。

当烟气垂直流过除雾器时，从烟气中除掉的浆液液滴向下流动与自下而上的烟气逆向流动，相对速度较大且折流板片上浆液的液膜较厚，烟气向上流动时形成二次带液的可能性较大。为了确保除雾效果，只有采取较低的烟气流速。通常垂直流除雾器的烟气流速约为 3.5m/s。

65. 为什么要定期对除雾器进行冲洗？

答：烟气携带的浆液绝大部分被除雾器除去。被除去的浆液黏附在除雾器的叶片上。为了防止浆液黏附在叶片的数量增多，叶片之间的流通面积降低，烟速提高超过除雾器的临界流速时，一方面，使除雾器的除雾效果降低，进入 GGH 净烟气的带液量上升，GGH 传热元件积灰速度加快，GGH 的压降增加；另一方面，烟速提高还使除雾器的压降增加，导致增压风机的耗电量增加，必须要定期用清洁的水对除雾器进行冲洗。

黏附在除雾器叶片上的浆液中主要含有硫酸钙和水分，当浆液中的液体沥出后，在烟气的加热和烟气中剩余氧氧化下，生成的硫酸钙沉积在叶片上难以清洗掉，因此，冲洗间隔的时间不能太长，要在硫酸钙垢在叶片上形成前进行冲洗。通常第一级除雾器正面每 30min 冲洗一次，背面 30～60min 冲洗一次，第二级除雾器正面每 60min 冲洗一次。背面不装冲洗喷嘴或装了冲洗喷嘴仅在启停系统时进行冲洗，冲洗持续时间均为 45～60s。

66. 为什么第一级除雾器冲洗水压力高于第二级除雾器冲洗水压力？

答：烟气携带的浆液大部分被第一级除雾器除去，除雾器折流板上聚集石膏的速度较快，数量较多。第一级除雾器采用较高压力的冲洗水有利于清除折流板上聚集的石膏和保持折流板表面的清洁。

虽然第一级除雾器采用较高压力冲洗水有可能因溅出水花而使烟气带水量增加，但因为从第一级除雾器流出的烟气携带的水分被第二级除雾器除掉，所以，第一级除雾器采用较高压力的冲洗水既可保持除雾器折流板表面清洁，又不会使进入 GGH 的净烟气含水量明显增加。

进入第二级除雾器烟气中携带的浆液数量较少，聚集在折流板片上石膏的速度较慢，数量较少，即使采用较低的冲洗水压力仍可保持折流板表面清洁。第二级除雾器采用较低的冲洗水压力还可以减少水流冲洗时溅出水花的数量，有利于降低进入 GGH 的净烟气中的含水量，提高 GGH 净烟气出口的温度。

67. 为什么除雾器正面冲洗水的压力较背面冲洗水压力高？

答：烟气携带浆液从正面进入除雾器，从除雾器的背面流出，除雾器正面折流板上聚集的石膏明显多于背面。除雾器正面采用较高的冲洗水压力有利于清除折流板上聚集的石膏，保持折流板清洁。除雾器正面因采用较高压力冲洗水溅出的水花可以在烟气流过折流板后部变向时大部分被分离出来，不会使烟气携带的水量明显增加。

除雾器背面折流板聚集的石膏较少，背面采用较低的冲洗水压力即可保持折流板表面清洁，又可避免因冲洗水压力过高而导致折流板使用寿命降低和因溅出较多的水花而导致烟气含水量增加。

为了防止除雾器冲洗时溅出的水花导致烟气含水量增加，第二级除雾器的背面通常不设冲洗水喷嘴或者设冲洗水喷嘴，但正常运行时不冲洗，而在停运检修时冲洗。

对于垂直流除雾器，正面的冲洗水喷出后要克服重力，需要较高的压力才能保持较高的冲洗水速，而背面的冲洗水喷出后在重力作用下加速向下流动，即使水压较低也可获得较高的冲洗水速。所以，正面冲洗水的压力较高，约为 $2.5 \times 10^5 Pa$；背面冲洗水的压力较低，约为 $1.0 \times 10^5 Pa$。

68. 为什么第一级除雾器正面冲洗的间隔时间较短，冲洗的水量较大，而背面冲洗间隔时间较长，冲洗水量较小？

答：烟气携带浆液液滴进入第一级除雾器后，绝大部分浆液液滴被除去，其中大部分浆液沉积在除雾器正面的叶片上，少量的浆液沉积在除雾器背面的叶片上。也就是说，叶片正面浆液沉积结垢的速度比叶片背面快。通常叶片冲洗持续的时间是相同的，为 $45 \sim 60s$，因此，除雾器正面叶片冲洗间隔的时间较短，每隔 30min 冲洗一次；背面叶片冲洗的时间较长，每隔 $45 \sim 60min$ 冲洗一次。

由于叶片正面浆液沉积结垢的速度较背面快，因此，正面冲洗的水量应较背面大。通常垂直流第一级除雾器正面的冲洗水流量约为 $1L/(s \cdot m^2)$，背面的冲洗水流量约为 $0.35L/(s \cdot m^2)$；水平流第一级除雾器正面的冲洗水流量也约为 $1.0L/(s \cdot m^2)$，而背面的冲洗水流量约为 $0.7L/(s \cdot m^2)$。因为第二级除雾器浆液沉积结垢的速度较慢，所以，叶片正面的冲洗水流量与第一级除雾器背面冲洗水流量相同。

根据第一级除雾器正面和背面沉积浆液和结垢速度的不同，采取不同的冲洗间隔时间和冲洗水量，既可以确保叶片的清洁，又可以避免因冲洗量过大而导致吸收塔液位控制困难和浆液浓度降低。

69. 为什么除雾器冲洗水的压力不宜过高和过低？

答：除雾器通常采用一种装有固定阀片的喷嘴。冲洗水的压力过高不但会使冲洗水泵的耗电量增加，喷嘴和叶片的寿命降低，而且因雾化水滴的直径降低和高速水流溅出的小水滴而导致烟气携带水分穿过除雾器的数量增加。

冲洗水压力过低达不到预定的水雾形状，水雾覆盖的面积下降，水滴的动能降低，导致冲洗效果变差。

合理的冲洗水压力与喷嘴的特性和喷嘴至冲洗表面的距离有关。在采用装有固定阀片的喷嘴，喷嘴与除雾器叶片距离为 0.6～0.9m 的情况下，冲洗水的压力为 0.15～0.3MPa 较为合适，可以确保冲洗效果较好，烟气带水量较少。

由于除雾器冲洗水喷嘴通常位于吸收塔的顶部，而冲洗水泵通常装在地面，两者几十米的高差产生较大的静压，因此，上述冲洗水压力是指安装喷嘴的水管的就地表压力，对应冲洗水泵出口压力就要加上管道阻力和两者间的静压差。

70. 为什么除雾器不是同时冲洗，而是分组轮流冲洗？

答：对除雾器进行冲洗时，为了能取得较好的冲洗效果，冲洗水应流速较高，流量较大，使冲洗水具有较大的动能，折流板上的积垢在具有较大动能水流冲刷下被清除。因此，除雾器冲洗时，冲洗水流冲刷积垢和折流板表面时，不可避免地会溅起水花被烟气带走，使除雾器出口烟气的含水量增加，导致 GGH 净烟气出口温度降低。如果除雾器各组同时冲洗，则因除雾器出口烟气携带的水量较多，导致冲洗期间 GGH 净烟气出口烟气温度下降较多，会对脱硫系统正常运行产生较大的影响。

因为除雾器折流板积垢到需要进行冲洗的程度有一个过程和经历一段时间，因此，将除雾器分成很多组，每次仅冲洗一组，轮流对各组进行冲洗。因为仅冲洗的那组除雾器使烟气带水较多，而烟气流过大部分未冲洗的除雾器时，带液量很少，烟气总的带水量增加很少，不会对 GGH 的正常运行产生明显影响。所以，对除雾器分组轮流冲洗可以同时满足保持除雾器折流板清洁和减少对 GGH 正常运行影响两个目的。同时，轮流冲洗还可以降低冲洗水管的直径和冲洗水泵的容量，节省投资。

由于除雾器冲洗水是脱硫塔补充水的来源之一，因此，除雾器各组冲洗的周期要综合考虑吸收塔液位和折流板积垢的速度两个因素来确定。

71. 为什么除雾器冲洗喷嘴的雾化角应小于或等于 90°？

答：液体从喷嘴喷出后，边旋转边前进。如雾化角为 α，液体的切向速度为 W_q，轴向速度为 W_z，则

$$\tan\frac{\alpha}{2}=\frac{W_q}{W_z}$$

液体的雾化是利用其在喷嘴内旋转产生的离心力克服液体的黏力来实现的，雾化角大说明液体的切向速度高，离心力大，雾化粒径较小。

由于除雾器的板片具有一定深度，如果冲洗喷嘴的雾化角过大，虽然可以提高冲洗覆盖率或减少喷嘴的数量，但是因冲洗水与除雾器板片的喷射角过小，对除雾器板片的冲洗深度不够而难以将除雾器板片深处沉积的石膏垢冲洗干净，导致除雾器的冲洗效果变差。

冲洗喷嘴雾化角过大使得冲洗水滴的直径变小，轴向速度较小，冲洗水流的动能较小，

会使除雾器的冲洗效率降低。冲洗水滴的粒径较小，易于被具有一定速度的烟气所携带，除雾器出口烟气携带的水滴增加，不利于 GGH 将净烟气加热到较高的温度。

因此，除雾器不应采用雾化角较大的冲洗喷嘴，通常除雾器冲洗喷嘴的雾化角应小于或等于 $90°$。

72. 为什么除雾器不应采用带旋涡室的雾化喷嘴，而要采用装有固定阀片的喷嘴？

答：燃油锅炉油枪和煤粉炉的点火油枪通常采用带旋涡室的喷嘴。该种喷嘴是利用油流在旋涡室内高速旋转产生的离心力克服油的黏力而达到将油雾化的目的，其特点是雾化的油滴粒径很小，锥形的雾化流边缘的油雾密度很大，而中间的油雾密度很小，有利于油雾与空气混合，实现迅速完全燃烧。

锅炉用的带旋涡室的喷嘴之所以不适合做除雾器冲洗喷嘴用，是因为该种喷嘴的工作压力高达 $2.0 \sim 4.0\text{MPa}$，能耗较高，寿命较低，雾化粒径太小，不但动能小，不利于清除除雾器叶片沉积的浆液和结垢，而且粒径小的水滴易于被烟气携带穿过除雾器随烟气进入 GGH，锥形截面上不均匀的液滴分布不利于将除雾器叶片上的结垢冲洗干净。

因此，除雾器的冲洗水应采用装有固定阀片的喷嘴。该种喷嘴雾化所需的压力较低，仅为 $0.15 \sim 0.3\text{MPa}$，能耗较低，寿命较长，不但液滴直径较大，具有较大的动能，锥形截面上的液滴分布较均匀，有利于清除叶片上的结垢，而且不易被烟气携带穿过除雾器，有利于降低进入 GGH 烟气的含水量。

73. 为什么上层除雾器只有下部设冲洗喷嘴，而下层除雾器上部及下部均没有冲洗喷嘴？

答：原烟气自下而上与自上而下的浆液逆向流动进行传热传质成为净烟气后，携带少量的浆液离开吸收塔之前先后流经一级和二级除雾器，净烟气中的大部分粒径较大的浆液被下层除雾器除去，少量粒径较小的浆液被上层除雾器除掉。

为了及时将黏附在除雾器上的浆液清除，防止除雾器通流截面减少甚至堵塞，除雾器没有冲洗喷嘴，定期冲洗除雾器。一方面，由于下层除雾器黏附的浆液较多，其上下均需要设有冲洗喷嘴进行冲洗；另一方面，由于下层除雾器上下部喷嘴冲洗时产生的水滴，可以被上层除雾器除掉，可以确保烟气中携带的浆液或水分在允许范围内。

上层除雾器一方面因为黏附的浆液较少，仅在下部安装喷嘴对其进行冲洗即可满足生产要求；另一方面，如果上层除雾器也安装喷嘴对其进行冲洗，则冲洗时产生的水滴，除粒径较大的浆液或水滴依靠重力分离外，粒径较小的浆液或水滴则被烟气携带离开吸收塔进入 GGH，造成 GGH 受热面积灰加剧和净烟气出口温度降低。所以，上层除雾器仅下部设有冲洗喷嘴。

74. 除雾器常用的材质有哪几种？各有什么优点和缺点？

答：除雾器常用的材质有聚丙烯、玻璃钢和各种等级的不锈钢。

聚丙烯与玻璃钢属于非金属材料，其优点是耐腐蚀性良好，质量较轻，可以降低支撑梁和吸收塔的负载，价格较低。聚丙烯和玻璃钢材质除雾器的缺点允许工作温度较低，通常不超过 $80℃$。在正常情况下原烟气经浆液洗涤冷却后温度降至 $45 \sim 60℃$，上述非金属材质完全可以满足使用要求，当事故情况下，因停电导致循环浆液泵停止后，烟气得不到浆液充分的冷却，如果旁路烟道挡板能在 20s 内全部开启，并且脱硫系统安装有 GGH，进入除雾器的烟气温度通常不会超过80℃，仍然可以满足使用要求。但是由于旁路烟道挡板不经常使用，容易因腐蚀和积灰、出现卡涩而难以在20s内全部开启，甚至要人工采用导链才能开启，或者脱硫系统内未安装GGH，均会使进入除雾器的烟气温度因超过其允许的工作温度而导致非金属材质的除雾器变形，塌落损坏。聚丙烯和玻璃钢是易燃品，在安装和检修焊接钢构件或支撑件时必须要采取可靠的防火措施，稍有不慎就会引起除雾器着火，造成重大损失。非金属除雾器容易老化变脆，在高压水的冲洗下叶片容易破裂损坏，使用寿命较短，为5～8年。

不锈钢材质除雾器的优点是允许工作温度高，任何情况下均不会因烟气温度升高而导致损坏，也不存在安装和检修过程焊接引起着火和因材质老化而导致破裂、损坏的问题，使用寿命较长，可达10～20年。

由于浆液和烟气具有较强的腐蚀性，氯离子含量较高，必须要用含铬、镍等合金元素较高的不锈钢材质，如316L、317L、317LMN，甚至更高等级的不锈钢才能满足要求，所以，价格很高。不锈钢材质除雾器较重，吸收塔及支撑梁的载荷较大，导致费用上升。

通过以上比较可以看出，非金属的聚丙烯和玻璃钢材质的除雾器和不锈钢材质的除雾器各有其优、缺点，应该根据设备价格、使用寿命、检修费用综合考虑选用何种材质的除雾器。

75. 为什么第一级除雾器与最上层的浆液喷淋母管应留有一定的间距？

答：当烟气垂直流过除雾器时，为了使烟气中携带的粒径较大的液滴能有充足的时间，依靠自身的重力从烟气中分离出来回到吸收塔中，第一级除雾器与最上层的浆液喷淋母管之间应有一定的间距。

除雾器下部有较多的浆液喷淋母管和支管，会对流过的烟气流产生干扰，使烟气流分布不均匀，除雾器局部地区因流速过高或过低，导致除雾器分离效率降低。因此，为了使烟气能自动消除干扰，均匀地进入第一级除雾器，使除雾器具有较高的分离效率，第一级除雾器与最上层浆液喷淋母管之间应有足够的间距。

为了便于第一级除雾器下部冲洗水管道的布置、安装和检修，也需要将第一级除雾器与最上层的浆液喷淋管之间留有足够空间。

因此，尽管降低第一级除雾器的高度，缩小与最上层浆液喷淋管间的距离，有利于降低吸收塔的高度和相应烟道管道的长度，从而降低工程费用，但由于上述几个原因，第一级除雾器与最上层浆液喷淋管间应留有一定间距，该间距以1.5～1.7m为宜。

76. 为什么两级除雾器的卡子采用不同颜色？

答：在吸收塔上部安装有两级除雾器，用于除去净烟气携带的浆液。两级除雾器叶片的间距不同，通常第一级除雾器叶片的间距较大，第二级除雾器叶片的间距较小。

由于除雾器是由多块除雾器箱体拼装而成的，为了防止烟气从箱体之间的间隙流过，降低除雾效果，相邻两块除雾器的箱体用卡子连接固定起来。两种卡子的外形相同，但尺寸不一样，为了防止卡子装错，同时为了提高安装效率，所以，将两级除雾器的卡子做成不同的颜色，便于安装人员区分。

77. 为什么垂直流除雾器在安装和维修期间应搭建临时平台和人行通道，而不应在除雾器上行走？

答：垂直流除雾器是水平安装在吸收塔的顶部。为了节约材质，减轻质量，降低造价，除雾器折流板的厚度较薄，强度较低，安装和检修人员在除雾器上行走容易造成折流板片变形、损坏。特别是聚丙烯、玻璃钢非金属材质的除雾器，运行几年后因材质老化而变脆，在其上行走很容易引起折流板断裂、损坏，导致除雾器性能下降。

因此，垂直流除雾器在安装和检修期间应搭建临时平台和人行通道，禁止直接在除雾器上行走，即使不锈钢材质的除雾器也不例外。

第五节 氧 化 风 机

78. 为什么要设置氧化风机？

答：由于脱硫反应生成的是 $CaSO_3$，而石膏是 $CaSO_4$，$CaSO_3$ 颗粒细小，透水性能差，脱水困难，同时，$CaSO_3$ 容易导致结垢，所以，必须要将 $CaSO_3$ 氧化成 $CaSO_4$。

虽然因进入脱硫塔烟气的过量空气系数为 1.4～1.5，烟气中有少量氧气，但因氧气的浓度较低，烟气与浆液在吸收塔吸收区接触的时间很短，搅拌和混合也不充分，仅依靠烟气中少量的氧气与 $CaSO_3$ 的自然氧化，仅能将少量的 $CaSO_3$ 氧化成 $CaSO_4$，远远不能将绝大部分 $CaSO_3$ 氧化成 $CaSO_4$。所以，必须要设置氧化风机产生较高压力的空气，克服管道阻力和浆液池内浆液的静压，并在出口以一定的速度喷入浆液，在搅拌器的配合下对浆液中的 $CaSO_3$ 进行强制氧化，使其氧化生成 $CaSO_4$。

由于石灰石—石膏湿法烟气脱硫是连续进行的，将 $CaSO_3$ 氧化成石膏 $CaSO_4$ 副产品，确保脱水正常进行，防止结垢和提高脱硫效率，氧化风机非常重要。通常氧化风机设置两台，一用一备。

79. 为什么石灰石—石膏湿法脱硫采用罗茨风机作为氧化风机？

答：由于罗茨风机是容积式风机，浆液池内浆液的密度和高度变化导致静压变化时，罗茨风机的风量可保持不变，可为浆液中 $CaSO_3$ 氧化提供充足和稳定的氧化空气。

罗茨风机两个转子间及转子与机壳间均不接触，仅有很小的间隙，不需要润滑油减少摩擦和磨损，不但省去了润滑油和脱油设施，而且可以提供清洁的氧化空气。

罗茨风机结构简单，工作可靠，出口气体压力较高，当浆液池的浆液较高、静压较大时，可以采用两级压缩的罗茨风机满足出口气体压力的要求。

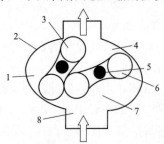

图 12-20　罗茨风机工作原理
1—空腔；2—机壳；3—转子；
4—排出空腔；5—转子轴；6—转子；
7—吸入空腔；8—进风管

虽然罗茨风机有噪声大的缺点，但可以设置单独的风机室并采用隔声降噪措施满足现场噪声不超标的要求。

因此，石灰石—石膏湿法脱硫采用罗茨风机作为氧化风机是较合理的选择。

80. 罗茨风机的结构和工作原理是什么？罗茨风机有什么优点和缺点？

答：罗茨风机是一种容积式排风量稳定的回转式风机，见图 12-20。

罗茨风机主要由外壳和安装在外壳上两根平行的轴及轴上两个 8 字形的转子组成。转子由装在一端的一对齿轮，通过电动拖动反向旋转。当转子旋转时，转子下方的空腔从进气管吸入气体，转子上方空腔被压缩的气体从出口管排出。罗茨风机的流量是稳定的，但出口压力取决于出风管后系统的阻力，阻力大，出口压力高；阻力小，出口压力低。

罗茨风机的优点是结构较简单，出口气体压力较高，出口压力变化时流量稳定，工作较可靠，两个转子间和转子与机壳间不接触，不需要润滑，出口气体较清洁。缺点是噪声很大，要采取多种有效的消声措施才能满足现场对噪声的要求。

81. 什么是自然氧化？什么是强制氧化？

答：烟气中的氧在脱硫塔吸收区被浆液吸收后，对已被吸收的 SO_2 进行的非人为控制的氧化反应称为自然氧化。烟气中的氧来自锅炉出口烟气中过量空气所含的氧、增压风机入口烟道因负压从不严密处漏入空气中的氧和通入浆液池中强制氧化空气未被浆液吸收进入吸收区的氧。

向脱硫塔浆液池中强制送入一定压力的空气，将亚硫酸盐和亚硫酸氢盐氧化成硫酸盐，最终形成石膏结晶的氧化反应称为强制氧化。

因此，脱硫塔中将亚硫酸盐和亚硫酸氢盐氧化成硫酸盐是由吸收区的自然氧化和氧化区的强制氧化两部分完成的。在石灰石 FGD 工艺中，吸收区的氧化率为 7%～15%，研究和测定吸收区自然氧化率的目的是为了确定强制氧化系统应有的氧化容量，了解和掌握强制氧化系统在实际运行中的氧化性能。因此，设计时自然氧化率不宜取值过高，以免因强制氧化系统容量不足氧化不完全，引起商品石膏质量下降和脱水困难。

82. 为什么氧化风机出口压力经常会发生变化？

答：氧化风机要克服吸入侧的阻力、排出侧的阻力和保持喷口一定的压力，从而获得一定的流速。

由于罗茨风机两个相对转动的叶轮的间隙很小，为了防止空气中的杂质尘粒进入叶轮，导致其损坏或磨损，通常在吸入侧装有滤网，使通过滤网尘粒的直径小于两叶轮间隙的1/2。随着运行时间的延长，滤网积灰逐渐增多，吸入侧阻力慢慢增加，导致氧化风机出口压力不断降低。

氧化风机出口侧的阻力由出口管道的阻力和吸收塔浆液池浆液高度产生的静压组成。管道阻力通常是不会变化的，但静压差却会随着浆液液位和密度的变化而变化。

因此，虽然风机入口没有阀门和挡板，出口侧阀门通常是全开不调整的，但是由于上述原因，氧化风机出口压力经常会发生变化。在运行中如果发现氧化风机出口压力变化较大，影响正常生产，应查明原因予以清除。

83. 为什么氧化空气母管要布置在吸收塔液位之上，然后从母管向下引出支管，从下部进入吸收塔？

答：氧化风机通常安装在零米。如果氧化空气母管布置在吸收塔的下部，支管从母管引出后进入吸收塔开口在搅拌器螺旋桨的前面，氧化风机运行情况下，氧化空气母管内有压力，吸收塔内的浆液不会从支管进入母管。吸收塔浆液的高度，根据处理烟气量的不同，为 10～14m，一旦氧化风机停止，吸收塔内的浆液依靠静压从支管流入母管，造成氧化空气管内浆液中的石膏沉淀，引起堵塞。

因此，为了防止上述情况的发生，从氧化风机来的母管引至吸收塔的上部，高度比吸收塔液位高 2~3m，然后从氧化空气母管向下引出 4 根支管到搅拌器螺旋桨的前面。由于氧化空气母管比吸收塔液位高 2~3m，即使氧化风机停止，母管内没有压力，浆液也不会因进入氧化空气母管而引起堵塞。

84. 为什么罗茨风机进、出口端安装橡胶弹性接头？

答：罗茨风机工作时，因气体被压缩，内能增加而导致气体和气缸及管道温度升高。必须采取措施吸收罗茨风机工作时，缸体和管道因温度升高而产生的膨胀量。受场地空间的限制，利用管道的自然形状吸收风机缸体和管道的膨胀，不但布置困难，费用较高，而且因弯头增加而导致阻力升高，采用橡胶弹性接头可以方便地吸收其膨胀。

橡胶弹性接头不但可以吸收风机缸体和管道的膨胀量，而且还可以防止罗茨风机的振动传导致使管道和吸收管道少量的角位移，给安装和运行带来很大方便。氧化风机的橡胶弹性接头见图 12-21。

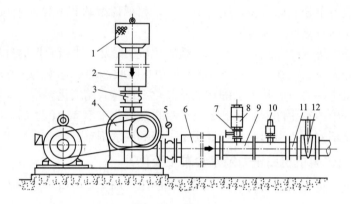

图 12-21　氧化风机的布置

1—过滤器；2—进气消声器；3—橡胶弹性接头；4—鼓风机；5—压力表；
6—排气消声器；7—闸阀；8—旁路消声器；9—T 形接管；10—安全阀；11—止回阀；12—闸阀

85. 为什么罗茨风机出口管路上要设安全阀？

答：由于罗茨风机的气体流量较稳定，通常其出口不设缓冲罐。罗茨风机是利用转子转动时容积的变化将空气挤压出去的。

为了防止误操作或操作不当，在罗茨风机启动前未开启出口阀或出口阀开度过小和排气背压过高，使得罗茨风机出口压力上升，导致电动机过载或罗茨风机损坏，通常在罗茨风机出口设置安全阀。当因各种原因导致罗茨风机出口压力超过规定值时，安全阀及时开启，通过排气将出口压力控制在允许范围内。

罗茨风机出口的安全阀见图 12-21。

86. 为什么罗茨风机出口应设有排空旁路？

答：罗茨风机属于容积式风机，当出口管排空时，启动负荷最小，电动机启动电流最低。当出口阀关闭或排出管背压较高时，例如，吸收塔内浆液的高度形成较大的静压，罗茨风机的启动负载较大，电动机的启动电流较高。

为了降低罗茨风机的启动负载和电流，可以在其出口设置排空旁路，启动前将排空阀开启，启动正常后可将排空阀关闭。设置出口排空旁路给罗茨风机的调试带来方便，当罗茨风机安装或检修后需要试机，而用气设备不具备试验条件时，可将出口阀关闭，排空阀开启，启动罗茨风机。

87. 为什么大型罗茨风机的一级缸和二级缸有两个入口和出口？

答：小型罗茨风机由于体积小，占地少，现场布置较方便，通常出厂时电动机和罗茨风机组装好整体出厂，罗茨风机的入口和出口位置已定，因此，小型罗茨风机气缸的入口和出口通常只有一个。

大型罗茨风机通常采用两级压缩，两级之间有冷却器，其电动机和风机及冷却器通常是分开包装出厂，在现场组装。由于大型罗茨风机和电动机的体积较大，占地较多，现场场地有限，为了便于电动机和风机入口、出口管道的布置，大型罗茨风机的一级缸和二级缸通常分别设有两个入口和出口供选择。安装时可以根据场地的实际情况选择其中一个入口和出口进行配管，大大方便了设计和现场安装。

这与洗衣机通常设有两个排水口，用户可以根据场地的实际情况和地漏的位置选择其中的一个排水口，从而方便用户相类似。

88. 为什么罗茨风机机壳外壁有许多肋片？

答：罗茨风机工作时，气体被压缩，内能增加导致气体和气缸温度升高。罗茨风机的压缩比较低，气温、气缸的温升幅度不大，通常不像往复式压缩机那样，因压缩比较高，气温和气缸温升幅度较大而设置气缸冷却水夹套，而是通过在气缸外壁设置肋片加强散热的方法来降低气缸和气体的温度。

气缸外壁的肋片通常是与机壳一起铸造出来的，肋片还起到增加气缸刚度和强度的作用。

89. 为什么罗茨风机要采用两级压缩？

答：由于塔内氧化空气的喷嘴上部有 $8\sim10m$ 高的浆液，浆液的密度较大，产生的静压较高，同时氧化空气要以一定的速度从喷嘴喷出，因此，罗茨风机出口要保持较高的压力才能满足要求。

罗茨风机工作时，空气因压缩内能增加而导致温度升高。如果采用一级压缩，因为压缩过程中的温度较高，空气的体积较大，所以压缩消耗的电能较多。如果罗茨风机采用两级压缩，一级压缩后温度较高的空气经水冷却器冷却后再进入二级缸压缩，因为空气的温度降低，其体积缩小，所以压缩消耗的电能减少。

虽然采用两级压缩和增加了水冷却器，设备的费用增加，系统也较复杂，但增加的费用可以较快地从减少的电费中得到回收。因此，当罗茨风机出口压力较高时，通常采用两级压缩。

90. 为什么采用两级压缩的罗茨风机一级缸的体积较二级缸大？

答：由于一级缸的工作压力较低，气体的密度较小，体积较大，所以，一级缸的体积较大。

从一级缸出来的气体经水冷却器冷却后，温度降低，密度增加，体积缩小。虽然经二级压缩后温度提高，但由于气体的压力提高，密度增加，体积较小，所以，二级缸的体积较小。

91. 为什么罗茨风机入口要设置过滤器？

答：罗茨风机被广泛用于粉仓的流化风机和浆液的氧化风机。在罗茨风机入口设置过滤器起到两个作用：一个作用是为了防止空气中的灰尘进入罗茨风机，导致转子磨损；另一个作用是为了防止空气中的灰尘将流化板的孔隙堵塞，导致流化风不能通过流化板进入粉仓对物料进行流化。

为了达到预期的目的，过滤器滤网的孔隙应小于流化板的孔隙。因此，为了防止过滤器滤网堵塞，导致流化风量和压力降低，应定期清扫滤网。

92. 为什么要向氧化空气中喷水？

答：由于脱硫塔吸收区的自然氧化率仅为7%～15%，为了将浆液中的亚硫酸盐和亚硫酸氢盐全部氧化成硫酸盐，必需要向脱硫塔氧化区的浆液中强制通入具有一定压力的空气。

空气经压缩后因内能增加而导致温度升高。空气中的氧溶于水中能提高将亚硫酸盐和亚硫酸氢盐氧化成硫酸盐的效果。氧在水中的溶解度随着温度的降低而升高，向氧化空气中喷水，水因气化吸收大量的汽化潜热而使氧化空气降低，氧的溶解度增加，从而提高了氧化率。

氧化空气的喷嘴通常布置在侧装搅拌器叶轮的正前方，喷嘴浸没在浆液中，具有一定压力的氧化空气从喷嘴喷出时，溅出的一部分浆液黏附在喷嘴的内壁上。向氧化空气中喷水，一方面可以降低其温度；另一方面可以提高其湿度，避免或减轻黏附在喷嘴内壁上的浆液水分很快蒸发而形成的固态沉积物将喷嘴堵塞。

因此，在空气压缩风机出口的氧化空气管道上设有喷水减温增湿系统，通过控制喷水量来达到控制氧化空气的温度和湿度。

93. 为什么氧化风机的电流随着吸收塔液位的上升而增加？

答：氧化风机出口具有一定压力的空气被送入吸收塔浆液池下部搅拌器桨叶的前面。氧化空气中大部分氧气用于将 $CaSO_3$ 氧化成 $CaSO_4$，少部氧气和氮气以气泡的形式在浆液中上浮，最后气泡破裂成为烟气的组成部分。

氧化风机出口的压力用于克服管道的阻力和浆液的静压，并保持喷口一定的流速。当吸收塔浆液的液位升高时，因浆液的静压增加而导致氧化风机出口压力上升。因为氧化风机大多采用罗茨风机，当出口压力变化时，其流量基本不变，所以，吸收塔液位升高时，罗茨风机所需的功率增大，导致电流上升。同样的道理，当吸收塔液位下降时，氧化风机的电流减小。

94. 为什么脱硫塔的搅拌器大多采用侧装式？

答：由于脱硫塔内浆液的含固量约为20%，为了防止浆液中的固体沉淀，脱硫塔必须安装搅拌器。

由于大多数脱硫塔的吸收区和氧化区在一个脱硫塔内，脱硫塔不但较高且直径较大，搅拌器桨叶的直径和重量随着脱硫塔直径的增加而增大。如果采用顶装搅拌器，因其跨度重量较大，搅拌器的钢梁和支架消耗的钢材很多。顶装搅拌器的轴要穿过脱硫塔上部的两级除雾器和四层喷嘴及相应的管道，不但布置困难，而且不利于浆液和烟气的均匀分布。因顶装搅拌器的桨叶在脱硫塔的底部，其轴很长，为了提高其刚性、降度其挠度，其轴径必然很大，导致重量和造价增加。采用顶装搅拌器，脱硫塔只能安装一台搅拌器，没有备用搅拌器，一且搅拌器故障，脱硫系统只有停运，降低了脱硫系统的可靠性。

　　如果采用侧装搅拌器，因为可以采用 4 台搅拌器，每台搅拌器的重量大大降低，可利用脱硫塔的塔壁经补强后即可实现对搅拌器的支撑。侧装搅拌器安装在脱硫塔的氧化区，不必穿过除雾器和喷嘴及相应的管道，不但布置简单，而且不会对浆液和烟气的流动产生不良影响。侧装搅拌器的轴很短，即使轴的直径较小，也可以因刚性较好而减少工作时的摆动。因为通常安装 4 台侧装搅拌器，当其中一台搅拌器故障停运时，脱硫系统仍可正常运行，提高了脱硫系统的可靠性。

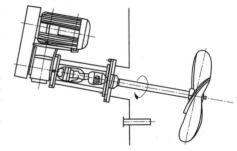

　　虽然侧装搅拌器要考虑轴的密封问题，防止浆液泄漏，同时多个搅拌器总的设备费用要比一个顶装式搅拌器高，但是总体而言，当吸收区和氧化区在同一个塔内时侧装式搅拌器的优点更多，因此，采用较多。当吸收区与氧化区分开时，可以采用顶装式搅拌器。侧装式浆液搅拌器见图 12-22。

图 12-22　侧装式浆液搅拌器

第六节　旋流器及真空胶带脱水机

95. 为什么从石膏泵来的石膏浆液要经水力旋流器浓缩后再送至真空胶带脱水机脱水？

　　答：从石膏泵排出的石膏浆液浓度约为 20％，经水力旋流器浓缩后浆液的浓度可提高到 40％～50％，浓缩后的浆液经真空胶带脱水机可得到含水量小于 10％的石膏。

　　如果石膏泵排出的浆液不经水力旋流器浓缩，直接由真空胶带机脱水得到含水量小于10％的石膏，从理论上是可行的，但是从技术和经济方面考虑是不合理的。如果由真空胶带脱水机直接将浓度为 20％的石膏浆液脱水得到水分小于 10％的石膏，必然因其负荷加大而要采用更长和更宽的胶带，使得真空胶带脱水机的设备投资大幅度提高，其增加的费用超过水力旋流器的设备费用。

　　由于石灰石—石膏法脱硫的钙硫比为 1.03～1.05，石膏浆液中含有 3％～5％的石灰石粉没有利用。当采用水力旋流器对石膏浆液进行浓缩时，由于石膏晶体的密度和颗粒较石灰石粉和飞灰大，在旋转时因离心力较大而易于甩向壁面被分离出来，从旋流器底部流出的浓缩石膏浆液的石膏含量很高，而石灰石或煤灰含量很少。因为石灰石或煤灰的密度和颗粒较小，在旋转时获得的离心力较小，大部分随旋流子上部溢流至汇集箱后返回吸收塔。因此，水力旋流器在具有浓缩浆液功能的同时，还可以将大部分石灰石和煤灰分离出来，不但提高了石膏的纯度，而且还可以降低钙硫比，节约脱硫剂石灰石粉。

　　如果将石膏泵排出的浓度为 20％的浆液直接送至真空胶带脱水机，其价格较高和不具有将石灰石粉和煤灰从浆液中分离出来的功能，不但增加了设备投资和脱硫剂石灰石粉的消耗量，而且因杂质含量增加而导致石膏的纯度下降。

　　因此，石膏泵排出的浆液首先由水力旋流器浓缩和分离，然后再由真空胶带脱水机进一步脱水将石膏含水量降至小于 10％以下的流程，经济上是有利的，技术上是合理的，因而被广泛采用。

96. 为什么石膏旋流器由众多的旋流子并列组成？

答：石膏旋流器是利用石膏的密度大于水密度约 20%，切向进入旋流子的石膏浆液高速旋转，因石膏的密度较大而产生的离心力大于水的离心力，大部分石膏颗粒穿过水层甩向旋流子的内壁，沿内壁旋流向下流动，形成浓度为 40%～50% 底流浆液从下部底流口排出，送至真空胶带脱水机进一步脱水，成为含水量不大于 10% 的石膏副产品。少量粒径较小的石膏、$CaCO_3$ 和水沿旋流子中心旋转向上成为顶流从溢流口排出汇集到集液箱，回到吸收塔。

锅炉上用的旋风除尘器和煤粉旋风分离器进口的气粉混合物中的粉尘和煤粉的密度是烟气或空气 1 千多倍，两者旋转时产生的离心力与密度成正比，离心力相差很大，粉尘或煤粉穿过空气的阻力很小，易于甩向器壁被分离出来。因为将粉尘从气流中分离出来所需的离心

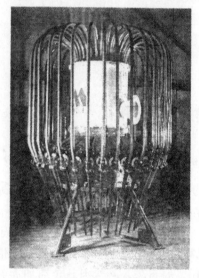

力较小，且离心力与旋风分离器的半径成反比，所以，旋风分离器可以采用较大直径，其出力很大，分离效率较高，可达 90%。

因石膏的密度仅为水的 2.5 倍，两者密度相差不大，浆液旋转时离心力相差较小，同时，石膏颗粒穿过水层甩向旋流器时因水的密度和黏度很高，其阻力较大，为了提高旋流子的分离效率，只有提高离心力使两者的离心力之差增大。虽然离心力与流速的平方成正比，但因为浆液的石膏浓度较高，磨损速度与流速的三次方成正比，提高流速将会因磨损加剧而使旋流子使用寿命下降。因此，降低旋流子直径提高两者离心力差成为可以采用的方法。石膏旋流子的直径很小，每台旋流子的出力较低，为了满足生产要求通常采用多个旋流子并列的方法来提高石膏旋流器的出力，见图 12-23。

图 12-23　石膏旋流器

97. 什么是水力旋流器的顶流和底流？

答：水力旋流器通常由多个沿圆周分布的旋流子组成。从旋流子入口汇流箱来的液固混合物，从切向进入旋流子的上部，在固体与液体离心力之差的作用下，部分固体被分离出来，沿旋流子的内壁下流随液体从旋流子的底部流出，这部分含固浓度较高的液体称为底流。分离后，含固浓度较低从旋流子的顶部流出的液体称为顶流。

作为水力旋流器产品的底流，经下部的底流汇集槽送至真空胶带脱水机或离心机分离器进一步脱去水分。水力旋流器的顶流则回到脱硫塔。

98. 为什么水力旋流器旋流子入口汇流箱要保持一定压力？

答：旋流器旋流子的入口含固液体必须要保持一定的流速，才能产生足够的离心力将固体从液体中分离出来。由于液体和液体中固体的密度差不像除尘器中气固两相的密度差那样大，进入旋流子的含固液体流速越高，液固两相产生的离心力差别越大，越容易将固体从液体中分离出来，即分离效率越高。

因此，为了确保水力旋流器较高的分离效率，从而保证从旋流子底流来的分离后的含固液体具有较高的含固量，旋流子入口的含固液体必须保持不低于一定流速。由于液体流速的

测量难度和误差较大，而液体的流速是液体的压力转换来的，而测量液体的压力既容易又准确。所以，在旋流子入口汇流箱顶部装有压力表，按照制造厂家使用说明书的要求，只要将汇流箱的压力控制在规定的范围内，即可保证较高的分离效率。

提高泵的出口压力，减少旋流子投入的数量可以提高汇流箱的压力；反之，降低泵的出口压力或增加旋流子投入的数量，可以降低汇流箱的压力。

99. 为什么石膏排出泵的出口压力比石膏浆液旋流器入口压力高出较多？

答：无论是吸收塔的石膏排出泵，还是石膏缓冲罐的排出泵，均装在0m地面，而石膏浆液旋流器通常装在标为约为20m的石膏楼最上层。石膏排出泵必须要克服20m石膏浆液的静压和管道阻力才能将其送至旋流器的入口。由于石膏浆液的密度比水大，所以，因静压和管道阻力而产生的压差较大。

通常石膏旋流器入口压力应不低于0.15MPa，以确保旋流子入口浆液具有一定速度，从而获得良好的浓缩效果，为此，石膏浆液泵出口压力通常应不低于0.5MPa，比石膏旋流器入口压力高出较多。

100. 为什么要设置废水旋流器？

答：配制石灰石浆液的水，除雾器、胶带、滤布等各种冲洗水均为工业水，含有氯离子，烟气中氯化物的溶解提高了浆液的氯离子浓度。浆液在吸收烟气中的SO_2的同时，也对浆液进行加热，浆液中的水分蒸发使其氯离子浓度进一步提高。

氯离子浓度提高将会带来两个不利的影响，一个是降低了浆液的pH值，使脱硫效率下降和$CaSO_4$结垢可能性增加；另一个是石膏氯离子含量超标，使石膏品质下降。因此，必须连续地将氯离子浓度较高的浆液排出，补充氯离子浓度较低的工业水，将浆液氯离子浓度控制在低于20000mg/L的水平。

如果直接将一级旋流器的溢流排出，溢流中含有较多的脱硫剂$CaCO_3$和少量的$CaSO_4$，不但会导致$CaCO_3$和$CaSO_4$的损失，而且会给电厂废水处理系统增加负担。

设置废水旋流器，将一级旋流器的溢流送入溢流缓冲箱，经泵升压后送入废水旋流器再次进行旋流分离，可得到含固量约为3%的溢流和约10%含固量的底流。废水旋流器的溢流进入废水箱，由废水泵排至电厂的废水处理系统，其底流进入滤液水箱返回塔内循环使用。

由此可以看出，通过控制废水旋流器的排放量，可以达到控制浆液氯离子不超标，使脱硫系统安全稳定运行，减轻腐蚀，提高脱硫效率，排出细小的杂质颗粒，提高石膏品质和减少脱硫剂$CaCO_3$消耗的多重目标。

101. 为什么要设置真空胶带脱水机？

答：吸收塔浆液池中石膏浆液的石膏含量约为20%，浆液池中的浆液经石膏排出泵升压送至水力旋流器浓缩后，浆液中的石膏浓度增加到约为50%。虽然经水力旋流器浓缩后浆液的石膏浓度提高到50%，但含水量仍然太高，不但增加运输成本，而且储运和利用均较困难，石膏浆液难以作为商品出售。因此，必须将从水力旋流器来的石膏含量约为50%的浆液进一步浓缩、干燥成含水量小于10%的固体，才便于储运和利用，作为商品向外出售。

将石膏从浆液中分离出来的设备种类较多。真空胶带脱水机脱水效率较高，性价比较好。因此，湿法脱硫广泛采用真空胶带脱水机对从水力旋流器来的含50%石膏的浆液进行进一步浓缩和干燥，将石膏从浆液中分离出来成为含水量小于 10%的固体，作为商品向外出售。

102. 为什么真空胶带脱水机的主动辊和从动辊表面要覆盖橡胶层？

答：真空胶带脱水机的主动辊和从动辊采用碳钢制造。钢材与胶带之间的摩擦系数较小，特别是表面有水或冬季胶带较硬时，摩擦系数更小，胶带容易在主动辊和从动辊表面打滑，造成胶带不能正常前进。通过提高胶带张紧力的方法提高胶带与辊轮间的摩擦力，避免胶带打滑，将会因胶带的张紧力较大而导致其使用寿命缩短。

在主动辊和从动辊表面覆盖橡胶层可以大大提高两者的摩擦力，在胶带较小的张紧力下即可防止胶带与辊轮产生滑动，确保胶带正常前进。为了进一步提高摩擦力，主动辊与从动辊覆盖的橡胶层表面有凸出的长条形花纹。

103. 为什么主动辊和从动辊不是圆柱形而是橄榄形？

答：胶带的主动辊和从动辊做成中间大、两端小的橄榄形，可以使主动辊和从动辊上胶带的中部张紧力较大、两边的张紧力较小，从而达到使胶带不易跑偏的目的。

主动辊和从动辊中部比两边高约 3mm，一般眼睛看不出来差别，只有通过测量工具才可以测出差别。

104. 为什么真空胶带脱水机的胶带驱动电动机要采用变频调速？

答：为了避免滤布上的滤饼厚度不均引起石膏脱水率波动和影响冲洗水脱除滤饼中氯离子的效果，要求将滤饼的厚度控制在一定范围之内。

从水力旋流器旋流子底流来的石膏浆液的浓度和数量与很多因素有关，是在不断变化的。如果驱动胶带电动机的转速是固定的，滤布上滤饼的厚度则会随着分布在滤饼上浆液的浓度和数量的变化而变化，难以将滤饼的厚度控制在要求的范围之内。

为了确保将滤饼的厚度控制在要求的范围之内，调节胶带驱动电动机的转速比调节分配在滤布上浆液的数量和浓度更容易，控制精度更高。变频调节可很方便地连续调节电动机的转速，调节质量最好，调节精度很高。

通过安装在滤布上方的超声波测厚仪连续测量滤饼的厚度，当滤饼的厚度超过下限时，自动控制系统降低驱动电动机的转速；反之，则提高驱动电动机的转速。

105. 为什么真空胶带干燥机启动时，要等滤布上布满料 3min 后再启动胶带驱动电动机？

答：真空胶带脱水机启动时，石膏浆液经分配系统流到滤布上，由于此时滤布工作区中的大部分区域还没有被浆液或滤饼所覆盖，大量空气从裸露的滤布上的区域漏入真空室，真空泵难以将漏入的空气及时抽走，真空室的真空度很低，分配到滤布上的浆液脱水率很低，达不到石膏含水率小于 10%的要求。

当滤布有效工作区布满浆液空气不再从裸露的滤布漏入真空室时，启动真空胶带脱水机真空泵，石膏浆液和滤饼布满滤布有效工作区 3min 后，使真空室达到较高的真空，滤布有效工作区的中部和末端上的滤饼含水量小于 10%后，再启动胶带驱动电动机，可以使石膏的含水量从真空胶带脱水机启动时即是合格的。

106. 为什么水平真空胶带脱水机的滤布要安装多个导向轮？

答：水平真空胶带脱水机的滤布自身没有动力驱动，而是需要滤布紧密压紧在胶带上产生的摩擦力，胶带在驱动装置驱动下前进时，带动滤布一起前进。滤布紧密压紧在胶带上确保滤布两侧与胶带之间密封，防止空气短路，从两侧滤布与胶带之间漏入，使得真空降低，导致石膏浆液脱水效果变差。

为了确保滤布冲洗喷嘴的冲洗效果，将残留在滤布上和嵌入滤布孔隙中的石膏冲洗干净，恢复滤布良好的透气、透水性能，滤布在需要冲洗的部位必须胀紧。为了使滤布与胶带之间有足够的摩擦力，滤布必须紧紧压在胶带上，胶带与滤布一同前进。

由于以上几个理由，水平真空胶带脱水机的滤布必须安装多个导向轮，以达到胀紧滤布和保持其行走所需摩擦力的目的，见图 12-24。

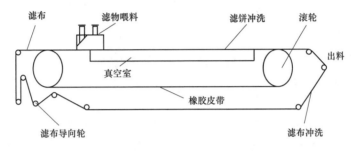

图 12-24　水平真空皮带过滤设备的工艺流程

107. 为什么滤布一面光洁，另一面粗糙？

答：滤布紧贴胶带，依靠滤布与胶带间的摩擦力，胶带带动滤布前进。因此，滤布与胶带接触一面是粗糙的，以增加摩擦力，防止滤布在胶带上滑动不能正常前进。

滤布与浆液接触的另一面光滑，可以使胶带末端的滤饼顺利剥离脱落，进入石膏库，减少滤布上残存的石膏，便于滤布冲洗水将其上残存的石膏冲洗干净，恢复其良好透气、透水性能，确保脱水后的滤饼含水量小于 10%。

108. 为什么滤布要设纠偏装置？

答：滤布自身没有驱动装置，滤布比胶带宽度略窄，依靠张紧机构紧紧地贴在胶带上，依靠滤布与胶带之间的摩擦力随胶带一起前进。

当滤布两侧的张紧力不一致或由于滤布上滤饼重量分布不均时，均会导致滤布跑偏，使滤布的一侧超越胶带。滤布一旦出现跑偏，如不及时采取措施纠偏，滤布的跑偏越来越严重，最终导致真空胶带脱水机无法正常工作。

因此，在滤布的两侧设置跑偏传感器，当滤布跑偏超越胶带时触动传感器，传感器发出信号，纠偏装置动作，对跑偏的滤布施加一个侧向推力，使滤布重新回到正确位置。

109. 为什么氧化空气供给不足时，会导致真空胶带机脱水困难？

答：当氧化空气系统因各种原因而使氧化空气供给不足时，石膏浆液中的石灰石与烟气中 SO_2 反应生成的 $CaSO_3$ 不能被充分氧化成 $CaSO_4 \cdot 2H_2O$。

真空胶带脱水机是利用大气压力与胶带脱水机真空室的压差，将石膏浆液中的水分脱除。由于 $CaSO_4 \cdot 2H_2O$ 结晶的颗粒较大，透水性能较好，在压差的作用下，$CaSO_4 \cdot 2H_2O$ 颗粒间的水分容易析出被脱除，胶带机滤布末端的滤饼含水率可以达到小于 10% 的要求。如果氧化空气系统由于各种原因使氧化空气供给不足时，石膏浆液中 $CaSO_3$ 的含量较多，因 $CaSO_3$ 颗粒较小，透水性较差，滤布上的石膏浆液中的水分不易析出被排除，导致滤布末端滤饼的含水量明显超标，严重时滤饼离开滤布时呈稀泥状。同时，滤布上黏附的石膏不易被清洗干净，滤布的透水透气性能变差，使石膏浆液的脱水更加困难，导致恶性循环。

某脱硫系统运行时，曾出现过石膏浆液脱水困难，滤饼含水量严重超标的情况，反复调整真空胶带机的运行参数和方式，始终未见效果。进一步检查发现，氧化风机出口法兰泄漏，压力降低，氧化空气不能进入吸收塔，$CaSO_3$ 不能被氧化成 $CaSO_4 \cdot 2H_2O$。将泄漏消除，氧化空气供给正常后，真空胶带机恢复正常脱水。

110. 为什么要设气液分离器？

答：来自石膏浆液旋流器底流的石膏浆液通过分配机构均匀地流到滤布上后，在大气压力和真空室压力之间压差作用下，石膏浆液中的水分透过滤布的孔隙经胶带横向沟槽流入胶带中部的小孔后进入真空室成为滤液，然后汇入滤液总管。

由于一部分空气随石膏中的水分一同透过滤布孔隙进入真空室，另一部分空气从不严密处漏入真空系统，为了保持真空系统的真空度，以确保石膏滤饼的含水量小于 10%，必须要用真空泵将漏入真空系统的空气连续地抽走。为了防止滤液随空气进入真空泵，增加真空泵的负荷和滤液中小粒径石膏对真空泵的磨损，滤液总管中的气液混合物进入气液分离器进行气液分离。分离后的空气从气液分离器的顶部流入真空泵后排至大气，滤液从下部流出进入滤液水箱加以回收。

111. 为什么要在胶带下部设摩擦带？

答：真空室是静止的，而胶带是沿真空室表面移动的，如果胶带直接与真空室接触，不但胶带磨损后更换成本很高，工作量很大，而且胶带与真空室之间的密封性能很难保证。

在胶带与真空室之间设置较窄且柔软光滑的摩擦带，由于胶带与摩擦带之间没有相对运动，胶带不会出现磨损，摩擦带与胶带一起沿真空室表面移动。摩擦带与真空室表面之间有水润滑和冷却，摩擦带的磨损较轻，即使运行一段时间磨损达到一定程度需要更换时，更换摩擦带的费用和工作量均较少。采用摩擦带还可以提高真空室的密封性能。

112. 为什么摩擦带与真空室表面之间要有冷却水？

答：摩擦带承受上部胶带、滤布和石膏滤饼的重量，与胶带一起沿真空室表面移动时产生摩擦，摩擦带与真空室表面的冷却水，一方面可以起到润滑、降低摩擦力的作用；另一方面可以冷却摩擦带，降低其温度，达到减少电动机的功率，延长摩擦带工作寿命的目的。

冷却水还可以提高摩擦带的密封性能，防止或减少空气漏入真空室。

113. 真空室的升降机构有什么作用？

答：由于摩擦带与胶带之间没有间隙，摩擦带依靠与胶带之间的摩擦力，在胶带的带动下一起向前运动。摩擦带与胶带之间没有相对运动，依靠价廉的摩擦带的磨损保护了价格昂贵的胶带，使之避免磨损，因此，摩擦带是易损件，需要定期更换。

由于摩擦带与上部的胶带和下部的真空室几乎没有间隙，只有通过真空室的升降机构将真空室降低后，才能有空间更换摩擦带。摩擦带更换结束再通过升降机构将真空室提高至原有的高度，使摩擦带恢复正常工作。

114. 为什么要设胶带冲洗喷嘴?

答:从水力旋流器来的含有 40%~50% 石膏的浆液,通过浆液分布装置均匀分布在胶带上部的滤布上。绝大多数 $CaSO_4$ 和 $CaCO_3$ 及其他杂质的粒径大于滤布孔隙的直径而被阻留在滤布上,在大气压力与真空室压力差的作用下,浆液中的绝大部分水分被滤除,通过下部胶带上的横向槽道流向中间的两个小孔,流入真空室后经软管进入气水分离器。

石膏浆液中有少量粒径小于滤布孔隙直径的 $CaSO_4$ 和 $CaCO_3$ 及其他杂质透过滤布进入胶带上的横向槽道。为了防止透过滤布的固体颗粒沉积在胶带的槽道内,滤液不能畅通流入真空室,通常设置胶带冲洗喷嘴,用水将沉积在胶带横向槽道内的石膏颗粒冲洗干净。

115. 为什么滤布要用水冲洗?

答:从水力旋流器底流来的石膏含量为 40%~50% 的浆液均匀分配在滤布上,经真空脱水后,在胶带机的末端含水量小于 10% 的石膏滤饼落入下部的石膏库。石膏滤饼从滤布上剥落后,部分石膏会黏附在滤布上将滤布上的孔隙堵塞,滤布的透水透气性能降低,导致真空脱水机的脱水性能变差,进入石膏库的石膏含水量增加。

为了将黏附在滤布孔隙和滤布上残剩的石膏清除干净,恢复和保持滤布良好的透水透气性能,要设置冲洗喷嘴连续对滤布进行冲洗。

通常沿滤布的宽度安装若干喷嘴,清洁的水经滤布冲洗泵升压后从喷嘴喷出,水流将黏附在滤布孔隙和滤布上的残存石膏等固体颗粒彻底清除,恢复和保持滤布的透水透气性能。

116. 为什么除雾器、滤布、胶带等冲洗喷嘴通常采用轴向喷嘴?

答:轴向喷嘴内部装有旋流片,液体雾化后可以得到实心锥流形。

采用轴向喷嘴得到的实心锥流形有利于所有需要冲洗的部位均得到充分的冲洗,在喷嘴数量较少、覆盖率较低的情况下,得到较好的冲洗效果。

虽然轴向喷嘴因内部有旋流片和出口直径较小而容易引起堵塞,但由于冲洗用的工艺水杂质含量很少,同时在工艺水泵或管道上安装有过滤器,可以有效防止喷嘴堵塞。

117. 为什么滤布冲洗水要安装低水压报警器?

答:滤布上的滤饼排入石膏库后,虽然滤布上残留的石膏大部分被刮板刮除,但仍有少量的石膏残存在滤布表面和嵌在滤布的孔隙中,必须要将滤布上残存的这部分石膏冲洗干净,才能恢复滤布良好的透水和透气性能,使滤饼的含水量降至 10% 以下。

通常在滤布的前方沿滤布的宽度安装了多个喷嘴,采用工艺水对滤布运行冲洗。

为了将残存在滤布上和嵌入滤布孔隙中的石膏冲洗干净,必须使冲洗水流保持较高的流速,具有较高的动能。由于喷嘴的数量和总截面积是固定的,只要保持不低于规定的冲洗水压力,就可以获得所需要的冲洗水流速,从而保证对滤布良好的冲洗效果。因此,滤布冲洗水要安装低水压报警器,当冲洗水压力低于规定值时报警,提醒运行人员及时调整、增加冲洗水压力。

118. 为什么要连续测量滤饼的厚度?

答:从水力旋流器底流来的石膏浓度约为 50% 的浆液,经浆液分配器均匀分配在滤布上,在大气压力和重力作用下,浆液中 90% 以上的水分被滤掉而形成滤饼。滤饼厚度过大,一方面由于阻力增大,不利于水分的滤出,造成滤布末端的滤饼水分超标;另一方面,不利于滤饼冲洗水将滤饼中的氯离子降至允许的标准之下。

滤饼厚度过小，虽然因阻力降低而有利于滤饼中水分的滤出，通过滤饼冲洗水降低滤饼中氯离子含量，但是由于阻力过小，甚至滤布局部地区没有滤饼覆盖，空气大量漏入造成真空度下降，不利于滤饼水分的脱除。同时，滤饼厚度过小也会使真空胶带机的生产能力下降。

因此，为了使石膏中的水分和氯离子含量达标，又保持较高生产能力，应保持滤饼适当的厚度，为此需要连续测量滤饼的厚度。当滤饼厚度过大时，应提高胶带的速度或减少浆液供给量；反之，当滤饼厚度过小时，应降低胶带的速度或增加浆液的供应量。

119. 为什么要对滤饼进行冲洗？

答：经水力旋流器浓缩后的石膏浆液均匀分配在真空脱水机的滤布上，在大气压力和重力的作用下，90%以上的水被滤掉，石膏浆液被脱水浓缩成具有一定厚度的饼状石膏，称为滤饼。

工艺水中含有氯离子，石膏浆液自上而下与自下而上的原烟气逆流传热传质后，绝大部分 SO_2 被浆液吸收，因为浆液中部分水分被蒸发，所以浆液中氯离子的浓度增加。石灰石粉和烟气中飞灰中含有的氯化物也会使浆液中的氯离子浓度增加。石膏浆液中的氯离子在真空脱水机的脱水过程中，大部分随滤液带走，小部分残留在滤饼中。

滤饼中氯离子含量过高会使石膏质量下降，甚至不合格。因为产生氯离子的氯化物易溶于水，因此，在滤饼上方设置喷嘴，自上而下对滤饼进行冲洗，可使滤饼中大部分氯离子进入冲洗水中而随滤液带走，从而降低了滤饼中氯离子含量。

120. 为什么滤饼冲洗水要安装低流量报警器？

答：吸收塔中石膏浆液的氯离子含量较高。虽然石膏浆液由石膏排出泵升压经石膏旋流器一级脱水和真空胶带机二次脱水后，大部分浆液中的氯离子随脱去的水排掉重新回到吸收塔，但经两级脱水后滤饼中仍含有接近10%的水分。石膏滤饼在石膏库储存和运输过程中经自然干燥，水分蒸发，而氯离子残留在石膏中，使石膏的品质下降。

由于氯化物易溶于水，所以，通常石膏浆液在滤布上形成滤饼后，在滤布上方沿滤布宽度安装了多个喷嘴，用工艺水冲洗滤饼，滤饼中的氯化物大部分溶于水中，并随被真空胶带脱水机脱除的水分进入滤液水箱。

由于冲洗水对滤饼冲洗的时间很短，为了在很短的冲洗时间内将滤饼中大部分氯离子洗掉，使石膏的氯离子含量低于规定的标准，必须保持较大的冲洗水量，所以，滤饼冲洗水要安装低流量报警器，当冲洗水流量低于规定值时报警，提醒运行人员及时调整、增加冲洗水量。

121. 为什么滤饼冲洗喷嘴应安装在胶带有效脱水区的中部靠后位置？

答：对滤饼采用工艺水进行冲洗是降低石膏氯离子含量、提高石膏品质简单且有效的方法，被广泛采用。

真空室上部胶带对应的部位是有效脱水区。滤饼冲洗喷嘴安装的位置要兼顾冲洗效果好、石膏氯离子含量下降幅度大和石膏含水量小于10%要求。

如果冲洗喷嘴安装在有效脱水区中部靠前的位置，虽然因剩余的有效脱水区较长而有利于降低石膏的含水量，但是该部位是浆液刚刚形成滤饼的区域，滤饼中的水分含量较高，在该部位冲洗滤饼，因冲洗后的液体中氯离子的含量仍较高而导致石膏残余的水分中氯离子含量也随之升高，冲洗效果较差，不能将石膏中氯离子的含量降低到规定的标准。如果将冲洗喷嘴安装在有效脱水区的后部，虽然该处石膏的含水量较低，在该部位冲洗，冲洗后的液体和石膏中残存水分的氯离子含量较低，冲洗效果好，有利于大幅度降低石膏的氯离子含量，但是因剩余的有效脱水区较短，难以将石膏的含水量降至10%以下。

因此，将滤饼冲洗喷嘴安装在胶带有效脱水区中部最后的位置，可以同时满足冲洗后石膏滤饼氯离子含量和含水量低于标准要求。

第七节　GGH

122. 为什么 GGH 通常不采用管式而采用回转式？

答：GGH 通常不采用管式而采用回转式主要有以下几个原因。

（1）GGH 的加热介质原烟气和被加热介质净烟气之间的传热温差很低，传热量较大，要将约50℃的净烟气加热到约80℃，原烟气温度仅约为140℃，需要的传热面积很大。管式再热器每立方米具有的传热面积很少，体积庞大的管式再热器布置较困难，特别是没有预留脱硫场地的旧机组布置较困难，而回转式再热器每立方米具有很多的传热面积，体积小，占地少，便于现场布置。

（2）由于原烟气和净烟气温度均较低，传热面壁温低于烟气露点，原烟气和净烟气均会对壁面产生低温腐蚀。管式再热器是原烟气净烟气同时流过管子，一旦管子因腐蚀穿孔，压力高的原烟气大量漏入净烟气，导致脱硫效率明显下降。回转式再热器因为原烟气和净烟气先后流过传热面，所以传热面腐蚀穿孔不会导致原烟气向净烟气泄漏量增加，引起脱硫效率下降。

（3）原烟气脱硫后携带浆液离开脱硫塔前虽然经两级除雾器脱除绝大部分浆液，但仍会含有约 100mg/m³ 浆液的净烟气流过 GGH 时，被原烟气加热后，水分蒸发，携带的浆液沉积在传热面上，必须定期吹灰才能降低热阻和防止因烟气流通面积减少而导致的通风阻力增加。管式再热器无论净烟气流经管内或管外，一旦积灰，吹灰较难清除，而回转式再热器传热面积灰吹灰较易清除。

123. 原烟气通过 GGH 对净烟气加热有什么优点和缺点？

答：来自锅炉温度较高的原烟气通过 GGH 对净烟气加热有很多优点，以目前采用最多的回转式 GGH 为例进行比较。

（1）利用高温原烟气自身含有的热量对净烟气进行加热，不需要额外消耗蒸汽或燃料，运行成本明显降低。

（2）高温原烟气通过 GGH 将热量传给净烟气后，进入吸收塔的原烟气温度降低，不但有利于提高脱硫效率，而且可以减少循环浆液水分的蒸发量，降低工艺水的补水量。

（3）浆液水分蒸发量减少，可以降低吸收塔出口的烟气总量，降低增压风机的耗电量。烟气中水蒸气分压降低，可以降低烟气露点，有利于减轻腐蚀。

（4）与采用部分未经脱硫的高温原烟气与净烟气混合加热相比，可以实现脱硫效率大于或等于95%的目标。

原烟气通过 GGH 对净烟气加热也存在以下缺点。

（1）由于原烟气与净烟气的传热温差较低，为了将净烟气加热到所需的温度，GGH 的传热面积很大，GGH 传热面和外壳均在较严重的腐蚀工况下工作，要采用耐腐蚀性能良好的材质或涂料，同时，回转式 GGH 的结构较复杂，导致 GGH 的设备费用很高，约占脱硫系统总设备费用的 10%~17%。

（2）由于传热元件布置很紧凑，同时传热元件的表面温度低于烟气露点，容易积灰，所以导致烟气流动阻力较大。在传热面清洁的情况下，阻力约为 1000Pa，占脱硫系统总阻力的 25%~40%，积灰较严重时，阻力可达 1700Pa，约为系统总阻力的 50%，增压风机所需的风压较高，导致其耗电量增加。

（3）大部分增压风机布置在 GGH 的上游，原烟气的压力高于净烟气压力，原烟气漏入净烟气导致脱硫效率下降，GGH 原烟气泄漏率与脱硫效率下降的百分率大体相等。需要设置低泄漏风机，抽取净烟气升压后送至密封处，防止原烟气漏入净烟气，增加了设备投资。

（4）传热量不可调节，当锅炉负荷下降，排烟温度降低时，净烟气加热后的温度偏低。

通过以上比较，原烟气通过 GGH 对净烟气加热的优点多于缺点，是目前大容量锅炉脱硫系统采用最多的加热方式。

回转式烟气再热器见图 12-25。

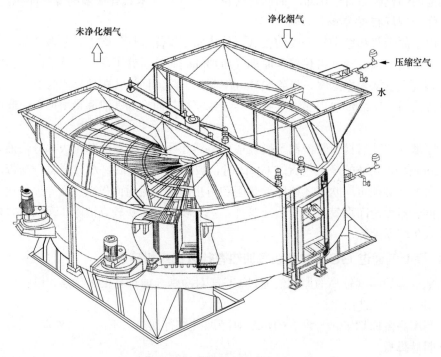

图 12-25　回转式烟气再热器

124. 为什么 GGH 下部轴承的温度明显高于上部轴承？

答：GGH 下部轴承除了起到定位作用，保持转子与外壳同心外，还要承受转子的全部重量和原烟气与净烟气压差形成的水平推力。由于转子主要由大量格仓和传热元件组成，其重量很大，所以 GGH 工作时下部轴承摩擦产生的热量较多。GGH 通常采用逆流传热，温度高的原烟气从下部流入、上部流出，温度低的净烟气从上部流入、下部流出。因 GGH 下部的温度较高、下部轴承的散热条件较差而使下部轴承的温度较高。

GGH 上部轴承除起到定位作用，保持转子与外壳同心外，仅承受原烟气与净烟气压差形成的水平推力，水平推力较转子的重力小，同时，转子的上部温度较低，上部轴承的散热条件较好。

由于上述原因，GGH 下部轴承温度明显高于上部轴承。

125. 为什么 GGH 下部的支承轴承由油站供油，而上部的导向轴承没有通过油站供油?

答：GGH 下部的支承轴承不但要承担传子全部的重量，还要承受原烟气侧压力与净烟气侧压力之差形成的水平推力。因为摩擦力大，产生的热量较多，GGH 采用逆流传热下部温度较高，散热条件较差，仅靠轴承和润滑油的散热，难以将轴承温度控制在允许的范围之内。所以，需要设置油站将下部支承轴承内的油用油泵抽出，经冷油器冷却，温度降低后回到轴承。轴承工作时产生的热量被冷却水带走，从而使支承轴承的温度控制在允许的范围内。

GGH 上部的轴承起到定位、导向，保持 GGH 转子和外壳同心的作用，同时也承受原烟气侧和净烟气侧压力差形成的水平推力。由于原烟气侧与净烟气侧压力差较小，仅有几百帕，产生的水平推力不大，GGH 上部的导向轴承工作时，不但产生的热量较少，而且 GGH 上部温度较低，散热条件较好，仅靠轴承和润滑油的散热即可维持轴承的温度不超标，所以，GGH 上部的导向轴承不通过油站供油。

126. 为什么回转式 GGH 不允许反转?

答：虽然 GGH 转子中的传热元件，轮流通过原烟气区和净烟气区，从传热的角度考虑，GGH 正转或是反转不会有什么区别，但是由于为了使转子中的换热元件从原烟气区进入净烟气区前，将换热元件中携带的原烟气吹出，并置换成净烟气，以防止未经脱硫的原烟气进入净烟气，导致脱硫效率下降，在换热元件由原烟气区进入净烟气区的上部扇形密封板上，开有一长条形喷口。净烟气经低泄漏风机升压后，从上部扇形密封板的长条形喷口喷出，在将从原烟气区来换热元件中的原烟气吹出的同时，置换成净烟气。

因为只在换热元件由原烟气区进入净烟气区的那块上部扇形密封板上开有长条形喷口，而另一块上部扇形密封板上没有喷口，所以，只有按厂家规定的 GGH 旋转方向旋转，才能避免换热元件从原烟气区携带原烟气进入净烟气，导致脱硫效率下降。

回转式 GGH 原烟气侧和净烟气侧有径向、轴向和周向三个间隙，通常采用密封片对 3 个间隙进行密封，以避免和减少正压的原烟气向负压的净烟气泄漏，导致脱硫效率下降。密封片下端是倾斜的，只能沿一个方向旋转，反转密封片易损坏，密封效果变差。

127. GGH 有哪几种密封片?

答：为了防止压力高的原烟气通过 3 个途径向压力低的净烟气泄漏，GGH 装有 3 种密封片。

（1）径向密封片。由径向密封片和上下共 4 块扇形板组成的径向密封装置，防止原烟气从径向漏入净烟气。

（2）轴向密封片。由轴向密封片和两侧共 2 块轴向密封板组成的密封装置，防止原烟气从轴向漏入净烟气。

（3）旁路密封片。由旁路密封片和转子外缘组成的旁路密封装置，防止一部分原烟气和净烟气不经过换热元件而从转子与外壳之间的环形间隙泄漏，同时也可以减少原烟气漏入净烟气的数量。

128. 为什么要采用密封片来调整和控制回转式 GGH 的各部分间隙？

答：回转式 GGH 存在轴向、径向和环向 3 种间隙。由于设计、制造和安装存在误差，同时 GGH 工作时，由于转子下部温度高、上部温度低会产生变形和转子与外壳存在胀差，要在安装时对 3 种间隙按设计要求进行调整。

如果采用改变转子或外壳的尺寸来调整 3 种间隙，制造和安装的难度均很大。一旦由于各种原因使得间隙偏大，会使原烟气向净烟气的泄漏量增加，如果出现负间隙，则会使转子与外壳产生摩擦和碰撞，导致设备损坏。

采用密封片对 3 种间隙进行调整和密封，制造和安装均比较容易和方便。密封片上开有可以调节高度的长条形孔，在现场安装时可以根据需要移动密封片来达到设计所需要的间隙。由于各种原因导致各密封部位的间隙为负值时，密封片较薄且富有弹性，有的密封片采用工作温度较高的聚四氟乙烯制作，只会产生摩擦，不会产生剧烈的碰撞，不会造成设备的损坏。经过一段时间的运行磨合，负间隙就会慢慢消失。

在定期检修检查时，发现因密封片磨损而导致间隙超标时，可以很方便地通过调整或更换密封片的方法加以解决。因此，GGH 在轴向、径向和环向均安装有减少泄漏的密封片。

129. 为什么 GGH 的原烟气向净烟气泄漏难以完全避免？

答：GGH 中原烟气侧与净烟气侧的压差较大，在压差最大的原烟气入口和净烟气出口处，压差约为整个脱硫系统的压降，在压差最小的原烟气出口和净烟气入口处，压差约为吸收塔（含布置在吸收塔外的水平流除雾器）的压降。原烟气和净烟气之间的压差是原烟气向净烟气泄漏的动力。

由于 GGH 转子中的传热元件旋转轮流通过原烟气区和净烟气区，为了避免出现转子与外壳和扇形板碰撞或摩擦，必须在径向、轴向和环向留有间隙。虽然 GGH 安装有径向、轴向和环向密封片，每种密封片采用不同的安装间隙以满足转子下部温度高、上部温度低会出现倒蘑菇形变形后的密封要求，但是由于膨胀量和变形量难以计算得很准确，运行工况和设计工况难以完全相符，密封装置的制造和安装间隙也难以完全满足设计要求。因此，GGH 中原烟气向净烟气泄漏是难以完全避免的，只能采取各种技术措施降低原烟气向净烟气泄漏的数量。

设计合理、设备制造质量和安装质量良好、运行正常的 GGH 的泄漏量可以达到小于 1% 的水平。

130. 为什么 GGH 安装后投用初期电动机电流波动较大？

答：由于大型脱硫装置的 GGH 大多采用回转式，为了尽量减少压力较高的原烟气向压力较低的净烟气泄漏，导致脱硫效率下降，除采用低泄漏风机进行密封外，GGH 的转子与外壳和扇形板固定部分设有径向、轴向和旁路三种密封片。

三种密封片的设计和安装间隙均很小，GGH 转子下部的径向密封片与扇形板的间隙内侧和外侧均为零，密封片最大的安装间隙也仅为 8.5mm。由于 GGH 转子的直径和质量较大，制造和安装的精度不是很高，运行时产生变形和晃动是难以完全避免的。

原烟气自下而上与自上而下的净烟气在 GGH 内是逆流传热，运行时转子的下部温度高、上部温度低，转子会出现向下凹的变形。由于理论计算和安装存在误差，所以在运行初期密封片出现一些碰撞和摩擦是难以完全避免的。当部分密封片出现碰撞和摩擦时，因阻力矩增大而导致电动机电流上升，当密封片不出现碰撞和摩擦时，电流恢复正常，从而造成 GGH 投产初期电流波动。

运行一段时间后，经过不断磨合，当密封片不再出现碰撞和摩擦时，阻力矩下降且不再变化时，电动机的电流逐渐降低和稳定下来。

131. 为什么 GGH 换热器元件钢片表面要搪瓷？

答：GGH 换热元件是由许多垂直的钢片并列组成。由于原烟气通过换热元件将热量传给净烟气后，温度有可能低于烟气露点，特别是燃煤的含硫量较高时，这种可能性增大。净烟气从脱硫塔出来时温度为 $45\sim50℃$，所含的水蒸气处于饱和状态，烟道的散热有可能产生凝结水，同时，虽然经过两级除雾器除去净烟气携带的绝大部分浆液，但仍然含有少量的浆液。原烟气经过脱硫塔后，95% 以上的 SO_2 被脱除，残余的 SO_2 使凝结水具有较强的腐蚀性，浆液的 pH 值为 $5.5\sim5.8$，同样具有腐蚀性。

因此，换热元件钢片两面覆盖耐酸搪瓷，使其具有良好的耐酸腐蚀性能，可以大大延长其使用寿命。

搪瓷表面较光滑，积灰的附着力较低，当净烟气携带的浆液水分蒸发后，$CaSO_4$ 沉积在搪瓷表面，容易通过压缩空气吹除或被工艺水冲洗掉。

与其他非金属材料相比较，搪瓷的导热系数较高，同时，因为在原烟气通过换热器向净烟气传热过程中，主要热阻在原烟气侧和净烟气侧，搪瓷的热阻很小，所以可以忽略不计。

与采用含合金元素较多的防腐蚀性能较好的高合金钢相比，钢片覆盖耐酸搪瓷不但成本较低，而且硬度较高，耐磨性能较好。

由于换热元件钢片覆盖耐酸搪瓷优点较多而被广泛采用。某脱硫工程，从日本进口的 GGH 换热器组的钢片厚度为 0.75mm，搪瓷的厚度为 0.4mm。

132. 为什么 GGH 的边缘传动装置安装布置在净烟气区？

答：GGH 有中心传动和边缘传动两种传动方式。当采用边缘传动时，电动机通过减速箱后由小齿轮带动设置在转子圆周上的大齿轮，使转子转动。传动装置的支架焊接在 GGH 的外壳上，减速箱的小齿轮与转子上大齿轮的啮合部位在 GGH 转子和外壳之间的环形间隙内。

为了确保原烟气和净烟气从 GGH 的传热元件流过，尽量减少原烟气通过转子和外壳间的环形间隙漏入净烟气，在环形间隙的上、下部位均设有旁路密封片。由于净烟气的温度较低，含尘量较少，GGH 边缘传动装置布置在净烟气区，可以减轻齿轮的磨损和降低齿轮和减速箱的温度，有利于延长齿轮传动装置的使用寿命和减少维修工作量。

133. 为什么 GGH 转子最外侧要留一组换热元件最后安装？

答：GGH 采用边缘传动较多。通常转子格仓安装结束，换热元件吊入格仓后，测量传动齿轮间的咬合高度和间隙，然后安装转子的轴向密封片。

转子外缘与 GGH 外壳内壁的间隙较小，通常要留转子最外圈的一个格仓内暂时不装换热元件，以便质量检验人员进入该格仓，检验测量传动装置的齿轮咬合高度和间隙，以及转子上的轴向密封片与主支座弧形板之间的间隙。GGH外壳内侧与转子外缘相对应部分的玻璃鳞片的防腐施工和检验，也需要施工人员在该空格仓内进行。

当施工和各项检验全部合格后，将最后一组换热元件装入该格仓内。

134. 为什么边缘传动的减速装置要设疏水管？

答：边缘传动装置减速箱的小齿轮与GGH转子上大齿轮的啮合部位在净烟气区的转子与外壳的环形间隙内。虽然环形间隙上、下没有旁路密封片，但仍有少量未经传热元件加热的净烟气从环形间隙流过，即净烟气区的环形间隙内充满了未经加热的净烟气。

由于净烟气的温度较低，未经加热的净烟气中的水蒸气呈饱和状态，因散热而使净烟气中的水蒸气凝结，其凝结水中含有硫酸而具有较强的腐蚀性。为了防止酸性凝结水对齿轮减速装置产生腐蚀，缩短使用寿命和增加维修费用，在减速装置的底部设有疏水管，疏水管上不设阀门，减速装置形成的凝结水及时通过疏水管排入GGH后的净烟道内。

135. 怎样判断和掌握GGH积灰的程度？

答：GGH传热元件积灰的主要原因，是因为净烟气虽然经两级除雾器除去绝大部分携带的浆液，但仍有约 $100mg/m^3$ 的浆液进入GGH，浆液中的水分被蒸发后，石膏沉积在GGH的传热元件上。虽然净烟气中携带的浆液仅约为 $100mg/m^3$，但烟气量很大，沉积在GGH传热元件上的石膏总量仍然较高。在设计时已经考虑了积灰对传热和流动阻力的影响，计算出正常和允许的积灰状况下，原烟气、净烟气的出口温度和原烟气侧、净烟气侧的进出口压差。

因此，在脱硫系统运行中，操作人员应该记住正常情况下GGH原烟气、净烟气出口温度和原烟气侧、净烟气侧进出口的压差，一旦发现原烟气出口温度明显上升和净烟气出口温度明显下降，原烟气侧和净烟气侧进出口压差明显上升，则说明GGH传热元件积灰较多，需要进行吹灰。

136. 为什么GGH吹灰器的压缩空气管和高压水管上分别装有止回阀？

答：由于GGH的吹灰器既可以用压缩空气吹灰，也可以用高压水除灰，两种工质在吹灰器内共用一根管道和喷嘴。为了防止采用压缩空气吹灰时，压缩空气进入高压水系统或采用高压水除灰时，高压水进入压缩空气管道，分别在压缩空气管道和高压水管道上装有止回阀。

137. 为什么GGH的原烟气是自下而上流过，而净烟气是自上而下流过？

答：由于轴流式增压风机通常安装在地面，原烟气从位置较低的增压风机出来，从下部进入位置较高的GGH，这样布置不但烟道最短、阻力最小，而且布置方便。净烟气从吸收塔顶部出来，自上而下直接进入位置较低的GGH，同样具有烟道最短、阻力最小和布置最方便的优点。

原烟气对GGH的传热面自下而上进行加热，而净烟气对GGH的传热面自上而下进行冷却，可以实现逆流传热，提高了GGH的传热温差，达到节省GGH传热面积、提高净烟气出口温度的目的。

138. 为什么GGH的吹灰器布置在原烟气侧？

答：从吸收塔出来的净烟气温度较低，为 $40\sim50℃$，其中含有少量未被一级和二级除雾器完全除去的石膏浆液。当GGH的传热元件进入净烟气区时，传热元件在净烟气的冷却下，其表面温度较低，净烟气携带的浆液黏附在上面，其中的水分还没有完全蒸发。如果吹灰器布置在净烟气区，则不易将换热元件表面黏附的石膏吹除干净。

当 GGH 的传热元件进入原烟气区时，在原烟气的加热下，传热元件的表面温度升高，黏附在上面的浆液被进一步加热和干燥，石膏中的水分被蒸发，传热元件表面的积灰较疏松，容易被压缩空气吹除，吹灰的效果较好。

吹灰器布置在原烟气侧，还可以使吹除的灰随原烟气进入吸收塔被浆液吸附，避免了吹灰器布置在净烟气侧，吹除的灰随净烟气从烟囱排放，造成对环境的污染。

由以上分析可以看出，GGH 的吹灰器布置在原烟气侧，具有吹灰效果好和吹除的灰不会随烟囱排出，污染环境等优点。

139. 为什么 GGH 原烟气侧的温降大于净烟气侧的温升？

答：GGH 是利用从锅炉来温度较高的原烟气加热温度较低从脱硫塔来的净烟气。原烟气在 GGH 入口与出口温度之差称为温降，而净烟气在 GGH 出口与入口温度之差称为温升。从热平衡角度看，如果忽略散热损失，原烟气的温降应等于净烟气的温升，但是运行数据表明，原烟气的温降通常明显大于净烟气的温升，见表 12-3。

之所以会出现这种情况主要是以下几个原因造成的。

（1）原烟气进入吸收塔后与浆液逆向流动，浆液被烟气加热，浆液中的一部分水被蒸发成水蒸气，以及空气从不严密处漏入 GGH 的净烟气侧，使净烟气量大于原烟气量。

（2）净烟气离开脱硫塔前经过两级除雾器除去了大部分携带的浆液，但仍有约 100mg/m^3（标准状态）的浆液随净烟气离开脱硫塔进入 GGH。浆液中约 80% 是水分，水分在 GGH 中被加热面加热成水蒸气，而浆液中的石膏则沉积在 GGH 的传热面上。由于水的汽化潜热较高，原烟气中的一部热量消耗在蒸发浆液中的水分上，用于加热净烟气使其温升的热量减少，导致净烟气温升降低。

（3）由于烟道和 GGH 不可避免地存在散热损失，原烟气温度高、散热多，净烟气温度低、散热少，导致 GGH 原烟气的温降大于净烟气的温升。

通过以上分析可以看出，运行中 GGH 原烟气温降大于净烟气温升是正常的。平时应该掌握正常运行时温降与温升的差值范围，如果出现两者差值过小，甚至出现温降小于温升的情况，应及时查明原因予以清除。

140. 为什么 GGH 原烟气侧向净烟气侧泄漏会导致脱硫效率下降？

答：由于原烟气侧的压力比净烟气侧的压力高，原烟气会通过轴向间隙、径向间隙和环向间隙漏入净烟气。

原烟气是未经脱硫的烟气，二氧化硫含量很高，而净烟气是经过脱硫的烟气，二氧化硫含量很低，仅为原烟气的 3%～5%。从 GGH 流出的净烟气通过净烟道进入烟囱，测量脱硫后的净烟气二氧化硫测点安装在进入烟囱的净烟道上。

漏入净烟气中的原烟气数量就相当于这部分原烟气未经脱硫直接排入烟囱，因净烟气中的二氧化硫增加而导致脱硫效率下降。原烟气泄漏的数量越多脱硫效率下降的幅度越大。因此，从设计、安装、维修等各个环节确保 GGH 较低的泄漏率对提高脱硫效率很重要。

141. 原烟气通过哪几种途径漏入净烟气？什么是 GGH 的泄漏率？

答：由于原烟气的压力高于净烟气压力以及旋转的传热面轮流经过原烟气区和净烟气

区，原烟气可以通过径向、轴向和环向三个间隙漏入净烟气。传热元件从原烟气区进入净烟气区时，通过携带将原烟气带入净烟气。

因此，GGH中的原烟气漏入净烟气是难以完全避免的。

原烟气漏入净烟气的数量占原烟气的体积百分比称为GGH的泄漏率。

142. 采取哪些措施降低GGH的泄漏率？

答：原烟气是未经脱硫的烟气，其SO_2含量很高。通过GGH漏入净烟气的原烟气未经脱硫直接随净烟气排入大气，因此，GGH的泄漏率与脱硫效率下降的百分率是大致相同的，即GGH的泄漏率为1%，则脱硫效率下降1%。因此，采取各种措施降低GGH的泄漏率是提高脱硫效率的重要途径之一。

通常采用以下几种措施降低GGH的泄漏率。

（1）安装径向、轴向和环向密封片降低原烟气通过径向、轴向和环向三个间隙的泄漏量。

（2）根据GGH运行中因转子上部温度低、下部温度高，转子出现倒蘑菇状变形，产生不均匀的径向和轴向间隙，安装时径向密封片采用由里到外和轴向密封片由上到下不同的安装间隙，以适应转子的蘑菇状变形，达到减少密封间隙，降低泄漏量的目的。

（3）设置低泄漏风机抽取加热后的净烟气，压力升高后送至原烟气和净烟气交界处，形成净烟气幕，防止原烟气漏入净烟气侧。

（4）将低泄漏风机出口的净烟气送至扇形板的下部，经扇形板上条形槽口喷出，在进入净烟区前将从原烟区来的传热元件中携带的原烟气吹出，置换成净烟气。

143. 为什么GGH净烟气出口温度随着锅炉负荷的降低而下降？

答：GGH是利用温度较高的原烟气加热温度较低的净烟气。

引风机入口原烟气的温度是锅炉的排烟温度，原烟气经过引风机和增压风机后温度通常要升高几度，与增压风机出口至GGH入口烟道因散热而使原烟气温度降低的幅度大体相同，因此，GGH原烟气入口温度与锅炉的排烟温度大体相等。

锅炉的排烟温度不是固定不变的，而是随着锅炉负荷的降低而下降。锅炉负荷降低一方面由于GGH原烟气入口温度降低，导致GGH的传热温差降低；另一方面，原烟气和净烟气量降低，烟速下降，使得GGH的传热系数下降，因传热量减少，净烟气吸热量减少而使GGH净烟气出口温度降低。锅炉负荷降低还使进入吸收塔的原烟气温度降低，导致吸收塔出口的净烟气温度也随之降低。因此，GGH净烟气出口温度随着锅炉负荷的降低而下降。

脱硫系统设计时GGH的传热面积要考虑因锅炉负荷降低时也能将净烟气加热到所需的温度，而应有一定裕量。

144. 为什么GGH原烟气侧的进、出口压差比净烟气侧压差大？

答：虽然进入GGH的净烟气量比原烟气量大约6%，但GGH原烟气进、出口平均温度比净烟气平均温度高70%~80%。见表12-3。

表12-3　　　　　　　　　GGH净烟气原烟气进、出口及平均温度

机组容量（MW）	净烟气温度（℃）			原烟气温度（℃）		
	入口	出口	平均	入口	出口	平均
300	45.6	80	62.8	137.7	97.4	117.6
600	45.3	80	62.7	125.1	87.5	106.3

由于 GGH 的传热元件是旋转轮流经过净烟气区和原烟气区，其进、出口压差与烟气的密度和烟速的平方成正比，虽然原烟气的密度比净烟气低，但因原烟气的流速比净烟气高而使 GGH 原烟气侧进、出口的压差仍然比净烟气侧进、出口压差大。

145. 为什么回转式 GGH 因故障而停止时，脱硫系统要停止运行？

答：当回转式 GGH 因故障而停止时，原烟气得不到冷却，GGH 原烟气出口温度若忽略散热损失，约为锅炉的排烟温度。原烟气温度超过烟道防腐材料允许的使用温度，将会导致防腐层损坏或寿命缩短。

原烟气进入吸收塔的温度升高，不利于循环浆液对烟气中的 SO_2 吸收，导致脱硫效率下降。

GGH 停止转动时，净烟气得不到加热，GGH 净烟气出口的温度为吸收塔出口净烟气温度。由于吸收塔出口净烟气温度较低，且含有较多的饱和状态的水蒸气，在净烟道内流动过程中因散热而会有凝结水产生，不但会对烟道、烟囱、挡板产生腐蚀，而且因烟气温度较低而不利于烟气离开烟囱后的扩散，烟气中的凝结水下落也会污染环境。

GGH 停止转动后，因净烟气区和原烟气区温差较大，转子产生较大的变形，原烟气向净烟气泄漏的数量明显增加而导致脱硫效率下降。

因此，回转式 GGH 停止转动时，脱硫系统应停止运行。

146. 为什么要测量 GGH 原烟气和净烟气进、出口压差？

答：原烟气的热量通过 GGH 传递给净烟气，净烟气虽然经过二级除雾器除去大部分携带的浆液，但仍有少量浆液（约 $100mg/m^3$，标准状态）随净烟气进入 GGH。浆液中的水分蒸发后，浆液中的固体颗粒沉积在传热面上，因热阻增加而导致 GGH 的传热系数下降。

为了保持 GGH 传热面的清洁，提高其传热系数，确保将净烟气加热到 80℃ 以上，必须定期对 GGH 进行吹灰。当净烟气的温度明显低于 80℃ 时，有可能是除雾器工作不正常烟气携带浆液较多，也可能是 GGH 传热面积灰较多，如果 GGH 净烟气侧和原烟气侧进、出口压差明显上升，则可以判断出净烟气出口温度下降是 GGH 传热面积灰较多造成的，应进行 GGH 的吹灰工作。

因此，测量 GGH 原烟气和净烟气进、出口压差可以帮助判断净烟气温度下降的原因，及时提醒运行人员对 GGH 进行吹灰。

147. 如何判断驱动 GGH 转子的两个电动机哪个在工作？哪个在备用？

答：由于 GGH 的转子停止转动，脱硫装置要随之停止运行，所以，GGH 转子是不允许停止转动的。为此 GGH 通常设有两台电动机，一台运行，一台备用。

在控制室从 DCS 画面上可以清楚看出，哪台电动机在工作，哪台电动机在备用。在现场，由于两台电动机均与减速机构相连，转速和噪声是完全相同的，用眼睛很难区分哪台电动机在运行，哪台电动机是备用。

由于运行的电动机有电流通过，电动机定子表面温度较高，而备用电动机被减速器带动旋转，没有电流通过，电动机定子表面温度较低，因此，在现场只要用手触摸电动机的定子，通过温度高低很容易判断哪台电动机在工作，哪台电动机在备用。

有些容量较大的 GGH 的驱动电动机在现场有启停开关和电流表，在现场可以从开关的位置和电流表有无电流指示判断出哪台电动机在运行，哪台电动机在备用。

148. 为什么净烟气采用蒸气加热时要使用翅片管？

答：当锅炉容量较小，为了节省投资不采用 GGH 由原烟气加热净烟气，净烟气采用蒸汽加热时，通常采用汽轮机 0.8～1.0MPa 的抽气通过管式蒸汽加热器对净烟气进行加热。

蒸汽对烟气加热时存在 3 个串联的热阻：管内壁蒸汽侧的热阻、管子内壁至外壁的导热热阻和管外壁烟气侧的热阻。放热系数和导热系数的倒数等于热阻，而蒸汽侧由于蒸汽压力较高、密度较大，流速较快，同时凝结放热，其放热系数很大，热阻很小，钢材的导热系数很大且管壁较薄，其热阻可忽略不计；管外烟气侧，由于为常压，烟气的密度较小，且流速较低，烟气侧的放热系数较小，使得烟气侧的热阻很大。

在传热过程中 3 个热阻是串联的，在传热温差一定的情况下，传热量取决于 3 个热阻中热阻最大的一个。蒸汽加热器采用翅片管可以大大提高管外壁的传热面积，因为管外烟气侧的热阻与其表面积成反比，所以，可以大大降低烟气侧的热阻，从而可以显著提高蒸汽加热器的传热系数，降低蒸汽加热器的传热面积和重量，大量节约设备费用的目的。

149. 吹灰器上的风机有什么作用？

答：大部分脱硫系统的增压风机布置在吸收塔之前，因为吹灰器布置在 GGH 的原烟气区为正压，原烟气有可能会从吹灰器动、静部分密封不严处向外泄漏，所以造成吹灰器部件腐蚀和现场工作条件恶化。

设置一台小风机，利用压力较原烟气高的空气对吹灰器动、静部分进行密封，可以防止原烟气向外泄漏。

150. 为什么密封风机通常采用高速电动机？

答：为了防止烟气向外泄漏污染环境，常采用密封风机向需要密封的部位提供压力较高的空气，因空气的压力高于烟气压力而阻止了烟气向外泄漏。例如，GGH 的密封风机、低泄漏风机、GGH 吹灰器的密封风机、烟道挡板门的密封风机。

密封风机的特点是风量较小，但风压较高。风机的风压与转速的平方成正比，风机的风压与叶轮的直径平方成正比。增加叶轮的直径或提高风机的转速均可非常有效地提高风机的风压。

密封风机采用较大直径的叶轮和较低的转速，不但风机的体积较大，而且因为功率相同的情况，电动机的重量和价格随着转速的降低而增加，显然是不合理的。

密封风机采用直径较小的叶轮和较高的转速，不但风机的体积明显缩小，而且因电动机的重量和价格随着转速的提高而降低，显然是非常合理的。我国交流电动机的最高转速为 2950～2980r/min，因此，密封风机采用该转速的电动机，然后根据所需要的风压来确定风机叶轮的直径。

151. 为什么脱硫系统的 GGH 设上下两个吹灰器？

答：无论是采用压缩空气吹灰，还是采用高压水清灰，从喷嘴喷出的高速气流或水流，特别是气流所具有的动能消除较快，只能在较小的距离内对清除 GGH 传热面上沉积的硫酸钙有较好的效果。一旦气流离开喷嘴一段距离后，压力降低，体积膨胀，速度降低，吹灰效果明显下降。

由于脱硫系统 GGH 的传热温差较小，GGH 传热元件的高度较高，仅靠设置在 GGH 原烟气侧的一个吹灰器难以将其传热元件从上到下的积灰全部清除干净。因此，脱硫系统的

GGH通常在原烟气区的上部及下部各设有一台吹灰器，以保证将GGH传热元件从上到下的积灰全部清除干净。

152. 为什么GGH要设高压水清灰？

答：净烟气携带的浆液虽然经两级除雾器除去绝大部分浆液，但仍有少量的浆液（100mg/m³）随净烟气进入GGH。由于净烟气的流量很大，净烟气携带浆液的绝对数量仍然较多。

浆液在GGH传热元件的加热下，其中水分蒸发，浆液中的固体硫酸钙颗粒沉积在传热元件的传热面上。沉积在传热面上的硫酸钙附着力较强，压缩空气的密度较低，用压缩空气吹灰时，气流的动能较低，且气流从喷嘴喷出后，因压力降低，动能迅速下降而难以将沉积在传热面上的硫酸钙清除干净。随着运行时间的增加，传热面上沉积的硫酸钙数量越来越多，不但因热阻增加而导致GGH的传热能力下降，净烟出口温度降低，而且因GGH的阻力增加而导致增加风机的耗电量上升。

水的密度比空气大得多，高压水从喷嘴喷出时具有很高的动能，清除沉积在传热面上的硫酸钙的效果很好，因此，脱硫装置设置有高压水清灰系统。为了简化系统，通常高压水清灰和压缩空气吹灰共用一套管路和喷嘴，可以通过阀门进行切换。

虽然高压水的清灰效果较好，但对传热面的冲刷损坏也较严重，不宜经常使用，正常仍以压缩空气吹灰为主，只有当其效果不好、阻力上升较多时才采用高压水在线冲洗。

153. 为什么GGH的低压冲洗水要在脱硫装置停运后冲洗？

答：GGH装有的压缩空气和高压水两种除灰方式，可以在脱硫装置运行情况下进行除灰，但这两种除灰方式并不能将GGH传热元件上所有的积灰彻底清除，因此，GGH还装有沿半径方向排列的低压水冲洗喷嘴。

虽然低压冲洗水的压力较低，但由于喷嘴直径较大和数量较多，冲洗水的水量很大。如果在脱硫装置运行的状态下采用低压冲洗水清洗GGH的传热元件，因为传热元件的温度较低和传热量有限，导致净烟气的温度大幅度下降和大量带水烟气的热浮力降低，不利于烟气离开烟囱后扩散在更大范围。所以，低压冲洗水应在脱硫装置停运的情况下进行。

154. 为什么GGH吹灰器要采用步进式吹灰？

答：由于GGH的传热元件是沿径向成环形布置的，吹灰器喷嘴的吹灰范围较小，即使吹灰器的喷嘴在某处停留很长时间，传热元件被吹灰的部位仅是宽几十毫米的环形带。所以，为了使GGH所有传热元件均能得到吹灰，必须使吹灰器的喷嘴采取步进式移动，在某个部位停留一段时间，然后再前进，使所有传热元件均能得到充分的吹灰。

吹灰器喷嘴每次前进的距离是相等的，喷嘴每次前进的距离应小于喷嘴吹灰的有效宽度。

为了缩短每次吹灰总的时间，吹灰器沿GGH转子的径向设有两组喷嘴，吹灰时两组喷嘴同时工作。

步进式吹灰器可以通过在沿半径方向不同位置不同停留时间，使GGH单位传热面积具有大体相同的吹灰时间，确保GGH传热面获得良好的吹灰效果。

155. 为什么旋转式GGH要安装密封风机？

答：旋转式GGH的转子被垂直的轴带动沿水平转动，原烟气侧是正压，原烟气将会从轴与固定部分的间隙向外泄漏，造成工作环境恶化和环境污染。

采用工作压力较高的密封风机，将压力较高的空气送至需要密封的部位，由于密封空气的压力高于原烟气的压力，所以可以阻止原烟气向外泄漏，少量的密封空气进入原烟气，成为原烟气的一部分，不会产生不良的影响。

156. 怎样确定步进式吹灰器喷嘴每个部位吹灰的时间？

答：由于 GGH 吹灰器喷嘴喷出的压缩空气或高压水，只能在很小的范围内将传热元件上的积灰清除，因此，为了将某个半径环形内所有传热元件上的积灰吹除干净，喷嘴在每个吹灰点吹灰时间应大于转子旋转一周所需的时间。

吹灰时喷嘴是从转子的外围沿径向逐步向中心移动，由于每个传热元件均呈扇形，环的半径越大，对应的扇形面积越大，积灰的数量越多，需要吹灰的时间越长，所以，吹灰时喷嘴沿径向由外向内前进，在每个吹灰位置停留的时间是递减的。

157. 为什么要用压力较高的空气对 GGH 的传动装置进行密封？

答：当 GGH 的转子采用边缘传动时，传动装置的小齿轮和转子上的大齿轮啮合部位在转子与外壳之间的环形间隙中。虽然环形间隙上、下均安装有密封片，但由于泄漏，在传动装置大小齿轮啮合处的环形间隙中仍充满了具有一定压力的净烟气和少量泄漏的原烟气。这部分烟气具有较强的腐蚀性。

为了防止净烟气从转动轴处向外泄漏，造成环境污染和传动装置腐蚀，从 GGH 密封风机出口引一根管子对传动装置的传动轴处进行密封。由于密封空气的压力高于净烟气压力，所以可以有效地防止净烟气外泄和传动装置被腐蚀。

第八节 搅 拌 器

158. 搅拌器有哪些作用？

答：搅拌器在脱硫系统中的作用有三种。

（1）防止浆液中固体颗粒在重力的作用下沉淀在塔罐的底部。由于石灰石和石膏的颗粒的密度是水密度的几倍，如果没有搅拌器，浆液中的石灰石和石膏颗粒在重力的作用下很快沉淀在塔罐的底部，使脱硫系统无法正常运行。

（2）使固体颗粒均匀分布在浆液中，确保浆液的密度均匀，提高氧化率，避免因浆液密度不均匀对泵和各系统工作造成不良影响。

（3）利用脱硫塔倾斜侧装的搅拌器和布置在叶轮正前方或正下方的喷嘴，强化氧化空气泡在浆液中的扩散和混合，延长气泡在浆液中停留的时间，提高氧的溶解度，从而促进亚硫酸钙的氧化和石膏晶体的成长。

由此可以看出，搅拌器是脱硫系统中必不可少的设备。除工艺水罐和采用蒸汽加热的烟气再热器的凝结水罐，因不含固体颗粒而不需要安装搅拌器外，脱硫塔、事故浆液罐、滤液水罐、石灰石浆液罐、地坑等塔罐内的液体因为含有固体颗粒，所以必须安装搅拌器。

159. 为什么侧装搅拌器要向下倾斜安装？

答：侧装搅拌器的轴向塔底倾斜与水平保持一定角度，可以使叶轮产生向下冲向罐底部的浆液流，从而有效地防止浆液中的固体颗粒沉淀。

强制氧化空气的喷嘴通常布置在侧装搅拌器桨叶的正前方或正下方。氧化空气中的氧溶解在浆液的水中，有利于将亚硫酸盐和亚硫酸氢盐氧化成硫酸盐。氧较难溶于水，且氧化空气形成的气泡具有较大浮力，在浮力的作用下，氧化空气很快会从浆液中逸出进入液面之上的吸收区。侧装搅拌器向下倾斜安装，喷出的氧化空气被桨叶产生的向下浆液流压下浆液池的底部，然后依靠气泡产生的浮力从底部穿过浆液逸出液面进入吸收区，不但延长了氧化空气停留在浆液中的时间，而且使氧化空气泡破碎，有机会与更多的浆液均匀混合、接触，从而有利于提高氧在浆液中的溶解度，达到提高氧化率的目的。

160. 为什么有些脱硫系统的氧化空气喷嘴布置在侧装搅拌器叶轮的正前方或正下方？

答：为了将浆液中的亚硫酸盐和亚硫酸氢盐全部氧化成硫酸盐，除依靠吸收区的自然氧化外，必须向氧化区的浆液中送入具有一定压力的氧化空气。

为了提高强制氧化的氧化率，在空气量和其他条件一定的情况下，降低气泡直径，气泡均匀分布在浆液中和延长气泡停留在浆液中的时间，可以提高氧化率。

将氧化空气喷嘴布置在侧装搅拌器的正前方或正下方，可以利用搅拌器产生的浆液强烈湍流，将气泡击碎后均匀分布在浆液中。由于侧装搅拌器通常向下倾斜安装，可以将气泡向下压入浆液中，经过一段距离后，气泡利用其浮力向上移动，从而有利于延长气泡在浆液中停留的时间。

因此，将氧化空气喷嘴布置在侧装搅拌器的正前方或正下方，可以提高强制氧化率。

161. 为什么搅拌器的转速很低？

答：搅拌器的作用主要用于防止液体中的固体沉淀和使固体颗粒在液体中保持均匀。搅拌器的桨叶既不要像螺旋桨那样为船航行提供强大的动力而保持较高的转速，也不要像叶轮那样高速旋转使泵出口的液体获得较高的扬程。

桨叶直径较大，即使桨叶保持较低的转速，浆液获得的动能已足以使浆液中的固体颗粒因悬浮在浆液中而不产生沉淀，搅拌效果较好。

浆液密度较大，搅拌器保持较低转速，还可以大幅度降低所需的功率和减轻桨叶的磨损。因此，在满足浆液中的固体颗粒不沉淀和均匀分布要求的情况下，搅拌器在低转速下运行是合理的。通常搅拌器的转速仅为每分钟几十转至一百多转。

162. 为什么搅拌器要通过减速器与电动机连接？

答：为了达到防止浆液中的固体颗粒沉淀和使固体颗粒均匀分布在浆液中的目的，所需的转速较低，仅为每分钟几十转至一百多转。电动机的转速与其极对数成反比，如果采用极对数很多的电动机与搅拌器直接连接，极对数很多的电动机，体积质量很大，价格很高，导致设备费用上升。

搅拌器通过减速器与电动机连接，可以采用极对数较少、转速较高、价格很低的电动机，虽然增加了减速器的费用，但总体费用仍然是减少的。

浆液的密度约为空气密度的1000倍，如果搅拌器与电动机直接连接，由于阻力矩很大，电动机所需的功率很高，耗电量很大。

桨叶的磨损与其转速的三次方成正比，搅拌器与电动机直接连接，会导致桨叶磨损很严重，寿命很短。

电动机的功率与桨叶的直径三次方和转速的三次方成正比。在电动机功率相同的情况下，可以采用较小的桨叶直径和较高的转速，也可以采用直径较大的桨叶和较低的转速。由于直径较大、转速较低的桨叶搅拌效果比直径较小、转速较高的桨叶好。所以，搅拌器通常均采用直径较大的桨叶，通过减速器将转速降低，获得较好的搅拌效果。

163. 怎样防止或减轻搅拌器桨叶的磨损和腐蚀？

答：由于浆液颗粒物的含量20%～30%，浆液的pH值约为5.8，所以桨叶的磨损和腐蚀较严重。为了防止或减轻桨叶的磨损和腐蚀可以采取以下措施。

（1）在满足浆液中固体颗粒物不沉淀和颗粒物分布均匀要求的前提下，电动机通过减速器与搅拌器连接，桨叶在较低的转速下工作。因为桨叶磨损的速度与其线速度的三次方成正比，所以桨叶采用较低的转速可以有效地降低其磨损。

（2）桨叶采用耐腐蚀、耐磨损的硬质高合金钢制造。

（3）桨叶采用碳钢制造，桨叶表面覆盖耐腐蚀、耐磨损的橡胶。

164. 为什么有些搅拌器的轴采用钢管制造？

答：虽然搅拌器的功率不大，但由于搅拌器的转速很低，通常为每分钟几十转，因此，搅拌器轴的扭矩较大。同时，有些罐的高度较大，搅拌器的轴较长，搅拌器工作时轴的弯矩较大。因此，为了提高搅拌器轴的刚性，防止搅拌工作时轴产生摆动，对于轴较长的搅拌器，采用直径较大的厚壁钢管代替直径较小的实心圆钢制作搅拌器的轴。

搅拌器的轴采用钢管制造还可以节省金属和减轻重量，降低支撑搅拌器钢架的费用。

165. 为什么吸收塔搅拌器的桨叶端部会出现孔洞形磨蚀？

答：吸收塔搅拌器桨叶端部会出现孔洞形磨蚀，见图12-26、图12-27。虽然浆液颗粒物的含量为20%～30%，桨叶的磨损较严重，浆液的pH值约为5.8，桨叶的腐蚀也较严重，但是显然仅靠浆液对桨叶的磨损和腐蚀是不会使桨叶端部出现孔洞的。为了将浆液池中的 $CaSO_3$ 氧化成 $CaSO_4$，由氧化风机向浆液中鼓入氧化空气，浆液在吸收烟气中 SO_2 的同时，释放出 CO_2，因此，浆液中既有溶解的 O_2 和 CO_2 又有 O_2 与 CO_2 气泡。由于 O_2 和 CO_2 的溶解度随着浆液与气泡混合物压力的升高而增加，桨叶入口因压力较低，溶解度较低，浆液中 O_2 和 CO_2 的气泡较多，浆液经过桨叶后压力升高，溶解度提高，浆液中部分 O_2 和 CO_2 气泡消失或破裂，使桨叶表面产生几百兆帕的应力。气泡的形成和消失或破裂的速度极快，使桨叶表面不断反复产生很大应力。当桨叶表面的应力超过材料的极限强度时，桨叶表面形成蜂窝状侵蚀，经过一段时间形成孔洞。

图12-26　搅拌器腐蚀　　　　图12-27　搅拌器腐蚀局部放大

由于桨叶端部处浆液的压力高于其余部位，O_2 和 CO_2 气泡更容易消失或破裂，所以，桨叶端部更容易更早出现因蜂窝状侵蚀而形成的孔洞。

166. 怎样确定搅拌器的正确旋转方向？

答：搅拌器试运时首先要确定搅拌器的旋转方向是否正确。

当搅拌器上标有旋转方向的箭头时，按箭头的指向确定搅拌器的旋转方向。

很多搅拌器上没有标明旋转方向的箭头，可以根据叶轮或桨叶的形状或角度，确定搅拌器的旋转方向。也可以根据惯例，从电动机方向看搅拌器的桨叶应该逆时针方向旋转。面对桨叶看，桨叶应是顺时针方向旋转。

第九节 制 粉 系 统

167. 什么情况下采用自制石灰石粉？什么情况下采用外购石灰石粉？

答：当采用石灰石—石膏湿法脱硫时，石灰石粉的消耗量较大，根据装机容量和燃煤含硫量可以确定石灰石粉的消耗量。某工程石灰石消耗量见表 12-4。

表 12-4　　　　　　　　　　某工程脱硫石灰石消耗量

装机容量 （MW）	燃煤收到基硫分 （%）	小时耗量 （t/h）	日耗量 （t/22h）	年耗量 （kt/年，按年运行 5000h 计算）
一期 2×135	0.644	6.5	144	35.75
二期 2×300	0.644	13.9	305.8	76.45

脱硫系统运行是自制石灰石粉还是外购石灰石粉，需要根据消耗量、石灰石、石灰石粉的运输距离、价格和运输方式、场地条件、电力价格等多种因素，进行仔细的技术经济比较才能确定。以下几点是石灰石粉采用自制还是外购可供参考的依据。由于为了防止石灰石粉运输和装卸过程中对环境的污染和便于装卸，石灰石粉通常采用专用的粉罐汽车运输，运输成本很高，运输距离远时运费甚至超过石灰石粉的出厂价格，所以，当运输距离较远且具有船运条件时，采用船运石灰石自制石灰石粉是合理的。

自制石灰石粉除制粉系统设备占地较多外，石灰石料场占地面积较大。由于石灰石较煤更难以磨成粉，生产 1t 石灰石粉的耗电量超过 1t 煤粉的耗电量，电费占石灰石粉生产成本很高的比例。电厂出售电的价格约为工业用电价格的 60%，因此，当电厂有空余的场地时，利用厂用电自制石灰石粉是合理的。

由于石灰石较煤难以磨成粉，同时煤制粉系统的乏气可以作为输送煤粉一次风的一部分进入炉膛燃烧，可以采用价格低廉、分离效率仅为 90% 的旋风分离器，而石灰石制粉系统的乏气不具备利用的条件，通常是直接排入大气。为了使乏气达标排放，必须采用价格昂贵的收尘效率 99% 以上的布袋式收尘器。所以，石灰石制粉系统的投资费用较高。每吨石灰石粉的投资和生产成本随着制粉系统的生产能力提高而降低，当发电机组容量较大，石灰石粉的消耗量较高时，采用自制石灰石粉是有利于降低成本的。

168. 为什么石灰石制粉系统通常采用筒式球磨机？

答：石灰石的硬度比煤高，破碎性能比煤差，即石灰石的可磨性比煤差。筒式球磨机工作时，除将钢球扬起然后落下，将物料击碎外，还有碾、压、磨等粉碎作用，同时筒式球磨机筒内每吨物料所拥有的钢材远远大于其他种类的磨机，筒式球磨机与其他磨机相比，更适合于磨制硬度高、可磨性差的物料。

因此，石灰石制粉系统采用筒式球磨机是合理的。

169. 为什么用于煤的筒式球磨机的筒身较短，而用于石灰石的筒式球磨机的筒身较长？

答：煤不但硬度较低，而且易于破碎，即煤的可磨性较好，煤在筒体内停留较短的时间即可被磨成合格煤粉，因此，用于煤的筒式球磨机采用较短的筒身不但可以节约材料，从而降低设备造价，而且因煤在筒体内停留的时间较短、避免煤被过度磨制而有利于提高产量和降低制粉耗电量。

石灰石不但硬度较高，而且不易破碎，即石灰石的可磨性较差。为了将石灰石磨制成合格的石灰石粉，石灰石需要在筒体内停留较长的时间被钢球反复磨制，因此，用于石灰石的筒式球磨机要采用较长的筒身。

170. 为什么球磨机要按规定的转向旋转？

答：虽然球磨机的旋转方向不会影响钢球对物料的磨制，但是为了使物料从入口水平空心轴进入筒体和从出口水平空心轴出料进入斗式提升机，在入口和出口空心轴的内侧有螺旋进料装置和出料装置。因此，为了使物料能顺利进入筒体和从筒体排出，球磨机的旋转方向必须符合厂家规定的要求。

171. 为什么筒式球磨机的油站除润滑油外，还要设置高压油？

答：筒式球磨机的筒身和钢球的质量很大，轴承的载荷很大，通常采用滑动轴承。

筒式球磨机正常运行时具有一定的转速，在轴颈和下轴瓦之间形成的油膜将轴稍微抬起，可以实现轴颈和轴瓦之间的液体摩擦，轴承不但产生的热量较少，而磨损也较轻。筒式球磨机从静止状态下启动时，虽然油站向轴承正常供油，由于转速很低，轴颈与轴瓦之间没有形成油膜，处于固体间的摩擦状态，因为摩擦力较大，所以轴承的磨损较严重，启动转矩较大。

油站设置高压油泵（10MPa以上），高压油出口在滑动轴承下轴瓦最低处，在筒式球磨机启动前向轴承供给高压油，可以将轴稍微抬起在轴颈和下轴瓦之间形成油膜，实现或部分实现液体摩擦，减轻轴承的磨损，延长其寿命，而且可以减轻轴颈对轴瓦的压力，降低启动转矩，尽快使球磨机达到额定转速。

当球磨机达到额定转速时，已经可以形成油膜实现液体摩擦时，应将高压油泵停止。同样的理由，当球磨机停机时，也应启动高压油泵向轴承供给高压油。

通常采用柱塞泵作为高压油泵。

172. 为什么进入筒式球磨机的物料要预先破碎至一定的粒径？

答：将粒径较大的物料破碎磨成粉，要消耗能量克服物料分子间的结合力。筒式球磨机筒体和钢球的质量远远大于筒体内物料的质量，其工作时消耗的能量用于转动筒体和扬起钢球所占的比例较大，用于克服物料分子间结合力所占的比例较小。如果物料未经预先破碎，粒径较大的物料直接进入筒体，不但制粉量下降，而且会导致单位制粉量的耗电量增加。

如果物料预先经破碎机破碎至一定粒径，由于通常破碎机转动部分质量较小，消耗的能量较少，因此，筒式球磨机前增加一个破碎机不但可以提高其制粉量，还可以降低单位制粉量总的耗电量。

当物料直径较大时，在筒式球磨机前设置破碎机虽然增加了设备投资和破碎耗电量，但是通过筒式球磨机制粉量增加和单位制粉量耗电量的下降，使总的投资和耗电量降低。

如果石灰石物料在采石场预先已经破碎至较小的颗粒，则筒式球磨机前不需要再设置破碎机。

173. 为什么新安装的球磨机投产前向球磨机内加钢球时要分几批进行？

答：由于球磨机的自重、钢球和物料的总质量很大，而且转速很低，其转矩很大。通常除选用低转速的主电动机外，还要通过齿轮减速箱和边缘传动的小齿轮带动球磨机的大齿轮，才能使球磨机的转速降至所需的转速。各种齿轮经过机械加工后虽然质量合格，但齿轮的啮合面仍较粗糙。球磨机两端通常采用滑动轴承，虽然轴承乌金表面经刮瓦符合质量标准，但轴颈和轴瓦的表面仍然较粗糙。

如果球磨机投产前一次加满钢球和物料，由于齿轮表面和轴瓦表面受力很大，磨损较严重，不利于设备延长寿命。如果投产前分几次加入钢球和物料，齿轮的轴承表面在受力较小的工况下相互磨合，运行一段时间，更换润滑油后在表面光洁度逐渐提高的情况下逐渐增加钢球和物料，有利于延长设备检修周期和使用寿命。这与新汽车在使用初期要在低速下行驶几千公里，使各运动部件得到充分的磨合，经更换润滑油后可以提高速度行驶的道理相同。

174. 为什么应在盘车装置运行中启动球磨机？

答：球磨机的筒身、衬瓦、钢球及减速装器的质量很大，球磨机的启动惯性很大。感应电动机的启动转矩较小而启动电流较大。如果球磨机在静止状态下直接启动，则不但启动电流较大，而大电流持续的时间较长，无论是对电动机还是配电系统均是不利的。

如果在球磨机启动前先启动盘车装置，球磨机在盘车装置的拖动下缓慢旋转，然后启动球磨机，因为其惯性明显减小，所以球磨机容易启动，电动机的启动电流和大电流持续的时间均下降，球磨机可以较快地达到额定转速。

由于盘车装置具有自动解列功能，在盘车装置运行状态下，当球磨机启动的瞬间盘车装置可以自动解列。所以，应在盘车装置运行中启动球磨机。

175. 为什么盘车装置运行状态下，当主电动机启动后盘车装置可以自动脱开？

答：盘车电动机由减速机减速后，通过可以轴向滑动的离合器与球磨机减速器的联轴器相连。启动前操纵盘车装置的离合器手柄，使两者的联轴器相连。

由于盘车装置与球磨机减速器两者联轴器是由两个齿状的斜面啮合而成。

通过操作盘车装置的手柄，使两者联轴器啮合在一起时，盘车装置可以带动球磨机缓慢旋转，当主电动机启动时，主电动机侧联轴器的斜面会对盘车装置的联轴器斜面产生一个轴向推力，使盘车装置的联轴器自动脱开。

176. 为什么球磨机盘车装置带有刹车机构？

答：球磨机在工作时会出现筒体、钢球和轴颈温度升高的现象，且温度升高的幅度从入口至出口逐渐加大。为了防止球磨机停止后轴颈和筒体因温差较大而产生过大的热应力，要求每5～10min将球磨机旋转180°。钢球是通过加球器从人孔加入球磨机内的，为了便于加球器下部接口与球磨机筒身上的人孔准确对接，要求通过盘车装置将筒身上的人孔准确定位在正上方位置。

如果盘车装置没有刹车机构，盘车电动机停止后，由于惯性会使筒体继续旋转，难以使筒身准确停止在所需的位置。盘车装置有了刹车机构，当盘车筒身达到预定位置时，停止盘车电动机，刹车机构同时动作，筒身立即停止在所需的位置。盘车装置有了刹车机构给运行操作和维修带来很大方便。

刹车装置在盘车电动机停止状态下是在刹车位置，而在盘车电动机启动时会自动松开。因此，盘车装置的电动机在停止状态下是无法进行人工盘车的。

177. 球磨机运行时筒身温度升高产生的膨胀如何吸收？

答：球磨机通常在室温下安装，而运行时，电动机输入的机械能除用于将粒径大的物粒粉碎产生新的表面所需的能量外，其余则用于钢球间、钢球与衬瓦间和钢球与物料间的撞击、研磨、碾压所消耗的能量上，这部分能量中的部分转变成热量使球磨机筒体、钢球和物料的温度升高。球磨机运行时筒身温度可升高几十度。

由于石灰石的硬度比煤大，比煤难磨，通常石灰石在球磨机内停留的时间比煤长，所以，用于磨制石灰石粉的球磨机的特点是筒身细长，运行时筒身的膨胀量较大。

为了吸收球磨机运行时筒身温度升高产生的膨胀量，通常球磨机出口端轴的轴向是限位，而入口端轴的轴向是不限位的，随着球磨机筒身的膨胀向入口端移动。入口端轴的移动量等于筒身的膨胀量。

因此，球磨机在安装时，其入口端轴颈与轴承之间应留有足够的供吸收筒身膨胀的间隙。

178. 为什么球磨机工作时筒身温度明显升高？

答：球磨机旋转时，将钢球扬起至高点后落下，钢球间及钢球与衬瓦间产生撞击、研磨和碾压作用将钢球间和钢球与钢瓦间的石灰石磨成粉。颗粒较大的石灰石被磨制成粒径很小的石灰石粉，产生很多的表面，要克服分子间的结合力必须要消耗能量。

因为不能确保钢球间和钢球与衬瓦间的每次撞击时有石灰石存在，所以存在钢球间和钢球与衬瓦间空撞现象。电动机输出的机械能不能全部用于颗粒较大的石灰石产生新的表面，一部分机械能转变成热能，使球磨机的筒身、衬瓦钢球和石灰石温度升高。球磨机筒身温度从物料入口至出口是递增的，靠近出口的筒身温度最高可达 $80 \sim 90 \, ℃$。

球磨机工作时产生的热量可以起到对物料加热、干燥的作用，对防止石灰石粉在输送储存过程黏附、堵塞和板结是有利的。因为球磨机工作时产生的热量对物料的干燥作用是有限的，所以石灰石料水分含量过大仍会出现黏附堵塞现象。

179. 为什么要在选粉机下部设置补风门？

答：石灰石制粉系统所需要的输送粉料的空气，依靠球磨机内保持负压，随石灰石一起进入球磨机。

为了提高选粉机的出力和旋风分离器的分离效率，减轻选粉机后布袋式除尘器的负担，要求选粉机入口保持较高的风速。如果选粉机所需要的风量全部来自球磨机入口，不但因球磨机内的通风量过大，球磨机内颗粒较大，不合格的石灰石粉被气力输送至选粉机入口，加大了选粉机和回粉机的负担，而且因通风阻力增加而导致风机的耗电量上升。

从选粉机下部的补风门直接补充一部分空气，不但满足了选粉机对风量的要求，又可以降低风机的耗电量。

180. 为什么从选粉机出来的粗粉要经过两个串联的翻板式挡板进入链式输粉机？

答：从选粉机分离出来的粗粉，通过回粉管回至球磨机继续磨制。选粉机内负压较大，而球磨机负压较小，如果选粉机的回粉管上只安装一个翻板式挡板，当挡板上物料形成的力矩大于重锤形成的力矩，翻板打开时，大量空气会从球磨机经挡板进入选粉机，不但不能使回粉正常进行，而且会严重影响选粉机的正常工作。

因此，要在选粉机的回粉管上安装两个翻板式挡板。当第一个挡板因其上物料形成的力矩大于重锤形成的力矩开启式，第二个挡板上因没有物料，在重锤形成的力矩作用下处于关闭状态，物料可以落到第二个挡板上，而空气不会从挡板进入选粉机。当第二个挡板上的物料形成的力矩超过重锤形成的力矩开启时，第一个挡板上的物料较少，其产生的力矩因小于重锤形成的力矩而处于关闭状态；第二个挡板开启时，物料可以顺利地返回球磨机，而空气同样不会进入选粉机。

安装两个串联的翻板式挡板，可以确保在任何时候至少有一个挡板是处于关闭状态，既可保证回粉正常运行，又可确保送粉机正常工作。因此，翻板式挡板又称为锁气器。

181. 为什么石灰石制粉通常采用负压系统？

答：石灰石制粉系统设备多，流程长，设备较粗糙，密封难度较大，需要密封的部位较多。如果采用正压系统，将风机布置在制粉系统的入口，制粉系统工作时所有设备均为正压状态，石灰石粉会从各设备的不严密处向外泄漏，不但造成环境严重污染，现场工作条件很差，而且会导致石灰石粉的损失。

如果采用负压系统，将风机布置在制粉系统的最末端，制粉系统内的所有设备均处于负压状态，石灰石粉不会向外泄漏，仅有少量空气从设备不严密处漏入，现场工作条件大大改善。

负压制粉系统的缺点是空气从各设备不严密处漏入系统中，因风量和阻力增加而使得风机的耗电量增加。

由于负压制粉系统的优点突出，缺点是次要的，所以，石灰石制粉通常采用负压系统。

182. 为什么制粉系统的斗式提升机、胶带挡边输粉机和链式输粉机的罩壳通过管道与选粉机相连？

答：为了防止斗式提升机、胶带挡边输粉机和链式输粉机工作时，粉尘飞扬，导致工作场所粉尘浓度超标，工作条件恶化，以上几种输粉机均有罩壳，以防止粉尘外泄。但是上述输粉机工作时，粉尘仍会从罩壳不严密处向外泄漏。

选粉机在工作时处于负压状态，因此，将上述几种输粉机的罩壳通过管道与选粉机相连，可以保持输粉机外壳内为负压，从而避免了粉尘向外泄漏，大大改善了现场工作条件。

183. 为什么球磨机内物料数量过多会使其出、入口压差增加？

答：球磨机的筒体截面积是一定的，球磨机工作时，部分钢球和物料被扬起，气流的流通面积等于筒体截面积减去钢球和物料所占的面积。因为钢球所占的截面积是基本不变的，所以干燥气流的流通面积随着筒体内物料的增加而减少，流通阻力增加，导致球磨机入口出口气流压差增加。

运行人员应该掌握球磨机正常运行时其出、入口的压差范围，当球磨机出、入口压差明显大于正常压差时，可以判断球磨机内物料过多，应停止或减少进料，直至出、入口压差逐渐恢复到正常范围内；反之，当球磨机出、入口压差明显小于正常范围时，应增加物料，使出、入口压差上升到正常范围，确保球磨机满负荷运行。

184. 为什么石灰石制粉系统不采用简单的回粉管而要采用较昂贵的链式输送机或斜槽将选粉机分离出来的粗粉返回球磨机入口?

答:电厂的煤制粉系统通常是由电力设计院设计的,由于设计理念不同,同时,因煤粉的安息角只有22°,且流动性较好,只要采取提高粗粉分离器的标高,容易满足粗粉分离器回至球磨机入口的回粉管的倾角大于安息角5°的要求,所以,电厂煤制粉系统通常采用结构简单、工作可靠、维修工作量很小的回粉管,将粗粉分离器分离出来的粗粉返回球磨机入口。

石灰石制粉系统通常是由水泥设计院设计的,由于设计思路不同,同时,石灰石粉的安息角高达47°,属于流动性差的粉料,且石灰石制粉系统没有热风干燥系统,其含水量较高,流动性较差。为了满足回粉管大于安息角5°的要求,要将选粉机的标高提高很多,其设备支撑和相应进、出口管道的费用增加较多,未必是合理的。因此,采用将选粉机布置在较低位置节约的费用,可以弥补因为采用水平的链式输送机或倾角不小于7°的斜槽将粗粉返回球磨机入口增加的费用,所以,也是合理的。

由此可以看出,为了达到同一个目的,可以采用不同的思路和方法,只要某种方法存在,必然有其合理性。

185. 为什么石灰石粉仓电动卸料器容易堵塞,导致下粉不畅?

答:石灰石粉的安息角较大,为47°,而煤粉的安息角仅为22°,安息角大,流动性差,要求粉仓壁的倾角较大。

煤粉在制备过程中有热空气或高温烟气干燥剂对煤粉进行加热干燥,煤粉的含水量较少。而石灰石粉制备过程中大多没有热源对石灰石粉进行干燥,仅靠钢球间或钢球与衬瓦之间及钢球与物料间的撞击,研磨产生一部分热量对石灰石粉进行加热干燥,石灰石粉因含量较高而导致其流动性较差。

通常石灰石浆液罐布置在电动卸料器的下部,搅拌器搅拌时会使浆液温度升高,使少量水分蒸发,水蒸气密度比空气小而向上流动,从不严密处进入电动卸料器,被其中的石灰石粉吸附,使得石灰石粉返潮、结块、流动性变差,导致电动卸料器容易堵塞,下料不畅。

186. 怎样防止石灰石粉电动卸料器堵塞,确保卸料正常?

答:由于多种原因使得石灰石粉的流动性明显比煤粉的流动性差,因此,要采取多种措施防止电动卸料器堵塞,确保其卸料正常。

尽量不要采用容易在4个角积粉的倒方锥台形粉仓料斗,而尽量采用不易积粉的倒圆锥台形粉仓料斗。

料斗壁的倾角在条件允许的情况尽量加大,仓壁倾角应比石灰石的安息角大20°以上。

在料斗四周设置上、下两排流化风板,流化风机出口的流化风经电加热器加热升温至大于或等于100℃后,从流化风板进入粉仓,对仓内的石灰石粉进行流化和干燥。对料斗进行保温,防止因料斗散热,石灰石粉温度降低而出现返潮结块、搭桥,导致流动性变差。

除在电动卸料器的上部安装插板外,在下部也安装插板,当电动卸料器停止工作时,将下插板关闭,防止因下部浆液罐中的水蒸气进入石灰石粉仓,导致结块和流动性变差。

在电动卸灰器与上部插板之间设置手孔,一旦发现其堵塞,下料不畅,可及时打开检查和清理。

187. 为什么石灰石粉仓顶部要安装布袋式除尘器？

答：制粉系统运行时，合格的石灰石粉通过胶带挡边输送机源源不断地送入粉仓，粉仓顶部是开口的。由于石灰石制粉系统没有采用热源进行干燥，石灰石粉的含水量较高，同时，石灰石粉的安息角较大，导致石灰石粉的流动性较差。为了防止石灰石粉仓内的粉在储存过程中返潮和在重力作用下板结、搭桥，粉仓设有流化风机，从粉仓的下部四周鼓入具有一定压力和温度的流化风，使石灰石粉得到干燥并处于松动和流化状态，确保石灰石粉顺畅流入星形卸料机。

由于石灰石粉仓上部为正压，为了防止胶带挡边输送机和流化风机工作时，石灰石粉从粉仓顶部开口或不严密处向外泄漏，污染环境，在粉仓顶部安装有除尘器，使粉仓保持负压。因为布袋式除尘器除尘效率很高，可达 99％ 以上，而且价格较低，维护工作量较小，所以粉仓顶部通常安装布袋式除尘器。

188. 为什么石灰石料仓内要衬不锈钢板？

答：石灰石料仓通常采用钢筋混凝土浇筑而成。进入石灰石料仓的石灰石粒径较小，为 $10\sim20mm$，且未经加热烘干，随着气象条件的变化，水分含量波动较大。石灰石料与钢筋混凝土仓壁间的摩擦系数较大，容易因堵塞而引起下料不畅。

石灰石料仓内衬不锈钢板，摩擦系数大大降低，可以有效防止物料堵塞，确保下料畅通。

189. 为什么制粉系统要设置锁气器？

答：石灰石制粉系统通常不采用热风作干燥剂，仅利用球磨机入口的负压使空气吸入，作为输送球磨机内粉料的气体。由于球磨机和选粉机及相应进、出口管道的阻力，使得选粉机的细粉出料管和粗粉出料管具有较高的负压，而细粉和粗粉的输送系统与大气相通，两者存在较大的压差，如果不采取技术措施，选粉机选出的细粉和粗粉难以顺利排出进入细粉和粗粉输送系统，选粉机也因大量空气进入、漏入而无法进行正常工作。

因此，必须在选粉机的细粉和粗粉出料管上设置锁气器。锁气器的作用是既可以保证选粉机选出的细粉和粗粉，顺利排至细粉和粗粉输送系统，又可以防止空气进入选粉机，从而确保选粉机的正常工作。

由此可以看出，锁气器是制粉系统必不可少的部件。

190. 重锤式锁气器与电动锁气器各有什么优点和缺点？

答：重锤式锁气器的优点是不需要电动机带动，仅依靠物料的重力即可工作，不消耗电力，结构简单，工作可靠，不易发生故障，维护工作量很小，价格较低。重锤式锁气器的缺点是体积较大，必须要安装两个串联的锁气器才能确保选粉机正常工作，不是连续排料而是间断排料，而且不易调节排料量。

根据重锤式锁气器的优点和缺点，当空间较大且不需要调节排料量时，选用重锤式锁气器较合理。

电动式锁风器的优点是体积小，可以连续、均匀地排料，且可以根据需要，通过改变电动机的转速调节排料量，只安装一个既可满足使用要求。电动式锁气器的缺点是结构较复杂，价格较高，工作可靠性较差，当物料中有杂物或因物料返潮而板结时容易造成叶轮卡涩，维修工作量较大，且要消耗电力。

根据电动式锁气器的优、缺点，当空间较小，且需要调节排料时，选用电动式锁风器较合理。

为了便于在叶轮因故卡涩而停转得到及时处理，应在紧靠电动锁气器的上方设置手孔，将杂物或板结的物料掏出，使其能恢复正常工作。

191. 为什么采用重锤式锁气器必须要安装两个串联，而采用电动式锁气器只需安装一个？

答：由于重锤式锁气器只有在关闭时，才具有密封功能，当其开启排料时不具有密封功能，只有串联安装两个重锤式锁气器，轮流开启排料，在任何时候至少有一个锁风器是处于关闭状态，才能有效地防止空气进入选粉机，确保选粉机的正常工作。

电动式锁气器自身具有密封功能，任何时刻在排料的同时可以防止空气流入，因此，只需安装一个电动式锁气器即可同时满足排料和防止空气流入的要求。

192. 选粉机有什么作用？

答：通过出料机构和气力输送系统，将球磨机中合格的石灰石细粉和不合格的粗粉全部送入选粉机，经过选粉机的处理，将合格的细粉分离出来后，通过电动卸料机卸至细粉挡边胶带输送机送至粉仓储存。通过选粉机分离出来的不合格的粗粉，经电动卸料机或重锤式卸料器卸至链式输送机或斜槽后返回球磨机入口继续磨制。

因此，选粉机的作用是将来自球磨机的细粉和粗粉混合物中的细粉和粗粉分离出来，细粉被输送至粉仓储存起来，粗粉被输送至球磨机入口继续磨制。通过改变选粉机电动机的转速可调节石灰石粉的细度。

电厂煤的制粉系统是通过粗粉分离器将不合格的粗粉分离出来经回粉管回至球磨机入口，细粉是通过细粉分离器分离出来后被送至煤粉仓储存。由此可以看出，石灰石制粉系统的选粉机兼有煤制粉系统中粗粉分离器和细粉分离器的作用。

193. 为什么石灰石粉的流动性较煤粉差？

答：为了降低 Ca/S 比和提高浆液吸收烟气中 SO_2 的速度和效率，通常要将脱硫剂石灰石磨成粒径与煤粉相似的细粉。

由于在磨制煤粉的过程中通常采用热空气对其进行干燥，所以煤粉的含水量较低。煤的主要成分是碳，煤粉的安息角较小，以无烟煤煤粉为例，其安息角只有 $22°$。因此，煤粉具有较好的流动性能。

在磨制石灰石粉的过程中，通常不采用热空气进行干燥，虽然，由于钢球间、钢球与衬瓦间和钢球与物料间的撞击、碾压会使物料温度升高，但石灰石粉的含水量仍然较高。石灰石粉的安息角为 $47°$，大大高于煤粉的安息角。通常将安息角大于 $45°$ 的粉料列为流动性差的物料。所以，石灰石粉不但流动性比煤粉差，而且属于流动性差的物料，要在设计、安装和使用过程中采取各种措施，提高其流动性，防止堵塞。

194. 怎样提高石灰石粉的流动性，防止堵塞？

答：在石灰石粉的生产、储存和使用过程中，采取各种措施提高其流动性能，防止其堵塞非常重要。

当依靠石灰石粉的重力向下流动或输送时，其下粉管与水平面的夹角要比其安息角 $47°$

大 5°以上。

石灰石粉仓要采取保温措施，防止因粉仓壁散热、石灰石粉温度降低、水蒸气凝结而产生返潮板结，使流动性变差。

石灰石粉仓要设流化风，采用罗茨风机和电加热器产生的具有一定压力和较高温度的热空气，送入石灰石粉仓各个流化风进风口，通过流化板对粉仓内的石灰石粉进行流化和加热干燥，提高其流动性。

生产的石灰石粉尽快使用，石灰石粉不宜在粉仓内长期储存。在脱硫系统停止运行期间，如果粉仓内有石灰石粉，罗茨风机不应停止，应继续向粉仓供给流化风。

安装空气炮或电动振打器可以避免和消除石灰石粉因板结、搭桥造成的堵塞。

195. 为什么电厂的制粉系统不设置布袋式收尘器，而脱硫装置的制粉系统要设置布袋式收尘器？

答：由于经粗粉分离器分离出来的细粉随气流进入旋风分离器，其分离效率约为 90%，分离出来的细粉进入粉仓储存，约 10% 的细粉随气流从旋风分离器的上部流出，不是排至大气，而是经排粉机升压后成为输送煤粉的一次风进入炉膛作为燃料烧掉。因此，电厂的制粉系统不需要设置布袋式收尘器将旋风分离出口气流中含有的细煤回收，也不会污染环境。

脱硫装置制粉系统选粉机中的旋风分离器，其分离也约为 90%。由于从选粉机上部出来的气流中含有约 10% 的细粉没有送入炉膛烧掉的条件，也没有其他可以直接利用的途径，如果直接排向大气，则不但造成脱硫剂的损失，而且会对环境形成严重的污染。因此，脱硫装置的制粉系统要在选粉机之后设置布袋式收尘器，将从选粉机来的气粉混合物中的细粉分离出来经输粉机输送至粉仓储存。布袋式收尘器的收尘效率高达 99.5% 以上，从布袋式收尘器排出的气流可以满足直接排放的要求。

196. 为什么锅炉的制粉系统仅有气力输送一种方式，而石灰石制粉系统有气力输送和斗式提升两种输送方式？

答：煤的密度较低，仅靠气流就可以将细粉和粗粉输送至粗粉分离器和细粉分离器，实现粗粉分离和细粉分离。

石灰石的密度较高，仅靠气流输送难以将颗粒较大，但仍合格的石灰石粉输送到选粉机，使这部分石灰石粉在球磨机内反复磨制。气力输送仅能将粒径很小的石灰石粉输送至选粉机，导致球磨机出力降低和制粉电耗上升。

因此，石灰石制粉系统采用气力输送和斗式提升机两种输送方式。气力输送可将随钢球一起被扬起的物料中粒径较小的石灰石颗粒输送至选粉机，而在球磨机下部混在钢球中合格，但粒径较大的石灰石粉通过出料装置排出球磨机，由斗式提升机输送至选粉机。石灰石制粉系统采用两种输送方式，可以避免部分合格的石灰石粉被过度磨制，及时将合格的石灰石粉输送至选粉机被分离出来，因而可以提高球磨机的出力和降低制粉的电耗。

197. 为什么采用球形弯头可以避免或减轻输粉管道弯头的磨损？

答：为了防止输粉过程中，粉末从气流中分离出来造成管道堵塞，气粉混合物的流速较高。由于磨损与气粉混合物的三次方成正比，同时，受离心力的作用，粉粒从气流中分离出来向弯头外侧集中，使弯头外侧磨损非常严重，即使采用耐磨材质或外侧加厚的弯头，仍不能从根本上解决弯头严重磨损的问题，只是延长了使用寿命而已。

如果采用球形弯头代替弯头，由于球的直径是输粉管道直径的3~4倍，其流动截面是输粉管道的9~16倍，气粉混合物的流速大大降低。同时，因气粉混合物在球形弯头内的流速很低，气流中的粉末会分离出来沉积在球的内壁，起到了保护防磨球体，减轻其磨损的作用。防磨球形弯头采用耐磨钢制造，进一步提高了球形弯头的使用寿命。球形弯头的另一个优点是当空间狭小，输粉管道难以采用大半径转弯时，采用球形弯头就可很方便地连接。

造价较高和输粉管道进出防磨球产生二次因流通截面突变而形成的局部阻力损失，导致输粉管道阻力增加，是防磨球的缺点。因此，有选择的，在某些特定的部位采用球形弯头是合理的。

198. 什么是粉尘的安息角？

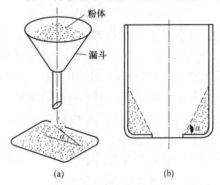

图 12-28　安息角示意图
(a) 注入角；(b) 排出角

答：将粉体从漏头中连续地落在水平板上，自动地堆积成圆锥体，虽然随下落粉尘数量的增加，圆锥体的高度增加，但圆锥体的底面积也同时增加，圆锥体母线与水平板的夹角是不变的，该夹角称为粉尘的安息角 α，安息角分为注入角和排出角，见图 12-28。

安息角是粉尘非重要的特性之一，对设计除尘器的灰斗和储粉仓的料斗有重要意义。为了使物料从灰斗或料斗顺利流出，设计或安装时应使灰斗或料斗壁与水平面的夹角比安息角大 $5°$~$10°$。安息角与粉尘的种类、粒径、形状和含水量等多种因素有关，见表 12-5。

表 12-5　　　　　各 种 粉 尘 安 息 角

粉尘颗粒种类	安息角（°）
石灰石（粗粒）	25
石灰石（细粒）	47
石膏	45
无烟煤	22
生石灰	43

粉尘的安息角越大，说明粉尘间的摩擦系数越大，其流动性越差。以安息角 α 为评价指标，粉尘的流动性可分为三级。

(1) $\alpha<30°$，粉尘的流动性较好。

(2) $30°<\alpha<45°$，粉尘的流动性中等。

(3) $\alpha>45°$，粉尘的流动性较差。

199. 为什么石灰石粉仓要设置流化风？

答：由于石灰石粉仓较高，粉仓下部的粉受到上部粉的压力，同时，石灰石粉进入粉仓时的温度较高，其含有的水分大部分呈气态。随着粉仓的散热，粉的温度降低，其吸附的水蒸气凝结返潮，导致粉仓下部的粉板结而使粉的流动性变差，甚至粉仓下部的粉产生搭桥现象，造成给粉机因阻力过大而不能旋转或出现断粉现象。

如果在粉仓的中部、下部送入压力和温度较高的流化空气，使粉仓中、下部的粉处于流化加热干燥状态，不但避免了因粉仓温度降低、板结造成给粉机不能正常启动的问题，而且也解决了因粉搭桥而出现断粉的问题。

通常设置罗茨风机向粉仓中、下部供给流化风，罗茨风机不但风量比较稳定，而且空气被压缩后，其出口温度较高，可对石灰石粉进行干燥。如果需要进一步提高流化风的温度，可在罗茨风机出口设置电加热器。

第十节 防 腐 防 磨

200. 为什么吸收塔及浆液管道要采取防腐防磨措施?

答：SO_2 是酸性气体，吸收塔内的浆液吸收 SO_2 后的 pH 值小于 7，呈酸性。虽然通过补充 $CaCO_3$ 浆液可以使吸收塔内的浆液 pH 值大于 7，并且提高脱硫效率，但是会导致塔内结石膏垢。为了兼顾保持较高的脱硫效率和防止石膏结垢，吸收塔内浆液的 pH 值控制在 $5.6 \sim 5.8$。

由于吸收塔的浆液为酸性，吸收塔采用钢板制造，所以，吸收塔必须要采取防腐措施。吸收塔内浆液的固体含量为 $20\% \sim 30\%$，固体主要是 $CaSO_4$，还有少量的 $CaCO_3$ 和飞灰。浆液自吸收塔上部喷嘴喷出后，以自由落体的方式落入浆液池。虽然大部分浆液直接落入浆液池，但仍有少量浆液沿塔壁向下流动，导致塔壁被磨损。侧装式搅拌器使得浆液池的浆液旋转也会使塔底和下部塔壁被磨损，因此，吸收塔必须采取防磨措施。

为了防止浆液在管道内沉淀导致其堵塞，浆液要保持一定的流速，除石灰石浆液管道因 pH 值大于 7，不会产腐蚀仅产生磨损外，其他浆液管道均会产生腐蚀和磨损。因此，浆液管道也必须采取防腐防磨措施。

201. 为什么塔罐和烟道通常采用玻璃鳞片防腐，而管道通常采用衬胶防腐?

答：玻璃鳞片和衬胶各有其优、缺点，是脱硫系统最常采用的两种防腐防磨衬里。

由于玻璃鳞片防腐衬里是采用人工涂覆施工的，只有在空间较大的塔罐和烟道内才具备施工的条件。管道的直径较小，难以进入管道内部进行人工涂覆玻璃鳞片的施工，所以采用不需要进入管道内施工的橡胶衬里。

202. 为什么防腐衬里前要进行喷砂?

答：制造塔、罐、烟道的钢板在轧制、储运及制作和安装过程中，会在钢材的表面形成铁锈、污垢和尘土等杂质。这些杂质的附着力很差，如在防腐衬里前不清除干净，防腐衬里难以牢固地附着在钢材表面，容易在使用过程中剥落。

对钢材表面进行喷砂处理，不但可以将附着的杂质清除干净，而且可以使钢材形成粗糙的表面，增大钢材与防腐层黏附力和摩擦力，提高防腐层在钢材表面的附着力，防止防腐层在多次冷热循环的使用过程中剥落。

203. 为什么阴雨天不宜进行喷砂施工?

答：钢材表面经喷砂处理后附着其上的杂质被彻底清除，露出没有被氧化的表面。由于钢材表面暴露在空气中容易被空气中的氧气氧化，形成密度低、附着力差的氧化层，特别是在阴雨天、空气湿度大、水蒸气含量高的条件下，被氧化形成氧化层的速度很快，在喷砂结束后还未来得及进行防腐衬里施工前氧化层已经形成。

因此，为确保防腐衬里的施工质量，喷砂不宜在阴雨天进行，即使在晴朗、湿度较小的天气下进行喷砂，为防止钢材表面被氧化，从喷砂结束到进行防腐衬里间隔的时间应尽量缩短。

204. 为什么第一层玻璃鳞片树脂应添加着色颜料，而第二层不加着色颜料？

答：为了提高玻璃鳞片树脂衬里的防腐防磨效果，衬里通常由两层组成并分两次施工，使两层总的厚度达到设计要求。

第一层玻璃鳞片树脂添加着色颜料，而第二层不添加着色颜料，是为了便于在施工现场观察和检查第二层涂层是否有漏涂抹处，有利于提高玻璃鳞片树脂衬里的施工质量，确保防腐效果。

205. 为什么基体金属表面经喷砂处理后应尽快涂刷底涂层？

答：基体金属表面经喷砂处理后碳钢表面的铁锈和污垢被彻底清除，露出的清洁表面暴露在空气中，因为空气中含有水蒸气，所以及时涂刷底涂层，可以防止碳钢表面重新被氧化形成铁锈。

涂刷底涂层可以增强防腐防磨层与基体材料间的抗剥离强度，防止防腐防磨层在工作过程中因温度频繁变化、其与金属膨胀系数不同而引起的剥离脱落，提高其使用寿命。

基体表面经喷砂处理后应及时涂刷底涂层，间隔时间最长不得超过 8h。

206. 怎样检测防腐防磨衬里的施工质量？

答：除工艺水箱外，其他各种塔、罐、容器内壁均需要衬防腐防磨衬里，原烟道和净烟道也需要防腐衬里。由于脱硫系统的防腐衬里工作量很大，工期很紧，所以检测防腐衬里的施工质量，对确保工程质量、延长设备寿命、减少维修工作量和费用非常重要。

为了防止防腐防磨衬里存在砂眼、缝隙、裂纹或厚度不够，使基体金属产生腐蚀和磨损，通常采用电火花检测。

电火花是利用几百根探针组成像扫帚一样的探头，探头上施加约 10000V 的直流高压。当探头从被测表面扫过时，如果防腐防磨衬里没有砂眼、缝隙、裂纹，厚度合格时，因为防腐防磨衬里是绝缘材料，所以不会被击穿产生火花。如果衬里有上述各种缺陷，则被检测部位就会被高电压击穿产生火花，并发出报警信号。在发现有缺陷处，应做出记号后进行整改，整改后再次进行检测，直至合格为止。

207. 防腐防磨常用的材料有哪几种？

答：脱硫系统除了工艺水和氧化空气子系统不存在磨损和腐蚀问题外，其余的如循环浆液、石膏浆液、石灰石浆液、滤液水、废水、事故浆液、净烟道和低温原烟道等子系统均存在腐蚀或磨损问题。为了延长上述处于腐蚀和磨损工况下子系统的工作寿命，从而提高脱硫系统的可靠性，必须采取防腐防磨措施。

防腐防磨措施有两大种，一种是采用耐腐耐磨的合金钢材料管道或塔罐，另一种是采用衬有防腐防磨材料碳钢材料制造的管道和塔罐。由于脱硫系统中的浆液除石灰石浆液 pH 值较高外，其余浆液的 pH 值较低，氯离子含量较高，具有很强的腐蚀性，除滤液水的含固量较低外，其余浆液的含固量较高，为 $20\% \sim 30\%$，因此，虽然采用合金钢管道和塔、罐寿命长，维护工作量低，但因同时具有耐腐耐磨性能的高合钢价格很高，在我国很少采用。

常用的防腐防磨衬里材料有玻璃鳞片树脂、玻璃钢、橡胶等。只要严把施工质量关，防腐防磨衬里，特别是采用玻璃鳞片衬里，其防腐防磨性能较好，使用寿命可长达 6～10 年，因此，我国脱硫系统的管道通常采用衬胶，而塔罐采用玻璃鳞片衬里作为防腐防磨措施。

208. 为什么混凝土基体表面经喷砂处理后要在基体表面涂抹环氧树脂胶泥导电找平层？

答：脱硫系统的地沟、地坑及采用地下布置的事故浆液池和滤液水池通常采用钢筋混凝土结构，为了防止其腐蚀，必须对表面进行防腐衬里。

混凝土表面防腐衬里前同样要进行喷砂处理，除去表面松散、不牢固的水泥渣块和泥灰等杂物。在喷砂处理后的表面均匀涂抹约 1mm 厚的环氧树脂胶泥导电找平层，是为了找平、填塞和消除混凝土基体表面的孔隙及裂纹等缺陷，使之成为平整、均匀的粗糙表面，以提高防腐衬里的施工质量。同时，因为混凝土是绝缘体，所以，混凝土表面涂抹的环氧树脂导电胶泥层为施工完毕后采用电火花检验防腐衬里的致密性提供了条件。

209. 为什么 GGH 前的原烟道可以不防腐，而 GGH 后的原烟道需要防腐？

答：锅炉排出的烟气经锅炉引风机和脱硫系统的增压风机升压后温度略有升高，可以抵消因烟道散热而导致的烟温下降，因此，可以认为 GGH 前的原烟道内的原烟气温度与锅炉的排烟温度大致相等。锅炉的排烟温度通常为 130～140℃，高于原烟气的露点，不会形成低温腐蚀，所以，GGH 前的原烟道可以不采取防腐措施。

原烟气进入 GGH，通过传热元件将热量传给净烟气后，温度降至 87～97℃。由于原烟气的露点较高，特别是燃煤中的含硫较高时，露点更高，因为原烟气的温度有可能低于露点而形成低温腐蚀。所以，为了防止 GGH 后的原烟道因低温腐而损坏，通常要对 GGH 后的原烟道采取防腐措施。

210. 为什么浆液管道和阀门及泵要衬胶？

答：湿法脱硫的浆液管道主要有石灰石浆液管道和石膏浆液管道两种。

石灰石浆液的石灰石粉含量约为 30%，石膏浆液的石膏含量约为 20%。由于两种浆液的固体含量均较高，为了防止石灰石颗粒和石膏颗粒输送过程中在管道中沉淀下来堵塞管道，浆液要保持较高的流速，浆液对管道的磨损较严重。如果不采取防磨措施，其寿命很短，维护工作量和费用均很大。

为了兼顾脱硫效率和防止结垢的两个方面的需要，通常要求循环浆液的 pH 值控制在 5.6～5.8 范围内。由于循环浆液呈酸性，具有腐蚀性，如果不采取防腐蚀，泵和管道的寿命很短，其维修和费用均很高。

橡胶的耐磨耐腐蚀性能很好，且具有弹性，因此，泵和管道及阀门衬胶不但可以同时解决腐蚀和磨损问题，而且成本相对较低。采用高金钢同时解决腐蚀和磨损问题，不但技术难度较大，而且成本较高，采用较少。因此，浆液泵和管道及阀门普遍采用衬胶。

由于泵、阀门和管道衬胶后价格较高，所以，脱硫系统内不含有浆液的管道、泵及阀门，如冲洗水及工艺水系统，通常不衬胶。

211. 为什么衬胶管道要设置调整管段？

答：由于衬胶管具有良好的防腐防磨性能，湿法脱硫的浆液管通常采用衬胶管。为了便于衬胶管道的制作和检验，衬胶管道的长度有一定的限度。通常直径较大的管子管段较长，而直径较小的管子管段较短。因此，衬胶管道通常是由很多段衬胶管和弯头、三通组装而成。

由于衬胶管道较长且形状复杂，现场施工过程中又不能采用切割和焊接的方式进行安装。因此，预先将未衬胶的管道分成很多管段，每个管段和弯头用法兰连接起来，然后将预装好的管段和弯头拆下送去工厂衬胶。衬胶后的管段运至施工现场重新组装。由于管段形状较复杂，且管段法兰密封面衬胶后管段的总长度发生了变化。因此，为了便于现场安装和调整，通常根据需衬胶管道的总长度和形状复杂的程度，在衬胶管组装后预留一段或几段调整管段。调整管段是不衬胶的，可以在现场根据需要进行切割或焊接。调整管段与已组装成的衬胶管完全对接后，再拆下送去工厂衬胶，然后再与已衬胶的管道完成最后的连接。因此，设置了调整管段后，衬胶管的安装难度大大降低。

为了便于调整管段与已衬胶管段的连接，调整管段两端法兰中至少要有一端采用活套法兰。

212. 为什么衬胶管道现合段的一端采用活套法兰？

答：通常衬胶管道是由很多根较短的衬胶管段通过法兰连接起来。虽然衬胶管段是通过预装后拆下送去衬胶，并设有现合段，但是衬胶管段在组装过程中存在误差和临时局部变动，如果现合段两端全部采用固定法兰，则现合段衬胶后两端法兰螺栓孔难以与已安装好的衬胶管段的法兰螺栓孔完全对准，给现场安装带来困难。

因此，为了使衬胶后的现合管段与已组装好的衬胶管段顺利连接，现合段衬胶管的一端采用活套法兰，可以根据现场实际情况任意转动，使两个法兰的螺栓孔完全对准，完成最后的连接。

213. 为什么连接喷嘴的浆液分配管大多采用玻璃钢材质？

答：来自循环浆液泵的浆液通过主分配管和支分配管与喷嘴相连。主分配管和支分配管内外均有浆液流过，因为浆液的 pH 值为 5.6～5.8，含固量为 20%，所以，分配管必须要具备较好的耐腐蚀、耐磨损性能。

如果分配管采用耐腐蚀、耐磨损性能好的高金钢材质，不但价格很高，而且因为其重量较大，支撑梁和塔的负载增加导致费用进一步上升。

玻璃钢管采用环氧树脂或乙烯树脂和增加强度的玻璃纤维制造，不但具有良好的耐磨耐腐蚀性能，而且具有质量轻、强度高的优点。为了提高管内外的耐磨性能，管内外均有一层厚度为 3mm 含碳化硅粉末的耐磨层。浆液分配管采用内外均有防磨层的玻璃钢管，不但价格较低，而且因支撑梁和吸收塔的负载减少，可以进一步降低工程费用。因此，与喷嘴连接的主分配管和支分配管通常均采用玻璃钢材质。

214. 为什么轴向密封板采用不锈钢而不采用碳钢加表面防腐层？

答：GGH 的轴向密封板位于扇形密封板相对应的外壳上，共有两块。轴向密封钢板与安装在转子外缘上的不锈钢密封片构成了轴向密封装置。

从低泄漏风机来的压力较高的净烟气，从扇形密封板的长条形喷嘴喷出后，一方面形成了净烟气幕，防止压力高的原烟气漏入压力低的净烟气；另一方面可将换热元件从原烟区进入净烟气区之前携带的原烟气吹出，置换成净烟气。为了提高密封效果，防止原烟气从转子外缘与外壳之间的间隙漏入净烟气，设置了轴向密封装置。轴向密封片顶端与密封板的间隙较小，仅为几毫米，且下端间隙大、上端间隙小。如果由于设计、制造和安装存在的误差，或转子和外壳的变形，出现负间隙，仅会导致密封片与不锈钢密封板发生摩擦，经过一段时间的运行磨合，摩擦就会消失。

如果轴向密封板采用碳钢制作，表面采用玻璃鳞片防腐，一旦轴向密封片与轴向密封板发生摩擦，有可能使其表面的鳞片剥落下来，导致密封板被腐蚀和密封间增大，使原烟气向净烟气的泄漏量增加。因此，轴向密封板由不锈钢制作较合理，对提高和保持密封效果有利。同样的理由，GGH 的上、下 4 块径向扇形密封板也是采用不锈钢材质，而不采用碳钢加表面防腐层。

215. 什么是湿烟囱？

答：当采用湿法脱硫时，温度较高的原烟气自下而上与自上而下的浆液进行传热传质后，浆液中的一部分水分蒸发成水蒸气进入烟气，成为净烟气的一部分。净烟气中的水蒸气一部分来自锅炉烟气中含有的水蒸气，另一部分是原烟气对浆液加热产生的水蒸气。由于湿法脱硫的液气比高达 $13\sim15L/m^3$，浆液的数量很大，脱硫塔出口净烟气的温度仅为 $40\sim50℃$，净烟气中的水蒸气处于饱和状态。

虽然脱硫塔上部装有两层除雾器，由于多种原因，净烟气经两级除雾后，仍然会携带少量液滴，因此，脱硫塔出口净烟气中含有的是湿饱和水蒸气。如果从脱硫塔出来的净烟气不经加热直接进入烟囱，由于净烟道的散热，净烟气中的一部分水蒸气凝结，使净烟气中饱和水蒸气的湿度进一步增加，进入烟囱的净烟气中含有的是湿饱和水蒸气，所以，称为湿烟囱。由于烟囱的散热，烟气中的水滴进一步增加，所以从烟囱排出的净烟气中通常含有一定数量的水滴。

216. 采用湿烟囱有什么优点和缺点？

答：采用湿烟囱的优点：可以不用安装烟气加热器及相应的吹灰装置，原烟道和净烟道也可简化和缩短，不但节省了设备投资，而且因烟气阻力明显下降，可以降低增压风机的风压，从而减少了增压风机的设备费用运行电耗，同时，检修工作量和费用明显下降，脱硫系统的可靠性和可用率明显提高。

采用湿烟囱的缺点：因为烟囱出口烟温较低，为 $45\sim50℃$，烟气的浮力上升高度较小，降低了烟囱的有效高度，不利于烟气中残存的有害成分在更大的范围内扩散，所以导致烟囱周围一定范围内落地的有害成分浓度提高，相当于降低了脱硫效率。采用湿烟囱时，烟气离开烟囱前已经携带了一定数量的由饱和蒸汽凝结产生的小水滴，烟气离开烟囱后由于散热和与冷空气混合，烟气中的一部分饱和蒸汽进一步凝结，因排烟中的水滴数量增加而使烟色更加发白，影响视觉。排烟中含有的水滴有可能在烟囱附近局部地区形成酸雨，造成局部地区环境污染。在烟囱上部因风速较高而在烟囱的局部形成负压区，湿烟囱排出的烟气有可能下洗，造成酸性水滴对烟囱局部酸性腐蚀。

为了防止采用湿烟囱时，酸性凝结水对钢筋混凝土烟囱产生腐蚀，增加维修费用和寿命降低，需要敷设耐酸衬里，费用较高。

217. 在哪些情况下采用湿烟囱是合理的？

答：由于采用湿烟囱时烟气的浮力上升、高度降低，使得烟囱有效高度下降，烟气扩散条件变差，导致在电厂周围一定范围内有害气体的浓度上升，所以，建在市区或风景区附近的电厂，因环境要求较高而不宜采用湿烟囱。

对于虽然不在市区或风景区的电厂，但因燃煤电厂较密集或其他燃煤企业较多，环境裕量较小的地区也不宜采用湿烟囱。

由于采用湿烟囱时，烟囱必须采取防腐措施，在新建电厂时，在电厂设计阶段已经对烟囱的防腐作了详细考虑，施工也较容易，时间也较充裕。已建电厂的脱硫系统采用湿烟囱，不但施工难度大，而且长时间停产施工也会给电厂带来很大经济损失。所以，湿烟囱适宜新建电厂采用，而已建电厂不宜采用。

在农村地区，远离城市和风景区的海边地区的火力发电厂，因环境裕量较大，在满足达标排放和总量控制的条件下，采用湿烟囱可能是合理的。

218. 为什么已投产的锅炉采用湿法脱硫系统不宜采用湿烟囱？

答：当脱硫系统不设烟气加热器时，进入烟囱的净烟气中的水蒸气呈饱和状态，并因压力降低和烟道散热而含有一定数量的凝结水。

虽然脱硫系统将烟气中的95％ SO_x 脱除，但烟气中残存的 SO_x 使凝结水为酸性，会对烟囱的钢筋混凝筒体和衬里产生严重的腐蚀，因此，脱硫系统采用湿烟时，必须对烟囱进行防腐衬里，以避免烟囱因酸性腐蚀而损坏。

烟囱防腐衬里不但价格较高，对旧烟囱进行防腐衬里进一步增加了费用，而且施工周期较长，通常两台炉或两台炉以上共用一根烟囱，锅炉长期停运造成很大的经济损失，生产的需要往往也不允许锅炉长期停运，因此，已投产的锅炉采用湿法脱硫系统不宜采用湿烟囱。

新安装的锅炉可以在设计和施工阶段对烟囱采用防腐衬里，不但费用较低，而且不会因停运造成经济损失，所以，湿烟囱适宜新安装锅炉的湿法脱硫系统采用。

第十一节 脱 硫 装 置 运 行

219. 什么是气体的物理吸收？什么是气体的化学吸收？

答：被吸收气体溶解在液体中，且气体在被液体吸收过程中不发生化学反应的吸收过程，称为物理吸收。例如，大气中的氧溶解在水中，溶于水中的氧不与水发生反应，就是物理吸收。

物理吸收遵守亨利定律，在一定温度的平衡状态下，溶液上方的气体分压力与其在溶液中的浓度成正比。溶液上方气体分压力降低，其在溶液中的浓度下降。随着液体温度升高，气体溶解度下降。高压除氧器之所以除氧效果好，水中溶氧低，就是因为水周围水蒸气压力高、氧气分压力下降和水温高，氧在水中的溶解度下降的结果。

被吸收气体与液体组分发生化学反应的吸收过程，称为化学吸收。由于气体与液体组分发生了化学反应，液体表面被吸收气体的分压力降低，提高了吸收过程的推动力，既提高了吸收率，又降低了被吸收气体气相的分压力。因此，化学吸收速度远高于物理吸收速度。亨利定律只适用于气体中未与液体发生化学反应的剩余气体。

化学吸收过程是由物理吸收过程和化学反应两个过程组成的。首先是气体通过物理吸收溶解在液体中，然后是被吸收气体中的活性组分与液体进行化学反应。石灰石/石膏湿法脱硫就是化学吸收过程。物理吸收受气膜阻力的影响，而化学吸收受液膜阻力的影响，因此，化学吸收过程的总阻力由气液传质的阻力和化学反应的阻力组成。喷淋空塔浆液与原烟气逆向流动，其相对速度较高，扰动较大，有利于降低气膜和液膜阻力，加快化学吸收过程，提高脱硫效率。

220. 什么是气体吸收过程机理的双膜理论？

答：气体吸收过程机理有多种理论，其中较为成熟且被广泛认可的是双膜理论。石灰石-石膏湿法脱硫过程就是 SO_2 气体的吸收过程。SO_2 气体吸收的双膜理论模型见图12-29。

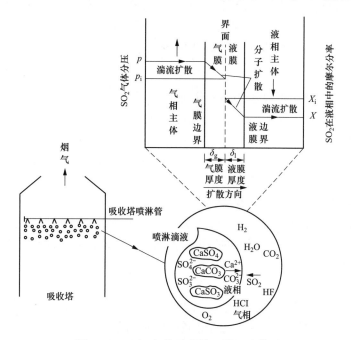

图 12-29　SO_2 气体吸收的双膜理论模型

双膜理论膜型的基本要点如下：

（1）在气液界面两侧各有一层很薄的气膜和液膜，其厚度分别为 δ_g 和 δ_l，即使气、液相主体流速很高，处于湍流状态下，这两层膜内仍为层流状态。

（2）在界面处，SO_2 在气、液两相中浓度已达平衡，在界面处没有传质阻力。

（3）在两膜以外的气、液两相主体中，因为湍流状态，SO_2 在两相主体中浓度是均匀的，不存在扩散阻力和浓度差，但在两膜内存在浓度差。SO_2 气体靠湍流扩散从气相主体到达气膜边界，靠分子扩散通过气膜到达两相界面。在界面上 SO_2 从气相溶入液相，再靠分子扩散通过液膜到达液膜边界，然后再靠湍流扩散从液膜边界表面进入液相主体。

根据上述传质过程理论，可以看到虽然气、液两膜均很薄，但传质的阻力仍集中该两个膜层中，即 SO_2 吸收过程的传质总阻力是由两膜层的分子扩散阻力组成。换言之，气、液两相间的传质速度取决于通过气、液两膜中分子的扩散速度，即 SO_2 脱除速度取决于 SO_2 在气、液两膜中分子的扩散速度。

上述气、液界面在空塔中是烟气与浆液雾滴表面的界面，在填料塔中是烟气与被湿化的填料表面形成的界面。

221. 石灰石-石膏湿法烟气脱硫有什么优点和缺点？

答：石灰石-石膏湿法烟气脱硫的优点：以石灰石（$CaCO_3$）为脱硫剂，其价格低廉，无毒无害，来源丰富，可采用船舶、火车或汽车多种运输方式。副产品石膏既可采用抛弃法，以降低工程费用和运行成本，也可以采用回收法，石膏作为商品出售。脱硫剂的利用率很高，钙硫比约为1.05。脱硫效率较高，通常大于95%。运行时不产生有毒、有害物质，不存在燃烧爆炸的危险，脱硫装置为常压，系统内无压力容器，系统安全性高。煤种适应性好，低硫煤、中硫煤和高硫煤均可采用该种烟气脱硫方法。

石灰石-石膏湿法烟气脱硫的缺点：系统较复杂，占地较大，工程投资较高，通常需要废水处理，因设备折旧、维修费用较高和厂用电率较高而导致运行费用较高。

石灰石-石膏湿法烟气脱硫虽然存在一些缺点，但因为其技术成熟，优点较突出，所以，是国内外采用最多的烟气脱硫方法。当煤含硫较高，场地条件允许，对脱硫效率要求较高时，应首选该种烟气脱硫方法。

222. 为什么浆液循环泵启动后脱硫塔液位明显下降？

答：为了防止浆液中的固体颗粒沉淀造成循环泵和出口管堵塞，循环泵停运后要将泵体和出口管道内的浆液全部排空。

循环泵启动前必须将其入口阀门开启，塔内的浆液充满泵体后才能启动。循环泵启动后浆液充满出口管和塔内浆液分配管。

从喷嘴到浆液池距离较高，浆液从喷嘴喷出后要经过几秒钟的时间才能落到浆液池。由于塔内烟气具有一定速度，对浆液液滴产生的托力，减缓了其下降的速度，因液滴下降的速度减缓而使脱硫塔内吸收区保持较大的持液量。所以，浆液循环泵启动后脱硫塔的液位明显下降。特别是脱硫系统开工，短时间内连续启动几台浆液循环泵，塔内液位下降的现象更加明显。

同样的道理，当浆液循环泵停止时，塔内的液位会明显上升。因此，脱硫系统启动前，塔内可以保持较高的液位，而脱硫系统停止前，塔内可以保持较低的液位。

223. 为什么要用浆液的静压测量吸收塔的液位？

答：吸收塔浆液的液位是一个较重要的控制参数，必须要准确地测量，并将液位传至控制室。由于吸收塔内浆液的含固量高达20%～30%，且因石膏和石灰石颗粒的密度较大，容易沉淀而引起堵塞，所以，无法用常规的连通器原理工作的液位表测量吸收塔浆液的液位。

因为吸收塔上部布置有除雾器、浆液分配管、喷嘴等部件，同时，浆液池上部吸收区有大量的浆液淋下，所以无法在吸收塔的上部安装雷达或超声波非接触式的仪表测量液位。

由于浆液的静压与浆液的液位和密度成正比，因此，只要采用传感器测出浆液的静压和密度，经变换器转变为电信号后即可将信号传至控制室在DCS画面上显示出液位。

224. 什么是液气比？

答：从各喷嘴喷出的总浆液量与进入吸收塔的在标准状态下的烟气量之比称为液气比。

液气比是衡量脱硫装置的一个重要指标。在脱硫效率达标的前提下，液气比越小越好。原因是液气比越小，浆液循环量越少，浆液循环泵的电耗越低。

液气比不是固定不变的，而是与燃料含硫量、浆液的pH值（即浆液中石灰石的含量）、喷嘴的雾化质量和喷嘴层的高度等各种因素有关。通常燃料的含硫高、浆液的pH值低、喷嘴的雾化质量差和投用喷嘴层的高度低，则液气比高；反之，则低。按现有的技术水平，液气比在12～15L/m³ 范围内。

225. 为什么液气比较低时，提高液气比脱硫效率上升较快；液气比较高时，进一步提高液气比脱硫效率提高较慢？

答：液气比决定了单位烟气量所拥有的浆液量，在浆液雾化质量不变的情况下，提高液气比，吸收烟气中 SO_2 的浆液表面积增加，脱硫效率增加。

当液气比较低时，提高液气比，从喷嘴喷出的雾化浆液液滴相互碰撞，合并成大液滴的比例较小，浆液液滴总表面积随之增加较快，同时，由于脱硫塔内吸收区的持液量不大，烟气流速不高，烟气在吸区内停留的时间较长。所以，当液气比较低时，提高液气比，脱硫效率上升较快。

当液气比已经较高时，增开循环浆液泵，增加喷嘴投入的层数，虽然喷嘴雾化的质量不变，但由于液滴的数量增多，液滴间相互碰撞合并成大液滴的比例增加，液滴总的表面积增加不多，同时，由于脱硫塔吸收区的持液量较大，烟气通流面积较小，烟气流速提高，烟气在脱硫塔吸收区内停留的时间较短，所以，当液气比已经较高时，进一步提高液气比，脱硫效率上升较慢。液气比对脱硫效率的影响见图12-30。

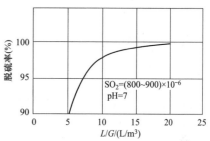

图 12-30 液气比对脱硫率的影响

从图12-30中可以看出，液气比从5增加到10，脱硫效率从90%上升到98%；而液气比从10增加到15，脱硫效率仅从98%提高到99%。因为循环浆液泵总的耗电量与液气比成正比，所以，不应过分追求很高的脱硫效率，导致脱硫系统的耗电量明显上升。

226. 为什么在喷嘴投入层数相同的情况下，投用上层喷嘴可以明显提高脱硫效率？

答：通常脱硫塔安装有4层喷嘴和4台浆液循环泵，每台循环泵向对应的喷嘴层供给浆液。

通常按习惯，1、2、3、4号循环泵向自下而上顺序排列的1、2、3、4层喷嘴单独供给浆液。在其他各种条件相同的情况下，投入上层喷嘴时，由于每相邻两层喷嘴的高差为1.7~2.0m，烟气与浆液接触被洗涤吸收的行程和时间较长，烟气中 SO_2 被浆液吸收的概率和数量较大，因此，脱硫效率较高；反之，投入下层喷嘴时，因烟气与浆液被洗涤、吸收的行程和时间较短，烟气中 SO_2 被浆液吸收的概率和数量较小，因此，脱硫效率较低。

有些脱硫系统的新鲜石灰石浆液是从3号和4号循环浆液管注入的，浆液的pH值及活性较高，也是投入上层喷嘴时脱硫效率较高的原因之一。两炉共用一塔脱硫系统循环泵不同组合工作时的脱硫率见表12-6。

表 12-6　　　　　两炉共用一塔脱硫系统循环泵不同组合工作时的脱硫率

循环泵组合	脱硫率(%)	循环泵组合	脱硫率(%)
1+2	94~95	1+2+3	95~96
1+3	97~98	1+2+4	95~96
1+4	97~99	1+3+4	95~97
2+3	97~98	2+3+4	>99

循环泵组合	脱硫率(%)	循环泵组合	脱硫率(%)
2+4	>99	1+2+3+4	>99.9
3+4	>99.5		

注 试验时烟气量约为 $9.83×10^5 m^3/h$（标准状态下），FGD 入口 SO_2 浓度为 1300～1800mg/m³（干态），O_2 为 5.8%～7.2%，烟尘浓度小于 350mg/m³，吸收塔浆液密度为 1080kg/m³ 左右，石灰石浆液密度为 1120kg/m³ 左右，2 台氧化风机运行。

虽然在相同条件下投用上层喷嘴可以显著提高脱硫效率，但是投用上层喷嘴时，需要启动对应扬程较高的循环泵，耗电量要增加，因此，在满足脱硫率的前提下，应合理搭配和调整投入喷嘴的层数，不应为了追求过高的脱硫率，过多地投用上层喷嘴。

227. 为什么不采用调节阀调节循环浆液量？

答：当锅炉负荷变化或燃煤的含硫量变化时，循环浆液量也要随之变化，以确保在额定脱硫效率下，降低循环浆液的流量，从而达到降低脱硫电耗的目的。

石灰石/石膏湿法脱硫的液气比（L/G，浆液的单位是 L，烟气的单位是 m³）较大，为 12～15L/m³，循环浆液的流量很大，大型发电机组的浆液流量高达每小时数万吨。循环浆液泵的功率很大，其功率与流量和扬程成正比。由于通常设置 4 层喷嘴，由 4 台浆液泵分别向各层喷嘴供给浆液，如果采用调节阀调节浆液流量，不但增加了设备投资，而且为了获得较好的调节效果，调节阀前后必须保持一定的压差，泵的扬程必然要增加，所以导致浆液泵的耗电量明显增加。

因此，当锅炉负荷或燃煤的含硫量变化较大时，不采用调节阀调节浆液量，而用启、停循环浆液泵的数量调节浆液量，不但可以降低泵的扬程，而且可以使每台循环浆液泵在最佳的工况下工作，从而有效地降低了浆液泵的耗电量。

当锅炉负荷变化或燃煤含硫变化不大时，为使脱硫效率和 SO_2 排放达标，可以采用投入不同喷淋层的方法进行调节，效果也很好。

228. 为什么要测量浆液的 pH 值？

答：浆液中吸收剂石灰石的含量高其 pH 值上升，可以提高脱硫效率，但易引起结垢，同时因 Ca/S 比增加而导致石灰石消耗增加和石膏的纯度下降。浆液中吸收剂石灰石含量较低其 pH 值下降，有利于提高石灰石的溶解速度，避免结垢，同时，Ca/S 比下降，有利于降低石灰石的消耗量和提高石膏的纯度。

在实际运行过程中，难以在线连续测量浆液中石灰石的含量，但因浆液中石灰石的含量与其 pH 值相关，石灰石含量高，浆液 pH 值高；反之，浆液 pH 值低，而在线连续测量浆液 pH 值易于实现。因此，要连续测量浆液的 pH 值。

通过运行实践证明，当浆液的 pH 值控制在 5.6～5.8 范围内时，可以兼顾使脱硫效率大于 95% 和避免结垢，将 Ca/S 比控制在 1.03～1.05 范围内两方面的要求。在实际运行中，当浆液 pH 值超过上限时，降低石灰石浆液进塔量；反之，则增加石灰石浆液的进塔量。

229. 为什么锅炉负荷降低，脱硫效率提高？

答：通常 300MW 及以下的发电机组采用两炉一塔，而 600MW 及以上的发电机组通常采用一炉一塔。

当采用两炉一塔时，一台锅炉停止运行，即使另一台锅炉满负荷运行，进入脱硫塔的烟气量减少一半，循环浆液泵投运的台数并未减少，或虽然减少，但减少的比例小于烟气量下降的比例，因液气比上升而使脱硫效率提高。烟气量减少，使得脱硫塔内烟气流速降低，因烟气在脱硫塔内停留时间增加，浆液有更充足的时间吸收烟气中的 SO_2，而使得脱硫效率提高。

当采用一炉一塔时，因为锅炉负荷通常不允许低于额定负荷的 70%，负荷变化时，循环浆液泵运行的台数通常不变，所以，锅炉负荷降低时，因液气比增加和烟气在脱硫塔内停留的时间延长，而使脱硫效率提高。

锅炉的排烟温度通常随着负荷降低而下降，锅炉负荷降低时，进入脱硫塔的原烟气温度降低，有利于浆液吸收 SO_2，也是脱硫效率提高的原因之一。

230. 为什么烟气温度降低，脱硫效率提高？

答：通常锅炉的排烟温度随着锅炉负荷的降低而下降，进入吸收塔的烟气温度也随之降低。

烟气温度下降，因烟气含有的热量及与浆液的传热温差减少，使得浆液的温度下降，SO_2 在浆液中溶解度提高，使脱硫效率提高。

SO_2 溶解在浆液中成为 H_2SO_3，与 $CaCO_3$ 反应生成 $CaHSO_3$ 是放热反应，根据化学反应原理，温度降低有利于反应向生成热量的化学反应方向进行。因此，烟气温度下降有利于提高脱硫效率。

烟气温度降低，浆液中水分蒸发产生的蒸汽量减少，烟气量下降，SO_2 在烟气中分压提高，在浆液循环泵流量不变的条件下，相当于提高了液气比，使脱硫效率提高。

烟气温度降低，烟气体积下降，烟速降低，烟气在脱硫塔内的时间增加，使脱硫效率上升。

烟气温度对脱硫效率的影响见图 12-31。

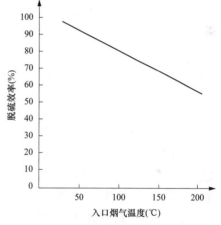

图 12-31　烟气温度对脱硫效率的影响

231. 为什么烟气与喷淋的浆液逆向流动？

答：原烟气进入吸收塔后向上流动，从喷嘴喷出的浆液依靠重力自由下落，两者逆向流动的方式有很多优点。

（1）烟气向上流动对下落的浆液形成的托力可以降低浆液下落的速度，延长浆液在吸收区的停留时间，提高了塔内吸收区浆液的持浆量，因浆液吸收 SO_2 的表面积增加而使脱硫效率提高，可以降低浆液循环量，降低循环泵的耗电量。

（2）烟气和浆液逆向流动使两者的相对流速提高，因为气膜和液膜的厚度降低，所以有利于提高 SO_2 在气膜和液膜中的扩散速度，使脱硫效率提高。

（3）在吸收区的下部，浆液中的脱硫剂 $CaCO_3$ 的数量因在下落过程中不断消耗含量较低，但烟气中的 SO_2 含量较高，在吸收区的上部，烟气中的 SO_2 不断被吸收，含量较低，但因浆液中的脱硫剂含量较高，使得从下而上整个吸收区内保持较高的吸收率，从而有利于提高脱硫效率。

（4）与上述（3）相同的道理，可以提高利用烟气中的含氧量将浆液中亚硫酸钙氧化成硫酸钙的比例，从而有利于提高总体的氧化率。

由于烟气与浆液逆向流动有很多优点，所以得到广泛采用。

232. 什么是钙硫比？为什么实际运行中钙硫比总是大于1？

答：每脱除1mol SO_2 所需加入的 $CaCO_3$ 的摩尔数称为钙硫比（Ca/S）。

理论上钙硫比等于1，但是理论上的钙硫比是根据化学反应方程式得出的，是在充分均匀混合，时间足够长、完全反应的条件得出的。在实际运行中，由于烟气中的 SO_2 与 $CaCO_3$ 接触的时间较短，难以充分均匀混合，所以，实际运行中钙硫比总是大于1，在1.01～1.10范围内。实际达到的钙硫比也是衡量脱硫系统先进水平的重要指标之一。设计合理，运行操作水平较高的脱硫系统的钙硫比可达到1.01～1.05的水平。

因为钙硫比的倒数 S/Ca 等于脱硫剂的利用率 η_{Ca}，例如，Ca/S＝1.03，则脱硫剂的利用率为97%，所以，在设计和运行中保持较低的钙硫比可以降低脱硫剂的消耗，降低脱硫系统的运行成本，石膏的品质因 $CaCO_3$ 含量降低而得到提高。

233. 为什么在满足设计脱硫效率的前提下应尽量降低钙硫比？

答：钙硫比的倒数是脱硫剂的利用率 η_{Ca}，即

$$\eta_{Ca} = \frac{1}{Ca/S}$$

如钙硫比为1.03，则脱硫剂的利用率为 $\frac{1}{1.03} \times 100\% = 97\%$。

钙硫比高一方面使脱硫剂的费用增加，导致运行成本提高；另一方面因石膏中的 $CaCO_3$ 增加，导致石膏的纯度下降。因此，在满足设计脱硫效率的前提下应尽量降低钙硫比。

虽然随着钙硫比的增加，脱硫效率上升，但在脱硫效率已经较高的情况下，随着钙硫比的增加，脱硫效率上升趋缓，因此，脱硫系统在设计的脱硫效率下运行较好，不应因追求过高的脱硫效率而使钙硫比增加，导致运行费用增加和石膏品质下降。

234. 为什么脱硫系统入口烟温超标要停止运行？

答：通常锅炉的排烟温度即是脱硫系统的入口烟气温度。锅炉的排烟温度为130～150℃，通常容量较大的锅炉排烟温度较低，容量较小的锅炉排烟温度较高。正常情况下锅炉的排烟温度是不会严重超标的，但是当锅炉发生二次燃烧时，排烟温度会严重超标。有GGH的脱硫装置原烟气不易超温，没有GGH的脱硫装置原烟气温度有可能超温。

有些脱硫系统规定入口烟气温度不得超过160℃，有些则规定不得超过190℃。如果入口烟温超过规定，烟气应通过旁路烟道进入烟囱，脱硫系统停止运行。

因为防腐衬里含有树脂，脱硫系统入口烟温超标会造成原烟道和GGH外壳防腐衬里损坏。除雾器大多由高分子材料聚苯稀或FRP（玻璃钢）制造，其工作温度较低。当脱硫系统入口烟气温度超标后，虽然经喷淋的浆液冷却，进入除雾器的烟气温度仍有可能超过其允许的工作温度而变形，引起塌陷损坏。

235. 为什么GGH入口净烟气流量大于原烟气流量？

答：由于脱硫系统中不同部位的净烟气和原烟气的数量和温度是不同的，为了便于比较两者流量的大小，将净烟气和原烟气全部换算成标准状态，并且以GGH入口的净烟气和原烟气作为比较依据。

进入吸收塔的原烟气被浆液除去 SO_2 等有害成分，并经二级除雾器除去携带的浆液从吸收塔流出成为净烟气。通常净烟气的流量总是大于原烟气流量，见表 12-7。

表 12-7　　　　　　　　GGH 净烟气和原烟气入口流量（标准状态）　　　　　　　　m^3/h

机组容量	GGH 入口净烟气流量（湿态）	GGH 原烟气入口流量（湿态）
300MW	1113838	1049570
600MW	2307237	2187611

净烟气流量大于原烟气流量主要有几下两个原因。

（1）原烟气进入吸收塔与浆液进行传热传质过程中，将浆液中的一部分水分蒸发成水蒸气，水蒸气进入烟气使净烟气流量增加。

（2）进入浆液池的氧化空气，除一部分氧气将亚硫酸钙氧化成硫酸钙外，剩余的氧气和氮气进入烟气，原烟气压力较净烟气高，原烟气漏入净烟气，使净烟气流量增加。

（3）净烟气侧是负压，部分空气从不严密处漏入，使净烟气流量增加。

236. 为什么要设置低泄漏风机？

答：由于脱硫装置的 GGH 通常采用回转式烟气加热器，装有受热面的 GGH 转子旋转，先后被原烟气加热和被净烟气冷却。为了确保转子能正常旋转不出现碰撞、摩擦和卡涩，转子与静止的 GGH 的部件必须要有一定间隙，因原烟气压力比净烟气压力高，虽然采用密封片对动静部分的轴向、径向和周向间隙进行密封，原烟气从密封处漏入净烟气是不可避免的。

原烟气经 GGH 漏入净烟气的部分，因未经脱硫直接随净烟气进入烟囱而导致脱硫效率下降。设置低泄漏风机，抽取净烟气升压后，送至各密封点，因为密封用的净烟气压力高于原烟气压力，可以在原烟气与净烟气之间形成气幕，所以阻止了原烟气向净烟气泄漏。

设置低泄漏风机后，原烟气经 GGH 漏入净烟气的数量大大减少，可降为不超过 1%，脱硫效率明显提高。从工作原理和作用看，低泄漏风机其实就是密封风机，因为该风机可以使 GGH 实现原烟气向净烟气泄漏量降低，故称为低泄漏风机。

当转子的传热元件由原烟气区进入净烟气区之前，利用低泄漏风机提供的压力较高的净烟气，从长条形喷嘴喷出，将换热元件携带的原烟气吹出，并置换成净烟气，避免了因换热元件携带原烟气进入净烟区，导致 GGH 的泄漏量增加和脱硫效率降低。

237. 为什么低泄漏风机不采用空气而采用净烟气作密封介质？

答：设置低泄漏风机可以非常有效地降低 GGH 原烟气向净烟气的泄漏率。

虽然低泄漏风机采用空气作密封介质，同样可以起到减少 GGH 原烟气泄漏率的作用，但是由于空气温度低、密度大，会使低泄漏风机的耗电量增加。温度较低的空气进入原烟气和净烟气均会导致两者温度降低。由于净烟气的压力低于原烟气压力，所以大部分空气进入净烟气，净烟气温度降低，烟气的浮力下降，不利于烟气离开烟囱后的扩散。原烟气温度降低导致 GGH 的传热温差下降，也会使 GGH 出口净烟气温度下降。低泄漏风机采用空气作密封介质还会使烟气量增加，导致增压风机因阻力增加而电耗上升。

低泄漏风机采用加热后的净烟气作密封介质，因净烟气的温度较高，约为 80℃，且水蒸气含量较多，其密度较低，可以降低低泄漏风机的耗电量。同时，用净烟气作密封介质不会降低 GGH 出口净烟气的温度，因为烟气量没有增加，所以也不会使增压风机耗电量上升。

因为净烟气具有较强的腐蚀性，采用净烟气作密封介质的低泄漏风机及入口和出口烟道要采用防腐衬里或高等级的合金钢材质，所以导致费用明显上升。

238. 为什么低泄漏风机在入口和出口挡板开度相同的情况下，冷态运行时电流比正常运行时电流大？

答：低泄漏风机冷态下进行试运时，其工质是温度较低、水蒸气含量较小、密度较大的空气，而低泄漏风机在正常运行时，其工质温度为 80 左右，水蒸气含量较大、密度较小的净烟气。因为风机所需的功率与工质密度成正比，而电动机的功率与电流成正比，所以低泄漏风机在冷态下试运行时，电流较正常运行时大是完全正常的，只要不超过电动机的额定电流就可以继续运行，如果超过电动机的额定电流，则可以通过适当调节入口导叶的开度，降低电动机的电流。

239. 为什么采用湿法脱硫时烟囱排出的烟气是白色的？

答：如果不采用湿法脱硫，由于原煤中的水分较少，不但因为排烟温度较高而且因烟气中的水蒸气分压较低，从烟囱排出的烟气中的水分不易凝结，燃烧良好的锅炉排出的烟气应为无色或淡浅灰色。

采用湿法脱硫后，温度较高的原烟气自下而上与自上而下的浆液逆向流动进行传热传质，浆液中的一部分水分被烟气加热蒸发成水蒸气进入烟气，成为烟气的一部分，使得烟气中水蒸气分压提高。离开吸收塔的净烟气相对于净烟气的温度几乎是饱和的。虽然净烟气经 GGH 被原烟气加热后，温度升高 30~40℃，净烟气中的水蒸气呈过热状态，但是净烟气经过烟道和烟囱时，由于散热和冷空气从不严密处漏入，温度降低，同时，烟气离开烟囱排入大气时进一步被空气冷却，因烟气温度低于烟气中水蒸气分压对应的饱和温度，烟气中的水蒸气凝结成小水珠而使排烟呈现白色。气温越低，烟气中水蒸气凝结得越多，排烟是白色的现象越明显，如果采用湿烟囱，净烟气未经加热，烟气中的水蒸气呈饱和状态，净烟气从烟囱排出时，温度降低，水蒸气凝结烟气为白色。

通常也可以从烟囱排烟的颜色判断湿法脱硫装置是否投入运行。

240. 什么是烟羽下洗？有什么危害？

答：烟气离开烟囱后因烟气中的水蒸气凝成小水珠，在不同的气象条件下会形成可见的形态各异的烟羽，然后逐渐扩散到大气中。如果烟羽在烟囱附近出现了烟羽低于烟囱出口高度下方的现象称为烟羽下洗，见图 12-32。

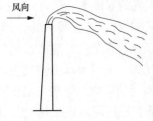

图 12-32　烟羽下洗示意

由于大型锅炉的烟囱较高，直径较大，烟囱出口处的烟速较高，当风吹过烟囱时，会在背风面形成一个低压区，风速越高，低压区的范围越大，低压区的压力越低。如果因烟温较低，烟气离开烟囱获得的浮力较小，或因锅炉负荷较低，烟囱出口烟速较小，烟羽就会吸入低压区，产生烟羽下洗。

烟羽下洗不仅会使烟囱外壁和组件发生酸性腐蚀，缩短其使用寿命，增加维修费用，而且降低了烟羽的扩散范围，不利于降低烟囱周围有害成分的落地浓度。

241. 怎样避免烟羽出现下洗?

答：由于烟囱出口处风速较高，在烟囱的背风面出现低压区是不可避免的。

采用烟气加热器提高净烟气的温度，使净烟气离开烟囱后获得较大的热浮力，增加烟气浮力上升高度是避免烟羽出现下洗常用的方法。通常要求加热后烟气温度不低于 $80\sim100℃$。

提高烟囱出口烟气速度，增加烟气动力上升高度，可以较有效地防止烟羽下洗。通常要求烟囱出口烟气速度不低于烟囱出口处平均风速的 1.5 倍，烟囱出口烟速应为 $20\sim30m/s$。

对于有多个内烟囱的大直径外烟筒，其直径较大，背风面会形成较大的低压区，为了防止发生烟羽下洗，要求内烟囱比外烟筒高不小于外烟筒直径的两倍。

现在大多采用两台炉一个烟囱，当一台炉停运时，烟速降低 $1/2$，因此，为了防止出现烟羽下洗，当一台停炉运行时应尽量满负荷运行。

242. 当出现氧化空气量不足时，怎样判断是入口系统造成的还是出口系统造成的?

答：当发现因氧化空气量不足造成氧化效果下降时，要及时检查罗茨风机入口系统和出口系统存在的问题。

虽然入口系统和出口系统堵塞均会使罗茨风机的风量减少，但两者产生的现象不一样。入口系统上装有过滤器，因为现场灰尘较大，所以过滤器经常出现堵塞。如果氧化风量减少，而出口压力降低，则可以判断是过滤器积灰较多，阻力增加引起的。如果氧化风量减少，而出口压力上升，则可以判断是出口系统堵塞造成的。因为有入口滤网，且氧化风管道直径较大，管子一般不会出现堵塞，堵塞有可能发生在吸收塔内氧化空气喷管处。

如果氧化空气量不足，出口压力较低，而过滤器较清洁，则可以判断是由于出口系统出现泄漏引起的。由于泄漏的空气流速很高，会发出很大响声，很容易根据响声查明泄漏部位。

掌握以上规律和判断方法，当出现氧化空气量不足时，可以迅速查明故障所在的部位，使故障得到及时消除，氧化风量很快恢复正常。

243. 什么是标准状态?

答：由于气体是可以压缩的，一定质量的气体在不同压力下具有不同的体积，气体的体积还随着温度的变化而变化。也就是说，相同质量的气体会因压力和温度的不同，而有不同的体积，这给计算带来不方便。

因此，将不同压力和温度气体的体积换算为压力为一个标准大气体（1.0132×10^5Pa）、温度为 273K（0℃）时的体积。因此，压力为一个大气压、温度为 0℃ 的状态为标准状态。

244. 什么是干烟气? 什么是湿烟气?

答：不含水蒸气的烟气称为干烟气。

含有水蒸气的烟气称为湿烟气。

干烟气仅是理论上的烟气，实际上由于各种原因，烟气中总是含有数量不等的水蒸气。

245. 烟气中的水蒸气有哪几种来源?

答：烟气中的水蒸气来源有以下几种。

（1）送风机送入炉膛燃烧用空气中所含的水蒸气、漏入炉膛和烟道的冷空气中所含的水蒸气。

（2）燃料中水分蒸发生成的水蒸气。

（3）燃料中氢元素燃烧生成的水蒸气。

（4）当燃油锅炉采用蒸汽雾化时，进入炉膛的水蒸气。

（5）当采用半干法脱硫时，浆液含有的水分或喷入的增湿水分蒸发生成的水蒸气。

（6）当采用湿法脱硫时，原烟气对浆液加热产生的水蒸气。

从以上烟气中各种水蒸气来源中可以看出，不同的情况和条件，烟气中水蒸气含量差别较大。通常燃煤炉因煤的氢元素较少而燃烧生成的水蒸气较少，烟气中水蒸气含量较低，燃油锅炉因燃油的氢元素含量较高而燃烧生成的水蒸气较多，如燃油再采用蒸汽雾化，则烟气中含有的水蒸气数量较多。燃煤炉采用半干法或湿法脱硫时，烟气中的水蒸气含量也会显著增加。

246. 为什么脱硫系统要设置事故浆液池？

答：在发生事故或吸收塔需要检修的情况下，要求将吸收塔内的浆液排尽。吸收塔内浆液不但数量很大，而且物料的浓度很高，如果不加以回收，直接向外排放，不但造成物料很大损失，而且会造成排水系统堵塞和对环境的污染。因此，脱硫系统应设置事故浆液池或事故浆液罐，用于回收和存放吸收塔浆液池排出的浆液。

事故浆液池通常设置在地下，而事故浆液罐通常设置在地上。事故浆液池或事故浆液罐的容积应能满足存放吸收塔全部浆液的要求。通常由吸收塔的石膏排出泵将浆液打入事故浆液池或事故浆液罐。

为了防止浆液中的固体沉淀，事故浆液池设有若干搅拌器。通过事故浆液泵可将浆液打入吸收塔内。如果采用布置在地下的事故浆液池，则事故浆液泵通常采用液下泵，电动机在地上，两者通过联轴器连接。采用事故浆液池的优点是不占据地面，但液下泵的维修比较麻烦。采用事故浆液罐的优点是事故浆液泵在地上，工作时处于倒灌状态，运行、维修比较方便，缺点是要占有一定空间。

247. 为什么喷淋空塔的液气比较填料塔和托盘塔液气比高？

答：液气比的大小与烟气 SO_2 浓度、浆液的 pH 值、吸收剂的粒径和耗量、氧化程度、浆液的成分、塔的类型和所要达到的脱硫效率等多种因素有关，只有在各种条件相同的情况下进行比较才有意义。

在各种条件大致相同的情况下，喷淋空塔的液气比之所以比填料塔和托盘塔液气比高，主要有以下 3 个原因。

（1）填料和托盘及其上的浆液层形成的阻力较大，使填料塔和托盘塔内烟气流分布较均，为浆液与 SO_2 充分混合，均匀接触创造了较好的条件。喷淋空塔阻力较小，烟气从径向以较高的速度进入吸收塔，由于惯性和涡流，所以烟气流分布不均匀，浆液与 SO_2 不能充分混合和均匀接触，只有通过提高液气比来加以弥补，增加气液接触的概率。

（2）单位体积的填料表面积高达 $35\sim140m^2/m^3$，而喷淋空塔吸收区单位体积液滴的总表面积仅为 $10\sim15m^2/m^3$。烟气穿过托盘上的浆液层时，烟气对浆液形成剧烈的搅拌和混合，为浆液均匀且充分吸收 SO_2 创造了良好的条件。喷淋空塔只有通过提高液气比来增加浆液的表面积。

（3）喷淋空塔存在壁流现象，导致塔壁附近区域浆液表面积减少和烟气短路，造成从塔

壁附近流过的烟气 SO_2 浓度较高，只有通过增加液气比，提高吸收塔中部区域的脱硫效率，使混合后的烟气 SO_2 浓度达标。

248. 什么是喷淋空塔的壁流现象？

答：喷淋空塔喷嘴的雾化角通常为 $70°$，虽然处在边缘的喷嘴离吸收塔壁有一定距离，但浆液从喷嘴喷出一定距离后，部分浆液会喷到塔壁上沿塔壁向下流动，产生壁流现象。由于叠加作用，所以沿塔壁自上而下壁流现象逐渐加重。

由于填料塔的填料和多孔托盘塔的托盘的边缘是紧靠吸收塔壁的，所以，填料塔和多孔托盘塔的壁流现象没有空塔那样严重。如果填料层或托盘下部不设喷淋层，则壁流现象只会出现在填料层和托盘的上方，而其下方通常是不会出现壁流的。

249. 壁流现象对吸收塔的工作会产生哪些不利影响？

答：壁流现象对吸收塔工作的不利影响有以下三个方面。

（1）由于浆液中含有约 20% 的固体颗粒，其中含有少量经过锅炉炉膛高温烧结、硬度较高的飞灰，浆液沿塔壁向下流动时会对其表面的防腐层产生磨损，降低防腐层的使用寿命，增加维修费用。

（2）由于形成壁流的浆液只有其表面可以吸收 SO_2，其相同数量浆液的表面积远远小于吸收塔中心区域大量液滴的总表面积，导致形成壁流浆液的吸收效率很低。

（3）为了减轻壁流现象，通常采用靠近吸收塔壁喷嘴向塔中心倾斜的方法，使塔壁附近区域的浆液喷淋密度较吸收塔中心区域低，同时，吸收塔采用空心锥雾化喷嘴时，因大部分分布在锥体边缘的浆液喷到壁上形成壁流，而锥体中心区域的浆液的数量较少，进一步使塔壁附近区域的喷淋密度降低，因阻力降低而导致烟气短路。也就是说，塔壁附近区域的烟气流量较大，而浆液的表面积较小，必然导致从塔壁附近流过的烟气 SO_2 含量较高。某个脱硫系统的吸收塔实测结果如下。

（1）靠近吸收塔壁区域的 SO_2 浓度最大。

（2）距塔壁 $1.2m$ 处 SO_2 的浓度等于或小于烟囱中烟气的平均 SO_2 浓度。

（3）距塔壁 $3m$ 处，SO_2 的浓度几乎为零。

（4）塔体中心的大部分区域 SO_2 的脱除率达到 $99\%\sim100\%$。

上述测试结果表明，壁流现象对吸收塔工作不利影响的机理分析是符合实际情况的。

为了弥补壁流现象对脱硫效率的不利影响，可以通过增加循环浆液量，提高液气比的方法，使流过吸收塔中部的烟气保持很高的脱硫率，弥补流过塔壁附近区域的烟气脱硫效率较低的不足，使混合后的脱硫烟气 SO_2 浓度达到设计和环保要求。这也是喷淋空塔液气比较填料塔和托盘塔液气比大的原因之一。

采用壁流浆液再分配装置，可以降低壁流对喷淋空塔的不利影响。

250. 怎样消除壁流现象对脱硫效率的不利影响？

答：虽然喷淋空塔的结构和工作原理导致壁流现象是不可避免的，但是采取有针对性的技术措施，降低壁流现象对脱硫效率的不利影响是可以做到的。

在喷淋空塔塔壁上安装液体再分配装置，将壁流浆液收集起来，重新破碎成液滴分布到烟气中，不但增加了塔壁附近区域浆液喷淋的密度和浆液的表面积，还防止了烟气短路，使塔壁附近区域流过的烟气与吸收塔中部流过的烟气一样，获得与浆液充分均匀接触的机会，从而提高了吸收塔的脱硫效率，为降低液气比，减少浆液循环泵的耗电量创造了条件。

某脱硫系统的吸收塔内安装了两个浆液再分配装置，运行效果测试如下。

（1）4 层喷淋层运行，pH＝5.6 时，SO₂ 脱除效率由原来的 95.7％提高到 98.7％；pH＝5.9 时，SO₂ 脱除效率高达 99.1％。

（2）3 层喷淋层运行，pH＝5.6 时，SO₂ 脱除率由原来的 93.8％提高到 96.1％；pH＝5.9 时，脱硫效率高达 97.1％。

由于安装浆液再分配装置可以显著提高脱硫效率，因此，可以少投用一层喷淋层，液气比从原来的 $15L/m^3$ 降至 $11L/m^3$，浆液循环泵的节电效果十分显著。为减少喷淋层层数，降低浆液循环泵流量和吸收塔高度，从而降低脱硫系统工程费用创造了条件。

251. 什么是浆液固体物停留时间？为什么停留时间不宜过长或过短？

答：吸收塔浆液池中浆液固体物总量与脱硫固体物每小时平均产量之比称为浆液固体物停留时间 τ_t，单位为时。也可以用浆液池中浆液总量与减去旋流器返回吸收塔的流量后的石膏排出泵每小时平均流量之比，计算浆液固体物停留时间 τ_t。

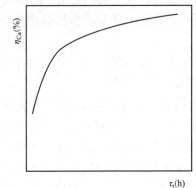

图 12-33　石灰石利用率与固体物停留时间的关系走势图

τ_t 值表示了吸收塔浆液池内浆液体积的大小。τ_t 是脱硫系统设计的重要参数之一。适当地增加 τ_t 值有利于提高脱硫剂石灰石的利用率，降低运行费用，提高了石膏的纯度，从而可以提高石膏的品质，见图 12-33。

τ_t 值增加，有利于石膏晶体的长大，使石膏浆液易于脱除水分，从而可以降低石膏滤饼的含水量。

但是 τ_t 值过大，必然会使浆液池体积增大，导致设备投资增加，同时，浆液循环泵和搅拌器对石膏晶体有破碎作用，石膏粒径降低不利于石膏浆液的脱水。

从以上分析可以看出，τ_t 值不宜过短或过长。兼顾提高石灰石利用率，降低运行成本，利于石膏浆液脱水和降低设备投资两方面的要求，通常 τ_t 值应为 15～24h。

252. 为什么烟道挡板门要采用压力较高的空气进行密封？

答：由于采用脱硫的锅炉的容量较大，烟道挡板门的面积随之增大，且制造不够精密，加之密封面的积灰和腐蚀，通常烟道挡板门很难关闭严密不漏。原烟气挡板泄漏不但因原烟气漏入净烟气，导致脱硫效率下降，而且在锅炉运行的情况下无法对脱硫装置进行检查和维修。原烟气漏入停运的脱硫装置会导致产生腐蚀。

为了使烟道挡板门关闭后严密，不漏，可以将烟道挡板门做成双层的，挡板门关闭后通入压力较高的空气，形成空气幕，达到防止烟气泄漏的目的。烟道挡板门的启闭与密封空气门的启闭有联动机构，当烟道挡板门关闭时，密封空气门自动开启；而烟道挡板门开启时，密封空气门自动关闭，见图 12-34。

253. 为什么密封风机出口要设加热器？

答：为了防止面积较大的烟气挡板因精度不够、腐蚀、变形和积灰产生泄漏问题，常用压力较高的密封风机将空气升压后进入挡板夹层中，形成空气幕，达到防止烟气泄漏的目的。

如果密封风机出口的空气不经加热直接用于挡板密封，大气中的空气温度较低，挡板表面温度低于烟露点，原烟气或净烟气中的硫酸蒸气有可能在挡板门表面凝结，使挡板门或烟道产生腐蚀。在冬季，气温低，产生的凝结水较多，腐蚀也较严重。

在密封风机出口设置加热器，将密封空气加热，使烟道挡板门表面的温度高于烟气露点，烟气中的硫酸蒸气不会凝结产生腐蚀。电加热器传热温差大，体积小，便于操作和控制，因此，采用较多，但电加热器运行成本较高。

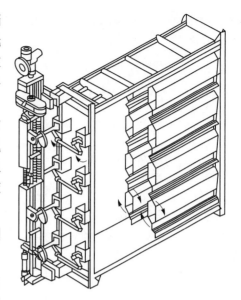

图 12-34　双层百叶窗挡板门

254. 为什么石灰石浆液泵出口要安装返回浆液罐的管道？

答：石灰石浆液的流量是根据吸收塔内浆液的 pH 值进行调节的。当塔内浆液的 pH 值大于 5.8 时，要降低石灰石浆液的流量；当塔内浆液 pH 值小于 5.6 时，要增加石灰石浆液的流量。

石灰石浆液的流量由调节阀进行调节。管道中浆液的流速要兼顾减轻磨损，降低阻力和防止浆液中石灰石粉分离出来，堵塞管道两方面的要求。在实际生产中，石灰石浆液的流量变化是较大的，因此，为了防止调节阀开度较小，流量偏低时，石灰石粉从浆液中分离出来，造成管道堵塞，可以在石灰石浆液进吸收塔管路的调节阀前设置返回浆液罐的管道。这样可以在调节阀开度较小，进入吸收塔的石灰石浆液流量较少时，使多余的浆液返回石灰石浆液罐，确保泵出口至吸收塔附近调节阀的管道内始终保持较高的流速，避免了石灰石粉沉淀，堵塞管道。

当石灰石浆液管道停止，需要对管道进行冲洗时，可以开启泵出口的冲洗水阀，经回流管道将管道内的石灰石浆液全部冲洗至石灰石浆液罐内，既避免了石灰石浆液排放对环境的污染，又全部回收了石灰石浆液。

通过调节石灰石浆液回流管阀门的开度，可以控制石灰石浆液流调节阀入口的压力，防止因石灰石浆液流量低、调节阀开度小、入口压力过高、调节阀因磨损严重和调节性能变差，见图 12-35。

在石灰石浆液泵返回浆液罐的管道上安装有密度计，通过测量浆液的密度掌握浆液的石灰石含量。当浆液的密度为 $1230kg/m^3$ 时，对应的浆液的石灰石含量为 30%，在石灰石浆液配制过程中，在浆液石灰石含量未达标前，浆液可返回浆液罐内，达标后再通过调节阀送至脱硫塔。

石灰石浆液返回浆液罐的管道也为基建安装后和检修后石灰石浆液泵的试运转提供了方便。

255. 为什么吸收塔出口至 GGH 之间的净烟道的低点应设疏水管？

答：虽然净烟气经二级除雾器除去绝大部分携带的浆液，但仍有约 $100mg/m^3$（标准状态）的浆液随净烟气离开吸收塔。

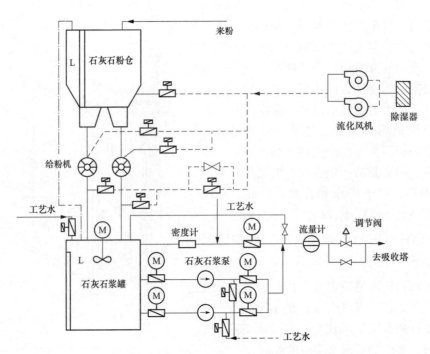

图 12-35 制浆系统

从吸收塔出来的净烟气中的水蒸气呈饱和状态，虽然净烟道是保温的，但因净烟道的表面积较大，因散热而使少量净烟中的水蒸气凝结是不可避免的。根据测算，上述两种原因导致净烟气中的含液量，根据机组容量的不同为 $150 \sim 300 \mathrm{kg/h}$。$SO_3$ 脱除的比例很小，净烟气中的凝液具有较强的腐蚀性。

在净烟道的低点设置疏水管路，将净烟气中的凝液排掉，可以避免或减轻水分在 GGH 中蒸发吸热，导致净烟气温度下降和受热面积灰，还可以避免或减轻烟道、膨胀节和 GGH 的腐蚀。

256. 为什么在 GGH 出口和净烟道上要设置疏水管路？

答：由于原烟气在与浆液传热传质过程中，使浆液中的一部分水分蒸发成水蒸气进入烟气，因此，净烟气中含有较多的水蒸气。虽然净烟气从脱硫塔出来后经 GGH 加热后，从约 $40℃$ 加热到约 $80℃$，净烟气中的水蒸气处于过热状态。但由于净烟道散热和冷空气从不严密处漏入其中，仍有部分水蒸气凝结成水。

原烟气中 SO_2 的 95％ 以上被脱硫塔的浆液吸收，但原烟气中的 SO_3 大部分没有被除掉，因净烟气中含有相当数量的 SO_3，导致净烟气的露点明显高于其纯热力学露点，也是使净烟气中水蒸气凝结的主要原因之一。

由于净烟气凝结水含有硫酸而具有较强的腐蚀性，为了防止和减轻净烟道的腐蚀，同时为了防止凝结水聚集，缩小流通面积和烟气携带酸性凝结水进入烟囱，导致烟囱腐蚀，在净烟道末端的低点设有凝结水疏水管。为了便于收集凝结水，净烟道下部两端向中间倾斜形成水井，定期开启疏水阀将凝结水排除。

257. 为什么 GGH 转子会出现向下凹的变形？

答：为了便于净烟道和原烟道布置，提高 GGH 的传热温差，从而增加传热量，通常净烟气从吸收塔顶部出来后，自上而下流过 GGH 的传热元件，而从增压风机来的原烟气自下而上地流过 GGH 换热元件，实现原烟气与净烟气之间的逆流传热。

原烟气与净烟气之间逆流传热，导致 GGH 转子下部的温度较高、上部的温度较低。转子下部因温度较而高膨胀量较大，但受到转子上部温度较低、膨胀量较小的限制，结果转子的下部受到压缩应力，而转子的上部受到拉伸应力，导致转子在运行状态下出现向下凹的变形。

当锅炉采用回转式空气预热器时，温度高的烟气自上而下流过转子，而温度低的空气自下而上流过转子，因转子的上部温度高、下部温度低而导致转子出现向上凸的变形，称为蘑菇形变形。脱硫系统 GGH 转子与锅炉回转式空气预热器转子产生变形的原因是相同的，只是因为前者转子的高温端和低温端与后者相反，结果导致转子凹凸变形的方向相反。

258. 为什么湿法脱硫系统具有降低烟尘浓度的作用？

答：由于大、中型电厂通常采用煤粉炉，且电厂用煤的含灰量较高，煤中灰分的 90% 成为飞灰，烟气飞灰的浓度较大。尽管采用了除尘效率在 99% 以上的电除尘器或布袋除尘器，烟囱排放的烟尘浓度仍然超过小于 $50mg/m^3$（标准状态）的排放标准。

当原烟气进入吸收塔自下而上与自上而下的浆液进行传热传质时，原烟气中的大部分飞灰被密集的浆液液滴捕获而进入浆液。虽然烟气携带的浆液经二级除雾器后仍有 $50\sim100mg/m^3$（标准状态）的浆液，浆液中石膏的含量约为 20%，因进入 GGH 后烟气中浆液的水分被蒸发后，浆液中的大部分石膏等固体物质黏结在传热元件上，少部分随加热后的净烟气排至烟囱。吹灰器布置在原烟气区，黏结在传热元件上的石膏等固体物质经吹灰随原烟气进入吸收塔被浆液捕获。

由于进入净烟气的石膏等固体物质的数量少于原烟气中飞灰被吸收塔浆液捕获的数量，所以，净烟气的含尘浓度通常小于原烟气中烟尘的浓度，脱硫系统不但有脱除烟气中二氧化硫的功能，还兼有降低烟尘排放浓度的作用。

259. 为什么烟气中的氧含量增加，脱硫效率提高？

答：当自下而上的原烟气与自上而下的浆液逆向流动进行传热传质时，原烟气中的 SO_2 被吸收生成亚硫酸钙和亚硫酸氢钙，如果不能及时将其氧化成硫酸钙，浆液的 pH 值将会降低，因传质系数下降，SO_2 的吸收速度减慢而导致脱硫效率下降。

浆液中的亚硫酸钙和亚硫酸氢钙氧化成硫酸钙是由在脱硫塔吸收区的自然氧化和浆液池中强制氧化两部分完成的。在吸收区的自然氧化率为 8%～15%。烟气中氧含量增加可以提高自然氧化率，提高浆液的 pH 值，从而提高脱硫效率，见图 12-36。

烟气中的氧由三部分组成：来自锅炉烟气中因过量空气系数大于 1.35 所含有的氧；增压风机

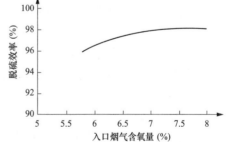

图 12-36　烟气中 O_2 浓度对脱硫效率的影响

入口烟道因处于负压状态，从不严密处漏入空气中所含的氧；氧化风机鼓入浆液池的氧化空气中未能氧化，剩余的氧。因为无论是哪种情况使烟气中的氧含量增加，均会因烟气量和阻力增加而导致引风机和增压风机耗电量上升。所以，不分析具体情况，通过增加烟气中的氧含量来提高脱硫效率未必是合理的。当鼓入浆液池中的氧化空气量不足，导致氧化率下降需要增加氧化空气量时，提高烟气中的氧含量是合理的。

260. 为什么采用气动冲洗水阀较好？

答：除雾器的冲洗不是连续的，而是间断的，浆液泵和其管道在停用后应立即冲洗。为了提高冲洗效果和节省冲洗水，应采用速开速关的冲洗阀。

由于电动阀价格较高，开启和关闭所需的时间较长，不适宜在潮湿的工况下工作，而气动阀价格较低，不但可以速开和速关，而且可以在潮湿的工况下工作，所以，除雾器及浆液管道采用气动冲洗水阀较好。

261. 为什么浆液系统的泵在备用状态下其入口阀应处于关闭状态？

答：对于工质中不含固体的泵，在备用状态下泵入口阀通常是处于开启状态，即停泵后其入口阀可以不关闭，以减少操作工作量和使备用泵迅速启动，投入使用。

无论是石灰石浆液系统还是石膏浆液系统，浆液的含固量高达20％～30％，如果浆液泵在备用状态下其入口阀处于开启状态，塔或罐内的浆液在静压的作用下充满泵体和出口管道，浆液中的石灰石颗粒或石膏颗粒沉淀在泵和管道内，造成其堵塞，导致泵不能正常启动，即使泵勉强启动了，也因出口管道堵而不能正常工作向外输出浆液。因此，浆液系统的泵在备用状态下，其入口阀应处于关闭状态，也即浆液泵停止后应将入口阀关闭，并应立即冲洗后备用。

262. 胶带传动有什么优点？

答：胶带传动是常用的传动方式，具有以下各种优点。

（1）便于现场灵活布置电动机和机泵。当现场的空间有限，采用联轴器直接传动因轴的长度过大时，采用胶带传动可以缩小电动机和机泵所需要的轴向长度。

（2）对安装精度要求较低。当采用联轴器传动时，对联轴器的安装精度要求很高，如同心度和瓢偏度达不到要求，则会引起电动机或机泵的轴承振动超标。胶带传动是柔性传动，对安装精度要求较低，仅要求电动机和机泵的胶带轮在同一个平面内即可，且允许有少量误差，原因为通过胶带的少量变形即可弥补胶带轮的安装误差。

（3）减振性能较好。电动机由于自身的原因产生的振动不会通过胶带传递至机泵，机泵自身产生的振动也不会传递给电动机。

（4）具有变速作用。根据机泵为满足生产要求而确定的转速，往往没有与之相同或接近转速的电动机，如果采用变速器则会增加设备成本和降低传动效率，使耗电量增加。采用胶带传动时，可以通过电动机和机泵安装不同直径的胶带轮，得到不同的变速比，使机泵达到所需要的转速。

（5）具有一定的保护功能。当机泵由于自身的各种原因，出现卡涩、摩擦和碰撞，导致传动转矩增大，超过电动机的额定转矩时，可以通过胶带与胶带轮之间的滑动，来防止电动机超负荷和机泵损坏。

虽然胶带传动具有很多优点，得到广泛采用，但是胶带传动也有缺点。因胶带传动是摩擦传动，传动时要消耗一定能量，其传动效率较联轴器传动低。胶带在传动过程会产生磨损，需要定期更换，增加了运行成本。因此，应该综合各方面的因素进行比较，在有利的条件下选用胶带传动。

263. 为什么机泵的传动胶带不宜新旧混用?

答:由于胶带传动有很多优点,所以,相当数量的机泵采用胶带传动。例如,氧化风机、石灰石浆液泵和石膏排出泵等采用胶带传动。通常采用几个并联的梯形胶带进行传动。胶带因磨损和在拉力作用下长度有增加的现象,需要进行胶带的胀紧工作。

由于磨损或受力不均匀等原因,导致胶带工作一段时间后,各条胶带长度相差较大。同时,胶带传动属于摩擦传动,是通过摩擦力传递动力的,因此,胶带工作一定时间后因磨损较大而需要更换。如果胶带更换时,不全部更换,仅更换磨损较严重的胶带,新旧胶带混用,则老胶带较长,摩擦力较小,分担的负荷较少;而新胶带较短,摩擦力较大,分担的负荷较大,使得负荷集中在新胶带上,导致新胶带磨损较快,寿命缩短。

因此,胶带工作一段时间,因磨损较大需要更换时,宜同时更换而不宜新旧胶带混用。

264. 为什么湿法脱硫的副产品石膏的质量大于脱硫剂石灰石的质量?

答:由于石灰石—石膏湿法脱硫的反应物除了石灰石外,还有水和空气及二氧化硫。

水是脱硫副产品二水硫酸钙 $CaSO_4 \cdot 2H_2O$ 的组成部分,氧化空气中的氧将 $CaSO_3$ 氧化成 $CaSO_4$ 也使副产品的质量增加。

虽然石灰石—石膏湿法脱硫是将脱硫剂 $CaSO_3$ 变成了 $CaSO_4 \cdot 2H_2O$,反应中生成的 CO_2 成为净烟气的一部分随净烟气排出烟囱,因副产品 $CaSO_4 \cdot 2H_2O$ 分子量是 172,而脱硫剂 $CaCO_3$ 的分子量是 100,两者相差较大。同时,少量的脱硫剂 $CaCO_3$ 和烟气中少量飞灰进入石膏中,因此,湿法脱硫的副产品石膏的质量大于脱硫剂石灰石的质量是正常的。

265. 脱硫副产品石膏有哪些用途?

答:目前脱硫石膏主要用于生产建筑石膏和作为水泥生产的原料及水泥添加剂。

脱硫石膏除了因含有少量碳酸钙和煤灰等杂质而呈黄白色或褐色外,其各项性能指标与天然石膏大体相同,甚至优于天然石膏。

石膏用于建筑领域,可以制成纸面石膏板和石膏矿渣板。脱硫石膏用作粉刷材料,具有和易性好、黏合力强、体积变化小、抹灰层硬化快、不易空鼓开裂、室内空气湿度大时可吸湿、室内湿度小时可排湿、起到调节室内湿度等优点。脱硫石膏制成石膏砌块,重量轻、尺寸精确、隔热性能好,是理想的非承重室内隔墙材料。掺入其他材料还可以制成脱硫石膏腻子使用。

石膏是水泥生产的原料之一,石膏的加入量约为水泥产量的 5%,因此,脱硫石膏可用于生产水泥。我国是世界水泥生产大国,水泥产量超过全世界产量的 1/3,脱硫石膏作为水泥的生产原料,为脱硫石膏提供了广阔的利用途径。

266. 脱硫副产品石膏有哪两种处理方法?

答:石膏是脱硫副产品,对石膏的处理有抛弃法和回收法两种。

如果当地石膏资源丰富,石膏价格较低,脱硫系统回收的石膏价值不足以弥补石膏脱水系统设备投资的折旧、维修和运行费用,而又可以找到适宜的填埋场地,可以采用抛弃法,将浆液直接输送到填埋场抛弃。

如果当地石膏资源不足,或虽石膏资源较丰富,因开采和运输费用较高而导致石膏价格较高,回收的石膏价值超过脱水系统设备投资的折旧、维修和运行费用,可以采用回收法,通过脱水系统将石膏浆液的水分脱至 10% 以下,作为商品向外出售。

出于保护环境考虑，找不到合乎环保要求的填埋场地，即使石膏的价格较低，也应采用回收法。我国的脱硫系统大多采用回收法处理脱硫副产品石膏。石膏的价格与脱硫剂原料石灰石大体相当。

267. 在什么情况下脱硫系统采用抛弃法是合理的？

答：所谓抛弃法就是脱硫系统最终的副产品不是经强制氧化后的石膏，而是将浆液吸收二氧化硫产生的亚硫酸盐和少量自然氧化产生的石膏，直接排出抛弃填埋的脱硫方法。

如果最终的副产品是石膏，则脱硫系统较抛弃法要增加一套氧化系统、一组水力旋流器作为石膏浆液的一级脱水设备和一套胶带真空脱水机作为二级脱水设备，才能将亚硫酸盐氧化成硫酸盐，并使石膏的纯度超过 90%。

氧化系统和一级、二级脱水系统不但价格较高，而且还要产生土建、安装、运行、维修和折旧等费用。如果当地石膏资源丰富，石膏的价格较低，脱硫系统副产品的石膏价值不足以弥补上述各种增加的费用，而且电厂附近有填埋场地时，脱硫系统采用抛弃法是合理。当采用抛弃法时，会增加填埋场地的土地费用和管道费用，还要考虑因钙硫比上升而导致脱硫剂增加的费用，因此，脱硫系统在选择回收法还是抛弃法时要将这些因素考虑在内，通过仔细的经济技术比较后确定。

268. 为什么脱硫系统采用抛弃法时会导致钙硫比增加？

答：当采用回收法脱硫系统时，脱硫系统内安装有水力旋流器作为一级脱水设备。石膏浆液中石膏的粒径和密度大于浆液中石灰石的粒径和密度，石膏颗粒因离心力较大而容易被分离出来成为底流被送至二级脱水设备，进一步脱去水分，而石灰石粉因离心力较小而不易被分离出来，成为溢流，进入滤液水箱或吸收塔得到回收。

由于水力旋流器除了具有提高浆液石膏浓度作用外，还具有回收浆液中石灰石粉重新返回脱硫塔的作用，所以，采用回收法的脱硫系统钙硫比较低，为 1.01～1.03。

因采用抛弃法脱硫系统时，没有安装水力旋流器作为脱水设备，石膏排出泵排出的浆液中所含的石灰石没有得到回报，而为了保持较高的脱硫效率，循环浆液中要保持一定的石灰石含量，因此，采用抛弃法脱硫系统的钙硫比较高，为 1.05～1.10。

269. 地坑和地坑泵的作用是什么？

答：浆液管道停用后，应立即开启排空阀将浆液排尽，并开启冲洗阀将管道冲洗干净。为了回收排空和冲洗时排出的浆液，避免物料损失和污染环境，通常在吸收塔附近设置地坑。管道停用后排空和冲洗的浆液通过地沟汇集到地坑。

地坑位于地下，管道排空和冲洗排出的浆液可以通过自流的方式流入地坑，但是地坑的容积有限，需要定期通过地坑泵将浆液送至吸收塔或其他地方。

为了防止地坑中浆液沉淀使地坑泵不能正常工作，地坑通常设置有搅拌器。因为浆液pH 值为 5.6～5.8，具有较强的腐蚀性，所以地坑无论是采用混凝土结构还是钢结构，均要采取防腐蚀措施。

270. 为什么地沟要采用较大的坡度？

答：各种浆液泵和管道停运后要及时将浆液排尽并立即用水进行冲洗，以防止泵和管道堵塞。为了防止浆液排放污染环境和回收浆液中的石膏或石灰石粉，通过地沟和地坑回收这部分浆液。

由于浆液的浓度较高，且浆液中固体的密度比水大得多，为了防止浆液在地沟流动中石膏和石灰石颗粒沉淀下来堵塞地沟，除加大冲洗水的流量外，还要通过采取加大地沟坡度的方法来提高浆液的流速。所以，浆液排放地沟的坡度较普通的排水沟大。

271. 为什么浆液管道上要设置排空阀和冲洗阀？

答：脱硫装置有大量的石灰石浆液管道和石膏浆液管道。浆液中不但含固量高（石灰石浆液含固量约为30％，石膏浆液含固量约为20％），而且固体的密度明显高于水。为了防止某根浆液管道停用后，浆液中的固体迅速沉淀，造成管道堵塞，应立即开启排空阀将管道内浆液排尽。由于浆液具有一定黏度，残留在管道壁上的浆液短时间内难以排尽，特别是水平段的浆液管道，所以，浆液排空后应用压力较高的冲洗水将残留在管壁上的浆液冲洗干净。

因此，浆液管道上必须在最低点处安装排空阀。冲洗阀的安装位置应考虑尽可能有利于将残留在管壁上的浆液冲洗干净。通常排空阀安装在浆液管道末端最低处，而冲洗阀安装在浆液管道起始端较高处。

272. 为什么石膏浆液和石灰石浆液的管道和泵停用后，要立即进行冲洗？

答：石膏浆液的浓度约为20％，而石灰石浆液的浓度约为30％，均比较高，同时，石膏和石灰石的密度比水大得多，一旦管道内的浆液停止流动后，石膏和石灰石颗粒很快从浆液中分离出来，沉积在管道底部，特别是有垂直段的管道，石膏和石灰石颗粒很容易将管道堵塞。

管道一旦被石膏或石灰石颗粒堵塞后，再用水进行冲洗很难将其冲开。因此，当石膏浆液或石灰石浆液的泵和管道停用后，要立即将排空阀开启，用大流量水对其进行冲洗，直至从排空阀排出的水干净后，再停止冲洗。

273. 为什么 FGD 系统大量采用蝶阀？

答：蝶阀的阀芯是由阀杆带动旋转的阀盘，通过旋转阀盘来改变阀门的开度和实现密封。阀体衬有可以更换的橡胶衬套，阀杆穿过橡胶衬套与阀盘连接，橡胶衬套自身成为阀杆的密封件，见图12-37。

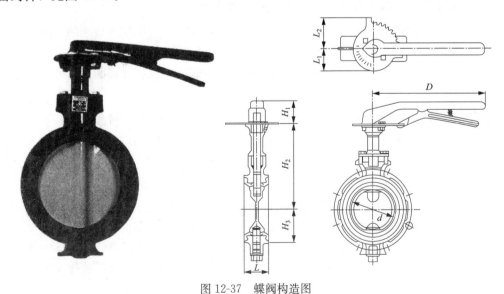

图 12-37　蝶阀构造图

蝶阀结构简单、外形尺寸小、质量轻，便于布置和安装，价格较低。蝶阀阻力损失较小，可以降低泵的压头，降低电耗，特别是对于流量很大的浆液循环泵，节电效果明显。蝶阀开启和关闭所需力矩较小，开启和关闭速度快且方便，与气动执行机构配合易与泵的启动、停止和事故停运实现逻辑控制。

只要正确地安装蝶阀，管道内少量的沉积物不会影响阀门的开启和关闭。蝶阀在低压下有良好的密封性能，FGD 系统各种液体的压力均较低，因此，蝶阀是 FGD 系统中采用最多的阀门，既可大量用于各种浆液管道的隔离阀，也可用于需要频繁开启和关闭的冲洗管道和排空管道中。对于直径较大的管道可以采用带减速机构的蝶阀，见图 12-38。

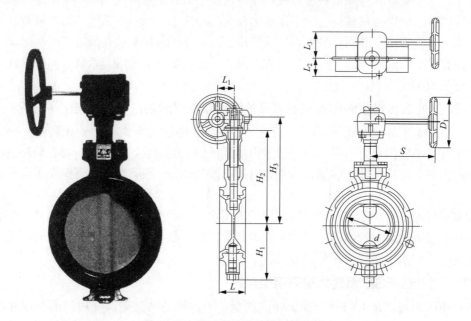

图 12-38　带减速机构的蝶阀构造图

274. 为什么水平浆液管道上蝶阀的阀杆应水平安装？

答：水平浆液管道上的蝶阀关闭后，浆液中的固体颗粒将会沉积在蝶阀的阀盘前。如果蝶阀阀杆水平安装，并正确地选择蝶阀的安装方向，使得蝶阀开启时阀盘的底部向下游没有浆液中颗粒沉淀的方向旋转，可以避免阀盘上游侧管道底部的沉积物将阀盘卡死，导致不易开启。

275. 为什么测量液体中固体含量的取样管和取样阀安装时要向上倾斜？

答：如果测量液体中固体含量的密度计取样阀与普通的阀门一样，采用水平安装，则在正常运行的情况下，被取样的母管与取样阀之间的短管内就会积存有固体，打开取样阀取样时，积存在短管内的固体会进入样品中，导致样品液体中固体的含量偏高。取样结束关闭取样阀后，同样会有一部分固体积存在水平的取样管内，导致下次取样时样品液体中的固体含量偏高。

如果取样管和取样阀采取倾斜的安装方式，则取样管无论是在正常情况下还是每次取样结束关闭取样阀后，均不会积存固体，取样管内液体中固体的含量与母管内液体中固体的含量十分接近。因此，为了使取出的样品具有真实性和代表性，测量液体中固体含量的取样管和阀门应倾斜安装。

276. 为什么湿法脱硫效率较高？脱硫剂消耗较少？

答：湿法脱硫，无论是钙法、钠法，还是氨法，其脱硫效率均较高，均可超过 95％。湿法脱硫之所以脱硫效率较高，脱硫剂消耗较少，是因为以下几个原因。

（1）采用湿法脱硫时，易溶于水的 SO_2 生成为 H_2SO_3，H_2SO_3 迅速离解为 H^+ 和 HSO_3^-，当溶液 pH 值较高时，HSO_3^- 离解为 H^+ 和 SO_3^{2-}。SO_3^{2-} 与脱硫剂形成的钙离子、钠离子和铵离子反应，生成 $CaSO_3^{2-}$、$NaSO_3$ 和 $(NH_4)_2SO_3$。由于亚硫酸溶液与脱硫剂溶液间的离子反应，所以反应速度快。

（2）烟气自下而上流动与自上而下喷淋的浆液逆向进行传热传质，有利于浆液中的脱硫剂与 SO_3^{-2} 进行反应。

（3）不但液气比高达 12～14L/m³（标准状态），而且浆液经 4 层喷嘴雾化成很多小液滴，浆液有很大的表面积，多层覆盖的浆液小颗粒使烟气中的 SO_2 被充分吸收。

（4）吸收塔下部浆液池的容积越大，浆液经浆液泵多次循环，脱硫剂在吸收塔停留的时间较长，多台侧装搅拌器在防止浆液中颗粒沉淀的同时，使得脱硫反应可以充分进行。

由于湿法脱硫具有多种有利条件，使脱硫剂消耗较少，在脱硫剂与 SO_2 摩尔比为 1.02～1.05 的条件下，脱硫效率可超过 95％。

277. 为什么湿法脱硫 SO_2 的脱除率较高，而 SO_3 的脱除率较低？

答：采用湿法脱硫时，SO_2 和 SO_3 要溶于水中，生成 H_2SO_3 或 H_2SO_4 后与脱硫剂生成的 C_a^{2+} 离子或 N_a^+，反应 $CaSO_3$，$CaSO_4$ 或 $NaSO_3$ 或 $NaSO_4$，才能将 SO_2 或 SO_3 脱除。

由于燃料中的硫燃烧时，约 97％生成 SO_2，仅约 3％生成 SO_3，烟气中 SO_2 的分压较高，SO_3 分压较低。根据亨利定律，气体在溶液中的溶解度与液面上该气体的分压力成正比。

虽然 SO_2 和 SO_3 均易溶于水，但由于烟气中 SO_2 的分压力较高；在溶液中的溶解度较大，所以，SO_2 脱除率较高；SO_3 在烟气中的分压力较低，在溶液中的溶解度较小，所以，SO_3 脱除率较低。

278. 什么是正盐？碱式盐？酸式盐？

答：酸与碱完全中和生成的盐中，既不含酸中的氢离子，也不含碱中的氢氧根离子，只有金属阳离子和酸根离子，这样的盐称为正盐。例如

$$HCl + NaOH \Longrightarrow NaCl + H_2O$$
$$H_2SO_4 + 2NaOH \Longrightarrow Na_2SO_4 + 2H_2O$$

电离时生成的阳离子除金属离子外还有氢离子，阴离子为酸根离子的盐，称为酸式盐。例如 $NaHCO_3$、$NaHSO_4$。

电离时生成的阴离子除酸根离子外还有氢氧根离子，阳离子为金属离子的盐，称为碱式盐。例如 $Cu_2(OH)_2CO_3$、$Mg(OH)Cl$。碱式盐可以被认为是碱中的氢氧根没有被酸完全中和的产物。

279. 为什么碳酸钙是正盐？其水溶液呈碱性？

答：虽然碳酸钙难溶于水，但仍有碳酸钙水溶液。溶解的碳酸钙离解为钙离子和碳酸根离子，碳酸根离子会与水离解时产生的氢离子生成碳酸。由于碳酸是弱电解质，不但不容易生成，而且不易离解，溶液中有部分碳酸分子，因为溶液中会出现多余的氢氧根离子，所以，水溶液呈碱性。

通常强碱与弱酸生成的盐，其水溶液呈碱性。NaOH、KOH、$Ca(OH)_2$ 均为强碱，而 H_2CO_3 是弱酸。碳酸钙就是强碱、弱酸生成的盐。

通常强酸与弱碱生成的盐，其水溶液呈酸性。常见的三大强酸是硫酸（H_2SO_4）、盐酸（HCl）、硝酸（HNO_3），常见的弱碱有氢氧化铝［$Al(OH)_3$］、氢氧化铜［$Cu(OH)_2$］、氢氧化锌［$Zn(OH)_2$］、氢氧化铁［$Fe(OH)_3$］和氢氧化亚铁等［$Fe(OH)_2$］等。

280. 为什么碳酸钙可以作为石灰石—石膏湿法脱硫的脱硫剂？

答：虽然碳酸钙是酸与碱完全中和生成的盐，是正盐，但由于碳酸钙是强碱［$Ca(OH)_2$］与弱酸（H_2CO_3）生的盐，其水溶液呈碱性。

SO_2 是酸性气体，很容易溶解在水中，生成 H_2SO_3，H_2SO_3 迅速离解为 HSO_3^- 和 H^+，当 pH 值较高时，HSO_3^- 可离解为 SO_3^{2-} 和 H^+。脱硫的实质是用碱性的物质去中和 SO_2 溶于水中形成的酸性物质，在钙法脱硫中关键是提供 Ca^{2+}。

C_a^{2+} 的来源包括固体碳酸钙粉溶液的离解和碳酸钙在酸性浆液中的分解，即

$$CaCO_3 + H^+ + HSO_3^- \longrightarrow Ca^{2+} + SO_3^{2-} + H_2O + CO_2 \uparrow$$
$$CaCO_3 \longrightarrow Ca^{2+} + CO_3^{2-}$$

由于 $CaCO_3$ 溶解度很低，Ca^{2+} 的来源主要是 $CaCO_3$ 在酸性溶液中的分解。

总反应式为

$$CaCO_3 + SO_2 + 2H_2O + 1/2O_2 \longrightarrow CaSO_4 \cdot 2H_2O + CO_2 \uparrow$$

因此，虽然 $CaCO_3$ 是酸碱完全中和反应生成的生产物，但由于 $CaCO_3$ 溶解和其在酸性浆液中的分解产生的 Ca^{2+} 离子与 SO_2 溶于水中生成的 SO_3^{2-} 反应生成 $CaCO_3$，达到了脱除 SO_2 的目的。

281. 钙法脱硫中脱硫剂的名称及形态是什么？

答：钙法脱硫是采用最多的脱硫方法。不同的脱硫方法，脱硫剂的名称和形态不同。

石灰石—石膏湿法脱硫是技术最成熟、脱硫效率较高、采用最多的脱硫方法，其采用的脱硫剂是碳酸钙（$CaCO_3$）。碳酸钙又称为石灰石。

半干法是技术较成熟、采用较多的脱硫方法，其采用的脱硫剂有生石灰（CaO）和熟石灰［$Ca(OH)_2$］。

干法脱硫是循环流化床锅炉采用较多的脱硫方法。由于循环流化床锅炉密相区和稀相区的温度为 850~950℃，是 $CaCO_3$ 煅烧和 CaO 与 SO_2 反应的最佳温度范围，所以，采用 $CaCO_3$ 作为脱硫剂。

282. 为什么要测量石灰石浆液和石膏浆液的密度？

答：石灰石浆液的浓度过高，不但会使管道、阀门和搅拌器桨叶磨损加剧，而且会使石灰石粉从浆液中分离出来堵塞管道。石灰石浆液的浓度过低，输送同样数量的石灰石就要增加浆液的输送量，导致泵的耗电量增加。根据实践经验，石灰石浆液的浓度控制在 30% 左右，可以兼顾两方面的要求。

石膏浆液浓度同样存在合理浓度问题，同时，吸收塔浆液池中石膏的浓度是石膏排出泵何时启动和排出量调节的依据。石膏浆液的浓度通常控制在 20% 左右。

由于在实际生产过程中，直接连续地测量石灰石浆液和石膏浆液的浓度技术难度很大，而两种浆液的浓度与其密度有一一对应的关系，只要连续测出浆液的密度，就可以间接、连

续地测出浆液的浓度，用密度计可以较容易地连续测量出浆液的浓度，所以，石灰石浆液管道和石膏浆液管道上均装有密度计。

283. 为什么吸收塔内的浆液要保持一定的浓度？

答：吸收塔内浆液中主要的固体颗粒为硫酸钙，其次还有少量的石灰石。为了提供适当的晶种，有利于亚硫酸钙氧化生产硫酸钙的结晶，浆液含固量的浓度不应低于 5%（质量分数）。浆液中未溶解的石灰石含量高有利于提高脱硫效率。在钙硫比相同的情况下，提高浆液的浓度可以使浆液中石灰石的总量增加。通常吸收塔内浆液中石膏和石灰石的质量比与副产品石膏中两者的质量比是大体相同的；换言之，提高吸收塔内浆液的浓度，即使降低石灰石的质量比例，因为石灰石的总量仍然较大，所以不但仍可获得较高的脱硫效率，而且副产品石膏中的石灰石比例降低，提高了石膏的纯度和降低了石灰石的消耗量。

由于吸收塔内浆液浓度提高将会导致浆液循环泵、石膏排出泵和搅拌器的磨损加剧，所以，浆液浓度的上限受到上述设备磨损加剧的制约。因此，吸收塔内浆液的浓度通常应保持在 10%～30%（质量分数）的范围内较合理，目前大多数脱硫系统吸收塔内浆液的浓度控制在 20%（质量分数）左右。

284. 怎样调节吸收塔内浆液的浓度？

答：由于吸收塔内浆液的浓度与石膏纯度、石灰石的消耗量、脱硫效率和泵及搅拌器的磨损密切相关，所以，浆液的浓度是脱硫系统运行时重要的控制指标。目前大多数脱硫系统吸收塔内浆液的浓度控制在 20%（质量分数）左右。

增加或减少吸收塔浆液排出泵的流量可以降低或增加吸收塔内浆液的浓度；由于吸收塔内浆液液位允许有一定变动范围，因此，改变除雾器冲洗持续时间和冲洗频率，调节水力旋流器的溢流和底流浆液量可以调节吸收塔浆液的浓度。

285. 为什么吸收塔内浆液要保持一定的液位？

答：吸收塔的下部是氧化段，上部是吸收段。为了使吸收段生成的 $CaSO_3$ 在氧化段的浆液池内被完全氧化成 $CaSO_4$，除了氧化风机应提供充足的氧化空气，并使空气与浆液充分混合外，浆液在吸收塔浆液池内停留足够的时间，也是提高 $CaSO_3$ 氧化率必不可少的条件。提高和保持浆液池的液位，可以使浆液保持有足够的氧化时间。因此，吸收塔内浆液液位的下限，受到浆液在吸收塔浆液池必要的停留时间制约，不能太低。

吸收塔内浆液的液位过高，一方面，受吸收塔原烟气进口烟道高度的限制；另一方面，使得原烟气与吸收浆液混合接触、反应的时间缩短，导致脱硫效率下降。

因此，为了同时获得较高的氧化率和脱硫效率，吸收塔内浆液的液位应保持在设计的范围内，并保持稳定。

286. 向吸收塔补水的途径有哪几种？

答：为了弥补吸收塔内浆液通过多种方式失去的水分，维持浆液的浓度在规定的范围内，要通过以下几个途径向吸收塔内补水。

（1）除雾器的定期冲洗水。

（2）石灰石粉浆液所含的水分。

（3）通过滤液水泵将滤液水箱的水补入吸收塔。

（4）浆液循环泵、石膏排出泵及相应管道停用后冲洗水经地沟进入地坑，由地坑打入吸收塔的水分。

（5）真空泵及其他泵的轴承和机械密封冷却水流入地坑，经地坑打入吸收塔。

以上各种途径的补水均来自工艺水箱。

287. 为什么要不断向吸收塔内连续补水？

答：由于下列几个原因，为了维持正常生产，必须连续向吸收塔补水。

（1）浆液中的水分在原烟气的加热下一部分蒸发成水蒸气失去的水。

（2）浆液中的 $CaCO_3$ 与 SO_2 和 SO_3 反应，并且氧化后生成含有两个结晶水的二水硫酸钙 $CaSO_4 \cdot 2H_2O$，要消耗一部分水。

（3）为了确保吸收塔浆液中氯离子含量不超标，需要连续从废水旋流站排出氯离子含量高的液流中流失的水。

（4）石膏浆液经旋流器浓缩和真空胶带脱水机脱水后，石膏仍含有不超过 10% 的水分，副产品石膏带走了一部分水。

288. 为什么要安装工艺水泵和冲洗水泵两种水泵？

答：工艺水泵是用来向滤液水箱补水和向 GGH 提供冲洗用水，所需的水压较低，为 $0.3 \sim 0.4 MPa$。

冲洗水泵除了向石灰石浆液和石膏浆液系统的泵和进出管道提供冲洗用水外，还要向除雾器提供冲洗用水。为了提高冲洗效果和缩短冲洗时间，要求冲洗水的压力较高。同时，因除雾器在吸收塔的顶部，要克服较高的静压并获得较好的冲洗效果，也需要保持较高的水压。冲洗水泵出口的压力为 $0.6 \sim 0.7 MPa$。

因此，虽然工艺水和冲洗水均来自工艺水箱，但是根据不同的用途所需的不同水压，分为压力较低的工艺水泵和压力较高的冲洗水泵，不但可以节省设备投资，而且可以节省能源。

289. 为什么大功率机泵轴承通常不采用润滑脂润滑，而采用润滑油润滑？

答：由于大功率机泵转子的质量和产生的轴向推力均很大，径向轴承和推力轴承工作时产生的热量很多，单靠轴承的散热不足以将这部分热量带走，必须要采用冷油器或冷却盘管将这部分热带走才能确保轴承温度不超标。

润滑脂不具有流动性，无法通过油站的油泵和冷油器或冷却盘管将轴承工作时产生的热量带走，确保轴承温度不超标。因此，只有功率较小，径向轴承和推力轴承工作时产生的热量较少，在轴承温度允许范围内，轴承的散热能和轴承产生的热量相平衡的机泵的轴承可以采用润滑脂润滑。

因为大功率机泵的径向轴承和推力轴承工作时产生的热量很多，同时，很多大功率机泵工作时，工质的温度很高，工质的热量通过转子和轴向轴承传递，所以导致轴承温度升高。例如，汽轮机、给水泵、动叶可调轴流式增压风机和引风机等。

大功率机泵转子的质量和产生的轴向推力均很大，采用润滑油润滑，可以在轴颈和轴瓦间形成具有较高压力的油膜将轴颈抬起，将轴颈与轴瓦间的固体摩擦转变为润滑油间的液体摩擦，摩擦力大大降低，既降低了功率损耗和产生的热量，又延长了轴承的寿命。

290. 加热净烟气的常用热源有哪几种？

答：为了将吸收塔出口温度为 $45 \sim 55℃$ 的净烟气加热到 $80 \sim 100℃$，必须采用热源对净烟气进行加热。加热净烟气常用的热源有以下三种。

（1）利用温度较高的原烟气对温度较低的净烟气进行加热。采用最多的是利用 GGH 使原烟气对净烟气进行加热。利用未进吸收塔的温度较高部分原烟气与吸收塔出口温度较低的净烟气进行混合加热的方法，在某种特定的条件下也有采用的。该种方法会使排放的 SO_2 浓度较高，只有在煤硫分很低和当地环保部门允许 SO_2 排放浓度较高的地区使用。

（2）利用电厂汽轮机的低压抽气对净烟气进行加热。

（3）利用燃烧液体或气体燃料产生的高温烟气对净烟气进行混合加热。

291. 采用燃烧液体或气体燃料后的高温烟气对净烟气进行混合加热有什么优、缺点？

答：采用燃烧低硫液体或气体燃料后的高温烟气对净烟气进行混合加热的方法见图 12-39。

优点：由于液体或气体在绝热的燃烧室内燃烧后产生的烟气温度高达 1400℃，只需少量的高温烟气即可将净烟气混合加热至 80～90℃，所需的鼓风机的容量不大，增加的烟气量不多，设备比较简单，利燃油或燃气锅炉自身的燃料系统，可以较方便地通过改变燃料量控制混合后的净烟气温度。

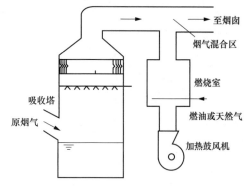

图 12-39 直接燃烧加热

缺点：由于混合后的净烟气直接排至烟囱，所以为了使烟尘达标排放，煤的含灰量较大，不能采用煤粉作燃料，而只能采用含硫量低的液体或气体燃料，运行成本较高。燃烧生成的 SO_2 降低了系统总的脱硫效率，SO_2 排放浓度增加。

292. 采用汽轮机低压抽汽对净烟气加热有什么优点？

答：采用汽轮机低压抽气对净烟气加热的系统见图 12-40。

蒸汽加热方式有以下优点：

（1）由于加热蒸汽温度较高，约为 250℃，因为传热温差较大，同时蒸汽侧的热阻较低，而烟气侧可以通过采用翅片管来降低其热阻，加热器的传热系数较大，所以可以大大降低其传热面积，其价格大大低于 GGH。

（2）当锅炉负荷变化引起原烟气温度变化时，可以通过调节加蒸汽的流量达到所需要的加热后的净烟气温度。

（3）由于是采用已经发过一部分电的低压抽气，所以加热蒸汽的成本较采用液体或气体燃料作热源的加热方法低。

（4）不存在采用 GGH 原烟气向净烟气泄漏，导致脱硫效率降低的问题；也不存在采用低硫液体或气体燃料燃烧产生高温烟与净烟气混合加热，导致系统总脱硫效率降低的问题。

蒸汽加热存在以下缺点：

（1）加热蒸汽消耗量较大。某电厂脱硫系统脱硫烟气量为 1760000m³/h（标准状态），将净烟气加热至 80℃，要消耗 0.6MPa、温度为 250℃的汽轮机抽气 32.5t/h，因发电煤耗增加而导致发电成上升。

（2）由于蒸汽加热器管子较密集且管外有翅片，净烟气携带的少量浆液水分蒸发后，浆液中的含固量沉积在加热器管子和翅片表面，虽然蒸汽加热器设有冲洗水管，但冲洗效果较差，因热阻增加传、热系数降低而导致蒸汽耗量和增压风机耗电量增加。

（3）虽然管束和翅片表面温度高于烟气露点，腐蚀有所缓和；但仍然不能完全避免腐蚀，特别是定期冲洗时仍然会出现腐蚀，要采用具有耐腐蚀性能的材质，增加了设备的成本。

293. 采用热空气对净烟气进行混合加热有什么优、缺点？

答：采用鼓风机和翅片管蒸汽加热器对环境空气进行加热，温度升高后的空气再对净烟气进行混合加热，见图12-41。

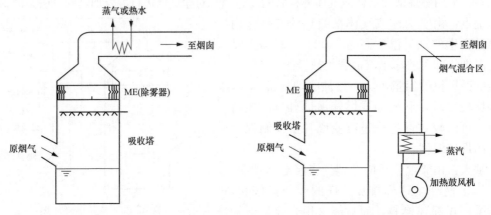

图 12-40　采用汽轮机低压抽气对净烟气加热的系统　　图 12-41　热空气直接加热

该种加热方法的优点是利用发过电的汽轮机抽汽通过翅片管加热器将空气加热到175～200℃后对净烟气进行混合加热，其经济性较采用燃料燃烧产生高温烟气对净烟气进行混合加热好；翅片管加热器也不存在积灰和腐蚀问题，可以采用低廉的碳制作；降低了烟气中的水蒸气含量，可以降低烟羽的黑度，烟气量增加烟囱出口烟气温度提高，增加了烟囱的有效高度，污染物可在更大范围内扩散，有利于减轻污染物对环境的污染。

该种加热方法的缺点是热空气温度不高，热空气需要量较多，增加了加热后总的烟气量，下游的烟道和烟囱的尺寸要增加，需要增加鼓风机和消耗较多的电能。

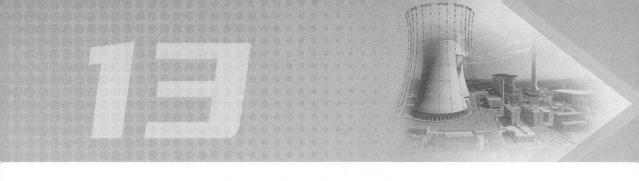

第十三章　脱　　硝

第一节　氮氧化物（NO$_x$）的危害及产生

1. NO$_x$ 有什么危害？

答：NO$_x$ 的危害主要表现在对人体的危害和对环境的危害两个方面。

（1）对人体的危害。NO$_x$ 通过呼吸侵入肺部深处的细支气管及肺泡时，约 80％ 阻留在肺泡内，与水分反应生成 HNO$_3$ 和 HNO$_2$，对肺部组织产生强烈的刺激和腐蚀作用，增加了毛细血管和肺泡壁的通透性，引起肺水肿。亚硝酸盐进入人体血液后还有可能引起血管扩张，血压下降，还会与血红蛋白反应变成高铁血红蛋白，引起组织缺氧。

（2）对环境的危害。由于大气中 NO$_x$ 的浓度较低，不会对植物产生急性危害，但会产生抑制植物生长的慢性危害。NO$_x$ 通过植物的气孔进入植物体内，产生叶斑，在叶脉间或叶边缘出现不规则的水渍斑，使植物干枯、坏死，导致减产。NO$_x$ 通过干沉降和湿沉降进入土壤，引起土壤酸化，造成土壤板结，降低了土壤的透气性和渗水性，影响了植物的生长，导致农作物减产。NO$_x$ 中的 NO 通过氧化成为 NO$_2$，NO$_2$ 与水蒸气生成 HCO$_3$ 和 HNO$_2$，形成酸雨。

酸雨使土壤酸化板结和肥力降低，导致植物发育不良和枯死，减产。酸雨使水体的 pH 值下降，杀死水体中的浮游生物，甚至使鱼类死亡，导致鱼类减产。酸雨能溶解土壤中的重金属，随雨水进入河流、湖泊和地下水中，危害人体健康。酸雨还会对建筑、桥梁、铁路、轮船、汽车、输电线路等金属制品产生较强的腐蚀作用，使其维护费用增加和寿命缩短。

排入大气中的 NO$_x$ 和碳氢化合物在阳光、紫外线的照射下会发生一系列的光化学反应，生成光化学烟雾。光化学烟雾会危及人体的健康，刺激眼睛，引起头痛、呼吸困难和肺功能异常，植物通过呼吸进入植物内部，使植物落叶枯黄，导致减产，还会使橡胶制品加速老化、脆裂，使油漆和涂料褪色，损害纺织品和塑料制品。

2. 锅炉氮氧化物 （NO$_x$） 是怎样产生的？

答：锅炉 NO$_x$ 产生来自燃料和空气中的 N$_2$，其产生的机理比燃料的 S 燃烧生成 SO$_x$ 复杂得多。燃料中的硫除少量不可燃的硫酸盐硫不能燃烧外，几乎全部燃烧生成 SO$_x$，可以根据燃料含硫量计算出 SO$_x$ 量。NO$_x$ 的产生不但取决于燃料的含氮量，还取决于燃烧方式、燃烧温度、过量空气系数和烟气在炉内停留的时间等因素。

锅炉 NO$_x$ 生成主要有三种型式：燃料型、热力型和快速型。

（1）燃料型 NO$_x$。燃料的含氮量通常为 0.5％～2.5％，燃料中氮通常为有机氮和低分子氮。燃料中的氮在燃烧时生成的 NO$_x$ 称为燃料型 NO$_x$，燃料型 NO$_x$ 生成量与温度、含氮量和过量空气系数等因素有关。随着温度升高，燃料型 NO_x 增加，见图 13-1。

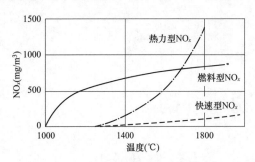

图 13-1　燃烧过程中三种机理对 NO_x 生成量的贡献

过量空气系数 α 和燃料含氮量对转化为 NO_x 影响较大。当 $\alpha<1.0$ 时，随着 α 减少，燃料中的氮生成 NO_x 量和其转化率显著降低，这是因为在还原性气氛下，已生成的 NO_x 被还原为 N_2；当 $\alpha>1$ 时，α 增加，NO_x 生成量和其转化率基本不变，见图 13-2。

化石燃料中氮的存在形式差别较大，其差别对 NO_x 生成量有影响，含氮量的不同也会影响 NO_x 的转化率，通常燃料的含氮量越多，其转化率越低，但 NO_x 的生成量越高。

（2）热力型 NO_x。N_2 和 O_2 在较低温度下很稳定，不会分解，但在高温下分子 N_2 和分子 O_2 会分解为原子 N 和原子 O，两者会生成 NO_x。因为是在高温下生成的 NO_x，所以，称为热力型 NO_x。通常温度超过 1300℃ 以上才会生成热力型 NO_x，见图 13-1。循环流化床锅炉的炉膛温度为 850~950℃，因此不会产生热力型 NO_x，这也是循环流化床锅炉的优点之一。热力型 NO_x 随着炉膛温度升高急剧上升，煤粉炉特别是液态排渣的煤粉炉，因为炉膛中心温度高达 1600~1700℃，所以其产生的热力型 NO_x 量很大。

（3）快速型 NO_x。一般认为燃料中的碳氢化合物在燃料浓度较高区域燃烧时产生的烃与烟气的 N_2 生成 CN 和 HCN，继续氧化生成 NO_x。由于快速型 NO_x 生成的机理存在争议，有人认为快速型和热力型均是 N_2 在高温下氧化生成的。而将快速

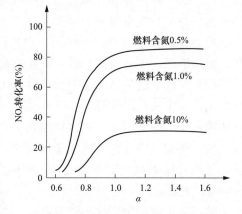

图 13-2　过量空气系数对 NO_x 生成量的贡献

型 NO_x 和热力型 NO_x 统称为热力型 NO_x，同时，快速型 NO_x 占比很小。因此，可以认为锅炉生成的 NO_x 主要是燃料型 NO_x 和热力型 NO_x。

3. 什么是脱硝?

答：烟气中的氮氧化物主要是 NO 和 NO_2，另外还有少量的 N_2O，通常用 NO_x 表示以上三种氮氧化物。其中 NO 约占 95%，NO_2 约占 5%，而 N_2O 含量很少。

烟气中的 NO_x 排入大气后，NO 氧化成 NO_2，NO_2 与水反应生成硝酸和亚硝酸 NHO_3 和 HNO_2。因为脱除烟气中的 NO_x 就能避免其生成硝酸和亚硝酸，所以，脱除烟气中的 NO_x 简称为脱硝。

4. 什么是烟气脱硝?

答：烟气脱硝是指对锅炉尾部烟气中已经生成的 NO_x 进行脱除，降低烟气排放中 NO_x 的浓度。因此，烟气脱硝又称为烟气净化技术。

烟气净化技术可分为干法、湿法和半干法三大类。虽然脱硝烟气净化技术有很多种，但是从脱硝效率、工程投资、运行费用和技术的可靠性等方面进行衡量和考虑，目前只有 SCR 和

SNCR两种烟气脱硝技术较为成熟，被广泛采用，其他技术还处于小型试验和中试研究阶段。

5. 脱硝方法分为哪两类？

答：由于燃料中的氮化合物在燃烧前脱除难度较大、成本较高外，同时，热力型和快速型 NO_x 是在燃料燃烧形成的高温条件下生成的，所以，通常不在燃料燃烧前进行脱硝。因此，根据 NO_x 生成的机理通常采用两类脱硝方法：燃烧过程中在炉内进行脱硝、在锅炉尾部进行烟气脱硝。

炉内燃烧过程中脱硝是针对 NO_x 生成需要有过剩的氧和高温条件，通过各种手段采用低过量空系数燃烧使氧量不足，形成还原气氛，采用空气分级燃烧、燃料分级燃烧、烟气再循环降低燃烧温度达到降低 NO_x 生成量的目的，见图13-3。向炉膛内喷入脱硝剂也属于炉内燃烧过程中脱硝。

在锅炉尾部进行脱硝是将烟气中已经生成的 NO_x 脱除，因此，又称为烟气净化技术。烟气净化技术分为干法、湿法和半干法三种。虽然烟气净化技术有很多种方法，但

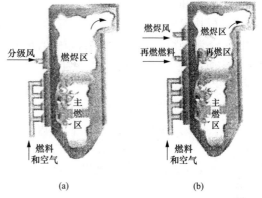

图13-3 空气分级燃烧和燃料分级燃烧
(a) 空气分级燃烧；(b) 燃料分级燃烧

是综合考虑到技术的可靠性、工程投资、运行费用和脱硝效率等具体因素，目前只有选择性催化还原法（SCR）和选择性非催化还原法（SNCR）两种脱硝技术较为成熟，在工程中采用较多并积累了较多的经验，其他各种脱硝技术大多处于试验研究、小试和中试研究阶段。

6. 为什么采用低 NO_x 燃料技术的同时还要采用 SCR 法烟气脱硝技术？

答：虽然有各种低 NO_x 燃烧技术，但由于各种低 NO_x 技术受到各种因素的限制，脱硝效率较低，仅为 $25\%\sim40\%$。随着 GB 13223—2011《火电厂大气污染物的排放标准》实施，仅靠低 NO_x 燃烧技术已无法满足新的大气污染物排放标准，因此，采用烟气脱硝技术成为必然的选择。

同时采用低 NO_x 燃烧技术和烟气脱硝技术并不矛盾，也不会增加投资和运行费用。不采用低 NO_x 燃烧技术，直接采用 SCR 法，不但运行费用高，而且 SCR 装置入口 NO_x 的浓度较高，而 SCR 法的脱硝效率仅约为 80%，使 NO_x 的浓度仍不能达到排放标准。

由于采用低 NO_x 燃烧技术不但增加的费用低于 SCR 法减少的运行费用，同时，还可以使 NO_x 的浓度达到新的污染物排放标准，所以，在采用低 NO_x 燃烧技术的同时还要采用 SCR 烟气脱硝技术。

7. 低氮燃烧技术与烟气脱硝技术有何区别？

答：低氮燃烧技术与烟气脱硝技术均是为了减少 NO_x 的排放浓度，减轻对大气环境的污染，但是两者还是有区别的。

从阶段来讲，低氮燃烧技术是在燃料燃烧阶段通过采取各种措施减少 NO_x 的生成量，达到减少 NO_x 排放浓度的目的。而烟气脱硝技术是在燃料燃烧后 NO_x 已经生成的情况下，采取各种技术手段降低 NO_x 的排放浓度。

从化学原理讲，低氮燃烧技术是没有采用催化剂，仅采取各种措施减少和抑制燃料中的

氮化物和空气中的氮被氧化生成 NO_x，并创造促使部分 NO_x 破坏和还原的燃烧环境。烟气脱硝技术采用脱硝剂使烟气中已经生成的 NO_x 还原为 N_2 和 O_2 或 N_2 和 H_2O，前者是抑制氮的氧化反应和部分还原反应，而后者是还原反应。

8. 为什么煤粉炉要同时采用低氮燃烧技术和烟气脱硝技术？

答：低氮燃烧技术抑制 NO_x 生成和使已生成的 NO_x 部分还原，减少 NO_x 排放浓度，是一种很成熟和运用很广泛的技术。

目前的技术水平，单独采用低氮燃烧技术仅能使 NO_x 的生成量减少 $30\%\sim40\%$，而煤粉炉因燃烧温度很高，NO_x 的排放浓度超过 $1000mg/m^3$（标准状态）。由于仅采用低氮燃烧技术无法使 NO_x 浓度达标排放，因此，需要同时采用烟气脱硝技术才能使 NO_x 浓度达标排放。

目前技术很成熟应用很广泛的 SCR 和 SNCR 技术，其脱硝效率 SCR 约为 80%，SNCR 约为 50%，由于环保标准不断提高，煤粉炉仅采用烟气脱硝技术也无法使 NO_x 浓度达标排放。

煤粉炉只有同时采用低氮燃烧技术和烟气脱硝技术，才能使 NO_x 浓度达到新的排放标准。

低氮燃烧技术投资费用较低，且是一次性的，锅炉即使安装了烟气脱硝装置，采用低氮燃烧技术后可以降低烟气脱硝装置入口的 NO_x 浓度，烟气脱硝装置降低的投资和运行费用弥补因采用低氮燃烧技术而增加的费用有余。

因此，煤粉炉同时采用低氮燃烧技术和烟气脱硝技术是必要和合理的。

9. 为什么同一地区不同季节的酸雨 pH 值相差较大？

答：酸雨主要由硫酸性酸雨和硝酸性酸雨造成。燃料燃烧后烟气中的 SO_x 和 NO_x 生成硫酸型酸雨和硝酸性酸雨的过程较复杂，SO_x 和 NO_x 最终与空气中的水蒸气和雨水生成硫酸和硝酸，形成酸雨。

同一地区的燃料消耗量和产生的 SO_x、NO_x 数量在一年中变化不大，但不同季节的雨量变化很大。我国处于北半球的温带和亚热带，夏季不但下雨频繁，而且雨量大，空气中的 SO_x 和 NO_x 被频繁的大雨吸收洗涤和稀释，使得酸雨的 pH 值较低。

冬季不但雨雪频率较低，而且雨雪量较少，空气中 SO_x 和 NO_x 的浓度较高，一旦下雨，酸雨的 pH 值较低。

北方地区因为冬季采暖，不但燃料消耗总量增加，而且分散采暖不具备脱硫和脱硝的条件，SO_x 和 NO_x 排放总量增加也是北方地区冬季酸雨 pH 值较低的原因之一。

10. 为什么锅炉排放的 NO_x 中，NO_2 仅占 5%，但是 NO_x 的排放浓度通常以 NO_2 计算？

答：燃煤锅炉排烟中会有 NO 和 NO_2，还有少量 N_2O，以上三种氮氧化物统称为 NO_x。NO_x 中主要是 NO，含量占比约为 95%，NO_2 含量占比约为 5%，N_2O 含量很少。

虽然锅炉排烟 NO_x 中 NO 的比例高达 95%，NO_2 的比例仅为 5%，但由于烟气排入大气后在阳光的照射下，NO 氧化成 NO_2，与水蒸气相遇生成硝酸 HNO_3 和亚硝酸 HNO_2，随雨雪落到地面形成酸雨。人体和植物吸收产生危害的也是 NO_2，所以，NO_x 的排放浓度以 NO_2 计算更符合实际情况。

因 NO_2 的分子量大于 NO 的分子量，NO_x 的排放浓度以 NO_2 计算，其排放质量浓度较以 NO_x 计算排放的浓度高。换言之，NO_x 的排放浓度以 NO_2 计算，其排放标准要求更高，更有利于减轻 NO_x 对环境的污染。

11. 为什么 NO_x 的排放浓度要进行烟气含氧量的修正？

答：在煤种和负荷一定的情况下，锅炉 NO_x 排放的质量也是确定的，但是烟气的体积却会随着含氧量的变化而改变。烟气的体积随着含氧量的上升而增加。

NO_x 的排放标准是烟气在一定的氧含量的情况下制定的，如果不对烟气中氧含量进行修正，就会出现锅炉送风量和漏风量越多，烟气中氧含量越高，烟气体积越大，NO_x 排放浓度越低的不合理情况。

由于锅炉安装或检修质量不良，管式空气预热器因低温腐蚀穿孔，导致漏风量超过标准值是经常发生的。因为空气中的氧含量为 21%，烟气中氧含量增加会使烟气的体积明显增加。

如果安装和检修质量优良，燃烧调整良好，排烟中的含氧量低于标准值也是可能的；如果不对排烟中的含氧量进行修正，就会使 NO_x 的排放浓度偏高。

因此，为了排除排烟中含氧量的变化对 NO_x 排放浓度的影响，要根据实际烟气含氧量和标谁含氧量对 NO_x 的排放浓度进行修正。

燃煤炉排烟含氧量的标准为 6%，如果锅炉实际排烟的氧含量超过 6%，经过修正后，NO_x 的排放浓度会上升；反之，经过修正后，NO_x 的排放浓度会下降。

12. 为什么 NO_x 的排放标准要采用 mg/m^3（标准状态）单位？

答：对于某台炉燃用的燃料已确定时，在某种工况下产生的 NO_x 的质量是不变的，但烟气的体积会随着排烟温度和压力的波动而变化。排烟温度上升，压力下降，烟气的体积增加；排烟温度下降，压力上升，烟气体积减小。

如果按排烟温度下的烟气体积计算 NO_x 的排放浓度，则 NO_x 的排放浓度会随着排烟温度的波动而变化。

如果将排烟的体积换算为标准状态下的体积，排烟的体积就不会随着排烟温度和压力的变化而改变，NO_x 排放的浓度就不会受到排烟温度波动而变化。气体的标准状态是一个大气压和 0℃。由于排烟的压力与大气压力相差很少，通常不考虑压力变化对烟气体积的影响，而只计算温度变化对烟气体积的影响。

13. 什么是炉内脱硝？

答：炉内脱硝是指在炉膛内，在燃料燃烧过程中通过各种技术手段，抑制燃料燃烧过程中 NO_x 的产生量。

炉内脱硝技术主要方法有低过量空气系数燃烧、空气分级燃烧、燃料分级燃烧、烟气再循环、炉膛喷氨脱硝等。

由于 NO_x 是燃料在炉膛内燃烧过程中产生的，上述各种减少 NO_x 产生量的方法也是在炉膛内燃料燃烧过程中实现和完成的，因此，称为炉内脱硝，又称为低氮燃烧技术。

SCR 脱硝大多是在锅炉尾部省煤器与空气预热器之间的脱硝塔内进行的，脱硝后的烟气进入空气预热器。由于烟道是锅炉的组成部分之一，严格来讲 SCR 脱硝也是在炉内进行的，但由于 NO_x 的产生是在炉膛内，尾部烟道内不会产生 NO_x，与在炉膛内燃烧过程中脱硝有明显区别，所以不属于炉内脱硝，而属于烟气脱硝或烟气净化技术。

14. 为什么物料循环倍率增加，NO_x 排放量减少？

答：在风量一定的情况下，随着旋风物料分离器分离效率的提高，循环倍率增加。进入分离器的物料中含有少量的焦炭，分离器分离效率越高，飞灰越少，返回密相区的物料量和焦炭量越多。

由于循环倍率增加，所以炉内焦炭的浓度提高。无论是燃料中的氮还是空气中的氮在高温下与氧反应生成 NO_x 是氧化反应，而焦炭是较强的还原剂，在高温下可以将 NO_x 还原为 N_2 和 CO，是还原反应，即

$$2NO+2C \Longrightarrow N_2+2CO$$
$$2NO_2+4C \Longrightarrow N_2+4CO$$

炉内焦炭浓度提高，增加了 NO_x 与 C 还原反应的概率，更多的 NO_x 被碳还原成 N_2 和 CO，使 NO_x 排放量减少。

当循环倍率较低时，虽然密相区物料的浓度较高，但稀相区和物料分离器内物料的浓度较低，而密相区的体积较小，因 NO_x 与焦炭反应的概率减少，导致脱硝效率下降。当循环倍率增加时，物料在炉内的循环量增多，稀相区和物料分离器内物料和焦炭的浓度均上升，因 NO_x 与焦炭进行还原反应的概率增加，更多的 NO_x 被焦炭还原成 N_2 和 CO，使 NO_x 排放量减少。

15. 为什么循环流化床锅炉 NO_x 排放浓度明显低于煤粉炉？

答：锅炉烟气中 NO_x 的产生有燃料型、热力型和快速型三种方式。快速型产生的 NO_x 比例很小，通常小于 5%。

热力型 NO_x 只有在高温下才能产生，当温度低于 1350℃ 时，几乎没有热力型的 NO_x。由于煤粉粒径很小，平均粒径只有几十微米，煤粉喷入炉膛后迅速着火燃烧，火焰中心区域的温度高达 1600～1700℃，炉膛出口温度为 1100～1200℃，炉膛大部分区域温度超过 1350℃，存在热力型 NO_x 产生的条件。煤粉炉炉膛较高的平均温度也为燃煤中的氮化合物生成 NO_x 创造了条件，所以，煤粉炉的 NO_x 排放浓度较高。煤粉炉通过采用低氮燃烧技术，可以降低 NO_x 的排放浓度，但仍然较高。

循环流化床炉膛的平均温度为 850～950℃，远低于 1350℃，不具备产生热力型 NO_x 的条件。较低的炉膛温度也使燃煤中氮化物分解产生 NO_x 的数量减少。

循环流化床锅炉从床下送入一次风和从床上送入二次风，实现了空气分级燃烧。送入密相区的一次风占全部风量的比例约为 50%，虽然密相区的温度较高，但由于氧量不足，烟气是还原气氛，不但抑制了 NO_x 的产生，而且创造了使部分已生成的 NO_x 还原的条件。稀相区送入的二次风虽然使氧量过剩，但因为温度较密相区低，所以可以减少 NO_x 的产生。

由于以上两个原因，使得循环流化床锅炉的 NO_x 排放浓度明显低于煤粉炉，这也是循环流化床锅炉的优点之一。

第二节　选择性催化还原烟气脱硝

16. 什么是选择性催化还原烟气脱硝方法？

答：选择性催化还原（Selective Catalyst Reduction，SCR）法是技术较成熟、脱硝效率

较高，工程中采用最多的脱硝方法。

燃料燃烧过程中生成的 NO_x 是 N 和 O 氧化反应的产物，采用脱硝剂 NH_3 与 NO_x 产生还原反应，将 NO_x 还原为 N_2 和 H_2O，其还原反应式为

$$4NH_3+4NO+O_2 \Longrightarrow 4N_2+6H_2O$$
$$4NH_3+2NO_2+O_2 \Longrightarrow 3N_2+6H_2O$$

在上述反应中，NH_3 是还原剂。

为了降低还原反应的温度，扩大反应的温度范围，加快反应的速度，提高脱硝效率，该方法采用了催化剂。如果没有使用催化剂，上述反应要将温度控制在 980℃ 左右，采用催化剂后上述反应的温度可降低至 280～420℃ 范围内，脱硝效率可以超过 80%。

烟气中氧化产物除 NO_x 外，还有 CO_2 和 SO_x。不希望还原剂 NH_3 与 CO_2 和 SO_x 产生还原反应，只希望有选择性地将烟气中的 NO_x 还原成 N_2 和 H_2O。

17. 选择性催化还原脱硝技术有什么优点和缺点？

答：选择性催化还原（SCR）脱硝技术的优点是反应温度可以在 280～420℃ 内进行，不但反应温度较低，而且反应温度的范围较大，便于运行操作和控制，脱硝效率较高，可达 80%～90%，SCR 脱硝技术与低 NO_x 燃烧技术联合使用，可以使 NO_x 达标排放。

SCR 脱硝技术的缺点是由于需要采用体积庞大的催化反应塔和价格昂贵的催化剂，催化剂的寿命通常为三年，不但设备投资费用较高，而且还因为需要定期更换催化剂和因脱硝系统的阻力超过 1000Pa 而使引风机耗电量上升，所以导致运行费用较高。

由于 SCR 脱硝技术较成熟，脱硝效率较高，与低 NO_x 燃烧技术联合使用，可以使 NO_x 达标排放，虽然设备投资和运行费用较高，在污染物排放标准日趋严格的情况下，SCR 脱硝技术是目前各国采用最多的脱硝技术。

18. 为什么 SCR 法的脱硝效率较高？

答：SCR 法脱硝效率为 80%～90%，明显高于其他几种脱硝方法。SCR 法脱硝效率较高的主要原因如下。

（1）由于采用了催化剂，加快了 NO_x 与脱硝剂 NH_3 反应的速度，使 NO_x 与 NH_3 能在有限的时间和空间内完成脱硝反应。

（2）脱硝剂 NH_3 在进入脱硝塔前，通过喷氨格栅确保众多的氨喷嘴喷出的气氨与每个喷嘴区域的烟气充分均匀地混合，使烟气中的 NH_3/NO_x 摩尔比均匀，保证烟气中的绝大部分 NO_x 有较充足的机会与 NH_3 发生脱硝反应。

（3）体积庞大的专用脱硝塔和塔内体积和表面均很大的催化剂，使得烟气和 NH_3 在塔内停留的时间较长，增加了 NH_3 和 NO_x 与催化剂反应的表面积，为 NO_x 与 NH_3 提供了较充分的反应时间和机会。

（4）催化剂不但使脱硝反应温度降低，而且反应温度的范围较大，为 280～420℃，省煤器后和空气预热器前之间的温度正常情况下在各种负荷下，烟气温度均在该温度范围之内，同时，还没有调节省煤器后烟温的旁路烟道，可使脱硝催化反应在最佳温度下进行。

19. 为什么 SCR 烟气脱硝系统安装在省煤器与空气预热器之间？

答：SCR 脱硝技术广泛采用的催化剂的工作温度范围在 280～420℃ 之间。当烟气温度低于下限温度时，一方面，因为催化剂活性下降，降低了 NO_x 与 NH_3 产生催化反应的速

度，所以导致脱硝系统脱硝效率下降；另一方面，可能因为氧化反应将 SO_2 氧化成 SO_3，SO_3 与 NH_3 反应生成硫酸铵附着在催化剂表面，所以阻止了催化反应的顺利进行。

当烟气温度高于上限温度时，一方面会使催化剂活性下降；另一方面可能发生 NH_3 被 O_2 氧化生成 NO 的副反应，增加烟气中的 NO_x，使脱硝效率下降。当烟气温度超出催化剂工作上限温度较多时，使催化剂产生不可恢复的烧结，因催化剂失活而导致脱硝效率下降。

省煤器与空气预热器之间的烟气温度，即使在锅炉负荷变化时也在催化剂工作温度范围之内，所以，应将 SCR 烟气脱硝系统安装在省煤器与空气预热器之间。

虽然锅炉在正常运行时，省煤器与空气预热器之间的烟气温度在催化剂工作温度范围内，但是要防止事故状态下烟气温度超出催化剂正常工作范围，例如，发生二次燃烧时，烟气温度会超过上限温度；炉管爆破时，烟气温度会低于下限温度。因此，在脱硝系统中安装了烟气温度在线监测仪，当烟温超出设计范围时，自动保护会及时停止脱硝系统运行，避免催化剂受到损坏。

20. SCR 脱硝技术反应器有什么作用？

答：SCR 脱硝技术反应器的主要作用是承载脱硝催化剂，使进入反应器内的氨气和 NO_x 均匀混合；是还原剂 NH_3 和烟气中 NO_x 在催化剂表面发生催化反应，生成 N_2 和 H_2O，达到脱硝目的的场所。因此，反应器是 SCR 烟气脱硝系统的核心设备。

反应器分为固定床和流化床两种，燃煤电厂通常采用固定床反应器。烟气脱硝催化剂通常以单元模块形式分层布置在反应器的支撑平台上。催化剂布置分水平气流布置和垂直气流布置两种。由于燃煤电厂大多采用高温高灰布置，烟气脱硝系统的烟气中飞灰浓度很高，所以为了减轻催化剂积灰，通常采用垂直气流布置方式，见图 13-4。

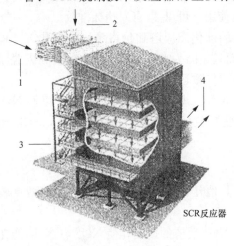

SCR反应器

图 13-4　SCR 垂直气流布置方式
1—来自锅炉含 NO_x 烟气；2—还原剂喷入；
3—混合烟气流过催化剂发生还原反应；
4—还原氮气、水蒸气和烟气

21. SCR 反应器由哪些部分组成？

答：SCR 反应器主要由方型反应器壳体、烟气进出口烟道、催化剂及其支撑平台、人孔门、烟气整流装置及导流叶片等部件组成。

通常将催化剂制作成板状或蜂窝状催化剂元件，以增加 NH_3 和 NO_x 与催化剂反应的表面积，催化剂单元模块布置在平台上。对于采用较多的高温、高灰布置的 SCR 反应器，一般需要三层平台安装催化剂，见图 13-5。SCR 反应器还留有一层备用催化剂层，以便当某层催化剂活性下降或失效时及时补充新的催化剂层，确保脱硝系统有较高的脱硝效率。

烟气整流装置安装在反应器的顶部，其作用是使烟气均匀地流过催化剂层，以达到降低 NH_3/NO_x 的摩尔比和 NH_3 的逃逸率，提高脱硝效率的目的。

为了防止催化剂表面积灰，导致其活性下降，每层催化剂均安装有吹灰层。

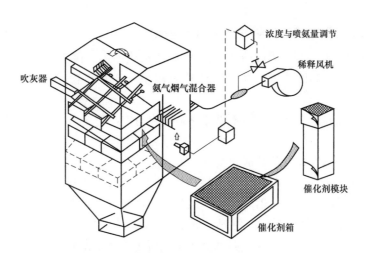

图 13-5 催化剂模块、箱体、层之间的关系

22. 什么是催化剂的垂直气流布置和水平气流布置？为什么大多采用垂直气流布置？

答：采用催化剂后，将脱硝反应的温度降至 $280 \sim 420℃$，省煤器后的烟温在该温度范围内，因此，SCR 反应器布置在省煤器与空气预热器之间。因为省煤器后烟温较高和除尘器布置在空气预热器之后，所以，该种布置方式称为高温、高灰布置。

为了增加催化剂的表面积以提高催化效果，加快脱硝反应速度，通常将催化剂制造成蜂窝式模块、波纹式模块和平板式模块，然后将这些模块制成催化剂箱，最终将这些催化剂箱体构成反应器内的催化剂层。

催化剂的气流布置方式不是以催化剂层放置方式确定的，而是以烟气流过催化剂层的方式确定的。当催化剂层水平放置而烟气垂直流过催化剂层时，称为垂直气流布置方式；当催化剂层垂直放置而烟气水平流过催化剂层时，称为水平气流布置方式，见图 13-6。

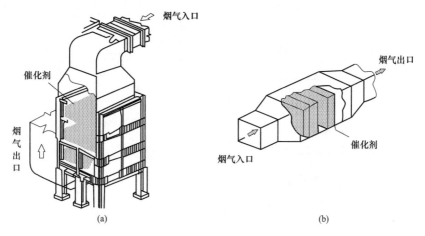

图 13-6 SCR 反应器的布置方式
（a）垂直气流布置；（b）水平气流布置

由于 SCR 反应器采用高温、高灰布置优点较多，而被广泛采用。采用高温、高灰布置方式时，烟气中飞灰浓度很高，为了减轻催化剂层的积灰和吹灰时易于将催化剂表面的积灰清除干净，通常催化剂层采用垂直气流布置。

23. 为什么 SCR 脱硝工艺要设置省煤器旁路?

答:由于 SCR 脱硝工艺采用了催化剂,将脱硝反应的温度降至 280~420℃,省煤器出口烟气温度基本上在该温度范围,所以,SCR 脱硝系统通常布置在省煤器出口和空气预热器入口之间。

省煤器出口烟气温度在低负荷时不低于 280℃ 的锅炉,为了节省费用可以不设省煤器旁路。例如,采用回转式空气预热器时,通常省煤器采用单级布置,不与空气预热器交叉布置,省煤器出口烟气温度在低负荷时也高于 280℃。

采用管式空气预热器的煤粉炉,为了将空气预热到较高的温度,以满足制粉系统干燥的要求,通常将省煤器和空气预热器均分为两级且交叉布置,低温省煤器的出口烟气温度有可能低于 280℃;特别是在低负荷时,更容易低于 280℃。为了使 SCR 系统入口的烟气温度在催化剂正常工作范围内,以防止因气温度低于下限温度产生硫酸铵和硫酸氢铵沉积在催化剂和空气预热器管表面,应设置省煤器旁路。

省煤器旁路是使一部分不经过省煤器冷却的温度较高的烟气与省煤器出口温度较低的烟气相混合,使混合后的烟气温度在催化剂的正常工作范围内,以达到提高脱硝效率、防止产生的硫酸铵和硫酸氢铵沉积在催化剂及空气预热器管表面,保持较高脱硝效率和锅炉热效率的目的。

有反应器和省煤器旁路的 SCR 烟气脱硝系统见图 13-7。

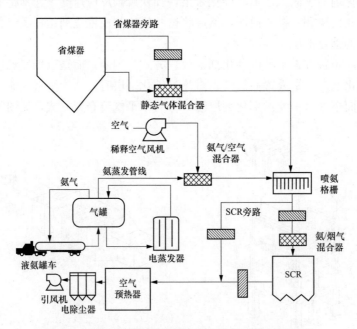

图 13-7 有反应器和省煤器旁路的 SCR 烟气脱硝系统

24. 为什么要设置稀释空气风机和氨气空气混合器?

答:SCR 脱硝系统通常采用氨气作为还原剂,氨气与空气混合物的爆炸浓度为 15%~85%。为了安全应将氨气浓度降低至远低于爆炸下限 15%,通常控制在小于 5%,设置稀释风机为氨气的稀释提供稀释空气和动力。稀释风机通常采用高压离心风机。

高压离心风机出口风温较高，可以对储氨罐来的温度较低的氨气进行加热，有助于氨气中的水分汽化，避免在管道和喷嘴中结露。

由于脱硝还原剂 NH_3 流量很小，采用稀释空气与氨气在混合器内充分混合后流量增加，再通过喷氨格栅将稀释混合后的 NH_3 喷入烟道，有利于使 NH_3 在烟道内均匀分布和对喷氨量进行控制，从而达到提高脱硝效率和降低氨逃逸率的目的。

稀释空气风机提供的压力较高的空气，用以克服氨气和空气混合器和氨喷氨格栅的阻力。

25. 喷氨格栅有什么作用？

答：虽然采用温度较高的空气对氨气进行加热和混合后，氨在空气中的浓度较均匀，体积也增加了几十倍，但与烟气的体积相比仍然很小。因此，仍然存在一个氨气与烟气均匀混合的问题。

目前，在工程中广泛采用的是通过喷氨格栅将含氨空气与烟气进行混合。喷氨格栅是将烟道截面分成若干个大小均匀的区域，在每个区域安装一定数量的喷孔，根据锅炉的负荷和 NO_x 的数量调节含氨空气的流量。通常操作时，先控制每根管路的含氨空气流量相同，然后再通过反应器出口 NO_x 在截面浓度分布的情况，单独调整各区的流量。

采用喷氨格栅后可以尽可能地使氨气与烟气均匀混合，保证烟气中各处的 NH_3 与 NO_x 摩尔比均匀混合，达到提高脱硝效率，降低氨消耗量和氨逃逸率的目的。

喷氨格栅通常布置在省煤器出口与催化反应器之间的烟道上，由安装在与烟道垂直的断面上的若干喷氨支管，及支管上均匀排列的喷嘴组成。

26. 为什么 SO_2/SO_3 转化率是 SCR 装置的重要指标？

答：SCR 装置通常采用以 TiO_2 为载体、以 V_2O_5 为活性组分的催化剂。V_2O_5 能够加快 NH_3 与 NO_x 的反应速度，缩短反应时间，但是 V_2O_5 也能对 SO_2 氧化成 SO_3 起到催化作用，这对锅炉运行是不利的。

虽然燃料中的 S 在燃烧时生成 SO_2，其中约 3％会转化为 SO_3，催化剂会使 SO_2 转化为 SO_3 的比例增加。烟气的露点随着 SO_3 数量的增加而上升，如果空气预热器管的壁温低于烟气露点，SO_3 与烟气中的水蒸气生成的硫酸蒸气就会在空气预热器管壁上凝结，导致空气预热器管因腐蚀穿孔而引起漏风。由于烟气中含有未与 NO_x 反应逃逸的约 3ppm NH_3，NH_3 与硫酸蒸气和凝结的硫酸反应生成 NH_3HSO_4，导致空气预热器管的腐蚀和堵塞。

因此，为了减轻催化剂中 V_2O_5 组分对 SO_2 转化为 SO_3 催化作用的不利影响，SCR 催化剂对 SO_2/SO_3 的转化率是重要指标，要求 SO_2/SO_3 的转化率小于或等于 1％。

27. 为什么 SCR 脱硝技术中 NH_3 与 NO_x 摩尔比应控制在 1.15～1.20 的范围内？

答：在脱硝反应器内，NO 的还原反应式为

$$4NO+4NH_3+O_2 \Longrightarrow 4N_2+6H_2O$$

NH_3 与 NO 的摩尔比为 1。

NO_2 的还原反应式为

$$2NO_2+4NH_3+O_2 \Longrightarrow 3N_2+6H_2O$$

虽然 NO_2 还原反应的 $4NH_3$ 与 $2NO_2$ 的摩尔比大于 1，但由于锅炉烟气中 NO 的比例约为 95％，NO_2 的比例约为 5％，可以认为 NO_x 还原反应的 NH_3 与 NO_x 摩尔比为 1。

由于上述还原反应是在理论状态下，假定 NO_x 与 NH_3 充分均匀混合，反应时间足够长，反应是在最佳温度下进行的，NH_3 与 NO_x 所需的摩尔比为1。但是实际运行情况下，NO_x 与 NH_3 难以充分、均匀地混合，反应的时间有限，反应难以总在最佳温度下进行，所以，为了提高脱硝效率，尽可能地将 NO_x 还原成 N_2 和 H_2O，实际运行时，NH_3 与 NO_x 的摩尔比应大于1。当 NH_3 与 NO_x 摩尔比小于或等于1时，随着两者摩尔比的增加，烟气中 NH_3 的含量上升，可以增加单位质量催化剂上 NH_3 的吸附量，提高过度化合物的浓度，加快还原反应的速度，提高脱硝效率。

若 NH_3 与 NO_x 的摩尔比过大，超过了催化剂表面吸附 NH_3 动态平衡容量，则会有部分 NH_3 解离，与 O_2 反应生成 N_2O。脱硝效率不但不提高，反而会降低。

NH_3 与 NO_x 的摩尔比过大，还会使烟温下降后 NH_3 与 NO_x 反应生成铵盐，沉积在空气预热器或之后的烟道中，导致积灰和腐蚀。

NH_3 与 NO_x 的摩尔比过大，不但飞灰吸附 NH_3 会降低煤粉灰的利用价值，增加了 NH_3 的消耗量，而且因 NH_3 排放的浓度增加，造成了对环境的二次污染。

因此，综合考虑上述因素，为了获得较高的脱硝效率，降低 NH_3 的消耗量和 NH_3 逃逸率，NH_3 与 NO_x 的摩尔比控制在 $1.15\sim1.2$ 较好。

28. 为什么现在脱硫脱硝系统不设置旁路？

答：由于早期能源消耗较少，SO_x 和 NO_x 排放总量较低，环境容量较大，烟气排放对环境污染不像现在这样严重。早期脱硫、脱硝经验较少，设备性能不太稳定，各种故障较多，系统运行的可靠性不高。同时，电力缺口较大，所以，为了避免因脱硫系统和脱硝系统故障导致发电机组停运，脱硫、脱硝系统均设置了旁路系统。

现在由于能源消耗较多，SO_x 和 NO_x 排放总量较高，环境容量较小，烟气排放对环境污染较严重，脱硫系统和脱硝系统经过多年的运行，积累了较多的经验，设计水平、设备的性能和运行的可靠性有了较大提高。同时，经过多年的建设，电力出现了少量富裕，具备了脱硫、脱硝系统与发电机组同时设计、同时安装、同时投产的条件，一旦脱硝系统故障，发电机组停运也不会影响正常供电。

所以，为了消除或减轻火力发电厂排放的 SO_x 和 NO_x 对环境的污染，现在脱硫、脱硝系统已不再设置旁路，一旦脱硫脱硝系统故障不能运行，发电机组必须随之停运。不设置旁路可以促进电厂加强对脱硫、脱硝系统的管理和维修，提高其运行的可靠性，也可以避免少数电厂为了降低运行成本，白天有人检查时，脱硫、脱硝系统投入运行，晚间无人检查时将其解列的情况发生，以达到降低 SO_x 和 NO_x 排放对环境污染的目的。

29. 什么是氨逃逸率？

答：技术成熟、采用最多的 SCR 和 SNCR 脱硝技术。虽然可以采用液氨、氨水或尿素作为脱硝剂，但是该三种脱硝剂采用不同的方法产生 NH_3 进入炉内，SNCR 是炉内燃烧过程中的脱硝，而 SCR 是燃烧后的烟气脱硝。

由于炉膛或脱硝塔的空间较大，烟气中 NO_x 的浓度很低，喷入炉内的氨气数量与烟气量相比是很少的，虽然采取了多种加强 NH_3 与烟气中 NO_x 均匀混合的措施，但仍然难以保证 NH_3 与 NO_x 完全均匀地混合，同时，炉内最佳的脱硝温度区间有限，留给 NO_x 与 NH_3 反应的时间较短。因此，虽然理论上 NH_3 与 NO_x 的化学反应摩尔比为 $1:1$，但为了尽可

能多地使 NO_x 被 NH_3 还原成无害的 N_2 和 H_2O，以提高脱硝效率，通常 NH_3 与 NO_x 的摩尔比为 $1.1\sim1.2$。

随着运行时间的增加，催化剂因各种原因活性下降而导致烟气中未与 NO_x 反应的 NH_3 增加，因此，锅炉排烟中过剩的 NH_3 是不可避免的。

单位体积排烟中 NH_3 的含量称为氨逃逸率。

30. 为什么要控制氨的逃逸率？

答：由于 NH_3 和 NO_x 的体积与烟气体积相比很小，两者在烟气中的浓度均很低，虽然采取各种加强混合的措施，NH_3 与 NO_x 仍然难以完全混合地均匀。同时，NH_3 和 NO_x 在炉内停留反应的时间较短和锅炉内最佳反应温度的区间较小，所以，虽然 NH_3 与 NO_x 化学反应式的摩尔比为 $1:1$，但为了使更多的 NO_x 被 NH_3 还原成无害的 N_2 和 H_2O，提高脱硝效率，减少 NO_x 的排放浓度，通常实际的 NH_3 与 NO_x 的摩尔比为 $1.1\sim1.2$。

因此，排烟中会有少量的氨是不可避免的，只要将氨的逃逸率控制在正常的范围内即可。氨逃逸率过高会产生以下危害：

（1）氨的消耗量增加导致脱硝费用上升。

（2）氨气是有毒有害气体，导致排烟对环境的污染。

（3）烟气中氨的含量增加在有 SO_2、SO_3 和 H_2O 的条件下，生成的硫酸铵 $(NH_4)_2SO_4$ 和硫酸氢铵 NH_4HSO_4 会沉积在催化剂表面，导致催化剂活性降低，脱硝效率下降。硫酸铵和硫酸氢铵沉积在空气预热器上，导致其热阻增大，堵塞和腐蚀。

因此，要控制氨的逃逸率不超过 3ppm。

31. 为什么 SCR 脱硝技术反应器内要安装吹灰系统？

答：由于 SCR 脱硝技术中的催化剂是固体，反应物是气体，其催化作用称为多相催化作用，脱硝属于多相催化反应。

在多相催化反应中催化反应是在催化剂表面完成的，确保反应物与催化剂表面接触是关键因素之一。反应物接触催化剂表面被化学吸附，反应物的分子化学键松弛，使得反应可以较快地进行下去。

SCR 脱硝技术大多采用高温、高尘的布置方式，流过反应器催化剂的烟气中飞灰浓度较高，催化剂表面极易积灰，积灰使得反应物 NO_x 和 NH_3 与催化剂表面隔离，两者接触的概率下降，严重影响催化剂的催化反应能力，使得脱硝效率下降和脱硝剂 NH_3 的消耗量增加。安装吹灰器及时吹灰，清除催化剂表面的积灰，保持催化剂表面清洁，可以达到保持催化剂表面活性，加快催化反应速度，提高脱硝效率，降低 NH_3 消耗量的目的。

由于催化剂通常制成蜂窝状或板状元件，及时吹灰，保持催化剂表面清洁，可以保持较大的烟气流通面积，降低脱硝系统阻力，达到减少引风机耗电量的目的。

因此，SCR 采用高温高灰布置时，反应器内每层催化剂必须要安装吹灰器，见图 13-8。

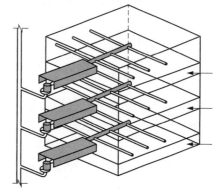

图 13-8 吹灰器的简单结构示意

32. SCR工艺装置有哪几种布置方式?

答:因SCR工艺采用了催化剂,可以将脱硝反应温度降至$280\sim420℃$。脱硝装置有三种布置方式:高温高灰布置、高温低灰布置、低温低灰布置均可满足其对温度的要求,见图13-9。

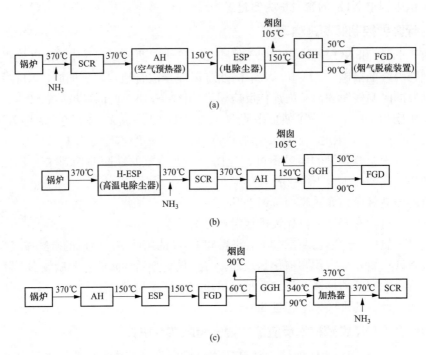

图 13-9　SCR工艺的三种主要布置方式及烟温示意
(a) 高温高灰布置;(b) 高温低灰布置;(c) 低温低灰布置

(1) 高温高灰布置。脱硝装置布置在省煤器和空气预热器之间。该布置方式的优点是除尘器在低温下工作,烟气体积较小,烟温较低,电除尘器或布袋式除尘器工作可靠,价格较低,不需要消耗燃料和设置加热器,省煤器后的烟温即可满足脱硝反应对温度的要求。缺点是催化剂是在未经除尘的烟气中工作,飞灰会使催化剂的反应通道堵塞,降低催化剂反应面积,飞灰对催化剂产生磨损,催化剂会使烟气中部分SO_2转化为SO_3,因烟气露点升高而导致空气预热器低温腐蚀,对烟温控制要求较高,烟温低于下限温度时,NH_3会与SO_3反应生成$(NH_3)_2SO_4$,造成催化剂和空气预热器堵塞,烟温高于上限温度会使催化剂烧结和失效,烟气携带的飞灰中含有的Na、K、Ca、Si、As会使催化剂污染或中毒,催化剂性能降低。

(2) 高温低灰布置。脱硝装置布置在高温除尘器和空气预热器之间。该种布置方式除保留了高温高灰布置的优点外,还避免了其飞灰对催化剂的磨损和反应通道的堵塞,也防止了飞灰中Na、K、Ca、Si、As对催化剂的污染和中毒。该布置方式的缺点是流过除尘器的体积因烟温升高而增加,对在高温下工作的电除尘器性能要求很高,价格较高,布袋式除尘器难以在高温下工作。

(3) 低温低灰布置。脱硝装置布置在烟气脱硫装置GGH之后。该布置方式使得催化剂在无灰无SO_2的清洁烟气中工作,催化剂不会磨损,反应通道不会堵塞,不会污染和中毒,其反应活性高，也不用担心 SO_2 转化为 SO_3，导致 $(NH_3)_2SO_4$ 生成，对催化剂和空气预热器造成堵塞。缺点是烟气温度远低于脱硝反应温度，要设置加热器消耗燃油、燃气或蒸汽将烟气加热到所需的温度，不但设备投资增加，而且运行费用很高。

上述三种布置方式均可使 SCR 工艺装置的催化剂在 $280\sim420℃$ 温度范围内工作，但由于高温高灰布置，设备投资和运行费用较低，系统较简单，工作较可靠，其缺点可以通过选择活性较高的催化剂，加强对催化剂的吹灰和采用自动温度控制系统，将烟温控制在催化剂最佳反应温度范围内等一系列技术措施来加以克服和避免，所以，大多数 SCR 脱硝工艺装置采用高温高灰布置。

33. 为什么煤粉炉采用 SCR 脱硝技术要采取多种措施加强 NH_3 与 NO_x 的混合？

答：由于烟气中的 NO_x 浓度较低，喷入的脱硝剂 NH_3 数量也较少，提供 NO_x 与 NH_3 在脱硝塔内反应的时间较短，因此，必须确保 NH_3 与 NO_x 均匀混合才能使 NH_3/NO_x 摩尔比为 $1.1\sim1.2$ 的情况下，NO_x 浓度达标排放和 NH_3 较低的逃逸率。

NH_3 不但价格较高，而且是有毒有害气体，其逃逸率上升不但使脱硝成本增加，而且逃逸的 NH_3 对环境造成污染和逃逸的 NH_3 与 SO_x 生成硫酸铵和亚硫酸铵，黏结在空气预热器上，导致排烟温度升高和通风阻力增加。

由于煤粉炉没有循环流化床锅炉具有的旋风物料分离器。可以提供 NH_3 与烟气在物料分离器内高速旋转混合的有利条件，因此，煤粉炉在采用 SCR 脱硝技术时，在 NH_3 进入脱硝塔前要通过喷氨格栅沿烟气流通截面均匀地喷入烟气中，然后通过 NH_3 和烟气混合器混合后再进入脱硝塔。

第三节 选择性非催化反应脱硝

34. 什么是选择性非催化还原烟气脱硝法？有什么优、缺点？

答：选择性非催化还原脱硝（Selective Non-Catalytic Reduction，SNCR）方法与 SCR 法原理基本相同，其主要区别是 SCR 法采用了催化剂，而 SNCR 法没有采用催化剂。

SNCR 法的优点是没有昂贵的催化剂和体积庞大、占地较多的催化反应器，占地面积小，设备少、操作简单，建设周期短，投资和运行费用较低，脱硝效率中等，在氨氮摩尔比为 $1.1\sim1.2$ 的情况，脱硝效率可达约 50%，是一种技术成熟、经济实用的脱硝技术。

SNCR 法的缺点是不但脱硝反应温度较高，而且最佳的反应温度范围 $920\sim1100℃$ 较窄，必须在煤粉炉炉膛中不同部位安装较多的喷嘴，锅炉负荷变化时因炉膛各部位温度变化，温度在 $920\sim1100℃$ 范围的位置也随之变化，需要通过改变投入喷嘴的位置和数量来确保脱硝反应在最佳的温度范围内。由于炉膛内处于最佳温度范围的空间较小，NO_x 和脱硝剂停留的时间很短，混合条件较差，难以充分混合均匀，导致脱硝效率明显低于 SCR 法，氨的逃逸率较高。煤粉炉单独采用 SNCR 法难以使 NO_x 达标排放，只能使 NO_x 排放浓度降低。

为了使煤粉炉 NO_x 达标排放，SNCR 法通常与低 NO_x 燃烧技术和 SCR 法联合应用。

35. 为什么 SNCR 脱硝技术的脱硝效率较低？

答：虽然 SNCR 脱硝技术的系统简单，设备投资和运行费用较低，但由于 SNCR 脱硝技术没有采用催化剂，选择性还原反应的温度因反应需要较高的能量高达 $920\sim1100℃$。煤粉炉不但处于该温度范围的区域较小，还原剂 NH_3 在炉内能进行还原反应的时间较短，而且 NH_3 与烟气中的 NO_x 的混合条件较差，导致脱硝效率较低。

循环流化床锅炉虽然因为有高温旋风物料分离器，还原剂 NH_3 与烟气中的 NO_x 在物料分离器内有较充分混合的机会，延长了 NH_3 在炉内与 NO_x 进行还原的时间，但由于循环流化床锅炉为了防止结焦和保持较高的炉内干法脱硫的效率，床温通常控制在 $850\sim950℃$ 的范围内，NH_3 能与 NO_x 进行还原温度的区域较小，同样导致硝硫效率较低。

通常 SNCR 的脱硝效率根据炉型和温度控制水平，约为 50%，煤粉炉仅靠 SNCR 仍然难以使 NO_x 达标排放，需要与其他低 NO_x 技术联合应用才能使 NO_x 排放达到环保标准。由于对污染物排放浓度标准提高，允许的 NO_x 排放浓度更低，为了达标排放，很多电厂同时采用低氮燃烧技术、SNCR 脱硝技术和 SCR 脱硝技术。

36. 为什么 SNCR 脱硝法喷入的是氨水或尿素的水溶液，而 SCR 脱硝法喷入的是气态氨？

答：由于烟气中 NO_x 浓度和脱硝剂 NH_3 消耗量均很低，NO_x 和 NH_3 在炉内停留的时间很短，而脱硝反应需要一定时间，所以，NO_x 和 NH_3 充分、均匀地混合非常重要。

SNCR 脱硝法系统和设备简单，没有混合器和喷氨格栅使 NO_x 与 NH_3 充分混合的设备和措施，采用喷入氨水或尿素水溶液方法因液体的密度很大，其动能较大，易于深入烟气内部，与烟气充分混合。SNCR 脱硝法因没有催化剂，反应温度高达 $920\sim1100℃$，氨水雾化后喷入高温烟气中，即使烟温略有下降也在反应温度范围内，在高温烟气混合加热下很快蒸发或热解释放出氨气，与 NO_x 混合进行反应。所以，SNCR 脱硝法不需要复杂的混合设备和措施，仅喷入雾化后的含氨液体即可实现 NH_3 与 NO_x 较充分混合和反应的目的。

SCR 脱硝法因采用了催化剂，将 NH_3 与 NO_x 的反应温度降低到 $280\sim420℃$ 的温度范围内。因为省煤器后的烟温正好在该温度范围内，所以，装有催化剂的反应器布置在省煤器和空气预热器之间。如果 SCR 脱硝法采用喷入含氨的液体，一方面因烟温较低，将液体蒸发或热解所需的时间较长而留给 NH_3 与 NO_x 反应的时间缩短；另一方面加热蒸发或热解含氨液体后烟温下降到接近甚至低于反应温度范围的下限，因反应不充分而导致氨水或尿素消耗量增加，氨逃逸量上升。

因此，SCR 脱硝法不采用喷入含氨的液体，而喷入吸热量很低、烟温下降很少的氨气，SCR 脱硝法必须要设置混合器和喷氨格栅使 NH_3 与 NO_x 充分混合。

37. 什么情况下煤粉炉可以单独采用 SNCR 法脱硝？

答：因煤粉炉采用高温燃烧，不但有燃料型 NO_x，还有热力型 NO_x，NO_x 的排放浓度很高，超过 $1000mg/m^3$（标准状态）。通常要采用低氮燃烧器或低氮燃烧技术，并采用 SCR 法脱硝才能使 NO_x 浓度达标排放。

因 SCR 法脱硝系统复杂，需要催化剂，并设置反应器和各种混合器，不但占地较大，设备投资和运行费用较高，而且对运行操作水平要求较高。

同时具备以下几个条件的煤粉炉，可以采用系统简单，不需要催化剂、反应器、混合器，占地较小，设备投资和运行费用较低的 SNCR 法脱硝。

（1）2003 年 12 月 31 日前建成投产或通过建设项目环境影响报告书审批的火力发电锅

炉。该类锅炉的 NO_x 排放浓度限值为 $200mg/m^3$，而之后锅炉的 NO_x 排放浓度限值为 $100mg/m^3$。

（2）采用低氮燃烧器或低氮燃烧技术使 NO_x 排放浓度明显下降。

（3）有条件燃用低氮燃煤，并采用较低过量空气系数，NO_x 排放浓度较低的。

（4）设备较完善，运行操作水平较高，脱硝效率较高，采用 SNCR 法脱硝可以使 NO_x 浓度达标排放的。

38. 为什么煤粉炉的 SNCR 脱硝技术的喷枪要设置自动伸缩装置？

答：循环流化床锅炉采用 SNCR 脱硝技术时，脱硝液的雾化喷枪通常全部装在高温物料分离器入口的烟道上。因为循环流化床锅炉各部位的温度相差较小、较均匀，喷枪在工作时因有脱硝液和压缩空气的冷却而不会过热烧坏，所以不需要设置喷枪自动伸缩装置。

煤粉炉不但同一负荷下各部位的温度相差较大，而且锅炉负荷变化时同一部位的烟温也变化较大。SNCR 脱硝技术 NH_3 与 NO_x 的反应温度较高，适宜反应的温度范围较窄，为了使负荷变化时，将在适宜反应温度范围内的喷枪投入，而将不在适宜反应温度范围内的喷枪解列，通常在锅炉不同部位安装较多喷枪，见图 13-10。

为了使不在适宜反应温度范围内解列的喷枪，因没有脱硝液和压缩空气冷却而烧坏，应设置自动伸缩装置，见图 13-11。

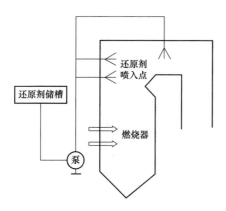

图 13-10　SNCR 工艺原理示意图

图 13-11　自动伸缩喷枪安装实例

39. 为什么采用 SNCR 脱硝技术时，脱硝剂液体需要雾化后喷入烟气中？

答：采用 SNCR 脱硝技术时，脱硝剂通常为氨水或尿素的水溶液。必须使氨水气化和尿素水溶液气化并热解释放出 NH_3 才能与 NO_x 反应将其脱除，气化和热解均需要热量，其热量来自烟气对脱硝液的加热。

采用 SNCR 脱硝技术既没有催化剂和反应器，也没有混合器和喷氨格栅，反应温度较高且反应温度范围较窄，适宜反应的区间较小，脱硝剂与 NO_x 的混合条件较差，同时，脱硝反应需一定的时间。

将氨水或尿素水溶液雾化后喷入烟气中，因雾化后的液滴粒径很小，其表面积很大，有利于烟气在很短的时间内将液滴温度迅速升高和气化热解释放出氨气，留给 NH_3 与 NO_x 混合和反应时间增加，提高在适宜反应区间内的反应率，达到提高脱硝效率和降低氨逃逸率的目的。

SNCR 脱硝采用的喷枪与喷嘴见图 13-12、图 13-13。

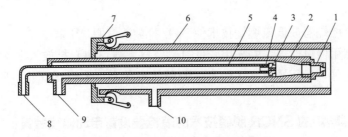

图 13-12　某种空气双雾化喷枪

1—扇形空气雾化喷嘴；2—压缩空气管道；3—旋流片；4—机械锥形雾化喷嘴；5—还原剂溶液管道；
6—保护套管；7—快接法兰；8—还原剂溶液入口；9—压缩空气入口；10—吹灰冷却空气入口

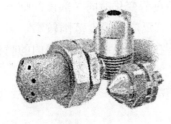

图 13-13　墙式喷枪与喷嘴

40. 为什么循环流化床锅炉 NO$_x$ 排放浓度较低?

答：循环流化床锅炉 NO$_x$ 排放浓度较低主要有以下两个原因：

（1）由于循环流化床锅炉采用低温燃烧，炉膛温度仅为 850～950℃，几乎没有热力型 NO$_x$，主要是燃料型 NO$_x$。

（2）循环流化床锅炉采用空气分级燃烧，煤加入密相区，但进入密相区的一次风量仅约占全部风量的 50%，密相区的燃料在过量空气系数小于 1、空气不足的工况下不完全燃烧，有较多的焦炭粒和 CO，是还原性气氛，不但能抑制 NO$_x$ 的产生，而且可以部分还原已经产生的燃料性 NO$_x$。虽然二次风送入稀相区，使其过量空气系数达到约 1.25，但因可燃物含氮量较少，温度较低，产生的 NO$_x$ 较少。

循环流化床锅炉 NO$_x$ 排放浓度通常为 200～300mg/m³（标准状态），远低于煤粉炉，也是其优点之一。如果再采取烟气再循环技术，抽取引风机出口一部分烟气至一次风机入口，NO$_x$ 的排放浓度可进一步降低。

41. 为什么循环流化床锅炉采用 SNCR 脱硝技术较合理?

答：由于循环流化床锅炉采用低温燃烧和空气分级燃烧，其 NO$_x$ 排放浓度仅为 200～300mg/m³（标准状态），距 NO$_x$ 达标排放标准相差较小，脱硝负担不重。

SNCR 脱硝技术因为没有催化剂，所需要的脱硝反应温度较高为 920～1100℃，而循环流化床锅炉烟气温度为 850～950℃，正好在脱硝反应的温度范围之内。虽然 SNCR 因系统简单、设备少，没有充分完善的 NH$_3$ 与烟气混合措施，但因为从物料分离器入口烟道垂直喷入氨水或尿素水溶液，烟速很高，混合较充分，而且在物料分离器内高速旋转，不但进一步强化了混合提高了混合效果，而且物料分离器内温度较高延长了脱硝反应的时间，所以有利于提高脱硝效率。

循环流化床锅炉采用 SNCR 脱硝技术在系统简单、操作容易、没有催化剂不用脱硝反应器、通风阻力小、投资和运行费很低的情况下，可获得约 50% 的脱硝效率，可以实现

NO_x 的达标排放。如果再采取烟气再循环措施，抽取部分引风机出口排烟作为一部分一次风，可以进一步降低 NO_x 的排放浓度。

因此，循环流化床锅炉，应优先采用 SNCR 脱硝技术是合理的。

42. 为什么循环流化床锅炉采用烟气再循环措施可以降低 NO_x 排放浓度？

答：循环流化床锅炉一次风的作用是使布风板上的物料流化和为密相区可燃物燃烧提供约 50% 的空气。

无论是燃料型 NO_x 还是热力型 NO_x，均是燃料中的 N 和空气中的 N_2 与 O_2 氧化反应的产物。降低过量空气系数之所以可以减少燃料中含氮量生成 NO_x 的转化率，是因为氧量减少不但可以抑制 NO_x 的产生，而且不完全燃烧产物 CO 和焦炭形成的还原性气氛可以将已生成的 NO_x 部分还原，从而减少了燃料氮生成 NO_x 的转化率。

虽然循环流化床锅炉采用低温燃烧，基本没有热力型 NO_x，只有燃料型 NO_x，降低过量空气系数可以非常显著地减少燃料中的氮生成 NO_x 的转化率，但是一次风率受必须使布风板上物料流化的制约，降低幅度有限。从引风机出口抽取部分烟气至一次风机入口，因为烟气中的氧含量远低于空气中的氧含量，所以在一次风率不降低确保布风板上物料正常流化的情况下，显著降低了过量空气系数，从而达到进一步降低循环流化床锅炉 NO_x 排放浓度的目的。

43. 为什么循环流化床锅炉采用 SNCR 脱硝技术时，脱硝剂液体从物料分离器入口烟道处喷入？

答：与烟气量相比，NO_x 与脱硝剂的数量均很少，为了提高脱硝效率和降低氨逃逸率，必须使 NO_x 与脱硝剂充分、均匀地混合。

由于 SNCR 脱硝技术没有采用催化剂，NO_x 与 NH_3 的所需反应温度较高，其范围为 $920 \sim 1100℃$。

从物料分离器入口烟道喷入脱硝剂，因烟道较窄，脱硝剂液体易深入到烟气中，烟速较高和烟气流动方向与脱硝剂液体喷入方向垂直，有利有 NO_x 与脱硝剂充分、均匀地混合。循环流化床锅炉属于低温燃烧，焦炭的颗粒较大，焦炭在稀相区仍有较大的燃烧份额，焦炭在物料分离器内虽然燃烧份额较少，但物料分离器有较厚的防磨层和保温层，散热损失不大，烟气在物料分离器内可保持较高温度。由于物料分离器入口和其内部烟气温度与密相区温度接近，可以满足 SNCR 脱硝技术对 NO_x 与 NH_3 反应温度的要求，所以，循环流化锅炉采用 SNCR 脱硝技术时，脱硝剂从物料分离器入口烟道喷入。

44. 为什么 SNCR 法脱硝氨水的最佳反应温度低于尿素，而脱硝效率高于尿素？

答：由于氨水不存在结晶和需要热解的问题，氨水的含氨量较高，水含量较少，喷入烟气中蒸发吸收的热量较少，其喷入烟气中很快蒸发释放出 NH_3。虽然 SNCR 法脱硝反应的温度范围为 $920 \sim 1100℃$，但处于下限温度或上限温度，脱硝效率均较低，效率最高的温度约在 $950℃$ 附近。

SNCR 法脱硝反应需要一定时间，氨水喷入与烟气混合、蒸发、释放 NH_3 所需的热量和时间较少，烟温较高，留给 NH_3 与 NO_x 反应的时间较多，因此，最佳反应温度较低脱硝效率较高。

由于尿素的水溶液存在结晶和需要热解问题，水溶液尿素的含量较低，水含量较高，喷

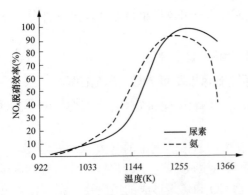

图 13-14　尿素与氨水脱硝温度与效率的对比

入后溶液的蒸发和热解需要的热量较多，为了缩短蒸发和热解的时间，需要的烟温较高。虽然烟温较高，因为尿素水溶液蒸发和热解所需的时间仍然比氨水多，留给 NH_3 与 NO_x 反应的时间较少，所以，尿素最佳的烟气反应温度较高，脱硝效率较氨水低。

尿素与氨水脱硝温度与效率的对比见图 13-14。

45. SCR 和 SNCR 脱硝技术所需的还原剂 NH_3 有哪几种来源？

答：SCR 和 SNCR 是目前采用最多的烟气脱硝技术，两者均采用氨气作为还原剂。还原剂氨气的来源有以下三种。

（1）液氨。通过对液氨进行加热，使其气化获得氨气。优点是由于工业液氨的含氨量不小于 99.6%，液氨的密度较大，体积较小，其运输成本较低；液氨加热气化所需的设备投资较少，运行费用较低。缺点是储运的液氨罐压力较高，储运和使用存在安全隐患，对检修维护和运行操作要求较高。

（2）氨水。氨溶于水中成为氨水，脱硝用的氨水浓度约为 20%。优点是由于储运的氨水罐是常压，其安全性比液氨好。缺点是因为氨水的含氨量比液氨小得多，氨水具有较强的腐蚀性，储运氨水的设备体积很大，运输成本较高，加热氨水获得氨气所需的热量较多，导致运行费用较高。

（3）尿素。尿素通常为白色或浅黄色的结晶体，吸湿性较强，易溶于水，其水溶液为中性。优点是尿素是无毒无害的固体，储存、运输和使用过程中的安全性好，运输成本较低。缺点是尿素价格较高，制取氨气的系统较复杂，设备投资较高，导致运行成本较高。

目前我国 SCR 和 SNCR 脱硝技术所需的还原剂氨气的原料主要是液氨。对于在生产过程中有废氨水产生的化工厂来讲，采用氨水作为脱硝剂是合理选择。

46. 为什么 SNCR 要与其他低 NO_x 燃烧技术联合运用使 NO_x 达标排放？

答：虽然 SCR 的脱硝效率较高，但由于其设备投资和运行费用较高，使其应用受到一定限制。

SNCR 具有设备投资和运行费用低的优点，但由于其脱硝效率仅为 50% 左右，单独使用 SNCR 难以使 NO_x 达标排放。因此，SNCR 与其他低 NO_x 燃烧技术联合运用，使 NO_x 达标排放成为合理的选择。

SNCR 与低 NO_x 燃烧技术联合应用，可以在设备投资和运行成本仅为 SCR 1/2 的情况下达到 SCR 的脱硝效率。

47. 为什么煤粉炉采用 SNCR 脱硝技术要在炉中不同部位安装较多喷嘴？

答：由于 SNCR 脱硝技术没有采用催化剂，NH_3 和 NO_x 反应所需的活化能较高，只有当烟气温度在 920～1100℃ 才是 NH_3 和 NO_x 反应的最佳温度范围。当烟气温度低于 850℃ 时，NH_3 与 NO_x 反应不完全使得 NH_3 大量逃逸，不但脱硝效率下降，而且 NH_3 是有毒有害气体，导致对环境产生新的污染。当烟温超过 1100℃ 时，NH_3 会被氧化成 NO，反而使 NO_x 排放浓度上升，其氧化反应为

$$4NH_3+5O_2 =\!=\!= 4NO+6H_2O$$

由于 NH_3 与 NO_x 反应的最佳温度范围较窄，而煤粉炉不但炉膛温度梯度较大，而且各处烟气温度随着负荷和燃料品种的改变而改变，最佳反应温度区域也会随之变化。在锅炉中安装较多喷嘴，就可以根据负荷和燃料品种的变化，将处于最佳温度范围区域的喷嘴投入工作，而将不处于最佳温度范围区域内的喷嘴退出运行，达到提高脱硝效率，降低 NH_3 逃逸量的目的。

因此，SNCR 脱硝技术在煤粉锅炉不同部位安装较多喷嘴，见图 13-10。

48. 为什么煤粉炉同时采用 SNCR 和 SCR 脱硝法较好？

答：随着经济总量的增加，以煤为主的能源消耗量也随之上升，环境容量越来越小，为了保护环境，提高空气质量，只有提高 NO_x 浓度排放标准，不断降低 NO_x 的排放浓度。

煤粉炉采用高温燃烧，不但有燃料型的 NO_x，还有热力型的 NO_x，虽然采用了低氮燃烧器和低氮燃烧技术，其 NO_x 排放浓度仍然远高于采用低温燃烧的循环流化床锅炉。

由于 SCR 脱硝的效率仅约为 80%，所以仅靠 SCR 法脱硝难以满足日益提高的 NO_x 允许排放浓度监管要求。因为 SNCR 脱硝的设备投资和运行费用较低，操作简单，虽然脱硝效率较低，仅约为 50%，所以 SNCR 和 SCR 法脱硝同时采用可以满足 NO_x 排放日趋严格的标准。虽然 SNCR 法脱硝因为没有催化剂、反应器和各种混合措施，氨逃逸率较高，但是将 SNCR 脱硝系统布置在 SCR 脱硝系统的上游，SNCR 系统逃逸的 NH_3 可以在 SCR 脱硝系统中得到利用，所以其逃逸高的缺点得以避免。

因此，目前很多煤粉炉同时采用 SNCR 和 SCR 法脱硝是较好的选择。

49. 什么是脱硝温度窗口？

答：当采用 SNCR 工艺时，因为没有催化剂，NH_3 与 NO_x 的反应温度较高，在 $920\sim1100℃$ 范围内。

当烟气温度低于 $920℃$ 时，NH_3 与 NO_x 的反应速度较慢，在炉内很短的停留时间难以完全反应，不但脱硝效率低，而且造成较多 NH_3 的逃逸，导致 NH_3 对环境新的污染。当烟气温度超过 $1100℃$ 时，NH_3 会被氧化生成 NO_x，反应式为

$$4NH_3+5O_2 =\!=\!= 4NO+6H_2O$$

使得 NO_x 排放浓度上升。

由于 SNCR 工艺不但要求烟气温度较高，而且最佳的反应温度范围较窄。为了获得较高的脱硝效率，降低 NH_3 的消耗量和逃逸量，减轻对环境的污染，应将 NH_3 喷入烟气最佳温度范围的区域，该最佳温度范围称为 SNCR 工艺的温度窗口。

第四节 脱 硝 催 化 剂

50. 为什么 SCR 要采用催化剂？

答：烟气中的 NO_x，95% 是 NO，如果没有催化剂，采用 NH_3 将 NO 还原成 N_2 和 H_2O 的还原反应式为

$$4NH_3+4NO+O_2 \longrightarrow 4N_2+6H_2O$$

不但上述反应的温度高达 $980℃$ 左右，而且反应温度的范围较窄，煤粉炉只有在锅炉炉

腔上部少部分区域可以满足反应温度的要求。不但由于 NO_x 和 NH_3 在该区域停留反应的时间较短，而且锅炉负荷变化时，满足反应温度要求的区域会发生变化，为了满足反应温度的要求，要在炉膛不同高度安装多个氨喷嘴，锅炉负荷变化时要根据炉膛温度的变化投入不同高度的氨气喷嘴，操作较麻烦，而且因反应速度较慢，反应时间较短而使脱硝效率较低，NH_3 消耗量较大。

在有催化剂的情况下，不但上述还原反应温度大大降低，而且反应温度的范围较大，在 $280 \sim 420℃$ 范围还原反应均可正常进行。锅炉省煤器和空气预热器之间的温度就在上述温度范围内，即使锅炉负荷变化，进入反应器的烟气温度变化也在反应温度的范围内，简化了脱硝系统和操作。

由于催化剂可以加快还原反应的速度和催化剂的体积及表面积均较大，NO_x 和 NH_3 在反应器内的反应速度较快和反应的时间较长，可以明显提高脱硝效率，降低 NH_3 的消耗量，在 NH_3/NO_x 摩尔比为 1.1 的情况下脱硝效率可以超过 80%。没有采用催化剂的 SNCR 脱硝效率仅约为 50%。

51. 催化剂如何分类？

答：SCR 催化剂分类有以下三种。

（1）按催化剂的工作温度，分为高温催化剂，工作温度大于 $400℃$；中温催化剂，工作温度为 $300 \sim 400℃$；低温催化剂，工作温度小于 $300℃$。

（2）按催化剂的结构，分为蜂窝式催化剂和板式催化剂。两种催化剂的主要成分和催化反应的机理相同，只是外观结构不同。因蜂窝式催化剂单位体积有更大的表面积，而采用更广泛。

（3）按催化剂载体材料，分为金属载体催化剂和陶瓷载体催化剂。由于陶瓷载体催化剂密度较小、经久耐用和价格较低，所以其应用广泛。

52. SCR 脱硝技术催化剂有哪些主要成分？各成分有什么作用？

答：SCR 脱硝技术催化剂中的主要成分有五氧化二钒（V_2O_5）、二氧化钛（TiO_2）、三氧化钨（WO_3）、三氧化钼（MoO_3）及其他添加剂。

V_2O_5 是催化剂中的主要活性物质，其作用是缩短反应时间，加快反应速度。不同制造厂生产的催化剂含有的 V_2O_5 比例不同，通常其质量比例不超过 1%。V_2O_5 也会使 SO_2 转化为 SO_3，起到催化作用，使转化率提高，因为 SO_3 比例增加会使烟气露点升高，所以导致尾部受热面（主要是空气预热器）腐蚀加剧。

TiO_2 是催化剂的载体，能起到使主要活性物质 V_2O_5 在催化剂中均匀分布的作用，在催化反应中有较好的活性，同时，含有 TiO_2 的催化剂具有良好的抗硫中毒的能力。

WO_3 的主要作用是提高催化剂的活性和热稳定性，WO_3 可以提高催化剂在高温下对水的稳定性，WO_3 还可以抑制 SO_2 转化为 SO_3。MoO_3 可以提高催化剂的活性和防止烟气中砷（As）导致催化剂中毒。大多数煤均含有砷，烟气中的气态砷主要是 As_2O_3。

加入硅基颗粒添加剂用来提高催化剂的机械强度，避免催化剂在运输安装和使用过程中破损。

53. 什么是催化剂的活性？

答：催化剂的主要作用是加快反应物的反应速度，催化剂的活性越高，反应物的反应速度越快。因此，催化剂影响反应物反应速度的程度，称为催化剂的活性。

对于脱硝催化剂，采用给定温度下完成反应物的转化率来表达，反应物的转化率越高，催化剂的活性越高。

也可以用完成反应物给定的转化率所需的温度来表达，所需的温度越低，催化剂的活性越高。

54. 为什么 SCR 脱硝技术催化剂要制成板状或蜂窝状？

答：由于 SCR 脱硝技术的反应物 NO_x 和 NH_3 均是气相，而催化剂是固相，其催化作用属于多相催化作用。

在多相催化反应中，因为催化反应是在催化剂表面完成的，所以反应物首先接触催化剂产生化学吸附。化学吸附的结果是反应物分子的化学键松弛，因反应容易进行而使得反应时间缩短反应速度加快，达到了催化剂缩短反应时间和加快反应速度的目的。

将催化剂制成板状或蜂窝状可以增大单位体积催化剂的表面积，NO_x 和 NH_3 可以更容易、更多机会接触催化剂，实现化学吸附，使其化学键松弛，缩短反应时间、加快反应速度，达到提高脱硝效率、降低脱硝剂消耗量和逃逸率的目的。

由于蜂窝式催化剂单位体积的表面积比板式催化剂更大，所以，蜂窝式催化剂采用率超过了 70%。板式催化剂和蜂窝式催化剂见图 13-15。

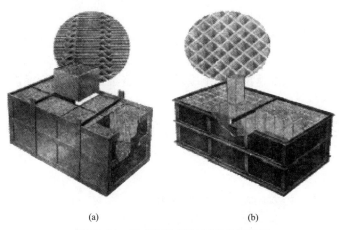

(a)   (b)

图 13-15　板式催化剂和蜂窝式催化剂

（a）板式催化剂；（b）蜂窝式催化剂

55. 什么是催化剂的选择性？

答：催化剂的选择性是指消耗的反应物转化成目标产物的比例。对于脱硝催化剂来讲，消耗的反应物是脱硝剂 NH_3，转化成的目标产物是 N_2 和 H_2O，NH_3 转化成 N_2 和 H_2O 的比例越高，催化剂的选择性越好。

因为选择性不但影响脱硝剂 NH_3 的消耗量，而且还影响到不希望发生的反应和产生的危害。例如，如果脱硝催化剂选择性不高，催化剂不但将 NO_x 还原成 N_2 和 H_2O，还将 SO_2 氧化成 SO_3。SO_3 增加，不但使烟气露点上升，导致空气预热器腐蚀和积灰加剧，而且 SO_3 与 NH_3 反应生成铵盐，导致催化剂中毒和堵塞以及空气预热器积灰和腐蚀。

因此，催化剂的选择性是非常重要的性能指标。脱硝催化剂的选择性通常要求 SO_2 转化为 SO_3 的比例不超过 1%。

56. 什么是催化剂的比表面积和有效表面积？

答：单位质量粉末颗粒所具有的总表面积称为比表面积。

催化剂内表面积蕴藏在孔内，如果是细长孔，由于反应物气体具有一定黏度会阻碍反应物分子向孔内深处扩散，所以影响反应进行，这时虽然催化剂的总表面积很大，但不是所有表面积都能起到催化作用，只有一部分表面积起到催化作用。因此，将能对反应物反应起到催化作用的表面积称为有效表面积。

57. 什么是催化剂的失活？

答：因各种不同因素的影响而使催化剂失去活性，导致脱硝系统脱硝效率下降，称为催化剂的失活。催化剂的失活分为物理失活和化学失活。

物理失活通常是指烟气温度超过催化剂上限工作温度较多，导致其高温烧结；飞灰对催化剂的磨损；飞灰造成催化剂烟气通道堵塞三种情况。其中，催化剂烧结导致的活性下降是不可恢复的。因此，SCR 系统运行时要严格控制烟气温度，烟气温度超出设计范围要及时停止脱硝系统运行。

化学失活是指碱金属和重金属造成的催化剂中毒。碱金属化合物的碱性高于 NH_3，碱金属会直接代替 NH_3 吸附在催化剂活性位上，使催化剂活性位丧失。飞灰中的 CaO 沉积在催化剂的表面会与烟气中的 SO_3 发生反应，生成 $CaSO_4$，$CaSO_4$ 的体积较 CaO 大，会堵塞催化剂的微孔，导致催化剂的活性下降。

由于催化剂的物理失活和化学失活是难以完全避免的，因此，催化剂的使用寿命通常为3 年。脱硝系统安装吹灰器，及时清除催化剂表面的积灰，防止催化剂通道堵塞，使烟气温度在设计范围内，当烟气温度超出设计范围时及时停止脱硝系统运行等措施可延长催化剂的使用寿命。

58. 什么是 SCR 催化剂的 2+1 和 3+1 布置方案？

答：SCR 脱硝是在省煤器与空气预热器之间的脱硝塔内进行的，脱硝所需的催化剂分层安装在脱硝塔内，见图 13-16。

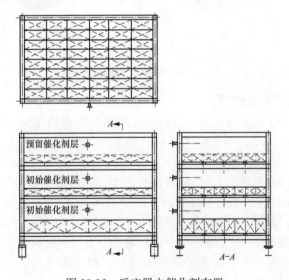

图 13-16　反应器内催化剂布置

如果脱硝塔分3层，安装后投产时仅2层安装有催化剂，1层空置不安装催化剂作为备用，当运行一段时间因各种原因而导致催化剂活性降低，脱硝效率降至设计效率80％时，将新的催化剂安装在备用层，以提高脱硝效率。当进行一段时间后脱硝效率又逐渐至设计效率的80％时，将新的或再生后的催化剂替换运行时间较长的催化剂，以重新提高脱硝效率，该种催化剂的布置方案称为2+1方案。

以此类推，如果脱硝塔分4层，安装后投产时仅3层安装有催化剂，1层空置不安装催化剂作为备用，称为3+1方案。

59. 什么是催化剂的热再生和热还原再生？

答：热再生是指在有惰性气体 N_2 的条件下，以一定的速度逐渐提高催化剂的温度，使附着于催化剂表面的可在较低温度下分解的物质分解，使催化剂活性得到恢复的一种常用再生方法。当催化剂的失活主要是铵盐将其表面覆盖和堵塞的情况下，催化剂采用热再生效果较好。

热还原再生是指在有惰性气体 N_2 的条件下，再添加一定量的还原性气体 NH_3，在高温条件对失去活性的催化剂进行再生，还原性气体还原催化剂表面的高价硫，使催化剂实现脱硫再生。

60. 为什么催化剂再生清洗时应采用除盐水？

答：由于 SCR 脱硝技术通常采用高温高灰布置方式，催化剂表面容易积灰。虽然每层催化剂均安装了吹灰器，但只能将催化剂表面粒径较大的浮灰清除，沉积在催化剂表面的硬灰和孔隙内粒径很小的飞灰难以通过吹灰的方式清除。采用水对催化剂清洗可以获得较好的清洗效果。

催化剂积灰的主要成分是 Na、K、Ca 和 Mg 的硫酸盐、碳酸盐和硅酸盐。虽然钠和钾的盐易溶于水，但钙和镁的盐难溶于水，除盐水是深度除去各种盐的水，采用除盐水清洗有利于提高催化剂的清洗效果。

工业水中各种杂质和离子含量较高，催化剂具有多孔结构，用工业水清洗催化剂后，催化剂含有较多工业水，在催化剂投用前的烘干过程中，工业水中的各种杂质和离子沉积在催化剂表面，会降低催化剂的活性。因此，不应采用工业水清洗催化剂。

虽然除盐水的成本明显高于工业水，但与昂贵的脱硝催化剂和运行成本相比，采用除盐水清洗催化剂增加的成本是很少的。

61. 为什么催化剂要采用超声波清洗？

答：虽然催化剂采用除盐水浸泡和冲洗较吹灰恢复其活性效果好，但简单的冲洗恢复催化剂活性的效果仍不理想。

由于浸泡和冲洗只能将沉积在催化剂表面的灰清除，而很难将细颗粒飞灰从催化剂通道和孔隙中冲洗出来。细颗粒飞灰紧密地贴附在孔隙壁上，简单的浸泡和冲洗的方法难以将在水中溶解度很低的钙盐、镁盐和硅酸盐清除，其效果较差。

超声波清洗是利用超声波在液体中不断产生大量微小气泡产生空化效应和气泡破裂时形成的瞬间高压，对周围形成巨大的冲击，使催化剂表面和孔隙中的积灰层被分散、乳化，最终剥离从而达到彻底清洗的目的。

采用超声波清洗机对催化剂进行超声波清洗。超声波清洗机主要由超声波信号发生器换能器和清洗槽组成。

62. 为什么催化剂清洗再生后要经过干燥才能投入使用？

答：催化剂失活后通常采用除盐水清洗再生和稀硫酸浸泡再生。再生后的催化剂含有较多水分。

由于我国 SCR 脱硝技术大多采用高温高灰的布置方式，脱硝塔布置在省煤器和空气预热器之间，所以烟气温度较高。为了防止再生后的催化剂直接使用，烟气中的飞灰黏附在含水量较高的催化剂上，使其活性降低和水分快速蒸发，导致催化剂破裂，应采用约 120℃ 的热空气对再生后的催化剂进行干燥。

第五节　氨区及氨系统

63. 为什么氨区系统要采用露天布置？

答：由于氨区系统各设备和管道均有一定压力和有多个动态静态密封点，因垫片老化、检修质量不良或操作不当等因素而引起氨气泄漏是难以完全避免的。

氨气是有强烈刺激气味的有毒气体，氨气在空中达到一定浓度具有爆炸危险。氨气系统采用露天布置可以使泄漏的氨气被周围流动的空气稀释，降低空气中氨气的浓度，减轻泄漏的氨气对运行人员的危害和防止氨气达到爆炸的浓度。

为了防止夏季阳光照射下液氨罐温度上升导致压力升高，液氨罐上部应安装遮阳棚和喷淋冷却水系统。

64. 液氨储罐为什么要设淋水装置？

答：通常液氨储罐的上部要留有不少于罐体容积 10％ 的氨气化空间。温度越高，液氨气化的数量越多，对应的氨气压力越高。为了防止夏季气温高时液氨蒸发量增加，导致氨气压力升高危及液氨储罐的安全，除罐体上部装有安全阀外，罐体还安装有喷淋装置。由于水温通常低于气温，同时，喷淋水的蒸发吸收的汽化潜热使得液氨温度降低，从而达到防止液氨储罐超压和安全阀动作的目的。

当液氨罐发生泄漏，氨浓度超标，报警装置发出报警信号时，自动淋水装置启动，及时吸收氨气，降低氨气在空气中的浓度，达到防止爆炸和减轻氨气对环境和操作人员造成危害的目的。

65. 为什么要在氨系统周边安装氨气泄漏检测器？

答：SCR 和 SNCR 脱硝技术均采用氨作为脱硝剂。氨气是有毒、有害、易燃、易爆气体，氨系统有较多的静态和动态密封点，具有一定压力的氨系统在运行中存在氨气泄漏的可能性，因此，为了人身和设备的安全要在氨系统周边安装氨气泄漏检测器。

氨气泄漏检测器可以实时显示所在地空气中的氨气浓度，并具有氨气浓度超过预先设定值的报警功能。当氨气泄漏检测器所在地氨气浓度超标时会在机组控制室发出报警信号，运行人员要立即到现场查明氨气泄漏的原因，采取必要的措施予以消除；如果泄漏较大，难以消除，应停止氨系统运行，以防止事故发生。

66. 处理氨气泄漏事故要采取哪些安全措施？

答：由于氨系统具有一定压力及较多的动密封点和静密封点，所以氨系统运行时存在氨气泄漏的可能性。

氨气是一种无色，但有强烈刺激性气味的有毒、有害气体。当空气中氨气浓度较低时，对人体的呼吸道、眼黏膜、皮肤等部位均有腐蚀作用；浓度较高时，有可能造成人体组织溶解性坏死，严重时会引起死亡。氨气在空气中的浓度达到一定范围具有爆炸性。在工作区域中，氨的最大允许浓度为 $30mg/m^3$。

由于氨气是无色的，因此，主要靠嗅觉和氨气泄漏检测器发现氨气泄漏。一旦发生氨气泄漏，运行人员应迅速佩戴个人防护面具，穿好防护衣裤赶到现场查找泄漏点，在泄漏无法消除时应切断氨气来源，及时疏散附近的人员到上风处，并建立隔离区，竖立警告牌；进行通风，降低氨气浓度和加强氨气的扩散速度；迅速开启事故喷淋系统吸收氨气，降低氨气浓度；切断附近火源，禁止电器设备操作以防止爆炸事故发生；如果泄漏区氨气的浓度很高，应在上风处喷淋含有盐酸的雾状水进行吸收和中和，以迅速降低氨气的浓度。

67. 什么是液氨自然气化系统？

答：液氨罐下部储存的是液氨，上部是气氨，液氨气化成氨气需要吸收气化潜热。吸收周围空气中的热量通过液氨罐壁对液氨进行加热使其气化的系统称为液氨自然气化系统。液氨自然气化系统的气氨从液氨罐上部引出，通过调节阀直接与氨气缓冲罐连接。

由于液氨罐外表面积较小，环境空气温度与液氨罐壁温差不大，不但因吸收的热量不多，液氨自然气化产生的气氨较少，而且一年四季和一天中气温变化时氨气产量变化较大，因此，液氨自然气化系统虽然省去了气化器和气化所需的蒸汽，只适用于南方一年四季气温较高和氨气用量较少的地区采用。冬季气温较低和氨气用量较大的地区不宜采用。

68. 什么是液氨强制气化系统？

答：利用液氨罐内自身的压力，将液氨从下部引出，采用蒸汽经气化器对液氨进行加热，使其气化的系统，称为液氨强制气化系统。

液氨强制气化系统分为自压强制气化系统和加压强制气化系统两种。一年四季气温较高的南方地区，环境空气对液氨罐的加热可以使液氨罐保持较高压力时，可采用自压强制气化系统，利用液氨罐内自身的压力，将液氨从罐体下部压出输送至气化器，用蒸汽加热使之气化，见图 13-17。对于冬季气温较低，空气不能对氨罐进行加热或加热量很少使氨罐保持一定压力的北方地区，可以采用加压强制气化系统，设置液氨泵从罐体下部抽取液氨升压后进入气化器，用蒸汽加热使液氨气化，见图 13-18。

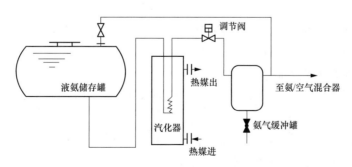

图 13-17　自压强制汽化原理示意

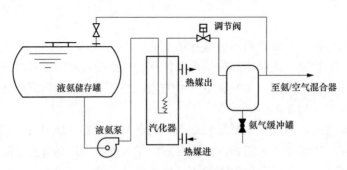

图 13-18　加压强制汽化原理示意

液氨强制气化系统，氨气化量大且可以调节，适宜氨气用量大和需要调节氨气用量的系统采用。自压强制气化系统和加压强制气化系统基本相同，唯一的区别是前者没有液氨泵，后者有液氨泵。

69. 氨气缓冲罐有什么作用？

答：液氨蒸发器产生的氨气数量受到加热水温的影响，而水温受到加热蒸汽压力和温度的影响。氨气的消耗量随着 NO_x 数量增加而上升，NO_x 的产生的数量与燃料含氮量和锅炉负荷有关。

为了使脱硝系统平稳运行，要求氨气压力尽量稳定，而氨气的产生量和消耗量受到各种因素的影响在不断变化中，因此，安装氨气缓冲罐就可以起到缓冲氨气压力波动的作用。当氨气产量大于氨气消耗量时，多余的氨气就以氨气罐压力上升的方式储存起来；反之，当氨气产量小于氨气消耗量时，通过缓冲罐压力下降的方式补充氨气产量的不足。

由于氨气罐的容积较大，氨气产量和耗量不平衡引起的氨气缓冲罐压力波动较小，达到了缓和氨气压力波动，保持其稳定作用的目的。

70. 什么情况下需要安装液氨泵？

答：由于液氨的气化温度较低，当环境高于−15℃时，利用液氨罐吸收空气的热量气化形成的压力足以将液氨压入蒸发器，所以，在冬季最低气温高于−15℃的南方地区可以不安装液氨泵。

对于冬季最低气温低于−15℃的北方寒冷地区，由于液氨罐通常是露天或半露天布置，液氨温度较低，为了防止液氨气化产生的压力较低，无法向蒸发器正常供应液氨的情况发生，需要安装液氨泵。

对于冬季最低气温度低于−15℃的天数较少、液氨泵使用次数不多时，可以不设备用液氨泵；反之，液氨泵使用次数较多时，应设置备用液氨泵。

71. 液氨蒸发器有什么作用？

答：液氨罐的液氨是从罐的下部以液态氨的状态流出的，而进入 SCR 反应器的是氨气。由于液氨的温度较低和液氨气化成气氨要吸收较多的热量，虽然稀释空气经过加热温度较高，但是仅靠稀释空气的热量难以使液氨全部气化成气氨。

因此，必须要安装液氨蒸发器，将来自液氨储罐的液氨蒸发为气氨。采用较多的是螺旋管式液氨蒸发槽，螺旋管内是液氨，螺旋管浸入温水中，蒸汽直接通入水中，通过混合加热将水温控制在 40℃，温水将液氨气化并将气氨加热至常温。当水温超过 55℃时，应切断蒸汽来源。

由于液氨吸收水的热量气化后体积增加几百倍，为了防止超压，应通过液氨调节阀将氨气的压力控制在 0.2MPa。为了防止超压危及安全，蒸发器上安装有安全阀。液氨蒸发器的出力应在设计工况下氨气消耗量的 $100\%\sim120\%$ 范围内选择，且不能低于 100% 校核工况时的氨气消耗量。

72. 为什么要安装卸氨泵？

答：目前 SCR 脱硝技术采用液氨作为还原剂脱硝的较多，采用氨水作为还原脱硝的较少。

无论是采用液氨或氨水作为还原剂脱硝，液氨和氨水均是通过槽车运到现场。当采用氨水时，因氨水槽车罐内是没有压力的，氨水必须通过卸氨泵升压后才能进入氨水储罐内。当采用液氨时，虽然液氨槽车罐内是有压力的，但因为液氨储罐内也是有压力的，两者的压力几乎相等，因此，槽车罐内的液氨必须通安卸氨泵升压后才能进入液氨储罐。

因此，SCR 脱硝技术无论是采用液氨还是采用氨水作为脱硝剂，均需要安装卸氨泵。

73. 氨气稀释罐有什么作用？

答：当脱硝系统出现故障或氨系统需要检修时，为了避免大量氨气排放导致对环境的污染和对运行人员健康的危害，需要用水对排放的氨气进行吸收。

氨气稀释罐通常采用立式罐，罐体的液位通过其上部的溢流管溢流来保持。来自氨系统排放的氨气由管线汇集后从氨稀释管的底部进入，通过分散管将氨气分散被罐内的水吸收。稀释罐有进水管和冷却用淋水管，底部有废水排污口，可将废水排至废水池中。氨气稀释罐见图 13-19。

图 13-19　氨气稀释罐

74. 为什么要设置氮气置换和吹扫系统？

答：当氨系统安装后首次投入使用或氨气系统检修后投入使用，因氨系统内充满了空气，为了避免在卸氨或进氨的过程中出现氨气在空气中的浓度在爆炸范围内，有可能引起爆炸；由于氮气是惰性气体，氮气和氨气的混合物没有爆炸的危险，因此，氨系统在卸氨或进氨前先用氮气将空气置换，然后卸氨或进氨，就可以确保安全。

当氨系统需要检修时，首先要采用氮气将系统中的氨气进行置换和吹扫，确保检修安全。

采用氮气置换氨系统内的空气或用氮气置换氨系统内的氨气过程中，要通过采样分析确保置换后空气或氮气的浓度在安全范围内。当用氮气置换罐内的氨气后还要用空气置换罐内的氮气，罐内的氧气达到规定的浓度才能进入罐内进行检查或检修。

75. 氨气废水池有什么作用？

答：氨气稀释罐排放的废水、溢流水和液氨罐的喷淋冷却水，如果直接排放将会对环境造成污染。将上述各种废水通过沟道或管道排入废水池，然后用废水泵升压后输送到电厂的废水处理系统集中综合处理合格再排放，就可以避免环境污染。

含氨污水具有腐蚀性，应采用耐腐蚀的废水泵。

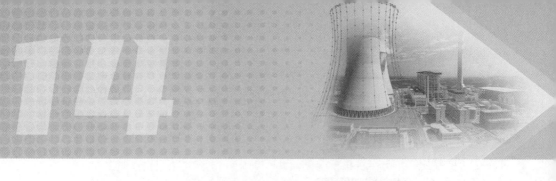

第十四章　消烟除尘及节能减排

第一节　烟尘的危害及除尘器分类

1. 锅炉排烟中有哪些有害物质?

答:燃料在炉膛内燃烧过程中放出大量热量的同时,还产生大量烟气。烟气是由气态物质和固态物质组成的混合物。

烟气中的气态物质有氮气、二氧化碳、氧气、二氧化硫、一氧化碳、碳氢化合物和氮氧化合物。烟气中的二氧化硫、一氧化碳、碳氢化合物和氮氧化合物是有害气体。其中,二氧化硫在日光照射并经某些金属尘粒,如燃煤烟尘中铁的氧化物和燃油烟尘中钒的氧化物的催化作用,部分被氧化成三氧化硫。三氧化硫的吸湿性很强,吸收空气中的水蒸气后形成硫酸烟雾。硫酸烟雾不但对眼结膜和呼吸系统黏膜有强烈的刺激作用和损伤,而且和氮氧化合物一起是形成酸雨的主要原因。

固态物质主要由烟和尘组成。烟主要是指黑烟,它是可燃气体由于不完全燃烧,在高温下还原成粒径小于$1\mu m$的微粒(炭黑)。尘通常是指烟气中携带的飞灰和一部分未燃尽的炭粒。烟和尘均是有害的物质。

2. 烟尘有哪些危害?

答:烟气中的尘粒包含降尘和飘尘两部分。

粒径很小的尘在空气浮力的作用下,在空气中飘游的时间可长达几年而成为飘尘。飘尘对人体健康危害很大,能随人的呼吸进入人体的肺部,黏附于支气管壁和肺泡壁上,危害人们的呼吸功能。

粒径较大的尘,其重力大于空气浮力而很快降至地面成为降尘。降尘落在植物的叶子上,使光照减少,降低了光合作用,影响农作物和树木的生长;降尘落在输变电线路的瓷瓶上,易造成污闪而影响供电的可靠性;降尘还会直接影响某些工业产品的质量;降尘还会污染水源,使生活水质量下降,危害人体健康。降尘具有吸附酸性物质的特点,当降尘吸收空气中的水分或随雨降至地面时,将会破坏农作物的生长,并对金属构件产生酸性腐蚀。

烟尘还会造成锅炉受热面及引风机的磨损,降低设备使用寿命。

3. 简述除尘器的种类及工作原理。

答:按烟气在除尘器内分离阶段的作用力或工作原理,除尘器可分为四种类型。

(一)机械力除尘器

(1)重力除尘器。重力除尘器又称为沉降式除尘器。当烟气进入沉降室后,因截面扩大,烟速降低,灰粒靠重力的作用从烟气中沉降分离出来。

虽然重力除尘器具有结构简单、烟气阻力小、投资和运行费用低等优点,但由于占地多、除尘效率仅约为50%、不能满足环保要求,现在已很少采用。

(2)惯性力除尘器。惯性力除尘器是利用尘粒的密度是烟气的几百至几千倍和烟气突然改变流向或与设置的挡板碰撞时,因灰粒的惯性力大于烟气,灰粒的运动轨迹偏离烟气的流动方向而从烟气中分离出来。由于惯性力除尘器的除尘效率仅约为50%,难以满足环保要求,目前使用较少。

(3)离心力除尘器。离心力除尘器又称旋风式除尘器,是利用烟气切向进入筒壁后高速旋转所产生的离心力,将灰粒甩向筒壁,灰粒依靠重力下降至除尘器的底部,经集灰斗的锁气器排出,净化后的烟气从中间的芯管排出。

旋风式除尘器的除尘效率为80%～90%,因为烟气阻力较大且难以分离粒径小于$5\mu m$的尘粒,所以,煤粉炉不宜采用,而链条炉采用较多。旋风式除尘器见图14-1。

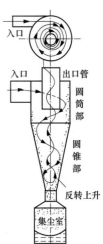

图14-1 旋风式除尘器

(二)布袋除尘器

布袋除尘器是利用滤料层的过滤作用,烟气穿过滤料层,而灰粒被吸附和阻挡在滤料层上,从而将灰粒从烟气中分离出来的。

虽然布袋除尘器投资较大,阻力很大,运行费用较高,但由于除尘效率很高,可以满足日趋严格的烟尘浓度排放标准,越来越多地被火力发电厂锅炉采用。

(三)湿式除尘器

湿栅式水膜除尘器是一种除尘效率较高、老机组采用较多的除尘器,其结构及工作原理见图14-2。

它由入口管、圆锥形底部和圆筒组成。筒体为钢筋混凝土结构或由砖砌筑而成,内部衬磁砖,以降低摩擦阻力和增强除尘效果。入口管段有数百根错列的直径为25mm的玻璃棒组成的栅栏,水自上而下流过玻璃棒。烟气从下部倾斜的入口管切向进入时,灰粒首先被黏附在栅栏上,被水流冲下,排入筒体下部的灰斗,然后在筒体内高速旋转,灰粒在离心力的作用下甩至筒壁,被由上部喷嘴喷出的水流形成的水膜吸附后流入下部灰斗,与被栅栏黏附的灰粒一起流入除灰系统。

由于湿栅式水膜除尘器兼有离心式除尘和水膜黏吸灰粒的作用,且结构简单、金属消耗和占地少,所以除尘效率可达90%以上,因而中、小型锅炉采用较多。湿式除尘器的缺点是耗水量大,含酸废水需经处理才能达到排放标准,烟气带水引起烟道和引风机叶轮积灰,造成腐蚀和引风机叶轮质量不平衡而振动。

(四)电除尘器

电除尘器是使含尘烟气尘粒荷电,在电场力的作用下,

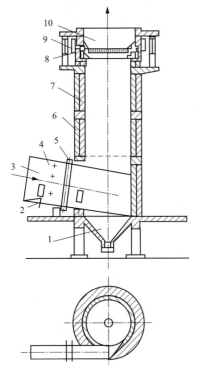

图14-2 湿栅式水膜除尘器

1—灰斗;2—底壁冲灰喷嘴;
3—烟气入口;4—烟道冲灰喷嘴;
5—栅栏;6—筒壁;7—内衬;
8—溢流崖面;9—水管;10—烟气出口

驱使带电尘粒沉积在集尘极表面，然后借助振打装置，使集尘极抖动，将尘粒脱落到下部集灰斗中。电除尘器见图 14-3。

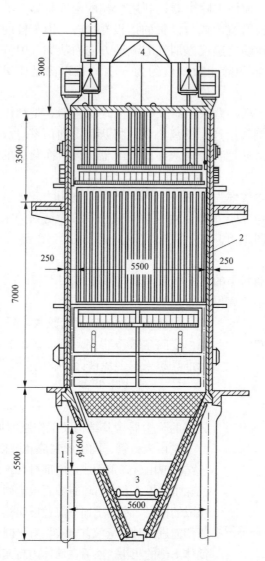

图 14-3　电除尘器
1—烟气入口；2—电极组；3—出灰斗；4—烟气出口

　　由于电除尘器除尘效率高达 99％以上，烟气处理量大，阻力小，对烟尘浓度的适应性好，能收集各种不同粒径的尘粒，运行费用较低和环保排放标准提高，能达到提高后的新环保排放标准的要求，所以，尽管初投资高，占地较多，对制造、安装、维护质量要求较高，大、中型煤粉炉大多采用电除尘器。

4. 为什么火力发电厂锅炉要安装除尘器？

　　答：由于烟尘不但对人体健康、工业、农业均能造成危害，而且还会使引风机的叶轮产生严重的磨损，所以，必须对烟尘排放的浓度加以限制。经济快速发展，对能源需求越来越多，燃料消耗和烟尘排放总量迅速增加，环境容量越来越小。GB 13223—2011《火电厂大气污染物排放标准》规定的大气污染物排放浓度限值见表 14-1。

表 14-1　　　　　火力发电锅炉及燃气轮机大气污染物排放浓度限值

燃料和热能转化设施类型	污染物项目	使用条件	限值（mg/m³）	污染物排放监控位置
燃煤锅炉	烟尘	全部	30	烟囱或烟道
	SO_2	新建锅炉	100、200*	
		现有锅炉	200、400*	
	NO_x（以 NO_2 计）	全部	100、200**	
	汞及其他化合物	全部	0.03	
以油为燃料的锅炉或燃气轮机	烟尘	全部	30	烟囱或烟道
	SO_2	新建锅炉及燃气轮机组	100	
		现有锅炉及燃气轮机组	200	
	NO_x（以 NO_2 计）	新建燃油锅炉	100	
		现有燃油锅炉	200	
		燃气轮机组	120	
以气体为燃料的锅炉或燃气轮机	烟尘	天然气锅炉及燃气轮机组	5	烟囱
		其他气体燃料锅炉及燃气轮机组	10	
	SO_2	天然气锅炉	35	
		其他气体燃料锅炉及燃气轮机组	100	
	NO_x（以 NO_2 计）	天然气锅炉及燃气轮机组	100	
		气体燃料锅炉	200	
		天然气燃气轮机组	50	
		其他气体燃料燃气轮机组	120	

*　位于广西壮族自治区、重庆市、四川省和贵州省的火力发电锅炉执行该限值。
**　采用 W 火焰炉膛的火力发电锅炉、现有循环流化床火力发电锅炉，以及 2003 年 12 月 31 日前建成投产或通过建设项目环境影响报告书审批的火力发电锅炉执行该限值。

　　燃煤电厂锅炉煤中灰分，煤粉炉 90% 成为飞灰，循环流化床锅炉约 60% 成分飞灰，链条炉约 25% 成为飞灰，烟尘浓度是排放浓度限值的几百倍，因此，要使燃煤锅炉烟尘浓度达标排放，必须安装除尘器。

　　燃油锅炉含灰量很少，20 号、60 号、100 号和 200 号燃油的含灰量要求不大于 0.3%。由于 GB 13223—2003《火电厂大气污染物排放标准》中烟尘浓度限值较高，2011 年之前燃油锅炉通常不安装除尘器；按 GB 13223—2011，燃油锅炉也必须要安装除尘器才能使烟尘浓度达标排放。

　　由于高炉煤气和焦炉煤气含灰量较高，燃用高炉煤气和焦炉煤气的锅炉也需要安装除尘器。天然气含灰量很少，如果烟尘排放浓度能小于 5mg/m³ 限值标准，可以不安装除尘器。

5. 为什么火力发电厂燃煤锅炉必须要安装电除尘器、布袋除尘器或电袋除尘器？

　　答：除少数小型自备热电厂采用链条炉外，绝大部分燃煤火力发电厂采用煤粉炉或循环流化床炉，其烟尘浓度是 GB 13223—2011《火电厂大气污染物排放标准》中烟尘限值

$30mg/m^3$ 的几百倍，旋风除尘器的除尘效率仅为 90%，采用旋风除尘器其烟尘排放浓度仍超标几十倍。

采用五电场电除尘器或布袋除尘器，其除尘效率可高达 99.8%，可以实现烟尘浓度达标排放。甚至为了获得更高的除尘器效率，使烟尘排放浓度小于排放限值，采用电袋除尘器。

第二节 烟 囱

6. 什么是水平烟道、竖井烟道和尾部受热面？

答：对于我国采用最多的倒 U 形锅炉，锅炉本体是由炉膛、垂直烟道和连接两者的水平烟道组成的。水平烟道里通常布置有过热器和再热器。

垂直烟道和煤矿的竖井相似，故又称竖井烟道。竖井烟道对整个锅炉来讲好比是尾部，因此，习惯上把布置在竖井烟道内的省煤器和空气预热器称为尾部受热面。

7. 烟囱的作用是什么？

答：烟囱的第一个作用是将烟气从高空排入大气。由于烟囱有一定的高度，烟气排出后被大气稀释，所以减轻了烟气中有害成分对环境的影响。

第二个作用是产生一定的引力，帮助引风机将烟气排入大气。对于没有引风机的小型炉子，则是利用烟囱的引力克服烟气流动的阻力，将烟气排入大气的。

8. 为什么烟囱大多是下面粗、上面细？

答：除小型锅炉的铁烟囱为制作方便，上下一样粗外，钢筋混凝土烟囱和砖烟囱大都是下面粗、上面细。这是因为下面粗、上面细的烟囱重心较低，支承面积较大，烟囱的稳定性好。

另外，烟气在烟囱内流动时，因为散热，所以烟气体积减小，如果烟囱直径上、下相同，烟囱出口烟速下降，容易引起倒风。

采用下面粗、上面细的烟囱，由于烟气流通截面逐渐减小，烟气流速可保持不变或略微增加。维持烟囱出口较高的烟气流速，不但可以防止冷空气倒流入烟囱，而且可以增加烟囱的有效高度，使烟气散布在更大的范围内，有利于减轻排烟中有害气体对大气的污染，改善电厂周围的环境。

9. 烟囱分几种？各有什么优、缺点？

答：烟囱按材料分三种：钢筋混凝土烟囱、砖砌烟囱和铁制烟囱。

钢筋混凝土烟囱寿命长、坚固、散热小，因其强度高，高度大，大、中型锅炉广泛采用；缺点是造价高，施工比较复杂。

铁制烟囱施工简单，造价低，但散热大，小型锅炉采用较多。

砖砌烟囱其优、缺点在上两种之间，中、小型锅炉采用较多。

10. 什么是烟囱的几何高度、烟气的动量上升高度、烟气的浮力上升高度、烟囱的有效高度？

答：烟囱的几何形状决定的高度称为烟囱的几何高度。

烟气离开烟囱时具有一定的速度，由烟气动量决定的上升高度，称为烟气的动量上升高度。

烟气离开烟囱时的温度较大气温度高，烟气的密度较大气低，烟气在空气浮力作用下上升的高度称为浮力上升高度。

烟囱的几何高度、烟气动量上升高度、烟气的浮力上升高度三者之和，称为烟囱的有效高度，见图 14-4。

烟囱一旦建成后，其几何高度就已确定，是不会改变的。但烟气的动量上升高度和浮力上升高度却与很多因素有关，如排烟温度的高低、周围空气的温度、空气中水蒸气的含量、烟囱周围的地形条件、锅炉的负荷大小等。因

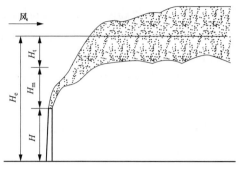

图 14-4　烟的上升与扩散状态
H—烟囱的几何高度；H_m—动量上升高度；
H_t—浮力上升高度；H_e—烟囱的有效高度

为烟气的动量上升高度和浮力上升高度是变化的，所以烟囱的有效高度也不是固定不变的。现在还没有能把各种因素考虑进去的计算烟囱有效高度的公式，因此，为了既满足环境保护要求提出的排放标准，又节省烟囱的投资，有时需要采用模拟试验的方式确定烟囱的几何高度。

11. 为什么可以从烟气离开烟囱后上升的高度大致判断出锅炉或电厂的负荷？

答：为了节省投资，通常几台锅炉共用一个烟囱。烟气离开烟囱后的上升高度由动量上升高度和浮力上升高度组成。

烟囱的排烟量与锅炉或电厂的负荷成正比，由于烟囱出口面积是固定的，锅炉或电厂的负荷大，烟囱出口的烟速高，烟气动量上升高度高。锅炉或电厂的负荷大时，不但因锅炉排烟温度升高，而且因烟囱散热而使烟温下降的幅度降低，烟气离开烟囱时的温度升高，其浮力上升高度增加。

烟气的上升高度受到当时气象条件，如大气温度阴晴（大气湿度）和风力大小等的影响，在判断锅炉或电厂负荷大小时要考虑当时气象条件对烟气上升高度的影响。因此，只要多观察、多比较、多总结，不难从烟气离开烟囱后的上升高度大致判断出锅炉或电厂的负荷。

12. 为什么增加烟囱的高度，可以减轻排烟中有害成分对环境的污染？

答：随着工业的发展，排烟对环境的污染日趋严重。发电厂烟囱排出的烟气中主要有害成分是 SO_2、SO_3、NO_x。由于几乎所有的煤和燃油中都含有硫，只是多少不同而已，硫燃烧时生成 SO_2 和 SO_3 是不可避免的。采用含硫低的燃料虽然可以减轻污染，但低硫燃料产量少，价格高，发电成本增加。

烟囱增高后，排出的烟气可以散布在更广大的范围内，虽然排烟中有害成分的总量没有减少，但有害成分被大气稀释，单位空气体积内的有害成分可以达到国家允许的标准。由于地面植物能不断地吸收烟囱排出的有害气体，使空气得到净化，而不至于使有害气体的浓度因积累而超过标准。用增加烟囱高度的方法来减轻对环境的污染，简单、可靠、易行，虽然一次性投资较大，但运行成本很低，维护工作量较少，从长远看还是有利的。国内外广泛采用高烟囱减轻排烟对环境的污染。国内目前最高的烟囱高度为 210m，国外目前最高的烟囱为 368m。

由于烟囱的有效高度还与烟气的温度、烟囱出口的烟速、大气的气象条件和周围的地形有关，有时需要做模拟实验，以确定所需烟囱的高度。

由于烟囱排出的飞灰和 SO_2 越多，对地面环境的污染越严重，为了满足环境对排放标准的要求，装机容量越大的电厂，其烟囱必然也越高，见表14-2。

表 14-2   电站锅炉烟囱高度参考值

飞灰排出量(t/h)	SO_2 排出量(t/h)	烟囱高度(m)	相当电厂容量($\times 10^4$kW)
0.5 以下	1 以下	60～80	1.2～1.5
0.5～1	1～2	80～100	5
1～3	2～6	100～120	10～20
3～5	6～10	120～150	30
5～10	10～20	150～180	45～80
10 以上	20 以上	180～200	100～120

13. 烟囱的引力是怎样形成的？

答：烟囱的引力是由于烟气的温度高、重度小，空气的温度低、重度大，两者重度的不同而造成的。

烟囱的引力为

$$F = h(\gamma_k - \overline{\gamma_y})$$

式中 h——烟囱高度，m；

　　γ_k——空气的重度，N/m³；

　　$\overline{\gamma_y}$——烟气的平均重度，N/m³。

由上式可见，烟囱越高，空气温度越低，烟气温度越高，则烟囱的引力越大。

烟囱的引力与锅炉水循环系统中的流动压头很相似。烟囱相当于上升管，炉膛相当于下联箱，与烟囱等高的大气柱相当于下降管，大气则相当于汽包，见图14-5。

14. 为什么晴天烟气上升的高度比阴雨天高？

答：晴天空气干燥，空气中含有的水蒸气少，空气的密度大；而阴雨天气，空气潮湿，空气中水蒸气含量大，空气密度小，烟气的温度和密度是基本不变的。所以，晴天烟气所受到的浮力大，上升得高，而阴雨天上升得低。可以利用这个原理观察烟囱出口烟气流动状况来预测短时期内是否要下雨，见图14-6。

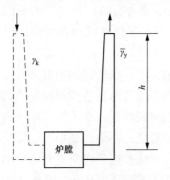

图 14-5 烟囱引力形成原理

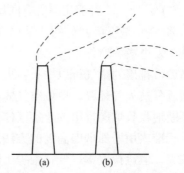

图 14-6 烟囱排烟气流与天气关系
(a) 晴天；(b) 阴雨天

15. 为什么冬天烟气上升的高度比夏天高?

答:冬天气温低,空气中水蒸气少,空气的密度大,烟气温度基本不变,烟气排入大气后,所受到的浮力大。因此,冬天烟气上升得比夏天高。

16. 为什么容量较大的锅炉不采用砖砌烟囱或钢质烟囱,而采用钢筋混凝土烟囱?

答:容量较大的锅炉烟气排放量较大,虽然采用了电除尘器和安装了脱硫脱硝系统,烟气中烟尘和有害气体的浓度大大降低,但烟尘和有害气体排放总量仍然较大。由于地面烟尘与有害气体的浓度与烟囱高度的平方成反比,所以,大容量锅炉普遍采用提高烟囱的高度,使烟气中的尘粒和有害气体在更大范围内扩散,从而降低烟尘和有害气体的地面浓度,通常烟囱的高度随着锅炉容量的增加而提高。

由于砖的强度较低,随着烟囱高度的增加,砖烟囱底部的砖无法承受烟囱重量形成的垂直载荷。随着烟囱高度的提高,风载荷形成的弯矩增加,砖烟囱的整体性较差,砖之间的水泥砂浆无法承受较大的风载荷形成的弯矩,所以,容量较大的锅炉不宜采用砖烟囱。

钢质烟囱虽然抗压、抗拉强度均较大,但因散热较大而需要采用较厚和较复杂的保温层,不但成本较高,而且维修费用较大。钢烟囱在风载荷的作用下变形较大,因此,钢质烟囱只适宜小型锅炉采用,而不适宜容量较大的锅炉采用。

钢筋混凝土强度很高,不但可以承受烟囱重量形成的垂直载荷,而且可以发挥混凝土抗压强度高、钢筋抗拉强度高的优点,同时因为烟囱的壁较厚,整体性较好,所以可以承受风载荷形成的较大弯矩,烟囱的变形量较小。钢筋混凝土的导热系数较小,同时在烟囱内部砌有砖衬,砖衬与钢筋混凝土烟囱壁之间的环形间隙内填有保温材料,使散热损失大大减少,其维修工作量和费用降低。

由于钢筋混凝土烟囱与砖砌烟囱和钢质烟囱相比,优点突出,所以被容量较大的锅炉广泛采用。

17. 为什么钢筋混凝土烟囱要用砖衬里?

答:钢筋混凝土用砖做衬里主要起两个作用,一个作用是砖衬里与钢筋混凝土壁之间形成的空间可以填充保温材料,而且砖衬本身也可以起到保温的作用。保温可使烟囱的散热损失减少,使得烟囱出口的烟气保持在较高的温度,提高烟气的热浮力,有利于提高烟气的浮力上升高度和烟囱的有效高度,使烟气扩散在更大的范围,降低了烟气有害成分在地面的浓度。

烟囱砖衬里的另一个作用是当烟气温度低于露点温度时,砖衬可以吸附凝结的酸液和水分,避免钢筋混凝土烟囱受到酸液的腐蚀,从而起到了保护钢筋混凝土烟囱的作用。砖衬里在烟囱大修时是可以更换的,不但成本较低,而且施工比较容易。

18. 为什么钢筋混凝土烟囱要设保温层?

答:由于电厂锅炉的容量较大,烟囱较高,通常采用钢筋混凝土烟囱。混凝土的密度较大,加之混凝土内有较多的钢筋,使得钢筋混凝土的导热系数较高。电厂烟囱不但很高,直径很大,其表面积很大,而且烟囱周围无高层建筑物阻挡,刮风和下雨会使烟囱的散热量很大。如果烟囱不采取保温措施,烟气流经烟囱时产生的温降较大,烟囱出口的烟气温度较低,产生的热浮力较小,烟囱的有效高度因烟气的浮力上升高度减小而降低,不利于烟气中有害物质在更大的范围内扩散,降低地面有害物质的浓度。

如果烟温降低较多,导致烟温低于烟气露点,烟气中的硫酸蒸气凝结,将会对烟囱产生低温腐蚀,使得烟囱维修费用增加,使用寿命缩短。烟气温度降低还会使烟囱产生的自身引力下降,导致引风机的耗电量上升。

因此,钢筋混凝土烟囱内壁除砌有砖衬外,还在钢筋混凝土壁与砖衬之间的空隙中填充保温材料,以减少烟气的散热量,提高烟囱出口的烟气温度。

19. 为什么锅炉停止后,烟囱仍然会有抽力?

答:如果几台锅炉共用一个烟囱,只要有一台锅炉仍在运行,烟囱会有抽力是显而易见的。如果一台炉一个烟囱,停炉后,由于烟囱积蓄了较多的热量,在较长的时间内烟囱仍保持着一定温度。烟囱内的空气在烟囱壁的耐火砖、红砖及混凝土的加热下,其温度仍然高于大气温度。所以,锅炉停止后相当长一段时间内,烟囱仍有一定的抽力。

即使锅炉停止时间很长,烟囱壁的耐火砖、红砖或混凝土积蓄的热量散尽,完全冷却后,烟囱较高,而且周围没有什么建筑物遮挡,烟囱在太阳光的照射下,吸收阳光的辐射热,烟囱壁的温度升高对烟囱内的空气进行加热。因为烟囱内的空气温度仍然高于烟囱外大气的温度,所以,烟囱仍然会产生少量抽力。

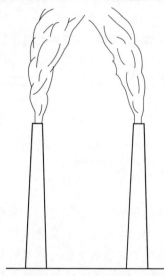

图 14-7 烟囱排烟错觉示意

由于烟囱细而高,表面积很大而烟囱内空气量较少,烟囱内空气温度高于大气温,所以,晴天时,在阳光照耀下长期停炉的烟囱也明显存在抽力。当阴天,特别是下雨天,则烟囱的抽力就几乎没有了。

20. 为什么会看到两个烟囱排烟流动方向相反的情况?

答:由于烟气从烟囱排出时具有一定的速度和热浮力,烟气离开烟囱后会上升一段高度,其后的流动方向应与当地的风向一致,所以,通常两个烟囱的排烟流向应是相同。但是,在特定的条件下也会看到两个烟囱排烟流动方向相反的情况,见图14-7。

如果观察者面对两根烟囱,烟囱在北,观察者在南,当刮南风时,排烟离开烟囱一段距离后向北流动。由于视觉的原因,观察的物体是近大远小,烟气刚离开烟囱时离观察者较近,两股排烟相距较远,而烟气离开烟囱向北流动时离观察者越来越远,两股烟气看起来越来越接近,给观察者的错觉是两股排烟流动方向相反。这与观察一段较长的直铁轨时,右边的铁轨向左倾斜,左边的铁轨向右倾斜,最终在远处相交时道理相同。

第三节 旋风除尘器

21. 什么是旋风除尘器? 旋风除尘器的工作原理是什么?

答:利用离心力进行除尘的设备称为旋风式除尘器。

含尘烟气以 15~25m/s 的速度切向进入旋风分离器后,烟气由直线运动变为圆周运动。旋转气流沿旋风分离器圆筒体呈螺旋形向下朝圆锥体运动,此气流称为外旋气流。含尘气流在旋转过程中产生离心力，尘粒的密度是烟气密度的千倍以上，离心力与质量成正比，尘粒获得的离心力比烟气大得多，烟尘在离心力的作用下沿径向从烟气中分离出来甩向器壁。尘粒一旦与器壁接触便失去惯性力，尘粒依靠向下速度的动量和重力沿壁面下落入灰斗，经排灰管排出。

旋转下降的外旋气流在到达圆锥体时，因圆锥体的收缩而向中心靠拢，其切向速度不断提高。当气流到达锥体底部时，以相同的旋向从下部自下而上继续旋转，形成内旋气流。净化后的烟气和未被分离出来小颗粒烟尘从上部的排气管排出。旋风分离器的结构及工作原理见图 14-8。

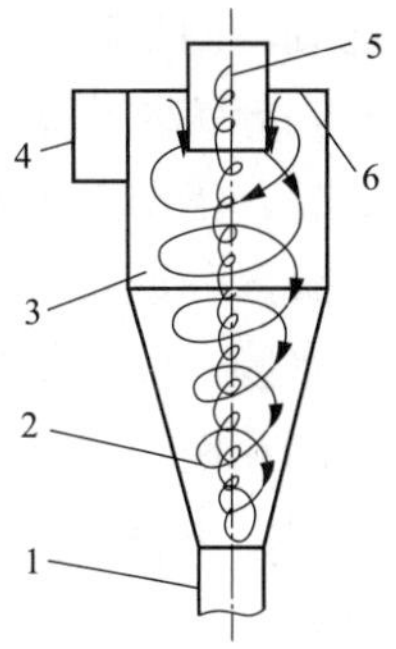

图 14-8　旋风除尘器的结构及工作原理图
1—排灰管；2—圆锥体；3—圆筒体；4—进气管；5—排气管；6—顶盖

22. 旋风除尘器有什么优点和缺点？

答：旋风除尘器的优点是结构简单、工作可靠、占地小、投资少，维护工作量和费用低，没有温度限制，对烟尘的物理性能无特殊要求，可以根据烟尘的性质，内壁衬以不同的耐热耐磨的材料，提高其使用寿命，对大于 $10\mu m$ 的尘粒有较高的分离效率，干式旋风分离器的分离效率可达 $85\% \sim 90\%$，水膜式旋风分离器分离效率可略超过 90%。

旋风除尘器的缺点是阻力较大，引风机耗电增加较多，除尘效率不能满足目前煤粉炉烟尘浓度排放标准，水膜式旋风分离器排出的含灰水流存在二次污染问题，湿灰利用较麻烦，价格较低。

20 世纪六七十年代前后，由于经济总量很低，煤炭消耗总量很少，环境容量较大，烟尘浓度排放标准较宽松，采用干式或水膜式旋风除尘器可以实现烟尘浓度达标排放，加上其投资低，被广泛采用。随着经济快速增长，煤炭消耗总量增长很快，环境容量有限，为了保护环境，烟尘浓度排放标准日趋严格，旋风除尘器已不能满足锅炉烟尘浓度排放标准的要求，电厂锅炉普遍采用除尘效率很高的电除尘器、布袋除尘器和电袋除尘器。

23. 为什么水膜式旋风除尘器除尘效率较没有水膜的旋风除尘器高？

答：旋风除尘器是利用烟气中的尘粒随烟气高速旋转产生的离心力，被甩至器壁除掉的。没有水膜的旋风除尘器，粒径很小的烟尘，因为离心力较小，不易被除掉，同时，被甩至器壁的尘粒反弹和在高速旋转过程中，遇到器壁不平凸出部分，可能被抛出进入内旋上升气流中，所以导致除尘效率下降。

含尘烟气进入水膜式旋风除尘器时，尘粒吸水后不但密度、质量增加，而且尘粒黏附在一起体积增大，使质量进一步增加。因离心力增大而更容易除掉，同时，甩至器壁的尘粒不易反弹和在高速旋转过程遇到器壁不平凸出部分，因黏度大和水膜的阻力大，不易被抛出和透过水膜进入内旋上升气流中。

由于水膜的冷却，水膜式除尘器的烟气温度较低，烟气的黏度较小，所以烟气中的尘粒更容易在离心力的作用下，从气流中分离出来，甩至器壁被除掉。

由于上述几种原因，在结构和运行参数完全相同的情况下，水膜式除尘器的除尘效率较没有水膜的旋风除尘器效率高。

24. 为什么旋风分离器的内壁应平整、光滑？

答：烟气携带尘粒高速进入旋风分离器，在离心力的作用下，尘粒贴壁高速旋转。如果高速旋转的尘粒遇到因不平整而凸出的部分，尘粒就会因撞击而被抛出来进入内旋的上升气流中，导致除尘效率下降。因此，旋风分离器采用防磨衬里时，应使其表面平整，不应有凸出部分，当防磨衬里有损坏时应及时修复。

旋风分离器的内壁光滑，可以降低烟气流的阻力损失，减少引风机的耗电量。

水膜式除尘器常采用砖砌筑后内衬瓷砖的结构，以确保内壁平整和光滑。如水膜式除尘器采用花岗石等防磨石材砌筑，其内壁应进行打磨，确保内壁平整、光滑。

25. 为什么旋风分离器排气管偏置可以提高分离效率？

答：通常旋风分离器的排气管位于旋风分离器筒体的中部，其入口负压较大，排气管偏置后可以使入口含尘气流与排气管的距离增加，避免或减少了含尘气流短路，有利于提高分离效率。

排气管偏置后，一方面，含尘气流进入旋风分离器后围绕排气管旋转下行，因流通截面缩小，气流速度上升，尘粒获得的离心力增加；另一方面，尘粒分离出来到壁面的距离减少，可使更多小粒径颗粒被分离出来，达到了提高分离效率的目的。

26. 为什么旋风分离器漏风会严重影响分离效率？

答：为了获得较高的分离效率，旋风分离器入口气流的速度很高，其阻力高达 1000Pa，旋风分离器内部负压较大，如果入口气流是负压，则其内部负压更大。

如果旋风分离器由于各种原因，例如，焊口、膨胀节泄漏、筒体因磨损而穿孔泄漏，外部空气漏入内部，不但会干扰内部的正常旋转气流，而且会使已被分离出来甩向壁面的尘粒重新回到气流中，导致其分离效率明显下降。

由于旋风分离器外部是大气压，内外的压差很大，稍不严密就会有较多的空气漏入，使其分离效率明显下降。如果投运初期分离器的分离效率较高，运行一段时间后分离效率明显下降，可检查旋风分离器是否存在漏风问题。

可用蜡烛的火焰靠近检查的部位，如果火焰向内偏斜，即可确定该处存在泄漏，标上记号，停炉时予以消除。

27. 为什么旋风分离器的阻力较大？

答：旋风分离器是利用含尘气流高速旋转产生的离心力将尘粒分离出来的。尘粒获得的离心力与切向速度的平方和尘粒的质量成正比。为了在锅炉低负荷时也能使粒径较小的尘粒获得较大的离心力，从而被分离出来，旋风分离器入口气流的下限速度不低于 15m/s。

由于含尘气流在旋风分离器内进行高速外旋和内旋，消耗能量较大，所以导致旋风分离器的阻力较大。旋风分离器的阻力由引风机克服，为了防止引风机耗电量过大，旋风分离器的阻力通常控制在不超过 1000Pa，满负荷时，旋风分离器入口气流的速度应不超过 30m/s。

28. 为什么旋风除尘器下部为圆锥体？

答：旋风除尘器上部为圆柱体，下部为圆锥体，可以在较短的轴向距离内将向下的外旋转气流转变为向上的内旋转气流，降低了外形尺寸，节约了空间和材料。

下部采用圆锥体结构，可以使向下的旋转气流的旋转半径逐渐变小，尘粒获得的离心力随之增加，有利于尘粒从气流中分离出来，使除尘效率提高。下部采用圆锥体的另一个作用是将已分离出来的尘粒集中于旋风除尘器的中心，以便将其排至下部的储灰斗中。

因此，旋风除尘器通常是由上部的圆柱体和下部的圆锥体组成。圆锥体的高度通常为圆柱体外径的 2～2.5 倍。

29. 什么是旋风分离器的外旋气流和内旋气流？

答：含尘气流高速由进气管进入旋风分离器时，气流由直线运动转变为圆周运动。绝大部分旋转气流沿器壁呈螺旋形向下朝锥体运动，该气流称为外旋气流。含尘气流在旋转过程中产生离心力，因为尘粒获得的离心力大于气体的阻力，所以尘粒穿过气流到达器壁。尘粒到达器壁后失去速度，在重力的作用下沿壁面下落经排灰管排出。

旋转下降的外旋气流在到达锥体时，因圆锥形的截面积逐渐收缩而向除尘器的中心靠拢。根据旋转矩不变的原理，气流的旋转半径不断缩小，其旋转速度不断提高。当旋转气流到达锥体下端位置时，即以相同的旋转方向由下而上继续呈螺旋的内旋气流。净洁的内旋气流经排气管排出。

由此可以看出，外旋含尘气流向下将尘粒分离出来，清洁内旋气流向上达到经排气管排出的目的。

30. 为什么旋风除尘器下部要设置灰斗？

答：含尘气流切向进入旋风分离器后旋转下行，尘粒被甩至壁面依靠重力下落，气流到达锥体下部速度加快后上行。

除尘器下部设置灰斗。由于灰斗的体积较大，旋风除尘器分离下来的尘粒可以及时排入灰斗，确保锥体部分没有积灰，避免了因锥体部分的积灰重新进入内旋上升气流而使除尘效率下降和锥体部分出现严重磨损。

常见的灰斗有两种形式，见图14-9。

从图14-9中可以看出，灰斗的体积较大。旋风除尘器除下的灰可以及时排入灰斗，由灰斗下部的排灰管排出，经仓泵输送至灰库。

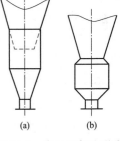

图14-9 常见的灰斗形式
(a) 形式一；(b) 形式二

31. 为什么旋风式除尘器随着烟气温度的提高，分离效率下降？

答：由于随着烟气温度的升高，烟气的黏度增加，烟气中的尘粒在离心力的作用，克服气体黏度穿过烟气层向旋风分离器器壁靠近的阻力增大，其中粒径较大，因离心力较大的尘粒可以克服烟气黏度形成的阻力，穿过烟气层到达器壁，而被分离出来。粒径较小的尘粒，因离心力较小，不能克服烟气黏度形成的阻力，穿过烟气层到达器壁而被分离出来。所以，旋风除尘器随着烟气温度的提高，分离效率下降。

由此可以看出，降低排烟温度，对提高旋风除尘器的分离效率是有利的。

对于在高温条件下运行的旋风除尘器，应采用较高的入口气流速度，因为尘粒的离心力与速度的平方成正比，所以可以使尘粒具有较高的离心力，克服烟气黏度形成的阻力，到达器壁而被分离出来。

32. 为什么排气管的进口采用缩口形式？

答：降低排气管的直径可以增大进口含尘气流与排气管的距离，减少气流中尘粒短路直接从排气管排出的机会，有利于提高分离效率，但是因流速增大，压力损失增加而导致引风机的耗电量上升。

排气管进口采用缩口形式，既达到了降低排气管直径，增大含尘气流与排气管的距离，提高分离效率，又达到了排气管的压力损失增加不多的目的。当需要提高旋风分离器的分离效率时，可以采用进口缩口的排气管，见图 14-10。

33. 什么是旋风除尘器的切向进口？有什么优点和缺点？

答：旋风除尘器进口管外侧面与筒体相切的进口形式称为切向进口，见图 14-11。

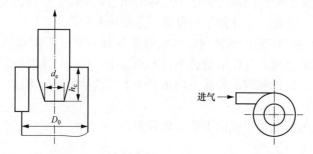

图 14-10　排气管进口缩口示意图　　图 14-11　旋风除尘器切向进口示意图

切向进口是旋风除尘器采用较多的一种进口形式。切向进口的优点是形状简单，便于制造，外形尺寸紧凑，外部保温施工容易。

切向进口的缺点是入口速度较高，压力损失较大；进口气流进入筒体时还没有旋转，气流中的尘粒还没有获得离心力，会冲刷筒壁和排气管，导致其磨损较大，含尘气流离排气管较近，在进口气流与排气管进口压差的作用下，因部分尘粒短路而直接从排气口排出，使得除尘效率有所降低。

34. 为什么蜗壳形进口可以提高旋风分离器的分离效率？

答：蜗壳形进口又称为渐开线进口。含尘气流在进入旋风分离器筒体前的直烟道时，气流还没有旋转，尘粒还没有获得离心力。采用蜗壳形进口时，由于中心筒入口的负压比旋风分离器入口大，因进口气流与中心筒的距离增加，减少了气流短路的机会。虽然气流进入筒体后气体的通道逐渐变窄，但由于此时气流已经旋转，气流中的尘粒因获得了离心力被甩至筒壁而远离排气管，减少了尘粒短路从中心筒直接排走的机会。所以，采用蜗壳形进口可以提高旋风分离器的分离效率。

与其他进口形式相比，蜗壳形进口是一种较合理的进口形式。在 90°、180°、270°蜗壳进口型式中，以 180°的蜗壳采用最多。图14-12所示为 180°的蜗壳。

35. 为什么旋风分离器进口管的高度大于宽度？

答：含尘气流进入旋风分离器筒体前的直管段时还没有旋转，尘粒还没有获得离心力穿过气流甩至筒壁。采用高度大于宽度的进口管，可以降低气流的宽度，增加气流与排气管的距离，减少气流中尘粒短路，直接从排气管排出的机会。

进口管的高度大于宽度，因气流的宽度较窄，气流中的尘粒获得离心力后克服气体的黏度产生的阻力较小，离筒壁较近，易于从气流中分离出来到达筒壁而被分离出来。

由于以上两个原因，旋风分离器入口管的高度大于宽度，可以提高旋风分离器的分离效率。进口管的高宽比过大，使气流高而窄，为了保持一定的气流旋转圈数，需要加长筒体才能获较高的分离效率，增加了分离器高度和成本。通常矩形进口管的高度与宽度比为 2～3，见图 14-13。

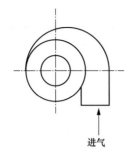

图 14-12 旋风除尘器蜗壳进口示意图

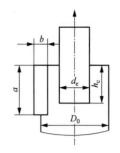

图 14-13 旋风除尘器矩形进口管示意图

第四节 电 除 尘 器

36. 电除尘器的工作原理是什么?

答：电除尘器的工作部件主要由电晕电极和沉降电极组成。电晕电极又称为阴极线或放电极，由不同形状截面的金属导线制成，接至高压直流电源的负极。沉降电极又称为阳极板或集尘极，由不同形状的金属板制成，并接地，见图 14-14。

当电极系统上所施加的高压直流电压超过临界电压时，就会出现电晕放电现象，电子发射到电晕极表面邻近的气体层内。电子被气体分子所吸附后，使电极间的气体电离，在电晕区以外的气体中有电子和负离子。当烟气通过电极间的空间时，烟气中的尘粒与负离子相碰撞和扩散，使尘粒荷了负电。荷了负电的尘粒在电场力的作用下趋向沉降电极。荷负电的尘粒与沉降电极接触后失去电荷，成为中性的尘粒黏附于沉降电极表面，然后借助于振打装置使沉降极抖动，尘粒脱落进入电除尘器下面的集灰斗中。

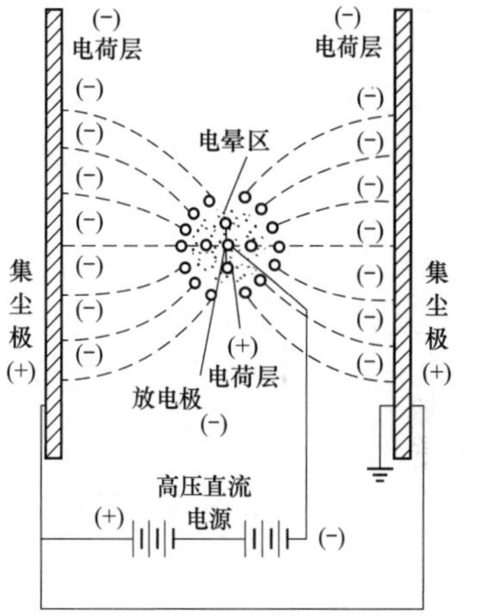

图 14-14 板式集尘极的电场示意图

37. 电除尘器有哪些优点和缺点?

答：电除尘器主要有以下几个优点：

（1）除尘效率高。电除尘器是各种除尘器中效率最高的，其除尘效率最高可达 99.9%。即使是煤中灰分的 90% 进入烟气成为飞灰的煤粉炉，采用电除尘器也可以使烟气的烟尘浓度达到排放标准。过滤式除尘器虽然除尘效率可达 99%，但是由于过滤式除尘器要求入口含尘浓度为 $3\sim15g/m^3$，低于煤粉炉的烟尘浓度，而且过滤式除尘器的阻力高达 $1000\sim1200Pa$，是电除尘器阻力的 $10\sim12$ 倍，因此，不适于大型煤粉炉采用。其他各种除尘器的除尘效率较低，见表 14-3，难以满足煤粉炉的烟尘浓度排放标准，只能用于烟气中飞灰含量较少的链条炉。

表 14-3　　　　　　　　　　各种除尘器的工作性能

除尘器型式	有效捕集粒径 （μm）	除尘效率 （%）	烟气阻力 （Pa）
重力沉降式除尘器	＞50	50～60	100～150

续表

除尘器型式	有效捕集粒径 （μm）	除尘效率 （%）	烟气阻力 （Pa）
惯性式除尘器	>50	40～50	<100
麻石水膜式除尘器	>5	80～90	500～800
脉冲袋式过滤除尘器	>0.3	99	1000～1200
旋风除尘器	>10	80～90	500～700
电除尘器	0.01～100	95～99	100

（2）烟气处理量大，烟气流动阻力小。可以通过增加电除尘器的工作单元和体积的方法来增加烟气处理量。烟气在电除尘器内既不是靠烟气高速旋转产生的离心力除尘的，也不是靠过滤除尘的，而是靠烟尘荷电后在电场力的作用下，驱使烟尘沉积于沉降极的表面上除尘的。由于烟速很低，所以，烟气流动阻力很小，通常小于 100Pa。阻力小，引风机的耗电量就低。

（3）对烟气中烟尘颗粒范围适应性较好，能收集 $100\mu m$ 以下的不同粒径的粉尘，特别是能除掉粒径为 $0.01\sim5\mu m$ 的超细粉尘。

（4）对烟尘浓度的适应性较好，通常可处理含尘浓度为 $7\sim30g/m^3$ 的烟气。

（5）运行费用低。因为烟气流速低，所以除尘器的磨损轻，维修工作量少，阻力少，引风机的电费支出少。

虽然电除尘器的优点很多，但是电除尘器也有一些缺点：烟气流速低，设备体积大，占地面积较多；系统较复杂、配套设备多，不但投资大，而且对设备的制造、安装质量及维护保养要求较高。

从以上可以看出，电除尘器的优点明显多于缺点，特别适于大容量煤粉锅炉采用。随着对环境保护重要性认识的提高，烟尘浓度排放标准越来越严格，中、小容量的煤粉炉也越来越多地采用电除尘器。

38. 什么是灰尘的比电阻？为什么比电阻过大或过小均会使电除尘器效率下降？

答：用面积为 $1cm^2$ 的圆盘，将灰尘自然堆高至 1cm，沿高度方向测得的电阻值，称为灰尘的比电阻。

电除尘器的除尘效率受灰尘比电阻影响很大，图 14-15 所示为灰尘比电阻与电除尘器除尘效率的关系曲线。

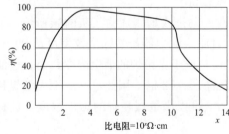

图 14-15　灰尘比电阻与电除尘器
除尘效率的关系曲线

从图 14-15 可以看出，当灰尘的比电阻在 $10^2\sim10^{10}\Omega\cdot cm$ 范围内时，除尘器的除尘效率较高。当灰尘的比电阻过小时，灰尘到达集尘极后，因灰尘的导电性能较好，很快放出电荷而失去极板吸引力，容易产生二次扬尘，使电除尘器除尘效率下降。

当灰尘的比电阻过大时，由于灰尘的电阻较大，灰尘到达集电极后长时间不能将电荷放出，在集尘极表面积聚了一层带负电荷的灰尘层。因同性电荷相斥，使随后而来的灰尘的驱进速度不断降低，集尘极板上灰尘层两界面间的电位差逐渐升高而使绝缘损坏。频繁出现的火花放电现象，导致电除尘器除尘效率下降。

当烟尘的比电阻过大时，为避免电除尘器除尘效率下降，可在电除尘器入口处喷入适量的水或水蒸气，增加烟尘的湿度，使其比电阻达到所需要的数值。

39. 为什么飞灰中可燃物增加，电除尘器效率下降？

答：烟气中的飞灰必须荷电后，在电场力的作用下趋向沉降极，才能将飞灰除去。

电除尘器的除尘效率在很大程度上取决于飞灰的比电阻。由图 14-15 可以看出，当飞灰的比电阻为 $10^2 \sim 10^{10} \, \Omega \cdot cm$ 时，电除尘器的除尘效率较高。

飞灰中的可燃物主要是炭，而炭是导体。飞灰中的可燃物增加表明飞灰中的含碳量增加，飞灰的比电阻下降。当飞灰的比电阻小于 $10^2 \, \Omega \cdot cm$ 时，随着飞灰含碳量的进一步增加，飞灰的比电阻下降，导致电除尘器的除尘效率急剧下降。图 14-16 所示为电除尘器除尘效率与飞灰可燃物含量的关系。

由于无烟煤中的挥发分含量很低，只有 $2\% \sim 9\%$，因此，煤粉点燃较困难，燃烧较慢，火焰较长，煤粉燃尽所需的时间较长。为了防止在低负荷时燃烧不稳甚至灭火，燃烧无烟煤的锅炉，其容积热负荷又不能过低，所以，锅炉燃用无烟煤时，飞灰中的可燃物含量较高，电除尘器的除尘效率较低。

当煤粉较粗或配风不当，造成飞灰可燃物含量增加时，不但因机械不完全燃烧热损失增

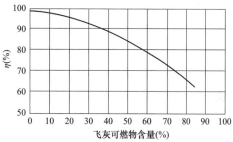

图 14-16 电除尘器除尘效率与
飞灰可燃物含量的关系

加而导致锅炉热效率降低，而且还使电除尘器的除尘效率下降。因此，合理地调整制粉系统和锅炉燃烧工况，降低飞灰中的含碳量，不但可以减少机械不完全燃烧热损失，提高锅炉热效率，而且可以提高电除尘器的除尘效率，减轻排烟对大气环境的污染。

40. 为什么电除尘器的体积很大，压降很小？

答：从降低电除尘器的制造成本和便于现场布置的要求出发，应提高烟气在电场内的流速，以缩小体积，但烟气流速提高会导致除尘效率降低。

尘粒在电场中必须荷电后才能在电场力的作用下趋向沉降电极，这就要求烟气流速的上限不应使尘粒在电除尘器的有效区内停留的时间少于 $1 \sim 2s$，否则不能使全部尘粒荷电。尘粒越小，荷电越困难，要求尘粒在电场中停留的时间越长。尘粒从沉降极表面脱落时，为了防止二次扬尘，烟气的流速应小于会引起二次扬尘的临界速度约 $2.4m/s$。不同的除尘器，其临界速度不同。由于有了上述两个条件的约束，烟气通过电除尘器的流速必然很低，导致电除尘器的体积很大，消耗的材料很多，这也是电除尘器的缺点之一。

由于电除尘器不是靠烟气高速旋转产生的离心力将尘粒捕集的，而是靠尘粒荷电后在电场力的作用下趋向沉降极除去尘粒的，烟气进入电除尘器不但流速很低，而且也不旋转，所以，烟气在电除尘器内的压降很小，引风机的耗电量可降低。这也是电除尘器的优点之一。

41. 什么是除尘器的除尘效率？什么是除尘器的透过率？为什么用透过率来表达除尘器的性能更合理？

答：除尘器所捕集到的尘粒质量与进入除尘器的尘粒质量之比称为除尘器的除尘效率。

除尘效率用 η 表示

$$\eta = \frac{m_2}{m_1} \times 100$$

式中　η——除尘效率,%;

　　　m_2——除尘器所捕集到的尘粒质量,g/h;

　　　m_1——进入除尘器的尘粒质量,g/h。

除尘器没有捕集到的,随烟气排出的尘粒质量与进入除尘器的尘粒质量之比称为除尘器的透过率。透过率用 P 表示,即

$$P = \frac{m_3}{m_1} \times 100$$

式中　P——透过率,%;

　　　m_3——除尘器没有捕集到的尘粒质量,g/h。

$$P = 1 - \eta$$
$$\eta = 1 - P$$

从环境保护的角度来看,没有被除尘器所捕集、随烟气排入大气的尘粒数量,比被除尘器所捕集的尘粒数量更重要。因为排烟中尘粒对大气污染的严重程度取决于未被除尘器所捕集的尘粒数量,而与被除尘器所捕集的尘粒数量无关。所以,用透过率 P 来表达除尘器的性能更合理。

例如,链条炉采用较多的水膜式除尘器的除尘效率为90%,煤粉炉采用的电除尘器的除尘效率为99%,两者的除尘效率仅相差9%,而水膜式除尘器的透过率为10%,电除尘器的透过率为1%,前者是后者的10倍。

如果用除尘效率来表达除尘器的性能,则电除尘器的性能与水膜式除尘器的性能相差不大;如果用透过率来表达除尘器的性能,则电除尘器的性能比水膜式除尘器性能好得多。所以,用透过率来表达除尘器的性能更合理,更直观。

42. 为什么除尘器不装在省煤器入口,而装在空气预热器出口?

答:省煤器是锅炉各受热面中磨损最严重的,如果除尘器安装在省煤器入口,烟气中的飞灰大部分被除掉,进入省煤器烟气中的飞灰浓度大大下降,省煤器及后面的空气预热器的磨损可以大大减轻。可以选用较高的烟气流速,以提高省煤器和空气预热器的传热系数,达到节省传热面积的目的。但是由于省煤器入口的烟气温度高达600~700℃,远远超过了碳素钢允许的工作温度,如果采用耐高温的材料制作除尘器则成本很高。

除尘器装在省煤器入口,由于增加了散热面积和烟温较高,锅炉的散热损失增加。温度高达600~700℃的飞灰被除去后,灰中所含的物理热因无法利用而使锅炉的灰渣物理热损失增加。另外,除尘器本身的漏风使排烟的过量空气系数增大,且除尘器的阻力较大,使省煤器和空气预热器处的烟道负压增加,其漏风系数增加,造成排烟的过量空气系数进一步增加,导致排烟热损失增加。

除尘器装在省煤器入口,高温烟气经过除尘器后烟温下降,导致省煤器、空气预热器传热温压降低。

如果除尘器装在空气预热器出口,就可避免上述缺点,而且我国的锅炉大多采用倒U形布置,除尘器装在省煤器入口,由于位置较高,不但布置困难,而且费用较高。如果除尘

器装在空气预热器出口，则除尘器可以装在地面，不但布置方便，而且费用可以明显减少。由于排烟温度通常为140~160℃，除尘器装在空气预热器出口，因烟气体积仅为省煤器入口的40%，这样可以减少除尘器的体积或降低除尘器的阻力，节约设备投资或降低运行费用。

除尘器装在空气预热器出口的缺点是不能减轻省煤器和空气预热器的磨损。

综上所述，除尘器装在空气预热器出口是利大于弊，所以，我国煤粉炉和链条炉的除尘器均装在空气预热器的出口。

43. 为什么除尘器不能避免烟囱冒黑烟?

答：可燃气体由于各种原因造成的不完全燃烧，在高温下可燃气体中碳原子还原成极细的炭粒，因为颜色很黑，称为炭黑。烟囱冒黑烟就是因为有部分可燃气体没有完全燃烧产生炭黑造成的。

可燃气体可以是气体燃料，也可以是液体燃料在高温下分解成的气体碳氢化合物，也可以是煤在高温下挥发分析出产生的气体碳氢化合物或生成的一氧化碳。因此，无论是气体燃料、液体燃料或固体燃料，均有可能因可燃气体不完全燃烧形成炭黑而引起烟囱冒黑烟。

炭黑虽然也是固体颗粒，但由于其粒径一般小于$1\mu m$，除电除尘器外的各种形式和工作原理的除尘器只能有效捕集粒径较大的尘粒，对于粒径很小的炭黑不能有效地捕集，所以，不能避免烟囱冒黑烟。

各种锅炉除尘器有效捕集粒径及除尘效率见表14-3。

从表14-3可以看出，虽然电除尘器的除尘效率可高达99%，而且可以有效捕集0.01~$100\mu m$粒径的尘粒，炭黑的粒径也在电除尘器有效捕集粒径范围之内，但是，生产实践证明，电除尘器同样不能有效捕集炭黑。

尘粒的比电阻是影响电除尘器效率的重要因素。比电阻是用面积为$1cm^2$的圆盘，尘粒自然堆至1cm高，沿高度方向测得的电阻值。从燃油锅炉的烟道内采集到一部分炭黑，堆成底面积为$1cm^2$、高为1cm的圆柱体，用万用表测量，其电阻值小于1Ω。纯净的炭可以作干电池的阳极或用来作电炉炼钢的电极。炭黑的主要成分是炭，因此，炭黑是一种导体，其比电阻很小。

当尘粒的比电阻为$10^2 \sim 10^{10}\Omega \cdot cm$时，电除尘器的效率较高。对于比电阻很小的炭黑，因为在电除尘器的电场内不能荷电，因而无法在电场力的作用下趋向沉降极，电除尘器对炭黑的除尘效率几乎为零。

由此可以看出，当燃烧不好产生炭黑时，不但通常采用的除尘器不能将炭黑除掉，即使是安装了除尘效率很高且能除去极小粒径灰尘的电除尘器也不能除去炭黑，从而避免烟囱冒黑烟。因此，为了避免烟囱冒黑烟对环境的污染和造成燃料不完全燃烧热损失，只有从改进燃烧设备、合理配风、确保燃料完全燃烧方面去解决。

44. 怎样消除烟囱冒黑烟?

答：如果燃料在炉膛内完全燃烧，烟囱冒出的烟应是无色的。可燃气体未完全燃烧在高温下还原产生极细微的炭黑是烟囱冒黑烟的主要原因。由于炭黑的颜色很黑，单位质量的炭黑具有很多的颗粒和很大的表面积，燃烧不完全时产生少量的炭黑即可使烟囱明显冒黑烟。

烟囱冒黑烟说明锅炉的化学和机械不完全燃烧热损失较大，因此，冒黑烟不但对环境造成了污染，而且锅炉热效率下降。

由于炭黑的粒径通常小于 $1\mu m$，旋风除尘器难以将炭黑除去，即使是除尘效率很高的电除尘器也难以将炭黑除去。当燃烧不良时，无论采用何种除尘器，烟囱仍然冒黑烟。

因此，从改善燃烧入手，降低化学不完全燃烧热损失避免或减少炭黑的产生，可以达到节约燃料和保护环境的双重目的。选择性能较好的燃烧器，建立炉内高温，合理调整配风，加强可燃气体在炉膛内与空气的混合是确保可燃气体完全燃烧、减少炭黑生成的常用和有效的方法。

45. 灰渣泵和碎渣机的作用是什么？

答：大部分煤的含灰量为 $15\%\sim30\%$。由于煤粉炉有完善的燃料制备系统和燃烧器，煤被制成煤粉后易于完全燃烧，并且为了降低成本，煤粉炉不得不燃用价格较低、含灰量较高的煤。

大型火力发电厂每天的用煤量超过 1 万 t，每天产生的灰渣量高达 $1500\sim3000t$。为了防止污染环境，灰渣不准排入河流、湖泊、水库或大海，灰渣通常被送至灰场储存起来。

灰场在电厂设计时已经选好，通常为不占耕地的山谷或较大的凹坑，筑坝后储存灰渣。灰场的容量通常为 $10\sim20$ 年电厂的灰渣排放量。由于煤粉的综合利用取得进展，如用于筑路、制砖和水泥，所以灰场的使用年限增加。由于灰场离电厂较远，所以灰渣必须加水由灰渣泵升压后经管道送至灰场。飞灰的粒径很小，而煤渣的体积较大，一般要经碎渣机粉碎后才能进入灰渣泵。因此，灰渣泵和碎渣机是煤粉炉必不可少的设备。

46. 什么是林格曼六级烟色评定法？

答：燃料完全燃烧时，烟气是无色的；燃烧严重恶化时，烟气是黑色的；介于两者之间时，烟气是灰色的。这种烟色评定方法是定性的，而且划分不够细，难以较准确地定量评定烟色来作为各种燃烧方法优劣、配风是否合理及烟色是否符合环保要求的比较标准。

为了能定量地评出烟色等级，以便作为比较的标准，可以采用林格曼六级烟色评定法。

林格曼六级烟色评定法是将烟色分为六级，每一级标准烟色是由划在长 20cm、宽 14cm 白纸上的黑色格线构成的。黑线宽度分别为 0、1.0、2.3、3.7、5.5、10mm，使黑线总面积占整个面积的比例为 0、20%、40%、60%、80%、100%，它们分别代表烟色等级为 0、1、2、3、4、5 级。0 级为全白，5 级为全黑，1~4 级为不同等级的灰色，见表 14-4。

表 14-4　　　　　　　　　　　六级标准烟色

烟色等级 （度）	黑线宽度 （mm）	白线宽度 （mm）	黑线面积占总面积 百分数（%）	烟气外观颜色
0	0	10（全白）	0	全白
1	1.0	9.0	20	微灰
2	2.3	7.7	40	灰
3	3.7	6.3	60	深灰
4	5.5	4.5	80	灰黑
5	10（全黑）	0	100	全黑

按表 14-4 中的数据印制成的图称为林格曼六级烟色图，见图 14-17。

评定烟色时，评定者、烟色图和烟囱在一条直线上，烟色图距评定者 16m，烟囱距评定者的距离约为 40m。因为烟色图距评定者较远，评定者看到的烟色图不是白底黑格线，而是呈灰黑色一片。将烟色图与烟囱出口 30～40cm 的烟气相比较，就能评定出烟色的等级。

评定者要背着太阳，烟气的背景应是天空，不能是山、树、建筑物等暗淡物。这种方法受天气、背景和烟气层厚度影响较大，而且是用肉眼观察，因此有一定的误差，但仍有一定的参考价值，见图 14-18。

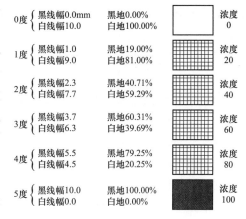

			浓度
0度 { 黑线幅0.0mm / 白线幅10.0	黑地0.00% / 白地100.00%		浓度 0
1度 { 黑线幅1.0 / 白线幅9.0	黑地19.00% / 白地81.00%		浓度 20
2度 { 黑线幅2.3 / 白线幅7.7	黑地40.71% / 白地59.29%		浓度 40
3度 { 黑线幅3.7 / 白线幅6.3	黑地60.31% / 白地39.69%		浓度 60
4度 { 黑线幅5.5 / 白线幅4.5	黑地79.25% / 白地20.25%		浓度 80
5度 { 黑线幅10.0 / 白线幅0.0	黑地100.00% / 白地0.00%		浓度 100

图 14-17 林格曼六级烟色图

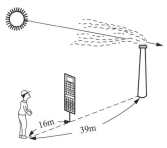

图 14-18 林格曼标准烟色图使用方法

47. 锅炉运行中，烟色是在不断变化的，烟色如何评定？

答：林格曼六级烟色评定法评出的是烟气瞬间的烟色等级，而锅炉在实际运行过程中，由于各种原因使得烟色是在不断变化的。为了能评定出锅炉一段时间内的烟色，可用烟色率来评定。

所谓烟色率就是各烟色级数分别乘以时间的总和除以观察总时间与 5 级之积，再乘 100%。例如，在 1h 内的测定情况如下：0 级 5min、1 级 15min、2 级 15min、3 级 10min、4 级 8min、5 级 7min，则烟色率为

$$烟色率 = \frac{0 \times 5 + 1 \times 15 + 2 \times 15 + 3 \times 10 + 4 \times 8 + 5 \times 7}{60 \times 5} \times 100\% = 47\%$$

烟色越黑，冒黑烟时间越长，烟色率越高；反之，则烟色率越低。烟色率的范围为 0～100%。

48. 为什么电除尘器必须采用直流电，而不采用交流电？

答：虽然交流电与直流电只要电压足够高均可产生电晕放电，使气体电离产生带负电的自由电子和带正电的离子。烟气携粉尘流过电除尘器的电场时，电子和离子与粉尘接触、碰撞后附着其上，实现了粉尘的荷电。荷电粉尘在电场力的作用下，向电极性相反的电极运动，被捕集下来沉积在电极表面，当电极表面沉积的粉尘达到一定厚度时，采用机械振打的方式将粉尘从电极上振落清除下来后被排出，实现了烟气除尘净化的目的。

虽然交流电只要电压足够高，也可以产生电晕放电，使气体电离产生带负电的自由电子和带正电的离子。烟气携粉尘流过电除尘器电场时，电子和离子与粉尘接触碰撞后附着其上，实现了粉尘的荷电，但是，由于交流电的频率是 50Hz，两个电极的极性每秒变化 50 次，电场力的方向不断变化，荷负电和荷正电的粉尘在方向不断变化的电场力作用下，无法沿一个方向，向极性相反的电极运动被捕集，而是在电场中不断变化运动方向飘忽不定，导

致粉尘还未到达集尘极，就被烟气带离电场。因此，电除尘器采用交流电，其除尘效率很低。

为了使电除尘器具有很高的除尘效率，必须将交流电经整流器整流为直流电后向电除尘器供电。

49. 什么是负电晕？什么是正电晕？

答：电除尘器采用的是直流电，当负极采用直径较小的电极使气体电离产生电晕时称为负电晕。采用负电晕时，电晕区产生的电子向正极或接地极移动，正离子向负极移动。负电晕时，正极接地，负极对地产生负高电压。

当正极采用直径较小的电极使气体电离产生电晕时称为正电晕。采用正电晕时，正离子向负极或接地极移动，而电子向正极移动。采用正晕时，负极接地，正极对地产生正高电压。

由于在相同条件下，负电晕可以得到比正电晕高一些的电流，负电晕的击穿电压比正电晕高，负电晕运行较正电晕稳定，所以，工业用的电除尘器几乎全部采用负电晕。

50. 为什么电除尘器采用负极作为电晕电极？

答：之所以电除尘器采用负极作为电晕电极，是因为与采用正极作为电晕极相比，有以下两个优点：

(1) 电晕性能稳定。

(2) 产生电晕的电压较高。电晕电压越高，电场强度和电晕电流密度越大，电除尘器的除尘效率越高。

因此，电厂用的电除尘器几乎全部采用负极作为电晕电极。

51. 什么是反电晕？为什么会出现反电晕？

答：在工业用的电除尘器中，普遍采用负电晕。在采用较多的线板式电除尘器中，当直流高压电加在负极线和阳极板之间时，由于负极线的曲率很大，负极线附近的电场强度很高，气体电离产生电晕。在正常情况下，阳极附近的电场强度较低，气体是不会电离产生电晕的。因此，阳极板出现电晕，称为反电晕。

如果粉尘的比电阻很大，或粉尘的比电阻虽然不是很大，但由于阳极板粉尘层的厚度较大时，电晕产生的电流会在粉层内形成较大的电压降和很强的电场，所以当电场强度升高到超过粉尘层孔隙内气体的击穿强度时，阳极就会出现反电晕。

52. 为什么出现反电晕会使电除尘器效率下降？

答：在正常情况下，负电晕使气体电离形成电子和正离子，电子在电场的作用下向阳极板快速移动，当电子与气体碰撞时，使电子附着在气体分子上形成负离子。负离子在电场的作用下向阳极板快速移动时与尘粒相碰撞，将电荷传给粉尘。荷负电的粉尘在电场力的作用下向阳极板移动，最终被阳极板捕集。负离子与粉尘碰撞使其荷电是粉尘被阳极板捕集的必要条件，粉尘荷电数量越多，粉尘向阳极板的驱进速度越快，被捕集的概率越高，除尘效率越高。

当粉尘的比电阻太高或粉尘的比电阻不太高，但粉尘层的厚度较大，阳极出现反电晕时，也会产生电子和正离子，当正离子与带负电荷的尘粒相撞击时，就会使尘粒上所带的负电荷量减少，甚至使其带上极性相反的正电荷。因为尘粒向阳极板的驱进速度降低和数量减少，尘粒被阳极板捕集的概率降低，所以导致电除尘器的效率下降。

因此，为了保持电除尘器较高的除尘效率，要有针对性地采取各种措施，防止出现反电晕。

53. 电除尘器的电场有哪些作用？

答：高压直流电加在阴极线和阳极板之间，在阴极和阳极间形成了电场。电场在电除尘器中有 3 个作用。

（1）由半径很小的阴极线和平板的阳极形成了不均匀电场，在阴极线附近因电场很强，能使气体电离形成电晕，而产生大量的荷电离子。

（2）荷电离子在电场力的作用下快速运动与尘粒碰撞，同时将电荷传给尘粒，使尘粒荷电。

（3）荷电尘粒在电场力的作用下向阳极板和阴极线运动而被捕集。

54. 为什么阴极线上捕集的粉尘比阳极板上少？

答：当阴极线出现电晕，气体电离时，产生的正离子与电子数量相同，电子在电晕外区与具有电子亲和力的气体分子结合成为负离子。由于正离子仅在电晕区内产生，电晕区的空间范围很小，而负离子在电晕外区产生，电晕外区的空间范围很大。所以当含尘气流流经电场时，粉尘与正离子碰撞荷电的概率远小于粉尘与负离子碰撞荷电的概率。

数量很少的荷正电的尘粒在电场力的作用下，向阴极线运动而被捕集，数量很多的荷负电的尘粒在电场力的作用下，向阳极板运动而被捕集。

在工业上普遍采用的负电晕的电除尘器中，因为阳极捕集的粒尘数量远多于阴极，所以，阳极又称为收尘极，其表面积比阴极大得多。在运用最广泛的线板式电除尘器中，阴极是线，而阳极是板。因此，阴极线上捕集的粉尘比阳极板上捕集的粉尘少。

55. 什么是二次扬尘？产生二次扬尘的原因有哪些？

答：当粉尘荷电在电场力的作用下，被收尘极板和电晕板收集后，重新回到气流中随烟气一起流动的现象，称为二次扬尘。二次扬尘通常在干式电除尘器中出现。

产生二次扬尘有以下几个原因。

（1）收尘极、电晕极振打清灰时，其上收集的粉尘下落过程中部分粉尘重新进入气流中。

（2）收尘极、电晕极上收集的粉尘受到气流冲刷，部分粉尘重新进入气流中。

（3）较粗的尘粒荷电后在电场力的作用下，以较快的速度冲撞收尘极，将部分粉尘撞离粉尘层，重新进入气流中。

（4）部分粉尘以较快速度趋向较清洁的收尘极和电晕极时，因反弹而重新进入气流中。

（5）因灰斗处烟气负压较大，当灰斗灰位较低，系统和电动卸灰阀不严密时，漏入的空气会使卷起的粉尘重新进入气流中。

（6）因灰斗灰位偏低，不能与灰斗内的挡板下缘形成灰封时，气流窜入灰斗，使灰斗内的部分粉尘重新进入气流中。

56. 为什么电除尘器的阴极和阳极要定期振打？

答：电除尘器的阴极和阳极收集烟气中的飞灰后，随着阴极和阳极上积灰厚度的增加，不但阴极和阳极收集飞灰的能力下降，而且因烟气流通截面减少，烟速提高，有可能使阴极和阳极上收集的飞灰吹落下来，形成二次扬尘，重新进入烟气，导致电除尘器的除尘效率下降。

因此，必须要对电除尘器的阴极和阳极定期进行振打，将阴极和阳极上收集的飞灰清除落入灰斗，保持阴极和阳极较清洁，以获得较高的收集飞灰的能力，并维持较大的烟气流通截面，从而降低烟气流速，达到减少二次扬尘，保持电除尘器较高除尘效率的目的。

57. 为什么电除尘器一电场至四电场阴极、阳极振打的周期依次延长？

答：由于采用煤粉炉时，煤中灰分的 90% 进入烟气成为飞灰，GB 13223—2011，要求烟尘排放浓度不超过 $50mg/m^3$，因此，按现有的技术水平，只有采用不少于四电场的电除尘器才能实现烟尘浓度达标排放。

烟气依次流经电除尘器的一至四电场过程中，经过重力分离和各级电场阴极和阳极收集飞灰后，烟尘浓度不断降低，阴极和阳极上收集飞灰的数量越来越少。因此，一至四电场阴极和阳极振打周期依次延长，既可以及时将阴极和阳极上收集的飞灰通过振打清除，保持阴极和阳极良好的收集飞灰的能力，维持较高的流通面积，防止二次扬尘，使电除尘器始终保持较高的除尘效率，又可以减少振打的电能消耗和部件的损耗，从而达到延长部件寿命，减少维修工作量的目的。

58. 为什么电除尘器的绝缘子上要设置电加热装置？

答：虽然锅炉在正常情况下，排烟温度高于烟气露点，但是在点炉停炉过程中或锅炉承压受热面泄漏时，排烟温度有可能低于烟气露点。停炉后冷却过程中也会出现烟气温度低于露点的情况。

烟气温度低于露点使得电除尘器的绝缘子上结露而沾灰，引起污闪，导致电除尘器跳闸而不能正常工作。在绝缘子上安装电加热装置，可以始终保持绝缘子表面温度高于烟气露点，避免了绝缘子表面结露、沾灰引起污闪，确保了电除尘器的正常工作。

59. 为什么灰斗上的振打电动机必须在电动卸灰阀工作的情况下启动？

答：虽然在设计时使得灰斗的倾角大于煤灰的安息角并留有一定裕量，但是由于种种原因，煤灰仍会黏附在灰斗壁上而不能顺畅下流。为了清除灰斗壁上的积灰，使煤灰顺畅向下流动，通常在钢制的灰斗上装有振打电动机。

如果在灰斗下部电动卸灰阀停止工作的情况下启动振打电动机，则会使灰斗内积存的煤灰越振打越紧密，煤灰的流动性越差，越不容易向下流动。

因此，必须在灰斗下部电动卸灰阀启动正常工作情况下启动振打电动机，才能使灰斗内的煤灰顺畅地经电动卸灰阀排出。为了防止误操作，应该在振打电动机和电动卸灰阀之间设置联锁，做到只有在电动卸灰阀工作的情况下才能使振打电动机启动。

60. 为什么锅炉点火前 24h 应投入绝缘套管电加热装置？

答：由于电晕极在工作时带有负高电压，能使气体电离，产生电晕电流，使尘粒荷电，并协助收尘，所以，电晕极与收尘极及壳体间应有足够的绝缘距离，并采用绝缘套管保证绝缘强度。

锅炉点火初期因为炉膛温度较低，煤粉难以着火和稳定燃烧，所以通常采用柴油点火。锅炉点火初期为了防止汽包上、下半部壁温差超为 50℃ 产生过大的热应力和过热器、再热器无蒸汽冷却而超温损坏，要限制入炉燃料量，因此，排烟温度较低。

由于柴油含氢量较高,燃烧后烟气中的水蒸气含量较高,因此,为了防止点火初期因烟气温度较低和水蒸气含量较高,烟气中的水蒸气在绝缘套管上凝结,烟气中的飞灰黏附在绝缘套管上,使其绝缘性能下降,引起污闪,导致电除尘器不能正常工作,应在锅炉点火前24h将绝缘套管的电加热装置投入运行。通常电加热装置应将绝缘套管的温度保持在比烟气露点高20℃的水平,防止其表面结露,保持其干燥,以获得良好的绝缘性能。

61. 为什么锅炉点火前 24h 应投入灰斗加热装置?

答:锅炉通常用柴油点火,点火初期入炉燃料量很少,柴油的氢含量较高,不但排烟温度较低,而且烟气的露点也较高。

灰斗通常采用钢板焊接而成,虽然灰斗四周已经保温,但冷态点炉,灰斗的壁温仍然较低。为了防止锅炉点火初期烟气在灰斗内壁结露,使得灰斗产生低温腐蚀和飞灰黏附在灰斗的内壁上形成不易清除的积灰,应在锅炉点火前24h,将灰斗的加热装置投入运行。

灰斗的加热装置的热源有电和蒸汽两种。无论采用哪种热源均应使锅炉点火前,将灰斗的壁温保持在比烟气露点高20℃的水平。灰斗蒸汽加热装置见图14-19。

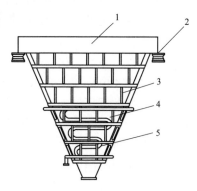

图 14-19 灰斗蒸汽加热装置
1—底梁;2—支座;
3—竖肋;4—壁板;5—蒸汽加热管

62. 为什么电除尘器灰斗内的灰量既不能过多,也不能过少? 为什么要在灰斗内安装阻流板?

答:如果灰斗内的灰量过多,有可能将电除尘器阳极和阴极的下部埋没,不但收尘面积下降,而且烟速提高,二次扬尘加剧,导致电除尘器效率下降,甚至会因阴、阳极短路,引起高压供电故障而导致电除尘器不能正常工作。

如果灰斗内灰量过少,电动卸灰阀空负荷或低负荷运行,导致其耗电量增加和使用寿命降低,同时,灰斗处的烟气负压较大,空气从卸灰口和其他不严密处漏入,不但引起二次扬尘,同时,烟气量增加,因烟速提高而使除尘效率降低,而且还会导致引风机耗电量增加。

因此,灰斗内的灰量既不能过多,也不能过少。灰斗内保存一定的灰量可以起到密封,防止空气漏入的作用。为此,灰斗安装有上、下两个料位计。当料位达到高位料位计对应的高度时,高料位计发出开始卸灰的信号,电动卸灰阀启动进行卸灰,当料位降至低料位计对应的高度时,下料位计发出停止卸灰的信号,卸灰阀停止卸灰。

为了防止烟气短路和因烟气短路使灰斗的灰产生二次扬尘,在灰斗内垂直于气流方向装有三块阻流板。中间一块阻流板尺寸较大,约为灰斗高度的2/3,其余两块尺寸较小。阻流板直接与通过角钢焊接在灰斗壁上。阻流板防止烟气短路和二次扬尘的效果很好,因为阻流板与水平的夹角很大,所以不易积灰和不会影响正常卸灰。灰斗内安装的阻流板见图14-20。

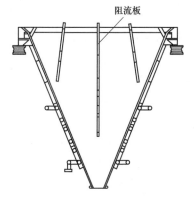

图 14-20 灰斗内安装的阻流板

63. 为什么电除尘器投入时按 4~1 电场顺序进行，而解列时按 1~4 电场顺序进行？

答：为了确保电除尘器能正常工作和较高的除尘效率，需要定期对阳极收尘板和阴极电晕线进行振打。收尘极板和电晕线上尘粒在振打下落时会产生二次扬尘，现场测试表明，电除尘器出口的烟尘中 30%～60% 是阳极和阴极振打产生的二次扬尘。

虽然电除尘器阳极和阴极振打产生的二次扬尘是不可避免的，但是在操作上按一定顺序投入和解列四个电场，可以减轻振打产生二次扬程对除尘效率不利的影响。

电除尘器投入时按 4～1 电场顺序进行，因为先投入 4 电场，前面的 1～3 电场尚未投入，没有振打产生的二次扬尘，仅有 4 电场振打产生的二次扬尘。当 3 电场投入，振打产生的二次扬尘被 4 电场收集，以此类推，1 电场最后投入，振打产生的二次扬尘被后面 2～4 电场收集。按此顺序投入 4 个电场，可将振打产生的二次扬尘对除尘效率降低的不利影响降至最低，有利于电除尘器保持较高的除尘效率。

同样的道理，电除尘器解列时按 1～4 电场顺序进行，当前面电场的供电停止后，虽然振打并未停止，但因阳极板和阴极线不再收集尘粒，不但二次扬尘较轻，而且后面的电场仍在正常收尘，同样可以将振打产生的二次扬尘对除尘效率不利的影响降至最低。

64. 为什么电除尘器的总能耗较旋风式除尘器和布袋式除尘器低？

答：除尘器的总能耗由除尘器本体工作时的耗能和因除尘器存在阻力和漏风而使引风机增加的耗能两部分组成。

虽然电除尘器工作时，形成电场使尘粒荷电和加热装置及阳极、阴极振打均要消耗一定的电能，但由于电除尘的烟气流速很低，仅为 0.8～1.5m/s，且烟气不旋转，电除尘器的阻力仅为 100～150Pa，同时，因为电除尘器阻力小，所以电除尘器本体和以后的烟道引风机的负压较小，漏风量较少。由于采用电除尘时，引风机的风量和风压均较低，使得引风机的耗电量明显下降。

旋风除尘器为了获得较高的除尘效率，不但入口烟速很高，为 15～25m/s，而且烟气在旋风除尘器内高速旋转，其阻力高达 800～1500Pa。

布袋式除尘器的布袋和黏附在布袋表面的尘粒，使得布袋式除尘器的阻力高达 1000～1500Pa。

因旋风式除尘器和布袋式除尘器的阻力很大而使其本体及以后的烟道和引风机的漏风量增加，引风机的风量和风压均较高，使得引风机的耗电量明显增加。

为了提高除尘效率，常采用水膜式旋风除尘器，为了在旋风分离器内壁形成水膜，需要消耗电能将水送至水膜式除尘器的上部。布袋式除尘器需要耗能较高的压缩空气对布袋定期进行反吹清灰。

由于电除尘器引风机节约的电能，超过其自身消耗的电能，所以，电除尘器总的能耗低于旋风除尘器和布袋式除尘器的总能耗。这也是电除尘器的优点之一。

65. 为什么电除尘器入口要设置烟气均布装置？

答：电除尘器入口烟道的截面积远小于电除尘器的截面积，入口烟道通过截面积逐渐扩大的烟箱与除尘器连接。若除尘器入口不安装烟气均布装置，烟气经 90°的弯头从烟道进入截面积逐渐扩大的烟箱，会导致烟气在电场内流速和飞灰分布不均匀，有些区域烟速较大，有些区域烟速较小，某些部位还存在涡流区和死区。高速烟气和涡流会产生冲刷作用，使阳极板和灰斗中的粉尘二次扬尘加剧，高烟速还因飞灰在电场停留的时间缩短而使得除尘效率下降。

虽然低烟速区域可使除尘效率提高，但提高的幅度远小于高烟速区域导致的除尘效率下降的幅度，使得总的除尘效率下降，因此，电除尘器入口必须要设置烟气均布装置。

除尘器入口烟气均布装置由布置在烟道弯头处的导流板和布置在进口烟箱内的烟气分布板、振打装置组成，见图 14-21。

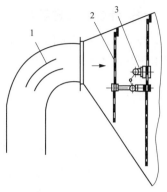

图 14-21 气流均布装置的组成
1—导流板；2—气流分布板；
3—分布板振打装置

导流板可以消除或减轻涡流死区的不良影响。烟气分布板上开有孔，利用均布板产生的阻力，使烟气流速分布均匀，其作用和原理与汽包上部的均汽板使蒸汽流速分布均匀相似。为了提高均布烟气的效果，在进口烟箱内安装了两块烟气分布板。为了防止烟气分布板上不均匀积灰导致阻力增加和烟气均布效果下降，烟气分布板设有振打装置。

66. 为什么要在末级电场出口设置横向槽形极板？

答：由于粒径小的粉尘比电阻较大，驱进速度较低和振打时容易产生二次扬尘，所以，在电除尘末级电场出口烟气中常含有粒径小于 $5\mu m$ 的细灰，这也是限制电除尘器效率进一步提高的主要原因之一。

采用厚度为 3mm 的钢板冲压成每块宽为 100mm、翼缘为 30mm 的槽形极板，按垂直于气流方向横向排列，组成槽形极板，槽形极板的长度根据烟箱高度而定。槽形极板悬吊在出口烟箱内，槽形板之间留有不小于 50％ 的空隙率，见图 14-22。

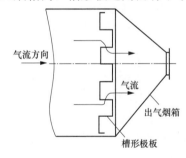

图 14-22 槽形极板的悬吊示意图

由于槽形极板排是与出口烟箱焊接的，出口烟箱和收集极板均是接地的，所以，槽形极板排相当于收尘极板。因粒径小的粉尘比电阻大，其黏附力很大，气流经过槽形板时，其中的粉尘可黏附在其上，对于荷电未被电场收集极板收集的细灰也可能被槽形极板收集。

槽形极板排在出口烟箱内产生的阻力，也有利于气流在电场内均匀分布。因此，在电除尘器出口烟箱内设置槽形极板排可以进一步提高电除尘器的效率。

为了防止槽形极板排积灰，因气流速度提高，导致阻力增加和二次扬尘，槽形极板也安装有振打装置。

67. 什么是干式电除尘器？有什么优、缺点？

答：在干燥状态下捕集烟气中的粉尘，沉积在收尘极上的粉尘，采用机械振打方式清灰的电除尘器，称为干式电除尘器，见图 14-23。

干式电除尘器的优点：收尘极在干燥状态下捕集粉尘，不会产生腐蚀，对其材质要求较低，寿命较长。干式电除尘器捕集的粉尘便于输送和利用，不会产生二次污染。

干式电除尘器的缺点：在振打清灰时容易产生二次扬尘，使已被收尘极捕集的粉尘下落过程部分重新进入烟气中，导致除尘效率下降。对于高比电阻粉尘容易产生反电晕，使除尘效率下降。

68. 什么是湿式电除尘器？为什么大容量机组大多采用干式电除尘器？

答：采用各种方法，在收尘极表面形成水膜，使从烟气中捕集沉积在收尘极表面的飞灰和水一起向下流动排出的电除尘器，称为湿式电除尘器，见图 14-24。

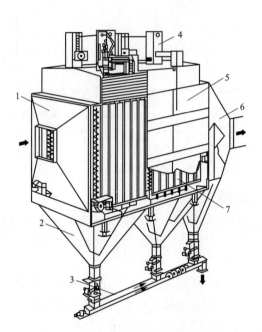

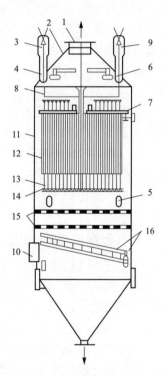

图 14-23 干式电除尘器结构示意图

1—进气烟箱；2—灰斗；3—螺旋输送机；
4—高压电源；5—壳体；6—出气烟箱；
7—收尘极板

图 14-24 湿式电除尘器结构示意图

1—出气口；2—上部锥体；3—绝缘子箱；4—绝缘子接管；5—人孔门；6—电极定期洗涤喷水器；7—电晕极悬吊架；8—提供连续水膜的水管；9—带输入电源的绝缘子箱；10—进气口；11—壳体；12—收尘极；13—电晕极；14—电晕极下部框架；15—气流分布板；16—气流导向板

湿式电除尘器虽然具有不存在因振打而产生二次扬尘的问题，除尘效率较高的优点，但是烟气中部分 SO_2 和 SO_3 溶于水中，使浆液呈酸性容易对电极产生腐蚀，需要采用耐腐蚀材料，不但制造费用和维修费用较高，而且排出的酸性浆液处置较麻烦，还会产生二次污染。

干式电除尘器排出的干灰用途较广，可以直接掺入水泥，价格较高。干灰含水分极少，干灰的收集和输送技术已经很成熟，输送已实现自动化，运输成本较低。干式电除尘器不会产生酸性腐蚀，不需要采用耐腐蚀材料，降低了投资和维修费用，也不会产生二次污染。

虽然干式电除尘器存在因定期振打而产生二次扬尘，导致除尘效率下降的问题，但可以采取降低烟气流速，阳极、阴极，前、后电场错开振打的方式，降低二次扬尘对除尘效率的不利影响，采用增加电场数量的方式来提高除尘效率，满足烟尘浓度排放的要求。对于高比电阻飞灰除尘效率下降和可能产生的反电晕的问题，可以采取烟气调质和提高供电质量的方法加以解决。

由于大容量机组的排灰量很大，提高排灰的经济价值，降低设备制造和运行费用，对降低发电成本，防止二次污染很重要，而干式电除尘器存在的缺点可以通过合理的技术措施得以解决，所以，大容量机组大多采用干式电除尘器。

69. 为什么电晕极采用各种形式的线，而收尘极采用平板？

答：由于负电晕的优点较多，所以电除尘器通常采用负电晕。电晕极采用线是因为线的半径小、曲率大；收尘极采用平板，曲率无穷大。在两个曲率相差很大的电晕极和收尘极之间施加足够高的直流电压，两极之间便产生了极不均匀的电场，在电晕极附近电场强度最高，而收尘极平板附近的电场强度较低。因电晕极为线，曲率大，电场强度高而使电晕极附近的气体电离，产生电晕放电，生成大量自由电子和正离子。

为了提高电除尘器的效率和电晕线周围的电场强度，电晕极常采用制成各种形状带有刺的线，见图 14-25。

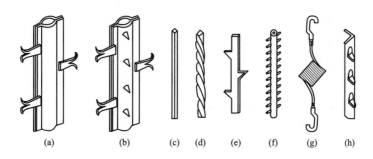

图 14-25 常用的几种电晕线形式

(a) RS 管形芒刺线；(b) 新型管形芒刺线；(c) 星形线；(d) 麻花线；
(e) 锯齿线；(f) 鱼骨针刺线；(g) 螺旋线；(h) 角钢芒刺线

电晕线上的很多刺，相当于进一步增大了电晕线的曲率，使电晕的起晕电压降低，见表 14-5。

表 14-5　　　　　　　　6 种常用电晕线起晕电压和板电流密度比较

电晕线名称	起晕电压(kV)	板电流密度(mA/m²)
管形芒刺线	15	1.300
鱼骨针刺线	15	1.243
锯齿线	20	1.880
角钢芒刺线	20	2.020
螺旋线（φ2.7）	28	0.870
星形线	35	0.993

收尘极采用平板不易出现反电晕，有利于粉尘荷电，提高电除尘器的除尘效率。收尘极采用平板，使收集极具有很大的表面积，可以降低粉尘层的厚度，降低振打频率，有利于降低二次扬尘对除尘效率的不利影响。

70. 为什么每排收尘极不采用整块钢板，而采用多条细长形的钢板组成？

答：因为钢板出厂有一定的尺寸规格，所以不能满足收尘极板面积的要求，同时，收尘极采用整块钢板，面积很大，刚度较小，容易在运输安装过程中弯曲变形。收尘极采用整块钢板，因表面光滑，不利于减轻二次扬尘对除尘效率的不良影响。

因此，收尘极通常由多条细长的钢板组成。为了提高每条钢板的刚度不易变形和减轻二次扬尘对除尘效率的影响，每条钢板带有凹凸槽和防风沟，见图14-26。

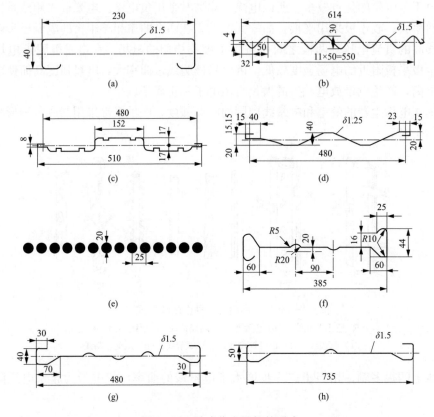

图 14-26　卧式收尘极板的形式

（a）小 C 形板；（b）波纹板；（c）CW 形板；（d）ZT 形板；

（e）棒帏形板；（f）Z 形板；（g）480C 形板；（h）735C 形板

71. 为什么阴极振打装置的电瓷转轴要设保温箱？

答：由于阴极对地有很高的电压，阴极的振打装置的振打轴和挠壁锤在振打阴极电晕线框架时也会产生高压。为了防止电除尘器壳体、电动机及减速和传动装置带电，除振打轴穿过壳体部位采用绝缘密封板外，还要采用电瓷转轴，将高压带电部分隔离，见图14-27。

为了防止绝缘密封板、电瓷转轴积灰，避免空气湿度大时，水蒸气在其上凝结；因绝缘性能下降，爬电导致电除器壳体、电动机及减速传动装置带电，危及人身安全，要对绝缘密封板和电瓷转轴设置保温箱。保温箱既避免了绝缘密封板和电瓷转轴表面积灰，又因保温箱内温度较高而避免了空气湿度大时水蒸气在其上的凝结，保持其干燥，以确保其良好的绝缘性能。

保温箱内不需要设置另外的热源，仅靠烟气通过绝缘密封板和转轴传出的热量，即可保持保温箱内较高的温度。

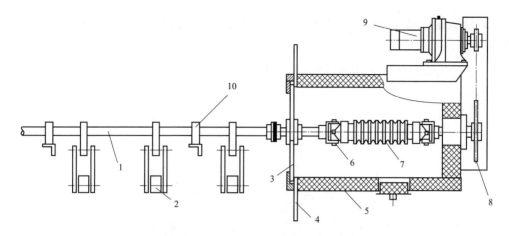

图 14-27 侧向传动旋转挠臂锤振打装置

1—振打轴；2—挠臂锤；3—绝缘密封板；4—本体壳体；5—保温箱；6—万向联轴节；

7—电瓷转轴；8—链轮；9—减速电动机；10—尘中轴承

72. 为什么电除尘器出口烟气中飞灰的粒径较小？

答：虽然采用四电场的电除尘器的除尘效率可以超过 99.6%，但是由于电除尘器入口烟气飞灰的浓度高达每立方米几十克，电除尘器出口飞灰浓度仍然有每立方米几十毫克。

通过分析发现，电除尘器出口烟气中飞灰的粒径较小，即全部是细灰，其主要原因有以下几点：

（1）粒径小的飞灰比电阻较大，电除尘器对比电阻超过 $5 \times 10^{10} \, \Omega \cdot cm$ 的飞灰除尘效率较低。

（2）飞灰荷电后在电场中驱进的速度与粒径成正比，飞灰的粒径越小，驱进速度越慢，除尘效率越低，见图 14-28。

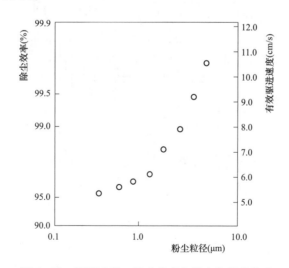

图 14-28 驱进速度、除尘效率与粉尘粒径的关系

（3）在阳极和阴极振打时产生的二次扬尘中，粒径较小的飞灰容易被烟气携带，随烟气流出电除尘器。

73. 什么是立式电除尘器？什么是卧式电除尘器？为什么电厂通常采用卧式电除尘器？

答：含尘气流在电除尘器电场内自下而上作垂直流动的电除尘器称为立式电除尘器，见图 14-29。

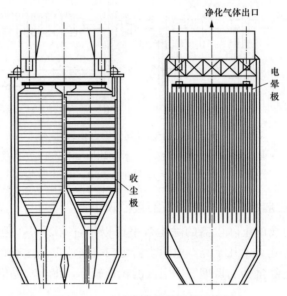

图 14-29 立式电除尘器结构示意图

含尘气流在电除尘器电场内沿水平方向流动的电除尘器称为卧式电除尘器，见图 14-30。

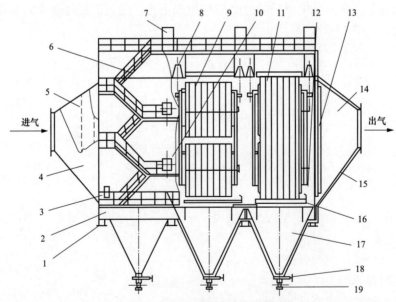

图 14-30 卧式电除尘器结构示意图

1—支座；2—外壳；3—人孔门；4—进气烟箱；5—气流分布板；6—梯子平台栏杆；7—高压电源；
8—电晕极吊挂；9—电晕极；10—电晕极振打；11—收尘极；12—收尘极振打；13—出口槽形板；
14—出气烟箱；15—保温层；16—内部走台；17—灰斗；18—插板箱；19—卸灰阀

由于煤的灰分在煤粉炉中 90% 成为飞灰，烟气的含尘浓度较大，同时，对烟尘排放浓度的标准较高，为小于 $50mg/m^3$（标准状态），通常干式电除尘器四个电场的电除尘器才能满足烟尘浓度排放标准。电除尘器出口排放烟气中的飞灰约为 50%，是由于阳极板和阴极振打产生的二次扬尘造成的。飞灰的粒径较小，采用立式电除尘器，自下而上流动的烟气容易携带因振打自上而下的飞灰，二次扬尘对电除尘器效率的不利影响较大。如果采用降低烟气流速的方法来减轻二次扬尘的不利影响，则因电除尘器的体积增加而导致其投资增加。

采用立式电除尘器，四个电场立式布置，因总高度很大，不但电除尘器支架难度较大，费用较高，安装维修和运行检查较困难，而且电除尘器出口至引风机的烟道较长，投资和通风阻力较大。

卧式电除尘器阳极板和阴极振打产生的二次扬尘下落的飞灰，与水平流动的烟气方向垂直，二次扬尘对电除尘器效率的影响较小。卧式电除尘器四个电场水平布置，高度较小，不但电除尘器支架难度较小，费用较低，安装维修和运行检查较方便，而且引风机出、入口烟道较短，投资和通风阻力较小。

卧式电除尘器的缺点是占地较大，给老电厂改造带来困难。由于卧式电除尘器优点较多，所以，电厂采用较多。

74. 为什么飞灰的比电阻随着粒径的降低而增加？

答：制粉系统生产的煤粉粒径只要小于一定数值，就能被气流携带离开粗粉分离器，成为合格煤粉，因此，进入炉膛的煤粉是由粒径不同的煤粉组成的。

如果将煤粉粒近似看成是球体，则煤粉粒的体积与直径的三次方成正比，煤粉粒的表面积与直径的平方成正比。理论分析和大量的试验证明，煤粉粒燃尽所需的时间与直径的平方成正比。煤粉炉属于室燃，煤粉与焦炭粒与气流一起流动，在炉膛内停留燃烧的时间很短，只有几秒。粒径较小的煤粉因为燃尽所需时间较短，在离开炉膛前已燃尽，飞灰中几乎没有残炭可燃物，全部是灰分，所以，粒径较小飞灰的比电阻较大。

粒径较大的煤粉因燃尽所需的时间较长，在离开炉膛前没有完全燃尽而含有部分残炭的可能性较大。因为炭是导体，所以，含有部分残炭的灰粒的比电阻较小。

煤粉炉飞灰中的可燃物主要存在于粒径较大的飞灰中，随着飞灰粒径的降低，飞灰中的可燃物减少。因此，飞灰的比电阻随着粒径的降低而增加。

75. 为什么阴极振打的周期较阳极短，振打的时间较阳极长？

答：干式电除尘器采用定期振打的方法，清除沉积在阴极和阳极上的飞灰，确保其正常工作。

由于通过阴极粉尘的电流和阳极粉尘的电流是相同的，而阴极线粉尘的表面积比阳极板粉尘的表面积小得多，使得阴极线粉尘层的电流密度比阳极板粉尘层电流大很多，粉尘附着在阴极线上要比附着在阳极板上牢固得多。

阴极线上附着的粉尘增多使阴极线变粗，不但电阻增加，而且曲率下降，因为电晕电流下降，所以除尘器的效率降低。

阳极板上粉尘层的电流密度较小，粉尘的附着力较小，粉尘对电晕电流的影响较小。

阴极线积灰较少，振打产生的二次扬尘对除尘效率降低的影响较小，而阳极板上积灰较多，振打产生的二次扬尘对除尘效率的下降影响较大。

由于上述原因，阴极的振打的周期较阳极短，振打的时间较阳极长。

76. 为什么布袋除尘器或电除尘器要保温？

答：布袋除尘器或电除尘器安装在锅炉尾部烟道与引风机之间。

虽然布袋除尘器或电除尘器保温不能降低锅炉热损失和提高锅炉热效率，但由于两种除尘器的体积很大，有很大的表面积，保温可以减少烟温降低的幅度，保持较高的烟温，提高壁温，避免烟气中水蒸气凝结，对防止或减轻除尘器、烟道和引风机的低温腐蚀是有利的。

布袋除尘器和电除尘器保温可避免烟气中水蒸气凝结，对防止布袋糊袋，导致其阻力增加和避免电除尘器绝缘下降是有利的。

除尘器保温可以使进入烟囱的烟气保持较高的温度，烟气离开烟囱时获得较大的热浮力，可提高烟囱的有效高度，使烟气扩散到更大的范围，降低电厂周围空气中飞灰和有害气体的浓度，减轻对环境的污染。

77. 为什么电除尘器应在锅炉点火油枪停用后再投入？

答：锅炉点火时，炉膛温度很低，煤粉不易着火和稳定及完全燃烧，通常投用柴油经雾化后燃烧的油枪提高炉膛温度。

虽然柴油化学活性高，易点燃且在较低温度下仍可稳定燃烧，但点火时，因炉膛温度很低，柴油雾化后少量颗粒较大的油滴仍有可能燃烧不完全产生炭黑。柴油含氢量较高，氢组分燃烧生成水蒸气，因为锅炉点火初期入炉柴油量较少，炉膛温度较低，排烟温度很低，所以烟气中的水蒸气会凝结。为了防止和减少锅炉点火初期投用油枪时水蒸气和炭黑及飞灰形成的油污黏附在阴极线和阳极板上，应在炉膛温度较高，油枪停用5~10min后再投入电除尘器。

第五节　布　袋　除　尘　器

78. 布袋式除尘器有什么优点和缺点？

答：布袋式除尘器最突出的优点是除尘效率高和可以捕集不同性质的粉尘。由于布袋是用耐较高温度的化纤织物制作的，不但其孔隙很小，而且工作时布袋外部附着了一层粒径很小的尘粒。附着的尘粒不但相当于增加了布袋的厚度，提高了过滤截留尘粒的效果，而且部分粒径很小的尘粒嵌入布袋织物的孔隙中，缩小了布袋织物孔隙尺寸，进一步提高了布袋或除尘器的除尘效率。布袋式除尘器除尘效率超过99.9%，可以满足日趋严格的烟尘浓度排放标准，结构简单，工作平稳可靠，维护工作量小。

布袋式除尘器的缺点也较明显。布袋式除尘器的阻力较大，通常约为1000Pa，引风机的耗电量较多。布袋发生糊袋，不但阻力增加，严重时布袋报废。一旦出现因各种原因而导致的布袋破损，除尘效率明显下降。布袋是由化纤织物制成的，不耐高温，排烟温度超过其允用温度时寿命缩短，甚至报废，锅炉发生二次燃烧或燃用生物质燃料排烟中有火星时，布袋容易大量损坏。布袋长期在较高温度下工作和频繁喷吹清灰产生的冲击波冲击下，易于老化和损坏，布袋的寿命为2~3年，更换费用较高。

虽然布袋式除尘器缺点较多，但可以通过加强管理，提高运行技术水平和提高布袋织物的性能，其缺点可以得到克服和避免。因为布袋式除尘器除尘效率很高，可以满足最严格的烟尘浓度排放标准，所以，布袋式除尘器被广泛应用。

79. 为什么布袋式除尘器除尘效率很高？

答：布袋式除尘器是利用布袋过滤含尘气流，将气流中的尘粒阻挡在布袋外面。只要控制布袋织物的孔隙尺寸，就可以达到所需要的除尘效率。控制布袋织物的孔隙尺寸是易于实现的。

新安装的布袋式除尘器工作一段时间后，布袋外围会聚集一定数量的尘粒，即使定期进行反吹也不会将尘粒全部吹除。因为尘粒的粒径很小，聚集在布袋外围的尘粒间孔隙很小，所以也起到了截留粉尘的作用，有利于布袋式除尘器的除尘效率进一步提高。

电除尘器阴极和阳极定期振打清灰时产生的二次扬尘，因部分被阴极和阳极收集的粉尘重新回到气流中，导致电除尘器除尘效率下降，这也是导致电除尘器难以进一步提高除尘效率的原因之一。即使布袋式除尘器在线进行反吹对布袋清灰时，虽然也会产生二次扬尘，但是二次扬尘重新进入气流中的粉尘，仍然会被布袋截留而不会导致其除尘效率下降。布袋式除尘器离线清灰时，更不存在二次扬尘对除尘效率的影响。

电除尘器对粉尘的比电阻要求较高，当粉尘的比电阻低于下限和高于上限时，均会使电除尘器的除尘效率明显下降。布袋式除尘器对粉尘的比电阻没有要求，粉尘比电阻的变化对其除尘效率没有影响。

由于以上几个原因，使得布袋式除尘器的除尘效率可以高达99.5%～99.9%，可以满足日益严格的烟气粉尘浓度排放标准。

80. 为什么袋式除尘器安装后投用初期除尘效率较低？

答：袋式除尘器安装后投用初期，由于滤袋比较清洁，含尘气流中粒径小于滤料孔隙直径的粉尘透过滤袋而不能被除掉，同时滤袋表面还没有形成一层较厚的对含尘气流起过滤作用的粉尘层，因过滤后的气流中含有较多粒径较小的粉尘，而导致除尘效率较低。

袋式除尘器工作一段时间后，含尘气流中的一部分粉尘嵌入到滤料的纤维和孔隙中，一部分粉尘沉积在滤袋表面，形成一层具有比滤袋材料过滤性能更好的粉尘层，因含尘气流中的粉尘绝大部分被截留下来而使得除尘效率明显提高。

从投用初期除尘效率较低到除尘效率稳定在较高的水平所需的时间，与气流粉尘浓度及特性有关，通常粉尘浓度高，所需的时间较短。

因此，为了准确地测出袋式除尘器的除尘效率，应在袋式除尘器工作一段时间、除尘效率稳定后进行除尘效率测试。

81. 确定袋式除尘器喷吹周期方式有哪两种？各有什么优、缺点？

答：袋式除尘器的滤袋工作一段时间后，其表面沉积的粉尘层较厚，阻力较大，导致流量减少和风机通风耗电量上升。因此，必须定期地将沉积在滤袋表面的粉尘层清除，才能使袋式除尘器长期正常工作。

喷吹是清除滤袋表面积灰常用的方法。喷吹周期太长，会因滤袋表面沉积的粉尘过多而导致风机耗电量增加；喷吹周期太短，同样会因喷吹气量用量增加而导致能耗上升，因此，合理确定滤袋喷吹周期非常重要。喷吹周期的确定主要有两种方式。

一种是按预先设定的时间定期喷吹。这种喷吹方式的优点是控制方式简单，控制系统费用较低；缺点是没有考虑气流粉尘浓度变化对滤袋表面积灰速度的影响，气流粉尘浓度较低，滤袋表面积灰较少时，仍然喷吹，而粉尘浓度较高，滤袋表面积灰较多时不能及时喷吹。该种喷吹方式适于气流粉尘浓度比较稳定的场合采用。

另一种是按预先设定的压差确定喷吹周期。这种喷吹方式的优点是压差代表了滤袋表面粉尘层的厚度,喷吹的周期更加合理,有利于降低喷吹的能耗;缺点是控制系统的方式较复杂,费用较高。该种喷吹方式适宜粉尘浓度变化较大的场合使用。

82. 什么是电袋除尘器?电袋除尘器有什么优点?

答:由装在前面的电除尘器和装在后面的布袋式除尘器组成的联合除尘器称为电袋除尘器。

装在前面的电除尘器,烟速较低,烟气中粒径较大的烟尘被除掉,剩余数量较少、粒径较小的烟尘由后面的布袋式除尘器除掉。因为由布袋式除尘器除掉的烟尘数量大大减少,所以不但烟气的阻力减少,而且喷吹清灰的周期明显延长,喷吹的次数明显减少,布袋的寿命显著增加,维修费用减少。

电除尘器装在前面,可以明显降低运行不正常,特别是燃用生物质燃料时,排烟中火星烧坏布袋的可能性,布袋除尘器的安全性提高。

电除尘器阴极和阳极振打时,产生的二次扬尘被后面的布袋除尘器除掉,不会导致除尘效率下降。

前面的电除尘器除掉了大部分烟尘,布袋因各种原因而导致的破损,对电袋除尘器除尘效率影响较小。

电袋除尘器发挥了电除尘器和布袋除尘器各自的优点,避免了各自缺点,不但除尘效率很高,而且运行安全性提高,维修费用和工作量减少。在烟尘浓度排放标准日趋严格的监管下,电袋除尘器被越来越多的电厂采用。

对于采用四电场电除尘器的电厂,可保留一电场除尘器,将后面的三个电场改为布袋式除尘器,切实可行,其外壳钢架和仓泵式输灰系统可以保留,费用较低,工程量较小,效果很好。

83. 为什么循环流化床锅炉燃用生物质燃料,在布袋除尘器前加装旋风除尘器较好?

答:生物质燃料属于可再生能源,锅炉燃用生物质燃料不但可以实现节能减排,而且还可以避免农民因焚烧秸秆而导致的环境污染。

生物质燃料中的稻壳是不破碎的,秸秆或木材加工的边角余料虽然破碎,但粒度较大。由于生物质燃料密度较小,循环流化床锅炉的物料分离器分离效率较低,所以粒径较大未燃尽的生物质颗粒有可能未被分离下来返回密相区,而进入尾部烟道。未燃尽的生物质颗粒密度小,体积较大,在尾部烟道内仍难以燃尽,特别是稻壳内部较硬的壳芯较难燃尽。如果烟气携带未燃尽的生物质颗粒直接进入布袋除尘器,火星容易将材质为化纤的布袋烧坏破损,因烟尘短路而导致除尘效率明显下降,严重时会导致布袋大量烧坏。

在布袋除尘器前加装旋风除尘器,不但有利于消除烟气中未燃尽的生物质燃料火星,防止布袋烧坏,而且除去大部分烟尘、减轻了后面布袋除尘器除尘负荷,延长了清灰周期,提高了布袋的寿命。

84. 为什么布袋要套在袋笼上?

答:由于布袋除尘器是采用过滤的方式除去烟尘的,所以为了提高除尘效率,布袋较厚且孔隙很小,同时,布袋表面经常保持有一层被截留的烟尘,除尘效率很高,但其阻力也高达1000Pa。

由于布袋除尘工作时，布袋内外烟气的压差高达 1000Pa。如果没有作为骨架袋笼的支撑，在烟气压差的作用下，布袋被压缩贴在一起，无法获得所需的烟气流通面积，布袋除尘器无法运行。

设置袋笼，将布袋套在袋笼上，由于袋笼的支撑，在烟气压差的作用下，布袋不会贴在一起，而是紧贴在袋笼上，所以为烟气提供了所需的流通面积。

因此，袋笼是布袋除尘器必不可少的部件。袋笼通常采用钢丝编排焊接，并经防锈处理后出厂。

85. 弹簧式带笼有什么优点?

答：工作在含有较多水蒸气、温度为 130~150℃ 的烟气中，因为布袋较厚较长，所以在布袋自身重力和捕集附着在布袋表面尘粒的重力共同作用下，布袋伸长而松弛是难以避免的。

布袋因松弛、拉力消失而不能绷紧，喷吹清灰效果变差，布袋网眼堵塞，布袋上积灰增多，阻力增加。布袋松弛和积灰增加易因与邻近的布袋碰擦而磨破，不但布袋寿命缩短，如未及时发现并更换，除尘效率明显下降。

弹簧式带笼的弹簧处于压缩状态。随着布袋的松弛而自动伸长，确保布袋在一定弹力作用下保持绷紧状态，既提高了喷吹清灰效果，又避免了因相邻布袋碰擦而导致的破损。

虽然弹簧式带笼可以自动补偿布袋因伸长而导致的松弛，清灰效果较好，但每年大修时仍应进行检查，将不合格的弹簧换掉。

86. 什么是糊袋? 为什么糊袋后阻力会明显增加?

答：正常情况下，烟气中的粉尘被布袋的滤层截留，除尘后的烟气流过滤层被排出。布袋表面的粉尘达到一定厚度，阻力较大时，电磁阀瞬间开启，压缩空气产生的冲击波将滤袋表面截留的粉尘振落后恢复正常过滤工作。

用柴油点火初期，柴油的氢组分较多，燃烧生成较多水蒸气，因排烟温度较低，烟气中的水蒸气易凝结成水而使布袋潮湿。点火初期炉膛温度很低，柴油因燃烧不完全而产生的烟尘油污黏附在潮湿的布袋上呈浆糊状，阻力增加后，无法通过喷吹将其振落清除，称为糊袋。

锅炉正常运行，过热器管、水冷壁管和省煤器管爆破时，大量水蒸气流过布袋时也会发生糊袋。

发生糊袋时，不但过滤层的孔隙率大大减少，而且因无法通过喷吹将其振落、清除，恢复过滤能力而导致阻力明显增加。糊袋严重时，只能更换布袋，恢复过滤能力。

点火时，采用雾化质量好的柴油喷嘴，加强配风调整确保其完全燃烧，防止烟尘和油污产生，点火初期烟气从布袋除尘器的旁路通过。锅炉运行中发生炉管爆破时，及时发现、及时停炉处理，必要时开启布袋除尘器的旁路，均是防止布袋糊袋的有效措施。

87. 为什么采用布袋除尘时，停炉后引风机、送风机应和布袋喷吹器继续运行一段时间?

答：停炉过程中，随着燃烧器逐渐停止，炉膛温度随之逐渐降低，为了使剩余燃烧器喷入炉膛的煤粉充分燃烧和防止炉膛灭火，常采用投入柴油喷嘴助燃。

由于柴油氢组分较多，其燃烧产生的水蒸气较多，同时，停炉过程中排烟温度不断降低，为了防止停炉末期和停炉后烟气中的水蒸气因凝结而导致布袋糊袋，停炉后引风机、送风机应继续运行一段时间。因为空气中的水蒸气含量很低，利用停炉后的余热对冷空气进行加热，温度升高后的空气对布袋有很强的干燥能力，所以对防止布袋糊袋，确保布袋和其表面粉尘干燥，效果很明显。在引风机、送风机运行的同时，进行喷吹，清灰效果很好，有利于降低布袋除尘器的通风阻力。

88. 为什么布袋除尘器要分隔成多个仓室？

答：将布袋除尘器分隔成多个仓室主要有以下两个原因。

(1) 便于检查和更换布袋。正常情况下，布袋式除尘器的除尘效率可高达 99.5％以上，但是一旦布袋由于各种原因破损，因布袋内外压差较大，大量烟尘不经过滤，短路排出炉外，而导致烟尘排放浓度明显超标。一旦发现烟尘排放浓度明显超标，要马上想到是布袋破损，依次将各个仓室的进、出口挡板关闭并进行检查。发现布袋出口有较多烟尘沉积，即可判断该布袋已破损，更换新的布袋后，该室进、出口挡板开启，恢复正常除尘工作。

(2) 为了实现离线喷吹清灰，提高清灰效果。布袋除尘通常具有在线清灰和离线清灰两种方式，可以根据需要选择切换。离线清灰时，清除的烟尘自行落入灰斗，不会造成部分烟尘重新被布袋截留，清灰效果较在线清灰好。将各个仓室的进、出口挡板轮流关闭，清灰后再开启，即完成了该室的离线清灰和恢复正常工作的全部流程。

由此可以看出，将布袋除尘器分隔成多个仓室，每个仓室进、出口均设置有挡板，可以实现在不停炉的情况下，检查和更换破损的布袋，也可以根据需要选择采用清灰效果好的离线清灰方式。

锅炉容量大的，分隔成的布袋仓室多些；容量小的，仓室则少些。分隔成的仓室多，每个仓室进、出口挡板关闭进行检查更换布袋和离线清灰时，烟气流通面积降低较小，对锅炉运行影响不大，但增加了投资和维修费用。兼顾两方面的要求，每个仓室布袋的面积约占全部布袋面积的 5％较宜。

89. 为什么布袋除尘器的阻力较大？

答：布袋除尘器的阻力 ΔP 由三部分组成，即

$$\Delta P = \Delta P_j + \Delta P_l + \Delta P_f$$

式中　ΔP——布袋除尘器总阻力；

　　　ΔP_j——布袋除尘器的结构阻力；

　　　ΔP_l——布袋滤料阻力；

　　　ΔP_f——布袋除尘器正常工作时，其上附着沉积粉尘的阻力。

结构阻力 ΔP_j 由进、出烟道和每个室进、出口挡板的阻力构成。布袋滤料阻力（ΔP_l）是指未滤粉尘前布袋织物的阻力。粉尘阻力（ΔP_f）是指布袋除尘器正常工作时，布袋表面附着沉积一定厚度粉尘产生的阻力。粉尘阻力（ΔP_f）是随着布袋表面沉积粉尘的厚度变化而改变的，喷吹清灰后初期，粉尘厚度较小，阻力较小；喷吹清灰末期，粉尘厚度较大，阻力较大。

由于布袋除尘器布袋内外压差很大，为了防止粒径很小的粉尘透过布袋，所以布袋织物的孔隙很小，粒径很小的粉尘被布袋阻挡沉积在布袋的表面，其孔隙也很小，阻力较大。

布袋除尘器的除尘效率比电除尘器和旋风除尘器高，阻力比电除尘器和旋风除尘器大。

布袋除尘器的总阻力随着过滤风速的增加迅速提高，见图 14-31。

从图 14-31 中可以看出，布袋除尘器的阻力随着过滤风速的增加迅速提高。因此，过滤风速不宜过高。通常布袋除尘器额定负荷下的阻力为 1000～1200Pa，远大于电除尘器的阻力，是各种除尘器中阻力最大的。

90. 为什么布袋式除尘器的阻力选择 1000Pa 左右？

答：通过增加布袋面积来降低滤速，可以降低其阻力，达到降低引风机功率和电耗的目的，但布袋面积增加，还使除尘器体积增大，钢结构费用上升，设备投资费用提高。

减少布袋面积，提高滤速，虽然可以减少布袋和钢结构的设备投资费用，但因阻力增加，引风机功率增大而导致引风机的设备费用增大和引风电耗上升，运行费用上升。布袋面积减少，还会导致喷

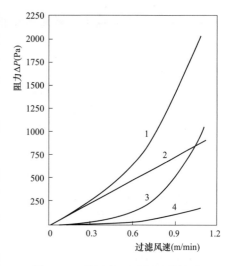

图 14-31　阻力与过滤风速的关系
1—总阻力；2—结构阻力；3—滤料阻力；
4—滤布上附着沉积粉尘的阻力

吹清灰的周期缩短、压缩空气耗量增加、布袋的寿命下降和维修费用上升，因此，布袋面积不宜过少。

将布袋除尘器的阻力选择 1000Pa 左右，可以兼顾投资和运行两方面的要求，使两者之和较低。

91. 什么是在线清灰和离线清灰？各有什么优、缺点？

答：布袋除尘器的布袋工作一段时间后，因表面集聚了较多的灰粒而使布袋的阻力上升，如果不及时将布袋上集聚的灰粒清除，会导致引风机的耗电增加，严重时因引风量不够而导致炉膛出现正压。因此，必须定期清除布袋上集聚的灰粒，使布袋的阻力保持在合理的范围内。

通常布袋除尘器分成几个室，每个室由气动挡板控制开启和关闭，实现将每个室的布袋投入和退出过滤工作。

在各个室的挡板不关闭，布袋在有烟气流过、进行过滤的状态下进行清灰，称为在线清灰。在其中一个室的挡板关闭，布袋在没有烟气流过、不过滤的状态下进行清灰，称为离线清灰。

在线清灰的优点是全部布袋处于过滤状态，烟气流通面积较大，烟气流动阻力较小，烟气压力较稳定，节省了挡板启闭所消耗的压缩空气；缺点是由于清灰时布袋仍有烟气流过，清除的灰有可能因二次扬尘部分重新又被布袋捕集，清灰效果较差，清灰周期较短。

离线清灰的优点是在一个室的挡板关闭、没有烟气流过布袋的情况下进行清灰，不存在清除的灰部分重新被捕集的问题，清灰效果较好，清灰周期较长；缺点是清灰时挡板关闭，该室的布袋没有烟气流过，烟气流通面积较小，阻力较大，烟气压力波动较大，挡板关闭和开启要消耗一部分压缩空气。

通常布袋除尘器通过切换，既可以实现在线清灰，也可以实现离线清灰，运行时可以根据实际情况和需要选择在线清灰或离线清灰。

92. 为什么布袋除尘器要设置旁路烟道?

答:锅炉通常采用0号轻柴油点火。点火初期炉膛温度很低,柴油燃烧不充分,柴油中氢含量较高,氢燃烧时生成水蒸气;点火初期排烟温度较低,烟气中的水蒸气易凝结成水。为了避免点火初期柴油不完全燃烧产物油污和凝结水黏附在布袋上,导致布袋不能正常过滤烟气中的飞灰,点火初期的烟气不经滤袋过滤后进入引风机,而要通过旁路烟道进入引风机。当点火中、后期炉膛温度升高,柴油能充分燃烧,排烟温度较高,水蒸气不会凝结时,烟气才可以通过布袋过滤进入引风机后将旁路烟道关闭。

布袋的工作条件较差,既要承受过滤烟气中飞灰对布袋的磨损,又要承受频繁喷吹清灰压缩空气产生的冲击波对布袋的冲击,同时要耐酸和获得很高的除尘效果,对布袋的材质要求较高,通常布袋由耐酸、耐较高温度的化学纤维织物制作。

由于布袋上限工作温度有一定限制,当锅炉工作不正常或发生二次燃烧,导致排烟温度升高,超过布袋允许上限温度时,控制系统自动切换为烟气从旁路烟道进入引风机,保护布袋,避免被烧坏。因此,用于锅炉的布袋除尘器应设置旁路烟道。

事故状态下切换为旁路烟道时,大量飞灰不经过滤直接进入引风机,导致引风机特别是叶轮严重磨损,因此,只能短时间运行,应迅速查明原因,消除故障后重新切换为经布袋过滤状态下运行。

93. 电磁脉冲阀的作用和优点是什么?

答:经过一段时间的工作,滤袋外表面收集了较多的粉尘,流动阻力增加,只有及时将布袋上收集的粉尘清除,才能使布袋除尘器正常工作。

通常采用压缩空气从布袋的内部进行喷吹,产生的冲击波将布袋表面收集的粉尘清除。一般的阀门开启较慢,流量逐渐增加,如果布袋反吹、再生也用一般阀门,则不易产生冲击波,难以对布袋形成冲击和振动,将其上的积粉清除。

电磁脉冲阀在接收到开启信号后,可以在极短的时间内快速全开,流量变化率很大,如同管路爆破一样,可以产生冲击波,对布袋产生冲击和振动,很容易将布袋外面的积粉清除。因此,电磁脉冲阀是布袋式除尘器非常重要的部件。

电磁脉冲阀有以下优点:

(1)电磁脉冲阀可在极短时间内瞬间开启,产生较强的冲击波,清灰效果好,压缩空气耗量少。

(2)设备简单,工作可靠,使用寿命超过百万次,维修工作量少。

(3)便于自动控制,可以很方便地根据气流含尘浓度和布袋压差调节喷吹、清灰的周期。

94. 为什么锅炉点火阶段布袋式除尘器应解列?

答:煤粉炉和循环流化床锅炉通常采用柴油点火。由于柴油中的氢含量较高,柴油燃烧时生成的水蒸气较多,烟气中的水蒸气分压较高,燃料中通常会有硫,所以使得烟气露点较高。锅炉点火阶段炉膛和尾部受热面温度较低,同时,为了防止在锅炉未产生蒸汽前过热器没有蒸汽冷却而过热损坏,锅炉点火阶段进入炉膛的燃料量很少,因其排烟温度低于烟气露点而使烟气中的水蒸气凝结成水。

锅炉点火阶段因炉膛温度较低,柴油难以完全燃烧,会产生少量不完全燃烧的油污。

为了防止锅炉点火阶段烟气中的油污和凝结的水黏附在布袋上，导致布袋式除尘器不能正常工作，应该在锅炉点火阶段将布袋式除尘器解列，等炉膛温度升高，不需柴油助燃和排烟温度较高时，再将布袋式除尘器投入运行。

通常布袋式除尘器设有烟气旁路，锅炉点火阶段烟气经旁路进入烟囱，炉膛温度升高，柴油停止后，再将布袋除尘器投入，然后将烟气旁路关闭。

95. 怎样判断是否有布袋破损？

答：由于布袋的织物非常密实和布袋外表面黏附有一层可起过滤作用的尘粒，布袋除尘器的除尘效率高达 99.5％以上。

布袋使用一定年限后，因烟气在过滤过程中尘粒对布袋的磨损和采用压缩空气喷吹清灰时产生的冲击波对布袋产生的反复冲击，以及制造和安装缺陷而导致相邻布袋间的碰撞、摩擦，均会使布袋出现破损。

由于布袋的除尘效率非常高，从布袋内流出的烟气非常清洁，因此，打开清洁烟气室的盖板检查时，如发现安装布袋的花板处有明显的积灰，则说明该室布袋已出现破损。

布袋和布袋表面黏附可起过滤作用的尘粒，烟气的流动阻力很大，通常布袋内外的烟气压差可达 1000～1200Pa。一旦布袋出现破损，烟气从破损处短路，阻力降低，因此，布袋内外烟气的压差降低时，可以判断出有布袋出现破损。

由于布袋除尘器的除尘效率很高，所以正常工作时，烟囱排出的烟气几乎是透明的，一旦观察到烟囱排出的烟气不透明，可以看到烟羽，则说明有布袋出现破损。

由于布袋的寿命为 2～3 年，同时，一旦布袋出现破损，除尘效率明显下降，因此，要加强检查，发现有布袋出现破损时要立即更换。

96. 怎样降低循环流化床锅炉在点火阶段布袋式除尘器解列时的烟尘排放浓度？

答：循环流化床锅炉通常采用柴油床下点火，为了防止柴油不完全燃烧产生的油污和因排烟温度较低，水蒸气凝结的水黏附在布袋上而导致布袋式除尘器不能正常工作，循环流化床锅炉在点火阶段烟气不经布袋除尘而通过旁路进入烟囱。

为了降低循环流化床锅炉在点火阶段，不经布袋除尘直接通过旁路进入烟囱的烟气的烟尘排放浓度，可以采用在点火阶段降低一次风流量使床料微流化，提高密相区的浓度，降低稀相区的浓度的方法达到降低烟尘排放浓度的目的。

在一次风量较低、床料处于微流化的情况下，烟气流速较低，烟气对床料的托力较小，同时，循环流化床锅炉的炉膛较高，绝大部分物料可以依靠重力从烟气流中分离出来而不随烟气流动，锅炉处于鼓泡床运行状态，少量粒径很小的物料随烟气流出炉膛后，经炉膛出口的旋风分离器分离后返回炉膛，可以大大降低烟尘的排放浓度。

虽然采用降低一次风量使物料处于微流化的方法可以降低不经布袋除尘、通过路旁路直接排放的烟尘浓度，但因为点火阶段物料分离器入口烟速较低，分离效率较低，烟尘浓度仍然超过允许的排放浓度，所以，一旦点火用的柴油停止烟温升高后，应尽快使烟气从旁路切换为经布袋除尘后排放。

97. 布袋式除尘器为什么要定期进行反吹？

答：通常含尘气流从滤袋的外围流入，除尘后的清洁气流从滤袋内部流出。为了克服气流的流动阻力，在布袋式除尘器箱体之后安装有压头较高的风机。

因含尘气流中的尘粒的粒径大于滤袋织物的孔隙而被阻挡在布袋的外部，随着过滤时间的增加，尘粒聚集在布袋外围的数量不断增多。因阻力不断增加，不但风机的耗电量上升，而且可能气流流量减少而导致系统不能正常工作。聚集在布袋外部的尘粒，在布袋内外压差和尘粒间分子万有引力的作用下吸附在布袋的外围，难以仅靠重力而自行从滤袋上脱落，因此，必须定其沿着工作气流相反的流动方向，从布袋的内部向外部进行反吹，将布袋外围聚集的尘粒吹除，恢复布袋正常的滤灰能力。

通常采用压缩空气定期进行反吹，根据气流中尘粒的浓度确定反吹的周期，反吹周期也可以根据压差进行设定。

98. 为什么喷吹清灰的周期应根据布袋式除尘器的阻力变化而调整？

答：电厂锅炉每天用煤量很大，由于价格、运输、环保等各种原因，锅炉燃用煤种经常变化是正常的。各种煤的灰分差别较大，对布袋除尘器阻力的变化影响很大。

通常燃用折算灰分大的煤，不但煤的灰分高，而且还因发热量低，相同负荷下燃煤量多而使产生的飞灰量进一步增加。对同一台布袋式除尘器，其阻力随着煤灰分的增加而上升。如果阻力超过设计值较多，应缩短每室布袋喷吹清灰的周期，通过增加每室清灰的频率，降低布袋表面附着灰层厚度，减少灰层阻力的方法，达到降低除尘器阻力的目的。

如果燃用折算灰分低的煤或长期在较低负荷运行，布袋式除尘器的阻力明显低于设计阻力时，可以通过延长清灰周期减少清灰频率的方法，达到节约压缩空气，减轻部件磨损的目的。

在DCS上可以很方便地根据布袋式除尘器的阻力变化，适时调整喷吹清灰的周期，达到降低运行和检修费用的目的。

99. 为什么要采用脉冲电磁阀控制压缩空气对布袋进行喷吹清灰？

答：由于布袋外围聚集的尘粒数量较多和粒径较小，布袋内外的压差和尘粒间的万有引力较大，尘粒的附着力较大，必须要在布袋内部产生较大的振动力才能将聚集的尘粒从布袋外部振离，然后依靠尘粒的重力下落。

通常采用压缩空气进行喷吹，压缩空气的压力为0.3～0.5MPa。由于布袋的表面积很大，想依靠压缩空气较高的压力和流速将布袋外围的积灰吹除，不但效果较差，而且压缩空气的消耗量和能耗较高。

脉冲电磁阀由电流控制，当线圈通电后产生磁力将阀迅速开启。由于脉冲电磁阀开启所需的时间很短，压缩空气在极短的时间内高速冲入布袋内部迅速膨胀，产生的冲击波形成的冲击力将布袋外围的积灰振落。采用脉冲电磁阀控制压缩空气不但冲击波形成的振动力较大，喷吹效果好，而且电磁阀开启时间极短，仅100ms。脉冲电磁喷吹阀采用淹没式，停电后在压力的作用下，迅速关闭，压缩空气耗量很少，能耗较低。

机械式喷吹阀难以做到在100ms的时间完成开启和关闭，只有脉冲电磁喷吹阀可以做到，因此，布袋式除尘器广泛采用脉冲电磁阀对布袋进行喷吹清灰。

100. 气缸入口压缩空气管线上油杯有什么作用？

答：对于大型的布袋式除尘器，将众多的布袋分成多个室，每个室轮流进行反吹、清灰，利用电磁阀控制的压缩空气产生的冲击波将布袋外部的积灰吹除和振离。通常用气缸内活塞上下的运动控制挡板门的开启和关闭，达到每个室轮流反吹的目的。

为了减轻活塞和气缸的磨损，延长其寿命，减少维修工作量，必须对活塞和气缸进行润滑。供给布袋式除尘器的压缩空气已经过除油工序，其中含有的润滑油数量极少，不能满足活塞和气缸的润滑要求。因此，在气缸入口压缩空气管线设置有油杯，当压缩空气高速流过油杯上部的油管时，压力降低，油杯内的润滑油通过油管被吸出，被高速流过的压缩空气雾化，含有雾化润滑油的油气混合物进入气缸，在控制活塞上、下运动的同时，对活塞和气缸进行了润滑。

第六节 温室效应及温室气体

101. 什么是温室效应？什么是温室气体？

答：白天，太阳辐射的热量可以透过大气层对地面加热，使地面温度升高。夜间，地面的散热使地面温度降低。如大气中二氧化碳含量相对稳定时，地面的吸热和散热可以维持一定的平衡，大气温度相对稳定。

常见的温室是玻璃房和塑料大棚。因为阳光可以透过玻璃和透明的塑料薄膜将热量传进室内，使室内温度升高，而室内辐射的红外线不能透过玻璃和塑料薄膜，将阳光大部分热量保留在室内，所以即使冬天也可使室内保持较高温度，故称为温室。

空气中二氧化碳体积含量为 0.03%，质量含量为 0.05%。工业、交通运输及家庭生活等燃烧煤、石油制品及柴草的使用量不断增加，是大气中二氧化碳的含量逐年升高的最主要原因。成年人呼吸时每小时排出 25L 二氧化碳。世界人口的快速增加，也是大气中二氧化碳含量升高的原因之一。森林过度的砍伐，使森林光合作用消耗的二氧化碳减少，也是大气中二氧化碳含量增加的另一个重要原因。

二氧化碳能够透过太阳的短波辐射，使地面温度升高，同时它又能吸收地面的长波辐射后使气温升高，再以逆辐射形式射向地面。二氧化碳溶解在雨水中生成碳酸，并随雨水降至地面，渗入土壤中。因为碳酸不稳定，易分解成水和二氧化碳，所以，土壤空隙中二氧化碳的含量高达 10%。二氧化碳的导热系数只有空气的 60%，二氧化碳的密度是空气的 1.5 倍，土壤中的空隙较小，空隙中的空气难以进行对流。以上两个原因使得地面的热量不易散失，二氧化碳如同温室的玻璃一样，既可以使阳光辐射的热量通过，又可以减少温室内的热量散失，起到了保温作用。

因此，将大气中二氧化碳含量增加，导致全球气温升高的现象，称为温室效应。能产生温室效应的气体，称为温室气体。

近百年来由于工业和交通运输的迅速发展，矿物燃料消耗增加很快，导致大气中二氧化碳含量逐年增加，与近百年来气象统计资料表明全球气温逐年升高是相吻合的。

102. 温室效应对人类有哪些影响？

答：因温室气体的过量排放产生的温室效应而导致全球的年平均气温升高。气象学家分析了近一百多年来的气温记录，发现随着人口的增长和工业生产的增加，大气中的二氧化碳气体的含量逐渐增多，全球的年平均气温慢慢升高。

南极大陆是地球的冷凝器。大量的水蒸气随着大气环流进入南极大陆后，被冷凝冻成冰。南极大陆上覆盖了亿万年来形成的冰，由于温室效应，南极的冰盖有逐渐融化减小的趋势。如果温室效应因二氧化碳气体排放量增加而加剧,南极的冰盖融化和海水温度升高,将会使全球的海平面大幅度升高,涉及30亿人口的工业和科学技术最发达的沿海地区将被淹没,其损失之巨大可想而知。

大气年均气温的升高,还会使干旱和半干旱地区因蒸发量的增加而缺水更加严重,沙漠化有进一步扩大的趋势。

但是温室效应也给人类带来一定的好处。大气中的二氧化碳气体含量增加可使植物的光合作用增强,有利于提高粮食的产量和森林的生长速度,为人类提供更多的农林产品。

温室效应还使温带和寒带的有霜期缩短,有利于农作物的生长和提高产量。

温室效应导致大气温度升高,使得很多地区的冬季不再像过去那样寒冷。很多地区出现的暖冬现象就是温室效应的结果。暖冬现象的出现不但有利于人类的活动,而且还使采暖消耗的燃料减少,有利于减少二氧化碳气体的排放量,减轻温室效应的影响。

由此看来,温室效应对人类的影响有利有弊。但总体看来,如果不采取措施,让二氧化碳气体排放量任意增长,温室效应加剧,最终会导致弊大于利,那时人类必将自食苦果。

所幸的是人类已经认识到对二氧化碳气体的排放量不加以限制,将会产生严重的不良后果。联合国召开国际会议,对限制二氧化碳气体排放量已经达成协议。因此,温室效应将会得到有效的控制。

103. 怎样减轻温室效应的影响?

答:大气中二氧化碳气体含量增加是导致温室效应加剧的主要原因。因此,减轻温室效应的影响,可以从减少二氧化碳气体排放量和增加二氧化碳气体消耗量两方面着手。

(一)减少二氧化碳气体排放量

(1)发展热电产业。以高效大容量供热发电机组代替低效、分散的小型锅炉供热。由于大容量锅炉的热效率高达90%以上,而小型锅炉的热效率仅约为70%。这样在供热量相同的情况下,可以减少约30%的二氧化碳气体排放量。因为热电机组是将发过一部分电的蒸汽抽出向外供汽供热,因此,热电联产还可以减少纯凝汽式电厂的发电量,从而进一步减少二氧化碳气体的排量。

(2)大力发展水电、风电、光电、生物质和地热能等可再生能源发电,适当发展核电,降低火电的比例。电力工业是燃料消耗量,即二氧化碳气体排放量最大的行业。水力是可以再生的能源,我国是世界上水力资源最丰富的国家。发展水电不但可减少宝贵的不可再生的矿物燃料消耗,为化工行业提供更多的原料,而且可以显著降低二氧化碳气体排放量。发达国家的水力资源利用率已超过70%,个别国家已超过90%,我国仅约为15%。

虽然核电机组消耗的铀矿也是不可再生的矿物燃料,但是核电机组工作时不排放二氧化碳气体,发展核电同样可以有效降低二氧化碳气体排放量。自20世纪50年代世界上第一台核电机组投产以来,核电有了长足的发展。世界上已有几十个国家有核电机组,核电所占的比例逐年提高,为减少二氧化碳气体排放量起了很大作用。

虽然水电和核电存在投资大、建设周期长、选址困难等问题,但随着人们保护环境意识和呼声的提高,大力发展水电,适当发展核电,降低火电所占的比例,以减轻温室效应的影响已成为不可逆转的发展趋势。

(3)大力发展联合循环电厂,大幅度提高火力发电厂的循环热效率。由于火力发电厂纯凝汽机组存在不可避免的冷源损失和新蒸汽温度受材料性能限制,难以大幅度提高,即使采用超临界参数和具有一次、二次再热的大容量机组，仅采用单一工质的循环，目前世界上最先进的汽轮发电机组，其循环热效率最高也仅略超过 40% 而已。

由燃气轮发电机组和汽轮发电机组组成了联合循环发电机组。虽然联合循环发电机组也不能避免冷源损失，但由于燃气轮机的叶片采用了耐高温的新材料，叶片表面涂敷耐高温的绝热材料，叶片内部和表面采用气冷技术，使燃气轮机的进口烟气温度从过去的 800～900℃，提高到目前的 1300～1500℃，因而大幅度地提高了联合循环发电机组的循环热效率。目前，已投产的大多数联合循环发电机组的循环热效率已超过 50%，少数技术先进的机组，其循环热效率已接近或超过 60%。

联合循环发电机组的循环热效率大幅度提高，使得发电量相同时，二氧化碳气体的排放量明显降低。因为组成联合循环发电机组的燃气轮机组和汽轮机组均是技术成熟的机组，选址较易，建设周期较短，投资低于核电，所以，火力发电厂采用联合循环发电机组将是今后的发展方向。

（4）采用新技术、新工艺、新材料，提高设备的动力效率，降低产品的能耗。

（5）控制人口增长速度，避免因人口过快增长而使二氧化碳气体排放量增长过快。

（二）增加二氧化碳气体消耗量

（1）减少森林的采伐量，绿化荒山，提高森林面积的比例，使木材的生长量大于采伐量。充分发挥森林可以吸收二氧化碳气体、放出氧气的作用。

（2）控制沙漠化的发展速度，增加陆地植被。

温室效应是人类忽视了保护环境，过度消耗矿物燃料的结果。一旦人类认识到温室效应加剧带来的危害和保护环境的重要性，各国统一采取各种有效措施，清除或减轻温室效应对人类的不良影响是完全可以实现的。

104. 什么是酸雨？酸雨是怎样形成的？

答：通常认为当雨水的 pH 值低于 5.6 时，就称为酸雨。

燃煤和燃油时产生的 SO_2、SO_3、NO 和 NO_2 与大气中的水结合，形成了硫酸和硝酸。当硫酸与硝酸溶于雨水中就形成了酸雨。

随着工业的发展和生活水平的提高，人均能源和电力消耗量不断增长，煤和油的消耗量越来越大。而脱硫和脱硝由于技术难度较大，设备投资和运行费用较高，目前还难以普及。所以，多年来排入大气中的 SO_x 和 NO_x 一直呈不断增长之势，酸雨发生的频率和酸度越来越高。过去酸雨仅发生在少雨的季节，而现在即使在多雨的季节也经常出现酸雨。

105. 酸雨有哪些危害？怎样减少酸雨的发生？

答：酸雨使得河流湖泊中的鱼类减少，甚至死亡。实验证明，当水的 pH≤6 时，已不适合鱼类生存；当水的 pH≤5 时，鱼类已无法生存。酸雨使得人类重要的食物资源鱼类的生存和利用受到威胁。

酸雨使大批森林减产甚至死亡。据 1986—1995 年的统计，在我国酸雨危害较严重的苏、浙、皖等 11 个南方省区，因森林木材积蓄量减少而造成的直接经济损失就达 40 亿元。由于木材的价值仅占森林全部价值的 10%，而森林的生态价值占森林全部价值的 90%。所以，森林的破坏导致水土流失和温室效应加剧所造成的损失九倍于木材减产的损失才是最严重的损失。

酸雨使得建筑物的腐蚀加剧，导致建筑物的寿命降低和维修费用增加。

酸雨使得露天的钢结构件，如桥梁、铁塔、钢架、换热器、管线等和钢铁制品，如汽车、轮船、火车、自行车等的腐蚀加剧，寿命降低，维修费用增加。

提高能源利用率，如采用热电联产集中供热，淘汰大批低效的小型钢炉；采用可以大幅度提高热效率的联合循环发电技术；采用和推广高效率的用能设备等可使形成酸雨的 SO_x 和 NO_x 排放量大幅度减少。

对已投产或新建的大容量锅炉安装烟气脱硫脱硝设备；积极采用洁净煤技术，逐步采用在燃烧阶段即可脱硫 90% 和减少 NO_x 生成量 $3/4$ 的循环流化床锅炉，代替现有的煤粉炉或链条炉；采用脱硫的气体燃料用以炊事等，是降低 SO_x 和 NO_x 排放量的有效措施。

大力发展水电、风电，在酸雨严重和缺煤的地区适当发展核电，以减少矿物燃料的消耗量是减少酸雨发生频率的切实可行的方法。

106. 采用不同能源的电厂对环境影响的程度如何评价？

答：发电厂是将各种能源转换为电能的工厂。发电厂目前主要采用的能源有煤、石油、天然气、水力、核能、风能、生物质能、地热能、太阳能九种。

发电厂采用不同能源时对环境的影响差别很大。为了便于比较和评价，可将各种能源对环境影响的程度分为六个等级：

(1) 0级——影响轻微，可以忽略不计；

(2) 1级——很低的潜在影响；

(3) 2级——低的潜在影响；

(4) 3级——中等程度的潜在影响；

(5) 4级——较高的潜在影响；

(6) 5级——很高的潜在影响。

评价发电厂采用不同能源时对环境的影响，分为电厂用地、水质、大气、生态和废物五项指标。通过比较可以看出，因为水能和风能不但是可再生能源，而且采用水能和风能发电时不产生任何污染，所以，对环境影响最小；因为煤是不可再生能源，采用煤发电时不但产生的灰渣、烟尘、SO_x、NO_x 污染了环境，而且排放的大量温室气体 CO_2 加剧了温室效应，所以，采用煤发电时对环境的影响最大。

107. 为什么锅炉要采用两级燃烧？

答：煤和油中的氮在燃烧时生成 NO 和 NO_2，总称为 NO_x。NO_x 是有害气体，也是形成酸雨的原因之一。

NO_x 的生成数量除了与煤或油的含氮量有关外，还与燃烧温度和氧气的浓度有关。火焰温度高，氧气浓度大，则产生的 NO_x 数量多；反之，则产生的 NO_x 数量少。

所谓的两级燃烧是指将燃料燃烧所需的空气分两次送入，使燃料的燃烧分两次完成。通常在燃烧器内送入不使燃料完全燃烧的空气（$\alpha=0.8$），使之形成一个燃料富集、氧气不足的具有还原性气氛的火焰，然后在燃烧器的上方再供给确保燃料完全燃烧所需的空气，以实现两级燃烧。

采用两级燃烧时，因为在火焰最高温度区的氧气浓度较低，而在氧气浓度较高的区域，火焰的温度已经降低，火焰拉长使得平均温度降低，所以，NO_x 的生成量减少。检测表明，

采用两级燃烧可使 NO_x 的生成量降低 30% 左右。

两级燃烧见图 14-32。

虽然采用两级燃烧对降低 NO_x 的生成量有较明显的效果，但是采用两级燃烧容易生成大量炭黑。炭黑的燃烧比较困难，必须要保证燃料与空气充分、良好地混合，否则容易造成烟囱冒黑烟。因此，对两级燃烧的调整要求较高。

由于烟气中的 NO_x 比 SO_x 更难脱除，费用也更高，所以，随着人们对环境保护的重视、烟气排放标准要求的提高，采用两级燃烧来降低烟气中 NO_x 的含量，将会越来越受到人们的重视。

108. 什么是浓淡煤粉燃烧器？

答：为了减少煤中含氮量在煤粉燃烧中 NO_x 的生成量，将煤粉在一次风中的浓度分成浓度较高和浓度较低两股气流而研究成功的一种新型燃烧器，称浓淡煤粉燃烧器。

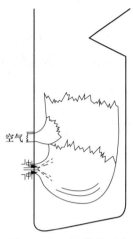

图 14-32　两级燃烧示意

煤粉在燃烧时生成的 NO_x 数量与燃料含氮量、火焰温度、燃烧区域氧的浓度和燃烧产物在高温区域停留的时间等因素有关。在煤中含氮量已定的情况下，降低火焰温度和燃烧区域氧的浓度，缩短燃烧产物在高温区域停留的时间，均可降低 NO_x 的生成量。无论是直流燃烧器还是旋流燃烧器均可根据上述原理，将煤粉气流分成浓淡两股气流，达到降低 NO_x 生成量的目的，成为浓淡煤粉燃烧器。

通常使直流式燃烧器浓煤粉气流在切圆的内侧、淡煤粉气流在外侧，旋流式燃烧器的煤粉气流在径向分成浓淡两股气流，浓煤粉气流在中部、淡煤粉气流在外围。在煤粉浓度高的区域，因为空气相对不足，不但氧的浓度较低，而且燃料不完全燃烧使火焰温度降低，从而减少了 NO_x 的生成量。在煤粉浓度较低的区域，虽然空气过剩，氧的浓度较高，但由于煤粉浓度较低，发热量较小，火焰温度同样较低，而使 NO_x 的生成量减少。

当采用四角布置的直流式燃烧器时，利用煤粉气流流经燃烧器前一次风管道的弯头产生的离心力，使得在切圆的内侧煤粉气流浓度高，而在切圆的外侧煤粉气流浓度低，见图 14-33 中 4 号和 1 号燃烧器。

对于 2 号和 3 号燃烧器，由于煤粉气流流经燃烧器前一次风管的弯头时产生的离心力，使得煤粉气流的浓度分布与所要求的浓度分布相反，因此，要在 2 号和 3 号燃烧器前设置偏流导向器，达到煤粉气流在切圆内侧浓度高、在切圆外侧浓度低的要求。偏流导向器见图 14-34。

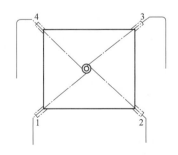

图 14-33　HG-670/140-7 型锅炉燃烧器布置

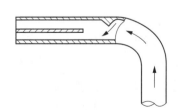

图 14-34　偏流导向器

浓淡煤粉燃烧器降低 NO_x 生成量的原理与普通燃烧器的分级燃烧降低 NO_x 的原理相似，只是浓淡煤粉燃烧器用一个燃烧器就实现了分级燃烧而已。

109. 电子束烟气处理技术的原理和优点是什么？

答：由于低含硫燃料价格和燃料脱硫成本较高，烟气中的硫氧化物（SO_x）是造成大气污染的主要原因之一。湿式脱硫虽然技术已经成熟，脱硫效率较高，但因设备投资和运行费用较高而使其运用受到限制。采用分级燃烧仅能减少氮氧化物（NO_x）生成量的 $1/3\sim1/2$，因此，烟气中的 NO_x 也是造成大气污染的原因之一。干式脱硝技术同样因为设备投资和运行费用较高，使其运用受到限制。

电子束烟气处理技术可以同时脱除烟气中的 SO_x 和 NO_x，是一种烟气净化新技术。

电子束的发生原理与电视机显像管的扫描电子束原理相似。电子束发生装置由直流电发生装置和电子加速器组成。首先将要处理的烟气导入反应器内，然后用电子束通过照射孔照射烟气，烟气中的氧分子（O_2）和水蒸气分子（H_2O）转化为氧化性很强的 O、OH 游离基。这些游离基使 SO_x 和 NO_x 氧化分别生成中间产物 H_2SO_4 和 HNO_3，并使其与预先注入的氨气（NH_3）发生反应，形成硫酸铵（$NH_4)_2SO_4$ 和硝酸铵 NH_4NO_3。

电子束烟气处理技术有很多优点：

（1）可以高效率地同时脱除烟气中 95% 以上的 SO_x 和 80% 以上的 NO_x。

（2）不但所需设备和投资较少，能耗较低，全部采用自动控制，操作简便，而且是干式处理，不会因产生排水而形成新的污染。

（3）烟气中有害的 SO_x 和 NO_x 经电子束照射后转变为有益的氮肥，达到了变害为利、一举两得的目的。

110. 什么是洁净燃煤电厂？

答：由于火力发电厂的发电成本中 70% 是燃料费用。燃煤电厂有完善的燃料制备系统和先进的燃烧设备，因此，为了降低成本，燃煤电厂大多采用价格较低的劣质煤。

通常劣质煤的含灰量较高，发热量较低，含硫量和含氮量较高。虽然现代化燃煤发电机组具有效率很高的除尘设备，但由于煤中含灰量高达 30%，而且一台大型发电机组燃煤量可高达每小时几百吨，所以，烟囱排放的粉尘绝对量仍然是很高的。

燃煤中的硫燃烧生成 SO_x（SO_2 和 SO_3），氮燃烧生成 NO_x（NO 和 NO_2）。烟气中的 SO_x 和 NO_x 是形成酸雨的主要原因。酸雨不但严重恶化了生态环境，而且造成了对金属材料、金属制成品和建筑物的腐蚀，会使森林遭到破坏，农作物减产。

将煤磨成细粉，然后通过加压容器与氧反应后产生以 CO 和 H_2 为主的混合气体，经净化处理后作为锅炉燃料，硫可脱除 99%，NO_x 的排放量可以降低 75%，粉尘排放量可减少 85%，使燃煤电厂对环境的污染大大减轻，成为洁净燃煤电厂。

煤经洁净处理成为气体燃料后，还为采用由燃气轮机组和汽轮机组组成的联合循环电厂提供了有利条件，可使电厂的循环热效率提高到 $45\%\sim55\%$。

111. 温室气体主要有哪几种？

答：温室气体原子的结构通常是不对称的，通常将大气中含量较高且二氧化碳当量较大的原子结构不对称的气体称为温室气体。目前将二氧化碳（CO_2）、甲烷（CH_4）、一氧化二氮（N_2O）、氢氟碳化物（HFCs）、全氟碳化物（PFCs）和六氟化硫（SF_6）六种气体列为温室气体。

112. 什么是二氧化碳当量？

答：各种温室气体对温室效应的影响程度相差很大。为了统一和方便地衡量某种温室气体对形成温室效应影响的程度，同时二氧化碳是人类活动中最常见和排放量最多的温室气体，因此，规定二氧化碳当量为衡量温室效应的基准单位。

有了二氧化碳当量就可以方便地将不同温室气体对温室效应的影响标准化。例如，二氧化碳的当量为 1，其他温室气体的二氧化碳当量可以查表得到。

113. 为什么 CO_2 气体的温室气体当量是最小的，但却列入了联合国六种温室气体减排的第一位？

答：虽然 CO_2 气体的温室气体当量为 1，是列入联合国六种温室气体减排中最小的，但由于不但 CO_2 在大气中的浓度远远高于其他五种温室气体的浓度，而且在人类的生活和生产活动中，CO_2 的排放量远远多于其他五种温室气体的排放量，其对地球温室效应的贡献率高达 55%。

因为 CO_2 排放量与人类的生活和生产活动密切相关，其减排的潜力最大、减排的途径也最多，所以，虽然 CO_2 气体的二氧化碳当量为 1，远远低于其他五种温室气体的二氧化碳当量，但却列入了联合国六种温室气体减排的第一位。

114. 为什么甲烷是第二大温室气体？甲烷有哪些主要来源？

答：虽然大气中甲烷的含量远低于二氧化碳，但仍明显高于其他四种温室气体，同时，甲烷产生温室效应的当量是二氧化碳的 23 倍，因此，甲烷是第二大温室气体。

虽然天然气的主要成分是甲烷，但由于大部分天然气作为燃料烧掉或作为化工原料转换为其他气体，只有开采、储存、运输和使用过程泄漏和未利用的天然气才能进入大气。例如，古代植物因地质变动而埋藏在地下，经过漫长的地质年代在隔绝空气的情况下，生成煤的过程中同时产生甲烷。煤矿在开采过程中甲烷逸出，因为这部分甲烷利用技术难度较大，大部分未利用，通常加强通风，将甲烷的浓度降低到远低于爆炸的浓度再排出井外，使得煤层中的甲烷进入大气。

动物、植物的腐烂，稻田、沼泽地、池塘和垃圾填埋场中有机物的腐烂，动物排泄物粪、尿、屁，反刍动物反刍，牛羊打嗝均会产生甲烷。

可燃冰的主变成分是甲烷。甲烷在海洋深处压力较高、温度较低的状态下以固态冰的形式存在，一旦情况发生变化，压力降低或温度升高，可燃冰成为甲烷气逸出海水进入大气也是甲烷的主要来源之一。

115. 为什么很多三原子、多原子气体均是温室气体，但列入联合国减排的温室气体只有六种？

答：温室气体排放量增加是温室效应加剧，导致全球变暖的主要原因，减少温室气体排放量是减缓全球变暖趋势的主要手段。

虽然能产生温室效应的温室气体很多，但各种温室气体对温室效应的影响差别较大。有些温室气体可以通过较简单、耗能较少的物理或化学的方法将其吸收固化，有些温室气体则不可以。

列入联合国减排的六种温室气体是根据以下原则确定的：

（1）虽然温室气体的二氧化碳当量很小，但总的排放量对温室效应的影响很大。例如，CO_2 的二氧化碳当量仅为 1，但总的排放量很大，对温室效应的影响超过 55％。

（2）虽然温室气体的总排放量很少，但因二氧化碳当量很高而对温室效应的影响很大。例如，N_2O 和 SF_6 的总排放量很少，但二氧化碳当量分别高达 310 和 23900。

（3）温室气体排放总量和二氧化碳当量均为中等，但对温室效应影响较大。例如，CH_4 总排放量中等；二氧化碳当量为 23，也为中等。

116. 为什么水蒸气也是能产生温室效应的气体，但不在联合国六种温室气体减排名单之中？

答：水蒸气是氢和氧的气态化合物，分子是不对称结构，具有较强的辐射能力，属于能产生温室效应的温室气体。

大气中的水蒸气是地球水循环中不可缺少的物质。大气中的水蒸气使得空气较湿润，是人类生存不可缺少的成分，空气中适量的水蒸气含量可使人感到舒适，有利于植物的生长。

大气中的水蒸气含量随地域、季节的不同而具有较大的变化，通常纬度高、温度低的地区或沙漠地区水蒸气含量较低，而纬度低、温度高和沿海地区水蒸气含量较高。干旱地区缺水，空气中水蒸气含量低是主要原因之一。

空气中的水蒸气的主要来源是太阳辐射热量使海洋、地球、湿地、植物、土壤中的水分蒸发形成的，是无法减排的，人类活动对大气中水蒸气增加的直接影响很小。同时，水蒸气对人类是有益的。

由于以上几个原因，虽然水蒸气也属于能产生温室效应的温室气体，但却不在六种减排的温室气体之中。

117. 为什么大气中二氧化碳的增加对人类的生活产生了明显的影响，而大气中氧气的减少并未对人类产生明显的影响？

答：大气中二氧化碳的含量仅约为 0.03％，当燃料燃烧和人类及动物呼吸产生的二氧化碳大于植物光合作用消耗的二氧化碳时，即使二氧化碳绝对数量增加不多，但却使大气中二氧化碳含量明显增加。二氧化碳是温室气体，大气中二氧化碳含量的增加，通过温室效应加剧的形式对人类产生了明显的弊大于利的影响。

由于大气中氧气的含量高达 21％，是二氧化碳含量 700 倍，所以，虽然大气中二氧化碳增加的数量与大气中氧气减少的数量是相等的，但是大气中氧气含量减小的比例却极小。例如，大气中二氧化碳含量增加 50％，从 0.03％ 增加到 0.045％；而大气中氧气的含量仅减少到 20.985％。由于氧气不是温室气体，而且大气中氧气含量减少的比例极小，所以对人类不会产生明显的影响。

118. 为什么温室效应全球气温升高，南极洲的冰盖融化会使海平面上升，淹没很多沿海经济发达地区，而北极的冰融化不会使海平面上升？

答：由于人类生产生活过度燃用化石燃料和人口增加，二氧化碳等温室气体排放增加导致全球气温升高，已成为全球共识。南极洲是大陆，其上的冰盖由于全球气温升高，冰融化后冰量减少，融化后的水进入海洋，导致海平面上升。任其发展下去，多年后冰盖融化的水，因海平面升高较多，会淹没很多海拔较低的经济发达的沿海地区而导致大量经济损失。

温室效应使全球气温升高，对南极和北极的影响是相同的。之所以南极的冰融化会使海平面上升，而北极的冰融化不会使海平面上升，是因为北极不是大陆，而是北冰洋。北冰洋内飘浮有很多冰山，冰山因气温升高而融化不会使海平面上升。

例如，杯子内的水放一块冰，水和冰的质量是 500g，冰全部融化后水的质量仍然是 500g。因为杯子内水位取决于水的质量，所以杯内的水位不会有任何变化。如果杯内水的质量 400g，100g 的冰在杯子外，冰融化后水进入杯中，杯中的水位自然会上升。前者相当于北极冰融化对海平面的影响，后者相当于南极冰融化对海平面的影响。

当然北极圈内也有部分陆地，全球气温升高，陆地上的冰融化为水后进入北冰洋也会使海平面升高，但升高的幅度小于南极大陆冰盖融化的水进入海洋海平面升高的幅度。这就是温室效应全球气温升高总是强调南极冰融化海平面升高，而很少提到北极冰融化海平面上升的主要原因。

119. 为什么海水温度升高对海平面升高有明显影响？

答：化石燃料使用量增加，碳排放增长，温室效应加剧，全球气温升高，南极冰盖融化，导致海平面上升。

温室效应不但加剧全球气温升高，而且海水温度也升高。海水温度升高的原因有两个，一个是白天海水在太阳光的辐射加热下温度升高，夜间由于温室效应散失的热量减少，海水温度升高。另一个原因是温室效应全球气温升高，流入海洋的众多江河的水温也升高，导致海水温度升高。

虽然温室效应全球气温升高，海水温度仅升高 $1.5 \sim 2℃$，但由于海洋平均深度很深，海水的体积很大，少量的温升也会使海平面明显升高。

因此，碳排放增加，全球气温升高，海平面上升是由于南极冰盖、冰川融化和海水温度升高共同作用造成的。

120. 为什么温室气体排放量增加会导致水灾和旱灾加剧？

答：水在海洋和陆地之间循环的动力来自太阳对地球辐射的热量。海洋和陆地上水的蒸发量随着气温的升高而增加。

虽然温室气体排放量增加并没有改变太阳对地球辐射的热量，但由于温室气体排放量增加后，温室气体的保温作用增强，导致温室效应加剧，地面和水面散失的热量减少，使得气温上升。

由于地理环境（山脉）的阻挡和大气环境的影响，有些地区全年仅分为雨季和旱季，有些地区降雨量很多，而有些地区降雨量很少。气温的升高会使旱季因蒸发量增加而更加干旱，而雨季因气温升高，蒸发量增加而使降雨量增多，水灾加剧。降雨量多的地区，因气温升高，蒸发量增加，降雨量增多而使水灾加剧；降雨量很少地区，则因蒸发量增加而更加干旱。

121. 为什么氧气、氮气、氢气等气体不是温室气体？

答：气体吸收和发射辐射能是其自由电子振动的结果。

由于氧气（O_2）、氮气（N_2）、氢气（H_2）等是结构对称的双原子气体，所以对电子的束缚较强。因为没有自由电子，所以，不具有吸收和发射辐射能的能力。这些结构对称的双原子气体可以认为是热辐射的透明体。

太阳辐射的能量可以透过 O_2、N_2 和 H_2 气体。被地面吸收使地温升高。日落后没有了太阳的辐射能，地面温度较高，会向太空辐射能量。由于 O_2、N_2 和 H_2 对热辐射来讲也是透明体，无法阻止地面向太空辐射红外线辐射能，地面温度降低。

因为 O_2、N_2 和 H_2 等结构对称的双原子气体，不具有吸收和反射地面红外辐射的能量，不能对地面起到保温和避免温度降低的作用，所以，不是温室气体。

122. 为什么发展核电有利于减轻温室效应？

答：常规的矿物燃料煤、油及天然气，其可燃成分主要是碳，其次是氢。碳燃烧生成的二氧化碳是产生温室效应的主要温室气体，降低矿物质燃料的总消耗量可以减轻温室效应。

随着经济发展和生活水平的提高，人均电能的消耗量不断增长。由于水力发电、风力发电和太阳能发电受到资源和成本等因素的影响，其发电量所占的比例较低，目前大部分电力来自火力发电。火力发电消耗的矿物燃料是各行业中比例最高的。

核电虽然是热力发电，像火电一样通过汽轮机拖动发电机发电，但是核电蒸汽的产生不是来自矿物燃料燃烧的化学能，而是来自核燃料裂变时的原子能，生产过程中不会产生二氧化碳和其他温室气体，因此，发展核电有利于减轻温室效应。

123. 为什么污泥要进行焚烧处理？

答：生活污水经污水处理场集中处理后会产生较多污泥。污泥中会有较多的有机物，如果不加处理任意堆放，不但占用较多土地污染环境，还会产生温室气体甲烷（CH_4）。

污泥中的有机物可以燃烧，通过焚烧产生的热量可用以发电和供热，污泥焚烧后体积和重量均大大减少，其残渣填埋工作量和占地均大幅降低，也不会产生甲烷。

因此，污泥通过焚烧炉焚烧，不但其中的有机物作为燃料得以回收，减少了甲烷（CH_4）的排放，而且减少了化石燃料的消耗量。

124. 为什么垃圾填埋场会发生爆炸？

答：垃圾中含有大量的有机物，垃圾被填埋后因发酵和散热条件不好，使得垃圾温度升高，温度升高进一步加快了垃圾的发酵速度。因此，在缺氧垃圾内部温度较高的条件下会发酵，产生甲烷等可燃气体。

垃圾内部产生的甲烷等可燃气体密度低于空气，沿着垃圾的空隙上升到垃圾填埋场的地面，当甲烷等可燃气体在空气中的浓度达到爆炸范围时，遇到明火或雷击就会产生爆炸。

125. 为什么在没有冷空气南下的情况下，有雾的天气大多为晴天？

答：雾是由于气温下降，空气中的水蒸气凝结成小水珠形成的。在北方冷空气南下时，由于气温降低，空气中的水蒸气凝结会形成雾。

在没有冷空气南下的情况下，白天气温较高，由于蒸发，空气中的水蒸气含量较多。如果夜间当地天空没有云层，地面的热量通过辐射的方式散失到高空中，因气温降低使得空气中的水蒸气凝结而形成雾；反之，如果当地天空有较厚的云层，由于云层起到了阻止地面散热的保温作用，当地夜间气温降低的幅度较小，空气温度较高，空气中的水蒸气不会凝结形成雾。

在没有冷空气南下的情况下，有雾的天气因没有较厚的云层，因此大多为晴天。

126. 为什么实现碳中和的重点是增加核电、水电、风电和光电，而减少火电？

答：煤、油、天然气等化石燃料是火力发电厂最主要的燃料，是碳排放主要的来源。大量汽车、柴油机车、飞机、采暖、炊事、钢厂的高炉和热风炉、机械厂的加热炉和热处理炉、炼油厂的加热炉均采用传统的化石燃料，是碳排放的重要来源，虽然可以采用电动汽车、电力机车、空调采暖、电炉炊事，钢厂、机械厂和炼油厂可以采用电加热炉，表面上看避免了使用化石燃料产生的碳排放，但如果仍采用化石燃料的火力发电，碳排放并没有减少，只是由各用户分散排放变成火力发电厂的集中排放而已。

随着经济发展和生活质量的提高，人均拥有的电量越来越多，只有增加不产生碳排放的核电和水电、风电、光电和地热电等可再生能源发电，减少火电，才能不但减少了火电的碳排放，而且为各用户采用电能代替化石燃料减少碳排放，实现 2060 年碳中和目标创造条件和提供可能。

参 考 文 献

[1] 范从振. 锅炉原理. 北京：水利电力出版社，1986.

[2] 陈学俊. 锅炉原理. 北京：机械工业出版社，1983.

[3] 清华大学. 锅炉原理及计算. 北京：科学出版社，1979.

[4] 岑可法，樊建人. 燃烧流体力学. 北京：水利电力出版社，1991.

[5] 燃油锅炉燃烧设备编写组. 燃油锅炉燃烧设备及运行. 北京水利电力出版社，1976.

[6] 西安交通大学. 火力发电厂传热原理与实践. 北京：水利电力出版社，1977.

[7] 武汉水利电力学院. 热力发电厂水处理. 北京：水利电力出版社，1977.

[8] 第十设计院. 纯水制备. 北京：国防工业出版社，1972.

[9] 吴菲文. 火力发电厂高温金属运行. 北京：水利电力出版社，1979.

[10] 西安热工研究所. 燃煤锅炉燃烧调整试验方法. 北京：水利电力出版社，1979.

[11] 王世铭. 传热学. 北京：水利电力出版社，1983.

[12] 汽轮机、锅炉、发电机金属材料编写组. 汽轮机、锅炉、发电机金属材料手册. 上海：上海人民出版社，1973.

[13] 西安电力学校. 火力发电厂高压锅炉设备及运行. 北京：水利电力出版社，1979.

[14] 西安交通大学. 大型电站锅炉锅内传热和水力特性. 北京：科技文献出版社，1978.

[15] 田金玉. 热力发电厂. 北京：水利电力出版社，1979.

[16] 辽宁电力工业局. 锅炉运行. 北京：中国电力出版社，1995.

[17] 曾纬西. 锅炉设备及运行. 北京：中国电力出版社，1996.

[18] 岑可法，樊建人. 锅炉和热交换器的积灰、结渣、磨损和腐蚀的防止原理与计算. 北京：科学出版社，1994.

[19] 薛继承. 焊缝射线照相底片的评判规律. 无损探伤. 2001（1）：46.

[20] 丁明舫. 事故放水管开口位置的改进. 劳动保护，1984（12）：21.

[21] 丁明舫. 不停炉更换给水管线. 电力技术，1986（4）：73.

[22] 丁明舫. 集汽联箱排汽管孔裂纹的原因及对策. 劳动保护，1986（3）：28.

[23] 丁明舫. 防止气体燃料回火. 劳动保护，1986（7）：28-29.

[24] 丁明舫. 防止水封式防爆门筒体漏水. 劳动保护，1986（6）：28.

[25] 丁明舫. 点炉和停炉中汽包的安全. 劳动保护，1986（9）：20-21.

[26] 丁明舫. 虚假水位的形成及处理. 劳动保护，1986（12）：25.

[27] 丁明舫. 气体燃料燃烧安全技术. 石油化工安全通讯，1987（4）：20-23.

[28] 丁明舫. 水封式防爆门改为沙封式防爆门. 电力技术，1987（5）：63.

[29] 丁明舫. 双汽包锅炉事故放水管的改进. 电力技术，1988（1）：57, 53.

[30] 丁明舫. WGZ65/39型锅炉水冷壁管泄漏的原因及对策. 电力技术，1986（10）：70.

[31] 丁明舫. 锅炉爆燃的原因及防止方法. 石油化工安全通讯，1988（2）：11-14.

[32] 丁明舫. 二次燃烧的预防. 劳动保护，1987（3）：40.

[33] 丁明舫. 811—120/39 HG- 120/39型锅炉集汽联箱排汽管孔裂纹的原因及对策. 电力技术，1988（11）：68-70.

[34] 丁明舫. 操作工如何监盘才能既安全又省力. 石油化工安全技术. 1991（4）：15-17.

[35]　丁明舫. 正确计算微正压锅炉水封式防爆门的动作重量. 石油化工安全通讯. 1990（4）：22-23.

[36]　丁明舫. 燃油锅炉采用玻璃管预热器后暖风器不应取消, 电力建设. 1991（5）：54-55.

[37]　丁明舫. 管线磁化后的焊接方法. 石油化工设备, 1991（4）：51.

[38]　丁明舫. 假水位及暂时水位形成的原因及处理. 石油化工安全通讯. 1991（3）：20-22.

[39]　丁明舫. 安装紧急排放管, 确保 CO 锅炉检修人员安全. 石油化工安全通讯. 1991（5）：22-23.

[40]　丁明舫. 风机叶轮入口加格网. 电力技术. 1987（12）：75.

[41]　丁明舫. 监视仪表要有重点. 劳动保护, 1987（9）：43-44.

[42]　丁明舫. WGZ65/39-6 型锅炉悬吊管频繁损坏的原因分析及处理. 石油化工安全技术. 1992（3）：14-17.

[43]　丁明舫. 不用水蒸气的大气式热力除氧方法. 节能技术. 1992（6）：16-21.

[44]　丁明舫, HG-120/39-11 型锅炉省煤器频繁损坏的原因及对策. 石油化工安全技术. 1993（1）：18-20.

[45]　丁明舫. 谈热电偶测温仪的温度指示. 石油化工安全通讯. 1990（1）：18-19.

[46]　丁明舫. 不用水蒸气的大气式热力除氧方法获得成功. 石油炼制. 1987（1）：25-30.

[47]　丁明舫. 正确选择电磁速断阀的介质流向. 石油化工安全技术, 1993（2）：9.

[48]　丁明舫. WGZ65/39-6 型锅炉水冷壁管损坏的原因分析及预防. 石油化工安全技术, 1993（3）：17-18.

[49]　丁明舫. 怎样分析和查明事故原因. 石油化工安全技术. 1994（2）：36-37.

[50]　丁明舫. 锅炉省煤器出口联箱手孔泄漏原因及不停炉处理方法. 石油化工安全技术, 1994（3）：13-15.

[51]　丁明舫. 为什么减温器回水要通过混合器后再进入省煤器. 华东电力. 1994（7）：50.

[52]　丁明舫. 锅炉对流管损坏的原因分析及处理. 石油化工安全技术. 1994（4）：16-17.

[53]　丁明舫. 制粉系统运行时为什么排烟温度升高. 为什么要定期降粉. 华东电力, 1994（9）：45-47.

[54]　丁明舫. 为什么高压炉汽温波动较中压炉大. 华东电力, 1994（8）：47-48.

[55]　丁明舫. 合理配置管线阀门, 防止管线冻凝. 石油化工安全技术, 1994（5）：17-19.

[56]　丁明舫. 定期排污扩容器振动原因及改进. 石油化工安全技术, 1994（6）：22-23.

[57]　丁明舫, 汤玉明. 管线投用前的正确吹扫方法. 石油化工安全技术, 1995（1）：19-21.

[58]　丁明舫. 锅炉省煤器管接头频繁泄漏的原因分析及对策. 石油化工安全技术, 1995（3）：27-29.

[59]　丁明舫. 防止离心式风机导叶断裂的有效措施. 石油化工安全技术, 1995（5）：12-13.

[60]　丁明舫, 杨立山. 水封式防爆门筒体频繁泄漏的原因及对策. 石油化工安全技术, 1996（1）：17-19.

[61]　丁明舫. 为什么锅炉要安装二个以上的安全阀. 华东电力, 1996（6）：44.

[62]　丁明舫. HG120/39-11 型锅炉送风机强烈振动的原因分析及对策. 石油化工安全技术, 1996（4）：19-20.

[63]　丁明舫. 沸腾炉的优缺点. 华东电力, 1997（2）：45-46.

[64]　丁明舫. 为什么大型锅炉采用蒸汽雾化较好. 华东电力, 1997（3）：44-45.

[65]　丁明舫. 点炉停炉过程中各受热面的冷却特点和安全操作要领. 石油化工安全技术, 1997（3）：32-34.

[66]　丁明舫. 什么是洁净煤电厂. 华东电力, 1997（6）：46.

[67]　丁明舫. 为什么排烟温度高于露点不一定能防止低温腐蚀. 华东电力, 1998（1）：48.

[68]　丁明舫. 怎样确定锅炉是否需要酸洗. 华东电力, 1998（2）：45.

[69]　丁明舫. 为什么给水泵装在零米. 华东电力, 1998（3）：46-47.

[70]　丁明舫. 阀门颜色及型号各数字所代表的意义. 华东电力, 1998（6）：50.

[71] 丁明舫. 什么是离子交换树脂？为什么有机离子交换剂较无机离子交换剂好. 华东电力，1988（8）：46.

[72] 丁明舫. 什么是爆燃？为什么点炉时发生的爆燃更严重. 华东电力，1998（9）：47.

[73] 丁明舫. 热量可回收的空冷式冷油器. 华东电力，1998（10）：36-37.

[74] 丁明舫. 如何确定煤粉细度. 华东电力，1998（11）：53.

[75] 丁明舫. 不用水蒸气的大气式热力除氧方法及应用. 石油化工设备技术. 1999（1）：59-62.

[76] 丁明舫. 安装压力表缓冲器防止压力表损坏. 石油化工安全技术，1993（6）：5.

[77] 丁明舫. 怎样判断表面式减温器内部是否泄漏. 华东电力，1998（3）：46.

[78] 丁明舫. 为什么炉水要维持一定碱度. 华东电力，1998（1）：48.

[79] 丁明舫. 为什么工质在截止阀内的流动方向是下进上出，而在电磁速断阀内是上进下出. 华东电力，1994（9）：44.

[80] 丁明舫. 为什么采用母管制的锅炉并汽时，并汽炉的压力比母管压力低 0.05～0.3MPa，汽温比额定汽温低几十度. 华东电力，1994（7）：50.

[81] 丁明舫. 如何保证锅炉点火过程中和机组甩负荷时再热器的安全. 华东电力，1997（2）：45-46.

[82] 丁明舫. 为什么发电机组大型化的发展趋势出现停滞不前的状态. 华东电力. 1997（3）：44.

[83] 丁明舫. 锅炉汽压变化时，如何判断是外部还是内部因素引起的. 华东电力. 1994（8）：47-48.

[84] 丁明舫. 为什么煤粉炉空预器和省煤器要分成两段后交叉布置，而燃油炉的空预器和省煤器不分段交叉布置. 华东电力，1994（9）：46-47.

[85] 丁明舫. 为什么高压及高压以上等级的汽包炉不采用玻璃板或石英玻璃管水位计，而要采用云母水位计. 华东电力，1998（9）：47.

[86] 丁明舫. 管线磁化的原因分析及焊接方法. 电力技术，1990（7）：71.

[87] Ding MF. A New Way of Utilizing Low-Grade Excess Heat-A Method of the Atmospheric Thermal Deaeration Without Steam. In: The Japan Society of Mechanical Engineers，The American Society of Mechanical Engineers The Chinese Society of Power Engineers. International Conference Power Engineering-97，Tokyo. Tokyo：The Japan Society of Mechanical Engineers，1997. 183-188.

[88] Ding MF. Case Study for Econo mizer Tube Burst in Boiler Type HG-120/39-11 and Countermeasures Against It. In The American Society of Mechanical Engineers. 1999 International Joint Power Generation Conference. New York：The American Society of Mechanical Engineers，1999. 627-632.

[89] 丁明舫，季学勤. 电厂脱硫制粉系统调试. 中国环保产业，2006（1）.

[90] 周强泰，等. 锅炉原理. 北京：中国电力出版社，2013.

[91] 胡志光，胡满银，等. 火电厂除尘技术. 北京：中国电力出版社，2005.

[92] 岑可法，倪明江，等. 循环流化床锅炉理论设计与运行. 中国电力出版社，1998.

[93] 张磊，张力华. 燃煤锅炉机组. 北京：中国电力出版社，2006.

[94] 曾庭华，杨华，等. 湿法烟气脱硫系统的安全性及优化. 北京：中国电力出版社，2004.

[95] 周至祥，等. 火电厂湿法烟气脱硫技术手册. 北京：中国电力出版社，2006.

[96] 刘家钰. 电站风机改造与可靠性分析. 北京：中国电力出版社，2002.